卢嘉锡　总主编

# 中国科学技术史
## 年　表　卷

艾素珍　宋正海　主编

科学出版社
北　京

# 内 容 简 介

本书是国家"九五"重点图书，是卢嘉锡任总主编的《中国科学技术史》丛书之一。本书以时间为序，系统表述中国科技史上的事件，每个条目为一个事件，包括时间、事件和文献。本书是一部综合反映中国古代科学技术发展脉络的年表性工具书。

本书可作年轻科技史工作者的入门读物，亦可为一般科技工作者提供背景知识，更可为科技史工作者找到研究的新课题。

**图书在版编目（CIP）数据**

中国科学技术史·年表卷/艾素珍，宋正海主编. —北京：科学出版社，2006

ISBN 978-7-03-015384-5

Ⅰ. 中… Ⅱ.①艾…②宋… Ⅲ. 自然科学史-中国-年表 Ⅳ.N092

中国版本图书馆 CIP 数据核字（2005）第 052253 号

责任编辑：孔国平 王剑虹／责任校对：陈玉凤
责任印制：徐晓晨／封面设计：张 放

**科 学 出 版 社** 出版
北京东黄城根北街 16 号
邮政编码：100717
http://www.sciencep.com
**北京厚诚则铭印刷科技有限公司** 印刷
科学出版社发行 各地新华书店经销

*

2006 年 11 月第 一 版 开本：787×1092 1/16
2022 年 4 月第四次印刷 印张：43 1/4
字数：1 000 000

定价：**265. 00 元**
（如有印装质量问题，我社负责调换）

# 《中国科学技术史》的组织机构和人员

**顾　问**（以姓氏笔画为序）

王大珩　王佛松　王振铎　王绶琯　白寿彝　孙　枢　孙鸿烈　师昌绪
吴文俊　汪德昭　严东生　杜石然　余志华　张存浩　张含英　武　衡
周光召　柯　俊　胡启恒　胡道静　侯仁之　俞伟超　席泽宗　涂光炽
袁翰青　徐苹芳　徐冠仁　钱三强　钱文藻　钱伟长　钱临照　梁家勉
黄汲清　章　综　曾世英　蒋顺学　路甬祥　谭其骧


**总主编　卢嘉锡**

**编委会委员**（以姓氏笔画为序）

马素卿　王兆春　王渝生　孔国平　艾素珍　丘光明　刘　钝　华觉明
汪子春　汪前进　宋正海　陈美东　杜石然　杨文衡　杨　熺　李家治
李家明　吴瑰琦　陆敬严　罗桂环　周魁一　周嘉华　金秋鹏　范楚玉
姚平录　柯　俊　赵匡华　赵承泽　姜丽蓉　席龙飞　席泽宗　郭书春
郭湖生　谈德颜　唐锡仁　唐寰澄　梅汝莉　韩　琦　董恺忱　傅熹年
廖育群　潘吉星　薄树人　戴念祖

**常务编委会**

主　　任　陈美东

委　　员（以姓氏笔画为序）

华觉明　杜石然　金秋鹏　赵匡华　唐锡仁　潘吉星　薄树人　戴念祖


**编撰办公室**

主　　任　金秋鹏

副 主 任　周嘉华　杨文衡　廖育群

工作人员（以姓氏笔画为序）

王扬宗　陈　晖　郑俊祥　徐凤先　康小青　曾雄生

# 《年表卷》编委会

**主　编**　艾素珍　宋正海

**编　委**　（以姓氏汉语拼音为序）

艾素珍　陈美东　韩汝玢　李兆昆　罗桂环　宋正海
田　淼　王兆春　席龙飞　杨　熺　张九辰　周嘉华

**撰　稿**

艾素珍　陈美东　高　暄　郭湖生　郭书春　韩汝玢
李家治　罗凤河　罗桂环　宋正海　田　淼　王兆春
卫　中　席龙飞　杨　熺　张九辰　赵翰生　郑锡煌
周嘉华

**审　稿**

戴念祖　关增建　郭书春　廖育群　曲安京　苏荣誉
孙关龙　谭徐明　武家璧　曾雄生　张柏春　赵承泽
赵匡华

# 总　　序

中国有悠久的历史和灿烂的文化，是世界文明不可或缺的组成部分，为世界文明做出了重要的贡献，这已是世所公认的事实。

科学技术是人类文明的重要组成部分，是支撑文明大厦的主要基干，是推动文明发展的重要动力，古今中外莫不如此。如果说中国古代文明是一棵根深叶茂的参天大树，中国古代的科学技术便是缀满枝头的奇花异果，为中国古代文明增添斑斓的色彩和浓郁的芳香，又为世界科学技术园地增添了盎然生机。这是自上世纪末、本世纪初以来，中外许多学者用现代科学方法进行认真的研究之后，为我们描绘的一幅真切可信的景象。

中国古代科学技术蕴藏在汗牛充栋的典籍之中，凝聚于物化了的、丰富多姿的文物之中，融化在至今仍具有生命力的诸多科学技术活动之中，需要下一番发掘、整理、研究的功夫，才能揭示它的博大精深的真实面貌。为此，中国学者已经发表了数百种专著和万篇以上的论文，从不同学科领域和审视角度，对中国科学技术史作了大量的、精到的阐述。国外学者亦有佳作问世，其中英国李约瑟（J. Needham）博士穷毕生精力编著的《中国科学技术史》（拟出 7 卷 34 册），日本薮内清教授主编的一套中国科学技术史著作，均为宏篇巨著。关于中国科学技术史的研究，已是硕果累累，成为世界瞩目的研究领域。

中国科学技术史的研究，包涵一系列层面：科学技术的辉煌成就及其弱点；科学家、发明家的聪明才智、优秀品德及其局限性；科学技术的内部结构与体系特征；科学思想、科学方法以及科学技术政策、教育与管理的优劣成败；中外科学技术的接触、交流与融合；中外科学技术的比较；科学技术发生、发展的历史过程；科学技术与社会政治、经济、思想、文化之间的有机联系和相互作用；科学技术发展的规律性以及经验与教训，等等。总之，要回答下列一些问题：中国古代有过什么样的科学技术？其价值、作用与影响如何？又走过怎样的发展道路？在世界科学技术史中占有怎样的地位？为什么会这样，以及给我们什么样的启示？还要论述中国科学技术的来龙去脉，前因后果，展示一幅真实可靠、有血有肉、发人深思的历史画卷。

据我所知，编著一部系统、完整的中国科学技术史的大型著作，从本世纪 50 年代开始，就是中国科学技术史工作者的愿望与努力目标，但由于各种原因，未能如愿，以致在这一方面显然落后于国外同行。不过，中国学者对祖国科学技术史的研究不仅具有极大的热情与兴趣，而且是作为一项事业与无可推卸的社会责任，代代相承地进行着不懈的工作。他们从业余到专业，从少数人发展到数百人，从分散研究到有组织的活动，从个别学科到科学技术的各领域，逐次发展，日臻成熟，在资料积累、研究准备、人才培养和队伍建设等方面，奠定了深厚而又广大的基础。

本世纪 80 年代末，中国科学院自然科学史研究所审时度势，正式提出了由中国学者编著《中国科学技术史》的宏大计划，随即得到众多中国著名科学家的热情支持和大力推动，得到中国科学院领导的高度重视。经过充分的论证和筹划，1991 年这项计划被正式列为中国科学院"八五"计划的重点课题，遂使中国学者的宿愿变为现实，指日可待。作为一名科技工作者，我对此感到由衷的高兴，并能为此尽绵薄之力，感到十分荣幸。

《中国科学技术史》计分 30 卷,每卷 60 至 100 万字不等,包括以下三类:

通史类(5 卷):

《通史卷》、《科学思想史卷》、《中外科学技术交流史卷》、《人物卷》、《科学技术教育、机构与管理卷》。

分科专史类(19 卷):

《数学卷》、《物理学卷》、《化学卷》、《天文学卷》、《地学卷》、《生物学卷》、《农学卷》、《医学卷》、《水利卷》、《机械卷》、《建筑卷》、《桥梁技术卷》、《矿冶卷》、《纺织卷》、《陶瓷卷》、《造纸与印刷卷》、《交通卷》、《军事科学技术卷》、《计量科学卷》。

工具书类(6 卷):

《科学技术史词典卷》、《科学技术史典籍概要卷》(一)、(二)、《科学技术史图录卷》、《科学技术年表卷》、《科学技术史论著索引卷》。

这是一项全面系统的、结构合理的重大学术工程。各卷分可独立成书,合可成为一个有机的整体。其中有综合概括的整体论述,有分门别类的纵深描写,有可供检索的基本素材,经纬交错,斐然成章。这是一项基础性的文化建设工程,可以弥补中国文化史研究的不足,具有重要的现实意义。

诚如李约瑟博士在 1988 年所说:"关于中国和中国文化在古代和中世纪科学、技术和医学史上的作用,在过去 30 年间,经历过一场名副其实的新知识和新理解的爆炸"(中译本李约瑟《中国科学技术史》作者序),而 1988 年至今的情形更是如此。在 20 世纪行将结束的时候,对所有这些知识和理解作一次新的归纳、总结与提高,理应是中国科学技术史工作者义不容辞的责任。应该说,我们在启动这项重大学术工程时,是处在很高的起点上,这既是十分有利的基础条件,同时也自然面对更高的社会期望,所以这是一项充满了机遇与挑战的工作。这是中国科学界的一大盛事,有著名科学家组成的顾问团为之出谋献策,有中国科学院自然科学史研究所和全国相关单位的专家通力合作,共襄盛举,同构华章,当不会辜负社会的期望。

中国古代科学技术是祖先留给我们的一份丰厚的科学遗产,它已经表明中国人在研究自然并用于造福人类方面,很早而且在相当长的时间内就已雄居于世界先进民族之林,这当然是值得我们自豪的巨大源泉,而近三百年来,中国科学技术落后于世界科学技术发展的潮流,这也是不可否认的事实,自然是值得我们深省的重大问题。理性地认识这部兴盛与衰落、成功与失败、精华与糟粕共存的中国科学技术发展史,引以为鉴,温故知新,既不陶醉于古代的辉煌,又不沉沦于近代的落伍,克服民族沙文主义和虚无主义,清醒地、满怀热情地弘扬我国优秀的科学技术传统,自觉地和主动地缩短同国际先进科学技术的差距,攀登世界科学技术的高峰,这些就是我们从中国科学技术史全面深入的回顾与反思中引出的正确结论。

许多人曾经预言说,即将来临的 21 世纪是太平洋的世纪。中国是太平洋区域的一个国家,为迎接未来世纪的挑战,中国人应该也有能力再创辉煌,包括在科学技术领域做出更大的贡献。我们真诚地希望这一预言成真,并为此贡献我们的力量。圆满地完成这部《中国科学技术史》的编著任务,正是我们为之尽心尽力的具体工作。

卢嘉锡

1996 年 10 月 20 日

# 前　言

中国是一个有五千年历史的文明古国。在漫长的岁月中，中华民族创造了灿烂和光辉的古代科学技术，出现了众多令世人瞩目的科学发现、技术发明与创造，亦有不少值得总结的经验和教训。

中国科学技术史的研究，已有近一个世纪的历史，由于李俨（1892～1963）与钱宝琮（1892～1974）等前辈的努力，取得了很大的发展。20世纪80年代以后，无论从投入的人力、物力，发表的论著，还是国际间的合作与交流来看，都是空前的繁荣。在中国传统科学技术史的各个分支，都取得了长足的进步。这些研究所涉猎的范围之广、程度之深，也都是前所未有的。这些累累硕果使我们对中国古代科学技术传统的形成和演变有了比较系统的理解。

如何将这些纷繁庞杂的、最新的研究成果汇聚一册，以提纲挈领的方式，让人们领略传统中国科技发展的概貌，编制一份综合性的"年表"，无疑是一个合适的选择。本书以时间为序，以事件为主体，力求全面、系统地展示几千年中国古代科学技术的发生和发展历程。

这部简明扼要和检索方便的大型科学技术史工具书，收录中国上古至中华民国成立之前的与科学技术史发展相关的事实，所涉及内容涵盖自然科学和技术的各个方面，诸如：数学、天文、物理学、化学、地质学、地理学、地图与测量学、海洋学、生物学、农学、医学、水利、建筑、桥梁、矿冶、金工、机械、纺织、造船与航海、陶瓷、计量以及军事技术等等。

书中所列事实主要指在中国古代科学技术发展中出现并产生一定影响的科学技术事件，诸如科学技术发现、发明、思想、概念、定理、定律、学说、理论、学科和著作等较为重要的事件，以及少量对科学技术发展产生重要影响的文化、政治、经济等事件，包括正面和反面事实。

史实的陈述尽可能做到客观、真实和准确。我们在多数事件之后附注资料出处，既有原始文献，也有研究文献及综述性著作。这一方面增加年表的学术可信度，另一方面亦预示着随着学术研究的深入，事件的时间、内容和评述等都可能发生变化。

我们力求通过客观、真实和准确的记述，比较全面和系统地反映中国古代科学技术发展的源流、内容、特点及其演变，以便为科学技术史研究提供一个有力的和可靠的史实基础。

我们非常高兴地邀请到许多中国科学技术研究领域的资深专家和部分青年学者为本书撰稿。他们不仅汇总了自己的重要研究成果，而且较为全面地吸收了本领域中最重要和最新的研究成果，从而为本书成为高水平的权威工具书奠定了坚实的基础。

本书各部分主要由下列先生负责撰稿：

数学史：田　淼，郭书春

天文学史：陈美东

物理学史：卫　中

化学史：周嘉华

地学史：艾素珍，张九辰，宋正海，郑锡煌

生物学史：罗桂环

农学史：李兆昆

建筑学史：郭湖生

矿冶史：韩汝玢

水运史：杨　熺

军事史：王兆春

航海和造船史：席龙飞

纺织史：赵翰生

机械史：高　暄

陶瓷史：李家治

医学史、水利史、计量等：艾素珍

　　我们也非常荣幸地约请到国内科学史界的著名学者为本书相关学科审稿，他们是：戴念祖、郭书春、廖育群、苏荣誉、孙关龙、谭徐明、武家璧、赵承泽、赵匡华、曾雄生等先生。此外，中国科学院自然科学史研究所的罗凤河录入数十万字的文稿，张九辰博士曾帮助核对部分内容。

　　为了方便读者，我们特编制人物（含外文名，生卒年）、论著以及主题词3个索引。

　　中国古代科学技术的发展历史悠久、范围广泛、内容繁杂，限于我们的学术水平，对有关成果、事项、人物、著述等取舍颇难掌握，难免顾此失彼；有些事件虽然重要但资料缺乏，无法列入年表。我们欢迎学人批评指正。

# 凡　例

一、本年表上起远古，下迄 1911 年中华民国成立。

二、本年表在公元纪年后附以朝代年号纪年；秦统一以后，分裂时期并列主要政权的年号纪年。具体系年办法分以下 3 种：

　1. 鸦片战争前系至年，其必要系月者，皆为旧历。

　2. 鸦片战争后据公历系至年、月、日。

　3. 难以考定年、月、日者，系于有关日期下。

　　公历年、月、日皆用阿拉伯数字表示；旧历年、月、日皆用中文数字。

三、对编年纪事做如下处理

　1. 夏代以前的远古文化，考古发现与文献资料分别统系。

　2. 对年、月跨度较大的事件，一般系于起始年或终结之年而略述其后或其前的情况；其重要者分别系入相关年、月。

　3. 凡无法确定系年事件均放置在相应的时间段中，事件前加"约××年"之语。如果事件的主体人物有卒年的，一般系于卒年，事件前加"是年前"之语。

四、诸说歧异时，凡能考定一说者，其他诸说从略；不能考定者，以通行之说或作者倾向之说系年，酌存他说。

五、人名后以括号加注朝代和生卒年；无法考定者，注生活时代或朝代；外国人名出现时，以括号加注外文名和生卒年。

六、古今地名凡同地异称或同名异地者酌注今地名。

七、多数事件后附注参考文献。

# 目　录

# 原始社会考古发现<sup>①</sup>

## 旧 石 器 时 代

**距今 200 万～100 万年　旧石器时代初期**

△ 已能用直接打击法制作原始、简单、粗糙的石器，从事采集与狩猎活动，但尚未发现可靠的用火证据。群居，实行血缘群婚，处于前氏族公社阶段。（张宏彦，中国史前考古学导论，高等教育出版社，2003 年，第 82 页）

**距今约 200 万年**

繁昌人字洞　旧石器时代初期　地质年代属早更新世早期

△ 1998 年在安徽繁昌孙村镇癞痢山人字洞发现一批早更新世早期灵长类化石，伴出的脊椎动物化石有 50 余种 900 多块。同时出土 50 余件人工打制石器、16 件骨器，以及许多小铁矿石块，其中石、骨器打制疤痕明显。这是中国迄今发现最早的古人类遗址。（郑龙亭等，繁昌发现更新世早期灵长类动物化石，中国文物报，1998-8-12：1；郑龙亭等，繁昌旧石器考古获重大突破，中国文物报，1998-12-16：1）

△ 繁昌人字洞中出土的石器以刮削器为主，没有砍砸器，反映当时人类仍以采集为主，几乎没有狩猎的能力。石器多以锤击法制成，角度很陡，刃口曲折、不稳定，且多为大个的石核石器，石片器很少，体现的制作工艺比较原始。骨器加工比较精细，刃口稳定，说明当时人类侧重于加工骨器。（杜石然主编，中国科学技术史·通史卷，科学出版社，2003 年，第 2 页）

**距今约 180 万年**

西侯度文化遗址　旧石器时代初期　地质年代属早更新世

△ 1960 年在山西芮城西侯度村附近发现，为华北地区旧石器时代早期文化遗址。有以石英岩等为原料，由打制而成的石器，包括石核、石片、刮削器、砍砸器、三棱大尖状器等数十件，石器的刃部刻意制成直、凹、凸三种形态；还有带有人工加工痕迹的残鹿角；发现经火烧过的动物的骨和角。未发现人类遗骸，有纳玛象、野猪、步氏羚、巨河狸、山西披毛犀、长鼻三趾马、双叉麋鹿等动物化石。是中国北方最古老的文化遗迹之一，反映了早期人类采集、渔猎的原始经济。（贾兰坡、王建，西侯度——山西更新世早期古文化遗址，文物出版社，1978 年）

△ 在疏林草原环境生活的西侯度人在猎取食物的过程中，对某些动物的生存环境和地理分布已有一定了解。（唐锡仁等主编，中国科学技术史·地学卷，科学出版社，2000 年，

---

① 本节仅选取与中国古代科学技术发展关系较为密切或较有代表性的遗址，余皆从略。年代主要依据《中国大百科全书·考古学》（中国大百科全书出版社，1986 年）。

第 2~3 页）

## 距今约 170 万年

元谋人　旧石器时代初期　地质年代属早更新世晚期

△ 1965 年在云南元谋上那蚌村发现同属一成年人的左、右上内侧两颗门牙，是中国迄今发现最早的猿人化石。后又发现石英岩和脉石英打制的刮削器、尖状器、石片和石核等石器。有炭屑、烧骨，可能会用火。（张兴永等，元谋人及其文化，云南人类起源与史前文化，云南人民出版社，1991 年）

△ 元谋人、蓝田人以及其后的北京人使用的工具大都是用石英石、燧石经打击、锤击、碰击、砸击等方式制成，加工极为粗糙。所制砍砸器、石锤、石钻、石锥、刮削器、尖状器、石片、石核等，其中刮削器又可分成为盘状复刃、凸刃、直刃、凹刃等。这些工具可用于狩猎、采集、斫木，以及用作防身武器。（陆敬严等，中国科学技术史·机械卷，科学出版社，2000 年，第 21 页）

## 距今约 100 万年

小长梁-东谷坨文化　华北地区旧石器时代初期文化　地质年代属早更新世

△ 在河北阳原官亭村小长梁遗址发现了以各种颜色燧石制成的石器及动物化石。石器制作以锤击法打片为主，砸击法辅之，石器形体普遍较小，器形以刮削器为主，尖状器较少。[尤玉柱，河北小长梁旧石器遗址的新材料及其时代问题，史前研究，1983，（创刊号）]

## 距今 100 万~20 万年　旧石器时代早期

△ 石器的制作仍较粗糙，但类型增多。已经有可靠的用火证据，但是可能还不会人工取火，只限于对天然火的引取、控制、利用和保存。（张宏彦，中国史前考古学导论，高等教育出版社，2003 年，第 82 页）

## 距今约 80 万~75 万年

公王岭蓝田猿人　旧石器时代早期　地质年代属中更新世早期

△ 1964 年在陕西蓝田公王岭发现。石器多为石英岩和脉石英制成，以打击"三棱大尖状器"为特征，还有厚尖状器、刮削器、砍斫器和石球等。用粗糙的石器从事采集和狩猎。有粉末状炭粒，可能会用火。（中国科学院古脊椎动物与古人类研究所，陕西蓝田新生界现场会议论文集，科学出版社，1966 年）

△ 在公王岭蓝田猿人头盖骨化石地层中，发现 42 种哺乳动物化石，其中有森林动物虎、象、猕猴、野猪等，也有草原动物牛、鹿、马等。蓝田猿人捕捉鸟、青蛙、蜥蜴、蛇、老鼠、兔子以及昆虫等小动物，也采集浆果、坚果和可吃的块根、嫩叶等。公王岭的动物群有强烈的南方色彩，如大熊猫、华南巨貘、毛冠鹿等。（唐锡仁等主编，中国科学技术史·地学卷，科学出版社，2000 年，第 3~4 页）

匼河文化　旧石器时代早期　地质年代约属中更新世早期

△ 与公王岭蓝田人的年代相近或稍晚。在山西芮城匼河村一带 11 处旧石器遗址先后发掘出大量的动物化石和石制品。动物化石有东方剑齿象、肿骨鹿、德氏水牛等 13 种哺乳动

物化石。原始石器主要是以石英岩打制的石核、石片、刮削器、砍斫器、三棱大尖石器、小尖石器和石球等，石器的制作技术和类型显得比较简单。以大型石器为特征，系华北旧石器文化传统的代表。有一块烧骨，当能用火。（贾兰坡等，匼河——山西西南部旧石器时代初期文化遗址，科学出版社，1962年）

**距今约70万～20万年**

*北京人　旧石器时代早期　地质年代属中更新世*

△ 1927年在北京西南周口店龙骨山发现牙齿等，1929年发现一个完整头盖骨。其文化可分为早、中、晚三期。以细小石器为主，系华北旧石器时代的文化传统。先后出土丰富的石制品、骨器和角器。北京人遗址的材料十分丰富和系统，为研究旧石器时代早期的人类及其文化提供可贵的资料。（中国社会科学院考古研究所编，新中国的考古发现和研究，文物出版社，1984年）

△ 北京人遗址中，出土的石器数以万计，包括石砧、砸击石锤、锤击石锤、刮削器、尖状器、石锥、雕刻器和石球等，原料主要为劣质的脉石英，后期水晶、燧石类原料有所增加，并尽可能地选用优质石英，表明长期的生产实践使北京人对岩性的认识逐步提高。石片制造方式多采用砸击法，多向背加工，有相当多的未经第二次加工就使用的石片。早期用大石片做工具，主要分砍砸器和刮削器，其中前者约占一半。中期出现端刃刮削器，砍砸器减少，工具有小型化趋势。晚期尖状器、雕刻器数量增加，砍砸器锐减，小型工具明显增多。（裴文中、张森水，中国猿人石器研究，科学出版社，1985年）

△ 早在20世纪30年代，曾在北京人遗址中，发现黑灰土和颜色呈黑灰、浅蓝的骨片，经化学分析证明是火烧的结果。以后在北京猿人遗址文化堆积的许多层次中均发现大量的用火遗迹，特别是多处数米厚的灰烬，灰烬中包含数量很多的烧骨、烧石、烧土、烧过的朴树籽和木炭等。说明，北京猿人用火是经常性的，并且具有一定的控制与保存火种的能力。北京猿人遗址发现的用火遗迹是目前已知最早的、确定无疑的人类用火遗迹。（张宏彦，中国史前考古学导论，高等教育出版社，2003年，第102页）

△ 北京猿人的洞穴中发现大量火烧过的朴树籽。朴树籽可能是北京人的食物之一。（杜石然主编，中国科学技术史·通史卷，科学出版社，2003年，第14页）

△ 距今约50多万年前的周口店第13地点和山西芮城县发现人类最先发明的简单机械——尖劈。它是一种用作砍伐的石器。（刘仙洲，中国机械工程发明史，第一编，科学出版社，1962年，第11页）

*石龙头旧石器地点　旧石器时代早期　地质年代属中更新世*

△ 1971年和1972年在湖北大冶县章山石龙头洞穴发现，时代与北京人相当。挖掘到石英岩制品80余件，石器与刃缘相对的一端，皆经修理以宜手握。另发现大熊猫、东方剑齿象等10种哺乳动物化石。[李炎贤等，湖北大冶石龙头旧石器时代遗址发掘报告，古脊椎动物与古人类，1972，（2）]

*观音洞文化　旧石器时代早期　地质年代属中更新世*

△ 比北京猿人稍晚。1964年在贵州黔西县沙井的观音洞发现石制品3000件，材质以硅质灰岩为主，也有脉石英、硅质岩、燧石、玉髓和细砂岩；石器以刮削器为主，次为砍砸器、尖状器，少量为石锥、雕刻器；因原料和加工方向的多样性，石器不太整齐、均匀，但

式样繁多。另外还发现象、偶蹄类、猕猴、虎等哺乳动物化石 20 多种。(李炎贤、文本亨,观音洞——贵州黔西旧石器初期文化遗址,文物出版社,1986 年)

## 距今 70 万~50 万年

大窑旧石器时代早期制作场　旧石器时代早期　地质年代属中更新世中期

△ 20 世纪 70~80 年代在内蒙古呼和浩特市东郊大窑村南山四道沟发现一个旧石器早期制作场,出土许多大型的燧石块,有的长达 1.5 米,宽、厚各达 1 米左右。其周围密布人工打制的石片、石渣和石块之类,较少成型的石器。发现几件可以复合到一起的石片和石核。此为中国发现的唯一的旧石器时代早期的石器制作场,揭示人们从原生岩层中开采石料,就地制作工具。[内蒙古自治区博物馆等,呼和浩特东郊旧石器时代石器制造场发掘报告,文物,1977,(5):7]

## 距今 65 万~50 万年

陈家窝蓝田人　旧石器时代早期　地质年代属中更新世早期

△ 比公王岭蓝田猿人稍晚。1963 年在陕西蓝田陈家窝村发现下颌骨化石。有原始打击石器。动物化石以啮齿类动物群为主。(中国科学院古脊椎动物与古人类研究所,陕西蓝田新生界现场会议论文集,科学出版社,1966 年)

## 距今约 40 万年

毛竹山遗址　旧石器时代早期　地质年代属中更新世

△ 1997 年在安徽宁国毛竹山遗址发现一处旧石器时代早期人类露天生活遗址。遗迹为东西长 10 米、南北宽 6 米的半圆形砾石环带,面积 60 平方米;环带中空,宽 2 米,由 1200 余件石制品和砾石构成。石制品多为石片、石核,成形的工具较少,种类有砍砸器、刮削器和镐等。有的石片直立于地面,属就地打制形成。(韩立刚等,宁国发现旧石器早期人类露天生活遗迹,中国文物报,1998-6-10:1)

## 距今约 40 万~30 万年

和县人　旧石器时代早期　地质年代属中更新世

△ 1980 年在安徽和县龙潭洞发现猿人头盖骨化石,属直立人,与晚期北京人相当。同时获得石器和成批骨角器,烧过的骨头、牙齿和灰烬物质,还有东方剑齿象、中国犀、中国貘等约 40 种哺乳动物化石。[黄万波等,安徽和县猿人化石及有关问题的初步研究,古脊椎动物与古人类,1982,20(30)]

## 距今约 40 万~14 万年

庙后山遗址　旧石器时代早期　地质年代属中更新世

△ 位于辽宁本溪庙后山南坡的庙后山遗址是中国东北地区旧石器时代早期洞穴遗址,中国目前已知的最北的旧石器时代早期遗址。洞穴堆积分 8 层,发现人类化石和文化遗物的第 4、5、6 层,伴出有三门马、肿骨大角鹿等华北中更新世典型动物。出土的石制品,加工简单,多采用锤击法和碰击法打片,原料多为黑色石英砂岩,器形有砍斫器、石球和刮削器

等。发现薄层灰烬层、零散炭屑和烧骨。(辽宁省博物馆,庙后山——辽宁本溪市旧石器时代文化遗址,文物出版社,1986 年)

**距今约 30 万~20 万年**

金牛山文化　下层为旧石器时代早期　地质年代属中更新世

△ 1984 年在辽宁营口金牛山 A 洞发现了目前东北地区时代最早又保存较完好的人类化石——"金牛山人";1993~1994 年又发现"金牛山人"生活的居住面。发现灰烬层和 9 个灰堆为代表的用火痕迹,灰烬层与灰堆内有大量烧骨和烧石,说明不仅已会用火而且会管理火。石器以脉石英制成,有刮削器、尖刃器。(中国大百科全书·考古学,中国大百科全书出版社,1986 年,第 234~235 页)

**距今 20 万~5 万年　旧石器时代中期**

△ 在石器制作方面,虽然仍沿用传统的直接打击技术,但显得更熟练,在石器加工上较为规范和类型多样化。采集和狩猎活动有了一定的发展,并可能有了捕鱼活动和发明了人工取火的方法。开始由前氏族公社向氏族公社过渡。(张宏彦,中国史前考古学导论,高等教育出版社,2003 年,第 82 页)

硝灰洞遗址　旧石器时代中期　地质年代属中更新世晚期

△ 贵州旧石器时代中期遗址硝灰洞中出土石制品 100 余件,其中打制石片技术已采用了一种新方法——"锐棱砸击法"。(文物出版社编,新中国考古五十年,文物出版社,1999 年,第 391 页)

**距今约 20 万年**

大荔人　旧石器时代中期　地质年代属中更新世晚期

△ 1978 年春在陕西大荔县解放村附近的洛河第三阶地砂砾层中,发现一个较完整的人类头骨化石。较北京人进步,属早期智人。获得石制品 500 余件,大多是石片和石核,石器中以石英岩制成的刮削器为主,修理石器多用锤击法且手法较粗糙;还有肿骨大角鹿、驼鸟等 10 余种哺乳动物化石。[吴新智,陕西大荔县发现的早期智人古老类型的一个完好头骨,中国科学,1981,(2)]

**距今约 18.5 万年**

灵峰洞遗址　旧石器时代中期　地质年代属中更新世晚期

△ 灵峰洞遗址位于福建三明市万寿岩,是闽台地区现已发现最早的旧石器时代遗址,属旧石器时代中期文化。(万寿岩考古发掘队,福建旧石器考古新突破,中国文物报,2000-12-3:1)

**距今约 12.9 万年**

马坝人　旧石器时代中期　地质年代属中更新世晚期

△ 1958 年在广东曲江马坝狮头峰洞穴中发现一个人类头骨和 19 种动物化石,属早期智人,为目前华南地区时代最早的人类化石。在马坝人化石地点发现两件经人工单面打击的砾

石制品，有专家认为它们与马坝人同期。(纪念马坝人化石发现三十周年文集，文物出版社，1988 年)

## 距今约 12.5 万～10 万年

　　许家窑文化　　旧石器时代早期末或中期初　　地质年代属中更新世晚期或晚更新世早期

　　△ 20 世纪 70 年代先后在山西阳高许家窑村一带发现大量人骨化石，属早期智人。另出土石制品数万件和加工过的骨角器。还发现中华鼢鼠、诺氏古象、野马、披毛犀等 20 种哺乳动物化石。许家窑遗址是目前中国旧石器中期古人类化石和文化遗存最丰富、规模又大的遗址。[贾兰坡等，山西阳高县许家窑旧石器时代遗址，考古学报，1976，(2)；许家窑旧石器时代文化遗址 1976 年发掘报告，古脊椎动物与古人类，1979，(4)]

　　△ 在不易保存火种的旷野类型的许家窑遗址中，发现许多与石器、动物化石共存的被火燃烧过的物质。这似乎暗示着当时人类已掌握了某种人工取火的方法。(张宏彦，中国史前考古学导论，高等教育出版社，2003 年，第 103 页)

　　△ 许家窑遗址中，除了数以千计的石球外，粗大的石器较为少见，多为刮削器、尖状器和雕刻器等小型工具，这些石器复杂精巧，是细石器的母型。许家窑文化是中国北方小石器文化传统中北京猿人文化发展到峙峪文化的重要过渡类型文化。(文物出版社编，新中国考古五十年，文物出版社，1999 年，第 64 页)

　　△ 原始狩猎用重要工具——石球在许家窑遗址出土。石球有上千枚之多，最大者重达1500 克，直径超 100 毫米，最小者重不足 100 克，直径不到 50 毫米。这些大小制作相当规整的石球是打猎用的石飞索上的弹丸。这种工具能够大大提高捕获动物的效率，在许家窑遗址发现的动物化石相当多，尤其是野马、披毛犀和羚羊的化石。除了许家窑遗址外，旧石器时代中、晚期，陕西、山西、河南、内蒙古、甘肃等地也出现了石球。(陆敬严等，中国科学技术史·机械卷，科学出版社，2000 年，第 22 页)

## 距今约 12 万年

　　丁村文化　　旧石器时代中期　　地质年代属中更新世晚期

　　△ 1954 年起在山西襄汾丁村先后发现 3 颗牙齿，属早期智人，与现代黄种人较近。出土大量以角页岩制作的石器，如多边形器、三棱大尖状器、球形器，其中以三棱大尖状器最具特色，称"丁村尖状器"，其他典型的工具为大型的砍斫器、斧状器和双阳面石刀。发现梅氏犀、纳玛象等 20 余种哺乳动物化石，以及鲤、鲭、鲩、鳍等 5 种鱼化石，还有蚌、螺、蜗牛、蚬等软体动物化石。(裴文中等，山西襄汾县丁村旧石器时代遗址发掘报告，科学出版社，1958 年)

　　△ 丁村人已能够到不同的动物生态环境中去猎取各种动物，而不是猎取比较单一的某些动物。(唐锡仁等主编，中国科学技术史·地学卷，科学出版社，2000 年，第 3 页)

## 距今约 10 万～2 万年

　　寿山仙人洞遗址　　旧石器时代中晚期　　地质年代属中更新世晚期

　　△ 20 世纪 90 年代发掘的吉林桦甸寿山仙人洞遗址中，出土打制石器 200 多件，并伴生动物化石 12 种。石制品的原料主要是角岩，器形有石核、石片、石锤、刮削器等，多用锤

击法，且为反向加工和复向加工；此外还有骨制的刮削器和尖刃器。（文物出版社编，新中国考古五十年，文物出版社，1999 年，第 109 页）

**距今约 7 万～5 万年**

鸽子洞遗址　旧石器时代中期　地质年代属中更新世晚期

△1956 年在辽宁喀喇沁左翼蒙古族自治县大凌河右岸鸽子洞发现，1973、1974 年发掘，有岩羊、羚羊等 20 种动物化石。用火遗迹非常丰富，有 0.5 米的灰烬层，含大量的烧骨、炭和烧裂的石块，烧骨中以羚羊骨最多。有石器 300 多件，其中刮削器最多，制作精良；错向加工的尖状器，尖刃不在尾端而在台面的一端，此为鸽子洞石器的特点。[鸽子洞发掘队，辽宁鸽子洞旧石器遗址发掘报告，古脊椎动物与古人类，1975，（2）]

**距今 5 万～1.2 万年　旧石器时代晚期**

△ 在石器制作方面，除了沿用直接打击法外，还发明了新的剥片与加工技术——间接打击法，出现了主要用于装备复合工具的细石器。在骨器和装饰制作方面，开始使用刮、磨、钻孔等新技术。采集和狩猎业都发展到高级阶段，捕鱼业可能已成为社会经济的组织部分。进入氏族公社时期。（张宏彦，中国史前考古学导论，高等教育出版社，2003 年，第 82 页）

呼玛十八站旧石器地点　旧石器时代晚期　地质年代属晚更新世

△ 位于黑龙江呼玛县十八站附近的呼玛河左岸第二阶地上的呼玛十八站旧石器地点，是迄今发现的中国最北的一处旧石器地点。石制品的原料为当地的凝灰岩、燧石和流纹岩等砾石。石制品中一类是较大的石器，如半月形的刮削器等；另一类是具有细石器传统的各类石制品，如细石叶和雕刻器等。（中国大百科全书·考古学，中国大百科全书出版社，1986 年，第 204 页）

青藏地区旧石器文化　旧石器时代晚期　地质年代属晚更新世

△ 在青海省霍霍西里、西藏自治区定日县和申扎县三个地点发现打制石器，从制法和器形上推定它们是旧石器时代晚期的文化遗物。位于海拔 4000 米以上的旧石器时代遗址，在世界范围内是比较罕见的。[邱中郎，青藏高原旧石器的发现，古脊椎动物学报，1958，（2）：2～3]

丽江人地点　旧石器时代晚期　地质年代属晚更新世

△ 发现于云南丽江西南木家桥村附近，是中国西南地区旧石器时代晚期的人类化石和石器地点。发现 6 件燧石制品，包括石片、石核，还发现一段有钻孔痕迹的鹿角；动物化石有剑齿象、犀牛和云南轴鹿等。（中国大百科全书·考古学，中国大百科全书出版社，1986 年，第 270 页）

虎头梁遗址　旧石器时代晚期　地质年代属晚更新世

△ 20 世纪 70 年代在河北阳原虎头梁出土中华鼢鼠、野马、野驴等 15 种哺乳动物化石及 200 余件楔形石核。在虎头梁 73101 地点发现 3 处人类烧烤取食的灶坑遗迹。还有穿孔贝壳、钻孔石珠、鸵鸟蛋皮和鸟骨制扁珠等，表明磨制工艺已有显著的进步。[盖培、卫奇，虎头梁旧石器时代晚期遗址的发现，古脊椎动物与古人类，1977，15（4）]

△ 以虎头梁遗址群为代表的虎头梁文化，石器加工技术发达，属细石器文化系统。石

器类型有细石核、细石叶、圆头刮削器、尖状器和雕刻器等。[谢飞，泥河湾盆地旧石器文化研究新进展，人类学学报，1991，10（4）]

**距今约 5 万年**

柳江人　旧石器时代晚期　地质年代属晚更新世

△ 1958 年在广西柳江县通天岩旁的一个洞穴中发现。头骨具有原始蒙古人种特征。同时出土大熊猫、中国犀、剑齿象、巨貘、猪、熊等多种动物化石，发现打制石器 12 件。[王令红等，桂林宝积岩发现的古人类化石和石器，人类学学报，1982，（1）]

**距今约 5 万～3.5 万年**

萨拉乌苏遗址（原称河套人、河套文化）　旧石器时代晚期　地质年代属晚更新世

△ 20 世纪 20 年代在内蒙伊克昭盟乌审旗萨拉乌苏河岸发现一枚人齿化石，1960 年后又采集到人类骨骼化石，属晚期智人。发现猛犸象、披毛犀、羚羊、原始牛、野马、骆驼等 40 余种动物化石。发现石器 500 余件，原料多为石英岩和燧石，且特别细小和不见两极石核、两极片。发现不多的炭屑。（中国社会科学院考古研究所编，新中国的考古发现和研究，文物出版社，1984 年，第 18～20 页）

水洞沟文化（亦称河套文化）　旧石器时代晚期　地质年代属晚更新世

△ 20 世纪 20 年代与 60 年代在宁夏灵武县水洞沟两次发掘。出土约 1 万件石制品，多为较定型的经过二次加工的石器，形制较大，加工精致，其中有石镞。还出土一枚磨制骨锥和鸵鸟蛋皮磨成的圆形穿孔饰物。[汪宇平，水洞沟的旧石器文化遗址，考古，1962，（2）；宁夏地质局区域地质调查队，1980 年水洞沟遗址发掘报告，考古学报，1987，（4）]

网形文化　旧石器时代晚期　地质年代属晚更新世

△ 主要分布在台湾省北部和中部地区，以苗栗网形地区的伯公垅遗址为代表，其典型石器为单面石核砍伐器和刮削器。（文物出版社编，新中国考古五十年，文物出版社，1999 年，第 526 页）

**距今约 5 万～2 万年**

大窑旧石器时代晚期制作场　旧石器时代晚期　地质年代属晚更新世

△ 20 世纪 70～80 年代在内蒙古呼和浩特市东郊大窑村南山的二道沟发现一个旧石器晚期制作场，发现有很厚的石片、石器、石渣层。其中，典型的石片和石核数量很多，石器较少，半成品和废品占绝大多数。石器类型简单，只有刮削器、砍砸器和尖状器等，其中以可用于剥兽皮、刮兽肉和加工皮革的龟背形刮削器较为特殊。[内蒙古自治区博物馆等，呼和浩特东郊旧石器时代石器制造场发掘报告，文物，1977，（5）：7]

**距今约 4 万～2 万年**

小孤山仙人洞遗址　旧石器时代晚期　地质年代属晚更新世

△ 1980 年发现、1981 年试掘的辽宁海城小孤山仙人洞遗址不仅发现人牙化石和数量众多的用脉石英打制的石器，还发现了骨针和双排倒刺的骨质鱼叉以及穿孔牙饰、蚌饰等。（文物出版社编，新中国考古五十年，文物出版社，1999 年，第 98 页）

△ 小孤山仙人洞遗址出土的 3 根骨针外表磨制光滑，粗细仅 3 毫米，十分精致。有了骨针人们可以把兽皮缝制成衣服，抵御寒冷，为进一步扩大生存范围提供了前提。[黄蕴平，小孤山骨针的制作和使用研究，考古，1993，(3)]

## 距今约 3 万年

小柴达木湖遗址　旧石器时代晚期　地质年代属晚更新世
△ 在青海海西州小柴旦盆地内的小柴达木湖遗址中，共采集人工石制品 700 余件，主要为石核、石锤、刮削器、雕刻器、石钻、砍砸器等。此外，还有细石核和细小石器。这是青海目前发现的最早的一处旧石器时代晚期遗址。(文物出版社编，新中国考古五十年，文物出版社，1999 年，第 455~456 页)

## 距今约 3 万~2 万年

左镇人　旧石器时代晚期　地质年代属晚更新世末期
△ 1971 年在台湾省台南县左镇乡菜寮溪一带的河床上，发现右顶骨化石残片，属晚期智人。当时人们以狩猎和采集为生，还没有出现农业。[连照美，台南县菜寮溪的人类化石，台湾大学考古人类学刊，1981，(44)]

## 距今约 3 万~1 万年

船帆洞遗址　旧石器时代晚期　地质年代属晚更新世
△ 船帆洞遗址位于福建三明市万寿岩。在发现磨制骨角器和粗糙的石制品的同时，还发现人工铺石地面。(万寿岩考古发掘队，福建旧石器考古新突破，中国文物报，2000-12-3：1)

## 距今约 2.8 万年

峙峪遗址　旧石器时代晚期　地质年代属晚更新世
△ 1963 年在山西朔县峙峪遗址发现一块人类枕骨化石。出土石制品 2 万余件，以小型石器为主，内有雕刻器；扇形石核等细石器制作精致。发现一件骨制尖状器和一些有刻划痕迹的骨片。发现哺乳动物化石 10 余种，其中 4 种现已灭绝，还发现至少 200 余匹野驴化石，反映出当时人类高超的狩猎技能。[贾兰坡等，山西峙峪旧石器时代遗址发掘报告，考古学报，1972，(1)]
△ 峙峪遗址出土 1 件一面穿孔的扁平圆形石墨饰物，反映了当时磨制钻孔技术的进步。出土的水晶斧形小石刀的弧形刃口宽约 3 厘米，两平肩之间有短柄状突出，当是复合工具的刃部，镶嵌在木把上使用。[尤玉柱等，关于峙峪遗址若干问题的讨论，考古与文物，1982，(5)]
△ 宁夏水洞沟遗址和峙峪遗址均有石镞出土，说明旧石器时代晚期开始使用弓箭。峙峪遗址的石镞用很薄的长石制成，一端较锋利，两边经过精细的修理，肩部两侧变窄呈铤状。镞的出现揭示中国在旧石器时代已利用弹性材料来制作弓。它不仅是狩猎的一种新工具，而且减少了狩猎的危险性。(陆敬严等，中国科学技术史·机械卷，科学出版社，2000 年，第 23 页)

**距今约 2.4 万~1.6 万年**

下川文化　细石器文化　旧石器时代晚期　地质年代属晚更新世

△ 20 世纪 70 年代在山西沁水下川地区出土石制品上万件，种类繁多，打制技术极高、加工较细，开新石器时代早期高度发达的细石器工艺的先河。下川细石器是用黑色燧石制作的，典型工具有石叶、细石叶、端刮器、箭头、雕刻器、尖状器、琢背小刀等，器形规整、刃缘平齐；此外，还出现大型工具如石锛、磨盘、磨锤、石锯等。下川文化的细石器代表旧石器时代石器制作技术的最高水平。细石器的大量出现说明，当时已较普遍地使用了复合工具。[王建等，下川文化——山西下川遗址调查报告，考古学报，1978，(3)]

△ 下川文化遗址中出土的磨盘是中国目前已发现的最古老的（野生的）谷物加工工具。进入新石器时代，随着农业产生并迅速发展，磨盘也得到迅速发展。(陈文华，中国农业考古图录，江西科学技术出版社，1994 年，第 350、355 页)

△ 下川文化遗址中出土的石锯是用石片或石块打出锯齿形，齿形虽不规整，但是很锋利。(中国社会科学院考古研究所编，新中国的考古发现和研究，文物出版社，1984 年)

薛关遗址、柿子滩遗址　细石器文化　旧石器时代晚期　地质年代属晚更新世

△ 20 世纪 80 年代发现的山西蒲县薛关遗址和吉县柿子滩遗址位于西部黄河左岸，石制工具包含两类：一是选择石英岩砾石石片为材质，以软锤技术和压削法制作的卵圆形弧刃刮削器和双尖尖状器；二是加工精美的石镞、端刮器等典型的细石器。(文物出版社编，新中国考古五十年，文物出版社，1999 年，第 65 页)

**距今约 2.2 万年**

阎家岗遗址　旧石器时代晚期　地质年代属晚更新世

△ 在黑龙江哈尔滨市阎家岗遗址中，发现两处用动物骨骼垒筑成的半圆形遗迹，据考证是临时居址。在遗址中获得的 29 种脊椎动物化石共达 3000 多件，其中还有石器、骨器等。(黑龙江省文物管理委员会等，阎家岗——旧石时代晚期古营地遗址，文物出版社，1990 年)

**距今约 2.1 万年**

清河屯遗址　旧石器时代晚期　地质年代属晚更新世

△ 黑龙江省讷河市清河屯遗址中，出土石制品有石核、砍砸器、刮削器、多面体石核、船底形石核、石片、石锤等，为中型或大型石器；石材以灰色页岩和棕褐色硅质岩为原料，系就地取材。(于汇历，黑龙江清河屯遗址的旧石器，东北亚旧石器文化，1996 年)

富林文化　旧石器时代晚期　地质年代属晚更新世

△ 1960 年发现、1972 年发掘的富林文化位于四川汉源县富林镇，是中国西南地区旧石器时代晚期的文化。发现石制器 4500 多件，其中大量细小石制品，平均长度约 2.6 厘米；石器的修制方式以由破裂面向背面加工为主。还发现有木炭、灰烬、烧骨、篝火遗迹以及少量的哺乳动物和植物的化石。该遗址并非居住地，而是一处石器制造场。[张森水，富林文化，古脊椎动物与古人类，1977，15 (1)]

## 距今约 2.0 万~0.9 万年

*万年仙人洞和吊桶环洞遗址   旧石器时代末期至初期新石器遗址*

△ 江西万年仙人洞遗址于 20 世纪 60 年代初发现和发掘，90 年代再次发掘中同时对距仙人洞约 800 米的吊桶环洞进行发掘，获得石器 474 件、骨器 248 件、穿孔蚌器 19 件、原始陶器 297 块，还出土了 20 多块人骨化石以及数万块兽骨残片。仙人洞遗址堆积分上、下两层，文化内涵有较大的差别。下层的生产工具普遍比较原始，打制石器较多，磨制石器较少；陶器都是质地粗糙的夹砂红陶，原始性尤为明显。下层新出现磨光扁平石锛、骨矛形器和带铤蚌镞，陶器中出现夹蚌红陶、泥质红陶、细砂和泥质的灰陶。[江西文物管理委员会，江西万年大源仙人洞洞穴遗址试掘，考古学报，1963，（1）：1~16；刘诗中，江西仙人洞和吊桶环发掘重要进展，中国文物报，1996-1-28：1]

△ 万年仙人洞和吊桶环洞遗址出土的骨器或骨管上刻有一道道划痕，这是中国目前所见较早的记事或表数的刻划痕。（文物出版社编，新中国考古五十年，文物出版社，1999年，第 217 页）

△ 万年仙人洞遗址中发现了原鸡的遗骨。（陈文华，中国农业考古图录，江西科学技术出版社，1994 年，第 536 页）

△ 万年仙人洞和吊桶环洞遗址上层出土大量原始陶片，它们为夹粗砂、胎厚、火候低，且陶胎多用泥片分块贴拍，也有近底采用泥条盘筑法成形的。最早的陶片年代约距今14 000年，是目前中国发现最早的陶片之一。（李家治主编，中国科学技术史·陶瓷卷，科学出版社，1998 年，第 18 页）

## 距今约 1.9 万年

*白莲洞 2 期文化   旧石器时代晚期   地质年代属晚更新世*

△ 在广西柳江白莲洞 2 期文化遗址中，发现大量的打制石器、少量的磨刃石器和穿孔砾石，打制石器中有不少具有类似细石器特色的燧石小石器，动物化石有野猪、水牛、鹿、豪猪、猕猴等。石镞的出现和较多的燧石小石器，反映了捕捞业的兴起。（文物出版社编，新中国考古五十年，文物出版社，1999 年，第 332 页）

## 距今约 1.8 万年

*山顶洞人   旧石器时代晚期   地质年代属晚更新世*

△ 1933~1944 年在北京周口店龙骨山山顶洞穴发现人类化石，属晚期智人。从事采集、渔猎，能人工取火，已开始形成母系氏族公社。死者按一定规矩埋葬，并有随葬装饰品以及身体四周撒有赤铁矿粉粒，表明已有原始的宗教信仰。（中国社会科学院考古研究所编，新中国的考古发现和研究，文物出版社，1984 年）

△ 在山顶洞遗址里发现鲩鱼、鲤科的大胸椎和尾椎化石，说明山顶洞人已经能够捕捞水生动物。其中有钻孔的鲩鱼眼上骨，由其推算全鱼的身长有 80 厘米，此外还有近 10 个比较大的鱼类。这么大的鱼很难徒手捕到，当时应该已经有捕捞工具。（杜石然主编，中国科学技术史·通史卷，科学出版社，2003 年，第 18 页）

△ 在山顶洞文化遗址的洞穴中，发现有赤铁矿的粉末和用赤铁矿粉涂成的红色石珠、

鱼骨等装饰品，表明山顶洞人已开始使用红色矿物颜料。［陈维稷，中国纺织科学技术史（古代部分），科学出版社，1984 年，第 252 页］

　　△ 山顶洞人掌握了钻孔技术，而且能两面对钻。在鲩鱼眼上骨和直径只有 3.3 毫米的骨针上钻出细孔，表明钻孔技术已相当熟练，制造钻孔工具的技术已达到相当水平。（中国大百科全书·考古学，中国大百科全书出版社，1986 年，第 433 页）

　　△ 山顶洞人掌握了磨制技术，出土的许多饰物表面有磨擦痕迹，有些磨穿成孔。尽管这种磨制技术仅用于制造装饰品，但却为此后新石器时代磨制工具的出现打下基础。（贾兰坡，中国大陆上的远古居民，天津人民出版社，1978 年）

　　△ 山顶洞人掌握了缝制技术。在山顶洞第一文化层中，发掘出一枚残长 82 毫米、直径 3.1～3.3 毫米、顶端锐利、针身圆滑、尾部有孔的骨针，表明山顶洞人已用骨针引线缝制兽皮衣服了。（李仁溥，中国古代纺织史料，岳麓出版社，1983 年，第 2 页）

**距今约 1.5 万年**

　　长滨文化　旧石器时代晚期之末　地质年代属晚更新世

　　△ 因 1968 年最早在台湾省台东县长滨乡八仙洞发现而得名，分布于台湾东部及恒春半岛沿岸。出土制石器 6000 多件，以石片器为主，打击石片主要使用锐棱砸击法，石器的主要类型有刮削器、砍砸器和尖状器，此外还有比较丰富的骨角器。长滨文化的主人以洞穴为家，过狩猎、捕捞和采集生活。其石器类型及制作技术上，与中国南方许多旧石器时代的遗址没有多大差别。（宋文薰，长滨文化，台北：中国民族学会，1969 年）

　　猫猫洞旧石器时代地点　旧石器时代晚期之末　地质年代属晚更新世

　　△ 1974 年发现、1975 年发掘的位于贵州兴义北的猫猫山为一岩荫遗址，是中国西南地区旧石器时代晚期的地点。出土 4000 余件石制品，加工精致，以尖状器和单凸刃刮削器最为典型；其修理方式别具一格，主要用锐棱砸击法打片，辅以锤击法，绝大多数是由背面向破裂加工。还出土骨器 4 件、角器 8 件，并发现人类化石、哺乳动物化石以及用火遗迹。（中国大百科全书·考古学，中国大百科全书出版社，1986 年，第 318 页）

**距今约 1.2 万年**

　　昂昂溪遗址　旧石器时代晚期之末　地质年代属晚更新世

　　△ 位于黑龙江省齐齐哈尔市昂昂溪大兴屯。出土石器 128 件，磨制石器较少，有小石锛和穿孔珠饰；小石器较多，并有加工精细的三角形凹底或平底石镞等细石器，原料以玉髓、玛瑙和燧石为主，火成岩和石英岩少见。骨器丰富，有带倒刺的枪头、鱼镖、可镶嵌细小石刀的带槽刀柄、穿孔骨器等，多属渔猎工具。［黄慰文等，黑龙江昂昂溪的旧石器，人类学报，1984，3（3）］

**距今 1 万年**

　　吉日尕勒古文化遗存　旧石器时代晚期之末　地质年代属晚更新世

　　△ 1983 年，在新疆塔什库尔干县东南的吉日尕勒发现一处古文化遗存。在原生堆积中发现了人工用火的遗迹，在灰烬中发现少量烧骨，在堆土中发现一件打制石器。（文物出版社编，新中国考古五十年，文物出版社，1999 年，第 479～480 页）

**距今 100 万～1.2 万年　旧石器时代**

△ 据统计，旧石器时代，中国先民利用过的岩石有 37 种，其中包括石英、燧石、石髓、水晶、赤铁矿、石墨、蛋白石、玛瑙和碧玉等 9 种矿物，其中分布广、产量多的石英是最常用的石材。他们对这些岩石矿物的颜色、硬度、透明度等已有一定的认识。这些石材多采自居住地附近河滩的砾石，或拣选自附近山坡上合用的岩块。此时的人类尚不具备从原生岩层开采石料的技术和能力。（唐锡仁等主编，中国科学技术史·地学卷，科学出版社，2000 年，第 6～9 页）

△ 中国已发现的使用工具类的旧石器，依功用和形状划分主要有刮削器、砍砸器、尖状器、锥钻、雕刻器和球状器等类型，其中刮削器和砍砸器（又称"砍伐器"和"砍斫器"）是最常用的两种旧石器，前者主要用于刮削狩猎用的棍棒等竹、木工具以及刮、割兽皮和兽肉等，后者主要用于砍伐树木和砸击果壳、动物骨骼等。（张宏彦，中国史前考古学导论，高等教育出版社，2003 年，第 111～112 页）

# 中 石 器 时 代

**距今约 1 万年**

△ 中国的中石器时代遗存，处于旧石器时代和新石器时代之间的过渡阶段，在全国范围内均有少量发现，以黄河流域的遗存比较重要。其基本特征是：此时的人类依然过着采集渔猎的经济生活，农业和畜牧业还没有出现；工具以打制石器为主，用间接打击法制作的典型细石器尤为盛行，仅有个别的磨制石器，陶器还没有产生。这一时代开始于 1 万多年以前的地质上的全新世时代，下限则延续得比较长。（中国大百科全书·考古学，中国大百科全书出版社，1986 年）

　　拉乙亥遗址　中石器时代　全新世时代早期

△ 在青海贵南拉乙亥遗址中，出土的石器有石核、刮削器、尖状器、石锤、石片、石叶、砥石等；骨器有骨锥、骨针等。石器中多数是细石片，均为打制石器。某些石骨上可见到琢修的痕迹。琢修技术出现于中石器时代，在从旧石器朝代向新石器时代过渡阶段中，起着承前启后的作用。（文物出版社编，新中国考古五十年，文物出版社，1999 年，第456 页）

　　沙苑遗址　中石器时代　全新世时代

△ 位于陕西大荔的沙苑遗址，是中国华北地区细石器遗存的典型代表。这里有船底形、楔形、圆锥形石核，石叶和它的加工品，还有小型的刮削器以及压制精致的石镞等，尤以制作精致的尖状器和刮削器等石片石器最具特征。[安志敏，关于我国中石器时代的几个遗址，考古通讯，1956，（2）]

# 新 石 器 时 代

**距今 12 000～9000 年　新石器时代初期**

△ 开始使用磨制石器，但大多数石器仍为打制石器或细石器。开始制作陶器。发现有稻作的遗存，原始农业处于萌发期。（张宏彦，中国史前考古学导论，高等教育出版社，

2003年，第83页）

## 约公元前 12000～前 9000 年

*黄岩洞遗址、独石仔洞穴遗址　新石器时代初期*

△ 广东封开黄岩洞遗址和阳春独石仔洞穴遗址，是广东新石器时代最初阶段的代表遗存。遗物均以大量打制石器、少量磨制石器和穿孔石器为特征，不含陶器，其陡刃石器是石器中最具特色的器物。它们代表着旧石器时代向新石器时代的过渡阶段，也有人认为属于华南地区的中石器时代。[宋义方等，广东封开黄岩洞洞穴遗址，考古，1983，（1）；邱立诚等，广东阳春独石仔新石器时代洞穴遗址的发掘，考古，1982，（5）]

## 约公元前 8000 年

*玉蟾岩洞穴遗址　新石器时代初期*

△ 1993 年和 1995 年两次对湖南道县寿雁镇玉蟾岩洞穴遗址进行了发掘。出土遗物主要为打制石器和骨、角、牙、蚌制品，同时出土大型食草类（鹿科）动物、小型食肉类动物和鸟类骨骼。（文物出版社编，新中国考古五十年，文物出版社，1999 年，第 298 页）

△ 在玉蟾岩洞穴遗址中，1993 年发现的 2 粒完整的稻谷和 1/4 粒残片，经鉴定为普通野生稻；1995 年发现的 1 粒鉴定为栽培稻，但是尚保留野生稻、籼稻和粳稻的综合特征的稻种，它是目前世界上发现的时代最早的人工栽培稻标本之一。（袁家荣，玉蟾岩获水稻起源重要新物证，中国文物报，1996-3-3；董恺忱等，中国科学技术史·农业卷，科学出版社，2000 年，第 40～41 页）

△ 在玉蟾岩洞穴遗址两年发掘中，均在接近基底的地层中发现了陶片，其中已复原的一个深腹尖底罐，胎厚近 2 厘米，夹碳、夹大颗石英颗粒，贴塑。此为中国已知最早的陶制品之一。（文物出版社编，新中国考古五十年，文物出版社，1999 年，第 298 页）

*南庄头遗址　新石器时代初期*

△ 1997 年在对河北徐水南庄头遗址正式发掘中，重要收获是发现了用火的遗迹：一条自然小沟和附近的红烧土面，上面分布着烧过的树干、木炭、破碎的动物骨骼、石块和陶片等。石器主要是石磨盘和石磨棒。骨器以磨制精致的骨锥为代表。（文物出版社编，新中国考古五十年，文物出版社，1999 年，第 42 页）

△ 1986～1987 年，河北徐水南庄头遗址发现有陶新石器遗存，这是中国华北地区第一次发现地层清楚、年代最早的有陶新石器遗存之一。1997 年的正式发掘中，又获取陶片 40 余片。这些陶片中有夹砂深灰陶、夹砂云母褐陶、夹砂红陶和夹砂红褐陶等，陶片的胎壁厚约 0.8～1.0 厘米，烧制火候低，质地疏松。在我国黄河流域的河南、河北，长江中下游的江西、浙江，以及东南沿海的广东、广西都已发现有新石器时代早期的陶器，其中南庄头遗址和江西仙人洞遗址都发掘出大小不等、种类不同的砂粒和烧成温度在 700℃ 左右的砂质陶。说明我国至少从此有了陶器。多数遗址出土陶片较少。它们的化学组成较分散和原料使用较随意和原始。因烧成温度低，陶器极易破碎。从烧成温度和多数遗址没有发现炉窑残体，可能采用无窑烧成。已使用涂层—陶衣—装饰陶器表面，也使用压印和刻划等以改善陶器表面的粗糙不平。[北京大学考古系等，河北徐水南庄头遗址试掘简报，考古，1992，（11）：961～986；李家治主编，中国科学技术史·陶瓷卷，科学出版社，1998 年，第 18～

30 页]

　　**转年遗址　新石器时代初期**

　　△ 转年遗址位于北京市怀柔区宝山寺乡转年村西、白河第二阶地上，面积约 5 000 平方米，文化堆积分 4 层，第 4 层为新石器时代堆积。共获遗物 18 000 件，多为石器，有打制的石片、砍砸器、尖状器等，磨制的石斧、石钵等。细石器制作精良，有石核、石叶、刮削器等。陶器以夹粗砂褐色陶为主，烧制火候较低而质地疏松，内外器表颜色不一。数量众多的打制石器、细石器、磨制石器和陶、石容器共存，是转年遗存的突出特点。[郁金城等，北京转年新石器时代早期遗址的发现，北京文博，1998，(3)]

　　**于家沟遗址　新石器时代初期**

　　△ 1977 年河北阳原泥河盆地于家沟遗址发现距今 1 万余年的陶片。这是中国华北地区目前发现的最早的有陶新石器时代遗存之一。（文物出版社编，新中国考古五十年，文物出版社，1999 年，第 41 页）

　　**沂沭河流域和汶泗河流域细石器文化遗存　新石器时代初期**

　　△ 20 世纪 80 年代在山东沂沭河流域和汶泗河流域发现上百处细石器文化遗存。沂沭河流域细石器分为石核器和石片器两大类。石质主要为石英、燧石、变质岩和水晶等。大多采用直接打击法，然后用间接法修整。多数采用单面加工，压制技术比较熟练。汶泗河流域的细石器以石片最多，工具类型有刮削器、尖状器、石钻、斧状小石器和石锯等。当地人们的经济生活以狩猎为主，兼有捕捞和采集。[中国社会科学院考古研究所山东工作队，山东汶、泗流域发现的一批细石器，考古，1993，(8)]

## 约公元前 7000 年

　　△ 在河北容城，发现距今 9000 多年的核桃。（周国兴，人之由来，海燕出版社，1995 年，第 292 页）

## 约公元前 7000～前 5800 年

　　**彭头山遗址　新石器时代初期**

　　△ 1988 年冬正式发掘的湖南省澧县彭头山遗址中，除了大量的打制的砾石石器和黑色燧石小石器外，还有少量磨制小型石锛、凿和装饰品棒、珠和管。出土陶器表现出明显的早期性：类型简单；支架和小型器多为直接捏制，其他器物则为模具上用泥片贴筑；器物多为红色或红褐色，胎多黑色，含炭。[湖南省文物考古研究所、澧县文物管理所，湖南澧县彭头山新石器时代遗址发掘简报，文物，1990，(8)：17]

　　△ 彭头山遗址的最重要发现是在一些红烧土块和陶器胎质中发现有炭化了的稻谷谷壳。虽然难以鉴别其种属，但孢粉分析表明与现代水稻接近，应该是栽培稻的遗存。[裴安平，彭头山文化的稻作遗存与中国史前稻作农业，农业考古，1989，(2)：102～108；湖南省文物考古所孢粉实验室，湖南省澧县彭头山遗址孢粉分析与古环境探讨，文物，1990，(8)：30]

## 距今 9000～7000 年　新石器时代早期

　　△ 磨制石器的使用已普遍，但仍多为局部磨制。陶器已成为日常生活的必需品，以红

陶为主，陶色多不纯正，陶质较粗糙。出现了有一定规模的定居聚落和氏族公共墓地。原始农业有了一定的发展，并形成了以黄河流域为中心的粟作农业和以长江为中心的稻作农业两大文化体系，原始农业处于确立期。（张宏彦，中国史前考古学导论，高等教育出版社，2003 年，第 83 页）

　　头道遗址　新石器时代早期

　　△ 内蒙古多伦旗头道新石器遗址中出土了一枚长 4.5 厘米的砭石，一端为四棱锥形，可用来放血；另一端为扁平刃，可用来切开脓疡。[王雪苔，中国针灸源流考，中医杂志，1979，(8)]

　　杨家洼遗址　新石器时代早期

　　△ 辽宁葫芦岛连山区塔山乡杨家洼新石器时代遗址中，发现两条用纯净的米黄色黏土在红褐色土地面上塑出的龙形图案。此后在距今 6500 余年的河南濮阳西水坡 45 号墓中，在人骨架东西两侧有蚌壳摆塑的龙虎图案。可见，龙、虎的观念在新石器时代已形成，以后发展成为风水中的龙脉、龙砂、虎砂、东方青龙、西方白虎，对中国传统地理学有一定的影响。（唐锡仁等，中国科学技术史·地学卷，科学出版社，2000 年，第 46~47 页）

　　豹子头遗址　新石器时代早期

　　△ 1973 年发掘的豹子头遗址位于广西南宁市郊那坝村西南，发现大量的石器、骨器、蚌器、陶片和动物遗骸，其中有大量的穿孔蚌刀、穿孔蚌网坠。（文物出版社编，新中国考古五十年，文物出版社，1999 年，第 335 页）

## 约公元前 7000~前 5600 年

　　青塘遗址　新石器时代早期

　　△ 广州翁源（后改称英德）青塘遗址出土的陶片表面上发现一薄层与内部化学组成不同的涂层。考古界称之为"陶衣"。它既是后世在陶或瓷上所用的釉的萌芽，也是后世为了掩盖瓷胎颜色对釉的干扰所使用的化妆土的开始。[广东省博物馆，广东翁源青塘新石器时代遗址，考古，1961，(11)：585~588；李家治等，新石器时代早期陶器的研究，考古，1996，(5)]

## 约公元前 7000~前 5500 年

　　甑皮岩遗址　新石器时代早期

　　△ 1973 年在广西桂林独山甑皮岩洞穴中发现的甑皮岩遗址，总面积约 300 平方米。在主洞中心区发现经过长期烧烤的圆形火塘和储放杂物的椭圆形灰坑，在主洞后壁附近发现石料储放点，同时出土大量的生产工具和生活用具。陶器为灰砂红陶和泥质红陶、灰陶，红陶居多，均手制，火候较低，色泽不匀。石器以打制为主，利用花岗岩打制成砍砸器、砍劈器和盘状器等。局部磨制石器以斧、锛为主。还有骨鱼镖、骨镞等渔猎工具以及用蚌壳制作的蚌刀、蚌铲和蚌勺等。[广西壮族自治区文物队，广西桂林甑皮岩洞穴遗址试掘，考古，1976，(3)：175~179；文物出版社编，新中国考古五十年，文物出版社，1999 年，第 333 页]

　　△ 甑皮岩遗址中，发现有磨制石器——加工谷物的短柱型石杵，以及迄今世界上最早的家猪的骨骸。[李有恒、韩德芬，广西桂林甑皮岩遗址动物群，古脊椎动物与古人类，

1987 年，16，(4)：247~248]

**约公元前 6000 年**

八十垱遗址　新石器时代早期

△ 1993 年开始发掘的湖南澧县梦溪八十垱遗址是一处重要的聚落遗址，聚落面积 3.5 万平方米。[湖南省文物考古研究所，湖南澧县八十垱新石器时代早期遗址发掘简报，文物，1996，(12)：26~30]

△ 在八十垱遗址附近的古河道距地表 4.5~5 米深处的黑色淤泥中，出土了 2 万多粒稻谷和大米。这些稻谷和大米保存完好。据研究：它们的种类多，变异幅度大，是一种兼有籼、粳、野生稻特征的正在分化的倾籼小型原始古栽培稻。同时还出土 150 余种植物籽实，数十种动物与家畜骨骼，以及木耒、木铲、骨铲等农具。[张文绪、裴安平，澧县梦溪八十垱出土稻谷的研究，文物，1997，(1)]

△ 在八十垱遗址中，发现了目前中国最早的聚落壕沟和围墙。300 米的壕沟与古河道相连，使其成为一个环壕聚落。其功能是防止洪水对聚落的侵袭和将聚落内的积水排入围壕，也可防止家畜的外逃和野兽的入侵。[张之恒，长江流域史前古城的初步研究，东南文化，1998，(2)]

△ 八十垱遗址中发现菱（*Trapa bispinosa*）、芡（*Euryale ferox*）、莲（*Nelumbo nucifera Gaertn*）等遗存，表明这些水生植物也被采食甚至栽培。（罗桂环、汪子春主编，中国科学技术史·生物学卷，科学出版社，2005 年，第 37~30 页）

查海遗址　新石器时代早期

△ 自 1986 年开始发掘的、揭露面积近 1 万平方米的辽宁阜新查海文化聚落遗址可能是红山文化源头。发现陶器、双孔磬形石器和玉器等。房址有 55 座，均为圆角方形半地穴式，排列密集有序，其中 46 号房址面积达 120 平方米，是目前早期聚落址中面积较大的房址。在聚落址中心部位清理出一条 19.7 米长、用石块堆塑的龙形象，是中国迄今为止发现年代最早、形体最大的龙。玉器有玉玦、玉匕、玉斧、玉凿等，均为透闪石、阳起石一类软玉，为世界上最早的真玉器之一。[辽宁省文物考古研究所，辽宁阜新县查海遗址 1987~1990 年三次发掘，文物，1994，(11)；文物出版社编，新中国考古五十年，文物出版社，1999 年，第 99 页]

**约公元前 6000~前 5500 年**

兴隆洼文化　新石器时代早期

△ 分布于西拉木伦河流域及燕山南北，以内蒙古赤峰市敖汉旗的兴隆洼遗址得名。该遗址共揭露房址 80 余座，均为半地穴式；陶器以大型夹砂直筒罐为主，多灰褐色或黄褐色，陶质疏松；石器以锄形器为主；骨器也很发达；首次发现有碧玉玦；居民以猪和鹿为主要猎取或饲养对象，未发现农业产生的迹象。兴隆洼文化是内蒙古及东北地区时代最早的新石器时代文化。（文物出版社编，新中国考古五十年，文物出版社，1999 年，第 84 页）

**约公元前 6000~前 5300 年**

△ 中国现知的较早彩陶属于前仰韶文化中、晚期的白家文化和前北首岭早期文化。此

时的彩陶一般都还较原始，往往只是在碗、钵等红陶器的口沿内外，涂抹一条红色的宽条或折波纹。彩陶的出现是新石器时代文化的一个重要进展。（赵匡华等，中国科学技术史·化学卷，科学出版社，1998年，第39页）

北刘遗址　　新石器时代早期

△ 位于渭南城南的河西乡西南的北刘遗址，面积约8万平方米，其文化序列上承沙田苑细石器文化，下继仰韶文化半坡类型。在其遗址中，发现中国较早的彩陶。（文物出版社编，新中国考古五十年，文物出版社，1999年，第429页）

## 约公元前6000～前5000年

裴李岗文化　　新石器时代早期

△1977～1979年在河南新郑裴李岗村发现。属裴李岗一类的遗存主要分布在豫中，豫南和豫北也有发现。石器以磨制为主，磨制尚不精细。已出现半地穴居址。［开封地区文物管理委员会、新郑文物管理委员会，河南新郑裴李岗新石器时代遗址，考古，1987，（2）：73～79］

△ 裴李岗文化和磁山文化是在黄河流域出现的已知最早的农业聚落遗址。这是一种以种植业为主的综合经济形式，即种植业是当地居民最重要的生活资料来源，采猎业为辅，饲养业也有一定发展。裴李岗时期有粟的种植；农具有石镰、石铲、石磨盘、石磨棒，其中石镰多为锯齿状刃。有几件粗具轮廓的陶塑猪头、羊头，表明饲养业已产生。（杜石然主编，中国科学技术史·通史卷，科学出版社，2003年，第19页）

△ 裴李岗遗址和磁山遗址的植物遗存表明，当时已栽培粟、核桃（*Juglans sp.*）、枣（*Ziziphus jujuba Mill*），采集酸枣、榛、山茱萸、黄芪、栎、朴树种子、紫苏等植物。（罗桂环、汪子春主编，中国科学技术史·生物学卷，科学出版社，2005年，第39页）

△ 裴李岗遗址中，已有家鸡遗骨出土。（中国社会科学院考古研究所，新中国的考古发现和研究，文物出版社，1984年，第196页）

△ 裴李岗遗址和磁山遗址中出土的石磨盘的制作已较为精良，磨盘为长椭圆形，并琢有四足，磨棒为圆柱形，其工艺水平已较高。（陈文华，中国农业考古图录，江西科学技术出版社，1994年，第350、355页）

△ 裴李岗遗址出土现知最早的纺轮。纺坠是我国史前使用过的唯一纺纱工具，纺轮是纺坠的主要部分。稍后的河北磁山遗址、浙江河姆渡遗址以及陕西半坡遗址、姜寨遗址也有纺轮出土。早期的纺轮一般是由石片或陶片经简单打磨而成，形状不规范。利用纺坠可以加捻和合股，大大提高了纺纱的效率。（赵承泽主编，中国科学技术史·纺织卷，科学出版社，2002年，第160～161页；杜石然主编，中国科学技术史·通史卷，科学出版社，2003年，第27页）

△ 裴李岗文化时期的陶器遗存特点为：品类少，形制简单、薄厚不匀，质地松脆，火候不匀；以泥制红陶为主，夹砂红陶次之；制坯方法为手制、模制兼用；纹饰以线纹、篦点纹、划纹、绳纹和乳钉纹为多；普遍用三足和圈足；烧成温度约在900℃左右。已出现表面磨光的陶器。（赵匡华等，中国科学技术史·化学卷，科学出版社，1998年，第26、35页）

△ 裴李岗遗址发现一座横穴窑残体，由于破坏严重，仅保留一个直径为96厘米的圆形窑室和一长约80厘米、宽约50厘米的火道；窑室的一壁上可见5个直径为6～8厘米的半

圆形孔洞似为通火孔；窑室和火道的壁上及底部均有约 10 厘米的红烧土层。这一发现说明我国从此开创了有窑烧制陶器的历史时期，并从而将烧成温度提高到 800～900℃。[开封地区文物管理委员会等，裴李岗遗址 1978 年发掘简报，考古，1979，(3)：197～205]

　　贾湖遗址　裴李岗文化重要遗址　新石器时代早期

　　△ 在河南舞阳贾湖裴李岗文化遗址中，发现一批刻在龟甲、骨器和石器上的契刻符号。还发现了栽培水稻的遗迹。[河南省文物研究所，河南舞阳第二至六次发掘简报，文物，1989，(1)：1～14]

　　△ 16 支骨笛在河南舞阳贾湖裴李岗文化遗址被发现。贾湖骨笛两端开口，一端为吹口，上有 7 孔，是一种六声或七声音阶的竖吹管乐器。[黄翔鹏，贾湖骨笛的测音研究，文物，1989，(1)：15]

　　△ 在河南舞阳的新石器遗址中发现当时的人们采集黑枣（君迁子，*Diospyros lotus*）。（罗桂环、汪子春主编，中国科学技术史·生物学卷，科学出版社，2005 年，第 38 页）

　　北岗遗址　裴李岗文化重要遗址　新石器时代早期

　　△ 河南密县莪沟北岗遗址发掘出了房基、窖穴、墓葬和陶器、石器，还出土有栎、枣、核桃等果核，以及猫骨、鹿角和其他一些兽骨。[河南省博物馆等，河南密县莪沟北岗新石器时代遗址，考古学集刊，1981，(1)]

　　△ 北岗遗址村落布局有序：中央为房屋，房屋四周或附近是窖藏或陶窑区，居住区的北部偏西是氏族公墓，已具有一定的聚落规划的思想。（唐锡仁等主编，中国科学技术史·地学卷，科学出版社，2000 年，第 39 页）

## 约公元前 6000～前 4000 年

　　红山文化早期　新石器时代早期

　　△ 1935 年首次发现于辽宁西部赤峰红山。分布于东北地区的西南部和中南部。可以公元前约 4000 年为界，分前后两期。前期多灰褐色夹砂陶及红或灰色的泥质陶。有大而宽的石斧，还有石锄。农业有初步发展，发现炭化的黍。出现玉制品。后期制陶技术进步，有少数轮制的陶器，火候很高，已放在窑内烧成。石器有用于收割的石刀。饲养猪，农业有发展，但渔猎仍占相当重要的地位。玉器制作有很大进步。石器系打制和磨制，也有细石器。典型石器有耜、犁、双孔石刀等。还出土彩陶纺轮。住房为方形半地穴式，有立柱。

　　△ 1979 年在辽宁喀喇沁左翼蒙古族自治县东山嘴发现一处大型新石器时代石砌祭坛遗址。[郭大顺等，辽宁省喀左县东山嘴红山文化建筑群址发掘简报，文物，1984，(11)]

　　△ 内蒙古翁牛特旗三星他拉村发现玉猪龙，猪首龙身，工艺精湛。[内蒙古翁牛特旗文化馆，内蒙古翁牛特旗三星他拉村发现玉猪龙，文物，1984，(6)]

　　△ 属于红山文化的辽宁白斯朗营子村四棱山遗址中，发现窑室为长方形的带有两个火膛的陶窑，窑室长 2.7 米、宽 1 米；两个火膛均为直接在黄土层掏洞而成，残高 0.6～0.9米，局部还保留有残顶，全长约 1.8 米，宽约 0.8～0.95 米。此窑开创后世一窑带有一个以上火膛的先例。（李家治主编，中国科学技术史·陶瓷卷，科学出版社，1998 年，第 51 页）

　　女神庙遗址与积石冢群　红山文化遗址　新石器时代早期

　　△ 1983 年后在辽宁建平、凌源交界处牛河梁村发现一座女神庙遗址和一座类似城堡或方形广场的石砌围墙。女神庙由一个多室和一个单室两组建筑构成。多室在北，为主体建

筑，包含一个主室和几个相连的侧室、前后室；单室在南，为附属建筑。庙的顶盖、墙体采用木架草筋，内外敷泥，表面压光后或施彩绘，整个建筑具有承重合理、稳定性强的特点，主体建筑既有中心主室，又向外分出多室，以中轴线左右对称，另配置附属建筑，形成一个有中心、多单元对称而又富于变化的宗教建筑殿堂雏形。[辽宁省文物考古研究所，辽宁牛河梁红山文化"女神庙"与积石冢群发掘简报，文物，1986，(8)]

△ 数处积石冢均是以石垒墙、以石筑墓、以石封顶。考察表明，这时的先民以三环石坛以象天、以方形石坛以象地，已具有天圆地方的观念。[冯时，红山文化三环石坛的天文学研究，北方文物，1993，(1)]

## 约公元前 5850～前 2950 年

大地湾遗址　新石器时代早期

△ 位于甘肃秦安邵店村东的大地湾遗址是中国黄河上游新石器时代以大地湾文化（公元前 5850～前 5400）和仰韶文化（公元前 4050～前 2950）为主的遗址。(中国大百科全书·考古学，中国大百科全书出版社，1986 年，第 75 页)

△ 大地湾文化遗址有黍（也有认为是稷[①]）和油菜籽的窖穴，这是迄今最早的栽培黍遗存之一。[甘肃省博物馆等大地湾发掘组，一九八零年秦安大地湾第一期文化遗存发掘简报，考古与文物，1982，(2)]

△ 秦安大地湾 F901 房屋遗址出土了 4 件容量有约略的成倍比关系的陶器：条形盘、铲形抄、箕形抄和四柄深腹罐。有人认为它们是部落首领用来分配或计量粮食的专用量器。[赵建龙，大地湾古量器及分配制度初探，考古与文物，1992，(6)]

△ 秦安大地湾 F901 房址为一座原始的宫殿。它有主室、东西侧室、后室和房前附属建筑 5 部分，以主室为中心，前后左右相配，总平面构成"十"字形基地。开始利用人造轻骨料——料礓砂石，作集料制成类似混凝土的地坪。[赵建龙等，关于甘肃秦安大地湾 F901 房基的几点认识，考古与文物，1990，(5)：70～74]

## 约公元前 5500 年

坟山堡遗址　皂市下层文化遗址　新石器时代早期

△ 岳阳坟山堡遗址中，有目前中国所发现最早的白陶。[李文杰，中国古代制陶工艺的分期和类型，自然科学史研究，1996，15 (1)：82]

## 约公元前 5400～前 5100 年

磁山文化　新石器时代早期

△ 1973 年首次在河北武安磁山发现，此后多次发掘，主要分布在河北的中南部。磁山遗址发现有半地穴式居址、石器陶器组合堆积、石片砾石堆积、窖穴和灰坑等，其中尤以大量的深井式直壁竖穴状的深窖穴和石器陶器组合堆积最具特色。石器陶器组合堆积一般由石斧、石铲、石磨盘、石磨棒和陶盂、支脚、三足钵、双耳壶等组成。[邯郸市文物保管所、邯郸地区磁山考古短训班，河北磁山新石器遗址拭掘，考古，1977，(6)：361～372；河北

---

① 何双全，甘肃先秦农业考古概述，农业考古，1987，(1)。

省文物研究所等编,磁山文化论集,河北人民出版社,1989年]

△ 磁山文化遗址是黄河流域迄今发现最早的农业遗址之一。种植业已是当地居民最重要的生活资料来源。已有粮食堆积的窖穴,粟已大量窖藏;出土的农具成龙配套,有石镰、石铲、石磨盘,或打制,或磨制;家畜有猪、犬、羊,可能还有家鸡;草鱼、鲤、青鱼、鳖、蚌等水生动物已被利用。[佟伟青,磁山遗址的原始农业遗存及其相关问题,农业考古,1984,(1)]

△ 磁山遗址中,捕捞已使用镞、鱼标、网梭和鱼镖。其中鱼镖已有设计巧妙、灵活好用的脱柄鱼镖。鱼镖是新石器时代常见的捕鱼工具。(杜石然主编,中国科学技术史·通史卷,科学出版社,2003年,第18页)

△ 磁山文化已发掘出的陶器能复原的约有477件,其中大部分是夹砂红褐色陶,其次为泥质红陶,此外还发现个别的彩陶。此时期的陶质、成型方法和烧成温度与裴李岗文化的陶器很相近。(赵匡华等,中国科学技术史·化学卷,科学出版社,1998年,第27页)

## 约公元前 5400～前 4400 年

*北辛文化　新石器时代早期*

△ 20世纪60年代发现、70年代末大规模发掘,以山东滕州北辛遗址得名,分布在山东、苏北一带。以原始农业为主,种粟,还饲养猪、鸡,狩猎和采集经济也占一定比重。石器数量较多,主要用矽质灰岩制成,多打制的石斧,也有磨制的大型石铲和无足石磨盘、磨棒等。陶器以夹砂陶为主,陶色不正,均手制。还有相当数量的骨、角、牙、蚌器等。居址固定,房屋面积较小,一般为4～6平方米,超过10平方米的极少。[栾丰实,北辛文化研究,考古学报,1998,(3)]

△ 山东滕县东南的北辛遗址中出土的10件鹿角锄为了解其装柄方式提供了实物依据;出土以蚌壳磨制的铲,别有特色。[中国社会科学院考古研究所山东队等,山东滕县北辛遗址发掘报告,考古学报,1984,(2):171～174]

## 约公元前 5220 年

*沙窝李遗址　裴李岗文化遗址　新石器时代早期*

△ 1982年正式发掘的属于裴李岗文化的沙窝李遗址位于河南新郑沙窝李村西北。出土大量的磨制石器与细石器共存,石器以石磨盘、石磨棒、石铲、石斧、石镰为主,陶器以壶、罐、钵为代表。在该遗址的第二文化层中,发现一片比较密集的粟的炭化颗粒。[中国社会科学院考古研究所河南一队,河南新郑沙窝李新石器时代遗址,考古,1983,(12):1051～1065]

## 约公元前 5200～前 4800 年

*新乐遗址　新石器时代早、中期*

△ 辽宁沈阳新乐遗址为辽河流域一处较早的新石器时代遗址。已揭露房址40余座,出土陶器制作比较精细。发现大小不一的煤精制品,出土黍粒。(文物出版社编,新中国考古五十年,文物出版社,1999年,第99页)

## 距今 7000～5000 年　新石器时代中期

　　△ 磨制石器已由局部磨光向通体磨光过渡。陶器仍以红陶为主，彩陶的大量流行是这一时期制陶业最鲜明的特征；陶器制作技术有了明显的进步，已出现了慢轮修整口沿的技术。聚落形态进一步发展，各地遗址分布的密度大大增加，反映出农业生产的发展和人口的增加；开始出现一些规模较大的中心聚落。黄河流域普遍发现粟类作物遗存，长江流域普遍发现稻类作物遗存，原始农业处于发展期。（张宏彦，中国史前考古学导论，高等教育出版社，2003 年，第 83 页）

　　△ 新石器时代中、晚期陶器遍布中国南北各地，发现遗址七八千处。其化学组成的变化表现为总体分散和区域相对集中，出现黑陶和白陶。已知在一定范围内，选择易于成形、干燥收缩和烧成收缩都较小的易熔黏土作为制陶原料。出现多种手工成型方法，除捏塑法外，又出现泥条盘（叠）筑法和模制法；出现慢轮修整和陶轮（快轮）成型方法。烧成工艺出现较大进展，各遗址普遍发现炉窑遗存，烧成温度有所提高，达到 800～1000℃，火焰走向比较合理，从而使这一时期陶器具有颜色均匀的外观和较坚实的陶胎。（李家治主编，中国科学技术史·陶瓷卷，科学出版社，1998 年，第 31～53 页）

## 约公元前 5000 年

### 双墩遗址　新石器时代中期

　　△ 1986～1992 年发掘的安徽蚌埠双墩遗址，是沿淮地区已知年代最早的原始文化遗存。陶器以夹蚌末粗砂红褐陶为主，器大胎厚，均为手制。石器有锛、斧、网坠等，骨器有锥、针、凿、镞、镖等，蚌器有锯、刀、匕等。在部分陶器底部刻划符号较多，有鱼、鸟、猪、蚕等动植物或几何图案。遗址内含有大量的蚌壳和动物骨骼，表明采集和渔猎经济占有很大比重。（阚绪杭，蚌埠双墩遗址的发掘与收获，文物研究，第 8 辑，黄山书社，1993 年）

### 老官台文化　新石器时代中期

　　△ 发现于陕西华县西南的老官台，分布于渭河流域。手制暗红色陶器，有的有彩绘符号。石器有石刀、石杵等，多打、磨兼制。有粟及油菜籽，饲养猪，已从事农业生产。［魏京武，李家村、老官台、裴李岗，考古与文化，1984，（4）］

　　△ 老官台文化早期的陶器，具有硬度小、火候低、陶色以红或褐色为主的特点，但器表陶色不均匀而常杂有灰或褐斑，可能是陶器与燃料直接接触而引起渗碳或熏烤所致，因此最早的陶器可能是在露天堆柴烧造的。（张宏彦，中国史前考古学导论，高等教育出版社，2003 年，第 125 页）

## 约公元前 5000～前 4000 年

### 马家浜文化　新石器时代中期

　　△ 1959 年首次发现于浙江嘉兴马家浜。主要分布在太湖和杭州湾地区。原来归属青莲岗文化的江南部分，因自具特色，命名为马家浜文化。陶器主要是手制夹砂和泥质的红陶，以外红里黑或表红胎黑泥质陶为特色，多素面，外表常有红色陶衣，已用慢轮修整。石器有斧、铲、刀等。玉器有璜、玦、环、镯等。以农业为主，种植稻，饲养狗、猪等家畜；渔猎也较发达，有大量的兽骨堆积，并发现骨镞。属于该文化的遗址有崧泽遗址、草鞋山遗址等

多处。[浙江省文物管理委员会，浙江嘉兴马家浜新石器时代遗址发掘，考古，1961，(7)]

*腰井子遗址　新石器时代中期*

△ 吉林西部沙丘草原地带分布着以腰井子遗址为代表的新石器文化。其主要特征是建筑在地面上的房址居住面用黄白黏土抹平，周边修抹一道鱼脊形凸棱，其中多见精致的细石器，堆积中有大量的鱼骨、鱼鳞、蚌壳、兽骨等，说明其以渔猎为生。(文物出版社编，新中国考古五十年，文物出版社，1999 年，第 110 页)

*中子铺遗址　新石器时代中期*

△ 四川广元中子铺遗址面积 3000 平方米，是一处细石器加工场。石料多黑色燧石，有少量石英石；多使用间接打制；石核有锥形、漏斗形、柱形等，石片和石叶较多；器形有弧形刮削器、条形刮削器、直刃长刮削器、石核式刮削器和尖状器等。[中国社会科学院考古研究所四川工作队，四川广元市中子铺细石器遗存，考古，1991，(4)]

*小珠山遗址（下层）　新石器时代中期*

△ 1978 年在辽宁长海广鹿岛小珠山发掘。石器从打制到磨制的发展较明显，有铲、斧、杵等生产工具，也有网坠、镞等渔猎工具。陶器从手制到轮制的发展亦较明显，以夹砂红褐陶为主，有少量夹砂红陶、泥质红陶、含滑石陶和彩陶，并出现磨光黑陶。有房址遗迹，为方形圆角半地穴式，并有灶址发现，说明已定居，兼营农业和渔猎。[辽宁省博物馆等，长海县广鹿岛大长山岛贝丘遗址，考古学报，1981，(1)]

## 约公元前 5000～前 3200 年

*河姆渡文化　新石器时代中期*

△ 1973 年在浙江余姚河姆渡村发现，1976 年命名，分布于宁绍平原。可分为 4 期：1 期约为公元前 5000～前 4500 年，2 期约为公元 4500～前 4000 年，3 期约为公元前 4000～前 3600 年，4 期约为公元前 3600～前 3200 年。有石斧、石锛等，并发现木质、角质的斧柄、锛柄。骨器有凿、锥、针、镞、耜等。木器有矛、镞、耜、碗、筒、桨等。野生动物遗骨有鹿、四不像、犀牛、亚洲象等。出土了一只小陶猪，以及一个刻划有猪形式纹样的陶罐。[浙江省文管会等，河姆渡发现原始社会重要遗址，文物，1976，(8)：6～14；浙江省文物管理委员会、浙江省博物馆，河姆渡遗址第一期发掘报告，考古学报，1978，(1)：39～94]

△ 河姆渡遗址中，出土陶埙和骨哨，为中国迄今发现最早的吹奏乐器之一。

△ 河姆渡遗址中，太阳被刻划在陶器、玉器和象牙上。

△ 河姆渡遗址中，有各种菱、酸枣、芡实等遗物及人工采集的樟科植物的堆积，说明已知上述植物的无毒性且掌握采摘时节；樟科植物中多药用植物，当已有一定的药物学知识；发现葫芦及种子；出土不少绘有常见动植物的陶器，这些器物上的艺术图像，在一定程度上反映了古人对生物学形态和生态知识的积累。

△ 河姆渡遗址中，发现大量人工栽培水稻谷粒和秆叶的堆积层，最厚处超过 1 米，且有籼稻、粳稻之分，水稻种植业已比较发达。家畜有猪、狗、水牛。出土了骨、木耜，其中以用鹿骨和水牛肩胛骨加工的骨耜最具特色，表明这时的农业已脱离了原始的耕作，发展到用耒耜翻耕土地的阶段，农业已成为主要的生产活动。[游修龄，对河姆渡遗址第四文化层出土的稻谷和骨耜的几点看法，文物，1976，(8)；严文明，中国稻作农业的起源，农业考古，1982，(1)]

△河姆渡遗址中，出土了可能已驯化的水牛遗骨化石。据此有人认为可能已出现了牛踏田的整田方式。根据水稻的生长特点推测，河姆渡人初步掌握了根据地势高低开沟引水和做田梗等排灌技术。（杜石然主编，中国科学技术史·通史卷，科学出版社，2003年，第25页）

△河姆渡遗址中，发现一只象牙盅，上面刻有四条栩栩如生的虫纹，其身上的环节数与家蚕完全相同，可能刻画的是家蚕的形象。［河姆渡遗址考古队，浙江河姆渡遗址第二次发掘主要收获，文物，1980，（5）］

△河姆渡遗址中，出土陶灶，可自由移动，火力集中，烧煮技术已达相当水平。

△河姆渡遗址上层有井干式木框架的井壁，即木构浅水井。这是中国已知最早的水井遗迹之一。［浙江省文物管理委员会、浙江省博物馆，河姆渡遗址第一期发掘报告，考古学报，1978，（1）：39～94］

△河姆渡遗址中，出土了现已发现较早的有段石锛和石锛木柄，皆有榫卯结构，表明有段石锛是安在鹤嘴锄式木柄上的。［河姆渡遗址第一期发掘报告，考古学报，1981，（1）］

△一枚石制斧器在河姆渡遗址被发现。这是专家鉴定的中国迄今所知最早的实用楔。（陆敬严等，中国科学技术史·机械卷，科学出版社，2000年，第52页）

△河姆渡遗址先后出土大量经过较好锉磨加工的木器，较为重要的有木桨、木刀、木纺轮、木锤等。说明至迟在新石器时代晚期，中国木材加工技术已达到较高水平。（陆敬严等，中国科学技术史·机械卷，科学出版社，2000年，第168页）

△河姆渡遗址已出现较成熟的木构建筑，其中2、3、4层都发现了木框架结构房屋。其单幢建筑纵向有达6、7间以上，跨距达5～6米者。底层架空用木楼板，说明当时已有"干栏"式房屋。木构件按不同用途加工成桩、柱、梁、板，并已经采用榫卯。加工采用石楔和骨楔等。（杜石然主编，中国科学技术史·通史卷，科学出版社，2003年，第33～34页）

△河姆渡遗址中，发现中国迄今最早的榫卯联接。大量"干栏"式房屋建筑使用了燕尾榫、梁头榫、双凸榫等，后世常用的梁柱相交榫、水平十字搭交榫卯、横竖物件相交榫卯以及平板相接的榫卯均已出现。说明当时木结构榫卯技术已达到一定水平。（陆敬严等，中国科学技术史·机械卷，科学出版社，2000年，第118页）

△河姆渡文化遗址中，出土了原始踞织机的零件，主要有打纬骨机刀、骨梭形器、木制绞纱棒和经轴等。这种织机估计是一种水平式的踞织机，固定经线的一端，另一端系在人的腰际，来回穿梭编织，故又称腰机。它织出的平纹麻布，幅面很窄，比较稀疏。（赵承泽主编，中国科学技术史·纺织卷，科学出版社，2002年，第4、187页）

△河姆渡文化遗址中，出土以苎麻或苘麻为主编制成的麻绳。苎麻和苘麻是很早利用的纺织品原料之一。其中的苎麻因纤维细长、坚韧、质轻，且颜色洁白和富有光泽，是品质最好的纺织原料，被后世一直沿用。（杜石然主编，中国科学技术史·通史卷，2003年，第27页）

△河姆渡遗址中，发现少数在白色陶衣上绘有黑褐色的彩绘陶片。［浙江省文物管理委员会，河姆渡遗址第一期发掘报告，考古学报，1978，（1）］

△河姆渡遗址第三文化层中，出土了一件木质碗，其外表有一薄层朱红色涂料。经鉴定，此涂料是生漆。这是迄今所知最早的涂漆制品之一。（中国美术全集·工艺美术编·漆器，

上海人民美术出版社，1993年，第2页)

△ 河姆渡遗址出现的大量夹炭黑陶是将碳化后的草木碎叶掺入到黏土中烧制成功的。考古界称之为"羼和料"。开创了后世为减少制品在干燥和烧成时的收缩而采用掺入熟料的先例。[浙江省文物管理委员会，河姆渡遗址第一期发掘报告，考古学报，1978，(1)]

△ 在河姆渡文化遗址中已发现有陶塑艺术品，如人体塑像、猪、羊和鱼等，开创了陶塑和瓷雕艺术的先例。[浙江省文物管理委员会，河姆渡遗址第一期发掘报告，考古学报，1978，(1)]

△ 河姆渡遗址第四文化层中，发现雕花木桨残长63厘米，宽12.2厘米，厚2.1厘米。做工精细，桨柄与桨叶结合处，阴刻有弦纹和斜线纹。[河姆渡遗址考古队，浙江河姆渡遗址第二期发掘的主要收获，文物，1980，(5)：1~5]

△ 河姆渡遗址中，发现一舟形陶器长7.7厘米，高3厘米，宽2.8厘米。两头尖，底略圆，尾部微翘，首端有一透孔，俯视略如菱形。被认为是仿独木舟的陶制品。[吴玉贤，从考古发现谈宁波地区原始居民的海上交通，史前研究，1983，(创刊号)：156]

## 约公元前5000~前3000年

*仰韶文化（曾称彩陶文化）　新石器时代中期*

△ 1921年在河南渑池仰韶村首次发现故名，为母系氏族公社繁荣时期的文化。以绘有黑、红色花纹的彩陶为特征。主要分布于陕、豫、晋、冀、宁夏、内蒙古南部等地区，分成半坡、后岗、大司空、庙底沟、西王村等类型。[孙广清，试论河南新石器时代诸文化的区域类型，中原文物，1995，(1)]

△ 仰韶文化庙底沟类型有比较突出的鸟纹彩陶和玫瑰花纹。(苏秉琦，中国文明新探，三联书店，1999年，第25~27页)

△ 仰韶文化农业水平显著提高，出现了面积达几万、十几万以至上百万平方米的大型村落遗址。主要农作物仍为粟黍，亦种大麻，晚期有水稻，还发现了蔬菜种子的遗存。农业工具除石斧、石铲、石锄外，木耒和骨铲等获得较广泛的应用。养畜业较前发达，主要牲畜是猪和狗，同时饲养少量的山羊、绵羊和黄牛，出现了牲畜栏圈和夜宿场。采集和狩猎活动仍较频繁。(董恺忱、范楚玉主编，中国科学技术史·农学卷，科学出版社，2000年，第39页)

△ 仰韶文化中期出现了慢轮修整，大汶口文化晚期出现了快轮成型。利用惯性转动的快轮即是现代陶瓷工业中所用的辘轳车的雏形。它的出现为拉坯成型和整体修整创造了必要的条件。(中国硅酸盐学会编，中国陶瓷史，文物出版社，1982年)

△ 黄河中游的仰韶时期多流行横断面呈椭圆形的石斧。

△ 仰韶文化的房屋是新石器时代北方地区房屋的典型代表。房屋形式有地穴式、半地穴式和地面式建筑几种，早期的以地穴为多，晚期则基本上是地面建筑。房基平面多种多样，有圆形、椭圆形、方形、长方形等。房屋结构有单间、套间、多间排房等。房屋一般都有房柱，屋内有灶。为了防潮，地面普遍经过烧烤，穴底多形成一个青灰色、白灰色或赭红色的低度陶质地面。(杜石然主编，中国科学技术史·通史卷，科学出版社，2003年，第32页)

△ 仰韶文化晚期，在豫西地区的房屋修建中已出现"白灰面"的做法，一般厚度为

0.1~0.3 厘米，不仅坚固、卫生、美观，而且可以防潮。（廖育群等，中国科学技术史·医学卷，科学出版社，1998 年，第 23 页）

△ 湖北枣阳调龙碑遗址属仰韶文化母系氏族村落遗址，三期遗存中，均存在一个有意营建的套间，它是半坡大型房子和中型房子功能相结合的产物。（王杰，调龙碑三期文化的房屋建筑，中国文物报，1995-10-29）

△ 仰韶时期的先民已经掌握纺织技术。他们在长期的劳动实践中已知用纺轮捻线，用简单织法织麻布，用骨针缝制衣服，用竹、苇织席子。（赵承泽主编，中国科学技术史·纺织卷，科学出版社，2002 年，第 4 页）

△ 辽宁省砂锅屯仰韶文化遗址出土一个长数厘米的大理石制作的蚕形饰。其上的蚕形被学者确认为蚕。此后，在山西省芮城西王村仰韶文化晚期遗址出土了陶蚕蛹和江苏省吴江梅堰良渚文化遗址出土了一个绘有两个蚕形纹的黑陶。这说明至迟在此之前蚕即引起我们祖先的注意和观察，并进入人们的日常生活，甚至有可能已开始利用了。（赵承泽，中国科学技术史·纺织卷，科学出版社，2003 年，第 119~120 页）

△ 仰韶文化的制陶业已经相当发达。细泥彩陶是仰韶文化陶器中的佼佼者，代表当时制陶的最高水平。这些以可塑性和操作性较好的黏土制成的彩陶有独特的造型，表面呈红色，表里磨光，同时描绘着美丽的图案。彩绘以黑色为主，兼用红色，有时也用白色。它们主要是竖穴窑中烧成，烧成温度普遍已达到了 950℃。（赵匡华等，中国科学技术史·化学卷，科学出版社，1998 年，第 39 页）

*林山砦遗址　仰韶文化后期　新石器时代中期*

△ 郑州林山砦遗址发掘出一座火膛保存较好的陶窑。窑室为圆形，直径 1.3 米，残高 0.4 米，窑壁略向内倾斜。窑底有两条火道。窑底前部下方有一长约 1.1 米、宽 0.7 米的火膛。这类窑的火膛已向窑室靠拢，逐渐摆脱横穴窑的早期形式。［河南省文物局文物工作队第一队，郑州西郊仰韶文化遗址发掘报告，考古通讯，1959，（2）：1~5］

*南佐遗址　仰韶文化晚期　新石器时代中期*

△ 在位于甘肃庆阳的南佐遗址中，发现已炭化的水稻，经鉴定为栽培稻。这是中国已发现的新石器时代栽培水稻的北界。（文物出版社编，新中国考古五十年，文物出版社，1999 年，第 441 页）

△ 在南佐遗址中，发现约 630 平方米，有夯筑墙体，四周有散小白灰面的大房址。（文物出版社编，新中国考古五十年，文物出版社，1999 年，第 440 页）

## 约公元前 4800~前 4300 年

*半坡遗址　仰韶文化半坡类型的代表　新石器时代中期*

△ 1953~1957 年在西安东部半坡村发现。分布于渭河流域、汉水上游、涑水河流域。有原始农业，以渔猎、采集为辅。陶器均系手制夹砂红陶和泥质红陶，彩陶以红地黑彩为主。半坡遗址出土石制生产工具 1342 件、骨制生产工具 1468 件、角器 100 件，工具类型多样，其中石斧较多。属于半坡类型的重要遗址有宝鸡北首岭、临潼姜寨和邓家庄、湖北郧县大寺等。（中国科学院考古研究所、陕西省西安半坡博物馆，西安半坡，文物出版社，1982 年）

△ 半坡遗址位于河流二级阶地，下距河流较近，饮水方便，又有一定高度，不易被一

般洪水所淹没，周围地形平坦，土地湿润肥沃，易于耕作，出入方便。证明半坡人选择居住地时，对旱涝枯洪水变化的认识已十分清楚。

△ 半坡遗址中，发现一种尖底、腹大口小的陶罐，它能按照浮心和重心相对位置的变化在水中自动汲水。[周衍勋、苗淘才，对西安半坡遗址小口尖底瓶的考察，中国科技史料，1986，7（2）：48～50]

△ 半坡遗址的陶器上多鱼、鹿、车前草等动植物的图案。有的较好地反映出动物的生态习性，如将青蛙和车前草绘在一起。（罗桂环、汪子春主编，中国科学技术史·生物学卷，科学出版社，2005年，第44页）

△ 半坡遗址出土一音孔陶埙，可以发出小三度的两个音。[黄翔鹏，新石器和青铜朝代的已知音响资料与我国音阶发展史问题（上），音乐论丛（1），人民音乐出版社，1978年]

△ 在半坡遗址中，发现一件小陶罐，口很小，内盛炭化的菜籽，经鉴定为芥菜或白菜一类的种子。菜籽装在不易取出的小陶罐中，显然不是为了食用，而为供来年种植的籽种。（中国科学院考古研究所、陕西西安半坡博物馆，西安半坡，文物出版社，1963年，图版56）

△ 在半坡遗址中，发现栎的果实和板栗（Castanea mollossima），后者可能是我国古人很早就开始栽培的一种坚果。（罗桂环、汪子春主编，中国科学技术史·生物学卷，科学出版社，2005年，第38页）

△ 半坡遗址中，生产以农业为主。有粮食（粟）窖穴和家禽圈栏；已种蔬菜；家畜有猪、狗和鸡，黄牛可能也已家养。（中国科学院考古研究所、陕西西安半坡博物馆，西安半坡，文物出版社，1982年）

△ 半坡遗址中，渔猎经济占重要地位，出土许多石、骨镞，已使用鱼钩钓鱼，使用有石网坠的网捕鱼。（中国大百科全书·考古学，中国大百科全书出版社，1986年，第34页）

△ 半坡村发现面积较大的氏族社会村落遗址。村落位于河东岸台地，近河是居住区，北面是墓葬区，东有窑址。从居住区由西北向东方有长而宽的深沟，这是城墙没出现之前用来作防御兼作排洪用的。村落遗址有房基40多座，墓葬200多座，陶窑6座。从居住、墓葬、陶器生产的配套建置反映了古人聚落规划的思想萌芽。（唐锡仁等，中国科学技术史·地学卷，科学出版社，2000年，第38页）

△ 半坡遗址的房屋作圆形或方形，圆形房屋直径5×6米，内部有柱，四周密排一圈小木柱构成木骨泥墙。上部可能是圆锥形草顶。方形房屋4×4米，完全用柱承重，近似一座三开间的房屋。这种木骨涂泥的建筑方式，后来发展成中国古代以木土混合结构为主的建筑传统。（中国科学院考古研究所、陕西省西安半坡博物馆，西安半坡，文物出版社，1982年）

△ 半坡遗址中，房屋内部地面上挖有弧形浅坑作为火塘，供炊煮食物和取暖用。有的火塘位于室中央，门内两侧设短墙，看来有引导并限制气流以保证室内温暖的作用。（刘敦桢主编，中国古代建筑史，中国建筑工业出版社，1984年，第24～25页）

△ 半坡遗址中，发现一种制成颗粒状麻面的陶锉，可能是鞣制皮革的工具。（中国科学院考古研究所、陕西省西安半坡博物馆，西安半坡，文物出版社，1982年）

△ 西安半坡、姜寨遗址中发现的陶器底部有织物印痕，此后的吴兴钱山漾遗址中发现的绢片，皆系平纹织物，表明平纹组织出现在新石器时代。（陈维稷，中国纺织科学技术史，

科学出版社，1984 年，第 33～34 页）

　　△ 半坡遗址中，烧制陶器的柴窑已用烟囱排烟。（中国大百科全书·环境科学，中国大百科全书出版社，1992 年）

## 约公元前 4600～前 3690 年

　　*姜寨遗址　新石器时代中期*

　　△ 姜寨遗址是中国黄河中游新石器时代以仰韶文化为主的遗址，位于陕西临潼城北，地处临河东岸第二台地上，面积约 5 万平方米，揭露面积 1.658 万平方米，是中国新石器时代聚落遗址中发掘面积最大的遗址之一。该遗址仰韶文化堆积由下到上依次为半坡类型、史家类型、庙底沟类型和西王村类型。[巩启明，姜寨遗址考古发掘的主要收获及其意义，人文杂志，1981，（4）]

　　△ 姜寨遗址出土的半圆形铜片和铜管，均为含有锌的黄铜，是迄今发现最早的金属物件之一。（陆敬严等，中国科学技术史·机械卷，科学出版社，2000 年，第 171 页）

　　△ 姜寨遗址中，有两条道路，一条为人们长期踩踏而形成的路，另一条则是用料姜石或红烧土铺垫成的路。后者显然是有意识修筑的道路。（许顺湛，黄河文明的曙光，中州古籍出版社，1993 年，第 76 页）

　　△ 姜寨遗址中，出土一套绘画工具，计有石砚、砚盖、磨棒、陶杯各 1 件及黑色颜料数块。（中国大百科全书·考古学，中国大百科全书出版社，1986 年，第 231 页）

　　△ 姜寨遗址中，发现一处保存完好、布局清晰的半坡型聚落，分居住区、烧陶窑场和墓地 3 部分。居住区呈椭圆形，西南以临河为天然屏障，东、南、北面有人工濠沟，中心有广场，周围分 5 群共 100 多座房子，门均朝向广场。窑场在村西临河岸边，村东过濠沟为墓葬区。[巩启明等，从姜寨早期村落布局探讨其居民的社会组织结构，考古与文物，1981，（1）]

## 约公元前 4500～前 4300 年

　　*古城遗址　新石器时代中期*

　　△ 1997 年在湖南澧县车溪乡南丘村城头山古城遗址东城墙下，发现 100 余平方米汤家岗文化时期聚落居民种植的水稻田和原始灌溉设施，及炭化稻谷、稻叶等大批遗物，说明原始居民已从事水稻生产，这是世界上发现的时代最早的水稻田之一。（闻语，98 十大考古新发现，北京日报，1998-3-10：5）

## 约公元前 4500～前 4000 年

　　*上宅文化　新石器时代中期*

　　△ 上宅文化分布于北京的东北部和天津市、河北省的唐山地区。陶器以夹砂和夹滑石的红褐陶为主，有的可看出贴筑法痕迹，器壁厚而火候低，颜色不匀。石器以打制的大型盘状器和琢制的细石器为多，磨制石器较少。房屋为半地穴式，平面呈不规则的椭圆形，长径在 4 米以上，室内无明显门痕迹，居住面中部均埋有一二个深腹罐，罐内存有灰烬和木炭。（文物出版社编，新中国考古五十年，文物出版社，1999 年，第 5 页）

**约公元前 4500～前 3500 年**

　　*西樵山遗址　新石器时代中期*

　　△ 1955～1957 年广东南海西樵山发现 14 处人工采石形成的洞穴和加工场遗址，发现大量石器残次品和石片，陶片和生活遗迹很少，为石器加工场。西樵山遗址出土的石器有两类：一是细石器，以燧石、玛瑙以及少量霏细岩为原料；二是双肩石器，主要以霏细岩和少量的燧石为原料。典型石器有双肩石斧、椭圆形或梯形石斧、扁平锛、双肩长身锛、长身矛、双翼带铤镞等。陶器为夹砂粗陶和泥质细陶，黑胎。文化遗存内涵丰富，延续时间长，上限可到中石器时代，下限至新石器末期或更晚。此遗址对研究当时开采石料、石器制作、规模、工艺技术及其发展变化等有重要价值。(文物出版社编，新中国考古五十年，文物出版社，1999 年，第 314 页)

　　*三星村遗址　新石器时代中期*

　　△ 1993～1996 年发掘的江苏金坛三星村遗址中发现了一些器物：一件是彩陶豆，其上刻有云雷纹，其纹与商周青铜器上的云雷纹颇为相似；另一件是石钺，与雕刻有鳄鱼形和猫头鹰的饰件组合成权杖。(金坛三星村遗址考古喜获重大成果，中国文物报，1998-9-13)

**约公元前 4400～前 4200 年**

　　*后冈遗址　仰韶文化后冈类型的代表　新石器时代中期*

　　△ 1931～1971 年在河南安阳后冈先后出土大量陶器，以泥质红陶为主，陶器以红顶碗、钵、圆底罐形鼎等器形和平行线彩纹为特点。(北京市文物研究所，北京考古四十年，北京燕山出版社，1990 年)

**约公元前 4400～前 3300 年**

　　*大溪文化　新石器时代中期*

　　△ 大溪文化分布于川鄂三峡地区、鄂西南、湘北一带。因四川巫山大溪遗址而得名。以稻作农业为主，稻种多为粳稻；石质农具比较多；饲养牛、羊、猪等家畜，渔猎亦占相当地位。石器有斧、铲、锄等，多经磨制，也有打制石器。(林向，大溪文化与大溪遗址，中国考古学会第二次年会论文集，文物出版社，1982 年)

　　△ 四川巫山大溪文化的陶器多为手制，以红陶为主，也有一定数量的灰陶和黑陶，纹饰以戳印纹最具特征。在个别遗址中也曾发现白陶，其中部分白陶系用与瓷石成分相近的黏土(瓷土)或高岭土制成的，瓷土的发现和使用为瓷器的发明准备了物质和技术条件。(赵匡华等，中国科学技术史·化学卷，科学出版社，1998 年，第 28、42 页)

　　△ 属于大溪文化的湖北枝江县城东北关庙山遗址出土的陶器兼有夹蚌壳和夹炭陶。据研究夹蚌陶中的蚌壳和夹炭陶中的稻壳均必须事先烧成，否则陶器很难成形。[吴崇隽，长江中游流域新石器时代制陶工艺初探，中国陶瓷，1990，(1)：56～59]

　　△ 大溪文化时期的住房多为圆形、方形半地穴式，出现编竹夹泥墙。常用大量红烧土块铺筑起厚实的垫层，既坚固又防潮。有的房屋还有撑檐柱洞或专门的檐廊，或在墙外铺垫一段红烧土渣面，形成原始的散水。说明为适应南方的气候条件，建造住房已采用了多种有利于防潮、避雨、避热的措施。(中国大百科全书·考古学，中国大百科全书出版社，1986

年，第 84 页）

**划城岗遗址　　新石器时代中期**

△ 在属于大溪文化的划城岗遗址中，发现一座保存稍好的窑址，由斜坡状火道、火膛和出烟口 3 部分组成。火膛下半部挖在生土中，上半部用大块红烧土垒成。围绕窑壁内侧有一周放置陶坯的平台，大多数陶器火候较低，据测试，烧成温度为 750～850℃。（中国大百科全书·考古学，中国大百科全书出版社，1986 年，第 84 页）

**城头山古城遗址　　新石器时代中期**

△ 始筑于大溪文化早期的湖南澧县车溪乡南丘村城头山古城遗址是中国目前发现最早的古城址之一。此后它又经 3 次加修，增高增宽，并将原来的城沟改建成宽阔的护城河。城址平面呈圆形，由护城河（35～50 米宽、约 4 米深）、夯土城墙、东、南、西、北四门和城西南部的夯土台基组成。城址面积约 75 000 平方米，属于城堡性质，即城市的萌芽。（蒋迎春，城头山为中国已知时代最早古城址，中国文物报，1997-8-10：1；唐锡仁等主编，中国科学技术史·地学卷，科学出版社，2000 年，第 40 页）

## 约公元前 4300～前 2500 年

**大汶口文化　　新石器时代中期**

△ 1959 年在山东宁阳堡头村首先发现，目前已发现遗址 600 余处，是经历母系氏族、从母系到父系氏族过渡及氏族解体诸阶段的原始文化。分布于山东、苏北、皖北、豫东和辽东半岛一带，以山东泰安大汶口遗址最为典型。可分为 3 期：早期为公元前 4300～前 3500 年，中期为公元前 3500～前 2890 年，晚期为公元前 2800～前 2500 年。农业和饲养业为主要经济来源，渔猎业退为次要地位。出土的农具为石铲、石镰、石刀、角锄等，家畜有猪、牛、狗、羊和鸡。手工业有较大发展，玉、石、骨、角器的加工，采用了截割、琢磨、钻孔、雕刻和抛光等。普遍用猪头随葬。大汶口文化的主要遗址有曲阜西夏侯，邳县刘林、大墩子，兖州王因，诸城呈子，日照东海峪等。（文物出版社编，新中国考古五十年，文物出版社，1999 年，第 235～236 页）

△ 大汶口文化时期的陶尊上有图像文字，目前已有陵阳河、大朱村、前寨、杭头、尧王城等遗址中发现 8 种 20 余字。有的学者认为，这些文字已由更早的独体字演化成复体字，是原始文字日趋发展的时期。[于省吾，关于古文字研究的若干问题，文物，1973，(2)]

△ 大汶口文化中期以后，山东和江苏北部等地区的农业发展迅速，跃居全国首位。农业工具以磨制精致、扁而薄的石铲、鹿角制成的鹤嘴锄和骨铲最有特色。家畜除猪、狗、羊、鸡外，还有北方罕见的水牛。（董恺忱、范楚玉主编，中国科学技术史·农学卷，科学出版社，2000 年，第 40 页）

△ 在山东广饶富博的大汶口文化中期遗址中，发现在 5000 多年前已成功地进行开颅手术。约同时期的辽西考古发现的女神头像，其形态也非常生动。这说明，当时的人们对头颅内部结构已有一定的认识。（罗桂环、汪子春主编，中国科学技术史·生物学卷，科学出版社，2005 年，第 43 页）

△ 大汶口文化时期，骨雕工艺相当发达。有一串 10 粒骨珠，都经钻孔和雕刻；有剔的透雕或镶嵌绿松石的骨筒、象牙筒，玲珑精致的 17 齿象牙梳和众多雕花骨匕。

△ 大汶口文化的陶器早期以红陶为主，晚期种类增多，灰陶、黑陶比例显著上升，并

出现了白陶。彩陶不多,但颇有特色,多挂着一层陶衣,所以陶色比较多样,其中黑陶的胎色多呈红或灰色,实际上是挂了一层黑色陶衣的红陶或灰陶,故俗称黑皮陶。(赵匡华等,中国科学技术史・化学卷,科学出版社,1998 年,第 28 页)

△ 大汶口文化和龙山文化时期,白陶已比较流行,因其氧化铁含量比一般陶土低得多,而 $Al_2O_3$ 的含量较高,所以烧后呈白色。白陶大都坚硬、细致,烧成温度至少在 1000℃ 左右,其原料基本上都是高铝质黏土和高岭土。(赵匡华等,中国科学技术史・化学卷,科学出版社,1998 年,第 42 页)

△ 约相当此文化时期的一处石刻岩画于 1979 年在连云港锦屏山马耳峰将军崖发现。画面上有日月、星云、兽面、人面、农作物等图案,主要反映农耕生产及祈求丰年等活动,是中国目前发现较早的石刻岩画遗迹。[李洪甫,将军崖岩画遗迹的初步探索,文物,1981,(7)]

陵阳河遗址 新石器时代中期

△ 属于大汶口文化时期的山东省莒县陵阳河遗址中的一灰陶尊上,刻有反映日出于五峰山顶的图案,有人认为这应是"旦"的意符字,很可能是用于祭祀太阳、祈丰收的礼器,是先民太阳崇拜的反映。[邵望平,远古文明的火花——陶尊上的文字,文物,1978,(9)]

尉迟寺遗址 大汶口文化晚期聚落遗址 新石器时代中期

△ 1989~1995 年发掘的安徽蒙城尉迟寺遗址揭露面积近 1 万平方米,共发现红烧土房址 41 间、各类墓葬 210 座、灰坑 160 余个。已发现的房址围绕遗址中心分别以 2 间、4 间、5 间为一排,呈东南—西北走向四面排列。墓葬集中分布在遗址北部,头向均为 135°左右。围壕环遗址构筑,椭圆形,南北跨度约 230 米、东西约 200 米,壕沟宽 29.9~31.4 米、深 4.5 米。广场位于遗址南部,面积约为 280 平方米。此遗址是迄今为止大汶口文化中保存最完整的聚落形态,布局较严谨。[中国社会科学院考古研究所安徽工作队,皖北尉迟新石器聚落群考察,考古,1996,(9)]

三里河遗址 新石器时代中期

△ 山东胶县(今胶州市)三里河遗址中,在一座 1.4 米深的窖穴中出土体积达 1 立方多米的炭化、灰化粟粒。由于这座窖穴占据房屋将近二分之一,因此它可能是当时的一座库房。它说明粟已成为当时黄河下游地区的主要粮食。(中国社会科学院考古研究所,胶县三里河,文物出版社,1988 年)

△ 三里河遗址出土两件铜锥,经鉴定系铸造而成的黄锥制品,平均含锌量 23% 左右,此外还有少量锡、铅、硫、铁、硅等杂质。有人认为可能是用富含铜锌的氧化共生矿在木炭燃烧的还原条件下合成的。[北京钢铁学院冶金史组,中国早期铜器的初步研究,考古学报,1981,(3)]

## 约公元前 4000～前 3000 年

西阴村遗址 新石器时代中期

△ 1927 年,在山西夏县西阴村遗址中出土了一个残长约 1.5 厘米、最宽处约 0.71 厘米切割过的半个茧壳。据发掘者研究,初步断定是桑蚕茧。它的出土为研究丝绸起源提供了实物。(李济,西阴村史前的遗址,清华大学研究院丛书,第三种,1927 年)

北阴阳营文化　　新石器时代中期

△ 因南京市北阴阳营遗址而得名，分布在江苏宁镇地区和安徽江南部分。以夹砂红陶和泥质红陶为主，制作为手制轮修，胎壁较厚。三足器、圈足器普遍。石器大都磨制精细，发现钻头钻出的石芯和有孔石斧，以及用琢孔法制成的石铲、石锄等。制玉工艺较发达，使用蛇纹石、透闪石、阳起石、石英等。家畜有狗和猪。[南京博物院，南京市北阴阳营第一、二次发掘，考古学报，1958，(1)]

## 约公元前 4100 年

新开流遗址　　新石器时代中期

△ 1972 年在黑龙江密山新开流发现。有磨制和压制的石器，以细石器为多；骨角器发达，还有骨雕工艺器；陶器有夹砂灰褐陶和黄褐陶，少数泥红陶。器面纹饰以鱼鳞纹、菱形纹最具特征，且多由几种纹饰组合。[黑龙江省文物考古工作队，密山县新开流遗址，考古学报，1979，(4)]

△ 新开流遗址中，出土的石器、骨器多为渔猎工具，且种类和数量均较多，有镞、鱼镖、鱼叉、鱼卡、鱼钩等，缺乏农业生产工具，反映此地区人们以渔猎经济为主，尤以捕鱼为主要的生活来源。(唐锡仁等主编，中国科学技术史·地学卷，科学出版社，2000 年，第14 页)

△ 新开流遗址中，发现鱼窖 10 座，穴内填满鱼骨，有的尚完整。推测系把鲜鱼入窖后，棚盖覆土储藏。

## 公元前 4100~前 3500 年

王因遗址　　大汶口文化遗址　　新石器时代中期

△ 王因遗址是中国黄河下游地区新石器时代以大汶口文化为主的遗址，位于山东兖州西南的王因村南。面积约 6 万平方米，发现大汶口文化早期墓葬 899 座，墓向一般朝东。部分墓葬有随葬品，其中一个造型奇特、无实用价值的瓠形器是富有特色的代表器物。(中国大百科全书·考古学，中国大百科全书出版社，1986 年，第 541 页)

△ 王因遗址出土至少分属于 20 多个体的扬子鳄残骸，与鱼、龟、鳖、蚌等同弃于垃圾中，说明当时已能捕获大的水生动物。(山东大学历史系考古教研室，大汶口文化讨论集，齐鲁书社，1979 年)

△ 王因遗址墓葬中较多的死者生前拔除上侧门牙，还发现枕骨人工改变形状和因生前长期口含石球或陶球致使颌内异常变形的现象。这些都是大汶口文化居民的奇特习俗。(中国大百科全书·考古学，中国大百科全书出版社，1986 年，第 541 页)

## 约公元前 4000 年

△ 酒度低的酒醪在较高的气温下，在酿造过程中或酿成后都可能在自然界的醋酸菌作用下变成醋（先秦时期称食醋等酸味物为醯或酢）。先民们根据这一经验逐步掌握了食醋的生产技术。(赵匡华、周嘉华，中国科学技术史·化学卷，科学出版社，1998 年，第 579 页)

△ 原始农业形成后，人们可能已利用由于保管不妥而发芽发霉的谷物（原始的曲蘖）而自然发酵，得到原始的谷物酒醴。后来人们有意使谷物发芽和发霉来制备酒蘖，并使曲蘖

进一步发酵而掌握了谷物酿酒的技术。(赵匡华、周嘉华,中国科学技术史·化学卷,科学出版社,1998年,第523页)

**后洼遗址　新石器时代中期**

△ 辽宁丹东市东沟县后洼遗址出土一个陶舟,系手工制造,椭圆形,长13厘米、宽5.5~6.5厘米、高2.2厘米。(许玉林,东沟县后洼遗址,中国考古学年鉴,文物出版社,1984年,第95~96页)

△ 后洼遗址下层发现一件陶埙,经测音为G、G$^\sharp$,这是目前东北地区发现的最早的吹乐器。[许玉林等,辽宁东沟县后洼遗址发掘概要,文物,1989,(12)]

**西水坡遗址　仰韶文化遗址　新石器时代中期**

△ 河南省濮阳市西水坡45号墓发现蚌塑龙虎、北斗图案,在其南不远处,同属于45号墓主人的2号遗址则发现有蚌龙、蚌虎、蚌鸟和独角、牛尾的蚌麒麟图案。它们应是在后世得到充分发展的将天空划分成四象系统思想与图式的早期反映,也是重视对北斗星观测的历史见证。[濮阳市文管会等,河南濮阳西水坡遗址发掘简报,文物,1988,(3)]

## 约公元前3900年

**庙底沟遗址　仰韶文化庙底沟类型遗址　新石器时代中期**

△ 1953年在河南陕县(今三门峡市)庙底沟发现庙底沟遗址,1956~1957年发掘。区别于半坡类型的典型器物有敛口曲腹钵、卷沿曲腹盆、双唇弇口尖底瓶、平底瓶、敛口鼓腹罐、镂孔器座,有少量釜、灶。以彩陶为多,黑彩为主,少量红陶,出现带衣彩陶。纹饰主要有条纹、涡纹、三角涡纹和方格纹组成的花纹带,还有蛙纹和鸟纹。在几件残器上发现鸟头和蜥蜴的塑饰。出土的陶钟为中国发现最早的打击乐器之一。属于庙底沟类型的重要遗址还有陕西华县泉护村、华阴西关堡、甘肃秦安大地湾、临汝阎村等。(中国科学院考古研究所,庙底沟与三里桥,科学出版社,1959年)

△ 庙底沟遗址出土工具中,多石铲,已进入锄耕农业。发现鸡骨,鸡已成家禽。(中国科学院考古研究所,庙底沟与三里桥,科学出版社,1959年,第82页)

△ 庙底沟遗址中发掘出一座保存较好的陶窑,窑室呈圆形,直径不到1米;窑底上较为均匀地分布着25个火孔,火孔下部与三个主火道及若干火道相通;火膛较深。陶窑构造上的改进,有利于使窑内温度分布更均匀和提高烧成温度。(李家治主编,中国科学技术史·陶瓷卷,科学出版社,1998年,第49页)

**阎村遗址　仰韶文化庙底沟类型遗址　新石器时代中期**

△ 河南临汝阎村遗址出土了一批陶器和石器。陶器中有一件夹砂红陶缸,腹部一侧绘有一幅高37厘米、宽44厘米的彩陶画——《鹳鱼石斧图》。在淡橙色的陶缸外壁上,用深浅不同的棕色和白色,绘出一只鹳鸟口衔一条鱼,其旁立着一件带柄石斧。这是中国新石器时代画面最大、内容最丰富、技法最精湛的彩陶画。它表明当时人们对鸟类食性的一些认识,并首次将生产工具作为标记载入画史中。[临汝县文化馆,临汝阎村新石器时代遗址调查,中原文物,1981,(1)]

## 约公元前3900~前3300年

**崧泽文化　新石器时代中期**

△ 1958年在上海市青浦县崧泽发现,后进行多次发掘。石器多通体磨光,精致,以穿

孔石铲、长条形石锛等较有特色。陶器普遍采用慢轮修整或轮作，夹砂陶以红褐色为主，泥质陶以灰陶为主。器皿花瓣最具特色。[上海市文物保管委员会，上海市青浦县崧泽遗址的试掘，考古学报，1962，(2)]

△ 崧泽遗址在 1961 年发掘中，出土稻谷颗粒，经鉴定为籼、粳两个不同亚种。(上海市文物管理委员会，崧泽，文物出版社，1987 年)

△ 属于崧泽文化的上海松江汤庙村遗址墓葬中，发现一件三角形石犁，是中国发现的最早的石犁之一。(文物出版社编，新中国考古五十年，文物出版社，1999 年，第 139 页)

△ 在崧泽遗址发现 4 座水井，其中一座保存完好，为直筒腹、口略呈椭圆形、圆底，井壁光滑，直径 67～75 厘米、深 225 厘米。其形制为后世所沿续。[上海市文物管理委员会，1987 年上海青浦崧泽遗址发掘，考古，1992，(3)]

△ 崧泽遗址出土的石器和玉器的主要岩石类型和岩性与附近几座山上出露的基岩一致，系就近取材。(文物出版社编，新中国考古五十年，文物出版社，1999 年，第 139 页)

△ 崧泽遗址中，有人工堆筑的土台一处，土台是以不同颜色的土分块垒叠筑成，总体结构呈方形覆斗状，经解剖，土台清楚地显示垒筑和使用的三个连续过程。(嘉兴南河浜遗址发掘取得丰硕成果，中国文物报，1996-12-15)

草鞋山遗址上层（马家浜文化层）　新石器时代中期

△ 1992～1995 年，在对江苏吴县草鞋山遗址发掘中，发现马家浜文化时期的水稻田 44 块，用于排水、蓄水和灌溉的水沟 6 条、水井 10 口、水塘 2 个。这是中国发现的较早的水稻田遗迹和水稻种植灌溉系统。据分析，种植的水稻属粳型稻。[谷建祥等，对草鞋山遗址马家浜文化时期稻作农业的初步认识，东南文化，1998，(3)]

△ 草鞋山遗址马家浜文化层，出土了 3 块织物残片，据鉴定，原料可能是野生的葛。系纬线起花的罗纹织物，密度是每平方厘米经线约 10 根，纬线罗纹部约 26～28 根，地部 13～14 根。花纹有山形斜纹和菱形斜纹，组织结构属绞纱罗纹，嵌入绕环斜纹，还有罗纹边组织。这是中国目前发现的最早的织物之一。史传和考古发掘都证明，葛是很早就开始利用的纺织品原料。(陈维稷，中国纺织科学技术史，科学出版社，1984 年，第 7 页)

**约公元前 3790～前 3070 年**

大河村遗址　仰韶文化遗址　新石器时代中期

△ 1972～1975 年对河南郑州大河村进行发掘。文化堆积层分 6 期，前 4 期属仰韶文化，第二、三期约为公元前 3790～前 3070 年。第一期出现白陶，彩绘出现棕色；第二期出现睫毛纹、月牙纹、月亮纹等，并出现釉彩等；第三期盛行白色陶衣和红黑、红棕双色彩绘；第四期灰陶占多数，彩陶骤减，器表以表面磨光为大宗，表明彩陶的衰退。出现有肩石铲和石镰。[郑州市博物馆，郑州大河村遗址发掘报告，考古学报，1979，(3)]

△ 大河村遗址出土的大麻种籽以及甘肃东乡马家窑遗址出土的大麻种籽，证明当时可能已经人工种植大麻。还出土两枚莲子，说明当时已食用莲藕。[郑州市博物馆，郑州大河村遗址发掘报告，考古学报，1979，(3)：372；西北师范学院植物研究所、甘肃省博物馆，甘肃东乡林家马家窑文化遗址出土的稷和大麻，考古，1984，(7)]

△ 大河村仰韶遗址发现房屋 21 座。房屋内地面用石灰拌粗沙及黏土抹面，说明这时已能在姜石或蚌壳中取得少量石灰并制成白灰三合土用于建筑。大河村遗址第三期出现四开间

连间方形建筑。说明这时用柱承重，以间为单位的联排房屋已经萌芽。[郑州市博物馆，郑州大河村遗址发掘报告，考古学报，1979，(3)]

## 约公元前 3700 年

红花套遗址　新石器时代中期

△ 湖北宜都红花套陶舟1973 年在湖北宜都长江岸边的红花套遗址出土。方头方尾，两端略向上翘，底呈弧形。[戴开元，中国古代的独木舟和木船的起源，船史研究，1983，(创刊号)：11]

西王村遗址（下层）　仰韶文化西王村类型的代表遗址　新石器时代中期

△ 1960 年在山西芮城西王村发掘。文化堆积分 2 层，上层属庙底沟类型，下层有独特的面貌。陶器以红陶为主，灰陶所占比例亦较多。典型器物有宽平敞口直腹盆、敞口长颈尖底瓶等。彩绘有红底红彩、红底白彩两种。出土陶俑。[中国科学院考古研究所山西工作队，山西芮城东庄村和西王村遗址的发掘，考古学报，1973，(1)]

## 约公元前 3700～前 2900 年

香港新石器时代中期后段

△ 香港新石器时代中期后段，打制和经初步加工的石器十分发达。打制石器主要有用砾石打制的砍砸器、刮削器和一种被称作"牡蛎啄"的三角形尖状器；器形包括石锤、砧和网坠等。磨制石器以小件石器为主，其中最重要的就是出现了双肩石锛。龙鼓洲下层出土 3 件双肩石锛；虎地湾出土 2 件；长洲西湾发现一件有段石锛。这批石器是珠江三角洲已知最早的有肩及有段石锛之一。(文物出版社编，新中国考古五十年，文物出版社，1999 年，第 506～507 页)

## 约公元前 3500 年

黄家围子-南岗类型文化　新石器时代中期　细石器文化

△ 吉林镇赉黄家围子-南岗类型文化遗址中，出土以髓石、石英、玛瑙、燧石等琢压成精细的各式石镞、刮削器、尖状器等，伴以少量的磨制石器，其中有石犁，与之共生的是低火候的黄褐或灰褐手制陶罐；出土的浅地穴式带柱洞的房址表明，当时至少已有季节性的定居生活。(文物出版社编，新中国考古五十年，文物出版社，1999 年，第 110 页)

## 约公元前 3500～前 2500 年

兴城遗址　新石器时代中、晚期

△ 位于吉林东部长白山地区的兴城遗址中，早期房址为浅地穴，小面积，有门道，柱洞不规律而少，无固定灶位；陶器以火候不高的夹砂陶为主。晚期房址为深地穴式，大面积，居住面以白黏土抹平，中间有灶，有规律性的柱洞，无门道；高火候磨光砂陶明显增加，出现了红衣陶；石器增多，有较多大型亚腰石锄等。(文物出版社编，新中国考古五十年，文物出版社，1999 年，第 111 页)

### 约公元前 3390～前 3290 年

王湾遗址一期　仰韶文化的重要遗址　新石器时代中期

△ 1959～1960 年对河南洛阳西郊谷水镇附近的王湾遗址进行发掘。文化堆积分 3 期，第一期属仰韶文化。以重唇小口和葫芦口两种成熟型尖底瓶为特征。陶器以泥质红陶为多，次为夹砂灰褐陶。发现有房子、灰坑和墓葬等。[北京大学考古实习队，洛阳王湾遗址发掘简报，考古，1961，(4)]

△ 王湾遗址一期 200 平方米方形房屋，已在墙下挖基槽，槽内基础是用填硬烧土块或卵石的做法。这是最早的人工基础之一。(中国社会科学院考古研究所，新中国的考古发现和研究，文物出版社，1984 年)

### 约公元前 3350 年

富河沟门遗址　新石器时代中期

△ 1962 年首次在内蒙古巴林左旗林东镇富河沟门村发现。已有原始农业，渔猎占有重要地位。陶器多夹砂陶，主要纹饰为"之"形篦点纹和线纹。石器形状规整，有肩锄、锛、凿等，皆经精细加工，富有特色；细石器的石片既长且宽。骨器包括镞、锥、针、鱼钩等。动物骨骸较多，未见家畜。发现经烤灼的鹿类动物肩胛，无钻凿痕，或是中国占卜习俗最早的实物例证之一。房屋建筑遗迹多分布在河旁山岗或高地上，建于朝阳南坡，反映原始村落的情况。房屋有圆形、方形，有地面建筑，有半地穴式，内有立柱，有篝火和灶址遗迹。[中国科学院考古研究所内蒙古工作队，内蒙古巴林左旗富河沟门遗址发掘简报，考古，1964，(1)：1～5]

### 约公元前 3300 年

西山古城遗址　仰韶文化城址　新石器时代中期

△ 1992～1995 年在郑州西山发掘出一座仰韶文化城址，包括夯土城墙、城门、道路、房基、墓葬，用方块板筑法，为已知时代最早、建筑技术最为先进的古城之一。(张玉石等，郑州西山遗址发掘获丰硕成果，中国文物报，1996-3-13)

### 距今 5000～2000 年　新石器时代晚期

△ 石器的制作技术进一步提高，多为通体磨光，还出现了较多的玉器。已出现一些小型铜工具。陶器制作中轮制技术已较普遍应用，陶器以灰陶为主，烧造的火候较高，陶制较硬。聚落进一步分化，防卫设施进一步加强，出现原始城堡。粟作农业进一步发展，稻作农业开始向北方传播，原始农业处于兴盛时期。(张宏彦，中国史前考古学导论，高等教育出版社，2003 年，第 83 页)

△ 在今江苏、浙江等地出现一种翻土工具——犁形器。它形体较大，双刃夹角呈锐角，刃唇向下斜；顶端有一斜向的把柄，有的在靠近前边中段处有一孔，以便穿绳牵引。犁形器大概只沿续到西周，此后可能被铁犁所替代。(陈文华，中国农业考古图录，江西科学技术出版社，1994 年，第 214～217 页)

△ 稍后于麻纺织技术，已发明了养蚕缫丝技术。(赵承泽主编，中国科学技术史·纺织

卷，科学出版社，2002年，第5页）

## 约公元前3300～前2200年

*良渚文化 新石器文化晚期*

△ 1936年首次发现于浙江余杭良渚镇。分布于太湖周围，东到东海之滨，西过南京一带。陶器普遍轮制，胎薄，黑色。农业相当发达，出现犁耕；手工业日趋专业化，有大型礼仪性建筑。主要遗址有：浙江吴兴钱山漾、上海市上海县马桥、金山县亭林、松江县广富林等。（余杭市文管会编，文明的曙光——良渚文化，浙江人民出版社，1996年）

△ 良渚文化时期，原始水田农业发展到一个新的阶段。出土数量不少的用于水田耕作的石犁和用于开沟的斜把破土器。水稻仍是主要农作物，出现了养蚕栽桑。采猎在社会经济中的比重随着农牧经济的发展而下降。（董恺忱、范楚玉主编，中国科学技术史·农学卷，科学出版社，2000年，第40页）

△ 良渚文化时期遗址中，已有木筒水井，且井底垫有河蚬贝壳，可能是为了起过滤、净化的作用。[陆耀华，浙江嘉善新港发现木筒水井，文物，1984（4）：49]

△ 良渚文化时期的福泉山遗址中，玉器形式骤增，工艺精湛，数量庞大，用途纷繁；石器增见扁平穿孔平刃斧、有段锛、耘田器和镰刀等；陶器盛行快轮工艺，夹砂陶多使用云母与细砂。（文物出版社编，新中国考古五十年，文物出版社，1999年，第140页）

*吴兴钱山漾遗址、杭州水田畈遗址 新石器时代晚期*

△ 吴兴钱山漾遗址和杭州水田畈遗址中，出土粳、籼稻谷实物，以及花生、芝麻、豆角、两角菱、甜瓜子、毛核桃、酸枣核、葫芦等。[浙江省文物管理委员会，吴兴钱山漾遗址第一次第二次发掘报告，考古学报，1960，（2）：73～92；浙江省文物管理委员会，杭州水田畈遗址发掘报告，考古学报，1960，（2）：93～103]

△ 钱山漾遗址和水田畈遗址中，出土木器有桨、盆、杵、椰头等，表明竹、木工艺较发达。

△ 钱山漾遗址中，出现高出地面的桩上建筑。

△ 钱山漾遗址中，发现200余件竹编器物，有篓、箅、簸箕、席、篷、门扉、绳等。

△ 为了适应各种编织物的不同形状和用途，当时使用了密纬疏经、一纬一经的人字形等方法。这些编织技术后来广泛地被纺织艺人所吸收，促进了纺织工艺的发展和纺织物的多样化。（赵承泽主编，中国科学技术史·纺织卷，科学出版社，2002年，第3～4页）

△ 钱山漾原始居民已能纺织丝、麻织物，标志这时已有蚕丝生产和苎麻利用。[浙江省文物管理委员会，吴兴钱山漾遗址第一次第二次发掘报告，考古学报，1960，（2）：73～92]

△ 在钱山漾遗址出土距今约4700年的一段丝带和一小块绢片。经分析，丝带宽5毫米，用16根粗细丝线交编而成；绢片的经纬密度各为每厘米48根，丝线的捻向为Z捻，证实蚕桑丝绸的起源确实是在远古。这些丝绸文物也是我国南方发现最早、最完整的丝织品。[浙江省文物管理委员会，吴兴钱山漾遗址第一次第二次发掘报告，考古学报，1960，（2）：73～92]

△ 钱山漾遗址出土的木桨以青冈木制成，桨叶呈长条形，长96.5cm，柄长87cm。[浙江文物管理委员会，吴兴钱三漾遗址第一次第二次发掘报告，考古学报，1960，（2）：93]

△ 水田畈遗址出土的木桨分宽窄两种。宽者26cm，厚1.5cm，另做桨柄捆绑其上。窄

者叶宽 10～19cm，用整根木料削成。［浙江省文物管理委员会，杭州水田畈发掘报告，考古学报，1960，（2）：103］

△ 钱山漾和水田畈遗址中发现的数支木桨说明，在新石器时代的长江中下游和滨海地区舟船的活动已相当广泛。（杜石然主编，中国科学技术史·通史卷，科学出版社，2003 年，第 36 页）

## 约公元前 3300～前 2100 年

卡若遗址　新石器时代晚期

△ 1978～1979 年两次在西藏昌都加卡区卡若村发掘。石器多打制。骨器中有一残骨匕，侧缘刻槽，当为镶嵌细石器的复合工具。陶器以夹砂陶为主，泥质陶较少，呈灰色或红色，有少量彩陶。（西藏自治区文物管理委员会等，昌都卡若，文物出版社，1985 年）

△ 卡若遗址中有炭化的粟类谷物灰壳，已从事农业生产，饲养猪、牛等家畜。（李迪主编，中国少数民族科学技术史丛书·通史卷，广西科学技术出版社，1996 年，第 19 页）

△ 卡若遗址发现了大量的建筑遗存，房屋类型有圆底、半地穴和地面 3 种；房屋结构有窝棚式、窝棚构架式、井干式、碉房式、梁柱式、擎檐碉式等多种；墙体结构有木骨泥墙、板筑墙和石砌墙；房屋内部经过防潮处理。［江道元，西藏卡若文化的居住建筑初探，西藏研究，1982，（3）：103～118］

## 约公元前 3300～前 2000 年

马家窑文化（又称甘肃仰韶文化）　新石器时代晚期

△ 1923 年首次发现于甘肃临洮马家窑，40 年代命名为马家窑文化。主要分布在甘肃的洮河、大夏河和青海的湟水流域。制陶业发达，彩陶所占比重很大，约占 20％～50％；画彩的部位比较广泛。表明画彩技术已达到成熟的程度。石器多属磨制，常有穿孔，少数地方有打制的细石器。纺纱工具有石纺轮和陶纺轮。房屋以方形房屋为主。马家窑文化可分成石岭下、马家窑、半山、马厂等类型。（中国大百科全书·考古学，中国大百科全书出版社，1986 年，第 302 页）

△ 马家窑文化经营以粟黍为主的旱地农业，已开始养羊。（董恺忱、范楚玉主编，中国科学技术史·农学卷，科学出版社，2000 年，第 40 页）

石岭下类型遗址　马家窑文化早期阶段　新石器时代晚期

△ 1947 年在甘肃临洮武山石岭下发现。陶器以泥质红陶为主，夹砂红纹、泥质灰陶次之。彩绘花纹有几何形和动物形两种。主要器物有敛口碗、卷沿盆及有陶屋模型等。

马家窑类型遗址　马家窑文化遗址　新石器时代晚期

△ 马家窑类型遗址中，制陶业较发达，有泥质红陶、夹砂红陶、泥质灰陶，主要是彩陶。纹样多用黑描绘，以几何形纹为主，动物纹、人像纹为辅。石器中出现磨谷器和杵。骨器有锥、针、簪、珠、凿、镞等。发现的石刃骨刀、石刃骨匕首和后世牧民所用的铜刀、铜匕首形制相似。房屋为圆形、方形半地穴式。（中国大百科全书·考古学，中国大百科全书出版社，1986 年，第 302～303 页）

△ 甘肃东乡林家马家窑类型遗址 F20 号房内出土的陶罐里发现粟粒、大麻籽和穄粒。在 H19 和 H21 号窖穴同发现带有细长芒的穄穗捆扎成束堆放在一起，达 1.8 立方米。［西北

师范学院植物研究所、甘肃省博物馆，甘肃东乡林家马家窑文化遗址出土的稷和大麻，考古，1984，（7）]

△ 甘肃东乡林家马家窑类型遗址 F20 号房出土的青铜刀是中国现已出土的最早的青铜器，刀长 12.5 厘米，刀背呈弧形，短柄，有明显的嵌装木柄的痕迹。此青铜刀含锡 6% ～ 10%，是范铸而成，刃口经轻微冷锻或锉磨。灰坑 H54 中还发现了铜铁共生矿冶炼不完全的冶铜遗物。[孙淑云、韩汝玢，甘肃早期青铜器的发现与冶炼制作技术的研究，文物，1997，（7）]

**约公元前 3000 年**

*东灰山遗址　新石器时代晚期*

△ 1985、1986 年在甘肃民乐县六霸乡东灰山遗址中，发现大麦、小麦、高粱、粟和稷等 5 种炭化籽粒。其中采集到小麦籽粒数百粒，可分为大粒、普遍粒和小粒 3 种。它们均与普通栽培小麦粒形十分相似。出土的大麦与现代西北种植的青稞大麦形状十分相似。此外，还可能有少数的皮大麦和黑麦籽粒。其中炭化高粱经鉴定是中国高粱较古老的原始种。[李璠等，甘肃省民乐县东灰山新石器遗址古农业遗存新发现，农业考古，1989，（1）]

*青台遗址　新石器时代晚期*

△ 在河南荥阳青台遗址中，发现一些丝、麻纺织品。在丝织品中除有平纹织物外，还有组织十分稀疏的浅绛色罗织物，这是迄今发现北方蚕丝的最早物证之一。（朱新予，中国丝绸史，纺织出版社，1992 年，第 4 页）

*源涡遗址　新石器时代晚期*

△ 在山西榆次源涡遗址（仰韶文化晚期的一种地方类型）中，发现一块陶片上附有铜炼渣。经分析其含铜 47.67%、硅 26.18%、钙 12.39%、铁 8.00%，应为冶铜遗留下的炼渣。[安志敏，中国早期铜器的几个问题，考古学报，1981，（3）]

**约公元前 3000～前 2600 年**

*屈家岭文化　新石器时代晚期*

△ 1954 年首次发现于湖北京山屈家岭，分布于湖北省，北面至豫西南，南入湘境，西到重庆巫山。制陶技术进一步发展，以薄如蛋壳的小型彩陶、陶纺轮为主要特征。石制工具向小型、复合式演化，磨制石器增多，较多使用钻孔技术，石镰、镞等经常使用，并出现大型石犁。以农业为主，种植水稻，饲养猪、狗等家畜。狩猎也占重要地位。住房为方形地面建筑，泥墙中立柱，室内用泥墙隔成两间。常出土实心或空心陶球。（文物出版社编，新中国考古五十年，文物出版社，1999 年，第 278～279 页）

△ 湖北郧县青龙泉遗址屈家岭文化层发现三座成一组的房屋遗存，湖北宜都红花套遗址屈家岭文化层发现三座"品"字形排列、门道都朝一个中心的房屋建筑，均属为适应父系家庭的需要而建造的住屋。

△ 长江中游出现一批属于屈家岭文化中晚期的大型防护性建筑城址。这些城垣全部由夯土筑城，平地起建，护城与主体部分一次筑成，在形制上不很规则。[张绪球，屈家岭文化古城的发现和初步研究，考古，1994，（7）]

△ 屈家岭文化的制陶业已具有较高的水平，早期以黑陶为主，晚期以灰陶为主，此外

还有彩陶和半绘陶。最有特色的是壁厚约 1 毫米左右的薄胎彩陶，胎色橙黄，表面施有陶衣，呈灰、黑、黑灰、红、橙红等色，绘以黑彩或橙黄彩。（赵匡华等，中国科学技术史·化学卷，科学出版社，1998 年，第 28、41 页）

## 约公元前 3000～前 2000 年

龙山文化（曾称黑陶文化）　　新石器时代晚期

△ 1928 年始发现于山东章丘龙山镇城子崖，1949 年以后在陕、豫、晋、冀、鲁、苏、皖、内蒙古、甘、辽等地发现 500 多处文化遗址。有很发达的磨制石器，石镰多为平刃，石斧斧体弯得稍小而薄。陶器轮制，以灰陶为主，黑陶次之，红陶、白陶极少见。以农业为主，有较发达的畜牧业。已进入父系氏族公社时期。

△ 龙山文化时代的农业生产工具有明显的改进。石铲更为扁薄宽大，趋于规范化，便于安柄使用的有肩石铲和穿孔石铲普遍出现，双齿木耒也被广泛使用。半月形石刀、石镰、蚌镰等收获农具的品种更全、数量更多。粟黍在经济生活中的地位更加重要。适于储藏粮食的口小底大的袋形窖显著增多。畜牧业有突出发展，家畜以猪为主，增加了水牛，马也可能被驯化。出现牲畜栏圈和夜宿场之类的设施。（董恺忱、范楚玉主编，中国科学技术史·农学卷，科学出版社，2000 年，第 30 页）

△ 龙山文化晚期遗址出土有尊、罍、盉和高足杯等酒器，表明这时已开始酿酒，龙山时期是我国酿酒起源的时代。[方扬，我国酿酒当始于龙山文化，考古，1964，（2）]

△ 龙山文化时期出现最早的炊蒸器——陶制的甗。（赵匡华等，中国科学技术史·化学卷，科学出版社，1998 年，第 562 页）

△ 龙山文化时期，房屋居住面的处理由灰浆粉刷改变为灰膏涂抹。白灰用量很大，已烧制白灰作建筑材料。（中国科学院自然科学史研究所编，中国古代建筑技术史，科学出版社，1985 年，第 11～26 页）

△ 龙山文化时期，已经有了炼铜技术。河南郑州牛寨出土了熔化铅青铜的残炉壁。河南临汝煤山遗址出土了熔化纯铜的泥质炉（有人称之为坩埚）的炉底和炉壁残块。后者据估算原炉直径 5.3 厘米左右，厚 2 厘米，炉内壁有 6 层铜液，均为黄铜。[李京华，关于中原地区早期冶铜技术及其相关问题的几点看法，文物，1985，（12）]

△ 龙山、齐家文化时期中国青铜锻造技术出现。如属龙山文化的唐山大城山斧形铜牌，属齐家文化的皇娘娘台铜刀、铜锥、铜凿等。这些锻件多较简单细小，反映了技术上的原始性。（陆敬严等，中国科学技术史·机械卷，科学出版社，2000 年，第 191 页）

△ 龙山文化遗址中发现了骨梭。骨梭的应用在纺织技术上是一个重大的进步。（赵承泽主编，中国科学技术史·纺织卷，科学出版社，2002 年，第 4 页）

## 约公元前 3000～前 1500 年

芝山遗址　　新石器时代晚期

△ 1981 年在台湾省台北芝山发现。石器较为发达，骨角、牙器也很多。还发现了木器，类型包括尖状器、掘棒、陀螺形器和木桨形器。发现了炭化的稻谷遗存，经鉴定为粳稻。（文物出版社编，新中国考古五十年，文物出版社，1999 年，第 529 页）

垦丁遗址　新石器时代晚期

△ 位于台湾省西海岸南部的垦丁遗址中，在陶片上有豆类和稻壳印痕，稻壳经鉴定为籼稻；当时的人们有拔牙的习俗。（文物出版社编，新中国考古五十年，文物出版社，1999年，第529页）

## 约公元前2900～前2800年

庙底沟二期文化　新石器时代晚期

△ 庙底沟二期文化是中原地区仰韶文化向龙山文化过渡的一种文化。1956年在河南陕县庙底沟发现。有一圆形房址，系尖锥形屋顶、半地穴形圆形房。另发现一圆形窑址，火膛呈长方形竖穴状，系采用还原焰烧陶术。陶系以灰陶为主。有大量石器、骨器。出现双齿木叉工具，还有长条半月形石刀、石镰、蚌镰等。（中国科学院考古研究所，庙底沟与三里桥，科学出版社，1959年）

## 约公元前2900～前2700年

石峡遗址　新石器时代晚期

△ 1973～1976年发掘的广东曲江狮子岩石峡遗址中，主要石器有镬、铲、锛、凿、镞等，多通体磨光。陶器以轮制、模制为主，多呈灰褐色或灰黄色。[广东省博物馆等，广东曲江石峡墓葬简报，文物，1978，（7）]

△ 石峡遗址出土不少栽培稻实物，已炭化的米粒、稻谷、稻壳和碎秆等，有籼稻有粳稻，是两广地区现已发现较早的稻的遗存。[杨式挺，谈谈石峡发现的栽培稻遗迹，文物，1978，（7）]

△ 石峡遗址出土的石镬，呈长弓背形，两端有刃，一宽一窄，最长的达31厘米，是适用于华南红壤地带挖土的利器。[广东省博物馆等，广东曲江石峡墓葬简报，文物，1978，（7）：3]

## 约公元前2800年

跑马岭遗址　新石器时代晚期

△ 位于江西修水县城东南山背村附近的跑马岭遗址是中国长江中游的新石器时代遗址。在遗址中发现圆角长方形地面房屋基址一座，墙基内摆放柱础，用红砂土掺入稻秆和谷壳筑成墙壁，并经烧烤；屋内西南角又围筑一个小套间。发现4颗花生（尚存疑问）和1颗山核桃果核，均已炭化。普遍使用长条形有段石锛和菱形有铤或无铤石镞。（中国大百科全书・考古学，中国大百科全书出版社，1986年，第362～363页）

## 约公元前2790年

寺墩遗址（上层）　良渚文化遗址　新石器时代晚期

△ 位于江苏武进县三皇庙村的寺墩遗址上层为良渚文化遗存。随葬品达124件，除陶器和玉石制的穿孔斧、有段石锛、斜柄石刀等生产工具外，还有24件玉璧和33件玉琮。玉器质料绝大多数是透闪石，属于软玉。由玉璧上遗留的一层砂粒推断当时以石英砂粒为解玉砂；从璧、琮的规格及表面弧形琢痕分析，可能已使用石英砂石圆盘——轮锯的琢玉装置。

这说明良渚文化的琢玉技术相当先进，琢玉当已成为独立的手工业。(中国大百科全书·考古学，中国大百科全书出版社，1986年，第485页)

**约公元前2650～前2350年**

半山类型遗址　马家窑文化遗址　新石器时代晚期

△ 半山类型遗址中，石器以刃部内凹成半弧形，一侧制成锯齿状花边，近背部穿有二孔的长方形石刀最具特色。制陶业发达，彩绘花纹施于器皿内外，以黑、红色相间的锯齿形花纹为主题，勾画出各种色彩鲜明、形式多样的图案。房屋为方形、长方形半地穴式，有立柱。

**约公元前2600～前2000年**

河南龙山文化　新石器时代晚期

△ 河南龙山文化主要分布在河南、关中东部、山西南部、河北南部、山东西部、安徽西北部，各地区有一定差异，可分成王湾、后岗、造律台3种类型。有半地穴式单间方形、长方形或圆形建筑，也有地方连间房。陶器多轮制，以灰陶为主。有石铲等工具；石镞、骨镞均多，狩猎仍盛。[严文明，龙山文化和龙山时代，文物，1981，(6)]

△ 鲁西发现龙山文化城址8处。它们成组分布，排列密集。组群中有一座大型的中心城址，中心城有大型的台址，这是全国首次发现。(黄河流域考古重大发现——鲁西发现两组8座龙山文化城址，中国文物报，1995-1-22)

王油坊遗址　河南龙山文化遗址　新石器时代晚期

△ 1977年，在河南永城王油坊发掘出内涵丰富的龙山文化遗存，其中10多座房基的地坪采用了夯土技术，并有烧灶和用褐硬土或碎陶片筑成的巢状柱础；墙基大部分保存完好，有些屋内壁用长40、宽20、厚10厘米的褐色草泥土坯砌成，每层土坯都错缝，用黄泥浆粘连，这是所知较早的土坯。此外，遗址内还出土了精美的白陶器和黑色磨光蛋壳陶。(中国社会科学院考古研究所河南二队，河南永城王油坊遗址发掘报告，考古学集刊，第5集；中国社会科学院考古研究所，新中国的考古发现和研究，文物出版社，1984年)

白营村落遗址　河南龙山文化遗址　新石器时代晚期

△ 1976～1977年，在河南汤阴白营村发掘了一座龙山文化的村落遗址，发现房基60多座，纵横排列成行，大致有序。房屋周围墙脚有草拌泥敷成散水；室内地面采用夯筑做法。居住面普遍白灰面，有的则是烧土面或硬土面；墙壁为木骨抹草拌泥或直接用草拌泥垒成，个别的墙根处也涂有白灰。有一座圆房用较大的土坯砌墙，是中国早期的土坯房屋。还发现一座用白灰抹壁的小型白灰窑。出土遗物中，有长条形并有把手的石抹子，是涂沫、打磨白灰居住面和墙壁用的建筑工具。(河南省安阳地区文管会，汤阴白营河南龙山文化村落发掘报告，考古学集刊，第3集，中国社会科学出版社，1982年)

△ 白营村落遗址中，发现一眼水井，口大底小，深11米，井四壁用井字形木棍架自下而上层层垒叠，是中原地区发现年代较早、结构较复杂的水井。北方凿井技术的兴起，说明当时的居民已有一些地下水文知识。(唐锡仁等主编，中国科学技术史·地学卷，科学出版社，2000年，第13页)

**约公元前 2500 年**

三星堆遗址 1 期　新石器时代晚期

△ 四川广汉三星堆遗址是成都平原面积最大的、文化内涵最丰富的遗址之一。三星堆遗址 1 期中的陶器主要有泥质灰陶和夹砂灰陶，以手制为主，轮制仍占一定比例。石器器形小，以磨制石斧、锛、凿为主。房屋建筑采用挖沟槽，立木骨，墙两面抹泥并经火烧烤。（文物出版社编，新中国考古五十年，文物出版社，1999 年，第 376 页）

宝墩遗址（龙马古城）　新石器时代晚期

△ 1996 年发掘的四川新津宝墩遗址即龙马古城，是西南地区现已发现的新石器时代古城中规模最大的一座古城，城址面积达 60 万平方米，揭露面积 435 平方米，发现房址 1 座、灰坑 32 个、墓葬 5 座。城墙采用"堆筑法"，房屋墙为木骨泥墙。陶器有夹砂与泥质两种，主要为泥条盘筑加慢轮修整。石器以磨制石斧、锛、凿为主，另有少量的穿孔刀、铲、矛、镞等，器物小型化是其特点。[成都市文物考古工作队，四川新津县宝墩村遗址调查与试掘，考古，1997，（1）]

香港新石器时代晚期前段

△ 香港新石器时代晚期前段，陶器以夹砂陶为主，泥质陶次之；陶器的特色是低温的泥质红、白陶已经消失，取而代之的是印纹陶的出现。石器种类较多，有石斧、锛、有肩器、钺、铲、凿、镞、网坠、环、玦和锚等。石英环和玦等装饰品抛光极为精美。石器中最有意义的是石钺的出现。在涌浪遗址中，出土多件完整的穿孔石钺，以及大批制作石钺的石料、半成品等。（文物出版社编，新中国考古五十年，文物出版社，1999 年，第 507～508 页）

**约公元前 2500～前 2100 年**

菜园遗址　新石器时代晚期

△ 位于宁夏海源县菜园村的菜园遗址是宁夏新石器时代的重要遗存，发现 8 座窑洞式房址，在其中最大的一座房址墙壁上有 50 多处火苗状烧土。经模拟实验，证明这些烧土是古人用灯的遗存。其灯具很可能是油松木条，也即典籍中所谓"爝火"、火炬。可见，中国先民是此前已使用单枝烛照明。[宁夏文物考古研究所等，宁夏菜园——新石器时代遗址、墓葬发掘报告，科学出版社，2003 年；陈斌，灯具的鼻祖——四千年前的壁灯，文物天地，1989，（2）：20～21]

**约公元前 2500～前 2000 年**

山东龙山文化（又名典型龙山文化）　新石器时代晚期

△ 在山东章丘龙山镇城子崖首先发现，已发现遗址 1000 余处。主要分布在山东中部东部和江苏淮北地区，重要遗址有章丘城子崖、潍坊姚官庄、日照两城等遗址。发现扁平穿孔玉铲、阴刻兽面纹玉锛、三牙璧等精美贵重玉器，表明制玉工艺达到较高水平。发现卜骨。（文物出版社编，新中国考古五十年，文物出版社，1999 年，第 236～238 页）

△ 山东龙山文化时期，农业占据主导地位。已发现的遗址多位于水源丰富、利于农耕的山前平原和河湖台地上，人们已进入稳定的定居生活。发现的农业生产工具数量增多，种

类齐全。六畜均有发现，养猪业得到较大的发展。狩猎和捕捞在生活中也还占有重要地位。（文物出版社编，新中国考古五十年，文物出版社，1999 年，第 238 页）

△ 山东龙山文化中，陶器普遍轮制，最大特点是以细泥、泥质、夹砂类的黑陶为主，灰陶不多。其中以细泥薄壁黑陶的制作水平最高。它的胎壁厚有的仅 0.5～1.0 毫米左右，采用精细黏土制成，烧成前又经过打磨，在烧制中有意让炭黑掺入胎体，所以通体乌黑发亮，故又称蛋壳黑陶。蛋壳黑陶高柄杯是中国制陶工艺最高水平的代表作。（赵匡华等，中国科学技术史·化学卷，科学出版社，1998 年，第 28、39～41 页）

△ 山东龙山文化的房址，既有半地穴式，也有地面建筑。房屋形状有圆形、方形和长方形，面积不大。建筑上采用挖槽筑基的方法。建筑材料上出现了土坯，并采用了错缝叠压垒砌技术。（文物出版社编，新中国考古五十年，文物出版社，1999 年，第 237 页）

△ 属于山东龙山文化时期的胶州三里河、栖霞杨家圈、长岛店子、日照尧王城、诸城呈子和临沂大范庄等 6 处遗址中出土有铜器，说明青铜冶铸业出现并有了较大的发展。其中山东胶州三里河发现黄铜锥两段，平均含锌 23.2%，还含有铁、铅、锡、硫等杂质。[孙淑云、韩汝玢，中国早期铜器的研究，考古学报，1981，（3）]

　　两城镇遗址　山东龙山文化遗址　新石器时代晚期

△ 1934 年在山东日照县城东北的两城镇西北发现，是中国黄河下游以新石器时代山东龙山文化为主的遗址。陶器轮制技术发达，大量的泥质和夹砂的磨光黑陶，还有细泥薄胎光亮的蛋壳黑陶。石器磨制精致，有石铲、穿孔石斧、长方形或半月形穿孔石刀、镰等。还有玉质的斧、锛、刀等。（中国大百科全书·考古学，中国大百科全书出版社，1986 年，第 273～274 页）

## 约公元前 2500～前 1900 年

　　陶寺遗址　龙山文化类型遗址　新石器时代晚期

△ 1978 年在山西襄汾陶寺村南发现。发现很多小型房屋，周围有道路、水井、陶窑和较密集的灰坑。房址分地面、半地穴和窑洞 3 种。生产工具有石质三角形犁形器、木耒和骨铲等。陶器多灰陶，典型器物有连釜灶、夹砂缸、大口罐等，以彩绘蟠龙图形盘最富特色。出土彩绘木器，为该文化另一特征。[中国社会科学院考古研究所山西工作队，山西襄汾陶寺遗址发掘简报，考古，1980，（1）]

△ 在山西夏县和襄汾陶寺两地出土的石磬其发音在 #C1 左右，说明此前古人已有绝对音高的观念，这也是考古发掘较早的石磬。[山西夏县东下冯遗址东区、中区发掘简报，考古，1980，（2）：97～107；1978～1980 年山西襄汾陶寺墓地发掘简报，考古，1983，（1）：30～42]

△ 陶寺遗址中的水井为圆形，深 13 米以上，近底部有用圆木搭垒起来的护壁木构。[中国社会科学院考古研究所山西工作队等，1978～1980 年山西襄汾陶寺墓地发掘简报，考古，1983，（1）]

△ 陶寺遗址出土 1 件红铜铃形器（M3296），含铜为 97.86%、含铅 1.56%。此为已知较早的红铜铸件。[中国社会科学院考古研究所山西工作队等，山西襄汾陶寺遗址首次发现铜器，考古，1984，（12）；张万钟，泥型铸造发展史，中国历史博物馆馆刊，1987，（10）]

## 约公元前 2400 年

*石家河文化　新石器时代晚期*

△ 石家河文化分布于两湖一带，因发现于湖北天门石家河而得名，是长江中游地区新石器时代晚期的文化遗存。陶器多灰陶，石器磨制甚精。其中邓家湾遗址中的某些灰坑中出土陶塑小动物，形象有鸡、狗、鸟、羊、象、猪等；邓家湾遗址和肖家屋脊遗址中，发现大量红陶缸遗迹，这些厚胎陶缸互相套接；夹砂厚胎缸也可用作冶铜，也许出现了冶铜技术。在石家河遗址中，还多次发现孔雀石。（文物出版社编，新中国考古五十年，文物出版社，1999 年，第 280 页）

## 约公元前 2400～前 2300 年

*城子崖古城遗址　山东龙山文化遗址　新石器时代晚期*

△ 20 世纪 30 年代发掘的城子崖古城遗址位于山东章丘龙山镇以东的武原河畔，是龙山文化时期的古城。城址平面为长方形，南北长 450 米，东西宽 390 米，残墙高 2.1～3 米。城墙的建筑方法是先挖一道圆底基沟，而后用生黄土按层夯实，夯层平整，层厚 0.12～0.14 米，夯窝为圆形圆底，夯径约 0.03～0.04 米，城墙筑于填满夯土的基沟上，每夯一层内缩 0.03 米，属夯土版筑式城墙。（李济等编，城子崖，中央研究院历史语言研究所，1934 年，第 24～28 页）

## 约公元前 2300～前 2050 年

*马厂类型遗址　马家窑文化遗址　新石器时代晚期*

△ 最初发现于青海民和县马石塬。多用粮食作随葬品，石斧、石锛较多，表明农业经济为主且较发达。少量的骨器与动物骨骼表明家畜和狩猎也占有一定地位。女性墓葬内出土石、陶、骨质纺轮和骨针，表现男耕女织的分工及纺织业的发达。随葬品中陶器甚多，且大量出土完整陶器，表明制陶业发达。彩绘花纹以填充十字、井字等富有变化的纹饰为其特色。房屋为方形、长方形和圆形半地穴式，房中间立一根粗木柱，四隅各有一根对称木柱；房子中间有灶址，或有制陶窑址。（文物出版社编，新中国考古五十年，文物出版社，1999 年，第 458 页）

*柳湾遗址　马厂类型遗址　新石器时代晚期*

△ 在青海乐都柳湾遗址，出土一个人像彩陶壶，为一魁梧男子，生殖器兼像男、女性，当系表现两性同体崇拜，是一种原始信仰。［李仰松，柳湾出土人像彩陶壶新解，文物，1978，（4）：48］

△ 在青海乐都柳湾彩陶下腹部绘有符号百余种，常见的有"＋"、"－"、"×"、"〇"、"|"等形。［青海省文物管理处考古队等，青海乐都原始社会墓葬第一次发掘的初步收获，文物，1976，（1）：67］

△ 在柳湾遗址中，出土 40 片骨质记事工具，骨两边或一边有缺口。此种骨刻在西宁朱家寨也有出土。

**约公元前 2300～前 2000 年**

陕西龙山文化（又名客省庄二期文化）　新石器时代晚期

△ 以发现于今陕西西安西南的客省庄遗址命名，主要分布在渭河流域。有窖穴 43 个、房屋 10 座，房屋以"吕"字形半地穴式双间房最具特色。农业为主，农作物的收获量较多；农具以长方形石刀为代表。家畜饲养较兴旺，出土不少狗、猪、水牛、黄牛、羊等家畜骨骼。渔猎占一定地位，出土有三棱、四棱的带铤骨镞和精致的骨鱼钩；野兔和螺是主要的狩猎和采集的对象。陶器以灰陶为主，有少量红陶；饮食生活水平较高，出土食器种类较多，有盆、盘、碗等。（中国科学院考古研究所，沣西发掘报告，文物出版社，1963 年）

△ 客省庄文化遗址中，发现一个长 10 厘米多的表面光滑的陶鬲袋足，可见清楚的内绳纹，而且形制较为规整，有学者认为可能是用成品鬲作为内模制坯的。（李文杰，中国古代制陶工艺研究，科学出版社，1996 年）

△ 客省庄文化赵家来遗址中，发现版筑夯土墙遗迹，最长的一堵在 11 米以上，宽 0.4 米，高 0.62～0.8 米。（中国科学院考古研究所，沣西发掘报告，文物出版社，1963 年）

**约公元前 2200～前 2100 年**

白羊村遗址　新石器时代晚期

△ 1973～1974 年在滇西宾川东北白羊村发现，是云贵高原地区目前所知年代较早的以稻作农业为主的文化遗址。有磨光长条形石斧、梯形石锛、柳叶形无铤石镞和较多的新月形弧刃穿孔石刀。陶器均手制夹砂器，褐陶最多，灰陶次之。有房址 11 座，为长方形地面建筑，开沟挖槽后填筑墙基，或者直接在地面铺垫石础以立柱，柱间编缀荆条，两面涂抹草拌泥而成木胎泥墙。有稻壳和稻秆遗存。[云南省博物馆，云南宾川白羊村遗址，考古学报，1981，（3）]

**约公元前 2200～前 1500 年**

扒头鼓遗址　新石器时代晚期后段

△ 在一座三面环水的山顶上，是一座村落遗址——香港扒头鼓遗址。在遗址中，发现 20 多座形状、大小不同的房屋，既有方形、长方形，也有圆形、椭圆形等，有利用天然石块作明础的，还有有规律的柱洞。这是目前华南地区已知最早的明础建筑群之一。（文物出版社编，新中国考古五十年，文物出版社，1999 年，第 509 页）

**约公元前 2000 年**

平（储）粮台古城遗址　河南龙山文化遗址　新石器时代晚期

△ 位于河南淮阳东南的平粮台古城呈方形，周长约 740 米，现存城墙高约 3 米多。在南北城墙的正中各有一座城门，城门有 10 多处高台建筑，采用小夹板版筑法建成，城内有土坯垒砌房址，并出土有铜渣等冶铜遗物。[河南省文物研究所等，河南淮阳平粮台龙山文化城址试掘简报，文物，1983，（3）：21～26]

△ 在平粮台古城的南城门的路土下，发现了一条地下排水陶水管，由 3 根管道组成，断面呈倒"品"字形。这条管道现存 5 米长，由许多节陶管道组成，每节管道均一头粗、一

头细，有榫口可以衔接；管道有一定坡度，北高南低，易于城内的污水向外排泄。此外，在南门的东部夯土城墙下还发现比较原始的陶排水管。（唐锡仁等，中国科学技术史·地学卷，科学出版社，2000 年，第 57 页）

**王城岗遗址　河南龙山文化遗址　新石器时代晚期**

△ 1977 年，在河南登封告成的王城岗遗址，发现了一座东西并列的龙山文化城址。西城保存较好，其东墙亦即东城的西墙，东城大部分已被冲毁。城内发现有夯土建筑遗存和多处夯土奠基坑，还发现青铜残片。（河南省文物研究所等，登封王城岗与阳城，文物出版社，1992 年）

**郝家台古城址　河南龙山文化遗址　新石器时代晚期**

△ 1992 年在河南郾城郝家台发现一座古城址，南北长 220 米、东西宽 164 米，4 个城角保存较好。在城内发掘出成排的房基，有的还铺有木地板。[河南省文物研究所等，郾城郝家台遗址的发掘，华夏考古，1992，（3）]

**孟庄遗址　河南龙山文化城址　新石器时代晚期**

△ 1992～1994 年，在河南辉县孟庄发掘出一座龙山文化城址，面积约 16 万平方米。发现有夯土城墙、护城河、城门、房基、窖穴等遗迹。同时还发掘出相重叠的二里头文化城垣和殷商文化城垣，反映了龙山文化以来此地曾长期繁荣。（袁广阔等，辉县市孟庄发现龙山文化城址，河南日报，1992-12-15）

**边线王城遗址　龙山文化城址　新石器时代晚期**

△ 边线王城遗址位于山东省寿光县孙家集镇边线王村，城址呈不规则梯形，南北长 175 米，东西宽约 220 米，总面积约 44 000 平方米，年代大致在龙山文化中期。（张之恒，中国新石器时代文化，南京大学出版社，1988 年，第 150 页）

**郭家村遗址　新石器时代晚期**

△ 大连市旅顺郭家村遗址上层，发现 1 件舟形陶器，系夹砂灰褐陶，器表粗糙，呈长条椭圆形，平底。长 17.8 厘米、宽 8 厘米。[辽宁省博物馆等，大连市郭家村新石器时代遗址，考古学报，1984，（3）：287]

**杨家圈遗址　新石器时代晚期**

△ 在位于北纬 35°15′的山东栖霞杨家圈遗址中发现稻壳及稻壳印痕。这是现知史前栽培稻的最北界。（陈文华，中国农业考古图录，江西科学技术出版社，1994 年，第 4 页）

△ 在杨家圈遗址中，发现一件残铜锥，同时出土不少铜炼渣和孔雀石一类的炼铜矿石。

**古墓沟遗址　新石器时代晚期遗址**

△ 位于新疆孔雀河下游的古墓沟遗址出土保存良好、外形完整的小麦籽粒，表明此前麦类已在西北地区栽培。墓葬中用牛羊角为随葬，死者都穿戴皮毛制品，表明以畜牧业为主要生活资料，出土的少量小麦籽粒和残破渔网又表明种植业与渔猎业的存在。[杜石然主编，中国科学技术史·通史卷，科学出版社，2003 年，第 23 页]

**约公元前 2000～前 1600 年**

齐家文化　中国铜石并用时代① 的文化　新石器时代晚期

△ 1924 年发现于甘肃广河齐家坪,是中国黄河上游地区新石器时代晚期到青铜时代早期的文化。其范围东起泾水、渭河流域,西至湟水流域,南达白龙江流域,北入内蒙古阿拉善左旗附近。生产工具以石器为主,出现玉铲、玉锛等。冶铜业是一项突出成就,出土红铜、青铜器物,有铜刀、凿、锥、钻头、匕、斧、指环、铜饰、铜镜等。陶器有泥质红陶与夹砂红褐陶,少量灰陶。薄胎磨光大双耳罐和高领双耳罐是代表器物。普遍发现石、陶纺轮和骨针以及布纹痕迹,纺织业当较发达。住房多方形或长方形半地穴式,内墙涂有白灰面,有立柱支撑屋顶。大约与夏朝同时。[谢瑞琚,试论齐家文化,考古与文物,1981,(3)]

△ 齐家文化经营以粟黍为主的旱地农业。畜牧业比同时期的中原地区发达,以养猪为主,但已形成适于放牧的羊群。(董恺忱、范楚玉主编,中国科学技术史·农学卷,科学出版社,2000 年,第 40 页)

△ 甘肃永靖大何庄齐家文化遗址出土有马骨,经鉴定,与现代马无异。表明马已被驯养。[中国科学院考古研究所甘肃工作队,甘肃永靖县大何庄遗址发掘报告,考古学报,1974,(2)]

△ 陇东黄土高原地区齐家文化因地制宜修建一种窑洞式建筑。如,平凉侯家台遗址发现 5 座窑洞式房屋。建筑方法为先在山坡挖一箕形坑,再在其后部掏出窑洞,有长约 4 米的过道,居室为圆角方形,4 米见方,地面涂抹白灰面。(文物出版社编,新中国考古五十年,文物出版社,1999 年,第 444 页)

△ 甘肃广河齐家坪遗址出土的一面铜凸面镜 (75GT.M41),直径 60.3 毫米,曲率半径为 241±7 毫米,凸面镜比同样大小的平面镜照见物体的范围大,表明当时人们已注意到这一光学现象。(张学正等,甘肃发现的早期金属器物的研究,1981 年北京第一届冶金史国际会议)

△ 甘肃武威皇娘娘台遗址经过 4 次发掘出土铜器 30 余件,是甘肃齐家文化遗址中出土铜器集中的地点。铜器有装饰品及斧、镰等工具,以纯铜为主,锻、铸皆有。[孙淑云、韩汝玢,甘肃早期铜器的发现与冶炼制作技术的研究,文物,1997,(7)]

△ 甘肃广河齐家坪、永靖秦魏家遗址出土铜斧;永靖秦魏家、武威皇娘娘台遗址出土铜凿。(陆敬严等,中国科学技术史·机械卷,科学出版社,2000 年,第 173 页)

△ 金属钻出现,如甘肃武威皇娘娘台遗址出土了两件红铜钻,其中一件长 5.2 厘米,钻头呈圆锥形;另一件长 7 厘米,钻头呈三棱形。[甘肃省博物馆,武威皇娘娘台遗址第四次发掘,考古学报,1978,(4)]

△ 甘肃永靖秦魏家遗址出土的青铜锥是现知较早的青铜退火件。(陆敬严等,中国科学技术史·机械卷,科学出版社,2000 年,第 184 页)

△ 玉器在齐家文化中得到较为广泛的使用。在武威海藏寺公园发现齐家文化的玉器和

---

① 铜石并用时代是以红铜的使用为标志的人类物质文化发展阶段,即金属器开始出现的时期。在出现铜制器后的相当长的时期,石器还占优势,所以将这一时代称作铜石并用时代。见:中国大百科全书·考古学,中国大百科全书出版社,1986 年,第 533 页。

石器近 200 件，可能是一处齐家文化的玉、石器作坊。玉、石种类繁多；既有成品，也有边角料。玉料使用了白玉、青玉和碧玉。（梁晓英等，武威新石器时代时期玉石器作坊遗址，中国文物报，1993-5-30）

　　火烧沟文化（四坝文化）　　新石器时代晚期

　　△甘肃玉门清泉乡火烧沟遗址发掘了 314 座墓葬，有铜器的墓葬占 1/3 以上，出土铜器 200 余件，是甘肃发现早期铜器最多的地点，定性分析 65 件纯铜和青铜各半，用青铜做装饰品的大于工具，装饰品中 60% 由青铜制成。仅 5 件含少量砷，4 件为锻件，其余为铸件。还出土有可铸两件箭镞的石范，范面留有使用过的痕迹，表明箭镞已在当地生产。[孙淑云等，甘肃早期铜器的发现与冶炼制造技术的研究，文物，1997，（7）]

　　△火烧沟遗址出土一件四羊铜权杖首。四只羊头是分铸的，它是中国目前发现最早的一件镶铸件。[孙淑云、韩汝玢，甘肃早期铜器的发现与冶炼制作技术的研究，文物，1997，（7）]

　　△甘肃玉门火烧沟遗址出土 20 多个彩陶埙。埙体呈鱼形，鱼嘴是吹孔，埙体有 3 个按音孔。有的三音孔陶埙，可发出 4 个乐音，构成宫—角—徵—羽四声音列。（戴念祖，中国声学史，河北教育出版社，1994 年，第 183 页）

　　△甘肃玉门火烧沟遗址中，出土最早的金耳环含银 7%（Hv = 140）和最早的银鼻饮（齐头合缝的环）含金及铜（Hv = 177）。

　　△甘肃酒泉丰乐乡干骨崖四坝文化遗址共清理墓葬 105 座，出土铜器有锥、刀、镞、耳环、佩饰等。46 件铜器中 16 件含砷，其余为纯铜和青铜。工艺有铸有锻。与民乐东灰山、玉门火烧沟属同一考古文化，但在铜器材质和制作工艺方面有差异，是不同氏族和部落在社会经济文化方面存在差异的反映。[孙淑云，甘肃早期铜器的发现与冶炼制造技术的研究，文物，1997，（7）]

　　△甘肃民乐东灰山遗址及墓葬中出土铜器 16 件，有锥、耳环及圈等，M223 还出土一件金耳饰、15 件铜器均含砷，且全部热锻而成，这是我国首次发现属于四坝文化含砷的青铜制品。（张忠培，民乐东灰山考古，科学出版社，1998 年）

**约公元前 1500 年**

　　卑南遗址　　新石器时代晚期

　　△位于台湾省东部的卑南遗址是目前台湾地区所发现面积最大的一个遗址，出土文物丰富。随葬品中有大量的玉质装饰品，其中以外缘带突起的玉玦最多。此地是台湾史前玉器工业的中心地区。（文物出版社编，新中国考古五十年，文物出版社，1999 年，第 530 页）

**约公元前 1300 年**

　　昙石山遗址　　发达的贝丘文化遗存

　　△1954 年在福建闽侯恒心乡昙石山发现大量石锛及蚌器。陶器有砂质、泥质，有彩绘，并有陶质纺轮。已有农业生产，有石锛、石镰等工具，以一面扁一面有"人"字形纵脊的石锛最具特色；饲养狗、猪等家畜；有陶网坠、石镞、骨镞等，渔猎业仍占重要地位，以海生贝类为经常性食物。[福建省博物馆，福建闽侯县昙石山遗址发掘新收获，考古，1983，（12）]

## 约公元前 1000 年

*卡约文化　青铜时代文化遗存　夏代末至西周初*

△ 卡约文化是青海地区青铜文化时代主要的文化遗存。其青铜种类较多，有小件铜戈、铜凿、铜斧、铜刀、铜镜、铜矛、铜钺、铜铃等。有青铜器，也有红铜器。(文物出版社编，新中国考古五十年，文物出版社，1999 年，第 460 页)

*辛店文化　甘青地区新石器时代晚期的青铜文化　夏代末至西周初*

△ 辛店文化最初发现于甘肃临洮辛店，是一支主要分布于河湟地区的青铜文化。以绘有简单黑色图案和夹砂红陶为主，较粗糙。纹饰中有太阳纹及狗、鹿等动物纹。以农业为主，使用石器和骨器工具，已出现冶铜业。约与中原地区的商、周相当。[张学正等，辛店文化研究，考古学文化论集 (三)，文物出版社，1993 年]

*寺洼文化　甘青地区新石器时代晚期的青铜文化*

△ 寺洼文化最初发现于甘肃临洮寺洼山，主要分布在甘肃临洮上游一带。陶器制作粗糙，以马鞍形口陶罐为主要特点，已出现铜器。约与中原地区西周相当，可能是氐、羌的原始文化。(文物出版社编，新中国考古五十年，文物出版社，1999 年，第 445 页)

*诺木洪文化早期　甘青地区新石器时代晚期的青铜文化　西周时期*

△ 诺木洪文化发现于青海海西州都兰县，主要分布在青海西部柴达木盆地一带。居民半农半牧，生产工具有骨耜、石刀，以及骨、石制的箭头、笛哨等；饲养家畜的围栏内有羊粪及牛、马、驼等粪便。发现土坯围墙建筑，房屋均采用木结构。发现有炼铜用具的残片和铜渣，铜器有斧、钺、刀、镞等。毛纺织品有布、带、绳，另有牛皮鞋。(文物出版社编，新中国考古五十年，文物出版社，1999 年，第 461 页)

△ 诺木洪遗址中，出土一块经密约为每厘米 14 根，纬密约为每厘米 6～7 根的毛毯残片，表明当时已具备一定的毛纺织水平。[中国科学院考古研究所青海队、青海省文物管理委员会，青海都兰县诺木洪搭里他里哈遗址调查与试掘，考古学报，1963，(1)；青海省文物管理委员会，青海柴达木盆地、边隆和香日德三处古代文化遗址调查报告，文物，1960，(6)]

*海城石棚遗址　新石器时代末期铜石并用时代*

△ 位于辽宁海城市东南析木镇姑嫂石村南山上的海城石棚是中国巨石建筑遗迹中较为典型的一个。石棚是由 6 块打磨光滑的花岗岩石板组成。一块铺地，三块为立壁，一块做棚顶，一块小石板为南门。石棚高 2.7 米，其建筑形状很像一间小屋，是中国古代较早的一种建筑物。[陈明达，海城县的巨石建筑，文物参考资料，1953，(10)：72～77]

*和牛场遗址　新石器时代末期铜石并用时代*

△ 位于黑龙江省宁安县大牡丹屯的和牛场遗址中部有 3 个较大的穴坑，直径 30～37 厘米，出土已被烧焦的豆类植物。[黑龙江省博物馆，黑龙江宁安大牡丹屯发掘报告，考古，1961，(10)：547]

## 距今 12000～4000 年　新石器时代

△ 从出土的新石器时代的器物及其上面的纹饰可以看出，当时，中国人已具有了一定程度上的脱离具体实物的几何图形观念了，并有了点、线、面、体，方、圆、曲、直、平行

线、对称、等分圆周等复杂的几何观念。(邹大海，中国数学的兴起与先秦数学，河北科学技术出版社，2001年，第3页)

△ 圆、方是中国传统数学中最重要的两种几何图形。从新石器时代出土的器物的形状和纹饰可见，当时应已出现了制作方、圆的工具。(邹大海，中国数学的兴起与先秦数学，河北科学技术出版社，2001年，第13~22页)

△ 新石器时代，人们开始有意识地选择居住地。北方居民多在河流沿岸的台地或阶地以及河曲的地形部位、依山傍水、背风向阳的地方居住；长江流域下游居民则多选择湖河旁地势比较高的土墩上居住；沿海地区居民多在古海岸的高阜冈丘之上居住。人们在选择居住地点中积累了地貌知识。(唐锡仁等主编，中国科学技术史·地学卷，科学出版社，2000年，第36~38页)

△ 考古发现表明，仰身直肢葬是我国新石器时代最为普遍的葬俗，墓葬座向和头向各遗址却有鲜明的个性。河南密县莪沟北岗聚落遗址的族墓绝大多数为南北向，头朝南。西安半坡聚落遗址和临潼姜寨聚落遗址的墓葬绝大多数呈东西向，头朝西。河南偃师二里头的墓葬绝大多数呈南北向，一般头朝北。这表明，当时已具有测定方向的能力。(唐锡仁等，中国科学技术史·地学卷，科学出版社，2000年，第59~60页)

△ 新石器时代，对矿物岩石的认识已较旧石器时代有较大进步。据统计，人们已利用或认识90种矿物岩石(其中矿物有23种)，利用较多的是砂岩、燧石、页岩、石英岩、板岩、石灰岩、花岗岩、玉、玄武岩和玛瑙等。人们已能根据某些矿物岩石的固有的特殊颜色来辨认它们，如赤铁矿的红色、自然铜的黄色等，已知水晶等矿物有特殊的结晶形状。(唐锡仁等主编，中国科学技术史·地学卷，科学出版社，2000年，第17~36页)

△ 新石器时代，弓箭已普遍应用，箭头有石制、骨制、角制、牙制、蚌制等，形状也多种多样，常州圩墩出土有两件柳叶形骨簇，横断面呈圆角长方形，尾端刻有二道凹槽，这应是一种弋射用的箭。(杜石然主编，中国科学技术史·通史卷，科学出版社，2003年，第18页)

△ 新石器时代，已掌握打击、截断、切割、雕琢、砥磨、作孔等制作技术，能制成比较规整的专用生产工具。[佟柱臣，仰韶、龙山工具的工艺研究，文物，1978，(11)：56~67]

△ 穿孔技术是新石器时代制作复合工具的先进技术。穿孔技术包括钻穿、管穿和琢穿3种方法。石器穿孔后，可以安装木柄，便于衔接、固定和组合，制成复合工具，穿孔技术亦适于制作竹器、木器、骨器、角器、玉器等。(陆敬严等，中国科学技术史·机械卷，科学出版社，2000年)

△ 新石器时代，在我国南方广大地区，如浙江、江苏、江西等地出现了印纹硬陶。它的化学组成和烧成温度都发生了很大的变化和提高，在中国从陶发展到瓷的过程中起着关键性的作用，为原始瓷的出现提供了物质基础和工艺条件。(李家治等，中国古代陶瓷科学技术成就，上海科学技术出版社，1985年，第132~145页)

△ 陕西宝鸡新石器时代的文化遗址出土1件舟形壶，底呈弧形，两端尖而向外突出，腹部宽而外鼓，最重要的是侧面绘有渔网纹，当是模仿当时渔捞用舟而制成的陶器。[考古所宝鸡发掘队，陕西宝鸡新石器时代遗址发掘报告，考古，1959，(5)：229~230]

# 传说时代

**盘古氏**

△ 神话中开天辟地的人。他死后，身体各部变成日月、星辰、风云、山川、田地、草木、金石等，形成了天地万物。（三国·徐整：《三五历纪》）

**有巢氏（大巢氏）**

△ 有巢氏"构木为巢，以避众害"。（《韩非子·五蠹》）"昼拾橡栗，暮栖木上"，反映原始时代穴居、巢居的情况。

**燧人氏**

△ 人工取火的发现者，"钻燧取火，以化腥臊"。（《韩非子·五蠹》）

**伏羲氏（包牺、庖牺、伏戏、牺皇、羲皇，一说即太昊）**

△ 传为人类始祖，与妹女娲氏相婚。后来"制嫁娶"，"正姓氏"，（《周易·系辞下》）反映由血缘婚进步到族外婚的过程。

△ 伏羲以龙纪，为龙师而龙名，以龙为图腾。龙后成为华夏文化的一种象征。

△ "古者庖牺氏之王天下也，……作结绳而为网罟……上古结绳而治，后世圣人易之以书契。"（《周易·系辞下》）伏羲以结绳记事，后世易之以书契。书契很可能指的是刻木记事。这说明人们从辨别事物的多寡中逐渐认识了数。很可能在伏羲及五帝时期，出现了结绳与刻木的更替。（邹大海，中国数学的兴起与先秦数学，河北科学技术出版社，2001 年，第 22～31 页）

△ "伏羲禅于伯牛，错木取火。"（《太平御览》卷 869 引《河图》）

△ 伏羲"始制八卦，以通神明之德，以类万物之情"。（《周易·系辞下》）

△ "古者庖牺氏之王天下也，仰则观象于天；俯则观法于地。观鸟兽之文与地之宜。近取诸身远取诸物。"（《周易·系辞下》）

△ 伏羲创制镵针、圆针、鍉针、锋针、铍针、圆利针、毫针、长针和大针 9 针，发明针灸术。（《帝王世纪》）

△ 伏羲因蜘蛛结网受到启发，"作结绳而为网罟"，（《周易·系辞下》）创制渔网，并教民结网，从事渔猎畜牧，反映原始时代发展到开始渔猎畜牧的情况。

△ 伏羲灼土为埙、削桐为琴，创造乐器。[东晋·王子年：《拾遗记》；南宋·罗泌：《路史》]

△ 伏羲臣芒氏作罗、作网。（《世本·作篇》）

**女娲氏**

△ 女娲与兄伏羲相婚，为人类始祖。曾用黄土造人。"炼五色石以补苍天；断鳌足以立四极"。也曾治平洪水，杀死猛兽，使人们得以安居。（《淮南子·览冥训》）

## 神农氏

△ "神农氏作，斫木为耜，揉木为耒，耒耨之利，以教天下。"（《周易·系辞下》）[1]，被奉为中国农业的始祖[2]，反映从采集渔猎发展到农业的情况。

△ 神农"尝百草之实，察酸苦之味"（《淮南子·修务训》），开始了人类最原始的辨识植物和发现药材的过程，从此始有医药。

△ 神农时，已能凿井取水。（南宋·罗泌：《路史·后经三》罗苹注引《荆洲记》）

△ 神农"释米加烧石上而食之"。（唐·欧阳询等：《艺文类聚·食物部》引《古史考》），并"作陶"（《太平御览》卷833引《周书》），解决谷物熟食的方法和工具。

△ "夙沙氏（亦作宿沙），始以海水煮乳煎成盐，其色有青、黄、白、黑、紫五样。"（《世本》卷1）

△ 神农氏和赫胥氏时，"以石为兵"。（《越绝书·记宝剑第十三》）

△ "神农作油"。（《物原·器物第十七》）

## 黄帝时代（姬姓，轩辕氏、有熊氏）

△ 黄帝为中国古代各氏族共同推崇的祖先。传说中被神化、帝王化。中国文化创造多推源于他。以云纪，为云师而云名，以云为图腾。

△ 其时有沮诵、苍颉造字，史皇作图。

△ 时羲和占日，常仪占月，臾区占星气，大挠作甲子，隶首作算数，容成造历。（《世本·作篇》）

△ 黄帝使伶取竹于昆仑之嶰谷，为黄钟之律，而造取度量衡。（《吕氏春秋·仲夏纪·古乐》）

△ "昔黄帝之时，天大雾三日，帝游洛水之上，见大鱼，煞五牲以醮之，天乃甚雨，七日七夜，鱼流始得图书，今《河图·视萌篇》是也。"（北魏·郦道元：《水经注·洛水》）这是传说的中国最早的一次暴雨洪水记载。

△ "轩辕作灯"。（《物原·器物第十七》）

△ 已能作釜甑，造火食，始蒸谷为饭，烹谷为粥。时有雍父发明舂和杵臼。

△ 黄帝时代建立了原始的井田制——份地制。

△ "黄帝都有熊（今河南新郑）"的说法，反映了原始城邑出现的概况。（南宋·郑樵撰：《通志·都邑略第一·三皇都》）

△ 黄帝始穿井。（《世本·作篇》）

△ "黄帝采首山铜，铸鼎于荆山下"是古籍中有关采铜的最早记载。（《史记·孝武本纪》）

△ 已有联接诸宫室之间的复道。（北魏·郦道元：《水经注·汶水》）

△ 作车，横木为轩，直木为辕。其时有共鼓、货狄作舟楫。（《世本》）

---

[1] 《逸周书·考德篇》："神农之时，天雨粟，神农耕而种之，作陶斤斧，破木为耜耜，以垦草莽，然后五谷兴。"《淮南子·修务篇》："神农乃始教民播种五谷。"《白虎通·号篇》云："神农因天之时，分地之利，制耒耜，教民农作。"

[2] 《国语·鲁语》："昔烈山氏之有天下也，其子曰柱，能殖百谷百蔬。"

　　△ "黄帝时有宁封人为陶正"（宋·高承：《事物纪原》卷九），即黄帝时设有"陶正"这一官职。

　　△ 以黄帝为首的姬姓部落和以炎帝为首的姜姓部落，同以蚩尤为首的九黎族部落，在涿鹿之野（今太行山与泰山之间的广阔原野）发生大战。（《史记·五帝本纪》正义引《龙鱼河图》）

　　△ "锤为规矩准绳，"（《尸子》）发明了测量术[①]。

　　△ 时有嫘祖（黄帝妻）养蚕缫丝，伯余、胡曹制作衣裳，胡曹制作冠冕，於则制作鞋履。

　　△ 时岐伯（一作歧伯）善医，曾与黄帝讨论医学，后世因称医学为"岐黄之术"。又有马师皇擅长医马，后世尊为兽医始祖。

　　△ 黄帝始作剑；（《孙膑兵法》）黄帝时，"以玉为兵。"（《越绝书·记宝剑第十三》）

## 炎帝（烈山氏或厉山氏，一说即神农氏）

　　△ 姜姓部落首领。以火纪，为火师而火名，以火为图腾。原居姜水（今岐水），努力扩至中原，在阪泉之战中被黄帝击败，此后姬、姜部落联合，被各族尊为共同祖先。

## 蚩尤

　　△ 炎帝后裔，东方九黎部落首领。蚩尤"造五兵，仗刀戟大弩"（《世本·作篇》），反映了开始制造兵器的概况。《管子·地数》则认为蚩尤之时，已有剑、铠、矛、戟、戈等兵器。

## 颛顼（高阳氏，黄帝之孙）

　　△ 颛顼帝专设"火正"之官，观测大火星（天蝎座 α）初昏东升于地平线，作为一年之始的标志。又设"南正"之官，观测太阳出入方位以定节气。（《史记·历书》）

## 祝融氏

　　△ 楚国君主的始祖，黄帝的后裔。一说"古天子"、"赤帝"、"南方之神"，为颛顼的后裔。以火和光为其职司。

## 共工氏

　　△ 炎帝后裔。以水纪，为水师而水名，以水为图腾。曾与颛顼争帝位，怒触不周山，天柱折，地维绝，天倾西北，地陷东南。

　　△ 共工（史前）治水，"壅防百川，堕高堙庳"，出现了原始的堤防工程——土石堤埂。（《国语·周语下》）

## 帝喾（高辛氏，黄帝子）

　　△ 帝喾妃常仪善占月之晦、朔、弦、望。（《史记·五帝纪》索引）

---

　　① 传说锤是黄帝时代的人，也有说是尧舜时代的人。

**太皞（太昊）**

△ 太皞为东夷首领，以龙为纪官，即以龙为图腾。

**挚（一说即少昊，号金天氏）**

△ 挚为东夷首领，即位时凤鸟适至，遂以鸟纪，为鸟师而鸟名。百官皆以鸟名，当以鸟为图腾。

△ 少昊之子般制造弓矢。（《山海经·海内经》）

**尧（陶唐氏，名放勋）**

△ 尧分别派遣羲仲、羲叔、和仲、和叔到东、南、西、北四方，观测黄昏时鸟、火、虚、昴四星宿的南中天，以确定仲春（春分）、仲夏（夏至）、仲秋（秋分）、仲冬（冬至）。羲仲与和仲还进行太阳出入的观测与祭祀。（《尚书·尧典》）

△ 帝尧"同律度量衡"（《尚书·舜典》）。"度量衡"始见于《尚书·舜典》。（丘光明等，中国科学技术史·度量衡卷，科学出版社，2001年，第14页）

△ "唐尧作灯檠"。（《物原·器物第十七》）

△ 伯益很了解鸟兽，并帮助舜帝管理它们。他可能是早期一个有丰富动物知识的首领。（《汉书·地理志》；《史记·秦本纪》）

△ 尧时"巫彭作医"，"巫咸作筮"。（《世本》）

△ 鲧"筑城以卫民，造郭以守民"，此城郭之始。（《初学记》卷24引《吴越春秋》）

△ 咎繇（或谓即许由）作耒耜。（《世本·作篇》）

△ 已用金、石、丝、竹、匏、土、革制作乐器。巫咸作鼓。毋句作磬。

△ 尧命"鲧障洪水"（《国语·周语》），即用堙障的方法治理洪水，未能成功。

△ 尧"冬日麑裘，夏日葛衣"。（《韩非子·五蠹》）

△ 后稷"播进百谷"（《尚书·尧典》），后稷种豆。（《诗经·大雅·生民》）

△ 后稷作水礁，利于踏碓百倍。（《物原》）

**舜（有虞氏，名重华。舜继尧位）**

△ 舜曾巡狩东岳泰山、南岳衡山、西岳华山、北岳恒山、中岳嵩山，始行柴祭以祀山神。

△ 时用璇玑（即璧）、玉衡（即琮）以观测天象。

△ 舜帝命益为"虞"，负责"上下草木鸟兽"，这是我国史籍记载最早有关生物资源管理的官员。（《尚书·虞书·舜典》）

△ 始用青、黄、赤、白、黑5色染衣。（《尚书·益稷》）

△ "有陶氏上陶"。（《周礼·考工记》）[1]

△ 时仪狄始作酒醪，变五味。（晋·江统：《酒酷》）

△ 舜之臣子虞姁始作舟。（《吕氏春秋》）

---

① 《吕氏春秋·君守》："昆吾作陶"。

# 夏　朝<sup>①</sup>

**禹**

△ 夏禹，姒姓，名文命。鲧之子。本为夏族部落首领，因治水有功，舜死后即位。（《史记·夏本纪》）

△ 禹（夏）带领诸侯百姓治水时，改进鲧治水方法，以疏导为主，历时 13 年，过家门而不入，终于治理成功。（《史记·夏本纪》；《史记·河渠书》）

△ 禹治水时，以"身为度，称以出"，即用他的身体定为一个长度标准，并使用准、绳、规、矩等测量工具。（《史记·夏本纪》）

△ 夏禹治水时，左准绳，右规矩。商高曰："既方之外，半其一矩。环而共盘，得成三、四、五。两矩共长二十有五，是谓积矩。故禹所以治天下者，此数之所生也。"（《周髀算经》卷 1）

△ 禹治水时，陆行乘车，水行乘舟，泥行乘橇，山行乘樏。（《史记·夏本纪》）

△ 禹派遣太章（夏）和竖亥（夏）以步为单位丈量大地。（《淮南子·坠形训》）

△ 禹将全国的疆域划分成九个州。关于"九州"的州名及其涵盖的地域，先秦两汉文献记载不一，其中以《尚书·禹贡》年代最早、所记内容也最为周详。"九州"制是中国历史上地域组织的初期形式。（唐锡仁等，中国科学技术史·地学卷，科学出版社，2000 年，第 62～63 页）

△ 禹建立编制军队，"以铜为兵"，即已使用青铜兵器。（东汉·袁康、吴平辑录：《越绝书·越绝外传记宝剑第十三》）

△ 禹作宫室。（《世本》）

△ 奚仲（夏）首创车："奚仲之为车也，方圜曲直，皆中规矩准绳，故机旋相得，用之牢得，成器坚固。"（《管子·形势》）但是在考古中尚未发现夏代的车。

△ 禹治水有功，各方部落献金属，禹铸九鼎，并在鼎上铸有山川形势、奇物怪兽，以教百姓。此图被后人称为"九鼎图"，是一种较为原始的全国性地图。（唐锡仁等，中国科学技术史·地学卷，科学出版社，2000 年，第 155 页）

**启**

△ 禹死，子启杀原定继承人伯益，嗣位。一说伯益让启。传子从此开始，即由部落联盟首领转化为奴隶制国家的君主。

**太康**

△ 太康，启之子。传居斟寻（今河南登封西北）。好田猎，被后羿所逐。

---

① 夏朝自禹至桀 17 君，《史记·夏本纪》裴骃集解引《古本竹书纪年》作 471 年；《汉书·律历志》引《帝系》作 432 年；《易纬稽览图》作 431 年。

△ 太康时，后羿是神箭手，传为射日的英雄。当时还有神箭手逢蒙（或作蓬蒙、逢门）曾论射箭技术。

**仲（中）康**

△ 仲（中）康，太康弟。

**约公元前 2042 年 仲康元年**

△ "辰弗集于房"（《尚书·胤征》）。此为中国古代最早的一次日食记录。[李勇、吴守贤，仲康日食古代推算结果的复原，自然科学史研究，1999，（3）]

**相**

△ 相，仲康之子。居帝丘（今河南濮阳西南），传为寒浞子浇所灭。

**少康**

△ 少康，相之子。

△ 传少康时，杜康造酒（或云杜康即少康），后世奉为酒神。

**帝予（杼、伫）**

△ 帝予，少康之子。居原（今河南济源西北），迁老丘（今开封东）。

△ 传予发明甲和矛。

△ 予"征于东海"。（姚楠、陈佳荣、丘进，七海扬帆，香港·中华书局，1990 年，第 10 页）

**帝槐（芬）**

△ 帝槐，予之子。

**帝芒（荒）**

△ 帝芒，槐之子。

△ 芒"东狩于海，获大鱼。"（《竹书纪年》卷上）

**帝泄**

△ 帝泄，芒之子。

**帝不降**

△ 帝不降，泄之子。

**帝扃**

△ 帝扃，不降之子。

## 帝廑（胤甲、顼）

△ 帝廑，肩之子，居西河（今河南安阳东南）。

## 帝孔甲

△ 帝孔甲，不降之子。传孔甲曾食龙肉。夏后氏渐衰。

## 帝皋（昊、臯苟）

△ 帝皋，孔甲之子。

## 帝发（敬、发惠）

△ 帝发，皋之子。

## 帝桀

△ 帝桀，名履癸，发之子；一说皋之子，发之弟。

△ 桀"筑倾宫，饰瑶台"，"桀为瓦室"，（《史记》）是我国最早的用瓦盖屋的记录。

△"惜者桀之时，……伊尹以薄之游女工文绣，篡组一屯，得粟百钟于桀之国。"（《管子·轻重篇》）已有文绣绸绢。（赵承泽主编，中国科学技术史·纺织卷，科学出版社，2003年，第39页）

## 约公元前 2000～前 1500 年

### 夏家店下层文化　夏代中期

△ 1960 年在内蒙古赤峰市郊区王家店乡夏家店村发现的夏家店下层文化，是中国北方青铜时代的早期文化。主要分布在辽西、内蒙古东部、河北北部。陶器的特点是以青灰为主，手制、泥条盘筑，火候较高，而彩绘陶器多在出土墓中；居住址很大，形成规模，多位于沿河两岸的高地，周围有围墙和壕沟，门向东南开；墓葬在居址旁，排列密集而有规律；青铜器有鼎等礼器。（文物出版社编，新中国考古五十年，文物出版社，1999 年，第 85 页）

△ 内蒙古自治区昭乌达盟敖汉旗大甸子村夏家店下层文化的遗址出土细条状黄金。说明在夏代中国已开始采集和利用黄金。（赵匡华等，中国科学技术史·化学卷，科学出版社，1998 年，第 208～209 页）

## 约公元前 1900～前 1600 年

### 二里头文化　夏代晚期或商代早期

△ 二里头文化是中国青铜时代的文化。以河南偃师二里头遗址命名。主要分布在河南中、西部的郑州附近和伊、洛、颍、汝诸水流域以及山西南部的汾水下游一带。二里头类型文化目前被分为 4 期：第一期陶器以褐陶为主，磨光黑陶占一定比例；第二期黑陶数量减少；第三、四期陶器的颜色普遍变为浅灰。二里头文化居民以农业为主，农具主要是石器，已使用木质的耒耜；已饲养猪、狗、鸡、马、牛、羊等。社会分工更加精细，不仅手工业与农业已分离，而且铸铜、制陶、琢玉（石）、制骨以及木工建筑等都以出现专家分工。（中国

大百科全书·考古学，中国大百科全书出版社，1986 年，第 116～119 页)

　　△ 二里头遗址的贵族墓葬中出土了最早的爵、斝、盉等酒器以及鼎等饮器，是目前发现最早的青铜容器之一；它们既是实用器又是显示其身份地位、在特殊礼仪场合下使用的礼器；其形态多仿同期的陶器，器形单调，表面无纹饰，工艺粗糙，但仍是当时发展水平最高的一支青铜文化。(李伯谦，中国青铜文化结构体系研究，科学出版社，1998 年)

　　△ 二里头遗址中，发现制陶、铸铜、制石等作坊遗迹。在偃师二里头、赤峰四分地等处发现已知最早的陶范。(陆敬严等，中国科学技术史·机械卷，科学出版社，2000 年，第177 页)

　　△ 二里头遗址是目前发现的最早的宫殿建筑遗址和封闭庭院。它是一个大型夯土台基，东西长 108 米，南北宽 100 米，成行成排的柱穴大都保存。夯土台基偏北的地方，还有一个长方形台面。宫殿的基座上面排有一圈柱穴，柱间距为 3.8 米，殿堂的周围有柱廊，南有八开间的大门。此遗址布局严谨、主次分明，已有较成熟的营造设计。(中国社会科学院考古研究所，新中国考古发现和研究，文物出版社，1984 年)

　　△ 二里头遗址房基，已采用夯筑技术，在柱与洞的底部分别填有碎陶片、紫褐土和料姜面各一层，并经过夯打。(中国社会科学院考古研究所，新中国考古发现和研究，文物出版社，1984 年)

　　△ 二里头宫殿夯土基址内，发现了埋没于地下相互套接的陶制排水管。表明至迟在商代早期已有建筑陶在生产。在河南安阳殷墟的遗址中还发现了相当于排水管中三通管之类的陶制水管，陶制水管设备有了进一步发展。[河南偃师二里头早商宫殿遗址发掘简报，考古，1974，(4)；殷商出土的陶水管道和石磬，考古，1976，(1)]

　　△ 二里头遗址中，除了有用鹅卵石铺成的石子路及红烧土路外，还发现了一条铺设讲究的石甬路，路面宽 0.35～0.60 米，甬路西部由石板铺砌，东部用鹅卵石砌成，路面平整，两侧保存有较硬的路。(唐锡仁等，中国科学技术史·地学卷，科学出版社，2000 年，第63 页)

## 约公元前 2000～前 1100 年

　　朱开沟遗址第三、四段　夏代中晚期

　　△ 内蒙古伊金霍洛旗朱开沟遗址自第三、四段（相当于夏代中晚期）出土铜锥、针、指环、臂钏等小件铜器 16 件。[内蒙古文物考古研究所，内蒙古朱开沟遗址，考古学报，1988，(3)]

## 公元前 2070～前 1600 年[①]　夏朝

　　△ 古代文献中追述的夏代"四海观"在地理观念上其实就是东方观，是夏人神往的东部海滨地区，着力于自西向东横向发展的产物。(唐锡仁等，中国科学技术史·地学卷，科学出版社，2000 年，第 64 页)

　　△《夏书》中有"关石和钧，王府则有"。夏代是否有"石"和"钧"之类的重量单位尚待考证。(《国语·周语下》；丘光明等，中国科学技术史·度量衡卷，科学出版社，2001

---

　　① 夏朝的年代据"夏商周断代工程专家组研究成果"，见：夏商周断代工程专家组，夏商周断代工程 1996～2000 年阶段成果报告·简本，北京：世界图书出版公司，2000 年，第 86～88 页。

年，第 30、63 页）

△《夏小正》一书中有："三月，摄桑，……妾子始蚕，执养宫事"的记载。这段记载可作为当时蚕已家养之旁证。夏代九州的物产中有 6 个州出现养蚕和丝织品。(《禹贡》）虽不足以证明确是夏代概况，但在一定程度上反映了当时蚕桑丝绸之分布。（朱新予，中国丝绸史，纺织出版社，1992 年，第 7~9 页）

**岳石文化　夏代**

△ 因山东平度东岳石遗址得名的岳石文化在 20 世纪 70 年代末到 80 年代进行了较大规模的发掘和研究，已发现遗址二三百处。陶器主要作为生活用具。夹砂陶以红褐色为主，火候低，多手制。泥质陶以黑皮陶为主，多轮制。石器以半月形双孔石刀、三面（或四面）有刃中间为长方形孔的石镢和扁平石铲独具特色。（文物出版社编，新中国考古五十年，文物出版社，1999 年，第 238~239 页）

△ 山东泗水尹家城遗址出土属于岳石文化的青铜遗物共 14 件，以工具为主，形制简单，系为单面范铸成，鉴定 9 件，用纯铜、铅青铜、锡青铜、铅锡青铜、砷锡青铜铸成，工具的刃部经过热锻或冷锻，缺陷及杂质较多，表明冶铜技术尚不成熟。（山东大学历史系考古研究室，泗水尹家城，文物出版社，1990 年）

# 商（殷）朝

**约公元前 21 世纪～前 1600 年**[①]　　**商族先祖（活动年代与夏代相始终）**

## 契

△ 契，商始祖。传为其母简狄吞玄鸟（燕子）卵生契（商始祖），以玄鸟为图腾。

△ 传契曾助禹治水，舜任他为司徒，掌管教化。

## 昭明

△ 昭明，契之子。

## 相土

△ 商始祖之孙。

△ "相土烈烈，海外有载。"（《诗经·商颂》）这说明商族的活动已经达到渤海，并同"海外"发生了联系。[郭沫若，中国史稿（1），人民出版社，1976 年，第 157 页]

## 昌若

△ 昌若，相土之子。

## 曹圉

△ 曹圉，昌若之子。

## 冥

△ 冥，曹圉之子。

## 王亥（高祖王亥）

△ 王亥，冥之子。

△ 传王亥始用日干为名号；曾发明牛车，从事畜牧；在部落间贸易，以贝为货币。

## 上甲微

△ 上甲微，王亥之子。

## 报丁

△ 报丁，上甲微之子。

---

① 商（殷）和西周的年代据"夏商周断代工程专家组研究成果"，见：夏商周断代工程专家组，夏商周断代工程 1996～2000 年阶段成果报告·简本，世界图书出版公司，2000 年，第 86～88 页。

## 报乙

　　△ 报乙，报丁之子。

## 报丙

　　△ 报丙，报乙之子。

## 主壬

　　△ 主壬，报丙之子。

## 主癸

　　△ 主癸，主壬之子。

## 约公元前 1600～前 1300 年　商代前期

## 汤（成汤、天乙、大乙、唐）

　　△ 汤，主癸之子。都亳（南亳，今河南商丘东南；北亳，今商丘北；西亳，今偃师西。一说郑州商城即汤都亳）。

　　△《竹书纪年》载：汤"十九祀（商代称年为祀）大旱，二十至二十四祀大旱，王祷于桑林，雨。"为黄河、淮河、海河流域最早的一次连旱记载。

　　△ 汤（商）率战车 70 乘、敢死之士 7000 人攻夏桀，在郕（今山东宁阳东北）之战中获胜。这是古史追述中最早的一次车战。（《吕氏春秋·论威》）

## 帝太丁

　　△ 太丁，汤之子。

## 帝外丙

　　△ 外丙，汤之子。

## 帝中壬

　　△ 中壬，外丙弟。

## 帝太甲

　　△ 太甲，汤嫡长孙。

## 帝沃丁

　　△ 太甲之子。

## 帝太康

　　△ 沃丁之子。

**帝小甲**

　　△ 太康之子。

**帝雍己（邕己）**

　　△ 雍己，小甲之弟。

**帝太戊（大戊、天戊）**

　　△ 雍己弟。

**帝中丁**

　　△ 中丁，太戊之子。迁于隞（一作嚣，今河南荥阳北、敖山南；一说即郑州商城遗址）

**帝外壬**

　　△ 外壬，中丁弟。

**帝河亶甲**

　　△ 河亶甲，外壬弟。

**帝祖乙（且乙）**

　　△ 祖乙，河亶甲之子。

**帝祖辛（且辛）**

　　△ 祖辛，祖乙之子。

**帝沃甲（开甲）**

　　△ 沃甲，祖辛弟。

**帝祖丁**

　　△ 祖丁，祖辛之子。

**帝南庚**

　　△ 南庚，沃甲之子。

**帝阳甲**

　　△ 阳甲，祖丁之子。

**帝盘庚（般庚）**

　　△ 盘庚，阳甲弟。

△ 殷王盘庚将国都由奄（今山东曲阜一带）迁至殷（今河南安阳西北的小屯村一带），后人称为殷墟。这是目前为止，第一个被证实并且大体弄清楚的国都。现已探明殷墟故址，以小屯村为中心，东西长约 6 公里，南北宽约 10 公里；其东北部为宫殿、宗庙和贵族居住区，宫殿有木构夯土房基，用碎石陶片和砾石铺路。（《古本竹书纪年》；刘敦桢主编，中国古代建筑史，中国建筑工业出版社，1984 年，第 31 页）

## 帝小辛

△ 小辛，盘庚弟。

## 帝小乙

△ 小乙，小辛弟。

## 商代早期

**东下冯遗址　商代早期**

△ 位于山西夏县东下冯村青龙河畔的东下冯遗址是二里头典型遗址。出土生产工具很多，分别为石、骨、蚌、陶和铜质。铜器类有小刀、斧、镞，还有铸铜用的石范，不仅有单器范，而且还有铸造镞、凿、斧等工具的多用范。出土的石磬是已知最早的石磬之一，但仅打琢成型而未经磨制，仍带有较多的原始性。（中国社会科学院考古研究所等，夏县东下冯，文物出版社，1988 年）

**都傲遗址　商代早期**

△ 都傲（河南郑州）遗址的城墙由板筑而成。城墙南北 2000 米、东西 1700 米、残高 4～9 米、墙身厚达 19～21 米，用端径 3 厘米的夯杵捣成，夯层很薄，只 7 厘米，相当坚硬，说明当时夯土技术已很成熟。这种以板范土，以杵捣土，增加土质密度的筑墙方法，不仅材料易得，而且比过去的木骨泥墙更坚固，一直沿用至后代。[安金槐，试论郑州商代城址——傲都，文物，1961，（4、5）：73]

**勿欢池墓地　商代早期**

△ 位于辽宁北部的勿欢池墓地属于高台山文化。墓区的周围有纵横交错、相互贯通的人工渠 17 条，长 245 米，有干渠、支渠、毛渠等；沟渠上宽下窄，两壁斜直；在东北部还发现呈三角形的分流区，干渠与支渠之间有可放置挡板的设施。据分析，这是一处农田灌溉系统。（文物出版社编，新中国考古五十年，文物出版社，1999 年，第 101 页）

**大嘴子遗址三期　商代早期**

△ 位于大连市甘井子区大连湾镇的大嘴子遗址三期为辽宁北部地区早期青铜文化。在遗址中发现人工栽培的水稻。（文物出版社编，新中国考古五十年，文物出版社，1999 年，第 101 页）

**南关外铸铜遗址　商代前期**

△ 河南郑州南关外铸铜遗址出土大量陶范熔铜炉壁，还有内外都涂有草拌泥，内壁烧流并粘有铜渣的大口尊，是商代早期使用的熔铜设备。（北京钢铁学院《中国冶金简史》编写小组，中国冶金简史，科学出版社，1978 年，第 25 页）

三星堆遗址　商代早期

△ 1986年在四川广汉三星堆发掘的三星堆遗址是以蜀国都城为中心的大型遗址。在两座器物坑出土金、铜、玉、石、骨、陶、象牙等大批文物。而尤以青铜器中的大型立人雕像、面具头像和神树，具有浓厚的地方特色。大立人像、人面相为铅锡青铜，采用分铸、浑铸、铸焊等多种方法制成。（李伯谦，中国青铜文化结构体系研究，科学出版社，1998年，第17页；田长浒等，中国铸造技术史·古代卷，航空工业出版社，1995年，第191页）

白岩崖洞墓　商代前期

△ 福建武夷山西部莲花峰西侧的白岩崖洞墓中，发现了一些纺织品碎片，经分析有大麻、苎麻、丝绸和木棉等。说明闽越的纺织技术已较为发达。［福建博物馆等，福建崇安武夷山白岩崖洞墓清理简报，文物，1980，（6）：12～15］

前庄遗址　商代前期

△ 1990年初在山西平陆坡底乡前庄村、黄河之滨发掘的平陆前庄遗址中，发现有半地穴式的居住址、窖穴遗迹，出土铜器、陶器、石器等。其中大型青铜方鼎具有原始性，似用装配式的铸造方法。（文物出版社编，新中国考古五十年，文物出版社，1999年，第68页）

朱开沟遗址第五段　商代早期

△ 内蒙古伊金霍洛旗朱开沟遗址第五段发现有青铜器鼎及戈、刀、箭、镞、耳环等27件，已是发达的青铜文化。鄂尔多斯式青铜戈、青铜刀是迄今发现年代较早的北方式青铜器，它们与早商时期的商式铜戈、鼎、残片伴出，时代下限为距今2500年。朱开沟遗址出土的铜器为探索北方草原青铜文化的渊源及其与相邻地区青铜文化的关系提供了重要依据。［内蒙古文物考古研究所，内蒙古朱开沟遗址，考古学报，1988，（3）］

**商代中期**

△ 郑州商代中期遗址以及晚期城市遗址中，先后出现大量陶制大口尊及其残片。据研究这些大口尊是一种大容量的储存器，而不具有专用量器的特点，但是它们却是商代官府中保存有专用量器的最有力的佐证。（丘光明等，中国科学技术史·度量衡卷，科学出版社，2001年，第64～65页）

△ 江西瑞昌统岭矿遗址是目前中国发现时代最早的采铜冶铜遗址，从商代中期一直延续到战国早期。该遗址揭露采矿区1800平方米，冶炼区600平方米，发掘矿井108口，巷道18条，采坑7处，以及铜、石、竹、木、陶制工具和生活用具400件。商代中期矿井和开拓有单一的竖井掘进和竖井平巷或斜巷、槽坑结合的联合开采法，出土木辘轳、带齿木轮，是迄今发现最早的提升机械。还发现了西周时期的选矿场，有溜槽、尾沙池和滤水台等一套溜选装置。经过模拟试验证明溜槽结构先进、设置合理、回收率较高。［江西省文物考古研究所铜岭遗址发掘队，江西瑞昌铜岭商周矿冶遗址第一期发掘简报，江西文物，1990，（3）］

△ 河南郑州商城发掘了两处铸铜遗址，一处在城北紫荆山，以铸造刀、镞为主，一处在城南的南关外，以铸造青铜镢为主，两处都还兼铸青铜礼器，表明商代中期，铸造业已成为重要的手工业并有所分工。（田长浒主编，中国铸造技术史·古代卷，航空工业出版社，1995年，第6页）

△ 北京平谷刘家河出土属于商代中期较大的黄金饰品，有金臂钏、金笄、金耳饰和金

箔。[北京市文物管理处，北京市平谷县发现商代墓葬，文物，1977，(11)：1～8]

△ 分层造型技术出现。河南郑州二里岗出土的大圆铜鼎，高达 1 米，其腹范分为两层，每层又分成 3 块。全器 6 块范，再加一个连足的芯子，是最早采用多范分铸法制成的礼器。分层造型技术在中国一直沿用。[河南省文物研究所等，郑州新发现商代窖藏铜器，文物，1983，(3)；田长浒主编，中国铸造技术史·古代卷，航空工业出版社，1995 年，第 36 页]

△ 先铸主件（器体）法出现。如郑州出土的提梁卣等。它应是在陶器附件分作的工艺启发下发明的。[河南省文物研究所等，郑州新发现商代窖藏铜器，文物，1983，(3)；陆敬严等，中国科学技术史·机械卷，科学出版社，2000 年，第 179 页]

△ 商代中期的遗址和墓葬中，出现一种带有青灰色、青黄色或青绿色的器皿，随后的周代遗存中又有更多的这类发现。它的分布很广。这类青釉器的器表内外敷有一层厚薄不匀的玻璃釉，但还较原始，胎釉结合不牢，易剥落。它在胎的组成上与陶器有较本质的差别：所用的原料基本上接近瓷土；表面上有一层以 CaO 为助熔剂的灰釉；烧成温度已高达 1200℃。因此这类青釉器定名为原始瓷器或原始青瓷。它的出现标志着我国从陶到瓷过渡的开始。（赵匡华等，中国科学技术史·化学卷，科学出版社，1998 年，第 47～52 页）

△ 商代中期出现的原始瓷釉是至今发现的最早的具有透明、光亮、不吸水的高温玻璃钙釉。说明这一时期中国的瓷釉已经形成。[李家治，浙江青瓷釉的形成和发展，硅酸盐学报，1983，(11)]

△ 郑州商城和宫殿遗址范围约 25 平方公里，古城垣周长约 6960 米；城墙完全用夯土分段筑成。（北京大学历史系考古教研室商周组编，商周考古，文物出版社，1979 年，第 58～59 页）

盘龙城遗址　商代中期

△ 位于今湖北黄陂叶店的盘龙城遗址是商代中期城市遗址。古城平面略呈方形，有板筑城墙南北 290 米，东西 260 米。城墙主体用层层夯土水平筑起，旁边则是层层的斜行夯土以用来顶住夯筑城墙主体时作模板之需。城外有壕，宽约 14 米、深约 4 米，是已发现城、壕并用之最早实例之一。[湖北省博物馆，1963 年湖北黄陂盘龙城商代遗址的发掘，文物，1976，(2)]

△ 盘龙城遗址中，出土青铜器 159 件，还有铸铜遗物。（田长浒主编，中国铸造技术史·古代卷，航空工业出版社，1995 年，第 36 页）

台西遗址　商代中期

△ 河北省藁城台西遗址是殷商以北重要的商代聚落遗址，经过多次发掘发现房址、墓葬、灰坑以及各类遗存数千件。房址分地面建筑和半地穴式建筑两种形式，平面多呈长方形，除单室外，还有双室和多室的房子。墙体夯筑或用土坯垒砌。墓葬均为中小型长方形土坑竖穴墓，且多数有随葬品，包括陶器、铜器和石器等。（河北省文物研究所，藁城台西商代遗址，文物出版社，1985 年）

△ 台西遗址发现植物种子 30 余枚，经鉴定为桃、李、枣、樱桃等植物种仁。其中有 2 枚外形完整的桃核和 6 枚桃仁，经鉴定与现代栽培种完全相同。[耿鉴庭等，藁城商代遗址出土的桃仁和郁李仁，文物，1974，(8)：54～55]

△ 在台西遗址发现一座比较完整的制酒作坊，有蒸煮谷物用的将军盔，酿酒用的陶质瓮，灌酒用的漏斗，以及其他的饮酒和贮酒的器具。其中一只大陶瓮内存有 8.5 公斤沉淀

物，经鉴定为酒挥发后的残渣。这是我国目前发现较早的酿酒残渣实物之一。（罗桂环、汪子春主编，中国科学技术史·生物学卷，科学出版社，2005 年，第 94 页）

△ 台西遗址出土 1 件铁刃铜钺，说明中国商代中期的工匠已经懂得利用天然陨铁制作兵器的刃部。经鉴定，铁刃含有镍、钴，并呈层状分布，是陨铁（铁镍合金）在太空中极慢的冷却速度（1 度～10 度/百万年）下形成的，表明当时铁与青铜在性能上有所不同。[叶史，藁城商代铁刃铜钺及其意义，文物，1976，(11)：56～59；李众，关于藁城商代统钺铁刃的分析，考古学报，1976，(2)]

△ 商周时期中国黄金加工技术已有很高的水平。台西遗址中有金箔出土，河南安阳殷墟出土的金箔仅 0.01 毫米±0.001 毫米，是热锻退火铸成的。明代《天工开物》、《物理小识》中均详细记载用于手工锻制金箔的传统工艺。（北京钢铁学院《中国冶金简史》编写小组，中国冶金简史，科学出版社，1978 年，第 35 页）

△ 台西遗址出土的若干青铜器上粘有丝织品痕迹，其种类有纨、纱、纱罗（绫罗）。（河北省文物研究所，藁城台西商代遗址，文物出版社，1985 年）

△ 台西遗址中发现一枚直径 31 毫米、厚 24 毫米，形状和大小均与后世手摇纺车上钉盘相仿的陶制滑轮。经考古学家研究，基本肯定是手摇纺车上的零件。它的出土意味着在这个时期已出现手摇纺车的雏形。（陈维稷，中国纺织科学技术史，科学出版社，1984 年，第 56 页）

**公元前 1300～前 1046 年　商代后期（殷商）**

△ 大约在公元前 1300 年，开始使用阴阳合历，基本上一年 12 个月，大月 30 日、小月 29 日，大小月相间，有连大月或大月 31 日的设置，大约以新月初见为月首，过若干年加一闰月，置于一年中的任一月之后，大约以大火星（天蝎座 α）南中天之月为岁首。这时的历法还具有浓厚的观象授时的色彩。（常玉芝，殷商历法研究，吉林文史出版社，1998 年）

△ 殷人盛行崇拜，其中包括自然崇拜，即崇拜土地诸祇，地祇中的社均作"土"，或称"毫社"，亦祭四方之神（即地主之神），祈年求雨等。

△ 将从日出前一段时间（天明）到日入的白天分为矍膡、旦、大食、日中、昃、小食、昏等 7 个时段，将从日入后一时段分为畽、小夜、中绿、夙（一鼓至五鼓）等 5 个时段。由此可推测，其时已使用了初始的计时器具。（常玉芝，殷商历法研究，吉林文史出版社，1998 年）

△ 醴是一类略有甜味、酒味较薄的酒，以蘖为主酿成的，在商殷时期较为流行（《礼记·明堂位》）。宋应星《天工开物》指出："古来曲造酒，蘖造醴，后世厌醴味薄，遂至失传。"

△ 中国是最早使用金属货币的国家之一，最早的金属铸币是青铜仿制的贝壳。1953 年安阳大司空村有两座商代墓葬出土了 3 枚铸铜贝。1971 年山西保德林遮峪殷商墓中出土有 109 枚铜贝和 112 枚海贝。[中国大百科全书·矿冶，中国大百科全书出版社，1984 年，第 524 页；吴振录，保德县新发现的殷代青铜器，文物，1972，(4)]

△ 河南安阳殷墟，发现了苗圃北地、孝民屯两地和北薛家庄南地、小屯东北地等铸铜作坊遗址，出土熔铜用具、熔炉残片、泥范、陶模以及制模的修整铸件的各式工具等铸铜遗物近百件，表明殷墟出土的大量青铜器中绝大多数是在当地铸造的。（中国社会科学院考古研究所，殷墟的发现与研究，科学出版社，1994 年）

△ 江西省清江县吴城遗址中出土了大量铸造工具、兵器的石范68件，还有木炭、铜渣等，是首次在长江以南发现的商代铸铜遗址。（田长浒主编，中国铸造技术史·古代卷，航空工业出版社，1995年，第36页）

△ 江西新干大洋洲商代墓中出土两件青铜犁铧，呈三角形，上面铸有纹饰，一件宽15厘米、长11厘米、高2.5厘米，另一件宽13厘米、长9.7厘米、高1.7厘米。这是目前仅有的两件经过科学发掘有明确的出土地点和年代判断的商代铜铧。（陈文华，中国农业考古图录，江西科学技术出版社，1994年，第218页）

△ 江西新干大洋洲商代墓出土铜器475件，其中礼器10种48件，其造型花纹和殷商铜器相同或相似，67%是仿制的融合式。青铜工具和武器数量多、器类复杂、形式多样及双面神人头像、伏鸟双尾虎等均极具地方特色。绝大部分青铜器至今遗留使用和修补痕迹。研究表明鉴定的青铜器为铜锡铅合金，泥范法铸造，礼器还用分铸法并大量使用铜芯撑等，为中国冶铸史提供丰富的实物资料。（江西省文物考古所等，新干商代大墓，文物出版社，1997年）

**公元前1250～前1076年　商武丁至帝乙时期**

△ 据甲骨文记载推测此时期中国已有牛耕。

**公元前1250～前1046年　商武丁至帝辛时期**

△ 传是河南安阳殷商出土的商代骨尺（现藏台湾故宫博物院）和牙尺（现藏上海博物馆）是迄今所见最早的长度测量工具。骨尺由兽骨磨制所成，长17厘米；牙尺长15.8厘米。两者尺面刻有10寸，后者每寸刻有10分。由此推测商尺为16～17厘米。（丘光明等，中国科学技术史·度量衡卷，科学出版社，2001年，第65～66页）

甲骨文[①]

△ 19世纪末发现的甲骨文是中国目前已发现的最早文字。现已出土约15万片，其中经考古发掘出土的刻辞甲骨有34 844片。甲骨文主要发现于殷墟，据研究最早为武丁时期，最晚为帝辛。（夏商周时代工程1996～2000年阶段成果报告，世界图书出版公司，2000年，第52～55页）

△ 有的学者认为，甲骨文有3个源头：①物件记事；②符号记事；③图画记事。[汪宁生，从原始记事到文字发明，考古学报，1981，（1）]

△ 甲骨文中有"侑妣庚，侑彗，其侑于妣庚，亡其彗"的记载，是关于彗星的记事。（温少峰、袁庭栋，殷墟卜辞研究——科学技术篇，四川省社会科学院出版社，1983年，第62～64页）

△ 三代以前的器物上有一些与数字符号相类的图形，但尚无证据证明它们是数字。殷商甲骨文中有很多数字，其中有13个记数单字，最大的数是三万，最小的是一。可见当时已有固定的记数符号。（郭书春，中国古代数学，商务印书馆，1997年，第3页）

△ 在殷商甲骨文中，一、十、百、千、万，各有专名，其中已蕴含有十进位值制的萌芽。（郭书春，中国古代数学，商务印书馆，1997年，第3页）

---

① 将甲骨文中无确切记年的事件均放在此处。

△甲骨文中有"田"、"勻"和"寽"等计量单位。（丘光明等，中国科学技术史·度量衡卷，科学出版社，2001年，第62页）

△甲骨文中以"羁"表示距离的远近。据研究，从商都向外辐射的每个驿站间的距离是一天的行程，即"一羁"。（杨升南，商代经济史，贵州人民出版社，1992年，第620～621页）

△甲骨文中已有东、西、南、北四方，这是以商为中心的方位观念。（郭沫若主编，甲骨文合集，中华书局，1979年，第36975号）

△甲骨文中"烄"字，为焚巫求雨之意。（马如森，殷商甲骨文引论，东北师范大学出版社，1993年，第542页）

△甲骨文中有大量水文、气象方面的记录。有小雨、大雨、急雨等定性降水的描述，还有洹水（今河南安阳河）发生洪水等的扑卜辞。不少卜辞中有"来龤自西（或东、北、南）"的记载，据考古学家考证，"龤"指传递情报信息的人。如从边防来或从河边来，传递敌人入侵的消息或洪水暴涨的信息。

△甲骨文中有关人口资料表明，殷商时期的人口清查统计已渐趋定期化和制度化，统计对象主要为具有劳动生产能力或战斗力的人口。（唐锡仁等，中国科学技术史·地学卷，科学出版社，2000年，第66页）

△殷墟出土的甲骨文中的秫、黍，柳、柏、杜、桑、栗，犬、狼等字形表明，当时的人们有将动植物依其外形而区分的分类概念。也就是说出现了原始的动植物分类萌芽。（罗桂环、汪子春主编，中国科学技术史·生物学卷，科学出版社，2005年，第52～54页）

△从出土的甲骨文字中，可以看出当时人们对重要的动物的生活环境给予了特别的关注，如"麓"字就反映出鹿生活在林下。甲骨文中有圃、圉等字，园圃栽培开始萌芽。（宋·陆佃：《埤雅》卷三；中国科学院考古研究所，甲骨文编，中华书局，1965年，第276页）

△大田耕作使用协田集体劳动，"王大令众人曰嗌田"。（罗振玉，殷墟书契续编，上虞罗氏殷礼企斯堂，1933年）

△用廪储藏谷物，表明储藏方法由地下发展到地上；甲骨文中有牢、厩、宰、家等字，表明家禽已有舍饲。（陈梦家，殷墟卜辞综述，科学出版社，1965年，第536、556页）

△稷（禾、粟）、麦（小麦）、麦（大麦）等作物名称已见于甲骨文记载。（杨升南，甲骨文中所见商代农业，农史研究，第8辑，1985年）

△甲骨文中有马、牛、羊、鸡、犬、豕等字，"六畜"已经俱全。象在这时也有人工饲养。（中国科学院考古研究所编，甲骨文编，中华书局，1965年，第397、32、181、388、405、176、395页）

△殷墟出土的甲骨文表明，当时的人们已对人体的心脏及一些骨头位置的分布有正确的认识。甲骨文中记载耳鸣是一种病症，说明人们已认识到，耳的某些疾病，会影响听力，出现机能障碍。（张宝昌，我国古代对人体器官的部位和生理功能的认识，科学史文集，第4辑，上海科技出版社，1980年）

△甲骨文中记有"疾首"、"疾耳"、"疾口"、"疾齿"、"疾身"、"疾足"、"疾暗"、"风病"、"龋齿"等多种疾病，知有传染病、寄生虫病等，并提到洗脸、洗手、洗澡等卫生习惯。（于省吾，甲骨文字释林，中华书局，1979年，第161～167页）

△甲骨文中有网捕、钩钓等捕鱼方法的记载。（中国科学院考古研究所，甲骨文编，中

华书局，1965 年）

△ 甲骨文中有关于蚕桑生产的丰富资料，如除蚕、桑、丝、帛等象形字外，还有一些有关蚕桑的完整卜辞和祭祀蚕神的卜辞，表明当时的蚕桑丝绸业生产已具有一定的规模和水平。（陈维稷，中国纺织科学技术史，科学出版社，1984 年，第 39 页）

## 公元前 1250～前 1192 年　商武丁时期

△ 安阳小屯殷王墓五音孔陶埙，能吹出 11 个音，有完整的七声音阶，并在 11 个音之间构成半音关系，只差一个音就有了完整的"十二律"。[黄翔鹏，新石器和青铜时代的已知音响资料与我国音阶发展史问题（上），音乐论丛，第 1 辑，人民音乐出版社，1978 年，第 195～196 页]

△ 在安阳小屯等地出土的青铜器中，出现了不少以雉类鸟为纹饰的器物。（朱凤瀚，中国古代青铜器，南开大学出版社，1995 年，第 428～430 页）

△ 河南安阳殷王墓中，出土壶、盂、勺、盘等全套盥洗用具，说明殷人已有洗手、洗脸等习惯。

△ 河南安阳殷墟西北岗武官村出土商代晚期青铜礼器 820 件，武器 2800 余件，还有工具、生活用具和装饰品等。（中国社会科学院考古研究所，殷墟的发现与研究，科学出版社，1994 年）

城固铜器群　约商武丁前后

△ 在陕西城固县湑水河两岸发现 400 多件铜器，有礼器、兵器等，大都出自窖藏。兵器为戈、矛、钺、斧、镞等，戈的数量最多，大部分是三角形状的戣。（中国大百科全书·考古学，中国大百科全书出版社，1986 年，第 69 页）

妇好墓　约商武丁晚期

△ 在安阳殷墟小屯村西北的妇好墓是商代第二十三武丁的配偶"妇好"之墓[①]，1976 年发掘，是目前唯一能与甲骨文相印证而确定其年代与墓主身份的商王墓葬。墓内共出土铜器、玉石器、骨器、象牙器、陶器、蚌器等随葬器 1928 件。此外，还有贝 6800 余枚和海螺两枚。填土中有象牙杯、骨笄、箭镞等。（中国社会科学院考古所，殷墟妇好墓，文物出版社，1980 年）

△ 妇好墓出土较为完整的玉器 750 余件，已初步鉴定约 300 件，均系软玉，大部分是新疆玉。出土石器 63 件，以大理石、石灰岩、石髓及蛋白岩等为原料。

△ 妇好墓出土许多玉制的动物，包括兽类、鸟类、爬行类和昆虫等，以脊椎动物最多；其形象逼真、栩栩如生，且各部分比例大体适当。其中鹰、鸽、鸬鹚、螳螂、鹤等，不仅首次在商代墓葬中发现，也未见于甲骨文。堪称中国古代的一处"动物模型标本馆"。说明当时人们对动物的认识已经较为深刻。（中国社会科学院考古所，殷墟妇好墓，文物出版社，1980 年；罗桂环、汪子春主编，中国科学技术史·生物学卷，科学出版社，2005 年，第 49～52 页）

△ 妇好墓出土铜镜 4 面，镜面平薄，背部有桥形钮，镜面直径分别为 12.5 厘米、11.7

---

① 也有人认为墓主人是康丁的配偶"妣辛"。（中国大百科全书·考古学，中国大百科全书出版社，1986 年，第 131 页）

厘米、7.1 厘米。（中国大百科全书·考古学，中国大百科全书出版社，1986 年，第 131 页）

△ 妇好墓出土精美青铜器 440 多件，有些器物的尺寸、形状基本相同，可能已使用一套模具制作几套，其中有结构复杂的铸件如汽铸甑形器等。（中国大百科全书·矿冶卷，中国大百科全书出版社，1984 年，第 752 页）

△ 先铸附件法始见于商代晚期。妇好墓出土的中柱盂（746 号），先铸中柱，铸后放入芯中，浇铸盂体时，和盂体铸接在一起，盂的底部有明显的铸接痕迹。（华觉明等，妇好墓青铜器群的研究，考古学集刊，第 1 辑，中国社会科学出版社，1981 年）

## 公元前 1226 年

△ 甲骨文有"乙丑贞：日又戠，其告于囧"的记载，大约为是年 5 月 6 日的日食记事。此外，还有多处"日又戠"的记载。另有"癸酉贞：日夕戠又食……囧"的记载，则可能是关于日月频食的记事。[张培瑜，甲骨文日月食与商王武丁的年代，文物，1999，（3）]

## 公元前 1201 年

△ 至迟从是年始，在甲骨文中可见完整的六十干支表，用干支法以纪日，已是成。此法一直沿续至今，未曾中断。[郭沫若，甲骨文合集，中华书局，1978～1983 年，第 37986 号；张培瑜，甲骨文日月食与商王武丁的年代，文物，1999，（3）]

△ 甲骨文有是年 7 月 12 日的月食记事："（癸）未卜，争贞：翌甲申易日，之夕月有食"另有甲午月食（公元前 1198 年 11 月 4 日）、己未至庚申间月食（公元前 1192 年 12 月 27日）、壬申月食（公元前 1189 年 10 月 25 日）和乙酉月食（公元前 1181 年 11 月 25 日）等月食记事。[张培瑜，甲骨文日月食与商王武丁的年代，文物，1999，（3）]

## 公元前 1191～前 1148 年

### 帝祖庚

△ 祖庚，武丁之子。

### 帝甲（祖甲、且甲）

△ 甲，祖庚弟。

### 帝廪辛（且辛）

△ 廪辛，祖甲之子。

### 帝康丁（康且丁）

△ 康丁，廪辛弟。

## 公元前 1150 年

△ 约是年的成把粟穗在云南剑川海门口遗址出土。它说明粟的栽培已扩展到其发源地黄河流域以南遥远的地方。[云南省博物馆筹备处，剑川海门口古文化遗址清理报告，考古

通讯，1958，（6）：10；陈文华主编，中国农业考古图录，江西科学技术出版社，1994 年，第 28 页]

## 公元前 1147～前 1113 年　商武乙（武且乙）时期

△ 传帝武乙曾用土、木作偶人，以象天神。木偶泥俑始见记载。（《史记·殷本纪》）

## 公元前 1112～前 1102 年　商文丁（文武丁、太丁）时期

△ 帝文丁（商，公元前 1112～前 1102 年在位）为其母铸造"司母戊鼎"。它是由陶范铸成，高 1.33 米，重 875 公斤，出土于河南安阳。它是世界已出土的最大青铜容器，反映青铜冶铸的卓越技术和宏大规模，达到青铜发展史的新高峰。[杨根、丁家盈，司母戊大鼎的合金成分及其铸造技术的初步研究，文物，1959，（12）：27～29]

## 公元前 1101～前 1076 年　商帝乙时期

## 公元前 1075～前 1046 年　商纣王时期

△ 在"益广沙丘苑台，多取野兽蜚（飞）鸟置其中"。表明当时已出现了某种形式的野生动物园。（《史记·殷本记》）

△ 传纣王（商，公元前 1075～前 1046 年在位）曾筑鹿台，"广三里，高千尺"。（《史记·殷本纪》）

## 公元前 1066 年　商纣王十年

△ 箕子（商末）率数千人赴朝鲜，"教其民以礼仪、田、蚕、织、作"。（《汉书·地理志》）这是史载我国科技外传之始。

## 商代

△ 商代的鬯可以说是最古老的露酒。它是用黑黍为原料添加了郁金香草共同酿造的。（赵匡华等，中国科学技术史·化学卷，科学出版社，1998 年，第 572 页）

△ 在商代的青铜卣文上的铭文中，已有最早的蜻蜓图像。（苟萃华等，中国古代生物学史，科学出版社，1989 年，第 136 页）

△ 人们已知讲究卫生，注意住宅、身体、饮食清洁，以石、骨、青铜等制作器皿作为卫生和医疗用具。

△ 目前发现最早的直插式挖土农具——锸，是商代的青铜锸，如：湖北黄陂盘龙城、湖北随县淅河、河南罗山天湖、河南罗山蟒张等，形制多为凹字形。（陈文华，中国农业考古图录，江西科学技术出版社，1994 年，第 194 页）

△ 郑州小双桥商代遗址，发现夯土建筑基址 4 处，面积较大的达数百平方米，夯土表面发现有柱础坑、柱洞和柱基石。另外在夯土建筑基址的附近还收集到 20 余块加工痕迹明显，且有一定形状的柱础石。（郑州小双桥遗址发掘获重大成果，中国文物报，1995-08-13）

△ 在浙江上虞百官镇发现烧制印纹硬陶的龙窑群，说明至少在商代我国南方已出现能提高烧成温度的龙窑。[浙江文物考古研究所，浙江上虞县商代印纹陶窑址发掘简报，考古，

1987，（11）]

△ 印纹硬陶的最高烧成温度已达到1200℃。从陶器的最高烧成温度1000℃提高到印纹硬陶的1200℃，使陶器的烧成温度提高了200℃之多。实现了我国陶瓷工艺史上的第一次高温技术的突破。（李家治等，中国科学技术史·陶瓷卷，科学出版社，1998年，第4页）

△ 商代的独木舟于1982年在山东荣城县发现，舟体全长3.9米，中宽0.74米，是用一段原木刳制而成，有三个舱。这是我国发现的年代最早的独木舟，设计结构合理，已较原始的独木舟有了显著进步，是商代沿海居民所用的舟的实物。[王永波，胶东半岛上发现的古代独木舟，考古与文物，1982（3）：29～31]

△ 商代青铜器上所黏附的丝织品（远东博物馆藏）中有斜纹织物，揭示了斜纹组织的出现时间。[[瑞典]西尔凡，殷代丝织品，远东博物馆馆刊，1937，（9）]

△ 商代已有专事指导蚕桑生产的典蚕之专职官"女蚕"；出现专制作某一单一纺织产品的作坊，如索氏（绳工）、旗氏（旗工）、繁氏（马缨工）等。（赵承泽主编，中国科学技术史·纺织卷，科学出版社，2003年，第26页）

△ 在新疆哈密五堡商代墓地前后清理的一百余座墓葬中，出土生产工具有石磨、木耜、木质三角形掘土器、木柄铜锛、骨针等；狩猎、驯服牲畜的石球、笼头、马蹬及木质实心圆辐车轮和小米饼、青稞穗等；出土的皮革制品的鞣制、脱脂水平较高，毛织物纺织精细、质地细密。（文物出版社编，新中国考古五十年，文物出版社，1999年，第482～483页）

## 商周时期

△ 至迟在商周时期，"钧"已作为重量单位，是中国最早的重量单位之一。专用量具最早出现往往与交纳租税有关，故一般都收藏在官府。（丘光明等，中国科学技术史·度量衡卷，科学出版社，2001年，第30、63页）

△ "宋元群将画图，从史皆至，授揖而立，舐笔和墨。"联系周代五型之一的墨刑，可以认为中国制墨技术发源于商周，当时可能是把烟黑或炭粉和胶水调和起来成墨汁。（《庄子·达生》；周嘉华、王治浩，化学化工志，上海人民出版社，1998，第258页）

△ 商周时期利用陶范铸接的方法铸造了许多精制的青铜器，如郑州市二里岗出土的大型方鼎，湖南出土的四羊尊，河南出土的莲鹤方壶等。（北京钢铁学院《中国冶金简史》编写小组，中国冶金简史，科学出版社，1978年，第32页）

# 西　周

**后稷（弃）**

△ 后稷，周族的始祖，曾为尧的农师。

△《史记·周本纪》载："弃为儿时，……好树麻、菽，菽美，及为成人，遂好耕农，相地之宜，宜谷者稼穑焉，民皆法之。帝尧之，举弃为农师，天下得其利。"弃，就是传说中的后稷，农师即掌握农事之官。这是中国农业生产设立农官之始。

**约公元前 16～前 11 世纪**

**不窋**

△ 不窋，弃之后裔。

**鞠**

△ 鞠，不窋之子。

**公刘**

△ 公刘，鞠之子。

△ 公刘迁豳（今陕西旬邑西），开荒定居，在山岗上立表测影，以定方向。（《诗经·大雅·公刘》）

**庆节**

△ 庆节，公刘之子。

**皇仆**

△ 皇仆，庆节之子。

**差弗**

△ 差弗，皇仆之子。

**毁隃**

△ 毁隃，差弗之子。

**公非（公非辟方）**

△ 公非，毁隃之子。

**高圉**

△ 高圉，公非之子。

**亚圉**

△ 亚圉，高圉之子。

**公叔祖类**

△ 公叔祖类，亚圉之子。

**古公亶父**

△ 古公亶父，公叔祖类之子。

△ 因戎、狄侵逼，古公亶父率周族由幽迁岐山下之周原（今陕西岐山），革除戎、狄旧俗，营建城廓宗庙宫室，发展农业，周族始强。后古公亶父被尊为周太王。（《史记·周本纪》）

△ 古公亶父（西周）在岐山下之周原营建周都城岐邑。他命司空专司营造工程，司徒专管征发调配。（《诗经·大雅·绵》；陈全方，早周都域岐邑初探，文物，1979，（10）：44）

△ 岐山周原遗址是目前所知最早的一个有严格对称布局的建筑群。其中岐山凤雏村西周宫室建筑遗址整个建筑呈南北方向，为用瓦盖顶、三合土（白灰、砂、黄泥）抹面的四合院式建筑群，房基南北长 45.2 米，东西宽 32.5 米，共计 1469 平方米，其门道左右对称，布局整齐有序；该遗址还出土了我国较早的瓦、铺底砖、陶水管。[陕西省文物管理委员会，陕西扶风、岐山周代遗址和墓葬调查发掘报告，考古，1963，（12）]

△ 在陕西扶风、岐山周代遗址中发现了用于宫殿建筑的板瓦、筒瓦和瓦当等陶制构件。共同构成了屋面全部用瓦铺盖的新格局。这是我国建筑史上的突出成就，也是陶作为建筑材料而被使用至今的开始。[陕西省文物管理委员会，陕西扶风、岐山周代遗址和墓葬调查发掘报告，考古，1963，（12）；中国硅酸盐学会编，中国陶瓷史，文物出版社，1982 年]

△ 周原遗址出土铜器，有较早的板门形象，可启闭，有门栓。[杨鸿勋，西周岐邑建筑遗址初步考察，文物，1981，（3）：23～33]

**季历（公季，周王季）**

△ 季历，古公第三子。

**周文王（昌，西伯）**

△ 周文王，季历之子。

△ 传周文王（西周，公元前 11 世纪）曾被商纣囚于羑里（今河南汤阴北），演《易》之八卦为六十四卦。（南宋·朱熹：《周易本义》卷首）

△ 周文王于丰（今陕西西安）建立灵台，观测天象，与天交通。（《诗经·大雅·灵台》）

△ 周文王立国八年"岁六月，文王寝疾五日，而地动东西南北，不出国郊"，明确指出了地震发生的时间和范围，这是中国地震记录中具体可靠的最早记载。（《吕氏春秋》；唐锡

仁，中国古代的地震测报和防震抗震，中国古代科技成就，中国青年出版社，1978 年，第316 页）

△ 传说周文王（西周）"迎亲于渭，造舟为梁"，即在渭水下游造浮桥迎娶新娘有莘氏之女。（《诗经·大雅·大明》）

△ 周军用 47 只木板船，运送兵员和车械渡过黄河，同商军作战。开创了船只用于战争的先例。（北宋·李昉辑：《太平御览》卷七百六十八《舟部一·叙舟上》引《太公六韬》）

△ 周文王率军用早期的云梯（钩援）及撞城车（临冲），进攻崇国的都城（今河南嵩县东北）。是现存古文献追述中最早的攻城战。（《诗·大雅·皇矣》）

△ 周文王营灵囿。（《诗经·大雅》）

## 公元前 11 世纪

△ 公元前 11 世纪或至迟在春秋时期，中国已使用了十进位值制记数法。（郭书春，中国古代数学，商务印书馆，1997 年，第 4 页）

## 公元前 1046～前 997 年　西周早期

△ 西周颁布的《伐崇令》规定："毋坏屋，毋填井，毋伐树木，毋动六畜。有不如令者，死勿赦。"这是中国较早的环境保护法令。（唐锡仁等，中国科学技术史·地学卷，科学出版社，2000 年，第 151 页）

△ 传说史佚（西周初）始造辘轳。（《物原》）

△ 河南洛阳出土的西周早期铸铜炉的炉壁上发现三个通风口，说明当时不仅使用了鼓风器，而且已一炉有多个装置。（华觉明，世界冶金发展史，科学技术文献出版社，1985 年，第 472 页）

△ 一枚属西周早期铸造的阳燧 1995 年在陕西扶凤县 60 号西周墓出土，其直径在8.75～9.05 厘米之间，曲率半径 20.75 厘米。这是迄今出土的最早的阳燧制品之一。《周礼·秋官·司烜氏》记载西周时期专门掌管阳燧点明火于日的官员。[罗芳贤，古代的取火用具阳燧，中国文物，1996-12-29：3；杨军昌，周原出土西周阳燧的技术研究，文物，1997，(7)：85～87]

△ 陕西宝鸡西周初期贵族墓葬中出土了煤精玦 200 余件，迄今乌黑光亮。煤精常和其他类型的煤共生或位于煤层的上下。（唐锡仁等，中国科学技术史·地学卷，科学出版社，2000 年，第 113～114 页）

△ 碳 14 测定为 2890±90 年前遗物的西周早期独木舟于 1965 年在江苏武进奄城出土。它宽 0.7～0.8 米、深 0.56 米、残长 4.34 米，一端尖锐上翘，另一端呈 U 形开口，两舷凿有大致对称的孔，尖端部凿一大圆孔，可能是系缆绳之用。从整体上看，它似乎是一独木舟的残段。[戴开元，中国古代的独木舟和木船的起源，船史研究，1983，(1)：5]

## 公元前 1046～前 1043 年　西周武王时期

△ 周武王（西周，公元前 1046～前 1043 年在位）于商末（约前 1045 年，另有前 1057 年等多说）率战车 300 乘、虎贲（近卫军）3000 人、甲士 4.5 万人，在牧野（今河南淇县南卫河北地区）大败商军，灭了商朝。这是商朝末年用大量战车进行的最早的一次大战。

(《史记·周本纪》)

　　△ 周军在灭商之战中，装备和使用了各种比较精良的战车和兵器，并以先进的技术和战术理论为指导，一举打败了商军。(《六韬》卷四至卷六)

　　△ 周武王(西周)伐纣时，三百乘战车在孟津横渡黄河。(《史记·周本纪》)

　　△ 武王时期著名的青铜器有利簋、大丰簋、堇鼎等。利簋作于辛未(牧野战后第七天)，时日甚确，可称为西周第一重器。(中国大百科全书·考古学，中国大百科全书出版社，1986年，第270页)

　　△ 居今黑龙江流域的肃慎(西周武王时期)以"楛矢、石砮"来贡，是为中国古代东北少数民族与中原交往的最早记录。(《后汉书·东夷列传》)

## 公元前1042～前1021年　西周成王时期

　　△ 周成王(西周，公元前1042～前1021年在位)即位时年幼，叔周公旦(西周，名旦，成王叔父)摄政。周公是周代典章制度的创造人。(《史记·周本纪》)

　　△ 西周的天文历法已较发达，有关官吏职掌明确。有眡祲氏之官掌观察日晕，日晕已被区分为11种现象；有冯相氏之官掌十二岁、十二月、十二时辰、十日和二十八宿的位置，还观察冬至、夏至的太阳和春分、秋分的月亮，以定四季；有保章氏掌记录日月星辰的变动，通占星术；有挈壶氏掌刻漏(水钟)计时。(《周礼·春官》；《周礼·夏官》)

　　△ 在河南登封建测景台，传为周公观测天象的地方，是中国古老的天文建筑之一。[高平子，论圭表测景，宇宙，1937，(1)：2～18]

　　△ 周公问数于商高(又名殷高，殷商后期)。商高提出："数之法出于圆方。圆出于方，方出于矩，矩出于九九八十一。故折矩，以为勾广三，股修四，径隅五。"商高又给出用矩进行测望之道："平矩以正绳，偃矩以望高，覆矩以测深，卧矩以知远。"(《周髀算经》)

　　△ 西周时，国家对纺织手工业从纺织原料和染料的征集到纺绩、织造、练漂、染色以至服装造制，都设有专门机构。在"天官"下设有"典妇功(掌管妇女的发展生产)"、"典丝(掌管征集蚕丝)"、"典枲(麻)"、"内司服"、"缝人"、"染人(掌管染丝、染帛)"等六个生产部门，在"地官"下设有"掌葛"、"掌染草(掌管征集植物染料)"等原料供应部门。说明西周时官营纺织业生产已有一定规模，且分工细致，从原料征集到织、染、练，按其工序均派专人管理。(赵承泽主编，中国科学技术史·纺织卷，科学出版社，2003年，第26～27页)

　　△ 周成王时，鲁国君讨伐淮夷，徐戎誓师说："备乃弓矢，锻乃戈矛，砺乃锋刃，无敢不善。"(《尚书·费誓》)有人认为这里的锻可能指锻铁。实际青铜兵器经过锻打也可以增加硬度。(北京钢铁学院《中国冶金简史》编写小组，中国冶金简史，科学出版社，1978年，第43页)

## 公元前1036年　西周成王七年

　　△ 开始营建洛邑(今河南洛阳市)，分二城，西为王城，东为成周，历史文化名城洛阳建城始于此。王城位于涧河东岸，面积约2890米×3320米，其范围与《考工记》匠人营国方九里相近。城外有深5米的壕，城墙除分层平夯外还有划分成小块夯筑之法，并在墙内放置防崩塌用的水平木骨和排水用的限制水管，同时又在王城东复营成周处殷民，故规制较

小。计东西 6 里，南北 9 里，俗称"九六城"（故址在汉魏洛阳遗址处）。（《逸周书》卷五《作雒》）

△ 周公、召公在洛阳建城选址时，曾绘制地图呈献周成王。（《尚书·洛诰》）

## 公元前 1035 年　西周成王八年　周公摄政八年

△ "颁度量而于天下"（《礼记·明堂位》）。至西周，度量衡制度才初步形成。西周掌度量衡事务的官职有内宰、合方氏和大行人。（丘光明等，中国科学技术史·度量衡卷，科学出版社，2001 年，第 250 页）

## 公元前 1020～前 996 年　西周康王时期

△ 西周康王时，册命夨为宜（今江苏丹徒附近）侯，分给土地等。今存铜器宜侯夨簋。其铭文证明周初势力已达长江下游地区，文中还记载了军事地图和地域图。[陈梦家，宜侯夨簋和它的意义，文物，1955，（5）：63；唐锡仁等，中国科学技术史·地学卷，科学出版社，2000 年，第 115 页]

## 公元前 1020～前 977 年　西周康王至昭王时期

*白草坡西周墓　西周早期贵族墓葬*

△ 1967 年和 1972 年在甘肃灵台县城西北的白草坡村发掘、清理了 9 座西周墓，其中 1 号墓和 2 号墓都随葬有大量的兵器，器形有戈、戟、钺、短剑、弓形器以及成束的铜镞。1 号墓出土的钺作半环状，铸有猛虎扑食形纹饰，虎头含有鋬，以内柲；2 号墓所出一戟，刺部顶端作人头形，项下有鋬。[甘肃省博物馆文物组，灵台白草坡西周墓，文物，1972，（12）：2]

## 公元前 1015 年　西周康王六年

△ 吕尚（西周初年）约死于是年。明代陈仲琳撰《封神演义》将其演化为驱神役鬼的神话人物。

## 公元前 998 年　西周康王二十三年

△ 康王（西周，公元前 1020～前 996 年在位）策命臣盂（西周），赐以人鬲等，盂铸鼎纪念。鼎高约 1 米，重 153.5 公斤，内壁有铭文，长达 291 字，称大盂鼎。清道光年间岐山出土，为西周青铜铸造艺术的珍品。

## 公元前 995～前 977 年　西周昭王时期

## 约公元前 977 年　西周昭王末年

△ "周昭王末年，夜清，五色光贯紫微"（《竹书纪年》）这是我国最早而又确实的北极光记录。（戴念祖、陈美东，关于中、朝、日历史上北极光记载的几点看法——兼论中、朝、日历史上北极光年表，科技史论文集，第 6 辑，上海科技出版社，1980 年，第 60 页）

## 公元前 976～前 922 年　西周穆王时期

△ 周穆王（西周，公元前 976～前 922 年在位）曾率领一个巨大的乐队到遥远的西方游历，在阿富汗东北附近一个山下以及与黑海相连的黑湖畔，分别举行了盛大的演奏会。这是中西音乐与乐律交流的最早年代。（《穆天子传》；戴念祖，中国声学史，河北教育出版社，1994 年，第 22 页）

△ 周穆王姬满率队向西远游，自洛阳渡黄河，逾太行山，涉滹沱河，出雁门，抵包头，过贺兰山，穿鄂尔图斯沙漠，经凉州，至天山东麓的巴里刊湖，又至天山南路，到新疆和田河、叶尔羌河一带；再北行 1000 公里，到中亚地区；回国走天山北路。这是中国有文字记载的最早的旅行探险活动，是我国东西陆路交通史上的一次著名活动，是中国旅游地理的一次大拓展。[王成祖，中国地理学史（上），商务印书馆，1982 年，第 86 页]

△ 周穆王伐楚在九江造浑脱军用浮桥。（《竹书纪年》）

△ 已出现简单的锁钥，形状如鱼。[张柏春，中国古代科学家传记（上）·鲁班，科学出版社，1992 年，第 4 页]

## 公元前 976～前 900 年　西周穆王至共王年间

△ 铸造编钟的设计者和工人，开始有意识地铸造双音钟。据考古发掘，湖北江陵江北石场出土西周甬钟二件，其中之一的钟鼓部饰简单云纹，右侧鼓部饰一单线鹿纹；在陕西扶风出土的 21 件柞钟、8 件"中义"钟；在陕西蓝田出土的"应侯"钟，其侧鼓部都饰有纹饰，以示在此鼓钟可发出另一个基音。这些钟都是西周穆王（西周，公元前 976～前 922 年在位）、共王（西周，公元前 922～前 900 年在位）时期的遗物。战国初期曾侯乙编钟在中鼓与侧鼓上都刻铸有音名，铸造双音钟的技术此时已相当娴熟。（戴念祖，中国声学史，河北教育出版社，1994 年，第 422～425 页）

## 公元前 922～前 900 年　西周共王时期

△ 制作的"卫盉"详细记载了三年中，裘卫（西周）与矩伯（西周）所作的数场交易。在交换货币开始起着价值尺度的作用。（丘光明等，中国科学技术史·度量衡卷，科学出版社，2001 年，第 98 页）

## 公元前 900 年　西周共王二十三年

*茹家庄西周遗址*

△ 陕西宝鸡茹家庄西周墓出土的丝织品上的黄色涂料残痕经分析是石黄。石黄是早期常用的天然黄色矿物性颜料。[李也贞等，有关西周丝织和刺绣的重要发现，文物，1976，(4)]

△ 通过对陕西宝鸡茹家庄西周墓地出土料珠的研究，表明中国古代的玻璃技术萌芽于西周。当时烧制的玻璃珠、玻璃管还多属于高二氧化硅的烧结黏合物，距近代玻璃尚有很大差距，有人主张称它们为中国古代的原始玻璃。[干福熹等，我国古代玻璃的起源问题，硅酸盐学报，1978，(1～2)]

△ 陕西宝鸡茹家庄西周墓泥土中，发现较为明显的刺绣印痕，运用辫子股绣的针法，

绣出图案花纹，主要用单线条勾勒出轮廓，个别部分为加强饰纹效果，运用了双线条。线条舒卷自如，针脚相当均匀整齐，说明周代刺绣技术已比较发达。[李也贞等，有关西周丝织和刺绣的重要发现，文物，1976，(4)]

**公元前899～前892年　西周懿王时期**

△《古本竹书纪年》："元年天再旦。"是为懿王元年当在公元前899年的确证。

**公元前891～前886年　西周孝王时期**

△ 秦首领非子（西周）在汧、渭之间为周孝王养马有成绩，被周孝王赐姓为"嬴"，并赐给了一块土地（今甘肃天水县，另说是陇西谷名）。（《史记·秦本纪》）

《竹书纪年》载：周孝王七年，"冬，大雨雹，江、汉水，牛马死。"这是长江流域雨雹成灾的最早记载。

**公元前885～前878年　西周夷王时期**

△ 夷王命虢公攻太原之戎，至俞泉，获马千匹。（《后汉书·西羌传》引《竹书纪年》）

△ 铸造青铜巨盘，长130.2厘米、宽82.7厘米、高41.3厘米，为传世最大的西周青铜器之一。

**公元前877～前841年　西周厉王时期**

△ 厉王实行"专利"，周召公以"防民之口，甚于防川，川壅而溃，伤人必多"的譬喻劝谏。说明西周时堤防已有一定的规模。[《国语·周语上》；水利水电科学研究院《中国水利史稿》编写组，中国水利史稿（上），水利电力出版社，1979年，第49页]

**公元前859年　西周厉王十九年**

△ 铸造的"散氏盘"上铭文有"周道"一词。《水经注》有"出周道谷"，因此它可能是最早周代的"栈"道。（唐寰澄，中国科学技术史·桥梁卷，科学出版社，2000年，第141页）

**公元前858年　西周厉王二十年**

△ 大约是年，齐国都城由薄丘（蒲姑）迁临淄，迄齐亡（公元前221）。临淄城总面积达15平方公里，人口近40万。分大、小两城，夯土筑成。大城为平民活动的地方，南北约4.5公里，东西3.5公里，有11座城门，发现有冶铁、制陶和其他手工作坊遗址。小城为宫殿，有椭圆形桓公台和铸造"齐法华"钱币的遗址。[群力，临淄齐国故城勘探纪要，文物，1972，(5)：45～54]

**公元前841～前828年　西周共和时期**

△ 西周王室开始设立最早的五种官职。（《周礼》）

**公元前 827～前 782 年　西周宣王时期**

△《诗·小雅·无羊》为宣王时诗，内有"何蓑何笠"句，可见此前中国已出现蓑衣、斗笠类的雨具。

△ 宣王营建的宫室"殖殖其庭"，即已具有中国古代建筑中庭院式建筑格局的雏形。（《诗经·小雅·斯干》）

**公元前 789 年　壬子　西周宣王三十九年**

△ "宣王既丧南国之师，乃（大）料民（数）于太原。"（《国语·周语上》）对太原地区进行人口调查，企图补充军队。此为我国较早的人口调查。

**公元前 781～前 771 年　西周幽王时期**

△ 在今陕西临潼筑骊山宫，建星辰汤。

**公元前 780 年　辛酉　西周幽王二年**

△ 陕西一带地震引起山崩及地壳变动等现象："烨烨震电，不宁不令，百川沸腾，山家举崩。高岸为谷，深谷为陵。"也有学者认为是大雷雨引起的地表变化。（《诗经·小雅·十月之交》；李仲均，我国古代关于"海陆变迁"地质思想资料考辨，科学史集刊，第 10 辑，地质出版社，1982 年，第 16 页）

△ 史官伯阳父（西周）以阴阳二气的相互作用解释地震的成因："阳伏而不能出，阴迫而不能蒸，于是地震。"（《国语·周语上》）

**公元前 779 年　壬戌　西周幽王三年**

△ 周幽王（西周，公元前 781～前 771 年在位）举烽火，招诸侯入援，以博其妃一笑。以烽火通讯的设施业已较为健全。此后，一直为历代边防和兵家所用，昼则燃烟，夜则举火。（《史记·周本纪》）

**公元前 774 年　丁卯　西周幽王八年**

△ 太史伯（西周）与郑桓公（西周，？～前 771）讨论音乐谐和问题，对产生和声的两个以上声音的异同问题和声效果提出初步看法。（《国语·郑语》；戴念祖，中国声学史，河北教育出版社，1994 年，第 147 页）

**公元前 773 年　戊辰　西周幽王九年**

△ 郑桓公问周是否将败亡？周太史伯答："先王以土与金、木、水、火杂，以成百物"，以五行解释万物之起源始此。《尚书·洪范》最早系统记载了五行说，即试图用金、木、水、火、土五种人们常见的物质来解说宇宙万物的构造。它来源于人类对于自然界的认识。（唐锡仁等，中国科学技术史·地学卷，科学出版社，2000 年，第 141 页）

## 公元前 1046～前 771 年　西周时期

△ 西周历法使用初吉、既生霸、既望与既死霸 4 个纪时术语。初吉相当于一月的初一到十三，既生霸对应于新月初见到满月的时段，既望对应于满月到月亮出现亏缺的时段，既死霸对应于月亮出现亏缺到新月初见的时段。[景冰，西周金文中纪时术语——初吉、既生霸、既望、既死霸的研究，自然科学史研究，1999，(1)：55～68]

△ 亩、田、里是夏、商、周三代使用的地积单位，据文献记载研究西周时横一步直一百步为一亩，一百亩为一田，九田为一里；西周民间用秉、稃、庾、仓、箱、囷、廛等计量一定量的容积。(丘光明等，中国科学技术史·度量衡卷，科学出版社，2001 年，第 70～74 页)

△ 在甲骨文或钟鼎文中，"酋"字与"酒"字关系密切，《礼记·月令》称监督酿酒的官为大酋。后来酋字演进为部落的首领，说明酿酒在古代社会的重要地位。(赵匡华、周嘉华，中国科学技术史·化学卷，科学出版社，1998，第 528 页)

△ 西周始设内外服制度和分封制度。(《尚书·酒诰》；《左传·僖公二十四年》)

△ 出现菑、新、畲的土地利用方式，表明耕作由撩荒发展到休闲。(李根蟠，西周耕作制度简论：兼评对"菑、新、畲"的各种解释，文史，第 15 辑，中华书局，1982 年)

△ 周代已严格规定了布帛的宽度和长度。(《礼记·王制》；《周礼·内宰·质人》)

△ 在出土的周代纺织品中，发现一些属于复杂组织的经二重、纬二重以及绞纱组织的织物。这种组织的出现标志着周代在织物组织运用上有了重大突破，即由简单组织、变化组织跨入了复杂组织的行列，为古代织物组织的发展奠定了基础。(陈维稷，中国纺织科学技术史，科学出版社，1984 年，第 104～105 页)

△ 根据《诗经》、《禹贡》、《周礼》等书对纺织品的描述，周代已有绫、罗、纨、纱、绉、绮、绣等丝织物品种。(赵承泽主编，中国科学技术史·纺织卷，科学出版社，2003 年)

△ 湖北圻春毛家嘴西周大型木构建筑遗址中，其单幢建筑网间距 2～3 米，柱上架楼板。楼板下部开槽穿带，连为整体。外墙为木骨板墙，木骨与柱用扣榫结合，较之过去木骨泥墙已有进步。[汪宁生，我国考古发现中的"大房子"，考古学报，1983，(3)：294]

△ 陕西宝鸡西周贵族土伯墓中有用提花的机具织出的斜纹提花织物。(赵承泽主编，中国科学技术史·纺织卷，科学出版社，2003 年，第 39 页)

△ 河南洛阳北郊庞家沟西周墓葬 401 号墓内一件陶豆下面有嵌蚌泡漆器托，此为现知较早的漆器镶嵌工艺品。(文物出版社编，新中国考古五十年，文物出版社，1999 年，第 255 页)

△ 河南洛阳北窑发现了西周时期的重要铸铜作坊遗址，面积约为 28 万平方米，出土数以千计的熔铜炉残块，复原直径 0.3～1.8 米不等，陶范残片有 15 000 余块，还有木炭、铜渣等，面积约 28 万平方米。[洛阳文物队，1975～1979 年洛阳北窑西周铸造遗址的发掘，考古，1983，(5)]

△ 内蒙古赤峰林西大井村于 1976 年发现一座夏家店上层文化的古铜矿遗址。它包括露天开采、选矿、冶炼、铸造等全套工艺的遗迹，共发现矿坑 40 余个、炼炉 8 座以及许多陶制鼓风管、陶范和炼渣，还有 1500 余件开采铜矿的工具，如石锤、石镐和铜凿等。大井冶炼技术的研究表明，在西周之前我国已使用硫化铜矿、含砷铜矿及铜锡共生矿冶炼得到铜砷

锡合金的产品。这是中国迄今发现的最早的开采、冶炼硫铜矿的遗址之一。[李延祥等，林西县大井古铜矿冶遗址冶炼技术研究，自然科学史研究，1990，（2）：151~160]

△ 西周铜器矢令簋的仿木结构座上已具有"斗"的形象，说明这时在梁柱结合处已使用"斗"做垫块，柱间的联系构件"额枋"也已出现。

**西周晚（末）期**

△ 春秋时代以前，名词"气"字已经出现，但使用不普遍。（席泽宗主编，中国科学技术史·科学思想卷，科学出版社，2001年，第107页）

△《礼仪·聘礼》曰："醯、醯白翁"，"醯，醋也，酿谷为之，酒之类。"先秦文献中常出现醯字，它代表一切酸味食品，包括各类酸汁。在西周宫廷内有人专门负责醯的生产和供应。可见醯的规模生产应在周代以前。

△ 先秦的文献中，常见到"酱"字，其中醢代表各种酱肉。酱的出现既表示食品加工方法的进步，又反映微生物利用技术的发展。周代宫廷中食用的酱已是多种多样，表明制酱技术已很普遍。（赵匡华、周嘉华，中国科学技术史·化学卷，科学出版社，1998，第585页）

△ 河南三门峡西周晚期虢国 M2009 墓出土了 3 件用陨铁作刃的青铜戈（703）、锛（720）和刻刀（732），同墓出土的铜柄铁刀（730）和 M2001 墓出土的玉柄铜芯铁剑，铁刃经鉴定是人工冶铁制品。陨铁与人工冶铁同出是应重视的。玉柄铜芯铁剑是迄今中原地区考古发掘出土最早的人工冶铁制品之一。[韩汝玢，中国早期铁器的金相学研究，文物，1998，（2）]

△ 安徽南附江木冲发现一处西周晚期的炼铜遗址，其中有 3 座炼铜炉和冰铜锭，表明此前已掌握采冶硫化铜矿的技术。（文物出版社编，新中国考古五十年，文物出版社，1999年，第186页）

△ 陕西扶风召陈村的西周晚期大型建筑遗址，发现很多不同形式的板瓦和筒瓦，还有纹饰与铜器重环纹相像的半瓦当。[陕西周原考古队，扶风召陈西周建筑群遗址发掘简报，文物，1981，（3）：10]

△ 湖北大冶铜绿山古铜矿冶遗址是已发现规模最大、保存最完整的古铜矿冶遗址。遗留炼铜炉渣 40 万吨以上，发掘出地下采区 7 处，采矿巷 400 条，古冶炼场 3 处，发现一批炼铜炉。出土有用于采掘、装载、提升、排水、照明等的铜、铁、木、竹、石制多种生产工具以及陶器、铜锭、铜兵器等。遗址年代经测定至迟始于西周末年，经春秋、战国时期延续到汉代。对该遗址采矿方法、井巷开拓和支护、矿井提升和排水、炼铜竖炉以及冶炼技术水平等均进行了系统研究。[夏鼐等，湖北铜绿山古铜矿，考古学报，1982，（1）]

△ 山西天马-曲村晋文化墓葬遗址中，根据地层的考古组合，在第三层、第四层发现至今为最早的过共晶白口铁残片 2 件，与块炼铁铁条同出，与江苏六合程桥东周墓出土铁丸和铁条情况类似。[韩汝玢，中国早期铁器的金相学研究，文物，1998，（2）]

**西周至春秋时代**

《周礼》

△《周礼》又称《周官》，先秦古籍，旧传为周公所作，实系春秋战国时人所作。它是

为周代设官分职设计的一幅蓝图，为周代前中期的现实和思想的反映①。书中有大量关于农业、渔猎、手工业以及天文、地学、医学方面设官分职的情况及其相应规定。这些规定反映周人对待自然界及从事科学技术工作的态度。（席泽宗主编，中国科学技术史·科学思想卷，科学出版社，2001年，第59、61页）

　　△《周礼·春官·大司乐》的"地上之圜丘"与"泽中之方丘"之说，说明天圆地方（半球形的天罩于方形的大地之上）、地在水中已是西周官方所承认的观念。

　　△《周礼·地官司徒·保氏》记载，"保氏掌谏王恶而养国子以道。乃教之六艺：一曰五礼，二曰六乐，三曰五射，四曰五礼，五曰六书，六曰九数。"数学作为六艺之一，成为周代国家教育的主要内容。

　　△《周礼》将九数即数学的九个部分列入国学教育范围之内。其细目目前还不清楚，郑众称"九数"的内容为方田、粟米、差分、少广、商功、均输、方程、赢不足、旁要，应该在战国时期才达到完备的程度。其中旁要应为简单的测望问题。（郭书春，汇校《九章算术》，辽宁教育出版社，1990年，第8页）

　　△ 从西周开始，中国人主张五色的颜色理论。"五色"是赤、青、黄、白、黑。《周礼·春官宗伯·大宗伯》将此之色以礼器和礼仪制度相并记述。《考工记·画缋之事》描述了五色及其混合而成间色的最早看法。《礼记·玉藻》将此五色称为"正色"，而由它们混合而产生的颜色称为"间色"。

　　△《周礼·春官宗伯·典同》描述了不同几何形状和不同壁厚的钟，给人带来不同的声感。从而为人们选择椭圆截面的编钟提供了实验的或经验的基础理论。（戴念祖，中国声学史，河北教育出版社，1994年，第425~428页）

　　△ 据《周礼·秋官·司烜氏》载，西周石器的火炬称为"贲烛"、"庭燎"。它们以松、苇、竹、麻等材料为心，外束以纤维、布条，中间灌以饴蜜或油脂，若今之蜡烛。这是古代人造光源的一大进步。（戴念祖主编，中国科学技术史·物理学卷，科学出版社，2001年，第169页）

　　△《周礼·春宫·大师》按照发声物质的材料将乐器分为八类："金、石、土、草、丝、木、瓠、竹"，称为"八音"。西周时统属"八音"乐器有30余种。（戴念祖，中国声学史，河北教育出版社，1994年，第60页）

　　△《周礼·地官·大司徒》提出地形决定论的思想："山林之民毛而方，川泽之民黑而津，丘陵之民专而长；坟衍之民皙而瘠，原隰之民丰肉痹。"

　　△ 政府机构中设司徒、夏官、蒙宰、职方氏，掌管国家地图。（《周礼·天官》）

　　△《周礼·职方氏》提出了城市布局的"九服"概念，即将京都"王畿"之外按远近分为九等：侯服、甸服、男服、采服、卫服、蛮服、夷服、镇服、藩服。《禹贡》中有五服的记载。这些记载反映古人对聚落内部的结构模式已有思考。（唐锡仁等，中国科学技术史·地学卷，科学出版社，2000年，第138页）

　　△《周礼·大司徒》中出现"地中"观念："日至之景，尺有五寸，谓之地中"，并认为地中极为重要，"天地之所合也，四时之所交也，风雨所会也，阴阳所和也"。

　　△《周礼·天官·小宰》记载，"听闾里以版图"，"掌国之官府郊野县都之百物财用，凡

---

① 我们将《周礼》中年代无法确定的事件均放置于此。

在书契版图者之贰"。把国家的领土称为"版图"始于此。

△《周礼·地官司徒》中记载了"卝（古矿字）人、中士、下士、府、史、胥、徒"的矿业管理制度，明确卝人（官名）的职责，是有关矿业组织管理机构的最早的记载。

△《周礼·夏官·校人》载："凡马，特居四之一"。郑众注："四之一者，三牝一牡"。提出了马匹配种的公母比例。已有"自然土壤"和"农业土壤"之别。（《周礼·地官·司徒》，郑玄注）

△据《周礼·大司徒》等篇章的记载，周朝时已出现一些辨识各地物产、管理生物资源的职官如"兽人"、"泽虞"等。

△《周礼·地官·大司徒》中首次出现"动物"、"植物"两词，它们作为互相区别的两大类群的生物名称被沿用至今。另外在这篇中还出现把植物分为"皂物"、"膏物"、"核物"、"荚物"；把动物分为"毛物"、"鳞物"、"羽物"、"介物"和"赢物"。

△《周礼·地官·媒氏》："媒氏，掌万民之判……令男三十而取，女二十而嫁。"似乎已经对晚婚优生有所认识。

△《周礼·地官·大司徒》记述了不同地域的环境存在差异，分布的动植物也就不同，反应了当时人们对生物与环境之间关系的一种认识。

△出现"牧地"一名，畜牧生产已有专用牧场。（《周礼·夏官·牧师》）

△《周礼·地官·草人》记载："草人掌土化之法……"即用肥改土，并且提出"相其宜而为之种"，不同的土质使用不同的粪肥。

△已有肉品检验，发现"肉有米者如星"即米猪肉。（《周礼·天官·肉饔》）

△出现"不易之地"，耕地已连年种植。（《周礼·地官·司徒》，郑玄引郑司农云）

△《周礼·天官·冢宰》记载周代设盐人掌管盐之政令。当时祭祀中供有苦盐（未经炼制的池盐）、散盐（经过重结晶加工的海盐）、形盐（据说是盐之似虎形，为再制盐）、饴盐（味甜之石盐）等。

△《周礼》中有关于"攻驹"和"攻特"的记载，即是指给马和牛做去势手术。

△据《周礼·天官·冢宰》记载，当时的医生分为食医、疾医、疡医和兽医四类。此为医学分科之始。当时医政由"医师"总管，下设"上士二人、下士四人、府二人、史二人，徒二十人"。每届年终，统计每位医师治愈或死亡的人数并予奖罚，为医疗考绩之始。

△已有专业兽医出现，兽病已有内科（兽病）、外科（兽病）之分。（《周礼·天官·冢宰》）

△《周礼·天官》有"草、木、虫、石、谷"等"五药"的记载，并对药物的性味、功能和养生保健的应用等做了初步的总结："药以酸养骨，以辛养筋，以咸养脉，以苦养气，以甘养肉，以滑养窍。"（廖育群主编，中国古代科学技术史纲·医学卷，辽宁教育出版社，1996年，第277页）

△人们已有定期沐浴的习惯，并有政府颁布律法加以固定。（《周礼》）

△《周礼》有关于"和齐"的记载，说明周代已使用了复方。（傅维康，中药学史，巴蜀书社，1993年，第7页）

△《周礼》载"春时有痟首疾，夏时有痒疥疾，秋时有疟寒疾，冬时有嗽上气疾"。《礼记》有"孟春行秋令……其民大疫"，"季春行秋令，则民多疾疫"等，说明当时对四季气候变异引起的多发疾与疾病流行已有一定认识。[谢学安，中国古代对疾病传染性的认识，中

华医史杂志，1983，13（4）：193]

△《周礼·天官·疡医》记载人们已用包括磁石在内的五种药料和之作药。这是我国最早利用磁石治病的记载。

△据《周礼》记载，西周宫室设有膳夫、庖人、内饔、外饔、烹人、酒正、浆人、凌人、醇人、醯人、盐人等职，掌王室饮食，烹饪技术已达到一定的水平。

△《周礼》冬官"司空"是职掌"百工"的机构，兵器制造和城郭营建归其统辖。（《周礼注疏·冬官考工》郑玄注）

△据《周礼·月令》记载，当时用于制作"郊庙之服"的蚕丝原料，均是用经过精心挑选出的蚕茧缫制出的，意味着当时已认识到茧质与丝质的关系以及选茧的必要性。

△据《周礼》记载，政府已设立了专门管理交通的官员"野庐氏"和"合方氏"；道路从大到小分成 5 级：路、道、涂、畛、径。

《诗经》

△《诗经》是中国古代最早的一部诗歌总集。它汇集了自公元前 11 世纪西周初年至公元前 6 世纪末春秋后期 500 年间的诗歌作品共 300 余首，分风、雅、颂三类。其中亦蕴含着丰富的中国古代科技史方面的资料①。（金启华，诗经全译，江苏古籍出版社，1991 年）

△《诗经·大雅·生民》说："取萧祭脂"，即用萧（芳香植物）与牛、羊脂共燃而制造香气。这可能是关于薰香的最早记载。

△《诗经·唐风·椒聊》提到"椒聊之实"。《诗经·陈风·东门之枌》中有"贻我握椒"之语，椒即花椒。这些内容表明当时人们已将香辛料添加到食品中。

△《诗经》中包含有非常丰富的生物学知识，其中记载的植物有 140 余种，动物亦有100 多种。而由它传播的有关生物形态、习性等诸方面的知识，非常生动和易于记忆，故孔子提倡读《诗》，认为其可"多识于鸟兽草木之名"。（《论证·阳货》；罗桂环、汪子春主编，中国科学技术史·生物学卷，科学出版社，2005 年，第 55～66 页）

△已有"嘉种"（良种）概念，并出现了秬（黑黍）、秠（一稃二米）、穈（赤苗）、芑（白苗）。（《诗·大雅·生民》）稙（先种）、稺（后种）、重（后熟）、穋（先熟）等品种类型的名称。（《诗·鲁颂·閟宫》）

△对农作物害虫已有认识，分为螟、螣、蟊、贼四类。（《诗·小雅·大田》）

△已采取用火治虫。（《诗·小雅·大田》）

△使用仓、庾、箱储藏粮食。（《诗·周颂·丰年》；《诗·小雅·甫田》）

△造"凌阴"，使用天然冰低温储藏食物。（《夏小正·三月》；《诗·豳风·七月》；《周礼·天官》）

△已经大量利用高平的"原"和低湿的"隰"，而且区别高低地势加以利用。（《诗·小雅·信南山》；《诗·大雅·公刘》；《尔雅·释地》）

△出现两人协作的耕作法——耦种。（《诗·周颂·载芟》；《诗·周颂·噫嘻》）

△出现中耕除草农具钱、镈（《诗·周颂·臣工》）和碎土工具櫌（《夏小正·二月》）；除草受到重视，出现了薅（《诗·小雅·良耜》）、耘、耔（《诗·小雅·甫田》）等专名。创造蔬菜加工方法——盐渍法。（《诗·小雅·信南山》）

---

① 我们将《诗经》中年代无考的事件均放在此处。

△ 已出现池沼养鱼。(《诗·大雅·灵台》)

△《诗经》记载的捕鱼工具已有钩、网、九罭、罛、罩、笱、罾之分。

△ 使用灌溉技术。(《诗·小雅·白华》;《诗·大雅·泂酌》)

△ 蚕桑已遍及鄘、卫、郑、魏、唐、秦、曹、邶、豳、鲁等地,相当于今日的陕西、河南、山西、河北、山东一带。(《诗经》)

△《诗经·商颂·玄鸟》有"天命玄鸟,降而生商",记述了商代对人类起源的一种探索。

△《诗经·大雅·灵台》中对"灵囿"动物的记述,反应了我国周朝时出现的养殖野生兽类、鸟类和鱼类的苑囿,养殖种类较商代更为繁杂。

△ 起亩耕作,垄作开始萌芽。(《诗·小雅·信南山》;《国语·周语》韦昭经)

△ 据《诗经·鲁颂·駉》记载,按毛色分类,马有 16 种之多,说明养马业有很大的发展。

△ 耒、耜之名已明确见于文字记载。(《夏小正·正月》:"农纬厥耒";《诗·豳风·七月》)

△《诗经》中多有"山有扶苏,隰有游龙","黄鸟于飞,集于灌木"等关于动植物生态习性的记载。

△《诗经·大雅·绵》有"周原膴膴堇荼如饴……曰止曰时,筑室于兹"。这是我国有关动植物认识的最早记载。

△《诗经·小雅·大田》:"去其螟螣、及其蟊贼……秉畀炎火。"记载人们已知利用害虫的趋光特性,加以消灭。

△《诗经·大雅·生民》:"诞降嘉种,维秬维秠,维穈维芑。"记载了当时人们在遗传育种方面的认识。

△《诗经·豳风·七月》已经记载当时人们注意植物大麻的雌雄异株现象。这是我国古人最早注意植物性别的记载。

△ 从《诗经》出现的有关泉水的记载,可知当时人们已认识到:泉水为地下水;泉为河水之源;有"泉群";并已根据泉水的出露情况命名泉水之名。[孙关龙,《诗经》中泉水资料,中国科技史料,1989,10(2):80~84]

△《诗经·秦风》中有"驷驖孔阜"的诗句,有人认为"驖"是最早的铁字,是马色如铁的意思。[郭沫若,中国史稿(1),人民出版社,1976 年,第 313 页]

△ 据《诗经·陈风》记载,当时提取植物纤维已普遍采用沤渍法,并已掌握了不同纤维的沤渍时间和脱胶效果之间的关系。

△《诗经·小雅·巷伯》中有"萋兮斐分,成是贝锦"。《郑笺》:"……犹女工之集采色以成锦文。"

△ 锦是染丝而织成纹的织物。《诗经·小雅·巷伯》中有关于"锦"之名的最早记载。(赵承泽主编,中国科学技术史·纺织卷,科学出版社,2003 年,第 39 页)

△ 据《诗经·周南》记载,当时提取葛纤维已普遍采用作用比较均匀、易于控制脱胶程度的沸煮法。

△ 在《诗经》中不仅有描述当时所用植物染料品种和生产情况的诗句,还有描述所染纺织品颜色的诗句。如对重要植物染料茜草、蓝草采集生产情况的描述,对绿、黄、玄、朱、绛等色纺织品的描述。红、蓝、黄在色谱中是基本色,有了这几种颜色,就可以千变万化地调出各种各样的色调来。《诗经》的这些记载证实了 3000 年前我国的染色技术即已具备

了一定水平。（赵承泽主编，中国科学技术史·纺织卷，科学出版社，2003 年，第 39～40 页）

△《诗经·小雅·大东》中有"小东大东，杼柚其空"，朱熹《诗集传》注释说："杼，持纬者也，柚，受经者也。"即，纾是梭子，柚是持经线的柚。可见西周时代的织机已不简单了。（赵承泽主编，中国科学技术史·纺织卷，科学出版社，2003 年，第 85 页）

△《诗经·国风·河广》中有"谁谓河广，一苇杭（航）之"。已出现水上运输。

《尚书》

△《尚书》又称《书》，是中国古代的一部历史文告汇编。主要记载商、周两代统治者的一些讲话记录，其中《尧典》、《皋陶谟》、《禹贡》均为春秋战国时代根据部分往古材料再加工所编成。

△《尚书·周书·洪范》有雨、旸、寒、懊、风等气象因素对农业生产影响的记载，这是我国农业气象学的萌芽。

△《尚书·说命》："若作酒醴，尔雅麹蘖"，说明上古时期我国已经制造曲蘖这种微生物培养物了。

△《尚书·说命》"若药弗瞑，厥疾弗瘳"的记载，是对服药后的反映与疾病关系进行的论述。

《易经》

△《易经》又称《周易》、《易》，包括经和传两部分。经本是占筮书，卦辞爻辞形成于西周初期；传的部分称《易传》，它导源于孔子而由儒家后学在战国时写成。

△《易经·序卦》说："有天地，然后有万物；有万物，然后有男女。"对自然万物和人类的顺序出现进行了推测。

△"阴阳"二字的语义从阳光的有无、向日或背日而变成哲学名词，用来解《易》。[胡维佳，阴阳、五行、气观念的形成及其意义——先秦科学思想体系初探，自然科学史研究，1993，12（1）：17～18]

△《周易·系辞下》"方以类聚，物以群分"；《礼记·乐记》亦有同样的记述。唐代孔颖达的《正义》提出分类的概念："方以类聚者，方谓走虫禽兽之属，各以类聚，不相杂也。物以群分者，谓殖生若草木之属，各有区分，自殊于薮泽也。"

△《易传·说卦》云："乾（☰）为天，坤（☷）为地，震（☳）为雷，巽（☴）为风，坎（☵）为水，离（☲）为火，艮（☶）为山，兑（☱）为泽"，提出宇宙是由天、地、雷、风、水、火、山和泽 8 种物质构成的。

△《周易·乾卦·文言传》较早明确论述作为感应中介的"气"："同气相求"。

△《周易·系辞下》中有"地理"一词："仰以观于天文，俯以察于地理，是故知幽明之故。"唐代孔颖达注云："地有山、川、原、隰，各有条理，故称理也。"这里的"地理"是指人类赖以生存的地理环境。[曹婉如等，"地理"一词在中国的最早出现及含义，地理，1961，（5）]

△《周易·谦卦·辞》中有"地道变盈而流谦"，这是对剥蚀作用和沉积作用的最早认识。（王仰之，中国地质学简史，中国科学技术出版社，1994 年，第 9 页）

《逸周书》

△《逸周书》本名《周书》，又称《汲冢周书》，为周代历史文献汇编，至战国时代基本

成书。其中记载天文、地理、物候等内容。

　　△《逸周书·时训解第五十二》首次完整记载二十四节气的名称和中国古代的一种物候历——七十二候的名称。它代表当时黄河流域的物候学知识。[陈美东，月令、阴阳家与天文历法，中国文化，1995，(12)]

　　△《逸周书·时训解》中记有黄河流域的水文季节变化。如大暑时"大雨时行"，秋分时"水始固"，立冬时"水始冰"，大寒时"水泽腹坚"等。

　　《夏小正》

　　△《夏小正》的经文存在于西汉戴德所编《大戴礼记》的《夏小正传》中。它记述一年12个月星象（某些恒星见、伏、中天，或北斗斗柄指向等）、物候、农事、祭祀等，是一部天象、物候相融合的历法，它反映了夏民族的历法特征与传统，是中国最早的一部星象物候历，也是流传至今的最早的一部完整的天文学文献。它曾被用于西周或春秋时代。[胡铁珠，《夏小正》星象年代研究，自然科学史研究，2000，19（3）：234～250]

　　△《夏小正》记载"鹰则为鸠"、"雀入于海为蛤"等化生说，反映了人们认为一些动物可以由另一些动物转变而来的思想。这种思想影响深远。（夏纬英，夏小正经文校释，农业出版社，1981年）

　　△《夏小正·六月》有"煮桃"的记载。据考证，此桃不是野生的山桃，而是家桃。（陈文华，中国农业考古图录，江西科学技术出版社，1994年，第99页）

# 东周

## 春秋时期

**春秋早期**

△ 约是时，二十八宿定量化的古度系统成立。而二十八宿系统的形成，应不迟于春秋早期。[潘鼐，中国恒星观测史，学林出版社，1989年，第38页；夏鼐，从宣化辽墓的星图论二十八宿和黄道十二宫，考古学报，1976，(2)]

△ 公元前6世纪或稍早，陕西宝鸡益门2号春秋墓出土大批黄金制品，共1100余件。金柄铁剑、金柄环首刀等20余件。经鉴定铁刃是人工冶铁制品。早期铁器与黄金饰品集中于一墓出土尚属首次。它们都是早期秦国的金属精品。[宝鸡市考古工作队，宝鸡市益门村春秋二号墓发掘简报，文物，1993，(10)]

△ 春秋早期青铜子犯编钟12件1994年收藏于台北故宫博物院。钟上面有铭文，其中8件大小成列。[裘锡圭，也谈子犯编钟，故宫文物月刊（台北），1995，13 (5)]

**公元前770年　辛未　周平王元年**

△ 周平王（西周，公元前770～前720年在位）去丰镐而东徙于雒邑（今河南洛阳）。据考古发掘，雒邑城南邻洛河，西跨涧河，呈不规则方形。最早的夯土城垣宽约5米。发现瓦当和其他建筑残片，可能是重要建筑所在。(《史记·周本纪》)

**公元前735年　丙午　周平王三十六年**

△《诗经·小雅》云："十月之交，朔日辛卯，日有食之，……"吟咏的是公元前735年11月30日发生的一次日食（一说应为公元前776年9月6日）。由此可推知，至迟到西周后期历法的月首已从新月初见改为日月合朔，并有相应的向各诸侯国颁朔的制度，岁首建子（以冬至所在之月的后2个月为正月）的概念与制度业已确立，但岁首的确定尚存在1至2个月的游移。[张培瑜，《春秋》、《诗经》日食和有关问题，中国天文史文集(3)，科学出版社，1984年；陈美东，鲁国历谱与春秋、西周历法，自然科学史研究，2000，(1)]

**公元前722年　己未　周平王四十九年　鲁隐公元年①**

△ 是年至鲁哀公十六年（公元前722～前479）的水旱情况被记录于中国第一部编年体史书《春秋》中。这是以后正史和地方志之有系统的水旱记录的先声。(中国科学院自然科学史研究所地学史组，中国古代地理学史，科学出版社，1984年，第6页)

---

① 本年起加注鲁国纪年。

**公元前 720 年　辛酉　周平王五十一年　鲁隐公三年**

△《春秋》一书载有自此年至鲁哀公十四年（公元前 720～前 481）间的 37 次日食纪录，其中有 33 次被证明是确实可靠的。（张培瑜、陈美东等，中国天文学史大系·中国古代历法卷，河北科学技术出版社，2000 年，第 312～316 页）

**公元前 718 年　癸亥　周桓王二年　鲁隐公五年**

△《春秋左传·隐公五年》云："（经）九月……螟"，这是中国螟害成灾的最早记载。

**公元前 717 年　甲子　周桓王三年　鲁隐公六年**

△《春秋左传·隐公六年》云："农夫之务去草焉……绝其本根，勿使能殖。"表明人们非常注重根在植物生长发育中的重要作用。（罗桂环、汪子春主编，中国科学技术史·生物学卷，科学出版社，2005 年，第 79 页）

**公元前 709 年　壬申　周桓王十一年　鲁桓公三年**

△《左传·桓公三年》"有年"疏："谓岁为年者，取其岁谷一熟之义。"

**公元前 707 年　甲戌　周桓王十三年　鲁桓公五年**

△《春秋左传·桓公五年》云："（经）秋，螽。"这是中国蝗害成灾的最早记载。

**公元前 697～前 691 年　燕桓侯时**

△ 燕桓侯迁都临易（河北易县城南），称下都，遗址今存十之三四，城内外发现陶制板瓦、筒瓦、瓦当。其中一块瓦当直径 24.5 厘米、筒长 66.7 厘米者制作最精（今存北京历史博物馆），说明当时瓦作技术已很高。[《史记·绛侯周勃世家》；中国历史博物馆考古组，燕下都城址调查报告，考古，1962，（1）]

**公元前 689 年　壬辰　周庄王八年　鲁庄公五年**

△ 楚文王元年，楚国在郢（今湖北江陵西北纪南城）建都。现存城垣用土筑成，年代为春秋晚期至战国早期，废弃年代在公元前 278 年秦将白起拔郢之时。城内面积约为 12 平方公里，发现房屋、宫殿、水井和窑址遗址，出土大量陶、铜、铁、木器和瓦片。[湖北省博物馆，楚都纪南城的勘查与发掘，考古学报，1982，（3、4）]

△ 盛产黄金的楚国制作的通行货币金钣常称作"郢"。据研究，金钣是称量货币，即完整的金钣合当时楚国的一斤。（丘光明等，中国科学技术史·度量衡卷，科学出版社，2001 年，第 113～115 页）

**公元前 687 年　甲午　周庄王十年　鲁庄公七年**

△《春秋·庄公七年》载："夏四月辛卯，夜，恒星不见，夜中，星陨如雨。"这是关于流星雨的最早明确记事。"星陨如雨"在后世成为记述流星雨现象的经典用语。（陈美东，中国科学技术史·天文学卷，科学出版社，2003 年，第 43 页）

## 公元前685～前642年　齐桓公时代

△齐桓公（春秋，？～前642）在都城临淄的稷下设置学宫，"高大夫之号"招徕学者，渐为一大学术中心，形成"稷下学派"。至齐王建，前后历时一百多年。（汉魏·徐干：《中论》）

△齐桓公（春秋，？～前642）设庭燎以"九九"招贤，《管子》中称伏羲作九九之术。九九之术即九九表。古代九九表从"九九八十一"起到"二二如四"止，故名。可见乘法法则已是当时人们的常识。先秦典籍中有大量九九表的片段，2002年在湖南耶里发现了完整的九九表竹简。

△管仲（春秋，？～前645）提出治理国家必先治理5大自然灾害：水、旱、风雾雹霜、厉（疾病）和虫。其中又以水害为最大。（《管子·度地》）

△齐桓公时代"一农之事，必有一耜一铫一镰一耨一椎一铚，然后成为农。一车必有一斤一锯一釭一钻一凿一轲然后成为车。一女必有一刀一锥一箴一秌，然后成为女"（《管子·轻重篇》）明确记述不同劳动者使用不同种类的工具。考古研究表明至迟在公元前4世纪铁器的使用已推广到社会生产和生活的各领域。（北京钢铁学院《中国冶金简史》编写小组，中国冶金简史，科学出版社，1978年）

△管仲向齐桓公建议"美金以铸剑戟，试诸狗马；恶金以铸锄、夷、斤、斸，试诸壤土。"（《国语·齐语》）有人认为这里美金指青铜，恶金是用来制造农具的。但也有人认为美金指优质铜。（北京钢铁学院《中国冶金简史》编写小组，中国冶金简史，科学出版社，1978年，第43页）

△《管子·地数篇》有一段管仲答齐桓公关于盐政之所问。据其所说可知春秋时齐国的海盐生产已采用煮海卤为盐的方法，且规模已相当大，除供本国外，还销往周围诸国。（赵匡华等，中国科学技术史·化学卷，科学出版社，1998年，第478页）

△春秋中期的齐国[①]，开始在齐鲁边界上建筑带形防御城垣，称为"长城"。当时的鲁国在长城之阳，齐国在长城之阴。（《管子·轻重丁》）

△山东临淄齐国故城遗址内有三大排水系统，并设制了精巧而科学的排水口。此排水系统与淄河、系水和人工护城濠互相沟通，构成了一个完整的排水网。［临淄区齐国故城遗址博物馆，临淄齐国故城的排水系统，考古，1988，（9）：784～787］

△齐国开济淄运河。因济水与淄水入渤海处相距甚近，该处又有时水汇入淄水，当时即利用时水稍加疏浚开成运河接通济水，沟通了齐国都城临淄与中原及江、淮地区的水运联系。（史念海，中国的运河史，陕西人民出版社，1988年，第36页）

△疑为春秋时齐国的器物———一件半球形的鼻纽铜权是目前所见齐国最早的度量衡器。（丘光明等，中国科学技术史·度量衡卷，科学出版社，2001年，第123页）

△山东临淄齐国故城冶炼遗址发现冶铁遗址6处、炼铜遗址2处、铸钱遗址2处，还有大量炼渣、铸范和铜钱。城南炼铁遗址发现"齐铁官丞"和"齐采铁印"等封泥，是铁官遗物。［齐文涛，概述近年来山东出土的商周青铜器，文物，1972，（5）；山东省文物管理处，山东临淄齐故城试掘简报，考古，1961，（6）］

---

① 将春秋中期齐国的有关事件放置在此年限。

△ 山东临淄齐国故城出土齐国刀币范，是最早的阳文钱范盒，翻制青铜器去化刀币，这是用叠铸法制钱币较早的实物。（中国大百科全书·矿冶卷，中国大百科全书出版社，1984年，第 870 页）

**公元前 671～前 656 年　楚成王时**

△ 铸造于楚成王（约公元前 671～前 656 年在位）初年的 9 件组编钟在河南淅川下寺一号楚墓出土，仅取其中鼓音，可组成五声微调或音阶；加上侧鼓音，可组成七声微调或古音阶。该编钟属于三分损益律律制。可见，三分损益律形成于公元前 7 世纪，与管仲（春秋，？～前 645）生活年代相当，《管子·地员》有关三分损益法的记载实为管仲年代的乐律知识。（戴念祖，中国声学史，河北教育出版社，1994 年，第 161～165 页）

**公元前 673 年　戊申　周惠王四年　鲁庄公二十一年**

△ 已出现宫阙建筑。阙亦称观或象观。天子、诸侯宫门皆筑台，台上起屋，称台门。台门两旁特为屋，高出门屋之上者谓双阙，相当今谓城楼。（《左传·庄公二十一年》）

**公元前 669 年　壬子　周惠王八年　鲁庄公二十五年**

△ 六月初一（5 月 27 日）日食，鲁伐鼓用牲于社，此为日食击鼓的最早记载。（《左传·庄公二十五年》）

**公元前 661 年　庚申　周惠王十六年　鲁闵公元年**

△《左传·闵公元年》有"宴安酖［鸩］毒，不可怀也"的记载，说明当时已能利用鸩鸟之毒制成毒剂。

**约公元前 660～前 480 年**

△ 碳-14 法测定为此年代的大豆在吉林省永吉县大海猛遗址出土。［刘世民等，吉林永吉出土大豆炭化种子的初步鉴定，考古，1987，（4）：365］

**公元前 659～前 621 年　秦穆王时**

△ 有相马专家伯乐。（《战国策·楚策》）

**公元前 659 年　壬戌　周惠王十八年　鲁僖公元年**

△ 卫文公元年，卫文公在齐桓公的帮助下，在楚丘（今河南滑县东）营建都邑。在营建中，明确提出"定之方中"、"揆之以日"，即首先考虑最佳的动工时间和在设计施工中辨方正位。（《诗经·国风·鄘风》）

**公元前 656 年　乙丑　周惠王二十一年　鲁僖公四年**

△ 楚成王十六年，楚使与齐桓公语：楚方城早已筑成。方城东半部从鲁关（今河南鲁山西南鲁阳关）起，东达溠水，折向东南，至泚阳（今河南泌阳），略成矩形。系利用山脉高地，连结溠水、泚水的堤防筑成，亦称连堤，为春秋最大的军事防御建筑。战国时期，又

往西、东、南扩建，成为楚长城。(《左传·僖公四年》)

**公元前 655 年　丙寅　周惠王二十二年　鲁僖公五年**

△ 在《左传·僖公五年》中首见关于岁星纪年法的基本可信的记载。该法将周天分为星纪、玄枵、娵訾、降娄、大梁、实沈、鹑首、鹑火、鹑尾、寿星、大火、析木等十二次，岁星年行一次，用于纪年。十二次分野法（地上各诸侯国分别与周天十二次相对应的划分法，如晋——实沈，周——鹑火，等等）也与之相伴而生。(陈美东，中国科学技术史·天文学卷，科学出版社，2003 年，第 61~64 页)

**公元前 647 年　甲戌　周襄王五年　鲁僖公十三年**

△ 秦穆公十三年，晋饥，秦输粟于晋，粮船自秦都雍至晋都绛（今山西翼城东南）络绎相继，称"泛舟之役"。此为利用渭水、黄河、汾水航道大规模运输粮食的较早记录，被认为是漕运之始。(清·高士奇：《左传纪事本末》卷五十二，中华书局，1979 年，第 811 页)

**公元前 645 年　丙子　周襄王七年　鲁僖公十五年**

△"春正月戊申朔（12 月 24 日），陨石于宋，五。"(《春秋·僖公十五年》)这是最早的关于陨石的记载。《左传》的作者已指出这是"陨星也"。

**公元前 644 年　丁丑　周襄王八年　鲁僖公十六年**

△ 大臣庆郑（春秋晋国）提出不应使用进贡的战马作战，因为它们会"乱气狡愤，阴血周作，张脉偾兴"。(《春秋·僖公十六年》)这里的"脉"指体表可见的突起的静脉。此为现知最早的一条有关脉的记载。[韩建平，经脉学说的早期历史：气、阴阳与数学，自然科学史研究，2004，23（4）：327]

**公元前 642 年　己卯　周襄王十年　鲁僖公十八年**

△ 齐桓公（春秋，? ~前 642）墓中有水银池。(唐·李泰：《括地志》卷下)可见此前中国已开始利用水银。(赵匡华等，中国科学技术史·化学卷，科学出版社，1998 年，第 417 页)

**公元前 637 年　甲申　周襄王十五年　鲁僖公二十三年**

△《左传·僖公二十三年》有"男女同姓，其生不蕃"之语，已知近亲结婚的不良后果。

**公元前 636 年　乙酉　周襄王十六年　鲁僖公二十四年**

△《左传·僖公二十四年》中对色盲做出了最早定义"目不别五色之章为昧"，其时称色盲为"昧"。

**公元前 625 年　丙申　周襄王二十七年　鲁文公二年**

△ 约是年，臧孙辰（臧文仲；春秋鲁）在居室用"山节藻棁"，即在梁架上采用雕成山形的大斗和绘有藻纹的瓜柱。由此可见，至少在春秋时，已在梁架上施以彩绘。(《论语·公

冶长》）

**公元前 613 年　戊申　周顷王六年　鲁文公十四年**

△《春秋·文公十四年》载："秋七月，有星孛入于北斗。"这是文献首见的关于哈雷彗星的记事。而自秦始皇七年到清宣统二年（公元前 240～1910），哈雷彗星的 28 次回归，均有文献记载可稽。（陈晓中，中国古代的天象纪录，中国古代科技成就，中国青年出版社，1996 年）

**公元前 608～前 591 年　鲁宣公时**

△《左传·鲁宣公》里有一段讨论麦曲的对话，表明当时的麦曲不仅用以酿酒，还用于医治腹疾。《楚辞·大招》里有"吴醴白蘗"一说，不仅表明蘗和由它酿制的醴已有很多种，而且再次申明曲和蘗的使用已分开。

**公元前 608～前 573 年　鲁宣公至鲁成公时**

△鲁国里革（春秋鲁国）提出禁捕幼鱼——"鱼禁鲲鲕"，并指出："今鱼方别孕，不教鱼长，有行网罟，贪无艺也"。这是我国保护鱼类资源的开端。（《国语·鲁语》）

**公元前 606 年　乙卯　周定王元年　鲁宣公三年**

△郑文公之妾燕姞"梦天使与己兰"。当时还有"兰有国香"之语。说明此前可能已养育兰花。（《左传·宣公三年》）

**公元前 602 年　己未　周定王五年　鲁宣公七年**

△始见记载的黄河第一次大改道："河徙"。（《汉书·沟洫志》引《周谱》）

**公元前 600 年　辛酉　周定王七年　鲁宣公九年**

△池盐的重要产区解州盐池（即今山西运城地区）的制盐方法已由取卤水自然蒸发浓缩析出结晶的方法发展为日照晒盐法。（《左传·成公六年》；唐·张守节：《史记·货殖列传》正义）

△约于是年，楚国孙叔敖（春秋）在其家乡期思（今河南淮滨东南）主持引期思水（今史河灌河），灌溉雩娄（今河南商城）之野。此为最早的渠系工程。（《淮南子·人间训》）

**春秋中期**

△春秋中期制成的晋国编钟在山西侯马出土，计 9 件，对其测音发现，具有与《管子·地员》记载相同的五声音阶，而且是以弦律调音。可见，三分损益律的知识形成时间比《管子·地员》的成书时间要早的多。[山西侯马上马村东周墓葬，考古，1963，（5）：242～245；戴念祖主编，中国科学技术史·物理学卷，科学出版社，2001 年，第 275～276 页]

△春秋中期开始兴起在青铜器表面铸嵌纯铜和错金、错银的工艺。山西浑源出土的春秋镶嵌狩猎纹豆，春秋晚期晋国的栾书缶，安徽寿县发现的铜牛等都是青铜器表面镶嵌工艺早期珍品。（北京钢铁学院《中国冶金简史》编写小组，中国冶金简史，科学出版社，1978

年，第 70 页)

△ 山西侯马发现晋国铸铜遗址多处，或专铸礼器，或专铸带钩，或专铸钱币，总面积 4 万多平方米。出土大量陶范、铜锭、铅锭和铸铜生产工具，陶范有 3 万多块，还出土各式熔炉，一般直径 25～40 厘米，个别达 100 厘米。［山西省文管会侯马工作站，1959 年侯马"牛村古城"南东周遗址发掘简报，文物，1960，(8、9)］

△ 山西侯马晋国铸铜遗址中发现铸造的货币——空首布，耸户尖足，形体较大，一般通高 13～15 厘米左右，比较原始，是现知较早的金属铸币。(中国大百科全书·考古学，中国大百科全书出版社，1986 年，第 203 页)

## 公元前 598 年　癸亥　周定王九年　鲁宣公十一年

△《左传·宣公十一年》记载：楚国筑城，"使封人虑事，以授司徒。量工命日，分财用，平板干，称畚筑，程土物，议远迩，略基趾，具餱粮，度有司，事三旬而成，不愆于素。"《左传·昭公三十二年》关于晋国营建成周亦有类似的记载，说明当时人们已经掌握了分数运算，粟米、衰分等比例和比例分配问题，立体体积问题，简单的测望方法。

△ 楚庄王十六年，艾猎（即孙叔敖，春秋）筑沂城（楚城邑，约在今河南正阳）时，命掌建筑城廓者估计工需，上交给司徒官，确定工期，分配料具，平整筑板，计算土方面，备好土方材物，确定运输路线和施工地点等。因严格实行定额管理，按计划施工，三旬即成。(《左传·宣公十一年》)

△ 约是年至公元前 591 年之间，楚国孙叔敖（春秋）主持[1] 在今安徽寿县，利用天然湖泊，筑堤形成大型陂塘——芍陂。这是最早的人工水库。(《后汉书·王景传》)

## 公元前 597 年　甲子　周定王十年　鲁宣公十二年

△《左传·宣公十二年》有鸡鸣、日中、日入等十二时辰名的记载。杜预注曰：丑鸡鸣、寅平旦、卯日出、辰食时、巳禺中、午正中、未日昳、申餔时、酉日入、戌昏时、亥人定、子夜半。该记时法的出现年代理当在此年之前。

△《左传·宣公十二年》有"陴"（城上短墙，即"女墙"）的记载。这种城墙规制一直延续至清代。春秋时城门已有悬门，并以草衣植被养护城墙。

## 公元前 594 年　丁卯　周定王十三年　鲁宣公十五年

△ 据《左传·宣公十五年》记载，鲁初税亩，即按田亩数征税，标志着鲁国井田制瓦解，是为中国土地税之始。

△ 晋大夫解扬（春秋晋国）"登诸楼车"而致君命。楼车亦作巢车，是用以瞭望敌情的高架车辆。(《史记·郑世家》)

## 公元前 590 年　辛未　周定王十七年　鲁成公元年

△ 江西新干县发现 4 座战国时期的大型粮仓，每座面积 600 平方米左右，仓内保存大量炭化粳米，经碳 14 测定为公元前 590 年。这反映了当时赣江流域水稻种植业非常发达，

---

[1]　也有人据刘昭《续汉书·郡国志》补注引用《皇览》所言"子思造芍陂"。

粳米已成为当地的主要粮食。（陈文华，中国农业考古图录，江西科学技术出版社，1994年，第 4 页）

**公元前 589 年　壬申　周定王十八年　鲁成公二年**

△ 楚共王二年，楚助齐攻鲁、卫。鲁以执斫（匠人）、执针（女工）、织纴（织工）各百人络楚，表明鲁国手工业分工较细。（《左传·成公二年》）

**公元前 585 年　丙子　周简王元年　鲁成公六年**

△ 晋景公十五年，迁都新田（今山西侯马），称新绛。韩献子（春秋）论曰：“土厚水深，居之不疾，有汾、浍以流其恶”，时已知建城的地理条件。（《左传·成公六年》）

**公元前 585～前 476 年　春秋时代吴国**

△ 在今江苏苏州建造的“烽燧墩”可能是现存中国最早的假拱实物。它是一座帐篷式的人工砌筑石室，底大上收，壁顶间盖有成形光整的长形石顶板，因顶板未嵌于石壁故为假拱。（朱江，吴县五峰山烽燧墩清理简报，考古通讯，1955，（4））

**公元前 581 年　庚辰　周简王五年　鲁成公十年**

△ 晋景公十五年，景公病，求医于秦。秦使名医医缓（春秋秦国）往视。医缓提出治疗疾病的“攻、达”两种方法，并认为病在肓之上、膏之下为不治。景公旋死。（《左传·成公十年》）

**公元前 575 年　丙戌　周简王十一年　鲁成公十六年**

△ 楚共王十六年，鄢陵（今河南鄢陵西北）之战前，楚善射者养由基（亦称养叔）与潘党试射，能百步穿杨，百发百中，力透 7 层皮革。（《战国策·西周策》）

**公元前 571 年　庚寅　周灵王元年　鲁襄公二年**

△《左传·襄公二年》有种植行道树的记载。又《国语·周语》亦有：“周制有之天；列树以表道。”

**公元前 559 年　壬寅　周灵王十三年　鲁襄公十四年**

△ 楚康王（春秋楚国，公元前 559～约前 545 年在位）以其拥有的战船创建了中国最早的水师，水军技术从此出现。（元·马端临等：《文献通考》卷一百四十九《兵考一·兵志·楚兵志》）

**公元前 556 年　乙巳　周灵王十六年　鲁襄公十七年**

△ 十一月，宋“国人逐瘈狗（狂犬）”，已认识到狂犬之危害。（《左传·襄公十七年》）

**公元前 555 年　丙午　周灵王十七年　鲁襄公十八年**

△ 齐灵公二十七年，晋伐齐，齐“堑防门”（今山东平阴东北）而守之。齐长城始筑于

是年，战国初年已西起防门，东经王道岭，绕泰山西北麓之长城岭，经泰、沂山区，到小朱山入海。系由堤防连接而成，故又称"长城钜防"。(《左传·襄公十八年》；路宗元，齐长城，山东友谊出版社，1994 年)

**公元前 552 年　己酉　周灵王二十年　鲁襄公二十一年**

△ 楚康王使蓬子冯（春秋楚国）为令尹。蓬子冯命人在床底挖地窖，并置冰，虽盛暑而身穿裘衣，盖丝棉被，称病不赴任。此为在盛夏用天然冰降温之特例。(《左传·襄公二十一年》)

△ 楚康王遣医生探视蓬子冯（春秋楚国）。医生回禀道："瘠则甚矣，而血气未动。"此为目前所见最早有关以"气"进行临床诊断的记载。[《左传·襄公二十一年》；韩建平，经脉学说的早期历史：气、阴阳与数学，自然科学史研究，2004，23（4）：328]

△ 是年或稍早，河南淅川下寺二号楚墓出土铜禁 1 件，是目前我国已知用失腊铸造法制成的最早制品。(李京华，淅川春秋楚墓铜禁失腊铸造法的工艺探讨，中原古代冶金技术研究，中州古籍出版社，1994 年，第 48~52 页)

**公元前 550 年　辛亥　周灵王二十二年　鲁襄公二十三年**

△ 东周都城周（今河南洛阳）已筑有堤防，用于城市防洪。(《国语·周语下》)

**公元前 549 年　壬子　周灵王二十三年　鲁襄公二十四年**

△ 夏，楚康王（春秋楚国，公元前 559~约前 545 年在位）命舟师进攻吴国，进行了有史以来的第一次水战。(《春秋左传正义》卷三十五)

**公元前 548 年　癸丑　周灵王二十四年　鲁襄公二十五年**

△ 楚康王十二年，"传……（楚）劳掩书土田，度山林，鸠薮泽，辨京陵，表淳卤，数疆潦，规偃猪（渚），町原防，牧隰皋，井衍沃，量入修赋"。这一套主张和措施，就是在对可耕地进行认真精细的测量和预算的基础上，提倡因地制宜利用土地。(《左传·襄公二十五年》)

**公元前 547~前 490 年　齐景公时**

△ 田子鳌（春秋）事齐景公时已用家量。(丘光明等，中国科学技术史·度量衡卷，科学出版社，2001 年，第 126 页)

△ "齐景公游于海上而乐之，六月不归"。这是帝王以大型船队航海的早期记录。(汉·刘向：《说苑·正谏篇》，台北：中华书局，1966 年，第 2 页)

**公元前 543 年　戊午　周景王二年　鲁襄公三十年**

△ 史赵（春秋）用十进位值记数法破解了绛县老人表示自己的年龄的"亥"字谜为 26 660 日。(《左传·襄公三十年》)

**公元前 541 年　庚申　周景王四年　鲁昭公元年**

△《春秋左传·昭公元年》对音乐的"中声"一词做出最早的记载和讨论。(戴念祖，中

国声学史，河北教育出版社，1994 年，第 148 页）

△ 晋平公病，秦名医医和（春秋秦国）认为不可治，医和"天有六气（阴、阳、风、雨、晦和明）……淫生六疾"，叙述外界环境对人体健康的影响，为中国最早的病因病理学说。（《左传·昭公元年》；傅维康，中药学史，巴蜀书社，1993 年，第 7 页）

△ 子产（春秋郑国）至晋国探视晋侯讲述养生道理时指出：当身体中气的流动受阻时，身体就会生病。可见在春秋晚期，气的身体观已经开始流行。[《春秋左传·昭公元年》；韩建平，经脉学说的早期历史：气、阴阳与数学，自然科学史研究，2004，23（4）：327～328]

△ 秦后子出奔晋，"享晋侯，造舟于河"（《左传·昭公元年》）。这座修建于秦晋之间一条主要通道渡口——夏阳津的桥，是现知记载中黄河上较早的浮桥。

△ 春秋后期，晋军与白狄族徒兵战于大原（今山西太原西南）险阻之地，战车无法展开，晋将魏舒（春秋晋国，？～前 509）建议主将"毁车为行"，改车战为步战，终于获胜。军事技术亦相随而变。（《春秋左传正义》卷四十一）

## 公元前 540～前 529 年　楚灵王时

△ 楚灵王时开扬水运河，自今湖北江陵西北承赤湖水，东流至潜江县北入于沔水（汉水），全长 140 里。（北魏·郦道元：《水经注·沔水》）

## 公元前 539 年　壬戌　周景王六年　鲁昭公三年

△ 齐国的容量单位有豆、区、釜、钟，"四升为豆，各自其四，以登于釜，釜十则钟，……陈氏三量，皆登一焉"，以四进制为主，且公量家量并存。当时使用的多是实用器的器形，直到战国后期才逐步形成比较固定、便于进行测量的专用器形。（《左传·昭公三年》；丘光明等，中国科学技术史·度量衡卷，科学出版社，2001 年，第 28、25、122 页）

## 公元前 538 年　癸亥　周景王七年　鲁昭公四年

△ 申丰（春秋）论述藏冰可以调节阴阳，防止雹灾。（《左传·昭公四年》）

## 公元前 537 年　甲子　周景王八年　鲁昭公五年

△ 秦公一号大墓位于今陕西凤翔南雍城遗址，1976～1986 年发掘。大墓平面呈中字形，面积 5 334 平方米，是迄今为止发掘的先秦木椁土圹墓中最大的一座。木椁使用了周秦时代的黄肠题凑制度。据推断墓主为秦景公（公元前 577～前 537）。这是春秋秦第一座有明确墓主的陵墓。（文物出版社编，新中国考古五十年，文物出版社，1999 年，第 423 页）

△ 秦公一号大墓出土 10 多件铲、锸等铁工具，铁质精良，表明秦国铁器使用已较普遍，冶铸技术亦较成熟。

## 公元前 535 年　丙寅　周景王十年　鲁昭公七年

△ 楚灵王六年，在今湖北潜江县境（云梦泽北）始建章华宫，6 年后才完工。其主体建筑章华台，现存方形台基长 300 米、宽 100 米，其上为四台相连。台上建筑装饰辉煌富丽，台的三面为人工开凿的水池，水源引自汉水。此为园林中开凿大型水体工程的较早记载。（北魏·郦道元：《水经注·沔水》；周维权，中国古典园林史，清华大学出版社，1999

年，第 38~39 页）

**公元前 532 年　己巳　周景王十三年　鲁昭公十年**

△ "春，有星出婺女"（《竹书纪年》）是关于新星的早期纪录。

△ 宋元公（春秋宋国）已用"炽炭温地，以爰坐处"，反映了春秋时室内取暖的方法。（《左传·昭公十年》）

**公元前 524 年　丁丑　周景王二十一年　鲁昭公十八年**

△ 子产（春秋，？~前 522）提出"天道远，人道迩"。（《左传·昭公十八年》）它说明人们开始自觉地把天象、人事分开，标志着春秋时代自然观的重要进步。（席泽宗主编，中国科学技术史·科学思想卷，科学出版社，2001 年，第 81 页）

△ 周景王始铸大钱，以代替此前流通的子母钱。大钱重 50 铢，文曰"大泉五十"。（《国语·周语下》）

**公元前 522 年　己卯　周景王二十三年　鲁昭公二十年**

△ 周景王（东周，公元前 544~前 520 年在位）问律于伶州鸠（东周），伶州鸠在答其所问中谈到：在弦线式音高标准器（古称"均钟木"）上，将弦线分为"三等份"的乐律计算方法。这是关于三分损益法的最早的文字记述。（《国语·周语下》；戴念祖，中国声学史，河北教育出版社，1994 年，第 190~191 页）

△ "度律均钟"，这里的"均钟"即为"均钟木"，是中国古代最早的一种弦线式音高标准器，又称定律器，是古代声学仪器之一。（《国语·周语下》；戴念祖，中国声学史，河北教育出版社，1994 年，第 336~337 页）

△ 负责环境保护的官员有：衡鹿、舟鲛、虞候和祈望等。（《左传·昭公二十年》）

△ 齐国的君臣相信咒诅可以使人得病。（《左传·昭公二十年》）

**公元前 521 年　庚辰　周景王二十四年　鲁昭公二十一年**

△ 宋元公二十一年，国乱，齐、晋、卫以师往救。齐大夫命所部："彼兵多矣，请皆用剑。"此为短兵器用于战阵的记载。（《左传·昭公二十一年》）

**公元前 518 年　癸未　周敬王二年　鲁昭公二十四年**

△ 楚边邑卑梁（今安徽天长西北）女子与吴女子争桑，引起两国战争。说明南方的养蚕、丝织业已关系到国计民生，为政府所保护。（《史记·伍子胥列传》）

**公元前 517 年　甲申　周敬王三年　鲁昭公二十五年**

△ 鲁季氏和郈氏斗鸡取乐，季氏用甲保护鸡，郈氏以金属装备鸡爪。（《史记·周鲁公世家》）

**公元前 514~前 496 年　春秋吴王阖闾时**

△ 伍员（春秋吴国，？~前 484）为吴王阖闾组建舟师，以大翼、小翼、突冒、楼船、

桥船等各型战船，比附相应的战车，最早对水军进行技术和战术的训练。（北宋·李昉辑：《太平御览》卷七百七十《舟部三·舟下》引《越绝书》）

　　△吴王阖闾在位，于檇溪城（今地失考）设置修造船舶的工场"船宫"。出现了最早的造船机构。（东汉·袁康、吴平辑录：《越绝书·越绝外传记吴地传第三》）

　　△吴王阖闾在位时，已有匠师（传说为干将、莫邪）用"铁精"铸成钢剑。钢铁兵器开始成为军队的重要装备。（汉·赵晔：《吴越春秋·阖闾内传》）

**公元前 514 年　丁亥　周敬王六年　鲁昭公二十八年**

　　△吴王阖闾元年，阖闾（春秋吴国，？～前496）接纳大臣伍子胥"必先立城郭，设守备，实仓廪，治兵库"的建议，命伍子胥正式兴建吴都城——阖闾城（今江苏苏州），历史文化名城苏州建城始此。经"相土尝水"后，制定"象天法地"的规划原则。建成后的阖闾城城周47里多，街衢宽广，水陆交通四通八达。（《越绝书·越绝外传记吴地传》）

**公元前 513 年　戊子　周敬王七年　鲁昭公二十九年**

　　△冬，"晋赵鞅、荀寅帅师城汝滨，遂赋一古铁，以铸刑鼎，著范宣子所为刑书马"。（《左传·昭公二十九年》）这是铸铁的最早记载。有人认为"铁"字是"钟"字之误；有人认为是铸铜鼎。从冶金考古的研究看，当时冶铁技术和铸造水平，铸铁鼎应是可以做到的。（北京钢铁学院《中国冶金简史》编写小组，中国冶金简史，科学出版社，1978年，第43页）

**公元前 512 年　己丑　周敬王八年　鲁昭公三十年**

　　△孔武（春秋吴）是年以《兵法》13篇见吴王阖闾，因任为将。他提出"兵者，国之大事"，"知己知彼，百战不殆"，"兵无常势，水无常形"等著名理论，著作有《孙子兵法》，为中国最早的军事理论著作。

　　△孔武（春秋吴）《孙子兵法·势篇》提到的"势"暗含能量概念，它包括如"激水之疾"的功能，如"张弓发机"以及如"转圆石于千刃之山"的势能。（戴念祖，中国力学史，河北教育出版社，1988年，第51～53页）

　　△《孙子兵法》不仅《九攻》和《九地》两篇讲究地利，其余各篇亦大都推明地利。这里的"地"通常指自然地理环境，"地利"即指有利的自然地理环境。《地形》篇强调地形对军事的影响。可见，春秋战国时期的兵书对自然地理环境是非常重视的。（唐锡仁等，中国科学技术史·地学卷，科学出版社，2000年，第159页）

　　△专论军事地图学内容的篇章——《孙子兵法》附地图九卷问世，此后又有《孙膑兵法》附地图四卷。这说明地图已直接为军事服务。（唐锡仁等，中国科学技术史·地学卷，科学出版社，2000年，第156页）

**公元前 510 年　辛卯　周敬王十年　鲁昭公三十二年**

　　△约是年，楚国李耳（东周，约前580～前500）在《道德经》（《老子》）中提出："道生一，一生二，二生三，三生万物。万物负阴而抱阳，冲气以为和。"这是关于宇宙本原于虚无的"道"以及宇宙、天地、万物的生成有一个前后演变序列思想的表述。[唐锡仁，论先秦时期的人地观，自然科学史研究，1988，7（4）：312]

△《道德经》谓："埏埴以为器，当其无有，器之用。"这可能是最早的言陶文献。（赵匡华等，中国科学技术史·化学卷，科学出版社，1998年，第24页）

△《道德经》中提出的"实中有虚，虚中有实"和"小中见大，大中见小"等思想，对造园技艺的发展有较大的影响。

**公元前 506 年　乙未　周敬王十四年　鲁定公四年**

△ 吴王阖闾（春秋吴国，？～前496）为西征楚国，命伍子胥（春秋战国）开胥溪运河以通军运。东起太湖西岸，由荆溪、水阳江、固城湖、石臼湖和丹阳湖入长江。渠成，为吴国水军入江便道。（清·顾炎武：《天下郡国利病书》卷14引韩邦宪《东坝考》）

**公元前 505 年　丙申　周敬王十五年　鲁定公五年**

△ 吴王阖闾十年，在国都吴（亦名阖闾，今苏州）西南的姑苏山上始建姑苏台，后经夫差续建乃成。这座宫苑全部建筑在山上，联台为宫，规模宏大、建筑华丽，总体布局因山就势，曲折高下，为春秋战国时期著名的山地园林。（《越绝书》；周维权，中国古典园林史，清华大学出版社，1999年，第39～40页）

**公元前 503 年　戊戌　周敬王十七年　鲁定公七年**

△ 约是年，历家开始掌握在19年中加进7个闰月的方法，而在此之前已知一朔望月约为29.531日，则一回归年应约为 $(19 \times 12 + 7) \times 29.531/19 = 365.2518$ 日。这为稍后出现的取一回归年为365.25日、19年7闰与一朔望月为29又499/940日（= 29.530 85日）的古四分历奠定了基础。黄帝历、颛顼历、夏历、殷历、周历与鲁历均为古四分历，它们所取用的历元不同，分别为不同的诸侯国所采用。[陈美东，鲁国历谱与春秋、西周历法，自然科学史研究，2000，（1）]

**公元前 501 年　庚子　周敬王十九年　鲁定公九年**

△ 是年前，邓析（春秋郑国，公元前545～前501）著《邓析子》中有"同舟涉海，中流遇风，救患若一，所忧同也"。这是民间航海的早期记录。（唐·欧阳询等：《艺文类聚》，上海古籍出版社，1982年，第1230页）

△ 是年前，邓析对利用杠杆原理的取水机械——桔槔的结构和工作效率做了较全面地描述。（汉·刘向：《说苑》卷20）

**公元前 500 年　辛丑　周敬王二十年　鲁定公十年**

△ 是年前，晏子（春秋齐国，约公元前575～前500）说："昔吾见钩星在四，心之间，其地动乎？"太卜说"然"。可见当成已把地震的发生看成是与某些星体的运动有关系。（《晏子春秋·外篇》；王仰之，中国地质学简史，中国科学技术出版社，1994年，第20页）

△ 是年前，《晏子春秋》中有"尺蠖食黄即身黄，食苍即身苍"（明·谭埉：《谭子雕虫》卷下），似乎已注意到动物的保护色。（罗桂环、汪子春主编，中国科学技术史·生物学卷，科学出版社，2005年，第75页）

△ 约是年，扁鹊（春秋）① 为晋国大夫赵简子诊疾。（《史记·赵世家》）

△ 扁鹊在诊虢太子尸厥时，使弟子子阳（春秋）用厉针砥石。此为古籍中有关灸法应用的最早记载。（《史记·扁鹊传》）

△ 扁鹊在诊治过程中，已使用了脉气循行的概念、五色诊病法、"脉象法"和"决生死"等中国传统医学中的基础理论。在以针刺治病时已使用了腧穴。他所遵循的"六不治"准则，其中"信巫不信医不治"突出说明他的医疗实践已与巫医彻底决裂。（廖育群主编，中国古代科学技术史纲·医学卷，辽宁教育出版社，1996 年，第 60～61、234 页）

**公元前 5 世纪**

△ 陈子（春秋战国）说"日之高大，光之所照，一日所行，远近之数，人所望见，四极之穷，列星之宿，天地之广袤"，"此皆算术之所及"。此为现存较早的关于数学作用的描述。（《周髀算经》卷 2）

△ 陈子指出，数学知识是"类以合类"，数学方法（道术）是"言约而用博"。因此学习数学必须"同术相学，同事相观"，能"通类"，做到"问一类而以万事达"。陈子关于数学中"类以合类"的思想既是已有的数学知识的总结，也规范了中国传统数学的形式和特点。（《周髀算经》卷 2）

△ 陈子说："求邪至日者，以日下为勾，日高为股。勾、股各自乘，并而开方除之，得邪至日。"这是中国古代数学著作关于抽象的勾股定理的最早表述。也是首次提到开方术。

△ 陈子以空竹筒望日，"率八十寸而得径一寸"，"以率率之，八十里得径一里，十万里得径千二百五十里"。陈子还提出了其他天文历法的计算问题，含有复杂的分数运算。

△ 公元前 5 世纪前后，云南楚雄万家坝墓葬出土 4 件铜鼓，形制较为原始，是西南地区现存铜鼓最早的制品。还有数十件片状及管状锡器。（田长浒主编，中国铸造技术史·古代卷，航空工业出版社，1995 年，第 186 页）

**公元前 497 年　甲辰　周敬王二十三年　鲁定公十三年**

△ 晋定公十五年，赵鞅入降，盟于晋宫，此盟辞见于 1965 年发掘的侯马（今山西侯马东南）遗址。[《史记·赵世家》；陶正刚、王克林，侯马东周盟誓遗址，文物，1972，(4)：27]

**公元前 495 年　丙午　周敬王二十五年　鲁定公十五年**

△ 吴王夫差（春秋，? ～前 473）命伍子胥（春秋战国）开胥浦运河。西起太湖东岸，接界泾而东，历经鼓港、处士、历渎而入海。渠成，经太湖与胥溪运河相联而成由芜湖入东海之捷径。（《越绝书·吴地记》）

**公元前 486 年　乙卯　周敬王三十四年　鲁哀公九年**

△ 吴王夫差十年秋，吴国夫差（春秋，? ～前 473）为与齐国争霸中原，于邗（今江苏扬州东南）筑城、凿沟引江水东流，经射阳湖，至末口入淮，全长约 185 公里，筑成最早的

---

① 现存扁鹊生平资料年代相距甚远，最早为春秋初年时，最迟为战国末年秦武王时。详见：廖育群等，《中国科学技术史·医学卷》，科学出版社，1998 年，第 76～78 页。此处取"春秋末期说"，即扁鹊与赵简子同时。

沟通江、淮的运河——邗沟。(《左传·哀公九年》)

**公元前 485 年　丙辰　周敬王三十五年　鲁哀公十年**

　　△ 吴国由海上奔袭齐国,是中国海战之始。"徐承率舟师自海入齐,齐人败之,吴师乃还"。(清·高士奇:《左传纪事本末》,中华书局,1979 年,第 779 页)

**公元前 483 年　戊午　周敬王三十七年　鲁哀公十二年**

　　△ 冬至次年春,吴为与晋国争霸中原,在泗水与济水相距最近处开凿一条运河——菏水,从今山东定陶县东北引菏泽水东流,至鱼台县北注入古泗水。此渠是邗沟运河的向北延伸,使江、淮、黄河的水运得以沟通,从而将江淮流域和中原联系起来。(《国语·吴语》)

**公元前 479 年　壬戌　周敬王四十一年　鲁哀公十六年**

　　△ 中国古代编年体历史著作《左传》记事最晚止于此年(始于公元前 722 年)。书中记载了 250 年间春秋各国的政治、军事、经济以及社会等内容。(童书业,春秋左传研究,上海人民出版社,1980 年)

　　△ 春秋战国时期,盛行游说之风,孔子(春秋,公元前 551~前 479)周游列国便是一个典型的例子。这种自由的流动,促进了各个不同学派的独立、自由的发展和各学派之间的交流与渗透。(杜石然主编,中国科学技术史·通史卷,科学出版社,2003 年,第 119 页)

　　△ 是年前,孔子提倡"有教无类"(《论语·卫灵公第十一》)的办学路线,首次明确指出受教育的对象不分贵贱等级。他广招学生,开创了大规模聚众讲学的风气。后经孔子的弟子及再传弟子的努力,形成了私学蓬勃发展的态势。私学的兴盛,为文化的建设及至科学技术的总结与提高准备了必要的人才。(杜石然主编,中国科学技术史·通史卷,科学出版社,2003 年,第 117~118 页)

　　△ 是年前,孔子大力提倡私人讲学,打破"学在官府"的垄断局面,开战国时代的"百家争鸣"之先河。(何兆武等,中国思想发展史,中国青年出版社,1980 年,第 30 页)

　　△ 是年前,孔子在鲁庙观欹器,其特点是"虚则欹,中则正,满则覆"。该欹器极为符合重心与平衡的力学原理。(《荀子·宥坐》;戴念祖,中国力学史,河北教育出版社,1988 年,第 62~63 页)

　　△ 是年前,孔子认为学习《诗经》,可以"多识于鸟兽草木之名"(《论语·阳货》)。他的这种言论对我国古代生物学知识的积累有着重要的作用。(罗桂环、汪子春主编,中国科学技术史·生物学卷,科学出版社,2005 年,第 7 页)

　　△《论语·微子》中以"五谷"专指主要粮食作物。历来对"五谷"解释不一:《周礼·职方氏》郑玄注为"黍、稷、菽、麦、稻",《楚辞·大招》王逸注为"稻、稷、麦、四豆、麻"等。(万国鼎,五谷史话,大公报,1962-4-3:3)

**公元前 478 年　癸亥　周敬王四十二年　鲁哀公十七年**

　　△ 鲁国阙里(今山东曲阜)因孔子故居修建孔庙。东汉永兴元年(153)成为国家所立庙,后经历代修建,成为规模宏大的建筑群。[梁思成,曲阜孔庙的建筑及其修葺计划,梁思成文集(2),中国建筑工业出版社,1984 年]

## 春秋晚期

△ 开始使用铁犁，并使用铁锄、铁锹、铁铲等铁农具。(《孟子·许行章》；《管子·小匡》；《国语·齐语》)

△ 至今已知年代最早的鎏金器物是浙江绍兴狮子山春秋晚期墓出土的鎏金嵌玉扣饰。研究证明战国金汞齐鎏金技术兴盛。[吴坤仪，鎏金，中国科技史料，1981，(2)；齐东方，中国早期金银工艺初论，文物季刊，1998，(2)]

△ 河南洛阳水泥厂出土的铁炉，经鉴定基体为铁素体有团絮状石墨，这是迄今为止发现最早的韧性铸铁。[李众，中国封建社会前期钢铁冶炼技术的探讨，考古学报，1975，(2)]

△ 河南洛阳水泥厂出土至今发现年代最早的经过脱碳处理后改善其脆性的生产工具——铁铸脱碳的锛。[李众，中国封建社会前期钢铁冶炼技术的探讨，考古学报，1975，(2)]

△ 湖南长沙杨家山出土一件迄今为止最早的铸铁实用器——铁鼎。[长沙铁路东站建设工程文物发掘队，长沙新发现春秋晚期的钢剑和铁器，文物，1978，(10)]

△ 春秋晚期已出现了一些生铁制品。江苏六合程桥出土的铁丸虽已锈蚀，但仍可看到白口生铁特有的组织结构，它是迄今经过鉴定的最早的生铁制品。同属春秋晚期的长沙识字岭第 314 号楚墓出土的小铁锹也是生铁铸造的，长沙杨家山 66 号墓和窑岭山 15 号墓更出现了春秋晚期的铁鼎、铁鼎形器。这表明当时的楚国已掌握了比六合铁丸更高的技术水平。(赵匡华等，中国科学技术史·化学卷，科学出版社，1998 年，第 148~149 页)

△ 春秋末期曾流传于世的《范蠡兵法》中，记有能"飞石重十二斤，为机发，行二百步"的抛石机。抛石机又叫藉车，为早期的一种重型抛射兵器。(《汉书·甘延寿传》)

△ 湖北江陵纪南遗址南垣水门古河道中有成排木柱，据研究此处原有木梁柱桥。经碳[14]测定为春秋末期（公元前 480±75）。(唐寰澄，中国科学技术史·桥梁卷，科学出版社，2000 年，第 33 页)

## 春秋时代

△ 春秋各诸侯国历法有以建子为岁首者，也有以建丑（以冬至所在月的后 1 个月为正月）为岁首者。[陈美东，鲁国历谱与春秋、西周历法，自然科学史研究，2000，(1)]

△ 中国至迟在春秋时期已有了关于分数的记载，到战国时期，对分数的运用已非常普遍。《管子》、《墨子》、《商君书》、《考工记》等著作中记了大量的分数，大多是由于分配或其他需要而引起的。(李迪，中国数学简史，山东教育出版社，1986 年，第 42 页)

△ 在《孙子》、《管子》、《吴子》、《商君令》等著作中都有比例的应用和记载。可见，当时比和比例已有广泛的应用。(邹大海，中国数学的兴起与先秦数学，河北科学技术出版社，2001 年，第 115~119 页)

△ 算筹为我国古代数学的主要运算工具之一，关于它产生的具体时代，并无可靠记载。《老子》中有"善数不用筹策"一语，证明至迟在春秋时期，人们已普遍使用算筹。这是当时世界上最方便的计算工具。(郭书春，中国古代数学，商务印书馆，1997 年，第 30 页)

△ 出现鸭城、鸭陂，为养鸡场、养鸭场之始。(唐·陆广微：《吴地记》；宋·范大成：

《吴郡志》)

　　△ 长江下游已用鱼池大规模养鱼。(唐·陆广微:《吴地记》)

　　△ 出现相畜术,并有伯乐、九方皋、宁戚等著名相畜家。(《吕氏春秋·恃君览·观表》)

　　△ 吴国故水道,开凿于春秋时期,具体时间不详。由苏州西北行,过漕湖、无锡至常州利港入长江。后又由苏州沿太湖水网地区向南延伸,历今浙江海宁百尺渡南接钱塘江。(汉·袁康:《越绝书·吴地传第三》)

　　△ 春秋时期三半岛对日航路,起点在山东半岛北侧登州(今蓬莱)的已侯国,循渤海庙岛列岛,沿岸航行至朝鲜半岛南端庆州,趁左旋环流漂渡到日本西海岸山阴、北陆地区。这是一条有往无返的单向航线。(彭德清主编,中国航海史·古代航海史,人民交通出版,1988年,第25~26页)

　　△ 新疆尼勒克奴拉赛古铜矿发现有采矿、冶炼遗址,发掘出土有古矿井、木支护、采矿石器、冶炼炉渣、冶炼产品等遗迹、遗物,经研究表明是使用硫化矿添加砷矿物冶炼砷铜的技术,时代相当于中原地区东周。[梅建军等,新疆奴拉赛古铜矿冶遗址冶炼技术初步研究,自然科学史研究,1998,(3)]

　　△ 东周时青铜剑大量出现。《考工记》、《庄子·刻意》、《战国策·赵策》中都记载有吴越两国剑师善于制剑的史实。考古发掘出土的10余件吴、越王剑提供了有力的实物证据。(中国军事百科全书·古代兵器分册,军事科学出版社,1991年,第194页)

　　△ 东周时还出现了剑脊和剑刃含锡量不同的复合剑,剑脊含锡量约10%,剑刃含锡量约20%,复合剑经过两次铸成,光铸剑柄和剑脊,后铸剑刃,这种外坚内韧的复合剑,刻意提高杀伤力,在制作技术上有明显进步。(中国军事百科全书·古代兵器分册,军事科学出版社,1991年,第195页)

　　△ 春秋时期,以临淄为中心的齐鲁(今山东地区)纺织手工业兴盛,"人民多文采布帛",号为"冠带衣履天下",是史载我国最早出现的纺织品生产中心。(《史记·货殖列传》;《汉书·地理志》;赵承泽主编,中国科学技术史·纺织卷,科学出版社,2003年,第62页)

**春秋战国之际**

　　△ 春秋战国时期,诸子百家学说的形成与论争,全面而且最大限度地激发了人们对社会及至自然现象研究的活力,为后世思想和包括科学技术在内的学术的发展奠定了基础。其中墨家对科学技术非常重视,而阴阳家和农家则对天文学和农学的发展起了重要的作用。(杜石然主编,中国科学技术史·通史卷,科学出版社,2003年,第120~121页)

　　△ "九九乘法表"和整数四则运算在春秋战国时代已相当普及。《管子》、《荀子》及《逸周书》等著作中记有零星的乘法歌诀。(邹大海,中国数学的兴起与先秦数学,河北科学技术出版社,2001年,第102~111页)

　　△ 春秋战国时期,保持自然生态平衡的思想已受到重视。《管子·禁藏》认识到水土保持是关系到国计民生的大事;《荀子·王制》强调保护自然资源是"圣王之用也。"在这一时期的著作中,关于保护环境的记述内容十分丰富。(唐锡仁等,中国科学技术史·地学卷,科学出版社,2000年,第151页)

　　△ 春秋战国时期的青铜制品中具有时代和地方特色的是兵器改进,如吴越的剑、燕国具有锯齿状胡的戈、流行于南方的多戈戟、流行于北方的短剑等。(马承源,中国青铜器,

上海古籍出版社，1994 年，第 14 页）

　　△ 春秋战国时期已大量使用各种形态（布、刀、圆钱和蚁鼻钱）的青铜铸币和郢爰
（金币），当时的楚币是用黄金制成，一大块金饼上加盖十几个小方形钤记，钤记文字有的是
郢爰，有的是陈爰，在安徽、河南、山东、江苏和湖北都有这种金币出土，可见其流通范围
颇广。（夏湘蓉等，中国古代矿业开发史，地质出版社，1980 年，第 36 页）

　　△ 春秋战国时期出现了青铜焊接技术，洛阳中州路东周墓出土的盘足采用了焊接。（北
京钢铁学院《中国冶金简史》编写小组，中国冶金简史，科学出版社，1978 年）

　　△ 吴国战船大翼长 12 丈，宽 1 丈 6 尺。载 93 人，其中战士 26 人，卒 50 人。（宋·李昉
等：《太平御览》卷 315）

　　△ 春秋战国之际，已采用与现在修建桥墩所用的沉井技术相似的方法，即用预制的陶
圈修筑陶井。陶圈井是施工技术上的重要创造。

　　△ 青铜钺于 1976 年在浙江鄞县出土，其正面镂有原始风帆纹饰的舟船。这被认为是中
国最早的风帆的形象资料之一。〔曹锦炎、周生望，浙江鄞县出土春秋时代铜器，考古，
1976，（8）〕

　　△ 中国的丝和丝织品已扬名海外，是世界闻名的"丝绸之国"。那时的希腊人称中国为
"塞里斯"（Seres，意为"丝国"）。（赵承泽，中国科学技术史·纺织卷，科学出版社，2003，
第 110 页）

　　△ 春秋晚期、战国初期，江南地区的原始瓷器已发展到鼎盛时期，胎质更为细腻，胎
壁减薄，铁和钛的氧化物含量很低，外部所施青釉已十分接近成熟的瓷器。（赵匡华等，中
国科学技术史·化学卷，科学出版社，1998 年，第 52 页）

　　△ 春秋晚期、战国初期，甘肃庆阳、内蒙凉城毛庆沟、宁夏固原出土的表面银白色的
牌饰，经鉴定是经过表面镀锡处理的，是这一时期活跃在这一北方草原地区的技术特征。
〔韩汝玢等，表面富锡的鄂尔多斯青铜饰品的研究，文物，1993，（9）〕

　　《黄帝内经》

　　△《黄帝内经》由两部独立著作《素问》和《灵枢》构成，约成书于春秋战国时期，非
一时一人之作，后世又有所增补。今本《黄帝内经》完成于西汉末年至东汉前期。该书是中
国传统医学最重要的经典著作，奠定了中医理论的基础。〔廖育群，今本《黄帝内经》研究，
自然科学史研究，1988，7（4）：367～374〕

　　△《黄帝内经》中已较详细地介绍了望、闻、听、切的论断方法，即四诊法。（廖育群
主编，中国古代科学技术史纲·医学卷，辽宁教育出版社，1996 年，第 167 页）

　　△《黄帝内经》中已有关于"治未病"、三在制宜、标本缓急、以平为期等治则的论述，
此外还有若干的具体治疗原则。书中强调天人相应，在治疗中主张因时制宜、因地制宜、因
人制宜的治疗原则。（廖育群主编，中国古代科学技术史纲·医学卷，辽宁教育出版社，1996
年，第 172～175 页）

　　△《黄帝内经》已有组方理论，即君臣佐使、七方，以及气味配合。（廖育群主编，中
国古代科学技术史纲·医学卷，辽宁教育出版社，1996 年，第 177～178 页）

　　△《素问》已见"温病"之名。书中对温病的病因、病症均有描述。（廖育群主编，中
国古代科学技术史纲·医学卷，辽宁教育出版社，1996 年，第 185 页）

　　△《素问·至真要大论》始见"病机"一词。此文中有关"病机何如"的解释，被后世称

之为"病机十九条"，是关于病机学说的最早记述。(廖育群主编，中国古代科学技术史纲·医学卷，辽宁教育出版社，1996 年，第 167 页)

△《素问·五藏别论》中论述了"奇恒之腑"。后世将五脏、六腑说与奇恒之腑拼合在一起，构成脏腑学说的基本框架。(廖育群主编，中国古代科学技术史纲·医学卷，辽宁教育出版社，1996 年，第 156 页)

△《灵枢·经脉》有关十二经脉循行及主病的记载，一直沿用至今，成为中医经脉学说的经典文献。(廖育群主编，中国古代科学技术史纲·医学卷，辽宁教育出版社，1996 年，第 156～158 页)

△《灵枢·营气生会》中记载了与经脉学说紧密相关的"营气"的循行。具体的运行路线是十二正经和任、督两脉。(廖育群主编，中国古代科学技术史纲·医学卷，辽宁教育出版社，1996 年，第 156～158 页)

△《灵枢·厥病》记载了"蛟墙"——蛔虫这种人体寄生虫。

△《灵枢·动输》："人一呼脉再动，一吸脉亦再动"已经注意到人体呼吸和脉跳频率之间的关系。

△《灵枢·经水》载："若夫八尺之士，皮肉在此，外可度量切循而得之，其死可解剖而视之。……"最早提到"解剖"一词。同书还提到解剖分析的重要性，并记有丰富的人体解剖学和生理学方面的知识。

△《素问·脉要精微论》提出脑为"精明之府"，已注意到脑与记忆和思维的关系。

△《黄帝内经》中有将五行与五方(东、西、南、北、中)和五气(风、热、燥、寒、湿)等相配的记述。它较为准确地反映了中国大陆宏观上的气候特点，即东方临海，多海风；南方暑热；中部黄河长江一带温湿；西部地带干燥少雨；北部地区寒冷。[唐锡仁等，试论我国早期阴阴阳五行说与地理的关系，天津师范学院学报，1980，(2)]

《山海经》

△ 成书于春秋末至战国初期、后经秦汉不断补定的《山海经》开创了中国古代地学区域描述的先河。其描述地域之广，不但包括了中国的广大地区，还论及中亚、东亚的部分地区。它以山海地理为纲，记述了上古至周的地理、历史、民族、宗教、动植物、水利、神话、巫术等，包含了很多有价值的地学内容。(唐锡仁等，中国科学技术史·地学卷，科学出版社，2000 年，第 128～129 页)

△《山海经》中地理价值最高的是《山经》部分。《山经》所载山川大部分是历代巫师、方士、祠官的踏勘记录，经长期传写编纂。其记述方式是先按大方位分成南、西、北、东、中 5 部分，次将每区的山分为若干行列，然后每一列从首山叙起，共载 447 座山，涉及地学内容相当广泛，是中国最古老的全国性、综合性的地学著作。(谭其骧，论《五藏山经》的地域范围，中国科技史探索，上海科学技术出版社，1982 年，第 271～299 页)

△"四极"是先民对世界最远地点的记载，反映了人们将大地的形状看作一个平面。《山海经》中已有"四极"的概念，只是具体地点的记载有些模糊。(唐锡仁等，中国科学技术史·地学卷，科学出版社，2000 年，第 144 页)

△《山经》中列举的矿物、岩石名称 70 多种，产地 6 百多处。还将岩矿分为金、玉、石、土(垩和赭) 4 大类。这是世界上最早矿物岩石的分类。(王子贤等，简明地质学史，河南科学技术出版社，1985 年，第 5 页)

△《山海经》中女床之山、女几之山、风雨之山均有"多涅石"的记载。涅石即煤，这是中国对煤炭的最早记述。（夏湘蓉等，中国古代矿业开发史，地质出版社，1986年，第390页）

△《山海经·大荒西经》中描述了昆仑山地区有火山喷发的现象："有大山，名曰昆仑之丘……其下有弱水之渊环之，其外有炎火之山，投物辄然。"（王仰之，中国地质学简史，中国科学技术出版社，1994年，第23页）

△《山海经·海外西经》最早记载鱼化石，称龙鱼。

△据说《山海经》中的地图源自《九鼎图》，称《山海经图》。后来地图亡佚，只存文字，遂改称为《山海经》。（明·杨慎：《山海经补注·序》）

△《山海经》中的《海经》和《大荒经》涉及150余个古国和部族。在描述中涉及人种特点、风俗习惯以及宗教等文化地理内容。这些记述虽多凭传闻，缺乏实际的考察，然而却开辟了中国区域文化地理描述的先河。（唐锡仁等，中国科学技术史·地学卷，科学出版社，2000年，第139页）

△《山海经》中有丰富的动植物地理分布方面的知识。它所涉及的地域和生物种类都比《禹贡》、《周礼》乃至《管子·地员》广泛得多，可视为这一时期关于生物分布比较突出的作品。（罗桂环、汪子春主编，中国科学技术史·生物学卷，科学出版社，2005年，第72～74页）

△据统计《山海经》中已记载了124种药物：其中动物药66种；植物药51种，矿物药2种，水类1种，土类1种，未详3种；内用法分为"服"和"食"，外用法有佩戴、洗浴、涂抹等。说明东周时，中国先民采集药物的经验已经相当丰富。（薛愚等，中国药学史料，人民卫生出版社，1984年，第35～47页）

△《山海经》最早记载了地方甲状腺肿之名——瘿，并列举了3种治疗此病的药。［魏如恕，中国瘿病史简介，中华医史杂志，1983，13（2）：136］

# 战　国　时　期

## 战国初期

△时有筑堤专家白圭（东周）尤擅长识别和堵塞堤防上的蝼蚁等动物洞穴。（《韩非子·喻老》）

△在河南新郑郑韩故城遗址中，发现一眼战国冶炼通气井，井壁为小砖，平砌丁砖错缝，为已知最早砖砌壁体。用泥料调泥作胶结材料。（河南省博物馆新郑工作站等，河南新郑郑韩故城的钻探和试掘，文物资料丛刊，第3辑，文物出版社，1980年）

△吴起妻（战国）"织组而幅狭于度"（《韩非子·外储说右》），表明当时的织机上已有控制布幅宽度的织筘。

△"东周阳城"南（今河南登封告城镇旧寨东门外）铸铁作坊遗址于1977年由河南省文物研究发掘。该遗址始战国早期，兴盛于战国晚期，延续使用至汉。出土有熔炉残壁、鼓风管残块、烘范窑遗址，脱炭炉3座，大量铸模、陶范、石范以及各种铁器。连同采集铁器共计1158件，总重110公斤，其中镬、锄、板材占铁器中的90％，铁器金相鉴定表明，大部分铁器经过退火处理，以改善白口铁农工具铸件的脆性。板材范、条材范出土数量较战国

早期增多，同时还有退火板材半成品，均可证明铸铁脱碳钢这一新的生铁制钢技术在战国晚期已经发明。[河南省博物馆登封工作站等，河南登封阳城遗址的调查与铸造遗址的试掘，文物，1977，（2）]

**公元前 468 年　癸酉　周定王元年**

△ 齐救郑之战，天雨，陈成子（东周）"衣制衣杖戈"。"制衣"为雨衣。

**公元前 453 年　戊子　周定王十六年**

△ 中国最早的国别史《国语》记事最晚止于此年（始于公元前 990 年）。此书汇编西周末年至春秋时期各国史事及贵族言论而成。

△ 约是年前，"深耕熟耰"、"深耕疾耰"、"深耕易耨"等技术见于记载，我国传统的精耕细作技术开始萌芽。(《国语·齐语》；《孟子·梁惠王上》；《庄子·则阳》；《韩非子·外储说左上》)

△ 约是年前，使用谷物脱粒工具——连枷。(《国语·齐语》韦昭注引)

△ 约是年前，《国语·郑语》有"故先王以土与金木水火杂，以成百物"，以及《尚书·洪范》记载的金、木、水、火、土五行学说，都把植物中的"木"当作构成万物的最基本元素，反应了中华文明倚重树木的鲜明特色。(罗桂环、汪子春主编，中国科学技术史·生物学卷，科学出版社，2005 年，第 67 页)

△ 是年前，赵文子（即赵孟，？～前 541）在宫建宅邸时，"斫檐而砻"，即建筑中抬梁式木构架的檐椽上就已作雕饰。(《国语·晋语八》)

**公元前 445 年　丙申　周定王二十四年**

△ 约是年，子夏（东周，公元前 507～前 420）在魏国西河讲学。他提出"学而优则仕，仕而优则学"。(《论语·子张》)

**公元前 444 年　丁酉　周定王二十五年**

△ 是年前，公输般（即鲁班；春秋鲁国，公元前 507/489～约前 444）在洛阳附近的石宝山上雕刻了较早的石刻地图——《九州之图》。(南北朝·任昉：《述异记》；唐锡仁等，中国科学技术史·地学卷，科学出版社，2000 年，第 155 页)

△ 是年前，公输班制作了石硙、砻、磨、碾以及铲。(《世本》；《物原·器原》)

△ 是年前，公输般已使用曲尺、墨斗、刨、锯等木工工具；创制辅首，即安装门环的底座。[《物原》；林振华，木工祖师——鲁班，中国林业，1981，（7）：35]

△ 是年前，公输般改进了锁钥，内设机关，凭钥匙才能开锁。[张柏春，中国古代科学家传记（上）·鲁班，科学出版社，1992 年，第 4 页]

△ 是年前，公输般削木竹制成鹊，可飞三年。(《墨子·鲁问》)

△ 是年前，公输般设计出"机封"以下葬季康之母。(《礼记·檀弓》)

△ 是年前，公输般自鲁至楚，为楚国制造钩拒，"始为舟战之器"。又于楚攻宋时，为楚国制造攻城云梯。(清·孙诒让：《墨子闲诂·公输般》)

△ 据《玉屑》记载，公输班之妻云氏发明了伞。

**公元前 436 年　乙巳　周考王五年**

　　△ 是年前，鲁国曾参（东周，公元前 505～前 436）对天圆地方说提出质疑。（西汉·戴德：《大戴礼记·曾子·天圆》）

**公元前 433 年　戊申　周考王八年**

　　△ 1978 年在湖北省随县西北的擂鼓墩发掘了一座战国早期大型木椁墓——曾侯乙墓，墓中出土大量精美的青铜器、金器、玉器、漆竹木器等。其中一件青铜镈钟铸于是年[①]。（湖北省博物馆，曾侯乙墓，文物出版社，1989 年）

　　△ 曾侯乙墓出土一只漆箱盖，正面绘有以北斗为中心的二十八宿图像，这是迄今所见最早的二十八宿名称俱全的文物，在漆箱盖四边还绘有东龙、西虎、北双麒麟、南朱雀，以及有关星象图，这则是与将天空划分为四象的又一重要资料。[随县擂鼓墩一号墓考古发掘队，湖北随县曾侯乙墓发掘简报，文物，1979，（7）；王建民等，曾侯乙墓出土的二十八宿青龙白虎图像，文物，1979，（7）：40～45]

　　△ 曾侯乙墓出土的笙证明当时簧片安装方法是"活簧"法。当簧片受到气流冲击时可在管内作自由往复振动而产生乐音。笙在中国古代有久远的历史。直到 18 世纪时，活簧安装法传到欧洲，引起欧洲一场簧管乐器的革命。（戴念祖，中国声学史，河北教育出版社，1994 年，第 388～392 页）

　　△ 曾侯乙墓出土的编磬多达 32 件，总音域 5 个八度，其中间的 3 个八度音域包括了所有的半音。[高鸿祥，曾侯乙钟磬编配技术研究，黄钟（武汉音乐学院学报），1988，（4）：85～95]

　　△ 曾侯乙墓出土的木制五弦器，据考证，它就是弦线音高标准器"均钟木"。该器是世界上最古老的声学仪器之一。[黄鹏翔，均钟考——曾侯乙墓五弦器研究，黄钟（武汉音乐学院学报），1989，（1、2）]

　　△ 曾侯乙墓出土 2 件保温的盛酒器。它们由内外两个独立的方形容器组成，里面的容器盛酒，外面的容器盛热水或冰，可根据需要将酒加热或冰镇。（王锦光、洪震寰，中国古代物理学史略，河北科学技术出版社，1990 年，第 40 页）

　　△ 曾侯乙墓中出土尊和盘，是集陶范铸造、分铸、铸接、钎焊、失腊法多项工艺而铸成的精致、华美的青铜器珍品。（谭德睿，灿烂的中国古代失腊铸造，上海科学技术文献出版社，1989 年，第 51 页）

　　△ 随县擂鼓墩出土的曾侯乙编钟，现藏湖北省博物馆。这套编钟包括钮钟 19 件，甬钟 45 个，外加楚惠王赠送的一件镈钟，共 65 件，总重量达 2500 多公斤，是迄今中国发现的数量最多、保存最好的一套编钟，因下排甬钟上铭刻"曾侯乙"得名。钟体为铜木结构，由两列三层漆绘木质横梁联结成曲尺形，横梁两端装饰有浮雕及透雕龙纹或花瓣形纹饰的青铜套。中下层横梁各有 3 个佩剑铜人分别用头、手顶托，并通过横梁的方孔以及子母榫牢固衔接，在中部，还各有一铜托承托横梁以加固。钟架长 7.48 米，宽 3.35 米，高 2.73 米，全套钟架由 245 个构件组成，可以拆卸，设计精巧，结构稳定。[曾侯乙编钟复制组，曾侯乙

---

　　① 　我们将曾侯乙墓出土文物中的有关事件也放置在此年。

编钟复制研究中的科学技术工作，文物，1983，(8)：55～60]

## 公元前 422 年　己未　周威烈王四年

　　△ 魏文侯二十五年，邺县（治所在今河南临漳西南 40 里的邺镇）令西门豹（战国）主持修筑漳水十二渠①，引漳水（今漳河）灌溉农田，渠首为多口式引水。(《史记·滑稽列传》；中共河北省临漳县委调查组，西门豹和西门渠，光明日报，1974-9-6：3)

## 公元前 408 年　癸酉　周威烈王十八年

　　△ 秦简公七年，秦国开始实行"初租禾"，即头一次按土地亩数征收租税。(《史记·六国年表》)

## 公元前 405 年　丙子　周威烈王二十一年

　　△ 是年前，墨子（墨翟；春秋末战国初，约公元前 490～前 405）对自然界的认识已超越了表观认识，力图探讨自然界运动、变化的规律，并创立了一套科学方法。(杜石然主编，中国科学技术史·通史卷，科学出版社，2003 年，第 157 页)

　　△ 是年前，墨子认为：自然界是一个统一的整体（"兼"），个体或局部（"体"）都是由这个统一的整体中分出来的，都是整体中的一个组成部分。从这一连续的宇宙观出发，墨子进而建立了有关天时空的理论：时（"久"）、空（"宇"）包含着有穷，在连续中包含着不连续。墨子还把空间、时间与物体运动统一起来。他指出，在连续的统一宇宙中，物体的运动表现为时间中的先后差异和空间中的位置迁移。[金秋鹏，墨子科学思想探讨，自然科学史研究，1984，3 (2)：97～99]

　　△ 是年前，墨子最早提出宇宙万物始于"有"的观点。他认为："有"与"无"虽是相对的，但"无"有两种，要么是先有"有"而后"无"的"无"，要么是本来就在存在的"无"。他还指出：如果没有石头，就不会知道石头的坚硬和颜色，没有日和火，就不会知道热，即已知物质的属性是物质客体的客观反映。[金秋鹏，墨子科学思想探讨，自然科学史研究，1984，3 (2)：100]

　　△ 是年前，墨子提出人获得知识的 3 条基本途径：闻知、说知、亲知。他还特别重视亲知，反对儒家的"述而不作"，主张既述且作。[金秋鹏，墨子科学思想探讨，自然科学史研究，1984，3 (2)：103～104]

　　《墨经》②

　　△ 先秦墨家学派的著作汇集《墨经》中涉及自然科学和生产技术方面的内容十分丰富。[钱临照，我国先秦时代的科学著作——墨经，科学大众，1954，(12)：468～470]

　　△《墨经·经下》："一少于二而多于五，说在建位。"《墨经·经说下》："一，五有一焉；一有五焉；十，二焉。"这是十进位制记数法的表述。

　　△《墨经·经上》中称："倍，为二也。"此为倍的定义。《经说》中举例解释了倍与原量

_____

　　① 《吕氏春秋·乐成篇》记载为魏襄王时（约在西门豹之后 100 年），邺令史起筑。后人多调和两说，认为西门豹溉其前，史起灌其后。

　　② 关于《墨经》的成书年代、作者，历来有不同的说法。本年表将《墨经》中的有关事件暂系于墨子的卒年。

的数量关系。（邹大海，中国数学的兴起与先秦数学，河北科学技术出版社，2001 年，第262～263 页）

△《墨经·经上》中称："平，同高也"，用同高低定义平的概念。（钱宝琮，中国数学史，科学出版社，1992 年，第 17 页）

△《墨经·经上》中给出"圜，一中同长也"，为现存最早的圆的文字定义。（钱宝琮，中国数学史，科学出版社，1992 年，第 17 页）

△《墨经·经上》中称："方，柱隅四谨也"，为方的概念。（钱宝琮，中国数学史，科学出版社，1992 年，第 17 页）

△《墨经》中给出中的概念，称："中，同长也。"《经说》中称"心、中，自是往相若也。"（钱宝琮，中国数学史，科学出版社，1992 年，第 17 页）

△《墨经·经上》中称："直，参也"，《管子》云"上下相命，若望三表，则邪者可知也"，以三点共线来定义直的概念。公元 263 年刘徽注《九章》时用"参相直"说明三点在同一直线上，沿袭了此一概念。（钱宝琮，中国数学史，科学出版社，1992 年，第 17 页）

△《墨经·经上》中将力定义为物体运动状态改变的原因，认为力和重是相当的；提出运动与静止的辩证关系，将运动分为"无久之不止"和"有久之不止"两种情形。（戴念祖，中国力学史，河北教育出版社，1988 年，第 27～28、94～96 页）

△《墨经·经下》在述及建筑砖墙时，提出其中任一石料保持平衡的条件，并分析了该石料将受到的各种力，其中，初步萌发了"引力"的思想。（戴念祖，中国力学史，河北教育出版社，1988 年，第 56～57 页）

△《墨经·经下》最早描述了球形物体的转动现象。（戴念祖，中国力学史，河北教育出版社，1988 年，第 100 页）

△《墨经·经下》记载了历史上最早的小孔成像实验，指出小孔成像是倒像，光经过小孔具有直进的性质；记述了凸面镜成像的规律：在凸面镜里，不管物体在何处，所成的像均为正像，而且这些像的大小与物距有关；记述了凹面镜成像的规律：在凹面镜里，当物距大于"某以距离"，是缩小的倒像；当物距小于"某以距离"，是放大的正像，并将这"某以距离"称之为"中"；论述了平面镜的成像及其对称规律。（戴念祖，中国科学技术史·物理学卷，科学出版社，2001 年）

△《墨经·经说下》记述了墨家关于眼睛所以能看见物的主张，认为"目以火见"。这一说法称为中国传统的视觉见解。

△《墨经·经下》论述影子如何形成的问题，指出物体在两个光源同时照射下可能形成一深一浅两种阴影，并且浅影分别在深影两边。这是最早对本影与半影的实验性描述；记述了木杆在地面上的投影的粗细长短的变化规律。木杆在地面上投影的变化，是由于木杆所处的正、斜位置，以及光源与木杆距离的远近、光源的大小诸多因素所决定的。（戴念祖，中国科学技术史·物理学卷，科学出版社，2001 年）

△《墨经·经下》讨论阴影的产生，不仅指出阴影是物体阻隔了光源射来的光线而造成的。而且认为，当物体移动或运动时，阴影并不随之移动或运动，而是旧影不断消失，新影不断产生的连续过程。

△《墨经·经下》记述：当太阳光线直接照射到人体后所造成的人影，应在人体的另一侧。当太阳光线经过平面镜再投射到人体，则所造成的人影的位置在太阳与人体之间。可见

战国时人们已经有意识地用平面镜作为反射器件来逆转光路。

△《墨经·经下》提出了自由落体运动必备的条件：上无提挈，下无拉引，旁无牵拉三种人为作用力。同时，又将自由落体运动与沿斜面的下落运动做了比较。（戴念祖，中国力学史，河北教育出版社，1988年，第101～102页）

△《墨经·经下》记述了毛发绳等材料的结构均匀与否对其承载重量的关系。其中含有"应力"的思想。（戴念祖，中国力学史，河北教育出版社，1988年，第143～147页）

△《墨经·经下》中对梁木和绳索的不同性能做出了分析，认为梁木虽有负载，而不挠曲，表明梁木能够胜任负载。而绞接在两根立柱之间的绳子，不加任何负载也会发生挠曲。也就是说梁木有抵抗弯曲的能力，而柔绳只能抵抗拉伸，而不能抵抗弯曲。（戴念祖，中国力学史，河北教育出版社，1988年，第147～149页）

△《墨经·经下》讨论了杠杆平衡问题，提出了杠杆平衡所需的各种条件。除没有应用数学公式外，他的讨论包括了阿基米德杠杆原理的全部内容。（戴念祖，中国力学史，河北教育出版社，1988年，第200～203页）

△《墨经·经下》探讨了以滑轮提挈重物的过程，描写了滑轮两边绳子的受力及运动情形，总括了滑轮的力学原理；讨论了斜面运动。并以一个前低后高的板车实验为例，利用斜面和滑轮在板车前进时，很轻松地将重物提举到高处。（戴念祖，中国力学史，河北教育出版社，1988年，第212～229页）

△《墨经·经下》讨论物体在水中的沉浮状态，最早对浮体规律做出初步探讨。（戴念祖，中国力学史，河北教育出版社，1988年，第387～388页）

△《墨经·经下》讨论度量衡时提出了一条基本的度量原则：异类不能相比。从这些不能相比的事例中，墨家提出："甚长、甚短"都是在一个标准件下衡量的，标准件一经确认，就要作为标准使用。（戴念祖，中国力学史，河北教育出版社，1988年，第600～603页）

△《墨子》中指出："端，体之无序而最前者也。""端，是无间也。""非半弗斲，则不动，说在端。"这里所说的"端"可以理解为组成物质的不可再分割的最小微粒，即构成物质的最小单位；但也有无穷小分割思想。[洪震寰，《墨经》"端"之研究，自然科学史研究，1989年，8（4）：315～321]

△《墨子·备穴》记述了墨子以陶瓮作为地听器，用以识别城外敌人挖地道攻城的阴谋。这种远距离监听方法，在后来一直被历代所采用，并有所发展。（戴念祖，中国声学史，河北教育出版社，1994年，第106～108页）

△《墨子·备城门》最早记载一种利用杠杆原理的取水机械——桔槔，作"颉皋"。（周魁一，中国科学技术史·水利卷，科学出版社，2002年，第404页）

△《墨子·备穴》已有用牛皮制成囊作为鼓风器的记载。

△《墨经·堆之必柱》记述中国先秦时期在营建各类屋室中的奠基准备和砌筑基石的施工工艺。

## 公元前404～前305年

△ 田和（齐）大夫铸造的"子禾子铜釜"、"陈纯铜釜"和"左关铜鋗"是一组同时使用的量器。它们于1857年同时在山东胶州灵山卫出土，前者现藏中国历史博物馆，后两者现藏上海博物馆。这三件器物所刻铭文说明齐国在战国时期，度量衡已逐步建立和健全。

（丘光明等，中国科学技术史·度量衡卷，科学出版社，2001年，第118~119页）

## 公元前403年 戊寅 周威烈王二十三年

△ 魏文侯（战国，公元前466~前396）实行改革，用李悝（战国，约公元前455~前395）推行法治。李悝提出关于发展农业的经济思想"尽地力之教"，主张废除世禄，提倡耕作，奖励开荒，以尽地力；储粮备荒，实行平籴，以富国。（《汉书·食货志上》）

△ 约是年，李悝撰《法经》中包括了减法、乘法和除法运算。（邹大海，中国数学的兴起与先秦数学，河北科学技术出版社，2001年，第102~111页）

## 公元前4世纪

△ 河北兴隆燕国铸铁遗址出土铸铁范计有锄范、镰范、斧范等48副，87件，总重190多公斤，并出土了形式相同的锄和斧。使用铸铁模具生产农具、工具，可以批量生产，统一规格，表明中国生铁冶炼及制作技术在社会经济方面起了重要作用。[郑绍宗，热河兴隆发现战国生产工具铸范，考古通讯，1956，（1）]

## 公元前386年 乙未 周安王十六年

△ 赵迁都邯郸（今属河北）。现存赵城遗址由王城和大北城组成，总面积约19平方公里。夯土城墙最高达8米；宫城中龙台底部长296米，东西宽265米，北高19米，是战国时代最大的夯土台基之一。宫殿所用瓦当大都为素面，偶见三鹿纹和涡云纹的圆形瓦当。遗址内还发现多处战国至汉代的冶铁、制石、制骨和制陶等作坊遗存。（河北省文物管理处等，赵都邯郸故城调查报告，考古学集刊，第4集，中国社会科学出版社，1984年）

△ 是年至公元前350年间的农具——石磨在秦都栎阳出土，只一扇，其余部分均凿有枣形窠为齿。（张春辉，中国古代农业机械发明史补编，清华大学出版社，1998年，第34页）

## 公元前383年 戊戌 周安王十九年

△ 秦献公建都栎阳（陕西临潼北50里），遗址平面呈矩形，东西1 801米，南北2 232米，面积4.03平方公里，有东西干道两条，南北干道一条，重要干道两侧有排水明沟。城内曾掘得大量陶井，陶下水管和模压花纹砖，说明城市是经过规划设计，也考虑到供排水问题。[陕西省文管会，秦都栎阳遗址初步勘探记，文物，1966，（1）]

## 公元前380年 辛丑 周安王二十二年

△ 时有十二面体小玉柱的"行气玉佩铭"，上刻有行气铭文。此铭文是中国现存较早的练习呼吸调气方法的记载。（廖育群主编，中国古代科学技术史纲·医学卷，辽宁教育出版社，1996年，第49~50页）

## 公元前379年 壬寅 周安王二十三年

△ 齐康公死，太公望的后裔传至此止。（北宋·司马光：《资治通鉴》卷一）

△ 秦以前的齐国（今山东东部和河北东南部）已有绫织物的生产。齐地可能是中国最早开始织绫的地区。[赵承泽等，试论绫织物的由来和早期产生，自然科学史研究，2002，

21（1）：62]

《考工记》①

△《考工记》，又称《周礼·考工记》或《周礼·冬官·考工记》，作者不详，一般认为它应是春秋末期或战国初期时，齐国用以考核、监督百工生产的一部官书。

△《考工记》记载 30 项生产部门的技术规范、工艺程序、检验方法、材料选择等，内容涉及运输、生产工具、兵器、练丝、染色、冶金、皮革、宫殿建筑等。反映中国手工业生产已经走向规范化和合理化的道路。此外，还对若干技术环节进行科学的概括，力图阐明其内在的科学道理。因此它是先秦古籍中重要的科学技术著作，也是中国古代第一部手工业的工艺专著。（杜石然主编，中国科学技术史·通史卷，科学出版社，2003 年，第 141～147 页）

△《考工记》中给出了角的概念。书中以"倨句"二字表示角。一直角被称为"倨句中矩"，或简称"一矩"。此外，书中还有宣、木属、柯、磬折等角度名词。但其定义并不十分明确。（钱宝琮，中国数学史，科学出版社，1992 年，第 15 页）

△《考工记·辀人》记载："劝登马力，马力既竭，辀犹能一取焉。"这是我国古籍中对惯性现象做出的最早记载。（戴念祖，中国力学史，河北教育出版社，1988 年，第 38～39 页）

△《考工记·辀人》述及车轮的滚动现象，轮子滚动必有一点与地面相切。（戴念祖，中国力学史，河北教育出版社，1988 年，第 100 页）

△《考工记·庐人》记载了检验箭杆和矛戟柄的强度与刚度的多种方法。（戴念祖，中国力学史，河北教育出版社，1988 年，第 141～142 页）

△《考工记·函人》及《考工记·鲍人》中记载了检验皮革形变与强度的方法。（戴念祖，中国力学史，河北教育出版社，1988 年，第 142～143 页）

△《考工记》记载："水有时以凝，有时以泽（释），此天时也。"直接把水的状态变化与温度高低联系起来。（王锦光、洪震寰，中国古代物理学史略，河北科学技术出版社，1990 年，第 44 页）

△《考工记·凫氏》对编钟的设计、制造、调音等问题做出了最早的文字记载，对于壳振动与发声的关系也有极好的论述。并提出了"振动"一词。

△《考工记·韗人》最早记述了制鼓技术，并对鼓的形制大小及其对人耳声感的影响做了描述。（戴念祖，中国声学史，河北教育出版社，1994 年，第 397～398 页）

△《考工记·磬氏》记述了磬的形制、规范、制作与磨锉调音的方法，特别指出了磬板长短厚薄对其发音的高低影响，定性地与板振动原理论相一致。（戴念祖，中国声学史，河北教育出版社，1994 年，第 400～402 页）

△《考工记》记载："橘逾淮而北为枳，鹠（鸲）鹆不逾济，貉逾汶则死。"说明当时人们对动植物分布地理界限已有一定的认识。还说树木"阳也者，稹理而坚；阴也者，疏理而柔"。注意到木材内部结构与光照的关系。

△《周礼·考工记·梓人》出现将动物分为大兽和小虫两大类的分类法，大体上将动物根据脊椎的有无分为两类。（罗桂环、汪子春主编，中国科学技术史·生物学卷，科学出版社，

---

① 我们将《考工记》中有关事件放置在此年。

2005 年，第 79～80 页）

　　△《考工记》已记述了北方冷、南方热，而且认识到这种变化规律与太阳高度有关，即"日南则景短，多暑；日北则景长，多寒"。此为热力纬度地带性的较早记述。（唐锡仁等，中国科学技术史·地学卷，科学出版社，2000 年，第 146 页）

　　△《考工记》记载在冶炼青铜合金的工艺中，古人已经掌握了高温目测术，即以蒸气的颜色作为判断火候——冶炼温度的标准。［蔡宾牟、袁运开，物理学史讲义（中国古代部分），高等教育出版社，1985 年，第 151 页］

　　△《考工记》中记载了铸造六类青铜器物所用铜锡的配比，即"六齐"，是世界上已知最早的合金成分规律的记载。（北京钢铁学院《中国冶金简史》编写小组，中国冶金简史，科学出版社，1978 年，第 73 页）

　　△《考工记》中有关于观察铸铜火焰来判定工艺进程的经验记述。（北京钢铁学院《中国冶金简史》编写小组，中国冶金简史，科学出版社，1978 年，第 74 页）

　　△《考工记》对于自周以来的营建专门知识做了总结，如城市规划等级制、昼夜测景法、取正、定平和几、筵、寻、步等度量标准。

　　△《考工记》中有："以涗水沤其丝"，即用草木灰的浸液来洗丝。此后《礼记·内则篇》也记载："冠带垢和灰清漱，衣裳垢和灰清浣。"可以看出当时用植物灰水浸液洗涤衣冠在宫廷中已形成制度。这些都说明了我国在战国时代已经开始使用以 $K_2CO_3$ 为主要有效成分的碱性洗涤剂。（赵匡华等，中国科学技术史·化学卷，科学出版社，1998 年，第 659 页）

　　△《考工记》记述一套比较完整的春秋时期官府制车技术和规范，对车辆的关键部件车轮提出一系列技术要求和进行检验的方法。［周世德，《考工记》与我国古代造车技术，中国历史博物馆馆刊，1989，（12）：67～80］

**公元前 375 年　丙午　周烈王元年**

　　△ 秦献公九年，秦立户籍相伍，为中国户籍制之始。（《史记·秦本纪》）

　　△ 韩哀侯二年，灭郑，迁都郑（今河南新郑）。今"郑韩故城"遗址的城墙用夯土筑成，分主城和外廓两部分。城内发现冶铜、冶铁等手工作坊及大批青铜兵器。（河北省新郑工作站等，河南新郑郑韩故城的钻探和试掘，文物资料丛刊，第 3 集）

**公元前 361 年　庚申　周显王八年**

　　△ 燕文公（公元前 358～前 330 年在位）还都易，建造了大量宫室台榭，台内埋设巨大陶制下水管道，出水口塑成虎形，管径达 44 厘米。［中国历史博物馆考古组，燕下都城址调查报告，考古，1962，（1）］

　　△ 魏惠王（战国，公元前 400～前 319）始凿渠引黄河水南行，越济水而入圃田泽。公元前 340 年，又凿渠引泽水东流，经中牟县北抵大梁北；又继而引水南行，至陈（今河南淮阳）入颍水，至此中国最早的人工运河——鸿沟渠成。它串联了济、濮、汴、睢、颍、涡、汝、菏、泗等水，形成了黄、淮平原水运交通。［《汉书·地理志》；《水经注·渠水》；水利水电科学研究院《中国水利史稿》编写组，中国水利史稿（上），水利电力出版社，1979 年，第 93～94 页］

△ 在咸阳渭水上造木梁柱桥——中渭桥[①]，桥长 380 步、宽 6 丈。唐时此桥在太极宫之西、太仓之北。（唐寰澄，中国科学技术史·桥梁卷，科学出版社，2000 年，第 34~37 页）

## 公元前 356 年　乙丑　周显王十三年

△ 秦孝公六年（一说三年），任用商鞅（约公元前 390~前 338）为左庶长，开始变法。奖励耕织，生产多的可免徭役，废除贵族世袭特权，制定按军功大小给予爵位等级的制度。秦孝公十年（公元前 350）又废除井田，准许土地买卖，创立按丁男征赋办法，统一度量衡。史称"商鞅变法"。（《史记·商君列传》）

## 战国时代中期

△ 甘德（战国楚国）对五星会合周期及其在一个会合周期内的运动状态进行认真的观测，尤注重对木星的观测，很可能观测到了木星最亮的卫星（木卫二）。对一批恒星做星宿的划分与命名工作（后世称其为甘氏星官），对古来的二十八宿系统新做调整并进行了定量的测量（即甘氏二十八宿系统）。著有《天文星占》8 卷，书中以大量篇幅给出自成体系的星占占辞。[《史记·天官书》；唐·张守节：《正义》；唐·瞿昙悉达：《开元占经》；席泽宗，伽利略前二千年甘德对木卫的发现，天体物理学报，1981，（2）：85~87]

△ 石申夫（战国魏国）指出月亮运动有时在黄道南、有时在黄道北，只有当朔日太阳与月亮位于黄白交点附近时，才发生日食。对五星会合周期及其在一个会合周期内的运动状态进行认真的观测。对一批恒星做星宿的划分与命名工作（后世称其为石氏星官），对古来的二十八宿系统新做调整并进行了定量的测量（即石氏二十八宿系统）。著有《天文》8 卷，书中以大量篇幅给出自成体系的星占占辞。（《史记·天官书》；唐·张守节：《正义》；唐·瞿昙悉达：《开元占经》）

△ 长沙地区楚国故地战国中期墓葬中出土了大量与天平配合使用的铜环权，其中一套完整的环权共 10 枚，重量大体以倍数递增，最大的一枚上刻有"均益"二字，权重 251 克。（丘光明等，中国科学技术史·度量衡卷，科学出版社，2001 年，第 115、127~133 页）

△ 大约兴建于战国中期或稍前的粮窖 74 座于 20 世纪 70 年代在河南洛阳发现。它们分布在南北长约 400 米、东西宽约 300 米的范围内，比较密集。粮窖为圆窖，口大底小，一般口径 10 米左右，深 10 米左右。[洛阳博物馆，洛阳战国粮仓试掘纪略，文物，1981，（11）：55~65]

△ 湖南长沙、衡阳、常德一带的楚墓出土物表明，外敷铅釉的建筑制品——琉璃最早出现在战国时期。初步统计有近 200 座楚墓出土琉璃器达 400 余件。据化验长沙出土的琉璃器的成分以硅、铅、钡为主，属铅钡玻璃。（赵匡华等，中国科学技术史·化学卷，科学出版社，1998 年，第 61 页）

△《管子·轻重甲》中记载"楚国有汝汉之黄金"，汝河和汉江沙金藏量丰富，楚国是古代的黄金产地。《韩非子·内储说上》"荆南之地，丽水之中生金，人多窃采金"。表明金沙江的沙金在战国中期时已有人淘采。（夏湘蓉等，中国古代矿业开发史，地质出版社，1980 年，第 31 页）

---

① 又有秦昭王（公元前 306~前 251）和秦始皇（公元前 246~前 215）建成说。

△ 大约在此时，出现了民间手工业纺织作坊。湖南长沙左家塘楚墓中出土了一块褐色矩纹锦的一侧有 0.8 厘米的黄绢作边，绢上墨写有"女五氏"，在锦面上盖有朱印一枚。据推测它很可能是当时丝织手工业民间作坊和织造者姓氏的标记。（赵承泽主编，中国科学技术史·纺织卷，科学出版社，2003 年，第 11~12 页）

△ 长沙左家塘战国楚墓出土了一批质地保存较好、颜色仍然鲜艳的丝织品，其中除平纹的棕色绢、黄色绢、褐绢和藕色纱手帕外，更多的是组织结构和饰纹复杂的锦，其中有一对"龙对凤纹锦"，此锦系比较复杂的动物纹提花锦，表明当时的提花技术已具有相当高的水平。[熊传新，长沙新发现的战国丝织物，文物，1975，（2）：49~59]

△ 河南信阳长台关楚墓面积达 8.44×7.58 平方米，木椁结构，内分 7 个墓室。周围和上部用白黏土密封，其中还储有大量木制用具，有色彩鲜艳的漆面图案纹样。表明战国中期木工工艺十分精美。（中国社会科学院考古研究所，信阳楚墓，文物出版社，1986 年）

△ 位于河南辉县城东固围村的战国中期魏国王族墓地中共发现铁质生产工具 93 件，其中有铲、锄、犁、斧、削等。经金相学鉴定，系用固体还原法冶炼而成。此为中国较早成批出土的战国铁器。（中国科学院考古研究所，辉县发掘报告，科学出版社，1956 年）

**公元前 350 年　辛未　周显王十九年**

△ 秦孝公十二年，秦孝公（战国，公元前 361~前 338 年在位）由栎阳迁都咸阳，"大造冀阙，营如鲁卫"，自孝公至子婴十世皆居咸阳。在古城遗址中曾发现使用土坯砌的窑顶，说明拱壳结构已经萌芽，房址用土坯砌墙，白灰粉刷。[《史记·秦本纪》；陕西省社会科学院渭水队，秦都咸阳故城遗址的调查和试掘，考古，1962，（6）]

**公元前 347 年　甲戌　周显王二十二年**

△ 是年前，邹国的三件完整的陶量在邾城宫殿遗址先后出土。它们器形、容积、纹饰大致相同，从相似的器底廪字铭文可以说明，邹国仓廪已使用量值统一的量器。（丘光明等，中国科学技术史·度量衡卷，科学出版社，2001 年，第 125~126 页）

**公元前 344 年　丁丑　周显王二十五年**

△ 秦孝公十八年冬十二月，时任大良造的商鞅（约公元前 390~前 338）监制了战国时代秦标准量器——商鞅量，又称商鞅铜方升，规定一升的容量是十六又五之一寸之乘积。器为铜铸，长方形，一端有柄，底部加刻了秦始皇统一度量衡诏书。传 1931 年河南洛阳金村韩墓出土，是目前所见最早"以度审容"的国家级标准量器的实物，现藏上海博物馆。[马承源，商鞅方升和战国量制，文物，1972，（6）：17]

**公元前 341 年　庚辰　周显王二十八年**

△ 齐威王十六年，用孙膑（战国）计，大破魏军。孙膑论述"营而离之，并卒而击之"等以少胜多、以弱胜强的战法，著有《孙膑兵法》。（《史记·孙子吴起列传》）

**公元前 340 年　辛巳　周显王二十九年**

△ 约是年前，鲁国尸佼（东周，约前 390~约前 330）在《尸子》中指出："四方上下

曰宇，古来往今曰宙"，这是中国古代对宇宙的经典式定义。又指出："天左舒而起牵牛，地右辟而起毕昴"，是关于地动思想的表述。（陈美东，中国科学技术史·天文学卷，科学出版社，2003 年，第 76 页）

**公元前 333 年　戊子　周显王三十六年**

△ 赵连接漳水、滏水（今滏阳河）堤防扩建而成南长城。约从今河北武安西南起，东南沿漳水行至磁县西南，折而东北，沿漳水达河北肥乡西。（《史记·秦本纪》）

**公元前 330 年　辛卯　周显王三十九年**

△ "名辨"学派的代表人物惠施（东周宋国，约前 370～前 310）博学善辨，主张"合同异"，提出"历事十事"，对先秦逻辑思想的发展有较大影响。[《庄子·天下》；侯外庐，中国思想通史（一），人民出版社，1957 年]

△ 约是年，惠施提出"天地一体"，"天与地卑，山与泽平"，是对天圆地方说的否定。又提出"至大无外"，是关于宇宙无限空间的简明论述。（《庄子·天下》）

**公元前 328 年　癸巳　周显王四十一年**

△ 是年前，齐宣王（公元前 342～前 328 年在位）与匡倩的对话中，谈到了弦线密度与弦线振动发音的高低成反比的定性关系。（《韩非子·外储说》；戴念祖，中国声学史，河北教育出版社，1994 年，第 540 页）

**公元前 324 年　丁酉　周显王四十五年**

△ 秦惠文王后元元年至七年（公元前 324～前 318）绘制的两幅地图于 1986 年在甘肃天水市党川乡放马滩一号秦墓出土。此墓还出土 5 幅完成于秦惠文王后元十年至昭襄王八年（公元前 315～前 299）的地图。这 7 幅地图均无图名，绘制于木板上。这些放马滩地区的小区域地图是中国迄今所见时代较早的地图。[何双全，天水放马滩秦墓出土地图初探，文物，1989，（2）：12～22；张修桂，天水《放马滩地图》的绘制年代，复旦学报（社科版），1991，（1）：44～48]

**公元前 323 年　戊戌　周显王四十六年**

△ 楚怀王六年，颁发给鄂地封君名启以水陆通行符节，即 1957 年于安徽寿县出土的鄂君启节青铜器。有两组，合成竹筒状，上有错金铭文。甲组现存两枚，是水路通行符节，规定在 150 只船数内，载运牛、马、羊等货物，通行今两湖、江西等地，各处关卡验节放行，免征关税，有效期一年。乙组现存三枚，是陆路通行符节，规定在 50 辆车数内，载运货物（不准运武器），通行于今两湖、皖、豫等地，免征关税，有效期一年。这是战国时期楚国得水独厚及水运业空前活跃的物证。铭文还反映了楚国的水陆交通路线。[殷涤非、罗长铭，寿县出土的"鄂君启金节"，文物参考资料，1958，（4）：8～11；黄盛璋，关于鄂君启节地理考证与交通路线的复原问题，历史地理论集，人民出版社，1982 年]

**公元前 318 年　癸卯　周慎靓王三年**

△ 惠施（东周宋国，约公元前 370～前 310）出使楚国，与楚国黄缭"问天地所以不坠不陷，风雨雷霆之故？惠施不辞而应，不虑而对，徧为万物说。"足见时人对此类科学问题的关注，和惠施对此类问题确有过积极的思考。（《庄子·天下》）

△ 是年前，马的饲养出现"安其住所，适其水草，节其饥饱，冬则温厩，夏则凉庑"，"司其驰逐，闲其进上，人马相亲"等饲养、调教技术。（《吴子·治兵第三》）

△ 是年至前 296 年，史起任邺（今河北省临漳县）令，利用漳河水灌溉附近的盐碱土地使"终古潟"之地生长稻禾，获丰收。这就是灌水洗盐改造盐碱土的技术。[《汉书·沟洫志》；殷崇浩，史起决漳探实，中国农史，1986，（2）：99～102]

△ 是年前，吴起（战国，？～前 318）撰《吴子》中有"膏锏有余，则车轻人"，《说文解字》曰："锏：车轴铁也，从金间声。"此为有关金属材料制作轴瓦的较早记载。

**公元前 316 年　乙巳　周慎靓王五年**

△ 约秦惠王更元九年，首次大规模整治从汉中至成都的石牛道（又名金牛道），全长约 600 公里。（《太平御览》卷 888 引扬雄《蜀王本纪》）

**公元前 313 年　戊申　周赧王二年**

△ 秦国已"舫船载卒，一舫载五十人与三月之食，下水而游，一日行三百余里，里数虽多，然而不费牛马之力"。这是对战国时长江水运优势的概括。（《史记·张仪列传》）

**公元前 311～前 279 年　东周燕昭王时**

△ 燕昭王（东周，公元前 311～前 279 年在位）命水官以浮舟秤量大豕体重。这是最早对浮力定律的应用。（宋·吴曾：《能改斋漫录·以舟量物》卷二引《符子》）

△ 燕昭王在今河北易县的武阳建都，称为燕下都。城略呈长方形，东西长约 8 公里，南北宽约 4 公里。中有古河道，分城为东西两城。曾出土兽形陶水管、栏杆砖、青铜铺首等遗物。（河北省文物研究所，燕下都，文物出版社，1996 年）

△ 燕破东胡，遂筑燕北长城，在现存长城以北，今内蒙古赤峰以北仍存遗址，全长约 30 多里。此前已筑成燕南长城，系由易水堤防扩建而成，时称易水长城，起自长城门（今河北易县西南），沿南易水东行，经汾门（今徐水县西北），再沿南易水和滱水（今大清河）而走向东南。（《史记·匈奴列传》）

△ 河北易县燕下都 M44 出土的剑、戟，经鉴定是经过淬火处理最早的钢制兵器。[北京钢铁学院，易县燕下都 44 号铁器金相考察初步报告，考古，1975，（4）]

**公元前 310 年　辛亥　周赧王五年**

△ 约是年，河北平山中山王𰯼墓中有铜版错金银嵌成的《兆域图》，铜版为 94×48×1 厘米。图上由图形线画符号、数字注记和文字说明 3 部分组成，是用比例尺（约 1:500）作图的。"兆"是中国古代对墓域的称谓，《兆域图》则是标示王陵方位、墓葬区域及建筑面积的平面规划图。它是我国已经发现的最早的建筑平面规划图，也是世界上最早有

比例的铜版建筑图。[杨鸿勋，公元前3世纪初的一幅建筑设计图——战国中山王陵"兆域图"，建筑学报，1979，(5)：46~47]

　　△ 约是年，中山国墓的随葬船——战国游艇在1974~1978年于河北平山县出土。其以铁箍联拼船板的工艺，为后世的铜钉和挂铜工艺奠定了技术基础。[王志毅，战国游艇遗迹，中国造船，1981，(2)：94~100]

　　△ 约是年，中山国墓葬出土的错金银龙凤铜方案是此时期北方诸侯国中山国金属工艺品中的珍品。(谭德睿，灿烂的中国失腊铸造，上海科学技术文献出版社，1989年)

　　△ 约是年，中山王墓出土两壶酒，至今酒香犹存。[河北省管理处，河北省平山县战国时期中山国墓葬发掘简报，文物，1979，(1)：1]

**公元前307年　甲寅　周赧王八年**

　　△ 赵武灵王十九年，赵下令改革军制，废弃笨重过时的战车，实行"胡服骑射"，改穿胡人服饰，短装束带，用带钩，穿皮靴，训练马上射箭作战技术。(《史记·赵世家第十三》)

**公元前306~前245年　秦昭王时**

　　△ 约是时，初开秦蜀之间的褒斜道。(唐寰澄，中国科学技术史·桥梁卷，科学出版社，2000年，第145页)

**公元前302年　己未　周赧王十三年**

　　△ 赵武灵王二十四年，赵攻取原阳(今内蒙古呼和浩特东)，改为骑邑，组建骑兵，进行骑战的技术和战术训练。赵国遂跃居强国。(《史记·赵世家第十三》)

**公元前300年　辛酉　周赧王十五年**

　　△《禹贡》[①] 放弃《山海经》罗列式的描述方法，开创了从区域的角度研究各地地理情况的方法。它根据对地理内容的综合分析将全国分成九州，对各州内的山川、湖泊、土壤、物产等自然环境及自然资料进行综合和系统的记述。(唐锡仁等，中国科学技术史·地学卷，科学出版社，2000年，第130页)

　　△《禹贡》记述了黄河流域和长江流域的植被，是中国最早的大规模植被水平地带性的一般描述。(罗桂环、汪子春主编，中国科学技术史·生物学卷，科学出版社，2005年，第68页)

　　△《禹贡》："导渭自鸟鼠同穴"，首次记载了此前人们观察到鸟鼠同穴这种动物共栖现象，表明人们注意到荒漠地区部分鸟兽的特殊适应方式。(罗桂环、汪子春主编，中国科学技术史·生物学卷，科学出版社，2005年，第75页)

　　△《禹贡》篇中记载了12种矿产的产地分布情况，其中有金(银)、锡、铁、铅等五种金属。(夏湘蓉等，中国古代矿业开发史，地质出版社，1980年，第36~37页)

---

　　① 《禹贡》成书年代历来多有争议，有西周、春秋、战国诸说。目前一般学者认为是战国时代的作品，约成书于公元前300年左右。

**公元前 299 年　壬戌　周赧王十六年**

△ 魏襄王二十年，《竹书纪年》编年止此。《竹书纪年》为魏国编年史，晋代在今河南汲县出土。叙述夏、商、西周时晋国和战国时魏国史实，可补正《史记》记述年代的讹误。

**公元前 298 年　癸亥　周赧王十七年**

△ 约是年，太行、秦岭等山区已有车路能行。(《史记·赵世家》；杜石然主编，中国科学技术史·通史卷，科学出版社，2003 年，第 140 页)

**公元前 296 年　乙丑　周赧王十九年**

△ 是年前，魏襄王(战国魏，公元前 317~前 296 年在位)墓有玉唾壶，说明此时讲究个人卫生，已用唾壶收拾痰涎。(《太平玉御》引《西京杂记》)

△ 赵灭中山国。是年前的一批陶量在今河北平山三汲乡战国时期中山国灵寿故城中出土，其中许多出于冶炼遗址。据分析这些陶量是用来控制造陶模时泥沙比例的。(丘光明等，中国科学技术史·度量衡卷，科学出版社，2001 年，第 159~160 页)

**公元前 289 年　壬申　周赧王二十六年**

△ 是年前，孟子(孟轲；战国，约公元前 372~前 289)在《孟子》一书中将天命归于人心，把自然现象的原因归于物的本性。

△ 是年前，《孟子·万章》已记载了"四极"的地点，其中幽州为今河北北部，崇山在今湖南，三危在今陕西、甘肃两省，羽山在今海州一带。可见当时 4 个极点的范围还是很小的。(童书业，中国古代地理考证论文集，中华书局，1962 年，第 7 页；唐锡仁等，中国科学技术史·地学卷，科学出版社，2000 年，第 144 页)

△ 约与孟子同时的农家许行(战国楚国)主张"贤者与民并耕而食"，反映了古代农民要求无分贵贱、君民同耕的理想。(《孟子·滕文公上》)

△ 是年前，孟子与许子的对话中有"以铁为犁"，明确反映当时铸铁农具正在推广使用，已被考古发掘出土的铁农具所证实。(《孟子·滕文公上》汉赵歧注)

△ 是年前，认识季节在农业生产中的重要，提出"不违农时"的要求。(《孟子·梁惠王上》；《荀子·王制》；《国语·齐语》)

△ 是年前，出现了引水上山技术："今夫水，……激而行之，可使在山。"(《孟子·告子上》)

△ 是年前，《孟子·梁惠王下》有："斧斤以时进山林，林木不可胜用也"。提倡合理利用生物资源。

**公元前 286 年　乙亥　周赧王二十九年**

△ 是年前，宋国庄周(东周宋国，约公元前 369~约前 286)在《庄子·齐物》中阐述了生成万物的气的生成，经历了若干不同的演化形态和与之相应的不同时段的思想；在《庄子》庚桑楚、逍遥游等篇中阐发了宇宙无限的思想；在《庄子·天运》中认为天体的运行是"有机械而不得已邪"，"其运转而不能自止邪"。

△《庄子·内篇·逍遥游》对飞行物的大气力学做出了最早的科学猜测。指出"风之积也不厚，则企负大翼也无力"。表明大气要有一定的厚度，飞行物下面要有"培风"（旋风），飞行物才能飞得高远。（戴念祖，中国力学史，河北教育出版社，1988年，第469~470页）

△《庄子·内篇·齐物论》认为气的运动产生风，且风速与音调有关。（戴念祖，中国声学史，河北教育出版社，1994年，第52~53页）

△《庄子·杂篇·徐无鬼》最早记述了弦线共振现象，并指出泛音共振的可能性。（戴念祖，中国声学史，河北教育出版社，1994年，第83~84页）

△《庄子·外物》提出"阴阳错行"形成雷电。

△《庄子》用海水周流相薄说解释地震的成因："海水三岁一周流，波相薄，故地动。"（唐·欧阳询：《艺文类聚》卷八）

△《庄子·徐无鬼篇》有水面蒸发与风和日照有关的描述："风之过，河也有损焉；日之过，河也有损焉。请只风与日相与守河，而河以为末始其樱也，恃源而往者也。"

△《庄子·人间世》最早出现"生物"一词，这个名词后来就被当作动植物或一切有生命物体的总称。

△《庄子·至乐篇》记载了"万物皆出于机，皆入于机"反应了某种程度的生物转化和进化思想。它是中国古代"化生说"的思想缘由之一。（罗桂环、汪子春主编，中国科学技术史·生物学卷，科学出版社，2005年，第67页）

△《庄子·秋水篇》："鸱鸺夜撮蚤，察毫末，昼出瞋目而不见丘山，言殊性也。"指出鸱鸺（角枭类）与一般白天活动的鸟类具有不同的特性。

△《庄子·山木篇》记载："一蝉方得美荫而忘其身，螳螂执翳而搏之，见得而忘其形；异雀从而利之，见利而忘其真。"最早记述了"螳螂捕蝉，黄雀在后"这样一种生物界中普遍存在的食物链关系。

△《庄子·骈姆篇》："凫胫虽短，续之则扰；鹤胫虽长，断之则悲。"注意到生物的身体构造与环境适应的关系，此种观察表明人们在寻找动物构造合理性的解释。（罗桂环、汪子春主编，中国科学技术史·生物学卷，科学出版社，2005年，第75页）

△ 白起（公孙起；秦，？～前258）在离鄢（今河南堰城县东南）百里立碣，壅鄢水为长渠（又称白起渠）以灌鄢。渠首在今湖北南漳县武安镇西。至南朝宋时已发展成为灌溉渠系。（宋·曾巩：《元丰类稿》卷19《襄州宜城县长渠系》）

**公元前280年　辛巳　周赧王三十五年**

△ 约是年前，宋国宋钘和齐国尹文（东周，约公元前360~约前280）指出："凡五之精，比则为生，下生五谷，上为列星；流于天地之间，谓之鬼神；藏于胸中，谓之圣人，是故名气。"是为天地万物乃是由物质性的气所生成的思想。（《管子·内业》）

△ 约秦昭王二十七年，秦国的徐福（又称徐市）带着"百工技术"和医生等到日本寻仙药。（《史记·淮南衡山列传》）

△ 常頞（战国）"略通五尺道"，"栈道广五尺"。五尺道是由僰道略南，经夜郎到郎州的道路。现残存约350米，道宽5尺。五尺道自秦以来，就是滇川的必经要冲，唐樊绰《蛮书》称"石门道"。（《史记·西南夷列传》；唐寰澄，中国科学技术史·桥梁卷，科学出版社，2000年，第189页）

**公元前 278 年　癸未　周赧王三十七年**

△ 是年前，楚国屈原（东周，约公元前 339～前 278）在《天问》中提出关于宇宙生成演化机制、天地结构机制、天体运行机制、天地形状与大小等一系列问题，以及天有九重等时人的见解。（陈美东，中国科学技术史·天文学卷，科学出版社，2003 年，第 78～79 页）

△《楚辞》中有关动植物知识的记述非常丰富，种类繁多，且反映江南的地域特色。如提到南方特有的孔雀以及其"盈园"，说明当时人们已养殖孔雀以供观赏。（罗桂环、汪子春主编，中国科学技术史·生物学卷，科学出版社，2005 年，第 77～78 页）

△《楚辞·招魂》里有"粔籹蜜饵有长怅煌些"之句，表明此前已能够制造饴饧了。

△《楚辞·招魂》中有"大苦咸酸，辛甘行些"之语，据考证"大苦"为豆豉。

**公元前 277～前 251 年　秦昭王三十年至秦孝文王时期**

△ 约此期间①，李冰（战国末期）任蜀守，并主持修建都江堰（位于今四川都江堰市），引岷江水灌溉成都平原广大地区并利用渠道通航、漂木，至今仍在发挥作用，是现有世界上历史最悠久的无坝引水工程。（晋·常璩：《华阳国志·蜀志》；四川省水利电力厅都江堰管理局编，都江堰史研究，四川省社会科学院出版社，1987 年）

△ 李冰（战国末期）创用"火烧水淋法"，使坚硬的岩石在热胀冷缩中炸裂，还用此法开凿了滇蜀间的僰道。（晋·常璩：《华阳国志·蜀志》）

△ 李冰（战国末期）在都江堰"玉女房下白沙邮作三石人，立三水中，与江神要：水竭不至足，盛不没肩"，这是见于记载的最早水则。（晋·常璩：《华阳国志·蜀志》）

△ 李冰（战国末期）"识齐水脉，穿广都盐井"。（晋·常璩：《华阳国志·蜀志》）可见广都（今四川仁寿、双流地区）井盐开采大约始以战国晚期。这是世界有关开凿盐井的较早记载。从此时至赵宋初年，中国盐井技术比较原始主要靠人力，盐井的口径多很大，可称为大口浅井时期。（赵匡华等，中国科学技术史·化学卷，科学出版社，1998 年，第 486 页）

△ 李冰（战国末期）应用"笮人"的方法修建了竹索桥——笮桥，从此"笮始见于书"。（晋·常璩：《华阳国志·蜀志》；唐寰澄，中国科学技术史·桥梁卷，科学出版社，2000 年，第 496 页）

**公元前 257 年　甲辰　周赧王五十八年**

△ 中国医生崔伟（战国）在越南治愈雍玄和任修的虚弱症，并著有《公余集记》一书行世。[冯汉镛，中越两国医药文化的交流，中医杂志，1958，(8)：573～574]

△ 秦昭王五十年，秦在今陕西大荔朝邑东北与山西永济西南的蒲州之间的黄河上架设了蒲津桥。这座黄河上第一座永久性的正式浮桥断断续续存在了 1800 年。（《史记·秦本纪》；唐·张守节《正义》；唐寰澄，中国科学技术史·桥梁卷，科学出版社，2000 年，第 625～635 页）

---

① 李冰任蜀守的时间没有明文记载。李冰的前任为张若，据《史记·秦本纪》张若在昭王三十年尚任蜀守，又《华阳国志·蜀志》记载"秦孝文王以李冰为蜀守"。

## 公元前 251 年　庚戌　秦昭王五十六年

△ 是年前，秦昭王颁发给高奴（今陕西延安东北）的高奴铜权于 1964 年在西安阿房宫遗址出土。此为目前秦国仅见的权衡器，据此权实测秦斤为 256.3 克。[陕西省博物馆，西安市西郊高窑村出土秦高奴铜石权，文物，1964，（9）：42]

## 公元前 250 年　辛亥　秦孝文王元年

△ "名辩"学派的代表人物公孙龙（战国，约公元前 320～约前 250）约卒于是年。公孙龙以善辩著称，主张"离坚白"，着重分析概念的内涵和外延，对古代逻辑思想的发展有较大影响，著有《公孙龙子》。（《庄子·秋水》）

△ 是年前，公孙龙的名言："一尺之锤，日取其半，万世不竭。"（《庄子·天下》)是物质无限可分论思想的较早记载。

## 公元前 246 年　乙卯　秦王政元年

△ 在湖南长沙马王堆三号汉墓出土的帛书《五星占》中，载有五星总论和自此年始到汉文帝三年（公元前 177）的 70 年间的木、土、金三星位置表。给出木、土、金三星的会合周期及其在一个会合周期中见、顺行、伏的时日与行度等动态。上述位置表即是依据所给会合周期及动态，和公元前 246 年三星所在位置与二十八宿距度值推算而得的。（席泽宗，马王堆汉墓帛书中的《五星占》，中国古代天文文物论集，文物出版社，1989 年，第 46～58页）

△ 韩国为减轻秦国军事压力，派水工郑国（战国）进说秦王政修建引泾水灌溉的水利工程以消耗秦国的人力、财力。秦命郑国主持，从中山（今陕西泾县西北）引泾水向西到瓠口渠口，引水向东经今三原、富平、蒲城等，入北流洛水，十几年完成，名郑国渠，全长300 余里，灌溉面积号称 4 万顷。此为世界上最早的输水渡槽之一。[《史记·河渠书》；水利水电科学研究学院《中国水利史稿》编写组，中国水利史稿（上），水利电力出版社，1979年，第 118～125 页]

## 公元前 240 年　辛酉　秦王政七年

△ 是年前，邹衍（战国齐国，公元前 305～前 240）以阴阳来统摄五行，创立了阴阳五行说。同时把自然界的五行说推广到社会的政治变迁中。《吕氏春秋·十二纪》记述了邹衍的思想。

△ 是年前，邹衍（战国齐国）提出大地构成的大、小九州说，认为夏禹所分的青州、冀州等九州只是小九州，它们组成了为小海包围的赤县神州（即中国），是为九大州之一，与之相似的大州还有 8 个，大九州外为一大海包围着，并与天相接。[《史记·孟子荀卿列传》；常金仓，邹衍"大九州说"考证，管子学刊，1997，（1）：19～26]

## 公元前 239 年　壬戌　秦王政八年

△ 是年冬或次年初下葬的放马滩墓地中出土木尺一件。以长条方木制成，前端呈圆形，尺上有 26 条线纹、间距 2.4 厘米表示寸，不刻分，现藏甘肃省文物考古研究所。此为经科

学发掘的唯一战国时代的尺。［田建、何双全，甘肃天水放马滩战国秦墓群的发掘，文物，1989，（2）］

△吕不韦（战国末，？～前235）在任秦相国期间，组织门客3000人，约于是年编成《吕氏春秋》一书。全书26卷140篇。此书的特点之一就是诸子百家兼收并蓄，成为先秦思想的资料汇编。（何兆武等，中国思想发展史，中国青年出版社，1980年，第106～108页）

△《吕氏春秋·有始》已初见《周髀算经》盖天说的某些要素，如"冬至日行远道"，"夏至日行近道"，"当枢之下无昼夜。白民之南，建木之下，日中无影"等。

△《吕氏春秋·十二纪》记载有一年4季12个月太阳所在宿次、昏旦中星、招摇星指向、物候、节气以及相应的政令、祭祀活动等记载，其中，物候与节气名均不及72个与24个，它们可能就是邹衍等阴阳家关于12月太阳历的月令作品。［陈美东，月令、阴阳家与天文历法，中国文化，1995，（12）］

△《吕氏春秋·季秋纪·精通篇》最早记载了磁石吸铁现象："石，铁之母也。以有慈石，故能引其子，……"

△《吕氏春秋·仲夏纪·适音》提到声音"太钜"、"太小"的响度概念。（戴念祖，中国声学史，河北教育出版社，1994年，第69～70页）

△《吕氏春秋·圜道》篇中提出了中国早期对水循环的概念："云气西行，云云然，冬夏不辍；水泉东流，日夜不休；上不竭，下不满，小为大，重为轻，圜道也。"揭示了地处太平洋西岸的中国水循环的途径和规律。水汽从海洋不断吹向大陆，在大陆上空回旋，凝降为雨；地上、地下的水流向海洋，日夜不息，海洋也常注不满，涓滴汇合成河海，海水又蒸发为浮云，形成水的大循环。

△《吕氏春秋·冬纪》篇中记有："孟冬之月……水始冰，地始冻；……仲冬之月，……冰益壮，地始拆；……季冬之月，……冰方盛，水泽腹坚。"说明在先秦时期，黄河流域人民对冰情现象已有所认识。

△《吕氏春秋》中有不少环境保护的记载。其中《上农》提出"四时之禁"。《十二纪》更明确地制定出各月禁止破坏的资源，强调掠夺性开发将造成资源的枯竭，同时指导人们在何时可利用何种资源。（唐锡仁等，中国科学技术史·地学卷，科学出版社，2000年，第152页）

△《吕氏春秋》中的《上农》、《任地》、《辨土》和《审时》四篇是保存至今有关中国古代农业生产的重要的最古老的农业著作，反映了那个时代的农学水平。（王毓瑚，中国农学书录，农业出版社，1964年，第6页）

△"上田弃亩，下田弃圳"的甽亩法见于《吕氏春秋·任地》。甽亩法要求在高燥土地把作物种在沟里（甽），在低湿的土地把作物种在垄（亩）上，可以使高田防旱，低田防涝，保证作物正常生长，获取好收成。

△《吕氏春秋·土容》中记载："先时者，暑雨未至，胕动蚼蛆而多疾"，可能是有关植物病虫害的最早记载。（夏纬英，吕氏春秋上农等四篇校释，农业出版社，1979年，第112页）

△《吕氏春秋·辨土》记述了一些涉及植物与光照方面的植物生理学知识。

△《吕氏春秋·精通》："月也者，群阴之本也。月望，则蚌蛤实，群阴盈；月晦，则蚌蛤虚，群阴亏。"首次记述了海洋软体动物的肉体是否饱满与月亮周期有着密切的关系。

△《吕氏春秋·爱士》记载："赵简子有两白骡，而甚爱之"，（《说文》载："骡：驴父马

母者也"）表明人们已知通过马、驴的远源杂交，产生更为方便役使的骡。

△《吕氏春秋》提出瘿病与水质（轻水）有关。此后，《博物志》、《养生要集》、《水经注》和《小品方》等，则以山水、泉水、盐井水以及沙水为瘿的主要致病原因。[魏如恕，中国瘿病史简介，中华医史杂志，1983，13（3）：136]

△《吕氏春秋·别类篇》中"金柔锡柔，合两柔总则刚"是世界上较早的有关合金强化的叙述。

## 公元前 238 年　癸亥　秦王政九年

△ 先秦诸子百家的集大成者荀况（战国赵国，约公元前 313～前 238）卒。现存的《荀子》一书是荀况一生的著作汇集①。

△《荀子·天论》指出："天行有常，不为尧存，不为桀亡。……日月之有蚀，风雨之不时，怪星之党见，是无世而不常有之。"是对天体运行自有客观规律的肯定和对天人相分思想的阐述。

△《荀子·天论》提出："明于天人之分"，"制天命而用之"以及"人有气、有知亦且义，故最为天下贵也"的观点，成为这个时期人定胜天思想的典型代表。[唐锡仁，论先秦时期的人地观，自然科学史研究，1988，7（4）：313]

△《荀子·劝学》描述了声音在顺风条件下增强的现象。（戴念祖，中国声学史，河北教育出版社，1994 年，第 131 页）

△《荀子·蚕赋》从哲理和生理角度概括了蚕的特点、习性和化育过程，并对当时养蚕者所认为的蚕无雌雄，只有蛾才有性别之分的看法提出了质疑，首次提出蚕有雌雄之分假说（关于蚕有雌雄之分的科学结论，直到 20 世纪初才得到证实）。《蚕赋》一篇的出现，亦表明当时的人便已试图对养蚕经验进行理论上的概括。（赵承泽，中国科学技术史·纺织卷，科学出版社，2003 年，第 123 页）

△《荀子·劝学》提到"蓬生麻中，不扶自直"的格言，反映当时的人们注意到植物生长的趋光性。（罗桂环、汪子春主编，中国科学技术史·生物学卷，科学出版社，2005 年，第 74 页）

△《荀子·致士》："川渊深而鱼鳖归之；山林茂而禽兽归之。"明确指出了动物生长对环境的依存关系。

△《荀子·富国》："今是土生五谷也，人善治之，则亩益数盆，一岁而再获之。"轮作复耕开始萌芽。

△《荀子·劝学》中记载："玉在山而草木润"，发现了植物对矿藏的指示作用。（刘昭民，中华地质学史，台湾：商务印书馆，1985 年，第 42 页）

△《荀子》中《劝学》、《王制》、《正论》等篇中对当时织物染色的经验做了介绍，对茈草、空青、赭石、涅等颜料、染料着色优劣的比较，并尝试对染色做出理论上的解释。

△《荀子·强国》中"刑范正，金锡美，工冶巧，火齐得，剖刑而莫邪已"，是用泥范法制作青铜剑的较早记述，反映冶铸工匠的实践经验。

---

① 关于《荀子》一书的真伪尚有较大争议。我们认为：现存的《荀子》虽经后人的编排，已远非原貌，但经刘向校定的《荀子》32 篇应是荀况的基本思想。我们将有关《荀子》的条目放置在此年。

## 公元前 233 年 戊辰 秦王政十四年

△ 先秦法家集大成者韩非（战国韩国，约公元前 280~前 233）卒。韩非以"道"为事物运动的普遍规律，而"理"是具体事物运动的特殊规律。认为人口和社会财富的多寡是决定历史变动的原因。著有《韩非子》①。

△《韩非子·有度》中记载了我国最早的磁性指南器，称为"司南"："先于立司南以端朝夕。"（王振铎，司南指南针与罗经盘，科技考古论丛，文物出版社，1989 年）

△《韩非子·解老》有："树木有曼根，有直根。根者，书之所谓柢也。柢也者，木之所以建生也；曼根者，木之所持生也。"最早对根系的类型做了区分，并注意到功能。（罗桂环、汪子春主编，中国科学技术史·生物学卷，科学出版社，2005 年，第 79 页）

△《韩非子·外储说左上》记载"画荚"事，系画图于荚（豆荚、榆荚之类）薄膜上，利用日光照映于壁，以供欣赏。说明当时已出现类似今日幻灯的艺术表演形式。

△ 出现"粪种"，施肥见于记载。（《韩非子·解老》；《荀子·富国》）

## 公元前 227 年 甲戌 秦王政二十年

△ 燕王喜二十八年，太子丹派荆轲（秦，？~前 227）借献督亢地图的机会，欲刺杀秦始皇。这是说明地图具有重要的政治、军事价值。（《史记·荆轲传》）

## 战国时代晚（末）期

△ 战国末期的《鹖冠子》中最早记载了元气说："精微者，天地之始。……天地成于元气，万物乘于天地。"（席泽宗主编，中国科学技术史·科学思想卷，科学出版社，2001 年，第 160 页）

△ 各诸侯国已逐渐采用升、斗、斛的容量单位制，升以下的单位也已运用。（丘光明等，中国科学技术史·度量衡卷，科学出版社，2001 年，第 25 页）

△ 战国晚期的赵国已形成了二十四铢为一两的进位制；对贵重物品的称量精度已达到四分之一铢（合今 0.16 克）。（丘光明等，中国科学技术史·度量衡卷，科学出版社，2001 年，第 146~147 页）

## 战国时期

△ 战国时期制造出了将长度、容积、重量三个量的标准量值集于一件的器物——栗氏器。《考工记》中保留了制造这件量器的详尽技术资料。栗氏量器形复杂，它由鬴、豆、升三量组合成一器，各器还有不同的尺寸和容积。（丘光明等，中国科学技术史·度量衡卷，科学出版社，2001 年，第 104~105、220~221 页）

△《穆天子传》（又名《周穆王西游记》）成书。此书是晋武帝咸宁五年（279）在今河南汲县魏襄王墓中被发现的竹书之一，北宋《郡斋读书志》云有 8500 字，而今本只有 6600 余字。书中记述周穆王西游之事，是中国最早的游记。[王成祖，中国地理学史（上），商务印书馆，1982 年，第 86 页]

---

① 我们将有关《韩非子》的条目放置在此年。

△ 我国最早的农书《神农》①、《野老》问世，《汉书·艺文志》著录。前者原本 20 篇，主要记重农思想，君民并耕，农政评论，阴阳五行，时令占卜等，隋时已佚。

△《史记》中记载"巴寡妇清，其先得丹穴，而擅其利薮世"，丹穴即汞矿，表明战国时已有采汞矿业。（中国大百科全书·矿冶卷，中国大百科全书出版社，1984 年，第 589 页）

△ 湖北荆门包山墓中出土生姜、荸荠和花椒；湖北江陵望山战国墓中出土南瓜子、生姜和小茴香。（陈文华，中国农业考古图录，江西科学技术出版社，1994 年，第 87～89 页）

△ 湖北江陵战国墓中发现苹果及种子。[湖北省文物局文物工作队，湖北江陵三座楚墓出土大批重要文物，文物，1966，(5)：54]

△ 陆续出土的属于战国时代的玻璃珠、璧、耳珰、剑饰、杯等玻璃制品表明中国先民已掌握玻璃的生产技术。它们大多数属 $PbO\text{-}BaO\text{-}SiO_2$ 的铅基玻璃系统。这是中国古玻璃的特色。它的原料当为含重晶石的方铅矿。（赵匡华、周嘉华，中国科学技术史·化学卷，科学出版社，1998 年，第 56～61 页）

△ 铅粉是古代常用的一种白色颜料，其主要成分是碱式碳酸铅（$Pb(OH)_2 \cdot PbCO_3$），它可能出现在殷商，战国时用作化妆品。《楚辞·大招》上说："粉白黛黑，施芳泽长袂拂面善留客。"足见战国时铅粉已被用于化妆了。

△ 四川新都发掘的战国木椁墓中，发现表面涂有黑漆的两片锡器残片。这表明当时人们已将油漆用于金属防腐。[四川省博物馆等，四川新都战国木椁墓，文物，1981，(6)]

△《曾母断机训子》的故事，在《战国策·秦策》、《史记·甘茂传》中都有记载，此故事在山东武梁祠汉画像石上有清楚的图示，从图上看，曾母所用织机系斜织机无疑，说明斜织机很可能在战国时期即已被应用。[宋伯胤、黎忠义，从汉画像石探索汉代织机构造，文物，1962，(3)：25～30]

△ 鎏金术是中国先秦时期金属工艺中的一项重大发明创造。它是指把汞与黄金的液态（或泥膏状）合金涂于器物表面，再加热烘烤，即得到镀金器。山西长治分水岭战国墓出土了镀金车马饰器。[北京钢铁学院冶金史组，鎏金，中国科技史料，1981，(1)：90]

△ 山西夏县战国禹王城中，有一片保存较好的战国冶炼铸造作坊。遗存有大量铁渣和含铁质琉璃烧结物。遗物有锛、锄、刀、镢、斧、构件和货币等的范。范呈鲜土黄色、坚硬。有许多范是一器一范，或二器一范。还有锄模。货币范是一范铸两个钱币，一个半圆形浇铸口，分二道各铸一个平首币。（文物出版社编，新中国考古五十年，文物出版社，1999 年，第 74 页）

△ 考古发掘的资料表明，陶井的发明和使用是战国时期建筑用陶的又一大成就。它的推广和使用对于改善人们的饮水和农田灌溉起了积极作用。（冯先铭，中国陶瓷史，文物出版社，1984 年，第 105 页）

△ 湖南麻阳九曲湾战国时期古铜矿发现古采区 14 处，除 1 处为露天采场外，其余都是地下采场，其采掘方法有矿房法和倾斜分层采矿法两种，矿井宽窄不一，采幅一般为 0.8～1.4 米，最大 3 米。"舍贫矿，取富矿"。清理出木、铁、陶器，矿井壁留下大量铁錾开凿痕迹，有锤、錾、凿等铁工具出土。该矿以自然铜为主的矿岩型富铜矿，孔雀石、赤铜矿、黑

---

① 一般认为是战国人作，托名神农；或疑李悝（战国，约公元前 450～前 390）及商鞅（公元前 390～前 338）所作。

铜矿并伴生有少量银。为研究我国江南出土青铜器的矿源提供了新资料。[湖南省博物馆，麻阳铜矿，湖南麻阳战国时期古铜矿清理简报，考古，1985，（2）]

△ 在湖北江陵毛家山遗址发现战国时带有烟囱的陶窑，说明我国至少在战国时即已出现带烟囱的陶窑。[纪南城文物考古发掘队，江陵毛家山发掘记，考古，1977，（3）]

△ 湖南长沙五里牌 406 号战国墓中，发现白色麻布残片。经鉴定：织物原料为苎麻纤维；织物的构成为平纹组织；其经纬密度，经纱每 10 厘米 280 根，纬纱每 10 厘米 240 根。可见至迟在战国时代，我国已有较为精细的麻织物。（中国科学院考古研究所，长沙发掘报告，科学出版社，第 63~65 页）

△ 战国时期通倭（日本）的三半岛航路，从今山东半岛的登州（蓬莱）东北海行，沿渤海庙岛列岛逐岛航行至旅顺老铁山，然后循辽东半岛沿岸航行至鸭绿江口，再沿朝鲜半岛航行至半岛南端之釜山，而后渡海，经对马岛而达于日本的北九州。（彭德清主编，中国航海史·古代航海部分，人民交通出版社，1988 年，第 26~27 页）

△ 鲁地机具已是一种具有绞杆、综、定幅筘、幅撑、引纬、打纬、经轴、卷绸轴以及机架的较完整的织机；就其织造工艺而言，已能对边经张力进行控制和便于及时排除经丝疵点。（汉·刘向：《列女传·鲁季敬姜传》；朱新予，中国丝绸史，纺织出版社，1992 年，第 25 页）

△ 战国时代的器物刻铭以及文献记载中出现以"斤"为重量单位。"斤"是由实用器"斧"转化而来的重量单位。（丘光明等，中国科学技术史·度量衡卷，科学出版社，2001 年，第 30 页）

△ 现藏于中国历史博物馆传安徽寿县出土的战国时期的铜衡杆上加刻有分度线，可称为不等臂杆称的雏形。[刘东瑞，谈战国时期的不等臂"王"铜衡，文物，1979，（4）]

△ 至迟在战国时期，中国已开始用焙烧涅石法制造绿矾，并用于染黑。（赵匡华等，中国科学技术史·化学卷，科学出版社，1998 年，第 512 页）

△ 四川荥经曾家沟战国早期墓出土有带有铜或银的扣器（漆器上饰以金银铜箍的器物），表明战国时期巴蜀已生产漆器中的名贵产品——扣器。[四川省文管会，四川荥经曾家沟战国墓群的 1、2 次发掘，考古，1984，（12）]

△ 四川新都战国墓中出土的夹纻漆器表明巴蜀地区至迟在战国时期已生产夹纻漆器。夹纻漆器为脱胎夹纻器的出现奠定了基础。[四川新都战国木椁墓，文物，1981，（6）]

△ 水陆攻战纹铜鉴于 1935 年在河南汲县山彪镇一号墓出土，这是描绘战国时期战船构造和水战场面形象的文物。（郭宝钧，山彪镇与琉璃阁，科学出版社，1959 年，第 18 页）

△ 成都百花潭晏乐渔猎耕战纹铜壶。1965 年在成都市百花潭中学战国时期 10 号墓中出土。铜壶下半部嵌错有战船和水战的纹饰，生动反映了战国时期战船的技术成就。[四川省博物馆，成都百花潭十号墓发掘记，文物，1976，（3）：40]

△ 江苏奄城战国时期独木舟，长 11 米，口宽 0.9 米，底厚 0.56 米，深 0.42 米，体形如梭，1958 年出土。[谢春祝，奄城发现战国时期的独木舟，文物参考资料，1958，（11）：80]

△ 湖南攸县发现一枚战国时期透光镜，其直径为 21.8 厘米，厚 0.2 厘米，三弦纹纽，圆纽座，虽出土时被人为损坏，但镜面反射日光时，镜背花纹清晰地见于反射光屏中。这是迄今为止我国发现的最早的透光镜。[贺鸿武，湖南攸县发现一件古代透光铜镜，文物，

1989，（3）]

《算术书》《九章算术》

△《算数书》竹简于 1983 年底在湖北张家山 247 号汉墓中发现，其中绝大部分内容完成于先秦。刘徽说："周公制礼而有九数，九数之流，则《九章》是矣。"据郑玄引郑众说，当时的九数分方田、粟米、差分、少广、商功、均输、方程、赢不足、旁要。《九章算术》的主体部分的方法和题目应该是在先秦完成的。[郭书春，《算数书》校勘，中国科技史料，2001，22（3）；郭书春汇校，九章算术，辽宁教育出版社，1990 年]

△《九章算术·方田》中提出方田（矩形）、圭田（等腰三角形）、邪田（直角梯形）、箕田（等腰梯形）等多种直线形的面积公式。这些公式都是正确的。（郭书春，古代世界数学泰斗刘徽，山东科学技术出版社，1992 年，第 57~59 页）

△《九章算术》方田章提出圆田（圆）、弧田（弓形）、环田（圆环）的面积公式。刘徽指出，弧田公式是不准确的，其他公式有的是正确的，有的因取圆周率 3，造成不准确。《九章算术》还给出了宛田（类似于球冠形）的面积公式，刘徽指出它是错误的。（郭书春汇校，九章算术，辽宁教育出版社，1990 年）

△《算数书》有"以圆材方"、"以方材圆"，讨论圆与其内接正方形或外切正方形之间的关系。[郭书春，《算数书》初探，国学研究，2003，（11）]

△ 刘徽《九章算术注》记载的通过直线形的面积的分割、拼合推导其面积公式或其他数量关系的方法，是《九章算术》成书时便使用的传统方法。它对直线形是一种有效的方法，而对曲线形则是近似的，比如，对圆面积公式，则只能以圆内接正六边形的周长取代圆周长，以圆内接正十二边形的面积取代圆面积推导之。（郭书春，古代世界数学泰斗刘徽，山东科学技术出版社，1992 年）

△《算数书》有刍甍、刍童、羡除等各种多面体的体积公式，此外，《九章算术》还有方堢壔（正方柱体）、堑堵、方锥、方亭、阳马、鳖臑等体积公式，并在实际上使用了长方体的体积公式。设长方体的广、袤、高分别为 $a$，$b$，$h$，《九章算术》使用了 $V = abh$。若长方体的广袤相等，就是方堢壔。堑堵是斜解长方体所得到的楔形体，其体积是长方体的 $\frac{1}{2}$。将堑堵斜解，一为阳马，一为鳖臑，它们的体积分别是长方体的 $\frac{1}{3}$ 和 $\frac{1}{6}$。方锥与阳马的公式相同。刍童、盘池、冥谷是上、下底为平行的矩形，四面为等腰梯形的拟柱体。《九章算术》的体积公式是："术曰：倍上袤（$b_1$），下袤（$b_2$）从之；亦倍下袤，上袤从之；各以其广（分别为 $a_1$，$a_2$）乘之；并，以高若深（$h$）乘之，皆六而一。"《算数书》的表述基本同此而文字古朴。此即：$V = \frac{1}{6} [ (2b_1 + b_2) a_1 + (2b_2 + b_1)] h$。在刍童中，若 $a_1 = b_1$，$a_2 = b_2$，就得到方亭（正锥台）。若 $a_1 = 0$，就得到刍甍。若 $b_1 = b_2$，就得到城、垣、堤、沟、堑、渠。羡除是三广不相等，末广无深的楔形体。《九章算术》的公式是："术曰：并三广（$a_1$，$a_2$，$a_3$），以深（$h$）乘之，又以袤（$b$）乘之，六而一。"此即 $V = \frac{1}{6} (a_1 + a_2 + a_3) bh$。以上这些公式都是正确的。《算数书》和《九章算术》时代是用棋验法推导出来的。（郭书春，《算数书》初探，国学研究，2003，（11）；郭书春，古代世界数学泰斗刘徽，山东科学技术出版社，1992 年，第 62~71 页）

　　△《算数书》和《九章算术》成书时期借助于三品棋（长、宽、高皆为 1 尺的立方棋、堑堵棋、阳马棋）推导多面体体积公式的方法。其基本方法是：取能分解或拼合成三品棋的标准型多面体，将其分解或拼合成三品棋，然后构造一个或几个特定的长方体，使所含三品棋的个数分别是标准型多面体所含三品棋的同一倍数，故标准型多面体的体积就是这一个或几个长方体体积之和的该倍数之一。显然，这种方法只适应于标准型多面体体积公式的推导，而无法证明一般的多面体体积公式。［郭书春，《算数书》初探，国学研究，2003，(11)；郭书春汇校，九章算术，辽宁教育出版社，1990 年］

　　△《算数书》和《九章算术》提出了圆堢壔（圆柱）、圆锥、圆亭等圆体的体积公式。设圆亭的体积公式是 $V = \dfrac{1}{36}(l_1 l_2 + l_1{}^2 + l_2{}^2) h$，其中 $l_1$，$l_2$，$h$ 分别是上、下底周长与高。若 $l_1 = l_2$，就是圆柱；$l_1 = 0$，就是圆锥。这些公式在理论上是正确的，只是以周 3 径 1 入算，不准确。《九章算术》的开立圆术使用了球体积公式 $V = \dfrac{9}{16}d^3$，其中 $d$ 是球的直径。在《九章算术》中，圆堢壔与方堢壔，圆锥与方锥，圆亭与方亭都是成对出现，知道当时是根据两者的底面积之比由后者推导前者的体积公式。［郭书春，《算数书》初探，国学研究，2003，(11)；郭书春汇校，九章算术，辽宁教育出版社，1990 年］

　　△《算数书》"增减分"条提出："增分者，增其子；减分者，增其母。"［郭书春，《算数书》校勘，中国科技史料，2001，22 (3)］

　　△《算数书》和《九章算术》方田章提出完整的分数的约分方法和加、减、乘、除四则运算方法，是为世界上最早的分数运算法则。［郭书春，《算数书》初探，国学研究，2003，(11)；郭书春汇校，九章算术，辽宁教育出版社，1990 年］

　　△《算数书》和《九章算术·方田章》中给出了约分术：如果分母、分子都是偶数，可先取其半。否则，可用更相减损的方法求其等数，即最大公约数，然后用等数约简分母、分子以化简分数。中国古代数学的答案大都以最简分数出现，《九章算术》开其先河。［郭书春，《算数书》初探，国学研究，2003，(11)；郭书春，古代世界数学泰斗刘徽，山东科学技术出版社，1992 年，第 6～7 页］

　　△《九章算术》约分术中用到更相减损术，为求等数的方法。其程序是，设要约简的分数为 $\dfrac{b}{a}$，$b < a$，则多次从 $a$ 中减 $b$，若减 $q_1$ 次（$q_1 \geqslant 1$）后得余数 $r_1 < b$，$r_1 = a - bq_1$，再从 $b$ 中减去 $r_1$，若减 $q_2$ 次（$q_2 \geqslant 1$）后得余数 $r_2 < r_1$，$r_2 = b - r_1 q_2$，则再从 $r_1$ 中减 $r_2$。如此更相减损，直到出现 $r_n = r_{n-1}$，它便是等数。此与欧几里得《几何原本》第七卷中求最大公约数的方法一致。后刘徽指出了更相减损的理论根据。（郭书春，古代世界数学泰斗刘徽，山东科学技术出版社，1992 年，第 7 页）

　　△《算数书》和《九章算术》方田章提出合分术和减分术即分数的加减法则：分母相乘为法即除数，分母互乘分子相加（或减）为实即被除数，实如法而一即做除法，即得。$\dfrac{a}{b} \pm \dfrac{c}{d} = \dfrac{ad \pm bc}{bd}$。《算数书》和《九章算术》还提出课分术，即比较分数的大小，与减分术类似。［郭书春，《算数书》初探，国学研究，2003，(11)；郭书春汇校，九章算术，辽宁教育出版社，1990 年］

△《算数书》和《九章算术》提出乘分术即分数乘法法则：分母相乘为法，分子相乘为实，实如法而一，即得 $\dfrac{a}{b} \times \dfrac{c}{d} = \dfrac{ac}{bd}$。

△《算数书》和《九章算术》提出经分术即分数除法法则：将两分数通分，两分子相除：$\dfrac{a}{b} \div \dfrac{c}{d} = \dfrac{ad}{bd} \div \dfrac{bc}{bd} = \dfrac{ad}{bc}$。《算数书》和后来的刘徽还使用了颠倒相乘法：$\dfrac{a}{b} \div \dfrac{c}{d} = \dfrac{a}{b} \times \dfrac{d}{c} = \dfrac{ad}{bc}$。[郭书春，《算数书》初探，国学研究，2003，（11）；郭书春汇校，九章算术，辽宁教育出版社，1990 年]

△《算数书》和《九章算术》提出平分术即求分数平均值法。设诸分数为 $\dfrac{a_i}{b_i}$，$i = 1, 2, \cdots, n$

则其平均值为 $\dfrac{\sum\limits_{i=1}^{n} b_1 b_2 \cdots b_{i-1} b_{i+1} \cdots b_n a_i}{n b_1 b_2 \cdots b_n}$。《九章算术》还给出了求各分数达到平均值所当损益的值的方法。[郭书春，《算数书》初探，国学研究，2003，（11）；郭书春汇校，九章算术，辽宁教育出版社，1990 年]

△《算数书》和《九章算术·方田》中合分术、减分术、经分术、平分术、课分术等都需要通分。其法是：分母相乘为公分母，分母互乘子为分子。但未提出以分母的最小公倍数作为公分母。[郭书春，《算数书》初探，国学研究，2003，（11）；郭书春，古代世界数学泰斗刘徽，山东科学技术出版社，1992 年，第 9 页]

△《算数书》和《九章算术·粟米》中给出了今有术，为解决由今有物的数量（今有数），及今有物与所求物的比率（今有率与所求率），求所求物的数（所求数）的正比例算法。设今有数、今有率、所求率、所求数分别为 $P$，$p$，$q$，$Q$，则：$Q = \dfrac{Pq}{p}$。《九章算术》以其解决各种粟米互换问题。刘徽认为，这是一种普遍方法，凡九数中的问题，只要能找到其中的率关系，则都可以归结到此。此法传到印度和西方后被称为三率法。[郭书春，《算数书》初探，国学研究，2003，（11）；郭书春，古代世界数学泰斗刘徽，山东科学技术出版社，1992 年，第 15~16 页]

△《算数书》和《九章算术·衰分》给出衰分术，这是解决比例分配问题的方法：设所分物数为 $A$，列衰为 $a_i$，$i = 1, 2, \cdots, n$，则各部分为：$A_i = \dfrac{A a_i}{\sum\limits_{j=1}^{n} a_j}$，$i = 1, 2, \cdots, n$。《九章算术》还提出了返衰术，以解决以列衰的倒数分配的问题。刘徽将衰分术、返衰术归结为今有术。[郭书春，《算数书》初探，国学研究，2003，（11）；郭书春，古代世界数学泰斗刘徽，山东科学技术出版社，1992 年，第 17~18 页]

△《算数书》和《九章算术·少广》中给出少广术。其问题模式为"今有田广 $1 + \dfrac{1}{2} + \cdots + \dfrac{1}{n}$ 步（$n = 2, 3, \cdots, 12$，《算数书》为 10），求田一亩，问从几何?"少广术（方法）为，以最下分母遍乘各分子及全步，各以其母除其子。又以最下分母乘各分子及已通者，"皆通而同之"。（以此求出较小的数作为分母，进行通分）相加为法。再以 1 步所化成的积分乘 1

亩的步数，为实，实如法，（此后再通过除法运算）求出结果。此通分法较方田章中的通分方法更为简约。[郭书春，《算数书》初探，国学研究，2003，（11）；郭书春，古代世界数学泰斗刘徽，山东科学技术出版社，1992 年，第 9～10 页]

△《算数书》和《九章算术·盈不足》中提出盈不足术。其术的典型问题为：共买物，各人出 $A$，盈 $a$，出 $B$，不足 $b$，求人数、物价。其法为首先求出 $\dfrac{Ab+Ba}{a+b}$ 为不盈不朒之正数，然后求出物价 $=\dfrac{Ab+Ba}{|A-B|}$，人数 $=\dfrac{a+b}{|A-B|}$。《九章算术》还提出了两盈、两不足术，盈适足、不足适足术。任何一个算术问题通过两次假设，都可以化成盈不足问题来解决，求不盈不朒之正数的公式就是为此而设。《算数书》和《九章算术》用此解决了若干一般算术问题。[郭书春，《算数书》初探，国学研究，2003，（11）；郭书春，古代世界数学泰斗刘徽，山东科学技术出版社，1992 年，第 21～28 页]

△《算数书》和《九章算术·衰分》的"女子善织"问给出用衰分法解已知前 $n$ 项和及公比求其他项的方法。此后《孙子算经》及明《算法统宗》中都沿用了这一方法。[郭书春，《算数书》初探，国学研究，2003，（11）；郭书春汇校，九章算术，辽宁教育出版社，1990 年]

△《九章算术》盈不足章"两驽二马"问给出了等差级数的第 $n$ 项公式 $a_n=a_1+(n-1)d$，及前 $n$ 项和公式 $S_n=\left[a_1+\dfrac{(n-1)d}{2}\right]n$，其中 $a_1$，$d$ 分别是首项和公差。（郭书春汇校，九章算术，辽宁教育出版社，1990 年）

△《九章算术》少广章中的开方术、开立方术给出了世界上最早的开平方和开立方的完整的抽象程序，与现今的开方程序基本一致。勾股章"出邑南北门"问还有一个开带从平方式，即今之一元二次方程。开方即求解一元高次方程是中国传统数学最发达的分支。（郭书春，中国古代数学，商务印书馆，1997 年，第 100～108 页）

△《九章算术》勾股章提出勾股术："勾、股各自乘，并而开方除之，即弦。"此即 $c=\sqrt{a^2+b^2}$。同样有：$a=\sqrt{c^2-b^2}$，$b=\sqrt{c^2-a^2}$。赵爽和刘徽分别以出入相补原理证明之。（郭书春汇校，九章算术，辽宁教育出版社，1990 年）

△《九章算术·勾股》勾股容方问：已知勾股形的勾 $a$，股 $b$，求其内容正方形的边长 $d$，给出公式 $d=\dfrac{ab}{a+b}$。勾股容方问题在中国古算中占有重要地位。（郭书春，中国古代数学，商务印书馆，1997 年，第 83 页）

△《九章算术·勾股》"勾股容圆"问已知勾股形的勾 $a$，股 $b$，求其内切圆的直径 $d$，给出公式 $d=\dfrac{2ab}{a+b+c}$。勾股容圆问题在宋元时期发展为重要的专题研究。（郭书春，中国古代数学，商务印书馆，1997 年，第 83 页）

△《九章算术》勾股章提出测望方邑的问题，都是一次测望。这类问题连同勾股术、勾股容方、勾股容圆等方法是先秦"九数"中"旁要"的内容。（郭书春汇校，九章算术，辽宁教育出版社，1990 年）

《礼记》

△《礼记》为儒家经典，约成于战国时，系春秋战国各种礼仪论著的选集。相传西汉戴圣编次整理，称《小戴礼记》，西汉戴德传《礼记》，称《大戴礼记》。

△ 先秦儒家认识论的一个重要命题"格物致知"语出《礼记·大学》："格知在格物。格物而后知至。"其本义为通过对某事某物的考验、检验或穷究以获得正确的知识。在经过汉儒和宋明理学家的注释后，它被曲解成"穷天理、明人伦、讲圣言、通世故"之意。至明末清初西方科学技术传入中国之后，"格物"、"格致"等成为科学或物理的代名词。［林文照，"格物致知"学说及其对中国古代科学发展的影响，自然科学史研究，1988，7（4）：305～310］

△ 早期的长度单位多是以人体各个部位为依据而建立的，《大戴礼记》和《孔子家语》中都有"布手知尺"和"布指知寸"，这是关于后世常用的长度单位"尺"和"寸"的较早记载。（丘光明等，中国科学技术史·度量衡卷，科学出版社，2001年，第14～15、39页）

△《大戴礼记·易本命第八十一》中有："坚土之人肥，虚土之人大，沙土之人细，息土之人美，耗土之人丑。"明确提出人的体形、容貌和肤色是由地理环境所决定的。［唐锡仁，论先秦时期的人地观，自然科学史研究，1988，7（4）：312］

△《礼记·月令》记载一年12个月中每个月的天象、物候及应行的政令。

△《礼记·月令》曰："孟夏之月……是月也，天子饮酎，用礼乐。"酎是一类以曲为主、经重复发酵而成的酒。战国时代只有贵族才能饮用它，后来到了秦汉时期获得了推广。

△《礼记·效特性》中有"迎猫以食鼠，迎虎以食豕"，说明此前的人们期望通过祈祷使有害动物的天敌来帮助人们消灭它们。（罗桂环、汪子春主编，中国科学技术史·生物学卷，科学出版社，2005年，第76页）

△《礼记·月令》记载养蚕已有专用蚕室，使用蚕卵育种技术。

△《礼记·月令》已记载牛、马等家禽的适宜配种期。

△《礼记·月令》中"秋季之月，菊有黄花"为中国栽培菊花的较早记载。

△《礼记·曲礼》记载祭祀用的"五果"为桃、李、梅、杏和枣。

△《礼记·内则》已有利用蜂蜜的记载："子事父母，枣栗饴蜜以甘之。"

△《礼记·曲礼上》中有"娶妻不娶同姓"，否则"为其近禽兽"（郑玄注）。说明人们已认识到近亲繁殖会有弊端。

△《礼记·月令》曰："仲冬之月，……乃命的酋，秫稻必齐，曲蘖必时，湛炽必洁，水泉必香，陶器必良，火齐必得。兼用六物，大酋监之，毋有差贷。"这是当时酿酒工艺的重要经验总结，已颇科学，为后人所重视和借鉴。

△《礼记·月令》载："季春之月，……命司空曰，时雨将降，下水上腾。循行国邑，周视原野，修利堤防，导达沟渎，开通道路，毋有障塞。"可以认为这是国家大法中的水利条款。

△ 曾专设舟牧这一官职，以执行类似如当今船舶检验机构的验船师的职责。（《礼记·月令第六》）

《管子》

△《管子》为战国时各学派的论文汇集，相传为春秋时齐国管仲（？～公元前645）所著，战国时代已流行。今本《管子》由西汉刘向编定。该书虽然内容比较庞杂，但却是保存丰富的思想资料[1]。（任继愈，中国哲学发展史·先秦，人民出版社，1983年，第354页）

△《管子·宙合》中提到："天地，万物之橐，宙合又橐天地"，初步提出了空间和时间

---

[1] 本书将《管子》所记述的时间无考的事件均放在此处。

相互关联而又有边界的概念。（戴念祖，中国力学史，河北教育出版社，1988 年，第 88 页）

△《管子·四时》较早将阴阳以及四方和五行联系起来。

△《管子·乘马》最早提出了国都选址的地理条件和方位要求："凡立国都，非于大山之下，必于广川之上。高毋近旱而水用足，下毋近水而沟防省。因天材，就地得，故城廓不必中规矩，道路不必中准绳。"（唐锡仁等，中国科学技术史·地学卷，科学出版社，2000 年，第 138 页）

△《管子·地图》是我国早期阐述地图性质、用途的重要著作。据书中所载，当时的地图包括山川陵陆、平原沼泽、林木草苇、城镇交通等内容。

△《管子·地数》较系统地总结出了金属矿床的 6 种共生关系：赭-铁；磁石-铜、金；陵石-铅、锡、赤铜；铅-银；银-丹砂-黄金，是世界上最早记述共生矿产的文献之一，也是我国古籍中有关磁石和磁性矿的最早记载。（夏湘蓉等，中国古代矿业开发史，地质出版社，1986 年，第 318 页）

△《管子·度地》将河流水系分为川水、经水、枝水和谷水四级，是中国最早提出河流水系分级的著作。文中论述了水流和曲流的特性，提出计算坡降的公式。[水利水电科学研究院《中国水利史稿》编写组，中国水利史稿（上册），水利电力出版社，1979 年，第 104 页]

△《管子·水地》指出："水者何也？万物之本原也，诸生之宗室也。"认为水乃是宇宙的本原。该篇强调水和土是人性美恶、愚俊的根源，反映了水文、土壤决定论的思想。（唐锡仁等，中国科学技术史·地学卷，科学出版社，2000 年，第 149 页）

△ 我国最早的农业土壤学著作《管子·地员》问世。篇中区分各种土壤极为详细，并分别讲述宜于各种土壤的植物及地下水的高低等，是古代比较深入地讲解土壤和植物生长关系的著作。（王毓瑚，中国农学书录，农业出版社，1964 年，第 3 页）

△《管子·山权数》中有："民之有通于蚕桑，使蚕不疾病者，皆置之黄金一斤，直食八石"，蚕病防治受到重视和提倡。

△《管子·地员》以猪马牛羊野鸡的鸣叫声比拟五音的音品。（戴念祖，中国声学史，河北教育出版社，1994 年，第 66～69 页）

△《管子·地员》记述了"凡草土之道，各有谷造。或高或下，各有草物"。叙述了一些地域的植物分布与地势高度和地下水位的关系；并编排了植物分布序列。这是我国最早的一篇植物生态学文献。（夏纬瑛，管子地员篇校释，农业出版社，1981 年）

△《管子·水地》中有："人，水也。男女精气合而流形。三月如（而）咀（蛆）……五月而成，十月而生。"已经试图解释人体胚胎发育过程。

△《管子·水地》高度强调水和地的重要性，认为水和地是万物的根源：水是"美、恶、贤、不肖、愚、俊之所生也"；水是"美、恶、贤、不肖、愚、俊之所产也"。[唐锡仁，论先秦时期的人地观，自然科学史研究，1988，7（4）：312]

## 战国末至汉武帝时期

△ 云南江川李家山滇文化墓葬出土的战国末期至汉武帝时期的青铜臂甲上有一幅图画，上面刻有 17 只动物。这些动物可分为两组，其中生动地描述一种动物捕捉其他动物为食物的情景，表明对食物链关系已有一定认识。[刘敦愿，古代艺术品所见"食物链"的描写，农业考古，1982，（2）]

# 秦 朝

**公元前 221 年　庚辰　秦始皇帝二十六年**

△ 秦灭齐，至此韩、魏、楚、燕、赵、齐六国尽亡，秦王嬴政（秦，公元前 259～前 210）统一全国，建立一个咸阳为首都的幅员辽阔的国家。这个国家的疆域，东至海，西至陇西，南至岭南，北至河套、阴山、辽东。秦王政结束长期的诸侯割据局面，建立了中国历史上第一个统一的、多民族的、专制主义中央集权的封建王朝——秦朝，号称秦始皇。秦朝的建立为中国封建文化的发展和各民族各地区文化交流奠定了政治基础。（《史记·秦始皇本纪》）

△ 李斯（秦？～前 208）受命统一文字。他以秦国的文字为基础，参照六国文字，制定小篆，并写成范本，在全国推行。（《史记·秦始皇本纪》）

△ 秦置三公九卿，其中太史掌天文、历法兼记事修史；太医掌医学。在少府设铁官。（《史记》卷 130）御史中丞掌管地图及其他重要机密档案。（《汉书·百官公卿表》）

△ 秦九卿之一典客（汉景帝更名大行令，汉武帝更名大鸿胪）为中国历史上中央政府最早设置的专掌少数民族事务的机构与官吏，有利于各民族间政治、经济、文化的交流。

△ 秦统一中国，在全国颁行以十月为岁首的《颛顼历》。用斗柄指向标示 12 个月，用 12 建除注历，已形成十二生肖纪年系统，还使用一种分一昼夜为 16 时段的方法记时，如十月"日六夕十"、十一月"日五夕十一"，等等。（《史记·秦始皇本纪》；饶宗颐、曾宪通，楚地出土文献三种研究，中华书局，1993 年，第 405～522 页）

△ 秦结束战国币制混乱状态，统一币制，确定黄金和"半两"（青铜钱）为两种基本货币。（北京钢铁学院《中国冶金简史》编写小组，中国冶金简史，科学出版社，1978 年，第 92 页）

△ 秦始皇颁发统一度量衡的诏书，强调由中央掌握度量衡法制，度量衡器上一律加刻始皇帝统一度量衡四十字诏书；又以商鞅（秦）统一秦国度量衡制订的，并在秦国已实施 100 多年的度量衡标准推广到全国。（《史记·秦始皇本纪》；丘光明等，中国科学技术史·度量衡卷，科学出版社，2001 年，第 174～176 页）

△ 现藏于陕西博物馆的始皇铜权，权身为瓜棱，棱间刻始皇诏书 14 行，文字清晰，是近年所见保存最完好的一斤铜权，重 248 克。（丘光明等，中国科学技术史·度量衡卷，科学出版社，2001 年，第 187～188 页）

△ 秦始皇接受李斯的建议，把全国分成 36 郡，每个郡又分成数目不等的县。从此郡县变成中央管辖下的地方行政单位，确立了中央集权的制度。郡县制为后世所效仿，最后演变成今日仍在实行的省县制。（唐锡仁等，中国科学技术史·地学卷，科学出版社，2000 年，第 174 页）

△ 秦灭六国过程中，每破一国，即在秦都咸阳（今陕西咸阳东北）附近仿造该国宫室。至此在雍门（今陕西凤翔东南）以东，咸阳以西，泾、渭之间建成规模宏伟的以咸阳宫为中

心、具有南北中轴线的庞大的宫苑建筑群，为中国建筑史上一大奇观。[《史记·秦始皇本纪》；秦都咸阳考古工作站、刘庆柱，秦都咸阳几个问题的初探，文物，1976，（11）：25；周维权，中国古典园林史，清华大学出版社，1999年，第42页]

△ 在宫室间已有复道——两层的廊道，上层封闭、下层敞开；在宫苑区修建甬道——在道路两旁加筑墙垣，以确保皇帝的安全。（唐·张守节：《史记正义》）

△ 在咸阳北坡宫殿建筑群遗址中，发现有青铜的构件和类似合页、插销等铸件；有取暖用灶，墙内有烟道。

△ 秦初有提取深井水的机械——辘轳，时称"橰栌"。（秦·李斯：《仓颉篇》）

△ 秦始皇收缴大量铜兵器铸成12座大铜人，各重24万斤。（《史记·秦始皇本纪》；北京钢铁学院《中国冶金简史》编写小组，中国冶金简史，科学出版社，1978年，第119页）

△ 约是年后不久，常頞（秦）奉命修筑"五尺道"，由四川盆地南部通向云贵高原，道宽五尺，成为沟通中原与西南地区交通的重要纽带。（《史记·西南夷列传》）

△ 是年前，篆文的思字，从囟从心，意味着"思"和"忧"等精神活动都是在心和脑中体现出来的。[宋问元，祖国医学的神经论及其来源，医学史与保健组织，1957，（1）]

**公元前220年　辛巳　秦始皇帝二十七年**

△ 大约是年，历家测得冬至点在赤道牵牛初度。（潘鼐，中国恒星观测史，学林出版社，1989年，第34页）

△ 全国性的交通网开始建立。修建以秦都咸阳为中心，呈一巨大弧形向北、东北、东和东南辐射的一批称为驰道的公路，少数几条主要道路远及偏远到西边。遍及全国的驰道，道路宽广，路面用铁杵夯实，两旁遍植青松，除中央3丈皇帝专用外，又厚筑其外，为人行旁道。"车同轨"的措施极大地促进了全国政治、经济、文化诸方面的联系。（《史记·秦始皇本纪》；《汉书·贾山传》；席龙飞等主编，中国科学技术史·交通卷，科学出版社，2004年，第586～590页）

**公元前219年　壬午　秦始皇二十八年**

△ 秦始皇（秦，公元前259～前210）东巡至邹峄山（在今山东峄县），旋即封禅泰山。复东抵之罘（在今山东福山），南登琅琊（今山东西南）。此后秦始皇多次出巡，祀祭名山大川。（《史记·秦始皇本纪》）

△ 秦始皇遣方士徐福（秦，又称徐市）率振男女三千人，资以五谷种子，百工匠人，入海寻求三神山。徐福出航后"得平原广泽止王不回"。所述平原广泽被推定是日本。此为中国古代大规模海上航行的最早记载，标志着秦朝造船及航海技术的发达。徐福为中国古代早期航海探险家之一，后人视此为中日经济、文化交流的发轫。（《史记·淮南衡山列传》卷181；孙光圻，中国古代航海史，海洋出版社，1989年，第148页）

△ 秦始皇发兵略取南越路漯地，为了转运粮饷军需，是年，秦监郡御史禄（秦，又称监禄）在今广西兴安境内，征集民工数十万，开凿灵渠运河。引湘江上源水接通漓江，全长66.8里。渠之北端接湘江，经长沙入洞庭湖，在城陵矶入长江；南端经漓江接桂江、西江、珠江达于广州。将珠江、长江、淮河、黄河流域联络成一片水运网。灵渠巧妙地利用了湘漓上源相接近的地形特点，修建铧嘴，将湘江一分为二，又劈开分水岭，将南流的一支导入漓

江，再配合修建溢流天平和调节航深的斗门等设施，达到跨流域引水通航的目的。灵渠在秦始皇统一岭南大业和跃进岭南经济文化发展中，发挥了重要作用。(《史记·秦始皇本纪》；唐兆民，灵渠文献粹编，中华书局，1982 年，第 126 页)

## 公元前 217 年　甲申　秦始皇三十年

△ 狱吏喜 (秦，公元前 262~?) 葬于湖北云梦睡虎地，随葬有大量法律文书竹简——云梦秦律。律文是秦国从战国晚期到秦始皇时 (公元前 309~前 217) 陆续制定和颁布的，是中国现存最早的成文法典。(睡虎地秦墓竹简整理小组，睡虎地秦墓竹简，文物出版社，1978 年)

△ 云梦秦律[①] 中《田律》是为保护水流、山林等自然资源而制定。

△ 云梦秦律中有中国现存最早的一个畜牧法——《厩苑律》。其中规定每年评比、考核耕牛的时间，奖罚内容，反映了战国时期秦国对饲养耕牛的重视。《仓律》中规定了我国最早的马匹饲养标准。(睡虎地秦墓竹简整理小组，睡虎地秦墓竹简·厩苑律，文物出版社，1978 年，第 30~31 页)

△ 云梦秦律中，较详细地记载了有关法医学的内容，主要包括活体及现场和尸体的勘查等。

△ 云梦秦律中，已详细地记述了麻风病的症状，以及麻风病的隔离室——"疠所"。[傅芳，考古发掘中出土的医学文物，中国科技史料，1990，11 (4)：69 ]

△ 云梦秦律中有《工律》，其中规定：政府部门以及官营手工业作坊使用的度量衡器，皆由官府指定的部门每年校正一次；《效律》则对被检没器物允许误差范围以及超出误差标准后的惩罚制度，都做了十分具体的规定。(睡虎地秦墓竹简整理小组，睡虎地秦墓竹简，文物出版社，1978 年，第 70、108、113~114 页)

△ 云梦睡虎地一座秦墓出土了固体墨锭。同时出土的还有布满墨痕的石砚和写满墨字的木牍。表明至迟是年已制备固体墨锭。[湖北孝感地区第二期亦工亦农文物考古训练班，湖北睡虎地十一座秦墓发掘简报，文物，1976，(9)：53]

△ 云梦秦律中《田律》条款中有"十月，为桥，修坡堤，利津溢"的规定。

## 公元前 216 年　乙酉　秦始皇三十一年

△ "使黔首自实田"，即令百姓自己申报土地，进一步确认土地私有制。(《史记·秦始皇本纪》裴骃《集解》引"徐广曰")

## 公元前 215 年　丙戌　秦始皇三十二年

△ 秦始皇 (秦，公元前 259~前 210) 巡行燕地，颁令堕毁关中诸侯旧城郭，决通堤防，夷平险阻，加强了全国政治、经济、文化的联系。(《史记·秦始皇本纪》)

△ 建于是年前后的辽宁绥中姜女石秦汉建筑群址，是以石碑地遗址为中心，以止锚湾、黑山头为两翼，其后包括瓦子地、周家南山 5 处建筑址及大金丝屯窑址共同组成的一个遗址群，是一处兼有苑囿和礼仪性质的大型行宫遗址，与秦始皇东巡碣石有关。(文物出版社编，

---

① 现将湖北云梦睡虎地秦律中的相关条目放置在此。

新中国考古五十年，文物出版社，1999年，第103页）

### 公元前214年　丁亥　秦始皇三十三年

△ 在兵取岭南地后，置桂林（治所在广西桂平西南）、南海（治所在今广州）和象郡（治临尘，今广西崇左境）。发谪戍55万人至岭南，与百越杂居，对当地民间习俗与生产技术均产生积极影响。（《史记·南越列传》）

△ 是年前，岭南百越人已开始利用海洋潮水耕田，"田随潮水上下，民垦食其田"。[北魏·郦道元：《水经注·叶渝水》引《交州外域记》；孙关龙等，中国：世界海洋农牧化的先驱，自然科学史研究，1999，18（1）：79]

△ 是年起开始，秦始皇派大将蒙恬（秦，？～前210），督30万士卒、民夫和囚徒，费时10多年，将原燕、赵各国长城修连，并增建亭障关隘，西起甘肃临洮（今属甘肃），东至辽东碣石，城长万里，大部土筑，史称"紫塞"，即中国历史上第一条万里长城，遗迹仍在，为世界著名宏伟建筑之一。（《史记·蒙恬列传》；文物编辑委员会，中国长城遗迹调查报告集，文物出版社，1981年）

### 公元前213年　戊子　秦始皇年三十四年

△ 在李斯（秦）的建议下，秦始皇（秦）下令焚毁书籍。除博士官藏书和秦国史书，以及历法、术数、医学、种树等书籍外，其他书籍一律烧毁。次年，又坑死犯禁者460余人。焚书坑儒事件，不仅压制了学术的争鸣，而且极大地破坏了中国古代文化典籍，其影响是十分深远的。（《史记》卷六；何兆武等，中国思想发展史，中国青年出版社，1980年，第153页）

### 公元前212年　己丑　秦始皇年三十五年

△ 发隐宫、徒刑70万人始筑秦朝最大的宫殿建筑群——朝宫，遗址在今陕西西安西郊的赵家堡。朝宫的前殿就是历史上有名的阿房宫。阿房宫在秦惠王时期已草创，是年在原基础上做了扩建，建成一组以"前殿"为主体的宫殿建筑群。阿房宫是在一阶级状的大夯土台上分层作外包式的建筑，其体量虽大但形象简单。（《史记·秦始皇本纪》）

△ 阿房宫遗址出土大量五角形直径60厘米的下水道管，并发掘出浴池、冰库等设施。[秦都咸阳考古工作站，秦都咸阳第一号宫殿建筑遗址简报，文物，1976，（11）]

△ 在建造阿房宫前殿中，利用磁石之吸铁性建造北阙门以资防卫，名曰"磁石门"。（《史记·秦始皇本纪》）

△ 位于陕西临潼县城东骊山的秦始皇陵园自是年开始投入70万人加紧营建。

### 公元前211年　庚寅　秦始皇三十六年

△ 秋，秦始皇使者夜过华阴，有人出曰："明年祖龙死。"始皇因此问卜，得卦"游徙吉"，遂迁3万家至榆中（今陕西榆林）。（《史记·秦始皇本纪》）

### 公元前210年　辛卯　秦始皇三十七年

△ 秦始皇（秦，公元前259～前210）出游，南至云梦；浮江而东，至钱塘（今浙江杭

州），以浙江（钱塘江）水波恶，西行从狭处渡，至会稽山（今浙江绍兴）祭大禹。还过吴
（秦会稽郡汉所，今江苏苏州），渡江北上至琅邪、之罘。此次南巡经过长江、黄海、渤海，
还环绕了今山东半岛，可见秦代时中国的航海实力已相当可观。（《史记·秦始皇本纪》；孙光
圻，中国古代航海史，海洋出版社，1989 年，第 126 页）

△ 秦始皇（秦，公元前 259~前 210）南巡至于今江苏丹阳，开丹阳至镇江的运河。继
在苏州以南，由嘉兴（由拳）治陵水道至钱塘江，为杭嘉运河前身。（汉·袁康：《越绝书·吴
地传第三》卷三）

△ 七月，秦始皇在巡视途中卒于沙丘（今河北广宗西北）。秦始皇统一事业及巩固多民
族的君主专制中央集权的一系列措施，对中国社会产生了巨大而深远的影响。

△ 位于陕西临潼县城东骊山的秦始皇陵园建成。陵基方 350 米，陵有城垣两重，陵前
1.5 公里处，有规模巨大的兵马俑坑，坑内地面隔墙用质量精好的条砖铺砌，且有曲尺形
砖，用于转秀。秦始皇陵是中国历史上第一个皇帝的陵园，其布局结构对此后历代帝王陵寝
建筑样式起了规范作用。始皇陵起寝于墓侧，改变了古不墓祭的葬制，汉代以后因袭不改。
[秦始皇陵，文物，1975,（11）：30；杨宽，秦始皇陵园布局结构的探讨，文博，1984,
（3）：10~16]

△ 秦始皇陵陵东三大从葬坑中，布列由步、车、骑诸兵种组成的宏大雄伟兵马俑军阵，
数量之多，体形之大，雕塑之美，烧制之精，历史价值之高，无一不为世界之最。使我国陶
塑艺术达到了高峰。[秦始皇陵秦俑坑考古发掘队，秦始皇兵马俑出土的陶俑陶马制作工艺，
考古与文物，1980,（3）：108~119]

△ 秦始皇陵出土陶俑彩绘的颜料主要有红、绿、蓝、黄、紫、褐、白和黑等 8 种颜色。
这表明中国先民很早就大量生产和使用这些颜料。其中铅白 $[PbCO_3 \cdot Pb(OH)_2]$ 和铅丹
$(Pb_3O_4)$ 不是天然产品，而是人工制造的。它们是迄今为止中国发现的最早的人造颜料。
（赵匡华等，中国科学技术史·化学卷，科学出版社，1998 年，第 68~69 页）

△ 秦始皇陵西侧出土两辆彩绘铜车马，车、马、俑均为青铜铸成，采用镶铸、焊接、
铆接、活铰链连接和销钉固定、金银细工等多种金属加工技术制作而成，技艺精湛，形态逼
真，堪称世界之最。（王学理，秦陵彩绘铜车马，陕西人民出版社，1988 年）

△ 秦始皇陵寝殿中，上具天象、下具地理，又以水银造成江河大海的形状，用机械传
动装置使水银流动循环，此为中国最早的地形模型。（《史记·秦始皇本纪》）

△ 秦始皇陵兵马俑坑出土兵工产品已初具标准化和规范化。坑内出土的大量铜弩机不
仅制作规正，而且具有通用性、互换性。坑内还出土了数以千计的三角形铜镞，经测量三个
楞脊的长度的误差也很小。可见，当时有一套卡具和专用量具，而且具备诸多的专业化工匠
和检测工具。（丘光明等，中国科学技术史·度量衡卷，科学出版社，2001 年，第 102 页）

△ 为了加强北方的防务，秦始皇派大将蒙恬（？~前 210）修筑直道。这条南北向的主
要大路，起于咸阳之北不远的秦始皇夏宫云阳，朝北进入鄂尔多斯沙漠，然后跨越黄河的北
部大弯道，最后止于九原（今内蒙古包头之西约 200 公里的五原），总长约 800 公里。此道
残址至今犹存，在多山的南部直道多 5 米宽，在平坦的北部最宽可达 24 米，且有许多地方
大致与现代道路平行。[史念海，秦始皇直道遗迹的探索，文物，1979,（10）]

**公元前 221～前 210 年　秦始皇时**

△ 秦始皇时有以动物油脂或蜂蜡制成的蜡烛。《史记·秦始皇本记》载："以人鱼膏为烛"。"人鱼"指鲸或江豚。

△ 秦皇岛金山嘴秦代建筑群遗址于 1986～1991 年被发掘，总面积近 10 万平方米，分金山嘴、横山和横山北 3 个南北相间的地点，出土了丰富的建筑构件和生活用具等文化遗物。建筑结构上采用夯土筑墙和室内用柱，屋顶系用板瓦和筒瓦铺叠而成，每一相对独立的建筑单元外围普遍环以围墙。据推测为秦始皇东巡的行宫遗址。[河北省文物研究所等，金山嘴秦代建筑遗址发掘报告，文物春秋，1992，（增刊）]

△ 秦始皇时在今咸阳东修建兰池宫，挖池引渭水，堆筑岛山为蓬莱山，以摹拟海上仙山的形象。此为有关园林筑山、理水并举的较早记载。（《历代宅京记·关中一》引《秦记》；周维权，中国古典园林史，清华大学出版社，1999 年，第 45～46 页）

△ 秦代造船工场遗址在今广州中山路被发现。在地表下 5 米深处，有三个呈东北—西南走向的木质水平式船台及长 88 米以上的斜坡式下水滑道。船台上为排列整齐的枕木，枕木上铺放厚 15～17 厘米的厚板作为滑板，滑板上置木墩，木船架在木墩上建造，据推测已能建造载重 10 吨的大型木船。除造船台外还有木料加工场。在造船设备上，这处船场已采用船台和滑道下水结合的结构原理。这一造船工场约一直沿用至南越赵佗称帝时，反映秦汉之际造船业的宏大规模与高超技艺。（麦英豪，发掘·保护·使用广州田野考古例举，东南亚考古论文集，香港大学美术博物馆编，1995 年）

**秦汉之际**

△《管子·幼官》[①] 中有将一年分为 30 个时节及其相关政令的记述。

△ 型版防染印花在古代又称夹缬，是我国古代最具代表性的染色方法之一，其出现时间，据《二仪实录》记载："夹缬，秦汉始有之。"（宋·高承：《事物纪原》卷十引《二仪实录》）

---

① 罗根泽认为《管子·幼官》为秦汉之际作品。

# 汉 朝

## 西 汉 时 期

### 西汉初期（早期）

△ 中国炼丹家炼制砷黄铜大约始于西汉初年，当时所采用的"点化"药物是雄黄、砒石。淮南王刘安（西汉）的《淮南子》中曾提到"饵丹阳之伪金"，大概就是以含砷矿物（雄黄、雌黄、砒石）点化丹阳铜所成的砷黄铜。（赵匡华、周嘉华，中国科学技术史·化学卷，科学出版社，1998年，第205页）

△ 汉初，封建诸侯有时按地图划分势力范围。地方政府须向中央进献地图。这种规制被后世所沿用。（《史记·三王世家》）

△ 约此时期的广西贵倒罗泊湾1号墓出土木尺2支、竹尺1支。其中表面有髹黑漆木尺，长23厘米，正面刻十寸，未刻分。现藏广西壮族自治区博物馆。[广西壮族自治区文物工作队，广西贵倒罗泊湾1号墓发掘简报，文物，1978，(9)]

△ 西汉早期分封于徐州地区的楚王夫妇墓驮篮山汉墓于1989～1990年发掘。墓内盥洗设施完整，有厕间和沐浴室。（文物出版社编，新中国考古五十年，文物出版社，1999年，第159页）

△ 西汉早期徐州市火山刘和墓于1996年发掘，墓中的银缕玉衣是迄今中国出土玉衣时代最早且完整的一件。（徐州汉代考古又有重大发现——徐州汉皇墓出土银缕玉衣等文物，中国文物报，1996-10-20）

### 公元前206～前195年　西汉高祖时

△ 汉高祖时，闽越王献"石蜜石斛，蜜烛二百枚"（《西京杂记》）。蜜烛即以蜂蜡制成的蜡烛。

### 公元前206年　乙未　西汉王元年

△ 此时所用的漏壶为泄水型（沉箭式）单漏壶、受水型（浮箭式）单漏壶，或这两者的复合应用。漏刻制度以冬至昼漏45刻、冬至后每过9日昼漏增加1刻，到夏至昼漏为65刻，这一制度可能在秦代业已使用。至于分一日为百刻的时制，应肇始于先秦时期。（《初学记》卷二十五引《梁漏刻经》；陈美东，试论西汉漏壶的若干问题，中国古代天文文物论集，文物出版社，1989年，第137～144页）

△ 相传楚汉战争中，刘邦（汉高祖，公元前256～前195）一度被围，因放鸽联系援兵而围解，此为信鸽传讯的较早记载。此后，张骞、班超出使西域时都曾使用信鸽。

△ 项羽（秦，公元前233～前202）焚秦都咸阳，包括阿房宫建筑群在内的秦代宫室皆毁于一炬，大火三月不灭。（《史记·项羽本纪》）

△ 樊哙（西汉）在今陕西留坝县马道镇上跨褒水的一条支流樊河（今西河）上修建了

樊河桥。此为史籍所载最早的铁索桥。(《汉书·艺文志》；唐寰澄，中国科学技术史·桥梁卷，科学出版社，2000年，第499页)

**公元前 200 年　辛丑　西汉高祖七年**

△ 萧何（汉，？～前193）在长安（今西安市）建石渠阁，收藏律令、图籍和文书。这是中国最早的专门收藏图书的机构。(《三辅黄图》卷六)

△ 汉初定天下，即令丞相萧何（西汉）主持，阳成延（西汉）负责设计施工，长安都城建设工程开始启动。到是年十月，长乐宫落成。又继续营建未央宫。两宫同为西汉长安主要的宫殿园林建筑群，后续有增建，至武帝时未央宫有台殿43、池13、山6、门闼95，外围周长达70里。以长乐、未央宫为主体建筑的汉长安城初具规模，成为中外闻名的历史文化名城。[《三辅黄图》卷一；王仲殊，汉长安城考古工作初步收获，考古通讯，1957，(5)]

△ 陕西西安市郊的汉武库修建。以此库藏禁兵器，名曰灵金内府。现已挖掘建筑遗址7处，用于存放兵器类型不同，建筑形制有区别，发掘出土兵器，以铁制为主，钢武器次之，还有当时武库内修理用具铁锛、凿、锤等。武库出土的钢刀、镞等经鉴定是炒钢制品，为研究西汉时期钢铁技术发展提供了珍贵资料。(杜葂运等，汉长安城武库遗址出土部分铁器的鉴定，考古学集刊，第5辑，中国社会科学出版社，1982年)

**公元前 3～前 1 世纪**

△ 刘徽《九章算术注序》说："周公制礼而有九数，九数之流则《九章》是矣。往者暴秦焚书，经术散坏。自时厥后，汉北平侯张苍（约公元前255～前152）、大司农中丞耿寿昌皆以善算命世，苍等因旧文之遗残，各称删补。故校其目则与古或异，而所论者多近语也。"这是关于《九章算术》的编纂过程的最早、最准确的论述。张苍等搜集因秦火及秦末战乱而散坏的残简，加以删补，将旁要扩充为勾股，补充了若干新的方法和题目，编定《九章算术》。它包括方田、粟米、衰分、少广、商功、均输、盈不足、方程、勾股九章，上百条一般方法，246个问题。在分数运算、比例算法、开平方和开立方、面积和体积、盈不足算法、线性方程组解法、正负数概念及加减法则、解勾股形及勾股数组等方面都取得了当时世界领先的成就，不仅构筑了古代中国和东方数学的基本框架，确立了其以计算为中心，并且其算法具有构造性、机械化的特点，理论密切联系实际的风格，奠定了中国传统数学领先世界数坛一千五百多年的基础，而且标志着世界数学研究的中心从古希腊转移到了中华大地，数学从以研究空间形式为主转变为研究数量关系为主。(郭书春汇校，九章算术，辽宁教育出版社，1990年)

△《九章算术·均输》中给出均输术以处理远近劳费问题，是一种复杂的配分比例问题。此法首先根据各县户数或人数，行道日数及物价、佣价等因素计算出使各县费功均等的均平之率，以求出各县的列衰。其后再利用衰分法求解。(郭书春，古代世界数学泰斗刘徽，山东科学技术出版社，1992年，第20～21页)

△《九章算术》均输章"金箠"、"五人分五钱"、"九节竹"等问的解法实际上是用衰分术解决等差级数问题。(郭书春汇校，九章算术，辽宁教育出版社，1990年)

△《九章算术》均输章解决了络丝、恶粟求粺、持米（金）出关等问题，实际上都是连比例问题，后来刘徽用重今有术或三率悉通直接应用今有术求解。(郭书春汇校，九章算术，

辽宁教育出版社，1990 年）

　　△《九章算术》的"贷人千钱"实际上是复比例问题。（郭书春汇校，九章算术，辽宁教育出版社，1990 年）

　　△《九章算术》均输章解决了"犬追兔"、"客去忘持衣"等若干追击问题。（郭书春汇校，九章算术，辽宁教育出版社，1990 年）

　　△《九章算术》均输章给出了凫雁、长安至齐、成瓦、矫矢、假田、程耕、五渠共池等问的解法，刘徽都称之为同工共作类问题。（郭书春汇校，九章算术，辽宁教育出版社，1990 年）

　　△《九章算术·方程》中给出的方程术为全书最高的数学成就。所谓方程即今之多元线性方程组。方程术用直除法结合类似于现今代入法的程序消元，给出了多元线性方程组的普遍解法。（郭书春，古代世界数学泰斗刘徽，山东科学技术出版社，1992 年，第 44～47 页）

　　△《九章算术》方程章创造的方程术消元法。直除就是整行与整行对减，欲用甲行消去乙行某项的系数，先用甲行该项系数乘乙行所有的项，再一次次减去甲行，直至乙行该项系数化为 0。（郭书春汇校，九章算术，辽宁教育出版社，1990 年）

　　△《九章算术·方程》中给出损益术："损之曰益，益之曰损。"是建立方程时需要用到的一种方法，其法相当于现今由关系式的一端向另一端移项。移项后由加变减，由减变加，相当于改变符号。（郭书春，古代世界数学泰斗刘徽，山东科学技术出版社，1992 年，第 47～51 页）

　　△《算数书》中已出现负数概念。《九章算术·方程》中给出正负术："正负术曰：同名相除，异名相益。正无入负之，负无入正之。其异名相除，同名相益。正无入正之，负无入负之。"这是（为）正负数完整的加减法法则。前四句是正负数减法法则：若 $a \geqslant b \geqslant 0$，则 $(\pm a)-(\pm b)=\pm(a-b)$；若 $0 \leqslant a \leqslant b$，则 $(\pm a)-(\pm b)=\mp(b-a)$；若 $a \neq 0$，则 $0-(\pm a)=\mp a$。后四句是正负数加法法则：若 $a \geqslant b \geqslant 0$，则 $(\pm a)+(\mp b)=\pm(a-b)$；若 $0 \leqslant a \leqslant b$，则 $(\pm a)+(\mp b)=\mp(b-a)$；若 $a \neq 0$，则 $0+(\pm a)=\pm a$。中国正负数概念和加减法则的提出超前其他民族几个世纪。［郭书春，《算数书》初探，国学研究，2003，(11)；郭书春，古代世界数学泰斗刘徽，山东科学技术出版社，1992 年，第 39～40 页］

　　△《九章算术》中没有明确用文字表达正负数的乘除法则，但是在方程章对方程消元时实际上使用了正负数的乘法和除法。正负数乘除法则在朱世杰的《算学启蒙》(1299) 中才出现。（郭书春汇校，九章算术，辽宁教育出版社，1990 年）

　　△《九章算术·方程》"五家共井"是我国现知记载的最早的不定方程组问题。《九章算术》使用方程术求出最先一组正整数作为它的解。公元 263 年刘徽注《九章》时说这个解法是"举率以言之"，实际上指出这是一个不定方程组。（钱宝琮，百鸡术源流考，钱宝琮科学史论文集，科学出版社，1983 年，第 17 页）

　　△《九章算术》勾股章中的"引葭赴岸"、"系索"、"倚木于垣"、"勾股锯圆材"、"开门去阘"等都是已知勾 $a$ 和股弦差 $c-b$ 求股、弦的问题，实际上使用了公式

$$b=\frac{a^2-(c-b)^2}{2(c-b)}$$

$$c = \frac{a^2 + (c-b)^2}{2(c-b)}$$

其"竹高折地"是已知勾与股弦和求股、弦的问题，实际上使用了公式

$$b = \frac{(c+b)^2 - a^2}{2(c+b)}$$

$$c = \frac{(c-b)^2 + a^2}{2(c+b)}$$

其"户高多于广"问是已知弦与勾股差求勾、股的问题，实际上使用了公式

$$a = \frac{1}{2}\sqrt{2c^2 - (b-a)^2} - \frac{1}{2}(b-a)$$

$$b = \frac{1}{2}\sqrt{2c^2 - (b-a)^2} + \frac{1}{2}(b-a)$$

其"持竿出户"问是已知勾弦差与股弦差求勾、股、弦的问题，实际上使用了公式

$$a = \sqrt{2(c-a)(c-b)} + (c-b)$$

$$b = \sqrt{2(c-a)(c-b)} + (c-a)$$

$$c = \sqrt{2(c-a)(c-b)} + (c-b) + (c-a)$$

刘徽给出了这些公式的抽象形式，并利用出入相补原理对之进行了证明。（郭书春汇校，九章算术，辽宁教育出版社，1990 年）

△《九章算术·勾股》"二人同所立"和"甲乙出邑"二问中，给出了求解整数勾股形的通解公式。整数勾股形即勾、股、弦都是整数的直角三角形。一般整数勾股形的解法相当于求解下列不定方程

$$x^2 + y^2 = z^2$$

《九章》中的公式相当于给出了整数勾股弦的一般表达式

$$勾:股:弦 = (m^2 - n^2):2mn:(m^2 + n^2)$$

其中 $m$ 和 $n$ 为满足 $m > n$ 的任意正整数。刘徽在《九章算术注》利用出入相补原理对这一公式做出了证明。在西方数学中，公元 3 世纪丢番图（Diophantus）最早给出整数勾股形的一般表达式问题。（李继闵，刘徽对整勾股数的研究，科技史文集，第 8 集，上海科学技术出版社，1982 年）

△《九章算术》勾股章"立四表望远"、"因木望山"等问[①]，是数学著作中首次出现用表测望的问题。南宋秦九韶《数书九章》有一与"立四表望远"类似的问题，云"以勾股夕桀求之"，或许这就是"夕桀"类问题。（郭书春汇校，九章算术，辽宁教育出版社，1990 年）

**公元前 3 世纪末**

△ 阉割术采用水骟法。楚汉分争时，大将韩信，因军营中军马多患热症，便将火骟法改为水骟法。传说水骟法始于黄帝时的董仲元。（明·喻仁、喻节：《元亨疗马集》）

△ 河南省西平县酒店乡出现冶炼生铁的竖炉。这是我国现存最早的冶炼生铁的竖炉

---

① 《九章算术》勾股章"立四表望远"、"因木望山"等问，据刘徽说，是张苍等补充的。

一。它由炉基、风沟、炉缸、炉腹构成，残高 2.1 米，炉腹上口大、内壁直，下部弧收，炉缸椭圆形 1.36 米×1.12 米。[河南省文物考古研究所，河南西平县酒店冶铁遗址，华夏考古，1998，（4）]

### 公元前 197 年　甲辰　西汉高祖十年

△ 约于是年前后，张苍（西汉，约公元前 255～前 152）提出的《颛顼历》较其他历法准确的建议被采用。西汉承用秦之《颛顼历》，颁行全国。（《汉书·律历志上》）

### 公元前 195 年　丙午　西汉高祖十二年

△ 汉袭秦制设置九卿，其中奉常属吏下设专门机构——太史，负责天象的观测与记录、历法的推算等；典客属官有译官，是为中国最早从事语言翻译的专门机构；少府隶属的太医令丞增置太医监、侍医等属官。（《后汉书·百官二》；《汉官仪》）

△ 西汉始设兰台，实具皇家图书馆性质，以御史中丞专掌其图书。（《汉书·百官公卿表》）

△ 秦代已设主管驿传的官署与属吏，至汉更广置邮亭，又专设驿骑，昼夜千里，速递文书消息，为后世邮驿通讯之滥觞。（《汉书·百官志》）

### 公元前 194 年　丁未　西汉惠帝元年

△ 约于是年，燕人卫满（西汉）率千余人，为避匈奴而度浿水（今朝鲜清川江）抵朝鲜，是为中朝间最早的大规模移民，对经济、文化交流均产生一定影响。（《史记·朝鲜列传》）

### 公元前 190 年　辛亥　西汉惠帝五年

△ 九月，长安城（今陕西西安西北）扩建工程完成。工程始于惠帝元年（公元前 194），先后征长安 600 里内数十万人。汉长安城城墙系板筑土墙，下宽约 16 米，高 8 米，东墙长 5940 米，南墙长 6250 米，西墙 4550 米，北墙 5950 米，每面三个城门与城内 3 条通衢相通。至此，长安城规模、布局基本奠定。城市选址符合"高毋近旱而水用足，下毋近水而沟防省"的原则。今尚存东、西墙及长乐、未央诸宫夯土建筑遗址，为中国古代城市建筑的重要遗存之一。[王仲殊，汉长安城考古工作初步收获，考古通讯，1957，（5）]

△ 汉长安城的城市选址符合"高毋近旱而水用足，下毋近水而沟防省"的原则。建筑以城壕、明渠以及排水管道、涵道、沟洫等构成的周密完善的城市水系，综合解决城市供水、排水、调蓄、航运等问题。[杜鹏飞等，中国古代的城市排水，自然科学史研究，1999，18（2）：139]

△ 长安城宫中已种有果木 27 种之多，枇杷、杨梅、荔枝、林檎等果树始见于记载。（《史记·司马相如列传》；《西京杂记》）

### 公元前 187 年　甲寅　西汉高后元年

△ 是年前，"平都铜椭量"制成。此器上兼刻县丞纠、仓吏亥、仓佐葵三级掾吏之名，当为平都县（今属重庆市）仓廪中使用的标准量器。（丘光明等，中国科学技术史·度量衡

卷，科学出版社，2001 年，第 213～214 页）

**公元前 186 年　乙卯　西汉高后二年**

△ 是年前抄写、原作时间无考的《脉书》和《引书》于 1984 年在湖北江陵张家山西汉墓中出土。前者记载经络学说，可补马王堆汉墓之缺。后者是详细描述导引的专著。[傅芳，考古发掘中出土的医学文物，中国科技史料，1990，11（4）：69 ～ 70]

**公元前 184 年　丁巳　西汉高后四年**

△ 吕后（吕雉；西汉，约公元前 241～前 180）下令关市、禁运铜铁等，禁止向岭南地区输出中原先进的铁器农具等生产工具。（《史记·南越列传》）

**公元前 179 年　壬戌　西汉文帝前元年**

△ 出现以大麻为主、掺有少量苎麻的西安灞桥古纸。此外还有甘肃居延金关古纸、陕西扶风中颜古纸、甘肃天水放马滩古纸、甘肃汉代邮驿悬泉置遗址的古纸。这些西汉古纸的出土说明中国在西汉已制造了原始形式的纸。（潘吉星，中国造纸技术史，文物出版社，1979 年）

**公元前 177 年　甲子　西汉文帝前三年**

△ 汉文帝因日食下罪己诏，表示要思过、纳言、行德政云云，首开后世不少帝王因日食、彗星等异常天象出现而罪己行善的先例。（《史记·孝文本纪》）

**公元前 175 年　丙寅　汉文帝前五年**

△ 中国较早的铁钱——四铢钱，亦称半两铁钱开始使用，湖南长沙衡阳均出土有铁半两钱，被认为是"西汉地方铸币"。（刘森，中国铁钱，中华书局，1996 年，第 14 页）

**公元前 174 年　丁卯　汉文帝前六年**

△ 汉以宗人女嫁与新立的匈奴老上单于，命宦者中行说（西汉）从往，中行说怨而降于匈奴，为之谋划，并传入汉地簿记方法与书牍形式。自汉初与匈奴和亲以来，至此汉地丝麻织品及食品已为匈奴人所喜好。（《汉书·文帝纪四》）

**公元前 169 年　壬申　西汉文帝前十一年**

△ 晁错（西汉，公元前 200～前 154）上《论守边备塞疏》，建议募民以实塞下，耕战结合以御匈奴，为汉文帝采纳。这一措施有效地屏卫了汉地经济文化，促进中原先进的经济向北方边地的传播。文中还提出在边地"营邑立城"的必要性和规划原则，以及民宅建筑的基本结构和形制。（《汉书·晁错传》）

**公元前 168 年　癸酉　西汉文帝前十二年**

△ 是年前，贾谊（西汉，公元前 201～前 168）著《六术》、《道术》、《道德说》，着重于概念的分析。他提出"德有六理"，即事物的性质有 6 个方面，一切事物存在和运动都有

遵循其准则。(任继愈，中国哲学发展史·先秦，人民出版社，1985 年，第 155~160 页)

△ 是年前，贾谊(西汉)在《服鸟赋》中提出"天地为炉"说。这是一种朦胧的万物都在变化，而且变化没有规则、没有极限的变化观。(席泽宗主编，中国科学技术史·科学思想卷，科学出版社，2001 年，第 197~198 页)

△ 约于是年前，长沙国丞相轪侯利苍(西汉，? ~前 193)与其子、妻葬于今湖南长沙江郊马王堆。马王堆汉墓出土文物为西汉前期文化瑰宝。(湖南省博物馆，马王堆汉墓研究，湖南人民出版社，1981 年)

△ 马王堆三号汉墓出土的帛书《天文气象杂占》中绘有 29 幅彗星图，均绘出彗头与彗尾两部分，而形态各异。当是楚人博采与总结天文家长期观测彗星形态成果之作。[席泽宗，马王堆汉墓帛书中的彗星图，文物，1978，(2)：5]

△ 马王堆一号汉墓中发掘的一套 12 支竹质律管，从其长短情形看，它是一套并非实用的明器，但它是迄今为止我们所见到的古代最完整的一套律管。(长沙马王堆一号汉墓发掘简报，文物出版社，1972 年)

△ 马王堆三号墓出土三幅绘在帛上的地图：《地形图》、《驻军图》和《城邑图》。《地形图》主区部分即今湘江支流潇水流域、南岭、九嶷区及其附近地区，内容详细，反映了山脉、河流、道路和居民点四大要求，精确度较高，尤其是采用闭合曲线并加晕线法表示山脉及其走向；《驻军图》是一幅用黑、红、浅蓝色绘制的彩色军事地图，图上军事要求素突出，真实地记录了当时长沙诸侯国在军事上的驻防备战形势；《城邑图》出土时残损较大，绘有城墙和亭阁等。这些实物充分证明，我国西汉时代地图的测绘技术，达到了较高的水平。(谭其骧，二千一百多年前的地图：马王堆汉墓出土地图所说明的几个历史地理问题，古地图论文集，文物出版社，1977 年)

△ 马王堆汉墓出土藕片、柿核、杨梅，保存完好的梅核和梅干，保存较为完好的枣果以及枣核，成筒的梨果以及许多梨核(鉴定为沙梨类型)，在女尸的食道和肠胃中发现 138 粒甜瓜子，经鉴定与现代栽培种相同。(湖南省博物馆，马王堆汉墓研究，湖南人民出版社，1981 年)

△ 马王堆三号汉墓出土帛书《相马经》，主要论述的是关于马的头部相法和四肢的大体相法，反映出当时人已掌握了一定的关于马的形态和生理学知识。它不仅区分马有良、奴(驽)之分，而且把良马进一步区分为国马、国保(宝)、天下马和绝尘诸等类型。(罗桂环、汪子春主编，中国科学技术史·生物学卷，科学出版社，2005 年，第 142 页)

△ 马王堆三号汉墓中埋葬了大量帛书与竹简，其中包括《五十二病方》、《足臂十一脉灸经》、《阴阳十一脉灸经》、《导引图》、《却谷食气篇》等 10 种医学类著作。这些医书是研究中国传统医学从经验医学向理论医学过渡时期最可靠的宝贵资料。[傅芳，考古发掘中出土的医学文物，中国科技史料，1990，11 (4)：69 ]

△《足臂十一脉灸经》和《阴阳十一脉灸经》(甲、乙本)是关于人体经脉的最早著作。它们所记载经脉的走向均是向心性，且基本上还没有与内脏发生联系，反映早期经脉学的概貌。书中已有汤、散、丸、药酒等剂型。

△《五十二病方》是现知最古的医方。书中共记载 52 种疾病的症状和治疗方法，载方 280 首，用药 243 种，许多不见于现存古本草学文献。书中强调预防破伤风，对股沟疝的治疗已创用疝带和疝罩，并已有简单的手术修补。对肛门痔漏论述详实，手术和非手术疗法丰

富。已用水银制剂治疗皮肤病。已有拔罐疗法的记载，时称作角法。已记载了泥疗法。［钟益研、凌襄，我国现已发现的最古医方——帛书《五十二病方》，文物，1975，（9）：49～60；马王堆汉墓帛书整理小组，五十二病方，文物出版社，1979年］

△ 马王堆汉墓出土的《却谷食气》是目前所能见到有关"行气"、"气功"的最早文献之一。［唐兰，马王堆帛书《却谷食气篇》考，文物，1975，（6）：14～15］

△ 马王堆汉墓出土的《养生方》、《杂疗方》的主体，以及《十问》、《合阴阳》、《天下至道谈》，均属后世称之为"神仙"与"房中"类著作。《十问》最早言及"五脏"、"六腑"。（廖育群主编，中国古代科学技术史纲·医学卷，辽宁教育出版社，1996年，第152页）

△ 马王堆汉墓出土的《胎产书》是最早的女科类著作，内载"逐月养胎法"。

△ 马王堆一号汉墓女尸以及湖北江陵凤凰山168号汉墓男尸的出土，说明此前中国尸体防腐技术已达到很高水平。［顾铁符，座谈长沙马王堆一号汉墓：关于尸体防腐问题，文物，1972，（9）：72～73］

△ 马王堆一号汉墓出土纺织品品种之多，数量之大，保存之完好，在历次考古发掘中十分罕见。其中一号墓出土纺织品100多件，有丝织服装、鞋袜、手套等一系列服饰以及整幅的或已裁开不成幅的丝绸和一些杂用丝织物，计有：素绢绵袍、绣花绢绵袍、朱红罗绮绵袍、泥金彩地纱丝绵袍、黄地素绿绣花袍、红菱纹罗绣花袍、素菱罗袍、泥银黄地纱袍、绛绢裙、素绢裙、素绢袜、素罗手套、丝鞋、丝头巾、锦绣枕、绣花香囊、彩绘纱带、素绢包袱等多种。这些丝织物，品种有纱、绢、罗、绮、锦、绣等；织物纹样有云气纹、鸟兽纹、菱形几何纹、人物狩猎纹、文字图案等；颜色有二十余种色泽，几乎包括了我们目前了解的汉代丝织品的绝大部分，充分展示了汉代初期纺织技术所达到的水平。（上海市纺织科学研究院、上海市丝绸工业公司文物研究组，长沙马王堆一号汉墓出土纺织品的研究，文物出版社，1980年，第1～126页）

△ 马王堆一号汉墓出土了一件素纱禅衣，衣长128厘米，袖通长190厘米，重仅49克，说明汉代纱质轻而细薄，犹如现今的尼龙纱。

△ 马王堆一号汉墓出土了几种起毛锦，从织物组织结构来看，大体可分为三重三枚经起绒锦和四重三枚经起绒锦。其织成花纹不仅立体，而且有层次。汉代出现的起绒织物后来成为我国织锦的传统工艺技术。（赵承泽主编，中国科学技术史·纺织卷，科学出版社，2003年，第43页）

**公元前167年　甲戌　西汉文帝前十三年**

△ 六月，汉文帝（刘恒，公元前207～前157）发"劝农"诏令。成帝时（公元前32～前8），规定每年春耕生产开始时，食俸"二千石"的地方官，都须深入农村，采取促进农业生产的措施。（《汉书》）

△ 大约在是年，淳于意（西汉，公元前205/216年～?）详述汉文帝诏问所述的25个病案，史称《诊籍》，是中国现存最早的医案。其诊治主要根据经脉、脏腑病变进行分析。（《史记·仓公传》；《史记·孝文本纪》；廖育群主编，中国古代科学技术史纲·医学卷，辽宁教育出版社，1996年，第61～64页）

**公元前 165 年　丙子　西汉文帝前十五年**

△ 卒于是年的汝阴侯的墓地——阜阳汉墓位于安徽阜阳县城西南。墓内出土漆器中有六壬栻盘、太乙九宫占盘和二十八宿圆盘。其中六壬栻盘，表示 12 个方位，可用它测量地形地物的方位。[严敦杰，关于西汉初期的式盘和占盘，考古，1978，(5)：334~337]

△ 阜阳汉墓出土的漆器和铜器的铭文，除有"女（汝）阴侯"字样外，还有器物名称、容量、重量、大小尺寸、制造年份和工匠名称等。[安徽省文物考古研究所等，阜阳又古堆西汉汝阴侯墓掘简报，文物，1978，(8)：12]

**公元前 156 年　乙酉　西汉景帝前元年**

△ 西汉时已有贵族、富豪的私园，规模比宫苑小，以建筑群结合自然山水。是年至公元前 141 年，梁孝王刘武（西汉）在今开封兴建兔园（梁园），方三百余里，除宫室外，园中有百灵山和雁池以及飞禽走兽。兔园以其山池、花工、建筑之盛以及人文荟萃而名重于当时。（《汉书》；《西京杂记》）

**公元前 152 年　己丑　西汉景帝前五年**

△ 三月，在长安（今西安）渭河上建造木梁柱桥——阳陵渭桥，后称东渭桥，是长安以东重要道路上的重要桥梁。此桥桥址已湮废无迹。唐开元九年（721）十一月在距今渭河南岸 2.5 公里处建江渭桥。（《史记·孝景本纪》；唐寰澄，中国科学技术史·桥梁卷，科学出版社，2000 年，第 37~39 页）

**公元前 146 年　乙未　西汉景帝中四年**

△ 禁止高 5 尺 9 寸以上、齿未平的马匹出关。（《汉书·景帝纪第五》）

**公元前 141 年　庚子　西汉景帝后三年**

△ 春正月，诏令郡国劝农桑，多种树；禁止官吏征发人民采黄金、珠玉。（《汉书·景帝纪第五》）

△ 景帝刘启（西汉，公元前 188~前 141）卒。景帝陵南阙门是中国发现年代最早、级别最高的一处三出阙。在景帝陵园 2 号高台上，发现直径 2.5 米的罗盘石，上面有阴刻的十字经纬线，正指磁北方向，为目前所知世界上较早的测量标石。（文物出版社编，新中国考古五十年，文物出版社，1999 年，第 433 页）

**公元前 140~前 87 年　西汉武帝时**

△ 方士李少翁（西汉）为汉武帝召其亡妻李夫人之魂，夜设灯烛、帷帐，将人形物体的影子投射在帷帐上，这是影戏的雏形。（《汉书·外戚列传》）

△ 东门京（汉）铸铜制模式马，并立于鲁班门（后改金马门）外。这是中国第一个铜制马的模式标本。（《后汉书·马援传》；苟萃华等，中国古代生物学史，科学出版社，1989 年，第 18 页）

△ 出现长距离大渡槽——飞渠。（北魏·郦道元：《水经注·渭水》）

**公元前 140 年　辛丑　西汉武帝建元元年**

△ 帝王始有年号纪年。此前，帝王纪年均无年号，记年用甲子。年号始于元鼎四年（公元前 113），武帝即位后之建元、元光、元朔、元狩诸年号皆系后追纪。此后，每位新皇帝登基都要重改"年号"，即称为改元，一直延续至清末"宣统"为止。(《史记·孝武纪》；清·赵翼：《廿二史札记》卷二)

△ 辞赋家枚乘（西汉，? ～前 140）应征入京，卒于途中。他在《七发》首次对暴涨潮做了十分生动的描写，赋中有"八月之望"又大潮。说明当时已知一年之中，八月十五日的潮最大。(宋正海等，中国古代海洋学史，海洋出版社，1986 年，第 270～272 页)

**公元前 139 年　壬寅　西汉武帝建元二年**

△ 为"强干弱枝"、"隆上都而观万国"和拱卫帝陵而特设茂陵邑，并从是年开始多次从全国迁豪强巨富至茂陵，人口最多时达 27 万。陵邑不但冠盖如云，豪甲天下，而且在行政上由专掌宗庙、陵寝奉礼仪的"太常"来管辖。(《后汉书·礼仪志》注引《汉旧仪》)

**公元前 138 年　癸卯　西汉武帝建元三年**

△ 张骞（西汉，约公元前 195～前 114）奉命出使大月氏（古代游牧部族，居敦煌、祁边间）。(《史记·大宛列传》)

△ 武帝（刘彻，公元前 156～前 87）好游，遂以秦代一个旧苑为基础扩建而成皇家园苑——上林苑。上林苑规模宏伟，地跨长安（今陕西西安）、咸阳、盩厔（今周至）、鄠县（今户县）、蓝田 5 县县境，周长 400 里，有灞、浐、泾、渭、丰、镐、牢、潏 8 水出入其中；宫室众多，有多种功能和游乐内容，计有 36 苑、12 宫、35 观。它是包罗多种多样生活内容的园林总体，是秦汉时期建筑宫苑的典型。[《三辅黄图·苑囿·池沼》；冉昭德，汉上林苑宫观考，东方杂志，1946，42 (13)：32～41]

△ 汉上林苑地域辽阔，天然植被丰富，还有大量人工栽培的树木，其中仅"名果异树"就有三千余种，《西京杂志》记载了其中的 98 种。苑内豢养百兽，圈养一些猛兽，此外还有各地进贡的各种珍禽奇兽。(《西京杂记》；汉·班固：《西都赋》)

△ 汉上林苑中有"激上河水，铜龙吐水，铜仙人衔杯受水下注"。此为人造喷泉的记载。(《汉书·典职》)

△ 在长安（今西安）西北渭河上建造木梁柱桥——便门桥，后称西渭桥。(《史记·武帝本纪》)

**公元前 135 年　丙午　西汉武帝建元六年**

△ 约是年，韩婴（西汉，约公元前 200～前 130）在《韩诗外传》中云："凡草木花多五出，雪花独六出"，明确指出雪花为六角形。(《太平御览》卷十二)

△ 根据《韩诗外传》和汉代董仲舒撰《春秋繁露》的记载，可以肯定至迟在这个时期沸水煮茧的方法即已得到普遍应用。

**公元前 134 年　丁未　西汉武帝元光元年**

△ 汉武帝亲自策问贤良文学，董仲舒（西汉，公元前 197～前 104）、公孙弘（西汉，公元前 200～前 121）皆对策。董仲舒在《天人三策》中提出"诸不在六艺之科，孔子之术者皆绝其道"。武帝遂采纳其建议，"罢黜百家，独尊儒术"，标志着思想文化领域中儒学统治地位的确立，对此后中国文化的发展影响至为深广久远。经学治国成为中国社会和官僚政治中的一大特征，通以入仕成为知识分子追求的一个目标。（《汉书·武帝纪》）

△ 汉武帝采纳董仲舒举贤良对策中的建议，下令"初令郡国举孝、廉各一人"。此后，孝廉一科成为士大夫仁进的主要途径。（《汉书·武帝纪》；唐锡仁等，中国科学技术史·地学卷，科学出版社，2000 年，第 178 页）

△ 汉武帝时，全国统一使用"二百四二步为亩"，汉以后历代沿用此制。中国古代田亩制一直以步为基本单位，早期曾以"百步为一亩"。（汉·桓宽：《盐铁论·未通篇》；丘光明等，中国科学技术史·度量衡卷，科学出版社，2001 年，第 23～24 页）

△ "六月，客星见于房"（《汉书·天文志》）。古希腊依巴谷（又译喜帕恰斯；Hipparchus 约公元前 190～前 125）也观测到这一颗新星。

△ 是年至公元前 118 年下葬的位于今山东临沂的银雀山二号汉墓随葬品中有《汉元光元年历谱》。它以十月为岁首，这是中国现已发现较早且较完整的古代历谱。[罗福颐，临沂汉简概述，文物，1974，（2）：32]

△ 银雀山西汉墓出土的一块帛画上绘有一名妇女操作纺车，此外还发现了许多类似的汉代纺车画像。如果说成型的纺车出现在战国以前属推测，但是可以肯定汉代以前已出现了纺车。（赵承泽主编，中国科学技术史·纺织卷，科学出版社，2003 年，第 162 页）

**公元前 133 年　戊申　西汉武帝元光二年**

△ 受汉武帝宠信的李少君（西汉）首创以丹砂化为黄金，而以黄金为饮食器的长生设想。此为有关中国炼丹术的最早记载。（赵匡华等，中国科学技术史·化学卷，科学出版社，1998 年，第 307 页）

△ 约于是年前后，唐蒙（西汉）赴夜郎（今贵州西北、云南东北及四川南部地区），是为汉初通西南夷。（《汉书·西南夷列传》）

**公元前 130 年　辛亥　西汉武帝元光五年**

△ 是年起，汉武帝征发巴蜀四郡士民治西南夷道，以进一步加强与西南地区的联系。（《汉书·西南夷列传》）

**公元前 129 年　壬子　西汉武帝元光六年**

△ 大司农郑当时（汉）率民工数万人开关中漕渠，历时 3 年，至是年竣工。西起长安（今西安）引渭水为源，历临潼、渭南、华阴，至三河口重入渭水东通黄河。全长 300 余里，可行"五至十丈载五百至七百石"漕船。漕渠线路由徐伯（西汉）选定，反映汉代水利工程中选线、测量技术的巨大进步。（《汉书·沟洫志》）

**公元前 127 年　甲寅　西汉武帝元朔二年**

△ 西汉杰出将领卫青（西汉，？～前 105）逐匈奴白羊、楼烦王，收复河南地（今河套地区），置朔方郡（治所在今内蒙古杭锦旗北）、五原郡（治所在今内蒙古包头西北），募民 10 万徙居朔方，对河套地区经济恢复与文化发展有一定作用。（《汉书·匈奴传》）

△ 卫青击败匈奴后，汉武帝（西汉，公元前 156～前 87）便下令扩建长城，总长度超过10 000公里，在主要战略防御地段上，具有大纵深、多道阵地防御工程的特色。（《汉书·匈奴传上》）

**公元前 126 年　乙卯　西汉武帝元朔三年**

△ 奉命出使大月氏的张骞（西汉，约公元前 195～前 114）返回长安（今西安）。建元二年（公元前 138）率队出发，走陇西，经河西走廊，不幸被匈奴所掳，囚居 10 年，至元朔元年（公元前 128）才乘机逃脱，继续西行。他穿行戈壁，沿天山南麓，经过焉耆、龟兹（今新疆库车东）、疏勒（今新疆喀什）等地，翻越葱岭（今帕米尔），到达大宛（今前苏联中亚费尔干纳盆地）、然后经康居（今阿姆河流域），到达大月氏。元朔二年改由南道返回。越过葱岭，沿昆仑山北麓东行，经莎车、于阗（今新疆和田）、鄯善（今新疆若羌）等地。历时 13 年，回来时仅剩下 2 人。此为中国历史上有确凿记载的最早的一次探险和旅行。（《史记·大宛列传》；《汉书·张骞李广列传》）

△ 张骞通西域打开了通往西方的贸易道路——丝绸之路。传入中国的物产有汗血马、大宛马、苜蓿、葡萄、胡桃、蚕豆、石榴等，从中国传至中亚以至欧洲的物产有丝、丝织品、钢铁和炼钢术。（《史记·大宛列传》）

△ "宛左右以蒲陶为酒，富人藏酒万余石，久者数十岁不败。""汉使取其实来，于是天子始种苜蓿，蒲陶肥浇地，……"《史记·大宛别传》的记载表明中国西北地区很早就广种葡萄和酿制葡萄酒。张骞将葡萄良种和葡萄酒酿制技术传入中原地区。（赵匡华等，中国科学技术史·化学卷，科学出版社，1998 年，第 568～569 页）

**公元前 125 年　丙辰　西汉武帝元朔四年**

△ 约从是年至公元前 104 年，朔方（治所在今内蒙古杭锦旗北）、西河（治所在今内蒙古东胜县）、河西（今河西走廊与湟水流域）和酒泉（今属甘肃）兴起屯田，修建了众多的农田水利工程。（《史记·河渠书》）

**公元前 122～前 111 年　西汉武帝元狩至元鼎年间**

△ 汉武帝命汉中守汤子印（西汉）发卒数万开通褒斜道，从扶风郿县（今陕西眉县）西南越褒水、斜水河抵汉中（治所在今陕西康西北），计"五百余里"，成为西汉以后往来秦岭南北的重要栈道之一，缩短了关中经汉中至巴蜀的行程，密切了西南与中原地区的经济文化联系。至此，已有褒斜道、傥骆道、子午道和嘉陵故道四条通蜀栈道。[《史记·河渠书》；艾冲，两晋以前的褒斜道，人文杂志，1983，(4)：92～96]

## 公元前 122 年　己未　西汉武帝元狩元年

△ 淮南王刘安（西汉，公元前 179～前 122）以谋反案发自杀。是年前，刘安延请门客由其主持编著的《淮南子》（亦称《淮南鸿烈》）是以道家自然天道观为主，杂糅道、法、儒、阴阳诸家思想，为秦汉时期杂家重要著作。（《汉书·淮南王传》）

△《淮南子·天文训》阐述宇宙本原为精神性的"道"以及随后的演化进程；提出清、浊二气为天地的质料说："清阳者薄靡而为天，重浊者凝滞而为地。"（席泽宗主编，中国科学技术史·科学思想卷，科学出版社，2001 年，第 161 页）

△《淮南子·天文训》较全面地介绍当时的天文学知识，如二十四节气的完整介绍、恒星月概念的说明等。[席泽宗，《淮南子·天文训》述略，科学通报，1962，(6)：35～39]

△《淮南子·天文训》记载了立两表测天的活动，含有重差术的基本要素。是为重差术的最早记载。

△《淮南子·齐俗训》中记载"夫承舟而惑者，不知东西，见斗、极则寤矣"。可知西汉时期，我国舟师已利用北斗星和北极星辨识方位。

△《淮南子·俶真训》阐述天地的演化状况，提出在不同时段各具不同的形态特征的观点。此外，在"原道训"、"说山训"、"诠言训"等篇中，也有关于宇宙本原与演化问题的论述。[于首奎，试论《淮南子》的宇宙观，文史哲，1979，(5)：68～73]

△《淮南子·时则训》对《吕氏春秋》十二纪的月令说做了修订与补充。

△《淮南万毕术》记载人们聚萤虫于薄羊皮容器内，称为"荧囊"，作为夜晚灯光使用。

△《淮南子》记载："取大镜高悬，置水盆于其下，则见四邻矣。"这是利用铜镜和水镜的组合使光线经二次反射成像的描述，也是古代人创制的最早的开管式潜望镜。

△《淮南子·齐俗训》中记述了椭圆面镜的成像。

△《淮南子·说林训》定性地记下了阳燧焦点所在。

△《淮南子·俶真训》对秦皮的浸出液的化学荧光现象做出了最早的记载。此后，在中药制造中，凡秦皮均以其浸泡液是否有荧光作为真伪的判断标准。[邬家林，我国古代秦皮浸虫液荧光的发现和应用，中国科技史料，1984，(3)]

△《淮南子·氾论训》中最早记载了磷光现象，"久血为磷"。高诱（生活于东汉时期）为其作注时说：磷光"遥望炯炯若燃也"。

△《淮南子·坠形训》以阴阳气的彼此摩擦解释雷电的成因。（戴念祖，我国古代关于电的知识和发现，科技史文集，第 12 辑，上海科学技术出版社，1984 年）

△《淮南子·览冥训》记载磁石不吸引砖瓦；《淮南子·说山训》记载磁石不吸铜。砖瓦是磁化率远小于 1 的弱磁性物质，铜是磁化率为负值的抗磁性物质。（戴念祖，中国科学技术史·物理学卷，科学出版社，1999 年）

△《淮南万毕术》述及"磁石提綦（棋）"和"磁石拒綦"，即磁石的吸引和排斥现象。（戴念祖，中国科学技术史·物理学卷，科学出版社，1999 年）

△《淮南万毕术》记载了最早的人造磁体的方法：将"磨针铁"（即磨针的铁末）以鸡血作为黏合剂连在一起，作为棋子，则可显示彼此的吸引或排斥现象。（戴念祖，中国科学技术史·物理学卷，科学出版社，1999 年）

△《淮南子·说山训》记载了一种天平式验湿器："悬羽与碳而知燥湿之气。"（王锦光、

洪震寰，中国古代物理学史略，河北科学技术出版社，1990年，第39页）

△《淮南子·兵略训》记载了一种测温装置："见瓶中之水，而知天下之寒暑。"（王锦光、洪震寰，中国古代物理学史略，河北科学技术出版社，1990年，第37页）

△《淮南万毕术》记载了以蛋壳或其内膜作气球升空实验的游戏。（戴念祖，中国力学史，河北教育出版社，1988年，第500～501页）

△《淮南万毕术》中已提到"白青得铁，即化为铜"。表明中国先民们已发现了铁置换铜的化学反应。

△《淮南子·齐俗训》记载，汉代人已发现了以声响捕鱼的方法。而唐宋年代以声响捕鱼的方法称为"鸣稂"。（戴念祖，中国声学史，河北教育出版社，1994年，第456～467页）

△《淮南子·主术训》提出了力的作用点的重要性：只要力作用点处在关键位置上，那么支撑物很小，也可以支撑住很重的东西。（戴念祖，中国力学史，河北教育出版社，1988年，第32页）

△《淮南子·说山训》中提出了关于重心和平衡的普适性原理："下轻上重，其覆必易。"（戴念祖，中国力学史，河北教育出版社，1988年，第55～56页）

△《淮南万毕术》曾记述过水浮金属针的现象，这是最早有关表面张力的记载。（戴念祖，中国力学史，河北教育出版社，1988年，第404～405页）

△《淮南万毕术》记述了以冰透镜取火法。这是世界上最早关于冰透镜的记载。

△《淮南子·说山训》记述在同时敲击不同材料和形制的乐器时，在不同的距离内听觉有不同的感受。如钟与磬同击，钟声低沉洪大，磬声清远嘹亮，近听则闻钟声，远听则闻磬声。（戴念祖，中国声学史，河北教育出版社，1994年，第70～71页）

△《淮南子·缪称训》述及弦线张力与其发音成正比的定性关系。（戴念祖，中国声学史，河北教育出版社，1994年，第540～541页）

△《淮南子》卷11明确记载"鼓橐吹锤一销铜铁"。

△淮南王刘安（汉，公元前179～前122）招致宾客方士数千人，其中有人为他搜集神丹妙方并撰成《枕中鸿宝苑秘书》（已失传）。据传他主撰的《三十六水法》是迄今所知世界上现存最早的一部炼丹著作，其中"黄金水"丹法一则可视为"金液"的先声。（赵匡华、周嘉华，中国科学技术史·化学卷，科学出版社，1998年，第236、383页）

△豆腐传为汉淮南王刘安（汉，公元前179～前122）所选，初名"黎祈"。河南密县打虎亭1号汉墓画像石上有一幅豆类加工生产图。[五代·谢绰：《天禄拾遗》；黄展岳，汉代人的饮食习惯，农业考古，1982，(1)]

△《淮南子·坠行训》列述了不同地域人群体质的差别，强调环境条件对人类体质的影响。

△《淮南子·主术训》发扬我国先秦时期的生物资源保护传统，极力主张"畋不掩群，不取麛夭；不焚林而猎，不涸泽而渔"。

△《淮南子·天文训》记载的方位达到24个。随着表示的方位的增多，在平面上绘制的地图准确度相应得到提高。

△西汉淮南王刘安（汉，公元前179～前122）发动叛乱前，昼夜与左吴"按舆地图，部署兵所从人"。这是军事指挥员利用地图布置军事行动的实例。（《汉书·淮南王传》）

△《淮南万毕术》中有"白青得铁，即化为铜"，说明西汉初期已对浸铜法的化学变化有所观察和认识。

△《淮南子·地形训》用阴阳五行和"气成说"来解释矿物之成因。[刘昭民等，古代中国西方成矿理论之比较，地质评论，1992，38（3）]

△《淮南子·本经训》中记载有："尧使诛九婴于凶水之上。"此为中国古籍中最早记载哺乳类化石者。[李仲均，我国古籍中关于脊椎动物化石的记载，古脊椎动物与古人类，1974，（31）]

△张骞（西汉，约公元前195~前114）建议从西南开道以通身毒（今印度），复治西南夷道，由蜀（治所在今四川成都）、犍为（今四川宜宾西南）分四道出駹、冉、徙及邛、僰，历时4年，达氏、巂而受阻于昆明，得通滇国（今云南滇池一带）等。（《汉书·张骞李广列传》）

**公元前 121 年　庚申　西汉武帝元狩二年**

△方士栾大（西汉，？~前112）发现磁石的彼此排斥现象。（《史记·封禅书》；戴念祖，中国科学技术史·物理学卷，科学出版社，1999年）

△夏，骠骑将军霍去病（西汉，公元前140~前117）率队征战陇西、北地两千余里，越达居延泽，进军祁连山，给匈奴以沉重打击，打通河西走廊，沟通内地与西域的直接交往。（《汉书·武帝纪》）

**公元前 120 年　辛酉　西汉武帝元狩三年**

△大力推广种植冬麦。（《汉书·食货志》）

△在龙首渠开凿之商颜山（今陕西大荔北的铁镰山）上发现了脊椎动物化石——龙骨，渠道亦因此为名。（《史记·河渠书》）

△庄熊罴（西汉）上书建议开渠引洛水灌溉临晋（今陕西大荔县）至重泉（今陕西蒲城东南）以东的土地，武帝（西汉）遂征调万人修龙首渠。渠经土质疏松的商颜山时，为防渠岸崩塌，乃改凿竖井，令井下相通行水，是为井渠法经。十余年始成，长约10余里，最深井达40丈，首创中国水利工程中隧洞施工方法。惜通水后隧洞坍塌。龙首渠遗迹至今尚存。（《史记·河渠书》；周魁一，中国科学技术史·水利卷，科学出版社，2002年，第318~320页）

△汉武帝听信方士李少翁（西汉）之言，修复并扩建甘泉宫。甘泉宫位于长安西南云阳甘泉山南麓，秦代始建，汉初废毁。元鼎四年（公元前113）六月得宝鼎，迎至甘泉宫供奉。为此建"泰畤坛"。其后又陆续建成许多殿宇，形成一组庞大的建筑群。宫之北，为甘泉苑。甘泉宫还是自长安沿泾河河谷通往西北边塞的要道隘口，因此，它不仅是西汉的主要离宫，还是一处军事设防和屯兵的重镇。（周维权，中国古典园林史，清华大学出版社，1999年，第56~58页）

**公元前 119 年　壬戌　西汉武帝元狩四年**

△汉武帝采用了桑弘羊（西汉）等人的建议实行盐铁官营。设铁官49处，规定："敢私铸铁器煮盐者，釱左趾，没入其器物。"（《汉书·食货志》）

△ 张骞（西汉，约公元前195～前114）率300名随员，携丝绸、金银和牛羊出使乌孙（在今新疆伊犁河流域），是为第二次通西域。（《汉书·西域传》）

△ 徙关东贫民70余万至陇西、北地、西河、上郡及会稽等边远地区，有助于这些地区经济文化的进步。

**公元前118年　癸亥　西汉武帝元狩五年**

△ 出现耕犁的翻土装置——犁壁。（《文物》编辑委员会，文物考古工作三十年，文物出版社，1979年，第131页）

**公元前117年　甲子　西汉武帝元狩六年**

△ 司马相如（西汉，公元前179～前117）卒。他所著《上林赋》提到大量的我国早期的园林植物，如卢橘、黄甘（柑）、橙、枇杷、厚朴、杨梅、离（荔）枝等，其中李树有15个品种，奈（苹果）有3个品种。（《三辅黄图》）

△ 司马相如所著《子虚赋》中提到甘蔗。由此推测汉代以前，南方一些地区已种植甘蔗。据研究表明，甘蔗的野生种在中国南方曾有广泛的分布。（梁家勉，中国甘蔗栽培探源，中国古代农业科技，农业出版社，1980年）

△ 司马相如所著《美人赋》中提到被中香炉。（中国大百科全书·机械，中国大百科全书出版社，1992年）

**公元前115年　丙寅　西汉武帝元鼎二年**

△ 张骞（西汉，约公元前195～前114）与乌孙使者数十人同归长安（今西安），是为西域使者首抵中原。此前，张骞至乌孙，即遣副使分赴大宛、康居、大月氏、大夏、身毒、安息（今伊朗与两河流域）、于阗（今新疆和田一带）诸国，未几，诸国多遣使随汉副使东来。（《汉书·西域传》）

△ 方士以为玉屑和露饮用可以长生，遂起造柏梁台，铸铜为主，顶端呈仙人掌形状，以托盘承露，全高20丈，为汉代著名建筑之一。（《汉书·武帝纪》）

**公元前113年　戊辰　西汉武帝元鼎四年**

△ 六月，汉武帝"因得鼎汾水之上"而将年号改为"之鼎"。（《汉书·武帝本纪》）

△ 中山靖王刘胜（西汉，？～前113）卒。位于今河北满城县陵山上的刘胜墓中出土随葬的金缕玉衣等一批既科学又富艺术的文物，反映了西汉鼎盛时期工艺技术的先进水平。中国社会科学院考古研究所等，满城汉墓发掘报告，文物出版社，1980年）

△ 满城刘胜之妻窦绾（西汉）墓中有制作精细的错金铁尺一把，尺两面中间部分均有错金流云纹饰并发错金小点表示尺星。此尺在3、5、7、9各寸内刻奇数等分线纹。据测试，每寸平均值合23.2厘米，分度值精度已达到毫米。现藏中国社会科学院考古研究所。（丘光明等，中国科学技术史·度量衡卷，科学出版社，2001年，第200～201页）

△ 满城二号墓出土的西汉"鎏金宫女形长信宫灯"，其造型是一宫女双手执灯。这种灯即可以随意调整灯光的照度和照射方向，又可以使蜡炬的烟灰通过烟道（宫女手臂）而收纳于宫女体内，以保持室内清洁。同时，由于灯具为铜质，古铜导热系数远大于陶瓷，灯体内

盛有清凉水，因此，灯具不因灯炷燃烧而发热，从而又起到省油的目的。可见，在西汉时期，我国对照明灯具的设计已经非常成熟。（中国社会科学院考古研究所等，满城汉墓发掘报告，文物出版社，1980 年）

　　△ 满城刘胜墓中出土一对玉制眼罩，在陕西长安东汉墓中也有类似物出土。说明至迟在西汉人们开始使用眼罩以保护眼睛。（中国社会科学院考古研究所等，满城汉墓发掘报告，文物出版社，1980 年，第 139 页）

　　△ 从满城刘胜墓出土的大型石磨旁边有一具牲畜遗骸看，西汉的磨已用畜力驱动。［中国科学院考古研究所江城发掘队，满城汉墓发掘纪要，考古，1972，（1）：9］

　　△ 满城刘胜墓中出土医药文物多种。如：医生专用的"医工盆"，形状不一的医针 9 枚，此外还有药锅、滤药器和灌药器等。［钟依研，西汉刘胜墓出土的医疗器具，考古，1972，（3）：49～53］

　　△ 满城汉墓出土的车铜（M1：206）、锄内范（M2：3118）、镢内范（M2：4073）都是片状石墨、珠光体和块状自由渗碳体组成的灰口铁，这些在公元前 2 世纪生产的产品，是目前发现的最早的灰口铁铸件。［李众，中国封建社会前期钢铁冶炼技术的探讨，考古学报，1975，（2）］

　　△ 满城中山靖王及其妻墓出土的部分铁器、减速器等，表明在西汉武帝时期，钢铁使用范围扩大，从农业和手工业生产工具，到交通工具和兵器，都广泛使用钢铁制品，较战国时期在质量上和数量上有很大进展。（中国社会科学院考古研究所等，满城汉墓发掘报告，文物出版社，1980 年）

　　△ 是年前后，黄河中下游利用井水灌溉农田日益普及。（《史记·河渠书》；中国科学院考古所，新中国的考古收获·封建社会，文物出版社，1961 年，第 77 页）

　　△ 汉武帝销废各种归钱，实行朝廷铸钱，废除私钱，在京师铸五铢钱（青铜钱）通用全国。（《汉书·武帝纪第六》；北京钢铁学院《中国冶金简史》编写小组，中国冶金简史，科学出版社，1978 年，第 95 页）

### 公元前 112 年　己巳　西汉武帝元鼎五年

　　△ 约是年前后至元帝初元（公元前 42）时，珠崖（郡治在今海南海口东南）"蛮族"岁向汉输广幅布等物，是为海南岛少数民族与中原交流之始。（《汉书·地理志》）

### 公元前 111 年　庚午　西汉武帝元鼎六年

　　△ 汉武帝（西汉）统一南越后划分九郡，开"徐闻、合浦南海道"航路。中国海船从今雷州半岛的徐闻和广西的合浦出发，带了大量的黄金和丝绸，途经都元国（今越南岘港）、邑卢没国（今泰国叻丕）、湛离国（今缅甸丹那沙林）和夫甘都国（今缅甸卑谬）航行到印度的黄支国（今印度的康契普拉姆），然后从己程不国（今斯里兰卡）返航，途经皮宗国（今印尼苏门答腊）回国。这条路线就是迄今所称的"南海丝绸之路"。（《汉书·地理志》；《汉书·平帝纪》；朱新予，中国丝绸史，纺织出版社，1992 年，第 90 页）

　　△ 汉武帝（西汉）破南粤后，在上林苑修建扶荔宫，将不少南方的奇花异木种植在宫，其中有菖蒲、山姜、甘蔗、留求子、桂、蜜得、批甲花、龙眼、荔枝、槟榔、橄榄、千岁子、柑橘等 3000 余种。有些引种并没有成功，如 100 多株荔枝树全都引种失败，但是这却

是中国种植荔枝的较早记载。(《三辅黄图》；罗桂环、汪子春主编，中国科学技术史·生物学卷，科学出版社，2005 年，第 135 页)

△ 汉武帝（西汉）用兵越南，中国医学药物进一步传入越南（参见公元前 257 年），从而使越南的医界出现了接受中医药的"北方学派"。[陈存仁，中国医学传入越南史实和越南医学著作，医学史与保健组织，1957，(3)：193]

△ 左内史倪宽（东汉）建议开凿六辅渠，并"定水令，以广溉田"。这里的《水令》是我国见之于文献记载的最早的地方灌溉水利法则。(《汉书·倪宽传》)

△ 汉武帝（西汉）为征调闽越贡赋，自苏州向南开渠 100 余里，接秦始皇所开之杭嘉运河，基本形成了人工疏通江南运河的初始线路。(唐宋运河考察队编，运河考古，上海人民出版社，1986 年，第 261 页)

△ 自蜀西度邛、筰，其道至险，治旄牛道。(《史记·西南夷两粤朝鲜列传》；唐寰澄，中国科学技术史·桥梁卷，科学出版社，2000 年，第 191 页)

## 公元前 110 年　辛未　西汉武帝元封元年

△ 闽越诸侯国之衍侯吴阳、建成侯傲、繇王居股合谋杀余善，率部降汉。至此东南沿海封建割据势力全被削平。自南越九郡至长江口之沿海航路贯通。(《史记·东越列传》)

## 公元前 109 年　壬申　西汉武帝元封二年

△ 汉武帝（西汉，公元前 156～前 87）亲临瓠子（今河南濮阳西南），命汲仁（西汉）、郭昌（西汉）率数万民工，终于堵塞泛滥 23 年之久的黄河决口，使其复归故道，史称"瓠子堵口"。(《史记·河渠书》)

△ 汉武帝令荀彘（西汉）从辽西出兵，杨仆（西汉）率水军五万从山东渡海平叛。次年（公元前 108），朝鲜内讧，右渠被杀。汉在朝鲜设乐浪、玄菟、临屯、真番四郡。北起辽东鸭绿江口，南至南越九郡之沿海南北航路全部贯通。(《史记·朝鲜列传》)

## 公元前 107 年　甲戌　西汉武帝元封四年

△ 政府访求到民间的输帛 500 余万匹（合 2400 万平方米），而当时全国人口至多不过五六千万，由此可知当时纺织生产之发达。(《史记·平准书》；李仁溥，中国古代纺织史料，岳麓出版社，1983 年)

## 公元前 104 年　丁丑　西汉武帝太初元年

△ 是年前，思想家董仲舒（西汉，公元前 197～前 104）在《春秋繁露》中提出"天"是自然界和人类社会的最高主宰和天人之间可以感应的"天人感应"说。认为"天人之际，合而为一"，两者通过"同类相动"机制发生作用，而阴阳之气则是两者之间畅通无阻的联系渠道。他还对天谴论做了系统的论述，成为天人感应理论体系的组成部分。(何兆武等，中国思想发展史，中国青年出版社，1980 年，第 160～161 页)

△ 是年前，董仲舒《春秋繁露》在总结前人关于阴阳五行说的基础上，提出了比相生而间相胜的观点，发扬了阴阳五行说。这种理论体系在中国古代医学和炼丹术中有强烈的反映。

△ 汉武帝从18家历法中，选用经检验证明最密的邓平（西汉）、落下闳（西汉）所修八十一分律历，名为《太初历》，取代《颛顼历》颁行天下。《太初历》是一部气、朔、闰、交食、五星等内容具备的历法，其中，以无中气之月为闰月、五星动态表的编排等，对后世历法产生了巨大影响。（《汉书·律历志上》）

△ 落下闳（西汉）"于地中转浑天"，是落下闳在被认为是"地中"的某地运转初创的浑天仪以观测日月星辰之意。所谓浑天仪，即今所说的浑仪。（《史记·索隐》引《益部耆旧传》）

△ 柏梁台失火焚毁。更造建章宫，前殿高大雄伟胜于未央宫，东侧凤阙、北侧渐台、南侧神明台，北有太液池，西有虎圈，为长安（今西安）最大的宫殿园林建筑群。建章宫的总体布局，北部以园林为主，南部以宫殿为主，成为后世"大内御苑"规划的滥觞。太液池是一个相当宽广的人工湖，因池中筑有三神山而著称。这种"一池三山"的布局对后世园林有深远影响，并成为创作池山的一种模式。（《三辅黄图》卷二；周维权，中国古典园林史，清华大学出版社，1999年，第60~62页）

△ 建章宫南玉堂殿屋上装有测风仪——铜凤凰。它高五尺，"下有转枢，向风若翔"，为较早的风向器。（《三辅黄图》卷二）

### 公元前102年　己卯　西汉武帝太初三年

△ 徐自为（西汉）自五原塞（今内蒙古包头西北）修筑城障、列亭北至卢朐，以御匈奴，然而客观上却为汉匈两地交流开辟了重要通道。（《汉书·匈奴传》）

△ 使强弩都尉路博德（西汉）筑城障于居延泽（今甘肃额济纳旗东南）旁（《汉书·匈奴传》）。现代出土的居延汉简是此年后屯戍居延城的官方木简文书的遗存。居延汉简最早的纪年简为武帝太初三年（公元前102），最晚者为东汉建武七年（公元31）。居延汉简中有不少涉及中医药学、数学、天文历法等方面的内容。[中国社会科学院考古研究所编，居延汉简·甲乙编，考古学刊·乙种（16），中华书局，1980年]

△ 居延汉简中，发现了若干历谱，为中国现已发现的最古老的日历之一。

△ 居延汉简中，有一些伤病吏卒名籍，它们记述了每一个患病者的症状及医疗过程。居延汉简的药物，可分为植物、动物、矿物和其他如酒等四大类，药物剂型有汤、丸、膏、散、滴等，以"分"为计量单位。[赵宇明等，《居延汉简甲乙编》中医药史料，中华医史杂志，1994，24（3）：163~165]

△ 居延竹简中，由居延都尉府发布的《塞上烽火品约》简册，是汉代候望烽燧系统方面具有代表性的示警联防条令。

△ 将军李广利（西汉）在太初元年（公元前104）远征失败之后，又领军征伐大宛（今费尔干纳盆地），越过地理环境十分恶劣的木盐泽（罗布泊），直捣大宛国都贵山城（在今卡散赛）。（《汉书·李广利传》；唐锡仁等，中国科学技术史·地学卷，科学出版社，2000年，第185页）

### 公元前101年　庚辰　西汉武帝太初四年

△ 将军李广利（西汉）从大宛获取汗血马归汉。（《汉书·李广利传》）

**公元前 100 年　辛巳　西汉武帝天汉元年**

△ 约是年前后《周髀算经》成书。此书卷下利用冬至和夏至两点的晷长推算二十四节气每节损益数。相当于给出等间距自变量的一次内插公式。也即等差数列的通项公式。刘洪（东汉，约 129～约 210）在《乾象历》中曾用此式推算月球在一近点周内每日的经行度数，魏晋南北朝各家历法亦予采用。（刘钝，大哉言数，辽宁教育出版社，1993 年，第 308 页）

△《周髀算经》有关于月光是由于日光所照造成的记述。

**公元前 1 世纪上半叶**

△ 许商（活动于公元前 1 世纪上叶）撰《许商算术》26 卷，此后还有《杜忠算术》16 卷，都是推衍《九章算术》的著作。（《汉书·艺文志》）

**公元前 99 年　壬午　西汉武帝天汉二年**

△ 李陵（西汉，？～前 74）率队出击匈奴，从居延北行 30 天，至浚稽山（在今图拉尔河与鄂尔浑河之间）而止。他把途中所见山川地形绘制成图，并复制一份呈献汉武帝。这使人们对蒙古高原的地理情况有了一定的认识。（《汉书·李广传·附李陵传》）

△ 汉使自西域带回的葡萄、苜蓿等开始在长安附近广为种植。（《史记·大宛列传》）

**公元前 95 年　丙戌　西汉武帝太始二年**

△ 赵中大夫白公（汉）倡议开凿白渠。渠自谷口（今陕西礼泉东北）引泾水东南流，经高陵、栎阳（今富平东南）至下邽（今大荔西南）注入渭水，长 200 里，溉田 4500 余顷。后白渠与郑和渠合称"郑白渠"。[《汉书·沟洫志》；郑洪春，略论秦郑国渠汉白渠龙首渠的工程科学技术，考古与文物，1996，（3）]

△ 三月，诏令将汉代的重型金币、金饼铸成马蹄、麟趾形，名为马蹄金和麟趾金。1971 年郑州市古荥挖出四块重叠堆放的圆形金饼，每块重约 250 克。经鉴定含金 95%。1974 年西安汉上林苑发现西汉马蹄金四枚和麟趾金二枚，含金 77%～97%，北京怀柔发现马蹄金一枚半，完整的重 236 克，剪半的成半月形饼状，含金 99.3%。（《汉书·武帝纪》；夏湘蓉，中国古代矿业开发史，地质出版社，1980 年，第 56～57 页）

**公元前 91 年　庚寅　西汉武帝征和二年**

△ 汉武帝染疾，卫太子刘据（西汉，公元前 128～前 91）以纸掩鼻前往探视。这则见于《三辅故事》的记载是古书中有关用纸的最早记载。（潘吉星，中国科学技术史·造纸与印刷卷，科学出版社，1998 年，第 76 页）

△ 我国新疆地区最先种植一年生草棉。新疆有棉织物的最早文献记载见于汉代。《史记·货殖列传》中有"榻布皮革千石"的记载。裴骃《集解》引《汉书音义》注曰："榻布，白叠也。"（赵承泽，中国科学技术史·纺织卷，科学出版社，2003 年，第 146 页）

△ 涿郡以及成帝和平二年（公元前 27）沛郡铁管所属竖炉冶铸生产时发生的悬料和爆炸事故，说明当时冶炉规模较大。（《汉书·五行志》）

## 公元前 90 年　辛卯　西汉武帝征和三年

△ 司马迁（西汉，公元前 145～约前 90）约卒于本年。所著《史记》[①] 为中国第一部纪传体通史著作。

△ 司马迁著《史记·天官书》是现存最早的介绍全天星官的完整文献，记有 89 个星官、500 多颗恒星。内中有对恒星颜色、亮度与变星的记述，有关于交食周期的记载，有关于陨石乃"星坠于地"、银河乃是由众多恒星所组成等的认知。

△ 司马迁著《史记·律志》最早在国朝史中收录度量衡制。（丘光明等，中国科学技术史·度量衡卷，科学出版社，2001 年，第 46 页）

△ 司马迁著《史记·天官书》最早明确地记述海市蜃楼："海市蜃气象楼台，广野气成宫阙然。"[刘昭民，我国古代对蜃景现象之认识，中国科技史料，1990，（2）：11]

△ 司马迁著《史记·封禅书》记述了汉武帝宠信方术，以李少君（西汉）为代表的炼丹家如何炼制神丹及他们有关炼丹的方法和理论。

△ 司马迁著《史记·货殖列传》首次将全国划分成十几个经济区，记述了当时全国各主要区域的地理特点和经济发展情况；记载了当时全国各地区的资源分布情况；记述了当时全国 30 多个城市的兴起和分布情况。它被公认为是我国最早的经济地理专篇。[谭其骧主编，中国历代地理学家评传（第一卷），山东教育出版社，1990 年，第 78～84 页]

△ 司马迁根据张骞详细而确实的报告撰成《史记·大宛列传》。书中叙述了大宛（位于现费尔干纳盆地一带）等国家和地区的地理和历史情况，包括距离、物产、人口、四至、分水岭及水系，是中国最早的边疆和域外地理专篇。（中国科学院自然科学史研究所地学史组编，中国古代地理学史，科学出版社，1984 年，第 361 页）

△《史记·货殖列传》记载了我国早期的果品、蔬菜名产区："山居千章之材，安邑千树枣，燕秦千树栗，蜀汉江陵千树桔，……陈夏千亩漆，齐鲁千亩桑麻，……"

△ 司马迁《史记·平准书第八》记载，卜式"以田畜为事，……独取畜羊百余，……入山牧十余岁"，采用"恶者辄斥去，毋令败群"的淘汰法，"羊致千余头"。

△《史记·滑稽列传》有"荫室"的设置。荫室是专为制漆用的房间。

△《史记·货殖列传》记述："通邑大都，酤以岁千酿，醯酱千瓨，浆千甔，……"表明在汉代及其以前，醯作为商品已在一般百姓家流通。

△ 据《史记·货殖列传》记载，这一时期西北地区畜牧业大发展，并且出现了大畜牧主。

△《史记·货殖列传》中有"水居千石鱼陂"，可见此前已出现大面积养鱼。

△ 司马迁撰写中国第一部水利通史《史记·河渠书》。它系统地记述了从禹治洪水至汉太初元年水利发展的史实，开创了历代官修正史撰述河渠水利专篇的典范，而且首次明确赋予"水利"一词以治河、修渠的专业含义。[朱更翎，《史记·河渠书》，中国水利，1986，（2）：40]

△《史记·食货志》记载，不产铁的县设小铁官，"销旧器，铸新器"。考古发掘证实河南南阳瓦房庄是一个大型汉代铸造作坊遗址，其中有不少旧器出土。（北京钢铁学院《中国

---

① 《史记》完成于司马迁逝世前的前几年，现将《史记》中的有关内容暂放在其逝世年。

冶金简史》编写小组，中国冶金简史，科学出版社，1978 年，第 87 页）

△《史记·大宛列传》中有关向中亚、西亚地区传播生铁冶铸技术的记载，是冶铁技术西传的早期文献。（北京钢铁学院《中国冶金简史》编写小组，中国冶金简史，科学出版社，1978 年，第 120 页）

△《史记·天官书》中有"水与火合为淬"，用龙泉水淬刀剑，这是最早的"淬火"记载。

**公元前 89 年　壬辰　西汉武帝征和四年**

△ 约是年，赵过（西汉武帝时）被任命为搜粟都尉。赵过在关中地区推行代田法，对合理利用地力、抗御风旱和倒伏皆有成效，亩产增加 25%，后推广至黄河流域广大地区。赵过还改进犁耕技术，推广二牛三人的耦犁与新式播种农具——耧车。（《汉书·食货志》；董恺忱、范楚玉，中国科学技术史·农学卷，科学出版社，2000 年，第 296~298 页）

**公元前 87 年　甲午　西汉武帝后元二年**

△ 中国最早训释词义的专著《尔雅》约成书于武帝以前。是书由汉初学者缀辑周秦诸书旧文，尔后递相增益，至西汉末年基本成为定本。

△《尔雅》收集了不少汉以前的动植物定义和分类术语，如"四足而毛谓之兽"，"二足而羽谓之鸟"，"有足谓之虫，无足谓之豸"。把植物分为草本和木本两类，并将相近的物种排在一起，以示同类；将动物分为虫、鱼、鸟、兽、畜，亦将其中相近的物种排在一起。书中提出了"乔木"、"灌木"、"寓木"和"鼠属"、"马属"、"牛属"等概念。在生物分类学上有重要意义。[高建，《尔雅》、"雅学"与中国古代生物学刍议，大自然探索，1984，3（1）：168~174]

△ 家畜品种名已有记载。（《尔雅·释兽》）

△《尔雅·释虫第十五》记载，蚕的种类，除桑蚕外，还有樗蚕、棘蚕、栾蚕、萧蚕等。

△《尔雅》中的释地、释丘、释山、释水等篇，对地形和地质现象做了记载和分类，其中一些名称沿用至今。（中国科学院自然科学史研究所地学组，中国古代地理学史，科学出版社，1984 年，第 41 页；刘昭民，中华地质学史，台湾商务印书馆，1985 年，第 75 页）

△《尔雅·释水》系统地记载了泉水的名称，已认识了相当于今日间歇泉、喷泉、下降泉、裂隙泉等类泉水，是中国古代最早系统记载泉水分类的著作。[孙关龙，《诗经》中泉水资料，中国科技史料，1989，10（2）：81]

△《尔雅·释器》记载，当时已出现利用植物染料进行套染的方法。

△ 牛耕由 2 牛 3 人发展到 2 牛 4 人和 4 牛 1 人。（《汉书·食货志》）

△ 汉武帝（西汉）遣唐蒙（西汉），发巴蜀卒治僰道，凿石开阁，迄于建宁，2000 余里。（北魏·郦道元:《水经注·江水》；唐寰澄，中国科学技术史·桥梁卷，科学出版社，2000 年，第 190 页）

△ 汉武帝陵墓——茂陵完工，历时 53 年，为西汉陵墓中最大和最具代表性的陵墓。茂陵位于今陕西兴平东北的黄土原上。它规模巨大、建筑壮丽。陵园周回三里，分内外两城，仿宫城制，四周各有一司马门，门外有阙；陵园旁立庙。陵墓建于陵园正中，高汉尺 20 丈。沿袭秦制，陵旁建立陵邑，至汉元帝时才废止。陵封土呈四棱台形，其形制对后世帝陵有一

定影响。(《后汉书·礼仪制》注引《汉旧仪》)

**公元前 86～前 74 年　西汉昭帝时**

△ 陈宝光妻（汉）用有 120 根脚踏杆、120 片综的织机织绫，60 日成一匹（《西京杂记》）。古代是否出现过 120 根脚踏杆、120 片综的织机，现尚有待于进一步研究。

**公元前 82 年　己亥　西汉昭帝始元五年**

△ 匈奴从降汉人处学得汉地穿井、筑城及储藏粮食等生产技术。(《汉书·匈奴传》)

**公元前 81 年　庚子　西汉昭帝始元六年**

△ 御史大夫桑弘羊（西汉，公元前 152/141～前 80）与郡国所举贤良 60 余人举行盐铁会议，辩论武帝以来盐铁官卖等政策。宣帝时（公元前 73～前 49），桓宽（西汉）据会议记录整理为《盐铁论》。(《汉书·昭帝纪》)

**公元前 78 年　癸卯　西汉昭帝元凤三年**

△ 张寿王（西汉）上书，言不宜用《太初历》，主张使用黄帝调律历，同时另有 9 家献上新历。汉昭帝命主历使者鲜于妄人、治历大司农中丞麻光等二十余人，对包括《太初历》在内的 11 家历法进行检验。经过整三年的观测、比较，证明“太初历第一”，改历之议遂止，而且得出“历本之验在于天”的重要结论。(《汉书·律历志上》)

**公元前 73～前 49 年　西汉宣帝时**

△ 腊月祀灶始用黄羊。(《后汉书·樊宏阴识列传·阴子方传》)

△ 外观美丽、釉层清澈透明、釉面光泽明亮且为明器的铅釉陶首先出现在陕西的关中地区。在汉武帝时期的墓葬中尚属少见，而在汉宣帝以后，铅釉陶逐渐多起来，在河南的许多地区有较多的发现。到东汉时期，流行地域已十分广阔。(赵匡华等，中国科学技术史·化学卷，科学出版社，1998 年，第 69～70 页)

**公元前 71 年　庚戌　西汉宣帝本始三年**

△ 此时已有女医、乳医——女医生。淳于衍（西汉，? ～前 70）即是西汉时较著名的女医。(《汉书·霍光传》)

△ 已出现坎儿井的明确记载：白龙堆（今新疆库鲁克塔格山以南、罗布泊以东、玉门关以西）土山下有卑鞮侯井：“大井六，通渠也，下泉流涌出。”(《汉书·西域传》)

**公元前 70 年　辛亥　西汉宣帝本始四年**

△ 四月壬寅，49 个郡国同时地震，山崩水出，城坏郭颓。诏问经学之士以应变之策，夏侯胜（西汉）因此被释。夏氏创立今文学之“大夏侯学”，以阴阳灾异推论时政得失。(《汉书·五行志》;《汉书·夏侯胜传》)

**公元前 69～前 66 年　西汉宣帝地节年间**

△ 光禄大夫郭昌（汉）主持濮阳（今河南濮阳西南）至临清（今属山东）间黄河截弯

取直工程。此为治黄史上的一次重要工程实践。三年后，工程失败。(《汉书·沟洫志》)

**公元前 69～前 61 年　西汉宣帝地节元康年间**

△ 上郡鸿门（今陕西神水）建成"火井"——天然气井。班固（汉，32～92）所著《汉书·郊祀志》（约 82）已记载此火井。这是人类最早开凿创建的天然气井。[谢忠樑，鸿门火井是人类最早创建的天然气井，西北大学学报（哲社版），1976，(2)：75]

**公元前 61 年　庚申　西汉宣帝神爵元年**

△ 王褒（西汉）在奉命赴益州（治所在今云南晋宁东北）途中病逝。所著《僮约》中已记载了"种植桃、李、柿、柘，三丈一树，八尺为行，果类相从，纵横相当"的果树株行距的规定。(《全上古三代秦汉六朝文》卷 42)

△ 王褒（西汉）所著《僮约》记载，当时蜀中已有茶叶销售，饮茶之风习当已形成。[《全上古三代秦汉六朝文》卷 42；茗叟，略谈王褒的《僮约》，茶叶季刊，1978，(3)：37～38]

**公元前 57 年　甲子　西汉宣帝五凤元年**

△ 制造的"黾池宫铜升"是供黾池宫（在今河南渑池）专用的计容量器，11 年后［初元三年（公元前 46）］又被征调至上林苑。此器口部呈椭圆形，长柄，口沿外壁有刻铭。与秦量相比，西汉量器的器形变化多样，且刻铭内容丰富。(丘光明等，中国科学技术史·度量衡卷，科学出版社，2001 年，第 212～213 页)

**公元前 54 年　丁卯　西汉宣帝五凤四年**

△ 以大司农中丞耿寿昌（西汉）建议，始在边郡设常平仓。此后在救荒史上逐渐形成稳定粮价、储粮备荒的常平仓制度。(《汉书·宣帝纪》)

**公元前 52 年　己巳　西汉宣帝甘露二年**

△ 约是年，耿寿昌（西汉）制成浑象（相当于天球仪）。(《续汉书·律历志中》)

**公元前 51 年　庚午　西汉宣帝甘露三年**

△ 三月，宣帝命丞相、经学家萧望之（西汉，约公元前 106～前 47）等主持石渠阁会议，召集诸儒讲论《五经》异同。这是官方组织的最早的大型儒学讨论会。(《汉书·萧望之传》)

△ 约此年前后，孟喜（西汉）创立用卦象作标志的气运说——卦气说：简式以十二卦配十二月，以表示阴阳二气的周长消长运动；繁式以六十四卦全体表示阴阳二气的周长消长。(席泽宗主编，中国科学技术史·科学思想卷，科学出版社，2001 年，第 170～171 页)

**公元前 1 世纪中叶**

△ 据刘徽称，继张苍之后，耿寿昌（公元前 1 世纪）继续删补《九章算术》，《九章算术》当由耿寿昌定稿。(郭书春汇校，九章算术，辽宁教育出版社，1990 年)

△ 印度教传入于阗（都城在今新疆和国南）。于阗为建赞摩寺，为西域最早的佛寺。（《隋书·西域传》）

## 公元前 50 年　辛未　西汉宣帝甘露四年

△ 约是年，宣帝（刘询；西汉，公元前 91～前 49）委命刘向（汉，约公元前 77～前 6）炼制黄金以充实国库，刘向习闻刘安（西汉，公元前 179～前 122）秘术，终究因炼金不成而获罪入狱。（《汉书·刘向传》）

## 公元前 48～前 44 年　西汉元帝初元年间

△ "丞相史家雌鸡伏子，渐化为雄，冠距鸣将"。记载了鸡性反转的情形。（《汉书·五行志》）

## 公元前 48～前 33 年　西汉元帝时

△ 齐郡临淄专为皇室制作绮乡、冰纨、方空縠、吹絮纶等精细丝织品的"三服官"扩至织工数千人，每年费钱数巨万。（赵承泽主编，中国科学技术史·纺织卷，科学出版社，2003 年，第 27 页）

△ 史游（西汉）编著成《急就篇》，按人事名物分类编为韵语，为古代较早的著名童蒙教材之一。书中记载曲柄铧锹，时称蹑铧，即后世的踏犁。记载将小麦加工成面粉，出现面食。

△ 史游（西汉）的《急就篇》将豆豉与醯、酢、酱列在一起作为当时的主要调味品。可见在制作豆酱的实践中，至迟在秦汉时期已发明了豆豉。[包启安，豆豉的源流及其生产技术，中国酿造，1985，(2)：9～14]

△ 史游（西汉）《急就篇》已记载了飏车。河南济源泗涧沟汉墓中也有扇车出土。[《急就篇》唐·颜师古注；河南省博物馆，济源泗涧沟三座汉墓的发掘，文物，1972，(2)：46]

## 公元前 47 年　甲戌　西汉元帝初元二年

△ 《汉书·元帝纪九》中有是年"一年中，地再动，北海水溢流，流杀人民"。这是中国关于地震海啸的最早记载。（宋正海等，中国古代海洋学史，海洋出版社，1989 年）

## 公元前 45 年　丙子　西汉元帝初元四年

△ 卒于是年的汉广阳顷王刘建（西汉，？～前 45）及夫人并穴合葬墓于 1974 年在北京市丰台区黄土岗大葆台发现。在墓外回廊内侧发现用约 15 000 根黄肠木堆砌而成的"黄肠题凑"。此为我国第一次发现"黄肠题凑"基，其规模居当时已发现"黄肠题凑"墓之首。（文物出版社编辑，新中国考古五十年，文物出版社，1999 年，第 14 页）

△ 大葆台西汉燕王墓中发现最早用铸铁脱碳钢制成的环首刀、箭铤、扒钉，说明这种工艺在西汉时已经发明。[北京市古墓发掘办公室，大葆台西汉木椁墓发掘简报，文物，1977，(6)：23]

## 公元前 44 年　丁丑　西汉元帝初元五年

△ 罗马侵占叙利亚后，西汉丝绸织品大量辗转运销至罗马。据罗马博物学家普林尼（Gaius Plinius Secundus，公元 23～公元 79）的名著《自然史》记载，当时罗马贵族争相穿着中国出产的丝绸裁成的衣服，以为时尚。贩运和经营中国丝绸是当时中亚以至地中海诸国的一项重要商业活动。（赵承泽，中国科学技术史·纺织卷，科学出版社，2003 年，第 111 页）

△ 罗马普林尼著《自然史》卷三十四最早记载了中国铁西传的情况。

## 公元前 43 年　戊寅　西汉元帝永光元年

△ 四月，"日黑如仄，大如弹丸"（《汉书·五行志》）是为太阳黑子较早的可靠记载。

## 公元前 40 年　辛巳　西汉元帝永光四年

△ "东莱郡（治所在今山东掖县）东牟山，有野蚕为茧。茧生蛾，蛾生卵。卵着石，收得万余石。民以为蚕絮。"此为有关野蚕的记载。（《汉书·五行志》）

## 公元前 37 年　甲申　西汉元帝建昭二年

△ 京房（西汉，公元前 77～前 37）被诬诽谤政治弃市。（《汉书·京房传》）

△ 是年前，京房指出因暗黑的月体遮挡了太阳而发生日食现象。还指出日、月相冲和日、月分别处于黄白交点附近，是发生月食的必要与充分条件，并给出了月亮被暗虚所食的概念。（唐·瞿昙悉达：《开元占经》卷九、卷十七）

△ 是年前，京房提出："先师以为日似弹丸，月似镜体。或以为月亦似弹丸，日照处则明，不照处则暗。"说明古人已经知道月体能够反射日光，而且把这种现象同镜面反射光线的现象联系起来。（宋·邢昺：《尔雅义疏》卷五）

△ 是年前，京房著《风角书》，其中有"集星章"一卷，论及包括彗星在内的 35 种妖星，并试图对这些异常天体的生成做出理论说明。（《晋书·天文志中》）

△ 是年前，京房创立了符合三分损益律制的六十律，使古代音差大为缩小。（《后汉书·律历志》；戴念祖，中国声学史，河北教育出版社，1994 年，第 207～209 页）

△ 是年前，京房提出未经管口校正的律管不可以作为度量声调高低的标准，用他的话说，即"竹声不可以度调"。因而他创制了称为"准"的弦线式音高标准器，后人称它为"京房准"。（《后汉书·律历志》；戴念祖，中国声学史，河北教育出版社，1994 年，第 339～340 页）

△ 是年前，京房所著《易飞候》记载了预测"暴雨"等天气的多种云类前兆。（刘昭民，中华气象学史，台北商务印书馆，1979 年，第 48～49 页）

△ 是年前，京房以水盆观察日食，这是低反射率镜面在天文观察中的应用。（唐·瞿昙悉达：《唐开元占经》引京房《日蚀占》）

△ 是年前，京房创立候气说，或称"埋管飞灰"理论。该说法认为，埋藏于土中的律管可以预测节气变化。这种思想一直在中国盛行千余年，直到明清之际，众多学者起而怀疑并批判候气说，"埋管飞灰"理论才被人们所抛弃。（晋·司马彪：《后汉书律历志》；明·朱载堉：《律吕精义·内篇·候气辨疑》）

## 公元前 36 年　乙酉　西汉元帝建昭三年

　　△ 为保护汉和西域的通道安全，西域副校尉都护甘延寿（西汉,？～前 25）远征康居，直抵郅支城（在今江布尔），并带回一些匈奴国的地图。西汉远征西域的军事活动加深了西汉人对西域、中亚一带的地理认识。(《汉书·西域传》；唐锡仁等，中国科学技术史·地学卷，科学出版社，2000 年，第 182～185 页)

## 公元前 34 年　丁亥　西汉元帝建昭五年

　　△ 南阳太守召信臣（汉,？～约前 29）于穰县（今河南邓县）西兴建六门堨（又称六门陂），壅遏湍水设三水门引水灌溉。又在湍水、淯水流域大兴水利，灌溉面积达 3 万顷。创造了渠塘结合的灌溉工程。[《汉书·循吏传·召信臣传》；程鹏举，中国古代科学家传记（上）·召信臣，科学出版社，1992 年，第 43～44 页]

　　△ 约是年，召信臣"为民作均水约束，刻石立于田畔，以防纷争"，中国分水规章始见记载。(《汉书·循吏传·召信臣传》)

## 公元前 33 年　戊子　西汉元帝竟宁元年

　　△ 约是年，汉宫太官园中建屋，"昼夜燃蕴火，种冬生韭菜茹"，是为中国温室栽培技术的最早记载。(《汉书·循吏传·召信臣传》)

## 公元前 32～前 7 年　西汉成帝年间

　　△ 氾胜之（西汉后期）著《氾胜之书》是我国现存最古老的农书。记述了两汉时代粟、黍、麦、稻、稗、大豆、小豆、大麻、瓜、瓠、桑等农作物从种到收整个生产过程的农业技术，提出了"凡耕之本，在于趋时、和土、务粪泽、早锄、早获"的生产原则，以及区种法、种法、穗选法、稻田水温调节法等技术措施。(万国鼎辑，氾胜之书辑释，农业出版社，1957 年，第 1～3 页)

　　△《氾胜之书》记载一种抗旱栽培法——区种法。形式有二，一为宽幅点播，一为方式点播。主要措施是：深耕作区，增施肥料，提高土壤保肥保水能力；适当密植，确保株数；重视中耕除草，为作物创造生长发育条件，以求小面积内的高额丰产。(万国鼎辑，氾胜之书辑释，农业出版社，1957 年，第 62～68 页)

　　△《氾胜之书》记载测定春耕时宜的技术。(万国鼎辑，氾胜之书辑释，农业出版社，1957 年，第 24 页)

　　△《氾胜之书》记载用雪水处理种子的技术，和马骨、羊粪、附子、蚕屎为原料同煮，给种子制包衣的溲种法。为现代包衣种子的萌芽。(万国鼎辑，氾胜之书辑释，农业出版社，1957 年，第 45 页)

　　△《氾胜之书》记载使用稻田水温调节技术和井水暴晒增温的灌溉技术。(万国鼎辑，氾胜之书辑释，农业出版社，1957 年，第 150 页)

　　△《氾胜之书》记载采用冬季压雪保泽防旱、防虫害的措施。(万国鼎辑，氾胜之书辑释，农业出版社，1957 年，第 26、112 页)

　　△ 氾胜之发现大豆爆荚性，并采用了"豆熟于场"的收获办法。(万国鼎辑，氾胜之书

辑释，农业出版社，1957 年，第 130 页）

△《氾胜之书》记载的施肥方法已有积肥、种肥、追肥之分。（万国鼎辑，氾胜之书辑释，农业出版社，1957 年，第 45、149、152 页）

△《氾胜之书》记载黄河流域出现瓜、薤、小豆间作和桑、黍混作间作技术。（万国鼎辑，氾胜之书辑释，农业出版社，1957 年，第 152、166 页）

△《氾胜之书》最早记载区种瓠（葫芦）法，即葫芦栽培使用靠接技术，是我国使用嫁接技术的开端。（万国鼎辑，氾胜之书辑释，农业出版社，1957 年，第 157 页）

△《氾胜之书》述及栽培植物的选种的穗选法，及一些植物生理方面的知识。

△《氾胜之书》记载蔬菜栽培使用陶罐渗漏灌溉技术。（万国鼎辑，氾胜之书辑释，农业出版社，1957 年，第 152 页）

△氾胜之总结前代养蚕方法，并上书朝廷。可惜，这部古老的养蚕法专著已经失传。《太平御览》卷 822 引《氾胜之书》）

△《氾胜之书》明确指出霜害前的天气特征，并记载了一种"烟熏"的防霜冻方法。此方法简单易行且效果好，至今我国农村仍在使用。（洪世年等，中国气象史，农业出版社，1983 年，第 29～30 页）

△《氾胜之书》记载，当时已掌握了水温与大麻纤维脱胶质量的关系。

△巧匠丁缓（西汉末）制成世界上最早的平衡环："为机环转运四周，而炉体常平。"史称"被中香炉"。20 世纪 60 年代和 70 年代曾从西安唐代遗址中出土多种平衡环，考古界称之为"香炉"、"薰炉"。[《西京杂记》；陆敬严，关于被中香炉的考证，科学月刊，1997，（335）]

△巧匠丁缓（西汉末）"作七轮扇，连七轮"，此为使用轮系的记载。（宋·李石：《续博物志》卷九）

### 公元前 31 年　庚寅　西汉成帝建始二年

△政府设"本草待诏"一职。颜师古注："本草待诏，谓以方药本草而待诏者。"可见本草家已进宫庭。（《汉书·郊祀志下》唐师古注）

### 公元前 30 年　辛卯　西汉成帝建始三年

△约是年，刘向（西汉，约公元前 77～前 6）指出："日食者，月往蔽之，"精辟地说明了日食的成因。他对月行有迟疾的月行九道说。（唐·瞿昙悉达：《开元占经》卷九）

### 公元前 28 年　癸巳　西汉成帝河平元年

△《汉书·五行志》载："三月己未，日出黄，有黑气大如钱，居日中央，"是为世界上关于太阳黑子的准确完整的最早记录。此后历代正史均有此类记录。[陈美东等，中、朝、越、日历史上太阳黑子年表，自然科学史研究，1982，1（2）：227～236]

△河堤使者王延世（汉）采用两船夹载装石笼下沉合龙的立堵法，成功地堵塞黄河馆陶（今属河北）、东郡（治所在今河南濮阳县西南）金堤决口。（《汉书·沟洫志》）

**公元前 26 年　乙未　西汉成帝河平三年**

△ 以中秘书颇有散亡，命谒者陈农（西汉）主持天下遗书征集工作。光禄大夫刘向（西汉，约公元前 77～前 6）开始主持校理群书，其子刘歆（西汉，约公元前 53～23）协助，为中国历史上大规模整理图书之始。其中太史令尹咸（西汉）主校数术，侍医李柱国（西汉）主校方技。刘向总其成《别录》，是为中国目录学开山之作。（《汉书·刘向传》）

**公元前 25 年　丙申　西汉成帝河平四年**

△ "山阳（今河南焦作东）火生石中"（《汉书·成帝纪》），是为关于天然气的较早记载。

**公元前 17 年　甲辰　西汉成帝鸿嘉四年**

△ 杨焉（汉）凿黄河三门峡底柱，未成功。开凿三门峡运道始见记载。（《汉书·沟洫志》）

**公元前 12 年　己酉　西汉成帝元延元年**

△ 汉成帝（西汉，公元前 51～前 7）宠妃赵飞燕（西汉，？～公元 1）箧中"有裹药二枚赫蹏书"。应劭（汉）注：赫蹏为用于书写的薄小纸张。此为较早见于文献记载的书写用纸。（《汉书·外戚·孝成赵皇后传》）

**公元前 10 年　辛亥　西汉成帝元延三年**

△ 山东和江苏出土的一些汉画像石上刻有脚踏提综织机和梭子图，表明在汉代脚踏提综织机和梭子的应用已非常普遍。[宋伯胤、黎忠义，从汉画像石探索汉代织机结构，文物，1962，（3）：25]

**公元前 7 年　甲寅　西汉成帝绥和二年**

△ 刘歆（西汉，约公元前 53～公元 23）代父领校秘书，总理群书著成《七略》，创立古代图书六分法之类例，其中《方技略》、《术数略》等著录大量的古代数学、医学等方面的书目。

△ 约于是年，刘歆在《太初历》的基础上，经改进、补充，编成《三统历》，它是第一部完整保存至今的历法。《三统历》在回归年、朔望月长度、冬至时太阳所在宿度、二十八宿距度、岁星超辰等方面均较《太初历》有所改进，并首用上元历元法。[薄树人，试论三统历和太初历的不同点，自然科学史研究，1983，2（2）：133～138]

△ 待诏贾让（汉）提出治理黄河的上、中、下三策，后世称"贾让三策"。它既提出了防御黄河洪水的对策，又提出了放淤、改土、通漕等多方面的措施，是我国治黄史上第一个除害兴利的规划，对后代治黄有重大影响。[《汉书·沟洫志》；水利水电科学研究院《中国水利史稿》编写组，中国水利史稿（上），水利电力出版社，1979 年，第 202～208 页]

△《七略》著录《黄帝内经》十八卷。今本《黄帝内经》由博采兼收战国至西汉时期的医经文献的两部独立著作《素问》和《灵枢》构成，完成于西汉末年至东汉前期。该书是中国传统医学最重要的经典著作，奠定了中医理论的基础。[廖育群，今本《黄帝内经》研究，

自然科学史研究，1988，7（4）：367～374]

## 公元前 6 年　乙卯　西汉哀帝建平元年

△《山海经》经长期口头传承，战国时记录成文（参见公元前 222），复经秦汉时人递相增益，至此由刘歆校成定本。（谭其骧，中国大百科全书·地理卷·山海经，中国大百科全书出版社，1990 年，第 370～371 页）

## 公元 1～5 年　西汉平帝时

△ 在今青海省海晏县城西始建西海郡治城，王莽败后，郡废。东汉时曾复郡。城的平面略呈方形，东西长约 650 米，南北宽 600 米，现存城墙最高约 4 米，为湟水流域发现的汉代城址中规模最大的一座。（《汉书·平帝纪第十二》；中国大百科全书·考古学，中国大百科全书出版社，1986 年，第 185 页）

## 公元 2 年　壬戌　西汉平帝元始二年

△ 春，黄支国（位于今印度南境康契普腊母附近）首次通汉，遣使献犀牛。（《汉书·平帝纪》）

△ 民疾疫者，舍空邸第医药，此为公立时疫医院的滥觞。（《汉书·平帝纪第十二》）

## 公元 4 年　甲子　西汉平帝元始四年

△ 刘歆（西汉，约公元前 53～公元 23）广征天下教授或精通各学的人士会集京师，命记述学说，纠正讹误，统一异说，其中有通晓天文、历算、钟律、月令、方术、兵法、本草等方面的学者百余名。经过总结整理成各篇专论，后收入《汉书》中。

△ 在今河南洛阳东修建灵台。灵台遗址经近代发掘，东西宽 31 米，南北长约 41 米，高 8 米，分两层平台，下为环筑回廊式建筑，上为观测天象场所，延续使用至西晋时，为中国迄今发现最古的天文台遗址。[中国科学院考古研究所洛阳工作队，汉魏洛阳城初步勘查，考古，1973，（4）]

△ 刘歆等人首撰全面和系统地论述汉代的度量衡的篇章《审度》、《嘉量》和《权衡》，被收录在《汉书·律历志》中，历代宗之为圭臬。书中首次明确规定，度量衡以黄钟为标准，假以累黍直接定出尺度、容积和权衡以及度、量、衡的各级单位名称，进位关系和与其相应的标准器的制造、行政管理等，成为中国古代度量衡史上最完整、最系统、最有权威的著作。首次明确规定了长度的 5 个单位为分、寸、尺、丈、引；规定主要容量单位为龠、合、升、斗、斛；明确权衡的定义，并规定权衡主要单位为铢、两、斤、钧和石。（丘光明等，中国科学技术史·度量衡卷，科学出版社，2001 年，第 47、195～198 页）

△ 在今陕西西安南郊开始兴修专供皇帝使用的仪礼性建筑——"宣教化"的辟雍和"明正教"的明堂。中国礼制建筑起源于原始社会的宗教信仰，大约至西周时期已具相当的规模，至西汉时期，礼制建筑更臻完备。经考古发掘，辟雍是一组方圆相套的建筑群，可能是按照天圆地方观念建造的。[《汉书·王莽传》；中国科学院考古研究所汉城发掘队，汉长安城南礼制建筑遗址群发掘简报，考古，1960，（7）]

**公元 5 年　乙丑　西汉平帝元始五年**

　　△ 朝廷颁诏：征天下通知逸经者，古记、天文、历算、钟律、小学、史篇、方术、本草……遣合京师，至者数千人。可见，至西汉时，本草与天文、历算等科学与经典著作并列。（《汉书·郊祀志下》；罗桂环、汪子春主编，中国科学技术史·生物学卷，科学出版社，2005 年，第 103 页）

**西汉末**

**公元 9～23 年　新王莽时期**

　　△ 新莽铜丈于 1927 年在甘肃定西秤钩驿出土，上刻新莽时期统一度量衡诏书共 81 字。它是一件以一器的长、宽、高三个端面来标定长度量值的标准器，现藏台北故宫博物院。此时期测长技术从一般的直尺发展到设计、制造出既可用来测量直径，又便于测量深度和厚度的多种用途的专用测长工具——卡尺。（《汉书·律历志》；丘光明等，中国科学技术史·度量衡卷，科学出版社，2001 年，第 203～204 页）

　　△ 刘歆（西汉）等人以栗氏量为范本，设计并制造出"新莽铜嘉量"，又称"刘歆铜斛"、"王莽铜量"。这件新莽时期的标准器主体部分是一个大圆柱体，斛、升、合三量口朝上，斗、龠二量口朝下，外壁有除阐述统一度量衡的总铭外，每器各有分铭，是设计先进、刻铭详尽和制作精美的新莽量器的杰出代表，也是划定汉代尺度、容量值的最重要实物之一。（丘光明等，中国科学技术史·度量衡卷，科学出版社，2001 年，第 218～224 页）

　　△ 刘歆在造铜斛时，实际上使用 3.1547 为圆周率的近似值。这是改进圆周率值的首次尝试。（郭书春汇校，九章算术，辽宁教育出版社，1990 年）

　　△ 新莽权衡器最大的特点是权多呈扁平环状，外径约为孔径的三倍，与《汉书·律历志》所载相符。

　　△《汉书·律历志》云："数者，一、十、百、千、万也，所以算数事务，顺性命之理也。"关于数学作用的这两项概括对中国古代数学影响极大。《汉书·律历志》是根据刘歆原作改写的。

　　△《汉书·律历志》还首次（中）记载了算筹的形制，称"其算法用竹，（算筹为半）径一分，长六寸"，约 14 厘米（的竹棍）。20 世纪 70 年代在陕西千阳县汉墓出土的骨算筹，证明这个记载是可靠的。此后算筹的长度逐渐（代）变短，1980 年石家庄出土的东汉算筹已缩短到 8 厘米上下（到隋代变为长约 8 厘米）。同时，也出现了截面为方形、三角形的算筹，其质地除竹质外，也有一些骨制、玉制、牙制和铁制多种。

**公元 9 年　己巳　新王莽始建国元年**

　　△ 正月，制作了新莽铜卡尺。现存两支，一支藏中国历史博物馆，通长 15.2 厘米，卡爪 6.2 厘米，对其真伪有争议；另一现存北京市艺术博物馆。卡尺由主尺（固定尺）和副尺（活动尺）组成。主尺上部有鱼形柄，中间开一导槽，以便副尺游动。此尺其形式与用途很像今天的测经游标尺。（丘光明，中国历代度量衡考，科学出版社，1992 年，第 20 页）

**公元 10 年　庚午　新王莽始建国二年**

　　△ 以尊"神农"为鼻祖的医学流派之集大成之作《神农本草经》问世。此书是现知最早的本草学著作。全书载药 365 种，按上、中、下三品分为 3 类，所收药物多记载药名、性味、主治、产地、别名等。书中首次论述了药物加工炮制更广泛的意义。此后历代重要的本草著作均是在此基础上发展而成。［王大勇，《神农本草经》初探，成都中医学院学报，1979，(2)：28～31］

　　△《神农本草经》记载了某些矿物的化学变化，可以说是中国先民最早观察到的一些化学现象。如水银"熔解还复丹"。（赵匡华等，中国科学技术史·化学卷，科学出版社，1998 年，第 423 页）

　　△《神农本草经》中有"树得桂花而枯"，提出桂有克制其他植物的作用。

　　△ "本草"一词已有固定含义，并出现了以"本草"为名的药物学著作——《神农本草经》。（廖育群主编，中国古代科学技术史纲·医学卷，辽宁教育出版社，1996 年，第 248 页）

　　△《神农本草经》记载矿物 46 种，并已有石钟乳、石笋之名。［李约瑟，中国科学技术史 (5)，科学出版社，1976 年，第 286 页］

　　△《神农本草经》已收录铅粉（粉锡），但列入下品药。铅粉是第一个进入中国医药行列的人工合成制剂。（赵匡华等，中国科学技术史·化学卷，科学出版社，1998 年，第 431 页）

　　△《神农本草经》说：硫磺"能化金银铜铁奇物"。表明在实践中人们已认识到硫磺能与多种金属发生化学反应。

**公元 16 年　丙子　新王莽天凤三年**

　　△ 王莽（汉，公元前 45～公元 20）使太医尚方（汉）与巧屠共解剖王孙庆尸体，"度量五脏，以竹筵导其脉，知其终始，去可以治病"。（《汉书·王莽传》）

**公元 17 年　丁丑　新王莽天凤四年**

　　△ 王莽（西汉，公元前 45～公元 20）编撰《地理图簿》，记载九州、125 郡、2203 县的地理情况。（张国淦，中国古方志考，中华书局，1962 年，第 48 页）

**公元 18 年　戊寅　新王莽天凤五年**

　　△ 是年前，扬雄（西汉，公元前 53～公元 18）"难盖天八事，以通浑天"，即提出盖天说难以成立的八个证据，力主浑天说可信。他还盛赞落下闳（西汉）、鲜于妄人与耿寿昌三人对浑天说的建立所作的贡献。（《隋书·天文志上》；汉·扬雄：《法言·重黎》）

　　△ 是年前，扬雄著《方言》记述了几十种动植物的方言名称，对当时不同地区间生物学知识的交流与传播有一定的促进作用。（罗桂环、汪子春主编，中国科学技术史·生物学卷，科学出版社，2005 年，第 117～120 页）

**公元 19 年　己卯　新王莽天凤六年**

　　△ 应募有奇技可击匈奴者，应募者中有人自言能飞行以窥敌。其法是取大鸟翮为两翼，

头、身皆附羽毛，通扣环纽，飞行数百步而坠，是为有关仿生飞行试验的最早记载。(《汉书·王莽传》)

## 公元 20 年　庚辰　新王莽地皇元年

△ 在长安（今陕西西安）城南兴建礼制建筑——"新莽九庙"。经发掘，九庙非 9 所庙而是 12 所；12 所九庙建筑形制完全相同，中心建筑作方形，中央为主室，四隅有夹室，平面作"亞"字形。[《汉书·王莽传》；中国科学院考古研究所汉城发掘队，汉长安城南礼制建筑遗址群发掘简报，考古，1960，(7)]

## 公元 23 年　癸未　新王莽地皇四年　更始帝更始元年

△ 是年前，刘歆（西汉，约公元前 53～公元 23）指出天地万物都有一个孕育、萌芽、生长、兴旺、茂盛、壮实、成熟、衰退、萎缩与凋零的过程。太阳的颜色约每经 100 万年发生一次变化（从赤到黄到白到黑到青）。这些又都是关于宇宙演化循环论思想的表述。(《汉书·律历志上》)

△ 是年至公元 66 年，益州太守文齐（汉）开滇池水利，造起陂池，开通灌溉，垦田 2 千余顷。(《后汉书·西南夷传》)

## 西汉时期

△ 西汉时期，主张盖天说的天文学派有一种测量太阳高、远的方法，当时的数学家称它为重差术。其法为，在测量者与欲测物间立两表，以景差（两表日影长度之差）为除数，以表高和两表间的距离的乘积为被除数，相除的结果即是太阳的高度。此法在地面为平面的假设下是正确的，但大地不是平面，则这样所算出的"日去地"的高和"日下"的远都没有意义。但利用这种测量方法是可以推算近距离的物体的高和远的。(钱宝琮，中国数学史，科学出版社，1992 年，第 72～73 页)

△ 西汉人发明了用于从井中汲水的虹吸管，古代称其为"渴乌"。(戴念祖，中国力学史，河北教育出版社，1988 年，第 514～517 页)

△ 辛氏（西汉）所撰《三秦记》（已佚）已较为详细地记述河西沙角山的沙漠地形。(《太平御览·地部十五》)

△ 湖北江陵凤凰山西汉墓中出土 4 束稻穗，其穗形整齐，色泽鲜黄；穗、颖、茎、叶外形完整，芒、刚毛清晰可见。经鉴定，可能为一季晚粳稻。[凤凰山一六七号汉墓发掘整理小组，江陵凤凰山一六七号汉墓发掘简报，文物，1976，(10)：33]

△ 中国最早的养鱼专著《陶朱公养鱼法》问世。书中总结中国古代池塘养鱼的经验，反映当时人们对鱼类生理生活习性的深刻认识。书中提出密养轮捕，留种自然繁殖的丰产措施等。(罗桂环、汪子春主编，中国科学技术史·生物学卷，科学出版社，2005 年，第140 页)

△ 出现了人厕造猪舍的养猪积肥方法。[张仲葛，出土文物所见我国家猪品种的形成与发展，文物，1979，(1)：82]

△ 西汉时期制取酒曲的技艺进步反映在饼曲的出现和运用。从散曲发展到块曲、饼曲也是酿酒技术的一大发展。(周嘉华等，中国古代化学史略，河北科学技术出版社，1992 年，第 149～151 页)

△ 通过对出土的西汉时期的古玻璃的分析研究，表明在中国部分地区曾出现过 $K_2O\text{-}SiO_2$ 的钾基玻璃，其中 $K_2O$ 含量在 15% 左右，基本不含 $Na_2O$ 和 $CaO$。这种钾基玻璃也可以认为是中国古代所独有的。只是到了唐代以后，我国才有了与西方相近的钠钙系统玻璃。[赵匡华，试探中国古代玻璃的源流及炼丹术在其间的贡献，自然科学史研究，1991，10（2）：145～156]

△ 洛阳烧沟西汉墓发现用条砖砌简拱券顶；烧沟 623 号墓用砖穹窿顶；此外，有空头墙砌法砖壁。（中国科学院考古研究所，洛阳烧沟汉墓，科学出版社，1959 年）

△ 福建连江西汉独木舟 1973 年出土，长 7.1 米，宽 1.2～1.6 米，尾端已不完整。[卢茂村，福建连江发掘西汉独木舟，文物，1979，（2）：95]

△ 长沙西汉木船模在建国初期出土，总长 1.54 米，左右共有 16 只木桨，在船身两侧和首尾平板上有模拟的钉孔。现存中国历史博物馆。（章巽，中国航海科技史，海洋出版社，1991 年，第 33 页）

△ 广东西汉木船模 1956 年出土，船中部有两个小舱，前舱较高呈方形，上为四阿式盖顶。有四木俑持四只短桨，尾区还有一木俑持一桨以掌握船之航向。[广州市文管会，广州皇帝岗西汉木椁墓发掘简报，考古通讯，1957，（4）：22]

△ 上海博物馆收藏了 4 枚西汉"透光镜"，直径大小不等，镜背有花纹和铭文，其镜面在阳光照射下的反射图像与该镜背的花纹字迹相同。（阮崇武、毛增滇，中国"透光"古铜镜的奥秘，上海科学技术出版社，1982 年，第 1～3 页）

△ 河南温县发现一座汉代的烘范窑，堆放着 500 余套叠铸范，主要是铸造车马器的，为研究汉代叠铸技术提供了极宝贵的实物资料。（北京钢铁学院《中国冶金简史》编写小组，中国冶金简史，科学出版社，1978 年）

**西汉末东汉初**

△ 中国炼丹术中正式出现了"金液"之说。在该时期问世的《太清金液神丹经》是现存最早的一篇关于"金液神丹"、"金液还丹"和"金液"的专论。"金液"即将药金或真黄金浸于酽醋中而得到的一种据认为也是含有黄金精气的液体。（赵匡华等，中国科学技术史·化学卷，科学出版社，1998 年，第 383～384 页）

# 东 汉 时 期

**公元 25～57 年　　东汉光武帝时**

△ 建武初，"野蚕、谷充给百姓"，（《宋书·符瑞志》）反映野蚕产量很大，且东汉时可能已采取人工放养野蚕的做法。（赵承泽，中国科学技术史·纺织卷，科学出版社，2003 年，第 127 页）

△ 光武帝（刘秀；东汉，公元前 4～公元 57）为表彰乡里之盛，始诏南阳，撰作风俗。此为现知中国官方修方志的最早记载。（《隋书·经籍志》；中国大百科全书·地理卷，中国大百科全书出版社，1990 年，第 134 页）

△ 先秦皆赤足著履，至迟光武帝时，袜已出现。（汉·刘珍：《东观汉记》卷一）

**公元 25 年　乙酉　东汉光武帝建武元年**

△ 在《开元占经》中载有一份称"石氏曰"的古代星表，计存有包括二十八宿距星在内的 120 颗恒星的入宿度（与二十八宿距星的赤经差）、去极度（赤纬的余角）以及黄道内外度（沿赤纬圈量度的角距）。[孙小淳，汉代石氏星经研究，自然科学史研究，1994，12（2）：123～138]

△ 是年至公元 27 年，长江已有枯水题刻。[重庆市博物馆，略谈长江上游"水文考古"，文物，1975，（1）：77]

△ 公孙述（东汉）是年命造"十层赤楼帛兰船"（《后汉书·公孙述传》），是为大型楼船。尾舵约在此前后已经使用，橹、帆至东汉亦已发明。

△ 始建东汉都城雒阳城。选扩建南宫。至明帝（东汉，公元 27～公元 75），又历时 5 年营建北宫，并在两宫间修建 3 条复道。东汉都城发展以宫城为主体的规划思想。（东汉·张衡：《二京赋·东京赋》；刘敦桢主编，中国古代建筑史，中国建筑工业出版社，1984 年，第 44 页）

**公元 25～75 年　东汉光武帝建武永平年间**

△ 丝织物在朝鲜平壤乐浪王旰古墓出土。此为汉代丝织物输入朝鲜的例证。（赵承泽，中国科学技术史·纺织卷，科学出版社，2003 年，第 112 页）

**公元 29 年　己丑　东汉光武帝建武五年**

△ 在洛阳城东南部开阳门外（遗址位于偃师县佃庄乡太学村）建造中国古代传授儒家经典的最高学府——太学，以后屡经扩建，至顺帝时达到空前规模，有房屋 1850 间，汉质帝时（146）太学生多达 3 万。

△ 交趾（治所在今越南河内东）太守锡光（东汉）、九真（治所在今越南清化西北）太守任延（东汉，？～公元 68）在骆越聚居的郡境建立学校，发展教育；又铸造农具，教导耕稼。中原的生产技术、文化风俗渐渐传入这一地区。（《后汉书·南蛮西南夷》）

**公元 30 年　庚寅　东汉光武帝建武六年**

△ 公孙述（汉）据蜀，"废铜钱，置铁官钱"，是史书中最早铸铁钱之始。（《后汉书·公孙述传》；刘森，中国铁钱，中华书局，1996 年，第 10 页）

**公元 31 年　辛卯　东汉光武帝建武七年**

△ 杜诗（东汉，？～公元 38）升任南阳太守。在任期间制造水排并用于鼓铸，结果"用力少，见功多，百姓便之"，是为水力鼓风设备的较早记载。他还兴修水利，"修治陂池，广拓土田，郡内比室殷足。"（《后汉书·杜诗传》）

**公元 32 年　壬辰　东汉光武帝建武八年**

△ 马援（东汉，公元前 14～公元 49）将征战途经的山川道路，用米堆积起来作演示。此为我国地形模型的最早确切记载。（《后汉书·马援传》）

　　△ 约是年，马援（东汉）在西北地区养马，著有"铜马法"，制定了良马标准。1969年在甘肃武威出土东汉晚期铜奔马的造型特征，与马援"铜马法"注文基本相符，可能为马援所铸铜式模型标本的复制品。[《后汉书·马援传》；顾铁符，奔马·"袭乌"·式马——试论武威奔马的科学价值，考古与文物，1982，（2）]

## 公元 35 年　乙未　东汉光武帝建武十一年

　　△ 正月，制造的大司农平斛于 1953 年在甘肃古浪县陈家河台子出土，现藏中国国家博物馆。这一容一斛的标准铜量作圆桶形，高 24.4 厘米，口径 34.5 厘米，实测容积为 19 600 毫升，与王莽之制基本一致。此后，永平三年（公元 60）、五年（公元 62），元初三年（公元 116）和光和二年（公元 179）又有 4 件自铭为大司农造。说明东汉自光武帝建国至东汉末，量器的制造、管理始终由大司农掌管，并经常颁发标准器，以保证单位量值的准确一致。（丘光明等，中国科学技术史·度量衡卷，科学出版社，2001 年，第 230～236 页）

## 公元 36 年　丙申　东汉光武帝建武十二年

　　△ 阙是中国古代用于标志建筑群入口的建筑物。中国现存纪年可考较早的阙——李业阙建于是年。此阙现在四川绵阳梓潼长卿村李节士祠内。[方继成，试论城阙的起源和发展，人文杂志，1958，（5）：83～86]

## 公元 43 年　癸卯　东汉光武帝建武十九年

　　△ 马援（东汉，公元前 14～公元 49）平定交趾郡（治所在今越南河内东）时，所过之处，辄为修治城郭，穿凿灌溉，并带回南方薏苡良种，促进汉越两族的交流。（《后汉书·马援传》）

## 公元 44 年　甲辰　东汉光武帝建武二十年

　　△ 张戎（汉天始时）首先指出黄河多沙的特点"河水重浊，号为一石水而六斗泥"，同时论述了水流冲淤关系和利用水流刷沙的治黄思想。（《汉书·沟洫志》）

　　△ 马援（东汉，公元前 14～公元 49）征交趾时缴获大批骆越铜，还京熔铸为铜马，高 3 尺 5 寸，围 4 尺 5 寸，为当时著名青铜塑像。（《后汉书·马援传》）

## 公元 47 年　丁未　东汉光武帝建武二十三年

　　△ 哀牢王"遣兵乘革船"。（北魏·郦道元：《水经注·叶榆水》）

## 公元 49 年　己酉　东汉光武帝建武二十五年

　　△ 辽西乌桓大人赦旦（东汉）率众赴洛阳献牛马、兽皮与弓。（《后汉书·乌桓鲜卑列传》）

## 公元 50 年　庚戌　东汉光武帝建武二十六年

　　△ 约是年，关子阳（东汉）指出，一日中，早晚凉而中午热，与太阳斜射与直射大地有关。（《隋书·天文志上》）

△ 命南匈奴人居云中（治所在今内蒙古托克托东北），赠南单于（西汉）锦绣、缯布、绵絮、鼓车等。（《后汉书·南匈奴列传》）

## 公元 51 年　辛亥　东汉光武帝建武二十七年

△ 哀牢王贤栗率族众至越巂郡治邛都（今四川西昌东），请求内属。此后时来朝贡，赠送屬㲲、帛迭、兰干细布、梧桐花布、夜光珠、琥珀、琉璃等。（《后汉书·南蛮西南夷列传》）

## 公元 52 年　壬子　东汉光武帝建武二十八年

△ 袁康（东汉）和吴平（东汉）约于建武、永平中将战国时人所编《越绝书》写成定本传世，记事下迄是年。此书为浙江古方志，内容丰富，体例完善，为方志正式发端之作。[陈桥驿，关于《越绝书》及其作者，杭州大学学报（哲社版），1979，（1）]

## 公元 56 年　丙辰　东汉光武帝中元元年

△ 桓谭（汉，公元前 21～公元 56）卒。他所著《新论·离车第十一》中有“役水而舂，其利乃且百倍”。水舂即水碓。这是我国水力利用的最早记载。[张柏春，中国传统水轮以及驱动机械，自然科学史研究，1994，13（2）：155]

## 公元 57 年　丁巳　东汉光武帝中元二年

△ 倭奴国奉使来朝贡，光武帝（汉，公元前 6～公元 57）赐以印绶。日本于 1784 年在北九州发现了刻有“汉倭奴国王”金印，证实了汉代中日之间的交往。这是中日国家间见诸记载的最早使节往来。（《后汉书·东夷传》）

## 公元 58～75 年　东汉明帝时

△ 刘珍（东汉明帝时）撰《东观汉记·地理志》中记载了石灰岩地形。（刘昭民，中华地质学史，台湾：商务印书馆，1985 年，第 79 页）

## 公元 62 年　壬戌　东汉明帝永平五年

△ 用杨岑（东汉）法推算朔望与月食，对《三统历》做了部分变革。（《续汉书·律历志中》）

## 公元 63 年　癸亥　东汉明帝永平六年

△ 汉中太守都君重开褒斜道，凿通石门隧道，至永平九年（公元 66）完成。全长 258 里，桥阁 623 间，大桥 5 座。又修建了邮亭驿、官寺 64 所。计用 766 800 余工。这是中国最早用于交通的隧道。（《全后汉文·都君开通褒斜道记》；唐寰澄，中国科学技术史·桥梁卷，科学出版社，2000 年，第 145～147 页）

## 公元 65 年　乙丑　东汉明帝永平八年

△ 汉与北虏的争斗中使用革船。（《后汉书·南匈奴列传》）

**公元 68 年　戊辰　东汉明帝永平十一年**

△ 佛教传入我国后，始在今陕西洛阳老城东 12 公里处建造白马寺。它是利用原来接待宾客的官署鸿胪寺改建而成，寺壁作千乘万骑绕塔三匝图。此为佛教传入中国后由官府营建的第一座佛教寺院。此后，"寺"就相沿成为僧院的泛称。[宋·司马光：《资治通鉴》卷四十五《后汉明帝八年楚王英奉佛事》李贤注；徐金星，洛阳白马寺，文物，1981，(6)：88]

**公元 69 年　己巳　东汉明帝永平十二年**

△ 用张盛（东汉）、景防（东汉）、鲍邺（东汉）等人的新法代替杨岑法推算朔望与月食。该新法取回归年长度为 365 又 1/4 日，是行用《东汉四分历》的先声。(《续汉书·律历志中》)

△ 王景（东汉）奉命发卒数十万，历时 1 年，用费逾百亿，修筑荥阳（治所在今河南荥阳县东北）至千乘（治所在今山东高青县东南高苑城北）海口的千里黄河大堤，同时整治了汴渠。此后近千年黄河无大的改道记载。(《后汉书·王景传》)

△ "崇建浮图"，共 9 层，500 余尺，号称"齐云"。齐云塔是中国营建的第一座佛塔。(宋碑《摩腾入汉灵异记》)

**公元 70 年　庚午　东汉明帝永平十三年**

△ 约于是年，郗萌（东汉）推出先师所传的宣夜说，认为"天了无质"，"高远无极"，"日月众星，自然浮生虚空之中，其行其止皆须气焉"，日月五星"无所根系"，"迟疾任性"云云。描绘了一幅日月星辰在充满气的无限空间、按各自的规律运动的图景。(《晋书·天文志上》)

**公元 73 年　癸酉　东汉明帝永平十六年**

△ 西域与中原正常交往中断六十余年，至是年，班超（东汉，公元 32～公元 102）率36 名将士再通西域。次年，汉重设西域都护、戊己校尉，以恢复、加强与西域的联系。至永元六年（94），西域诸国始又全部归汉，丝绸之路复通。(《后汉书·班超传》)

**公元 76～88 年　东汉章帝时**

△ 杨孚（汉章帝时）所撰《异物志》（又称《南裔异物志》）1 卷，是最早见于著录的异物志。它主要记述岭南地区的风俗、物产和民族等。(《隋书·经籍志二》)

△ 杨孚（汉章帝时）的《异物志》书中记载琥珀是由树脂石化而成。[李仲均，我国古籍中记载的几种无脊椎动物化石、植物化石及其成因，自然科学史研究，1982，(2)]

△ 杨孚（汉章帝时）《南裔异物志》较早地对南方的孔雀、翠鸟、鸬鹚、荔枝、龙眼等一些动植物形态做了细致地记述。(罗桂环、汪子春主编，中国科学技术史·生物学卷，科学出版社，2005 年，第 135～136 页)

△ 珠江三角洲地区水稻栽培已出现连作技术，交趾地区出现"一岁再种"的双季稻。(《齐民要术》卷 10《稻》引《异物志》；文物编辑委员会，文物考古工作三十年，文物出版社，1979 年，第 331 页)

△ 广东、广西一带利用蕉类植物的茎皮纤维纺织的历史，至迟在汉代即已开始。东汉《异物志》记载："茎如芋，取濩而煮之，则如丝，强纺绩……今交趾葛也。"后来统称为"蕉布"。（赵承泽，中国科学技术史·纺织卷，科学出版社，2003 年，第 136 页）

△ 杨孚《异物志》较早记载了云南地区有棉布的生产：交、广二州的木棉"其树高大，其实如酒杯，皮薄，中有如丝绵者，色正白"。《后汉书·西南夷传》也记载位于今云南保山一带的哀牢人的棉布生产。（赵承泽，中国科学技术史·纺织卷，科学出版社，2003 年，第 148 页）

## 公元 76 年　丙子　东汉章帝建初元年

△ 汉章帝命贾逵选择成绩优秀的太学生二千人，奖给"简、纸、经传各一通"。（《后汉书·贾逵传》

## 公元 77 年　丁丑　东汉章帝建初二年

△ 江苏铜山县制作的五十湅钢剑经鉴定为百炼钢。此后山东临沂苍山出土永初六年制作的三十湅环首刀经鉴定也为百炼钢。这是国内发现的有关百炼钢的较早实物。［韩汝玢、柯俊，中国古代的百炼钢，自然科学史研究，1984，3（4）：316～320］

## 公元 79 年　己卯　东汉章帝建初四年

△ 从杨终（汉）建议，命博士、议郎、儒生集白虎观，讲论《五经》异同，仿石渠阁会议，章帝亦亲临称制决断，是为白虎观会议。（《后汉书·儒林传》）

## 公元 82 年　壬午　东汉章帝建初七年

△ 约于是年前后，班固（东汉，公元 32～92）基本撰成《汉书》（除《天文志》、八表尚未完成），记述西汉一代史事，确立了纪传体断代正史的体例，为后代沿用。（《后汉书·班固传》）

△《汉书·律历志》使律气说——用音律作标志的气运说，更加完备。它将十二律分为阴、阳两部分；提出音律的变化反映阴阳二气的消长，阴阳二气的消长的过程就是万物化生的过程。（席泽宗主编，中国科学技术史·科学思想卷，科学出版社，2001 年，第 168 页）

△《汉书·西域传》最早记述了尖端放电现象："矛端生火。"（戴念祖，我国古代关于电的知识和发现，科技史文集，第 12 辑，上海科学技术出版社，1984 年）

△《汉书·地理志》是中国第一部以"地理"命名的地学著作，也是我国第一部疆域地理志。它开创的沿革地理学的体系沿用了两千余年，从而使中国古代地理学的发展和研究具有鲜明的特点：重视政区沿革变化的考辨，忽视对自然地理环境的探索。（唐锡仁等，中国科学技术史·地学卷，科学出版社，2000 年，第 201～203 页）

△《汉书·地理志》是全国性的地理总志。它以西汉平帝时的 103 郡国及其所属的 1314 个县、邑、道、侯国为纲，分别记述其户口、山川、水泽、水利设施、古今重要聚落要塞、名胜古迹、物产等，内容丰富，比较全面地反映了当时全国的地理和经济情况。（唐锡仁等，中国科学技术史·地学卷，科学出版社，2000 年，第 203 页）

△ 班固所著《汉书·五行志》首创以"五行志"体例记载各种自然现象，尤其是多种自

然灾害和异常现象。

　　△ 班固所著《汉书·沟洫志》中有"泾水一石，其泥数斗"，说明当时已开始测定河流的含沙量。

　　△ 班固所著《汉书·地理志·豫章郡》已记载用煤作燃料。

　　△ 班固所著《汉书·地理志》中详细记述了金、银、铜、铁、锡、铅、盐、文石、石油和天然气等矿产和它们的产地和分布。对石油的叙述是所见文献中较早的，称上郡高奴县（今延州）有"洧水"，且"可燃"。（杨文衡，中国古代的矿物学和采矿技术，中国古代科技成就，中国青年出版社，1978 年，第 303 页）

　　△《汉书·艺文志·方技略》著录有《三家内房有子方》等"房中八家"的著作，是为中国最早一批性医学专著；其中已有"乐而有节，则和平寿考；及迷者弗顾，以生疾而陨命"等合理论述。

　　△ 班固所著《汉书》卷五十六中最早记述了铸造技术，概述了铸造时造型与浇铸等主要工序。

　　△ 王景（东汉）组织修复位于今安徽寿县的芍陂，并制定相应的管理制度，立碑示禁。（《后汉书·王景传》）

## 公元 83 年　癸未　东汉章帝建初八年

　　△ 是年前，东汉经学家郑众（东汉，? ～公元 83）注《周礼》有："九数：方田、粟米、差分、少广、商功、均输、方程、赢不足、旁要。今有重差、夕桀、勾股也。"是为经籍中首次出现"九数"之细目，被东汉末郑玄引用，历来被视为圭臬。唐经学家认为郑注无"夕桀"，"夕桀"系马融注，阑入郑注。（郭书春汇校，九章算术，辽宁教育出版社，1990 年）

## 公元 84 年　甲申　东汉章帝建初九年　元和元年

　　△ 日南徼外（今柬埔寨地区）献生犀、白雉。（《后汉书·章帝纪》）

## 公元 85 年　乙酉　东汉章帝元和二年

　　△ 编䜣（东汉）、李梵（东汉）等编成《东汉四分历》，并代《三统历》颁行全国。该历法取回归年长度为 365 又 1/4 日，与古《四分历》的取值相同，为两相区别，故名之为《东汉四分历》。编䜣等在冬至时太阳所在宿度的测量、五星会合周期及其动态、历元设置等方面均有新的论说，并新增推没灭术的方法。（《续汉书·律历志》）

　　△ 约于是年，开始使用干支纪年法。（《续汉书·律历志中》）

## 公元 87 年　丁亥　东汉章帝元和四年　章和元年

　　△ 月氏国（古代游牧部落，原居住在今兰州以西至敦煌的河西走廊一带）遣使献狮子。此为正史中有关国外贡狮子的最早记载。（《后汉书·章帝本纪》）

## 公元 88 年　戊子　东汉章帝章和二年

　　△ 湟中（今青海贵德一带）使用"缝革为船"。（《后汉书·邓寇传》）

**公元 89 年　己丑　东汉和帝永元元年**

△ 窦宪（东汉）和耿秉（东汉）率师出击北匈奴，出塞 3 千余里，沿途"考传验图，穷览山川"，直至燕然山（今蒙古国内杭爱山），并命班固（东汉，公元 32～公元 92）刻石而还。（《后汉书·孝和孝殇帝纪第四》；唐锡仁等，中国科学技术史·地学卷，科学出版社，2000 年，第 187 页）

△ 张掖太守邓训发湟中兵六千，欲攻迷唐，因黄河所阻无法用兵，偶尔从羌人怀抱羊皮袋子渡河得到启示，遂命兵士"缝革为船，置于箄上，以渡河"（《后汉书·邓训传》）。邓训给这种渡河工具起名叫"革船箄"，这种"革船箄"就是黄河上游的独特渡河工具——皮筏的鼻祖。

**公元 92 年　壬辰　东汉和帝永元四年**

△ 约于是年，傅安（东汉）等制成含有黄道环的浑仪，并用以测量日月的运行。此时已用黄赤交角为 24 度（$23°39'57''$），误差 $1'18''$。（《续汉书·律历志中》；陈美东，古历新探，辽宁教育出版社，1995 年，第 99 页）

△ 约是年，李梵、苏统（东汉）发现月亮近地点进动的现象，并给出了定量的描述：每经一近点月向前移动 3 度。他们不但认定月亮运行是有迟疾变化的，而且指出其变化与月亮离地远近有关，离地近时速度快，离地远时速度慢。这些是人们对月亮运动研究取得的突破性进展的成果。（《续汉书·律历志中》）

**公元 94 年　甲午　东汉和帝永元六年**

△ 敦忍乙（位于今缅甸境内）王莫延慕义遣使献犀牛、大象。（《后汉书·西南夷传》）

**公元 97 年　丁酉　东汉和帝永元九年**

△ 思想家王充（东汉，公元 27～约公元 97）约卒于年。著有《论衡》[①]。王充在《论衡·道虚》中提到："天地不生，故不死"，"夫有始者必有终，有终者必有死，唯无始终者长生不死。"可见，这里王充已有了原始的物质不灭思想的萌芽，这是王充物质守恒思想的体现。[翟海，论王充的自然观，复旦学报（自然版），1974，（3～4）：16～21]

△《论衡》继承和发扬了先秦时期的"元气学说"，提出了自然元气说，主张气是万物之源。

△《论衡·说日》中记述当时流行的一种错误的日食成因说：月掩日光。

△《论衡·说日》中已指出云、雨、雾、霜、雪都是由水汽形成的。[蔡宾牟、袁运开，物理学史讲义（中国古代部分），高等教育出版社，1985 年，第 153 页]

△《论衡·雷虚》中描述了雷电现象的季节性特质，并从太阳热力强弱变化对比加以解释。

△《论衡·乱龙》中阐述了玳瑁、磁石的静电与静磁吸引现象："顿牟（即玳瑁）掇芥，磁石引针，皆以其真是，不假他类。他类肖似，不能掇取者，何也？气性异殊，不能相感动

_____

① 本书将《论衡》中的相关内容均放在此处。

也。"（戴念祖，我国古代关于电的知识和发现，科技史文集，第 12 辑，上海科学技术出版社，1984 年）

△《论衡·雷虚》提出云雨与雷电的关系。并认为雷电本质是火，以雷电烧焦的头发、皮肤、草木，有硫磺气味等五例作证。（戴念祖，我国古代关于电的知识和发现，科技史文集，第 12 辑，上海科学技术出版社，1984 年）

△《论衡·寒温》记载："夫近水则寒，近火则温，远之渐微，何则？气之所加，远近有差也。"这是对热传导的早期记载。[蔡宾牟、袁运开，物理学史讲义（中国古代部分），高等教育出版社，1985 年，第 153 页]

△《论衡·明雩》中指出人、地各有规律，反对人地关系绝对化的思想。

△《论衡·变虚》以水面波来解释声音在空气中的传播。（戴念祖，中国力学史，河北教育出版社，1988 年，第 471 页）

△《论衡·效力》提出：一个力大无比的人，"不能自举"使自己离地。（戴念祖，中国力学史，河北教育出版社，1988 年，第 28～30 页）

△《论衡·是应》清楚地描述了我国最早的磁性指南器——司南："司南之杓，投之于地，其柢指南。"（王振铎，司南指南针与罗经盘，科技考古论丛，文物出版社，1989 年）

△《论衡·说日》提出相对速度的概念：与转动石磨成逆行的蚂蚁，其视速度为随石磨转动。王充据此解释天体运动现象。（戴念祖，中国力学史，河北教育出版社，1988 年，第108～109 页）

△《论衡·书虚》批判了当时盛行的"子胥圭恨，驱水为涛"的神话传说，提出了"涛之起，随月盛衰"的著名论点，将潮汐成因与月亮运动联系起来。（宋正海等，中国古代海洋学史，海洋出版社，1986 年，第 247 页）

△《论衡·率性》中总结出深耕细锄，多施肥料改良土壤的经验。

△《论衡·商虫》中，出现"藏宿麦之种，烈日干曝，投于燥器"的麦类储藏方法，是后世小麦"熟进仓"技术的萌芽。

△《论衡·顺鼓》创开沟灭蝗蝻技术。

△《论衡·说日》主张平天说，认为天地为两相平行的平面，"天平正与地无异"，天体附于天平转。

△《论衡·说日》提出包括天体在内的物体视大小与该物体所处背景的亮度有关的概念，背景明亮，视之小，背景暗淡，视之大。

△《论衡·奇怪》提出"物生自类本种"，在"讲瑞篇"说，"试种嘉禾之实，不能得嘉禾"注意到遗传的稳定性，对当时的一些唯心的附会生物变异现象做了有力的批评，在生物学发展史上有重要意义。（罗桂环、汪子春主编，中国科学技术史·生物学卷，科学出版社，2005 年，第 160 页）

△《论衡·道虚》：载生物"因气而生，种类相产"，"道虚篇"又说："天地合气，物偶自生"，探讨生物的由来。《论衡·顺鼓篇》记有："月毁于天，螺蚄舀缺"，注意到月亮与海洋贝类生长发育的密切关系。

△《论衡·解徐》中提出蚤、虱有吸血之害。

△ 班超（东汉，公元 32～102）派遣甘英（东汉）出使大秦（罗马），抵安息（在伊朗高原）、条支（在两河流域）西界，为西海（波斯湾）所阻，未达罗马。这是中国使节远至

波斯湾的最早记载。他们探询获得了许多有关罗马的地理知识。(《后汉书·西域传》；唐锡仁等，中国科学技术史·地学卷，科学出版社，2000年，第186页)

△ "百炼"一词最早见于王充(东汉)《论衡·状留》"百熟炼厉"。

## 公元 100 年　庚子　东汉和帝永元十二年

△ 宗绀(东汉)对《太初历》以来行用的135个朔望月23个食季的交食周期进行修正。(《续汉书·律历志中》)

## 公元 102 年　壬寅　东汉和帝永元十四年

△《东汉四分历》改用霍融(东汉)主张的《夏历》漏刻法(此法大约出现于西汉后期)：以太阳中天时的高度每变化2.4度，而昼夜漏刻增或减一刻。霍融还测量得二十四节气时，太阳所在宿度与去极度、晷影与漏刻长度、昏旦中星等数值表格，使在《东汉四分历》中增加了对这些论题计算的内容。(《续汉书·律历志中》)

## 公元 105 年　乙巳　东汉和帝永元十七年　元兴元年

△ 太史依诏制成"太史黄道铜仪"，即含有黄道环的浑仪。随即用以测量二十八宿的距度值和日月之运动等。(《续汉书·律历志中》)

△ 蔡伦(东汉，约公元61～121)对造纸法做出重大改进，使它成为一种真正实用的技术。他发明了树皮纸，并在造纸中可能首先采用了碱液蒸煮制浆。由于有了蔡伦的造纸术使纸的质量和产量有了极大的提高，从而使纸取代了简帛。(《后汉书·蔡伦传》；潘吉星，中国造纸技术史，文物出版社，1979年)

## 公元 107 年　丁未　东汉安帝永初元年

△ 是年前，贾逵(东汉，公元30～107)提出历法必须不断改革的理论，以验天与合天为其立论的基础。(《续汉书·律历志中》)

△ "六月丁巳，河东杨地地陷，东西百四十步，南北百二十步，深三丈五尺。"此为对地震所形成地形的较早描述。(《后汉书·五行志》)

## 公元 110 年　庚戌　东汉安帝永初四年

△ 约于是年，黄宪(东汉，公元75～122)在《天文》中主张宣夜说，认为人眼所及的日月星辰所处的空间是有限的，而虚空是无涯的。天既不左旋也不右旋，而日月星辰则在虚空中运动不已。(《古今图书集成·乾象典》卷六)

## 公元 114～141 年　东汉安帝元初至永和年间

△ 在王逸(东汉)撰《机妇赋》里有汉代花楼提花机全面形象化的描述，既提到这种织机可以织出飞禽走兽、虫鱼花卉等复杂花纹，又提到这种织机的操作方法和主要部件。(赵承泽主编，中国科学技术史·纺织卷，科学出版社，2003年，第195页)

## 公元 115 年　乙卯　东汉安帝元初二年

△ 诏修理河内（今河南黄河以北部分）等地旧渠，通水道以便灌溉。（《后汉书·安帝纪传》）

## 公元 120 年　庚申　东汉安帝元初七年　永宁元年

△ 约于是年，张衡（东汉，公元 78～139）著《灵宪》。认为宇宙演化是分阶段有层次的，变化的形式有渐变也有突变，变化的原因则在于事物内部；球形的天附着恒星运于外，平且静的大地浮于水上居于内，日月五星离地有远近，其运行有迟速的变化；浑圆的天球不是宇宙的边界，"宇之表无极，宙之端无穷"；区分命名 444 个星官、2500 颗恒星；指出月食是因被大地所生的暗虚遮蔽所造成；陨石是因其星体运动趋于衰微，降落地上；测得日、月视直径约 30′。（陈美东，中国科学技术史·天文学卷，科学出版社，2003 年，第194～203 页）

△ 班昭（东汉，约公元 49～约公元 120）约卒于是年。她曾为兄班固续成《汉书》中的八表和《天文志》。（《后汉书·班昭传》）

△ 东汉经学家马融（东汉，公元 79～166）之兄马续（东汉），精通历算，帮助班昭完成《汉书·天文志》。他"博览群籍，善《九章算术》"。（《后汉书·马融传》）

## 公元 121 年　辛酉　东汉安帝永宁二年　建光元年

△ 文字学家许慎（东汉，约公元 58～147）著成《说文解字》，遣子许冲（东汉）赴洛阳献书。此书保存大量古代文字资料，凡收 9353 字，为第一部系统分析字形、考究字源的字书，反映汉代文字学的成就。（《后汉书·许慎传》）

△《说文解字》中列出有言字偏旁的字近 250 个，分别表示各种发声状态、感情与声音大小；从口、舌一类的字都有发音方法与发声部位的解说，尤其是关于出气调的描写似乎已认识到气流涡流对发声的影响。（戴念祖，中国声学史，河北教育出版社，1994 年，第 13、475～476 页）

△《说文解字》里说："饴米糵煎也。"《释名》里说："煮米消烂。"

△《说文解字》记述了大量的动植物，并试图解释其名称的来源。书中与植物有关的部首反映了植物的一定的相应类属，如"凡竹之属，皆从竹"；在注解植物时，还涉及了植物的形态、生态和用途。书中著录动物近 500 种，其中鸟类和兽类做了较细的二级分类；在注释动物中，还描述了动物的形成、地理分布、生活习性和用途方面。（罗桂环、汪子春主编，中国科学技术史·生物学卷，科学出版社，2005 年，第 120～123 页）

△《说文解字》有"在木为果，在草谓蓏"的说法，试图把草木的果实分为两类。

△《说文解字》中有"年，熟谷也"。以作物的成熟周期作为"年"的观念显然出现在农业社会。（罗桂环、汪子春主编，中国科学技术史·生物学卷，科学出版社，2005 年，第 44 页）

△《说文解字》中已指出：鮆（即刀鱼）在生殖期上溯时不摄食。

△ 汉代《史记·货殖列传》已有"蘖曲盐豉千答"，至《说文解字》明确指出："豉，俗敊从豆，配盐幽尗也。"此为有关豆豉的最早记载。

△ 汉代出现用于谷物脱壳的加工工具——砻。许慎《说文解字》中有"砻"字，泗洪重岗汉代画像石刻上有砻画面。[尤振尧等，泗洪重岗汉代农业画像石刻研究，农业考古，1984，（2）]

△ 东汉时期丝织品的色彩繁多，仅《说文解字》中便出现30余种之多，说明当时印染配色和拼色技术有了较大发展。

△ 为了区分生铁与高、低中碳钢，赋予后者一个专门的名称"鍒铁"。《说文解字》有："鍒，铁之软也。"（赵匡华等，中国科学技术史·化学卷，科学出版社，1998年，第169页）

**公元 123 年　癸亥　东汉安帝延光二年**

△ 梁丰（东汉）等以颁行《东汉四分历》后"灾异卒盛"，而颁用《太初历》后"享国久长"为由，主张复用《太初历》；亶诵（东汉）等则以为《东汉四分历》的历元不合图谶，应改变历元；而尹祉（东汉）等坚持"四分本起图谶，最得其正，不宜易"。尚书令忠以历本之验在于天的原则，力排众议，《东汉四分历》得以继续颁用。（《续汉书·律历志中》）

**东汉安帝末**

△ 班超的儿子班勇（汉安帝末时）自幼随父在西域长大，后来继承父志，再通西域，足迹几乎遍及西域南北两道。他所撰《西域记》详细记载西域诸国的道里方位以及气候地势、物产风俗等。（《后汉书·西域传》；唐锡仁等，中国科学技术史·地学卷，科学出版社，2000年，第186页）

**公元 126～144 年　东汉顺帝时**

△ 据张道陵（东汉顺帝时）著《太清经天师口诀》记载，炼丹已开始用铜釜，炼丹炉的建造已提出"五岳三台"式。书中还记述以"灰吹法"分离黄金与沙石。（赵匡华等，中国科学技术史·化学卷，科学出版社，1998年，第245、216页）

△ 传说张道陵（东汉）在今四川仁寿县开凿了陵井。在大口盐井的开凿中，此井规模较大，且深度超前，"井深五十余丈"，从而发现了天然气露头。[傅汉思等，中国火井历史新证，自然科学史研究，2000，19（4）：392]

**公元 126 年　丙寅　东汉顺帝永建元年**

△ 约于是年，张衡（东汉，公元78～139）著《浑天仪注》，认为"天体如弹丸"，"周旋无端"，"浑天如鸡子，地如鸡中黄，孤居于内，天大而地小"，"天表里有水"，"天地各乘气而立，载水而浮"。又给出黄道度与赤道度之间相互变换的计算方法。《浑天仪注》和《灵宪》同为浑天说的经典性论著。（陈美东，中国科学技术史·天文学卷，科学出版社，2003年，第194～203页）

**公元 129 年　己巳　东汉顺帝永建四年**

△ 建郭巨石祠位于山东历城孝里堂山墓地。祠为独立两面坡顶、三面墙壁的建筑，前部敞开，正中以一比例雄大连上下大斗八角石柱将面阔分成2间。祠东西长4.2米，南北阔2.3米，高2.24米，是我国现存地面最早的石构房屋建筑。[刘敦桢，河北、河南、山东古

建筑调查日记，刘敦桢文集（3），中国建筑工业出版社，1982年]

**公元 132 年　壬申　东汉顺帝永建七年　阳嘉元年**

△ 张衡（东汉，公元78～139）创制了世界第一架测定地震的仪器——地动仪。仪体直径约1.9米，用铜铸成，形如酒尊。仪内中心立都柱（震摆），又设八组杠杆机械。都柱受震波作用，推开顺着地震波的一组杠杆，使仪外的龙首吐丸，蟾蜍承接，通过击落的声响和丸的方位，报告地震及其方向。[《后汉书·张衡传》；王振铎，张衡候风地动仪的复原研究，文物，1963，（2、4、5）]

△ 有是年题记的河南襄城茨沟汉墓用条砖砌方形墓室墙壁，上为砖砌圆形壳顶。墓室四角用特制丁斗砖弧面三角形帆拱，作为方墙圆顶间的过渡部分。其帆拱的使用是砖拱壳技术上的重要发展。[河南省文化局文物队，河南襄城茨沟汉画像石墓，考古学报，1964，（1）]

**公元 133 年　癸酉　东汉顺帝阳嘉二年**

△ 约于是年，张衡制成水运浑象，以漏壶的流水为动力，通过齿轮系的传动，使浑象与天同步运转，还通过一机械装置带动自动运作的历日显示器。（《晋书·天文志上》）

**公元 135 年　乙亥　东汉顺帝阳嘉四年**

△ 建造的洛阳建春门石桥（又称上东门桥、西石桥）是一座用大石块砌筑的拱桥，可能是史籍所载最早的石拱桥。（北魏·郦道元：《水经注·谷水》；唐寰澄，中国科学技术史·桥梁卷，科学出版社，2000年，第229～233页）

**公元 138 年　戊寅　东汉顺帝永和三年**

△ 张衡（东汉，公元78～139）创制的地动仪成功测录到金城、陇西大地震。（《后汉书·张衡传》）

**公元 139 年　己卯　东汉顺帝永和四年**

△ 是年前，张衡（东汉，公元78～139）与周兴（东汉）主张运用月行迟疾术推算每月的朔日，但因这可能导致3个连大月或2个连小月的问题，而不被采纳。（《续汉书·律历志中》）

△ 是年前，张衡发明二级补偿式漏壶，使漏壶流量趋于均匀。（唐·徐坚等：《初学记》卷二十五）

△ 是年前，张衡认为《九章算术》使用的球体积公式不准确，试图得出新的公式，但不得要领；他也试图改进圆周率值，使用$\sqrt{10}$，可见仍未找到正确方法。刘徽批评他"欲协其阴阳奇耦之说而不顾疏密矣"。（郭书春汇校，九章算术，辽宁教育出版社，1990年）

△ 是年前，张衡（东汉）所作《温泉赋》中有"有疾疠兮，温泉泊焉"，说明矿泉能治疗疾病。（唐·徐坚等：《初学记》卷七）

**公元 140 年　庚辰　东汉顺帝永和五年**

△ 会稽太守马臻（东汉）在会稽、山阴两县筑塘蓄水成鉴湖（位于今浙江绍兴市）。堤塘周长 310 里，溉田 9 千余顷，是长江以南最古老的大型灌溉工程。南宋时鉴湖因围垦而湮废。（唐·杜佑：《通典·州郡十二》引刘宋·孔灵符《会稽志》）

**公元 143 年　癸未　东汉顺帝汉安二年**

△ 边韶（东汉）又提出《东汉四分历》历元不正，并主张复用《三统历》，而虞恭（东汉）等重申《东汉四分历》历元合于图谶，并指出以是否合天而论，《东汉四分历》较《三统历》"尚得多，而又近便"。边韶之议被驳回。（《续汉书·律历志中》）

△ 刻有是年纪年文字的青瓷残片于 1988 年在湖南湘阴安静乡青竹寺窑出土。此为中国发现较早的有明确纪年的青瓷窑址。[周世荣等，湖南湘阴安静乡青竹寺窑发掘简报，香港考古学会会刊，1993～1997，（14）]

**公元 147～168 年　东汉桓帝时**

△ 魏伯阳（东汉桓帝时）撰成《周易参同契》，是道教丹鼎派流传至今最早的理论性著作，也是世界上最早的炼丹术著作，它论述了金丹术（铅汞还丹）和物质变化的道理，也涉及金丹术中的一些化学变化。该书对后世炼丹术（尤其是"内丹"）产生了较大的影响。（孟乃昌，周易参同契考辨，上海古籍出版社，1993 年）

△ 魏伯阳在《周易参同契》里研究总结了大量火法炼丹的经验。其中说："若药物非种，名类不同，分剂参差，失其纪纲"，便可能"飞龟舞蛇，愈见乖张"。这里指出了化学反应的复杂性和激烈程度，也是对燃爆事故的最早提醒。

△ 魏伯阳（东汉桓帝时）《周易参同契》描述了水银易蒸发，容易和硫化合的特性，以及其在丹鼎中升华后"赫然为丹"的过程。[杜石然等，中国科学技术史稿（上册），科学出版社，1982 年，第 268 页]

△ 汞在古代广泛应用于炼丹术，有关汞与硫合成丹砂，汞同铅形成铅汞齐等记载见于汉代魏伯阳《周易参同契》、晋代葛洪《抱朴子》等著作。（中国大百科全书·矿冶卷，中国大百科全书出版社，1984 年，第 208～209 页）

△ 位于安徽亳县南郊的曹氏墓为桓帝时封为费亭侯曹腾宗族墓。其中的元宝坑 1 号墓出土的青瓷，釉色光亮，质地纯洁，是中国较早的青瓷器；董园村 1 号墓出土银缕玉衣和铜缕玉衣各一套。（中国大百科全书·考古学，中国大百科全书出版社，1986 年，第 54 页）

**公元 147 年　丁亥　东汉桓帝建和元年**

△ 武梁祠（在今山东嘉祥武宅山）画像石是年开始刊刻，数十年始成。（清·瞿中溶：《汉武梁祠画像考》，北京图书馆出版社，2004 年）

△ 武梁祠有驱虫石刻，反映当时对环境卫生的重视。[刘广洲，发扬优良卫生传统为社会主义建设服务，中华医史杂志，1955，（1）：卷首]

△ 是年至公元 167 年，出现著名矮马——果下马（《三国志·魏志·东夷传》）。裴松之（南朝宋，公元 372～公元 451）注曰："果下马高三尺，乘之可于果树下行，故谓之果下马。"

**公元 148 年　戊子　东汉桓帝建和二年**

△ 安息（亚洲西部古国）王子安世高（安清，公元 2 世纪）经西域至中国洛阳，译述佛经，为汉译佛经的创始人。他亦以医为名，为中国与阿拉伯在医学上第一次发生关系的人。（南朝梁·僧祐：《出三藏记集·安世高传》）

△ 安世高译《佛说温室洗浴众僧经》述及"杨枝"可使"口齿好看，方白齐平"，刷牙习惯当在此前后由印度传入中国。

△ 杨孟文（汉）主持修复褒斜谷栈道时，在孔雀台东褒河西岸作石蒛，即堆积石板于石梁上为石栈。三国、唐代亦沿用石栈。汉中太守王升（汉）命人在褒城（今陕西留坝县）北石门崖壁上镌刻《石门颂》记载此事。（唐寰澄，中国科学技术史·桥梁卷，科学出版社，2000 年，第 161～163 页）

**公元 150 年　庚寅　东汉桓帝和平元年**

△ 修建黄河三门峡栈道，至北宋多次续建。（中国大百科全书·考古学，中国大百科全书出版社，1986 年，第 430 页）

**公元 154 年　甲午　东汉桓帝永兴二年**

△ 东汉始见图经。汉王逸纂《广陵郡图经》，其后有《巴郡图经》，惜早已失传。早期的图经以图为主，配以图说。晋常璩《华阳国志·巴志》记载了东汉桓帝时巴郡太守但望根据《巴郡图经》了解巴郡的境界、道里、户口和官吏的情况。（唐锡仁等，中国科学技术史·地学卷，科学出版社，2000 年，第 204 页）

**公元 158 年　戊戌　东汉桓帝永寿四年　延熹元年**

△《刘平国刻石》有是年纪年。刻石在今新疆拜城东北喀拉达格山的博者克拉格沟口，系记述龟兹左将军刘平国（东汉）天山建关事。博者克拉格沟为龟兹（今新疆库车）北通乌孙（今伊犁河和伊塞克湖一带）的交通要道。[王炳华，刘平国刻石及有关新疆历史的几个问题，新疆大学学报，1980，（3）]

**公元 158～167 年　东汉桓帝延熹年间**

△ 姜歧（东汉）"隐居以蓄蜂……教授者满于天下，营业者三百余人"。出现人工养蜂和以传授养蜂技术为职业的养蜂人员。（西晋·皇甫谧：《高士传》卷下）

**公元 159 年　己亥　东汉桓帝延熹二年**

△ 西域火浣布此前已传至洛阳，权臣梁冀（东汉，？～公元 159）用以制衣。据称此布火烧不坏而污垢尽去。（《后汉书·西南夷传》注引《傅子》）

△ 是年前，梁冀（东汉）"大起第舍"，"采土筑山，十里九坂，以象二崤，深林绝涧，有若自然，奇禽驯兽，飞走其间"。此为东汉外戚、宦官豪华宅第、园林的代表。（《后汉书·梁统列传·玄孙冀》）

**公元 162 年　壬寅　东汉桓帝延熹五年**

△ 陇右军中大疫，死者十之三四，皇甫规（东汉）亲入庵卢巡视。其庵卢类似近代野战传染病院。（《后汉书·皇甫规传》）

**公元 166 年　丙午　东汉桓帝延熹九年**

△ 大秦（罗马）国王安敦（Marcus Aurelius Antoninus，安冬尼）遣使者从波斯湾启程，在日南郡（治所在今越南广治西北）登岸，再经陆路至洛阳。赠送象牙、犀角、玳瑁等礼物。此事罗马史书失载，或是罗马商人自称使者，然为中国与欧洲国家直接交流之始。（《后汉书·西域传》）

△ 大秦使者登陆的口岸为日南的卢容浦口（今越南顺化附近的大长沙海口）。此为当时中国南方的第一大港口。（武斌，中华文化海外传播史，陕西人民出版社，1998 年，第350 页）

△ 崔寔（东汉，约公元 103～170）撰《四民月令》，反映东汉晚期一个拥有相当数量田产的世族地方庄园，一年 12 个月的应该进行的农事操作以及手工业和商业经营等事项，其中较为详细地记载了以时令气候安排耕、种、收获粮食、油料、蔬菜等内容，是中国古农书中"农家月令书"中最早的代表作。书中最早记载了树木繁殖采用压条技术和水稻栽培使用移栽技术，时称"别稻"；还记载了蔬菜（姜）催芽技术和养蚕工具——簇（蔟），时称"蓐"。[范楚玉，中国古代科学家传记（上）·崔寔，科学出版社，1992 年，第 99～101 页]

△ 崔寔（东汉）在《政论》提出"民以谷为命"的重农主张。

△《四民月令·十月》记载了饴饧制作之事。

△《四民月令》记载了果蔬加工中出现盐渍法，是为我国有酱菜之始。

**公元 167 年　丁未　东汉桓帝延熹十年　永康元年**

△ 思想家王符（东汉）卒于是年后。所著《潜夫论》是继王充（汉）《论衡》后在天道天命观、知识论等方面的重要著作。

△ 王符（东汉）在《潜夫论·本训》中提出阴阳二气是清浊二气所化。（席泽宗主编，中国科学技术史·科学思想卷，科学出版社，2001 年，第 161 页）

△ 王符（东汉）在《潜夫论·释难》中涉及了两个光源的照度叠加现象。

**公元 168～189 年　东汉灵帝时**

△ 1971 年发掘的河北安平县逯家庄东汉壁画墓，墓内壁画建筑群图上所绘钟楼上的相风乌和测风旗，是现知最早的风向仪的图形。（河北省文物研究所，安平东汉壁画墓，文物出版社，1990 年）

**公元 168 年　戊申　东汉灵帝建宁元年**

△ 张角（东汉，？～公元 184）是年前后开始传授太平道，并著《太平经》。《太平经》中有被解释为用生铁炒成熟铁，才能"万锻"成兵器的记载，被视为中国有关炒钢的最早文

献。(北京钢铁学院《中国冶金简史》编写小组，中国冶金简史，科学出版社，1978 年，第 105 页)

**公元 170 年　庚戌　东汉灵帝建宁三年**

△ 武都太守李翕（东汉）在武都郡（今甘肃成县）西修建西狭栈道，又称"天井山道"。次年，《武都太守李翕西狭颂》刻石。(唐寰澄，中国科学技术史·桥梁卷，科学出版社，2000 年，第 187～188 页)

**公元 174 年　甲寅　东汉灵帝熹平三年**

△《东汉四分历》改用刘洪（东汉，约公元 129～约公元 210）、蔡邕（东汉，公元 132～公元 192）新测的二十四节气时，太阳所在宿度与去极度、晷影与漏刻长度、昏旦中星等数值表格。(《续汉书·律历志下》)

**公元 175 年　乙卯　东汉灵帝熹平四年**

△ 冯光（东汉）等又提出《东汉四分历》历元不合图谶，应改《正历元》。蔡邕力驳其非，指出历元的设定不必一定要合于图谶，图谶历元之说并不可靠，并以验天、合天为本。蔡邕的论说得到许多人的赞同。自此，《东汉四分历》历元不合图谶之说才销声匿迹。(《续汉书·律历志中》)

△ 虞翻（东汉，公元 164～233）知道"琥珀不取腐芥，磁石不受曲针"。(《三国志·虞翻传》；戴念祖，我国古代关于电的知识和发现，科技史文集，第 12 辑，上海科学技术出版社，1984 年)

**公元 178～184 年　东汉灵帝光和年间**

△ 东汉政府为统一度量衡制作了一批度量衡器发至各地作为标准，其后，州县以标准器为样本，又复制了一批实用器行用。(丘光明等，中国科学技术史·度量衡卷，科学出版社，2001 年，第 233～234 页)

**公元 178 年　戊午　东汉灵帝熹平七年　光和元年**

△ 鲜卑大人檀石槐（东汉，卒于光和中）闻倭人善网捕，于是东击倭人国，得千余家，徙置秦水上。令捕鱼以助粮食。鲜卑人始学得捕鱼技术。(《后汉书·鲜卑传》)

**公元 179 年　己未　东汉灵帝光和二年**

△ 宗诚（东汉）、冯恂（东汉）分别上月行九道术，即月亮运行不均匀改正算法，曾被太史用于计算朔望。(《续汉书·律历志中》)

△ 约于是年，刘洪（东汉，约公元 129～约公元 210）、刘固（东汉）、冯恂（东汉）、宗诚（东汉）、王汉（东汉）等分别提出新交食周期值，均较宗绀法为密，但经实测检验，难分仲伯，各家退而继续研究。(《续汉书·律历志中》)

△ 东汉光和大司农斛、权的铭文曰："依黄钟律历、《九章算术》，以均长短、轻重、大小，用齐七政，令海内都同。"说明《九章算术》已成为国家经典。(郭书春汇校，九章算

术，辽宁教育出版社，1990 年）

△ 位于山西中条山以北的新绛、曲沃、翼城、闻喜、解王等都有开采铜矿的记载。1958 年山西运城一处古矿洞附近的崖壁上，刻有东汉光和二年（公元 179）和中平二年（公元 185）的题记。表明中条山铜矿区最迟在东汉已开采，并盛产于唐代。[《新唐书·地理志》；安志敏、陈存洗，山西运城洞沟的东汉铜矿和题记，考古，1962，（10）]

## 公元 180 年　庚申　东汉灵帝光和三年

△ 约于是年，蔡邕（东汉，公元 132～192）在《月令章句》中提及当时天文官使用的星图——官图，系一种以北极为圆心，绘有内、外规、黄道与赤道等基本圈，以及二十八宿等中、外星官。它是由先前的盖图（以盖天说为基础的一种星图）发展而来的。（中国天文学史整理研究小组，中国天文学史，科学出版社，1981 年，第 55、56 页）

△ 蔡邕（东汉）《月令章句》记述了露与霜的成因："露，阴液也。释为露，凝为霜。"[蔡宾牟、袁运开，物理学史讲义（中国古代部分），高等教育出版社，1985 年，第 154 页]

## 公元 184～189 年　东汉灵帝中平年间

△ 一把由中国传去的"百炼清刚"铁刀在日本天理市栎本町东大寺山古坟出土。还发现一把三国泰和四年（公元 230）制造的 7 把刀，刀上嵌有错金铭文"百炼"。这是 2～3 世纪中日交流百炼钢的实物证据。[韩汝玢、柯俊，中国古代的百炼钢，自然科学史研究，1984，3（4）：316]

## 公元 185 年　乙丑　东汉灵帝中平二年

△ 十月癸亥，"客星出南门中，大如半筵，五色喜怒，稍小。至后年六月消"，（《后汉书·天文志》）是为世界上最早的准确完整的超新星记录。此后至 18 世纪初叶，中国共观察记录了十余颗超新星。[席泽宗，从中国历史文献的记录来讨论超新星的爆发与射电源的关系，天文学报，1954，2（2）：177～183]

△ 山东地区出现造纸能手，《三辅决录》记载："左伯，字子邑，东莱人（今山东掖县）擅名汉末，甚能造纸。"左伯纸与张之笔、韦诞墨都是当时文人喜爱的书写用品。

## 公元 186 年　丙寅　东汉灵帝中平三年

△ 毕岚（东汉）造翻车（龙骨水车），取河水，以洒南北郊路。此乃城市用洒水车以保持卫生之始。又创制"渴乌"（虹吸管）。（《后汉书·张让传》）

## 公元 189～220 年　东汉献帝时

△ 刘睿（东汉献帝年间）"集天文众占"名《荆州占》，其中详尽地记载了日晕结构，共有 10 多种名称，并存星、月、云气等吉祥征兆的记载。（《晋书·天文志》）

## 公元 190～195 年　东汉献帝初平至兴平年间

△ 曹操（三国，公元 155～220）以奏折的形式向汉献帝（东汉，公元 189～公元 220 年在位）介绍了"九酝春酒法"，这是当时一种较先进的酿酒方法，它采用了接近与固体发

酵，分批投料，霉菌深层培养的先进技术措施。(《全三国文》卷 1《曹操集》；罗桂环、汪子春主编，中国科学技术史·生物学卷，科学出版社，2005 年，第 161～162 页)

**公元 190 年 庚午 东汉献帝初平元年**

△ 董卓（东汉）胁迫献帝（东汉）迁都长安（今西安）。除择取宫廷收藏的部分重要图书运抵长安外，其余图书连同洛阳名都的古建筑均一炬焚毁，为古代图书、建筑又一大厄运。(《后汉书·孝献帝第九》)

**公元 192 年 壬申 东汉献帝初平三年**

△ 是年前，卢植（东汉，? ～公元 192）所著《冀州风土记》是描述风土人情和地理分布的早期著作之一。(张国淦，中国古方志考，中华书局，1962 年，第 126 页)

**公元 193 年 癸酉 东汉献帝初平四年**

△ 是年前后，笮融（东汉，? ～公元 195）大起浮图祠于广陵（今徐州），顶垂铜盘九重，下为重楼阁道，可容 3000 余人。是南方地区初见规模极大的寺院建筑。其垂铜盘九重，是已有刹柱实物之证。这是中国较早的佛教建筑，也是中国楼阁式木塔的萌芽。(《三国志·吴志》；刘敦桢主编，中国古代建筑史，中国建筑工业出版社，1984 年，第 87 页)

**公元 195 年 乙亥 东汉献帝兴平二年**

△ 秦功满王（东汉）在日本归化之际，献蚕种。此为文献上最早记载中国丝蚕种输入日本。(日本学士院，明治日本蚕业技术史，日本学术振兴会，1960 年，第 5、327 页)

**公元 196～219 年 东汉献帝建安年间**

△ 刘熙（东汉）著《释名》用双叠韵的字来解释词义，探讨事物所以命名的原因。书中对很多天文、地理等专门性名词进行定义和解释，记载了秦汉时期的许多天文、地理观念和知识。(唐锡仁等，中国科学技术史·地学卷，科学出版社，2000 年，第 198 页)

△ 刘熙（东汉）在《释名》中说："泽（即脂泽），人发恒枯瘁，以此濡泽之。唇脂以丹作，象唇赤也。"可见发油和口红在汉代已成为常用的化妆品之一。

△ 锸是汉代主要的挖土工具，此时出现锸的名称——"臿"。刘熙《释名》中有"臿，插也，插地起土也。"

△ 刘熙《释名》第 25 篇为《释船》。除对船舶分类、构造有叙述外，对楫、帆、桨、橹、舵、牵绳等船舶属具皆有叙述，甚至还讲到"短而广，安不倾危者也"这样的船舶稳性原理。(清·王先谦：《释名疏证补》，上海古籍出版社，1984 年，第 384 页)

△ 在使用风帆等其他推进工具之后，橹仍被沿用。(东汉·刘熙：《释名·释船》；《三国志·吕蒙传》)

△ 曹操（三国，公元 155～220）令人造"百辟刀"5 把，据说用了 3 年时间，曹植所作的《宝刀赋》就是对反复加热锻打的生动描述，曹操《内戒令》中，把这种宝刀称为"百炼利器"，孙权也有宝刀名叫"百炼"。[北宋·李昉辑：《太平御览》卷 245《兵部七十六·刀上》引魏武帝《内诫令》；韩汝玢、柯俊，中国古代的百炼钢，自然科学史研究，1984，

3（4）：316]

**公元 197 年　丁丑　东汉献帝建安二年**

△ 广陵太守陈登（汉）开邗沟西线。经樊良湖改道向北中经津湖、白马湖，再折向偏东北行，经射阳湖至淮安末口入淮。改道后之邗沟，减削了原有之湾道，南北顺直，全长 340 里，大致即今之里运河一线。（吴家兴主编，扬州古港史，人民交通出版社，1988 年，第 8 页）

**公元 199 年　己卯　东汉献帝建安四年**

△ 中国蚕种由百济（今朝鲜半岛的一个古国）转日本。（姚宝猷，中国丝绢西传史，重庆商务印书馆，1944 年，第 45 页）

**公元 2 世纪末 3 世纪初**

△ 王郎（东汉末，？～公元 228）说：“余所与游处，唯东莱徐先生素习《九章》，能为计数。”徐岳注《九章算术》，正史中有 2 卷、29 卷、9 卷等不同的记载，还有《九章别术》2 卷。可惜皆亡佚。还撰《数术记遗》1 卷，记述自己向刘洪学习数学的过程，总结大数记法，汇集包括筹算、珠算在内的 14 种算法，是极为宝贵的史料。（徐岳撰，甄鸾注：《数术记遗》，《算经十书》，辽宁教育出版社，1998 年）

△《数术记遗》总结大数记法。记数法中万以上的亿、兆、京、垓、秭、壤、沟、涧、正、载，称为大数。其进位制有三等。“三等者，谓上、中、下也。其下数者，十十变之，若言十万曰亿，十亿曰兆，十兆曰京也。中数者，万万变之，若言万万曰亿，万万亿曰兆，万万兆曰京也。上数者，数穷则变，若言万万曰亿，亿亿曰兆，兆兆曰京也”。后来《孙子算经》中有类似的记载。徐岳认为“下数浅短，计事则不尽。上数宏廓，世不可用。故其传业，唯以中数耳”。（徐岳撰，甄鸾注：《数术记遗》，《算经十书》，辽宁教育出版社，1998 年）

△ 徐岳在《数术记遗》中提出了 14 种算法：积算（即筹算）、太一算、两仪算、三才算、五行算、八卦算、九宫算、运筹算、了知算、成数算、把头算、龟算，计数和珠算。除积算即筹算外，大多数没有什么实际意义，唯珠算一项，它虽不穿档，也没有歌诀，不见得比筹算方便，但它上一珠当五，下一珠当一，与筹算类似，是可以用于计算的，而且开宋明珠算之先河，功不可没。（徐岳撰，甄鸾注：《数术记遗》，《算经十书》，辽宁教育出版社，1998 年）

**公元 200 年　庚辰　东汉献帝建安五年**

△ 经学家、文献学家郑玄（东汉，公元 127～200）卒。郑玄遍注群经，为西汉经学集大成者。其注疏中包含许多科学史方面的内容。（《后汉书·郑玄传》）

△ 是年前，郑玄“少学书数”，通“《三统历》、《九章算术》”，晚年向刘洪（东汉，约公元 129～约公元 210）学习《乾象历》。他的《周礼注》等经籍注疏含有丰富的数学史资料，其“九数”之说影响尤大。（郭书春汇校，九章算术，辽宁教育出版社，1990 年）

△ 是年前，郑玄注《易纬乾凿度》：“太乙取其数以行九宫，四正四维皆合于十五。”九

宫数就是纵横图，亦称幻方。这是纵横图的最早记载。稍后徐岳《数术记遗》的 14 种算法中有九宫。北周甄鸾注曰："九宫者，二、四为肩，六、八为足，左三右七，戴九履一，五居中央。"后来南宋杨辉发展了纵横图的造法。纵横图现今是组合数学研究的重要课题。（郭书春汇校，九章算术，辽宁教育出版社，1990 年）

　　△ 是年前，郑玄注《周礼·稻人》中，记载北方出现禾麦、麦禾、麦豆等旱作物轮作换茬耕作方式。

　　△ 是年前，郑玄（东汉）在注解《周礼·天官冢宰下·疡医》所记载的"五毒方"是现存最早的化学制剂配方。经模拟试验和测试确知它的化学成分有 $As_2O_3$，它实际上是中国人工制取砒霜的最早记载。[赵匡华等，汉代疡科"五毒方"的源流与实验研究，自然科学史研究，1985，4（3）：199～211]

　　△ 是年前，郑玄（东汉）《周礼》注云"说四方所识久远之事，以告王观"，"志记也。谓若鲁之《春秋》、晋之《乘》、楚之《梼杌》。"此为有关方志内容的最早记载，对后世史志学者影响很大。（唐·贾公彦撰，东汉·郑玄注：《周礼注疏》卷十六）

　　△ 是年前，郑玄（东汉）注解《考工记·弓人》中"量其力，有三钧"时，提出弓体变形与其外力成线性关系："每加物一石，则张一尺。"贾公彦（唐初）在疏解郑玄注中又写到："加物一石张一尺，二石张二尺，三石张三尺。"这是关于弹性体的弹性规律的最早发现。（老亮，中国古代材料力学史，国防科技大学出版社，1991 年，第 20～29 页）

　　△ 是年前，应劭（东汉）卒于是年前后。应劭在注释《汉书》卷二十二《郊祀歌》中"柘浆"时说："取甘蔗以为饴也。"可见，"柘浆"一词到汉代时已指蔗汁经过煎熬而成的糖膏。（赵匡华等，中国科学技术史·化学卷，科学出版社，1998 年，第 602 页）

　　△ 应劭（东汉）在《风俗通义》中指出伏天日期不应全国一样，而应根据当地气候而定。书中还记载了"梅雨"和信风。（中国科学院自然科学史研究所地学史组，中国古代地理学史，1984 年，第 99、103、106 页）

　　△ 是年至公元 240 年间，韦诞（曹魏时，公元 179～253）是第一个将制墨技术规范化的人，他将取烟炱、和胶、捣制等制墨主要工序系统化，使之成为后世制墨的基本工艺。（元·陆友：《墨史》）

　　△ 曹操（汉魏之际，公元 155～220）和袁绍（东汉，? ～公元 202）两军战于官渡（今河南中牟县东北）。曹军以发石车抛石，击毁袁军楼橹，军中称为"霹雳车"。这是文献记载中最早出现的一种车载抛石机。（《后汉书·袁绍传》）

**公元 204 年　甲申　东汉献帝建安九年**

　　△ 曹操（三国，公元 155～220）为北伐袁尚（东汉）开白沟运河。在今河南淇县卫贤镇淇水入黄河口处，筑枋头堰，拦淇水东北流入白沟。至浚县有胥溇水汇入；至馆陶有漳水汇入，一路有多条水济运。下游分为两支，一支于今黄骅县汇入渤海；一支流至泉州县入滹沱河。（《三国志·魏书·武帝纪》）

**公元 206 年　丙戌　东汉献帝建安十一年**

　　△ 刘洪（东汉，约公元 129～约公元 210）制成《乾象历》。首创者有：明确给出近点月长度计算法和数据，制定月行迟疾表（计算月亮实行度）与月行阴阳表（计算月亮在黄道

南北度），提出黄白交点退行与交食食限概念及其定量描述法，涉及日行盈缩的计算方法，等等。又给出较前准确的回归年、朔望月、交食周期与五星会合周期等诸多天文数据。《乾象历》是古代历法体系最终形成的里程碑。[陈美东，刘洪的生平、天文学成就与思想，自然科学史研究，1986，5（2）：129～142]

△ 曹操（汉魏之际，公元 155～220）北征乌桓，命董昭开平虏、泉州二渠。平虏渠是借白沟下游别支疏导而成。泉州渠在今天津市西北武清县南部，上接平虏渠，北在天津市宝坻县南又与沟河、潞河交汇，再向东增开新渠一段与滦河口相通。(《三国志·魏书·武帝纪》；史念海，中国的运河，陕西人民出版社，1988 年，第 109 页)

**公元 207 年　丁亥　东汉献帝建安十二年**

△ 诸葛亮（汉魏之际，公元 181～234）向刘备（汉魏之际，公元 161～公元 223）提出占荆、益，争取西南各族统治者支持，东联孙权，北抗曹操，以统一全国的方略，即《隆中对》。此方略对魏、蜀、吴三国鼎立的政治、经济、军事形式和地理条件做了深刻的分析。(《三国志·蜀志·诸葛亮传》；余明侠，诸葛亮评传，南京大学出版社，1996 年)

**公元 208 年　戊子　东汉献帝建安十三年**

△ 孙吴联军在赤壁（今湖北蒲圻西北，一说今嘉鱼东北）用战船运载火攻器材，焚烧曹军水营。这是古代火攻技术在水战中的一次成功运用。(《三国志·吴书·周瑜传》)

△ 医学家华佗（东汉末三国初）为曹操（汉魏之际，公元 155～公元 220）所杀。华佗精通脉学、药学和针灸学等，所著医书多佚。(《三国志·魏书·华佗传》)

△ 是年前，华佗吸取先秦以来导引术的精华，模仿虎、鹿、熊、猿、鸟的动作姿态，创造了一套"五禽戏"。它在中国医疗体育保健史上极具影响，至今沿用。[《三国志·魏书·华佗传》；焦国瑞，华佗"五禽戏"——我国古代的一种医疗保健运动，哈尔滨中医，1963，6（3）：48～49]

△ 是年前，华佗成功施行腹腔外科手术，并发明了全身麻醉剂——"酒服麻沸散"。[《三国志·魏书·华佗传》；钟金汤等，华佗——我国麻醉科及外科医学的鼻祖，科学月刊（台），2000，31（4）：340～344]

△ 由《三国志·魏书·华佗传》记载的临床实践可知，华佗是驱除寄生虫、人工流产、治疗疮疡及镇痛方面技术的卓越医师。([日]山田庆儿，夜鸣之鸟，岩波书店，1990 年，第 256、267 页)

△ 是年前，华佗创用尚脊柱两铡穴位，后世命名为"华佗夹脊穴"。(《三国志·魏书·方技传·华佗传》)

**公元 209 年　己丑　东汉献帝建安十四年**

△ 故益州太守高颐墓前双阙及石兽是年在今四川雅安姚桥乡汉碑村落成。原来是一对扶壁式双阙，现东阙已残。主阙 13 层，子阙 7 层，是用多块大小不同的红色长石英砂岩堆砌的有扶壁垂檐五脊式仿木建筑，由基、身、楼、顶 4 部分组成。阙斗形制古雅，雕刻精美，为现存汉阙代表作。东汉官绅墓前神道两侧多造斗阙，以为装饰性建筑。[耿继斌，高颐阙，文物，1981，（10）：89]

**公元 210 年　庚寅　东汉献帝建安十五年**

△ 曹操（汉魏之际，公元 155～公元 220）初下"唯才是举"令。（《三国志·魏书·武帝纪第一》）

△ 是年前，刘洪（东汉，约公元 129～约公元 210）"密于用算"。《大藏经音义》卷六有"刘洪《九京算术》"，此当是《九章算术》之误。造《乾象历》，中有正负术，与《九章算术》者大致相同。（郭书春汇校，九章算术，辽宁教育出版社，1990 年）

△ 约于是年，张仲景（东汉）因其家族自"建安（公元 196～公元 220）经年以来，犹未十稔，其死亡者，三分有二，伤寒十居其五"，于是乃勤求古训，博采众方，始完成"伤寒杂病论合十六卷"（《伤寒杂病论·自序》）。此书被誉为中国古代医学史上第一部理、法、方、药俱备的经典之作。此书确立中医辨证论治、理法方药的临床诊治体系，为中医临床医学奠定了基础。（廖育群主编，中国古代科学技术史纲·医学卷，辽宁教育出版社，1996 年，第 15～16 页）

△ 张仲景（东汉末）所撰的《伤寒杂病论·序》中提到有《胎胪药录》一书，据考这是最早的小儿专门药书。（廖育群主编，中国古代科学技术史纲·医学卷，辽宁教育出版社，1996 年，第 31 页）

△ 冬，曹操（汉魏之际，公元 155～220）在邺都（今河北临漳）修建铜爵台（后称"铜雀台"），高 10 丈，殿宇百余所，为著名的古建筑群。（《三国志·魏武帝纪》；唐寰澄，中国科学技术史·桥梁卷，科学出版社，2000 年，第 210 页）

**公元 213 年　癸巳　东汉献帝建安十八年**

△ 曹操（汉魏之际，公元 155～公元 220）欲令淮南沿江人民北徙，民转惊恐，庐江、九江、蕲春、广陵诸郡十余万户皆渡江南迁，是为两晋时期北方人口大规模南迁的先导。（《三国志·魏武帝纪》）

△ 魏王曹操在今河北临漳西南漳水之滨大规模建设新都——邺城，平面矩形，东面长 7 里、南北宽 5 里，有排水明沟和引水隧道，构成了城市供、排水网。主要宫殿毁于西晋末。邺城的规划继承战国时期以宫城为中心的规划思想，改进汉代长安宫城与闾里相差、布局松散的状况。邺城是一个功能区分明确、布局严谨的城市。它将古代一般建筑群中轴对称的布局手法扩大应用于整个城市，对中国古代都城建设产生重大影响。后赵、前燕、东魏、北齐等朝代都先后定都于此。[清·汪师韩：《文选理学权舆·魏宫阙》；俞伟超，邺城调查记，考古，1963（1）]

△ 在邺城修建金虎台和冰井台。约略同时，还修建金凤台，史称"曹魏三台"。各台间以阁道（复道）相联。（唐寰澄，中国科学技术史·桥梁卷，科学出版社，2000 年，第 210 页）

△ 曹操既平邺城，规定"其收田租亩四升，户出绢二匹，绵二斤而已，他不得擅发。"（《三国志·魏志·武帝纪》引王沈《魏书》）。首创征收户调为绢布，这使农民在种地之外，不得不兼作纺织。（赵承泽主编，中国科学技术史·纺织卷，科学出版社，2003 年，第 102 页）

**公元 217 年　丁酉　东汉献帝建安二十二年**

　　△ 是年前，建安七子之一王粲（东汉，公元 177～217）"性善算，作《算术》"（《三国志·王粲传》），善《九章》术（《广韵》）。

**公元 219 年　己亥　东汉献帝建安二十四年**

　　△ 是年前，陆绩（东吴，公元 189～219）著《浑天仪说》，完成了浑天说儒学化的工作。他还制作有浑象一具，"其形如鸟卵"。（唐·瞿昙悉达：《开元占经》卷一）

**东汉时期**

　　△ 今江苏仪征石碑村东汉墓出土一个铜圭表尺，尺长 34.5 厘米、宽 2.8 厘米、厚 1.4 厘米，现藏南京博物院。这是袖珍式的圭表，为携带方便把圭与表两部分合装一体。圭与表之间有枢轴连接。从圭表尺的尺度可知，汉代天文尺和常用尺的量值是统一的。［南京博物院，东汉铜圭表，考古，1977，(6)］

　　△《后汉书·礼仪志》中有："日冬至……权水轻重，水一升冬重十三两。"我国至迟不晚于东汉时期已确定了水的比重测定值。（戴念祖，中国力学史，河北教育出版社，1988 年，第 394 页）

　　△ 琴律是三分损益律和纯律的复合律制，是在中国特有的拨弦乐器上建立的律制。它最晚也产生于汉代。（戴念祖，中国声学史，河北教育出版社，1994 年，第 325～331 页）

　　△ 东汉问世的炼丹著作《黄帝九鼎神丹经》包括九种神丹的丹诀（炼制方法）及真人歌 81 首。全文虽已散佚，但基本内容则为唐人编辑的《黄帝九鼎神丹经诀》和《九转流珠神仙九丹经》所收录。（赵匡华，中国炼丹术，香港中华书局，1989 年，第 216～218 页）

　　△《黄帝九鼎神丹经》反映了中国炼丹术的初始思想、早期丹药成分、用药情况以及合炼丹药的仪式和丹经传授的戒律，因此具有很大的研究价值。（赵匡华，中国炼丹术，香港中华书局，1989 年，第 216～218 页）

　　△ 东汉时期的炼丹术著作中已有关于铅霜制作方法的记载。铅霜即醋酸铅，在中国早期炼丹术中称为玄白（《黄帝九鼎神丹经诀》）。其实，它的制取要早于铅白。

　　△ 炼丹家们已经通过在空气中对水银的低温焙烧或在密闭的土釜中加热水银与铅丹的混合物，而得到氧化汞。前者以汞一味的氧化汞还丹可能是中国炼丹术中最早的还丹；后者称铅汞龙虎还丹。（赵匡华等，中国科学技术史·化学卷，科学出版社，1998 年，第 379～380 页）

　　△ 四川新繁、广汉、彭县出土的东汉画像砖《市井图》，是我国现存时代较早的表现市井面貌的地图。（重庆博物馆编，重庆博物馆藏四川汉代画像砖选集，文物出版社，1957 年）

　　△ 四川邛崃花牌坊和成都老西门和成都羊子山等地汉代砖室墓中，出土 3 方井盐生产画像砖。据研究，它们反映的是柴火煮盐，而非天然气煮盐。［傅汉思等，中国火井历史新证，自然科学史研究，2000，19 (4)：384］

　　△ 人工繁殖昆虫养鸡；使用隔离防疫措施。（《齐民要术·养鸡第五十九》引《家政法》）

　　△ 山东出土的汉代画像砖上，有蜻蜓两两相随，飞翔在马车上面的逼真图像。（刘敦愿

赠周尧拓片）

　△ 汉代设太医令，掌诸医，下设员医 293 人，员官 19 人。另设药丞、方丞各 1 人。（《后汉书·百官志》）

　△ 医家总结前此的医学理论并加以发挥成《八十一难》（又称《难经》）。全书以设"难"（问题）自答的方式，论述了中国传统医学体系中的一些理论问题。书中独倡寸口诊断法；提出了"三焦有名而无形"和"五脏六腑"与"命门"说；最早描述了咽喉的解剖形态。（廖育群主编，中国古代科学技术史纲·医学卷，辽宁教育出版社，1996 年，第 11～18、154、221 页）

　△ 位于新疆天山以南、渭干河北岸明屋塔格山南坡悬崖上的东汉克孜尔石窟，是中国开凿年代较早的佛教石窟。其中第 1～7 号窟前有土坯砌筑券顶结构，跨度约 3 米。[阎维儒；新疆天山以南的石窟，文物，1962，（7、8）：41]

　△ 甘肃武威雷台东汉墓墓室顶为椭圆拱；香港九龙东汉李氏墓两室之间的通道门顶亦为椭圆砖拱。（唐寰澄，中国科学技术史·桥梁卷，科学出版社，2000 年，第 420 页）

　△ 河南灵宝出土的一栋东汉陶楼的转角铺作以一条 45 度斜出的龙头形华拱承托一朵一斗三升的抹角拱，此为中国现存最早用于建筑上的抹角拱。[沈聿之，斜栱演变及普拍枋的作用，自然科学史研究，1995，14（2）：177]

　△ 砻磨初见于东汉，其中包含偏心、连杆及活塞杆基本结合之原始形式，为以后所有蒸汽机、内燃机之重要结构。乃旋转运动与直线运动之变换技术，对世界科技文明产生重大影响。（万迪棣，中国机械科技之发展，台北：中央文物供应社，1983 年，第 98 页）

　△ "梁柱式"和"穿斗式"屋架形式出现，据河南荥阳出土陶屋和成都出土画像砖住宅所示是柱上架梁，梁上立小柱叠小梁的"梁柱式"。长沙和广州出土陶屋主要是柱顶承檩穿枋连结柱间的"穿斗式"。（广州市文管会，广州出土汉代陶屋，文物出版社，1958 年；重庆博物馆编，重庆博物馆藏四川汉代画像砖选集，文物出版社，1957 年）

　△ 东汉前期有砖室墓，初以直券顶的小型砖墓为主，后期规模较大，有横直券和穹窿顶合券两种。（广州市文物管理委员会等，广州汉墓，文物出版社，1981 年）

　△ 东汉四川彭山、乐山一带盛行崖墓，深达里许。如东山麻浩、柿子湾等地，均有前室，刻石作柱、瓦、椽、斗拱等建筑形象。[川康古建筑调查日记，刘敦桢文集（3），中国建筑工业出版社，1987 年]

　△ 山东滕县宏道院出土东汉冶铸画像石，记述冶铸时使用皮囊作鼓风器的情况。（北京钢铁学院《中国冶金简史》编写小组，中国冶金简史，科学出版社，1978 年）

　△ 广州东汉陶船模 1955 年出土，全长 54 厘米，宽 11.5 厘米，通高 16 厘米。船首悬一木石结合锭，船尾有舵，舵叶上有一孔为吊舵之用。这一文物说明：在东汉时期中国已在应用舵操纵航向。[广州市文物管理委员会，广州东郊汉砖室墓清理纪要，文物参考资料，1955，（6）：61～76]

　△ 6 艘东汉独木舟 1976 年在广东化州县发现。其中 2 号舟基本完整，长 5 米，宽 0.5 米，深 0.22 米。[湛江地区博物馆等，广东省化州县石宁村发现六艘东汉独木舟，文物，1979（12）：29]

　△ 东汉出现了彩锦，这是一种以彩色经线起花的彩色提花织物，不仅花纹生动，而且锦上织绣文字。新疆民丰县出土的汉锦都是三层经线有夹纬的经畦纹织物，其显花是由经丝

的不同颜色来表现的。[新疆维吾尔自治区博物馆,新疆民丰县北大沙漠中古遗址墓葬区东汉合葬墓清理简报,文物,1960,(6)]

△ 江苏铜山洪楼 1956 年出土的东汉画像石上刻有手摇纺车图,表明汉代纺车的应用已相当普遍。[段拭,江苏铜山洪楼东汉墓出土纺织汉画像石,文物,1962,(3)]

△ 上海博物馆收藏着一件东汉时期由青铜铸造的蒸馏器,据研究,它能用于蒸馏,最大可能是用于药物的蒸煮。安徽也曾出土相似的蒸馏器。这表明当时的医药家已掌握一定的蒸馏技术。[马承源,汉代青铜整流器的考古考察和实验,上海博物馆集刊,1992(6):174~183]

## 东汉晚(末)期

△ 和林格尔汉墓壁画约创作于此期间。壁画在今内蒙古和林格尔县新店子村西的一座大型砖室壁画墓中。壁画共 46 组、57 幅,总面积达百余平方米,其中绘有牧马、牧牛、放羊、农耕、园圃、采桑、沤麻、捕鱼、狩猎;舂米、酿造、厨役;城市、庄园建筑、手工业作坊、官署、庭院、学校、市场、粮仓、桥梁、关隘等。[吴荣曾,和林格尔汉墓壁画中反映的东汉社会生活,文物,1974,(1):24~30]

△ 东汉末成书的《水经》一书改变前人以政区为纲记述水系的方法,而以大河流为纲,记述了全国 137 条河流的发源、流向和归宿以及经行之地等,比较完整地反映了所论河流在空间上的主次、相互关系,并确立了"因水证地"的方法。(中国科学院自然科学史研究所地学史组,中国古代地理学史,科学出版社,1984 年,第 133 页)

△ 狐刚子(东汉)著《出金矿图录》记述了金银的性状、地质分布、探求采集等,以及辨别伪金矿石的方法。(唐锡仁等,中国科学技术史·地学卷,科学出版社,2000 年,第 217 页)

△ 最早的金矿冶炼除银法大概出自炼丹家之手,他们的目的是"杀去金毒"。最早的记载见于狐刚子(东汉)著《出金矿图录》,采用是"黄矾-胡同律法"。(赵匡华等,中国科学技术史·化学卷,科学出版社,1998 年,第 215 页)

△ 采用下火上凝法即在封闭的铁质和土质的上下合釜中加热丹砂制取水银。这种方法最早见于东汉狐刚子著的《五金粉图诀》中。这种炼汞法一直延续应用到唐代。唐代中叶后被淘汰。[赵匡华,我国古代"抽砂炼汞"的演进及其化学成就,自然科学史,1984,3(1)]

△ 狐刚子(东汉)著《出金矿图录》翔实地叙述了从银矿中提炼白银和精炼白银的"出银矿法"。最早提出了利用金属铅的"灰吹法"冶炼金银;首创干馏胆矾制取硫酸的工艺——"炼石胆取精华法"(赵匡华等,中国科学技术史·化学卷,科学出版社,1998 年,第 212~213、224 页)

△ 狐刚子(东汉)创导"九转铅丹",以铅丹一味为仙丹大药。他的《九转铅丹法》使锻铅为丹,返丹为铅的化学工艺臻于完善。[赵匡华等,狐刚子及其对中国古代化学的卓越贡献,自然科学史研究,1984,3(3)]

△ 有人据考古发现和对农村酒作坊的调查,提出蒸馏酒始于东汉晚期的论点。(王有鹏,我国蒸馏酒起源于东汉说,中国酒文化与中国名酒,中国食品出版社,1989 年,第 277~282 页)

△ 四川郫县出土东汉画像石棺图像中有饲养鸬鹚捕鱼图。[李复华、郭子游，郫县出土东汉画像石棺图像略说，文物，1975，(8)]

△ 根据对越窑青釉瓷胎的化学组成分析，发现它们和我国南方盛产的瓷石的化学组成非常接近，从而推论越窑青釉瓷胎可能就是用这种瓷石作为原料烧制的，开创了我国南方瓷胎使用瓷石作为原料的一元配方先例。(李家治等，中国科学技术史·陶瓷卷，科学出版社，1998 年)

△ 东汉晚期以越窑为代表的南方青釉瓷的烧制成功标志着中国陶瓷工艺发展中一个飞跃，使中国成为发明陶瓷的国家。[李家治，我国瓷器出现时期的研究，硅酸盐学报，1978，(6)]

△ 研光技术已在造纸工艺中应用。造纸名家左伯(东汉末)总结、改进研光工艺，使所造纸"研妙辉光"，质量精美，时称"左伯纸"。(唐·张怀瓘:《书断》卷一)

纬书

△ 哀、平之际，图谶兴起。至东汉末时，儒学经典《易》、《书》、《诗》、《礼》、《乐》、《孝经》、《春秋》各有纬书，合称《七纬》。纬书内容博大庞杂，虽多无稽之谈，然亦有思想史与科学史有价值的资料。(钟肇鹏，谶纬论略，辽宁教育出版社，1991 年)

△《尚书纬·考灵曜》提出地有升降、四游说，是为中国古代地动思想的重要表述之一；它们是对中国古代占主导地位的地静说的挑战。内中有云："地恒动不止，而人不觉，譬如人在大舟中闭牖而坐，舟行而人不觉也。"这是以运动相对性原理，对地动说作论证。(清·马国翰:《玉函山房辑佚书》；陈美东，中国科学技术史·天文学卷，科学出版社，2003 年，第 168~171 页)

△《易·乾凿度》提出宇宙前期演化的四阶段说：即以原始气、元气、气之形、气之质为四阶段出现的起点。此说对后世产生较大的影响。(陈美东，中国科学技术史·天文学卷，科学出版社，2003 年，第 171~172 页)

△《诗·推度灾》和《礼·斗威仪》等纬书中有关于宇宙循环论的简要论述。

△《易·通卦验》带有中国古代最早的二十四节气晷影长度值表。据考查，它是在冬至、夏至晷影长度的基础上推衍而得出的。(陈美东，中国科学技术史·天文学卷，科学出版社，2003 年，第 175 页)

△《河图·帝览嬉》提出月行九道说，明确认识到月行在黄道南北是一种正常现象。(陈美东，中国科学技术史·天文学卷，科学出版社，2003 年，第 175 页)

△《春秋纬·考异邮》记载了玳瑁的静电吸引现象："玳瑁吸喏(喏即芥)。"(戴念祖，我国古代关于电的知识和发现，科技史文集，第 12 辑，上海科学技术出版社，1984 年)

## 汉朝

△ 汉代进一步整理先秦混乱的容量制度，以秦制为基础，确立了整齐划一的容量制度，并且载入《汉书·律历志》中："合龠为合，十合为升，十升为斗，十斗为斛。"汉以后历史均沿用这一容量单位制而无实质上的改变。(丘光明等，中国科学技术史·度量衡卷，科学出版社，2001 年，第 25 页)

△ 在汉代以前已掌握了低温焙烧的方法由丹砂(HgS)炼制水银。[赵匡华，我国古代"抽砂炼汞"的演进及其化学成就，自然科学史研究，1984，(1)]

△ 豆酱油约在汉代出现，当时称为清酱，是从稠糊状的豆酱中澄撇出来的。《齐民要术》称其为酱清，直到宋代才称为酱油，明代根据它的制法特点将酱油分为淋油、抽油和晒油。(赵匡华、周嘉华，中国科学技术史·化学卷，科学出版社，1998年，第588页)

△ 河南南阳瓦房庄"阳一"作坊是经过科学发掘和系统研究的汉代铸铁遗址，发现有熔炉残片、洪范窑、炒钢炉、锻炉、退火炉、鼓风管残块、铸造铁范的各类泥制铸模、泥范、铁范、石范以及各种铁器和铁材等，大量丰富的铸铁遗物是研究金属铸造史的重要实物证据。[李京华，南阳瓦房庄汉代冶铁遗址发掘报告，华夏考古，1991，(1)]

△ "白青得铁即化为铜"(《太平御览》卷988)，是世界上最早有关水法冶铜化学反应的记述。(北京钢铁学院《中国冶金简史》编写小组，中国冶金简史，科学出版社，1978年，第120页)

△ 河南郑州古荥、巩县铁生沟冶铸遗址进行发掘和系统研究表明它们分别是汉代河南郡"河一"、"河三"冶炼、铸造农具、手工具的重要官冶工场，发现了目前为止发掘出土古代容积最大的炼铁竖炉遗迹和具有炉壁与炉底等筑成空腔的先进脱碳退火炉一座。[河南省博物馆，河南汉代冶铁技术初探，考古学报，1978，(1)；赵青云等，巩县铁生沟汉代冶铸遗址再探讨，考古学报，1985，(2)]

△ 长江中下游地区通行"火耕水耨"的耕作方式。(《史记·货殖列传》；《汉书·地理志》；《盐铁论·同有篇》)

△ 我国最早的畜牧专著《相六畜》问世。(王毓瑚，中国农学书录，农业出版社，1964年，第15页)

△ 我国最早的马书——《马经》问世。(王毓瑚，中国农学书录，农业出版社，1964年，第19页)

△ 我国最早的牛书——《牛经》问世。(王毓瑚，中国农学书录，农业出版社，1964年，第21页)

△ 汉代设立"蚕官令丞"管理蚕桑业。(《汉旧仪》)

△ 由四川芦山汉墓出土陶镂房上的鸽棚推断，汉代民间已存养鸽之风。

△ 迄今发现的最早的滚动轴承是在山西薛家崖出土的三件汉代铜制轴承，它们和现代汽车轮上的滚动珠架一样，是一种铜制环形槽，内分四或八格，各种都有铁粒的残余，此铁粒似为滚珠。

△ 汉代车辆种类增多，有辎车、轺车、骈车、高车、安车，以及四轮车和独轮车等。铁制车辆零部件相继出现，车轮制作精良。

△ 居住在东北地区的挹娄人已能造小船。(《后汉书·东夷列传》)

△ 四川成都扬子山汉代砖室墓画像砖上有盐井图，用滑车从井中汲卤，由4人操作。[于豪亮，记成都扬子山一号墓，文物，1955，(9)：70]

△ 在我国北方出现的汉代绿釉陶上的釉是一种以铜为着色剂的低温铅釉。它是继我国商代出现的高温钙釉后的又一种以P60为主要熔剂的新釉。它的出现为后世多种低温色釉，如唐三彩、辽三彩等的发展奠定了基础。[张福康等，中国历代低温色釉的研究，硅酸盐学报，1980，(8)]

△ 河南南阳、巩县铁生沟、方城等汉代冶铁遗址中都发现有炒钢炉遗迹。(北京钢铁学院《中国冶金简史》编写小组，中国冶金简史，科学出版社，1978年)

### 东汉末曹魏初

　　△ 东汉末曹魏初成书的《三辅黄图》首篇为"三辅沿革"。此为"沿革"一词首见于地学类著作。(唐锡仁等，中国科学技术史·地学卷，科学出版社，2000 年，第 251 页)

　　△《三辅黄图》是见于著录较早的城市地图。它保留着一部分文字注记和说明。(《后汉书·艺文志》)

　　△《三辅黄图》记述了不少著名的上林苑的动植物，以及它们的分布情况。

　　△ 蜀郡临邛 (今四川邛崃) 火井开凿[①]，"纵广五尺，深二三丈"，至西晋时已"不复燃"。[张学君，有关临邛火井问题的几点商榷，井盐史通讯，1981，(8)]

---

　　① 彭久松认为临邛火井开凿不迟于西汉宣帝年间 (公元前 1 世纪中叶)，早于鸿门火井 (公元前 69~前 61)。见：彭久松：试说临邛火井，井盐史通讯，1977，(1)。刘春全认为它不是天然气井而是石油井。见：刘春全：临邛井不是火井而是石油井，盐业史研究，1989，(1)：42~48。

# 三国魏晋南北朝

## 三 国 时 期

**公元 220～225 年　三国魏**

△ 徐岳（三国魏）提出"效历之要，要在日食"，自此日食成为检验历法优劣的基本准则。（《晋书·律历志中》）

△ 孟康（三国魏）在注《汉书·律历志》时，试图以缩小管内径的方法校正律管，他是第一个发现十二支律管的内径不应完全相同的学者。（戴念祖，中国声学史，河北教育出版社，1994 年，第 349 页）

△ 吴普（三国魏）广采先贤诸家之言，结合自己的实践，撰成《吴普本草》6 卷，载药441 种，每药均列正名、别名、药性、产地、形态、采集时间、加工炮制、功能主治、配伍宜忌等。（尚志均等辑校，吴普本草，人民卫生出版社，1987 年，附录）

△ 吴普（三国魏）撰《吴普本草》所载矿物药多数记载了其产地，有些记载了矿物的形状、颜色、光泽、文理、滑感、鉴定和分类等，是较早记载矿物药的矿物学属性的本草著作。书中还指出石钟乳的成因"聚溜汁所成"。（唐锡仁等，中国科学技术史·地学卷，科学出版社，2000 年，第 264～265 页）

△《吴普本草》已有以焰色鉴定硫化物的记载："（硫磺）烧令有紫焰者。"［艾素珍，《吴普本草》中的矿物学知识，地质学史论丛（4），2002］

△《吴普本草》指出龙骨是动物的遗骸。

**公元 220～226 年　魏文帝黄初年间**

△ 新疆棉织品大量传入内地。（《梁书·高昌传》）

**公元 220 年　庚子　汉献帝延康元年　魏文帝黄初元年**

△ 韩翊（曹魏）制成《黄初历》，其所取朔望月长度为 29.530 59 日，误差为 0.4 秒，已达古代最高水平。（《晋书·律历志中》）

△ 此时已有晷仪（实即赤道式日晷）的发明与应用。（李约瑟，中国科学技术史，第 4卷第 1 分册，科学出版社，1975 年，第 303～320 页）

**公元 221 年　辛丑　魏文帝黄初二年　蜀汉昭烈帝章武元年**

△ 蜀汉立国，沿用《东汉四分历》，直至国亡（公元 263）。（《晋书·律历志中》）

△ 孙权（吴大帝，公元 182～252）向魏称臣，魏遣使封孙权为吴王。魏使并求雀头香、大贝、明珠、象牙、犀角、玳瑁、孔雀、翡翠、斗鸭、长鸣鸡等，吴皆与之。（《三国志·吴书·吴主传第二》）

## 公元 222～265 年　三国吴

△ 严畯（三国吴）撰写现知最早的一篇论述潮汐的文章——《潮水论》。(《三国志·严畯传》)

△ 东吴丹阳太守万震（三国吴）撰《南州异物志》记述了我国南方大量的植物。对植物的描述较为细致和形象，如：较为客观准确地描写了椰树的习性、枝叶、果实及其皮肉构造等。(罗桂环、汪子春主编，中国科学技术史·生物学卷，科学出版社，2005 年，第 136 页)

△ 沈莹（三国吴）撰《临海水土异物志》主要记载吴国临海郡（今浙江南部和福建北部沿海一带）的风土民情和动植物资料。原书早佚，据今人辑本，书中记载动物 120 多种、植物 20 多种，其中鳞（鳐类）、土奴鱼（刺鲀）、琵琶鱼（鮟鱇鱼）、镜鱼（银鲳）等鱼名以前文献未著录。书中还较生动地描述了某种寄生性缠绕植物（可能是桑科无花果属植物）。(《隋书·经籍志》；罗桂环、汪子春主编，中国科学技术史·生物学卷，科学出版社，2005 年，第 136～137 页)

△ 万震（三国吴）撰成《南州异物志》中有"五色斑布……古贝木所作……染之五色"。古贝即吉贝，今称棉花。这说明此前南方沿海岛屿早已种植木本棉花。[徐兴祥，云南木棉考，云南民族学院学报（哲社版），1988，(3)：24～32]

△ 万震（三国吴）撰《南州异物志》对多桅帆船及操帆技术的记述中可确知当时已应用多桅多帆船，且可因风力的大小而随时调节帆角和帆的升降。

△ 顾启期（三国吴）完成《娄地记》1 卷，是目前所知最早一部以"记"为名的地理志，对后世方志有较大影响。(张国淦，中国古方志考，中华书局，1962 年)

△ 顾启期（三国吴）《娄地记》较为详细地记载了娄江、马鞍山和太湖洞庭山等地区的地下岩溶地貌，包括溶洞的位置、规模以及洞穴内的水文、结构、堆积物、生物和气候等现象。(唐锡仁等，中国科学技术史·地学卷，科学出版社，2000 年，第 231 页)

△ 张勃（三国吴）的《吴录》最早记载了紫胶虫的一些习性和紫胶生产情况。(明·李时珍：《本草纲目·虫部》引)

## 公元 223 年　癸卯　魏文帝黄初四年　蜀汉昭烈帝章武三年　后主建兴元年　吴大帝黄武二年

△ 东吴颁用刘洪《乾象历》，东吴亡（公元 280）而废止。(《晋书·律历志中》)

△ 九月十五日，蜀国诸葛亮颁行的护堤命令，"丞相诸葛令，按九里堤捍护都城，用防水患，今修筑竣，告尔居民，勿许侵占损坏，有犯，治以严法，令即遵行"。这是目前所见最早的有关防洪法的记载。(周魁一，中国科学技术史·水利卷，科学出版社，2002 年)

△ 贵州三岔河乡以北约 1 公里的岩上村有人工开凿的崖墓 5 穴，其中有是年的刻文。崖墓北端的第五墓门上有一幅阴刻的鸬鹚捕鱼图。

△ 六月二十四日，黄河支流伊河龙门崖处的洪水"举高四丈五尺"，约合 10.9 米。此为中国现存较早的特大历史洪水位记载。(北魏·郦道元：《水经注·伊水》)

△ 相传是年在今湖北武昌蛇山黄鹤矶头始建一座酒楼——黄鹤楼。此后屡建屡毁，为江南三大楼之一。[孙宗文，黄鹤楼，文物参考资料，1957，(1)：49～51]

**公元 224 年　甲辰　魏文帝黄初五年　蜀汉后主建兴二年　吴大帝黄武三年**

△ 是年至公元 226 年，洛阳修建芳林园，公元 240 年改名华林园。华林园大殿为厅堂型建筑，屋内额与柱头枋、襻间和檩用斗栱相连，起增强构架纵向稳定的作用。(《三国志·魏志·明帝纪》引《魏略》；中国大百科全书·建筑、园林、城市规划，中国大百科全书出版社，1992 年)

**公元 225 年　乙巳　魏文帝黄初六年　蜀汉后主建兴三年　吴大帝黄武四年**

△ 约是年，野王(今河南沁阳)典农中郎将司马孚(三国魏)修建沁口灌溉枢纽，改进水木枋为石门。(北魏·郦道元：《水经注·沁水》)

△ 蜀诸葛亮进军南中，击斩益州郡耆帅雍闿、赵筼夷平高定。孟获收余众拒亮。亮与获战，凡七擒七纵，获乃服从。南中遂平，蜀始选用少数民族首领为官，并在此地区推广汉族的文化与生产技术。(《三国志·蜀书·诸葛亮传》)

**公元 226 年　丙午　魏文帝黄初七年　蜀汉后主建兴四年　吴大帝黄武五年**

△ 至公元 231 年，吴交州刺史吕岱(三国吴)遣中郎康泰(三国吴)、宣化从事朱应(三国吴)使扶南等国开辟西方航路。从广州出发，经西沙群岛直渡南海，出马六甲海峡西口、横渡孟加拉湾至印度东岸甘吉布勒姆(Kanchipurirn)，转向西行，船张七帆，时风一月余日，到达红海口。(彭德主编，中国航海史·古代航海史，人民交通出版社，1988 年，第 67~77 页)

△ 朱应(三国吴)出使归来后完成《扶南异物志》，康泰(三国吴)完成《吴时外国传》(又称《扶南记》)。这是史籍所载有关南海地区的最早地理著作。其中康泰首次记载了南海中珊瑚岛和沙洲等地理情况。(唐锡仁等，中国科学技术史·地学卷，科学出版社，2000 年，第 240~241 页)

**公元 227~232 年　魏明帝太和年间**

△ 魏文学家张揖(三国魏明帝太和时)所著《广雅》记述了较多的动植物，比《尔雅》有所进步。

△ 张揖所著《广雅》记载了茶叶加工成饼茶，并认识到茶有提神作用。

**公元 227~239 年　魏明帝年间**

△ 马钧(三国魏明帝时)改进翻车(即龙骨水车)，用以灌溉。(《三国志·魏书·方技传·杜夔传》)

△ 马钧发明一种称为"水转百戏"的歌舞水机，它是以水力带动如轮一样主机，通过各种简单机械又由主机牵动各种可活动木偶，使木女舞蹈，本人击鼓吹笙。此机械已包含水磨工作原理。(《三国志·魏书·方技传·杜夔传》裴注卷二十九)

△ 马钧制造指南车。(《三国志·魏书·方技传·杜夔传》)

△ 马钧将当时通用的六十综六十蹑织机革新简化成十二综十二蹑。简化后的织机"其奇文异变，因感而作者，尤自然之成形，阴阳之无穷"。(《三国志·魏书·方技传·杜夔传》裴

松之引注）

△ 马钧曾试制能连续发石的轮转式发石机，作为攻城器具。（《三国志·魏书·方技传·杜夔传》）

## 公元228～234年　蜀汉后主建兴六年至十二年

△ 蜀军在渭水流域多次进攻魏军。造刀家蒲元（三国时蜀国）长于淬火技术，在斜谷（今陕西眉县西南）用爽烈的蜀江水淬火，为蜀军铸造精良的钢刀3000把，被称为"神刀"。（北宋·李昉辑：《太平御览》卷三百四十五《兵部七十六·刀上》引《蒲元传》）

## 公元228年　戊申　魏明帝太和二年　蜀汉后主建兴六年　吴大帝黄武七年

△ 徐邈（三国魏）在凉州（今河西走廊）"广开水田"。（《三国志·魏书·徐邈传》）

△ 蜀国丞相诸葛亮（三国蜀，181～234）率蜀军围攻陈仓（今陕西宝鸡东）。蜀军四次用不同攻城器械猛攻城垣，曹军守将郝昭均用不同守城器械将其击退。这是古代攻守城技术反复较量的精彩一战。（《三国志·魏书·明帝纪第三》引《魏略》）

△ 约是年，诸葛亮北伐中原前，大修金牛道，在朝天峡、清凤峡处凿石架空为阁，开辟嘉陵云栈，又在大、小剑山间开剑阁道。从此，金牛道之险在利州以北和剑阁两处。（唐寰澄，中国科学技术史·桥梁卷，科学出版社，2000年，第173页）

## 公元229年　己酉　魏明帝太和三年　蜀汉后主建兴七年　吴大帝黄武八年　黄龙元年

△ 孙权在武昌称帝，同年九月，迁都建业（今南京）。建业"城周二十里一十九步"，四周夯土为城墙。此后东晋、宋、齐、梁、陈共6个王朝先后在此建都。（唐·许嵩：《建康实录》）

## 公元231年　辛亥　魏明帝太和五年　蜀汉后主建兴九年　吴大帝黄龙三年

△ 卫温（三国吴）、诸葛直（三国吴）得夷州（台湾）数千人还。沈莹（三国吴）著《临海水土异物志》记载了夷州的地理情况，指出其亚热带气候特征"土地无霜雪、草木不死"。（《后汉书》卷八十五"东夷传"注）

△ "由拳（今浙江嘉兴）野稻自生，改为禾兴县"，是我国历史上关于江南地区野生稻的最早记载。（《三国志·吴书·孙权传》）

△ 都水使者陈协（三国魏）主持在黄河支流谷水洛阳西北的十三里桥重修千金堨，引水驱动水碓，用于粮食加工。[谭徐明，中国水力机械的起源、发展及其中西比较研究，自然科学史研究，1995，14（1）：85]

## 公元237～239年　魏明帝景初年间

△ 魏明帝曹叡（三国魏，公元227～239年在位）曾下令建造陵云台，"揭台虽高峻，常随风摇动，而终无倾倒之理"。但"魏明帝登台，惧其势危"，下令加木于其旁，致使陵云台倒塌。古人明确提出，这是"轻重力偏"的缘故，说明人们已掌握重心与平衡的关系。（南北朝·刘义庆：《世说新语·巧艺》）

**公元 237 年　丁巳　魏明帝青龙五年景初元年　蜀汉后主建兴十五年　吴大帝嘉禾六年**

　　△ 杨伟（曹魏）制成《景初历》。首创推算有关天文量、设置多个起算点的多历元法，在《乾象历》的基础上，明确给出计算交食亏起方位和食分的方法，又定交食必发生偏食限值。当年即被曹魏颁用，后又为两晋、刘宋、北魏等沿用。(《晋书·律历志中》)

**公元 238 年　戊午　魏明帝景初二年　蜀汉后主延熙元年　吴大帝嘉禾七年　赤乌元年**

　　△ 是年前，韩暨（三国魏，？～公元 238）曾任魏监冶谒者，在营冶铁业中推广水排（即水力鼓风炉），并且做了改进，利用水力转动机械，"计其利益，三倍于前"，效果显著。(《三国志·魏书》卷二十四)

　　△ 魏明帝曾赐给日本邪马台国女王卑弥呼绀地句文锦 3 匹、细班华罽 5 张、白绢 50 匹、金 8 两、五尺刀 2 口、铜镜 100 枚、珍珠、铅丹各 50 斤。(《三国志·魏志·乌丸鲜卑东夷传第三十》)

**公元 239 年　己未　魏明帝景初三年　蜀汉后主延熙二年　吴大帝赤乌二年**

　　△ 二月，西域重译献火浣布，诏大将军、太尉临试以示百寮，果然不怕火烧。(《三国志·魏书·明帝纪》)

　　△ 赤山湖（又名绛岩湖，位于今江苏句容县西南）相传已建成。至唐代湖"周百里为塘，立二斗门以节旱嘆，开田万顷"；宋代在湖中立石柱水则，以调控水位；元代湖水济秦淮，以通水运。至明代之后，因淤积湖面逐渐缩小，效益锐减。[《新唐书·地理志》；水利水电科学研究院《中国水利史稿》编写组，中国水利史稿（下），水利电力出版社，1979 年，第 83 页]

**公元 243 年　癸亥　魏齐王正始四年　蜀汉后主延熙六年　吴大帝赤乌六年**

　　△ 是年前，阚泽（三国吴，？～公元 243）撰《九章算术注》，已佚。唐徐坚《初学记·器物部》引用阚泽《九章》粟米比率。又从徐岳受《乾象历》，撰《乾象历注》。《乾象历》在吴国颁行，有他的贡献。(郭书春，关于《九章算术》及其刘徽注，九章算术，辽宁教育出版社，1990 年，第 31 页)

**公元 245 年　乙丑　魏齐王正始六年　蜀汉后主延熙八年　吴大帝赤乌八年**

　　△ 吴开破岗渎，凿通句容（今属江苏）以南向东至云阳（今江苏丹阳）的河道，航路从建业（今南京）直通吴（今江苏苏州）、会（今浙江绍兴）。(《三国志·吴志·孙权传》；《建康实录》)

**公元 247 年　丁卯　魏齐王正始八年　蜀汉后主延熙十年　吴大帝赤乌十年**

　　△ 康居国（位于前苏联巴尔喀什湖与咸海之间）僧人康僧会（三国，？～公元 280）抵建业（今南京），孙权（三国吴）为之建塔。因此塔为江南有佛寺之始，故名建初寺。康僧会通天文、谶纬之学，为江南佛教的开创者。(庄辉明：《中国佛教高僧传全集》卷 46《康僧会大师传》)

**公元 249 年　己巳　魏齐王正始十年　嘉平元年　蜀汉后主延熙十二年　吴大帝赤乌十二年**

△ 是年前，王弼（三国魏，公元 226～249）在《周易注》中的"坤"中首次使用"地质"一词。[李鄂荣，"地质"一词何时出现于我国文献，中国科技史料，1984，（3）]

**公元 250 年　庚午　魏齐王嘉平二年　蜀汉后主延熙十三年　吴大帝赤乌十三年**

△ 刘靖（三国魏）于蓟城（今北京）西北建戾陵堰，开车箱渠，引湿水（今永定河）灌溉蓟城北部和东南部的农田万余顷。此为历史上永定河上兴建的唯一的拦河堰。[北魏·郦道元：《水经注·鲍丘水》；侯仁之，北京都市发展过程中的水源问题，北京大学学报（人文版），1955，（1）]

**公元 252～264 年　吴会稽王至景帝时**

△ 吴国果品用密渍方法储藏。（《太平御览》卷 857 引《吴历》）

**公元 256～260 年　魏高贵乡公甘露年间**

△ 皇甫谧（三国魏，公元 215～282）根据《素问》、《九卷》和《明堂孔穴针灸治要》三书，编成《针灸甲乙经》。全书 12 卷，分述脏腑生理、经脉循行、腧穴定位、病机变化、诊治要点、治疗方法，以及针灸禁忌等内容，是中国现存最早的针灸学著作。（《晋书·皇甫谧传》；廖育群主编，中国古代科学技术史纲·医学卷，辽宁教育出版社，1996 年，第 23～24 页）

**公元 257 年　丁丑　魏高贵乡公甘露二年　蜀汉后主延熙二十年　吴会稽王太平二年**

△ 孙亮（三国吴，公元 238～280）吃蜜渍梅，即用蜂蜜将青梅浸制成蜜饯。蜂蜜已从糖味食品成为进一步加工食品保藏食品的辅料。蜜饯食品应运而生，它是中国的特产之一。（《三国志·孙亮传》）

**公元 260 年　庚辰　魏元帝景元元年　蜀汉后主景耀三年　吴景帝永安三年**

△ 约是年，葛衡（东吴）创制浑天象，它把大地置于天球的中央，在天球表面布列星辰，天球在机械的带动下（以漏壶流水为动力）可自动与天同步运转。张衡水运浑象是以天球外的地平圈代表大地，葛衡的改制能更直观地演示浑天说的真意。（《三国志·吴书·赵达传》注引《晋阳秋》）

△ 颍川（今河南禹县）人朱士行（魏，？～公元 282）西行寻求梵文经法。他从雍州长安（今陕西西安）出发，西渡流沙，行一万余里而至西域盛行大乘之国——于阗（今新疆和国）。朱士行是中国最早西行求法的人，但只到达于阗。（唐·道宣：《释迦方志》，中华书局，1983 年，第 95～99 页）

**公元 261 年　辛巳　魏元帝景元二年　蜀汉后主景耀四年　吴景帝永安四年**

△ 二月卅日制作的铜弩机于 1964 年在四川郫县太平公社出土。这是一个拉力为"十石"即 1200 斤的强弩。[沈仲常，蜀汉铜弩机，文物，1976，（4）：76]

**公元 262 年　壬午　魏元帝景元三年　蜀汉后主景耀五年　吴景帝永安五年**

△ 夏四月，辽东郡言肃慎国遣使入贡，献其国弓 30 张，长 3 尺 5 寸，楛矢长 1 尺 8 寸，石弩 300 枚，皮骨铁杂铠 20 领，貂皮 400 枚。(《三国志·魏书·三少帝纪》)

**公元 263 年　癸未　魏元帝景元四年　蜀汉后主景耀六年　吴景帝六年**

△《晋书·律历志》、《隋书·律历志》皆云"魏陈留王景元四年（公元 263）刘徽注《九章算术》"。刘徽自述"幼习《九章》，长再详览，观阴阳之割裂，总算术之根源。探赜之暇，遂悟其意，是以敢竭顽鲁，采其所见，为之作注"。刘徽引入了若干数学定义，全面证明了原书中的公式和算法，纠正了其中的错误和不准确之处，引进了许多新的概念和方法，尤其是在世界数学史上首次在数学证明中引入极限思想和无穷小分割方法。这一工作标志着中国古代数学理论体系的完成。(郭书春，古代世界数学泰斗刘徽，山东科学技术出版社，1992年，第 120～141 页)

△ 刘徽在完成《九章算术》9 卷的注解之后，发现"《九章》立四表望远及因木望山，皆端旁互见"，没有超邈如太阳之类。他"寻九数有重差之名，原其指趣乃所以施于此也"，"辄造《重差》，并为注解，以究古人之意，缀于《勾股》之下"，是为他的《九章算术注》的第十卷。此卷后来单行，因其第一问为测望一海岛的高远，遂改称《海岛算经》，成为十部算经之一。此书集此前测望知识之大成，在明末西方测望方法传入中国之前，中国数学家基本上未超过此书的水平。(郭书春，古代世界数学泰斗刘徽，山东科学技术出版社，1992年)

△ "率"是传统数学中的重要概念，《算数书》、《周髀算经》使用了"率"概念，《九章算术》借助"率"提出了今有术、经率术、勾股数组通解公式等重要成就。刘徽在《九章算术·方田》"经分术"注中给出了率的定义："凡数相与者谓之率"，即相关事物之间的数量关系。在"合分术"注中进而提出："乘以散之，约以聚之，齐同以通之，此其算之纲纪乎。"刘徽就将《九章算术》的大部分方法和 200 多个问题的解法归结到率，把率看成数学运算的纲纪。(郭书春，古代世界数学泰斗刘徽，山东科学技术出版社，1992年，第 142～184 页)

△ "齐同"是传统数学的重要原理。它源于分数的通分，刘徽说，分母相乘作为公分母，就是"同"；分母互乘子，使分数值保持不变，就是"齐"。赵爽在《周髀算经注》中使用"齐同"，未超出分数运算的范围。刘徽将其推广到率的运算中。他说："齐同之术要矣：错综度数动之斯谐。其犹佩觽解结，无往而不理焉。"率借助齐同原理成为"算之纲纪"。(郭书春，古代世界数学泰斗刘徽，山东科学技术出版社，1992年)

△ 出入相补原理，又称为"以盈补虚"或"损广补狭"。传统数学解决长度、面积、体积等几何问题的重要原理，图验法和棋验法是其最初的两种方法。其理论根据为：一个平面图形从一处移置他处，面积不变；又若把图形分割成若干块，那么各部分面积的和等于原来图形的面积，因而图形移置前后诸面积的和、差有简单的相等关系。立体情形也是这样。赵爽、刘徽发展、总结之，用于解决各种几何度量的问题。刘徽还创造有限分割求和法、分离方锥求鳖臑法解决多面体体积问题。(郭书春，古代世界数学泰斗刘徽，山东科学技术出版社，1992年)

△ 刘徽创造的以十进分数逼近无理根的方法。《九章算术》开方不尽时，"以面命之"。

设被开方数为 $N$，此处是以 $\sqrt{N}$ 定义一个数，没有求出近似值。此后，人们以 $a+\dfrac{N-a^2}{2a+1}$ 作为其近似值，其中 $a$ 是 $\sqrt{N}$ 的整数部分。刘徽认为，这"虽粗相近，不可用也"。若以 $a+\dfrac{N-a^2}{2a}$ 为近似值，则又嫌大。刘徽提出："不以面命之，加定法如前，求其微数。微数无名者以为分子，其一退以十为母，其再退以百为母。退之弥下，其分弥细，则朱幂虽有所弃之数，不足言之也。"亦即继续退位开方，以十进分数作为其近似值。这不仅开十进小数之先河，而且奠定了中国古代圆周率的计算领先世界约千年的计算基础。（郭书春，中国古代数学，商务印书馆，1995 年，第 39 页）

△《海岛算经》成书。该书由刘徽著，原为其附于《九章算术》后的"重差"，后李淳风将其独立出来并作为"算经十书"之一种，因其首题是关于测量海岛之高远问题，故名。该书为中国古代重差术的代表作。（刘钝，大哉言数，辽宁教育出版社，1995 年，第 18 页）

△ 刘徽证明圆面积公式和求圆周率近似值的方法。《九章算术》圆面积公式"半周半径相乘得积步"，亦即 $S=\dfrac{1}{2}Lr$，其中 $S$，$L$，$r$ 分别是圆面积、周长、半径。刘徽认为他以前的论证以周 3 径 1 为率，是错误的，从而创造了以极限思想和无穷小分割方法为主导的证明方法。他从圆内接正 6 边形开始割圆，依次割成圆内接正 $6\times 2^n$ 边形，$n=1$，2，3，…。设 $6\times 2^n$ 边形的面积为 $S_n$，刘徽认为，$S_n < S < S_n+2(S_{n+1}-S_n)$。然而当 $n\to\infty$，也就是"不可割"时，则圆内接正多边形"与圆周合体而无所失矣"。刘徽证明了 $\lim\limits_{n\to\infty}S_n = S = \lim\limits_{n\to\infty}[S_n+2(S_{n+1}-S_n)]$，然后对与圆周合体的正多边形，"以一面乘半径，觚而裁之，每辄自倍。故以半周乘半径而为圆幂"。这就是对极限状态下的正多边形进行无穷小分割，分割成以圆心为顶点，以多边形的一边为底的无穷多个小等腰三角形。由于以每边长乘半径等于每个小三角形面积的 2 倍，故半周乘半径等于圆面积，完成了证明。然后刘徽指出，在这个公式中的周、径，"谓至然之数，非周三径一之率也"。他创造了求周、径至然之数即圆周率精确近似值的程序。他使用直径为 2 尺的圆，利用上述割圆程序和勾股术，求出 $S_1$、$S_2$、$S_3$、$S_4$、$S_5$，$S_4 = 313\dfrac{584}{625}$寸$^2$，$S_5 = 314\dfrac{64}{625}$寸$^2$，而

$$S_4+2(S_5-S_4)=314\dfrac{169}{625}\text{寸}^2 > S$$

故取 $S\approx 314$ 寸$^2$ 作为圆面积近似值。代回圆面积公式，求出圆周长 $L$ 的近似值为 6 尺 2 寸分，与直径 2 尺相约，便得到圆周率近似值 $\dfrac{L}{d}=\dfrac{157}{50}$，通常称为徽率。刘徽又计算出 $S_9$，得到更精确的近似值 $\dfrac{L}{d}=\dfrac{3927}{1250}$。刘徽的割圆术奠定了中国圆周率的计算在世界上领先约千年的基础。（郭书春，古代世界数学泰斗刘徽，山东科学技术出版社，1992 年，第 222～225、234～243 页）

△ 刘徽多面体体积理论的基础性原理。《九章算术》提出了阳马体积公式 $V_y=\dfrac{1}{3}abh$，鳖臑体积公式 $V_b=\dfrac{1}{6}abh$，其中 $V_y$、$V_b$、$a$、$b$、$h$ 分别是阳马、鳖臑的体积及它们的宽、

长、高。当时是用棋验法推导这两个公式的。刘徽指出，这只适应于 $a=b=h$ 的情形，当 $a\neq b\neq h$ 时，"则难为之矣"。为了证明一般情况下的阳马、鳖臑体积公式，他提出了一条原理："邪解堑堵，其一为阳马，一为鳖臑。阳马居二，鳖臑居一，不易之率也。"此即：在堑堵这中，恒有 $V_y:V_b=2:1$。这就是刘徽原理。刘徽用无穷小分割方法和极限思想证明了这个原理。由这个原理，借助于堑堵体积公式 $V_q=\dfrac{1}{2}abh$，容易证明阳马、鳖臑的体积公式。通过这个原理，刘徽将他的多面体体积理论建立在无穷小分割方法的基础之上。刘徽的思想与19~20世纪数学大师高斯（Gauss）、希尔伯特（Hilbert）关于多面体体积的理论完全一致。（郭书春，古代世界数学泰斗刘徽，山东科学技术出版社，1992年）

△ 在证明了刘徽原理和阳马、鳖臑的体积公式之后，刘徽进而指出："不有鳖臑，无以审阳马之数；不有阳马，无以知锥亭之类，功实之主也。"他将方锥、方亭、刍甍、刍童、羡除等分解成有限个长方体、堑堵、阳马、鳖臑，求其体积之和，便解决了这些锥亭之类的体积问题，同时，也给出了方亭、刍甍、刍童等新的与原来公式等价的公式。（郭书春，古代世界数学泰斗刘徽，山东科学技术出版社，1992年）

△ 刘徽关于鳖臑是多面体体积理论的"功实之主"的思想与现代数学完全一致。然而从有的锥亭之类分解出来的鳖臑不是《九章算术》那样规范的形状。刘徽创造了新的方法，将它们从方锥或长方锥（刘徽称为椭方锥）分离出来，证明它们的体积公式与《九章算术》取一致的形式。刘徽借助它们证明了《九章算术》的羡除体积公式。（郭书春，古代世界数学泰斗刘徽，山东科学技术出版社，1992年）

△ 刘徽在开立圆术注中指出《九章算术》时代关于球体积公式的推导错误并设计牟合方盖代替圆柱体作为球的外切体，在圆亭术等注中提出"从方亭求圆亭之积，亦犹方幂中求圆幂"，在羡除术注中提出"上连无成不方，故方锥与阳马同实"，都说明他对截面积原理有了充分的实质性认识。

△ 刘徽在证明了《九章算术》使用的球体积公式是错误的之后，为彻底解决球体积公式设计了牟合方盖。他将两个相等的圆柱体正交，其公共部分即为一个牟合方盖。他指出：球与牟合方盖的体积比为 π:4。虽然刘徽未能得出牟合方盖的体积公式，但他的工作成为祖暅（南朝齐梁间）最终解决球体积公式问题的基础。（郭书春，古代世界数学泰斗刘徽，山东科学技术出版社，1992年，第174~178页）

△ 刘徽在《九章算术·方程章》牛羊直金问注中创造了求解线性方程组的（引进新的方法简化方程组的解法。在第7题注中他创立了）互乘相消法，比直除法更为简便。可是，刘徽的方法长期未引起重视，直到11世纪贾宪才将其与直除法并用。（郭书春，古代世界数学泰斗刘徽，山东科学技术出版社，1992年）

△ 刘徽《九章算术》方程章雀燕问注和麻麦问注中，消去各行的常数项，求出各物的率关系，用衰分术或今有术求解，是为方程新术。（钱宝琮，中国数学史，科学出版社，1992年，第71~72页）

△ 刘徽利用割圆术给出了圆周率的一个近似值及求圆周率的方法。在刘徽之前，我国在计算圆问题时多以三为圆周率的近似值，《九章算术》中沿用了 π=3，在中国传统数学古籍中常将 π=3 称为古率。刘徽在"圆田术"注中指出，圆内接正六边形的面积与圆直径之比正是三比一，所以 π=3 是不准确的。刘徽利用割圆术求得圆内接一百九十二边形的面积，

从而推得 π＝3.14。在中国传统数学中，π 的这一近似数值被称为徽率。（郭书春，古代世界数学泰斗刘徽，山东科学技术出版社，1992 年，第 222～225 页）

△ 刘徽在《九章算术》方程章正负术注中给出了正负数的定义："今两算得失相反，要令正负以名之。"这个定义说明正负数是互相依存的，相对的，摆脱了以盈为正，以欠为负的朴素观念。（郭书春，古代世界数学泰斗刘徽，山东科学技术出版社，1992 年，第 162 页）

△ 刘徽在《九章算术》正负术的注文中给出了两种正负数的表示方法。其一为利用算筹的颜色区分正负数，即红筹表示正数，黑筹表示负数；其二为利用算筹的布列方式来区分，即用正排列表示正数，用斜排法表示负数。宋元以后，数学家在多项式、高次方程及高次方程组的表达式中，以在筹算符号上加了斜置的算筹表示该项为负。（郭书春，古代世界数学泰斗刘徽，山东科学技术出版社，1992 年）

△ 重差术是西汉开始发展起来的，刘徽在《海岛算经》中集其大成。刘徽说："度高者重表，测深者累矩，孤立者三望，离而又旁求者四望。"现传本《海岛算经》有九个例题，包括两次测望法三题，三望法四题，四望法二题。书中给出重表法，连索法和累矩法三个测量高深广远的基本方法。（钱宝琮，中国数学史，科学出版社，1992 年，第 72～75 页）

△ 刘徽在注《九章算术·商功章》所例举的魏大司农铜斛是目前考证曹魏时期容量制度的唯一可信资料。（丘光明等，中国科学技术史·度量衡卷，科学出版社，2001 年，第 268、273 页）

## 公元 265～317 年　西晋

△ 郭义恭（西晋）《广志》："貘大如驴，色苍白。"大约是首次记载大熊猫的文字。

△ 郭义恭（西晋）在《广志》中已记载面脂："面脂，魏兴以来始有之。"

△ 崔豹（西晋）的《古今注》记述了不少动植物知识。其中有应用柞蚕的情况；有关蝙蝠和蝌蚪的较为细致的观察。

△ 崔豹（西晋）《古今注·虫鱼》中已记载蟋蟀，因其发声像急促织布声而称之为"促织"。（罗桂环、汪子春主编，中国科学技术史·生物学卷，科学出版社，2005 年，第 21 页）

△ 魏完（西晋）撰《南中八郡志》记载了南方的许多特色动植物，包括大熊猫（书中称为貊）。

△ 顾微（西晋）撰《广州记》注意到气候与植物生长的关系，如甘蕉在温暖的南方生长得好；还记载了贝多罗树有气生根。

△ 郑缉之（西晋）《永嘉地记》记载，温州一带的蚕农已经知道利用适当的温度就可以打破二化性蚕的"滞育"状态。这是有关家蚕低温催青孵化技术的最早记录。（北魏·贾思勰：《齐民要术·神桑柘第四十五》引）

△ 南方稻田栽培苕子作绿肥，是为中国植物栽培绿肥之始。（北魏·贾思勰：《齐民要术》卷十"苕"引西晋·郭义恭《广志》）

△ 郭义恭（西晋）《广志》最早记载水稻品种，共 12 个，其中有再生稻品种。（北魏·贾思勰：《齐民要术·水稻第十一》）

△ 郭义恭（西晋）《广志》记载新疆无核葡萄："西番之绿葡萄，名兔睛，味胜蜜糖；无核，则异品也。"

△ 大尾绵羊见于记载。（王毓瑚，中国畜牧史资料，农业出版社，1958 年，第 206 页）

△ 周处（西晋）在《风土记》中较早全面描述了吹向中国大陆的东南信风的时间和特征。(《太平御览》卷9)

△ 洛阳涧西西晋墓墓室成正方形，为攒尖纵联砌。(唐寰澄，中国科学技术史·桥梁卷，科学出版社，2000年，第391页)

△ 西晋时在今浙江嵊县东修建一座半圆石拱桥，惜今已绝迹。(北魏郦道元：《水经注》卷40；唐寰澄，中国科学技术史·桥梁卷，科学出版社，2000年，第301页)

△ 自从刘琨（西晋）写下"何意百炼钢，化为绕指柔"的诗句后，"千锤百炼"、"百炼成钢"便成为人们常用的习语。百炼钢可以说是中国古代钢铁材料中质量最高的产品。(赵匡华等，中国科学技术史·化学卷，科学出版社，1998年，第172~173页)

### 公元265年　乙酉　魏元帝咸熙二年　晋武帝泰始元年　吴乌程侯甘露元年

△ 约是年，虞耸（东吴）作《穹天论》，认为天浮于四海与元气之上，地也浮于海上，日月星辰绕天极运转，"不出入地中"。试图应用浑天说的某些观念改进盖天说。(《晋书·天文志上》)

△ 是年前，王蕃（东吴，? ~公元266）著《浑天象说》，据浑天说对太阳出入方位的四季变化及昼夜与晷影长短等现象进行解说。(唐·瞿昙悉达：《开元占经》卷一)

### 公元266年　丙戌　晋武帝泰始二年　吴乌程侯甘露二年　宝鼎元年

△ 晋禁星气、谶讳之学。(《晋书·武帝纪》)

△ 秋七月辛巳晋建造太庙，伐荆山之木，采华山之石；铸铜柱12，涂以黄金，镂以百物，缀以明珠。(《晋书·武帝纪》)

### 公元267年　丁亥　晋武帝泰始三年　吴乌程侯宝鼎二年

△ 孙皓（三国吴）在建业（今南京）太初宫之东营建显明宫，其西修建西苑，同时修整河道和供水设施，先后开凿青溪、潮沟、运渎、秦淮河等，大体上奠定此后建业城的总体格局。(周维权，中国古典园林史，清华大学出版社，1999年，第95页)

### 公元268~271年　西晋武帝泰始四年至七年

△ 裴秀（西晋，公元224~271）在《禹贡地域图》中创立"制图六体"即绘制地图的六项原则，第一次从理论上论述了比例尺、方位、距离间的关系，以及量算地形地物间水平直线距离的方法。在明末清初之前，它一直是中国古代绘制地图的重要原则，对于中国传统地图学的发展影响极大。[曹婉如，中国古代地图绘制的理论和方法初探，自然科学史研究，1983，2（3）：246~257]

△ 由裴秀主持，他的门客京相璠（西晋）的协助下，编绘完成了中国见于文字记载的最早的一部地图集——《禹贡地域图》18篇。这部以"制图六体"绘制的地图集，开创了区域沿革为主体和古今对照的传统，对后世有较大影响。[《晋书·裴秀传》；刘盛佳，晋代杰出的地图学家——京相璠，自然科学史研究，1987，6（1）：58~65]

△ 京相璠（西晋）完成沿革地理专著《春秋土地名》三卷。(北魏·郦道元著，王国维校：《水经注校》，上海人民出版社，1984年)

**公元 270 年　庚寅　西晋武帝泰始六年　吴乌程侯建衡二年**

△ 是年前，谯周（晋，公元201～270）著《巴蜀异物志》，是涉及我国西南动植物等的较早文献。

**公元 274 年　甲午　西晋武帝泰始十年　吴乌程侯凤凰三年**

△ 武帝司马炎（晋）命荀勖（晋，？～289）考校古律以定度量。荀勖律尺（又称"晋"前尺），长23.1厘米。但官民日常用尺仍沿用魏时杜夔（魏）律尺，约长24.2厘米。自此，实用尺与律尺开始双水分流。（《晋书·律历志》；丘光明等，中国科学技术史·度量衡卷，科学出版社，2001年，第276页）

△ 荀勖（晋，？～公元289）创建了十二支按三分损益律发音的竹笛，并且获得了开孔复杂的笛的管口校正数，在声学史上第一次正确地解决了类似笛的管口校正问题。（《晋书·律历志》；戴念祖，中国声学史，河北教育出版社，1994年，第227～236页）

△ 晋凿陕南山，引黄河东注洛水，以通漕运。（《晋书·武帝纪》）

△ 九月，杜预（晋，公元222～284）建成富平津（孟津，今河南孟县南）黄河桥。此为当时黄河上唯一的浮桥。桥成，司马炎亲临行礼。（《晋书·武帝纪》）

**公元 275 年　乙未　西晋武帝咸宁元年　吴乌程侯天册元年**

△ 约于是年，陈卓（三国吴）总结石申夫、甘德、巫咸三家星官，共得283星官、1465星，给出了中国古代经典的统一的全天星官系统，沿用了1000多年。[陈美东，陈卓星官的历史嬗变，科技史文集，第16辑，上海科学技术出版社，1992年]

**公元 276 年　丙申　西晋武帝咸宁二年　吴乌程侯天册二年　天玺元年**

△ 在今江苏苏州始建真庆道院，后改称玄妙观。（清·顾沅：《玄妙观志》；中国大百科全书·建筑、园林、城市规划，中国大百科全书出版社，1992年）

**公元 277 年　丁酉　西晋武帝咸宁三年　吴乌程侯天纪元年**

△ 刘会道（晋）《晋起居注》记载，是年"敦煌上送金刚石，……可以切玉，出开竺（今印度）"。这是现知中国较早出现"金刚石"一词的文献。（《太平御览》卷813）

**公元 278 年　戊戌　西晋武帝咸宁四年　吴乌程侯天纪二年**

△ 哲学家、文学家傅玄（西晋，公元217～278）卒。他精通音律；认为自然界由"气"组成，人类社会及历史是自然过程。（《傅子》）

**公元 279 年　己亥　西晋武帝咸宁五年　吴乌程侯天纪三年**

△ 晋汲郡（治所在今河南汲县）人不准（晋）掘战国魏襄王冢，得竹简，其中包括《竹书纪年》、《穆天子传》等。汲冢书发现年代还有太康元年及二年说。

△ 约是年，晋朝大将马隆（晋）与羌戎战于西北地区，马隆"夹道累磁石。贼负铁铠行道，不得前"。这是磁石应用于战争的记载。（《晋书·马隆传》）

△ 马隆（西晋）在凉州（今甘肃武威）同鲜卑军作战时，创制了扁箱车。车上置木屋，以蔽风雨，以挡矢石。对古代战车做了重大改革。（《晋书·马隆传》）

## 公元 280 年　庚子　西晋武帝咸宁六年　太康元年　吴乌程侯天纪四年

△ 约于是年，刘智（东吴）著《论天》，认为"天裹地，地载于气"，是对浑天说地浮于水上的重大改进。（唐·瞿昙悉达：《开元占经·卷一》）

△ 约于是年，姚信（东吴）作《昕天论》，试图改进浑天说，认为地分"上地"与"下地"，两者之间有一根很细的支撑物相连，"上地"为一平面向上的半球体，日月星辰附着于天球，可以通过两地之间的通道作圆周运动；在一年中，天球既作南北平移的运动，天的极轴又作南北俯仰的运动。（宋·李昉等：《太平御览》卷二；《宋书·天文志一》）

△ 约于是年，杜预（晋，公元222~284）著作《春秋长历》，依据《春秋》有关历日的记载，推衍出鲁国历谱。他又在《历论》中提出："当顺天以求合，非为合以验天"，成为后世许多历家的座右铭。（《晋书·律历志下》）

△ 是年前，陆机（三国吴国，约公元222~280）著《毛诗草木鸟兽虫鱼疏》，书中纠正了《尔雅》等先前著作中那种以名词释名词的落后方法。解释了170多种《诗经》中出现的动植物，其中有不少动植物形态习性的出色描写。此书使中国古典博物学开始从儒家经典注疏分化出来，是中国古代最早的一部内容纯正的生物学著作。[夏纬瑛，毛诗草木鸟兽虫鱼疏的作者——陆机，自然科学史研究，1982，1（2）：176~178]

△ 王濬（西晋，公元206~286）为攻东吴造大船连舫，又以大木筏及火炬，突破吴军在长江中设置的拦江铁索和铁锥等障碍器材，灭亡了东吴。这是古代水战中设障与破障技术高度发展与巧妙运用的精彩一战。（《晋书·王濬传》）

### 三国时期

△ 赵爽（三国）负薪余日，聊观《周髀》，遂撰《周髀算经注》，引用大量文献，对原著做了忠实的注释。他补绘了日高图、七衡图，加以说明，使重差术和《周髀》的盖天说昭然若揭。其"勾股圆方图"注，以五百余字概括了《九章算术》以来的解勾股形知识，并以出入相补原理证明之，还以齐同原理注释了《周髀算经》中的分数运算。（钱宝琮，周髀算经提要，李俨钱宝琮科学史全集，辽宁教育出版社，1998年，第4~5页）

△《魏书·西域》记载：悦般（古国名，今新疆库车县一带）的火山旁有石流黄。张华（晋）《博物志》卷二也说："西域史王畅说，石流黄出足弥山。去高昌八百里，有石硫磺数十丈，公元220年从广五六十亩。有取硫磺昼视孔中，上状如烟而高数尺，夜视皆如灯光明，高尺余。畅所亲见之也。"可推测当时使用的天然硫磺主要取自新疆。

△ 三国时，《四时食制》载："东海有大鱼如山，长五六里，谓之鲸鲵；次有如屋者，时死岸上，膏流九顷。"首次记载了鲸自杀的现象。（《太平御览》卷938引）

△ 三国时，《四时食制》载："郫县子鱼，黄鳞赤尾，出稻田"，此为有关稻田养鱼的文字的最早记载，但其鱼也许并非人工养殖。[曾雄生，傣族古歌谣中的稻作年代考，自然科学史研究，1998，17（4）：371]

△ 太医令吕广（三国吴）注《难经》。这不仅是《难经》的最早注本，而且也堪称注释医学典籍之滥觞。（廖育群主编，中国古代科学技术史纲·医学卷，辽宁教育出版社，1996

年，第 14 页）

△ 出版的译作《佛说佛知经》介绍了古印度医学中的有关生理病理的一种理论——四大说。此为四大说在中国现存文献中的最早记录。（廖育群主编，中国古代科学技术史纲·医学卷，辽宁教育出版社，1996 年，第 339 页）

△ 至迟在三国时期，云南地区已有纸张传入。《三国志·蜀书·吕凯》记载当时云南雍闿（三国）已使用纸张。

△ 南京雨花区长岗村五号墓出土的青瓷釉下彩盘口壶，说明中国在三国时期就已掌握烧制釉下彩瓷器的工艺。（文物出版社编，新中国考古五十年，文物出版社，1999 年，第 161 页）

### 魏晋之际

△ 哲学家杨泉（魏晋）约活动于魏晋之际，对天文、地理、历法、农学、医学、工艺等均有研究，著有《物理论》。

△ 杨泉（魏晋）在《物理论》中指出："天无体"，"元气皓大，则称皓天。皓天，元气也，皓然而已，无他物焉。"是为宣夜说的主张。

△ 杨泉（魏晋）在《物理论》一书中提出了有关土壤形态的分类。（中国科学院自然科学史研究所地学史组，中国古代地理学史，科学出版社，1984 年，第 215 页）

△ 杨泉（魏晋）著《蚕赋》中，记载了小蚕恒温饲养。（《全上古三代秦汉三国六朝文》卷 75）

△ 题为王叔和（魏晋）所撰《脉经》成书。它是中国现存最早的切脉诊断专书。全书10 卷，其中前 6 卷较为系统地总结了脉诊方法及其理论体系，所用脉象名称及其定义，得到后世医家的普遍认可。书中最早记载了儿科中最特殊的生理学说——"变蒸"说。（廖育群主编，中国古代科学技术史纲·医学卷，辽宁教育出版社，1996 年，第 72、202 页）

△ 至迟从魏晋时起，中原地区开始从焙烧黄铁矿（涅石）制取绿矾的窑顶上收集冷凝的硫磺。故《名医别录》等书都称硫磺为矾石液，对此生产工艺《天工开物》有详细记载。（赵匡华、周嘉华，中国科学技术史·化学卷，科学出版社，1998 年，第 511 页）

# 晋及十六国时期

### 公元 282 年　壬寅　西晋武帝太康三年

△《晋太康三年地记》记述太康三年时全国政区建制，及建置沿革、山水、物产和名胜古迹。此书对后世有较大影响。（靳生禾，中国历史地理文献概论，山西人民出版社，1987 年，第 137～138 页）

△《晋太康三年地记》中有"流沙形如月初五六日"，已知沙漠地形多呈新月形沙丘。（元·陶宗仪：《说郛》卷 60）

△ 是年前，文学家薛莹（晋，？～公元 282）著有《荆扬以南异物志》。

### 公元 283 年　癸卯　西晋武帝太康四年

△ 应神 14 年，自称为秦王朝后裔的弓月君（西晋）率众百姓移居日本。他们抵日本

后，分住畿内各地，主要从事养蚕制丝业。从此，中国养蚕和制丝技术在日本广为传播。
[《日本书纪》；武斌，中华文化海外传播史（第一卷），陕西人民出版社，1998年，第194～195页]

△ 中国缝衣女工到日本，带去制作精美的宫廷服装。（日·吉田光邦，日本科学技术史，朝仓书店，1955年，第51页）

**公元 284 年　甲辰　西晋武帝太康五年**

△ 是年前，杜预（西晋，公元222～284）完成了较早的沿革地理的专篇《春秋释例·土地名》。该篇分诸侯国、四夷和山川3大类，每类以不同的国、夷、山、川分别立条，然后再顺经传列出目——地名，最后再按地名等解释今地、方位等。（唐锡仁等，中国科学技术史·地学卷，科学出版社，2000年，第250页）

△ 是年前，杜预（西晋）创制连机水碓，又造平底釜以节约燃料，利用热能。

△ 大秦商人贩运3万幅蜜香纸至洛阳，武帝以万幅赠杜预（西晋），令写所撰《春秋经传集解》。蜜香纸系以蜜香树皮制成，馨香而坚韧，不易腐烂。（晋·嵇含：《南方草木状》卷二）

**公元 285 年　乙巳　西晋武帝太康六年**

△ 洛阳建太康寺。寺中有砖塔，高三层。由王浚（西晋）捐造。这是最早的砖塔记载。（北魏·杨衒之：《洛阳伽蓝记》）

**公元 289 年　己酉　西晋武帝太康十年**

△ 阿知使主（西晋）率领17县部民迁移日本，定居在大和高市郡桧隈一带。他们在日本主要从事兵器、制革、油漆、玻璃制品、金银加工等，将中国较为先进的技术和生产知识带到日本，尤其是冶炼加工技术。[《日本书纪》；武斌，中华文化海外传播史（第一卷），陕西人民出版社，1998年，第196～197页]

**公元 295 年　乙卯　西晋惠帝元康五年**

△ 冬十月，武库火，焚毁200万件器械及累代宝物。（《晋书·帝纪第四》）

**公元 296 年　丙辰　西晋惠帝元康六年**

△ 潘岳（西晋，公元247～300）《闲居赋·并序》中"炮石雷骇，激矢虹飞"，描绘了当时"元戎（即战车）禁营"中的一种抛石机。抛石机自此被称作炮。（南朝梁·萧统辑：《昭明文选》卷十六《志下》）

△ 约是年，潘岳（西晋）《笙赋》中有"披黄包以授甘，倾缥瓷以酌酃"。这是在中国比较可靠的传世典籍中首见"瓷"字。文中的"缥瓷"应是指晋代的青瓷。晋代吕忱编《字林》中正式收入"瓷"字。（赵匡华等，中国科学技术史·化学卷，科学出版社，1998年，第44页）

**公元 297 年  丁巳  西晋惠帝元康七年**

△ 是年前，陈寿（晋，公元 223～297）撰《三国志·魏志·东夷传·倭传》是中国正史中第一篇记叙日本列岛地理的文献。它不仅记述了日本的位置、气候、矿物、植物、风俗等，而且记载了当时日本西南部主要属国的方位、里程、户数、草木、山川等。（唐锡仁等，中国科学技术史·地学卷，科学出版社，2000 年，第 239 页）

**公元 300 年  庚申  西晋惠帝永康元年**

△ 是年前，文学家张华（西晋，公元 232～300）著《博物志》400 卷成书，武帝赐以西域所产青铁砚，辽西所出麟角笔，南越所献侧理纸。此书多取材于古书，分类记载异境奇物。（晋·王嘉：《拾遗记》卷 9）

△ 是年前，张华（西晋）在《感应类从志》中记载了"积灰知风，悬炭识雨"的方法。（元·陶元仪：《说郛》卷 24 引）

△ 是年前，张华（西晋）《博物志》中有"关东西风则晴，东风则雨；关西西风则雨，东风则晴"，这是关于预报渭河平原区域风雨经验的总结。（刘昭民，中华气象学史，台湾商务印书馆，1980 年，第 75 页）

△ 是年前，张华（西晋）知道消除板与壳共振的方法。（刘宋朝·刘敬叔：《异范》；戴念祖，中国声学史，河北教育出版社，1994 年，第 99～100 页）

△ 张华（西晋）《博物志》记载了一个有关汽化的实验："煎麻油，水气尽，无烟，不复沸则还冷，可内手搅之，得水则焰起，散卒而灭。此亦诚之有验。"（王锦光、洪震寰，中国古代物理学史略，河北科学技术出版社，1990 年，第 44 页）

△ 是年前，张华（西晋）在《博物志·戏术》中记述以"珠取火"，这里的"珠"即水晶球或玻璃球，这是最早有关用透镜取火的明确记载。

△ 约是年，束晳（晋，公元 261～约 305）从视觉的不可靠性和环境背景的差异两个方面论证太阳视大小的变化，否定因太阳离人远近不同导致太阳视大小变化的观点。（《隋书·天文志上》）

△ 是年前，张华（西晋）在《博物志》中详细叙述了磷光物质的发光特性："行人或有触者，著人体更有光，拂试便分散无数，愈甚有细咤声如炒豆，唯静住良久乃灭。"

△ 是年前，张华（西晋）《博物志》中记载了一种虫和孔雀毛的衍射色彩现象。

△ 是年前，张华（西晋）《博物志·杂说上》记述他发现了由于摩擦而引起的静电闪光和放电声现象："今人梳头、脱著衣时，有随梳、解结有光者，亦有咤声。"（戴念祖，我国古代关于电的知识和发现，科技史文集，第 12 辑，上海科学技术出版社，1984 年）

△ 是年前，张华（西晋）《博物志》卷二和常璩（东晋）《华阳国志》都记载了临邛（今四川成都西南邛崃）利用火井即天然气作为燃料来煎煮盐之事。这是有关使用天然气的较早记载。（赵匡华等，中国科学技术史·化学卷，科学出版社，1998 年，第 486 页）

△ 是年前，张华（西晋）《博物志》记述了大量各种各样的生物。原书虽然已失，但多见史籍引用。

△ 是年前，张华（西晋）《博物志·物理》有使用植物油的记载。

△ 是年前，张华（西晋）《博物志》卷 10 有收聚野蜂饲养的记载。（《太平御览》卷

950）

△ 是年前，张华（西晋）所撰《博物志》有"蜀黍"之名。蜀黍即高粱。

△ 是年前，张华（西晋）所撰《博物志》中已记载了某些金属矿床的指示植物和某些金属元素对植物生长的影响。（刘昭民，中华地质学史，台湾：商务印书馆，1985 年，第 128 页）

**公元 302 年　壬戌　西晋惠帝永宁二年　太安元年**

△ 据长沙出土的是年骑马陶俑上有雏形的马镫。马镫呈三角形，只在人上马的左侧前鞍桥处系挂一只，而右侧没有。

**公元 304 年　甲子　西晋惠帝永安元年　建武元年　永兴元年**

△ 稽含（晋，公元 263～306）撰《南方草木状》主要记述中国岭南地区植物约 80 种，是现存最早的区域植物地理著作，也是我国最早的记述热带、亚热带果木的专著。书中还提出"芜菁，岭峤以南俱无之"，即岭南是中国南北植物分布的一条界线。（张宗子辑注，稽含文辑注，中国农业科技出版社，1992 年）

△ 稽含（晋）所著的《南方草木状》记载了当时流行于南方酿造业中的草包曲，即小曲的制法。

△ 稽含（晋）所著的《南方草木状》记载了南方橘园利用猄蚁防蠹，为我国利用生物方法防治虫害的开端。（罗桂环、汪子春主编，中国科学技术史·生物学卷，科学出版社，2005 年，第 158 页）

△ 稽含（晋）所著《八磨赋并序》中有利用凸轮转动和以水力为动力的连转磨的记载。（《全上古三代秦汉三国六朝文·全晋文》卷 65）

**公元 305 年　乙丑　西晋惠帝永兴二年**

△ 是年前，左思（晋，约公元 250～约 305）所撰《吴都赋》中记载了长江下游出现再熟稻。（《全上古三代秦汉三国六朝文·全晋文》卷 7）

△ 西晋时"园林"一词已出现在当时的诗文中。是年前，左思（晋）所撰《娇女诗》中有"驰骛翔园林"。

**公元 306 年　丙寅　西晋惠帝永兴三年　光熙元年**

△ 天竺僧耆域（印度，晋）泛海至扶南（今柬埔寨），于是年至洛阳。耆域通医术，为人医病，很有效验。（南朝梁·释慧皎：《高僧传》卷 9）

△ 陈谐（晋）在今江苏丹阳作堰，拦马林山溪水成练塘。塘围 120 里，溉田数百顷。经历代维修，成为长江以南著名的济运水柜和灌溉工程。［水利水电科学研究院《中国水利史稿》编写组，中国水利史稿（上），水利电力出版社，1979 年，第 225 页］

**公元 307 年　丁卯　西晋怀帝永嘉元年**

△ 永嘉南渡，士大夫患脚气病者甚多，促使脚气病诊疗技术的发展和专著的出现。［陈邦贤，中国脚气病流行史，中西医学报，1927，9（1）：1～6］

**公元 309 年　己巳　西晋怀帝永嘉三年**

△ 在今河北省保定市满城修建的方顺桥是现存最古的石拱桥。此后隋、金、明、清各代均曾继修，现桥为三孔不等跨拱桥。（唐寰澄，中国科学技术史·桥梁卷，科学出版社，2000 年，第 259~260 页）

**公元 310~360 年　西晋怀帝永嘉四年至东晋穆帝升平四年**

△ 吐谷浑人在今隆务河上"作桥，谓之河历，长百五十步。两岸累石作基陛，节节相次"，此为伸臂梁桥的最早记载。（南朝宋·段国纂，清·张威撰：《沙州记》；唐寰澄，中国科学技术史·桥梁卷，科学出版社，2000 年，第 111、616 页）

**公元 310 年　庚午　西晋怀帝永嘉四年**

△ 是年前，江统（晋，? ~公元 310）在《酒诰》中提出："酒之所星，肇自上皇，或云仪狄，以曰杜康。有饭不尽，委于空桑，郁积成味，气蓄气芳，本出于此，不由奇方。"另一位晋人庚阐也持这种自然发酵的观点。

△ 广东连县已使用水田耙。[徐恒彬，简谈广东连县出土的西晋犁田耙田模型，文物，1976，（3）：75~76]

△ 吴国的 4 位纺织女工随阿知使主（西晋，归化日本）到日本，将中国盛行的罗、绫、锦等纺织技术传入日本。（日·吉田光邦，日本科学技术史，朝仓书店，1955 年，第 52 页）

**公元 311 年　辛未　西晋怀帝永嘉五年**

△ 张湛（晋）伪托的《列子·天瑞》指出，天是充满元气的虚空，日月星辰也是由元气积聚而成的，所以不会踢陷；天地又只是无垠空间中的一物，既是物，则又不能不归于有毁坏的一天。

△《列子》中有："朽壤之上，有菌芝者"，这可能是大型真菌生长环境的较早描述。

△ 汉主刘曜（晋，? ~328）入洛阳，杀官吏、士民 3 万余人，焚洛阳，怀帝（晋）被俘。中原士民遂大批南迁，史称"永嘉南渡"。此对南方经济文化发展影响深远。

**公元 312 年　壬申　西晋怀帝永嘉六年**

△ 汉主刘聪（晋，? ~公元 318）以鱼蟹不供，杀其左水都使者王摅（晋）。可知时已食蟹。（《资治通鉴》卷 88）

**公元 265~317 年　西晋时期**

△ 嘉峪关新城西晋 3 号墓的墓壁上有一幅《滤醋图》。这种滤醋方法和器皿在今嘉峪关一带至今沿用。[高凤山、张军武，古代西北地区酿酒业的再现中国酿造，1985，（2）：45]

**公元 317~322 年　东晋元帝时**

△ 史学家、文学家干宝（晋）领修国史，著有《晋纪》、《搜神记》、《周官礼注》等。

△ 干宝（晋）《周官礼注》记载了镦于产生共振的一种特殊方法：利用虹吸管将水导入

镦于内，以手振动虹吸管，则镦于发声如雷。（戴念祖，中国声学史，河北教育出版社，1994 年，第 440～442 页）

△ 干宝（晋）《搜神记》对麦蛾的产生条件已有认识，并有用灰盖麦的防治方法。

## 公元 317 年　丁丑　东晋元帝建武元年

△ 东晋著名的道教学者、医药学家、炼丹家葛洪（东晋，公元 283～364）[①] 历时十余年始完成《抱朴子外篇》50 卷、《抱朴子内篇》20 卷及《神仙传》10 卷等著作。（曾敬民，中国科学技术史·人物卷·葛洪，科学出版社，1998 年，第 153～163 页）

△ 葛洪（东晋）在《抱扑子内篇·杂应》中记述了分别以 2 枚和 4 枚平面镜组合、成像无穷的现象。后来人们称 2 枚组合平面镜为"日月镜"，4 枚组合平面镜为"四规镜"。

△ 葛洪（东晋）撰《抱朴子内篇》20 卷，炼丹术内容主要集中在《金丹》、《仙药》、《黄白》三卷。葛洪不但总结了魏晋时期的炼丹术理论和成果，而且创造性地发展了炼丹术，在理论上和实践上都是汉魏晋时代炼丹术之大成者。《抱朴子内篇》的问世标志着中国炼丹术已形成了自己独特的、相当完整的理论体系。（赵匡华等，中国科学技术史·化学卷，科学出版社，1998 年，第 250～261 页）

△ 葛洪（东晋）《抱朴子外篇》卷四中有"丹砂烧之成水银，积变又还成丹砂"，这是汞与硫化汞相互转化的较早记载。

△《抱朴子》载："铜青涂木，入水不腐"，铜青为醋酸铜，这是最早用化学药物防腐的记载。

△ 葛洪（东晋）《抱朴子内篇》有："南山多鹿，每一雄游，雌百数至。"记述了动物的群体生活。

△ 葛洪（东晋）《抱朴子内篇》记载了十多种真菌。

△ 葛洪（东晋）《抱朴子·外佚文》中已提出太阳在潮汐成因中的作用。（宋正海等，中国古代海洋学史，海洋出版社，1986 年，第 248～249 页）

△ 葛洪（东晋）在《抱朴子内篇·仙药》篇中明确提出管松在不同的地形部位会产生变异。

△ 葛洪（东晋）在《抱朴子内篇·遐览》记载了《五岳真形图》。大约出现在东晋时期的《五岳真形图》是一种由道士据所观察的"河岳之盘曲"，"高下随形，长短取象"而绘制的山岳平面图。[曹婉如等，试论道都的五岳真形图，自然科学史研究，1987，6（1）：52～57]

△ 葛洪（东晋）在《抱朴子内篇·仙药》篇中比较详细地描述了石钟乳（文中称"石蜜"）、落水坑和石柱等岩溶地貌类型；记述了雄黄的物理性质和产地；记载了鉴别 5 种云母族矿物的方法。（唐锡仁等，中国科学技术史·地学卷，科学出版社，2002 年，第 268 页）

△ 葛洪（东晋）《抱朴子内篇》记载一种被后人称为"竹蜻蜓"的器具，西方人称它为"中国陀螺"，其原理与直升飞机的螺旋桨相同。（戴念祖，中国力学史，河北教育出版社，1988 年，第 506～508 页）

---

① 《太平寰宇记》卷 160 引袁彦伯《罗浮记》云葛洪卒年 61，而《晋书·葛洪传》及《太平御览》卷 664 引《晋中兴书》云卒年 81。现代学者多持 61 年。

　　△ 葛洪（东晋）提出 7 条责难盖天说的新证据，并极力为张衡浑天说辩护。(《晋书·天文志上》)

　　△ 葛洪（东晋）《肘后备急方》记述了被今日称为以负压原理治病的"角法"。(戴念祖，中国力学史，河北教育出版社，1988 年，第 514～520 页)

　　△ 葛洪（东晋）记述"以曾青涂铁，铁赤色如铜……外变而内不化也"，陶宏景也有类似的记载，表明此时已掌握了在铁器表面镀铜的技术。(张子高，中国化学史稿·古代之部，科学出版社，1964 年，第 74 页)

　　△ 葛洪（东晋）在《神仙传》中两次使用"东海三为桑田"表述海陆变迁的地质现象。[李仲均，我国古代关于"海陆变迁"地质思想资料考辨，科学史集刊（10），地质出版社，1982 年，第 18 页]

　　△ 葛洪《西京杂记》[①] 记述了不少汉代园林植物。

　　△ 葛洪（东晋）所著《肘后救卒方》不仅是一部医方类著作，而且也是一本急症手册。全书 8 卷，涉及内、外、皮肤、妇、儿等科病种，以及多种危急疾病的救治。所载方药及治法皆有简、便、廉、验的特点。书中首次描述了天花在中国的流行；论述了沙虱（恙虫）病及应用虫末外敷、内服预防恙虫病的方法；创用狂犬之脑外敷被咬者伤口，以防狂犬病发作等的论述；所述捏脊疗法、烧灼疗法、拔罐法和局部用药导尿等，均属创造性的治疗方法。(廖育群主编，中国古代科学技术史纲·医学卷，辽宁教育出版社，1996 年，第 51 页)

　　△《肘后救卒方》所载"药子"，是中国医书中首载之传入的印度药物。(廖育群主编，中国古代科学技术史纲·医学卷，辽宁教育出版社，1996 年，第 340 页)

　　△ 葛洪撰《字苑》最早将印度传来的"浮屠"建筑称为"塔"。(常青，中国古塔的艺术历程，陕西人民美术出版社，1998 年，第 1 页)

## 公元 318 年　戊寅　东晋元帝建武二年　大兴元年

　　△ 刘曜（晋，? ～公元 329）建前赵，自称皇帝。因晋朝有关器具和文献被毁，故以日常用尺定度，从而使礼乐天文用尺再次与日常用尺合而为一。(丘光明等，中国科学技术史·度量衡卷，科学出版社，2001 年，第 277 页)

## 公元 321 年　辛巳　东晋元帝大兴四年

　　△ 晋陵郡内史张闿（晋，公元 265～328）以郡内四县干旱缺水，创筑曲阿新丰塘（在今江苏镇江东南），溉田 8 万余顷。(《晋书·张闿传》)

## 公元 322 年　壬午　东晋元帝永昌元年

　　△ 王敦（东晋，公元 266～324）起兵叛乱，至太宁二年（公元 324）平，史称"王敦之乱"。《世说新语》有王敦所尚公主家用澡豆洗沐的记载。裴启（晋）的《语林》和刘义庆（南朝宋）的《世说新语》也还提到豪富石崇（晋）以"金澡盆盛水，玻璃碗盛澡豆"。据《备急千金药方》：澡豆大都以猪胰加豆粉、香粉而制成。即原始的肥皂。澡豆至唐宋以后仍在使用，然流行并不广泛。

――――――――――

　　① 现将葛洪撰写的其他著作放置在此年。

**公元 323 年　癸未　东晋明帝太宁元年**

△ 孔挺（前赵）制成浑仪（铜质），由子午环、赤道环、地平环彼此交接，固定安置于一底座之上，内有四游环与窥管，可上下左右运转以瞄准天体，以测量天体的去极度和入宿度。该浑仪前后使用达 200 余年之久。(《隋书·天文志上》)

**公元 324 年　甲申　东晋明帝太宁二年**

△ 文学家、训诂学家郭璞（东晋，公元 276～324）被杀。璞字景纯，博学，好古文奇字，又喜阴阳卜筮之术。世传相墓术始于郭璞；擅长诗赋；著有《尔雅注》、《山海经注》、《穆天子传注》等。

△ 是年前，郭璞（东晋）撰《江赋》中有"觇五两之动静"。五两即指用鸡毛五两制成的候风器。

△ 是年前，郭璞（东晋）在《尔雅注·释鸟》中最早记载了蝙蝠石——节足类三叶虫化石。(刘昭民，中华地质学史，台湾：商务印书馆，1985 年，第 121 页)

△ 是年前，郭璞（东晋）在《山海经注》中有"黄银出蜀中，与金无异，但上石则色白"。可见当时已知鉴别外表颜色相近的自然金与黄银（即银金矿）的方法是根据上石（即试金石）后颜色的不同来区分。这是以条痕法鉴定矿物的较早记载。(清·张澍：《蜀典》引，1876 年)

△ 是年前，郭璞（东晋）在《流赭赞》中指出流水中的赭与铁可以共生。在《山海经注》中则指出赭是赤铁矿的风化物。(夏湘蓉等，中国古代矿业开发史，地质出版社，1986 年，第 320 页)

△ 是年前，郭璞（东晋）在《山海经注》中已使用"火山"一词："今去扶南东万里，有耆薄国，东复五千里许有火山国，其上虽霖雨，火常然。"

△ 是年前，郭璞（东晋）作《尔雅注》，其中"释草"、"释木"、"释虫"、"释鱼"、"释鸟"、"释兽"等篇，解说了大量的生物，在古代生物学发展史上有重要意义。书中最早出现大量各种叶形的描述；《尔雅·释草》有"卷施草拔心不死"，郭璞注是"宿莽"，亦即宿根草，这是此种名称的最早出现。[汪子春，中国古代科学家传记（上）·郭璞，科学出版社，1992 年，第 184～187 页]

△ 是年前，郭璞（东晋）作《尔雅图》10 卷，此为有关动植物分类研究图示法的最早著作。现存《尔雅图》（1801 年影宋重摹本）共有动植物图像 544 幅，其中"释草"部分有图 176 幅，"释木"部分有图 80 幅，"释虫"部分有图 64 幅，"释鱼"部分有图 56 幅，"释鸟"部分有图 68 幅，"释兽"部分有图 52 幅。种类繁多、篇幅庞大的《尔雅图》对后来本草学的发展有较大的影响。(《隋书·经籍志》；罗桂环、汪子春主编，中国科学技术史·生物学卷，科学出版社，2005 年，第 133～134 页)

△ 是年前，郭璞（东晋）在《江赋》中记载"蝛蛣腹蟹，水母目虾"的共生现象。(梁·萧统：《文选》卷 12)

**公元 326～334 年　东晋成帝咸和年间**

△ 相传印度僧人慧理在中国浙江杭州修寺，取名"灵隐"。清代康熙皇帝南巡时赐名

"云林禅寺"。(清·孙浩:《灵隐寺志》)

## 公元 327~351 年　后赵时期

△ 炼丹术方士已制得粉霜（氯化高汞），其配方可能首见于方士刘景文传授的《神仙养生秘术》。制法是将水银、硫磺、盐和硝石一起密封加热升炼。（赵匡华等，中国科学技术史·化学卷，科学出版社，1998 年，第 429 页）

△《神仙养生秘术》是最早记载炼制砷白铜的工艺和以铅汞为基础的汞齐药银的丹方。（赵匡华等，中国科学技术史·化学卷，科学出版社，1998 年，第 206、443 页）

## 公元 330 年　庚寅　东晋成帝咸和五年

△ 约于是年，虞喜（晋，公元 281~356）由《尚书·尧典》"日短星昴，以正仲春"（即其时冬至点昴宿），和他经实测而得的当时冬至点在壁宿的结果进行比较，阐明了岁差现象，指出冬至点赤道度每经 50 年退行 1 度。（《新唐书·历志三上》）

## 公元 332 年　壬辰　东晋成帝咸和七年

△ 魏丕（晋）制成三级补偿式漏壶。（南朝梁·萧统:《文选》卷 56）

## 公元 340 年　庚子　东晋成帝咸康六年

△ 约于是年，虞喜（晋，公元 281~356）作《安天论》，责难盖天说与浑天说，以为只有宣夜说是正确的。（《晋书·天文志上》）

## 公元 345~346 年　东晋桓温时

△ 陈遵（东晋桓温时）修筑江陵（今湖北中南部长江沿岸）城外金堤，长江堤防始见记载。至北宋末长江荆江段堤防基本形成。（北魏·郦道元:《水经注·江水》）

△ 陈遵修筑金堤时，以鼓声测"地势高下"远近的方法。（北魏·郦道元:《水经注·江水》；戴念祖，中国声学史，河北教育出版社，1994 年，第 136~137 页）

## 公元 347 年　丁未　东晋穆帝永和三年

△ 蜀史学家常璩（东晋）至建康（今南京）。所著《华阳国志》记录远古至是年间巴蜀史事，是中国西南地区史最早著作。

△ 常璩（东晋）撰写了中国最早以"志"命名的一部地方志——《华阳国志》12 卷。这部中国早期综合性志书的代表作记述以巴蜀为中心的西南地区的历史、地理和人物，被称为现代方志的初祖。（唐锡仁等，中国科学技术史·地学卷，科学出版社，2000 年，第 225 页）

△ 常璩（东晋）撰《华阳国志》有丰富的地理内容。它记载了梁、益、宁 3 州 33 郡 180 县的历史地理、自然地理和人文地理等，其内容远比正史地理志详博；注重收入昔日曾有、后已省并的县；重视西南少数民族情况的记述。[陈清泉等，中国史学家评传（上），中州古籍出版社，1988 年，第 133~134 页]

△ 晋代已出现"因山为名"的地名命名原则。常璩（东晋）《华阳国志》卷四有"螳螂

县，因山名也"。张勃《吴地理志》中也有"于潜西有潜山，盖因山以立名"。（唐锡仁等 中国科学技术史·地学卷，科学出版社，2000 年，第 254 页）

△ 常璩（东晋）《华阳国志》卷四云：螳螂县（在今云南会泽、巧家一带）产白铜。文中的白铜可能就是铜镍合金。此为有关镍白铜的最早记载。（赵匡华等，中国科学技术史·化学卷，科学出版社，1998 年，第 201 页）

**公元 353 年　癸丑　东晋穆帝永和九年**

△ 王羲之（东晋，公元 321/303～379/361）等江南名流在会稽近郊的风景地带——兰亭（位于今浙江绍兴）举行一次修禊活动。王羲之著《兰亭集序》记载了此活动。兰亭可称为较早见于记载的公共园林。（周维权，中国古典园林史，清华大学出版社，1999 年，第 117～118 页）

**公元 355 年　乙卯　东晋穆帝永和十一年**

△ 后赵迁都邺（河南临漳西南），大兴土木，造东、西宫，太武殿等。其城北城东西 7 里，南北 5 里，原是齐恒公时期（公元前 685～前 643）所筑的土城，石虎乃用砖包砌，这是砖砌城墙的最早记载。（北魏·郦道元：《水经注·漳水》；罗哲文等，中国城墙，江苏教育出版社，2000 年）

**公元 356 年　丙辰　东晋穆帝永和十二年**

△ 时多疾疫，故实行隔离措施，凡朝臣有时疾，染易（传染）3 人以上者，身虽无疾，百日不得进宫。（《晋书》）

**公元 363 年　癸亥　东晋哀帝兴宁元年**

△ 罗马帝国使者经西域抵东晋建康（今南京），晋旋遣使回访，是为中国和罗马帝国通使之始。

**公元 365 年　乙丑　东晋哀帝兴宁三年**

△ 是年前，范汪（范东阳；东晋，公元 301～365）撰《范东阳方》105 卷，为唐以前研治伤寒较有成就的医学方书。（《隋书·经籍志》）

**公元 366 年　丙寅　东晋废帝海西公太和元年**

△ 相传前秦建元二年，沙门乐僔（东晋）开始在甘肃敦煌三危山与鸣沙山之间的峭壁上，开凿石窟，镌造佛像，是为著名的莫高窟开凿之始[①]，也是中国佛教史上凿窟造像之始，其后此风渐盛。莫高窟在元代之间，历代均有所修建。现存 490 余窟，计有雕塑 2100 余尊。（唐·李怀：《重修莫高窟碑》；萧默，敦煌建筑，文物出版社，1987 年）

---

① 莫高窟始凿年代异说颇多，而以此年或公元 353 年较流行。

**公元 369 年　己巳　东晋废帝海西公太和四年**

△ 晋将桓温（东晋，公元 312～373）率军攻前燕，天旱，水道绝，凿巨野泽（故址在今山东巨野北），引汶水会清水（指巨野泽以北的济水），引船从清水入黄河。（《晋书·桓温传》）

**公元 375 年　乙亥　东晋孝武帝宁康三年**

△ 罗含（东晋孝武帝时）所著《湘中记》中第一次记载了腕足类动物门石燕类化石——泉陵县（治所在今湖南零陵）地区的石燕。［甄朔南，古脊椎动物学在中国的发展，中国科技史料，1982，（1）］

**公元 377 年　丁丑　东晋孝武帝太元二年**

△ 前秦以关中水旱不时，发王侯以下及豪望富室僮仆 3 万人开泾水上源，凿山筑堤，通渠引渎，以溉岗卤之田。（《晋书·苻坚传》）

**公元 382 年　壬午　东晋孝武帝太元七年**

△ 波斯铠甲及其制造技术约在此时经西域传入中原。（《先帝赐臣铠表》；《晋书·吕光载记》）

**公元 384 年　甲申　东晋孝武帝太元九年**

△ 姜岌（后秦）制成《三纪甲子元历》，在《景初历》的基础上，又增广多历元法于五星位置的推算。该历当年即在后秦颁行，后秦亡（公元 417）而历废不用。（《晋书·律历志下》）

△ 约于是年，姜岌（后秦）指出：“一日之中，晨夕日色赤，而中时日色白，晨夕视日大，而中时视日小，皆与晨夕时‘地有游气’，而中时游气少相关”。此说同现代大气消光作用的理论颇有相通之处。（《隋书·天文志上》）

△ 约于是年，姜岌（后秦）著《浑天论》，亦以地在气中取代地在水中的浑天说，并对《尚书·考灵曜》的地有升降、四游说进行修订，给出新的运动模式，力图以之解析一年中太阳高度的变化以及太阳出没方位和昼夜长短的变化。（唐·瞿昙悉达：《开元占经》卷二）

△ 约于是年，姜岌（后秦）发明测量冬至点位置（即冬至时太阳所在宿度）的月食冲法——测量月食食甚时月亮中心所在宿度（M），则可知此时太阳所在宿度为 180° + M，再归算到冬至时刻即得。该方法成为古代测量冬至点位置的经典方法。（《晋书·律历志下》）

△ 佛教高僧慧远（东晋，公元 334～416）在江州刺史桓伊的资助下在庐山北麓修筑一座佛寺——东林禅寺，为中国佛教净土宗的发源地。（南朝梁·释慧皎：《高僧传·慧远传》）

**公元 386～534 年　北朝北魏时期**

△ 斛兰（北魏）制成铜铁合铸的浑仪，其型制与孔挺（前赵）浑仪相似。各环圈的刻度均以银错嵌之，使刻度醒目，其底座平面上刻有十字形水沟，用以调整底座平面（亦即浑仪的地平环）处于水平状态。该浑仪前后使用了 250 余年之久。（《隋书·天文志上》）

△ “世祖时，其国人商贩京师，自云能铸石为五色琉璃。于是采矿山中，于京师铸之，即成，其光泽乃美于西方来者。”琉璃制品开始在我国重兴并大行于建筑业，“由此中国琉璃

遂贱，人不复珍之。"(《魏书·西域》；赵匡华等，中国科学技术史·化学卷，科学出版社1998 年，第 71 页)

△ 河北省河间南冬村北魏邢伟墓出土有青瓷唾壶及碗，为探索北方青瓷出现的时间提供了线索。(文物出版社编，新中国考古五十年，文物出版社，1999 年，第 52 页)

△ 波斯的焖炉炼钢传入中国，音译为"镔铁"。(赵匡华等，中国科学技术史·化学卷科学出版社，1998 年，第 167 页)

## 公元 392 年　壬辰　东晋孝武帝太元十七年

△魏咏之(晋)"生而兔缺，年十八"，医曰"可割而补之"，后唇裂修补手术取得成功。(《晋书·魏咏之传》)

## 公元 394 年　甲午　东晋孝武帝太元十九年

△ 杨佺期(东晋)撰《洛阳图》一卷，是附有文字注记的都市图经。(《隋书·经籍志》)

## 公元 397 年　丁酉　东晋安帝隆安元年

△隆安初年，僧宝云(南朝宋，公元 376~449)远游西域诸国。

## 公元 398 年　戊戌　东晋安帝隆安二年　北魏道武帝天兴元年

△ 北魏道武帝命在京城内为佛教僧侣修建寺院。(《魏书·释老志》)

△ 拓跋珪将北归，发卒治直道，自望都(今河北望都西北)凿恒岭(指通过倒马关的山路)至代五百余里。(《魏书·太祖纪第二》)

## 公元 399 年　己亥　东晋安帝隆安三年　北魏道武帝天兴二年

△ 高僧法显(东晋，约公元 372~422)从长安(今西安)出发，去西方天竺(今印度)取经求法。(章巽校注，法显传校注，上海古籍出版社，1985 年)

## 4 世纪末至 5 世纪初

△ 麦积山石窟(在今甘肃天水东南)始开凿，历隋、唐至宋止。现存 194 窟，其中最早的洞窟似不早于 5 世纪。(文化部社会文化事业管理局，麦积山石窟，文物出版社，1954年)

## 公元 5 世纪

△《夏侯阳算经》成书，在《孙子算经》之后，《张丘建算经》之前。原书已失传，现传本是唐韩延《算术》，因其篇首开头有"夏侯阳曰"而在北宋刊刻算经时被误认为《夏侯阳算经》，此处所征引的六百余字是其仅存的原文。它概括地叙述了筹算乘除法则，分数法则，解释了"法除"、"步除"、"约除"、"开平方除"、"开立方除"五个名词的意义。(钱宝琮，中国数学史，科学出版社，1992 年，第 79 页)

△《缀术》，一作《缀述》，或为一书，或为二书，其作者或作祖冲之，或作祖暅之(南朝齐梁间)。因内容深奥，隋唐"学官莫能究其深奥"而失传。说其为祖冲之父子的作品是

不会错的。将圆周率的精确度推进到 8 位有效数字，彻底解决球体积问题应该是其中的内容。(钱宝琮，中国数学史，科学出版社，1992 年，第 83～86 页)

**公元 400 年　庚子　东晋安帝隆安四年　北魏道武帝天兴三年**

△ 约于是年前后，《孙子算经》成书。《隋书·经籍志》著录"孙子算经二卷"，不记作者姓名。其自序就数学的作用发挥到无以复加的程度。现传本分上、中、下三卷。书中记载了度量衡单位及其进制，筹算记数法及乘除法则，并给出一些具体算例。书中有大量应用题和趣味题，改进了开方法，而最为重要的成果为"物不知数"问，是世界数学著作中第一个同余式组问题。(钱宝琮，中国数学史，科学出版社，1992 年，第 75～79 页)

△ 约于是年前后，《孙子算经》卷下在"物不知数"题中给出世界数学著作中最早的一次同余式组解法。其原题为"今有物，不知其数。三、三数之剩二，五、五数之剩三，七、七数之剩二。问物几何"。此问题相当于求解一次同余式组

$$N\equiv2(\mathrm{mod}3)\equiv3(\mathrm{mod}5)\equiv2(\mathrm{mod}7)$$

书中给出的答案为上述同余式组的最小正整数解，23。其术文给出了此题的具体运算方法及适于模为 3、5、7 的一般余数的同余式组解法，其理论被数学史界称为"中国剩余定理"。钱宝琮，中国数学史，科学出版社，1992 年，第 77～79 页)

△ 约于是年，佛驮耶舍（后秦，印度僧人）所译《长阿含经》中论及须弥山高耸于大海中央，其东、南、西、北四方分别为形状各异的居于大海中的陆地（四大洲），其外又有大金刚山包围着。日、月皆绕须弥山的中腰运转，因须弥山的遮挡，各陆地的居住者可见日、月或见或隐的情况。

**公元 401 年　辛丑　东晋安帝隆安五年　北魏道武帝天兴四年**

△ 是年前，袁山松（东晋，？～公元 401）撰《宜都山水记》记载宜都（今湖北宜昌）的山川地理、名胜古迹、物产风俗等，其中较为详细地描述了佷山县（今湖北长阳西）东温泉地热，注意到地表水与洞穴、暗河的联系。(唐锡仁等，中国科学技术史·地学卷，科学出版社，2000 年，第 224、231 页)

△ 是年前，范宁（东晋，公元 339～401）在江南做官时，发出通告："土纸不可作文书，皆令用藤角纸。"土纸即南方以稻、麦杆为原料造的草纸，藤纸即藤皮纸。这表明当时南方已生产草纸和高级藤纸。(唐·虞世南：《北堂书钞》卷 104)

**公元 404 年　甲辰　东晋安帝元兴三年　北魏道武帝天兴七年　天赐元年**

△ 安帝桓玄（东晋，公元 369～404）下令以纸代简。他用政令推广了用纸，加快了纸张的生产和流传。(《太平御览》卷 605)

**公元 406 年　丙午　东晋安帝义熙二年　北魏道武帝天赐三年**

△ 是年前，顾恺之（东晋，约公元 345～406）[1] 的《画云台山记》，以写实手法，将山水态势以图画表现，是具有很高艺术价值的山水画地图。(唐·张彦远：《历代名画记》卷五)

---

[1] 一说顾恺之生卒年为公元 314～402 年。

△ 是年前，顾恺之（东晋）《斲琴图》中绘有早期木工工具的形象，所用锯为夹背锯和铁制弓形锯。[李浈，试论框锯的发明与建筑木作制材，自然科学史研究，2002，21（1）：68]

△ 是年前，在名画家顾恺之（东晋）为刘向（汉代）《列女传·鲁寡陶婴》画绘的配图上，可见一妇女用三锭脚踏纺车合线的生动形象。证实晋代之前，脚踏纺车已发展到三锭。原图虽早已失传，但历代均有《列女传》翻刻本可据。（陈维稷，中国纺织科学技术史，科学出版社，1984年，第181页）

**公元410年　庚戌　东晋安帝义熙六年　北魏明元帝永兴二年**

△ 印度鸠摩罗什法师将三球悬铃木（即今通称法国梧桐）引进中国陕西。

△ 随孙恩起义的卢循（晋，？～公元411）泛海攻番禺，曾"造八槽舰九枚，起四层高十余长"。这"八槽舰"被认为是用水密舱壁将舰体分隔成八个舱的楼船。（唐·欧阳询：《艺文类聚》引"义熙居注"，上海古籍出版社，1982年，第1234页）

**公元412年　壬子　东晋安帝义熙八年　北魏明元帝永兴四年**

△ 赵𫗦（北凉）制成《玄始历》，首破已沿用约千年的19年7闰法，采用较之准确的600年221闰的新闰周。该历法当年即在北凉颁行，北凉亡（公元439）后，历废。但又为北魏在公元452～522年间颁用。（唐·瞿昙悉达：《开元占经·卷一百五》；《魏书·律历志上》）

△ 七月，高僧法显（东晋，约公元372～422）返回青州牢山（今青岛崂山），以十余年时间游历今印度、巴基斯坦、尼泊尔、阿富汗和斯里兰卡等国，归后著《佛国记》（又名《法显传》）详细记述旅途艰辛与所见所闻。法显是中国最早翻越西域过境高山而深入印度的少数旅行家之一，也是中国经陆路到达印度、由海路回国而且留下旅行记录的第一人。[靳生禾，法显及其《佛国记》的几个问题，山西大学学报，1980，（1）]

**公元413年　癸丑　东晋安帝义熙九年　北魏明元帝永兴五年**

△ 赫连勃勃（东晋，？～公元425）命叱干阿利领将（东晋）作大将，以民夫10万，营建统万城（位于今陕西靖边东北白城子）。筑城时采用蒸土之法，即筑城在土中还掺杂了麻丝，因此非常坚固。[《晋书·载记·赫连勃勃传》；陕北文物调查征集组，统万城遗址调查，文物参考资料，1957，（10）：52～54]

**公元414年　甲寅　东晋安帝义熙十年　北魏明元帝神瑞元年**

△ 魏博士崔浩（北魏，？～公元450）为明元帝（北魏，公元392～423）讲《易》、《洪范》，魏帝因问浩天文、术数；浩占决多验，由是有宠，参预军国密谋。（《魏书·崔浩传》）

**公元415年　乙卯　东晋安帝义熙十一年　北魏明元帝神瑞二年**

△ 魏嵩山道士寇谦之（北魏，约公元365～448）授予导引、报气口诀。（《魏书·释老志》）

△ 北燕冯跋太平七年，入葬的位于辽宁北票西官营子的北燕冯素弗墓中出土两只马镫，现存辽宁省博物馆。它们以桑木为心揉作圆三角形，上出长系，外包钉鎏金铜片，是早期马

镫中有确切年代的一副。[黎瑶渤，辽宁北票县西官营子北燕冯素弗墓，文物，1973，(3)：2]

## 公元 416 年　丙辰　东晋安帝义熙十二年　北魏明元帝神瑞三年　泰常元年

△ 高僧法显（东晋，约公元 372～422）完成中国古代关于中亚、印度、南洋的第一部完整的旅行日记——《佛国记》。这部旅行记当初并无正式书名，后有《出三藏记集》和《法显传》等名称，明以后多称《佛国记》。全书以法显游历先后为序，共记载我国西北、中亚、南亚、印度洋、南洋和我国东南沿海的 33 个国家和地区，记述内容以佛事为主，同进对各地行程、地理概貌、历史传说、社会文化、居民习俗、经济制度等也做了记述。[靳生禾，法显及其《佛国记》的几个问题，山西大学学报，1980，(1)]

△ 法显（东晋）著《佛国记》是中国关于信风和南洋船员的最早最系统的记录。其中有："大海弥漫无边，唯望日月星宿以进"，这是关于天文航海的真切记录。

△ 法显（东晋）在《佛国记》首次描述了葱岭（今帕米尔）地区的地理情况，如高山说裂风化作用所形成的石砾和露岩地面以及具有极强冲蚀力的冰雪融水所形成的峡谷峻削；植物地理情况："草木果实皆异，唯竹及安石榴、甘蔗三物怀汉地同耳。"首次记载了师子国（今斯里兰卡）的地理情况。（唐锡仁等，中国科学技术史·地学卷，科学出版社，2000 年，第 234、248、242 页）

## 公元 417 年　丁巳　东晋安帝义熙十三年　北魏明元帝泰常二年

△ 刘裕（南朝宋，公元 363～422）率军入关中，灭后秦。裕收浑仪、土圭、记里鼓、指南车，送建康（今南京），命复造指南车，其形制系车上立木人，举手指南，车加回转，指南不变。（《宋书·武帝纪中》）

△ 王镇恶（晋，公元 317～418）乘蒙冲小舰溯渭水而上以攻长安，秦人见舰进天行航者，皆惊以为神。这是脚踏车轮战舰在中国的最早记录。（《南史·王镇恶传》）

## 公元 418 年　戊午　东晋安帝义熙十四年　北魏明元帝泰常三年

△ 沈怀远（东晋末年）著《南越志》对鱼化石产地的地理位置、化石埋存的层位、化石保存的状况及其形状都做了较科学的描述，而且提出了火烧的鉴定方法。（刘昭民，中华地质学史，台湾：商务印书馆，1985 年，第 125 页）

△ 沈怀远（东晋末年）著《南越志》正确地指出飓风（即今之"台风"）出现的时间、特征以及来前的异常现象和严重的破坏性。沈怀远创用的"飓风"一词一直使用到明末清初。（唐锡仁等，中国科学技术史·地学卷，科学出版社，2002 年，第 276 页）

## 公元 317～420 年　东晋时期

△ 郑思远（晋）在《真元妙道要略·证真篇》中述及磁体的超距作用。（戴念祖，中国科学技术史·物理学，科学出版社，1999 年）

△ 凉州出现一种固体石蜜（固体蔗糖）。（清：张澍：《凉州异物志》）

△ 徐衷（晋）的《南方草物状》介绍了不少我国南方的植物和外来的植物。书中对植物的文字记述简练且有一定的规范，具有较高的生物学价值。

△ 果树插条繁育，用芋艿、芜菁作营养基，时称"种名果法"。（元·畅师文、苗好谦等：《农桑辑要》引《食经》）

△ 在东晋至宋的浙江永嘉罗溪瓯窑遗址发现褐彩青瓷釉，说明至少在这时我国已经有了以铁为着色元素的釉上彩和釉下彩。[陈尧成等，瓯窑彩青瓷及其装饰工艺探讨，上海硅酸盐，1994，（3）]

△ 东晋开浙东运河，引钱塘江水为源，渠口在西兴隔江与江南运河南端渠口相对。向东历萧山、绍兴至通明坝与余姚江相接，至宁波汇甬江后在今镇海县南入海。这条运河，只有在西兴渠首至通明坝间的 250 里一段是人工渠道，其余都是借自然河道通航。渠成，由宁波经此运河可直达杭州。（陈桥铎，浙东运河的变迁，运河访古，1986 年，第 33～42 页）

△ 江苏杨梅山东晋高崧家族墓地中，有一成套的排水系统，即在各墓的排水沟前面，还有一条更深的横向排水渠通向水塘。（文物出版社编，新中国考古五十年，文物出版社，1999 年，第 162 页）

### 公元 265～420 年 晋

△ 平田、碎土工具——耙、耱在北方出现，黄河流域形成"耕—耙—耱"抗旱保墒技术。[甘肃省博物馆，酒泉嘉峪关晋墓的发掘，文物，1979，（6）]

△ 蚕微粒子病、软化病见于记载，前者称"里瘦"，后者称"伪蚕"。（《全汉三国魏晋南北朝诗·全晋诗》卷 8《采桑度》）

△ 嘉峪关新城魏晋 6 号墓壁上有一幅《酿酒图》，图上有蒸馏锅等器皿，说明在此前嘉峪关一带已有蒸馏酒。[高凤山、张军武，古代西北地区酿酒业的再现，中国酿造，1985，（2）：45]

# 南 北 朝 时 期

### 公元 420～479 年 南朝宋时期

△ 雷敩（南朝宋）在《雷公炮炙论》中以琥珀的静电吸引性质作为判断真假琥珀的标准。此后，这个标准为本草药物学广泛采用。（戴念祖，我国古代关于电的知识和发现，科技史文集，第 12 辑，上海科学技术出版社，1984 年）

△ 雷敩（南朝宋）所撰《雷公炮炙论》3 卷，是中国第一部系统的炮制专著。书中记药 300 种，以记载实际炮制操作为主，兼及药物鉴别，其中所载某些制药方法沿用至今。[宋大仁等，雷敩以及炮炙论，浙江中医杂志，1957，（8）：31～32，（9）：39～41]

△ 雷敩（南朝宋）已注意到牛乳的炮制生药的独特作用。《雷公炮炙论》记载有牛乳的炮制法，还利用牛乳与生药共浸后所呈现的颜色来鉴别生药的真伪。[洪武娌，中国古代科学家传记（上）·雷敩，科学出版社，1992 年，第 262 页]

△ 雷敩（南朝宋）在《雷公炮炙论》卷上记载了以条痕法鉴定白滑石、乌滑石、黄滑石和冷滑石 4 种矿物。这是中医著作中最早记载以条痕法鉴定矿物药的文献，也是中国古代有关条痕法最早的详细记述。[杨文衡，中国古代对滑石的认识和利用，自然科学史研究，1994，13（2）：185～192]

△ 郑缉之（南朝宋）在《东阳记》中记述了金华山西崖的巨型石芽和九特山的峰林地

貌。（唐·虞世南：《北堂书纱》卷 158）

△ 王韶之（南朝宋）在《始兴记》中生动地描述了中宿县（治所在今广东清远县西北河洞堡）石灰岩河谷观峡两坡陡立的地形；指出"丹沙之旁有水晶床"，即丹沙（汞）和水晶（石英）共生。（唐锡仁等，中国科学技术史·地学卷，科学出版社，2000 年，第 232、271 页）

△ 王韶之（南朝宋）在《始兴记》中已指出以伴金石作为金矿的找矿标志。［卢本珊等，中国古代金矿的采选技术，自然科学史研究，1987，6（3）：263～264］

△ 中国最早的竹类专著——戴凯之（南朝刘宋①）著《竹谱》问世。篇首总论竹的分类位置、形态特征、生境及地理分类；次则按竹名逐条分述。现存本述及竹类 40 余种。书中首次论述了我国竹子的地理分布特点及原因。［苟萃华，戴凯之《竹谱》探析，自然科学史研究，1991，10（4）：342～348］

△ 人们发明了夹纻造像。即先借木骨泥模塑造出底胎，再在外面粘贴麻布和鬃漆及彩绘。等干了以后再除去泥模，造成脱胎漆塑像，这是古代漆器工艺一大成就。（中国古代科技成就，中国青年出版社，1978 年，第 240 页）

**公元 420 年　庚申　晋恭帝元熙二年　南朝宋武帝永初元年　北魏明元帝泰常五年**

△ 约是年，法矩（晋）所译《楼炭经》中论及宇宙有成有毁，一成一毁是为一大劫，一个大劫终了，又一个大劫起始，如此循环往复。一大劫分为"成（生长）、住（存在）、坏（衰变）、空（消亡）" 4 个时期，每一时期又分为 20 个中劫，1 个中劫为 16 800 年。（陈美东，中国科学技术史·天文学卷，科学出版社，2003 年，第 256 页）

△ 在《楼炭经》中还论及地轮之外是水轮，地轮由水轮依托着，水轮之外是风轮，地轮与水轮皆由风轮依托着，风轮之外是为天空，并给出了地轮、水轮与风轮的具体大小尺度。（陈美东，中国科学技术史·天文学卷，科学出版社，2003 年，第 259 页）

△ 胡洽居士（南北朝）著《百病方》，其中载有用水银制剂作利尿药。（唐·孙思邈：《备急千金要方》卷十七）

△ 至迟是年，以精美石雕而著称的炳灵寺石窟（在今甘肃永靖）已开凿。其后历经隋唐至明代，均有所修建。现有 195 个龛窟。（炳灵寺石窟，文化部社会文化事业管理局，1953 年）

**公元 421 年　辛酉　南朝宋武帝永元二年　北魏明元帝泰常六年**

△ 魏发京师 6 千余人筑苑，方圆 40 余里。（《魏书·太宗纪》）

**公元 422 年　壬戌　南朝宋武帝永元三年　北魏明元帝泰常七年**

△ 是年前，佛陀跋罗（Buddhabhadra，公元 359～429）和法显（东晋，约公元 372～422）合作将《华严经》译成中文，其中含有印度的大数名称及进位制。此后译出的《大宝积经》中也有印度数学的大小数名称及进位制。但由于中国数学中有着完备的大小数名称和

---

① 戴凯之正史无传，宋代左圭说戴凯之为晋人，清末姚振宗考证"为宋人，非晋人"。近人苟萃华推断其晚年可能由宋入齐。

进位法，所以印度计数法并未对中国数学产生影响。元代朱世杰《算学启蒙》卷首借用了佛经中的大小数名称，但其数学意义与印度原来的含义已完全不同，其进位制也依旧沿用古制。(中外数学简史编写组，中国数学简史，山东教育出版社，1986 年，第 239～240 页)

**公元 423 年　癸亥　宋少帝景平元年　北魏明元帝泰常八年**

△ 魏筑长城，从赤城（今河北龙关东北）西至五原（今属内蒙古）2 千余里，以防柔然。(《魏书·太宗纪》)

**公元 424～451 年　北魏太武帝时**

△ 殷绍（北魏太武帝时）"达《九章》、《七曜》。世祖（公元 424～451）时为算生博士"。此是中国古代算学博士的最早记载。(《魏书·术艺·殷绍传》)

△ 埃及五色玻璃制造法由大月氏商人传入中国，又自称能采矿冶铸，五彩玻璃技术因此传入，且光泽美于西域传入者。遂使原先传入的透明玻璃行销不广。然五色玻璃制造法在公元 7 世纪后亦渐失传。

**公元 424 年　甲子　南朝宋文帝元嘉元年　北魏太武帝始光元年**

△ 在武昌曾建造"冶塘湖"，利用水排冶铁。(《太平御览》卷 833 引《武昌记》)

**公元 430 年　庚午　南朝宋文帝元嘉七年　北魏太武帝神𪊨三年**

△ 约于是年，张渊（北魏）作《观象赋》，以赋的形式吟咏约 150 星官、837 星的相对位置、形态、明暗、星占含义等，其中涉及若干非传统的星官名。是一普及星官知识的长篇歌赋。(《魏书·张渊传》)

△ 约于是年[①]，张丘建撰《张丘建算经》3 卷，现存 92 题。其自序云："夫学算者不患乘除之为难，而患通分之为难。""其《夏侯阳》之'方仓'，《孙子》之'荡杯'，此等之术皆未得其妙。故更造新术推尽其理，附之于此。"它在最大公约数、最小公倍数、等差级数、开带从平方等方面有成绩，"百鸡术"是闻名世界的不定方程问题解法，为该书最重要的成果。(钱宝琮，中国数学史，科学出版社，1992 年，第 80 页)

△《张丘建算经》中的等差级数问题在《九章算术》基础上有了新的发展。其中包括：已知等差级数的首项、末项和项数，求总数的方法；已知首项 1 和公差 1 求第 $n$ 项和；已知首项，项数和总数求公并差，已知首项、公项和及 $n$ 项平均数求项数 $n$ 等。(钱宝琮，中国数学史，科学出版社，1992 年，第 81 页)

△《张丘建算经》卷上第 10、11 题的解题过程中，有求最大公约数的方法，并用到最小公倍数的概念。这是现存数学书籍中最早出现这两个概念。(钱宝琮，中国数学史，科学出版社，1992 年，第 81 页)

△《张丘建算经》卷下最后一题是"百鸡问题"："今有鸡翁一，直钱五；鸡母一，直钱三；鸡雏三，直钱一，凡百钱，买鸡百只，问鸡翁、母、雏各几何。"此题相当于解不定方

---

① 冯立升，《张丘建算经》的成书年代问题，数学史文集，第 1 辑，内蒙古大学出版社、（台北）九章出版社联合出版，1990 年，第 46～49 页。

程

$$x + y + z = 100$$

$$5x + 3y + \frac{1}{3}z = 100$$

其术曰：“鸡翁每增四，鸡母每减七，鸡雏每益三，即得。”这给出了满足题意的所有解，相当于给出了上述不定方程的通解公式。后来在阿拉伯地区和欧洲出现了同类问题。（钱宝琮，百鸡术源流考，钱宝琮科学史论文集，科学出版社，1983年，第17～21页）

**公元 433 年　癸酉　南朝宋文帝元嘉十年　北魏太武帝延和二年**

△ 是年前，诗人谢灵运（南朝宋，公元385～433）好戴曲柄笠，以御雨雪。曲柄笠当是春秋已出现的雨具笠的改进。灵运还创前后屐齿可以装卸的谢公屐，以游山之用。（南朝宋·刘义庆：《世说新语·言语第二》）

**公元 435 年　乙亥　南朝宋文帝元嘉十二年　北魏太武帝太延元年**

△ 丹阳尹萧摹之（南朝宋）言佛寺浪费材竹铜彩，请铸铜像及造塔寺，须报州郡批准，诏从之。（南朝梁·释慧皎：《高僧传》卷9）

**公元 436～477 年　南朝宋后废帝时**

△ “高苍梧叔能为风车，可载三十人，日行数百里”。大约此时期中国出现加帆车。（梁·肖绎：《金楼子》卷六《杂记篇》；戴念祖，中国力学史，河北教育出版社，1988年，第476～478页）

**公元 436 年　丙子　南朝宋文帝元嘉十三年　北魏太武帝太延二年**

△ 宋诏太史令钱乐之（南朝宋）制成与葛衡（东吴）所制相仿的浑天象。（《宋书·天文志一》）

△ 冬十一月，魏主如稒阳驱野马于云中（治所在今内蒙古托克托东北），置野马苑。（《资治通鉴》卷123）

△ 北凉太缘二年的石塔现藏酒泉博物馆。塔高42.8厘米，塔下的台基呈八边形，表面线刻着男女天人形象，台基上的塔身为圆柱体，为保存较好的北凉小石塔。（常青，中国古塔的艺术历程，陕西人民出版社，1998年，第42页）

**公元 437 年　丁丑　南朝宋文帝元嘉十四年　北魏太武帝太延三年**

△ 太武帝派遣董琬（北魏）等出使西域。董琬等使还京师后在陈述西域情况时，首次明确地提出将西域分成4个地理区的设想。（《魏书·西域传》；唐锡仁等，中国科学技术史·地学卷，科学出版社，2000年，第247页）

**公元 438 年　戊寅　南朝宋文帝元嘉十五年　北魏太武帝太延四年**

△ 宋征学者雷次宗（南朝宋，公元386～448）到建康（今南京），在鸡笼山开馆授徒讲儒学。时又使何尚之立玄学、何承天立史学、谢元立文学。（《宋书·雷次宗传》）

**公元 439 年　己卯　南朝宋文帝元嘉十六年　北魏太武帝太延五年**

△ 魏军克姑臧（治所在今甘肃武威），北凉亡。魏平北凉后，礼用避居河西的中原学者，学者纷至平城（治所在今山西大同），从而使魏学术风气为之一振。

**公元 440 年　庚辰　南朝宋文帝元嘉十七年　北魏太武帝太延六年　太平真君元年**

△ 钱乐之（南朝宋）又制成小型浑天象一具。（《隋书·天文志上》）

**公元 443 年　癸未　南朝宋文帝元嘉二十年　北魏太武帝太平真君四年**

△ 何承天（刘宋，公元 370～447）制成《元嘉历》。给出较前准确的新编二十四节气晷长表和冬至时刻值。所取朔望月长度为历代最佳值，近点月、五星会合周期等值精度亦较前代有很大提高。又提出赤道岁差值为 100 年退 1 度。还发明调日法（一种选取适当的朔望月长度等分数值的数学方法）。他主张用定朔法计算每月朔日，但未被采纳。《元嘉历》于公元445 年至 609 年间被颁用。（《宋书·律历志中与下》；《宋史·律历志七》）

△ 约是年前，何承天（刘宋）在乐律上创造一种"新律"。它是将三分损益律的古代音差平均分为 12 份，再将平均数累加到十二律上，其效果很接近十二平均律。（《隋书·律历志》；戴念祖，中国声学史，河北教育出版社，1994 年，第 236～238 页）

△ 是年前，画家宗炳（南朝宋，公元 375～443）著有《画山水序》论及远近法中形体透视的基本原理和验证方法。（陈传席，宗炳画山水序研究，台湾：学生书局，1991 年）

△ 太医令秦承祖（刘宋）奏置医学校，以广教授，置太医博士、助教，为中国有医校之始。又所撰《明堂图》是中国较早的针灸图之一。（廖育群等，中国科学技术史·医学卷，科学出版社，1998 年，第 229 页）

**公元 444 年　甲申　南朝宋文帝元嘉二十一年　北魏太武帝太平真君五年**

△ 刁雍（北魏太平真君时）在黄河西岸富平县（约位于今宁夏吴忠县）修艾山渠，动用民工 4 千人，历时 60 天完成。筑干渠长 120 里，270 步长拦河坝一座，可灌田 4 万余顷，为宁夏大型引黄灌溉工程。[《魏书·刁雍传》；水利水电科学研究院《中国水利史稿》编写组，中国水利史稿（上），水利电力出版社，1979 年，第 228～229 页]

**公元 445 年　乙酉　南朝宋文帝元嘉二十二年　北魏太武帝太平真君六年**

△ 约是年，何承天（南朝宋，公元 370～447）著《论浑天象体》，对张衡（东汉，公元78～139）浑天说进行修订，认为大地为有限的曲面体。（《隋书·天文志上》）

△ 姚峤（南朝宋）提出吴兴郡（治所在今浙江吴兴县南下菰城）排水方案："从武康、滨开漕谷湖，直出海口一百余里，穿渠洽"，试行未成功。太湖流域排水问题始见记载。（《宋书·二凶传》肖浚转述姚峤语）

△ 约是年，何承天（南朝宋）《纂文》云："竹索谓之笮，茅索谓之索。"可见此时笮桥的主要材料是竹索和茅索。

**公元 446 年　丙戌　南朝宋文帝元嘉二十三年　北魏太武帝太平真君七年**

△ 魏太武帝诏令诸州禁佛教。由于太子晃故意延迟发布诏令，沙门多闻风逃匿，佛像经卷也多秘藏，唯寺塔遭毁无遗。(《北史·魏本纪第二》)

**公元 448 年　戊子　南朝宋文帝元嘉二十五年　北魏太武帝太平真君九年**

△ 悦盘国向北魏献止血草。

**公元 450 年　庚寅　南朝宋文帝元嘉二十七年　北魏太武帝太平真君十一年**

△ 约于是年，李兰(北魏)创制新型计时器秤漏，"漏水一升，秤重一斤，时经一刻"，系一种利用衡器秤的原理，计量漏水的单位重量以计时的器具。(唐·徐坚等：《初学记》)

△ 李兰(北魏)还创制另一新型计时器马上漏刻，"以玉壶、玉管、流珠，马上奔驰行漏。"这大约是一种在封闭的玉壶内，安置曲折玉管，令圆珠在玉管的上头行至下头，经一定的时间，再倒置玉壶，圆珠又在玉管自上而下行，又经一定的时间，如此反复操作以计时。[唐·徐坚等：《初学记》；郭盛炽，马上漏刻辨，自然科学史研究，1995，14 (2)：160～163]

**公元 451 年　辛卯　南朝宋文帝元嘉二十八年　北魏太武帝太平真君十二年　正平元年**

△ 是年前，史学家裴松之(南朝宋，公元 372～451)以补缺、备异、惩妄、论辨等为宗旨，注《三国志》，开创为正史作注的新例，注文博采群书，保存史料甚富。

△ 北魏颁行的是年历书中，注明二月十六日(公元 451 年 4 月 2 日)和八月十六日(9 月 27 日)"月食"字样。是为世界最早的向公众布告的月食预报。又，现代计算表明这两日确有月偏食发生。(邓文宽，敦煌天文历法文献辑校，江苏古籍出版社，1996 年，第 101～106 页)

**公元 454～464 年　南朝宋孝武帝时**

△ 廷尉张永(南朝宋，? ～公元 474)清楚知道合金中的杂质对编钟壳振动发声的影响。《南史·张永传》；戴念祖，中国声学史，河北教育出版社，1994 年，第 564 页)

**公元 454 年　甲午　南朝宋孝武帝孝建元年　北魏文成帝兴安三年　兴光元年**

△ 约是年至公元 473 年，陈延之(南朝宋)撰《小品方》12 卷。此书有述有作，有理有法，有方有药，囊括临床各科，可以说代表"经方"的系统总结，对后世有广泛影响。傅维康，中药学史，巴蜀书社，1993 年，第 99～102 页)

△ 陈延之(南朝宋)在《小品方》中提出以毒攻毒法防治狂犬病复发法。(廖育群主编，中国古代科学技术史纲·医学卷，辽宁教育出版社，1996 年，第 287 页)

**公元 457～464 年　南朝宋孝武帝大明年间**

△ 在今扬州城西北蜀岗始建大明寺。隋代又称栖灵寺、西寺。唐鉴真大师为大明寺的律学高僧。[陈从周，扬州大明寺，文物，1963，(9)：10]

**公元 458 年　戊戌　南朝宋孝武帝大明二年　北魏文成帝太安四年**

△ 春正月丙午朔，魏以士民多因酗酒致斗及议国政，故设酒禁，酤、饮酒皆斩。(《北史·魏本纪第二》)

**公元 460 年　庚子　南朝宋孝武帝大明四年　北魏文成帝和平元年**

△ 云冈石窟（在今山西大同西武周山）约是年开始雕凿。主要工程完成于太和十八年（公元 494）迁洛之前。现存洞窟 53 个，石雕造像 51 000 余尊。云冈石窟以内容丰富多彩、造像气势雄伟而著称。它继承秦汉以来崖墓和藏书石室的开凿技术，又吸收西域凉州一带石窟寺手法，成为当时最大的石窟寺院。(《魏书·释老志》；山西云冈石窟文物保管所，云冈石窟，文物出版社，1973 年)

**公元 462 年　壬寅　南朝宋孝武帝大明六年　北魏文成帝和平三年**

△ 祖冲之（南朝宋，公元 429～500）制成《大明历》。他发明测算冬至时刻的新方法，并由之得到回归年长度为 365.2428 日的佳值和比赵𣿰更好的闰周（391 年 144 闰）。他最先把岁差引进历法中，并明确给出交点月长度值。他力主历法的历元当用上元法。这些都对后世历法产生重大影响。(《宋书·律历志下》)

**公元 463 年　癸卯　南朝宋孝武帝大明七年　北魏文成帝和平四年**

△ 雄略 7 年，日本天皇派人到百济招募汉人工匠（"新汉人"），这些人在日本主要从事手工业生产和技术性工作。其中"陶部"的汉人生产一种被称作"须惠陶器"的灰色无釉陶器。后来这种技术传播到日本各地。[武斌，中华文化海外传播史（第一卷），陕西人民出版社，1998 年，第 198、216 页]

**公元 464 年　甲辰　南朝宋孝武帝大明八年　北魏文成帝和平五年**

△ 祖冲之（南朝宋，公元 429～500）同戴法兴（南朝宋）进行历法辩论，这是一场革新与守旧之争、真知与权势的交锋。(《宋书·律历志下》)

**公元 466 年　丙午　南朝宋明帝泰始二年　北魏献文帝天安元年**

△ 寄生在朽木上的微生物或菌类发荧光的现象见于记载。(《宋书·五行志》)

△ 是年前，谢庄（南朝宋，公元 421～466）制作木方丈图，可分可合。"离之则州别郡殊，合之则宇内为一"，是我国最早的木质地形模型图。(《南史·谢弘微传》附谢庄传)

△ 曹天度（北魏）造天佛塔。塔身高约 2 米，现存台北历史博物馆；塔刹残高 49.5 厘米，现存山西朔县崇福寺。(常青，中国古塔的艺术历程，陕西人民美术出版社，1998 年，第 49～50 页)

**公元 467 年　丁未　南朝宋明帝泰始三年　北魏献文帝天安二年　皇兴元年**

△ 北魏在平城（治所在今山西大同）建永宁寺，造有七级浮图（塔）一座，高 300 余尺，为当时天下的第一高塔。

△ 由于佛教兴起，自南北朝以后，铜佛的制作成为具有时代特色的铜制品。是年，北魏在天宫寺建造释迦立像"用铜 10 万斤，高达 43 尺"。(《魏书》；中国工艺美术史，知识出版社，1985 年，第 179 页)

## 公元 469 年　己酉　南朝宋明帝泰始五年　北魏献文帝皇兴三年

△ 是年前，盛弘之（南朝宋，？～公元 469）完成《荆州记》一书。书中记载了长江中游一些地区的洞穴地理情况，如石灰沉积物石弹丸（今称"石珠"）、多潮泉以及洞穴内外空气的流动情况等。(唐锡仁等，中国科学技术史·地学卷，科学出版社，2000 年，第 232 页)

△ 盛弘之（南朝宋）撰《荆州记》记载了南朝宋文帝时（公元 424～453）时枝江县（治所在今湖北枝江东北）长江河道上出现的沙洲地形。(《太平御览》卷 69 引)

△ 盛弘之（南朝宋）撰《荆州记》记载了桂阳郡西北接耒阳县，利用温泉种稻实现一年三熟。此为大田生产中利用地热的较早记载。

## 公元 470 年　庚戌　南朝宋明帝泰始六年　北魏献文帝皇兴四年

△ 南宋朝廷支援的技工汉织、吴织、兄缓、弟缓到日本，后组建衣缝部。两年前（公元 468 年），天皇派身狭主青（日，南朝宋）等赴中国请求支援技工。中国织、缝工匠的到来，有力地促进日本衣缝工艺的发展。(《日本书纪》卷 14；武斌，中华文化海外传播史（第一卷），陕西人民出版社，1998 年，第 199 页)

## 公元 471～499 年　北魏孝文帝时期

△ 位于今山西五台县豆村东北、五台山西麓佛光山山腰的佛光寺始建。[梁思成，记五台山佛光寺的建筑，文物参考资料，1953，(5～6)：76]

## 公元 471 年　辛亥　南朝宋明帝泰始七年　北魏献文帝皇兴五年　孝文帝延兴元年

△ 孝文帝元宏（北魏，公元 467～499）实行"三长制"和"均田制"，从而健全了基层行政组织，发展了农业生产；全面接受并推行先进的汉文化。(《魏书·高祖纪上》)

△ 宋明帝所建的湘宫寺是南朝佛寺宫殿化的典型例子。

## 公元 474 年　甲寅　南朝宋后废帝元徽二年　北魏孝文帝延兴四年

△ 山西地震："雁门崎城有声如雷，自上西引十余声，声止地震。"这是关于地震的较早记载。(《魏书·灵征志》；唐锡仁，中国古代的地震测报和防震抗震，中国古代科技成就，中国青年出版社，1978 年，第 320 页)

## 公元 479 年　己未　南朝宋顺帝昇明三年　北魏孝文帝太和三年　齐高帝建元元年

△ 是年前，祖冲之（南朝宋，公元 429～500）进一步提高圆周率的精确度，他"更开密法，以圆径一亿为一丈，圆周盈数三丈一尺四寸一分五厘九毫二秒七忽，朒数三丈一尺四寸一分五厘九毫二秒六忽，正数在盈、朒二限之间。密率：圆径一百一十三，圆周三百五十五"。(《隋书·律历志》) 前者相当于

$$3.141\,592\,6 < \pi < 3.141\,592\,7$$

精确到 8 位有效数字，近八百年后阿拉伯地区的阿尔卡西才得到更精确的值。后者相当于 π

$= \dfrac{355}{113}$，是分母小于 16 604 的一切分数中最接近 π 值的分数，16 世纪末欧洲的奥托、安托

尼兹也得到了这个值。（钱宝琮，中国数学史，科学出版社，1992 年，第 87 页）

　　△ 是年前，祖冲之"又设开差幂、开差立，兼以正负参之"。（《隋书·律历志》）钱宝琮认为这表明祖冲之已经将《九章算术》的开方法推广到开含负系数的带从平方、带从立方，即解一般系数的二次、三次方程。（钱宝琮，中国数学史，科学出版社，1992 年，第 89～90 页）

　　△ 是年前，陆澄（南北齐，公元 425～494）搜集 160 家地记著作，按照其性质、著述时期，编成《地理书》150 卷。

## 公元 479～502 年　南朝齐时

　　△ 卞彬（南齐）作《禽兽决录》，这是较早的鸟兽方面的著作。

## 公元 479～557 年　南朝齐梁时

　　△ 南朝齐梁前成书的《名医别录》收录"魏晋以来吴普、李当之所记，其言华叶形色，佐使相须，附经为说"，是魏晋以来许多名医用药经验的总结，为当时著名的综合性本草著作。（《新唐书·于志宁传》）

　　△《名医别录》中记载："蔗出江东为胜，庐陵亦有好者，广东一种数年生者皆大如竹，长丈余。取汁为沙糖，甚益人。"这表明中国的南朝齐梁时已能生产砂糖。

　　△《名医别录》中首先将红色的氧化汞称为汞灰，以此区别于红色的天然硫化汞（称作丹砂），纠正了过去人们对两者的混淆。

　　△《名医别录》记载用皂荚作沐浴的洗涤剂。（赵匡华等，中国科学技术史·化学卷，科学出版社，1998 年，第 660 页）

　　△《名医别录》记载了用磁石"炼水饮之"的方法治病，这是以磁化水治病。（戴念祖，中国科学技术史·物理学，科学出版社，2001 年）

　　△ 全元起（南朝齐梁间）首注《素问》，名之曰《内经训解》。（廖育群主编，中国古代科学技术史纲·医学卷，辽宁教育出版社，1996 年，第 8 页）

## 公元 479～482 年　南朝齐建元年间

　　△ 居士明僧绍（南朝齐）隐居摄山（在今江苏南京东北），后捐舍为栖霞精舍。唐以后建寺，并名栖霞寺。山亦名栖霞山。山上千佛崖石窟，是中国目前唯一的南朝石窟。传为明僧绍之子主持，由僧祐设计。

## 公元 480 年　庚申　南朝齐高帝建元二年　北魏孝文帝太和四年

　　△ 约是年，祖冲之（南北朝，公元 429～500）制造"千里船"于新亭江试之，日行百余里。（《南齐书·祖冲之传》）

## 公元 481 年　辛酉　南朝齐高帝建元三年　北魏孝文帝太和五年

　　△ 在山西大同市北西寺儿梁山（古名方山）南部始建北魏文成帝文明皇后冯氏的陵墓，

经 8 年建成。太和十四年（公元 490）入葬，称永固陵。其特点是将墓地和佛寺结合起来，这种做法影响到北魏晚期的陵墓。（中国大百科全书·考古学，中国大百科全书出版社，1986年，第 120 页）

△ 山西大同北魏永固陵等处已有南北朝时代的琉璃瓦出土。此为现已发现最早的琉璃实物。[大同市博物馆等，大同方山发现北魏永固陵，文物，1978，（7）：29]

## 公元 483～493 年　南朝齐武帝时

△ 祖冲之（南朝宋，公元 429～500）在建康（今江苏南京市）乐游苑造水碓磨，世祖亲临视察。此为有关水磨的明确记载。[《南齐书·祖冲之传》；谭徐明，中国水力机械的起源、发展及其中西比较研究，自然科学史研究，1995，14（1）：86]

## 公元 483 年　癸亥　南朝齐武帝永明元年　北魏孝文帝太和七年

△ 十二月癸丑，魏始禁同姓为婚。（《资治通鉴》卷 135）

△ 约于是年，刘涓子（晋）著《刘涓子鬼遗方》由龚庆宣（南齐）整理编次成书。原书 10 卷，今已残缺不全，记述外伤、痈疽、疮疡、瘰疬、疥癣及其皮肤病等，载有外科常用方 140 余首，是中国现存最早的外科类著作。（廖育群主编，中国古代科学技术史纲·医学卷，辽宁教育出版社，1996 年，第 38 页）

△ 褚澄（南齐）概述了中国古代有关受孕成胎的生理、病理认识（现存《褚氏遗书》中）。（廖育群主编，中国古代科学技术史纲·医学卷，辽宁教育出版社，1996 年，第 197 页）

## 公元 485 年　乙丑　南朝齐武帝永明三年　北魏孝文帝太和九年

△ 魏孝文帝颁布《均田令》，对官吏按级分配田地，对农民实行计口授田。（《魏书·食货志》）

## 公元 488 年　戊辰　南朝齐武帝永明六年　北魏孝文帝太和十二年

△ 沈约（南朝梁，公元 441～513）根据《太康地理志》所撰《宋书·州郡志》4 卷，内容准确详明，是正史地理志中记载沿革地理最详的著作之一。它在地理沿革和户口统计之外，还记录了侨州郡县的分布和去京都的水陆里程。（唐锡仁等，中国科学技术史·地学卷，科学出版社，2000 年，第 223、249 页）

△ 沈约（南朝梁）《宋书·五行志》记录地震 76 次、震电 48 次。这里"震电"已成为专有名词了。[李仲均，我国古代关于"海陆变迁"地质思想资料考辨，科学史集刊（10），地质出版社，1982 年，第 16 页]

## 公元 489 年　己巳　南朝齐武帝永明七年　北魏孝文帝太和十三年

△ 哲学家范缜（南朝齐梁，约公元 450～约 510）不信佛，在西邸与萧子显（南朝齐）辩论因果报应问题，因著《神灭论》。范缜的"神灭"思想对后世无神论的发展有较大影响。侯外庐，中国思想通史，第 3 卷，人民出版社，1960 年）

**公元 490 年　庚午　南朝齐武帝永明八年　北魏孝文帝太和十四年**

△ 雷击一塔刹，"电火烧塔下佛面，而窗户不异也"。表明人们已观察到金属粉饰的佛面与干燥木头有不同导电性能。(《南齐书·五行志》；戴念祖，我国古代关于电的知识和发现，科技史文集，第 12 辑，上海科学技术出版社，1984 年)

△《南齐书》卷三十七有描述炼铜炉尺寸、炼铜炉近矿山建的明确记载。

**公元 491 年　辛未　南朝齐武帝永明九年　北魏孝文帝太和十五年**

△ 吴兴 (今属浙江) 大水，其贫病不能立者，有人立廨收养，给衣给药。被认为是中国私立慈善医院的较早形式。(《南史·齐武帝诸子列传》)

**公元 493 年　癸酉　南朝齐武帝永明十一年　北魏孝文帝太和十七年**

△ 北魏都城由平城 (山西大同) 迁至洛阳，诏令 5 万余人兴建，至景明三年 (公元 502) 才全部建成。洛阳城北依邙山，南跨洛水，有宫城、京城和郭城三重城墙，寺庙遍布城内外。北魏洛阳城在功能分区较之汉魏更为明确，规划格局更趋完备，对隋唐长安城和洛阳城均有很大影响。(北魏·杨衒之：《洛阳伽蓝记》；周维权，中国古典园林史，清华大学出版社，1999 年，第 92 页)

**公元 494 年　甲戌　南朝齐郁林王隆昌元年　海陵王延兴元年　明帝建武元年　北魏孝文帝太和十八年**

△ 北魏迁都洛阳前后，在西山 (龙门山) 古阳洞开龛设像。景明初，龙门石窟 (在今河南南伊河入口处的龙门山和香山) 在宾阳洞开始大规模开发。此后延续至唐代，历时 400 年。(《魏书·释老志》；龙门保管所，龙门石窟，文物出版社，1973 年)

**公元 494~500 年　齐明帝建武元年至东昏侯永元二年**

△ 约是年陶弘景 (南朝梁，公元 452~536) 制成一具浑天象。(《南史·陶弘景传》)

△ 陶弘景编纂成《本草经集注》最早定义衡制单位"分"："六铢为一分，四分成一两"。"分"风行于南朝，沿用至隋唐。(丘光明等，中国科学技术史·度量衡卷，科学出版社，2001 年，第 340 页)

△ 陶弘景编纂成《本草经集注》将当时的炼丹术化学成果也及时融注于本草学中。如，判明"(水银) 还复为丹"不是丹砂，并指出其最能去虱，此为氧化汞作为医药的先声。(赵匡华等，中国科学技术史·化学卷，科学出版社，1998 年，第 424 页)

△ 陶弘景撰《本草经集注》最早指出，"螟蛉有子，蜾蠃负之"的说法是错的。

△ 创用盐腌法储存蚕茧。(明·李时珍：《本草纲目》卷 11 引南北朝梁·陶弘景《药总诀》)

△ 陶弘景所撰《养性延命录》系统总结养生理论和方法，详细记载了五禽戏和六种吐气方法，以及十二少、十二多等养生宜忌，属综合性养献策文献。(廖育群主编，中国古代科学技术史纲·医学卷，辽宁教育出版社，1996 年，第 47 页)

△ 陶弘景将汉魏诸名医对《神农本草经》的补注及增附的资料汇集成书，编撰成《本

草经集注》7 卷。书中共载药物 730 种，按药物的自然属性分成玉石、草木、虫鱼、果菜、米食 5 类，又依药性细分为寒、微寒、大寒、平、温、微温、大温、大热 8 种。每药均载产地、采制方法和主治等。书中还首创"诸病通用药"的分类法。此书是中国古代本草学的划时代著作。（傅维康主编，中药学史，巴蜀书社，1993 年，第 77～81 页）

△ 陶弘景在《本草经集注·合药分剂料理法则》中，系统地论述了药物的剂量、炮制、制剂的有关法则，进一步将药物剂型与所疗疾病联系起来。[尚志钧，《本草经集注》对药物炮炙和配制的贡献，哈尔滨中医，1961，4（3）：64～66]

△ 陶弘景完成的《本草经集注》中有："琥珀中有一蜂形如生"的记载，并已经认识到："蜂为松脂所粘，因坠沦没尔。"[李仲均，我国古籍中记载的几种无脊椎动物化石、植物化石及其成因，自然科学史研究，1982，1（2）]

△ 陶弘景撰《本草经集注》记述了当时的人们已经栽培茯苓，在历史上最早记载真菌种植。

△ 陶弘景撰《本草经集注》记载了 94 种矿物药，其中有些记述了形态特征（结晶、集合体等）、颜色、透明性、光泽等；在矿物药的分类和鉴定方面亦有特色，最早记载以焰色法区别朴硝（即硫酸钠）和消石（硝酸钾）；关于矿物药产地和产状的记述内容极为丰富，较早记载了空青（蓝铜矿）和绿青（孔雀石）的共生关系。它是中国古代最早系统记载矿物药的矿物学属性和产地的本草学著作。[艾素珍，论《本草集注》中的矿物学知识及其在中国矿物学史上的地位，自然科学史研究，1994，13（3）：273～283]

**公元 495 年　乙亥　南朝齐明帝建武二年　北魏孝文帝太和十九年**

△ 为了限制地方使用不合官制而任意加大的长尺大斗，孝文帝（北魏）下诏"改长尺大斗，依《周礼》制度，班之天下"（《魏书·高祖纪》），又"诏以一黍之广，用成分体，九十黍之长，以定铜尺"。（《魏书·律历志》）

△ 剡县（治所在今浙江嵊县）有小儿与母俱得赤斑病——天花。天花病见于记载。《南史·杜栖传》）

**公元 5～6 世纪**

△ 研究《九章算术》是南北方数学家最重要的课题，除徐岳注本《九章算术》和甄鸾的重述外，还有李遵义疏《九章算术》一卷，张峻撰《九章推图经法》一卷，宋泉之撰《九章术疏》九卷，刘祐《九章杂算文》等，研究《九章算术》的还有北魏的法穆、释昙影、成公兴，南朝梁、陈的顾越等。（郭书春，关于《九章算术》及其刘徽注九章算术，辽宁教育出版社，1990 年）

△ 公元 5、6 世纪以后，中国数学很可能传入印度并对印度数学中的位值制数码、四则运算、分数记法、三项法、联立一次方程组、负数、勾股问题、圆周率计算、重差术、一次同余式问题、不定方程问题、开方法及正弦表的造法等方面产生影响。（钱宝琮，中国数学史，科学出版社，1992 年，第 109～112 页）

**公元 6 世纪前期**

△ 出现我国最早的养羊专著——《卜式养羊法》和养猪专著——《养猪法》。（《隋书·

经籍志》；王毓瑚，中国农学书录，农业出版社，1964 年，第 19~20 页）

## 公元 6 世纪

△ 祖暅之（南朝齐梁间）在刘徽的基础上求出了牟合方盖的体积，从而给出正确的球体积公式。祖暅在求导球体积公式时把注意力由牟合方盖转到从立方体去掉牟合方盖的剩余部分，他用平行于底的平面在任意高度横截剩余立体，借助于祖暅之原理，得出截得面积与倒立的阳马的等高截面相等，进而得到：$V_g = \dfrac{2}{3}D^3$，其中 $V_g$、$D$ 分别是牟合方盖的体积与球直径，从而得到球体积公式：$V = \dfrac{\pi}{6}D^3$。（钱宝琮，中国数学史，科学出版社，1992 年，第 88~90 页）

△ 祖暅之在《九章算术》及其刘徽注关于截面积原理的应用和论述基础上总结出："幂势既同，则积不容异"，即两个立体，如在任意高度的横截面积相等，则其体积相等。后来西方的卡瓦列利原理与此等价。[郭书春汇校，九章算术，辽宁教育出版社，1990 年]

△ 甄鸾（北周）撰《五曹算经》。该书分田曹、兵曹、集曹、仓曹、金曹五卷。是一部为地方行政官员编写的实用算术书，内容极为浅近，甚至没有分数运算。[钱宝琮，五曹算经提要，李俨钱宝琮科学史全集（4），辽宁教育出版社，1998 年，第 309~310 页]

△ 甄鸾撰《五经算术》2 卷，对儒家经典及古代经师的注解中所涉及的数字问题进行解释，虽不含高深的数学内容，但对解读经文有所裨益。（钱宝琮，五经算术提要，李俨钱宝琮科学史全集，辽宁教育出版社，1998 年，第 331~332 页）

△ 甄鸾注《数术记遗》1 卷。书中给出大数进位法，并对徐岳提出的 14 种不同的记数法进行了解释。一说《数术记遗》为甄鸾自撰自注。[钱宝琮，数术记遗提要，李俨钱宝琮科学史全集（4），辽宁教育出版社，1998 年，第 403~404 页]

## 公元 500 年　庚辰　南朝齐东昏侯永元二年　北魏宣武帝景明元年

△ 是年前后，北魏尚书崔亮（北魏，？ ~公元 521）在洛阳西北谷水上"造水碾数十区，其利十倍"。（《后魏书·崔亮传》）

△ 约是年前后，张僧繇（六朝梁）绘《雪山经树图》右下方有一座三孔椭圆石拱桥，薄墩，中平边坡。此为现知国画中最早的石拱桥。（唐寰澄，中国科学技术史·桥梁卷，科学出版社，2000 年，第 421、423 页）

△ 是年前，祖冲之（南朝宋，公元 429~500）制造指南车，并获得成功。还制造过"欹器"，此器盛水后，"中则正，满则覆"。（《南齐书·祖冲之传》）

## 公元 501 年　辛巳　南朝齐东昏侯永元三年　和帝中兴元年　北魏宣武帝景明二年

△ 约于是年，祖暅（又名祖暅之，南朝齐梁间）制成新漏壶，大约是为三级补偿式漏壶。

△ "九月丁酉，发畿内夫五万五千筑京师三百二十坊，四旬罢。"（《北史·魏本纪第四》）

## 公元 502~557 年　南朝梁

△ 梁朝无名氏所撰《地境图》记载了金属矿床的指示植物，是现代指示植物找矿或生

物地球化学找矿方法的肇始。(杨文衡，中国古代的矿物学和采矿技术，中国古代科技成就，中国青年出版社，1978年，第304页)

△《梁书·西北诸戎传》：高昌（今新疆吐鲁番）"多草木，草实如茧，茧中丝如细纑，名白叠子，国人多取织以为布，布甚白，交市用焉"。此为新疆种植棉花及所种品种的确切记载。(赵承泽，中国科学技术史·纺织卷，科学出版社，2003年，第146页)

## 公元502～519年　南朝梁武帝天监年间

△ 在今苏州阊门外枫桥镇修建妙利普明塔院，又称枫桥寺。相传唐代僧人寒山曾在此住持，故更名寒山寺。元、明、清时，屡毁屡建，现存寺宇为清末重建。

## 公元502年　壬午　南朝齐和帝中兴二年　南朝梁武帝天监元年　北魏宣武帝景明三年

△ 梁武帝萧衍（梁，公元464～549）作《钟律纬》，论前代尺度得失，更制新尺，但未及改制，遇侯景之乱，法尺未及推行。(丘光明等，中国科学技术史·度量衡卷，科学出版社，2001年，第287页)

△ 约于是年，王褒（萧梁至北周）和庾信（萧梁至北周）在不少诗文中提及地有其轴、地体绕地轴旋转的思想（唐·欧阳询等：《艺文类聚》卷68、卷76；北周·庾信：《庾子山集》卷2）

△ 约于是年，庾信（北周）《庾子山集·郊行值雪》的诗中描写了"冰珠"分光现象。

△ 梁武帝创制了称为"通"的弦线式音高标准器。为了防止弦线受天气影响而改变张力，从而改变音调高低，他又制造十二支称为"笛"的管式音高标准器。作为音高标准，事实上只要有一笛一通即可，以"笛"定音，以"通"定律。(《隋书·音乐志》；戴念祖，中国声学史，河北教育出版社，1994年，第340～341页)

## 公元505年　乙酉　南朝梁武帝天监四年　北魏宣武帝正始二年

△ 陶弘景（南朝，公元452～536）开始炼丹实验，至普通六年（525）先后进行7次。在广泛的实验和访查的基础上，撰写了《炼丹杂术》1卷、《太清诸丹集要》4卷、《合成诸药试法节度》4卷、《服饵方》3卷等炼丹与服食论著。陶弘景是继葛洪（东晋）之后集道教养生、服饵相等炼、登山方术之大成者，也是南朝时期影响最大、经验最丰富的炼丹实践家。(赵匡华等，中国科学技术史·化学卷，科学出版社，1998年，第261～263页)

△ 梁以任昉（南朝梁，公元460～508）为秘书监，校定秘阁四部书，另为目录。

△ 约是年，任昉（南朝梁）在陆澄（南北齐，425～494）《地理书》的基础上，增收84家著述，编成《地记》252卷。(《隋书·经籍志》)

△ 题为任昉（南朝梁）所作《述异记》卷1中描述了泉水对化石的作用：阳泉"所含草木皆化为石"。(刘昭民，中华地质学史，台湾商务印书馆，1985年，第127页)

## 公元507年　丁亥　南朝梁武帝天监六年　北魏宣武帝正始四年

△ 梁武帝萧衍（南朝梁，公元464～549）改一日100刻制为一日96刻制，这样1个时辰均为8刻整。(《隋书·天文志上》)

△ 魏学者公孙崇（北魏）造乐尺，以十二黍为寸，学者刘芳（北魏）非之，以十黍为

寸。高肇（北魏）奏从刘芳，诏从。

## 公元 509 年　己丑　南朝梁武帝天监八年　北魏宣武帝永平二年

△ 约于是年，祖暅（南朝齐梁间）"以仪准候不动处，在纽星之末，犹一度有余。"得出北天极距纽星（鹿豹座 32H）一度有余的结论。（《隋书·天文志上》）

△ 魏刻《石门铭》，记梁秦二州刺史羊祉生（北魏）开汉褒斜道石门故道（在今陕西汉中）事。

## 公元 510 年　庚寅　南朝梁武帝天监九年　北魏宣武帝永平三年

△ 经祖暅（南朝齐梁间）的修订与努力，祖冲之（南朝宋，公元 429～500）《大明历》更名《甲子元年》由梁武帝萧衍（南朝梁，公元 464～549）颁行，陈朝沿用之，陈亡（公元 589）而历废。（《隋书·律历志中》）

△ 魏诏在京师立馆，收治畿内外病人，命医署派医师参与治疗；又令整理方书，分郡县缮写，发至地方。

## 公元 511 年　辛卯　南朝梁武帝天监十年　北魏宣武帝永平四年

△ 约于是年，祖暅（南朝齐梁间）著《天文录》，"集古天官及图纬旧说"，并阐发若干天文学理论问题的思考。认为一年四季寒暑变化同太阳斜射或直射大地相关，较束皙（晋，公元 261～约 305）更明确地指出：物体（包括天体）的视大小同平视（大）或仰视（小）相关，等等。（《隋书·天文志上》）

△ 五月丙辰，魏诏禁天文之学。（《北史·魏本纪第四》）

## 公元 515～524 年　北魏延昌至正光年间

△ 郦道元（北魏，公元 466/472～527）撰成《水经注》40 卷，以《水经注》中 137 条水道为干流，补充 1252 条水道。在注记中，不仅详记大小河流源流脉络，而且注重记述每水所经各地的地理、历史情况，是中国古代最完整、最丰富的水文地理专著。它开创"因水以证地，即地以存古"的方法，对后世地理学产生了深远的影响。（陈桥驿，水经注研究，天津古籍出版社，1985 年）

△ 郦道元撰《水经注》有丰富的沿革地理学内容。它记载了郡建置的发展、变化及建郡的命名原则；记述了众多侯国的建置历史；所载 2500 个县名往往都上溯至先秦。（陈桥驿，水经注研究，天津古籍出版社，1985 年，第 149～162 页）

△ 郦道元《水经·涟水注》记有"石色黑而理若云母，开发一重，辄有鱼形，鳞鳍首尾，宛如刻画"，较早描述了鱼化石。

△ 郦道元撰《水经注》初步总结中国古代矿泉的分布，列有 10 余处矿泉，并且在《滍水注》中明确提出："水温热若汤，能愈百疾，故世谓之温泉。"[黄健等，中国古代的物理疗法，中国科技史料，1996，17（2）：4]

△ 郦道元撰《水经注》记载了 140 余种植物，并描述了某些植被分布的纬度地带性、垂直地带性和经度地带性以及历史变迁；记载约 100 余种动物，描述了某些动物的分布区域和活动的季节性等。（陈桥驿，水经注研究，天津古籍出版社，1985 年，第 112～131 页）

△ 是年前，造咸阳渭河横桥，桥宽 6 丈，南北 280 步，68 间 850 柱，212 根梁。此桥屡毁屡建，至唐时仍列为全国三大木构梁式桥之一。(北魏·郦道元：《水经注·渭水》)

△ 郦道元著《水经注》卷六记载了山西解州池盐的位置、地势、面积和采盐方法。

△ 是年前，《释氏西域记》中有"人取此山石碳，冶此山铁"(北魏·郦道元：《水经注》卷二) 引的记载，这是用煤冶铁的最早描述。(北京钢铁学院《中国冶金简史》编写小组，中国冶金简史，科学出版社，1978 年)

## 公元 516 年　丙申　南朝梁武帝天监十五年　北魏孝明帝熙平元年

△ 梁在今安徽五河县东经近 3 年施工筑成浮山堰，堰横截淮河，长 9 里，宽 140 丈，高 20 丈，是当时世界上最高的土石坝。建成后 4 个月，溃于洪水，淹没居民 10 余万。(《魏书·萧衍传》)

△ 魏胡太后令郭安兴 (北魏) 按平城永宁寺在洛阳城内建造永宁寺，为北魏洛阳城内最大佛寺。寺平面为长方形，前有寺门，门内建塔，塔后建佛殿，寺塔并重为这一时期佛寺的典型布局。永熙三年 (公元 534) 塔被火焚毁，后寺渐废。遗址在今河南洛阳市东。(北魏·杨衒之：《洛阳伽蓝记》卷 1)

△ 永宁寺塔是北魏最宏伟的建筑之一。塔高 9 层，正方形，每面 9 间；每面有 3 门 6 窗，共用金钉 5400 枚；塔顶刹上有金宝瓶，宝瓶下置金盘 13 重；塔上下共悬挂金铎 120 个。永熙三年 (公元 534) 被火焚毁。(北魏·杨衒之：《洛阳伽蓝记》卷 1)

## 公元 517 年　丁酉　南朝梁武帝天监十六年　北魏孝明帝熙平二年

△ 梁宗庙祭祀停止用牲畜，用面代之。

△ 敕令太医不得以生类 (有生命的动物) 为药。

△ 约于是年，崔楷 (北魏) 上疏陈述为了治理海河下游的溃涝，必须建造新排水系统，随地形情况开排水沟。海河流域排洪涝问题史见记载。(《魏书·崔楷传》)

## 公元 518 年　戊戌　南朝梁武帝天监十七年　北魏孝明帝熙平三年

△ 约于是年，僧人暗那崛多 (印度) 等所译《起世经》中论及：以须弥山为中心的日、月与四大洲等，仅是世界的一个基本单元，1000 个这样的基本单元构成一小千世界，1000 个小千世界构成一中千世界，1000 个中千世界构成大千世界，即所谓三千大千世界，号称娑婆世界。(唐·道世：《法苑珠林》卷 4；陈美东，中国科学技术史·天文学卷，科学出版社，2003 年，第 257～258 页)

△ 波斯国始通中国，所产药材甚多，如薰陆、郁金、苏木、青木香、胡椒、荜拔、石密、千年枣、香附子、诃梨、无食子等被运往中国。(《魏书·西域传》)

△ 魏太后遣敦煌人宋云 (北魏) 及惠生 (北魏) 往西域朝礼佛迹[①]。在赴西域求法路途中，曾过铁索桥。此为中国古籍首见关于西域铁索桥的记载。(唐·道宣：《释迦方志·游履篇》；唐寰澄，中国科学技术史·桥梁卷，科学出版社，2000 年，第 505 页)

---

① 一说此为天监十六年事。

**公元 520 年　庚子　南朝梁武帝普通元年　北魏孝明帝神龟三年　正光元年**

△ 约于是年，萧衍（南朝梁，公元 464～549）提出日月星辰围绕金刚山旋转的、与佛家须弥山说相近的金刚山说，系属于盖天说的范畴。（唐·瞿昙悉达：《开元占经》卷一）

△ 嚈哒遣使至梁建康（今江苏南京）献"波斯棉"。至 6 世纪末后，波斯棉风行中亚西域，致使中国锦绮织法、纹饰颇受其影响。梁时，以吉贝织成的五色"斑布"亦由林邑（在今越南中南部）使者传入中国。

**公元 521 年　辛丑　南朝梁武帝普通二年　北魏孝明帝正光二年**

△ 梁武帝据佛经在建康（今江苏南京）设置"孤独园"，收养孤幼。

**公元 522 年　壬寅　南朝梁武帝普通三年　北魏孝明帝正光三年**

△ 张龙祥（北魏）与李业兴（北魏至东魏，公元 484～549）制成《正光历》。次年在北魏颁行，后又为东魏、西魏与北周沿用，直到公元 558 年。（《魏书·律历志下》）

△ 宋云（北魏）及惠生（北魏）从西域回到洛阳（参见公元 516 年）。宋云撰有《魏国以西十一国事》，惠生撰有《惠生行记》。（唐·道宣：《释迦方志·游履篇》；唐锡仁等，中国科学技术史·地学卷，科学出版社，2000 年，第 244 页）

△ 东罗马帝国通过僧侣从中国运蚕种至君士坦丁堡，为中国蚕种西传之始。[张星烺编注，中西交通史料汇编（1），中华书局，1977 年，第 51～52 页]

△ 在今四川茂汶羌族自治县置绳州，取桃关之路以绳为桥。说明此地的竹索桥已较为普遍。（唐寰澄，中国科学技术史·桥梁卷，科学出版社，2000 年，第 496 页）

**公元 523 年　癸卯　南朝梁武帝普通四年　北魏孝明帝正光四年**

△ 北魏在今河南登封西北嵩山寺内建造嵩岳寺塔。塔高 41 米，呈独特的十二边形，是逐层收缩以至封顶的筒形结构。只有一圈砖砌外壁，内部直通到顶，各层安木楼板。底层直径 10.7 米。壁厚 2.4 米，外层密檐 15 层，全部用泥浆砌成。塔檐为叠涩式，出檐甚短；整个宝塔轮廓成抛物线形，外形异常美观。此为中国现存最早的密檐式砖塔，也是中国唯一的十二边形平面的塔。[张家泰，嵩岳寺塔，文物，1979，(6)：91]

△ 梁罢废铜钱，改铸铁钱。这是中国货币史上政府第一次大量铸造铁钱。

**公元 525 年　乙巳　南朝梁武帝普通六年　北魏孝明帝正光六年　孝昌元年**

△ 祖暅（南朝齐梁间）被北魏俘虏，由数学家信都芳（北魏）的推荐，受到王子元延明的礼遇，撰《九章十二图》。后祖暅之南返，留诸法授芳，由是弥复精密。信都芳后来亦注重差、勾股。

△ 祖暅（南朝齐梁间）与信都芳（北魏）讨论天文历算及漏壶、欹器等机械技巧之法。（《北史·信都芳传》）

△ 梁武帝萧衍（梁，公元 464～549）组织儒生在长春殿，观察天体并撰写经义，大力提倡盖天说。（郑文光等，中国历史上的宇宙理论，人民出版社，1975 年，第 58～87 页）

**公元 526 年　丙午　南朝梁武帝普通七年　北魏孝明帝孝昌二年**

△ 徐世谱（南朝梁水军将领，后入陈，？～公元 563）善制器械，在梁任水军将领时，曾造楼船、拍舰、火舫、水车（即车船），屡战获胜。车船始用于水战。（《陈书·徐世谱传》）

**公元 527 年　丁未　南朝梁武帝普通八年　大通元年　北魏孝明帝孝昌三年**

△ 梁武帝萧衍（梁）下令所建的同泰寺竣工，这是一座依据金刚山说作整体布局的寺院。内中还制成盖天仪一具，可自动运转，表现日月的运动和隐现，以演示金刚山说。（山田庆儿，古代东亚哲学与科技文化，辽宁教育出版社，1996 年，第 169～172 页）

△ 印度达摩到魏传授按摩术。（傅维康主编，中药学史，巴蜀书社，1993 年，第 382 页）

**公元 530 年　庚戌　南朝梁武帝中大通二年　北魏孝庄帝永安三年　长广王建明元年**

△ 约于是年，信都芳（北魏）"抄集《五经》算事为《五经宗》、及古今乐事为《乐书》；又聚浑天、欹器、地动、铜乌漏刻、候风诸巧事，并图画为《器准》"。分别为整理与研究数学、音律学，以及科学仪器机械图集的著作。（《北史·信都芳传》）

△ 约于是年，信都芳在所著《四术周髀宗》中提出调和浑天说与盖天说的浑盖合一说。（《北史·信都芳传》）

**公元 533 年　癸丑　南朝梁武帝中大通五年　北魏孝武帝永熙二年**

△ 约是年，孙僧化（北魏）等"集甘、石二家星经及汉魏以来二十三家星占"，计成 75 卷关于星占著作，书中并给出包含二十八宿和中、外星官的星图。（《魏书·张渊传》）

**公元 533～544 年　北魏孝武帝永熙二年至东魏孝静帝武定二年**

△ 贾思勰（北魏）撰《齐民要术》[①]，反映了我国古代黄河中下游地区相当高的农业科学技术和生物化学技术，涉及范围很广，内容丰富多彩，并以很大篇幅引载了有实用价值的热带亚热带植物，重视植物资源的利用。提出了"顺天时，量地力，用力少而成功多；任性返道，劳而无获"的技术原则。是我国最早最完整的包括农、林、牧、副、渔的综合性农业全书，也是世界上最早、最有价值的农业科学名著。[杨直民，中国古代科学家传记（上）·贾思勰，科学出版社，1992 年，第 263～273 页]

△《齐民要术·种谷》总结了当时人们命名作物品种的方法：以我名命名；观形立名；会义立名。（罗桂环、汪子春主编，中国科学技术史·生物学卷，科学出版社，2005 年，第 149 页）

△《齐民要术》详细记述了豆豉的制法。

△《齐民要术》比较集中地介绍了中国早期制醋的方法，共有 23 种。它们采用了不同的发酵催化剂和不同的工艺，这不仅是由于地域的不同和原料的差异，也反映了当时各地人们仍在通过自己的实践，探索多种制醋的良方。（赵匡华等，中国科学技术史·化学卷，科学

---

① 《齐民要术》完成于公元 6 世纪 30～40 年代。据梁家勉研究其写作时间为公元 533～544 年。详见：有关《齐民要术》若干问题的再探讨，农史研究，第 2 辑，农业出版社，1982 年。

出版社，1998年，第582～583页）

△ 北方旱作已使用冬灌。(北魏·贾思勰：《齐民要术·种葵第十七》)

△ 作物中耕已有锄、锋、耩等方式，并认识到中耕除有除去杂草的作用外，还有抗旱保墒、饶子多实的作用。(北魏·贾思勰：《齐民要术·种谷第三》)

△ 播种方法已有漫掷、耧种、耧耩漫掷、墒种、逐犁稴种等多种。(北魏·贾思勰：《齐民要术》"小豆第七"、"大小麦第十"、"旱稻第十二")

△ 水稻种植已采用"烤田"技术。(北魏·贾思勰：《齐民要术·水稻第十一》)

△ 出现漫种催芽技术。(北魏·贾思勰：《齐民要术·水稻第十一》)

△ 使用绿肥被称为"美田之法"，绿豆、小豆、胡麻等已作为绿肥作物在北方栽培，认为绿肥的作用"良美与粪不殊，又省功力"。(北魏·贾思勰：《齐民要术》"耕田第一"、"种葵第十七")

△ 认识到作物种子防杂保纯的重要性，创造种子单收、单打、单储、单种的种子田。(北魏·贾思勰：《齐民要术·收种地二》)

△ 出现鉴别大麻、韭菜种子质量的方法。(北魏·贾思勰：《齐民要术》"种麻第八"、"种韭菜第二十二")

△ 作物品种有很大发展，《齐民要术·种谷第三》记载谷子（粟）品种86个，"水稻第十一"记载水稻品种25个。

△ 果树栽培采用嫁接技术，出现了"皮下接"、"劈接"等嫁接方法。(北魏·贾思勰：《齐民要术·种梨第三十七》)

△《齐民要术·种枣三十三》首载"嫁枣"技术，为现代环割技术的萌芽。[周肇基，中国古代"嫁枣"法的起源传承关系及技术演进，自然科学史研究，2000，19（2）：155～164]

△《齐民要术·插梨第三十七》有关于用桑作砧木嫁接梨树以及在枣和石榴上嫁接梨树的记述。此为中国关于植物远缘嫁接的最早记载。[刘用生，中国古代植物远缘嫁接的理论和实践意义，自然科学史研究，2001，20（4）：352～361]

△ 果园采用熏烟防霜。(北魏·贾思勰：《齐民要术·栽树第三十二》)

△ 采用"去狂花"措施，以保证果树果实丰硕，是我国园艺中采用蔬果技术的开端。(北魏·贾思勰：《齐民要术·种枣第三十三》)

△ 提出"食有三刍，饮有三时"的马匹饲养饲喂要求。"三刍"即恶刍（粗饲料）、中刍（细饲料）、善刍（精饲料），要求饥时给恶刍，饱时给善刍；"三时"要求"朝饮少之"，"昼饮则酌餍之"，暮"极饮之"。(北魏·贾思勰：《齐民要术·养牛、马、驴、骡第五十六》)

△ 认识到家畜远缘杂交后代的不育性——"草驴不产"。(北魏·贾思勰：《齐民要术·养牛、马、驴、骡第五十六》)

△ 乳猪饲养使用"索笼蒸豚法"。(北魏·贾思勰：《齐民要术·养猪第五十八》)

△ 总结出饲养牲畜的总原则："服牛乘马，量其力能，寒温饮饲，适其天性。"(北魏·贾思勰：《齐民要术·养牛、马、驴、骡第五十六》)

△ 提出家畜配种的公畜、母畜的比例：公二母八。(北魏·贾思勰：《齐民要术·养羊第五十七》)

△ 出现用直肠掏粪、尿道涂盐方法治疗家畜结症的技术。(北魏·贾思勰：《齐民要术·

养牛、马、驴、骡第五十六》)

△ 提出"相马五脏法",即根据外部形态和内脏器官的相关性来识别马匹的优劣。(北魏·贾思勰:《齐民要术·养牛、马、驴、骡第五十六》)

△《齐民要术·养鱼第六十一》记载了中国古代养鱼的方法,为现存最早的人工养鱼历史文献。

△《齐民要术》记载了葡萄、梨、蔬菜等利用窖藏保鲜。

△ 桑树品种已有荆桑、鲁桑之分,鲁桑中又有黄、黑之别。创造压条繁殖法,大大提高桑树生长速度。(北魏·贾思勰:《齐民要术·种桑柘第四十五》)

△ 已能根据蚕的化性和眠性进行分类;注意种蚕选择,提出"收取种蚕,必取居族中者。近上则丝薄,近地则子不生"。已有柘蚕饲养。(北魏·贾思勰:《齐民要术·种桑柘第四十五》)

△ 已观察到作物因风土条件改变而发生变异的现象,并有文字记载。(北魏·贾思勰:《齐民要术·种蒜第十九》)

△ 选用抗虫、抗雀品种防治作物虫害和鸟害。(北魏·贾思勰:《齐民要术·种谷第三》)

△ 大蒜用鳞茎留种,进行复壮。(北魏·贾思勰:《齐民要术·种蒜第十九》)

△《齐民要术》记载了霜出现前的征兆和防止霜冻的办法:"天雨新晴,北风寒彻,其夜必有霜。此时放火作煜,少得烟气,则免于霜矣。"[蔡宾牟、袁运开,物理学史讲义(中国古代部分),高等教育出版社,1985年,第154页]

△《齐民要术·养羊》记载用体温为标准测量物体的温度:要使酪的温度"小暖于人体,为合宜适"。使豉的温度"如腋下为佳","以手刺豆堆中候,看如腋下暖"。(杨仲耆、申先甲,物理学思想史,湖南教育出版社,1993年,第76页)

△《齐民要术》,记木材防蛀方法,用桐油渗入木根开孔,"则坚久不蛀"。

△《齐民要术》第一次比较全面地记述了我国北方各种类型的农作物。

△《齐民要术·种蒜》生动地记载了植物变异的情形。

△《齐民要术·插梨》注意到表皮内层青皮(有人说相当于形成层)的作用。

△《齐民要术·种麻》首次将花粉称为勃,将花粉传播称为"放勃"。

△《齐民要术·牛、马、驴、骡》首次提到根据牙齿的状况和磨损程度来鉴别马的年龄。同一篇中还指出:"以马覆驴所生骡者,形容壮大,弥复胜马",生动地叙述了杂种优势。

△《齐民要术·作豉法》:"……以手刺豆堆中候,看如人腋下暖,便翻之。"这是我国利用微生物史上,提出控制发酵温度的温度指标的最早记载。

△《齐民要术·作马酪酵法》:"用驴乳汁二三升,和马乳不限多少,澄酪成,取下淀,曝干。后岁作酪,用此为酵也。"这是我国关于乳酸菌种的最早记载。

△ 已对沤制大麻的水质、沤制大麻的时间与大麻纤维质量的关系有了更多的了解。(北魏·贾思勰:《齐民要术》)

△ 采用诱杀法除作物害虫。(北魏·贾思勰:《齐民要术·种瓜第十四》)

△《齐民要术·种谷楮》中专章介绍了楮树的种植,并指出:"其皮可发为纸者。"楮树的大量种植为造纸提供了一种充裕的原料,楮皮纸在社会流行起来。

△《齐民要术》在介绍"酿粟米炉酒"时说:"大率:米一石,杀,曲末一斗,春酒糟末一斗,粟米饭五斗。"这里加入春酒糟末为的是优良菌种的传接,这是关于微生物接种的

最早记载。

　　△《齐民要术·作酱法》介绍了当时流行于黄河中下游地区的 14 种作酱法。强调了用曲即霉菌的选择和工艺过程中温度、湿度的控制。

　　△《齐民要术》较详细地记载了红花的种植和胭脂的制法，还介绍了面脂、香泽、唇脂及手药（防止冬天手皲裂）的制备。说明上述润肤品的生产和使用在当时已很流行。

　　△《齐民要术》卷五详尽地记载了制造蓝靛的方法，蓝靛始终是中国古代应用最广的上蓝染料；书中还记载了当时民间提取红花染料的"红花杀花法"、"造红花饼法"和"作胭脂法"，它们都进行酸碱处理以达到提纯的目的。（赵匡华等，中国科学技术史·化学卷，科学出版社，1998 年，第 648 页）

## 公元 534～550 年　北朝东魏时期

　　△ 河北省赞皇东魏李希宗墓发现一件黑釉瓷器残片，表明至少在北魏时期已有黑瓷。（文物出版社编，新中国考古五十年，文物出版社，1999 年，第 52 页）

## 公元 534～577 年　北朝东魏北齐时期

　　△ 綦毋怀文（北魏、北齐期间）造"宿铁刀"与南朝炼丹家陶弘景所说钢铁是"杂炼生作刀镰者"的方法基本相同，表明灌钢技术南北朝已有记载，并已用此法制作农具工具等，足见应用之广。（《北史》卷八十九；北京钢铁学院《中国冶金简史》编写小组，中国冶金简史，科学出版社，1978 年，第 110 页）

## 公元 535 年　乙卯　南朝梁武帝大同元年　西魏文帝大统元年　东魏孝静帝天平二年

　　△ 东魏自洛阳迁都邺（位于今河北临漳西南）的翌年，高隆之（东魏）领营构大将以 10 万人拆毁洛阳宫殿运木入邺，建造新宫。间阖门初成，隆之乘马远望造匠人：丁南独高一寸。量之果然，施工之精如此。（《魏书·高隆之传》）

　　△ 东魏新都邺除沿用曹魏洛阳宫殿的旧制外，又附会《礼记》所载"三朝"布局思想在东西横列三殿以外，又有以正殿为主的纵列两组宫殿。这种布局对隋唐两朝废止东西堂完全采取"三朝"制度，起着承前启后的作用。（刘敦桢主编，中国古代建筑史，中国建筑工业出版社，1984 年，第 84～86 页）

## 公元 537 年　丁巳　南朝梁武帝大同三年　西魏文帝大统三年　东魏孝静帝天平四年

　　△ 李业兴（魏）等出使萧梁，梁武帝特与之讨论《尚书·尧典》四仲中星等天文历法问题。（《魏书·李业兴传》）

　　△ 春正月，东魏屯军蒲坂（今山西永济西蒲州），造 3 座浮桥渡黄河，进攻西魏。（《周书·文帝纪》）

　　△ 河北省景县高氏墓出土的黄褐釉兽柄四耳瓶，是北朝黄褐瓷器的精品。（文物出版社编，新中国考古五十年，文物出版社，1999 年，第 52 页）

## 公元 538 年　戊午　南朝梁武帝大同四年　西魏文帝大统四年　东魏孝静帝元象元年

　　△ 东魏因砀郡（今安徽砀山）获巨象而改元。

**公元 539 年　己未　南朝梁武帝大同五年　西魏文帝大统五年　东魏孝静帝兴和元年**

　　△ 信都芳（北魏）提出检验五星推算是否准确的"七头一终"法，即必须检验在一个会合周期（一终）内五星运动的 7 个关节点：顺迟、顺疾、留、逆、后顺、伏、见等是否与天相合。（《魏书・律历志下》）

　　△ 邺城飞鸾殿，十六间、五架、梁栋楹柱皆包以竹，作千叶金莲花等束之，其上舒叶长一尺八寸。以斑竹为椽，竹席铺地。这是以竹为饰之例。

　　△ 邺城鹦鹉楼用绿瓷瓦，鸳鸯楼用黄瓷瓦。皆以瓦色取作楼名。邺城太极殿，每间缀五色朱丝网于檐下，防鸟雀飞入。（《邺中记》）

**公元 540 年　庚申　南朝梁武帝大同六年　西魏文帝大统六年　东魏孝静帝兴和二年**

　　△ 李业兴制成《兴和历》。是古代最早引进了七十二候法的历法。该历当年即为东魏颁用，直至国亡（550）。（《魏书・律历志下》）

**公元 541 年　辛酉　南朝梁武帝大同七年　西魏文帝大统七年　东魏孝静帝兴和三年**

　　△ 百济国遣使至梁，求请佛经及工匠等。梁遣《毛诗》博士、儒学博士、画师、医工等前往。

**公元 542 年　壬戌　南朝梁武帝大同八年　西魏文帝大统八年　东魏孝静帝兴和四年**

　　△ 梁武帝萧衍又改一日 96 刻制为一日 108 刻制，这样 1 个时辰均为 9 刻整。此制施行约 20 年而废，又回到传统的一日 100 刻制之上。（《隋书・天文志上》）

**公元 543 年　癸亥　南朝梁武帝大同九年　西魏文帝大统九年　东魏孝静帝武定元年**

　　△ 虞门（萧梁）提出测算冬至点位置的夜半中星法：测量夜半时南中天星宿的赤道宿度（N），此时太阳的赤道宿度应为 180° + N，再归算到冬至时刻即得。（《新唐书・历志三上》）

　　△ 蓖麻见于记载。（南朝梁・顾野玉：《玉篇・草部第一百六十二》）

　　△ 顾野王（南朝梁，公元 519～581）《玉篇・金部》最早释锯为"解"的词义："居庶切，解、截也。"由此解释说明在南朝梁时，所用锯已具备了"解割"的功能。[李浈，试论框锯的发明与建筑木作制材，自然科学史研究，2002，21（1）：71]

**公元 544 年　甲子　南朝梁武帝大同十年　西魏文帝大统十年　东魏孝静帝武定二年**

　　△ 虞门（南朝梁）制成《大同历》，该历法亦引进岁差，给出新闰周，最主要的是应用定朔法计算每月的朔日。梁武帝已同意颁用该历法，但因侯景之乱未及施行。当年，他还立 9 尺表进行晷影测量。（《隋书・律历志中》）

　　△ 西魏改权衡度量。

**公元 545 年　乙丑　南朝梁武帝大同十一年　西魏文帝大统十一年　东魏孝静帝武定三年**

　　△ 是年前，萧梁朝皇侃（南北朝，公元 488～545）在疏解《礼记・玉藻》颜色论时，指

出青、赤、黄、白、黑为"正色"，绿、红、碧、紫、骝黄为"间色"，并具体提出了正色之两种混合而成某种间色的理论。例如，在织染颜料混合中，蓝与黄混合而成绿。

## 公元 546 年　丙寅　南朝梁武帝大同十二年　中大同元年　西魏文帝大统十二年　东魏孝静帝武定四年

△ 东魏高僧道凭法师在今河南安阳西南的宝山之麓创建宝山寺。隋开皇十一年（公元591）改名灵泉寺，为中国北方佛教圣地。

## 公元 547 年　丁卯　南朝梁武帝中大同二年　太清元年　西魏文帝大统十三年　东魏孝静帝武定五年

△ 杨衒之（北魏，？～公元555）撰《洛阳伽蓝记》5 卷，以洛阳佛教寺院为纲，旁及人文地理记述，是研究洛阳历史及经济地理的宝贵资料，也是著名的城镇志。（靳生禾，中国历史地理文献概论，山西人民出版社，1987 年，第 125 页）

△ 杨衒之（北魏）撰《洛阳伽蓝记》5 卷记载佛寺园林的盛衰兴废。

△ 是年前，洛阳景林寺中禅房内置印度抵洹精舍模型一具，形制虽小而七构难比。说明北魏时期小木作已很可观。（北魏·杨衒之：《洛阳伽蓝记》）

△ 河北省磁县尧赵氏墓出土的酱褐釉瓷器，是研究酱褐釉瓷出现时间的重要依据。（文物出版社编，新中国考古五十年，文物出版社，1999 年，第 52 页）

## 公元 549 年　己巳　南朝梁武帝太清三年　西魏文帝大统十五年　东魏孝静帝武定七年

△ 羊车儿（南朝梁）献计，作纸鸱（风筝）飞空出台城告急。此为风筝始见的确切记载。（唐·李冗、马总：《通纪》）

## 公元 550～577 年　北朝北齐时期

△ 孟宾历所取冬至点在赤道斗宿 11 度，几与理论值密合，为历代最佳值。（《隋书·律历志中》）

△ "浴以五牲之溺，淬以五十牲之脂"这个及早表明当时使用了多种淬火介质，对不同介质因冷却速度不同而影响淬火后纲的性能，已有一定认识。（唐·李百药：《北齐书》卷四九）

△ 河北省平山北齐崔昂墓发现黑釉四系罐，釉色匀净光亮，是比较成熟的黑瓷产品。（文物出版社编，新中国考古五十年，文物出版社，1999 年，第 52 页）

## 公元 550 年　庚午　南朝梁简文帝大宝元年　西魏文帝大统十六年　东魏孝静帝武定八年　北齐文宣帝天保元年

△ 宋景业（北齐）制成《天保历》，该历法以图谶为本，是一部极平庸的历法。次年于北齐颁行，北齐亡（公元 577）历废。（《隋书·律历志中》）

△ 在此之前，中国已有物候的概念，但是现知最早使用"物候"一词的是南朝梁简文帝（公元 550～551 在位）《晚春赋》"嗟时序之回斡，叹物候之推移。"（唐锡仁等，中国科学技术史·地学卷，科学出版社，2002 年，第 274 页）

△ 是年至天保十年（文宣帝时），在今河北邯郸西南峰峰矿区开始凿建响堂山石窟，以后各代续有修筑。因在洞内拂袖搅动空气即能发出类似锣鼓声而得名。石窟分南北两个部分，共 16 座，大小雕像 3400 多尊。[钟晓青，响堂山石窟建筑略析，文物，1992，（5）：19]

## 公元 551 年　辛未　南朝梁简文帝大宝二年　西魏文帝大统十七年　东魏孝静帝武定九年 北齐文宣帝天保二年

△ 徐世谱（南朝梁）世居荆州，善水战。徐与候景战于华容时，曾造楼船、拍舰、火舫、水车船以益军势，并大败候景军。（《陈书·徐世谱传》）

△ 齐刻石经于风峪口（在今山西太原西）。凿大石佛于内，历时 25 年，高约 66 米，为现存最早的大型石佛像。环列石柱 126 根，上刻《华严经》。[郭勇，山西太原西郊发现石刻造像简报，文物，1955，（3）：79]

## 公元 552~555 年　南朝梁元帝时

△《梁元帝纂要》指出，草木"再生，一一相肖，此造物所以显诸仁而藏诸用也"，即"仁"在起作用。这是我国最早关于种子植物遗传性的解释。（《古今图书集成·草木典》）

△ 梁元帝萧绎时，以《针经》赠日本钦明天皇。

## 公元 554 年　甲戌　南朝梁元帝承圣三年　西魏恭帝元年　北齐文宣帝天保五年

△ 二月，百济国（今朝鲜）易博士王道良（南朝）和历博士王保孙（南朝）等人到日本，将中国易经学说、历算方法传入日本。由此亦可推断，在此之前中国易学和历算学已经传入朝鲜。（中外数学简史编写组，中国数学史简编，山东教育出版社，1986 年，第 236 页）

△ 易博士王道良、历博士王保孙等人将何承天（南朝）制定的《元嘉历》传入日本，此为传入日本的首部中国历法，但没有马上推行。[姚传森，中国古代历法、天文仪器、天文机构对日本的影响，中国科技史料，1998，19（2）：3~4]

△ 魏收（北齐，506~572）编纂《魏书·地形志》3 卷。此志于州下有郡县数，户、口数；州、郡、县之下有建置沿革、城池、物产、气候、动植物、山川湖泽、水利工程、地貌、祠墓等注文，是最为精详的正史地理志之一。（唐锡仁等，中国科学技术史·地学卷，科学出版社，2000 年，第 223 页）

△ 魏收在《魏书·西域传》中记述了悦般国（在巴尔喀逢湖西北）南界火山喷发的情况："山傍石皆焦，流地数十里乃凝坚，人取为药，即石流黄也。"

△ 西魏于谨（西魏）攻打江陵，梁元帝（南北朝，公元 508~555）投降前，"仍聚图书十余万卷尽烧之"，使中国古代地图遭受大量的焚毁。（《南史·梁元帝传》）

## 公元 555 年　乙亥　南朝梁元帝承圣四年　敬帝绍泰元年　西魏恭帝二年　北齐文宣帝天保六年

△ 梁元帝萧绎（梁，公元 552~555 年在位）在其《咏萤火诗》中描述了荧光的物理特性："不热"、"无烟"、在热光源下无亮光，在黑夜雨中都可发光。

△ 北齐发 180 万人筑长城，东起幽州北夏口（今北京居庸关北），西至恒州（今山西大

同一带），长达 900 余里。次年，又从西汾总秦成（今山西大同北）筑长城，东至海，共计 3000 里。又约 10 里置一戍，于要害处置州镇 25 所。（《北齐书·帝纪第四》）

**公元 557 年　丁丑　南朝梁敬帝太平二年　陈武帝永定元年　北周孝闵帝元年　明帝元年 北齐文宣帝天保八年**

△ 约于是年，崔灵恩（南朝梁）亦主浑盖合一说。（《梁书·崔灵恩传》）

△ 四月，齐诏停捕捉虾、蟹、蚬、蛤之类，只许捕鱼；又诏禁养鹰鹞。（《北齐书·帝纪第四》）

**公元 558 年　戊寅　陈武帝永定二年　北周明帝二年　北齐文宣帝天保九年**

△ 齐诏限仲冬一月燎野，不得他时行火，损昆虫草木。（《北齐书·帝纪第四》）

△ 夏，齐大旱，齐文宣帝以祈雨不灵，毁西门豹祠，掘其冢。（《北齐书·帝纪第四》）

**公元 559 年　己卯　陈武帝永定三年　北周明帝武成元年　北齐文宣帝天保十年**

△ 明克让（北周）与庾季才（北周至隋）等制成《北周历》，于当年在北周颁行。（《隋书·律历志中》）

△ 周召集文学人士王褒（北周）、宗懔（北周）等 80 余人在麟趾殿刊校经史。

△ 约是年前，中国古代颇为流行记述寒冬气候变化过程的"冬九歌"已出现，宗懔（南北朝梁）所著《荆楚岁时记》已有"以冬至次日数起，至九九八十一日为寒尽"。（唐锡仁等，中国科学技术史·地学卷，科学出版社，2002 年，第 276 页）

△ 约是年前，宗懔（南朝梁）所著《荆楚岁时记》记载小寒至谷雨的寒潮频率，每节气 3 次，共计谓 24 番花信风，并且记载重阳日已常有冷空气南下。（中国科学院自然科学史研究所地学史组，中国古代地理学史，科学出版社，1985 年，第 101 页）

△ 约是年前，宗懔（南北朝梁）所著《荆楚岁时记》中有"以金、银、鍮石为针"。文中鍮石为锌黄铜，此为关于人造锌黄铜的最早记载。

**公元 560 年　庚辰　陈文帝天嘉元年　北周明帝武成二年　北齐废帝乾明元年　孝昭帝皇建元年**

△ 约于是年，张子信（北齐）经 30 余年的观测与研究，发现太阳运动不均匀性、五星运动不均匀性和月亮视差对日食的有无及食分大小的影响，并给出了表述这些现象的初始方法。为历法总体精度的提高开辟了道路，对后世历法的进步产生了重大作用。（《新唐书·历志三下》）

**公元 562 年　壬午　陈文帝天嘉三年　北周武帝保定二年　北齐武成帝太宁二年　河清元年**

△ 知聪（南北朝）携内外典、本草经、脉经、明堂图等 164 卷医书到日本，是中国医学传到日本的最早记载。知聪后定居日本，其子也精通医学，天皇曾赐名为"和药使者"。（廖育群主编，中国古代科学技术史纲·医学卷，辽宁教育出版社，1996 年，第 334 页；日本学士院，明治日本药学史，日本学术振兴会，1958 年，第 5 页）

**公元 563 年　癸未　陈文帝天嘉四年　北周武帝保定三年　北齐武成帝河清二年**

△ 三月十七日，在今河南安阳宝山寺建造一对单层方形石塔。二塔相距 4 米，是"宝山寺大论师道凭烧身塔"。[河南省古代建筑保护研究所，河南安阳灵泉寺唐代双石塔，1986，(3)：70]

**公元 565 年　乙酉　陈文帝天嘉六年　北周武帝保定五年　北齐武成帝河清四年　后主天统元年**

△ 是年前，刘昼（北齐，公元 514~565）在《刘子》中记述了柱面镜的成像。

△ 始凿的河北省鼓山南麓的南响堂石窟的窟檐剥露显示出柱、斗拱和屋顶等仿木建筑遗迹，提供了北朝时期建筑的形象资料。[邯郸市文物保管所等，南响堂石窟新发现窟檐遗迹及龛像，文物，1992，(5)：1]

**公元 566 年　丙戌　陈文帝天康元年　北周武帝天和元年　北齐后主天统二年**

△ 甄鸾（北周至隋）制成《天和历》，与北周历"参用推步"。(《隋书·律历志中》)

**公元 569 年　己丑　陈宣帝太建元年　北周武帝天和四年　北齐后主天统五年**

△ 北齐在今河北定兴县建造一座雕刻精巧的纪念性石柱。在莲瓣柱础上建立八角形的柱子，柱顶置平板，其上置一座面阔 3 间的小石殿。柱的形体耸秀，基本保存汉以来墓表的形制，而雕刻精致的小殿是当时建筑形象的一个可贵的模型。[刘敦桢，定兴县北齐石柱，中国营造学社汇刊，1934，5 (2)]

△ 二月，齐诏禁网捕鹰鹞及畜养笼放之物。(《北齐书·帝纪八》)

**公元 570 年　庚寅　陈宣帝太建二年　北周武帝天和五年　北齐后主武平元年**

△ 约于是年，庾季才（北周）撰成《灵台秘苑》120 卷，是一部关于各类异常天象及其占验的大型著作。(《隋书·庾季才传》)

**公元 571 年　辛卯　陈宣帝太建三年　北周武帝天和六年　北齐后主武平二年**

△ 北齐后主高纬在南邺城之西兴建仙都苑。这座皇家园林规模较大且内容丰富，总体布局采用五岳、四海、四渎的象征手法。(《历代宅京记》)

**公元 572 年　壬辰　陈宣帝太建四年　北周武帝建德元年　北齐后主武平三年**

△ 是年前，徐之才（北齐，公元 505~572）总结徐氏数代医疗经验，撰写医书多部。他提出中医的十剂说，即药有宣、通、补、泄、轻；重、涩、滑、燥、湿。(赵璞珊，中国古代医学，中华书局，1983 年，第 76~77 页)

**公元 575 年　乙未　陈宣帝太建七年　北周武帝建德四年　北齐后主武平六年**

△ 河南安阳北范粹（北齐）墓出土了一批早期的白瓷。它们胎料比较细白，釉色乳白。但是无论胎或釉的白度和烧成硬度及吸水率与隋代白瓷相比尚不很成熟。白瓷的出现是中国陶瓷发展史上一个重要的里程碑，因为白瓷是一切彩绘瓷器的基础和称决条件。(赵匡华等，

中国科学技术史·化学卷，科学出版社，1998年，第78页）

**公元576年　丙申　陈宣帝太建八年　北周武帝建德五年　北齐后主武平七年　隆化元年**

△ 董峻、郑元伟（北齐至隋）制成《甲寅元历》，刘孝孙（北齐至隋）制成《武平历》，张孟宾（北齐）制成《孟宾历》，三家都认为《天保历》粗疏，要求取而代之。通过对当年发生的一次日食的检验，确证明《天保历》误差最大，《甲寅元历》误差也较大，而以《武平历》与《孟宾历》为佳，但两者一时难分仲伯，未及作进一步的检验，北齐国亡，改历之议遂寝。（《隋书·律历志中》）

**公元577年　丁酉　陈宣帝太建九年　北周武帝建德六年　北齐幼主承光元年**

△ 高祖武帝（北周）平齐后，"即以此同律度量，颁于天下"。（《隋书·律历志》）

**公元579年　己亥　陈宣帝太建十一年　北周宣帝大成元年　静帝大象元年**

△ 马显等（北周）制成《丙寅元历》（亦称《大象历》），取代北周历颁行之，北周亡（公元581），隋又沿用到公元583年止。（《隋书·律历志中》）

**两晋南北朝时期**

△ 两晋南北朝时成书的《陶氏疗目方》5卷，是现知中国最早的眼科著作。（《隋书·经籍志》）

**南北朝时期**

△ 南北朝时期成书的《关尹子·九药》提出：用空容器中是否有"气"、"气"出于容器来解释大气负压的产生。后王冰（生活于唐代时期）在注《黄帝内经素问·六微旨论第六十八》中也有类似观点。（戴念祖，中国力学史，河北教育出版社，1988年，第519页）

△ 有人编写了《魏王花木志》，大约是中国较早的一本园林植物专著。原书不存，但见于《齐民要术》的引用。《说郛》所收本子是后人冒名编凑之作。（罗桂环、汪子春主编，中国科学技术史·生物学卷，科学出版社，2005年，第14页）

△ 吉林辑安建筑遗址中室设有坑和灶，地下有烟道与外廊烟囱相连。这是发现的最早火炕实物。又据《水经注》观鸡水东有观鸡寺，寺内大堂甚高，地面铺石抹泥，下为烟道，在室外烧火时一堂尽温，极似清代的地炕然。（北魏·郦道元：《水经注·观鸡水》）

# 隋　朝

**公元 581 年　辛丑　隋文帝开皇元年　陈宣帝太建十三年**

△ 约于是年，在那连提耶舍（Narendrayas，印度；隋，公元 490～589）所译佛经《大乘大方等日藏经》中，首见关于西方黄道十二宫的介绍。[夏鼐，从宣化辽墓的星图论二十八宿和黄道十二宫，考古学报，1976，（2）]

△ 隋文帝杨坚（隋，公元 541～604）立国之初，尚袭北周大制，将经过南北朝增长的度量衡制法定化，以后周市尺为官定之尺，即开皇官尺，令百司用之。（《隋书·律历志》）

△ 是年前，庾信（南北朝北周，公元 513～581）《镜赋》第一次以文字描述了透光镜的所谓"透光"现象，即在镜面反射光的光屏中见到该镜的镜背图案。

△ 晋王杨广（隋，公元 569～618）"观猎遇雨，左右进油衣"。（《隋书·炀帝本纪》）所谓油衣就是利用干性较高的植物油涂复在织物表面作成的防水布，说明我国至迟在隋代即已掌握了这种制作防水布的方法。

**公元 581～600 年　隋文帝开皇年间**

△ 苏元明（又名苏元朗，道号青霞子；隋文帝开皇年间）《宝藏论》记载了以草木药伏制雄雌黄、砒黄以及硫黄的试验及其惊人的效果。至唐代在黄白术中已被广泛利用且很快扩展到神丹大药的炼制中。（赵匡华等，中国科学技术史·化学卷，科学出版社，1998 年，第454 页）

△ 苏元明（隋）以"伏火砒霜"（以草灰于雄黄或砒石合炼的砷酸钾）点化赤铜而得到一种含砷高于 10％的铜砷合金——砷白铜。（隋·苏元明：《宝藏论》）

△ 苏元明（隋）在《太清石壁记》中记载了以硫磺和水银为原料升炼"太一小还丹"的配方，这是现存炼丹术著作中关于人工合成红色硫化汞的最早明确记载。

△ 据苏元明（隋）《宝藏论》记载，肇兴于西汉初年的中国黄白术在隋代初年，已有长足进展，药金、药银的品种已经相当繁多，点化技术也日趋成熟。（赵匡华等，中国科学技术史·化学卷，科学出版社，1998 年，第 438～439 页）

**公元 581～604 年　隋文帝时**

△ 四川向都城进贡柑，采用在果蒂涂腊的方法保鲜。（明·王象晋：《群方谱》引唐·徐煊《五代新说》）

**公元 582 年　壬寅　隋文帝开皇二年　陈宣帝太建十四年**

△ 隋文帝（隋，公元 541～604）因汉长安城规模狭小，水质咸卤，且宫殿、官署和闾里相杂，分区不整齐，决定在汉长安故城东南近龙首山兴建新都。六月，命宇文恺（隋，公元 555～612）主持营建隋都大兴城，先建宫城，继建皇城，后建郭城，翌年三月即完成。大兴城东西长 9721 米，南北宽 8652 米。城北有渭水，东依灞、浐二水，运输便捷；城内南

高北低，有龙首渠、黄渠、清明渠等，自南而北流贯城中。宫城、官署和居民区严格分开，布局整齐明确，是当时世界上最大的城市之一。[《隋书·宇文恺传》；金秋鹏，中国古代科学家传记（上）·宇文恺，科学出版社，1992 年，第 305～308 页]

△ "二月，长安民掘得秦时称权"。颜之推（北齐，公元 531～约 594）著《颜氏家训·书证第十七》记载的这个两诏铜权是最早见于著录的秦权。（丘光明等，中国科学技术史·度量衡卷，科学出版社，2001 年，第 189 页）

**公元 583 年　癸卯　隋文帝开皇三年　陈后主至德元年**

△ 隋取消郡，实行州县二级行政区划制度，同时整肃吏治。（《隋书·文帝本纪》）

△ 隋依牛弘（隋）建议，购求天下遗书。每献书一卷，奖绢一匹。（《隋书·文帝本纪》）

**公元 584 年　甲辰　隋文帝开皇四年　陈后主至德二年**

△ 张宾（隋）制成《开皇历》，即被颁行全国。刘孝孙（隋）和刘焯（隋，公元 544～610）随即对《开皇历》提出尖锐的批评意见，这些意见基本上是正确的，但因张宾是隋文帝的宠臣，刘孝孙和刘焯的意见不但未被采纳，反而先后被排挤出京城。（《隋书·律历志中》）

△ 在今河南临颍城南、跨颍水上修建小商桥，后代多次重修，幸存至今。此桥有二小一大的三孔圆拱，小孔一个拱脚踏上大孔，开小孔上大孔的敞户拱的先声。（清顺治《临颍县志》；唐寰澄，中国科学技术史·桥梁卷，科学出版社，2000 年，第 246～248 页）

**公元 585 年　乙巳　隋文帝开皇五年　陈后主至德三年**

△ 杨素（隋朝，？～公元 606）在永安（今四川奉节东）造五牙船，舱面起楼五层，高百余尺，安 6 座高 50 尺的拍杆，用以拍击战船，以为灭陈之用。（《隋书·杨素传》）

△ 约于是年，庾季才（隋，公元 515～603）及其子庾质（隋）撰成《垂象志》142 卷和《地形志》87 卷，分别为关于异常天象和地理学的著作。（《隋书·庾季才传》）

**公元 586 年　丙午　隋文帝开皇六年　陈后主至德四年**

△ 在今河北正定东南部始建龙藏寺。至唐代更名为龙兴寺，宋代改名为隆兴寺。此寺是国内现存时代较早、规模较大而又保存完整的佛教寺院之一。（光绪《正定县志》）

**公元 587～592 年　隋文帝开皇七～十二年**

△ 日本崇峻天皇时代，由中国带去一套权衡器献给日本天皇，并称"这是称万物用的"。此为中国度量衡传入日本的较早记载。（丘光明等，中国科学技术史·度量衡卷，科学出版社，2001 年，第 274 页）

**公元 587 年　丁未　隋文帝开皇七年　陈后主祯明元年**

△ 正月，隋令诸州每年贡士三人，或以为此即进士科之始。（《隋书·高祖纪上》）

△ 夏四月，隋文帝开山阳渎，北起山阳（今江苏淮安），南至扬州南入江，后为大运河江淮段。（《隋书·高祖纪上》）

**公元 588 年　戊申　隋文帝开皇八年　陈后主祯明二年**

△ 隋下诏伐陈，写诏书 30 万纸遍谕江外。（清·丁耀亢：《天史》；陈大川，中国造纸术盛衰史，中外出版社（台北），1979 年，第 343 页）

△ 杨素（隋，? ~公元 606）于四川奉节造五牙战舰，起楼五层，高百余尺，左右前后置六拍杆，沿长江与南朝的陈军作战。在结束南北朝的分裂局面从而统一全国的大业中发挥了重要作用。（《隋书·杨素传》）

**公元 589 年　己酉　隋文帝开皇九年　陈后主祯明三年**

△ 约于是年，庾季才（隋）等总汇南北朝时期的官、私星图，考订石氏、甘氏与巫咸氏三家星的位置，绘成以北极为圆心，具内规、赤道、外规三个直径不等的同心圆以及偏心圆黄道的星图，成为官方的统一范本。（《隋书·天文志上》）

**公元 590 年　庚戌　隋文帝开皇十年**

△ 约于是年，张宾（隋）去世，刘孝孙重提《开皇历》之非，但屡为刘晖（隋）所阻。为使改革历法的意见能引起隋文帝的注意，刘孝孙抱定一死的决心，推着棺材到皇宫门下，伏地嚎啕大哭，这一举动竟然惊动了隋文帝，遂下令对《开皇历》和刘孝孙等人所献的新历法进行检验对比。（《隋书·律历志中》）

△ 乐工万宝常（隋，约公元 556~约 594）造律吕水尺，尺长 27.4 厘米。（《隋书·律历志》）

**公元 593 年　癸丑　隋文帝开皇十三年**

△ 十二月八日，隋文帝（隋，公元 541~604）敕《废像遗经悉令雕撰》，此为雕版印书的最早记载。（隋·费长房：《历代三宝记》卷十二；陈大川，中国造纸术盛衰史，中外出版社（台北），1979 年，第 343 页）

△ 诏命礼部尚书牛弘（隋）等议定明堂制度。（《隋书·高祖纪》）

△ 宇文恺（隋，公元 555~612）以一分作一尺的比例，造明堂木样（木模型）。其样式：下为方堂，堂有五间，上为圆观，观有四门。又著《明堂图议》2 卷。约大业六年底，上《明堂图议》和明堂木样。（《隋书·宇文恺传》）

**公元 594 年　甲寅　隋文帝开皇十四年**

△ 经日食的检验，证明《开皇历》粗疏，刘孝孙、张胄玄（隋，约公元 526~约 612）两人各自献上的历法都准确，隋文帝同意进行历法的改革。但因刘孝孙坚持要先斩刘晖而后定历，对此，隋文帝不赞成，改历之议被搁置。（《隋书·律历志中》）

△ 文帝下诏立祠祭祀南海，始在广州建海神庙（又称波罗庙）。此后，历代皇帝每年都派官员举行祭典。现存海神庙占地 30 000 平方米，是中国最大的海神庙。

**公元 595 年　乙卯　隋文帝开皇十五年**

△ 是年埋藏的位于河南安阳的张盛墓出土有陶碾。河南安阳桥村的隋代墓中亦出土有

陶碾。它们是迄今为止中国考古发现最早的陶碾模型。[安阳文物工作队，河南安阳两座隋墓发掘报告，考古，1992，(1)：41；考古研究所安阳发掘队，安阳隋张盛墓发掘记，考古，1959，(10)：544]

△ 三月，宇文恺（隋，555～612）主持修建仁寿宫建成。该宫始建于开皇十三年（公元593），位于岐州（今陕西麟游），"夷山堙谷以立宫殿，崇台累榭，宛转相属"，"制度壮丽"。唐贞观五年（公元631）改名为九成宫。(《资治通鉴》卷178)

△ 六月戊子，凿砥柱（三门峡）以利航行。(《北史·隋本纪上》)

## 公元 596 年　丙辰　隋文帝开皇十六年

△ 六月，隋规定工商不得为官，以压低工商的社会地位。(《隋书·高祖纪下》)

## 公元 597 年　丁巳　隋文帝开皇十七年

△ 张胄玄（隋，约公元526～约612）制成《张胄玄历》，经对冬至晷影长度和交食的检验，远胜于《开皇历》。当年即代《开皇历》颁行全国。刘焯（隋，公元544～610）在刘孝孙历法的基础上改造成七曜新术，要求与《张胄玄历》比较优劣，受到袁充（隋，公元544～618）与张胄玄的迫害。(《隋书·律历志中》)

## 公元 598 年　戊午　隋文帝开皇十八年

△ 在今陕西周至南始建避暑行宫——仙游宫。行宫的基址选择在黑水河的河套地段，坐南朝北，而且呈现为龙、砂、水、穴的上好风水格局。(《隋书·帝纪第一》；周维权，中国古典园林，清华大学出版社，1999年，第141页)

## 公元 7 世纪初

△ 王孝通（隋）著《缉古算经》，主要解决土方体积问题和勾股问题。《缀术》失传后这是现存最早的介绍开带从立方的书籍。[钱宝琮，缉古算经提要，李俨钱宝琮科学史全集(4)，辽宁教育出版社，1998年，第371～373页]

△ 王孝通在《缉古算经》中给出若干开带从立方，也即一元三次方程的数值解法。[钱宝琮，缉古算经提要，李俨钱宝琮科学史全集（4），辽宁教育出版社，1998年，第371～373页]

## 公元 600 年　庚申　隋文帝开皇二十年

△ 日本推古女皇（日本，公元592～628年在位）遣使来华，中日关系始有大进展。(《隋书·东夷传》)

△ 袁充（隋）和张胄玄（隋）大力渲染晷影变短、白昼的时间变长之事，取媚于上，深得隋文帝赏识，因而令"百工作役，并加课程。"(《隋书·律历志中》)

△ 隋代以后，炼丹术开始形成两派：外丹派和内丹派。前者以炼制丹药为主；后者倡导传统的气功，主张实行心肾交会，精气搬运，存神闭息，吐故纳新。(赵匡华，中国炼丹术，香港中华书局，1989年，第43～44页)

**公元 601 年　辛酉　隋文帝仁寿元年**

△ 文帝下诏在全国各地选择若干高爽清静之处建灵塔安置佛舍利。扬州大明寺内的栖灵塔，便是其中之一。(《隋书·帝纪第二》；周维权，中国古典园林，清华大学出版社，1999年，第 141 页)

**公元 604 年　甲子　隋文帝仁寿四年**

△ 刘焯(隋，公元 544～610)以初成的《皇极历》要求与《张胄玄历》比较优劣。此时张胄玄(隋，约公元 526～约 612)与袁充互相引重，正炙手可热，刘焯无功而返。(《隋书·律历志中》)

△ 刘焯编定《皇极历》。刘焯成功地把张子信(北齐)的三大发现引入历法中，给出日躔表和同时考虑日、月运动不均匀影响的定朔算法；给出由定朔时刻求食甚时刻、交食初亏和复圆时刻计算法等一套交食新算法；给出新型的五星在一个会合周期内的动态表和五星运动不均匀改正的算法；发明等间距二次差内插法、并应用等差级数法于历法问题的计算；还新创黄白道宿变换算法。《皇极历》是古代历法体系跃上一个新台阶的里程碑。可惜该历法未被正式颁用，但它的诸多创新为后世历家所采用。[陈美东，中国古代科学家传记·刘焯(上)，科学出版社，1992 年，第 290～303 页]

△ 约于是年，刘焯著《论浑天》一文，指出南北地距千里，冬至晷影长度相差一寸的说法，"考之算法，必为不可。"建议在"河南、北平地之所"进行实测，加以检验，未果。(《隋书·天文志上》)

△ 正月，日本开始颁布中国何承天于公元 443 年制定的《元嘉历》，使用到公元 691 年止。这是日本朝廷正式颁布的第一部中国历法。[姚传森，中国古代历法、天文仪器、天文机构对日本的影响，中国科技史料，1998，19 (2)：4]

△ 刘焯发明一种律制，他大胆地打破三分损益法传统，结果证明以长度上等差数列定律绝不能旋宫转调。(《隋书·律历志》；戴念祖，中国声学史，河北教育出版社，1994 年，第 238～239 页)

**公元 605～617 年　隋炀帝大业年间**

△ 虞世南(隋末唐初，公元 558～638)编成《北堂书钞》160 卷刊行，为中国现存最早的类书。

△ 虞世南(隋末唐初)《北堂书钞·钟》记述了几种钟声的响度。(戴念祖，中国声学史，河北教育出版社，1994 年，第 69～70 页)

△ 虞世南(隋末唐初)将此前有关洞穴的文献资料，汇集成册——《北唐书钞·地部·穴篇》。(中国科学院自然科学史研究所地学史组，中国古代地理学史，科学出版社，1985年，第 55 页)

△ 尚书左丞郎茂(隋)将各州送来的图经，按新划分的区域汇总为《诸州图经集》100卷，将有关各地风俗特产的介绍编纂成《诸郡特产土俗记》151 卷，并上奏隋炀帝。这是隋代两部重要的全国性的区域志。(《隋书·经籍志二》)

△ 黄衮、黄亘兄弟(隋)发明大型"水转百戏"，可连续表演 72 种历史故事中最精彩

的场面。并且，"木人奏音声，击磬撞钟，弹筝鼓瑟，皆得成曲"。（宋·李昉等编：《太平广记·水饰图经》）

　　△ 太湖白鱼引种至洛阳。（北宋·朱长文：《吴郡图经续记》卷下）

　　△ 太湖流域形成稻麦一年二熟制。（北宋·朱长文：《吴郡图经续记·物产》卷上）

　　△ 杨上善（隋大业年间）撰《黄帝内经太素》。全书 30 卷，现存 23 卷，是整理注释《内经》最早的医家著作之一。

　　△ 李春（隋）在今河北赵县城南五里的洨河之上建造安济桥，又称赵州桥。桥全长 54 米，宽 9.6 米，拱跨 37.37 米，矢高 7.23 米。在大拱两端上方各建两小拱，既减轻桥身负重又便于泄洪。这种"敞肩拱"式石桥的结构科学价值很高。[唐·张嘉贞：《石桥铭序》；梁思成，赵县大桥，中国营造学社会刊，1933，5（1）]

　　△ 著名赵州桥，桥身石拱之间用生铁（白口铁）栓板固定，表明工程用铸铁量迅速增加。[北京钢铁学院《中国冶金简史》编写小组，中国冶金简史，科学出版社，1978 年，第 145 页]

　　△ 在今河南鹤壁集南始建堰口桥。现桥为单孔蛋形拱，净跨 3.4 米，宽 5 米，长 20 米，桥洞进水处前高导流坝。此桥是中国古代蛋圆拱桥的先声。（唐寰澄，中国科学技术史·桥梁卷，科学出版社，2000 年，第 394～395 页）

## 公元 605 年　乙丑　隋炀帝大业元年

　　△ 隋炀帝杨广（隋，公元 569～618）即位，批准刘焯《皇极历》同《张胄玄历》比较优劣，张胄玄（隋，约公元 526～约 612）以刘焯（隋，公元 544～610）主张使用定朔法而横加攻击，实失水准。隋炀帝终因张胄玄在皇位废立之争中有功，继续颁用《张胄玄历》。（《隋书·律历志下》）

　　△ 隋炀帝诏天下诸郡修风俗物产地图，携书画至江都，船覆失其大半。（陈大川，中国造纸术盛衰史，台北：中外出版社，1979 年，第 343 页）

　　△ 至公元 606 年，裴矩（隋，? ～公元 627）所著《西域图记》3 卷是隋代著名的域外图记，包括 44 个国家山川、道路、风土、物产等，并附有地图，标出要地，为关于新疆和中亚地区的重要地理著作。（《隋书·裴矩传》）

　　△ 隋炀帝发河南、淮北诸郡民丁百万，开通济渠，自洛阳通黄河，经汴渠新线，东南至泗州（今盱眙）入淮。同年，又发淮南民十余万重开邗沟，自山阴（今淮安）至扬子（今扬州）通长江称山阳渎。通济渠、山阳渎共长 2 千公里，为隋大运河中最重要的一段。（《资治通鉴·隋纪四》卷 180）

　　△ 三月，宇文恺（隋，公元 555～612）主持东都洛阳城的规划、设计和营建。翌年正月即建成。隋末毁于战乱，唐代复修。隋唐洛阳城平面略成方形，在布局上不拘于方整对称，能配合地形。（《资治通鉴·隋纪四》）

　　△ 在洛阳宫城以西建皇室园林——西苑（又称显仁宫、会通苑），周围 120 里。苑内有人工湖，方圆 10 余里；湖内造三神山，各高百余尺；亭阁楼台，华丽奢靡。隋西苑的布局，继承汉代"一池三山"的形式；山上建筑安有机械，能时隐时现；16 建筑组庭园分布在山水环绕的环境中，成为园中之园。此为从秦汉建筑宫苑转变为山水宫苑的转折点，开北宋山水宫苑——艮岳之先河。（《资治通鉴·隋纪四》卷 180；周维权，中国古典园林，清华大学

出版社，1999 年，第 137～138 页）

### 公元 606 年　丙寅　隋炀帝大业二年

△ 约于是年，耿询（隋）与宇文恺（隋，公元 555～612）依李兰法制成大型秤漏，又制成马上漏刻。还制成候影分箭上水方壶，这可能是一种兼日晷与漏壶于一体的计时仪器。（《隋书·天文志上》）

### 公元 607 年　丁卯　隋炀帝大业三年

△ 推古天皇 15 年，日本圣德太子（日，公元 574～622）派遣小野妹子（日）为使臣，鞍作福利（日）为通事，组成遣隋使团。次年抵达隋都洛阳，公元 609 年归。隋遣裴世清（隋）为使臣一起返日。此后，日本数次遣使团来华。这些使团以学习和移植中国文化为重要目的，其中一般均为留学生和学问僧随团。（《隋书·东夷传·倭国》；《日本书纪》卷 22）

△ 孙思邈（唐，公元 581～682）所著最重要的炼丹术著作《太清丹经要诀》，列出 18 种秘方，炼制 14 种不同的丹药。孙思邈在其医药学著作中广泛采用了炼丹术的成果。（赵匡华，中国炼丹术，香港：中华书局，1989 年，第 247～251 页）

△ 孙思邈著《太清丹经要诀》中"伏雌雄二黄法"是合成彩色金的丹方。[赵匡华、张惠珍，中国金丹术中的"彩色金"及其实验研究，自然科学史研究，1986，5（1）]

△ 约于是年，孙思邈在《太清丹经要诀》中记载了一种"伏雄雌二黄用锡法"，实际上成为一种制取单质砷的方法。到了宋元时期炼丹家不仅制取了单质砷，而且对这种新物质有明确的描述和利用。中国炼丹家最早发现了元素砷。

△ 约于是年，孙思邈在《太清丹经要诀》中记载了"造玉泉眼药方"，即以金属铅与石英熔炼玉石精华的工艺。此后该工艺曾推广到制造玻璃。此书还记载了一种"造玉法"，即以硝石来试炼玻璃。（赵匡华等，中国科学技术史·化学卷，科学出版社，1998 年，第 63、66 页）

△ 约于是年，孙思邈在《太清丹经要诀》中的"造［铅］丹法"是中国古代有关造铅粉传统工艺的最早记载。（赵匡华等，中国科学技术史·化学卷，科学出版社，1998 年，第 431 页）

△ 至公元 610 年，隋炀帝（隋，公元 569～618）先后三次派遣尉朱宽（隋）、陈棱（隋）、张镇州（隋）率船队到流球（今台湾）。（《隋书·东夷列传·琉球国》）

△ 十月，隋炀帝派屯田主事常骏（隋）、虞部主事王君政（隋）等出使赤土国（今马来半岛南部）。他们从南海郡（治所在今广州市）乘船出海，经西沙群岛、暹罗湾，到达赤土国。大业六年（公元 610）春，回到京师长安（今西安市）。常骏回国后，将旅游见闻写成《赤土国记》2 卷，记载其国的面积、位置、建筑、民俗、制度、宗教、气候、物产等。这次出使，增进了国人对这一地区地理环境的了解。（《隋书·南蛮列传·赤土》；唐锡仁等，中国科学技术史·地学卷，科学出版社，2000 年，第 305 页）

△ 使羽骑尉朱宽（隋）入海求访异俗，至琉球（今台湾）而还。（《隋书》卷八一《琉球传》）

△ 七月，宇文恺（隋，公元 555～612）在榆林造能容数千人坐之大帐。八月，在榆林造大型活动性建筑——观风行殿，上为能拆卸的宫殿式木构建筑，下设轮轴可以推移。（《隋

书·宇文恺》)

### 公元 608 年　戊辰　隋炀帝大业四年

△ 因《张胄玄历》预报日食失效，隋炀帝欲用《皇极历》取代之。但因"袁充方幸于帝，左右张胄玄，共排（刘）焯历"，《皇极历》终未被采用。(《隋书·律历志中》)

△ 张胄玄（隋，约公元526～约612）制成《大业历》。该历法给出自具特色的日躔表、太阳出入时刻表、五星运动不均匀改正法以及交食算法等，也反映了把张子信（北齐）的三大发现引入历法的时代潮流。其所测定的五星会合周期值总体精度达到了历代最高水平。次年，《大业历》取代《张胄玄历》颁行全国，至隋亡（公元618）历废。[陈美东，中国古代科学家传记·张胄玄（上），科学出版社，1992年，第285～287页]

△ 日本推古天皇派遣隋使团中有药师倭汉直福因（日）、惠日（日）等。他们到中国学医。于公元623年学成回国。此后惠日又先后两次（公元630，公元654）来唐，将汉医传入日本。从此，日本研究汉医学者日盛。(木宫泰彦，日中文化交流史，商务印书馆，1980年，第57页)

△ 隋炀帝杨广（隋，公元569～618）为加强北方边防，开永济渠。渠首在板渚黄河北岸的武陟，先引沁水入黄河，再分沁水接入曹操所开之白沟故道而成。东北行至今天津后再接入潞河入漯水（永定河），达于涿郡之蓟城（今北京市西南），全程2000余里。(《隋书·炀帝纪》；《资治通鉴·隋纪五》)

### 公元 609 年　己巳　隋炀帝大业五年

△ 是年，有户8 907 536，口46 019 956，为现存隋代唯一较完整的户口数。(《隋书·食货志》)

△ 崔赜（隋，公元549～617）奉命始撰《区宇图志》250卷，后经多人增补成书1200卷。它包括州郡沿革、山川险要、风俗物产等，且图文并茂，是一部综合性的区域志，也是中国第一部一统志。(《隋书·隐逸列传·崔赜传》；王庸，中国地图史纲，三联书店，1958年，第30～32页)

△ 宇文恺（隋，公元555～612）编纂《东都图记》20卷记载营建东都的规划图和说明，是隋以前城市规划图记的集大成者。(《隋书·宇文恺传》；唐锡仁等，中国科学技术史地学卷，科学出版社，2002年，第288页)

### 公元 610 年　庚午　隋炀帝大业六年

△ 是年前，刘焯（隋，公元544～610）把日、月、五星的运动视为变速运动，从而创出等间距自变量的二次内插公式

$$f(nl + s) = f(nl) + \frac{s}{l} \cdot \frac{\Delta_1 + \Delta_2}{2}$$
$$- \frac{s}{l}(\Delta_1 - \Delta_2) + \frac{s^2}{2l^2}(\Delta_1 - \Delta_2)$$

唐代傅仁均的《戊寅历》、李淳风的《麟德历》、郭献之的《五纪历》、徐承嗣的《正元历》徐昂的《宣明历》、边风的《崇玄历》以及元代耶律楚材（1190～1240）的《庚午元历》中

都用到这一算法。(刘钝,大哉言数,辽宁教育出版社,1993 年,第 309 页)

△ 巢元方(隋,大业年间)等奉诏主持编撰《诸病源候论》。全书 50 卷,内容述及内、外、妇、儿、五官、口齿、骨伤等多科病证。每一病候都详述病因和症状,以及诊断和预后,有些还附有"养生方导引法",是中国现存第一部不载方药而以论述各科病症病因和症候为主的专著。书中载有肠吻合术、大网膜结扎切除术、血管结扎术等外科手术方法和步骤;首先记载用钟头挑出虫子以确认疥病、急性黄色肝萎缩之症候及其雀目(即夜盲证);首次详细解说了儿科中的"变蒸"说和清创手术的原则。(廖育群主编,中国古代科学技术史纲·医学卷,辽宁教育出版社,1996 年,第 77~79、202、214、193 页)

△ 巢元方(隋)所撰《诸病源候论》中已知井冢、深坑中可能有毒气,并提出人者须先以羽毛测试,方可入。(廖育群主编,中国古代科学技术史纲·医学卷,辽宁教育出版社,1996 年,第 283 页)

△ 巢元方《诸病源候论》:"妊娠一月,名曰始形……四月之时,儿六脏收成;五月之时,儿四肢皆成……六月之时,儿口目皆成……七月之时,儿皮毛皆成;八月之时,儿口窍皆成……"似乎已根据实际发育情况来记述人体胚胎的生长发育情况。

△《诸病源候论》明确地提出瘿病与水土密切有关。

△《诸病源候论》已经注意导致传染病的"戾气(病源微生物)"。

△ 冬十二月贯通江南运河。自京口(镇江)至余杭(杭州),历经丹阳、常州、无锡、苏州、嘉兴、长安,至杭州大通桥入钱塘江。全长 800 余里,宽十余丈。至此,隋运河全部完成,经永济渠、通济渠、山阳渎,江南运河,可由北京达杭州,全长 2500 公里,构成以隋都洛阳为中心的全国运河网。(《资治通鉴·隋纪五》)

△ 日本推古 18 年,高丽(今朝鲜)僧昙征(隋)传造纸法入日本。(陈大川,中国造纸术盛衰史,台北:中外出版社,1979 年,第 343 页)

## 公元 611 年　辛未　隋炀帝大业七年

△ 在今山东历城柳埠青龙山麓修建神通寺四门塔。塔身用青石砌成,平面为方形,单层,高 13 米余,四面均辟有拱门,塔檐为叠涩式,檐上用石板叠砌,为中国现存最早的一座亭阁式单层方形石塔。[山东历城神通寺四门塔,文物参考资料,1956,(3)]

## 公元 612 年　壬申　隋炀帝大业八年

△ 何稠(隋)建造辽水桥及六合城,其城墙高 10 仞,周回 8 里。建筑材料能随军携带,随到随筑。(《隋书·何稠传》)

△ 隋炀帝晚年命项昇(隋)建筑"迷楼",千门万牖,穷极工巧,人误入其中,终日不能出。(宋·佚名:《迷楼记》)

## 公元 613 年　癸酉　隋炀帝大业九年

△ 人们在镜面上作画,然后将镜面反射光投在屏上,屏上即见人物图画,时称其为"幻术"。(唐·无名氏:《广古今五行记》)

△ 驴已成为主要的运输役畜。(《隋书·食货志》)

**公元 615 年　乙亥　隋炀帝大业十一年**

△ 十一月十八日，当阳县治李慧达（隋）建造铁镬一口，外壁铭文云"用铁今称三千斤"，现存湖北当阳玉泉寺。此铁镬是迄今唯一能推算出隋代权衡值的实物。它还证实隋朝确有依复古秤之举。（丘光明等，中国科学技术史·度量衡卷，科学出版社，2001 年，第302 页）

**公元 617 年　丁丑　隋炀帝大业十三年　恭帝义宁元年**

△ 是年前，即藏王囊日松赞（gNanri Sroṅ-btsan，？～公元 617）时，汉族的医药、历算书籍传入西藏。[严敦杰，隋唐时代我国藏族人民对科学技术的贡献，自然科学史研究1988，7（1）：1～7]

**隋朝**

△《隋书·百官制》记载，"国子寺祭酒……统国子、太学、四门、书、算学，各置博士、助教、学生等员"。其中算学类设博士二人，助教二人，学生八十人。（钱宝琮，中国数学史，科学出版社，1992 年，第 99 页）

△ 隋代的天文历法机构名曰太史局或太史监，下还设有司辰、漏刻等分支机构。（《隋书·百官志下》）

△ 制成 8 尺铜表，下连石圭，圭面刻有水沟以取平。（《隋书·天文志上》）

△ 隋朝"国子寺祭酒……统国子、太学、四门、书、算学，各置博士、助教、学生等员"。其中算学类设博士二人，助教二人，学生八十人。（《隋书·百官制》）

△ 隋掌管舆马及畜牧之事的官署——太仆寺有"兽医博士员 120"，标志专业兽医机构开始出现。（《隋书·百官志》）

△ 曾出现一本《芝草图》，惜已失传。（《隋书·经籍志》）

△ 莴苣始从外国入我国，是名千金菜。（北宋·陶谷：《清异录》）

△ 设马、牛、羊、驼、骡、驴专用牧场，并分置管理官员。（《隋书·百官志》）

△ 河南安阳桥村的隋代墓中出土瓷质殿宇建筑模型。它采用的是悬山顶出厦的形式。[安阳文物工作队，河南安阳两座隋墓发掘报告，考古，1992，(1)：45]

△ 应用桐油和石灰捻板缝以确保船舶水密的技术，为我国首创。不仅在"如皋发现的唐代木船"上应用，在"山东平度隋船"上早已应用。[南京博物馆，如皋发现的唐代木船，文物，1974,(5)：84～90；山东省博物馆，山东平度隋船清理简报，考古，1979 (2)：145～148]

**隋唐之际**

△ 在河北临城、内邱地区先后发现我国隋唐时期的精细白釉瓷窑址，即是历史上著名的邢窑。它的出现是我国制瓷工艺的又一个飞跃，使我国成为世界上最早拥有白釉瓷的国家。[杨文山，隋代邢窑遗址的发现和初步分析，文物，1984，(12)]

△ 邢窑白釉瓷胎中都使用了含高岭石的二次沉积黏土或高岭土和长石。使我国成为世界上最早使用高岭土和长石作为制瓷原料的国家，虽然当时还不知道这种黏土叫高岭土。可以认为远在我国隋唐时代即已有了近代的高岭土-石英-长石三元系瓷器。[张志刚等，邢窑

白釉瓷化学组成及工艺的研究，景德镇陶瓷学院学报，1992，(13)]

　　△ 邢窑白釉瓷釉中 $K_2O$ 的含量大大增加，有时甚至超过 $CaO$ 的含量，使中国传统的钙釉逐渐向钙碱釉和碱钙变化，大大改进了釉的质量。[张志刚等，邢窑白釉瓷化学组成及工艺的研究，景德镇陶瓷学院学报，1992，(13)]

　　△ 邢窑和巩县窑白釉瓷的最高烧成温度已达 1380℃，成为到目前为止所能收集到的我国瓷器的最高烧成温度，实现了我国历史上高温技术的第二次突破。(李家治等，河南巩县隋唐时期白瓷的研究，中国古陶瓷研究，科学出版社，1987 年，第 136 页)

　　△ 在隋唐前后我国北方的邢窑和南方的湖南岳州 (湘阴) 窑都已出现用匣钵的装烧工艺，开创了使用匣钵装烧陶瓷的先例。(毕南海等，邢窑历代窑具和装烧方法，89 古陶瓷科学技术国际讨论会论文集，上海科学技术文献出版社，1992 年，第 444 页；周世荣，湖南陶瓷，紫禁城出版社，1988 年，第 85 页)

　　△ 隋唐时期有很多波斯鍮铜输入中国，并被尊为上品。(赵匡华等，中国科学技术史·化学卷，科学出版社，1998 年，第 186 页)

# 唐　朝

**公元 618～626 年　唐高祖武德年间**

△ 祖孝孙（唐）将万宝常（隋）的 144 律简化为十二律，奠定了从隋至宋近 400 年的乐律学理论基础。（《新唐书·礼乐志》；戴念祖，中国声学史，河北教育出版社，1994 年，第 221～227 页）

**公元 618 年　戊寅　隋炀帝大业十四年　恭帝义宁二年　唐高祖武德元年**

△ 约于是年，丹元子（隋）著《步天歌》（一曰当为唐代开元年间王希明所著）。将全天 283 星官、1465 星分成紫微垣、天市垣、太微垣和二十八宿（1 宿 1 区）共 31 天区加以描述。完成了古代经典的 3 垣二十八宿全天星空分区法。内中述及各星官的形状、彼此间的相当位置、星数等，以七言诗歌的形式写成，文辞浅显，朗朗上口，便于记忆和普及。（陈美东，陈卓星官的历史嬗变，科技史文集，第 16 辑，上海科学技术出版社，1992 年）

△ 傅仁均（唐）制成《戊寅历》，次年颁行全国。该历法以《大业历》为范本，并有所改进。这是古代第一部正式被颁用的采取定朔法的历法，该历法还曾采用实测多历元法。（《新唐书·历志一》）

△ 约是年后不久，首见黄道十二宫图案印刷品。（韩保全，世界最早的印刷品——西安唐墓出土印本《陀罗尼经咒》，中国考古学研究论集——纪念夏鼐先生考古 50 周年，三秦出版社，1987 年）

△ 约于是年，李淳风（唐，公元 602～670）之父李播（隋至唐）著《天文大象赋》，将全天星官分为 3 垣和另外 13 个天区加以描述，以标准的骈文体裁写成，用较多笔墨讲述各星官所主占验之事。

△ 约于是年，瞿昙罗（唐，印度人）制成《经纬历》。次年，该历法与新颁行的《麟德历》参行之。（《新唐书·历志二》）

△ 约于是年，政府规定各州郡每三年向中央造送地图一次。建中元年（公元 780）改为五年造送一次。天成三年（公元 928）又改为闰年造送一次。（唐锡仁等，中国科学技术史·地学卷，科学出版社，2002 年，第 285 页）

△ 夏五月，改大兴殿为太极殿，开始在隋国都大兴城的基础上，扩建整修当时世界上最庞大规整的唐长安城。此后在太宗、高宗、玄宗在位期间又继续营建，才终于完成外郭城。长安外郭城东西 18 里 115 步，南北 15 里 175 步，周 67 里。（清·徐松：《唐两京城坊考·西京·外郭城》）

**公元 619 年　己卯　唐高祖武德二年**

△ 是年至公元 621 年此前，河北井陉桥楼殿建成。这座敞肩圆弧拱桥，楼殿以桥为殿基，桥跨两崖，主孔净跨 10.7 米。（唐寰澄，中国科学技术史·桥梁卷，科学出版社，2000 年，第 268～271 页）

**公元 621 年　辛巳　唐高祖武德四年**

△ 初行"开元通宝"钱。每十钱重一两，"钱"自此成为重量单位。(《旧唐书·食货志》)

**公元 622 年　壬午　唐高祖武德五年**

△ 宋遵贵（唐）等奉命将洛阳图书沿黄河西运长安（今西安），船在砥柱多被沉没，所存书十不一二。(《新唐书·艺文志一》)

**公元 624 年　甲申　唐高祖武德七年**

△ 唐始定律令，规定唐代官方法定的度量衡单位量制主要内容与《汉书·律历志》大致相同，但对五度、五量、五权之制有所改进；规定度量衡器必须经官方检定并加盖印记。(丘光明等，中国科学技术史·度量衡卷，科学出版社，2001 年，第 318、347 页)

△ 约是年，欧阳询（唐，公元 557～641）等编撰《艺文类聚》成书，历时 3 年。全书100 卷，辑录前人著述，且逐一注明出处，是中国现存最早的官修类书。书中记载了大量自然科学与技术方面的资料。

△《艺文类聚·火》中具体地记述了一个阳燧的焦距。

**公元 627～649 年　唐太宗贞观年间**

△ 所设织染署管理的纺、织、染作坊有：织纴作 10 个，组绶作 5 个，䌷线作 4 个，练染作 6 个。史载唐朝宫中专业丝绸生产工匠有：绫锦坊织工 365 人，内作使绫匠 83 人，掖庭绫匠 150 人，内作织工 42 人。表明唐代官营纺织染生产分工十分明确，规模亦很大。(《唐六典》卷二十二；《新唐书·百官志二》)

**公元 627～665 年　唐太宗贞观至唐高宗麟德年间**

△ 唐代已建立有家畜饲料基地："初，监马二十四万，后乃至四十三万，牛羊皆数倍，莳苜蓿、苜蓿千九百顷，以御冬。"(《新唐书·王毛仲传》)

**公元 627 年　丁亥　唐太宗贞观元年**

△ 高僧玄奘（唐，俗名陈祎，公元 596～664）从长安（今西安）启程西行求法。(唐·玄奘撰，季羡林等校注，大唐西域记校注，中华书局，1985 年)

**公元 628 年　戊子　唐太宗贞观二年**

△ 唐太宗用麻纸写敕，黄纸写诏。(唐·马贽：《云仙杂记》；陈大川，中国造纸术盛衰史，台北：中外出版社，1979 年，第 343 页)

**公元 629 年　己丑　唐太宗贞观三年**

△ 九月癸丑，诏令各州置医学，有医学博士及学生，掌管州境内巡疗。(《旧唐书·太宗本纪上》)

△ 在陕西富县宝室寺内，现存世界最早的铜钟一口，铸刻铭"大唐贞观三年"造，重约3000公斤。（田长浒主编，中国铸造技术史·古代卷，航空工业出版社，1994年，第174页）

## 公元 630 年　庚寅　唐太宗贞观四年

△ 三月，"诸蕃君长诣阙，请太宗为天可汗"，在东、西和中亚地区，建立以唐朝为中心国际关系和国际秩序。至天宝十四年（754），唐朝放弃对中亚地区的经略和控制。（《唐会要》卷100《杂录》；武斌，中华文化海外传播史，陕西人民出版社，1998年，第392~393页）

△ 林邑国献火珠，"状如水精。正午向日，以艾承之，即火燃"。这是玻璃凸透镜点火。（《旧唐书·林邑国传》）

△ 约于是年，一隐居山林的学者指出："月势如丸，其影，日烁其凸处也。"是关于月面实凹凸不平，月面黑影乃是日光所照凸处的阴影的科学推测。（唐·段成式：《酉阳杂俎·天咫》）

△ 唐太宗读《明堂针灸书》，至"人五脏之系，咸附于背"，于是冬十月戊寅下诏："制决罪人不得鞭背，以明堂孔穴针灸之所。"（《旧唐书·太宗本纪下》）。

## 公元 634 年　甲午　唐太宗贞观八年

△ 吐蕃第31代赞普朗日论赞（公元619~629年任吐蕃赞普）与唐朝首次建立联系。从此，内地医学、历算、生产技术始传入西藏。（白寿彝总主编，中国通史，第10册，上海人民出版社，1999年）

△ 在长安城外东北角禁园内修建永安宫，次年改名大明宫。龙朔二年（公元662）加以扩建，一度改名蓬莱宫，后成为唐代帝王在长安居住和听政的主要场所。唐末毁于战乱。大明宫高踞龙首山之上，俯瞰长安城，规模宏大，气势壮阔。含元殿面积2000平方米。麟德殿面积4630平方米。各主要宫殿柱距5米，最大梁跨达10米。（清·徐松：《唐两京城坊考·大明宫》；中国社会科学院考古研究所，唐长安大明宫，科学出版社，1959年）

## 公元 635 年　乙未　唐太宗贞观九年

△ 张九宗（唐）书院建于遂宁（今属四川），是为史籍所载最早的私人书院。

△ 大将侯君集（唐，？~公元643）以及李道宗（唐，公元600~653）因破吐谷浑，进军黄河河源区的星宿海，至柏海（今青海鄂陵湖札陵湖）；黄河河源初步探明。（《新唐书·吐谷浑传》）

## 公元 636 年　丙申　唐太宗贞观十年

△ 太府寺协律郎张文收（唐）依新令累黍尺、定律、校龠，制作了正副两套度量衡器和音律管，副品藏于太乐署；又用累黍法制作过小型铜秤等度量衡器，这些器物做得小巧精准，包用量制都有是小制。（《通典·乐四·权量》；丘光明等，中国科学技术史·度量衡卷，科学出版社，2001年，第347、341页）

△ 长孙皇后（唐，公元600~636）临终前提出"原因山为垅，无起坟"，翌年，太宗下

诏"今预为此制"。从此，唐代帝陵多"以山为陵"。(《新唐书·太宗文德顺圣皇后长孙氏传》;《旧唐书·太宗本纪》)

△ 在今陕西醴泉东北 22 公里的九嵕主峰之上始建昭陵，由阎立德负责。至贞观二十三年太宗入葬时，营建 13 年。昭陵占地 30 万库存，面积居唐陵之首。(元·李好文:《长安图志·昭陵图说》)

△ "(唐)太宗后长孙氏，遂崩。上为之恸，及官司上其所撰《女则》十篇。帝览而嘉叹，以后此书垂后代，令梓行之。"(明·邵经帮:《弘简录》)。梓行即调板印刷。这项史料表明调板印刷术的发明不晚于唐初贞观年间。

## 公元 640 年　庚子　唐太宗贞观十四年

△ 朝鲜半岛的高句丽、百济和新罗三国开始向唐朝派遣留学生。(武斌，中华文化海外传播史，陕西人民出版社，1998 年，第 419~420 页)

△ 孔颖达(唐，公元 574~648)在《礼记正义·月令》注中云:"若云薄漏日，日照雨滴则虹生"，首次合理地解释了虹的成因。(刘昭民，中华气象学史，台湾:商务印书馆，1979 年，第 12 页)

△ 太宗(唐)命侯君集(唐)率兵平定高昌(今吐鲁番)，"及破高昌，收马乳蒲桃于苑中种之，并得其酒法，帝自损益，造成酒"。说明侯君集将一种优质葡萄品种——高昌马奶葡萄引入中原，并在长安栽培成功;使用这种葡萄利用从高昌传进来的自然发酵法试酿出葡萄酒。(宋·王钦若等:《册府元龟》卷 970;赵匡华等，中国科学技术史·化学卷，科学出版社，1998 年，第 569 页)

△ 重修洛阳的天津桥时"令石工累方石为脚"，建成了一座木(或石)梁石柱墩桥。咸亨三年(公元 672)建洛阳的中桥亦采用了此方法。(唐·李吉甫:《元和郡县志》卷五;唐寰澄，中国科学技术史·桥梁卷，科学出版社，2000 年，第 70~71 页)

## 公元 641 年　辛丑　唐太宗贞观十五年

△ 文成公主(唐，? ~公元 680)入西藏，与吐蕃松赞干布成婚。汉地书籍、经像，汉族的历算、医药、制陶、造纸、酿酒等工艺随之传入，对汉藏民族关系和文化交流产生重大影响。(《唐书·吐蕃传》)

△ 文成公主入藏带去了治疗 404 种病的医方，诊断法 5 种，医疗器械 6 种，医书 4 种。这些医书由汉族僧医大天和藏族译师达玛郭嘎等译成藏文，名为《医学大成》(已佚)，开始了藏汉医学交流。(傅维康，中药学史，巴蜀书社，1993 年，第 128 页)

△ 文成公主入藏带去西双版纳一带出产的茶叶，即后来的普洱茶。(《唐书·吐蕃传》)

△ 成书的《隋书·附国传》记载，当时中原地区居民已知青藏高原"其土高，气候凉，多风少雨"的气候特点。《隋书·赤土传》记载，当时已知马来半岛为"冬夏常温，雨多霁少，种植无时"的热带气候。

## 公元 642 年　壬寅　唐太宗贞观十六年

△ 魏王李泰(唐)修、萧德言(唐，公元 558~654)等编纂完成《括地志》，分道计州，翻辑疏录，凡 550 卷，并表上。此书全面叙述 10 道、360 个州、1557 个县的建置沿革、

山岳形胜、河流沟渠、风俗特产、往古遗迹和人物故实，是唐初的一部重要地志。(《新唐书·艺文志》；张国淦，中国古方志考，中华书局，1962 年，第 74~76 页)

### 公元 643 年　癸卯　唐太宗贞观十七年

△ 拂菻（即拜占庭帝国）使者首次来唐，赠经玻璃等，唐回赠绫绮。(《旧唐书·西域传》)

△ 王玄策（唐）首次出使天竺（印度），其后（公元 647、公元 657）又两次出访。著有《中天竺国行记》10 卷，另有图 3 卷，详细而真实地记述了五天竺诸国的地貌、山川、名胜、宗教、文化、政治、经济、社会风情等。[《新唐书·西域列传·天竺国》；孙修身，唐朝杰出外交活动家王玄策史迹研究，敦煌研究，1994，(3)]

### 公元 644 年　甲辰　唐太宗贞观十八年

△ 诏左屯卫大将军姜作本（唐）、匠作少匠阎立德（唐）在今西安临潼骊山主持修建宫殿，赐名汤泉宫，作为皇家沐浴疗疾的场所。至天宝六年（公元 747）扩建，改名华清宫。至唐代，临潼矿泉已发展成一处皇家矿泉疗养区。(宋·乐史：《太平寰宇记》卷 37)

### 公元 645 年　乙巳　唐太宗贞观十九年

△ 约于是年，李淳风（唐，公元 602~670）著《乙巳占》。该书的主体乃是星占术之作，也记述了他所制乙巳元历的部分内容，又论及他的浑天思想，认为"天地中高而四隤"，较何承天之说又前进了一步。[关增建，李淳风及其《乙巳占》的科学贡献，郑州大学学报（哲社），2002，35（1）：121~124]

△ 约于是年，李淳风（唐）制成《乙巳元历》。对于各种天文数据，该历法已采用统一分母表示法，这为他后来所制的《麟德历》所沿用，并为后世历法所遵从。该历法还给出相当好的赤道岁差（在《麟德历》中却不用岁差法）和五星会合周期值（较《麟德历》要准确）。[刘金沂，李淳风的《历象志》和《乙巳元历》，自然科学史研究，1987，(2)]

△ 李淳风（唐）《乙巳占·候风法》根据风的速度和远近将风力分成 10 个等级；详细记载了测风仪器和使用方法。

△ 玄奘（唐，公元 600~664）西游留学归来返回长安（今西安）。历时 17 年，越葱岭，过大清池（今尹塞尔湖）等地，经阿富汗北部，抵天竺（今印度），行程 5 万里，行经 100 多个国家和地区。(唐·玄奘撰，季羡林等校注，大唐西域记校注，中华书局，1985 年)

△ 玄奘（唐）带回的物品中有芒果种子。后来，芒果在我国南方广为种植。

△ 约是年，在西藏拉萨药王山和希达拉山之间修建了琉璃桥，桥长约 30 米，宽约 5 米，是一座 5 孔厚条石墩木梁桥。与墩同厚，上建墙设桥屋，顶铺绿色琉璃瓦。今桥已不作通途用。(唐寰澄，中国科学技术史·桥梁卷，科学出版社，2000 年，第 72~74 页)

### 公元 646 年　丙午　唐太宗贞观二十年

△ 玄奘（唐，公元 600~664）口述、辩机（唐）笔录的《大唐西域记》12 卷完成。此书记其西行所经历 110 个以及传闻所知 28 个城邦、地区、国家的山川、城邑、习俗等，是中国古代杰出的旅行记，也是研究中亚、印度一带历史地理的最重要文献。(季羡林等校注，

大唐西域记校注，中华书局，1985 年）

　　△《大唐西域记》卷十二最早提到帕米尔（波谜罗）这个名称和地理概念；卷一记载了迦毕试国（今阿富汗境内）阿路猱山的上升现象。（唐锡仁等，中国科学技术史·地学卷，科学出版社，2000 年，第 307 页）

　　△ 是年或公元 647 年，菠菜从尼泊尔传入中国，时称"菠薐菜"。（《唐会要·杂录》）

## 公元 647 年　丁未　唐太宗贞观二十一年

　　△ 中国派遣使赴印度摩揭它学习制糖技术，主要是固体石蜜的精制糖制作方法。次年，偕印度石蜜工匠来华，印度甘蔗引熬糖法传入中国。（《新唐书·西域列传》）

　　△ 西藏拉萨旧城中心大昭寺始建，该寺具有唐代建筑风格，也吸收了尼泊尔、印度的建筑艺术特色，后历代均有修缮增修。或说即松赞干布特为文成公主所建，而由文成公主设计而成。

## 公元 648 年　戊申　唐太宗贞观二十二年

　　△ 是年至公元 656 年间，李淳风（唐，公元 602～670）与国子监算学博士梁述、太学助教王真儒等受唐高宗之诏注解算经十书（《周髀算经》、《九章算术》、《海岛算经》、《孙子算经》、《五曹算经》、《张丘建算经》、《夏侯阳算经》、《五经算术》、《缀术》、《缉古算经》）。书成之后，颁发国学作为教材。（钱宝琮，中国数学史，科学出版社，1992 年，第 100～102 页）

　　△ 李淳风（唐）撰《晋书·天文志》详细分析了日晕的结构，提出 26 个名称。（刘昭民，中华气象学史，台湾商务印书馆，1979，第 87～88 页）

　　△ 太宗李世民（唐）之死与他服用胡僧炼制的延年药有关（《旧唐书·西戎》）。后来的唐代皇帝：宪宗、穆宗、武宗、宣宗等皆因不听劝阻服食丹药中毒身亡。表明在唐代炼丹和服食丹药之风极盛。（赵匡华，中国炼丹术，香港中华书局，1989 年，第 39 页）

## 公元 649 年　己酉　唐太宗贞观二十三年

　　△ 是年前，江苏如皋唐代木船于 1973 年发掘出土，残长 17.32 米，自首及尾共分为九个水密舱。船舱及底部均以铁钉钉成人字缝，还用石灰、桐油捻缝，严密坚固。[南京博物院，如皋发现唐代木船，文物，1974，(5)：88]

## 公元 650 年　庚戌　唐高宗永徽元年

　　△ 约于是年，吕才（唐，公元 600～665）创制四级补偿式漏壶。（宋·杨甲：《六经图》）

　　△ 阿拉伯的麦加已用中国输入的纸。（陈大川，中国造纸术盛衰史，台北：中外出版社，1979 年，第 343 页）

## 公元 651 年　辛亥　唐高宗永徽二年

　　△ 新疆吐鲁番杜相墓中有《针经》（残卷），记载了某些疾病的针灸穴位。此外，还有萎蕤丸一枚和萎蕤丸服法说明之墨书 3 行，此药丸是唐代丸剂的初次发现。[傅芳，考古发掘中出土的医学文物，中国科技史料，1990，11 (4)：70～71]

## 公元 652 年　壬子　唐高宗永徽三年

△ 孙思邈（唐，公元 581～682）汇总唐以前的医学资料，结合个人临床经验撰成《备急千金要方》30 卷。全书内容丰富，共 233 门，计方 5000 首，包括临床各科病症。治疗除方药以外，还有针灸、按摩、气功、食疗等，并载述有关医德的医论、脉法及养生方法，可称之为临床百科全书。书中首次完整地提出了以脏腑寒热虚实为中心的杂病分类辨治方法，是脏腑分类辨治的倡导。书中还独树一帜地将"妇人科"排在全书之首。此书卷 26《食治篇》专题讨论食养、食治，是中国现存最早的食疗专篇，奠定了中医食疗的基础。（廖育群主编，中国古代科学技术史纲·医学卷，辽宁教育出版社，1996 年，第 52、81、199、292 页）

△《备急千金要方》首先记载了磁石外用治疗耳聋的方法。［黄健等，中国古代的物理疗法，中国科技史料，1996，17（2）：8］

△《备急千金要方》中记载了"天竺国按摩"18 势，并指明是"婆罗门法"。这套活动身体肢节的自我按摩法的记述是印度按摩术传入中国的较早记载。（廖育群主编，中国古代科学技术史纲·医学卷，辽宁教育出版社，1996 年，第 340～341 页）

△ 孙思邈（唐）著书的《千金要方》、《千金翼方》就介绍了 10 多种皂荚类豆和猪胰澡豆，表明他们已广泛用于洗涤和皮肤的保养。

△ 孙思邈（唐）在《备急千金药方》中记述了磁化酒的制作方法。（戴念祖，中国科学技术史·物理学，科学出版社，1999 年）

△ 高僧玄奘（唐，俗名陈祎，公元 596～664）奏请在今陕西西安市南部慈恩寺端门之南修建石塔——慈恩寺浮图，通称大雁塔。因石塔功大难成，改在西院建砖塔。塔仿印度石浮图的式样建造，方形 5 层砖塔，上有相轮、承露盘，高 180 唐尺。后塔毁，于武则天长安年间（公元 701～704）改修成 7 层；大历年间（公元 766～779）增为 10 层；后经兵火仅存 7 层。此塔是唐代长安城著名的佛塔，也是著名的唐代楼阁式砖塔之一。［唐·慧立等：《大慈恩寺三藏法师传》卷七；重光，慈恩寺大雁塔，文物参考资料，1958，（8）：71］

## 公元 653 年　癸丑　唐高宗永徽四年

△ 颁行《永徽律疏》（后世称《唐律疏议》），其中有处置制造使用度量衡违法行为的两条法律条文及疏议。说明唐朝对执行度量衡检定制度是十分严厉的，对于利用度量衡器具和舞弊行为严惩不贷。（丘光明等，中国科学技术史·度量衡卷，科学出版社，2001 年，第 350 页）

## 公元 654 年　甲寅　唐高宗永徽五年

△ 由于水碓、水磨大量使用严重影响灌溉用水，从而发生大规模毁碓、磨事件。此后的开元九年（公元 721）、广德二年（公元 764）又发生两次大规模毁碓、磨事件。［谭徐明，中国水力机械的起源、发展及其中西比较研究，自然科学史研究，1995，14（1）：92］

## 公元 655 年　乙卯　唐高宗永徽六年

△ 唐代于国子监内添设算学馆，收取学生三十人专门学习数学。以十部算经等为主要教材。算学馆内分为两组，均限七年。每组专业学生十五人。第一组学《孙子算经》、《五曹

算经》、《张丘建算经》、《夏侯阳算经》各一年，《九章》、《海岛算经》共三年，《周髀算经》、《五经算术》共一年。第二组，《缀术》四年，《缉古算经》三年。并都兼学《数术记遗》和《三等数》。公元 658 年，算学馆被废去，公元 662 年又重新设立算学，但将生额降为十人。（钱宝琮，中国数学史，科学出版社，1992 年，第 99 页）

△ 唐代于科举中设明算科，《新唐书·选举志》载其考试章程："凡算学，录大义本条为问答，明数造术详明术理然后为通。试《九章》三条，《海岛》、《孙子》、《五曹》、《张丘建》、《夏侯阳》、《周髀》、《五经算》各一条，十通六，《记遗》、《三等数》帖读，十得九，为第。试……《缀术》七条，《缉古》三条，十通六，《记遗》、《三等数》帖读，十得九，为第。"及第后，送吏部铨叙，给以从九品下的官阶。（钱宝琮，中国数学史，科学出版社，1992 年，第 100 页）

△ 长孙无忌（唐）进史官所撰《五代史志》30 卷，即《隋书》十志。其中《隋书·经籍志》正式确立经、史、子、集四部分类法，成为中国古典目录学中沿用时间最长的图书分类法，一直使用至清代。

## 公元 658 年　戊午　唐高宗显庆三年

△ 高宗遣使分往康国、吐火罗等，访其风俗物产，画图以闻。许敬宗（唐，公元 592～672）根据这些资料编纂成《西域图志》六十卷，是记载西域各国情况的图文并茂的图籍。《新唐书·许敬宗传》）

## 公元 659 年　己未　唐高宗显庆四年

△ 苏敬（唐，公元 599～674）等 23 名医官奉敕所撰《新修本草》54 卷颁行于世，开创了本草史上集体编撰药书的先例。全书载药 850 味，新增药品中有不少是外域传入的。在编书过程中，还首次向全国征集药物，并绘图上报。此书作为中国第一部政府组织力量集体编修的药学著作，还首创了将本草正文、药图、图经三者相辅相成的编撰体例。这部中国最早的药典，统一了药物的名称，订定了药物的知识、产地和用途等。[马继兴，在我国历史上最早的一部药典学著作——唐新修本草，中华医史杂志，1955，7（2）：83～85]

△ 苏敬（唐）《新修本草》中记载提纯硝石的方法："今炼芒硝，即是硝石。"这方法是将粗硝石经过水溶，煎汁，再结晶而得到较纯净的针状晶体硝石。这种方法的改进和推广在火药发明、发展中都是很重要的。

△ 苏敬（唐）《新修本草》附有药图 25 卷，图经 7 卷，"图以载其形色"（《本草图经序》），为中国较早的一部大型动植物图谱。书中还记载了一些外来植物如罂粟等。（罗桂环、汪子春主编，中国科学技术史·生物学卷，科学出版社，2005 年，第 175～176 页）

△ 苏敬（唐）《新修本草》已记载用汞锡银合金作为齿科的填充剂。（北宋·曹孝忠等：《重修政和经史证类备用本草》卷 4）

## 公元 661 年　辛酉　唐高宗显庆六年　龙朔元年

△ 传说弃官出家为道士的窦子明（唐）在四川江油窦圌山云岩寺修建一座上下双索人行铁索道。（唐寰澄，中国科学技术史·桥梁卷，科学出版社，2000 年，第 513～515 页）

**公元 662 年　壬戌　唐高宗龙朔二年**

△ 李淳风制成黄道浑仪。该浑仪外部由固定的子午双环、地平环和赤道环组成；中部由可移动的赤道环、黄道环和白道环组成，赤道环与黄道环固接在一起，而在黄道环上凿有 249 对孔穴，每经过一交点月（约 27 日）令白道环移过一对孔穴安置，以适应黄白交点退行的现象；内部为一四游环和窥管。各环圈皆以同心安置，可用于测量天体的赤道、黄道白道与地平坐标。（《新唐书·天文志一》）

△ 约于是年，李淳风著《法象志》7 卷，"论前代浑仪得失之差"，详细介绍所制黄道浑仪的构造、尺度等。可惜，该书已佚而不传。（《旧唐书·李淳风传》、《旧唐书·天文志上》

**公元 664 年　甲子　唐高宗麟德元年**

△ 李淳风制成《麟德历》。该历法与《乙巳元历》一样，都以《皇极历》为范本，又揉进研究的新得。如其所给交食周期与 19 世纪末才得到的美国天文学家纽康（S. Newcomb，1835～1909）周期是等价的；首创了较严格的每日日中晷影长度计算法；提出进朔法，对定朔法的使用可能造成连续大月或小月多于三个的情况作人为的调整。该历法于次年取代戊寅历颁行全国。[曲安京等，中国古代数理天文学探析，西北大学出版社，1994 年，第 79 页 纪志刚，麟德历晷影计算方法研究，自然科学史研究，1994，（4）]

△ 是年前，《金石簿五九数诀》（作者不详）成书。书中记载炼丹用矿物 45 种，其中包括名称、产地、形状、颜色、透明度、光泽、品质、敲击音响、干燥与湿润的程度、断口形态、鉴别方法、磁性、口味、气味、共生关系、用途等，是中国现存最早以金石簿命名的矿物学专著。（唐锡仁等，中国科学技术史·地学卷，科学出版社，2000 年，第 317～318 页）

**公元 668 年　戊辰　唐高宗乾封三年　总章元年**

△ 杨上善（唐，公元 585～670）撰注《黄帝内经太素》。此书保存了《素问》和《灵枢》的内容，是《黄帝内经》重编类著作的代表作。[王玉兴等，《黄帝内经太素》成书年代研究述评，中华医史杂志，1993，23（1）：27～29]

△ 新疆吐鲁番阿斯塔那 304 号墓发现一些颜色鲜艳的唐代丝织物，其中有一条以缬缬方法染色印花的裙子。整个裙子幅花纹是遗留的染缬时穿线的针眼还清晰可见。五彩缬缬流行于盛唐。（赵承泽主编，中国科学技术史·纺织卷，科学出版社，2003 年，第 49 页）

**公元 669 年　己巳　唐高宗总章二年**

△ 在西安南郊少陵原建造的兴教寺玄奘塔是唐代高僧玄奘（唐，俗名陈祎，公元 596～664）的墓塔。塔平面方形，5 层，高约 21 米。每层檐下都用砖做成简单的斗栱。此塔是中国现存楼阁式砖塔中年代较早和形制简练的代表。（刘敦桢主编，中国古代建筑史，中国建筑工业出版社，1984 年，第 140～143 页）

**公元 671 年　辛未　唐高宗咸亨二年**

△ 僧人义净（唐，俗名张文明，公元 635～713）从广州出发，经佛逝国（今苏门答腊岛东岸）、裸人国（今尼可巴群岛）、耽摩栗底（今印度加尔各答西南）等地，到达那烂陀寺

求法释经，证圣元年（公元695）返回洛阳。归途中于天授二年（公元691）完成《大唐西域求法高僧传》和《南海寄归内法传》，保存了大量有关南海地区的地理资料。（王邦维，唐高僧义净生平及著作论考，重庆出版社，1996年）

**公元 672 年　壬申　唐高宗咸亨三年**

△ 新罗（今韩国）文武王（李韩，公元661～681在位）向唐朝献医针400。

**公元 674 年　甲戌　唐高宗咸亨五年　上元元年**

△ 卒于是年的李凤（唐，？～公元674）墓中出土了现知最早的三彩釉陶。由此推测三彩釉陶的生产大概始于唐高宗中期，在玄宗开元年间（公元713～741）达到极盛时期。（赵匡华等，中国科学技术史·化学卷，科学出版社，1998年，第73页）

**公元 675 年　乙亥　唐高宗上元二年**

△ 在洛阳龙门石窟建成露天摩崖龛——奉山寺，辟山宽广各35米，三面陡壁上刻出11尊大像，主像卢舍那佛高17.14米，为佛教东传以来第一大华龛。（中国大百科全书·建筑、园林、城市规划，中国大百科全书出版社，1992年）

**公元 680 年　庚辰　唐高宗调露二年　永隆元年**

△ 在今云南中甸西北金江塔城关处修筑了一座铁索桥。此为中国目前确知的最古老的铁索桥。据说此桥是明代遗址尚存。[蓝勇，中国西南古代索桥的形制及分布，中国科技史料，1994，15（1）：77]

**公元 681 年　辛巳　唐高宗永隆三年　开耀元年**

△ 建造的西安香积寺塔是中国现存较为典型的唐代楼阁式砖塔。塔原为13层，现存10层；底层特高，其上各层骤然变低。（刘敦桢主编，中国古代建筑史，中国建筑工业出版社，1984年，第141、143页）

**公元 682 年　壬午　唐高宗开耀二年　永淳元年**

△ 至公元683年，王方翼（唐，约卒于公元684～685）创造人力耕地机械。（《新唐书·王方翼传》）

△ 孙思邈（唐，公元581～682）撰成《千金翼方》30卷，记述800余种药物的性味、主治、功效、异名、产地及采集时间；妇儿科、外科疾病，伤寒及内科杂病证治；养生、补益、针灸和诊法等。其中关于伤寒的论述及用药颇具特色。书中首创用血清和脓汁以防治羌疣疵等疾病。（廖育群，中国古代科学技术史纲·医学卷，辽宁教育出版社，1996年，第52～53、288页）

△ 孙思邈（唐）在《千金翼方·药录纂要》中详细论述了13州所产药材500余种，并提出"诸药所生，皆有境界"。[李经纬，孙思邈在发展药学上的贡献，中华医史杂志，1983，13（1）：20～25]

△ 孙思邈著《千金翼方》中治疗瘿病的方剂基本都含有海藻、昆布、海蛤等海产品。

**公元 684～705 年　唐武则天时期**

△ 王方庆（唐武则天时）编写了《庭园草木疏》，书虽不存，但对后来这类著作的发展和花卉植物知识的积累有重要的意义。

△ 耕牛饲养受到重视，把耕牛饲养提高到国家存亡的高度来认识。（《新唐书·张廷珪传》）

**公元 684 年　甲申　唐中宗嗣圣元年　睿宗文明元年　则天后光宅元年**

△ 乾陵建成。唐高宗于是年下葬，神龙二年（公元 706）武则天合葬于此。乾陵位于今陕西乾县北约 6 公里的梁山上。梁山三峰耸立，北峰最高，为地下墓室所在，墓道入口位于山南坡。南面二峰稍低，东西对峙，上立双阙，为陵的天然门户。神道在一条南北走向的岭脊上，北高南低。乾陵因山为陵，在利用天然地势上取得极大成功，较之前代堆土为山，气势更加雄伟，成为中国古代陵墓成功利用地形的范例。（《唐会要》；中国大百科全书·建筑、园林、城市规划，中国大百科全书出版社，1992 年）

**公元 685～688 年　唐则天后垂拱年间**

△ 孟诜（唐武后垂拱年间）使用"火烧"（即近代的焰色检定法）鉴定真金与药金。（《旧唐书·列传·孟诜》）

**公元 685～741 年　唐则天后垂拱至开元年间**

△ 司马承祯（唐武后垂拱至开元年间）撰《洞天福地——于地宫府图》，谓全国有十大洞天、三十六小洞天及七十二福地。其分布遍及大江南北，从一个侧面说明唐代仙道活动热火朝天，炼丹术炉火旺盛的景况。（赵匡华等，中国科学技术史·化学卷，科学出版社，1998 年，第 272～273 页）

**公元 686 年　丙戌　唐则天后垂拱二年**

△ 四月七日，武则天撰《兆人本业记》，"颁朝集使"。《兆人本业》是我国最早的官修农书。（《唐会要》卷 36；王毓瑚，中国农学书录，农业出版社，1964 年，第 37 页）

△ 创建泉州开元寺，后屡毁屡建，现存宋建双石塔和明建大殿。（《大明一统志》卷八；中国大百科全书·建筑、园林、城市规划，中国大百科全书出版社，1992 年）

**公元 688 年　戊子　唐则天后垂拱四年**

△ 洛阳主要宫殿乾元殿毁后，武则天命僧怀义（唐）主持，日役万人，在该殿址附会古代明堂制度建造殿堂，供布政、祭祀、受贺、飨宴、讲学辩论之用，是唐代著名大型建筑物。明堂方 300 尺，为多边形。高 294 尺，分三层，中层法十二辰；上为圆盖，九龙捧之，上施铁凤；明堂周旋铁渠以为辟雍之象，号曰"万象神宫"。明堂后建有高 5 层的天堂。明堂和天堂的规模和复杂程度均超过唐两京所有宫殿，但只用不到一年时间，说明其具有较高的设计和施工能力。（《资治通鉴》卷二百四十）

## 公元 689 年　己丑　唐则天后永昌元年

△ 武则天用建子之月（即冬至所在之月）为正月（子正），一改汉武帝以来以建子之月为十一月（寅正）的传统。而至公元 700 年又复用寅正。（《旧唐书·历志二》）

△ 洛阳中桥自桥移建后，岁为洛河水冲注，李昭德（唐）首创分水金刚墙，即令石工垒方石为脚，做迎水面有尖角的墩子以分散水势。（《唐两京城坊考·皇城端门》）

△ 使用以木斗链筒汲深井水的"井车"。（《太平广记》卷 250 引《启颜录》）

## 公元 690 年　庚寅　唐则天后载初元年　武周天授元年

△ 武后亲自策问贡士于洛城殿，殿试自此始。（《新唐书·选举志》）

## 公元 692 年　壬辰　武周天授三年　如意元年　长寿元年

△ 禁天下屠宰及捕鱼虾，前后共 8 年。（《资治通鉴》）

△ 孝昭王元年，新罗（今朝鲜）留学僧道证自唐朝带回天文图。

△ 李朝孝昭王（韩国）仿唐制设药典，有医学博士专授与明堂图。[靳士英，韩国昌德宫所藏古铜人，中国科技史料，2000，21（3）：269]

## 公元 694 年　甲午　武周长寿三年　延载元年

△ 征天下铜 50 余万斤、铁 330 余万斤、钱 27 000 贯，于洛阳定鼎门内铸 8 棱铜柱，高 105 尺，径 1 丈 2 尺，名为"大周万国颂德天枢"。下置铁山、铜龙负载，狮子、麒麟围绕，上有承露盘，盘上施盘龙以托火珠，珠高 1 丈，围 3 丈。集当时铸造工艺之大成。由工匠毛波罗（唐）造模。

## 8 世纪初

△ 杨务廉（唐）创制了发声机械木偶："常于沁州市内刻木作僧，手执一碗，自能行乞。碗中钱满，关键忽发，自然作声云'布施'。"这是在科学史上第一次人工合成机械言语声。（唐·张鷟：《朝野佥载》卷六；戴念祖，中国声学史，河北教育出版社，1994 年，第 471～472 页）

△ 于阗（今新疆和田一带）维吾尔名医比吉·赞巴希拉汗（唐）应吐蕃王邀请入藏，担任王室侍医。他先后将自己所著《医学宝鉴》、《尸体图鉴》、《甘露宝鉴》和《杂病精解》等 10 余种医书译成藏文献给藏王。对以后藏医学的发展有较大影响。

△ 江苏南京江宁县九华山发现唐代古铜矿及冶渣、矿石等冶铜遗物，对其冶炼技术的研究表明，此处使用了硫化矿——冰铜——铜的冶炼工艺，证明宋、明文献记述的使用硫化矿炼铜的技术，在唐代已使用，且已相当成熟。[李延祥等，九华山唐代炼铜炉渣的研究，自然科学史研究，1996，（3）]

## 8 世纪

△ 约此时，中国栽培的菊花传入日本。[罗桂环，西方对"中国——园林之母"的认识，自然科学史研究，2000，19（1）：75]

△ 四川涪江流域已生产冰糖，时称"糖霜"。（南宋·王灼：《糖霜谱·原委第一》）

△ 利用温泉栽培蔬菜。（《新唐书·百官志》）

## 公元 700 年　庚子　武周圣历三年　久视元年

△ 改太史局为浑天监，旋又改为浑仪监，此后 50 余年间，又曾以太史局、太史监或浑天监为名，或独自为职局，或隶属于秘书省。其间，仅管理漏刻的人员编制曾达 673 名之多，足见天文历法机构之庞大。（《旧唐书·天文志下》；《旧唐书·职官志二》）

△ 武则天敕撰《乐书要录·辨音声审声源》提出了"声源"二字，并认为声音的产生同时需要两个条件：有形物的运动或振动；空气随之因循这种运动；提出风速的大小与其音调高低相关联。（戴念祖，中国声学史，河北教育出版社，1994 年，第 54～55 页）

## 公元 701 年　辛丑　武周大足元年　长安元年

△ 日本颁布的《大宝律令》中，医事制度、医学教育、医官设置均仿效唐制。（廖育群，中国古代科学技术史纲·医学卷，辽宁教育出版社，1996 年，第 334 页）

△ 孟诜（唐，约公元 621～713）总结前人食疗经验的基础上撰成《补养方》3 卷，后经张鼎增订易名为《食疗本草》，是中国第一部以食疗命名的食养食疗专著，对后代有相当大的影响。书中重视食物的营养价值，也述及食物的加工和烹调，对食养有较高的参考价值。（傅维康，中药学史，巴蜀书社，1993 年，第 136～139 页）

## 公元 704 年　甲辰　武周长安四年

△ 一件雕版的汉文经文《无垢净光大陀罗尼经》（1966 年在原新罗王国都城庆州的佛国寺一座石塔中发现）在中国印成。公元 751 年作为礼品带往朝鲜。它是朝鲜所保存最早的印刷品之一。（张秀民，中国印刷史，上海人民出版社，1989 年，第 32～34 页）

## 公元 705 年　乙巳　唐中宗神龙元年

△ 是年至公元 710 年，有人合百鸟毛织出"正视为一色，旁视为一色，日中为一色，影中为一色，而百鸟之状皆见"的百鸟毛裙。这种百鸟毛裙的织造工艺极值得注意，它可能是利用不同纱线的捻向以及不同颜色的羽毛，在不同光强照射下形成不同反射光的原理制成。（《新唐书·五行志》）

## 公元 706 年　丙午　唐中宗神龙二年

△ 武则天与唐高宗合葬的乾陵（在今陕西乾县）中陪葬的章怀太子墓甬道壁绘有侍女手托盆景的壁画，盆景中有假山和小树，这是已知世界上最早的盆景形象实录。[陕西省博物馆、乾县文教局唐墓发掘组，唐章怀太子墓发掘简报，文物，1972，（7）]

## 公元 707～709 年　唐中宗景龙年间

△ 桂州都督王晙（唐）在广西普洱府车北 20 里修灵陂，引漓江水灌溉。此为广西地区较早的陂塘工程。[水利水电科学研究院《中国水利史稿》编写组，中国水利史稿（下），水利电力出版社，1987 年，第 350 页]

△ 在今陕西西安市南关荐福寺南院建造荐福寺塔。因比慈恩寺大雁塔小，故名小雁塔。塔平面方形，15 层，高 43 米，为唐代方形密檐空腔式砖塔的代表作。下有较大的夯土塔基，在夯土层中埋有纵横间木梁以加强基础的整体性，故屡经地震，塔身纵裂，分而复合者多次，迄未倒塌。[清·徐松：《唐两京城坊考》卷二《安仁坊》；杨鸿勋，唐长安荐福寺塔复原探讨，文物，1990，（1）：88]

**公元 708 年　戊申　唐中宗景龙二年**

△ 约于是年，在编号为 MS3328 的敦煌卷子中，有手绘 12 月星图各一幅和紫微垣星图一幅。12 月星图大体依据 3 垣二十八宿法划分天区，绘出赤道附近的星官，是为横图——大约以赤道为横坐标、以去极度为纵坐标，进而描绘各星官的星图；紫微垣星图则为以北极为中心的圆图。该星图绘有约 1350 颗星，是横图与圆图相结合的科学星图。[席泽宗，敦煌星图，文物，1966，（3）；马世长，敦煌星图的年代，中国古代天文文物论集，文物出版社，1989 年，第 185～198 页]

**公元 709 年　己酉　唐中宗景龙三年**

△ 约于是年，南宫说（唐）等制成《乙巳元历》（亦即《景龙历》），该历取各天文数据的共同分母为 100，较《麟德历》更为简便，其所取近点月和交点月长度均为历代最佳值，又取五星平合作为五星动态表的起点，并取以黄道坐标为准的方法。"历成，诏令施用"，但因唐中宗去世，未果行。（《旧唐书·历志二》；陈美东，古历新探，辽宁教育出版社，1995年，第 239、257 页）

**公元 710 年　庚戌　唐中宗景龙四年　少帝唐隆元年　睿宗景云元年**

△ 金城公主（唐）入藏，带去大批医药人员和医籍。汉医马亚纳和藏医别鲁札等根据这些医书，编著成现存最古老的藏医文籍——《月王药诊》。书中详述了人体的解剖生理、病原病理和各种疾病的诊断方法，所载药物中有不少是青藏高原特产的药物。（傅维康，中药学史，巴蜀书社，1993 年，第 128 页）

△ 约是年前，尚书左仆射韦巨源（唐）撰成烹调技术专著《食谱》（又称《烧尾食单》）。此为中国最早的饮食专著之一。（陶振纲等，中国烹饪文献提要，中国商业出版社，1986 年）

**公元 712～742 年　唐玄宗年间**

△ 方士张果（唐玄宗年间）所撰《玉洞大神丹砂真要诀》对丹砂（HgS）的讲解和描述最为翔实。（赵匡华等，中国科学技术史·化学卷，科学出版社，1998 年，第 339 页）

△ 道士王旻（唐）撰《山居要术》3 卷，为较早的山居系统农书。（董恺忱、范楚玉主编，中国科学技术史·农学卷，科学出版社，2000 年，第 413 页）

△ 出现缬缬染色印花方法。唐玄宗柳婕妤之妹"性巧慧，因使工镂板为杂花象之，而为缬缬。"（宋·王铚：《唐语林》卷 4《贤媛条》）

## 公元 713～741 年　唐玄宗开元年间

△ 太乐令曹绍夔（唐）为洛阳僧人消除寺内钟与磬的共振，从而解除了寺僧为共振事而患下的忧郁病。（戴念祖，中国声学史，河北教育出版社，1994 年，第 101～102 页）

△ 僧一行（唐，公元 683～727）首次对全国山脉分布系列进行论述，提出"山河两戎说"即两大山系说。[宋·王应麟：《玉海》卷二十；杨文衡，论王士性的地理学成就，自然科学史研究，1990，（1）：93]

## 公元 713～756 年　唐玄宗开元天宝年间

△ 沙门昙霄（唐）因游诸岳至葡萄谷，得葡萄食之；又将葡萄蔓移其寺中种植，并成活。说明唐代葡萄种植已由汉代"取其实"的种子繁殖发展为扦插繁殖。（唐·段成式：《酉阳杂俎·前集》卷 18《木篇》）

△ 西安何家村窖藏东市库郝景银饼铭文中有"五十二两四钱"。此为以"钱"作为衡重单位使用的较早实物之一。"钱"作为"两"的分数单位，对于我国权衡制建立两以下十进位分数单位，产生重要影响，它是由唐初推行"开元通宝"这个货币名称——"钱"转化而来。（丘光明等，中国科学技术史·度量衡卷，科学出版社，2001 年，第 336～338 页）

△ 盆养观赏鱼出现在唐宫室。（五代·王仁裕：《开元天宝遗事》卷上《盆溪草》）

△ 王仁裕（五代，公元 880～956）著《开元天宝遗事》记载当时使用的两种测风仪器——相风旌和占风铎。

△ 位于今南京市江宁县汤山镇东南的九华山铜矿冶遗址[①]，已使用"硫化矿—冰铜—铜"工艺冶炼低品位含铜黄铁矿，在经过至少两次浓缩冶炼分别获得品位约为 25% 和 40% 的两种冰铜，表明宋、明文献记载的硫化矿炼铁铜技术在唐代已使用较为成熟。[李延祥等，九华山唐代炼铜炉渣研究，自然科学史研究，1996，15（3）：285～294]

## 公元 713 年　癸丑　唐玄宗先天二年　开元元年

△ 震国首领被封为渤海郡王，始改称渤海国，其制悉仿唐制。有五京，上京在龙泉府（在今黑龙江宁安）。（《新唐书》卷 219）

△ 诸州增置医学助教，写《本草》、《百一集验方》藏之。（《旧唐书·职官三》）

△ 玄宗（唐，公元 685～762）即位前，即好民间清明节斗鸡戏，即位初，遂在两宫设鸡坊，养雄鸡千余，选六军小儿五百专司驯饲。斗鸡之风因而盛于京师。（《旧唐书·玄宗本纪》）

△ 盐官县（今浙江海宁）筑钱塘江海塘，南自盐官县境，北到松江，长 124 余里。大规模修筑浙江海塘始于此。（《新唐书·地理志》）

## 公元 714 年　甲寅　唐玄宗开元二年

△ 令周庆立（唐）任广州市舶使。市舶使始见于史籍。（《新唐书·柳泽传》）

△ 玄宗以宝相枝、龙鳞月砚赐大臣，宝相枝即斑竹毛笔。（五代·陶谷：《清异录》）

△ 九月，玄宗将长安兴庆坊藩邸扩建为兴庆宫，合并北面永嘉坊的一半，往南将隆庆

---

① 该遗址古采场内样口经 $C^{14}$ 和树轮校正为唐代初年，据文献记载开采上限为天宝年间。

池包入。开元十六年（公元 728）玄宗移居兴庆宫。经扩建后，占地达 2016 亩。其布局为北宫南苑。(《新唐书·玄宗本纪》；周维权，中国古典园林，清华大学出版社，1999 年，第 131～137 页)

## 公元 715 年　乙卯　唐玄宗开元三年

△ 二月，因鲤与李同音，禁采捕鲤鱼。(《新唐书·玄宗本纪》)

## 公元 716 年　丙辰　唐玄宗开元四年

△ 太行山地区发生蝗灾，姚崇（唐）创"点火诱杀"和"开沟捕杀"相结合的治蝗方法，"是岁所司奏捕蝗虫几百余万石"。(《新唐书·姚崇传》；唐·郑綮：《开天传信记》)

△ 是年后成书的《沙州都督府图经》指出沙漠地区雪山脚下河流依靠融化的冰雪水补给，且有"朝减夕涨"的水文特性。(唐锡仁等，中国科学技术史·地学卷，科学出版社，2000 年，第 296 页)

△ 张九龄（唐，公元 673～740）奉诏重新整修大庾岭（位于今广东、江西二省中间的山岭，又名梅岭）路，从而沟通了南面的浈水和北面的章水，形成一条连接粤赣水系的水陆交通联运的运输网络。(唐·张九龄：《开凿大庾岭路序》)

## 公元 717 年　丁巳　唐玄宗开元五年

△ 日本学者吉备真备（日本；唐，公元 693～775）和阿倍仲麻吕（日本；唐，公元 698～770）随日本遣唐使到中国。吉备历时 18 年至公元 734 年才回国，后成为入唐留学生回国后最受重用的人，为移植唐文化做出重要贡献。(武斌，中华文化海外传播史，陕西人民出版社，1998 年，第 512～513 页)

## 公元 718 年　戊午　唐玄宗开元六年

△ 瞿昙悉达（印度；唐，Gautama Siddhārtha）译出古印度历法《九执历》，该历主要是以约成书于公元 550 年的古印度《五种历数全书》为依据的。它取周天 360°制，采用黄道坐标于天体运动的计算，给出太阳近地点的概念与数值，实际上引进了关于地球的观念，给出了因日、月与地球直线距离变化造成的月亮视直径与地球影锥直径大小的计算法，计算日食食分时虑及了月亮视差在不同地理纬度处的不同影响，应用了正弦函数算法。这些对传统历法而言，都是新的知识。[唐·瞿昙悉达：《开元占经》卷一百四；薮内清，九执历研究，东方学报，1979，(36)]

△《九执历》中含有印度三角学知识及正弦线值表。此前，《婆罗门天文经》二十一卷、《婆罗门阴阳算历》一卷以及《婆罗门算经》三卷已传入我国，但这些书籍并没有对中国数学产生影响，并渐次散佚。(中外数学简史编写组，中国数学史简编，山东教育出版社，1986 年)

## 公元 719 年　己未　唐玄宗开元七年

△ 姜师度（唐，约公元 650～723）在同州（治所在今陕西大荔）开渠将洛水、黄河引入原通灵陂，恢复朝邑、河西两县（今大荔、韩城两县之间）荒地 2000 多顷。他还曾在贝

州经城（今河北巨鹿东）开张甲河；在沧州清池（今沧州东南）开渠引浮水入毛氏河、漳河消除内涝；在郑县（今陕西华县）修利俗、罗文两渠并筑堤防水。（《旧唐书·姜师传》；《新唐书·地理志》）

**公元 720 年　庚申　唐玄宗开元八年**

△ 约于是年，瞿昙悉达（印度，唐）等编撰成《开元占经》120 卷，主要是集前代星占术大成的著作，泛取各家之说，对有关天象的星占意义予以说明。它也集录了前人关于宇宙理论的论述，关于天体的状况、运动、各种天文现象的论述，关于石氏星经以及有关历法的资料等宝贵的天文历法史料。其中摘录有现已失传的古代天文学和星占术著作共约 77 种、纬书共约 82 种。（薄树人，《开元占经》——中国文化史上的一部奇书，《唐开元占经》前言，中国书店，1989 年）

△《开元占经·地境》记载："鼠聚朝廷市衢中而鸣，地方屠裂。"描述了地震前动物的异常反应。（唐锡仁，中国古代的地震测报和防震抗震，中国古代科技成就，中国青年出版社，1978 年，第 322 页）

**公元 721 年　辛酉　唐玄宗开元九年**

△ 颁敕格，统一度量衡标准器，包括秤、尺、五尺度、斗、升、合，皆以铜铸。（《唐会要·太府寺》）大历十年（公元 775）四月，又一次向诸州府发铜斗秤标准器并明确州府可依样制造向下颁行。（《旧唐书·代宗纪》）

△ 增修蒲州西门外黄河浮桥，铸八铁牛，分置两岸以系大索缆之。（《资治通鉴》卷212）

**公元 722 年　壬戌　唐玄宗开元十年**

△ 韦述（唐，？～公元 757）撰《两京新记》（又称《东西京记》）记载隋唐间西京长安、东京洛阳。原本 5 卷，今本 3 卷，为现存有关古都长安的较早著作。（陈子怡，校正《西京新记》，西安和记印书馆，1936 年）

**公元 723 年　癸亥　唐玄宗开元十一年**

△ 李白（唐，公元 701～762）登上秦岭主峰——太白峰顶峰，并写有《登太白峰》诗。（周正，冰川雪岭两千年，中国展望出版社，1982 年，第 22 页）

△ 颁《广济方》于天下，仍令诸州各置医博士一人。（《旧唐书·玄宗本纪上》）

**公元 724 年　甲子　唐玄宗开元十二年**

△ 一行（唐，公元 683～727）与梁令瓒（唐）制成黄道游仪。在李淳风黄道浑仪的基础上有所改进，不用其外部的赤道环，而中部的黄道环和赤道环并不固接，于赤道环上每隔1 度凿一孔穴，每经约 80 年可使黄道环移过 1 度安置，以适应岁差的现象。并采用了通过仪器北极轴孔观测北极星以校正极轴位置的方法。（《旧唐书·天文志上》、《宋史·天文志一》）

△ 一行组织发起全国范围的天文测量工作，选择北起铁勒（今俄罗斯贝加尔湖附近）、南到林邑国（今越南中部）的 13 个地点，观测各地的北极出地高度、冬夏至和春秋分晷影

长度，以及冬夏至漏刻长度等，为新历法的制定准备必须的数据。(《新唐书·天文志一》)

△ 一行委派南宫说到上述 13 个地点中大约处于同一经度上的 4 地：河南滑县、开封、扶沟和上蔡进行测量，除测量上述内容外，还增加测量 4 地彼此间的水平距离，这些实际上是进行了世界上首次子午线 1°长度的实测工作。一行与南宫说对测量结果的分析得出"大率三百五十一里八十步，而极差一度"的结论，亦即子午线 1°长 131.11 千米，也就以实测推翻了南北地距千里，冬至晷影长度相差一寸的旧说。[《新唐书·天文志一》；陈美东，中国古代科学家传记（上集）·一行，科学出版社，1992 年，第 369 页]

△ 一行创制"复矩"，这是一种用于测量北极出地高度的便携式仪器，供四海测量之用。(薄树人，中国古代科学家·一行，科学出版社，1959 年，第 103 页)

## 公元 725 年　乙丑　唐玄宗开元十三年

△ 一行（唐，公元 683～727）与梁令瓒（唐）制成《水运浑天俯视图》，它是在张衡水运浑象的基础上，"又立二木人于地平之上，前置钟鼓以候辰刻，每一刻自然敲钟，每辰则自然撞鼓"，是为一自动报时的系统。(《旧唐书·天文志上》)

△ 二月二十二，"以幽、幽字相涉，诏曰："鱼、鲁变文，荆、并误听，欲求辨惑，必也正名，改'幽'字为'邠'字。"这是中国古代最早正式提出地名整理原则的诏书。[《唐会要》卷 70；华林甫，论唐代的地名学成就，自然科学史研究，1997，16 (1)：41～42]

## 公元 727 年　丁卯　唐玄宗开元十五年

△ 徐坚（唐，公元 659～729）等所撰《初学记》将中国主要温泉产地以及唐代以前有关温泉之文献做了系统的整理。(刘昭民，中华地质学史，台湾商务印书馆，1985 年，第 153 页)

△ 徐坚（唐）等编写了类书《初学记》，其中收录了大量的动植物史料，对当时动植物知识的普及有重要的意义。(罗桂环、汪子春主编，中国科学技术史·生物学卷，科学出版社，2005 年，第 193～194 页)

## 公元 728 年　戊辰　唐玄宗开元十六年

△ 一行（唐，公元 683～727）《大衍历》编成。该历法的体例结构合理、逻辑严密，成为后世历法的经典模式。它首创不等间距二次差内插法、反函数法等，对太阳运动不均匀给出新描述，重测二十八宿距度，编制成准正切函数表，提出五星轨道与黄道间有一定的夹角、五星近日点进动的新概念，对交食算法和五星动态表进行重大改革，并给出五星运动不均匀改正的新算法，以及计算各地晷影与漏刻长度和月亮视差对日食食分影响的新算法。该历法在形式与内容两方面均大有长进，特别是解决了历法的普适性问题，是古代历法体系成熟的里程碑。次年，《大衍历》取代《麟德历》颁行全国。[《新唐书·历志》；陈美东，中国古代科学家传记（上集）·一行，科学出版社，1992 年，第 362～368 页]

△《大衍历·历议》分别对历法之本、冬至时刻和回归年长度的测量、朔望月长度的测量、岁差问题、太阳运动的不均匀性、月亮运动的轨道、日食问题和五星运动等 12 个专题进行评述，论前人在这些问题上的是非得失，阐发研究之新得。可以说是一专题论文集，其中尤以关于岁差问题的讨论为精到。(《新唐书·历志三》)

**公元 730 年　庚午　唐玄宗开元十八年**

　　△ 至公元 805 年，开辟"广州通海夷道"。自广州出发，经海南岛东侧，直航越南占婆而后南下至昆仑岛。然后穿过马六甲海峡，横渡孟加拉湾到达狮子国（斯里兰卡），又经印度没来国（奎隆），西北行至罗和异国（波斯湾阿巴丹附近）。全程航行 90 天。再西行 48 天到达三兰国（Samran，今亚丁）。（《新唐书·地理志》卷四三下《广州通海夷道》）

**公元 731 年　辛未　唐玄宗开元十九年**

　　△ 扬州出现野生稻 215 顷，是为野生稻在长江北岸大片发现。（《新唐书·玄宗本纪》；北宋·李昉：《太平御览》卷 839）

　　△ 正月，因鲤与李同音，再次禁采捕鲤鱼。（《新唐书·玄宗本纪》）

　　△ 在淮阳运河扬子津设二斗门。（《新唐书·食货志》）

**公元 733 年　癸酉　唐玄宗开元二十一年**

　　△ 瞿昙譔（印度，唐）、陈玄景（唐）与南宫说等认为"大衍写九执历，其术未尽"。即以为《大衍历》参照了古印度《九执历》的内容，但未得其精髓，存在不少问题。随后经对天象的检验证明《大衍历》优于《麟德历》，更胜过《九执历》，因而加罪于南宫说等人。（《新唐书·历志三上》）

**公元 737 年　丁丑　唐玄宗开元二十五年**

　　△ 最早的一部国家水利法规《水部式》颁行，涉及灌溉、航运、水力利用、城市供排水、渔业及交通等多方面的管理条例。［周魁一，《水部式》与唐代的农田水利管理，历史地理，1986，（4）：88］

**公元 738 年　戊寅　唐玄宗开元二十六年**

　　△ 令天下州县，每乡之内每里设立一所学校，择师资使其教授。（《新唐书·玄宗纪》）

　　△ 润州刺史齐瀚（唐）移江南运口于京口埭下，在埭旁建一斗门，在江潮顶托时开斗门进出船舶，潮退则闭斗门以防河水走泄。又发动民夫浚挖自瓜州（扬州西南）至扬子镇间 25 里长的伊娄河，缩短渡江航路，改善运输。（《新唐书·地理志》；《旧唐书·齐瀚传》）

　　△ 建成南诏太和城（在今云南大理太和村），现尚有城墙残迹，为南诏重要城堡遗址。（唐·樊绰：《蛮书》）

**公元 739 年　己卯　唐玄宗开元二十七年**

　　△ 陈藏器（唐）为拾撷《新修本草》所遗药物撰成《本草拾遗》10 卷。卷 1 为序例，最早记述了中国古代归纳药性的重要理论之一——"十剂"的内容；卷 2～卷 7 为拾遗，共收《新修本草》未载药物 692 种；卷 8～卷 10 为解纷，对 269 种药进行考辨。此书资料广博、考订精细，是唐代重要的一部本草著作。

　　△ 陈藏器（唐）《本草拾遗》中有："石脾、芒消、消石并出西戎（我国西北地区）卤地，咸水结成"，明确提出"消"是盐湖卤水的结晶。（宋·曹孝忠等：《重修政和经史证类备

用本草》卷三）

△ 陈藏器（唐）《本草拾遗》记载两种在水沙中淘金的方法：以毛毡作为工具淘金；借助鹅鸭吃入腹中后又通过粪便排出体外的方法获得。［王菱菱，宋代金银的开采冶炼技术，自然科学史研究，2004，23（4）：357］

△ 陈藏器（唐）《本草拾遗》已记载小麦黑穗病，时称"麦奴"。（北宋·唐慎微：《经史证类备急本草》卷25引）

△ 陈藏器（唐）《本草拾遗》收录了数百种《新修本草》未收的动植物，特别是我国南方的种类。另外有不少新的生物学发现，如首先记载鲤鱼有侧线鳞36片。

△ 陈藏器（唐）《本草拾遗》首先记载"割股疗亲"，此为受佛教风俗影响的结果。

**公元 740 年　庚辰　唐玄宗开元二十八年**

△ 是年前，张九龄（唐，公元678～740）驯家鸽传送书信。（五代·王仁裕：《开元天宝遗事·传书鸽》）

△ 章仇兼琼（唐，开元时任益州长史）广兴岷江中游水利，其中最大的工程为新津通济堰，可灌溉新津、彭山、眉山农田13万余亩。其坝长860余米，竹笼堆筑，是中国古代最长的活动坝。（《新唐书·地理志》）

**公元 741 年　辛巳　唐玄宗开元二十九年**

△ 大食首领和萨（唐）来华，于广州建怀圣寺番塔（习称光塔）上设导航明灯，为中国有灯塔航标之始。［邓端本，广州（古代）港史，海洋出版社，1986年，第70页］

△ 广东韶关张九龄（唐，678～740）墓攒尖呈蛋圆形，制作精良。石拱采用联锁分节并列砌筑法，且三分之一拱全部为平砖给联，直至封顶。（唐寰澄，中国科学技术史·桥梁卷，科学出版社，2000年，第391页）

**公元 742 年　壬午　唐玄宗天宝元年**

△ 韦坚（唐）在咸阳壅渭水，作兴成堰，截灞浐水，使长安城东的广运潭成为当时全国最大的内河停泊港。（《旧唐书·韦坚传》）

△ 九月丙寅，改天下县名不稳及重名一百十一处。（《旧唐书·玄宗纪》）

**公元 742～756 年　唐玄宗天宝年间**

△ 约此年间，陈少微（唐）在《大洞炼真宝经》的基础上，辑注成《大洞炼真宝经九还金丹妙诀》，对这一时期硫化汞还丹的研究、进步和成就做了充分的反映，表明此前对丹砂和灵砂的合成已进行了相当广泛的定量研究，其思路和研究方法已颇接近近代化学家。（赵匡华等，中国科学技术史·化学卷，科学出版社，1998年，第425～426页）

△ 炼取水银的方法，出现了上火下凝法，即在装置的上部加热丹砂，生成水银在装置的下部承接。它替代了下火上凝法。记载见于陈少微著《太洞炼真宝经九还金丹妙诀》。

△ 斗蟋蟀的游戏在宫中非常盛行。（五代·王仁裕：《开元天宝遗事》）

△ 徒都子（唐）著《膜外气方》（已佚），为治水气病的专书。《圣济总录》有引录。（《宋史·艺文六》）

△ 鉴真（唐，公元687~763）在广州见"有波罗门寺三所，并梵僧居住"，后湮没。可见印度波罗门式建筑已在广州得到传播。（《广州市志》）

## 公元 744 年　甲申　唐玄宗天宝三载

△ 改"年"为载。（《新唐书·玄宗本纪》）

## 公元 746 年　丙戌　唐玄宗天宝五载

△ 四川涪陵城北长江南岸河床中的白鹤梁上已刻有作为枯水位标志的石鱼图案，此后历代沿用，现存 163 段石刻题记，记载 72 个枯水年份，其中以宋代居多。这是中国现存时间最长的水文观测记录。[长江流域规划办公室和重庆博物馆，长江上游宜渝段历史枯水调查，文物，1974，（8）]

△ 在今河南登封嵩山会善寺修建净藏禅师塔。塔单层，是现存最早的八角形平面的砖塔。（刘敦桢主编，中国古代建筑史，中国建筑工业出版社，1984 年，第 145~147 页）

## 公元 747 年　丁亥　唐玄宗天宝六载

△ 新罗景德王命在"大学监"中讲授中国医学、天文等课程。（武斌，中华文化海外传播史，陕西人民出版社，1998 年，第 454 页）

△ 高仙芝（唐，？ ~公元756）命人修复娑夷水（今西藏吉尔吉特河）藤桥。（《资治通鉴·唐纪三十一》）

## 唐代中叶

△ 韩延（唐）撰《韩延算术》三卷，是一部通过实际应用向普通官吏和平民介绍应用算术知识和计算技能的著作。书中给出了许多乘除简捷算法的例子，并有十进小数的明确概念和表示方法，开宋元简化筹算乘除法之先河。宋元丰七年（1084）刻十部算经时，《夏侯阳算经》失传，因该书卷首引用《夏侯阳算经》中的一段文字而以《夏侯阳算经》之名被刊刻，从而保存了十分宝贵的资料。（钱宝琮，中国数学史，科学出版社，1992 年，第 123 页）

△ 筹算乘除法原都是三行布算，乘法的上、下行布乘数，中行布积数，除法则下行布除数，中行布被除数，上行布商，相当烦琐。早在《孙子算经》卷下第 9 问中就将以 40 乘化成乘 10 乘 4，将三行的乘法在一行内完成。唐朝人们在一行内完成乘除法运算方面做了更多的工作。江本撰《三位乘除一位算法》二卷，已佚。赝本《夏侯阳算经》中有许多化三行乘除为一位算法的例子，如将 $a×2.45$ 化成 $a×7×7÷10÷2$，便可以在一行中完成。一位算法开乘除捷算法之先河。（钱宝琮，中国数学史，科学出版社，1992 年，第 125~126 页）

△ 赝本《夏侯阳算经》卷下有：今有绢 2454 匹，每匹直钱 1 贯 700 文，问计钱几何？"术曰：先置绢数，七添之，退位一等，即得。"这相当于令今有绢 $a$ 匹，在 $a$ 的 10 倍加 $a$ 匹的 7 倍，再 除以 10。由于以 10 乘除，都可以使原数不变而进退位完成，所以叫做身外加法。凡是乘数的首位是 1 者，都可以通过身外加法来完成。同样，除数的首位是 1 者，都可以做身外减法。（钱宝琮，中国数学史，科学出版社，1992 年，第 126 页）

△ 由于乘数、除数的首位是 1 的乘除法都可以通过身外加减法完成，以化简运算，唐宋时期人们探讨将首位不是 1 的乘数、除数化成首位为 1 的方法，这就是求一算术。唐中叶到北宋出现了不少这类算书，如陈从运的《得一算经》七卷，龙受益的《求一算术化零歌》一卷，李绍谷的《求一指蒙算法玄要》一卷，程柔的《五曹算经求一法》三卷等，都已失传。杨辉《乘除通变算宝》系统总结了身外加减法与求一代乘除法，提出"加一位"、"加二位"、"重加"、"隔位加"、"连身加"等"加法代乘"五法，"减一位"、"减二位"、"重减"、"隔位减"等"减法代除"四法，还提出了"求一乘"、"求一除"的歌诀。14 世纪归除歌诀简化后，这些方法被淘汰。（钱宝琮，中国数学史，科学出版社，1992 年，第 129～131 页）

△ 当开方不尽时刘徽提出求"微数"，以十进分数表示无理根的近似值，开十进小数之先河。刘徽求圆周率的算草中，甄鸾在《五曹算经》中，都用分、厘、毫、丝、秒、忽表示长度分一项，货币文以下的奇零部分，是十进小数概念的体现。赝本《夏侯阳算经》将以 2 端 2 丈 2 尺 5 寸乘，化成"七而七之，退一等，折半"，实际上运用了 2 端 2 丈 2 尺 5 寸＝.45 端，其中 1 端＝5 丈；将 1525 匹 3 丈 7 尺 5 寸化成 1525 匹 9375 入算等，都使用了十进小数。秦九韶、李冶都有了明确的小数记法，比如 1863.2 寸记成 18 632 ，其中"寸"除表示单位寸外，也起着小数点的作用。斤两法中的"斤求两法"实际上就是将 1～15 两化成以斤为单位的十进小数。如"一退六二五"就是 $\frac{1}{16}=0.0625$。小数的使用尽管比分数晚得多，在世界上却是最早的。欧洲到 1585 年的斯台文才有小数的概念，其表示法还远不如秦、李二氏的简便。（钱宝琮，中国数学史，科学出版社，1992 年，第 126～129 页）

△ 西瓜从回纥（今新疆维吾尔自治区）传入中原。[王昱东等，从三彩西瓜的发现谈中国古代西瓜种植，农业考古，1993，（3）]

△ 唐代中后期，青海都兰吐蕃墓葬出土铜器鉴定首次发现了黄铜、砷白铜器物，此次发掘与研究，填补了对吐蕃考古研究工作的空白。[李秀珲、韩汝玢，青海都兰吐蕃墓葬出土金属文物的研究，自然科学史研究，1992，（3）：277～288]

### 公元 750 年　庚寅　唐玄宗天宝九载

△ 二月十四日敕："自今以后，面皆以三斤四两为斗"。唐代法定面粉以重计容，给计量带来许多方便。（《唐会要·太府寺》）

### 公元 751 年　辛卯　唐玄宗天宝十载

△ 杜环（唐）在怛逻斯战役中，被大食（阿拉伯）军队所掳，曾周游阿拉伯各国，为到过埃及、苏丹和埃塞俄比亚的姓名可考的第一个中国人。（唐·杜环：《经行记》）

△ 杜环在大食见到中国工匠数人，其中有织工河东人吕礼等。中国纺织技术至迟在此前已西传。（唐·杜环：《经行记》；杜佑：《通典·大食条》）

△ 怛逻斯之役，唐军大败，一些造纸工匠出身的唐兵为大食所俘，造纸技术开始传入中亚和欧洲。阿拉伯的极达（今伊拉克的巴格达）、大马色（今叙利亚的大马士革）和撒马罕等地兴建第一批造纸工场，由中国工人亲自传授技术。中国造纸术始经中亚传入阿拉伯。阿拉伯大批生产纸张后，不断向欧洲各国输出。（潘吉星，中国科学技术史·造纸与印刷卷，北京科学出版社，1998 年，第 564 页）

**公元 752 年　壬辰　唐玄宗天宝十一载**

△ 王焘（唐，约公元 670～755）汇集唐以前的大量医学文献资料编成《外台秘要》。全书 40 卷，共 1104 门，每门均先论后方，内容包括内、外、妇、儿、骨伤、皮肤、五官等科，且记载了急救、中毒及六畜养病的治疗方法，共收方 6000 多首。书中还首次记载了糖尿病尿甜和结核同源说。（廖育群主编，中国古代科学技术史纲·医学卷，辽宁教育出版社，1996 年，第 53、86 页）

△ 黑衣大食（即阿技斯王朝）首次遣使来唐。（《册府元龟》卷 971）

**公元 753 年　癸巳　唐玄宗天宝十二载**

△ 吐蕃著名医学家宇陀·元丹贡布（藏族；唐，公元 708～833）结合汉医理论，并吸收外来医学成果，历时 20 余年，编成藏医学经典著作《据悉》，即《四部医典》。全书分 4 大部分，共 156 章，内附 79 幅彩图。书中"治者医师"一节是一篇完整的藏医道德规范；比较完整地记载了胚胎的形成和发展的全过程；详细记载藏医学最具特色的诊断方法——尿诊。据传他还著有《原药十八种》、《脉学师承记》等，是古代藏医学的奠基人。[洪武娌，中国古代科学家传记（上）·宇陀·元丹贡布，科学出版社，1992 年，第 377～385 页]

**公元 754 年　甲午　唐玄宗天宝十三载**

△ 本年初，扬州的鉴真（俗姓淳于，公元 688～763）高僧第六次东渡始获成功，至日本，日皇迎至奈良东大寺筑戒坛。鉴真带去大量物品，对日本医学、建筑等发展有所影响。[孙蔚尼，鉴真在中日文化交流史上的杰出作用，扬州师范学院学报（哲社），1979，（2）33～35]

△ 鉴真携带了中国的蔗糖二斤十两赠给东大寺，并把制糖法也介绍到日本。（曹元宇中国化学史话，江苏科学技术出版社，1987 年，第 218 页）

**公元 755 年　乙未　唐玄宗天宝十四载**

△ 日本天平胜宝 7 年 11 月，鉴真和尚（公元 688～763）以日本天皇所赐新田部亲王旧宅筹建一所寺庙。759 年，佛寺建成，天皇赐额"唐招提寺"。[邓健吾，日本唐招提寺的建筑和造像艺术，文物，1963，（9）：24]

**公元 756　丙申　唐玄宗天宝十五载　肃宗至德元载**

△ 孝谦天皇（日本）的皇太后将日本遣唐使在开元（公元 713～741）以前从中国带回献给王室的 6 支唐尺（红牙拨镂尺、绿牙拨镂尺和白牙尺各 2 支）再献给奈良东大寺。（丘光明等，中国科学技术史·度量衡卷，科学出版社，2001 年，第 325 页）

**公元 758 年　戊戌　唐肃宗至德三载　乾元元年**

△ 改"载"为年。（参见公元 744 年）

△ 韩颖（唐）对《大衍历》小作修改，成《至德历》，是年替代《大衍历》颁行全国。（《新唐书·历志三下》）

△ 约于是年，改太史监为司天台，此后终唐一代均用之。此时的人员有 800 余名，其后编制虽略有裁减，还始终保留相当大的规模。(《旧唐书·天文志下》)

△ 日本天平宝宇 2 年，两件农具——"子日手辛锄"传入日本。两件形制相同，柄弯曲略呈弓形，柄端与木叶拼接，用木栓固定，再套一踏板，木叶北端套一 U 形铁刃如汉代铁锸，木柄顶端装一横木把手。据研究，它们是天皇藉田时用的器具。(陈文华，中国农业考古图录，江西科学技术出版社，1994 年，第 151 页)

**公元 758～760 年　唐肃宗年间**

△ 炼丹家金陵子 (晚唐) 编撰成炼丹著作《龙虎还丹诀》，是金陵子本人的实验工作总结，主要包括"点丹阳法"(制砷白铜法)和"炼红银法"(从石胆提炼纯铜法)。该书反映出中国炼丹术发展到唐代，已有了某些定量的科学实验。[郭正谊，从《龙虎还丹诀》看我国炼丹家对化学的贡献，自然科学史研究，1983，2 (2)：112～117]

△ 隋唐时期，炼丹家发明了一种新的水法炼铜方法，即"结红银法"(红银即纯铜)。金陵子 (唐) 在其《龙虎还丹诀》一书中详细记述了由各种铜化合物炼制红银的 15 种方法。

△ 唐代方士掌握了成熟的炼制砷白铜的技艺，砷白铜即含砷在 10% 以上的铜砷合金。这项技术在金陵子 (唐) 的《龙虎还丹诀》中有详实的记载。他是用砒霜、木炭与铜合炼而制出这种银白色合金的，促进了无机化学工艺的发展。(赵匡华等，中国科学技术史·化学卷，科学出版社，1998 年，第 206～207 页)

**公元 759 年　己亥　唐肃宗乾元二年**

△ 李筌 (唐乾元时) 所著《太白阴经》卷四详细记载了一套由水平、照板和度竿组成的测量仪器的构造和工作原理。(唐锡仁、杨文衡主编，中国科学技术史·地学卷，科学出版社，2000 年，第 285 页)

△ 李筌 (唐) 撰《太白阴经》，其中水战具篇概述各型战舰。唯有海鸟船是唐代新创造的全天候战舰："其船虽风浪涨天无有倾侧。"[中国兵书集成编委会，中国兵书集成 (2)，解放军出版社，1958 年，第 532 页]

**公元 760 年　庚子　唐肃宗乾元三年　上元元年**

△ 陆羽 (唐) 撰我国最早的茶叶专著——《茶经》问世。《茶经》论述茶的性状、品质、产地、采制、烹饮方法及器具等，对后世影响极大。(吴觉农，《茶经》述评，农业出版社，1984 年)

△ 陆羽 (唐，约公元 733～804) 在《茶经》中讨论了不同地方水质的差别，并完成了最早的水质等级的划分。(中国科学院自然科学史研究所地学史组，中国古代地理学史，科学出版社，1984 年，第 164 页)

△ 陆羽 (唐) 在《茶经》中提到"碗，越州上，鼎州次，婺州次，岳州次，寿州、洪州次"。这是最早提到越窑和我国古代六大青瓷名窑的历史文献，并将越窑放在首位。(明·陶宗仪：《说郛》卷 83)

△ 约于是年建造的扬州施桥运河木船于 1960 年发掘出土，残长 18.4 米。全船分 5 个大舱，船身以榫头和铁钉并用连接，板缝间填以油灰，制作精细。[江苏省文物工作队，扬

州施桥发现了古代木船，文物，1961，(6)：54]

## 公元 761 年　辛丑　唐肃宗上元二年

△ 是年前，诗人兼画家王维（唐，公元 701～761）在辋川山谷（今陕西蓝田县西南）宋之问辋川山庄的基础上，营建园林——辋川别业，今已湮没。它营建在具有山林湖水之胜的天然山谷区，创作出既富自然之趣，又有诗怀画意的自然园林。（周维权，中国古典园林，清华大学出版社，1999 年，第 164～166 页）

## 公元 762～763 年　唐代宗宝应年间

△《丹房镜源》问世。此书主要讲解丹房中所用药物的状貌、性能以及预加工处理。其中"造［铅］丹法"是中国硝硫酸法制造铅丹（$Pb_3O_4$）的最早记载；提出以烧成铅丹的方法来鉴别钾硝石（$KNO_3$）与芒硝（经提纯和重结晶的 $Na_2SO_4 \cdot 10H_2O$）及朴硝（粗制的 $Na_2SO_4 \cdot 10H_2O$）；记载了用炭伏火硝石的方法。（赵匡华等，中国科学技术史·化学卷，科学出版社，1998 年，第 289、455 页）

## 公元 762 年　壬寅　唐肃宗上元三年　代宗宝应元年

△ 杜环（唐）由海路返回广州，后撰《经行记》（已佚）记载其在阿拉伯居十余年（751～762）所见所闻，其中记述了摩邻（在今肯尼亚的马迪林）等地的地理情况，成为中国最早记述非洲的旅行记。（中国科学院自然科学史研究所地学史组，中国古代地理学史，科学出版社，1984 年，第 369 页）

△《经行记》描述了天山木札尔特冰川中的积雪盆和冰瀑地形。（张一纯笺注，经行记笺注，中华书局，1963 年，第 32～33 页）

△ 王冰（唐，约公元 710～约 805）历时十余年，始完成所注释《黄帝内经素问》及《释文》一卷。此书补齐世传 8 卷本《素问》之缺而披露于世的《天元纪大论》、《五运行大论》、《六微旨大论》、《气交变在论》、《五常政大论》、《六元正纪大论》和《至真要大论》，共计 7 篇，为现知有关运气学说的最早文献。[曾勇等，王冰学术思想探讨，辽宁中医杂志，1984，(10)：42～44]

## 公元 762～779 年　唐代宗宝应大历年间

△ 窦叔蒙（唐）著《海涛志》是中国现存最早的有关潮汐知识的专著。认为是月亮给海水一种推力而生潮汐，而这种推力的大小则与月亮的盈亏相关。对潮汐每日滞后的原因给出了基本正确的解释，指出每日潮汐滞后约 50.5 分钟，与现知的约 50 分钟相当接近。还指出潮汐涨落存在一日、一朔望月和一回归年三种周期。还发明一种推算潮时的图表。[徐瑜，唐代潮汐学家窦叔蒙及其海涛志，历史研究，1978，(6)]

## 公元 763 年　癸卯　唐代宗宝应二年　广德元年

△ 郭献之（唐）参照《麟德历》若干法数对《大衍历》进行修定，编成《五纪历》，是年替代《至德历》颁行全国。(《新唐书·历志五》)

△ 江南东道、嘉兴等处兴屯田水利，形成排灌结合的塘浦系统。(《全唐文》卷四三〇

李翰《苏州嘉兴屯田纪绩颂》)

## 公元 764 年　甲辰　唐代宗广德二年

△ 是年前，郑虔（唐，公元 705～764）收集西域传入的药物，撰成《胡本草》7 卷（今佚）。据信是中国最早的反映外域及少数民族药物的专著。（廖育群主编，中国古代科学技术史纲·医学卷，辽宁教育出版社，1996 年，第 256 页）

△ 长江上游的枯水水位的题刻至今尤存。[长江规划办公室，长江上游宜渝段历史枯水调查，文物，1974，(8)]

## 公元 766～779 年　唐代宗大历年间

△ 四川涪江流域开始生产冰糖，当时名为"糖霜"或"糖冰"。这种冰糖技术叫做窨制法，"窨蔗糖为霜（冰糖），利当十倍"。（宋·王灼：《糖霜谱》）

△ 李承（唐，721～783）在通州（今江苏南通）、楚州（今江苏淮安）沿海建苏北海堤 71 公里，此为苏北海堤工程创造之始。（《宋史·河渠七》；《新唐书·李承传》）

## 公元 767 年　丁未　唐代宗大历二年

△ 严禁私藏天文图书、玄象器局、《七曜历》、《太一雷公式》等。收缴物由官吏集众焚毁。（《唐律疏议》卷九）

△ 水车在关中地区推广。（《唐会要·疏凿利人》）

△ 北方丝织技术传到南方，南方丝绸制品"意添花样，绫纱妙称江左"。（唐·李肇：《唐国史补》卷下）

## 公元 768 年　戊申　唐代宗大历三年

△ 六月二十九日，应回鹘之请，在长安敕建摩尼教大云光明寺，为唐代第一座摩尼教寺院。（《唐会要》卷十九）

## 公元 769 年　己酉　唐代宗大历四年

△ 是年前，道士李含光（唐，公元 682～769）撰《本草音义》2 卷。（《新唐书·艺文志》）

## 公元 770 年　庚戌　唐代宗大历五年

△ 是年前，杜甫（唐，公元 712～770）在《春水》中有关于四川使用竹制连筒（筒车之一种）灌溉的记载："连筒灌小园"。（《杜甫诗全集》卷 226）

△ 进入广州港的商船达 4000 余艘。广州是当时中国最大的港口，也是当时世界最著名的港口之一。（武斌，中华文化海外传播史，陕西人民出版社，1998 年，第 385 页）

## 公元 771 年　辛亥　唐代宗大历六年

△ 颜真卿（唐，公元 709～785）撰《抚州南城县麻姑山仙坛记》立石。文中把螺壳化石和古代的生物及地质变迁联系起来，赋予"沧海桑田"以科学的含义。[《颜鲁公文集》卷

五；李仲均，我国古代关于"海陆变迁"地质思想资料考辨，科学史集刊（10），地质出版社，1982年，第19页]

## 公元 773 年　癸丑　唐代宗大历八年

△ 是年前，张志和（唐，公元744～773）《玄真子·涛之灵》记述了人造虹霓现象："背日喷乎水成虹霓之状，而不可直者，齐乎影也。"这是我国第一次用实验方法研究虹，而且是首次有意识进行的日光散射实验。（王锦光、洪震寰，中国光学史，湖南教育出版社，1986年，第117～119页）

## 公元 774 年　甲寅　唐代宗大历九年

△ 是年前，僧不空（印度；唐，Amogha-rajra，公元705～774）译出《宿曜经》，内中介绍古印度黄道十二宫、二十八宿（一作二十七宿）历法及日月五星运动等知识，以及古印度星占术的详细内容。（《大正年修大藏经》第1299号，第389页；陈美东，中国科学技术史·天文学卷，科学出版社，2003年，第397～398页）

## 公元 775 年　乙卯　唐代宗大历十年

△ 约是年，李皋（唐曹王，公元733～792）在任江陵尹、荆南节度使时，曾造战舰，并装有脚踏木轮作为推进机械，即车轮战舰。（《旧唐书·李皋传》；《新唐书·曹王皋传》）

## 公元 777 年　丁巳　唐代宗大历十二年

△ 元载家中有胡椒八百石，可见当时胡椒已是权贵日常享用的贵重调味品。（宋·李昉等：《太平广记》卷243）

△ 开渡日南路。从长江口楚州或明州出发，横渡东海直航日本值嘉岛，再经松浦、博多到达筑紫（北九州）。得顺风三至六日可达。（［日］木宫泰彦著，胡锡南译，日中文化交流史，商务印书馆，1980年，第725页附表，第121～122页）

## 公元 778 年　戊午　唐代宗大历十三年

△ 约是年，杭州刺史李泌（唐，公元722～789）在杭州凿井，并用地下暗渠送水供居民饮用，以减少疾病传播。（中国大百科全书·环境科学，中国大百科全书出版社，1992年）

## 公元 780 年　庚申　唐德宗建中元年

△ 约于是年，曹士芳（唐）制成《符天历》。该历用近距历元法，取雨水（而不是传统的冬至）为岁首，给出太阳从冬至到夏至每经1度的盈缩变化计算用表，同时给出一个二次函数算式对太阳运动盈缩度进行计算，开辟了一种全新的函数计算法。《符天历》被视为小历，只在民间得到使用。（中山茂，符天历の天文学史的位置，科学史研究，1964年，第171页）

△ 唐代中央政府根据各州郡呈送的舆地图，编绘全国总图。见于著录的有：长安四年的《十道图》，开元三年的《十道图》，以及《元和十道图》等。（《新唐书·艺文志》）

**公元 780～805 年　唐德宗年间**

△ 绛州刺史韦武（唐德宗年间）在绛州引汾河水灌田 130 多万亩。（《新唐书·韦武传》）

**公元 782 年　壬戌　唐德宗建中三年**

△ 位于山西五台县西南李家庄的南禅寺大殿重建完成，平面广深各 3 间，单檐歇山顶，其主要构架、斗栱和内部佛像留存至今。此殿是中国现存时代最早一座木构建筑之一，也是现存较早且较完整的佛教殿堂之一。[祁英涛、杜仙州、陈明达，两年来山西省新发现的古建筑，文物参考资料，1954，（11）]

△ 是年至公元 785 年，左卫大将军李皋（唐，约公元 733～792）借鉴前人造水车的经验，"运用巧思，为战舰，挟二轮蹈之，翔风鼓浪，疾若挂帆席"，推动了车船的发展。（《旧唐书·李皋传》）

**公元 783 年　癸亥　唐德宗建中四年**

△ 徐承嗣（唐）"杂麟德、大衍之旨治新历"，成《正元历》，是年替代《五纪历》颁用之，使用至元和元年（公元 806）。（《新唐书·历志五》）

**公元 785～805 年　唐德宗贞元年间**

△ 洛阳牡丹名闻全国。（唐·段成式：《酉阳杂俎·支植上》）

△ 广惠寺华塔（在今河北正定民生街东侧）始建。其造型独特，又称多宝塔，为唐代著名建筑。金大定年间（1161～1189）重修，是国内现存年代最早且保存较完整的华塔。[梁思成，正定调查纪略，中国营造学社汇报，1933，4（2）]

**公元 789 年　己巳　唐德宗贞元五年**

△ 诏中尚署"每年二月二日进镂牙尺及木画紫檀尺"。（《唐六典·少府军器监》）

△ 唐朝政府规定各州郡每 3 年变修一次图经（以后改 5 年），并上呈尚书省兵部职方。这是变修地方志制度化的开端。（《唐会要》卷五十九）

**公元 792 年　壬申　唐德宗贞元八年**

△ 是年前，曹王李皋（唐，公元 733～792）利用大气密封法：将平整光滑的钢椿置于平滑的盘内，在钢椿中注油，油却不浸满于盘中。（唐·南卓：《羯鼓录·前集》；戴念祖，中国力学史，河北教育出版社，1988 年，第 521～522 页）

**公元 796 年　丙子　唐德宗贞元十二年**

△ 颁《贞元广利药方》，共 586 方，遍于州县。（《旧唐书·德宗本纪》）

**公元 798 年　戊寅　唐德宗贞元十四年**

△ 贾耽（唐，公元 730～805）献《关中陇右及山南九州等图》一轴及该图的记注《关中陇右山南九州别录》六卷。前者主要表现陇右兼及关中等毗邻边州一些地方的山川关隘、

道路桥梁、军镇设置等。后者主要收录图中难以用符号表示的地理内容，如政区面积、户口人数、山川源流等。(《册府元龟》卷560、卷654)

△ 贾耽（唐）完成首部以黄河命名的著作——《吐蕃黄河录》。此书图文并茂，记载吐蕃境内"诸山诸水"的"首尾源流"。(《旧唐书·贾耽传》)

## 公元 799 年　己卯　唐德宗贞元十五年

△ 唐设立翰林医官之职。(《唐会要》卷65)

## 9 世纪

△ 用砒霜点化白铜，青海都兰唐代吐蕃墓出土含砷16%的箭镞实物证据。[李秀珲、韩汝玢，青海都兰吐蕃墓葬出土金属文物的研究，自然科学史研究，1992，(3)]

△ 在长期的炼丹实践中，炼丹家发现硝、硫、碳的混合物极易发生猛烈的燃爆反应，并采用了所谓的"伏火"手段来控制这类燃爆事故的发生。大约在唐代后期，炼丹家将这一易燃爆的配方交与军事家使用，发明了黑火药。（中国古代科技成就，中国青年出版社，1987年，第219页）

△ 《真元妙道要略》书中明确指出："有以硫磺、雄黄合硝石并蜜烧之，焰起烧手面及屋舍者。""硝石……生者不可合三黄，立见祸事。"从这些防范燃爆事故的警告已初见火药的配方。

△ 传说在此时期，门巴人在今西藏墨脱县东区修建了一座环状藤网桥。桥长130米，用47根藤索和藤条锚于两岸，再用约20个藤圈均匀分布扎系于藤索中，桥呈圆筒形，至今保存良好。（唐寰澄，中国科学技术史·桥梁卷，科学出版社，2000年，第525~528页）

△ 约此时期的《回鹘医学文献》在高昌（今新疆吐鲁番）回鹘（今维吾尔族）王国遗址出土。

## 公元 800 年　庚辰　唐德宗贞元十六年

△ 约于是年，李弥乾（唐，西域僧人）、璩公（唐）译出《都利聿斯经》，系为古希腊系统的星占术著作。[《新唐书·艺文三》；薮内清，中国の天文历法（增补改订本），平凡社，1990年，第186~189页]

△ 约于是年，封演（唐）作《海潮》，认为天上的月和地上的水同属阴类，两者知己知彼存在相互感应与招引的作用，发展了前人的月生潮汐说。又指出，潮水每日滞后48.8分钟。(《全唐文》卷四百四十)

△ 人工合成丹砂的最早明确记载出现在方士苏元明（隋）原著、楚泽（唐）编订的《太清石壁记》中，此后孙思邈（唐，公元581~682）著《太清丹经要诀》中亦有记载。这种硫汞还丹被称之"小还丹"，在唐代以后受到炼丹家的普遍青睐。（赵匡华等，中国科学技术史·化学卷，科学出版社，1998年，第382页）

△ 隋或唐初之前，中国炼丹术中用土釜，自此开始出现金属制的丹釜。《太清石壁记》卷上《造药釜法》是关于铁质药釜的最早记载。孙思邈（隋末唐初）著《太清丹经要诀·造上下釜法》记述更为翔实，并且说明改用以六一泥遍涂的铁下釜。（赵匡华等，中国科学技术史·化学卷，科学出版社，1998年，第393~394页）

△《翰林志》谓：制用白麻纸，诏用白藤纸，慰用黄麻纸，荐告用藤纸，告身用金花五色绫纸。(陈大川，中国造纸术盛衰史，台北：中外出版社，1979 年，第 345 页)

## 公元 801 年　辛巳　唐德宗贞元十七年

△ 杜佑（唐，公元 735～812）约历时 30 年撰《通典》成，凡 9 门，共 200 卷，是中国第一部专门论述历代典章制度的综合性文献，为"政书"体开创性巨著。

△ 杜佑（唐）所著《通典·州郡》共 14 卷，打破断代史地著作偏重本朝的局限性，而由近及古追溯地区行政建置的演变；书中还力辨黄河伏流重源说的错误。[王成祖，中国古代地理学史（上），商务印书馆，1982 年，第 53 页]

△ 贾耽（唐，公元 730～805）积十年之功力，绘制《海内华夷图》，宽 3 丈，长 3 丈 3 尺，比例尺一寸折地百里（相当于 1：1 500 000）。主要表现唐代辖境政区名称及四邻国名。用朱墨两种颜色标注古今地名。他新创的"古郡国题以墨，今州县题以朱"，采用"今古殊文"表示地名的方法，被沿用至清末。(《旧唐书·贾耽传》)

△ 约是年，贾耽（唐）完成《古今郡国县道四夷考》40 卷。这是《海内华夷图》的文字说明，以详于考证古今地理特点，后来又将其缩编为《贞元十道录》4 卷。20 世纪 70 年代在敦煌石窟发现后者的残本，成为现存总志中最早的写本。(陈正祥，中国地图学史，商务印书馆香港分馆，1979 年，第 19 页)

△ 约是年，贾耽（唐）完成《皇华四达记》。书中记载唐时通往边疆和国外的 7 条道路。由此可见唐代域外交通的发达。(武斌，中华文化海外传播史，陕西人民出版社，1998 年，第 382～383 页)

△ 中国古代最初没有"棉"字，只有"绵"字，凡所谓"绵"，不是指今天所称的"棉"，而是指丝绵。大概在 6～11 世纪之间，为了同蚕茧的"绵"字相区别，才演变出"棉"字。现今能看到的出现"棉"字最早的文献是杜佑（唐）的《通典》。

## 公元 803 年　癸未　唐德宗贞元十九年

△ 四川乐山大佛建成。始建于开元初年（公元 713），历时达 90 年。上覆 13 层重楼，大佛通高 71 米，是世界上现存最大的石刻佛像。

## 公元 804 年　甲申　唐德宗贞元二十年

△ 是年前，修建的浙江天台双涧澜桥，后为纪念国清寺唐代名僧丰干改名为丰干桥。现桥为单孔椭圆形块石乾砌拱桥。(唐寰澄，中国科学技术史·桥梁卷，科学出版社，2000 年，第 421～425 页)

## 公元 805 年　乙酉　唐德宗贞元二十一年　顺宗永贞元年

△ 我国茶树种子由日本高僧最澄传至日本。[（德）威廉·乌克斯，中国茶叶研究社翻译，茶叶全书·茶之起源（上），中国茶叶研究社，1949 年，第 5 页]

## 公元 806 年　丙戌　唐宪宗元和元年

△ 约于是年，僧人金俱叱（印度，唐）译出《七曜攘灾诀》，内中给出五星和罗（目

侯)、计都七曜的运动历表、一年中每一天日躔二十八宿宿度表以及相应的运行周期等，其基本方法可能源于古印度，但也吸收了中国传统天文历法的内容。又给出古印度日月五星"占灾攘之法"。（陈美东，中国科学技术史·天文学卷，科学出版社，2003 年，第 398～400 页）

△ 西蜀方士梅彪（唐）所撰的《石药尔雅》是世界上最早的一部炼丹术词典，记载了 98 种当时"有法可营造"的长生丹药，收录的外丹经有《太清经》等 97 部，书中还列举出了 163 种炼丹药物及其隐名。这部书部分地反映出当时炼丹术的盛况。（赵匡华，中国炼丹术，香港中华书局，1989 年，第 38 页）

△ 梅彪（唐）著《石药尔雅》，是一部关于矿物的重要著作。书中列举了 62 种化学物质的 335 种异名，为炼丹矿物名称的通俗化做出了贡献。[李约瑟，中国科学技术史（5），科学出版社，1976 年，第 358 页]

**公元 806～820 年　唐宪宗元和年间**

△ 李肇（唐）《唐国史补》卷中记载：苏州重天寺阁建成不久就发生斜倚，一游僧用尖劈将其扶正，创造了应用力学的一个奇迹。

△ 炼丹家王四郎（唐）开设店邸，以高价将自制药专售与胡商。炼丹术亦约此前后传入阿拉伯，后复传至欧洲。（宋·李昉等：《太平广记》卷 35）

△ 广陵人李该（唐）绘制了《地志图》（已佚）。此图以五色绘制，上有山川地形、物产、城邑、古迹、疆域险要、交通道路等。（《吕和叔文集》卷 3《地志图序》）

△ 牡丹成为全国名花，洛阳牡丹名闻全国。（唐·段成式：《酉阳杂俎·支植上》）

**公元 807 年　丁亥　唐宪宗元和二年**

△ 颁用徐昂（唐）编制的《观象历》，以取代《正元历》，使用至长庆元年（公元 821）。（《新唐书·历志六上》）

△ 李吉甫（唐，公元 758～814）等撰《元和国计簿》10 卷，总计天下方镇州县及户口、税赋等。（《旧唐书·宪宗本纪》）

**公元 808 年　戊子　唐宪宗元和三年**

△ 清虚子（唐金华洞方士，炼丹家）在《太上圣祖金丹秘诀》（被收录于《铅汞甲庚至宝集成》卷二中）中，记有用"伏火矾法"，对研究中国火药的源起有一定启示。（赵匡华等，中国科学技术史·化学卷，科学出版社，1998 年，第 288～289 页）

△ 韦丹（唐）在江南西道八州（今江西修水、锦江流域）筑江堤，修筑陂塘 598 处，灌田 120 万亩。（唐·韩愈：《昌黎先生集·唐故江西观察使韦公墓志铭》）

**公元 809 年　己丑　唐宪宗元和四年**

△ 正月，李翱（唐，公元 772～844）离开洛阳去广州任职。从洛阳出发，循洛水入黄河，转汴渠，接山阳渎，经扬州，沿江南运河过苏州、杭州，又溯钱塘江转信江，渡鄱阳湖入赣江，越大庾岭，循浈江和北江南下，直达广州，历时 124 天。他以日记体裁记录了这次旅行经历，取名《来南录》，其中关于沿途里程的记录有较高的史料价值。（唐锡仁等，中国

科学技术史·地学卷，科学出版社，2000年，第311页）

**公元811年　辛卯　唐宪宗元和六年**

△ 收割工具——钐见于记载。（唐·韩愈：《昌黎先生集·凤翔州节度使李公墓志铭》）

**公元813年　癸巳　唐宪宗元和八年**

△ 李吉甫（唐，公元758～814）著《元和郡县图志》40卷（北宋图佚后，改称《元和郡县志》，现存34卷）以47节镇为标准，每镇首有图。分镇记载府、州、县的户数、沿革、山川、道里、贡赋等，为现存最早的较完整的地方总志。[王文楚等，我国现存最早一部地理总志——《元和郡县志》，历史地理，1981，（创刊号）]

△ 李吉甫（唐）在《元和郡县志》系统地录载了唐初府（州）的"八到"，至治至府州的方向和里程，县下级行政或军事单位和自然地物至所在县治的方向和里程，是现存最完整的一份唐代地理全图数据集。[汪前进，现存最完整的一份唐代地理全图数据集，自然科学史研究，1998，17（3）：273～288]

△ 李吉甫（唐）在《元和郡县志·同州朝邑》已记载了著名羊种——苦泉羊。

△ 李吉甫（唐）在《元和郡县志》卷25记载了大规模茶园，采茶人数多达三万人。

△ 李吉甫（唐）在《元和郡县志》卷25"江南道杭州"中记载了潮汐迟到现象。

△ 王播（唐）进呈《供陈许琵琶沟年三运图》。此为漕运图。（《册府元龟》卷497《河渠》）

△ 常州刺史孟简（唐）在常州武进县开孟渎，引江水南注通漕，灌田4000顷。（《新唐书·地理志》）

**公元817年　丁酉　唐宪宗元和十二年**

△ 夏，白居易（唐，公元772～846）在庐山香炉峰游览时作《大林寺桃花》和诗序。诗序中明确阐明地形与气候、生物的关系，即在同一时节山地与平原气候、生物物候的不同。（唐锡仁等，中国科学技术史·地学卷，科学出版社，2000年，第303页）

**公元818年　戊戌　唐宪宗元和十三年**

△ 宪宗使柳泌合长生药，命其为台州刺史，以便在天台山采觅"灵草"。（《新唐书·百官志》）

**公元819年　己亥　唐宪宗元和十四年**

△ 是年前，柳宗元（唐，公元773～819）继承和发展了王充（汉）的元气学说，主张宇宙是由元气形成的。刘禹锡（唐，公元771～842）补充了柳宗元的自然观，认为万物生长是一个自然的过程，天地万物都乘气而生。（唐·柳宗元：《天对》；唐·刘禹锡：《天论》）

**公元820年　庚子　唐宪宗元和十五年**

△ 眼科已能装假眼，以珠代之。（宋·尤袤：《全唐诗话》卷4《崔嘏》）

△ 苏州宝带桥建成。元和十一年（公元816）始建，刺史王仲舒（唐，公元762～？）

倡议修建。原名利往桥，西北长百丈，为木桥。宋代改为石砌拱桥，下为圆洞凡 53，中间桥洞特高以通船只往来。此为当时最长的石圆拱桥。(《舆地纪胜》卷五《平江府》；唐寰澄，中国科学技术史·桥梁卷，科学出版社，2000 年，第 387~389 页)

**公元 821 年　辛丑　唐穆宗长庆元年**

△ 徐昂（唐）制成《宣明历》。首创日食时差、气差、刻差和加差计算法，时差为由定朔时刻到食甚时刻的改正值，而后三者则是与日食食分大小有关的改正值。该历法还对五星运动做出新的描述，并简化了等间距二次差内插计算法。黄赤交角取为 23°34′56″，误差为 37″。当年，该历法取代《观象历》颁行全国。该历法自公元 862 年始在日本国颁用，施行达 823 年之久。[《新唐书·历志六上》；陈美东，中国古代科学家传记（上集）·徐昂，科学出版社，1992 年，第 418、419 页]

**公元 824 年　甲辰　唐穆宗长庆四年**

△ 唐穆宗因服金丹致死。(清·赵翼：《廿二史札记》卷 19《唐诸帝多饵丹药》)

△ 白居易（唐，公元 772~846）修筑钱塘湖（今西湖）堤，并设置引水涵洞、溢流堰等设施，解决了杭州用水及湖滨农田灌溉。工程运用至今。(唐·白居易：《钱塘石湖记》)

△ 白居易（唐）在今洛阳履道里的杨凭旧园的基础上修葺改造成履道坊宅园。宅园为前宅后园占地 17 亩，其中"层室三之一，水五之一，竹九之一，而岛树桥道间之"，是唐代著名的私家宅园。[唐·白居易：《池上篇》；中国社会科学院考古研究所洛阳唐城队，洛阳唐东都履道坊白居易故居发掘简报，考古，1994，(8)]

**公元 824~859 年　南诏劝丰祐年间**

△ 南诏在今云南大理西北始建崇圣寺三塔，中央一塔高 69.13 米，为 16 级方形密檐式空心砖塔。

**公元 825 年　乙巳　唐敬宗宝历元年**

△ 诏造竞渡龙舟 10 艘。龙船为竞赛之舟，盛于唐代。龙舟竞渡后成为端午节的主要内容。

**公元 828 年　戊申　唐文宗大和二年**

△ 新罗入唐使大谦持茶种回国，并种植。(朴真奭，中朝经济文化交流史研究，辽宁人民出版社，1984 年，第 34 页)

△ 二月庚戌，"敕李绛所进则天太后删定《兆人本业》三卷，宜令所在州县写本散配乡村。"这使唐修农书《兆人本业》一度广泛流传。(《旧唐书·文宗纪》)

**公元 829 年　己酉　唐文宗大和三年**

△ 是年前，中国已有手转、足踏、服牛三种类型的翻车，即至唐代，翻车已成熟并定型。[张柏春，中国风力翻车构造原理新探，自然科学史研究，1995，14 (3)：287]

△ 龙骨水车由我国传入日本。[唐耕耦，唐代水车的使用和推广，文史哲，1978，(4)]

△ 南诏攻陷成都，掠去百工等，南诏手工技艺因此大发展。(《资治通鉴》卷 244)

## 公元 831 年　辛亥　唐文宗大和五年

△ 一件刻有行书"大和五年"铭款的青釉瓷碾（残）于 1990 年在江西白虎湾窑址出土。这是景德镇首次发现带纪年铭的唐代青瓷。[黄云鹏，景德镇首次发现带纪年铭的唐代青瓷，南方文物，1992，(1)]

## 公元 833 年　癸丑　唐文宗大和七年

△ 王元暐（唐）在今浙江宁波市西南的鄞江上修建了它山堰。它是由坎、渠、闸等组成的完整的灌溉系统，灌田数十万亩。堰顶长 130 米，堰上拦江水入渠，下拒咸潮，为中国海滨地区规模较大、修筑较早的御咸蓄淡工程。其坝是中国第一个以大块石叠砌而成的拦河滚水坝。(《新唐书·地理志》；南宋·魏岘：《四明它山水利备览·序》)

## 公元 835 年　乙卯　唐文宗大和九年

△ 冯宿（唐）在四川上任时奏禁版印历日。此为关于中国印刷的最早最可信的文献记载。[李晓岑，云南少数民族的造纸与印刷技术，中国科技史料，1997，18 (1)：1]

## 公元 838 年　戊午　唐文宗开成三年

△ 僧圆仁（日本；唐，公元 794～864）到中国，大中元年（公元 847）回国。他在扬州开元寺求法巡礼时留下的记载说明，当时个人所藏金银以小衡制计重，而在行用兑换时以大衡制称定；在衡制单位中出现了"钱"和"分"两个单位："七钱，准当大二分半"。([日] 圆仁，入唐求法巡礼行记，文海出版社，1976 年，第 8、10 页)

## 公元 840 年　庚申　唐文宗开成五年

△ 新罗遣留唐学生 105 人，为历次留学最多者。[严耕望，新罗留唐学生与僧徒，唐史研究丛稿新亚研究所（九龙），1969 年]

△ 敕令司天台官吏不得与朝官及诸色人等交通往来。(《旧唐书·天文志下》)

## 公元 841 年　辛酉　唐武宗会昌元年

△ 约是年前，蔺道人（唐）著成中国现存第一部骨伤科专著——《仙授理伤续断秘方》。此书首载"医治整理补接次第口诀"，简明扼要地论述了骨伤整复的要领与原则，如骨折固定的方法、原则和各种脱臼整复手法；次载方药 45 首，体现中医骨伤科内外兼治的基本特点。它的出版标志着中国传统医学中骨伤科的治疗技术已渐成体系。(廖育群，中国古代科学技术史纲·医学卷，辽宁教育出版社，1996 年，第 207 页)

## 公元 841～846 年　唐武宗会昌年间

△ 郭道源（唐）"善击瓯"，以十二支酒杯作敲击乐器，并发现了在杯内加减水量以调谐发音的方法。(唐·段安节：《乐府杂录》，中华书局，1958 年，第 36 页)

**公元 845 年　乙丑　唐武宗会昌五年**

△ 约是年，李德裕（唐，公元787～850）作《平泉山庄草木记》，记述了他在洛阳郊外三十里处所建平泉庄园中种植的各种各样的名贵花卉。是我国现存最早的园林植物名录之一。（董恺忱、范楚玉主编，中国科学技术史·农学卷，科学出版社，2000年，第401、415页）

△ 隋唐时，佛寺或设悲田院抚养鳏寡孤独，至是年，李德裕（唐，公元787～850）奏请改为养病坊收养残疾。（《唐会要》卷49"病坊"；《全唐文》卷704《论两京及话道悲田坊状》）

△ 秋七月，灭法，毁天下寺6400，招提兰若4万余区。（《资治通鉴》卷284）

**公元 847 年　丁卯　唐宣宗大中元年**

△ 宣宗（唐，公元810～859）继位后，杖杀道士赵归真（唐）等12人。赵归真精通铅汞术，曾在禁中主持飞升修炼，耗用大量白银。（《旧唐书·宣宗本纪下》）

△ 日本天台宗僧圆仁（日本，公元794～864）自开成三年（公元838）来唐求法，至是年（承和14年）携佛经及法器归国。后著有《入唐求法巡礼行记》，与玄奘《大唐西域记》、《马可波罗游记》并称为"东方三大旅行记"。（武斌，中华文化海外传播史，第一卷，陕西人民出版社，1998年，第532～533页）

△ 张彦远（唐，约公元815～875）所著《历代名画记》最早记载"宣纸"一词。至迟在唐代，宣州府（今属安徽）已把本地生产的上等纸作为贡品奉献朝廷，宣纸因此得名。[潘吉星，中国的宣纸，中国科技史料，1980，（1）：2：99]

**公元 848 年　戊辰　唐宣宗大中二年**

△ 南卓（唐）撰《羯鼓录·前集》较详细地记载羯鼓的源流、形状及天宝年间有关演奏轶事。

△ 是年前，太常丞宋沇（唐，9世纪）进行了钟与铎的共振实验。（唐·南卓：《羯鼓录》；戴念祖，中国声学史，河北教育出版社，1994年，第88～89页）

△ 南卓（唐，9世纪）《羯鼓录》描述了鼓面张力对羯鼓发声的影响，提出了在技术上保证鼓膜张力均匀的方法。（戴念祖，中国声学史，河北教育出版社，1994年，第398～399页）

**公元 851 年　辛未　唐宣宗大中五年**

△ 诏三年内不得杀牛。如郊庙享祀合用者，即以猪畜代。（《旧唐书·宣宗本纪下》）

△ 阿拉伯旅行家苏烈曼（唐，Sulemān al-Tājir）曾东游中、印经商。是年，著《印度中国闻见录》，书中记及唐代瓷器"透明可比玻璃"。

△ 《印度中国闻见录》中记述："中国商埠为阿拉伯麇集者曰广府。其处有伊斯兰掌教一人、教堂一所。"这是伊斯兰教建筑在中国出现的最早的记载。苏烈曼记述的教堂，很可能是延续至今的怀圣寺。

**公元 853 年　癸酉　唐宣宗大中七年**

△ 是年至公元858年，昝殷（唐大中年间）集有关胎、产、经、带诸症效验方378首，

编成《经效产宝》（原名《产宝》）三卷，是中国现存第一部妇产科专著。（廖育群，中国古代科学技术史纲·医学卷，辽宁教育出版社，1996年，第26页）

△ 段成式（唐，公元803～863）撰《寺塔记》成书。书中记载长安（今西安）、洛阳的寺塔。（唐·段成式：《酉阳杂俎·续集》卷六）

## 公元855年　乙亥　唐宣宗大中九年

△ 黄续之（唐）等3人伪造堂印等入贡院，代举人考试，查出后被处死。这是科举制实行以来，史载第一次科场舞弊大案。（《旧唐书·宣宗本纪下》）

## 公元857年　丁丑　唐宣宗大中十一年

△ 位于今山西五台县豆村东北、五台山西麓佛光山山腰的佛光寺东大殿重建。该寺始建于北魏孝文帝时期（公元471～499）。殿内用内外两圈高度相同的柱子，层叠多层木枋，构成内外两道环，其间用斗栱和梁枋穿插拉纽连成整体，以上再架承重的梁、檩、椽构成屋顶，是中国现存最早的大型木构建筑之一。［梁思成，记五台山佛光寺的建筑，文物参考资料，1953，（5～6）］

## 公元858年　戊寅　唐宣宗大中十二年

△ 民吴塘堰（唐）善驯鸟，水禽、山鸟、鹰隼、燕雀等皆能共处于高7丈、阔7尺的大鸟巢中。（《新唐书·五行志一》）

## 公元859年　己卯　唐宣宗大中十三年

△ 四川成都已形成药物的专门集散市场和行业。这种药物交易的独特形式一直沿用至今。（廖育群，中国古代科学技术史纲·医学卷，辽宁教育出版社，1996年，第256页）

## 公元860～874年　唐懿宗咸通年间

△ 沈知言（唐）辑《通玄秘术》中记载只用黑铅单独作用于醋酸炼制铅霜的工艺。自此，铅霜便开始进入医药行列，从性质、药理上都与铅粉有明确的区分。（赵匡华等，中国科学技术史·化学卷，科学出版社，1998年，第433页）

## 公元863年　癸未　唐懿宗咸通四年

△《酉阳杂俎·前集·诡习》最早述及"弹力"一词。"弹力"的大小是以"斗"为单位来衡量的。（戴念祖，中国力学史，河北教育出版社，1988年，第149页）

△ 段成式（唐，公元803～863）《酉阳杂俎·前集·天咫》记述了望远镜发明之前800年，人们已猜测到月面上阴影是"日烁其凸处也"。

△ 段成式（唐）《酉阳杂俎·支动篇》记载了摩擦猫皮的起电现象并看到了静电放电火花。（戴念祖，我国古代关于电的知识和发现，科技史文集，第12辑，上海科学技术出版社，1984年）

△《酉阳杂俎·前集·广知》记载了以荧光物质作画的情形。

△ 樊绰（唐）所著《蛮书》10卷系统地记载了当时云南的交通、山川、物产等，是有

关云南地理的早期专著之一。(赵吕甫校释,云南志校释,中国社会科学出版社,1985年)

　　△ 樊绰(唐)所著《蛮书》记载:云南山区的人们巧妙地利用夏季雨水冲刷的方法采金。[王蓁蓁,宋代金银的开采冶炼技术,自然科学史研究,2004,23(4):357~358]

　　△ 云南出现稻、大麦一年二熟制。(唐·樊绰:《蛮书·云南管内产物》)

　　△ 段成式(唐,公元803~863)编写了《酉阳杂俎》,书中记述了大量的动植物和相关知识。其中包括大量的域外引进植物。书中在世界上最早记载了农作物害虫的生物防治方法。(罗桂环、汪子春主编,中国科学技术史·生物学卷,科学出版社,2005年,第195~196页)

　　△《酉阳杂俎》卷十七:"凡禽兽必藏若形影,同于物类也。是以蛇色逐地,茅兔必赤,鹰色随树。"比较全面地指出了动物的保护色。

　　△ 段成式(唐)撰《酉阳杂俎·木篇》记载,海枣(波斯枣)、扁桃(巴旦杏)、阿日浑子、树菠萝(波罗蜜)、齐敦果(油橄榄)等自波斯传入我国。

　　△ 段成式(唐)在《酉阳杂俎》前集卷十六记载了某些金属矿床的指示性植物:"山上有葱,下有银;山上有薤,下有金;山上有姜,下有铜锡。"(刘昭民,中华地质学史,台湾:商务印书馆,1985年,第171页)

　　△ 段成式(唐)在《酉阳杂俎·说司》记载了驯养水獭捕鱼。

　　△ 工匠陈磻石主持建造千斛大船,并开辟从福建经台湾海峡至广州的航线。(《旧唐书·懿宗本纪》)

### 公元866年　丙戌　唐懿宗咸通七年

　　△ 建造的山西运城招福寺禅和尚塔已使用斗栱与平坐承托塔身。(刘敦桢主编,中国古代建筑史,中国建筑工业出版社,1984年,第277页)

### 公元867年　丁亥　唐懿宗咸通八年

　　△ 韦澳(唐)纂成《诸道山河地名要略》9卷,记述建置沿革、事迹、郡望地名、水名、山名以及风俗、特产、贡赋等。(清·罗振玉:《诸道山河地名要略》残卷本跋)

### 公元868年　戊子　唐懿宗咸通九年

　　△ 王玠(唐)印造《金刚经》。全卷长4.88米,兼有插画,刻工精美,是中国现存最早的有明确日期的雕版印刷品。(朱仲玉,书——我国第一卷有年代可考的印刷书是《金刚经》,北京晚报,1962-12-12:3)

### 公元870年　庚寅　唐懿宗咸通十一年

　　△ 约于是年,卢肇(唐)著《海潮赋》,反对月生潮汐说,力主日入海激水而潮汐生,又云"日月合朔之际,则潮殆微绝",从理论到对潮汐现象的具体描述上,都是一种倒退。(董诰等:《全唐文》卷七百六十八)

　　△ 修定寺塔(在今河南安阳西北)建成。塔型优美,砖雕精巧雅致,是唐代砖刻艺术珍品。[杨宝顺、孙德萱,安阳修定寺塔的研究,中原文物,1981,(特刊):63~68]

**公元 872 年　壬辰　唐懿宗咸通十三年**

　　△ 六月二十日铸造"宣徽酒坊"银酒注一件于 1979 年在西安西郊出土。器底刻有 61 字的铭文，记述了使用单位，铸造时间，监督、铸造官员和工匠的姓名，以及编号、容量和重量。说明唐代官营手工业实行严格管理，讲究质量的制度。（丘光明等，中国科学技术史·度量衡卷，科学出版社，2001 年，第 332~333 页）

**公元 874 年　甲午　唐懿宗咸通十五年　僖宗乾符元年**

　　△ 陕西扶风法门寺真身宝塔地宫内"监送真身使随真身供养道具及金银宝器衣物账"中记有"瓷秘色碗七口，内二口银棱；瓷秘色盘子叠子共六枚"。这是第一次既有实物，又有文字记载的秘色瓷历史资料。（陈全方等，法门寺与佛教，陕西旅游出版社，1991 年，第 97 页）

**公元 875 年　乙未　唐僖宗乾符二年**

　　△ 阿拉伯人在中国游历见中国人已使用卫生纸。[陈大川，中国造纸术盛衰史，台北：中外出版社，1979 年，第 346 页]

**公元 876 年　丙申　唐僖宗乾符三年**

　　△ 陆广微（唐）撰《吴地记》一卷，记载吴郡（今苏州）吴县、长洲、嘉兴、昆山、常熟、华亭、海盐 7 县地理沿革及城邑坊巷、人口赋税、人物掌故、名胜古迹等。

**公元 877 年　丁酉　唐僖宗乾符四年**

　　△ 在今山西平顺建造明惠大师塔。这是一座精美的唐代单层方形石塔。塔身雕刻天神及门窗，内部有平暗天花；塔身上覆以石雕的屋顶，顶上为四层雕刻组成的塔顶。全塔雕刻精致，比例适当，而不陷于繁琐，反映了唐代建筑与雕刻相结合的高超水平。[杨烈，山西平顺县古建筑勘察记——大云寺、明惠大师塔，文物，1962，（2）]

**公元 879 年　己亥　唐僖宗乾符六年**

　　△ 是年至公元 880 年，陆龟蒙（唐，？ ~约公元 881）撰《耒耜经》，记江南水田使用的农具五种，以曲辕犁（江东犁）为主，反映了当时江南水田区比较高的农业生产水平。所记曲辕犁构造比较复杂，由 11 个部件组成。它克服汉魏时期长直辕犁至田边地角时"回转相妨"的缺点，更适合在江南田地面积较为狭小的水田中使用；它还设犁评，可调节犁箭上下，改变牵引点的高度，可控制犁地的深浅。曲辕犁后来成为中国耕犁的主流。（唐·陆龟蒙：《唐甫里先生文集》；王毓瑚，中国农学书录，农业出版社，1964 年，第 50~51 页）

　　△ 据《耒耜经》记载，江南水田平田，打图泥浆已有专用工具耙、磟碡、礰礋等。（唐·陆龟蒙：《唐甫里先生文集》）

　　△ 陆龟蒙（唐）所撰《蟹志》是中国第一部论蟹的专著。

　　△ 陆龟蒙（唐）编纂《笠泽丛书》中有许多反映农事活动及农民生活的田家诗。

　　△ 陆龟蒙（唐）所撰《渔具十五首并序》和《和添渔具五篇》对捕鱼的鱼具以及相关

内容做了较全面的叙述。(唐·陆龟蒙:《唐甫里先生文集》)

△ 陆龟蒙(唐)在《蠹化》中,记述了柑橘害虫橘蠹的形态、习生及天敌。《记稻鼠》一文记载田鼠对水稻的危害性。[曾雄生,中国古代科学家传记(上)·陆龟蒙,科学出版社,1992年,第422~423页]

△ 陆龟蒙(唐)在其赞咏《秘色越器》一诗中的"九秋风露越窑开,夺得千峰翠色来"的诗句是至今发现的最早的把秘色瓷和越窑瓷联系起来并说明其颜色为千峰翠色的史料。(《全唐诗》卷629)

**公元885年　乙巳　唐僖宗中和五年　光启元年**

△ 张大庆(唐)编成《沙州图经》,残本现存敦煌遗书中,是中国现存最早的图经之一。(池田温,沙州图经考略,博士还历纪念东洋史论丛,东京:山川出版社,1975年)

**公元889~893年　唐昭宗龙纪至景福年间**

△ 吴越国筑杭州夹城,环包家山及秦望山而回凡50余里,皆穿林架险而板筑,工程很艰巨。隔二年,又由士兵、役徒20万众新筑杭州罗城,自秦望山由夹城东至江干及钱塘湖、霍山、范浦凡70里。(《资治通鉴》卷259)

**公元889~904年　唐昭宗年间**

△ 刘恂(唐昭宗)居南海时,作《岭表录异》3卷,记述岭南(今广东、广西及越南北部一带)地方草木、鱼虫、鸟兽和风土人情,是现存粤东舆地最古之书。(《四库全书·史部·地理类·杂记之属》)

△ 刘恂(唐昭宗)的《岭表录异》翔实地记述了大量岭南的动植物(今存约70种)。书中指出两头蛇实际上只有一个头,还最早记载了当地人养猫头鹰捕鼠。(罗桂环、汪子春主编,中国科学技术史·生物学卷,科学出版社,2005年,第198~200页)

△《岭表录异》记述海镜(窗贝)"腹中有小蟹子,其小如黄豆,而头足具备,海镜饥,则蟹出拾食,蟹饱归腹,海镜亦饱"。指出了窗贝与小蟹的共生关系。

△ 刘恂(唐)《岭表录异》卷上记载新、陇等州(今广东省新兴县、罗定县)山田利用养鱼开荒种稻。

△ 刘恂(唐)《岭表录异》卷上较为详细地记载了南海地区的风暴潮——"沓潮"和热带风暴——"飓风"。(宋正海等,中国古代海洋学史,海洋出版社,1986年,第299~300、164~165页)

**公元892年　壬子　唐昭宗景福元年**

△ 边冈(唐)制成《崇玄历》。该历法继承曹士芃(唐)的二次函数算法,并把它拓展用于黄赤道宿度差、月亮极黄纬日食时差、食差等的计算,还首创三次函数法用于晷影长度的计算,更首创四次函数法用于太阳视赤纬、太阳出没时距南(或北)中天的度数以及漏刻长度的计算,这些算法既简便又保有较高的精度,使传统历法在数理化与公式化的道路上前进了一大步。该历法所用交食周期值和月离表,是为历代最佳者。当年该历法取代《宣明历》颁行全国,唐亡后,又为五代沿用至公元956年。[《新唐书·历志六下》;陈美东,中国

古代科学家传记（上集）·边冈，科学出版社，1992 年，第 425～433 页]

△ 韦君靖（唐）在今四川大足县城北的北山建造石像，后经五代至宋绍兴年间，历时 200 余年建成，是中国晚期石窟的重要代表作之一。（中国美术家协会四川石刻考察团，大足石刻，文物出版社，1959 年）

## 公元 894 年　甲寅　唐昭宗乾宁元年

△ 写经《护国司南抄》于 1956 年在云南大理凤仪镇白汤天法藏寺被发现。此为在云南地区发现的最早的纸张。[李晓岑，云南少数民族的造纸与印刷技术，中国科技史料，1997，18（1）：2]

## 公元 895 年　乙卯　唐昭宗乾宁二年

△ 建造的山西晋城青莲寺慧峰塔在须弥座和莲瓣上建八角形塔身。（刘敦桢主编，中国古代建筑史，中国建筑工业出版社，1984 年，第 227 页）

## 9 世纪末 10 世纪初

△ 韩鄂（韩谔①，约唐末五代）撰《四时纂要》问世。这是一部逐月记述应作的农事及具体技术措施的农书，近于农家历的性质。书中记载一些新的农作物，所记植物嫁接技术比以前有很大的提高，对种间嫁接的原理有较深刻的认识。书中的另一特点是占候、择吉、禳镇等内容占近一半。北宋至道二年（公元 996）已有民间刻本，天禧四年（1020）则由朝廷刊印并颁发给各地劝农官。（缪启愉，四时纂要校释·校释前言，农业出版社，1981 年）

△ 棉花栽培技术始见于《四时纂要·三月·种木棉法》。

△ 已开始人工栽培食用菌。（唐·韩鄂：《四时纂要·三月》）

△ "砧木"之称见于《四时纂要·正月》，时称"树砧"。

△ 茶子储藏采用"拌沙储藏法"。（唐·韩鄂：《四时纂要·二月·收茶子》）

△ 利用盐水浸泡储藏板栗。（唐·韩鄂：《四时纂要·九月》）

△ 出现酱油煎煮灭菌储存措施。（唐·韩鄂：《四时纂要·六月》）

△ 江西德兴铜矿用胆铜法采铜自唐代始，一直延续至近代，是历史悠久的水法冶铜基地。（《新唐书·地理志》）

△ 阿拉伯地理学家伊本·胡尔达兹比赫（Ibn Khurdādhbih）根据阿拉伯邮驿档案编纂的《道里邦国志》记载，当时沟通中国与阿拉伯世界的交通干道是呼罗珊大道。它从巴格达，经哈马丹、赖伊、尼沙尼尔、木鹿、布哈拉，撒尔驿、锡尔河流域诸城镇而到达中国边境。（武斌，中华文化海外传播史，陕西人民出版社，1998 年，第 729 页）

## 公元 900 年　庚申　唐昭宗光化三年

△ 约于是年，文浩（唐）制成辊弹漏刻，这是一种令铜弹沿曲折竹筒向下滑动所经时间作为特定单位时间以计时的器具。（南宋·薛季宣：《浪语集》卷三十）

---

① 《新唐书·宰相世系表》上有韩鄂和韩谔两个名字。《新唐书·艺文志》著录《四时纂要》时，题作韩鄂。农史研究者大多认为韩鄂和韩谔为同一人。见：范楚玉，中国古代科学家传记（上）·韩鄂，科学出版社，1992 年，第 434 页。

△在浙江临安吴越国国王钱镠之父钱宽墓室顶上绘有日、月、北斗七星与二十八宿诸星图，圆形星点用金箔贴成，星间有土红色联线，分别勾画出各星宿的形状，并绘有内规、赤道、外规及重规等。次年，钱宽之妻水邱氏墓中亦绘有类似的星图。[蓝春秀，浙江临安五代吴越国马王后墓天文图及其他四幅天文图，中国科技史料，1999，（1）]

## 公元 904 年　甲子　唐昭宗天复四年　天祐元年

△"（郑璠）从攻豫章，璠以所部发机飞火烧龙沙门，……焦灼被体。"许多学者认为这种"发机飞火"当指原始的、抛掷型或弹射型的火药武器。（北宋·路振：《九国志》）

## 唐朝

△据唐人辑纂《黄帝九鼎神丹经诀》卷八记载，唐代的炼丹家创造出石胆的人工合成法。（赵匡华等，中国科学技术史·化学卷，科学出版社，1998 年，第 513 页）

△黄子发（唐代）撰预报降雨专著《相雨书》，记载候气、观云、察日月星、推时及相生物和玉石等占雨谚语。（刘昭民，中华气象学史，台湾商务印书馆，1979 年，第 99～110 页）

△唐代，中央政府设置职方郎中、员外郎，掌管全国地图。（《唐书·职官志》）

△出现积制厩肥的"踏粪法"。（后人伪作：《齐民要术·杂说》）

△出现"浅—深—浅"中耕法。（后人伪作：《齐民要术·杂说》）

△出现兽医教育：太仆寺有兽医 600 人，兽医博士 4 人，学生 100 人，兽医技术的传授不再仅限于民间的师徒口传心教。（《旧唐书·职官志》）

△李石（唐）撰中国现存最古老的兽医专著——《司牧安骥集》。书中对马的诊断和治疗有较系统的论述，且各有药方和附图，为宋、元、明三代兽医必读书。（《宋史·艺文志》；王毓瑚，中国农学书录，农业出版社，1964 年，第 60 页）

△《司牧安骥集》记载，已出现兽医研究、探讨家畜疾病病因、病机的专门著述——《八邪论》。

△《司牧安骥集·伯乐针经》记载，已出现兽医针灸专著《伯乐针经》，记载了马匹针灸穴位 171 个，并提出"看病浅深，补泻相应"的治疗原则和针刺手法。

△已用火烙术治疗马匹四肢疾病，《司牧安骥集·伯乐画烙图歌诀》中画有火烙部位十二处，并绘有烙印图形，对各种四肢疾患的病因及治疗方法亦有记述。

△已用"放血"法治疗马匹的疽痈和中毒病。《司牧安骥集·放血法》规定了 11 个放血穴位，阐述了放血时要根据家畜的肥、瘦、虚、实，掌握放血的多寡等原则。

△唐代政府制定了马籍制度和马印制度，是马匹繁殖、饲养设立档案之始。（北宋·王溥：《唐会要·诸鉴马印》）

△唐政府制定家畜饲养标准，象、马、牛、羊、骆驼、驴、骡等分别有给饲定额，并推行家畜繁殖奖惩制度。（《唐六典》）

△《相牛心镜要览》对牛的外形有些很有意义的描述。

△唐代继南北朝、隋制于京师设国家最高的医药教育机构——太医署，分体疗（内科）、疮肿（外科）、少小（小儿科）、耳鼻口齿与角法 5 科。内设太医博士、助教、按摩博士、祝禁博士等职，共同教授医学，并设立药园，置药师。其教材、学制、考试均较为先

进，是中国历史上规模较大的医科大学，师生 340 多人。(《旧唐书·百官志》)

△ 祝禁博士的设立，说明此时祝禁独立成为一科。(《旧唐书·百官志》)

△ 刘真人（唐）《紫庭追痨方》提到引起肺结核的原因是生物。

△ 据《唐本草余》记载，唐代出现以"白锡和银箔及水银合成"用于补牙的"银膏"。这种银膏一直沿用至近代。(赵匡华等，中国科学技术史·化学卷，科学出版社，1998 年，第 443 页)

△ 唐同州（今陕西大荔县）治中云得臣，开渠，自龙门引黄河水，灌溉农田六千余顷。(《新唐书·地力一》；《唐会要·疏凿利人》)

△ 陈廷章（唐）《水轮赋》最早记载了水力自动提水工具——水轮的制形、运转、功用，并提出其比辘轳和桔槔的进步之处。(《全唐文》卷 948)

△ 唐人浆捶六合慢麻纸书经明透，水濡不入。[陈大川，中国造纸术盛衰史，中外出版社（台北），1979 年，第 334 页]

△ 自唐代开始，浙江金华地区的婺州窑发现比河南禹州钧瓷早得多的呈现月白或天青色的乳光分相釉，开创了乳浊钧釉的先例。[李家治等，唐、宋、元浙江婺州窑系分相釉的研究，无机材料学报，1986，(1)]

△ 湖南长沙窑在唐代已出现，分别由含铜矿物和以含铁矿物为着色剂的绿色所和褐色的釉下彩瓷，开创了多色釉下彩瓷的先例。[张志刚等，长沙铜官窑色釉和彩瓷的研究，景德镇陶瓷学院学报，1985，(6)]

△ 一件晚唐时期由 CoO 着色的青花瓷枕碎片于 1975 年在扬州唐城遗址出土。说明此时我国已开始烧制青花釉下彩瓷。(陈尧成等，历代青花瓷和着色青料，中国古代科学技术成就，上海科学技术出版社，1985 年，第 300 页)

△ 一处唐代金银器窖藏出土（1970 年在陕西西安南郊何家村发现）金杯、金碗、银壶、镂空银熏球等 205 件。对何家村窖藏金银器皿的技术鉴定证实，唐代金银细工工艺使用了钣金、浇铸、焊接、切削、抛光、铆接、捶打、刻凿等，多数器物都是综合运用多种工艺才制造成功。其中两次焊、掐丝焊、子母扣扣合严密均显示金银器的焊接、切削加工已趋成熟。(中国大百科全书·考古学，中国大百科全书出版社，1986 年，第 514～516 页)

△ 陕西西安南郊何家村邻王府遗发现一块重达 8 公斤的炼银炉渣，经研究为含银方铅矿的熔炼产物。银渣中含银量极少，表明当时冶炼银技术已达到很高的水平。(赵匡华等，中国科学技术史·化学卷，科学出版社，1998 年，第 213 页)

△ 中国炼丹术中常用的一种药物处理法——悬胎煮出现。《青霞子十六转大丹》和《九转灵砂大丹》中均有记载。(赵匡华等，中国科学技术史·化学卷，科学出版社，1998 年，第 413 页)

△ 唐代某方士所撰《抱朴子神仙金汋经》是现存最早提及鎏金术的文献。(赵匡华等，中国科学技术史·化学卷，科学出版社，1998 年，第 418 页)

△ 唐在易州（今河北易县）专门设置置务官，负责制墨业的生产管理。唐代的制墨名家有李阳冰、祖敏、王君德、奚鼐、奚鼎和奚超。(元·陆友：《墨史》)

△ 唐代利用隋大兴城作京师改名长安，经多次扩建后遗址所示：城东西 9721 米，南北 8651 米，面积 84 平方公里。方格网形街道有明显中轴线，其主干道最宽者东西道 220 米，南北道 155 米，一般在 40～70 米。皇城居城北正中，面积 2820 米×1843 米。有 110 个坊

和二个市，坊的四周有墙，在两面或四面各开一门，每一城门各有三个门洞，通三道，道有排水明沟。有四条主要河渠道入城内以解决供水和水运问题。[马得志，唐长安考古记略，考古，1996 年，(11)]

△ 唐代的石拱桥以位于今江苏苏州城外寒山寺旁的枫桥是有名。现存桥长约 26 米，净跨约 10 米，高 7 米，是一座驼峰式石拱桥。(唐寰澄，中国科学技术史·桥梁卷，科学出版社，2000 年，第 307~308 页)

△ 据《唐会典》记载，金的加工方法有 14 种之多。(田自秉，中国工艺美术史，知识出版社，1985 年，第 208 页)

△《旧唐书·舆服志》载："自余一品乘白铜饰犊车。"表明白铜在唐代相当贵重。[梅建军、柯俊，中国古代镍白铜冶炼技术的研究，自然科学史研究，1989 年，(1)]

△《新唐书·地理志》、《元和郡县图志》、《通典·食货志》等书记载了唐代的许多地区都生产纸张，而且纸的品种多达几十种。

△ 唐代已有剔红漆器。(明·黄成：《髹饰录》)

△ 新疆吐鲁番阿斯塔那墓出土了一块写有"梁州都督府调布"字样的粗麻布，经分析其原料为黄麻纤维。这是迄今为止见到最早的黄麻实物。它说明至迟在唐代已开始有黄麻纺织。(赵承泽，中国科学技术史·纺织卷，科学出版社，2003 年，第 136 页)

△ 大约在唐以前，新疆种棉技术传入甘肃河西走廊。在敦煌莫高窟壁藏文书中有多处关于棉织物的记载。(赵承泽，中国科学技术史·纺织卷，科学出版社，2003 年，第 147 页)

△ 唐代完成了斜纹组织向缎纹组织的过渡。(陈维稷，中国纺织科学技术史，科学出版社，1984 年，第 107 页)

△ 唐代有专门的建筑法规《营缮令》。(《文苑英华》卷 526)

△ 张鷟（唐前期）所撰《集训》明确指出：平而阔的板材是用锯加工的。由文献记载和考古发掘推断，至迟在唐代前期（公元 7 世纪中叶），中国已使用大框锯了。[唐·释慧琳：《一切经音义》引《集训》；李浈，试论框锯的发明与建筑木作制材，自然科学史研究，2002，21（1）：73]

△ 西安沙城村留存银质被中香炉，结构奇巧。(中国大百科全书·机械工程，中国大百科全书出版社，1992 年)

△ 永济蒲津渡遗址于 1991 年发掘，出土唐代所铸铁牛 4 尊、铁山 2 座、圆柱形铁墩 3 个，铁牛尾后有锚，腹下有山，其下有 6 根径 0.4 米、长 3 米多的铁柱斜向前插入地下，功同地锚，非常稳固。该渡口遗址是国内唯一发掘的古渡口遗址。(山西省考古研究所，山西考古四十年，山西人民出版社，1994 年，第 273~276 页)

**唐末**

△ 冯贽（唐）在《云仙杂记》中记载了蔷薇露，《册府元龟》中也记述了来自西域的蔷薇水。宋代赵汝适的《诸蕃志》和蔡绦的《铁围山丛谈》都介绍了花露水的制法。可见在唐宋时期制取花露水已不是难事。(赵匡华等，中国科学技术史·化学卷，科学出版社，1998 年，第 563~564 页)

△ 萧炳（唐）取本草药名，每上一字，以四声相从，编成《四声本草》5 卷（已佚），开按药名外在形式上检索药物的先河。(廖育群主编，中国古代科学技术史纲·医学卷，辽宁

教育出版社，1996 年，第 257 页）

　　△ 甘伯宗（唐）集伏羲至唐，历代医家 120 人的传记为《名医传》7 卷，为中国最早的医史人物传记专书。（《新唐书·艺文志》；宋·王应麟：《玉海》）

　　△ 造墨专家奚鼐（唐末）以善制佳墨而名扬四方，其墨坚如玉，富有光泽。后以技传子超，迁居歙州（今安徽歙县），遂成当地制墨世家。（元·陆友：《墨史》）

**唐宋年间**

　　△ 有人冒名师旷作了一部名为《禽经》的专著，书中记载了 70 多种鸟类。对鸟类的形态和生活习性、生态分布均有翔实的记述。这是我国第一部鸟类学专著。[罗桂环，宋代的鸟兽草木之学"，自然科学史研究，2001，19（2）：153]

# 五 代 十 国

**公元 907～911 年　五代后梁太祖开平年间**

△ 吴越王钱镠（五代，公元 852～923）设置撩浅军，负责疏浚塘浦，罱捞河泥，修固堤岸，种植树木，修建堰闸。此为我国设置农田水利专业队伍之始。（北宋·朱长文：《吴郡图经续记·治水》；清·吴任臣：《十国春秋·武肃王世家下》）

**公元 907～1125 年　辽代**

△ 1995 年在内蒙西赤峰市松山区缸瓦窑遗址的发掘与研究中，出土大批辽代窑具、瓷器残片，并确定了辽代官窑遗址的位置。在这处方圆数公里的烧瓷遗址区，遍布辽、金、元三代的瓷片，文化堆积厚达 2 米，被学术界命名为"草原瓷都"。（文物出版社编，新中国考古五十年，文物出版社，1999 年，第 92 页）

**公元 909 年　己巳　五代后梁太祖开平三年**

△ 陆仁章（五代后梁）以树艺出色为吴越王钱镠（五代，公元 852～923）所用。（《资治通鉴》卷 267）

**公元 910 年　庚午　五代后梁太祖开平四年**

△ 吴越钱武肃王（梁开平中）主持修建捍海石塘，自六和塔至艮山门长 338 593 丈，下石笼，树巨木，仅 2 月时间即筑成。施工时并立铁幢以作测量标尺。此为最早的竹笼石塘工程。（北宋·范坰、林禹：《吴越备史·武肃王》；《资治通鉴》卷 267）

**公元 916 年　丙子　五代后梁末帝贞明二年　辽太祖神册元年**

△ 辽太祖耶律亿（辽，公元 872～926）建立契丹国。这个由契丹贵族建立的国家，一开始就广泛地吸收汉文化，崇尚儒术。（《辽史》）

**公元 918 年　戊寅　五代后梁末帝贞明四年　辽太祖神册三年**

△ 轩辕述（南汉）在《宝藏畅微论》中有"铁铜，以苦胆水浸至生赤煤，熬炼而成黑坚"。说明此时浸铜法已发展成为一种生产铜的方法。

△ 辽命汉人康默记（五代）负责营建皇都（在今内蒙古巴林左旗林东镇南），后称上京临潢座，俗称波罗城，意为青灰色的城。（《辽史·康默记传》）

**公元 923～936 年　五代南唐**

△ 独孤滔（五代）修撰的《丹方鉴源》对每种炼丹药物的来源、产地、性状、功能用途做了简要说明，条理清晰，有的还包括人工制造工艺，很少有神秘色彩，是一部科学性很强的金石药物手册。书中关于炼丹药物的分类已较为完善。（赵匡华等，中国科学技术史

化学卷，科学出版社，1998年，第292页）

**公元923年　癸未　五代后梁末帝龙德三年　后唐庄宗同光元年　辽太祖天赞二年**

△ 有是年题记的契丹大贵族墓1994年在内蒙古阿鲁科尔沁旗宝山被发现。墓内建有雕刻精细的巨石板组成的石房子，其外围建寝帐式圆形建筑，在墓壁上绘有战马、花鸟、文具、武器。这是全国迄今发现的有纪年辽墓中时代最早的一座。（文物出版社编，新中国考古五十年，文物出版社，1999年，第92页）

**公元925年　乙酉　五代后唐庄宗同光三年　辽太祖天赞四年**

△ 黄河遥堤始见文字记载。（南宋·李焘：《续资治通鉴长编》卷481）

**公元930年　庚寅　五代后唐明宗天成五年　长兴元年　辽太宗天显五年**

△ 是年前，中国籍波斯人李珣（五代，约公元855~约930）游历岭南等地之后，撰《海药本草》6卷（已佚），是中国关于海外和中国南海一带的最早药物学专著之一。［范行准，李珣及其《海药本草》研究，广东中医，1958，(7)：17~23］

△《海药本草》记载了不少外来的动植物药，包括原先不见记载的海红豆和落雁木等。明·李时珍：《本草纲目》卷39)

**公元933年　癸巳　五代后唐明宗长兴四年　辽太宗天显八年**

△ 是年前，道士杜光庭（后唐，公元850~约933）《录异记》卷七记载了宝石的变色现象，指出宝石"侧易视之色碧，正易视之色白"。

**公元934年　甲午　五代后唐闵帝应顺元年　末帝清泰元年　辽太宗天显九年**

△ 陈士良（南唐）将《神农本草经》、《新修本草》和《本草拾遗》等书中关于食物的药物加以分类整理，加之自己的经验，撰成《食性本草》7卷，记载食医诸方及四时调养脏腑之术。（傅维康，中药学史，巴蜀书社，1993年，第139页）

**公元936~946年　后晋**

△ 在浙江绍兴城西由太守谢凤（后晋）建造的谢公桥桥长28.5米，净跨8米，是一座七折边拱桥。清康熙二十四年（1685）重修，至今尚存。（宋《嘉泰会稽志》；唐寰澄，中国科学技术史·桥梁卷，科学出版社，2000年，第252页）

**公元936年　丙申　五代后唐末帝清泰三年　后晋高祖天福元年　辽太宗天显十一年**

△ 约于是年，马重绩（后晋）制成《调元历》，它系以《符天历》为基础，吸收《宣明历》与《崇玄历》的长处制成。次年在后晋颁用，但在5年后，后晋又复用《崇玄历》。《新五代史·司天考一》)

△ 道教学者谭峭（南唐）撰《化书》约成于是年。《化书·声气》中发展古代"振动"概念，提出"气振"一词，并对声音的产生、传播与气体振动的关系做出了猜想。（戴念祖，中国声学史，河北教育出版社，1994年，第57页）

△ 谭峭在《化书》卷一内述及四种透镜："圭"，平凸透镜；"珠"，双凸透镜；"砥"平凹透镜；"盂"，凹凸镜。并分别指出了这四种透镜的成像情形。

△ 和凝（五代，公元898~995）取古今史传所讼断狱、辨雪冤枉等书，著《疑狱集》2卷。其子和㠓又增益事类2卷，成4卷本。此书涉及很多法医方面的知识。（《四库全书总目提要·法家类》）

△ 是年后，埃及芭芘纸绝迹，以中国式麻纸替代。[陈大川，中国造纸术盛衰史，中外出版社（台北），1979年，第347页]

### 公元 937~975 年　南唐时期

△ 高越（南唐）、林仁肇（南唐）建造位于今南京的栖霞寺塔，塔为八角五层，高约18米的小石塔。它的塔基座部分绕以栏杆，其上覆莲、须弥座和仰莲承受塔身，而基座和须弥座被特别强调出来予以华丽的雕饰，从而创造中国密檐塔的一种新形式。（刘敦桢主编，中国古代建筑史，中国建筑工业出版社，1984年，第144页）

### 公元 937 年　丁酉　五代后晋高祖天福二年　辽太宗天显十二年

△ 十一月己未，辽遣使求医于晋。（《辽史》卷三）

△ 此时能以刀针割治瘿瘤（甲状腺肿）。（《太平广记》卷220）

### 公元 939 年　己亥　五代后晋高祖天福四年　辽太宗会同二年

△ 石延义（后晋）在今河南开封制成新圭表，用以检验《调元历》的可靠性。此圭表前后沿用达100余年。（《宋史·律历志九》）

### 公元 940 年　庚子　五代后晋高祖天福五年　辽太宗会同三年

△ 在浙江临安吴越国国王钱元瓘（吴越，公元887~941）的马王后墓顶岩石板上阴刻有北斗七星、华盖、钩陈、北极等星官及二十八宿诸星图，圆形星点和星间联线均以金箔贴成，并刻有内规、外轨与重规，还绘出银河的轮廓。次年，钱元瓘墓中亦有与之类似的星图，只是无银河而有赤道。另在杭州的吴月汉墓（时当952年）中亦见有与马王后墓相似的星图。[蓝春秀，浙江临安五代吴越国马王后墓天文图及其他四幅天文图，中国科技史料，1999，（1）：60~65]

### 公元 941 年　辛丑　五代后晋高祖天福五年　辽太宗会同四年

△ 钱元瓘（吴越，公元887~841）墓出土的雕龙贴金大瓶等，为五代越窑"秘色窑"的代表作。

△ 契丹大贵族耶律羽（辽，？~公元941）墓于1992年在内蒙古赤峰市阿鲁科尔沁旗发掘。墓室建造十分豪华，由绿色琉璃砖砌筑，内有金银器、瓷器、铁器、木器和大量的丝织物；其中丝绸长袍虽经千年仍可舒卷，其上花纹繁丽多姿、丝工精良，是辽代丝织物中的瑰宝。（文物出版社编，新中国考古五十年，文物出版社，1999年，第91页）

△ 约是年，阿拉伯旅行家伊本·麦哈黑尔（Abū Dulat Mis'aribn Muhalhil）随中国使者东游至中原。

**公元 942～946 年　五代后晋出帝年间**

　　△ 晋出帝（公元 942～946 年在位）时，出现喷水磁质鱼洗。（北宋·何薳：《春渚纪闻·纪研》；戴念祖，中国声学史，河北教育出版社，1994 年，第 448～450 页）

**公元 945 年　乙巳　五代后晋出帝开运二年　辽太宗会同八年**

　　△ 成书的《寿昌县地境》是少数至今仍完整无缺的唐代方志之一。它记载了去州里数、公廨、户、乡、沿革、寺、镇、戍烽、栅堡、山泽、泉海、渠涧、关亭、城河等。（傅振伦，从敦煌发现的图经谈方志的起源，中国地方史志论丛，中华书局，1984 年）

**公元 947 年　丁未　五代后汉高祖天福十二年　辽太宗大同元年　世宗天禄元年**

　　△ 契丹主患热病，以冰罨贴胸腹四肢，为中国冰罨疗法之始。（《资治通鉴》卷 286）
　　△ 夏，胡峤（辽）在辽上京以东 40 公里的珍珠寨时，看见驿路两边摆放的西瓜摊，后在所著《陷虏记》中记载了此事。胡峤是中原地区第一个看见并记载了契丹人栽培西瓜的汉人。[王大方、张松柏，西域瓜果香飘草原，农业考古，1996，（1）：181]

**公元 948 年　戊申　五代后汉高祖乾祐元年　辽世宗天禄二年**

　　△ 隐帝（五代后汉，公元 948～950 年在位）因鸲鹆（八哥）食蝗，遂下令"禁捕鸲鹆"。是中国以政府下令保护益鸟之始。（北宋·欧阳修：《新五代史·汉本记第十·隐帝》）

**公元 949 年　己酉　五代后汉隐帝乾祐二年　辽世宗天禄三年**

　　△ 约此时，中国书籍改卷子为摺子本。是年印制的摺本印刷佛经现存英国，是现存最早的摺本印刷品。[陈大川，中国造纸术盛衰史，中外出版社（台北），1979 年，第 347 页]

**公元 950 年　庚戌　五代后汉隐帝乾祐三年　辽世宗天禄四年**

　　△ 约于是年，王处讷（后周至宋）制成《明玄历》，是为 10 余年后推出的《应天历》的基础。（《新五代史·司天考一》）
　　△ 陶谷（五代，902～970）《清录异》首次记载了包心白菜（心子菜），这是我国北方后来最重要的蔬菜作物。书中还记载"北方桑上生白耳，名桑鹅。……呼'五鼎芝'"，即今日所说银耳。
　　△ 陶谷（五代）《清录异》记有红曲，说明我国当时在红曲霉的培养方面已经有相当的水平。
　　△ 最早明确记载豆腐的是陶谷（五代）所撰《清异录·官吏》："时戢为青阳丞，洁已勤民，肉味不给，日市豆腐数个，邑人呼豆腐为小宰羊。"从中可以说明至少在五代时的淮南一带，豆腐已是日常食品了，其制作技术也相当成熟。（洪光住，中国豆腐，中国商业出版社，1987 年，第 12 页）
　　△ 陶谷（五代）《清录异》记载的"火寸"（后世又称"引光奴"、"发烛"），即为今日硫磺火柴。[郭正谊，也说发烛，中国科技史料，1992，13（1）：96]
　　△ 李廷歆（南唐）进一步完善了制墨工艺，创制了享誉文史的徽墨。（元·陆友：《墨

吏》）

**公元 951 年　辛亥　五代后周太祖广顺元年　辽世宗天禄五年　穆宗应历元年**

△ 此时临床使用鼻饲给药。（《太平广记》卷 220《医三》）

△ 白砂糖已有记载。（宋·薛居正：《旧五代史·周书·太祖本纪》）

**公元 953 年　癸丑　五代后周太祖广顺三年　辽穆宗应历三年**

△ 山东工匠李云（后周）铸成沧州（今属河北）铁狮子，高 5.4 米、长 5.3 米、宽 3
米，重约 40 吨，颈上"狮子王"三字清晰可见，用 600 余块泥范，采用明注式浇铸法自下
而上铸成，是我国现有最大的灰口铁铸件。[吴坤仪等，沧州铁狮的铸造工艺，文物，1984，
（6）：81～85]

**公元 955 年　乙卯　五代后周世宗显德二年　辽穆宗应历五年**

△ 后周世宗柴荣（后周）下诏改建扩建首都开封城，北宋初完成。诏书指出开封存在
的城市问题，如用地不足、道路狭小、排水不畅；提出先勘测、规划，然后营建，并规定有
烟尘污染的"草市"等必须迁移城外。根据诏书，开封城进行有计划的改建和扩建，为后来
北宋开封城的建设奠基了基础。（《五代会要》卷二四、卷二六）

**公元 956 年　丙辰　五代后周世宗显德三年　辽穆宗应历六年**

△ 王朴（后周，公元 915～959）制成《钦天历》。该历法的月离表平分一日为九时段给
出相应数值，较传统月离表一日一值来得细致，对五星于留前后的运动状况给出更合理的描
述，将二次函数算法更推广到交食初亏与复原时刻、各地晷影与漏刻长度等的计算。次年，
该历法取代《崇玄历》在后周颁行，后周亡后，又为北宋沿用到公元 963 年。（《新五代史·
司天考一》）

△ 后周检查诸阴阳占卜书，不依典据者皆予毁废。

**公元 957 年　丁巳　五代后周世宗显德四年　辽穆宗应历七年**

△ 在东京顺天门外（今开封城西）修建金明池，又称西池、教池，供演习水军之用。
北宋太平兴国七年（公元 881），太宗幸其池，阅习水战。政和年间，徽宗于池内修建殿宇，
后成为皇帝春游和观看水戏的地方。金明池园林风光明媚，建筑瑰丽，是北宋著名的别园。
（中国大百科全书·建筑、园林、城市规划，中国大百科全书出版社，1992 年）

**公元 958 年　戊午　五代后周世宗显德五年　辽穆宗应历八年**

△ 占城（故地在今越南中南部）贡蔷薇露。中国由此学会蒸制药露。（范行准，明季西
洋传入之医学，中华医学史学会，1943 年）

**公元 959 年　己未　五代后周恭帝显德六年　辽穆宗应历九年**

△ 王朴（五代，公元 915～959）在三分损益律的基础上适当调整十二律数值，发明了
一种新十二律，它与十二平均律十分近似，可以旋宫转调，以至于影响到宋、元、明各代。

（《旧五代史·乐志》；戴念祖，中国声学史，河北教育出版社，1994 年，第 239～244 页）

△ 在今内蒙古赤峰辽驸马卫国王墓中埋藏了两把植毛牙刷，说明此时已将隋唐用杨枝作刷清洁牙齿的方法进行了改进。此为迄今所见最早的植毛牙刷实物。[周应岐，辽代植毛牙刷考，中华口腔科杂志，1957，（3）：159]

△ 在今苏州西北始建云岩寺塔，北宋建隆二年（公元 961）竣工，俗称虎丘塔。塔高 7 层，平面为八角形；塔身砖关砌，外檐为砖木结构；塔内壶门、斗栱、额坊上均饰以彩绘，图案内部优美，是中国较早的建筑彩绘之一。此塔至今巍然屹立，为江南第一古塔。[苏州市文物保管委员会，苏州虎丘云岩寺塔发现文物简报，文物参考资料，1957，（11）]

**五代末宋初**

△ 无名氏所撰《颅囟经》（又名《师巫颅囟经》）二卷（一作三卷），是现存最早的的儿科专著。书中结合小儿生理病理特点分析发病原因，提出"变蒸"之说、小儿"纯阳"体质之说，对后世儿科颇有影响。（廖育群，中国古代科学技术史纲·医学卷，辽宁教育出版社，1996 年，第 31 页）

**公元 907～960 年　五代**

△ 邱光庭（吴越国）著《海潮论》，对张衡浑天说进行重大改造，认为地载于水，水载于气，即在天与水之间充满了气，日月星辰在气中绕地—水系统作圆周运动。该文还认为地存在升降的运动，并以之作为潮汐生成的机制之一。（董诰等：《全唐文·卷八百九十九》）

△ 韩保升（五代后蜀）等人在《新修本草》的基础上编写了《蜀本草》（又称《重广英公本草》）20 卷。该书对保存《新修本草》的内容和动植物形态的描述的发展方面有重要的意义。

△ 江南圩田大发展。（北宋·范仲淹：《范文正集·答手诏条陈十事》）

△ 高阳生托名王叔和，撰成歌括体的《脉诀》，盛行于宋元。该书将二十四脉划分为七表、八里、九道三类，对某些脉象有自己的解释方法。（廖育群，中国古代科学技术史纲·医学卷，辽宁教育出版社，1996 年，第 170 页）

△《蜀本草》中阐述"本草"一词："按药有玉石、草木、虫兽，而直云本草者，为诸药中草类最众也。"

△ 我国南方江西景德镇在五代时开始烧制白釉瓷，历经宋、元、明、清长盛不衰，形成闻名于世的中国瓷业中心，并成为中国瓷都。（李家治等，中国科学技术史·陶瓷卷，科学出版社，1998 年）

△ 朱遵度（五代）所撰《漆经》（已佚）一书，总结了历代漆工的经验，是最早的漆工专著。（中国古代科技成就，中国青年出版社，1987 年，第 240 页）

△ 利用金相、硫印、化学分析等方法检查了五代十国及宋以后的铁器含硫较高，可能是用煤炼铁的证据。（北京钢铁学院《中国冶金简史》编写小组，中国冶金简史，科学出版社，1978 年，第 152 页）

△ 敦煌五代窟 146 号北壁壁画中一座楼阁下层当心间的补间铺作，是有关斜栱形式较早的形象记录。[沈聿之，斜栱演变及普拍枋的作用，自然科学史研究，1995，14（2）：176]

# 辽宋夏金

## 北 宋 时 期

### 北宋初

△ 翰林图书院始成。[陈大川,中国造纸术盛衰史,中外出版社（台北）,1979年,第347页]

△ 开封城建成。开封城有三重城墙：罗城、内城、宫城,每重城墙外环绕有护城河。这种宫城居中的三重城墙的格局,基本上为金、元、明、清都城所尚袭。它还改变围墙包绕里坊和市场的旧制,把内城划分为8厢121坊,外城划分为9厢14坊；道路系统呈井字形方格网,街巷间距较密；住宅、店铺、作坊均临街混杂而建；繁华的商业区位于可通漕运的城东南区。中国古代城市的街巷制布局,大体自此沿袭下来。（中国大百科全书·建筑、园林、城市规划,中国大百科全书出版社,1992年）

△ 约于此时,在德山山麓乾明寺的左侧修建常德铁经幢。经幢多为石建,此经幢以生铁铸成,高4米余,重约1.5吨,为国内现存经幢中少见。此经幢于1979年迁到湖北常德市滨湖公园内。

### 公元961~975年　南唐李后主

△ 李煜（南唐,公元937~978）"患清凉阁草生,徐锴令桂屑置砖缝中,宿草尽死",已使用植物生化他感作用来除草。[北宋·陆佃：《埤雅》；夏武平等,中国古籍中对植物生化他感现象的认识,中国科技史料,1992,13（1）：73~74]

### 公元961年　辛酉　北宋太祖建隆二年　辽穆宗应历十一年

△ 陈承昭（北宋,公元896~969）督导开封府、陈州（今淮阳）和颍昌府（今许昌）民夫疏浚闵河（又名蔡河）。公元964年再率丁夫数千凿渠,引潩水入闵河。公元973年,闵河改名为"惠民河"。随后惠民河的名称扩展至包括闵河和长平镇至合流镇的水道。惠民河是北宋时沟通黄河和淮河的主要运道之一。[水利水电科学研究院《中国水利史稿》编写组,中国水利史稿（中）,水利电力出版社,1987年,第221页]

△ 东京城东水门外七里有虹桥,其桥无柱皆以巨木虚架。又有完善下水道,沟渠极深广。边城城上置战棚,木结构大体类敌楼,可以离合,设之即成,以便防守。（南宋·孟元老：《东京梦华录》）

△ "诏诸道邮传以军卒递"。（《宋史·太祖纪》）

### 公元962年　壬戌　北宋太祖建隆三年　辽穆宗应历十二年

△ 辽国采用马重绩（辽）《调元历》,颁布历法于国中。（《辽史·历象志上》）

△ 诏令士庶敢有阉童考,不赦。（《宋史·太祖纪》）

**公元 963 年　癸亥　北宋太祖建隆四年　乾德元年　辽穆宗应历十三年**

△ 王处讷（北宋）制成《应天历》。该历法没有取得什么进展，唯引进以七日为周期的星期计算法为其特色。次年，该历法取代《钦天历》颁行于宋，使用至太平兴国七年（公元982）。（《宋史·律历志一》；罗香林，族谱中关于中西交通若干史实的发现，（台湾）中央研究院历史语言研究所集刊，第 40 集，1968 年）

△ 宋太祖赵匡胤即位后，奖励蚕织的诏令屡见不鲜。是年，"命官分诣诸道申劝课桑令"。（清·魏光焘：《蚕桑粹编》，1900 年；赵承泽主编，中国科学技术史·纺织卷，科学出版社，2003 年，第 16 页）

**公元 964 年　甲子　北宋太祖乾德二年　辽穆宗应历十四年**

△ 吴越驻福州守臣建"越山吉祥禅院"，在今福建福州北屏山南麓。明正统九年（1444）改称"华林寺"。现仅存大雄宝殿，为中国江南最古的木构建筑，具有鲜明的地方特色，并保存着唐宋之间建筑的特点。大殿的构架是一种特殊的厅堂型构架；斗栱用材硕大，为中国现存实例之首；保留中国早期建筑的处理手法，如梭柱、皿斗、单栱素栱方重叠的扶壁栱、柱间不用补作间铺作等。［林钊，福州华林寺大雄宝殿调查简报，文物参考资料，1956，（7）：45～48］

**公元 967 年　丁卯　北宋太祖乾德五年　辽穆宗应历十七年**

△ 正月，北宋政府派遣大批官员仔细察看黄河下游堤防，并发民夫进行大修工程。从此，黄河岁修制度建立，"皆以正月首事，季春而毕"。又以沿河府州长史兼本州河堤使，管理堤防。（《宋史·河渠志》）

△ 南汉大宝十年，由南汉后主刘鋹（北宋）捐造的光孝寺（在今广东广州）东铁塔铸成，塔身高 6.35 米，上铸近千个佛龛，塔身贴金、造型生动，与四年前（963）铸成的西铁塔同为中国现存有确切铸造年代的最早铁塔。［广州光孝寺铁塔，文物参考资料，1956，（1）］

**公元 968～976 年　北宋太祖开宝年间**

△ 宋人注释陈藏器（唐）《本草拾遗·金屑》中指出脉金矿上有"石皆一头黑焦"的"纷子石"。（宋·唐慎微：《重修政和经史证类备急本草·金屑》）

△ 日华子（原名大明，五代末）所撰《日华子点庚法》是中国典籍中最早的关于以炉甘石（菱锌矿石）—赤铜合炼制作鍮石（锌黄铜）的记载。（赵匡华等，中国科学技术史·化学卷，科学出版社，1998 年，第 287 页）

△ 日华子（原名大明，五代末）撰成《日华子本草》20 卷。此书集诸家本草及当时医家所用药，以记述药性功用为主，兼述形态、鉴别及炮制等，总结了唐及五代的用药经验。（廖育群，中国古代科学技术史纲·医学卷，辽宁教育出版社，1996 年，第 257 页）

△《日华子本草》记载毒蕈中毒防治法。

**公元 970 年　庚午　北宋太祖开宝三年　辽景宗保宁二年**

△ 约于是年，王处讷（北宋）重新订正漏秤，对每日漏刻长度的变化进行测量，并重测昏旦中星度，提出夜晚五鼓时刻分划的新意见。（《宋史·王处讷传》）

△ 约于是年，宋大城西门遗址在扬州被发现，将我国木构过梁式的方形城门向砖构券顶式圆制转变的历史提早 100 多年。（扬州发掘宋大城西门遗址，中国文物报，1996-05-19）

△ 是年至 1002 年，兵部令使冯继升、神威水军队长唐福、冀州团练使石普等人（均约为北宋开宝至咸平年间人），先后向朝廷进献火毬与火（药）箭法。初级火器自此问世。（《宋史·兵志·兵十一》）

**公元 971 年　辛未　北宋太祖开宝四年　辽景宗保宁三年**

△ 颁《访医术优长者诏》。（《宋大诏令集》）

△ 宋太祖命张从信（北宋）往益州（今四川成都）监刻大藏经。益州自五代起即为雕版印刷中心。雕版印刷事业的发达对宋代文化起极大地促进作用。

△ 僧延寿（北宋）奉吴越王钱俶命在今浙江杭州西南钱塘江北岸月轮山上修建六和塔以镇江潮，塔凡 9 级，高 50 余丈。该塔于宣和间焚毁，绍兴二十三年（1153）重建，塔平面八角形，塔身外 13 层，内部为 7 层，有阶梯可至塔顶，为中国江南名塔之一，亦是中国现存砖木结构建筑物中的珍品。[王士伦，杭州六和塔，文物，1981，（7）：34]

△ 隆兴寺主体建筑大悲阁及大悲菩萨铜像是年重造。位于河北正定东部的隆兴寺始建于隋开皇六年（公元 586），原名龙藏寺，是年扩建并更名为隆兴寺。大悲阁高 33 米，是现存宋代风格的古建筑；铜像高 22 米，重约 70 吨，分七段铸成，是中国现存最高的铜佛像。（光绪《正定县志》；刘敦桢主编，中国古代建筑史，中国建筑工业出版社，1984 年，第 202~205 页）

△ 宋设广州市舶司。端拱二年（公元 989），宋设杭州市舶司。咸平二年（公元 999），宋设明州（今浙江宁波）市舶司。元祐二年（1087），宋设泉州市舶司。元祐三年（1088），宋在密州板桥（今山东胶州）设市舶司。（《宋史·食货下八》；王杰，中国古代对外航海贸易管理史，大连海事大学出版社，1994 年，第 93~110 页）

**公元 972 年　壬申　北宋太祖开宝五年　辽景宗保宁四年**

△ 正月，宋禁民铸铁为佛像等无用物，防民毁农器以求福。（《宋史·太祖本纪》）

△ 十一月癸亥，宋禁僧道私习天文、地理。（《宋史·太祖本纪》）

**公元 973 年　癸酉　北宋太祖开宝六年　辽景宗保宁五年**

△ 刘翰（北宋，公元 919~990）等人奉诏校定《新修本草》，编修成《开宝新详定本草》20 卷，宋太祖御制序，由国子监镂板刊印了中国第一部印刷的本草书。次年，又再次校修成《开宝重定本草》21 卷。此二书后世统称《开宝本草》。书中以阴、阳文取代此前的朱墨分书，又配合文字标识，层次清晰地展示了历代本草的内容。（廖育群，中国古代科学技术史纲·医学卷，辽宁教育出版社，1996 年，第 258~259 页）

△ 建造的河南济源济渎庙寝宫。庙为工字形殿和两侧斜廊及周围回廊相结合的方式。

这种布局对后代有一定影响。(《全宋文》卷一《重修济渎庙碑》；刘敦桢主编，中国古代建筑史，中国建筑工业出版社，1984 年，第 197 页)

## 公元 975 年 乙亥 北宋太祖开宝八年 辽景宗保宁七年

△ 海南岛上蓄水灌溉工程灵塘在琼州（今海口市）南 5 里建成，灌田 300 余顷。海南岛水利工程始见记载。[水利水电科学研究院《中国水利史稿》编写组，中国水利史稿（下），水利电力出版社，1987 年，第 354 页]

## 公元 976～984 年 北宋太宗太平兴国年间

△ 乐史（北宋，公元 930～1007）编纂成综合性全国地理总志《太平寰宇记》200 卷。它取材广泛，考据精核，并开创风俗、姓氏、人物、土产、四夷等项，成为传世内容最丰富的古代地理撰述之一。(《宋史·乐史传》；靳生禾，中国历史地理文献概论，山西人民出版社，1987 年，第 169～176 页)

△《太平寰宇记》记载了唐开元年间和宋初太平兴国、雍熙年间的户口数，后者分为主户、客户两种。[杨文衡，中国古代科学家传记（上）·韩鄂，科学出版社，1992 年，第 438～439 页]

△《太平寰宇记·淮南道八·海陵盐·刺土成盐法》记述了以莲子测定盐水浓度或比重的方法，它是近代浮子式比重计的始祖。其后，陈椿（生活于元朝时期）在《熬波图》中也对沿海盐民测定盐水浓度（比重）的方法做了详细记述。(戴念祖，中国力学史，河北教育出版社，1988 年，第 398～401 页)

△《太平寰宇记》记载了人们采用"散皂角于盘内"的方法以利于食盐晶体的析出。对此陈椿的《熬波图》中也有翔实的介绍。

△ 修建晋江大桥和小桥，是福建泉州现存最古的宋代石梁墩桥。(唐寰澄，中国科学技术史·桥梁卷，科学出版社，2000 年，第 91 页)

## 公元 976 年 丙子 北宋太宗太平兴国元年 辽景宗保宁八年

△ 宋太祖（北宋，公元 927～976）卒。宋太祖实行的重文抑武的方法对宋代政治、文化、科技颇有影响。

△ 宋太祖令代州刺史魏丕（北宋，公元 908～999）制造能射远千步（约 1670 米）的床子弩（即床弩），把重型射远兵器床弩的发展推向高峰。(《宋史·魏丕传》)

△ 至公元 997 年，张平（北宋）创造了渠池泊航法，可免去守舟之役或新造舟船被湍悍河流漂失之虞。(《宋史·张平传》)

## 公元 977 年 丁丑 北宋太宗太平兴国二年 辽景宗保宁九年

△ 宋太宗"召天下伎术能明天文者，试隶司天台，匿不以闻者，罪论死。"各地报送 351 人到京，经挑选有 68 人"隶司天台，余悉黥面流海岛。"(《宋史·天文志一》；清·毕沅：《续资治通鉴》卷八十)

△ 建造的上海龙华塔基础下用矩形断面的木桩，桩上铺厚木板，板上做砖基础。(刘敦桢主编，中国古代建筑史，中国建筑工业出版社，1984 年，第 247 页)

**公元 978 年　戊寅　北宋太宗太平兴国三年　辽景宗保宁十年**

△ 北宋初年沿用五代旧制，实行闰年向中央造送地图一次的规定。不久改为再闰一造送。仅太平兴国二年中央收到地方呈送的地图竟达 400 余幅。朝廷根据这些地图编绘全国总图。见于著录的全国地图有：《十七路图》、《十七路转运图》、《十八路图》、《淳化天下图》、《天下州郡军监县镇地图》等。(《宋史·职官志》；中国科学院自然科学史研究所地学史组主编，中国古代地理学史，科学出版社，1984 年，第 302～303 页)

△ 李昉（北宋，公元 925～996）等编辑的《太平广记》卷 220 记述了内分泌失调引起的巨人症。[李仁众，脑垂体后叶病变的记载，中华医史杂志，1982，12 (1)]

**公元 980 年　庚辰　北宋太宗太平兴国五年　辽景宗乾亨二年**

△ 张思训（北宋）制成《太平浑天仰视图》，其外表是一高约 4 米的圆顶木结构楼阁，在上部圆形内壁布列黄道、赤道、日月星辰，中部有报时刻与时辰的构件，两者均由复杂的机械带动，以水银替代漏壶中的水，作为传动上述机械的原动力，并达到使演示天象的上部和报时中部与天同步运行。对于天象的演示系取"仰视"法，相当于现代的假天仪。(《宋史·天文志一》)

△ 铸造峨嵋山圣寿万年寺普贤菩萨骑六牙白象铜佛像一尊，通体高 7 米多，重约 62 吨。铁铸佛像 24 尊，小铜佛像 300 余尊，皆铸工精致。

**公元 981 年　辛巳　北宋太宗太平兴国六年　辽景宗乾亨三年**

△《应天历》推算节气出现差误，王处讷（北宋）对《应天历》加以修订，同时又有吴昭素（北宋）、徐莹（北宋）、董昭吉（北宋）三家献上新历，于是四家参与校验。经三轮校验，王处讷新历、董昭吉历和徐莹历先后被淘汰出局，到公元 982 年决定选用《吴昭素历》，号曰《乾元历》。该历法在若干天文数据、表格和计算法上的精度超过了唐代历法。次年，《乾元历》取代《应天历》颁行于宋，使用至咸平三年（1000）。(《宋史·律历志一》)

△ 王延德（北宋）受命出使高昌（在今吐鲁番东约 20 公里），公元 984 年还回夏州（在今内蒙古自治区乌审旗南白城子）。归后著《高昌行记》，较为详细地记载了当地的炎热气候、民居习俗、农田水利、物产种类、城镇供水和沙漠地形等。(唐锡仁等，中国科学技术史·地学卷，科学出版社，2000 年，第 371～372 页)

△ 颁《访求医书诏》。(《宋大诏令集》)

△ 十月，翰林学士贾黄中（北宋，公元 941～996）等奉诏在崇文院编录医书，至雍熙三年（公元 986）十月，编成《神医普济方》1000 卷。(《宋史》卷 207；廖育群等，中国科学技术史·医学卷，科学出版社，1998 年，第 299 页)

**公元 982～1031 年　辽圣宗时**

△ 辽圣宗耶律隆绪（辽，公元 971～1031）在位 49 年，为辽全盛时期。他好汉文化。(《辽宁·圣宗本纪》)

△ 修建辽中京大明塔（在今内蒙古宁城），为八角 13 层密檐式实心砖塔，通高 74 米。

△ 修建辽万部华严经塔（俗称白塔，在今内蒙古呼和浩特），为楼阁式，平面八角形，

共 7 层，残高约 43 米。塔身斗栱、塔檐和角梁等均为木制，为砖木混合结构。(张驭寰，中国名塔，中国旅游出版社，1984 年，第 38 页)

**公元 983 年　癸未　北宋太宗太平兴国八年　辽景宗乾亨五年　辽圣宗统和元年**

△ 宋命翰林学士李昉（北宋，公元 925～996）等编纂《太平御览》成书，凡一千卷，为百科性质的类书。

△ 从《太平御览》卷九八八《药部·白青》的记述可知，北宋时期已出现规模相当宏大的胆水冶铜工场。在哲宗元祐、绍圣及徽宗崇宁年间这种生产达到高峰。(赵匡华等，中国科学技术史·化学卷，科学出版社，1998 年，第 180 页)

**公元 984 年　甲申　北宋太宗太平兴国九年　雍熙元年　辽圣宗统和二年**

△ 转运使刘蟠（宋）和乔维岳（宋）为避淮河山阳湾之险阻，自淮安末口向淮阴磨盘口开渠 40 里，名沙河通运；嘉祐年间（1056～1063），发运使许元又自淮阴至洪泽镇接开运河 49 里；元丰六年（1083），自龟山蛇浦（今盱眙县东北）再接开渠 57 里与洪泽运河相接。渠成后将三段联起总称龟山运河，共长 146 里。(《宋史·乔维岳传》；《宋史·河渠志》)

△ 乔维岳（宋）开沙河通运时，在西河第二堰上创修复闸，与现代船闸工作原理类似。后推广到淮扬运河和江南运河，发展为带有节水装置的澳闸（1098）。[《宋史·乔维岳传》；水利水电科学研究院《中国水利史稿》编写组，中国水利史稿（中），水利电力出版社，1987 年，第 254 页]

△ 修建独乐寺观音阁及山门。独乐寺始建于唐代，寺在今天津蓟县城关。是年重建为木构建筑。其观音阁是中国古代木构结构楼阁的杰作，高 23 米，由"殿阁"型构纽重叠三层（中间一层是暗层），在内部构成了三层通高的空井。以靠内外两圈柱、槽和梁枋斗拱构成一圈强度较大的外环来保持建筑的稳定，虽经多次地震没有倒塌。观音阁平座结构最早采用普柏枋。山门屋顶为五脊四坡形，为中国现存较早的庑殿顶山门。[梁思成，蓟县独乐寺观音阁山门考，营造学社会刊，1932，3（2）]

**公元 986 年　丙戌　北宋太宗雍熙三年　辽圣宗统和四年**

△ 仲休（北宋）所撰《越中牡丹花品》二卷是中国最早的牡丹专著，惜已佚。[陈平平，我国宋代的牡丹谱录及其科学成就，自然科学史研究，1998，17（3）：260]

△ 苏易简（北宋，公元 958～976）所撰《文房四谱·砚谱》是有关砚石的较早的著作。书中记述了 32 种砚石的产地、寻找方法及这些砚材的岩石矿物学性质。[霍有光，宋代砚石文献的地学价值，中国科技史料，1993，14（2）：4]

**公元 987 年　丁亥　北宋太宗雍熙四年　辽圣宗统和五年**

△ 宋下诏征各地良医至太医署。(《宋史·太宗本纪》)

**公元 988 年　戊子　北宋太宗端拱元年　辽圣宗统和六年**

△ 是年至公元 992 年，内藏库崇仪使刘承珪（北宋，公元 950～1013）重新校定权衡器，创制精密小型等秤和标准砝码，对杆长、砣重、分度值和最大量程都做了明确的规定，

重新建立了宋代权衡重的标准，为推行"两"以下的十进制提供了技术保证。此后，杆秤开始向定量秤、定量砣的方向发展。（丘光明等，中国科学技术史·度量衡卷，科学出版社，2001 年，第 383～384 页）

## 公元 989 年　己丑　北宋太宗端拱二年　辽圣宗统和七年

△ 喻皓（北宋）造开封开宝寺塔，木构，八角 13 层，高 360 尺，造塔之前已作塔式，勘查地势，预见到北面基础有可能因潮湿而引起不均匀沉降，立刻采取填高塔基的措施。此塔在宋仁宗庆历年间（1041～1048）全毁于火。（宋·江少虞：《宋朝事实类苑》卷四十三）

△ 喻皓（北宋）晚年著《木经》三卷（已佚）。书中对屋舍各部分的尺度和各构件的比例关系做具体规定，从而简化了营造过程中的计算，是当时重要的建筑专著。（宋·沈括：《梦溪笔谈》卷十八《技艺》）

## 公元 990 年　庚寅　北宋太宗淳化元年　辽圣宗统和八年

△ 学者和㟧（北宋，公元 951～995）表上与父和凝（北宋）同撰的法医著作《疑狱集》。

△ 是年至公元 997 年，任制署河北治边屯田使的何承矩（北宋）在今河北兴修塘泊水利，"濒海广袤数百里，悉为稻田，民赖其利"。（《宋史·何承矩传》）

△ 宋铸淳化元宝钱，自此改元必铸钱。

## 公元 992 年　壬辰　北宋太宗淳化三年　辽圣宗统和十年

△ 创制出两种衡制（钱、厘和两、铢、累）的小等秤，各纽最大秤量分别是 2、4、6、10、20、40 克，最小分度值为 40 毫克。（丘光明等，中国科学技术史·度量衡卷，科学出版社，2001 年，第 341 页）

△ 正月丁酉，禁丧葬礼杀马。（《辽史·圣宗纪》）

△ 太医署易名太医局，并主管医学教育，医政管理功能转移至翰林医官院。

△ 五月戊申，诏太医署良医视京城病者。（《宋史·太宗本纪》）

△ 王怀隐（宋）、王佑（宋）、郑彦（宋）、陈昭遇（宋）等据宋太宗所收验方及医局所藏各家家传方集编而成的《太平圣惠方》刊行，颁诸州，设医博士掌之。全书 100 分，1670 门，载方 16 834 首。内容包括脉法、做药法则及临床各科病证。此书是中国第一部由国家出版的方书。（傅维康，中药学史，巴蜀书社，1993 年，第 182 页）

△《太平圣惠方》记载：刷牙匠早晚行之，以及药膏药齿法。

## 公元 993 年　癸巳　北宋太宗淳化四年　辽圣宗统和十一年

△ "诏画工集诸州图，用绢一百匹，合而画之，为《天下图》，藏于秘阁。"（宋·王应麟：《玉海》卷 14）《淳化天下图》是宋统一后编成的规模巨大的全国总舆图。

△ 何承矩（北宋）、黄懋（北宋）经营河北屯田，引种江东水稻，获得成功。后河北、河东、京西等路逐步推广。（《宋史·河渠志五》）

**公元 994 年　甲午　北宋太宗淳化五年　辽圣宗统和十二年**

△ 七月，"诏选官分校《史记》、前后《汉书》。……既毕，遣内侍裴愈赍本就杭州镂版"。首次刊印正史。(宋·程俱：《麟生故事·校雠》)

△ 贾俊（辽）制成《大明历》，替代《调元历》颁行于辽，辽亡（1125）而历废。(《辽史·历象志上》)

△ 是年前，道士烟萝子（五代，姓燕失其名）绘制的《内境图》（载《道藏》）是中国现存最早的人体解剖图，为后世解剖图的蓝本。[祝亚平，中国最早的人体解剖图——烟萝子《内境图》，中国科技史料，1992，13（2）：61~65]

△ 武允成（北宋）献踏犁，太宗命依式制造，供缺牛地区使用。踏犁得到推广。(《宋会要辑稿》卷4750)

△ 因停铸币数月，成都"交子"流行，为铜板印纸币之始。[陈大川，中国造纸术盛衰史，中外出版社（台北），1979 年，第348 页]

**公元 995 年　乙未　北宋太宗至道元年　辽圣宗统和十三年**

△ 韩显符（北宋，公元940~1013）制成至道浑仪，其型制与李淳风、一行等的黄道浑仪大同小异，不设白道环，亦不考虑黄道环移置问题。其尺度较黄道浑仪等还要大些，用铜2 万余斤，是宋代第一座大型的、用于天体坐标测量的浑仪。(《宋史·天文志一》)

**公元 996 年　丙申　北宋太宗至道二年　辽圣宗统和十四年**

△ 僧赞宁（北宋，？~公元996）撰《笋谱》，记述竹笋品种98 个，并记别名，栽培方法、调治及保藏方法。(王毓瑚，中国农学书录，农业出版社，1964 年，第55 页)

△ 约是年前完成的内蒙古赤峰敖汉旗辽代壁画中，发现迄今已知最早的西瓜图。[王大方、张松柏，西域瓜香飘草原，农业考古，1996，（1）：180]

△ 苏易简（北宋）在《文房四谱》中写道："今江浙间有一嫩竹为纸，如作密书，无人敢拆发之。盖随手便裂，不复粘也。"苏轼（宋）在其《东坡志林》中也说："今人一竹为纸，亦古所无有也。"表明竹纸在宋代已出现，质量逐渐提高。[王诗文，中国传统竹纸的历史回顾及其生产特点的探讨，纸史研究，1996，（15）]

**1000 年　庚子　北宋真宗咸平三年　辽圣宗统和十八年**

△ 王禹偁（北宋，公元954~1001）撰《记蜂》，是对蜜蜂生活史进行研究的最早的论文，文中对蜜蜂的习性、组织、蜂王、分巢、密蜡等都有详细记叙。(北宋：王禹偁：《小畜集·杂文》)

**11 世纪初**

△ 精于种痘的峨嵋山人为丞相之子王素接种人痘，使其终生未罹天花。人痘接种术在中国使用了数百年。(廖育群，中国古代科学技术史纲·医学卷，辽宁教育出版社，1996 年，第289 页)

**1001 年　辛丑　北宋真宗咸平四年　辽圣宗统和十九年**

△ 史序（北宋，公元 935~1010）制成《仪天历》。该历法对曹士芬、边冈、王朴等人的高次函数算法进行了新探索，也采用了若干较好的天文数据。次年，该历法替代《乾元历》颁行于宋，使用至天圣元年（1023）。（《宋史·律历志一》）

**1004~1007 年　北宋真宗景德年间**

△ 昌南镇（今属江西）烧瓷入贡，以烧制青瓷器闻名全国，遂改称景德镇。（光绪《江西通志》卷 93《经政略十一·陶政》）

**1004 年　甲辰　北宋真宗景德元年　辽圣宗统和二十二年**

△ 宋真宗诏令焚毁民间的天象器物和谶候禁书，不许私习图纬推步，令各地"星算、伎术人并送阙下"。（清·毕沅：《续资治通鉴》卷五十六）

**1005 年　乙巳　北宋真宗景德二年　辽圣宗统和二十三年**

△ 命权三司使丁谓（北宋）取户税条敕及臣民所陈田农利害，与盐铁判官张若谷（北宋）、户部判官王曾（北宋）等参详删定，成《景德农田敕》5 卷，次年正月上之，又令雕印颁行，民间称便。（《宋史·食货上》）

△ 是年前，吐谷浑名医直鲁古（辽，公元 915~1005）向汉人学习医术，专长针灸，著有《脉诀》、《针灸书》等，今佚。（《辽史》卷 108《直鲁古传》；吉少甫主编，中国出版简史，学林出版社，1991 年，第 105~106 页）

**1007 年　丁未　北宋真宗景德四年　辽圣宗统和二十五年**

△《宋史·兵志十二·马政》记载设监养病马，是我国设立兽医院之始。

△ 辽建中京城（在今内蒙古宁城西南），历金、元不废，明以后称大明城。城周长 15 公里余。

**1008 年　戊申　北宋真宗大中祥符元年　辽圣宗统和二十六年**

△ 陈彭年（宋，公元 961~1017）等奉诏重修《切韵》，并改名为《大宋重修广韵》（简称《广韵》），为汉语音韵学重要著作。书中解释花的各部时提到，"华外曰萼，华内谓蕊"，将如今的雌雄蕊，统称为蕊。

△ 建玉清昭应宫，有司计工 15 年成，修工使丁谓用快速施工，以昼继夜，每绘一壁给二烛，7 年乃成，凡 2610 楹。副使对屋有不中程式的，虽已完成必毁而重建，对工程质量极注意。（《宋史·真宗本纪》）

**1008~1016 年　北宋真宗大中祥符年间**

△ 张君房（北宋景德二年进士）撰《潮说》，提出新的潮时推算图法。（宋正海等，中国古代海洋学史，海洋出版社，1986 年，第 217~222 页）

**1009 年　己酉　北宋真宗大中祥符二年　辽圣宗统和二十七年**

△ 至迟是年起，三司开始经销度量衡，其中制作的官尺称三司尺（又称三司布帛尺）。三司尺是宋代影响最大的官尺，至元丰初（1078）三司被撤销，才渐趋消匿。宋代的其他官尺还有太府尺、文思尺。（丘光明等，中国科学技术史·度量衡卷，2001 年，第 353～354 页）

△ 冬十月甲午，诏天下建天庆观。道教原主要流行于江西、剑南，至此大盛。（《宋史·真宗本纪》）

△ 是年至次年，清净寺创建。清净寺位于福建泉州老城通淮门大街，又称"圣友之寺"、"麒麟寺"。元、明、清均重修，其中最重要是元至大三年（1310）由耶路撒冷人阿哈玛特出资修缮。该寺的总体布局及建筑形式与汉化的清真寺不同，它还保持着伊斯兰教建筑的特点，由带有平台和尖塔的大门、围墙和礼拜堂构成，是中国现存最早的伊斯兰教寺院建筑。（中国大百科全书·考古学，中国大百科全书出版社，1986 年，第 407 页）

**1010 年　庚戌　北宋真宗大中祥符三年　辽圣宗统和二十八年**

△ 韩显符制成铜候仪，其型制与至道浑仪基本相同，但尺度要小一些，主要供司天台官员、学生学习或熟悉浑仪测天之用。（宋·王应麟：《玉海》卷四）

△ 宋修诸道图经成，共 1566 卷，名《新修诸道图经》。（《续资治通鉴》卷 27《宋纪》）

**1011 年　辛亥　北宋真宗大中祥符四年　辽圣宗统和二十九年**

△ 宋朝廷发诏云："自今后汴水添涨及七尺五寸，即遣禁兵三千，沿河防护。"这里已有防洪警戒水位。（《宋史·河渠志》）

**1012 年　壬子　北宋真宗大中祥符五年　辽圣宗统和三十年　开泰元年**

△ 五月，宋真宗（北宋，公元 998～1022 年在位）遣使从福建取占城（在今越南）稻三万斛，在江、淮、两浙三路种植，是中国历史上一次大规模水稻引种。[《宋会要辑稿·食货》；曾雄生，试论占成稻对中国古代稻作之影响，自然科学史研究，1991，（1）]

△ 著作佐郎李垂（北宋，咸平进士）上导河形胜书 3 篇及图，提出黄河自滑州（治所在今河南滑县东）以下人为分流的治河方略。（《宋史·河渠志》）

**1013 尺　癸丑　北宋真宗大中祥符六年　辽圣宗开泰二年**

△ 王钦若（宋，公元 962～1025）和杨亿（宋，公元 974～1020）等辑《册府元龟·明地理》已将相宅相墓之事视为地理内容。（中国科学院自然科学史研究所地学史组，中国古代地理学史，科学出版社，1985 年，第 37 页）

△ 位于今浙江宁波西百灵山腰的保国寺重建大雄宝殿。此殿面阔 3 间，长 11.91 米，进深 3 间，宽 13.35 米，间檐歇山层顶。该殿全部木结构均以榫卯衔接，大柱系用轮状短圆木拼成，为江南罕见的木构建筑遗物。此殿是上承唐制下开宋风的建筑，其中瓜楞柱、月梁形阑额、雀替、八楞或海棠瓣状的栌斗等为新出现的装饰性处理手法。[窦学智，余姚保国寺大雄宝殿，文物参考资料，1957，（8）：54]

**1014 年　甲寅　北宋真宗大中祥符七年　辽圣宗开泰三年**

△ 在今江西庐山栖贤谷中，修建栖贤寺桥，又称三峡桥、观音桥。桥以山石作桥基，单券石造，桥长约 20.17 米，净跨约 10.33 米。桥共有拱石 107 块，非常别致地采用了 4 种不同的子母榫拱石。此桥与广西阳朔仙桂桥［北宋宣和五年（1123）修建］是宋代尚在用并列砌筑拱券的现存实例。（唐寰澄，中国科学技术史·桥梁卷，科学出版社，2000 年，第 311～324 页）

**1016 年　丙辰　北宋真宗大中祥符九年　辽圣宗开泰五年**

△ 宋真宗赠高丽（今朝鲜）王的物品中有历日、《圣惠方》等，由高丽使者携归。（《宋史·朝鲜传》）

**1017 年　丁巳　北宋真宗天禧元年　辽圣宗开泰六年**

△ 保昌（今南雄）县凌皓（北宋）主持修建陂塘——凌陂，至 1021 年始成，灌田 5 千余亩，至今仍是本地的主要灌区。［水利水电科学研究院《中国水利史稿》编写组，中国水利史稿（下），水利电力出版社，1987 年，第 350 页］

**1018 年　戊午　北宋真宗天禧二年　辽圣宗开泰七年**

△ 辽陈国公主与驸马合葬墓中出土精美的金银器、金银殡葬服饰葬具、陶瓷器、玻璃器等千余件文物，是出土文物最丰富、保存最完整的契丹贵族墓葬。（文物出版社编，新中国考古五十年，文物出版社，1999 年，第 91 页）

**1020 年　庚申　北宋真宗天禧四年　辽圣宗开泰九年**

△ 是年前，杨亿（北宋，公元 974～1020）在《杨文公谈苑》中述及"菩萨石"（水晶）的分光现象。

△ 位于辽宁义县嘉福寺塔首层檐下补间铺作是现存保留斜栱形式的最早建筑实物。［沈聿之，斜栱演变及普拍枋的作用，自然科学史研究，1995，14（2）：176］

△ 在今辽宁义县城内始建奉国寺，有大殿、法堂等，规模宏大。现仅存大殿一座。大殿又名七佛殿，是辽代流行的一种介于厅堂型与殿堂型的构架的典型实例，也是东北地区现存最早的木构建筑。［义县奉国寺调查报告，文物参考资料，1951，（9）：120］

**1021 年　辛酉　北宋真宗天禧五年　辽圣宗开泰十年　太平元年**

△《宋史·河渠志》中已有以物候描述黄河 12 个月各月"水势"（水位涨落情况）名称的记载。它在我国黄河中下游地区的水利实践中长期被采用，直至清末。（唐锡仁等，中国科学技术·地学卷，科学出版社，2000 年，第 362～363 页）

**1022 年　壬戌　北宋真宗乾兴元年　辽圣宗太平二年**

△ 约于是年，燕肃（北宋，公元 961～1040）著成《海潮图》和《海潮论》，前者大约是关于潮候的图表，而后者则指出，潮汐生成的起因在于太阳与月亮，日、月通过阴、阳二

气作用于水，而导致潮汐现象。(《宋史·燕肃传》；宋·姚宽：《西溪丛语》卷上)

## 1023～1032 年　北宋仁宗天圣年间

△ 山西太原晋祠圣母庙中主殿圣母殿重建。圣母庙是一组带有园林风格的祠庙建筑，是中国典型的北宋建筑风格。圣母殿为重檐歇山顶；殿堂为单槽形式，为现存宋代建筑中唯一用单槽副阶周匝的建筑；大殿正面八根下檐柱上有木制雕龙缠绕，是现存宋代此柱的孤例。[道光《重修太原县志》；林徽音等，晋汾古建筑预查记略，中国营造学社汇刊，1935，5 (3)]

## 1023 年　癸亥　北宋仁宗天圣元年　辽圣宗太平三年

△ 楚衍（北宋）、宋行古（北宋）制成《崇天历》。该历法所取诸多天文数据较宋初应天、乾元、仪天三历都要准确，对于五星动态及其运动的不均匀改正给出了别树一帜的描述，对后世不少历法产生重大影响，并将高次函数算法向前推进了一步，展现了在总体水平上超越唐代历法的态势。次年，《崇天历》取代《仪天历》颁行于宋，使用至治平元年(1064)。(《宋史·律历志四》)

△ 是年至 1085 年，范镇（北宋）为代表的一派主张"度由律起"，而以司马光为代表的一派主张"律由度起"。他们关于律管可否作为度量衡标准器的学术之争，持续 30 年而不决，这是古代科学史上少有的长时间的争论。(《宋史·律历志》；戴念祖，中国声学史，河北教育出版社，1994 年，第 493～494 页)

△ 约是年，晏殊（北宋）负责制成《十八路州军图》，以军事要素为主。(宋·王应麟：《玉海》卷 14)

△ 北宋朝廷在汴梁（今河南开封）设置"广备攻城作"，其下分有火药作、金火作等 21 个作坊。"火药"一词自此出现。(清·徐松辑：《宋会要辑稿·职官三十之七》)

△ 是年至 1032 年，监真州排岸司右侍陶鉴（宋）始建复闸节水，以省舟船过埭之劳。旧法舟载不过 300 石，闸成始为 400 石，后渐增多，官船至 700 石，私船至 800 余袋，每袋 2 石。且省冗卒 500 人，杂费 125 万。过往漕船称便。(宋·沈括：《梦溪笔谈》卷 12《官政二》)

△ 十一月宋设益州交子务，次年二月，发行交子。交子——私印单色或彩色纸币始由政府接办和发行，此为世界上政府发行纸币之始。[宋·马端临：《文献通考·钱币考》；陈大川，中国造纸术盛衰史，中外出版社（台北），1979 年，第 349 页]

## 1024 年　甲子　北宋仁宗天圣二年　辽圣宗太平四年

△ 窦苹（北宋）所著《酒谱》记叙了与酒相关的 12 个问题，汇集了大量的历史典故。

△ 燕肃（北宋，公元 961～1040）上奏请自今诏书刻版摹印颁行，诏准。此为朝廷公文印刷颁行之始。

## 1025 年　乙丑　北宋仁宗天圣三年　辽圣宗太平五年

△ 二月戊午，辽禁天下服金及金线绮，国亲当服者奏而后可。十二月丁丑，又禁工匠不得销毁金银器。(《辽史·圣宗本纪》)

**1026 年　丙寅　北宋仁宗天圣四年　辽圣宗太平六年**

△ 王惟一（北宋天圣年间）奉命编撰的《铜人腧穴针灸图经》三卷由政府颁行，并刻成石碑。（廖育群，中国古代科学技术史纲·医学卷，辽宁教育出版社，1996 年，第 25 页）

△ 范仲淹（北宋，公元 989～1052）议修通（今南通）、泰（今江苏泰县）、海（今江苏东海县）三州捍海堤，后由张纶（北宋）负责完工，共筑捍海堤 180 里。（《范文正公集·年谱》；《宋史·河渠志七》）

**1027 年　丁卯　北宋仁宗天圣五年　辽圣宗太平七年**

△ 传自印度的《时轮经》开始被译成藏文，自此在西藏历史上影响最大的历法——《时轮历》开始传入西藏。（黄明信、陈久金，藏历的原理与实践，民族出版社，1987 年，第 269 页）

△ 宋工部郎中燕肃（北宋，公元 961～1040）创制以齿轮传动的指南车。此外，据记载燕肃还曾制记里鼓车和欹器。[《宋史·燕肃传》；王振铎，宋燕肃指南车造法补证，文物，1984，（6）：61～65]

△ 王惟一（北宋天圣年间）设计并主持铸造针灸铜人两具，体表刻有穴名，可供针灸教学及考验医生之用，是中国针灸铜人之始。（廖育群，中国古代科学技术史纲·医学卷，辽宁教育出版社，1996 年，第 25 页）

**1029 年　己巳　北宋仁宗天圣七年　辽圣宗太平九年**

△ 杨暠（北宋）、于渊（北宋）、周琮（北宋）分别提出修订《崇天历》的意见，经检验，杨暠的木星算法、于渊的金星算法、周琮的月亮和土星算法为优，于是均被补入于《崇天历》中，替代原算法。（《宋史·律历志六》）

**1030 年　庚午　北宋仁宗天圣八年　辽圣宗太平十年**

△ 燕肃（北宋，公元 961～1040）发明莲花漏，这是一种采用漫流式系统，基本上解决了水位变化对漏壶流量影响的新式漏壶。当年九月，因试验结果与《崇天历》不合而未被采用。后至景祐三年（1036）始被采用。（宋·王应麟：《玉海》卷十一）

**1031 年　辛未　北宋仁宗天圣九年　辽圣宗太平十一年　兴宗景福元年**

△ 欧阳修（北宋，1007～1072）撰《洛阳牡丹记》列举花品 20 余个，解释花名由来，记叙当时洛阳人赏牡丹风俗、莳艺牡丹的方法等，是中国现存最早的牡丹专著。此外还述及牡丹由野生到栽培的变化过程，以及牡丹的生长地域范围。（王毓瑚，中国农学书录，农业出版社，1964 年，第 66～67 页）

△《洛阳牡丹记·风俗记》记载当时已有专业花木嫁接人员，技术最精者称为"门园子"。

△《洛阳牡丹记》记载时用硫磺治虫。

**1032～1227 年　西夏**

△ 宁夏拜寺沟方塔废墟中出土的译自藏文的西夏文佛经《吉祥遍至口合本续》是现存世界最早的木活字版印本。[牛达生，西夏经文《吉祥遍至口合本续》的学术价值，文物，1994，(9)]

△ 西夏文佛经《维摩诘所说经》于 1987 年在武威亥母洞寺被发现。它是国内最早泥活字版西夏文佛经。[武威发现国内最早泥活字版西夏文佛经，陇右文博，1997，(1)]

**1034～1038 年　宋仁宗景祐年间**

△ 阮逸（北宋）和胡瑗（北宋，公元 993～1059）制作了 12 支律管，第一次突破了传统的"径三分"之说，以缩小管径来校正管口，高低相差八度的管径也是半倍关系。他们还画出了这套律管图，这是中国历史上第一次详尽记述的不同管径的全套律管，但是否符合律制尚需作复原验证。(北宋·阮逸、胡瑗：《皇祐新乐图记·皇祐律吕图第二》卷上)

△ 工部侍郎张夏（北宋）在杭州六和塔至东青门之间以石料修筑海塘 12 里。砌石海塘始见记载。(《宋史·河渠志》；清·丁宝臣：《浙江通志》卷六十二《石堤记》)

**1034～1048 年　西夏景宗年间**

△ 西夏国王李元昊（西夏，1034～1048）在位开凿昊天渠（也称李王渠），渠长 300 余里，最宽处达 20 余米。

**1034 年　甲戌　北宋仁宗景祐元年　辽兴宗重熙三年　夏景宗开运元年　广运元年**

△ 约于是年，杨惟德（北宋）等撰成《景祐乾象新书》，是一部汇集前代星占理论与占法的著作。其中有"晷景、昼夜刻、中星、七曜行数、分野一卷"，列载杨惟德等近年对晷影与昼夜长度、日月星辰等的测量成果，内中包括对全天星官位置新测的结果。至今尚存 341 颗恒星的入宿度、去极度与去赤道内外度等坐标值。(《宋史·天文志四》；宋·王应麟：《玉海》卷三；潘鼐，中国恒星观测史，学林出版社，1989 年，第 169～171、175～189 页)

△ "正月诏，募民掘蝗种给菽米"(《宋史·仁宗本纪》)，"六月，开封府淄州蝗，诸路募民掘蝗种万余石"(《宋史·五行志》)，是我国采用掘蝗卵治蝗的开端。

**1035 年　乙亥　北宋仁宗景祐二年　辽兴宗重熙四年　夏景宗广运二年**

△ 司天监制成大型百刻秤漏。(宋·王应麟：《玉海》卷十一)

△ 李照（北宋）奉诏改乐，设计制作了 7 件标准"权量律度式"，乐尺、乐升、乐斗、乐秤、砝码、音律管（龠）等。其中乐秤即李照水秤利用水的物理特性作为重量的自然物质标准，而且突破 1000 多年来旧权衡单位制，以十进权衡制换算"斤"、"两"。(《宋史·乐志》；丘光明等，中国科学技术史·度量衡卷，科学出版社，2001 年，第 372、384～385 页)

**1036 年　丙子　北宋仁宗景祐三年　辽兴宗重熙五年　夏景宗广运三年　大庆元年**

△ 章得象（北宋）提出在莲花漏的基础上，再增设一平水壶，可使漏壶流量更趋稳定的方案。(宋·王应麟：《玉海》卷十一)

△ 契丹人耶律庶成（辽，生活于1031~1054）奉辽兴宗之命翻译汉医书、方脉，供契丹各部落医家学习。此后辽人渐通晓切脉审药。(《辽史·耶律庶成传》)

## 1038年　戊寅　北宋仁宗景祐五年　宝元元年　辽兴宗重熙七年　夏景宗大庆三年　天授礼法延祚元年

△ 西夏立国，即采用宋朝所颁用的历法，至1160年，后又采用金朝所颁用的历法，至1227年。其间，又均对宋或金朝的历法作某些修订，以适合其国情。西夏对全天星空的划分也与宋朝有同有异，独具特色。(清·吴广成：《西夏书事》卷十八、卷三十四)

△ 辽在今山西大同旧城西南建造华严寺，分为上寺和下寺。金大定二年（1162）重修。寺及主要殿宇均为东向，这是辽代建筑的特点。下寺薄伽教藏殿内有精美的木装修天宫壁藏，是现存最早的经藏，也是现存辽、金时代最大的佛殿之一。壁藏上楼阁的柱、阑额、斗栱、翼欠瓦件、栏杆均依实物比例缩制，可视为辽代精确的木建筑模型。(刘敦桢主编，中国古代建筑史，中国建筑工业出版社，1984年，第208~211页)

△ 建造的河北赵县陀罗尼经幢，全部石造，高15米余。底层为须弥座，其上建八角形须弥座二层。每层须弥座的束腰部分雕刻力神、仕女等，最上层须弥座每面雕刻廊屋各3间。再上以宝山承托幢身，其上各以宝盖、仰莲等承受第二、第三两层幢身。再上，雕刻八角城及释伽游四门故事。此经幢是现存最大的石缵幢，也是宋代诸幢中体形最大且形象华丽、雕刻精美的典型代表。(刘敦桢主编，中国古代建筑史，中国建筑工业出版社，1984年，第233~236页)

## 1038~1040年　北宋仁宗宝元年间

△ 已将农家耕织情况，绘于王宫的延春阁壁上。后来，这种《耕织图》，由宫廷发展到民间，成为一种介绍和传播农业生产技术的手段。其中最著名的是楼璹（宋，约1090~1162）作《耕织图》。15世纪以后，中国的《耕织图》流传到日本、朝鲜。[日·渡部武，《耕织图》流传考，农业考古，1989，（1）：160~165]

## 1039年　己卯　北宋仁宗宝元二年　辽兴宗重熙八年　夏景宗天授礼法延祚二年

△ 经8年多的检验，官方才确认莲花漏优越性，并向全国推广应用，自此成为最主要的计时仪器。(宋·王应麟：《玉海》卷十一)

## 1041~1048年　北宋仁宗庆历年间

△ 蔡襄（北宋，1012~1067）为福建轩转运使，创制小片龙凤茶，茶品绝精，时称"小龙团"。(《北苑龙凤茶摩崖石刻》，1048年)

△ 毕昇（北宋，？~1051）发明了泥活字印刷术。(宋·沈括：《梦溪笔谈》卷18)

△ 蜀人在总结大口浅井的某些成功经验的基础上，发明了小口径凿井技术——"卓筒井"。苏轼（宋）《东坡志林》卷4和文同（北宋）《丹渊集》卷34对此做了较为详细地记载。卓筒井的开凿技艺和开采工艺已很先进：首创冲击式的顿钻凿井法，已使用钻头"圜刃"来开凿井；创用套管隔水法：以巨竹去节，首尾相衔接成套管下入井中，以防止井壁沙石入坠和周围淡水浸入；创造了汲卤筒。"卓筒井"被誉为现代"石油钻井之父"。(赵匡华

等，中国科学技术史·化学卷，科学出版社，1998年，第487页）

△宿州（治所在今安徽宿县南）知州陈守亮（北宋）因"水与桥争，常坏舟"，"始作飞桥无柱"。飞桥即中国古代早期贯木拱桥。（《宋史·陈希亮》）

## 1041年 辛巳 北宋仁宗康定二年 庆历元年 辽兴宗重熙十年 夏景宗天授礼法延祚四年

△杨惟德（北宋）《茔原总录》记载："客主的取，于其正处，中而格之，取丙午针，于其正处，中而格之，取方直之正也。"这是我国古代发现地磁偏角的最早记载。其后，沈括（北宋，1031～1095）《梦溪笔谈》中亦有对地磁偏角的记载：指南针"常微偏东，不全南也"。[郭沫若主编，中国史稿（5），人民出版社，1983年，第620～621页]

△沈括（北宋，1031～1095）《梦溪笔谈·器用一》提到，西夏青堂羌族创制了"瘊子甲"，从50步（约85米）外射来的强弩之箭亦不能入。西夏重装骑兵"铁鹞子"多披挂这种瘊子甲。

## 1042年 壬午 北宋仁宗庆历二年 辽兴宗重熙十一年 夏景宗天授礼法延祚五年

△宋严禁以金为服饰。（《宋史·仁宗纪》）

△辽禁丧礼杀牛马及藏珍宝。（《辽史·兴宗纪》）

## 1044年 甲申 北宋仁宗庆历四年 辽兴宗重熙十三年 夏景宗天授礼法延祚七年

△宋仁宗发布劝农文书。（《宋会要辑稿·食货》）

△曾公亮（北宋，公元999～1078）与丁度（北宋，公元990～1053）编纂的《武经总要》成书。全书40卷，分前后集，是官修大型综合性兵书。书中附有大量武器、阵列等的插图。

△《武经总要》记载了铁质指南鱼的制法，这是世界上首次用地球磁场进行人工磁化的方法。（王振铎，司南指南针与罗经盘，科技考古论丛，1989年）

△《武经总要·前集·守城·猛火油罐》记载了一种称为"猛火油柜"的喷火枪，实质上它是一种单筒、单拉杆式双活塞的液体压力泵。（戴念祖，中国力学史，河北教育出版社，1988年，第526～528页）

△《武经总要》中第一次出现了"沥青"这一名称。[李仲均，四川石油天然气开发利用史，地质学史论丛（1），地质出版社，1986年]

△《武经总要·前集》卷十一至卷十三，刊载了毒药烟球火药方、火球火药方、蒺藜火球火药方等最早关于火药配方和工艺流程的记载，以及各种冷兵器、战车、战船、攻守城器械。中国古代军事技术首次在兵书中得到全面系统的反映。

△曾公亮《武经总要》城垣守备建筑工程甚详。

△冶铸作坊使用木扇式风箱，其形状最早见于宋曾公亮《武经总要·前集》卷12和敦煌榆林窟西夏壁画的锻铁图中。（北京钢铁学院《中国冶金简史》编写小组，中国冶金简史，科学出版社，1978年）

△《武经总要·前集》卷十二记载一种移动方便的"行炉"作为熔铁设备，同时还当作武器，"行炉熔铁计，异行于城上，以泼敌人"。反映当时铸铁技术的应用及普及。

**1045 年　乙酉　北宋仁宗庆历五年　辽兴宗重熙十四年　夏景宗天授礼法延祚八年**

△ 约是年，《外丹本草》中记有"用铜二斤，炉甘石一斤炼之，即成鍮石一斤半"。宋代已有比较精确的有关销毁铜钱，铸成黄铜器的记载。（北京钢铁学院《中国冶金简史》编写小组，中国冶金简史，科学出版社，1978 年，第 197 页）

△ 苏舜钦（北宋）在苏州三元坊附近建造私园——沧浪亭，为苏州四大名园之一，且历史最悠久。此园的特点是水面在园区之外，园内又土石山为中心，建筑环山布置，漏窗样式和图案丰富多彩、古朴自然。（北宋·苏舜钦：《沧浪亭记》）

**1046 年　丙戌　北宋仁宗庆历六年　辽兴宗重熙十五年　夏景宗天授礼法延祚九年**

△ 何希彭（北宋）节录和精选《太平圣惠方》中便民者，辑为《圣惠选方》60 卷。此书作为教本应用了数百年。（傅维康，中药学史，巴蜀书社，1993 年，第 183 页）

**1048 年　戊子　北宋仁宗庆历八年　辽兴宗重熙十七年　夏景宗天授礼法延祚十一年**

△ 屯田员外郎沈立（北宋）完成河工技术专著《河防通议》，也是夯土工程最早规章文献。此书早佚，部分内容辑入元至治元年（1321）沙克什编《重订河防通议》中。（周魁一，中国科学技术史·水利卷，科学出版社，2002 年，第 42 页）

△ 黄河在今河南濮阳东北商胡埽决口，次年形成新道，由今南运河入海河下海，时称北流。水工高超（北宋）提出以三层下埽法堵塞黄河商胡埽决口，获得成功。（北宋·沈括：《梦溪笔谈》卷 11）

△ 吴江县尉王廷坚（北宋）在江苏吴江建成"千余尺"的木桥——利往桥。元泰定三年（1326）改建成长余 400 余米、62 孔的石孔桥，并正式改名为垂虹桥。此桥是中国古代南方薄墩薄拱桥中最长者，故又称长桥。（唐寰澄，中国科学技术史·桥梁卷，科学出版社，2000 年，第 389～390 页）

**1049 年　己丑　北宋仁宗皇祐元年　辽兴宗重熙十八年　夏毅宗延嗣宁国元年**

△ 约于是年，舒易简（北宋）、于渊（北宋）、周琮（北宋）等制成皇祐漏刻，系采用章得象的方案制成。（《宋史·律历志九》）

△ 约于是年，周琮、于渊、舒易简等制成皇祐圭表，由 8 尺铜表、13 尺石圭组成，圭面有双沟以为取平之用。（《宋史·律历志九》）

△ 约于是年，周琮应用皇祐圭表，经 3 年在开封岳台的实测，获得 44 次节气日的晷影长度值，为岳台 24 节气晷影长度常数的确定以及晷影长度的新算法奠定了基础。（《宋史·律历志九》）

△ 约于是年，司天监应用皇祐漏刻与浑仪进行 24 节气太阳出入时刻和与之相关的昼夜时间长度及昏旦中星度的测量，取得了新成果。（《宋史·律历志九》）

△ 约于是年，舒易简等撰成《浑仪总要》十卷，"论前代得失"，并载皇祐浑仪的型制、结构、尺度等详情。可惜，此书早已失传。（《宋史·律历志九》）

△ 陈翥（北宋，1009～1061）撰《桐谱》，系统和全面地总结北宋及以前有关桐树种植和利用的经验，是我国最早专门论述桐树的著作。书中详尽地阐述了泡桐的生物学特征，总

结了它的速生丰产栽培技术。(张企增,陈翥的《桐谱》和我国泡桐栽培的历史经验,农史研究,第2辑,农业出版社,1982年)

△ 陈翥(北宋)《桐谱·叙源》分析了桐木的特性并与松柏进行比较,解释了用桐木制作古琴的原由。(戴念祖,中国声学史,河北教育出版社,1994年,第122页)

△ 开封开宝寺塔被毁后乃于上方院依原式造琉璃砖塔——祐国寺塔。塔平面八角形,底径10.24米,高57.34米,13级,是现存砖塔中细长比最大的一座。塔身先用白灰砌青砖,外再饰铁黑色琉璃面砖,俗称"铁塔",是中国现存最早镶琉璃面砖的砖塔,也是反映早期琉璃制作和拼镶工艺的重要实例。[龙非了,开封之铁塔,中国营造学社会刊,1932,3(4)]

## 11世纪上半叶

△ 王洙说:"近世司天算,楚衍为首。"楚衍(北宋)精通《九章算术》、《海岛算经》、《缉古算经》等算经。"既老昏,有弟子贾宪、朱吉著名。"贾宪为左班殿值,朱吉供职于太史局。"宪运算亦妙,有书传于世。而吉驳宪弃去余分,于法未尽。"(郭书春,关于《九章算术》及其刘徽注,九章算术,辽宁教育出版社,1990年,第83页)

△ 贾宪(北宋)撰《黄帝九章算经细草》九卷,在刘徽之后,进一步抽象《九章算术》的解法,增添若干新的方法,提出了"立成释锁开方法",创造"开方作法本源图"和增乘开方法。该书已佚,但因被杨辉《详解九章算法》抄录而大部分保存了下来(缺卷一、二及卷三上半部,卷五的一部分)。(郭书春,中国古代数学,商务印书馆,1997年,第15页)

△ 贾宪(北宋)在《黄帝九章算经细草》中给出"开方作法本源"图,即贾宪三角形,实际上是"立成释锁法"的"立成"。它是将整次幂二项式展开式的系数摆成三角形,与西方帕斯卡三角形一致。贾宪三角之后附有造表法,说明贾宪已能把该三角形写到任意多层。(郭书春,中国古代数学,商务印书馆,1997年,第108~111页)

△ 贾宪(北宋)以立成释锁法进行开方。释锁法即利用贾宪三角数表进行开方的方法。贾宪三角形下面有五句话:"左袤乃积数,右袤乃隅算,中藏者皆廉。以廉乘商方,命实而除之。"利用贾宪三角形中的各廉,可以将立成释锁方法推广到高次方。这是我国开方法发展的一个重大突破。(郭书春,中国古代数学,商务印书馆,1997年,第108~111页)

△ 贾宪(北宋)创造增乘开方法,用随乘随加代替一次使用贾宪三角的各廉开方,更加整齐,简洁,也更具有程序化,19世纪初欧洲的霍纳法的程序与此相同。此法将开方技术推进到一个新的阶段。(郭书春,中国古代数学,商务印书馆,1997年,第111~115页)

## 1050年 庚寅 北宋仁宗皇祐二年 辽兴宗重熙十九年 夏毅宗天祐垂圣元年

△ 约于是年,余靖(北宋,1000~1064)著《海潮图序》,认为"潮之涨退,海非增减,盖月之所临,水往从之",并指出水体升起的部分总是与月亮所处的方位一致,十分精辟地论述了潮汐与月亮之间的依从关系。(北宋·余靖:《武溪集》卷三)

△ 西夏在都城兴庆府(今宁夏银川)始建承天寺,并修佛塔一座,以"承天顾命"。承道三年(1055)又将宋朝赐《大藏经》收藏于内。现存寺院和佛塔是嘉庆二十五年(1820)重造,但基本保持原来的形制,为现存最有代表性的西夏建筑。

**1051 年　辛卯　北宋仁宗皇祐三年　辽兴宗重熙二十年　夏毅宗天祐垂圣二年**

△ 王洙（北宋）、掌禹锡（北宋）修成《皇祐方域图志》。

△ 郡守赵诚（北宋）主持疏凿秭归县城东面 13 公里西陵入口处因 1026 年岩崩堵塞的江道，历时 80 天，长江航道得以基本恢复，但仍留下一处险滩，即新滩。这是见于记载的首次大规模整治长江航道的工程。[水利水电科学研究院《中国水利史稿》编写组，中国水利史稿（下），水利电力出版社，1987 年，第 409 页]

**1052 年　壬辰　北宋仁宗皇祐四年　辽兴宗重熙二十一年　夏毅宗天祐垂圣三年**

△ 舒易简（北宋）、于渊（北宋）、周琮（北宋）等制成皇祐浑仪，其与至道浑仪相仿，而尺度还要大些。它纠正了前代浑仪将测量时间的百刻分划置于地平环上的通病，正确地改置于赤道环之上，又于地平环上凿有环状水沟，用以调平地平环。（《宋史·律历志九》）

△ 建成河北正定隆兴寺摩尼殿。殿身五间八椽，厦两头造，副阶周匝。整体造型秀丽，俗称五花殿。殿身结构为金箱斗底槽，副阶二椽，殿身五铺作，补间铺作加 45° 斜栱，是已知宋代建筑中使用斜栱最早的实例。（刘敦桢主编，中国古代建筑史，中国建筑工业出版社，1984 年，第 202～205 页）

△ 隆兴寺摩尼殿殿内有一个带轴的被称为"转轮藏"用于藏经书的建筑物，只要有人在其藏台上绕轴转着走动，轮藏就会慢慢地反方向转起来，这就是动量守恒原理在这种特制的转轮藏中的应用。（戴念祖，中国力学史，河北教育出版社，1988 年，第 117～122 页）

**1053 年　癸巳　北宋仁宗皇祐五年　辽兴宗重熙二十二年　夏毅宗福圣承道元年**

△ 约于是年，周琮（北宋）用皇祐浑仪测量全天星官的坐标。至今尚存其中 360 颗恒星的入宿度与去极度值，其精度较杨惟德约 20 年前所测有较大幅度提高。（潘鼐，中国恒星观测史，学林出版社，1989 年，第 189～238 页）

△ 周琮（北宋）对祖冲之（南朝宋，公元 429～500）冬至时刻测算法进行改进，变测量冬至前后 3、4 日为测量冬至前后约 45 日的晷影长度，使冬至时刻测量的精读有所提高。（《宋史·律历志九》）

△ 约于是年，周琮（北宋）在《明天历·义略》中对汉代以来历法发展的 9 项重大创新做了精辟的评述，还提出校验历法时，"其星辰、气朔、日月交食等，使三千年间若应准绳"的高标准，以及校验日月交食的食时与食分、五星行度和晷影长度等"亲"、"近"、"远"的定量界定。（《宋史·律历志七》）

△ 阮逸（北宋）与胡瑗（北宋）合著的《皇祐新乐图记·皇祐四量图》记载两人设计制作的量器——皇祐龠、合、升和斗。（丘光明等，中国科学技术史·度量衡卷，科学出版社，2001 年，第 373 页）

△ 河北邢台铁沟冶铁遗址有冶铁炉遗迹 17 座，重数吨的积铁 17 块，残存炼铁渣、矿石和一处古矿井，还有西夏大德二年（1136）的"铁冶都提举司"石碑、"太宗重修冶神庙记"石碑各一块，表明皇祐五年（1053）开始设官冶铁。（中国大百科全书·矿冶卷，中国大百科全书出版社，1984 年，第 835 页）

△ 至 1101 年间，四川水稻加工采用"先蒸后炒"的方法，是我国蒸谷米技术的萌芽。

（北宋・陈师道：《后山丛谈》卷4）

**1054年　甲午　北宋仁宗皇祐六年　至和元年　辽兴宗重熙二十三年　夏毅宗福圣承道二年**

△ 司天监杨惟德（北宋）等较详细地观测并记录了出现于天关星附近的超新星的生灭过程。现所见蟹状星云即为其遗迹。（宋・徐松：《宋会要辑稿》，第52册，第2065页；《宋史・天文志九》）

△ 蔡襄（北宋，1012～1067）主持修建福建泉州万安桥（又称"洛阳桥"），至嘉祐四年十二月辛未（1060年1月16日）建成。桥长360丈，宽1.5丈，有桥孔47个，为中国古代著名梁式石桥。在建桥中，首创筏形基础，应用和展尖劈形石桥墩技术。[金秋鹏，蔡襄及其科学贡献，自然科学史研究，1989，8（3）：284～292]

△ 万安桥建桥中，人们将每根重达20～30吨的石梁放置木排上，利用潮水上涨，送至桥墩间。潮落，木排下降，石梁落于桥墩上。这是现代浮运架桥法的肇始。（罗英，中国桥梁史料，上海科学技术出版社，1959年，第254页）

△ 在建筑万安桥墩时，利用了牡蛎（蚝）着生岩礁的特点。在浅海沙滩中堆放巨石，于其上培植牡蛎，使松动的石堆成为坚固的蚝山，以此做成坚固的桥墩。这是古代中国人创造的生物材料。（《宋史・蔡襄传》；戴念祖，中国力学史，河北教育出版社，1988年，第139页）

△ 是年前，印度入藏僧人阿底峡（原名月藏，法号燃灯吉祥智，公元982～1054）著《医头术》。

**1055年　乙未　北宋仁宗至和二年　辽兴宗重熙二十四年　道宗清宁元年　夏毅宗福圣承道三年**

△ 河北转运使李仲昌（北宋）开六塔河（今河南清丰县境内），挽黄河回故道。此为黄河人工改道的首次尝试。次年，因堵塞商胡决口失败，回河不成功。（《宋史・河渠志》）

△ 利州路转运使李虞卿（北宋）开白水道，"作阁道二千三百九间，……减旧路三十三里，废青泥一驿"，以栈道代替翻山路。（唐寰澄，中国科学技术史・桥梁卷，科学出版社，2000年，第144页）

△ 在今河北定县建成开元寺塔，僧会能（北宋）始建历时55年（1001～1055）。此塔砖砌平面八角形，共11层，高84米，底径24米，塔分外壁、塔心二部。底层外壁厚4.8米，塔心径11.2米。各屋顶部用叠涩挑砖相接，其上平砌砖为上层地面。此塔外观挺拔秀丽，比例适当，结构严谨，是宋代砖塔中的佳例。塔可据以瞭望敌情，俗称"料敌塔"，是现存最高的古代砖塔。[刘敦桢，河北省西部古建筑调查记略，中国营造学社会刊，1933，4（3～4）]

**1056～1063年　北宋仁宗嘉祐年间**

△ 约此时期，孔武仲（1502年进士）撰《芍药谱》一卷，以花的形状命名芍药32种。舒迎澜，芍药史研究，古今农业，1991，（2）]

△ 为了限制货币外流，宋王朝特别申令，不许将铜钱卖给外商，一贯以上者处以死刑。亦不许销毁铜钱，"造作器物"，违反者亦严加惩处。（北京钢铁学院《中国冶金简史》编写

小组，中国冶金简史，科学出版社，1978年，第173页）

△ 桅夹在两桅夹板之间，下端置一转轴，桅则据需要能够起倒。（宋·沈括：《梦溪笔谈》卷二十四，文物出版社，1975年，第14页）

### 1056年 丙申 北宋仁宗至和三年 嘉祐元年 辽道宗清宁二年 夏毅宗福圣承道四年

△ 制作的"嘉祐百斤铜则"1975年在湖南湘潭出土。"铜则"即标准砝码，记重100斤，今实测64公斤。此为大型天平用砝码（秤锤）的实物遗存。（丘光明等，中国科学技术史·度量衡卷，科学出版社，2001年，第387页）

△ 宋仁宗（北宋，1010～1063）诏"三司自京至泗州置狭河木岸"，此为北宋见于记载最早在汴河采取的狭河工程。（《续资治通鉴长编》卷184）

△ 辽在今山西应县建"佛宫寺释迦塔"，后人称为"应县木塔"，金明昌二年至六年（1191～1195）进行一次大修。塔高67.31米，是中国古代现存木塔的唯一实物。塔身八角九层（外观五层），采用连结内外槽构成的筒型架结构，并利用平座暗层做成四道具有一定刚度的井干式圈梁，大大提高赘体的抗弯剪的性能，900多年来虽然经过多次强烈地震，安然无恙。此外，塔底南面正门的门框和第三层木制佛坛，均为辽代小木作的稀有实例。（明·田蕙、王有容编修：《应县志》引《佛宫寺》；陈明达，应县木塔，文物出版社，1966年）

### 1057年 丁酉 北宋仁宗嘉祐二年 辽道宗清宁三年 夏毅宗奲都元年

△ 约于是年，刘羲叟（北宋）撰成《刘氏辑历》，是为研究历代历日的著作。（《宋史·刘羲叟传》）

△ 宋祁（北宋，公元998～1061）编纂的《益部方物略》是现存关于中国西南动植物的第一本专书。全书按照草木、药、鸟兽、虫鱼分类，共记述动植物65种，且附有插图（今已不存）。[罗桂环，宋代的"鸟兽草木之学"，自然科学史研究，2001，19（2）：152]

△ 宋祁《益部方物略·佛豆赞》较早记载了蚕豆，时称"佛豆"。[游修龄，蚕豆的起源和传播问题，自然科学史研究，1993，12（2）：166]

△ 掌禹锡（北宋，公元990～1066）等人共同奏请于直贤院创设"校正医书局"。八月三日，下诏奏准。先后集中著名学者、医学家多人，经10年工作，校正了《素问》、《伤寒论》、《金匮要略》、《金匮玉函经》、《脉经》、《针灸甲乙经》、《千金要方》、《外台秘要》等历代医学经典著作，并刻版印行。（廖育群等，中国科学技术史·年表卷，科学出版社，1998年，第300～301页）

### 1059年 己亥 北宋仁宗嘉祐四年 辽道宗清宁五年 夏毅宗奲都三年

△ 是年前，胡瑗（北宋，公元993～1059）任湖州府教授，"立经义、治事二斋：经义则选择其心性疏通有器局可任大事者，使之讲明六经；治事则一人各治一事，又兼摄一事。如治民以安其生，讲武以御其寇，堰水以利田，算历以明数是也。""庆历中，天子诏下苏、湖，取其法，著为令于太学。"（田淼，清末书院的数学教育，中国科学院自然科学史研究所博士论文，1997年）

△ 蔡襄（北宋，1012～1067）撰《荔枝谱》问世。书中记有荔枝栽培、加工、储藏等技术，荔枝品种32个，是我国现存最早的一部荔枝专著。（王毓瑚，中国农学书录，农业出

版社，1964 年，第 70 页）

△ 傅肱（北宋）撰《蟹谱》，书中记述了数种蟹的形态特征和生活习性，是我国古代第一本关于蟹的专书。

## 1060 年　庚子　北宋仁宗嘉祐五年　辽道宗清宁六年　夏毅宗奲都四年

△ 约于是年，邵雍（北宋，1011～1077）认为绝对精神的"道"和主体精神的"心"同为宇宙的本原，天地是有限、有始、有终的，天地在作一成一毁的循环往复的变化，其周期为 129 600 年。他又认为天地"自相依附，天依形，地附气，其形也有涯，其气也无涯"。（北宋·邵雍：《皇极经世书·观物外篇下》，《皇极经世书·观物篇五十一》；邵雍：《渔樵问答》）

△ 欧阳修（北宋，1007～1072）、宋祁（北宋，998～1061）修《新唐书》成书。书中创《兵志》简略记述唐朝的军事制度及其变化；《地理志》对唐朝州县设置变化记载详细，而且增加州县行政级别、水利兴修、盐铁等物产情况。

△ 太医局将医学分为 9 科，即大方脉（内科）、风科、小方脉（儿科）、眼科、疮肿、产科、口齿兼咽喉科、金镞兼书禁科、疮肿兼折伤，学生多达 300 多人。[梁峻，中国古代医政特点及其对当今医政之启发，中华医史杂志，1994，24（1）：11]

△ 掌禹锡（宋，公元 990～1066）等人，以《开宝本草》为蓝本，参考诸家本草进行校正补充，撰成《嘉祐补注神农本草》（简称《嘉祐本草》）20 卷。此书广采博辑，新补药 82 种，新定药 17 种，共收药 1082 种。书中所设"补注所引书传"一节，开本草书中列要籍解题之先河。（廖育群，中国古代科学技术史纲·医学卷，辽宁教育出版社，1996 年，第 259 页）

△ 据《新唐书》记载：拂菻（东罗马帝国）有"善医能开脑出虫以愈目眚"。此为穿颅术传入中国的记载，亦是中国与欧洲医药交流最早的文献记载之一。（廖育群，中国古代科学技术史纲·医学卷，辽宁教育出版社，1996 年，第 343 页）

△ 成书的《新唐书·流鬼传》是中国对堪察加半岛的最早记录。（中国科学院自然科学史研究所地学史组主编，中国古代地理学史，科学出版社，1984 年，第 372 页）

△ 绛州等 9 州 12 县引雨洪淤灌，并编成《水利图经》（已佚），此为中国古代唯一的浑水灌溉专著。[水利水电科学研究院《中国水利史稿》编写组，中国水利史稿（下），水利电力出版社，1987 年，第 485 页]

△ 黄河在大名府魏县地 6 埽（今河南乐县西）决口，下分为二股河、四界首河（西汉大河），经恩、德、博等州入海。宋人称"东流"。至此，宋代治河主要有任河北流，或挽河东流不同治理方略之争。（《宋史·河渠志》）

## 1061 年　辛丑　北宋仁宗嘉祐六年　辽道宗清宁七年　夏毅宗奲都五年

△ 苏颂（北宋，1020～1101）根据校正医局向全国各地征集的药图和解说，主编了《本草图经》20 卷，又名《嘉祐图经本草》、《图经本草》。此书附当时 150 个州军所上的本草图 993 幅，苏氏撰文详述所得当时民间辨药用药的新经验，是世界上第一部雕板本草图谱。（廖育群，中国古代科学技术史纲·医学卷，辽宁教育出版社，1996 年，第 260 页）

△《本草图经》对唐代《新修本草》图文分开进行重大改进，是将插图和文字说明紧密

结合的本草学著作。其中有不少图较真实地反映了动植物的真实形态，文字说明比以往的其他同类形著作详实，对普及动植物知识有重要作用。[刘昌芝，《本草图经》中的生物学知识，自然科学史研究，1986，5（2）：154～158]

△《本草图经》记载在鉴别不同晶体时，"破之皆作方棱者为方解石"。（王锦光、洪震寰，中国古代物理学史略，河北科学技术出版社，1990年，第32页）

△《本草图经》中记述了当时普遍采用的利用海滩沙来吸附制卤的方法以及民间以刮盐碱土熬盐取土盐的方法。

△《本草图经》首次明确记载葑田。它是江浙地区人民利用河湖密集的特点，为扩大种植面积而发明的水上浮田。

△《本草图经》中，白菜已有白菘、紫菘、牛肚菘之分；五倍子生活史见于记载。（宋·唐慎微撰、金·张存惠重修：《重修政和证类本草·菘菜》卷27）

△《本草图经》中，较为清楚地描述蚕豆的植株形态和特性。[游修龄，蚕豆的起源和传播问题，自然科学史研究，1993，12（2）：166]

△《本草图经》中已有蜂蜜分类的记载，已有黄连蜜、梨花蜜、槐花蜜、何首乌蜜等多种蜂蜜之分。（《重修政和证类本草·石蜜》）

△《本草图经》详细说明了各种矿物的形状、性质以及产地等，并加绘简图说明矿物，这是中国古代矿物学史上的一个首创。（刘昭民，中华地质学史，台湾商务印书馆，1985年，第264页）

△《本草图经》记载：石蟹"多年水沫相著，化而为石"，较为科学地解释了蟹化石的生成原因。（唐锡仁等，中国科学技术史·地学卷，科学出版社，第384页）

△《本草图经》记载，宋人为提高胆矾产率而创造了"硝石炼胆法"。（赵匡华等，中国科学技术史·化学卷，科学出版社，1998年，第514页）

△《本草图经·蜜陀僧》中详细记载了"灰吹法"炼银法。[《重修政和经史证类备用本草》卷四；王菱菱，宋代金银的开采冶炼技术，自然科学史研究，2004，23（4）：362]

△铸成玉泉寺铁塔（在今湖北当阳），塔高17.9米。塔身铸铭文记载，耗铁76 600斤，13层，八角形仿木结构。外为铁壳，内为砖砌，塔心中空。用44块生铁铸件组成。用生铁先铸成分段铸件，然后逐层叠搭而成。是用铸铁预制件方法制作最早、现存最高的铁塔。[孙淑云，当阳铁塔铸造工艺的考察，文物，1985，（1）]

**1063年　癸卯　北宋仁宗嘉祐八年　辽道宗清宁九年　夏毅宗拱化元年**

△辽兴宗敕令雕刻的《辽版大藏经》——《契丹藏》完成。雕刻于兴宗重熙（1032～1054）初年，主持人为总秘大师、燕京圆福寺僧人觉苑。此藏经精制本在造纸、印刷、装帧等方面都已超过唐和五代的水平。（释道安：《中国大藏经雕印史》）

**1064～1067年　宋英宗时**

△僧怀丙（北宋）曾以浮力、桔槔等器械打捞江河中沉船、铁牛，首创了浮力打捞船的基本原理。（《宋史·僧怀丙传》；戴念祖，中国力学史，河北教育出版社，1988年，第383～385页）

**1064 年　甲辰　北宋英宗治平元年　辽道宗清宁十年　夏毅宗拱化二年**

△ 周琮（北宋）、舒易简（北宋）、石道（北宋）和李遘（北宋）四家各献上新历法，经校验，以周琮历为佳，赐名《明天历》，于次年替代《崇天历》颁行于宋，使用仅 3 年。《明天历》是历代公式-表格化程度最高的历法，除了继承曹士芬以来的有关算式外，还首创月亮实行度与平行度之差和五星中心差的二次函数算式，以及暑影长度的五次函数算式。明天历所取朔望月长度、赤道岁差、木星与火星会合周期等皆为历代最佳值或最佳值之一，对冬至时刻和冬至点位置的测定精度，都较前人有大进步。（《宋史・律历志七》；陈美东，中国古代科学家传记（上集）・周琮，科学出版社，1992 年，第 460～463 页）

△ 是年前，好收藏各地名砚的唐询（北宋，1005～1064）著《砚录》，今佚。（《宋史》卷 303《唐询传》）

**1068～1077 年　北宋神宗熙宁年间**

△ 铸造的熙宁铜铊于 1972 年在浙江瑞安出土。其中有铭文 168 字，开列了主管的行政长官、监制、校定的官员姓氏以及工匠们的姓名等，是一篇正规的权衡器制造检定合格证书。据考此为北宋熙宁后期江浙等路铸钱司及发运司等处专用的标准铜砣（砝码）。标重 100 斤，今测重 62.5 公斤。（丘光明等，中国科学技术史・度量衡卷，科学出版社，2001 年，第 387～388 页）

△ 成立淤田司，并在黄河流域大规模引浊放淤改良农田，放淤范围涉及开封汴河一带，豫北、冀南、冀中、晋西南及陕东等地。（《宋史・河渠志五》）

△ 权都水监丞侯叔献（北宋，1023～1076）主持治汴及引汴入蔡溉田，数年淤田 40 万顷。（《宋史・河渠志五》）

△ 引黄河、漳河、滹沱河等河水，分别淤灌两岸农田，是中国古代利用多沙河道放淤肥田的唯一一次高潮。（《宋史・河渠志》）

△ 赣州知军刘彝（北宋熙宁年间）主持修建赣州城福沟和寿沟。寿沟受城北之水，长约 1 公里；福沟受城南之水，长约 11.6 公里。两者为合流制下水道，特设"十二水窗"，"视水消长而启闭（闸门）"。福—寿沟至今仍是赣州旧城区内的主要排水干道。[杜鹏飞等，中国古代的城市排水，自然科学史研究，1999，18（2）：140～141]

△ 黄怀信（北宋）主持设计能容纳数十丈长龙船的船坞，创造了船渠修船法。[宋・沈括：《梦溪补笔谈・补笔谈・权智》；伊永文，宋代"船坞"考略，中国科技史料，1993，14（1）：86～89]

△ 北宋初时，驿传通讯分为步递、马递、急脚递。急脚递只用于紧急军情和政令，日行 400 里。至熙宁中，创金字牌急脚递，日行 500 里。（《宋史・兵志》）

△ 李定献（北宋）创制偏架弩，能射 300 步，洞穿力强劲，称为"神臂弓"。（宋・沈括：《梦溪笔谈》卷 19）

**1068～1085 年　北宋神宗熙宁元丰年间**

△ 张遇（北宋）以油烟、脑麝、金箔制御墨，时称"龙香剂"。（元・陶宗仪：《辍耕录》）

**1068 年　戊申　北宋神宗熙宁元年　辽道宗咸雍四年　夏惠宗乾道元年**

△ 因《明天历》预报月食失准，又复用《崇天历》。（《宋史·律历志十五》）

△ 淮南转运使乔维岳（北宋）在末口西河第二堰建有两门的船闸，闸室长 50 步（约 76 米），为可升降的平板悬门闸。当闸室水位与上、下游水位相平时，便分别开启上或下闸门平水过船。熙宁五年（1072），又建三闸门二闸室的二级船闸。等于两闸并用，是船闸水工技术进一步的发展和提高。（《资治通鉴长编》卷 25；（日）成寻：《参天台五台山记》卷三）

**1069 年　己酉　北宋神宗熙宁二年　辽道宗咸雍五年　夏惠宗乾道二年**

△ 制定、颁行《农田水利法》（又名《农田利害条约》），建立全国性的农田水利管理制度，是为中国历史上第一个农田水利法。"条约"制定、颁行前，"条例司奏遣刘彝等八人行天下，相视农田水利，又下诸路转运司各条上利害，又诏诸路各置相度农田水利官"，做了较为充分的准备。（《宋史·河渠志五》；清·徐松：《宋会要辑稿·食货》）

△ "立石则水"见于记载，这是我国为农业生产服务的最早的水位站。（北宋·曾巩：《元丰类稿·序越州鉴湖图》）

**1070 年　庚戌　北宋神宗熙宁三年　辽道宗咸雍六年　夏惠宗天赐礼盛国庆元年**

△ 郏亶（北宋，1038～1103）写成论开发苏州（包括今苏州、常熟、吴江、昆山、嘉定、宝山六市）水利及兴修圩垸、开浚塘浦的专文上奏。文中提出全面整治方法的规划，其中包括治田与排涝并举，开挖塘浦与修筑圩岸并举等。他还著有《吴门水利书》。[程鹏举，中国古代科学家传记（上集）·郏亶，科学出版社，1992 年，第 497～500 页]

**1072 年　壬子　北宋神宗熙宁五年　辽道宗咸雍八年　夏惠宗天赐礼盛国庆三年**

△ 是年前，欧阳修（北宋，1007～1072）《六一笔记》记述了敲击铜钟、垣墙、铜钱堆以及土钟的发声与否的问题，提出了"发声诘难"。（戴念祖，中国声学史，河北教育出版社，1994 年，第 59 页）

△ 陈舜俞（北宋，? ～1074）撰《庐山记》3 卷，为其游庐山 60 日的游记。书中考据精赅，为后世庐山纪胜提供了不少珍贵的资料。[余如忠，试论《庐山记》在山水游记文学发展史上的地位，浙江师范大学（哲社），1993，(4)]

△ 沈括（北宋，1031～1095）主持疏浚汴渠时，首创分层筑堰水准测量法，测出京师（开封）上善门至泗州（今安徽盱眙东北）淮口"八百四十里一百三十步"的地势高差为"十九丈四尺八寸六分"。（宋·沈括：《梦溪笔谈》卷二十五）

△ 是年前，欧阳修（北宋）撰《归田录》有利用绿豆储藏金橘的记载。

**1073 年　癸丑　北宋神宗熙宁六年　辽道宗咸雍九年　夏惠宗天赐礼盛国庆四年**

△ 沈括（北宋）上奏《浑仪议》、《浮漏议》和《景表议》，并于次年制成熙宁浑仪、漏刻与圭表。（《宋史·天文志一》；《宋史·律历志十三》）

△ 赵彦若（北宋）奉命编制《熙宁十八路图》成，历时 2 年。此图为宋代官修的全国政区地图之一。

△ 刘攽（北宋，1023～1089）撰《芍药谱》问世。书中分 7 等记扬州芍药 31 个品种，为我国最早的芍药专著之一。两年后（1075）王观又作《扬州芍药谱》，记芍药品种 39 个，对前者进行了补充。（王毓瑚，中国农学书录，农业出版社，1964 年，第 71～72 页）

△ 出现直接用金属铅和石英烧造建筑琉璃的做法。（宋·李焘：《续资治通鉴长篇》）

△ 王安石（北宋）改革军制，设立军器监，制定《熙宁法式》，对各地生产作坊加强管理，各项武器制作都有一定"法式"，根据制作器物的优劣之实，"重为赏罚"。器物制作"无不精致"，军器产品成倍增长。军器监储存优质武器"可足数十年之用"。反映坑冶生产的发展和提高。（宋·李焘：《续资治通鉴长编》卷二四五；北京钢铁学院《中国冶金简史》编写小组，中国冶金简史，科学出版社，1978 年，第 173 页）

△ 萨迦派祖师昆·工却杰布在今西藏自治区日喀则西南的本波山下始建萨迦北寺。此为西藏佛教萨迦派的祖寺，已废圮。（中国大百科全书·考古学，中国大百科全书出版社，1986 年，第 414 页）

**1074 年　甲寅　北宋神宗熙宁七年　辽道宗咸雍十年　夏惠宗天赐礼盛国庆五年**

△ 沈括（北宋）奉命视察河北西路时，指出华北平原是由黄河、漳河、滹沱河、桑乾河带来的泥沙沉积而成。（宋·沈括：《梦溪笔谈》卷二十五）

△ 沈括（北宋）在游览雁荡山（位于今浙江东清境内）时，指出流水侵蚀作用是形成雁荡诸峰等地貌现象的原因。（宋·沈括：《梦溪笔谈》卷二十四）

△ 高丽（今朝鲜）遣使入宋表求医药、画塑之工以教国人，宋诏福建转动使募愿行者。《宋史》卷 455）

△ "王安石变法"期间，全国兴修水利 10 795 处，溉田 3611 万亩。（《宋史·食货志》）

△ 王安石（北宋，1021～1086）变法时期推广胆铜法生产铜，使铜产量成倍增长，徽宗时候的胆水浸铜地区共 11 处。北宋末年的胆铜产量约占铜总产量的 15%～20%。南宋时期，在偏安政权管辖的局部地区里高达 85%。（北京钢铁学院《中国冶金简史》编写小组，中国冶金简史，科学出版社，1978 年）

△ 王安石执政期间，放宽了铜禁，许可民间自由制作铜器物，并予以免税。有利于铜制造业和采炼业的发展。（宋·张方平：《乐全集》卷二十六《论钱禁铜法事》；北京钢铁学院《中国冶金简史》编写小组，中国冶金简史，科学出版社，1978 年，第 173 页）

**1075 年　乙卯　北宋神宗熙宁八年　辽道宗太康元年　夏惠宗大安元年**

△ 卫朴（北宋）制成《奉元历》，主要对《崇天历》冬至时刻后天 50 余刻的问题进行调整。当年即替代《崇天历》颁行于宋，使用至元祐八年（1093）。（《宋史·律历志十五》、沈括：《梦溪笔谈·卷七》）

△ 沈括（北宋）以木屑、面糊、熔蜡制成边防立体地图。（北宋·沈括：《梦溪笔谈》卷 25）

△ 我国第一道治蝗法规——《熙宁敕》颁行。（南宋·董煟：《救荒活民书》卷 2）

△ 沈括（宋，1031～1085）撰《良方》和苏轼（宋，1037～1101）撰《苏学士方》合编后是年以《苏沈良方》为名刊印。书中详细记载了以童便炼秋石的阳炼法与阴炼法，为中国最早的激素制剂。（廖育群，中国古代科学技术史纲·医学卷，辽宁教育出版社，1996 年，

第272页)

　　△ 单锷（北宋，1059年进士）观察和研究太湖水位，并指出湖水水位高低与气候以及人类活动有关。（北宋·单锷：《吴中水利书》）

　　△ 李宏（北宋）总结钱四娘、林从世修建木兰陂（位于今福建莆田县西南）失败的经验，以8年时间（1083）始建成长35丈的木兰陂。这一东南沿海的御咸蓄淡工程，灌溉面积号称万顷。（《宋史·食货志》）

　　△ 沈括（北宋）编定《修城法式条约》。内容除城、壕作法外，还包括敌楼马面、团敌的式样、间距、规格等。

## 1076年　丙辰　北宋神宗熙宁九年　辽道宗太康二年　夏惠宗大安二年

　　△ 张载（北宋，1020~1077）总结了前人的元气学说，提出了元气本体论。除把气看作万物物原外，还引入了"聚"和"散"的概念，以说明客观世界的不同物质形态以及它们之间的运动和变化。（宋·张载：《张载集·正蒙·太和》，中华书局，1978年，第7页）

　　△ 张载（北宋）认为气乃是宇宙的本原，"地在气中"，"顺天左旋"，天与附于天的恒星绕地左旋，日月五星在气的推动下，以各自不同的速度（土星、木星、火星、金星与水星、日、月，自慢到快）左旋，因其左旋的速度均小于天，故表现为右行。（宋·张载：《正蒙》太和篇、参两篇）

　　△ 张载（北宋）《正蒙·动物》将声音产生方式分为气、形、气击形和形击气四类（戴念祖，中国声学史，河北教育出版社，1994年，第61~62页）

　　△ 宋敏求（北宋，1018~1079）撰成《长安志》20卷，详细记载长安（今西安）城及其附近各县，是中国现存最早的古都志。[谭其骧主编，中国历代地理学家评传（2），山东教育出版社，1990年，第22~25页]

　　△ 8月8日，沈括（北宋，1031~1095）编绘《天下州县图》（又称《守令图》），比例尺为二寸折百里。（宋·沈括：《梦溪笔谈》卷25）

　　△ 宋官方改革医学教育，采用"三舍法"，重视临床实习考察，令学生分习各科。（宋·李焘：《续资治通鉴长编》）

　　△ 京师开封道于太医局设官营药铺卖药所，即熟药所，调制各种熟药出售，实行国家专卖，此后推行全国。（傅维康，中药学史，巴蜀书社，1993年，第189页）

## 1077年　丁巳　北宋神宗熙宁十年　辽道宗太康三年　夏惠宗大安三年

　　△ 约于是年，沈括（北宋，1031~1095）著成《熙宁晷漏》，从理论上的推测到运用圭表与漏刻的实测，论证一年中每日时间的长度（即真太阳时）是变化着的，夏至前后少于百刻，而冬至前后则多于百刻。（北宋·沈括：《梦溪笔谈》卷七）

## 1078~1094年　北宋神宗元丰至哲宗元祐年间

　　△ 陆续在各地开设和剂惠民局，简称惠民局或和剂局。[冯汉镛，宋代在杭州的和剂局与和局方，浙江中医杂志，1958，（10）：35~36]

　　△ 江西饶州府生产胆铜的技术能手张潜（北宋元丰元祐年间）撰《浸铜要略》。其子张甲（北宋）"献之，朝廷行之"（清·周广：《广东考古辑要》卷46），对江西饶州府（治所在

今江西波阳）等地胆铜业的兴起、发展曾产生很大的促进作用。（赵匡华等，中国科学技术史·化学卷，科学出版社，1998 年，第 181 页）

△ 陈直（宋）著《养老奉亲书》1 卷 15 篇。书中述及老年病防治理论和方法、四时摄养措施，更将食疗食养作为养老奉亲的主要手段，是中国早期的老年病专著。1307 年，邹铉续增此书，并更题为《寿亲养老新书》。（廖育群，中国古代科学技术史纲·医学卷，辽宁教育出版社，1996 年，第 294 页）

## 1078～1118 年　北宋神宗元丰至徽宗政和年间

△ 因官商、灌溉用水、漕运等矛盾引发水磨茶法之争。[谭徐明，中国水力机械的起源、发展及其中西比较研究，自然科学史研究，1995，14（1）：88]

## 1078 年　戊午　北宋神宗元丰元年　辽道宗太康四年　夏惠宗大安四年

△ 已有"流量"的概念：用河流某一固定断面的水深与河宽之乘积以及水流快慢确定水量的大小。（《宋史·河渠志》）

△ 董汲（北宋）撰成《脚气治法总要》2 卷，对脚气等病病因及治法记载尤详。（《四库全书总目提要》卷 103《医家类》）

△ 转运使王居卿（北宋）在堵塞澶州曹村（今河南濮阳南，当时黄河南岸）决口时，创造了"横埽法"堵口。宋神宗下令将其法写入灵津庙碑。（南宋·李焘：《续资治通鉴长编》卷二九五）

△ 在浙江鄞县西南修建一座百梁桥，绍兴十五年重建。长 28 丈，宽 2 丈 4 尺，共 7 孔，有大梁百根。（唐寰澄，中国科学技术史·桥梁卷，科学出版社，2000 年，第 74 页）

△ 徐州利国监附近发现了大煤矿并用来炼铁，苏轼（北宋，1036～1101）作诗《石碳行》反映了当时用煤炼铁的明确记载。（《东坡先生诗》卷二十五；北京钢铁学院《中国冶金简史》编写小组，中国冶金简史，科学出版社，1978 年）

△ 命安焘（北宋）陈睦（北宋）为出使高丽（今朝鲜），诏明州（今浙江宁波）造万斛船两艘。据统计，宋代每年造船 3000 余艘，技术水平大大超过前代。（宋·洪迈：《客斋三笔》）

## 1079 年　己未　北宋神宗元丰二年　辽道宗太康五年　夏惠宗大安五年

△ 出现权衡器名词——"等子"。（丘光明等，中国科学技术史·度量衡卷，科学出版社，2001 年，第 381 页）

△ 三月二十一日，由宋用臣（北宋）主持的导洛通汴（又称清汴）工程开始，一步先闭塞黄河上引黄济汴口，在任村谷口开渠 50 里，引伊、洛二水入汴河。渠水深一丈以通漕运。第二步在汜水关开渠 50 步，穿汜水接通汴河。在交叉口通黄一段内建上、下两闸，平时闭闸，伊、洛水经汜水入汴济运。若汴船需进出黄河时，轮流开上下两闸，既可汴、黄通航，又可防止黄河倒灌。六月十七日成，开新河 51 里。七月闭汴口断黄河水改以洛水入汴。清汴极大地改善了汴渠的航运条件，并延长了其航期。（南宋·李焘：《续资治通鉴长编》卷二九七；《宋史·河渠志》）

**1080 年　庚申　北宋神宗元丰三年　辽道宗太康六年　夏惠宗大安六年**

△ 由王存（北宋，1023～1101）任总纂，馆阁校勘曾肇、光禄丞李德刍执笔的《元丰九域志》成书，元丰八年（1085）颁布。全书 10 卷于地理、户口、土贡及州县等，无不备载，且叙述简括，条理井然，是一部有广泛影响的全国性地理总志。书中对四至八到里程的记述为原有方志所不及。（清·周中孚：《郑堂读书记补逸》卷十一）

△ 沈括（北宋）在《梦溪笔谈》卷 24 中记载："盖石油至多，生于地中无穷。"他最早提出了"石油"这个科学的命名，并用燃烧石油的烟炱制作了墨。

△ 沈括（北宋）在《梦溪笔谈》卷 24 中记载中"石烟多似洛阳类"描述炭黑生产造成的烟尘污染。

△ 导洛通汴之后，因汴水浅涩，故修狭河 600 里，以冲深河道。（南宋·李焘：《续资治通鉴长编》卷三〇三）

**1081 年　辛酉　北宋神宗元丰四年　辽道宗太康七年　夏惠宗大安七年**

△ 是年至 1094 年，绘制的《禹迹图》是我国现存最早的采用计里画方方法绘制的全国政区图，比例尺每方折地百里，绘有山脉河流城镇地名，其海岸轮廓、江河位置和弯曲形状都与今图大体相近，有很高的学术价值。图成后曾数次勒石，现在仅存陕西省博物馆（1136和镇江市博物馆（1142）收藏的图石各一块，是中国现存最早的石刻地图之一。[曹婉如华夷图和禹迹图的几个问题，科学史集刊，1963，（6）]

**1082 年　壬戌　北宋神宗元丰五年　辽道宗太康八年　夏惠宗大安八年**

△ 辽颁行新量制。（《辽史·道宗本纪》）

△ 唐慎微（北宋）始撰《经史证类备急本草》。全书 31 卷，汇集宋以前本草文献，收录药物达 1 748 种，集录数千单方，是中国本草史上的最重要著作之一。大观二年（1108）经艾晟（北宋）校正增订后，以《经史证类大观本草》为名刊行。1116 年，曹孝忠奉旨校勘艾氏增订本后，出版了《政和新修经史类备用本草》。（廖育群，中国古代科学技术史纲医学卷，辽宁教育出版社，1996 年，第 91～94 页）

△《经史证类备急本草》首次将汉唐以来炼丹术的研究成果，包括人工无机药剂和化学知识较系统地融汇于中国本草学著作。（周嘉华、王治浩，中国文化通志·化学化工志，上海人民出版社，1998 年，第 113 页）

△《经史证类备急本草》记述了大量的动植物。此书发展了唐代的《新修本草》，也是明代李时珍《本草纲目》的蓝本，在我国古代生物发展史上有重要意义。（苟翠华等，中国古代古物学史，科学出版社，1989 年，第 85 页）

△ 周师厚（北宋）撰《洛阳花木记》记载洛阳城中的各种花卉 500 余种（包括品种）其中仅牡丹就达 100 多种。不论是记述植物的种类，还是形态描述方面，其内容都比以前的著作要丰富的多，为中国古代记载一个城市花卉的重要著作。（罗桂环、汪子春主编，中国科学技术史·生物学卷，科学出版社，2005 年，第 212 页）

△ 是年后，周师厚（北宋）编撰《洛阳牡丹记》（又称《鄞江周氏牡丹记》）记载 46 个牡丹品种。书中用实例解释间金的花瓣是由花色雄花蕊变成的，此为雄蕊可以变花瓣的最早

记载。[姚德昌；从中国古代科学史料看观赏牡丹的起源和变异，自然科学史研究，1982，1(3)：265]

**1083 年　癸亥　北宋神宗元丰六年　辽道宗太康九年　夏惠宗大安九年**

△ 欧阳发（北宋）等制成元丰浑仪和元丰浮漏。（《宋史·律历志十三》）

△ 秦观（北宋，1049～1100）作《蚕书》，是我国现存最早的蚕业著作。书中内容分为变种、时食、制居、化治、钱眼、琐星、添梯、车、祷神、戒治等 10 目，叙述简明。（王毓瑚，中国农学书录，农业出版社，1964 年，第 80 页）

△ 宋参定城池守具制度，编《军器什物法制》，兵器制作规范制度开始建立。（《宋史·兵志》）

**1084 年　甲子　北宋神宗元丰七年　辽道宗太康十年　夏惠宗大安十年**

△ 司马光（北宋）等修《资治通鉴》成书，共 294 卷，记自周威烈王二十三年（公元前 403）起，迄后周世宗显德六年（959），为中国古代编年体通史的杰作。

△ 北宋司天监用元丰浑仪对包括二十八宿距星在内的全天星官进行重新测量。（《元史·历志一》；清·徐发：《天元历理·考古》）

△ 秘书省刊刻了《周髀算经》、《九章算术》、《海岛算经》、《孙子算经》、《张丘建算经》、《五曹算经》、《五经算术》、《缉古算经》等汉唐算经。此时，《缀术》已经失传，《夏侯阳算经》也没有找到原本，以唐代韩延所撰《韩延算术》来顶替。此为世界上最早的印刷本数学著作。[钱宝琮，校点算经十书序，李俨钱宝琮科学史全集（4），辽宁教育出版社，1998 年，第 1～7 页]

**1085 年　乙丑　北宋神宗元丰八年　辽道宗大安元年　夏惠宗大安十一年**

△ 约于是年，程颢（北宋，1032～1085）、程颐（北宋，1033～1107）认为"理"是宇宙的本原，"有理则有气"，"有理而后有象，有象而后有数。"又认为"物生者，气聚也；物死者，气散也"，气散则归于消亡。还认为大地"特为天中一物尔"，即主张地在气中、而不在水中。二程之论的准确时间难定，权置于是年。（宋·杨时：《二程粹言》卷一与卷二；宋·朱熹：《二程全书·遗书二下》）

△ 庞元英（北宋，元丰 1078～1085 年间任主客即中）撰《文昌杂录》，明确记载了小气候对作物生长的影响。书中已有人工养殖珍珠的明确记载，即光作假珠，待蚌蛤壳张开时投入，经两秋，便育成珍珠。

△ 是年前，画家郭熙（北宋，1023～1085）深究画理，著《林泉高致》（由其子郭思整理）总结其山水画创造的经验。他的"三远"（高远、深远、平远）取景法一直是中国山水画理的经典之一。

△ 米芾（北宋，1051～1107）著《砚史》是有关砚石的最著名的专著。书中描述了各种各样的砚石。（李约瑟，中国科学技术史，科学出版社，1976 年，第 387 页）

**1086～1094 年　北宋哲宗元祐年间**

△ 苏东坡（北宋，1037～1101）在润州（今江苏镇江）金山寺送别四川遂宁僧人圆宝

时作诗中提及"糖霜"（即"冰糖"）一词。此后元符年间（1098～1100）黄庭坚（北宋，1045～1105）所作诗中也提及"糖霜"。（赵匡华等，中国科学技术史·化学卷，科学出版社，1998 年，第 607 页）

△ 潮州知州王涤（北宋）倡议并主持修浚三利渠。该渠首通韩江，下经揭阳，至朝阳界入于海，曲折环抱一百余里。它将潮州城泄水向西注入扩建的天然水道芹菜沟，同时汇集本区径流，灌溉沿途农田，并沟通山区的内河航运。[水利水电科学研究院《中国水利史稿》编写组，中国水利史稿（下），水利电力出版社，1987 年，第 354 页]

△ 位于今江西东北、景德镇与上饶之间的饶州兴得场创办，"岁额五万余斤"。这可能是兴建最早的胆水浸铜场。（赵匡华等，中国科学技术史·化学卷，科学出版社，1998 年，第 181 页）

## 1086 年　丙寅　北宋哲宗元祐元年　辽道宗大安二年　夏惠宗天安礼定元年　崇宗天仪治平元年

△ 约于是年，《浑仪议》对历代浑仪的得失进行全面考察，指出可能导致浑仪的观测误差或结构不合理者 13 事，并提出改革意见：如宜省去白道环，以避免白道环遮掩天区；窥管的下窥孔径宜为上窥孔径的 1/5，以提高照准精度；适当减小各环圈的宽度与厚度，令浑仪运转轻便；令黄道环、赤道环与地平环上表面分别同黄道、赤道与地平相合，以便于观测黄道、赤道与地平方向的天体，等等。熙宁浑仪即以这些改进意见制成。（《宋史·天文志一》）

△ 约于是年，《浮漏议》论证了沈括（北宋，1031～1095）所设计的新式漏刻的合理性和先进性，新式漏刻实际上是对皇祐漏刻的更简便、合理的再设计。文中还论及保持漏水流量稳定性的有关理论和所宜采取的技术措施：如漏管宜用硬度很大的玉为材料，以保持漏管的口径不变；下漏的水"必用一泉"，"陈水不可再注"，以保持水的比重与温度基本稳定，等等。熙宁漏刻的制作及其操作即以此为准。（《宋史·天文志一》）

△ 约于是年，《景表议》论及对于圭表的安置关系重大的南北定向的新方法，提出将圭表安置于一密室中，中午时令阳光通过一狭缝照于表端，而在圭面上投射出黑白分明的影子的新方法，并设计一专用小表，令其在圭面上移动，使小表端部与射进的光束相切，以达到提高表影的清晰度和影长测量精度的目的。（《宋史·天文志一》）

△ 约于是年，苏颂（北宋，1019～1101）撰成《新仪象法要》，记述水运仪象台的制作始末，共载图 66 幅（包括星图 5 幅），其中又分全台的整体图，浑仪、浑象和报时系统的总体图，局部组构图和零件图等 4 级图像，层层相扣，彼此关联，互为补充，又辅以文字说明，把水运仪象台内外的型制、结构、尺度等详细的描述，从机械制图的角度看，亦不愧为上品。[薄树人、蔡景峰，中国古代科学家传记（上集）·苏颂，科学出版社，1992 年，第 486～491 页]

△ 约于是年，在《新仪象法要》中载有两组星图：其一为"浑象紫微垣星之图"（以北极为中心、大约以恒显圈为边界的圆图）、"浑象东北方中外星官图"和"浑象西南方中外星官图"（大约以恒显与恒隐圈为边界、赤道为横中轴的、可连贯相续的二横图），系取圆—横图相结合的方法；其二为"浑象北极图"和"浑象南极图"（分别以南、北极为中心，皆以赤道为边界的二圆图），系取双圆图法。恒星坐标值则取用 1084 年恒星观测的成果。

△ 用麻醉法切除马肝病灶。(北宋·张舜民:《使辽录·割马肝》)

△ 孔平仲(北宋,公元960～1127)所撰《谈苑》卷3中记述了后苑工匠为水银所熏引起头手俱颤;贾谷山采石人因石末伤肺的情况。此为中国有关职业病的较早记载。

**1087年　丁卯　北宋哲宗元祐二年　辽道宗大安三年　夏崇宗天仪治平二年**

《宋史·河渠志二》记载:是年十一月,讲议官皆言:"(王)令图、(张)问相度开河,取水入孙村口还复故道处,测量得流分尺寸,取引不过,其说难行。"此为有关实际运用估算流量方法的记述。

△ 都江堰已有一种刻划尺度为10等分的水则。(《宋史·河渠志》)

△ 孜尊(北宋)和西饶琼奈(北宋)在今西藏自治区日喀则东南的夏鲁村创建夏鲁寺。后因地震毁坏。元延祐七年(1320)普敦(元)、仁钦楚(元)主持重修。此寺是西藏佛教夏鲁派的祖寺,是汉藏两族建筑风格融合的产物,现仅存夏鲁拉康Ⅰ大殿。位于寺院南部的大殿是一组上、下层分别作成汉式和藏式的建筑。[陈耀东,夏鲁寺——元官式建筑在西藏地区的珍遗,文物,1994,(5):4]

**1088年　戊辰　北宋哲宗元祐三年　辽道宗大安四年　夏崇宗天仪治平三年**

△ 沈括(北宋,1031～1095)提出以"十二气历"替代传统的阴阳合历的意见,"十二气历"乃是对战国时期兴盛一时的月令历的继承与发展。(北宋·沈括:《补笔谈》卷二)

△ 沈括在其《梦溪笔谈》卷十八中创造隙积术。这是求中有间隙的立体的体积的方法。实际上相当于高阶等差级数求和问题。沈括书中给出了状如刍童的隙积公式,是一个二阶等差级数求和问题。(钱宝琮,中国数学史,科学出版社,1992年,第188页)

△ 沈括在其《梦溪笔谈》卷十八中创造"会圆术",给出了弓形的弦($c$)、矢($v$)、弧长($l$)及弓形所在的圆直径、半径($d$,$r$)之间的近似关系

$$c = 2\sqrt{r^2 - (r-v)^2}$$
$$l = c + \frac{2v^2}{d}$$

(钱宝琮,中国数学史,科学出版社,1992年,第210页)

△《梦溪笔谈·异事》从海陆变迁的观点,指出生物化石是古代生物的遗骸,在世界上首次科学地解释了化石的成因。他还根据化石的分布情况,推测古代动植物的地理分布。[南京大学生物系科学史研究组,沈括的《梦溪笔谈》和我国古代生物学科学,南京大学学报(自然),1975,(2)]

△《梦溪笔谈》有"岭峤微草,凌冬不凋;并、汾乔木,望秋先陨;诸越则桃李冬实,朔漠则桃李夏荣。此地气不同也"。记述了随各地气候的差异,生物的生长发育也有常绿和落叶,以及迟早等不同。

△《梦溪笔谈》卷二十观测并记述了一颗铁陨石的陨落过程及其形态。

△《梦溪笔谈·药议》对石膏晶体(古称太阴玄精)的几何外形进行了详细的描述,认为"悉皆尖六角"形。

△《梦溪笔谈·补笔谈·乐律》指出了琴弦与磬板的振动都有十三个泛音,并且发现了磬板的泛音与弦线泛音的共振现象。(戴念祖,中国声学史,河北教育出版社,1994年,第

402~403 页）

　　△《梦溪笔谈·补笔谈·象数》中提出以二十四节气定历法。

　　△《梦溪笔谈·神奇》中有芸薹属蔬菜患霜霉病、白锈病引起的病变见于记载。

　　△《梦溪笔谈·象数一》中第一次以"弹丸"演示月光成因及月相变化。

　　△《梦溪笔谈·器用》第一次从铸造角度揭示透光镜的成因：由于铸造时在镜体厚薄处冷却速度率不同，造成镜面有与其镜背相似的"痕迹"。

　　△《梦溪笔谈·辩证一》中解释阳燧成倒影时提出"格术"概念。它类似于今日几何光学方法。

　　△《梦溪笔谈·辩证》中同时涉及凸面镜的焦点与焦距。

　　△《梦溪笔谈·器用》中极好地解释了小平面镜所以做成微凸的道理：微凸能全纳人面。

　　△《梦溪笔谈·异事》记述了腐烂鸭蛋发荧光的现象。

　　△《梦溪笔谈·神奇》记述内侍李舜举家被雷击后的情况，通过雷电对金石和草木作用的不同效果，描述了金石与草木两类物质在电学性能上的差异。（戴念祖，我国古代关于电的知识和发现，科技史文集，上海科学技术出版社，1984 年，第 12 辑）

　　△《梦溪笔谈·补笔谈·药议》中记载磁针的针锋"常指南，亦有指北者，恐石性亦不同"。这里最早指出了磁石指极性，也是发现磁极的最早记录。（王振铎，司南指南针与罗经盘，科技考古论丛，1989 年）

　　△《梦溪笔谈》记载了以磁感应方法制造指南针，并介绍了指南针四种不同的装置方法。（王振铎，司南指南针与罗经盘，科技考古论丛，1989 年）

　　△《梦溪笔谈》卷二四《杂志一》中有"方家以磁石磨针锋，则能指南，然常微偏东，不全南也"。发现指南针存在磁偏差现象。

　　△《梦溪笔谈·乐律二》在述及物质材料的传声和音调的变化时首先创建"声学"一词。（戴念祖，中国声学史，河北教育出版社，1994 年，第 4 页）

　　△《梦溪笔谈·补笔谈·乐律》中最早记述了以纸码演示弦线共振的实验。（戴念祖，中国声学史，河北教育出版社，1994 年，第 92~96 页）

　　△《梦溪笔谈·器用》不仅记述了将箭室作为地听器，而且提出了"虚能纳声"的理论，这与传声固体中的空穴能产生混响的道理是一样的。（戴念祖，中国声学史，河北教育出版社，1994 年，第 113 页）

　　△《梦溪笔谈·乐律一》中对琴材特性进行了总结，并提出琴材要具备"轻、松、脆、滑"四个特点。（戴念祖，中国声学史，河北教育出版社，1994 年，第 119 页）

　　△《梦溪笔谈·乐律二》提到"材中自有五音"、"又应诸调"，他第一个认识到材料的传声没有选择性，材料能够传播任意音调的声音。（戴念祖，中国声学史，河北教育出版社，1994 年，第 120 页）

　　△《梦溪笔谈·补笔谈·乐律》正确地区分并解释了圆形钟与扁圆形钟发音的区别，指出圆形钟不能作为乐钟使用是由于本身其发音特性所决定的。从而确认了扁圆形（即椭圆截面）钟的优越性。它是对古代两种钟形机音响效果的总结性概括。（戴念祖，中国声学史，河北教育出版社，1994 年，第 435 页）

　　△《梦溪笔谈》卷二十五提出的"制图之法"中明确指出：绘制地图时，必须测得地形地物间的水平直线距离。

△《梦溪笔谈》卷十九中记载了冷锻制作"猴子甲","比原厚三分减二乃成"的实践经验，符合现代化冷加工硬化规律。

△《梦溪笔谈》卷三详细、明确论述了灌钢的制作工艺，是中国古代生铁炼钢技术的又一重要成果。

**1089 年　己巳　北宋哲宗元祐四年　辽道宗大安五年　夏崇宗天仪治平四年**

△ 辽代建造的山西灵丘觉山寺塔是现存年代确凿、保存较为完整的辽代密檐塔。塔身八角形，转角为圆倚柱；塔的内部中央有砖砌柱橛；塔身上有 13 层重塔檐，均有砖砌斗栱。塔檐逐层收缩，形成优美的卷杀曲线。(刘敦桢主编，中国古代建筑史，中国建筑工业出版社，1984 年，第 227、232~233 页)

**1091 年　辛未　北宋哲宗元祐六年　辽道宗大安七年　夏崇宗天祐民安二年**

△ 苏轼（北宋，1019~1101）进单锷（北宋，1031~1110）著《吴中水利书》，是关于太湖流域水利的最早的专著。(《四库全书提要·史部》)

**1092 年　壬申　北宋哲宗元祐七年　辽道宗大安八年　夏崇宗天祐民安三年**

△ 苏颂（北宋，1019~1101）与韩公廉（北宋）制成水运仪象台。这是一座大型综合性的天文仪器，集浑仪、浑象、圭表、计时与报时仪器于一身。台高约 12 米、宽约 7 米，外观为一上窄下宽的正方形木构建筑。台分三隔：上隔置浑仪与圭表，中隔置浑象，下隔置报时装置和全台的动力机构。动力机构以漏壶的流水为原动力，通过复杂的机械传动，使浑仪、浑象与报时装置均作与天同步的运转。浑仪可自动跟踪天体，中午时，阳光通过浑仪的望筒投射到台上部的圭面上，可测出晷影长度，浑象与报时装置可自动演示天象或报时。台顶系由 9 块可随意组装或摘除的屋面板构成。这是世界上最早的天文钟。[薄树人、蔡景峰，中国古代科学家传记（上集）·苏颂，科学出版社，1992 年，第 486~491 页]

△ 七月七日，临近地区官民共同商定在安邑、含口、垣曲三地各设置大型标准石质权一个，以防止运输沿途发生偷盗或主事人员不公正执秤作弊而造成损失。垣曲店下样石质权于 1958 年被发现。(丘光明等，中国科学技术史·度量衡卷，科学出版社，2001 年，第 388 页)

△ 吕大临（北宋，1040~1092）完成《考古图》10 卷，著录宫廷及私人 37 家所藏古器物 224 件，是中国最早较有系统的古器物图录。

**1093 年　癸酉　宋哲宗元祐八年　辽道宗大安九年　夏崇宗天祐民安四年**

△ 董汲（北宋）撰成《小儿斑疹备急方论》1 卷，是较早的痘疹专著。

△ 八月庚子，宋诏颁高丽（今朝鲜）所献《黄帝针经》于天下。(《宋史·哲宗本纪》)

**1094 年　甲戌　北宋哲宗元祐九年　绍圣元年　辽道宗大安十年　夏崇宗天祐民安五年**

△ 以皇居卿（北宋）所制《观天历》替代《奉元历》颁行于宋，使用至崇宁元年(1102)。《观天历》在若干天文数据与表格的测算上又取得新进展，其所取高次函数算式的数量仅次于《明天历》，即历法的公式-表格化的程度也是很高的。(《宋史·律历志十与

十一》、宋·王应麟：《玉海》卷十）

**1095 年　乙亥　北宋哲宗绍圣二年　辽道宗寿昌元年　夏崇宗天祐民安六年**

　　△ 约于是年，苏颂和韩公廉制成假天仪。这是在一可与天同步运转的空心球面上布列星宿，人处于空心球心观看星宿东升西落与天同步运行的仪器。[王振铎，中国最早的假天仪，文物，1962，（3）：11～16]

　　△ 约于是年，陆佃（北宋，1042～1102）编《埤雅》，仿《尔雅注》对不少的动植物的外部形态、生活史和生态习性及分类做了较有学术价值的记述。（罗桂环、汪子春主编，中国科学技术史·生物学卷，科学出版社，2005 年，第 186～188 页）

　　△ 夏，洪州（南昌）有制售驱蚊药者。（宋·洪迈：《夷坚志·乙志》卷 7）

　　△ 至 1099 年，苏轼（北宋，1036～1101）在流放岭南之时，根据自己的体会，将当时酿制米酒的经验记叙下来，成为杂文《东坡酒经》。这篇杂文只用寥寥的数百字，把制饼曲到酿酒的技术做了准确扼要的介绍。这是研究中国酿酒工艺的重要文献。[周嘉华，苏轼笔下的几种酒及其酿造工艺，自然科学史研究，1988（1）]

　　△ 江南船坞从江南制造局独立出来，并采用了商业化的做法。自局坞分立之后至 1101 年的 6 年间，共造船 136 艘，还提前还清了局务分立时所借开办费白银 20 万两。[姜铎，略论江南制造局局务分家的历史经验，船史研究，1995，（8）]

　　△ 李格非（北宋）撰《洛阳名园记》，为有关名园评述的较早专文。文中提到唐代公卿贵戚在洛阳的府邸园林有 1000 余处，对其中的花园 3 座、宅园 6 座、别墅 11 座进行评述。由此可看出其时的名园均采取山水园的形式，在布局的章法、借景的运用和理水的技艺均较前代有较大的进步。（中国大百科全书·建筑、园林、城市规划，中国大百科全书出版社，1992 年）

**1097 年　丁丑　北宋哲宗绍圣四年　辽道宗寿昌三年　夏崇宗天祐民安八年**

　　△ 在今山西太原晋祠内会仙桥上的金人台西南角上铸造铁人一座，高 7 尺。铁人造型雄健，铠甲鲜明，在露天放置 900 余年仍晶莹明亮。此为现存宋代的大型铸铁制品。

**1098 年　戊寅　北宋哲宗绍圣五年　元符元年　辽道宗寿昌四年　夏崇宗永安元年**

　　△ 至 1100 年，《历代地理指掌图》绘制了自黄帝至北宋末年历代的建置沿革地图 44 幅。每幅图后均附有说明。它是我国现存最早的一部历史地图集。（曹婉如，现存最早的一部历史地图集——《历代地理指掌图》，科学史集刊，第 10 期，地质出版社，1982 年，第 65～73 页）

　　△ 曾安止（北宋）撰写的中国第一部水稻品种志——《禾谱》问世。[曹树基，《禾谱》及其作者研究释，中国农史，1985，（3）：84～91]

　　△ 杨子建（北宋）因感收生者少有精良妙手，产妇婴儿多死于无辜，故撰《十产论》，于横产、倒产、坐产、碍产诸难产病症叙述尤详，且详述胎位转正用法。（廖育群，中国古代科学技术史纲·医学卷，辽宁教育出版社，1996 年，第 197 页）

## 1099 年 己卯 北宋哲宗元符二年 辽道宗寿昌五年 夏崇宗永安二年

△ 约于是年，姚舜辅（北宋，活跃于 1102～1110 年）在祖冲之、周琮冬至时刻测算法的基础上，采用测量多组晷影长度以更准确地推算冬至时刻的方法。（《元史·历志一》）

△ 姚舜辅发明测量金星偕日出没时与太阳的距度，进而推算冬至点位置的方法。（《元史·历志二》）

△ 至 1102 年，朱彧（北宋后期）之父在广州服官时，闻及航海用指南针导航的技术。（宋·朱彧：《萍州可谈》；王振铎，司南指南针与罗经盘，科技考古论丛，1989 年）

△ 北宋时已经掌握了海损时潜水从船舷外补漏的技术。（北宋·朱彧：《萍州可谈》卷二）

△ 是年前，庞安时（北宋，约 1043～1099）撰《伤寒总病论》六卷，为早期《伤寒论》研究中影响较大的一部著作。书中除发明仲景医论外，还有庞氏自家临床经验。它把斑豆疮，亦即天花、麻疹等传染病最于温病，对后世温病学派的形成与发展产生一定的影响。（廖育群等，中国科学技术史·医学卷，科学出版社，1998 年，第 313 页）

△ 是年前，庞安时（北宋）所开设的家庭病床，是中国最早具有私人性质的医院。[蔡景峰，中国古代科学家传记（上集）·庞安时，科学出版社，1992 年，第 523 页]

△ 北京市门头沟龙泉务窑于 1991～1994 年发掘，揭露作坊 2 处、窑址 13 座。窑炉为马蹄形倒焰窑，以匣钵叠烧方式装烧。产品主要是白瓷碗碟类，釉色以白釉为主。龙泉务窑瓷器质地细腻，釉色光亮，制作精良，应为辽代官窑。出土的"寿昌五年"款识的黄琉璃釉瓷片为窑址烧造年代提供了依据。经化验，此琉璃样品含氧化硼 10%～12%、氧化铅 0.4%～1%。（文物出版社编辑，新中国考古五十年，文物出版社，1999 年，第 17 页）

## 11 世纪末

△ 何薳（北宋，1077～1145）《春渚纪闻》记载了一种具有复合透镜装置的酒杯——"青华酒杯"。

△ 何薳（北宋）《春渚纪闻》卷二记述了蛇蜕、蝉蜕的磷光现象。

△ 何薳（北宋）《春渚纪闻》卷十明确记述制作砒白铜时，为减少砒霜的挥发，将其放入枣肉中，借枣肉在高温下生成的碳，把三氧化二砷还原为单质砷溶解于铜中而成白铜。

## 12 世纪

△《算学源流》作者不详。书中资料最晚为北宋崇宁算学制度，故成书当在此之后。全文 1287 字，引《晋书》关于隶首作算数、《汉书》备数、《周礼》保氏九数、《汉书》关于张苍定章程的记载，以及《唐书》选举志、百官志，宋崇宁国子监算学令等有关唐宋算学馆的课程设置、教员配备、教学制度、考试制度以及科举铨叙的规定，可视为中国第一部简明数学史纲。[郭书春，算学源流提要，中国科学技术典籍通汇·数学卷（1），河南教育出版社，1993 年，第 425 页]

△ 刘益（北宋）完成了《议古根源》，已佚，部分内容存于杨辉《田亩比类乘除捷法》。该书在《缀术》失传后首次引入负系数方程，提出益积术和减从术两种开方法求其正根。后者与增乘开方法比较接近。（郭书春，中国古代数学，商务印书馆，1997 年，第 114 页）

△ 刘益（北宋）在《议古根源》提出了形如 $x^2 - 12x = 864$，$-5x^2 + 228x = 2592$，$-5x^4 + 52x^3 + 128x^2 = 4096$ 的方程。这些方程在《缀术》失传后首次突破了此前首项系数为1及方程系数为正的限制，刘益为解决负系数方程，提出了益积开方术和减从开方术两种方法。后者与增乘开方法比较接近。（郭书春，中国古代数学，商务印书馆，1997年，第115页）

△ 蒋周（北宋）撰《益古集》，已佚。元李冶称其数学水平可与刘徽、李淳风"相颉颃"，遂以天元术求解之，撰《益古演段》。元祖颐述天元术产生的历史，以蒋周《益古》为始。（元·李冶："益古演段自序"，《四库全书》）

△ 12世纪前期，曾子谨（宋）作《农器谱》，记述了10类农具和与农业生产有关的设备，是当时最详尽的农具书。（元·马端临：《文献通考·经籍考四十五·子农家》；王毓瑚，中国农学书录，农业出版社，1964年，第97页）

△ 易州（今河北易县）人张元素（金，12世纪）创立易水学派。这一流派对脏腑病机学说有新的阐发，主张以脏腑的寒热虚实来分析疾病的发生和演变，在治方上注重"养正"，正气强而邪自除。主要的弟子有李东垣（宋，1180～1251）等。（廖育群等，中国科学技术史·医学卷，科学出版社，1998年，第349、350～351页）

△ 张元素（金，12世纪）创立了药物归经之说，即根据各种药物的作用特点将其分别归属于某一经脉，同时还制定了各经脉的"引经药"。在医学理论和临证治疗方面推崇养正除邪之法。（廖育群，中国古代科学技术史纲·医学卷，辽宁教育出版社，1996年，第94～96页）

## 1100年　庚辰　北宋哲宗元符三年　辽道宗寿昌六年　夏崇宗永安三年

△ 是年前，秦观（北宋，1049～1100）根据其妇所述养蚕方法作《蚕书》，这是我国有关蚕的一种重要文献。书中论及蚕的龄期、食量、温度和发蛾的关系。

△ 历时4年，李诫（北宋，? ～1110）编定《营造法式》。全书共分36卷：前两卷为"总释"；卷3～卷15为"各作制度"，包括大木作、小木作、石作、壕寨、彩画作、雕作、旋作、锯作、竹作、瓦作、砖作、泥作和窑作等；卷16～卷30为各工种的用工及用料定额标准；卷31～卷36为各作制度图样。总之记载了各种工程的做法、材料规格、运用、材料消耗定额、人工等，全面准确地反映了中国11世纪末至12世纪初整个建筑行业的科学技术水平和管理经验。徽宗崇宁二年（1103），经皇帝批准，正式刊行公布于世。《营造法式》中有基础打桩的规定。柱础坑也由素夯土进而加夯砖石渣，基础做法有明显进步。同时还规定砌砖瓦时用石灰的做法，说明当时石灰已普遍使用。（刘敦桢主编，中国古代建筑史，中国建筑工业出版社，1984年，第242～245页）

△《营造法式》以6卷的篇幅，绘制了中国有史以来第一套建筑工程图，共计193幅。其中包括：建筑的平、立、剖面图；构架节点大样图；构架单体图；门、窗、栏杆大样图；测量仪器图；等等。其绘制方法既有正投影，也有近似的轴侧图。这些图样使许多失传的技术、不见经传的做法被记录下来。[郭黛姮，中国古代科学家传记（上）·李诫，科学出版社，1992年，第539～540页]

△《营造法式·大木作制度》提出横梁截面高宽比的最恰当比例为3:2。（戴念祖，中国力学史，河北教育出版社，1988年，第151～154页）

△《营造法式》最早对当时的琉璃烧造技术做了较详细的介绍，其中对釉料成分和烧制方法的论述对当时琉璃建筑构件的生产有指导意义。（赵匡华等，中国科学技术史·化学卷，科学出版社，1998年，第71页）

△《营造法式》以"功"作为搬运重物的计量单位。当荷重增加或距离缩短时，相应的距离减少或荷重增加才保持一个单位"功"不变。这里的"功"含有其物力概念的二个因素，即力和距离。（宋·李诫：《营造法式》第十六卷～二十五卷）

## 1101 年　辛巳　北宋徽宗建中靖国元年　辽道宗寿昌七年　天祚帝乾统元年　夏崇宗贞观元年

△ 是年前，苏轼（北宋，1037～1101）完成《格物粗谈》[①]。

△ 是年前，出现枣树防雾保果技术。（北宋·苏轼：《格物粗谈·天时》）

△ 茄子栽培，在秧根部嵌硫磺，"结子倍多，味甘"，为蔬菜栽培使用微量元素之始。（北宋·苏轼：《格物粗谈·种植》）

△ 桑树赤锈病见于记载，时称"金桑"。（北宋·苏轼：《格物粗谈·树木》）

△ 是年前，苏轼（北宋，1037～1101）撰《东坡杂记》有关于糯稻变异的记载。

△ 是年前，已有甜瓜催熟技术。（北宋·苏轼：《物类相感志·果子》）

△ 是年前，用活竹储藏樱桃，是为气调储水果的萌芽；使用密封法储藏果品。（北宋·苏轼：《格物粗谈·果品》）

△ 是年前，出现灌醋杀鸭的屠宰方法，去毛率可达"身不二毛"；出现降低母鸡就巢性、提高产蛋率的技术。（北宋·苏轼：《物类相感志·禽鱼》）

△ 是年前，发现鱼虱，并使用枫树皮治疗。（北宋·苏轼：《格物粗谈·鱼类》）

△ 是年前，蚕多化性蝇为害见于记载。（北宋·苏轼：《物类相感志·总论》）

△ 是年前，"火腿"一名见于记载。（北宋·苏轼：《格物粗谈·饮馔》）

△ 已有柿果脱涩技术多种，如用木瓜脱涩、热水调矿灰浸柿、用肥皂脱涩等。（北宋·苏轼：《格物粗谈·果品》；北宋·欧阳修：《归田录》）

△ 是年前，苏东坡在《去杭十五年　复游西湖　用欧阳察判韵》一诗中记下了"我识南屏金鲫鱼"之事，"金鲫钱"大约是一种比较原始的"金鱼"。（罗桂环、汪子春主编，中国科学技术史·生物学卷，科学出版社，2005年，第21页）

## 1102 年　壬午　北宋徽宗崇宁元年　辽天祚帝乾统二年　夏崇宗贞观二年

△ 针对天旱之年无法使用浸铜法，游经（北宋）提出利用胆土的煎铜法。（《宋会要辑稿·食货三四之二五》）

## 1103 年　癸未　北宋徽宗崇宁二年　辽天祚帝乾统三年　夏崇宗贞观三年

△ 姚舜辅（北宋）制成《占天历》，当年即替代《观天历》颁行于宋，但仅用 3 年。（《元史·历志二》）

△ 汴梁熟药所扩增为 7 个药局，由原隶属太医局改为隶属太府寺，从而确立药局的性

---

① 也有人认为《格物粗谈》非苏轼作品，而为元代的著作。

质是以商业为主。这也是我国官方医药机构分立门户之始。7 个药局中，两个是修合药所（制药工场），5 个是出卖所（药店）。（廖育群等，中国科学技术史·医学卷，科学出版社，1998 年，第 303 页）

## 1104 年　甲申　北宋徽宗崇宁三年　辽天祚帝乾统四年　夏崇宗贞观四年

△ 我国最早的菊花专著、刘蒙（北宋，曾于 1104 年游洛阳）撰《菊谱》问世。该书不讲栽培莳艺，而以品花为对象，记载菊花品种 35 个。书中对菊花产地，植株形态，开花时间都有记述。还记载菊花通过人工选择，"是小可变为大也，苦可变为甘也"。对植物的变异有较深刻的认识。（王毓瑚，中国农学书录，农业出版社，1964 年）

## 1105 年　乙酉　北宋徽宗崇宁四年　辽天祚帝乾统五年　夏崇宗贞观五年

△ 宋设应奉局于苏州，收罗奇花异石。（《宋史》卷 470《朱勔传》）

## 1106 年　丙戌　北宋徽宗崇宁五年　辽天祚帝乾统六年　夏崇宗贞观六年

△ 姚舜辅制成《纪元历》，并替代《占天历》颁行于宋。姚舜辅对二十八宿赤道与黄道宿度重新进行了测量，取得了较前代要准确的结果，所取土星会合周期、交食周期、交点年长度、黄赤交角等一批天文数据是为历代最佳值或最佳值之一，若干天文数表的精度也大有提高，在数学方法的运用上，继承发展了高次函数算法，多给出较前要准确的算式，对于月亮极黄纬与晷影长度的计算，更给出全新的高次函数算式，还运用反函数法推出由黄道宿度返求赤道宿度的计算法等。《纪元历》对南宋与金代许多历法产生巨大的影响，是宋代一部最好的历法。（《宋史·律历志》）

△ 泗州刑犯人于市，郡守遣医与画工往视，并绘制成图，医学家杨介（北宋）以所见五脏之真，校以古籍，绘成《存真图》。1113 年，又益以十二经图，成《存真环中图》。此两图是中国影响最大的人体解剖图谱。[靳士英、靳朴，《存真图》与《存真环中图》考，自然科学史研究，1996，15（3）：272～273]

## 1107～1110 年　北宋徽宗大观年间

△ 赵佶（北宋徽宗，1082～1135）作《大观茶论》（又名《圣宋茶论》）一篇。全书 20篇，为品茶而作，亦涉及生产、焙制。（王毓瑚，中国农学书录，农业出版社，1964 年，第81 页）

△ 关中修丰利渠，引泾水溉田 350 万亩。（元·李好文：《长安志图》卷下）

△ 珠江三角洲最早的大型堤围桑园围始建。它地跨南海、顺德二县，位居西北二江之间，北、东、西三面有堤，为开口围的形式。至明代始为封闭式。[水利水电科学研究院《中国水利史稿》编写组，中国水利史稿（下），水利电力出版社，1987 年，第 353 页]

## 1107 年　丁亥　北宋徽宗大观元年　辽天祚帝乾统七年　夏崇宗贞观七年

△ 政府设立了第一个官方修志机构——九域图志局，组织领导全国修纂图经的工作，从此编修地方志大规模进行。（唐锡仁等，中国科学技术史·地学卷，科学出版社，2000 年，第 337 页）

△ 是年前，邓御夫（北宋，1030～1107）著《农历》120 卷，言耕织、畜牧、园艺、养生、备荒之事，惜南宋时失传。

△ 裴宗元（北宋）等奉命将宋代官药局所收医方进行校订，编成《和剂局方》5 卷，载方 297 首，由和剂局统一规格本文配方而做成成药销售。此后又几经重修和增补。1151 年，经许洪校订，定名为《太平惠民和剂局方》（10 卷，载方 788 首），颁行于全国，是世界上最早的药局方之一。（傅维康，中药学史，巴蜀书社，1993 年，第 183～184 页）

△ "丹剂" 之名称和形成，始于此时。对后世有较大影响。[朱晟，医药上丹剂和炼丹术的历史，中华医学杂志，1956，（6）：561]

△ 朱肱（北宋）历时 20 年，撰成《伤寒百问》3 卷。大观五年（1111）张葳（北宋）将其 20 卷修订本改名为《南阳活人书》。此书以阐释张仲景《伤寒论》为主，因易于寻检施行，深受医家喜爱。（元·刘完素：《原病论》序）

## 1109 年　己丑　北宋徽宗大观三年　辽天祚帝乾统九年　夏崇宗贞观九年

△ 李师圣（宋）和郭稽中（宋）纂辑《产育宝庆集方》（原名《产科经验宝庆集》）问世。全书 2 卷，阐述难产处理方法及产后诸证的治疗，并载治方近百首，是宋代产科的代表作之一。（廖育群，中国古代科学技术史纲·医学卷，辽宁教育出版社，1996 年，第 26 页）

## 1110 年　庚寅　北宋徽宗大观四年　辽天祚帝乾统十年　夏崇宗贞观十年

△ 宋徽宗（北宋）下诏将大晟乐尺推广为全国通用的常用尺，取代太府尺。工部奉命由文思院下界 "依样" 先造 1000 条大晟新尺，各路诸司所属 "依样制造行用"。次年（1111）诏令以 "大晟乐尺" 为全国通用的 "新尺"。（丘光明等，中国科学技术史·度量衡卷，科学出版社，2001 年，第 345 页）

## 1111～1118 年　北宋徽宗政和年间

△ 欧阳忞（北宋）撰《舆地广记》38 卷，前 4 卷叙历代疆域，其余各卷依路分列宋代郡县，是宋代的地理总志之一。其特点是略古详今和着重政区沿革。（靳生禾，中国历史地理文献概论，山西人民出版社，1987 年，第 184～186 页）

△ 张邦基（北宋）撰《陈州牡丹记》记述了一些牡丹的变异现象。（明·王象晋：《广群芳谱》卷 32；罗桂环、汪子春主编，中国科学技术史·生物学卷，科学出版社，2005 年，第 257 页）

## 1111～1125 年　北宋徽宗政和至宣和年间

△ 北宋时期的内河船舶已实际应用了平衡舵。张择端（北宋）所绘《清明上河图》准确地表现了平衡舵的形象。1978 年在天津静海县出土了一艘北宋时期的内河木船，获得一只完整的平衡舵实物。[天津文物管理处，天津静海元蒙口宋船的发掘，文物，1983，（7）：54]

△ 张择端（北宋）所绘《清明上河图》上汴京（今河南开封）的汴水虹桥表现的是中国古代早期贯木拱桥的形象。（唐寰澄，中国科学技术史·桥梁卷，科学出版社，2000 年，第 463～465 页）

△ 宋代出现以杉篙作架，上覆布结花彩，搭出彩亭、彩台等，称"彩楼"、"山棚"，沿用至清代。张择端（北宋）所绘《清明上河图》上有这种建筑形象。（中国大百科全书·建筑、园林、城市规划，中国大百科全书出版社，1992 年）

△ 张择端（北宋）所绘《清明上河图》中一处车辆作坊里有框锯的最早形象：工字形的木架，一端安有长锯条，另一端用绳类连接，并有缥杆绞紧，其形制相当完整。据此框锯的产生必早于宋代中叶。[李浈，试论框锯的发明与建筑木作制材，自然科学史研究，2002，21（1）：71]

**1112 年　壬辰　北宋徽宗政和二年　辽天祚帝天庆二年　夏崇宗贞观十二年**

△ 是年前，影戏盛行，张耒（北宋，1054～1112）《明道杂志》记载："京师有富家子弟……甚好看影戏，每弄至斩关羽，即为泣下，嘱弄者且缓之。"（王锦光、洪震寰，中国光学史，湖南教育出版社，1986 年，第 137～138 页）

**1113 年　癸巳　北宋徽宗政和三年　辽天祚帝天庆三年　夏崇宗贞观十三年**

△ 十一月乙卯，宋诏天下贡医士。（《宋史·徽宗本纪》）

**1114 年　甲午　北宋徽宗政和四年　辽天祚帝天庆四年　夏崇宗雍宁元年**

△ 秋七月丁丑，置保寿"粹和宫"，专供有病宫女疗养之用。（《宋史·徽宗本纪》）

△ 朱肱（宋）著述的《北山酒经》是中国古代关于酿酒工艺的第一部专著，它初步地总结了隋唐至北宋时期制曲酿酒的经验。将他介绍的酿酒工艺与近代绍兴黄酒的酿造工艺加以对比，可以认为至北宋时期，黄酒的酿造工艺已基本定形成熟。（赵匡华、周嘉华，中国科学技术史·化学卷，科学出版社，1998 年，第 549～552 页）

△ 朱肱在《北山酒经》中介绍玉友曲和白醪曲制法时，都谈到"以旧曲未逐个为衣"、"更以曲母遍身糁过为衣"，这是有意识进行微生物传种接种的新方法。

△《北山酒经》中比较完整地记述了利用酵母、制作酵母和"传醅"的方法，特别是制备干酵母的方法。

△ 在《北山酒经》中，朱肱反复强调了酿酒过程的调酸技术，即调节发醪液的 pH，使酵母在一定的酸性环境中旺盛地繁殖。

△《北山酒经》中，介绍了煮酒和火迫酒的工序，这种加热杀菌处理可以防止成品酒的酸败。

**1115 年　乙未　北宋徽宗政和五年　辽天祚帝天庆五年　金太祖收国元年　夏崇宗雍宁二年**

△ 约于是年，丑和尚（金）向金政府进呈了一批天文仪器的图样，金政府命有关部门"依式造之"，其中有一件仪器名曰简仪，和元代郭守敬所制的简仪同名。（中国天文学史整理研究小组，中国天文学史，科学出版社，1981 年，第 191 页）

△ 金代始设太医院管理医政，元、明、清三代相传沿袭。[《金史·交聘表》；《金史·百官志》；梁峻，中国古代医政特点及其对当今医政之启发，中华医史杂志，1994，24（1）：11]

△ 约于是年，温革（北宋，1115 年进士）撰《分门琐碎录》收录了大量的生物史料。

△ 温革（北宋）撰《分门琐碎录·接果木法》中有果树繁殖采用空中压条的"脱果法"的记载。

## 1116 年　丙申　北宋徽宗政和六年　辽天祚帝天庆六年　金太祖收国二年　夏崇宗雍宁三年

△ 河北宣化发现的辽代墓后室穹顶部绘星象中，有天秤图像，衡上端似分布有小竹签，应是一等臂天平。[辽代彩绘星图是我国天文史上的重大发现，文物，1975，（8）]

△ 寇宗奭（宋，12 世纪）补充发挥《嘉祐本草》和《本草图经》未尽之义，撰成《本草衍义》20 卷。1119 年由其侄寇约刊行。此书精于辨药，又改寒热温凉"四气"为四性，阐发了药性理论中的气臭学说。（廖育群，中国古代科学技术史纲·医学卷，辽宁教育出版社，1996 年，第 261 页）

△《本草衍义》卷五明确指出：脉金矿的共生矿为伴金石——"石褐色，一头如火烧黑之状，此定见金也。"[王菱菱，宋代金银的开采冶炼技术，自然科学史研究，2004，23（4）：358]

△《本草衍义》描述石英"形大棱而锐首"，并指出石英对日光具有色散作用。（王锦光、洪震寰，中国古代物理学史略，河北科学技术出版社，1990 年，第 31 页）

△《本草衍义》对动植物的形态辨别和考证方面有出色的成就。（罗桂环、汪子春主编，中国科学技术史·生物学卷，科学出版社，2005 年，第 182~184 页）

△《本草衍义》已经利用化学变化、晶形、解理、色泽来鉴定许多矿物。（杨文衡，中国古代的矿物学和采矿技术，中国古代科技成就，中国青年出版社，1978 年，第 301 页）

△《本草衍义》记载了豆腐的制作方法。

△ 中国始用单面印刷摺背线装书。[陈大川，中国造纸术盛衰史，中外出版社（台北），1979 年，第 350 页]

## 1117 年　丁酉　北宋徽宗政和七年　辽天祚帝天庆七年　金太祖天辅元年　夏崇宗雍宁四年

△ 是年前，刘跂（北宋，？~1117）在《暇日记》中记述侦刑官以水晶放大镜辨识案头文字。（清·赵翼：《陔余丛考》卷 33）

△ 是年至 1125 年间绘制[①]的《华夷图》是依贾耽《海内华夷图》缩绘而成。主要绘制宋朝辖境内的府州地名，同时又比较详细地记载周边邻国的名称。图中表示长城的符号十分醒目，常为后人所仿用。1136 年勒石，今存陕西省博物馆碑林，是中国现存最早的石刻地图之一。（王庸，中国地图史纲，三联书店，1938 年）

△ 十月一日，政府公布次年运历，示民预防疾病。"运历"是根据运气学说而制定的关于各年份及各年中各月节的气候、物候和病候特点的历法。此为政府首次颁布运历。（《宋会要辑稿·运历》）

△ 北宋政府在《太平圣惠方》的基础上，广泛收集历代方书和民间验方，并结合政府所藏秘方，历时 7 年，编纂成《圣济总录》200 卷，包括内、外、妇、儿、五官、针灸及养生、杂治等，载方两万多首，为宋代理、法、方、药齐备的医学巨著。书中首列六十年运气

---

① 此图绘制时间说法不一：沙畹定为 1043~1048 年之间；陈正祥定为 1068~1085 年之间。详见：唐锡仁等，中国科学技术史·地学卷，科学出版社，2000 年，第 345 页。

图，强调运气和疾病的治疗关系。（廖育群，中国古代科学技术史纲·医学卷，辽宁教育出版社，1996年，第54页）

△《圣济总录》有"齿才落时，热粘齿槽中，贴药齿上，五日即，一月内，不得咬硬物。"为有关植牙处方及手术的记载。

△《圣济总录》已记载可疗"风热牙痛"和"下痢脱肛"的"百药煎"。"百药煎"是五倍子单宁（葡萄糖的没食酸酯）发酵水解的产物。（赵匡华等，中国科学技术史·化学卷，科学出版社，1998年，第655页）

△ 李似矩（北宋）创行在导引、五禽戏基础上发展起来的气功保健体操"八段锦"。（北宋·洪迈：《夷坚志》）

△ 五月丁巳，"诏自收宁州已后同姓为婚者，杖而离之。"金禁同姓通婚。（《金史·太祖本纪》）

△ 在汴京（今河南开封）景龙门内以东始建宫苑，至宣和四年（1122）竣工。初名万岁山，后改名艮岳、寿岳，亦号华阳宫。周长约6里，面积约750亩，其中假山洞数十，洞中皆筑以雄黄及炉甘石，至天阴时能产生雾，一如深山穷谷样，是叠山建筑中变人工为自然的新技术。艮岳突破秦汉以来宫苑"一池三山"的规范，将诗情画意移入园林，以典型、概括的山水创作为主题，成为中国古代园林的一大转折点。（南宋·张昊：《云谷杂记》卷一《寿山艮岳条》；周维权，中国古典园林，清华大学出版社，1999年，第204～209页）

**1118年　戊戌　北宋徽宗政和八年　重和元年　辽天祚帝天庆八年　金太祖天辅二年　夏崇宗雍宁五年**

△ 五月壬辰，宋徽宗赵佶（北宋，1082～1135）领御撰写的以探讨医学理论为主要内容的《圣济经》颁行天下，作为学校的教材。（《宋史·徽宗本纪》）

**1119年　己亥　北宋徽宗重和二年　宣和元年　辽天祚帝天庆九年　金太祖天辅三年　夏崇宗元德元年**

△ 朱彧（北宋）在《萍洲可谈》卷三中最早记载了："舟师识地理，夜则观星，昼则观日，阴晦观指南针。"1123年，徐兢在《宣和奉使高丽图经·海道占》中指出："若晦冥，则用指南浮针，以揆南北。"知当时海船所用的是水浮磁针。使中国航海技术进入不依岸标，而按针路航行的定量航海阶段。[王振铎，中国古代磁针的发明和航海罗经的创造，文物，1978，（3）]

△ 钱乙（北宋，约1032～1113）所撰《小儿药证直诀》由钱氏门人阎孝忠编集而成，并于是年刊行。全书3卷，是中国早期内容比较完整，并有病案记载的儿科专著。该书首创五脏证治法则，并且根据五行生克理论阐述五脏病变的虚实关系，为后世儿科医家所沿用。钱氏还总结出"面上证"、"目内证"两种特殊望诊法；创制六味地黄丸、异功散等方剂。钱乙被后世尊之为"幼科之鼻祖"。（廖育群，中国古代科学技术史纲·医学卷，辽宁教育出版社，1996年，第32、90～91页）

△《小儿药证直诀》把疮疹分为水疱、脓疱、斑、疹，其分别指水痘、天花、斑疹、麻疹。[马堪温，《小儿药证直诀》一书中的科学成就，中医杂志，1979，（12）]

**1120 年　庚子　北宋徽宗宣和二年　辽天祚帝天庆十年　金太祖天辅四年　夏崇宗元德二年**

△ 编纂的《宣和编类河防书》共计 292 卷，为"元丰之制，水部掌水政，崇宁二年十月有司请推广元丰水政"。（宋·王应麟：《玉海》卷二十二）但这部宋代系统的河防法规早已散佚。

△ 约于是年，洪刍（北宋）所著《香谱》是宋代关于香料的重要著作之一，他分四个专题：香之品、香之异、香之事、香之法，介绍了当时人们对众多香料的认识和加工使用方法。

**1121 年　辛丑　宋代徽宗宣和三年　辽天祚帝保大元年　金太祖天辅五年　夏崇宗元德三年**

△《九域守令图》是在宋昌宗（北宋）主持下绘制并立石的，比例尺约为 1∶1 900 000，海岸线轮廓已接近今图，用文字的大小并是否加注治所名称表示行政区级别的高低。它是我国现存最早的全国州县图。[郑锡煌，北宋石刻九域守令图，自然科学史研究，1982，1(2)：144～149]

**1122 年　壬寅　北宋徽宗宣和四年　辽天祚帝保大二年　金太祖天辅六年　夏崇宗元德四年**

△ 徐兢（北宋，1093～1155）从海道出使朝鲜，撰《宣和奉使高丽图经》40 卷，记载宣和六年奉使高丽（今朝鲜）的见闻，记载其山川、风俗、典章等。（中国科学院自然科学史研究所地学史组，中国古都地理学史，科学出版社，1985 年，第 375 页）

△ 宋修艮岳成，徽宗名之万岁山，并制《艮岳记》以记其胜。山周十余里，四方奇花异石置其中，千岩万壑，麋鹿成群，楼观台殿，不可胜计。后金兵围城，破坏殆尽。

△ 开明州渡高丽南路，出发港为明州，近海北航。终点港为朝鲜半岛西海岸的礼城江口。（宋·徐兢：《宣和奉使高丽图经·海道占》）

△ 北宋时已掌握了在船舷缚两捆大竹以增加船舶在海浪中稳定与安全的技术。（北宋·徐兢：《宣和奉使高丽图经·客舟》）

△ 北宋时已掌握了当船舶在风涛中作横向及纵向摇摆时，加游锭可增加对摇摆的阻作用，从而确保船舶安全的技术。（北宋·徐兢：《宣和奉使高丽图经·客舟》）

**1125 年　乙巳　北宋徽宗宣和七年　辽天祚帝保大五年　金太宗天会三年　夏崇宗元德七年**

△ 王黼（北宋）、梁师成（北宋）与民间王姓仪器制作家制成名为"玑衡"的新式自动浑象，可演示日月星辰的运动、月相的变化，其自动报时系统中有以龙吐珠振动下设的铜菏叶报时辰的装置。（《宋史·律历志十三》）

△ 今辽宁凌源地区开始发展柞蚕生产。（《金史·太宗本纪》）

**1126 年　丙午　北宋钦宗靖康元年　金太宗天会四年　夏崇宗元德八年**

△ 张涣（北宋）所撰《小儿医方妙选》3 卷。张氏 5 世皆为小儿医生，此书反映北方儿科方剂的特点。（南宋·陈振孙：《直斋书录解题》卷 13）

△ 王贶（宋）所著《济世全生指迷方》3 卷，详记症状，论述病源。其脉论及辨脉法诸条，明白通晓，被视为诊家枢要。

△ 金人围汴时，李纲（北宋）登城，下令以"霹雳炮"击退敌人。绍兴三十一年（1161）金人欲渡长江，宋军又发"霹雳炮"。它是以"纸为之，而实以石灰、硫黄"。这是最早记载的纸制炮弹，是后世双响鞭炮的雏型。（赵匡华等，中国科学技术史·化学卷，科学出版社，1998 年，第 456～457 页）

△ 北宋末年，梅尧臣（北宋）诗句中"紫泥新品"和"砂罂"等词。一般认为二者就是指宜兴紫砂壶一类的器物。这表明北宋末年紫砂器已为嗜好品茶的文人所喜爱和赞美。（赵匡华等，中国科学技术史·化学卷，科学出版社，1998 年，第 74～75 页）

## 北宋时期

△ 北宋人所撰《灵砂大丹秘诀》中记载了合成彩色金的方法。文中将点华所成的"彩色金"称为"庚"，说明彩色金曾为中国黄白术中的一种药金。[赵匡华、张惠珍，中国金丹术中的"彩色金"及其实验研究，自然科学史研究，1986，5（1）]

△ 皇甫牧（生活于五代至宋初时期）在《玉匣记》中记载了"红光验尸"法，即用新的红油伞作为滤光器，红伞下的透射光为红色光。以此来检验人体的青紫色伤痕。它是我国关于透射色和滤光应用的早期记载。

△ 僧文莹（生活于宋朝时期）在《湘山野录》卷下《牧牛图》，画面中的牛白天在栏外吃草，夜晚归卧栏中。僧赞宁（北宋，公元 919～1002）为此解释说：该画是用两种颜料画成的，一种为墨色，白日可见；一种为荧光物质，夜晚可见。从而揭开了古代"术画"的秘密。

△ 北宋《耕获图》给有一部四人踏动的翻车。这是迄今所知最早的比较完整的翻车图。[张柏春，中国风力翻车构造原理新探，自然科学史研究，1995，14（3）：287]

△ 金盈之（北宋）《醉翁谈录》等书记载了北宋时期发明的走马灯，它的原理与燃气轮机类似。（戴念祖，中国力学史，河北教育出版社，1988 年，第 501～503 页）

△ 宁波宋代海船及其减摇龙骨 1979 年在宁波市古海运码头遗址发掘出土。该船所装设的减摇龙骨，竟能符合现代船舶对减摇龙骨的技术要求。[席龙飞、何国卫，中国古船的减摇龙骨，自然科学史研究，1984，3（4）：369]

△ 现藏于台北故宫博物院的范宽（北宋）绘《秋林飞瀑》图中有一座斜撑架木拱桥。（唐寰澄，中国科学技术史·桥梁卷，科学出版社，2000 年，第 449 页）

△ 福建建阳于北宋时期出现了黑釉上带有兔毫文鹧鸪斑和斑纹颜色变异等的黑釉盏，称之为建阳釉盏。江西吉州发现除类似的斑纹黑釉盏外，还发现了木叶纹、剪纸花纹等多种装饰的黑釉盏。它们是集特殊施釉工艺、物理化学分相和析晶过程以及物理光学原理于一体的科学技术产物。（李家治，中国科学技术史·陶瓷卷，科学出版社，1998 年）

△ 河南禹县钧窑在宋代已出现由含铜矿物为着色剂的钧釉瓷。根据施釉方法，烧成气氛和分相程度不同而出现红、紫和蓝等多种色调的分相多色釉，俗称窑变釉。它是我国后世多色釉的首例。[陈显求等，河南钧窑古瓷的结构特征及其两类物相分离的确证，硅酸盐学报，1981，（9）]

△ 自宋代开始，福建德化即生产白釉瓷。由于所用原料含 $Fe_2O_3$ 非常低，所以德化窑瓷胎釉都非常白，形成别具一格的白釉瓷。特别是德化瓷雕更是闻名中外。（李家治，中国科学技术史·陶瓷卷，科学出版社，1998 年）

# 南 宋 时 期

**1127～1130 年　南宋高宗建炎年间**

△ 北方人口大量南迁，推动了南方农业的发展，此在中国农史上有划时代意义。时南方农作物从一年一熟制过渡至一年二熟制。(郭文韬、陈仁端，中国农业经济史论纲，河海大学出版社，1999 年)

**1127～1162 年　南宋高宗建炎绍兴年间**

△ 王质（南宋，绍兴三十年进士）作《林泉结契》分"山友"和"水友"两类，记述了动植物 73 种，其中大部分是鸟类。[罗桂环，宋代的"鸟兽草木之学"，自然科学史研究，2001，19（2）：157]

△ 楼璹（宋，约 1090～1162）作《耕织图》，包括耕图 21 幅，织图 24 幅，并配以五言诗，"农桑之务曲尽情状"，是我国有关农业与蚕桑生产最早的成套图像资料。至嘉定三年（1210）首次刊印。(王毓瑚，中国农学书录，农业出版社，1964 年，第 88～89 页)

△ 江南水田形成耕—耙—耖作业。(清·马俊良辑：《龙威秘书》第 12 册)

△ 江南水田使用碎土、平田、混和泥浆的工具——耖。(清·马俊良辑：《龙威秘书》第 12 册)

△《耕织图》绘有脚踏缫丝车，它有双径轴和 10 片综，须由挽花工和织花工共同操作，是现今能看到的有关脚踏缫丝车的最早图形资料。[张培高，南宋楼璹《耕织图》上的提花机，中国纺织科技史料，1983，(12)：36]

**1127 年　丁未　北宋钦宗靖康二年　南宋高宗建炎元年　金太宗天会五年　夏崇宗正德元年**

△ 金兵攻陷北宋京都开封，尽得诸多天文历法人才、典籍和天文仪器，置于金中都（今北京）太史局中。(《金史·历志上》)

△ 是年至 1129 年，在晋江上建金矽桥时，传说用"睡木沉基"，即用木筏沉到江底作桥基，使石墩修传的重量分布到大约一倍于墩本身平面面积的河底来共同承受。同时，对河底大片泥沙也起到压实、固定作用。这比筏形基础工程量减少很多，是一大进步。(金大均，石桥，中国古代建筑技术史，科学出版社，1985 年，第 238～240 页)

**1128 年　戊申　南宋高宗建炎二年　金太宗天会六年　夏崇宗正德二年**

△ 宋东京留守杜充（南宋）于滑县西南人为决河，使黄河夺泗入淮，造成 400 余年河道混乱。(《宋史·河渠志》)

△ 僧圆满（金）开始重修山西大同普恩寺，在时 15 年竣工。该寺始建于唐开元年间，辽保大二年（1122）毁于火。明代修葺时，改称善华寺。此寺现存山门、三圣殿、普贤阁，是中国保存最完整的辽金寺院。(南宋·朱弁：《大金西京大普恩寺重修大殿记》)

**1131～1162 年　南宋高宗绍兴年间**

△ 陈长方（宋，1131～1162 年间进士）在所撰《步里客谈》中，对江南地区梅雨的形

成有理论说明。

**1131 年　辛亥　南宋高宗绍兴元年　金太宗天会九年　夏崇宗正德五年**

△ 杨么（宋,？～1135）起义叛宋时在洞庭湖大造车轮战船。大型车轮战船长 30 丈，有 20 车、24 车和 30 车的。（宋·鼎沣逸民撰，朱希祖编校：《杨么事迹考证》，商务印书馆，1935 年，第 21 页）

**1132 年　壬子　南宋高宗绍兴二年　金太宗天会十年　夏崇宗正德六年**

△ 是年五月二十一日、十二月八日，南宋都城临安两次大火。绍兴年间的前 20 年，临安几乎年年有火灾，少则一次，多则三四次。此与居民稠密、居住条件差、防火措施不严有关。（《宋史·五行志》）

△ 德安知府陈规（宋，1072～1142）率部用"火砲药造下长竹竿火枪二十余条"，取得了德安（今湖北安陆）守城战的胜利。是为首创的管形火器。[宋·陈规等：《守城录·德安守御录（下）》]

**1133 年　癸丑　南宋高宗绍兴三年　金太宗天会十一年　夏崇宗正德七年**

△ 庄绰（宋）《鸡肋编》述及人造磁瓢的方法："捣磁石，错铁末，以胶涂瓢中。"将瓢浮于水中，即可彼此吸引或排斥。（戴念祖，中国科学技术史·物理学，科学出版社，1999 年）

△ 杜绾（宋高宗时代）编撰的《云林石谱》记载当时 83 个州、府、军、县和地区的 116 种石头，并对所载石头的产地、采取方法、形状、色泽、质地、声音、硬度、文理、光泽、晶形、透明度、用途做了详细的描述，是中国现存最完整的一部石谱。[杨文衡，试述《云林石谱》的科学价值，科技史文集（14）上海科技出版社，1985 年，第 169～178 页]

△ 杜绾在《云林石谱》卷中，推测鱼化石系"古之陂泽，……因山颓塞，岁久，土凝为石"所变成，比较科学地指出了鱼化石的成因。

△ 庄绰（宋）《鸡肋编》卷上记载，小麦在长江流域迅速发展，形成"极目不见淮北"的局面。

**1135 年　乙卯　南宋高宗绍兴五年　金熙宗天会十三年　夏崇宗大德元年**

△ 陈得一（南宋）制成《统元历》，该历法依《纪元历》略作修订而成。次年替代《纪元历》颁行于宋，使用至乾道三年（1167）。（《宋史·律历志十四》）

**1136 年　丙辰　南宋高宗绍兴六年　金熙宗天会十四年　夏崇宗大德二年**

△ 杨级（金）制成《大明历》，并于金颁行，使用至大定七年（1181）。该历法大约是在《纪元历》的基础上略作修订而成。（《金史·历志上》）

△ 于临安设太医局熟药所东、西、南、北 4 所，一所以和剂局为名，辨验药材，并建立轮流值宿制度。（《宋会要辑稿·职官二十七》）

**1137 年 丁巳 南宋高宗绍兴七年 金熙宗天会十五年 夏崇宗大德三年**

△ 山西五台佛光寺文殊殿修建。此殿面阔 7 间，进深 4 间，单檐悬山式屋顶，顶脊中间立琉璃宝刹，造型美观，其屋架结构特殊，为古建筑中所罕见。[梁思成，记五台山佛光寺建筑，文物参考资料，1953，（5~6）]

△ 荣河县知县张维（金）等刻后土庙建筑全貌图碑，现存山西省万荣县后土庙内。后土庙建于北宋大中祥符五年（1012），原址已沦入黄河，现庙址是清同治十二年（1873）第二次迁建的。该碑高 1.35 米，宽 1.06 米，是现存最完整的北宋祠庙图之一。（中国大百科全书・考古学，中国大百科全书出版社，1986 年，第 125 页）

**1139 年 己未 南宋高宗绍兴九年 金熙宗天眷二年 夏崇宗大德五年**

△ 知军州董棻主持编纂的《严州图经》是现存最早尚保存全部地图的图经。这时的图经与此前的图经已有很大的不同，即地图所占比重已较少，且图与文字不完全对应。（唐锡仁等，中国科学技术史・地学卷，科学出版社，2000 年，第 337 页）

**12 世纪 30 年代**

△ 临安（今杭州）每逢新春，有淘渠人，沿门清理地沟；并建有每日除街道垃圾及清除住户粪便等公共卫生制度。（南宋・吴自牧：《梦粱录》）

**1144 年 甲子 南宋高宗绍兴十四年 金熙宗皇统四年 夏仁宗人庆元年**

△ 成无己（金，约 1066~约 1156）以《素问》、《难经》为依据，著《注解伤寒论》10 卷，大行于世。此乃注解《伤寒论》之第一家。此书系统分析了张仲景的理法方药，是中医第一部关于方论的专著。成氏还著有《伤寒明理论》4 卷。（廖育群，中国古代科学技术史纲・医学卷，辽宁教育出版社，1996 年，第 17、179 页）

**1145 年 乙丑 南宋高宗绍兴十五年 金熙宗皇统五年 夏仁宗人庆二年**

△ 是年前后，王灼（南宋高宗绍兴年间）撰写《糖霜谱》介绍著名的蔗糖产地、制糖历史、种蔗方法、制糖器具及方法以及蔗糖的性味和食法等，全面地叙述中国南宋前的蔗糖史，对糖霜（即冰糖）的记载尤为详实，是中国第一部关于蔗糖的专著。（赵匡华等，中国科学技术史・化学卷，科学出版社，1998 年，第 607 页）

△ 此前，采用蔗、粮轮作方法，对蔗田实行用地、养地，以提高地力。（南宋・王灼：《糖霜谱・第三》）

**1146 年 丙寅 南宋高宗绍兴十六年 金熙宗皇统六年 夏仁宗人庆三年**

△ 宋以疫病流行，遣医官循行临安，治疗病人，后以为例。

△ 窦材《扁鹊心书》中记载了一种麻醉药——睡圣散，以山茄花（曼陀罗花）和大麻花作全身麻醉剂。

**1147 年　丁卯　南宋高宗绍兴十七年　金熙宗皇统七年　夏仁宗人庆四年**

△ 孟元老（南宋）著《东京梦华录》首次记载国人把银杏当干果食用。

**1148 年　戊辰　南宋高宗绍兴十八年　金熙宗皇统八年　夏仁宗人庆五年**

△ 汴阳算士荣棨刻《黄帝九章》，此应是贾宪的《黄帝九章算经细草》。[郭书春，详解九章算法提要，中国科学技术典籍通汇·数学卷（1），河南教育出版社，1993 年，第 944 页]

△ 是年至 1173 年，金以陕西平阳为印书中心，雕印中文大藏经 7 千卷，今尚存 4957 卷。[陈大川，中国造纸术盛衰史，台北：中外出版社，1979 年，第 350 页]

△ 是年前，叶梦得（南宋，1077～1148）在《避暑录话》卷下描述了夏季雷阵雨的特性和龙卷风。（刘昭民，中华气象学史，台湾：商务印书馆，1979 年，第 128 页）

△ 八月二十三日，宋熟药局改称“太平惠民局”（参见 1076 年）。《和剂局方》也改称《太平惠民剂局方》（参见 1110 年），后陆续增补，载方 788 种。（南宋·王应麟：《玉海》）

**1149 年　己巳　南宋高宗绍兴十九年　金熙宗皇统九年　海陵王天德元年　夏仁宗天盛元年**

△ 陈旉（宋，1076～?）作《农书》3 卷，上卷为土地经营与栽培总论，中卷讲江南役畜水牛，下卷讲南方蚕桑。是第一部论述、总结我国南方农业生产技术、经验的农书。（王毓瑚，中国农学书录，农业出版社，1964 年，第 85 页）

△ 陈旉《农书》在农书中首创设立专篇讨论土地的利用。其中《地势之宜》篇为探讨土地利用规划的专论。[范楚玉，中国古代科学家传记（上）·陈旉，科学出版社，1992 年，第 548 页]

△ 陈旉《农书·天时之宜篇第四》提出农业生产要“顺天时利之宜，识阴阳消长之理”。

△ 陈旉《农书·粪田之宜篇第七》提出著名的“地力常新壮”土壤肥力学说。

△ 陈旉《农书》记载了人造耕地，时称“葑田”或“架田”。

△ 陈旉《农书·耕耨之宜篇第三》中，已采用“深耕冻垡”、“熏土暖田”的办法利用冷浸田。

△ 陈旉《农书·善其根苗篇》已有水稻壮秧培育技术。

△ 陈旉《农书·善其根苗篇》中，已根据气候变化规律适时播种，防止水稻烂秧。

△ 沤制、火烧、饼粕发酵等肥料积制技术见于陈旉《农书》。

△ 陈旉《农书·粪田之宜篇第七》中，已有设置粪屋储肥以保存肥效的记载。

△ 陈旉《农书·粪田之宜篇第七》提出“用粪犹用药”的合理施肥原则。

△ 陈旉《农书·善其根苗篇》中，提出粪肥要经过发酵、腐熟，待散去热后再施用到秧田中，尤其是人粪更需要腐熟后再施用。

△ 陈旉《农书·种桑之法篇》已记载嫁接技术应用于栽桑。

△ 陈旉《农书·收蚕种之法篇》中，有蚕卵采用朱砂水消毒的记载。

△ 陈旉《农书·用火采蚕之法篇》中，已有蚕患瘟病同环境关系的记载。

**1150 年　庚午　南宋高宗绍兴二十年　金海陵王天德二年　夏仁宗天盛二年**

△ 是年前，陈元靓（南宋，1100～1150）在《事林广记》中，描写了以磁石吸铁方法表演的磁幻术：如磁铁吸引狗形铁质，称为"唤狗子走"，磁"葫芦相打"等。

△ 是年前，陈元靓（南宋）《事林广记·神仙幻术》记载了腹装磁石的木刻指南鱼和指南龟的制作方法；指南龟，以支钉承托，这是早罗盘的始祖。（王振铎，司南指南针与罗经盘，科技考古论丛，1989 年）

△ 利用硼砂的金银分离法，至迟可追溯到南宋，陈元靓（南宋）在其《事林广记·锻炼奇术》中有所记载。不过在此书中，硼砂的应用只是作为炸金药成分之一，尚不是成熟的硼砂法。[赵匡华，我国古代的金银分离术与黄金鉴定，化学通报，1984，（2）]

△ 南宋时期出现了分离金银的"矾硝法"。关于此法最早记载是陈元靓（南宋）编著的《事林广记·锻炼奇术》。他们把焰硝、绿矾及盐的混合剂称为"金榨（炸）药"。因这种混合物（如绿矾和硝石）一旦被加热就会产生出硝酸来，所以这种混合物又可称为"固体硝酸"。[赵匡华，我国古代的金银分离术与黄金鉴定，化学通报，1984，（2）]

△ 刘昉（南宋）、王历（南宋）、王湜（南宋）共同编纂的大型儿科专著——《幼幼新书》问世。全书 40 卷，收载宋以前 140 余种医籍中有关儿科的理论和方剂，阐述小儿生理病理特点及诊法，介绍新生儿护养方法、常见疾病防治及小儿内科杂病、外科、五官科近500 种病证的病因、证治。（廖育群主编，中国古代科学技术史纲·医学卷，辽宁教育出版社，1996 年，第 33 页）

**1151 年　辛未　南宋高宗绍兴二十一年　金海陵王天德三年　夏仁宗天盛三年**

△ 二月乙卯，诏诸州置惠民局，官给医书。（《宋史·高宗本纪》）

△ 完颜亮（金）始营燕都（北京），遣画工写汴京宫室制度，张浩（金）按图修之。筑城土，人置一筐，左右手排立定，逐至燕传递，空筐出，实筐入，人止土一畚，3 年完工。（宋·宇文懋昭：《大金国志》卷十三）

△ 浙江兰溪南宋（1151～1176）墓出土的一条长约 2.51 米，宽约 1.16 米，经纬条干一致，两面拉毛均匀，细密厚暖的纯棉毯，说明当时江南地区已出现棉纺织业。[汪济英，兰溪南宋墓出土的棉毯及其他，文物，1975，（6）]

△ 是年至 1153 年，建造的金中都南垣水关遗址 1991 年在菜户营和祖家坟的凉水河北岸被发现。平面呈"】【"形，南北长 43.4 米、东西宽 7.8 米、北端入水口宽 11.4 米、南端出水口宽 12.8 米。整体建筑为木石结构，最下层基础密置木桩，上铺用木"银锭锁"相接的衬石枋木，再上面铺一层用铁"银锭锁"连接的石板。进出水口、泊岸两侧均埋有木桩。（文物出版社编辑，新中国考古五十年，文物出版社，1999 年，第 18 页）

**1152 年　壬申　南宋高宗绍兴二十二年　金海陵王天德四年　夏仁宗天盛四年**

△ 南宋太史局制成浑仪二座，其尺度约为皇祐浑仪的 2/3。这是南宋立国 25 年后，在太史局才有可供观测之用的浑仪。（《宋史·律历志十五》）

△ 太守赵令衿（南宋）建成安海桥。绍兴八年（1138）僧祖派（南宋）在福建泉州晋江安阳镇始建安海桥，越 14 载未竟。绍兴二十一年，赵令衿继造，历时 1 年始成。桥跨安

海湾至南安县水头镇，全长五里，故又称五里桥，是中国古代最长的石梁墩桥。现存长2070米，桥墩331座。（唐寰澄，中国科学技术史·桥梁卷，科学出版社，2000年，第91～93页）

## 1153年　癸酉　南宋高宗绍兴二十三年　金海陵王天德五年　贞元元年　夏仁宗天盛五年

△ 长江上游忠县的一处水位石刻题记有"六月十七日，水此"。这是现存最早的长江洪水位题记。（中国科学院自然科学史研究所地学史组，中国古代地理学史，科学出版社，1984年，第150页）

△ 阎明广（金）得何若愚（金）所作《指微针赋》，遂采摭群经，续为《子午经络井荥图歌诀》（后世称之《子午流注针经》）。此书是子午流针法的代表作。（廖育群，中国古代科学技术史纲·医学卷，辽宁教育出版社，1996年，第232页）

△ 十二月十七日，"以监本药方颁诸路"，即由国子监刊之《太平惠民和剂局方》。（南宋·王应麟：《玉海》）

## 1155年　乙亥　南宋高宗绍兴二十五年　金海陵王贞元三年　夏仁宗天盛七年

△ 是年前后，杨甲（南宋）撰《六经图》中所附的《十五图风地理之图》是中国现存最早的印刷地图。（唐锡仁等，中国科学技术·地学卷，科学出版社，2000年，第351页）

## 1155～1234年　金代

△ 河北青龙县金代遗址中1975年出土了一具青铜蒸馏器。据研究，这是一件实用有效的小型蒸馏器，既可蒸取花露水，也可蒸取酒的馏出物。表明医药家已积累了较丰富的蒸馏技术，为中国蒸馏酒的技术发展做了准备。[承德市避暑山庄，金代蒸馏器考略，考古，1980，（5）：466]

## 1158年　戊寅　南宋高宗绍兴二十八年　金海陵王正隆三年　夏仁宗天盛十年

△ 僧玄真（金）在今山西浑源始建圆觉寺，明成化五年（1469）、万历四年（1576）和清咸丰九年（1859）先后修葺。其寺中心建筑为一座密檐式砖塔。其塔刹顶有只造型精美、至今完好无损的铁制候风乌，遇风则动，乌嘴指向便是风向。[顺治《大同府志》；王其享，浑源圆寺塔及古代候风乌实物，文物，1987，（11）：63]

## 1159年　己卯　南宋高宗绍兴二十九年　金海陵王正隆四年　夏仁宗天盛十一年

△ 宋命医官王继先（南宋）校定《政和本草》，改名《绍兴校定经史证类备急本草》，简称《绍兴本草》。书中对诸药功效进行了较为直率地评论。（廖育群等，中国科学技术史·医学卷，科学出版社，1998年，第340页）

## 1161年　辛巳　南宋高宗绍兴三十一年　金海陵王正隆六年　世宗大定元年　夏仁宗天盛十三年

△ 郑樵（南宋，1104～1162）所著《通志》中的《地理略》和《都邑略》是宋代沿革地理的重要著述。前者考证了历代的疆域变革；后者叙述历代的都邑变迁。（鞠继武，中国

地理学发展史，江苏教育出版社，1987年，第134页）

△ 郑樵（南宋，1104～1162）撰《通志·昆虫草木略》记载植物300余种、动物130种，并试图构建"鸟兽草木之学"。书中对于动植物的描述和名称解释有较高的学术价值，并提出考察著录动植物的一些原则。对后世有一定的影响。[罗桂环，宋代的"鸟兽草木之学"，自然科学史研究，2001，19（2）：154～156]

△ 是年前，刘一止（南宋，1078～1161）撰《苕溪集》卷三最早记载了风力翻车。

△ 李宝（南宋绍兴年间名将）率领水军在陈家岛附近水域，用火箭、火砲（即火毬）焚烧金军战船，全歼金军。这是初级火器用于水战的最早战例。（《宋史·李宝传》）

△ 虞允文（南宋，1110～1174）率以"海鳅"为名的车轮战舰队，在长江采石之战中，创下以1.8万人胜40万金兵的辉煌战例。（《宋史·虞允文传》）

## 1163年　癸未　南宋孝宗隆兴元年　金世宗大定三年　夏仁宗天盛十五年

△ 约于是年，刘孝荣（南宋）所制《乾道历》替代《统元历》颁行于宋，《乾道历》依《纪元历》略作修订而成。在此之前的3年间，朝野对是否颁用此历法发生了激烈的争论，而在颁行之后，仍论争与检验不止，使《乾道历》一直处于"权用"的状态。（《宋史·律历志十五》）

△ 吴悞（南宋）所撰《丹房须知》虽然在炼丹理论和丹法上缺乏新意，但绘制了精美的炼制铅汞还丹的未既炉、既济炉、抽汞器以及龙虎丹台，非常珍贵。（赵匡华等，中国科学技术史·化学卷，科学出版社，1998年，第290页）

## 1164年　甲申　南宋孝宗隆兴二年　金世宗大定四年　夏仁宗天盛十六年

△ 宋规定"自给公凭日为始，若在五月内回舶，与优饶抽税；如满一年之内，不在饶税之限；一年以上，许从本司根究，责罚施"。这一政策为南宋王朝增加税收，加速船舶周转，促成了海商与航商分离经营的格局。（《宋会要辑稿·职官》；《宋会要辑稿·食货》）

## 1165年　乙酉　南宋孝宗乾道元年　金世宗大定五年　夏仁宗天盛十七年

△ 东轩居士（宋）将家藏痈疽方论22篇，集为《卫济宝书》1卷。此书于药物修制、针灸宜忌等记述甚详，且附外科图说，对后世外科发展有一定的影响。书中还首次用"癌"为病名，对瘤肿的形状和特征的描述也较准确。（廖育群，中国古代科学技术史纲·医学卷，辽宁教育出版社，1996年，第39页）

△《卫济宝书》首次记载以吸乳法防治乳腺炎，即后世所说的"投水法"。此法直到清代才普及。[黄健等，中国古代的物理疗法，中国科技史料，1996，17（2）：6]

## 1166年　丙戌　南宋孝宗乾道二年　金世宗大定六年　夏仁宗天盛十八年

△ 约于是年，河北省张家口市宣化区一辽代墓葬后室穹顶部的正中央，绘有彩色星图，内有二十八宿、北斗七星的图像，又有日、月、五星、罗睺与计都的图像，还有黄道12宫的图像。该星图是至今仅见的中国传统的二十八宿同经由印度传入的黄道12宫——对应的图像，是一中西合璧的星图。[夏鼐，从宣化辽墓的星图论二十八宿和黄道十二宫，考古学报，1976，（2）]

△ 罢废两浙路市舶司，其原辖的五处市舶务改由两路转运司兼管。而广东、福建两路的市舶司直到宋末未予变动。自此，海外贸易以泉州、广州为主。（王杰，中国古代对外航海贸易管理史，大连海事大学出版社，1994 年，第 101 页）

**1168 年　戊子　南宋孝宗乾道四年　金世宗大定八年　夏仁宗天盛二十年**

△ 四月丙午，金诏禁杀牛马。（《金史·世宗纪》）

**1169 年　己丑　南宋孝宗乾道五年　金世宗大定九年　夏仁宗天盛二十一年**

△ 宋孝宗诏令在民间"搜访能历之人补治新历"，自此到 1248 年，所下同类诏书不少于 5 次。这既使太史局不时补充确有才干的天文历法人才，也激发了民间研究天文历法的热情。（《宋史·律历志十五》）

△ 周淙（南宋）撰《乾道临安志》15 卷（今存 3 卷），为南宋《淳佑临安志》和《咸淳临安志》所本。三者均为临安（今杭州市）的早期方志。（《南宋临安两志》，浙江人民出版社，1983 年）

△ 开荒田农具——鏊刀见于记载。（《宋会要辑稿·食货三·营田》）

△ 十月，金诏今后宗庙之祭，以鹿代牛。（《金史·世宗纪》）

△ 三月丁卯，金以尚书省定网捆走兽法。（《金史·世宗纪》）

**1170 年　庚寅　南宋孝宗乾道六年　金世宗大定十年　夏仁宗乾祐元年**

△ 陆游（南宋，1125～1210）自浙江山阴（今绍兴市）赴蜀东夔州（今奉节县）历时 5 个月，途中撰《入蜀记》6 卷，于沿途山川风物记述生动细致，是现存较早对长江干流进行写实性描述的佳作。［周宏伟，南宋两种长江游记的自然地理学价值，自然科学史研究，1990（3），第 275～282 页］

△ 洪遵（宋，1120～1174）刊《洪氏集验方》，首次记述同种异体骨移植术。

△ 在今辽宁省凌源市南天盛号村东渗津河修建一座单跨石拱桥——渗津桥，又称天盛号桥。桥净跨 2.9 米，矢高 2.5 米，桥下有净跨 2.9 米、矢高 0.9 米的倒拱，可能是此类倒拱的最早实例。（唐寰澄，中国科学技术史·桥梁卷，科学出版社，2000 年，第 315 页）

△ 在广东潮州东韩江上始建广济桥（又称湘子桥）。因江心水深流急，无法筑墩架梁，故用浮桥与东西两段桥梁连接。后屡圮屡修。桥长 518 米，分东段、西段、浮桥三部分。东西段是石桥，中间以船连成浮桥，长达 97 米。在大船通过时，把浮桥断开。这是固定桥与浮桥结合最早之例，也是世界上第一座开关活动式大石桥。［金秋鹏，潮州湘子桥，中国科技史料，1999，20（2）：176～178］

**1171 年　辛卯　南宋孝宗乾道七年　金世宗大定十一年　夏仁宗乾祐二年**

△ 十二月，开凿金口河，翌年三月完成。引卢沟水经中都（北京）北，东至通州入潞河。因坡陡、水浑，只运用了 10 余年。（《金史·河渠志》）

**1172 年　壬辰　南宋孝宗乾道八年　金世宗大定十二年　夏仁宗乾祐三年**

△ 至 1189 年间，蔡元定（南宋，1135～1198）在其《律吕新书》上记述了他发明的十

八律。这是在一个完整的八度内按汉代京房法取前十八律，比十二律多的六个律称为变律，而变律不为宫，因而比较完满地解决了三分损益十二律的旋宫问题。（戴念祖，中国声学史，河北教育出版社，1994 年，第 244～248 页）

△"梯田"之名见于文献记载。（南宋·范成大：《骖鸾录》）

## 1174～1194 年　南宋孝宗淳熙至光宗绍熙年间

△ 约此时，陆游（南宋，1125～1210）撰《老学庵笔记》成书。书中记载宋代人开始以矿物蜡制烛。此时，各种蜡烛（蜜蜡烛、虫蜡烛、柏油烛、牛脂烛）的制造工艺已达到极高水平，烧制蜡烛时加入香料而成香蜡烛，烛干上粘填各种蜡花而成花蜡烛。中国的蜡烛在此时传入西方。

△《老学庵笔记》卷一记载明州有人工养殖江珧（海洋贝类动物）。

## 1174 年　甲午　南宋孝宗淳熙元年　金世宗大定十四年　夏仁宗乾祐五年

△ 是年至 1189 年间，颁行我国历史上第二道治蝗法规——《淳熙敕》，其中规定：对发生蝗虫而不报、报而官不受理、受理而不亲临扑除、扑除未尽而谎称扑尽、蝗虫产卵而不募人掘除、掘除不尽等，分别给予严厉惩罚。（南宋·董煟：《救荒活民书·拾遗》）

△ 罗愿（南宋，1136～1184）编纂《尔雅翼》32 卷，"其书考据精博而体例谨严"（《四库全书总目》）。书中在对 400 多种动植物的形态、习性和行为等方面，做了相当有价值的记述。书中还记载了家禽人工孵化技术。[罗桂环，宋代的"鸟兽草木之学"，自然科学史研究，2001，19（2）：158～159]

△ 陈言（南宋，1131～1184）撰《三因极一病证方论》15 卷。书中提出了"三因致病说"，即把复杂的病因分为 3 类：七情为内因；六淫为外因；饮食饥饱、呼叫伤气、虎狼虫毒、金疮压溺等为不内外因。此说对后世病因学说有深远影响。书中提出以浮、沉、迟、数 4 脉为纲，对此后西原脉学的形成有重大影响。（傅维康主编，中药学史，巴蜀书社，1993 年，第 186 页）

## 1175 年　乙未　南宋孝宗淳熙二年　金世宗大定十五年　夏仁宗乾祐六年

△ 范成大（南宋，1126～1193）著《桂海虞衡志》3 卷（今存 1 卷）记述以桂林为中心的广西地区的地理、气候、风俗、矿物、民族等。其中"志岩洞"篇对各种洞穴地貌记载尤详。[杨文衡，范成大的地理学成就，自然科学史研究，1988，（2）：1197～1198]

△《桂海虞衡志》记述了我国广西一带的 140 多种动植物。所记动植物为作者亲见，其中不少属首次记载，且描述较为详细和准确。[罗桂环，宋代的"鸟兽草木之学"，自然科学史研究，2001，19（2）：157]

## 1176 年　丙申　南宋孝宗淳熙三年　金世宗大定十六年　夏仁宗乾祐七年

△ 曾敏行（南宋）在《独醒杂志》卷 4 中指出石燕（即海洋中腕足类动物壳化石）曾一度生活于海中。（唐锡仁等，中国科学技术史·地学卷，科学出版社，第 384 页）

**1177 年　丁酉　南宋孝宗淳熙四年　金世宗大定十七年　夏仁宗乾祐八年**

△ 颁行刘孝荣所制《淳熙历》于宋，以替代《乾道历》，使用至绍熙元年（1190）。该历法是对《乾道历》进行修订而成，其中若干修订是相当成功的，如所取土星会合周期值和现代理论值密合。[《宋史·律历志十五》；李东生，论我国古代五星会合周期和恒星周期的测定，自然科学史研究，1987，（3）]

△ 范成大（南宋，1126～1193）自成都回故乡苏州，历时 5 个月，撰《吴船录》2 卷，生动记述沿途的山川风物。书中首次以亲身感受说明高山上气温的垂直变化；生动描述了"峨嵋佛光"现象形成的条件以及与当时天气变化的关系。这是世界上对峨嵋佛光最早、最精彩的介绍。[杨文衡，范成大的地理成就，自然科学史研究，1988（3），194～195；王锦光、洪震寰，中国光学史，湖南教育出版社，1986，第 130～131 页]

△ 据《吴郡志·杂志》记载太湖地区成为全国著名的粮仓，时有"苏湖熟，天下足"之誉。

△《吴郡志·土物上》记载使用冰镇海鱼保鲜。

△《吴郡志·风俗》记载了炒米花，时称"孛娄"。

△ 金在北方边境地带大规模兴筑军事防御工程——界壕。在天眷元年（1138）以前，金就在东北路泰州境内兴建界壕，在大定二十一年（1181）、明昌三年至承安三年（1198）又先后挖掘新的界壕。界壕俗称"成吉思汗边墙"，主要分布在今内蒙古自治区内，大部为东北走向，横跨约 2500 公里（一说 3000 公里），实际总长度约 700 余公里。（《金史·地理志》；王国维：《观堂集林》卷 15《金界壕考》）

**1178 年　戊戌　南宋孝宗淳熙五年　金世宗大定十八年　夏仁宗乾祐九年**

△ 周去非（南宋，1135～1178）著《岭外代答》，记述了岭南（今两广）及海外一些国家山川、物产等。书中将桂林岩溶地貌分成"岩"、"洞"和"峰"3 个类型。（鞠继武，中国地理学发展史，江苏教育出版社，1987 年，第 144 页）

△《岭外代答》记载了"阉鸡"一词和斗鸡饲养技术。

△《岭外代答》记述了不少广西动植物，有些种类是《桂海虞衡志》所没有记述的，如珍贵的紫荆木和乌榇木等。

△《岭外代答·风土门》较为详细地记载踏犁的具体结构和使用方法。

△ 诗人陆游（南宋，1125～1209）撰《天彭牡丹谱》1 卷。全书 3 篇，首为颜色品评；次"花释名"有欧阳修所未记的品种数十个；最后"风俗记"杂述蜀中关于牡丹的典故。[徐式文，蜀地牡丹考——兼评《天彭牡丹谱》，农业考古，1993，（3）：233－237]

△ 韩彦直（南宋，1148 年中进士）撰《橘录》问世。全书三卷，分柑、橘、橙三类，记述了柑橘品种（包括橙）27 个，兼及种植、防病治病、管理、采收、入药等，是我国最早的柑橘专著。（王毓瑚，中国农学书录，农业出版社，1964 年，第 93 页）

△《橘录》记载了柑橘储藏采用带枝掩埋法；发现苔藓植物对果木的危害，并采用刮去苔藓，删斫过于繁茂而不能结实的枝条以通透日光和风的方法防治，并促进新枝生发。（梁家勉：《橘录》——最早的橘学著作，浙江日报，1961-4-5：3）

△《岭外代答》记载了广西地区"以铁为上下釜"炼丹砂为水银的设备及方法。（中国

大百科全书·矿冶卷，中国大百科全书出版社，1984 年，第 589 页）

△《岭外代答》记载，广西人制取野蚕丝的方法是：以醋浸或熏野蚕，然后剖开蚕腹就醋中取出其丝。这种方法为现代人造纤维的发明提供了依据。

△ 据《岭外代答》和赵汝适（南宋）《诸蕃志》上卷记载：南宋时期，西方航路是从泉州或广州两港始发，超过唐代"通海夷道"的活动范围。

**1179 年　己亥　南宋孝宗淳熙六年　金世宗大定十九年　夏仁宗乾祐十年**

△ 辽在中都（今北京）今北海所在地大兴土木，以琼花岛为中心，建造许多精美的离宫别苑，先名大宁宫，后更名万宁宫。经历代扩建，成为"三海"（北海、中海、南海），是中国现存历史悠久、规模宏大、布置精美的宫苑之一。（中国大百科全书·建筑、园林、城市规划，中国大百科全书出版社，1992 年）

△ 位于今江苏苏州的玄妙观三清殿始建，为江南现存最大的古代木结构建筑之一。它既是宋代官式建筑的代表，又表现出地方性的建筑特点，是研究宋代南北差异的重要例证。三清殿木构建筑中有现存最早用于大木作中的上昂实例。（中国大百科全书·建筑、园林、城市规划，中国大百科全书出版社，1992 年）

△ 赵智凤（南宋）大足石窟宝顶山摩崖像始建，历时 70 余年至淳祐末始成。现存巨型雕刻 30 余幅，为中国现存规模最大、价值最高的宋代摩崖造像。

**1180 年　庚子　南宋孝宗淳熙七年　金世宗大定二十年　夏仁宗乾祐十一年**

△ 约于是年，朱熹（南宋，1130～1200）认为："天地初间，只是阴阳二气，这个气运行，磨来磨去，磨得急了，便拶得许多渣滓，里面无出处，便结个地在中央。气之清轻者便为天、为日、为星辰，只在外常周运转。地便在中央不动，不是在下。"这既是中国古代最精彩的天地生成说，可视为近代康德-拉普拉斯星云说的滥觞，又是对张衡浑天说的突破性改造。（清·李光地：《朱子全书·理气一·天地》）

△ 约于是年，朱熹（南宋）十分推崇张载的左旋说，又认为天"只是旋风"，"旋有九重耳"，"里面重数较软，至外面则渐硬，想到第九重，只是硬壳相似，那里转得又念急矣"。这里已涉及天体是分层次分布的思想，大约第九重为近似于硬壳的天，第八重为恒星，以下依此是土星、木星、火星、太阳、金星和水星、月亮。（清·李光地：《朱子全书·理气一·天地》）

△ 约于是年，朱熹（南宋）认为："水之渣脚便成地。今登高而望，群山皆波浪之状，便是水泛如此。只不知因甚么时凝了，初间极软，后来方凝得硬。"此中，关于大地有一个从软变硬的演化过程的推想，有一定的科学价值。（清·李光地，《朱子全书·理气一·天地》）

△ 正月初一至次年七月二十八日，吕祖谦（南宋，1137～1181）在浙江金华观测物候，并记录于《庚子·辛丑日记》，其中包括腊梅、桃等 24 种植物开花结果的时间以及春禽、秋出初鸣的时间。这是世界上最早物候观测记录。（竺可桢文集，科学出版社，1979 年，第 500 页）

△ 程大昌（南宋，1123～1195）在《演繁露》卷九中描写了雨露分光现象：草叶末露珠在日光照耀下"五色具足，闪烁不定，是乃日之光品著色于水，而非雨露有此五色也"。

△ 程大昌（南宋）《演繁露》记载了食盐的外形及生长过程："盐已成卤水，暴烈日中，

即成方印，洁白可爱，初小渐大，或数十印累累相连。"（王锦光、洪震寰，中国古代物理学史略，河北科学技术出版社，1990 年，第 32～33 页）

△ 程大昌（南宋）《演繁露》中有稻苞虫为害的记载，时称"横虫"。

## 1181 年　辛丑　南宋孝宗淳熙八年　金世宗大定二十一年　夏仁宗乾祐十二年

△ 赵知微（金）制成《重修大明历》，耶律履（金）制成《乙未历》，要求与杨级《大明历》比试疏密，经对当年发生的一次月食的检验，证明赵知微历为亲近，遂于次年以《重修大明历》替代《大明历》颁行于金，行至金亡。《重修大明历》亦系在《纪元历》基础上略作改进而成。（《金史·历志上》）

△ 泉州州学刻印程大昌（南宋，1123～1195）完成于淳熙四年（1177）的《禹贡山川地理图》。它共有图 30 幅，文字叙说在前，地图缀后，原图本系彩色，刻印本改为单色。有人认为这是世界现存有确切年代的第一部印刷地图册。（唐锡仁等，中国科学技术·地学卷科学出版社，2000 年，第 352 页）

## 1182 年　壬寅　南宋孝宗淳熙九年　金世宗大定二十二年　夏仁宗乾祐十三年

△ 凉薯传入三山（今福建），时称"新罗葛"。（宋·梁克家：《三山志·物产》）

△ 刘完素（金，约 1120～1200）将多年研究《素问》之心得撰成《素问玄机原病式》一卷。书中将《素问》"病机十九条"所概括的 30 多种病症扩展到 90 多种，而所增补的内容以属火、属热最多，确立其"火热论"的医学体系。（廖育群，中国古代科学技术史纲·医学卷，辽宁教育出版社，1996 年，第 102～104 页）

## 1183 年　癸卯　南宋孝宗淳熙十年　金世宗大定二十三年　夏仁宗乾祐十四年

△ 宋铸工陈和卿（南宋）等 7 人应邀赴日本改铸东大寺佛。该佛像高 52 尺，所用铸炉高 1 丈多。

## 1184 年　甲辰　南宋孝宗淳熙十一年　金世宗大定二十四年　夏仁宗乾祐十五年

△ 朱端章（南宋）撰《卫生家宝产科备要》8 卷。此书内容广泛，既收录了前人经验又有朱氏个人经验方，并且有民间单验方，堪称产科之荟萃。（廖育群，中国古代科学技术史纲·医学卷，辽宁教育出版社，1996 年，第 26～27 页）

## 1186 年丙午　南宋孝宗淳熙十三年　金世宗大定二十六年　夏仁宗乾祐十七年

△ 杨忠辅（南宋）、皇甫继明（南宋）二家献上新历，要求与《淳熙历》比试优劣。经对当年发生的一次月食亏食时刻的检验，杨忠辅历与皇甫继明历分别差约 1.5 与 1 小时，而《淳熙历》仅差约 0.5 小时。由是，继续颁用《淳熙历》。（《宋史·律历志十五》）

△ 赵汝砺（南宋）作《北苑别录》一卷，书中的井焙、采茶、拣茶、蒸茶、榨茶、研茶、造茶、过黄等节，详细讲述了茶叶的加工技术。书中已记载有茶、桐间作以及茶园管理的"开畬"技术。（王毓瑚，中国农学书录，农业出版社，1964 年，第 82～83 页）

△ 约是年，范成大（南宋，1126～1193）编撰的《范村梅谱》一卷，是我国第一本梅花的专著，记有范氏私园中所种梅花 10 多个品种。书中还记述了腊梅 3 个品种。同年，范

氏还撰有《范村菊谱》一卷，记菊花 35 种，并主张为团植为贵。（王毓瑚，中国农学书录，农业出版社，1964 年，第 95 页）

## 1190 年　庚戌　南宋光宗绍熙元年　金章宗明昌元年　夏仁宗乾祐二十一年

△ 约于是年，黄裳（南宋，1147～1195）绘成一幅《天文图》——圆图式全天星图，以北极为中心，画有内规、赤道、外规 3 个同心圆和与之正交的二十八宿辐射线，另有与赤道大约交成 24 度的偏心圆表示黄道，在此框架内绘出 283 星官 1465 星，系依据元丰年间（1084）恒星测量的成果点绘而成，还绘出银河的轮廓线，在外规之外另有窄环圈，分别标明二十八宿度、12 辰、12 次及相应的州国分野等，是一幅极坐标式的科学星图。是为苏州石刻天文图的底本。（中国天文学史整理研究小组，中国天文学史，科学出版社，1981 年，第 68～69 页）

△ 至 1191 年，黄裳（南宋，1147～1195）绘制《地理图》，1247 年王致远（南宋）立石。图中对山脉、森林、道路的表示有独到之处。（《宋史·黄裳传》）

△ 约于是年，黄裳（南宋）制作木质浮雕立体地形模型图。（《朱文公集·答李季章书》）

## 1191 年　辛亥　南宋光宗绍熙二年　金章宗明昌二年　夏仁宗乾祐二十二年

△ 颁用刘孝荣（南宋）所制《会元历》于宋，以替代《淳熙历》，使用至庆元四年（1198）。该历法是在作较多实测的基础上对《淳熙历》进行修订而成的。其所取近点月长度、日躔表、冬至点位置等，皆为历代最佳或最佳之一者。（《宋史·律历志十五》；陈美东，古历新探，辽宁教育出版社，1995 年，第 88、242、316 页）

△ 王硕（南宋）著《易简方》刊行。全书一卷，取方仅 30 道，列常用药 30 种及市售丸药 10 种，特为救急或医药不便之地而设，一时流传甚广。（廖育群主编，中国古代科学技术史纲·医学卷，辽宁教育出版社，1996 年，第 180 页）

△ 宋令守令到任半年后，报告当地水利情况，任满日，上兴修水利图。（《宋史·河渠志》）

## 1192 年　壬子　南宋光宗绍熙三年　金章宗明昌三年　夏仁宗乾祐二十三年

△ 三月，在北京宛平城外、跨永定河之上建成卢沟桥。始建于金大定二十九年（1189），历时 3 年。据元画《卢沟运筏图》记载，桥为十一孔半圆形石，桥墩有分水尖，桥上栏杆望柱头都有石狮。明、清两代均曾重修，现存桥长 266 米。此桥是南宋、金始建且现存中最著名的厚墩厚拱半圆联拱石拱桥。（《金史·河渠志》；唐寰澄，中国科学技术史·桥梁卷，科学出版社，2000 年，第 373～379 页）

## 1193 年　癸丑　南宋光宗绍熙四年　金章宗明昌四年　夏仁宗乾祐二十四年

△ 约于是年，南宋太史局又制成浑仪一座，使太史局可资使用的浑仪数量达到 3 座。（清·徐松：《宋会要辑稿·运历》）

△ 是年前，范成大（南宋）撰写《太湖石志》，记述太湖石的成因、外形、质地、颜色、用途和产地等，是第一部有关太湖石的专著。[杨文衡，范成大的地理成就，自然科学史研究，1988（2），198]

中国科学技术史·年表卷

**1194 年 甲寅 南宋光宗绍熙五年 金章宗明昌五年 夏桓宗天庆元年**

△ 太湖地区设立"吴江水则碑"，其左水碑为观测记录各年的特殊水位变化，右水碑则为观测年内各旬各月的水位变化。(清·黄象曦：《吴江水考增辑》卷二)

**1195～1200 年 南宋宁宗庆元年间**

△ 在今福建长汀县东门外修建水东桥，又名济川桥。这座双孔半圆石拱桥，全长 40.4 米，每孔净跨 17 米，拱券纵联砌筑，拱墙顺砌，中墩厚实。(唐寰澄，中国科学技术史·桥梁卷，科学出版社，2000 年，第 327 页)

**1195～1124 年 南宋宁宗时**

△ 齐仲甫（南宋）为翰林医官、步军司医官兼太医局教授，分管女科，且有《女科百问》等著作。(廖育群等，中国科学技术史·医学卷，科学出版社，1998 年，第 331 页)

**1195 年 乙卯 南宋宁宗庆元元年 金章宗明昌六年 夏桓宗天庆二年**

△ 九月埋藏的程大雅（南宋）墓棺柩四周充填着松香，棺底整齐排列 4 条松香结晶块。经研究，松香纯度尚佳，透明光亮，可见中国在宋代松香生产的技术已较高。又以松香作为棺椁的防腐干燥剂亦较少见。[徐炎章，关于浙江松阳出土墓葬松香的调查及探讨，中国科技史料，1998，19 (2)：68～72]

**1196 年 丙辰 南宋宁宗庆元二年 金章宗明昌七年 承安元年 夏桓宗天庆三年**

△ 约于是年，杨忠辅在献上《统天历》的同时还献上《八历冬至考》、《考古今交食细草》、《临安午中晷景常数》等 10 余种论著，是其多年研究历法和进行实测的总结。可惜这些论著均已失传。(《宋史·律历志十七》)

△ 约于是年，张行简（金）制成莲花漏与"星丸漏"，后者实即一种辊弹漏刻。(《金史·张行简传》)

**1197 年 丁巳 南宋宁宗庆元三年 金章宗承安二年 夏桓宗天庆四年**

△ 吴仁杰（南宋）撰《离骚草木疏》，对战国时期楚国诗人所作《离骚》一诗提到的 44 种芳草嘉木做了注疏。[周建忠，宋代楚辞要籍题解，古籍整理研究学刊，2002，(6)]

**1198 年 戊午 南宋宁宗庆元四年 金章宗承安三年 夏桓宗天庆五年**

△ 是年前，两件反应堪舆家的"张仙人瓷俑"在江西临川南宋邵武知军朱济南（南宋，？～1197）墓中出土。瓷俑右手持一枢轴式旱罗盘，盘面圆形，方向刻度甚清楚。这一事实充分证明，旱罗盘也是中国人发明的，而且有可能早于水罗盘问世。[陆定荣等，江西临川县宋墓，考古，1988，(4)]

**1199 年 己未 南宋宁宗庆元五年 金章宗承安四年 夏桓宗天庆六年**

△ 以杨忠辅所制《统天历》，替代《会元历》颁行于宋，使用至开禧三年（1207）。该

历法采用多历元法，实际上是以实测为基础，给出气、朔、月亮过近地点和黄白交点的时间、冬至时太阳所在宿度以及五星平合和五星过近日点的时间等同某一特定点的改正值。并测算得回归年长度为 365.2425 日，是前所未有的佳值，还提出回归年长度古大今小的概念以及具体的计算方法。其所取其他一些天文数据亦有所进步。是南宋最富创新意义的一部历法。（《宋史·律历志十七》）

## 12～13 世纪

△ 天元术产生之前，出现了李文一的《照胆》、石信道的《钤经》、刘汝谐的《如积释锁》、元裕的《如积释锁细草》等数学著作，除《钤经》的个别题目保存在李冶的《测圆海镜》中外，全部亡佚。（元·祖颐："松庭先生四元玉鉴后序"，《白芙堂算学丛书·四元玉鉴》）

△ 宋、金、元时期，人们开展了数学的专题研究，成绩最为突出的是对勾股容圆的研究，在《九章算术》勾股容圆术基础上，研究了圆与勾股形的 9 种不同的关系，给出了以勾、股、弦表示的圆径公式，称为"洞渊九容"。（郭书春，中国古代数学，商务印书馆，1997 年，第 73～75 页）

## 13 世纪

△ 中国古代没有笔算，筹算中以空位表示零。宋元算书中多加详草，借用筹式数码和一个表示零的符号"○"表示数字。"○"是中国人的创造。原来古人书写中有用（空格的）方格"□"表示脱文的习惯，逐渐演变成以顺时针画的圆圈"○"，便被借来表示数字零。《金史》大明历中有"四百○三"等数字。13 世纪 40 年代被分裂在中国南北的秦九韶、李冶使用了大体一致的数码，都使用了"○"。（郭书春，中国古代数学，商务印书馆，1997 年，第 32～33 页）

△ 赵希鹄（南宋，生活于约 13 世纪）《洞天清录集·古琴辨》首次记述了用同一木质的阴面和阳面分别作琴，会产生完全相反的音响效果；详细叙述了琴材与其发声的关系。（戴念祖，中国声学史，河北教育出版社，1994 年，第 120～121 页）

△ 赵希鹄（南宋）《洞天清录集》是目前已知最早记述失腊铸造工艺的文献。（谭德睿，灿烂的中国古代失腊铸造，上海科学技术文献出版社，1989 年）

△ 培育豆芽作蔬菜，制作方法见于记载。（南宋·林洪：《山家清供·鹅黄豆生》）

## 1200 年　庚申　南宋宁宗庆元六年　金章宗承安五年　夏桓宗天庆七年

△ 寻求到北宋秘书省刻本《九章算术》，嘉定五年（1212），又找到抄本《数术记遗》，嘉定六年（1213）又得到《周髀算经》等 8 部算经，遂先后刊刻之。其中《周髀算经》、《孙子算经》、《张丘建算经》、《五曹算经》、《数术记遗》和《九章算术》（前五卷）各有孤本流传至今。此为世界上目前所存的最早印刷本数学著作。

△ 是年前，朱熹（南宋，1130～1200）《朱子语类》解释了雨、雾的成因："气蒸而为雨，如饭甑盖之，其气散而不收"。（杨仲耆、申先甲，物理学思想史，湖南教育出版社，1993 年，第 79 页）

△ 约于是年前，"琴律"一词是由南宋朱熹（1130～1200）《琴律说》中最早提出来的。（戴念祖，中国声学史，河北教育出版社，1994 年，第 325～331 页）

　　△ 是年前，朱熹（南宋）在《朱子语类》卷九十四中提出因在山顶发现水下动物化石，而推断此山脉一度是海底。（鞠继武，中国地理学发展史，江苏教育出版社，1987 年，第 142 页）

　　△ 约于是年，陈敬（宋）撰写的《香谱》集沈立（宋）、洪刍（宋）等 11 家之说，汇为一书，内容丰富，是研究宋代及以前香料使用历史的重要文献。

　　△ 是年前，朱熹（南宋）在知南康军（治所在今江西星子）时，撰写向农民宣传发展农业生产的文告——《劝农文》。［王祥堆，读朱熹《劝农文》，农业考古，1995，（1）：109～101］

　　△ 是年左右，我国最早的捕蝗技术手册——《捕蝗法》问世。（南宋·董煨：《救荒活民书·拾遗》）

　　△ 是年前，河间（今属河北）人刘完素（金，约 1120～1200）创立河间学派。这一流派主张外感病的主要病因是"火热"，相应的治疗方法是采用苦寒药。刘完素的弟子主要有马宗素、镏洪、穆子昭、荆山浮图、董系、刘荣甫等。其著作收录于《刘河间医学六书》中。（廖育群等，中国科学技术史·医学卷，科学出版社，1998 年，第 349～350 页）

　　△ 是年前，刘完素（金）撰《医方精要宣明论方》（又称《宣明论方》）3 卷（今本 15 卷）。书中以《内经》和张仲景（东汉）之书为宗，共分 17 论，列 61 证，可与《素问玄机原病式》互相补充。［赵璞珊，中国古代科学家传记（上）·刘完素，科学出版社，1992 年，第 566 页］

　　△ 是年前，刘完素（金）撰《伤寒标本心法类萃》二卷和《伤寒直格》三卷[①]。他修改了《伤寒论》先解表、后清里的治疗原则，发明"双解法"，并创用了众所周知的方剂——"防风通圣散"。（廖育群，中国古代科学技术史纲·医学卷，辽宁教育出版社，1996 年，第 102～104 页）

## 1201 年　辛酉　南宋宁宗嘉泰元年　金章宗泰和元年　夏桓宗天庆八年

　　△ 宋访精通天文历法之士。

　　△ 青、草、鲢、鳙四大家鱼已人工饲养。（嘉泰《会稽志·鱼部》）

　　△ 至 1204 年，《吴兴志·谈志二十·羊》记载湖羊在太湖地区形成。

　　△ 是年前建造的浙江嵊县和尚桥是一座实腹三折边拱桥，清道光、光绪年间曾重修，保留至今。（唐寰澄，中国科学技术史·桥梁卷，科学出版社，2000 年，第 238 页）

　　△ 宋都城临安大火 4 日，都城九毁其七，焚民房 53 000 余家。诏被焚官民营造室屋，一遵制度，务从简朴，不得销金铺翠。

　　△ 甘肃庆阳慈云寺现存女真文铁钟一口，钟铭记为大金太和元年铸，重约 4000 公斤，钟腹铸刻汉文及女真文，纹饰与汉钟不同。（田长浒主编，中国铸造技术史·古代卷，航空工业出版社，1994 年，第 174 页）

---

　　① 有人认为此两书均为后人依托之作。详见：赵璞珊，中国古代科学家传记（上）·刘完素，科学出版社，1992 年，第 567 页。

**1202 年 壬戌 南宋宁宗嘉泰二年 金章宗泰和二年 夏桓宗天庆九年**

△ 是年前，洪迈（南宋，1123～1202）著《夷坚志》记载：西京伊阳县小水镇张虞卿（南宋），得到一个利用二寸厚空气层来保温的古瓶。这是最早的保温瓶。（王锦光、洪震寰，中国古代物理学史略，河北科学技术出版社，1990 年，第 40～41 页）

△ 金朝颁布的《泰和律令》内有《医疾令》。（《续资治通鉴》卷 156）

△ 是年前，洪迈撰《夷坚志》记载：晏肃之妻，因下颌患疽久不愈，致下颏与下鄂脱落。医生为其做骨移植手术。[谭国俊，我国古代的骨移植术，中医药学报，1986，(1)：46～47]

△ 是年前，洪迈《夷坚志》中指出了树木的年轮。

△ 金朝颁布的《泰和律令》中包括《河防令》11 条，内容涉及河防机构、工程和管理等，是目前所能见到的最早河防修守法令。（元·赡思：《河防通议》）

**1203 年 癸亥 南宋宁宗嘉泰三年 金章宗泰和三年 夏桓宗天庆十年**

△ 宋池州秦世辅（南宋）创制出铁壁铧嘴海鹘战舰，长 10 丈，宽 1 丈 8 尺，10 橹，水手 42 人，载士兵 108 人是具有冲击力的新型战舰。（《宋史·宁宗本纪》）

**1206 年 丙寅 南宋宁宗开禧二年 金章宗泰和六年 夏襄宗应天元年 蒙古成吉思汗元年**

△ 赵彦卫（南宋）在《云麓漫钞》卷二记载了建宁府松溪县瑞应银场的银矿的开采冶炼技术。[王菱菱，宋代金银的开采冶炼技术，自然科学史研究，2004，23 (4)：360]

△ 牛衷（元）编《增修埤雅广要》所述动物内容较《埤雅》有所增多。

△ 柳贯（元）编《打枣谱》，是我国最早的一本记述枣的专著，书中计有 73 种枣的名称，及一些枣的用途和典故的记载。（罗桂环、汪子春主编，中国科学技术史·生物学卷，科学出版社，2005 年，第 208 页）

**1207 年 丁卯 南宋宁宗开禧三年 金章宗泰和七年 夏襄宗应天二年 蒙古成吉思汗二年**

△ 鲍澣之（南宋）、刘孝荣（南宋）、王孝礼（南宋）、李孝节和陈伯祥（南宋）5 家献上新历法，要求与《统天历》校验疏密。通过对当年冬至时刻的测验，证明鲍澣之历最密，于是赐名为《开禧历》，并于次年替代《统天历》颁行于宋，使用至淳祐十一年（1251）。《开禧历》采取若干较好的天文数据。（《宋史·律历志十七》）

**1208～1224 年 南宋宁宗嘉定年间**

△ 郡守滕强恕（南宋）主持在袁州（今江西宜春）建造谯楼，其中置有铜壶、夜天池、日天池、平壶、万分壶、水海，以及影表、指南针、更筹、漏箭等，由阴阳生轮值。它是一座具有守时、报时、测时三种功能齐全的、专门从事时间工作的天文台。此为目前发现的第一座由地方政府建立的时间工作天文台。[薄树人等，袁州谯楼研究，自然科学史研究，1995，14 (1)：37～41]

**1208 年　戊辰　南宋宁宗嘉定元年　金章宗泰和八年　夏襄宗应天三年　蒙古成吉思汗三年**

△ 是年前，陆游（南宋，1127～1209）诗《发晚幽兴》中有“染须种齿笑人痴”之语，并自注“近闻有医以补坠齿为业者”。此为有关义齿修复的记载。

△ 许洪（南宋）编纂成制药专著——《和剂指南总论》（又称《药石炮制总论》），记载185种药物的炮制法。（廖育群主编，中国古代科学技术史纲·医学卷，辽宁教育出版社，1996年，第272页）

**1209 年　己巳　南宋宁宗嘉定二年　金卫绍王大安元年　蒙古成吉思汗四年**

△ 至1213年间，洪咨夔（宋，1176～1236）作《大冶赋》，全文共2671字，记载了当时饶州等地金、银、铜的采冶技术，铸钱技术。其中火爆法采矿，金矿的采、选、熔炼、灰吹法炼银，用硫化矿冶炼冰铜和铜等工艺描述是我国最早的文献记述，水法炼铜明确描述浸铜、淋铜两种方法，这些对中国冶金史研究是有重要意义的。[宋·洪咨夔：《平斋文集》第一卷；李延祥，从古代文献看长江中下游地区火法炼铜技术，中国科技史料，1993，(4)：83～90]

**1210～1310 年**

△ 新疆盐湖古墓1970年出土的元代片金织金锦和捻金织金锦，经分析，片金织金锦单经直径为0.15毫米，单纬直径为0.5毫米，经密为每厘米52根，纬密为每厘米48根；捻金织金锦的经密为每厘米65根，纬密为每厘米40根，说明元代用金银丝织造织金锦的技术具有相当高的水平。[王炳华，盐湖古墓，文物，1973，(10)]

**1210 年　庚午　南宋宁宗嘉定三年　金卫绍王大安二年　蒙古成吉思汗五年**

△ 葬于是年的侯马金墓位于今山西侯马，是金代董玘坚傣和董明墓。两墓的形制相同，其中董玘坚傣保存完整，是现已发掘最著名的仿木建筑雕砖金墓。（中国大百科全书·考古学，中国大百科全书出版社，1986年，第200页）

**1212 年　壬申　南宋宁宗嘉定五年　金卫绍王崇庆元年　蒙古成吉思汗七年**

△ 生活垃圾成为重要肥源。（宋·程沁：《洺水集·富阳劝农》）

△ 至1234年，金鱼由野生转向人工驯养。（南宋·吴自牧：《梦粱录·物产·虫鱼之品》；南宋·岳珂：《桯史·金鲫鱼》）

**1213 年　癸酉　南宋宁宗嘉定六年　金卫绍王崇庆二年　至宁元年　蒙古成吉思汗八年**

△ 是年前，楼钥（宋，1137～1213）在《功媿集》卷79《赠种牙陈安上》中有“陈生术妙天下，凡齿之有疾者，易之以新，才一举手，使人终身保编贝之美”之句。这是有关义齿修复的记载。

**1216 年　丙子　南宋宁宗嘉定九年　金宣宗贞祐四年　蒙古成吉思汗十一年**

△ 江东路提举官李道传（南宋）向朝廷奏报宁国府郡仓以特大量器增收税米，引起争

讼。三月，将文思院"铜式"斛斗颁宁国府，令其依样制造文思斛、斗、升各 50 只供官用，另造各三只供民用。(《永乐大典》卷 7512 "仓"字韵引《续宣城志》)

## 1218 年　戊寅　南宋宁宗嘉定十一年　金宣宗兴定二年　蒙古成吉思汗十三年

△ 耶律楚材（金至蒙古汗国，1190~1244）随成吉思汗（蒙古，1162~1227）西征，西出金山（今阿尔泰山），过阴山（今山西西部），至阿里马城，又经亦列（今伊犁河）、诸城、阿谋河（今阿姆河）等地，1224 年东归，行程达五、六万公里。(鞠继武，中国地理学发展史，江苏教育出版社，1987 年，第 148 页)

△ 耶律楚材（金至蒙古汗国）在西域见到风车。(元·耶律楚材：《湛然居士文集》卷六)

△ 耶律楚材（金至蒙古汗国）在西域见到风磨——"西人作磨，风动机轴以磨麦"。(元·耶律楚材：《湛然居士文集·西域河中十咏》)

## 1220 年　庚辰　南宋宁宗嘉定十三年　金宣宗兴定四年　蒙古成吉思汗十五年

△ 耶律楚材（金至蒙古汗国，1190~1244）制成《西征庚午元历》。该历法与《重修大明历》大同小异，最主要的创新是发明"里差法"，系虑及不同地点同寻斯干城（今哈萨克斯坦撒马尔罕）之间地方时的差异而引致的有关改正值的计算法。(《元史·历志》；元·耶律楚材：《湛然居士文集》卷 8)

△ 王介编《履巉岩本草》，书中记述了 206 种地方草药，并配有彩色图谱。这是我国现存最早的彩色插图本草著作。

## 1221 年　辛巳　南宋宁宗嘉定十四年　金宣宗兴定五年　蒙古成吉思汗十六年

△ 正月十八日（2 月 3 日），丘处机（长春真人；金，1148~1227）应成吉思汗之邀西行，率弟子李志常（金，1193~1256）等 18 人从莱州（今山东掖县）启程，经潍阳、青州、长山、邹平、济阳，渡溥沱河，达燕京，经备兴府（今涿鹿）、宣德州，出野狐岭，经抚州（今河北张北）、呼和池、杭爱山、田镇海城，越阿尔泰山，至中亚。兴定六年（1222）四月五日至达塔里寒，觐见成吉思汗。次年请求东归，正大元年（1224）三月回至燕京。[杨文衡，中国古代科学家传记（上）·丘处机，科学出版社，1992 年，第 594~597 页]

△ 宋蒙互遣使通好，赵珙出使燕京，归撰《蒙鞑备录》，为最早记载蒙古情况的历史著作。

△ 据是年到达撒马尔罕的丘处机（金）记载，回纥人不能独立经营当地农业，皆依靠汉人、契丹人和河西人，种植由中原移载过去的粳稻，其纺织、造纸、陶瓷等亦多赖杂处城中的汉人工匠。(金·李志常：《长春真人西游记》)

△ 金军用铁壳火球——铁火砲进攻蕲州城（今湖北蕲春），"其形如匏而口略小，用生铁铸成，厚有二寸"。参与守城的赵与幾（南宋，时任蕲州司理），全家 15 人除本人幸免外，全部死难。这是金军首次使用铁火砲攻破坚城的战例。(宋·赵与幾：《辛巳泣蕲录》)

## 1223 年　癸未　南宋宁宗嘉定十六年　金宣宗元光二年　蒙古成吉思汗十八年

△ 日本加滕四郎等随道元禅师（南宋）到中国浙江和福建学习象山窑及建窑的制瓷术。

加藤在日本被尊为"陶祖"。[张文江，中国古陶瓷对日本的影响，南方文物，1995，（3）]

**1224年　甲申　南宋宁宗嘉定十七年　金哀宗正大元年　蒙古成吉思汗十九年**

△ 张杲（南宋，约 1149~1227）完成《医说》10 卷，记载与历代医家、医书、医术有关的典故、传说等。书中有"若在安，三里莫要干"的防疫法。（廖育群，中国古代科学技术史纲·医学卷，辽宁教育出版社，1996 年，第 290 页）

**1225年　乙酉　南宋理宗宝庆元年　金哀宗正大二年　蒙古成吉思汗二十年**

△ 约是年前后，中国火药、火药武器首先传入伊斯兰教国家，被称为"Baroud"（巴鲁得，即中国雪）。后来又用"Baroud"作为火药的名称，具有火药从中国传来之意。然后再传入欧洲，这个西传过程大约可以分为两个阶段。第一阶段是 1225 年前后，烟火和火药的制造方法由南宋经印度传入伊斯兰教国家。第二阶段是从 1241~1258 年起，各种火器由元朝传入伊斯兰教国家。（冯家昇，火药的发明和西传，上海人民出版社，1978 年，第 74 页）

△ 赵汝适（南宋，1170~1231）完成《诸蕃志》2 卷，记载东自日本、西至北非摩洛哥之间 60 余个国家和地区的风土物产及贸易情况。（马大猷主编，中国文化的基本文献·科技卷，湖北人民出版社，1994 年，第 623 页）

△《诸蕃志·序》记载赵汝适绘有南海诸岛的海图。这是我国见于记载的最早的南海诸岛地图。

△ 至 1264 年间，祝穆（南宋）撰成全国地理总志《方舆胜览》70 卷，记载南宋 17 路各路所属府州军的建置沿革、疆域、关塞、风俗等，尤详于风物，是南宋重要的地理著作。（鞠继武，中国地理学发展史，江苏教育出版社，1987 年，第 132 页）

**1227年　丁亥　南宋理宗宝庆三年　金哀宗正大四年　蒙古成吉思汗二十二年**

△ 王象之（南宋）撰《舆地纪胜》200 卷（今佚 7 卷），以南宋府、州、军、监为纲，分述其沿革、山川、风俗、人物等。它在地理志中开创咏赞地方风土的"诗"和"四六"两门。（靳生禾，中国历史地理文献概论，山西人民出版社，1987 年，第 187~190 页）

**1228年　戊子　南宋理宗绍定元年　金哀宗正大五年　蒙古拖雷监国**

△ 丘处机（金，1148~1227）的弟子李志常（金，1193~1256）在随师父西行时，及时记录沿途见闻及丘处机的言谈诗词，归后进行整理，是年成书，名《长春真人西游记》，其中对内蒙古高原和中亚地理的记述尤详。[杨文衡，中国古代科学家传记（上）·丘处机，科学出版社，1992 年，第 595~597 页]

△ 耶律楚材（金，1190~1244）完成《西游录》，次年刊行。书中记载随成吉思汗大军西征的见闻，为 13 世纪记述天山以北和楚河、锡尔河、阿姆河区域历史地理最早、最重要的书籍之一。[胡铁珠，中国古代科学家传记（上）·耶律楚材，科学出版社，1992 年，第 617 页]

△ 水稻已有早、中、晚之分。（南宋·胡榘、方万里：《四明志》）

△ 大约于是年前后，张从正（张子和；金，约 1156~1228）将治病诸法归纳为汗、下、吐三法，又将三法归纳于一个"攻邪"的理论核心。在治疗精神疾患时，他真正运用了心理

治疗的方法。其著述经人润色加工成《儒门事亲》十五卷。(廖育群主编，中国古代科学技术史纲·医学卷，辽宁教育出版社，1996 年，第 100~101 页)

　　△ 是年至 1250 年，福建泉州开元寺建成双石塔。双塔位于开元寺大殿前东西两侧。东塔始建于咸通年间(公元 860~873)为木塔，至嘉熙二年(1238)改建为砖塔，淳祐十年(1250)建成，称镇国塔。西塔始建于五代梁贞明年间(公元 915~920)，为木塔，称无量塔，绍定元年(1228)改建为石塔，至嘉熙元年(1237)竣工。双塔都是五层楼阁型八角石塔，也是可以登临的同类型石塔中做工最精细的。[林钊，泉州开元寺石塔，文物参考资料，1958，(1)：62~63]

## 1229 年　己丑　南宋理宗绍定二年　金哀宗正大六年　蒙古窝阔台汗元年

　　△ 郡守李寿朋(南宋)重整坊市后，主持绘制《平江图》，图成立石，比例尺约为 1：2000，详细记载平江府城(今苏州市)的街道、寺庙、官署、军事机构、河流、桥梁等内容，是现存最古的苏州城图，也是传世下来最详密的城市地图。图碑原存苏州府文庙，现藏苏州博物馆。(汪前进，南宋碑刻平江图研究，中国古代地图集·战国至元代，文物出版社，1990 年)

　　△ 蒙古始置仓廪，立驿传。

## 1230 年　庚寅　南宋理宗绍定三年　金哀宗正大七年　蒙古窝阔台汗二年

　　△ 胡萝卜之名见于常棠(南宋)撰《澉水志·物产门·菜》。

## 1232 年　壬辰　南宋理宗绍定五年　金哀宗开兴元年　天兴元年　蒙古窝阔台汗四年

　　△ 金忠孝军以 450 人组成飞火枪队，在归德(今河南商丘南)夜袭蒙军兵营，获胜而还。这是最早使用的单兵两用火枪的一次作战。(《金史·蒲察官奴传》)。

　　△ 蒙古军攻金人南京(今河南开封)时，金人守城最得力的武器是"铁火炮"，称名"震天雷"，它是一种装有爆炸性很强的火药的铁罐。(《金史·赤盏合喜传》)

## 1233 年　癸己　南宋理宗绍定六年　金哀宗天兴二年　蒙古窝阔台汗五年

　　△ 赵时庚(南宋)撰《金漳兰谱》记载了 20 多个兰花品种，是我国第一本兰花尤其是建兰的专著。此书主要记述每个兰花品种的形态、习性、栽培及赏兰时间等，其体例和内容对后世同类著作有较大影响。[周肇基，中国古代兰花谱研究，自然科学史研究，1998，17(1)：70]

## 1234~1236 年　南宋理宗端平年间

　　△ 曾三异(南宋)《因话录》记载了时称为"地螺"的罗盘。它是一种将磁针与方位盘联成一体的罗盘。是测量方位的简便工具。(王振铎，司南指南针与罗经盘，科技考古论丛，1989 年)

　　△ 曾三异(南宋)《因话录》描述了声音绕墙的衍射现象。(戴念祖，中国声学史，河北教育出版社，1994 年，第 131 页)

**1235 年　乙未　南宋理宗端平二年　蒙古窝阔台汗七年**

△ 蒙古王命被俘的汉人工匠兴建都城和林（今蒙古哈尔和林），并命依照汉人宫殿仪制建成安宫。（《元史·太祖本纪》）

**1237 年　丁酉　南宋理宗嘉熙元年　蒙古窝阔台汗九年**

△ 陈自明（南宋，约 1190～1270）博采历代前贤有关女科的重要论述，参以作者临证经验及家传三世验方，撰成《妇人大全良方》。全书二十四卷，分调经、众疾、求嗣、胎教、妊娠、坐月、产难、产后等 8 门，是中国现存较早的、内容较系统完整的妇产科专著。[蔡景峰，中国医学妇产科学奠基者陈自明，自然科学史研究，1987，（2）：188～192]

△ 梦说（南宋）主持重修福建漳州东部柳营江上的虎渡桥。"以石为梁，长二百余丈（约 600 米），梁长八丈（约 20 米），厚亦如之"。此为中国古代石梁墩桥中梁最大者，即长达 20 米的厚大石梁。（唐寰澄，中国科学技术史·桥梁卷，科学出版社，2000 年，第 108～110 页）

**1240 年　庚子　南宋理宗嘉熙四年　蒙古窝阔台汗十二年**

△ 是年前，蒙古名匠孙威善制甲，成吉思汗曾试所制精甲，箭不能透。（《元史·方技》）

**1241～1252 年　南宋理宗淳祐年间**

△ 宋都城临安成立 3 支"潜火队"，专职消防救火，为中国最早的专业消防队。南宋后期临安加强防火措施，火患在渐渐减少。从绍定元年（1228）至元军入城，仅 4 次火灾。（参见 1132 年）（宋·温革：《琐碎录》）

**1241 年　辛丑　南宋理宗淳祐元年　蒙古窝阔台汗十三年**

△ 临安药铺发达，有生药、熟药、丹砂熟药、眼药、风药、痔药、乌梅药、小儿药、产药等铺之分。（宋·吴自牧：《梦粱录》卷 13）

△ 施发（南宋）撰《察病指南》3 卷。此书论述脉象，附以脉影图，并有听声、察色、考味等诊法，为现存较早的诊断学专著。（廖育群，中国古代科学技术史纲·医学卷，辽宁教育出版社，1996 年，第 22 页）

△ 至 1250 年，元初忽必烈（元）的谋士姚枢（元）在《小学》中记载："书流布未广，教其弟子杨西为沈氏活板，散之四方。"这一史实表明在元初活字印刷已得到推广和发展。

**1242 年　壬寅　南宋理宗淳祐二年　蒙古乃马真后元年**

△ 史铸（南宋）完成《百菊集谱》初稿，四年后修订，又五年后撰成《菊史补遗》。全书 6 卷，资料丰富，居宋代各家菊谱之首。[舒迎澜，菊花传统栽培技术，中国农史，1995，（1）]

**1245 年　乙巳　南宋理宗淳祐五年　蒙古乃马真后四年**

△ 陈仁玉（南宋，1259 年官礼部郎中）撰《菌谱》问世，为我国最早的菌类专著。书

中记载菌 11 种，分析其生时、采时、及状、色味，是我国的第一部菌类专著，也可能是世界上最早的一本菌类专著。（王毓瑚，中国农学书录，农业出版社，1964 年，第 100 页）

△ 滥伐山林造成水土流失事例见于记载，并在理论上有一定认识。（南宋·魏岘：《四明它山水利备览·淘沙》卷上）

△ 孟琪（南宋，1195～1246）在今湖北江陵东北兴修堤垸，遏阻漳水，形成 150 公里的湖泊。湖中有格格，堤上有闸，湖水可互相灌注调节，以御辽兵。（《宋史·河渠志》）

△ 魏岘（南宋）撰《四明它山水利备览》2 卷，记载它山堰管理制度与工程、经费等，是较早的水利工程志。

## 1246 年　丙午　南宋理宗淳祐六年　蒙古贵由汗元年

△ 罗马教皇派遣的使者、意大利人普兰迦尔宾（Giovanni de Piano Carpini，1182～1252）抵达和林（今蒙古国厄德尼召北）。次年向教皇呈交了旅行报告《被我们称为鞑靼的蒙古人的历史》，后人称为《普兰迦尔宾行记》。

## 1247 年　丁未　南宋理宗淳祐七年　蒙古贵由汗二年

△ 秦九韶（南宋，约 1202～1261）撰成《数书九章》九卷，此书原名《数术》，秦九韶的同代人陈振孙记作《数术大略》，稍晚的周密记作《数学大略》，《永乐大典》作《数学九章》。该书分大衍、天时、田域、测望、赋役、钱谷、营建、军旅、市易九类，每类 9 问，凡 81 问。在"大衍总数术"即一次同余式组解法和"正负开方术"即以增乘开方法为主导的高次方程数值解法等方面取得了领先世界的成就。（钱宝琮，中国数学史，科学出版社，1992 年，第 164～167 页）

△ 秦九韶（南宋）在《数书九章》大衍类给出一次同余式组

$$N \equiv R_i \pmod{a_i} \qquad i = 1, 2, 3, \cdots$$

的解法："大衍总数术"。（秦九韶的）大衍总数术包括三步，第一步为求定数的程序，即将非两两互素的模 $a_i$，$i = 1, 2, 3, \cdots$化约成两两互素的模即定数 $A_i$，$i = 1, 2, 3, \cdots$的方法。然后确定衍母 $M = \prod_{j=1}^{n} A_j$，诸衍数 $\dfrac{M}{A_i}$，$i = 1, 2, 3, \cdots$及诸"奇数" $G_i$，$i = 1, 2$，$\cdots$。诸 $G_i$ 满足 $G_i < A_i$，并且 $G_i \equiv \dfrac{M}{A_i} \pmod{A_i}$。第二步为大衍求一术，即求诸乘率 $k_i$，$= 1, 2, 3, \cdots$，使得

$$k_i G_i \equiv 1 \pmod{A_i} \qquad i = 1, 2, 3, \cdots$$

第三步为给出求 $N$ 的公式

$$N \equiv \sum_i^n R_i k_i \frac{M}{A_i} \pmod{M}$$

秦九韶从算法的角度，给出了解一次同余式组的完整方法，与现代数学的方法基本一致，现代数学大师欧拉（Euler，1707～1783）、高斯（Gauss，1777～1855）才达到或超过秦九韶的水平。（钱宝琮，中国数学史，科学出版社，1992 年，第 206～209 页）

△ 秦九韶（南宋）创造的由定数和奇数求乘率的程序：置奇数于右上，定数于右下，两者辗转相除，由其商数与余数按照一定的程序计算，将得数置于左下、左上，当右上余数

为一时，则左上的得数就是乘率。因需计算到右上余数是一，故名"求一术"。这是"大衍总数术"的关键和核心。（钱宝琮，中国数学史，科学出版社，1992年，第206～209页）

△ 秦九韶（南宋）在《数书九章》田域类"尖田求积"问中提出正负开方术，它以增乘开方法为主导，吸收刘益等解负系数方程的方法，将求解高次方程正根的方法发展到十分完备的程度。他的方程的系数在有理数范围内没有限制，规定"实常为负"，可以将随乘随加的过程进行到底。秦九韶说"后篇效此"，说明这是一种普遍方法。他还讨论了开方过程中常数项由负变正（称为"投胎"）和常数项的绝对值由小变大（称为"换骨"）的情形。（钱宝琮，中国数学史，科学出版社，1992年，第115～119页）

△ 秦九韶（南宋）的正负开方术在求根的第二位得数时，提出的估根的方法，即以减根方程的一次项系数除常数项，其得数是根的第二位数的估值。与现今的方法相同。（钱宝琮，中国数学史，科学出版社，1992年，第115～119页）

△ 刘徽（三国）创造的互乘相消法，近800年间未受到重视，直到北宋初年，人们一直使用直除法。11世纪上叶贾宪（北宋）既使用直除法，亦使用互乘相消法。此年秦九韶（南宋）废止直除法，完全使用互乘相消法。与现今的数字线性方程组的解法一致。在互乘相消时，秦九韶有时先进行约简，更为简便。（钱宝琮，中国数学史，科学出版社，1992年，第94～97页）

△ 秦九韶（南宋）在《数书九章》田域类"三斜求积"术中给出了已知三角形三边之长 $a$、$b$、$c$，求其面积的公式

$$S=\sqrt{\frac{1}{4}\left[a^2b^2-\left(\frac{a^2+b^2-c^2}{2}\right)^2\right]}$$

它与海伦（Heron）公式是等价的。（钱宝琮，中国数学史，科学出版社，1992年，第167页）

△ 秦九韶（南宋）著《数书九章》中有4道涉及测量降水量的算题，由此可知此前中国已经有了测量降水量的方法和实地操作的技能。

△ 王致远（南宋）以黄裳（南宋，1147～1195）《天文图》为底本，镌刻于石上，后置于苏州文庙的戟门处，起到了普及天文知识的重要作用。现存天文图上有1409颗星。（潘鼐，中国恒星观测史，学林出版社，1989年，第262、263页）

△ 王致远（南宋）以黄裳（南宋）《地理图》为底本，镌刻于石上，后置于苏州文庙。

△ 王贵学（南宋）作《兰谱》记有兰花40个品种，主要以福建产的为主。书中论述品位和栽培技术，多处提及栽培品种来源野生种，是现存兰谱中价值较高的一种。［周肇基，中国古代兰花谱研究，自然科学史研究，1998，17（1）：70］

△ 宋慈（南宋，约1186～1249）在担任"提点湖南刑狱"之职时，著成《洗冤集录》。此书记载了丰富的刑侦体验方面的宝贵经验，标志着中国司法检验制度与方法的规范化、系统化，被誉为世界上最早的法医学专著。［廖育群，宋慈与中国古代司法检验体系评说，自然科学史研究，1995，14（4）：374～380］

△ 李杲（金，1180～1251）撰《内外伤辨惑论》3卷，从脉、寒热、手心手背、口鼻、气少气盛、头痛、筋骨四肢、渴与不渴、恶食与否等9方面对内外伤的症状相似但不相同进行了辨说。在此基础上，又作《脾胃论》（1249）3卷进一步论述脾胃的重要性和具体的治疗原则与方药。他创立了许多补中升阳方剂和一系列补土升阳方。（廖育群，中国古代科学

技术史纲・医学卷，辽宁教育出版社，1996 年，第 107~108、179 页）

△ 李杲（金，1180~1251）所撰《用药心法》把药、人、天地三者法象相连，对后世用药及药物的生产加工产生较大影响。书中对药剂型的解释更为详尽。（廖育群，中国古代科学技术史纲・医学卷，辽宁教育出版社，1996 年，第 273 页）

## 1248 年　戊申　南宋理宗淳祐八年　蒙古贵由汗三年

△ 李冶（南宋末元初，1192~1279）撰《测圆海镜》十二卷。卷一为全书的理论基础，包括圆城图式、识别杂记等内容。卷二~十二的 170 个问题就 15 个勾股形与 1 个圆的关系展开，大都用到天元术列出方程求解。是现存最早的以天元术为主要方法的数学著作。（郭书春，中国古代数学，商务印书馆，1997 年，第 128~130 页）

△ 天元术是 12、13 世纪北方数学家的重要创造。它相当于现今之设未知数列方程的方法。其基本思路是：立天元一为某某，根据问题的条件，列出两个等价的天元式，如积相消，便得到一个开方式。据祖颐的记载，天元术的产生经历了从蒋周到元裕几代数学家的努力，元裕作《如积释锁细草》，"后人始知有天元也"。李冶曾见到过以 19 个汉字表示未知数各幂次的以及以天、地分别表示未知数的正幂和负幂的算经。李冶（南宋末元初）则仅以"元"置于一次项旁，或以"太"置于常数项旁，未知数的幂次由其与"元"或"太"的相对位置确定。在《测圆海镜》中，李冶采取高幂次在上，低幂次在下的方式，在《益古演段》中则颠倒过来。后来使用天元术的著作都采用后者。（郭书春，中国古代数学，商务印书馆，1997 年，第 128~130 页）

△ 李冶（南宋末元初）的《测圆海镜》卷一给出圆城图式，画出 1 个圆和 15 个勾股形的关系。全书 170 个问题都由此展开。以天、地、日、月、乾、坤、心等 22 个汉字表示点，是个创造。李冶利用这个图形对圆与勾股形的关系做了系统的研究。（钱宝琮，中国数学史，科学出版社，1992 年，第 176 页）

△ 李冶（南宋末元初）的《测圆海镜》卷一给出 692 条"识别杂记"，每一条都相当于一个几何定理。这些杂记分七类，主要列出了圆城图式中各线段之间以及各线段的和、差、乘积等之间的相互关系。经今人严格证明，除 8 条外，都是正确的。（钱宝琮，中国数学史，科学出版社，1992 年，第 178 页）

△ 罗马教皇派使者阿西林于上年到达西征蒙古军拜信营帐。是年蒙军派遣突厥人均伯克与基督徒沙杰斯随阿西林回使罗马教廷。是为蒙古使者首次赴西欧。

△ 陈衍（南宋，约 1190~1257）完成《宝庆本草折衷》20 卷。此书取材慎重，编述简要，具有较大的实用性和文献价值。（傅维康，中药学史，巴蜀书社，1993 年，第 171 页）

△ 宋临安府创办慈幼局，以养遗弃婴儿。

## 1250 年　庚戌　南宋理宗淳祐十年　蒙古海失迷后二年

△ 活字印刷术传入高丽（今朝鲜）后得到改进，13 世纪中期，高丽发明铜活字。约略同时，雕版印刷术传入交趾。

## 1251 年　辛亥　南宋理宗淳祐十一年　蒙古蒙哥汗元年

△ 约是年前，题名李杲（金，约 1180~1251）所撰《药性赋》，分寒热温凉四赋，简捷

易诵。后又增补成《珍珠囊补药性赋》（又名《雷公药性赋》）4 卷，成为数百年来启蒙本草读物。（廖育群，中国古代科学技术史纲·医学卷，辽宁教育出版社，1996 年，第 268 页）

## 1252 年　壬子　南宋理宗淳祐十二年　蒙古蒙哥汗二年

△ 颁用李德卿（南宋）所制《淳祐历》，以替代《开禧历》，使用仅一年。（《宋史·律历志十五》）

△ 是年至 1262 年，永乐宫重建，称"大纯阳万寿宫"，后改称永乐宫，在今山西芮城北龙泉村东。原址在永济县（今芮城）永乐镇，相传为唐代道教吕洞宾的第宅。永乐宫有殿宇 5 座，均坐落在高大的台基上，各殿之间有甬路相通。重阳殿外檐中斗栱后尾起"秤杆"，可视为明代"镏金斗栱"的雏形。三清殿、纯阳殿、重阳殿的建筑彩画题材丰富，技艺超群，为中国古代壁画瑰宝。[王世仁，"永乐宫"的元代建筑和壁画，文物参考资料，1956，(9)：32]

## 1253 年　癸丑　南宋理宗宝祐元年　蒙古蒙哥汗三年

△ 颁用谭玉（南宋）所制《会天历》，以替代《淳祐历》，使用至咸祐六年（1270）。（《宋史·律历志十五》）

△ 蒙哥汗（元）命旭烈兀（元）带汉人工匠千人管理火器，发动第三次西征，至 1260 年结束。三次西征对欧亚许多地区造成巨大破坏，但也推动了中西交流，把以四大发明为代表的中国先进科学技术和文化进一步传至阿拉伯与欧洲。

## 1254 年　甲寅　南宋理宗宝祐二年　蒙古蒙哥汗四年

△ 小亚美尼亚（在今小亚细亚半岛东南）国王海屯（Hethum）抵和林，晤蒙哥汗。次年归国，其随员刚德赛克齐（Kirako Gandsaketsi）撰有《海屯行记》，为 13 世纪中西交通史重要资料。

△ 陈文中（南宋）撰《小儿病源方论》4 卷，并附望诊图，论述小儿病症诊治和护理。陈氏在诊治中已运用小儿虎口诊脉法。（廖育群，中国古代科学技术史纲·医学卷，辽宁教育出版社，1996 年，第 203 页）

## 1256 年　丙辰　南宋理宗宝祐四年　蒙古蒙哥汗六年

△ 陈景沂（南宋）撰有关花卉果木蔬菜巨著《全芳备祖》问世，记 240 种草木花卉，每一物分事实、赋咏二类，是我国第一部植物类书。（王毓瑚，中国农学书录，农业出版社，1964 年，第 101 页）

△ 在浙江绍兴东南三条河流交汇处建造座八字桥，因两桥相对斜状如八字而得名。

△ 忽必烈命刘秉忠（法名子聪，1216～1274）在龙岗（今内蒙古自治区锡林郭勒盟正蓝旗）兴筑新城，三年建成。初名开平府，中统五年（1264）加号上都，又名上京、滦京，为帝后避暑的地方。全城由宫城、内城、外城和关厢等组成，城墙用黄土版筑，宫城和内城的城墙分别用砖、石包砌。布局不求规整对称，颇具离宫色彩。[辽宁省巴林左旗文化馆，辽上京遗址，1979，(5)：79]

**1257 年　丁巳　南宋理宗宝祐五年　蒙古蒙哥汗七年**

△ 常棠（南宋）著《澉水志》8 卷（今作 3 卷）刊印。书前冠澉水镇（今浙江盐海县澉浦镇）镇境总图，正文记其山川、风土、人物，是中国镇志之嚆矢。（张国淦，中国古方志考，中华书局，1962 年，第 342 页）

**1258 年　戊午　南宋理宗宝祐六年　蒙古蒙哥汗八年**

△ 约于是年，中国蒙古军队西向同伊斯兰教国军队作战时，将火药与火器传入阿拉伯。阿拉伯人依此仿制成 fusee 和 Petard 两种筒形纵火物。（冯家昇论著辑粹，中华书局，1987 年，第 297 页）

**1259 年　己未　南宋理宗开庆元年　蒙古蒙哥汗九年**

△ 李冶（南宋末元初，1192～1279）撰成《益古演段》，三卷。书中以天元术作为主要方法阐述北宋蒋周《益古集》中问题，是一部数学入门书籍。书中在理论上亦有创新，主要表现在化多元问题为一元问题，以及设辅助未知数等方法。

△ 陈思（南宋）编《海棠谱》是现存关于海棠的第一本专著。

△ 寿春府（今安徽寿县）地方的火器研制者，创制了能发射子窠（最早的弹丸）的突火枪。这是最早的单兵手持管形射击火器。（《宋史·兵志·兵十一》）

**1260～1264 年　南宋理宗景定年间**

△ 在上海青浦金泽以紫石修筑的万安桥是一座单拱圆弧拱桥。稍后于咸淳三年（1267）在同一地区用同一材质修建结构类似的紫石桥。后者比前者保存的完整。（唐寰澄，中国科学技术史·桥梁卷，科学出版社，2000 年，第 293～295 页）

**1260 年　庚申　南宋理宗景定元年　蒙古世祖中统元年**

△ 蒙古汗国在上都（今内蒙古自治区锡林郭勒盟正蓝旗）建立司天台。（《元史·百官志六》）

△ 元政府以吐蕃僧八思巴为国师，统管全国佛教，并管辖西藏政事，为中国历史上中央政府对西藏行政建置之始，对西藏发展影响颇大。

△ 元政府初置秦蜀行省（后改为陕西省），是为元代行省制度确立之始。行省简称省，作为地方一级行政区的名称，沿用至今。

△ 元政府设劝农官。翌年设劝农司。（《元史·世祖本纪》）

△ 谭澄（元）主持重修今豫北的引沁灌区工程的组成部分唐温渠。翌年，忽必烈下诏，提举王允中（元）等督修，在沁水下游修建广济渠。渠长 677 里，灌溉面积颇大。（《元史·谭澄传》；《元史·世祖本纪》）

△ 发行的一张"中统元宝交钞"于 1982 年在内蒙古呼和浩特万部华严经塔被发现。此为世界上保存有时代最早的纸币实物。（文物出版社编，新中国考古五十年，文物出版社，1999 年，第 94 页）

△ 蒙古世祖邀请尼波罗（今尼泊尔）建筑家阿尼哥（Araniko）等 80 人到达乌思藏萨迦

寺，为八思巴建造黄金塔。

## 1261 年　辛酉　南宋理宗景定二年　蒙古世祖中统二年

△ 杨辉（南宋末）撰成《详解九章算法》十二卷。该书包括《九章算术》本文、魏刘徽注、唐李淳风等注释、北宋贾宪细草及杨辉详解五项内容。目前，其衰分卷后半卷、少广卷存《永乐大典》算书中，商功（约半卷）、均输、盈不足、方程、勾股等四卷半存《宜稼堂丛书》本中。其商功章以各种垛积类比相应多面体，发展了沈括隙积术，提出了一些新的二阶等差级数求和公式。此外，书中将《九章》的方法和题目分成乘除、互换、合率、分率、衰分、叠积、盈不足、方程、勾股九类，是《九章算术》成书千余年来第一次突破其分类格局，是个创举。[杨辉，详解九章算法，中国科学技术典籍通汇·数学卷（1），河南教育出版社，1993 年，第 946 页]

△ 杨辉（南宋）在《详解九章算法》商功章发展了沈括的隙积术，以方锥形果子垛（四隅垛）、刍童形果子垛、方垛、三角垛等垛积分别比类《九章算术》的方锥、刍童、方亭、鳖臑等多面体，实际上都是二阶等差级数求和问题，给出了正确的求和公式。在《乘除通变本末》中也使用了四隅垛和三角垛公式。

△ 元世祖忽必烈（元）从刑部尚书崔彧（元）之请，"颁斗斛权衡"，此后又多次由朝廷颁发统一的度量衡制度，推行标准的度量衡器具。（《元史·世祖本纪》）

△ 元政府设立"大都惠民司"，专管调剂和售卖药物。（《元史·百官志》）

△ 马祖光（南宋）修、周应全（南宋）纂《景定建康志》刊行。书中《建康府境方括图》是现知最早采用"计里画方"方法绘制的地图。[胡邦波，《景定建康志》和《至正金陵新志》中地图的绘制年代与方法，自然科学史研究，1988，7（3）：283]

△ 薛景石（南宋末）完成中国古代的木工机械、器具设计专著——《梓人遗制》。原书收有机械和器具 110 种，现仅存"车制"和"织具"两部分的 14 种机械。"车制"中收有五明坐车的用材、尺寸、功限和圈辇、靠背辇、屏风辇、亭子车的示意图；二是"织具"收录 5 种纺织机械。此书以介绍木器形状、结构特点、制造方法为主，对研究宋元纺织和制车技术具有重要参考价值。[赵翰生，中国古代科学家传记（下）·薛景石，科学出版社，1993 年，第 686～689 页]

△ 在薛景石（南宋末元初）所著《梓人遗制》中，不仅有当时普遍行用的立织机、斜织机、罗织机、提花机等纺织机械由来、演变的介绍，有对所述各种纺织机械的形制和具体尺寸的详细描述；而且还绘有零件图和总体装配图以及每个零件的尺寸、制作方法、安装部位的说明。这是我国第一部有关纺织机械制造的专著。（《永乐大典》卷 18 245，《匠字诸书第十四》）

## 1262 年　壬戌　南宋理宗景定三年　蒙古世祖中统三年

△ 杨辉（南宋）撰《日用算法》二卷，是一部通俗的日用读物。将乘除捷算法编成歌诀，是本书的创造。康熙时期，此书已佚，只有个别题目存《诸家算法及序记》中。

△ 蒙古始用水利专家郭守敬（元，1231～1316）为提举诸路河渠。郭守敬提出 6 项水利工程的建议。其中 5 项是关于华北地区农田灌溉的工程，主要设计思想是：利用黄河各支流，或黄河的不同河段之间高度差，在诸支流或不同河段间开渠引水，从而构成自流灌溉的

水利网络。另一项是关于完善北京漕运的工程。由此，元代颇重视水利。（《元史·郭守敬传》）

**1263 年　癸亥　南宋理宗景定四年　蒙古世祖中统四年**

△ 元政府命罗马人爱薛（Isa，1227~1308）掌管西域星历、医药二司。（《元史·爱薛本传》）

△ 刘郁（元）著《西使记》，记其宪宗九年（1259）随常德（元）赴波斯觐见旭烈兀大王，至是年回国沿途所见。书中对中亚风土人情记载较详，为研究元代中外交通的重要资料。

△ 陈自明（南宋，约 1190~1270）撰《外科精要》3 卷。书中对痈疽的病因、病机、诊断和治疗等做出了全面的论述。书中所载"洪丞相方用蛆针法"，即用蚂蚁置于疮口，使其吮疮脓以达到清疮之目的。此为中国应用蚂蝗于外科治疗的最早记载。[洪武娌，中国古代科学家传记（上）·陈自明，科学出版社，1992 年，第 622~623 页]

**1264 年　甲子　南宋理宗景定五年　蒙古世祖中统五年至元元年**

△ 杨士瀛（南宋）撰《仁斋直指小儿方论》5 卷。书中关于小儿惊风的论述，别具特色，且较为精当。提出热盛生痰，痰盛生惊，惊盛生风，风盛生搐；治搐先于截风，治风先于利惊，治惊先豁痰，治痰先于解热的学术见解，对后世儿科颇有启发。

△ 是年前，王好古（元，约 1200~1264）撰《汤液本草》，至元世祖至元二十六年（1289）刊行。全书 3 卷，载药 242 种。此书条例分明，简而有要，汇集金元药理学说的主要成就。（傅维康主编，中药学史，巴蜀书社，1993 年，第 175~176 页）

△ 元世祖将天圣针灸铜人和《铜人腧穴针灸图经》石碑由汴京移至元大都三皇庙内，供人观赏。

△ 是年至 1266 年，郭守敬（元，1231~1316）等人在西夏（治所在今宁夏银川市）重修汉以来的传统大型水利工程唐来、汉延、秦家等古渠，并"垦中兴、西京、甘、肃、瓜、沙等州之土为水田若干"。（元·苏天爵：《元朝名臣事略》卷七三四）

**1265 年　乙丑　南宋度宗咸淳元年　蒙古世祖至元二年**

△ 是年至 1266 年间，无名氏在浙江明州绘制的《舆地图》完成，主要表示两宋辖境内的政区名称。图中地名之间多用线条串连起来，表示彼此之间有道路可能通行，其中东部海域绘有两条通道：一条沿海岸北上，称为"过沙路"，另一条向东延伸至日本，称"大洋路"。此图是现知较早标注海上交通路线的地图。此图拓片现存日本京都栗棘庵。（黄盛璋，宋刻舆地图综考，中国古代地图集·战国到元代，文物出版社，1990 年）

△ 为漕运西山石木，郭守敬（元，1231~1316）重凿金口河，从麻峪村（今石景山附近）引永定河水经西山金口东流，直抵京城。为预防永定河水泛滥，郭守敬设计了金口工程，即在金口西岸修筑一条较宽大的溢洪道，从此洪水往西南流回永定河。翌年完成。[《金史·河渠志》；苏天钧，郭守敬与大都水利工程，自然科学史研究，1982，5（1）：66~71]

△ 制成玉瓮，并置于琼岛（今北京北海内）广寒殿内。玉瓮以整块的墨玉雕就，高二尺，直径四点五尺，为元世祖大宴群臣时盛酒的酒器。其外壁雕有出没于波涛之中的鱼、

龙、海兽等，十分精美生动。明灭元后，一度流失，清乾隆年间找到后专造玉瓮亭。(《元史·世祖纪》；清·乾隆：《玉瓮歌》)

**1266 年　丙寅　南宋度宗咸淳二年　蒙古世祖至元三年**

△ 十一月，蒙古诏禁天文图谶等书。(《元史·世祖本纪》)

△ 时有"儒医"之称，由此儒医与草泽医之分益显。(袁桷：《清容居士集》卷 12《送儒医何大方归信州》)

△ 为征日本，世祖(元，1215～1294)诏谕高丽(今朝鲜)造船只千艘。(《元史·高丽传》)

**1267 年　丁卯　南宋度宗咸淳三年　蒙古世祖至元四年**

△ 约于是年，札马鲁丁(元，Jamāl al-Dín，? ～约 1290)制成《万年历》，这是一种使用黄道 12 宫与 360°制的伊斯兰系统的历法。元世祖令在中国穆斯林中颁用，大约在元代一直行用之。(《元史·历志一》；清·姚之骃：《元明事类钞》卷一；陈久金，回回天文学史，广西科学技术出版社，1996 年，第 92 页)

△ 札马鲁丁(元)制成西域仪象 7 件：用于测量天体黄道与赤道坐标的托勒密式的使用黄道坐标的黄道浑仪、用于测量天体天顶距的托勒密长尺、用于测量定春分与定秋分时刻的春秋分晷影堂、用于测量冬至与夏至时刻及太阳视高度的冬夏至晷影堂、彩色地球仪、用于测量天体有关坐标和晷影长度及时间的星盘。这些仪器均置于上都司天台中，它们与中国传统天文仪器有同有异，但异远多于同，是对中国传统天文仪器的极大补充。(《元史·天文志一》；中国天文学整理研究小组，中国天文学科学出版社，1981 年，第 199～202 页)

△ 约于是年，改蒙古汗国司天台为元回回司天监，掌观测、推算与占卜天象，以及依万年历编算历法，有官员 37 名。司天监中有欧几里得《几何原本》15 卷、托勒密《天文学大成》15 卷等阿拉伯文天算以及星占术著作，还有小天球仪、小黄道仪、星盘等天文仪器。(《元史·百官志六》)

△ 约于是年，元同时在大都(今北京)建立汉司天监和回回司天监。(《元史·百官志六》)

△ 约于是年，郭守敬(元，1231～1316)开始进行历时 2 年半的、系统的晷影测量工作，共得 98 次测量结果，并依循祖冲之测算冬至时刻的基本方法，共在推算得的 28 个冬至时刻和 17 个夏至时刻的基础上，定出 1280 年冬至时刻值，该值与现代所推的理论值密合。(《元史·历志一》；陈美东，古历新探，辽宁教育出版社，1995 年，第 64～79 页)

△ 约于是年，郭守敬(元)在上都建立 4 丈木制高表，其圭长 8 丈余，并利用小孔成像原理，发明可在圭面上移动的以捕捉太阳圆面像的辅助测量晷影的器具景符，从而大幅度提高了晷影测量的准确度。上述晷影测量工作即是运用此圭表与器具进行的。(《元史·天文志一》；《元史·历志一》)

△ 约于是年，郭守敬(元)运用简仪对二十八宿距度进行测量，得到历代最准确的成果。有人认为明抄本《天文汇抄》中的《三垣列舍入宿去极集》所载 739 颗恒星的赤道入宿度与去极度，即为郭守敬当年进行全天恒星位置测量的遗存。但也有人认为它们应为 1380 年前后的测量成果。[陈鹰，《天文汇抄》星表与郭守敬的恒星观测工作，自然科学史研究，

1986，（4）；孙小淳，《天文汇抄》星表研究，中国古星图辽宁教育出版社，1996年，第79～108页］

△ 约于是年，郭守敬（元）主持四海测验的工作，选取北起北海（约在俄罗斯西伯利亚中部通古斯卡河附近）、南达南海（今越南中部沿海）的27个地点，分派人员进行各地北极出地高度、夏至晷影长度和昼夜漏刻长度等值的测量。其测量范围与所得精确度均超过唐代一行的类似工作，为新历法的制成准备了重要的资料。（潘鼐、向英，郭守敬，上海人民出版社，1980年，第82、83页）

△ 约于是年，郭守敬（元）制成了一批天文仪器置于太史院或用于四海测验，可分别简介如下：（均见《元史・天文志一》）改4丈木高表为铜高表，除创用景符在圭面移动以测量晷影长度之外，还创用亦可在圭面上移动测算天体南中天时的高度角的窥几。

△ 约于是年，创制简仪，系由一组独立的赤道坐标装置（赤经环、赤道环与百刻环组成，相当于大赤道仪）和另一组独立的地平坐标装置（子午环与地平环组成，相当于地平经纬仪）组合而成，均以线照准替代传统的窥管照准。可分别用于测量天体的去极度、入宿度与地方真太阳时，以及地平高度与方位角。在简仪赤经环极轴的上端，安装有候极仪，用于观测北极星，以调整极轴处于南北赤极方向。

△ 约于是年，创制仰仪，它系一铜制中空半球，仰置于砖砌台座中，在半球心处有一开有小孔的铜片，太阳影像通过小孔投射到绘有赤道坐标网格的中空半球内侧，可用于测量太阳的赤纬与地方真太阳时，亦可用于测量日食的初亏、食甚、复圆时刻与方位以及食分大小等。

△ 约于是年，创制正方案，系为一画有19个同心圆的正方形木板。平置之，可用于测定南北子午线的方向；竖置之，可用于测量北极出地高度角。

△ 约于是年，创制玲珑仪，系一中空半透明圆球，在机械装置的驱动下，可绕极轴与天同步运转，圆球上绘有赤道坐标网格和全天星官。人居于圆球中心观测日或月，可由坐标网格直接读得它们的赤道坐标值，又可演示恒星的运行状况，相当于假天仪。还有演示天象的自动浑象，用于测量地方真太阳时的赤道式日晷与天球式日晷，用于测量天体的高度与时间的星晷定时仪，用于演示日、月运动状况的证理仪，用于演示日月交食原理的日月食仪，用于校正仪器的竖轴处于垂直方向的悬正仪和用于校正仪器底座处于水平方向的座正仪等。

△ 约于是年，郭守敬（元）发明由测量月亮所在宿度及木星偕日出没时与太阳的距离，进而推算冬至点位置的方法。（《元史・历志一》）

△ 约于是年，郭守敬（元）在四海测验地点之一的河南登封告成镇设计建成一城墙式4丈高表。系以砖砌为台，其中起高表作用的是台北面正中的垂直凹槽，一横梁置于凹槽的顶端，横梁中轴与圭面的垂直距离为4丈，测量横梁中轴的晷影长度，横梁中轴实即为高4丈高表的表端。该城墙式4丈高表尚存于告成镇。

△ 忽必烈（元）命在金中都城（今北京）东北始建大都城。至元元年（1264）开始规划，由刘秉忠（法名子聪；1216～1274）和阿拉伯人也黑迭儿丁（元）主持，十一年（1274）建成宫城，十三年（1279）建成大城，二十九年（1292）基本建成，是当时世界上著名的大城市。元大都平面呈长方形，南北长约7600米、东西宽约6700米，城内不建坊墙，街道都是开敞布置，是宋以后城市的新发展。大都及上都城门均用砖券。元大都城内的水系可分为两个：一为高粱河、海子、通惠河构成的漕运系统；一为金水河、太液池（今北

海和中海）构成的宫苑用水系统。筑城前预先构筑了排水渠和排水涵洞。[《元史·地理志》；元大都考古队，元大都的勘查和发掘，考古，1972，（1）；陈高华，元大都，北京出版社，1982年]

## 1268年　戊辰　南宋度宗咸淳四年　蒙古世祖至元五年

△ 元颁布卫生法规，设官医提举司，掌医户差役词讼，考校诸路医生课艺，试验太医教官，校勘名医撰述，辨验药材。令各路荐举、考试儒吏（法医），执掌卫生法规。（《元史·百官志》）

△ 元禁止售乌头、附子、砒霜等，禁卖堕胎药，并禁止乱行针医。因医死人，必须酌情定罪。（《元典章·刑部·禁毒药》）

△ "以市舶隶泉府司"，市舶司脱离了地方管辖。大德元年（1297），"罢行泉府司"，次年"并澉浦、上海入庆元市舶提举司，直隶中书省"，恢复地方行省对市舶司的兼管权。至大元年（1308），"复立泉府院，整治市舶司事"。至大二年（1309），又诏命"罢泉府院，以市舶提举司隶行省"。一直到元末未再变更。（王杰，中国古代对外航海贸易管理史，大连海事出版社，1994年，第165～168页）

△ 夏迦桑布征集卫藏13万户，并在元朝中央政府的资助下，从内地征调汉、蒙、藏族工匠在今西藏自治区日喀则西南的本波山下始建萨迦南寺。此为西藏佛教萨迦派的祖寺，后续经扩修。其主体建筑大经堂面积近6000平方米，为西藏元代建筑的代表。[西藏自治区文物管理委员会等，萨迦寺（南寺），文物，1982，（10）：87]

## 1270年　庚午　南宋度宗咸淳六年　蒙古世祖至元七年

△ 约于是年，韩显符（南宋）用至道浑仪测量得二十八宿以南天区的一批恒星的去极度（赤纬的余角）和去斗度（恒星与冬至点的赤经差）。对于其他恒星的坐标，韩显符大约也进行了测量，可惜其具体成果皆已失传。（清·徐松：《宋会要辑稿》卷一千三百二）

△ 约于是年，韩显符（南宋）著成《铜浑仪法要》，主要是对至道浑仪和铜候仪型制、结构、尺度的详细说明，是一部关于浑仪制作的技术规范专著，惜正文多以失传。（《宋史·韩显符传》）

△ 元始置司农司，旋改大司农司，管领农桑、水利、学校、赈饥之事。（《元史·世祖本纪》）

△ 元颁布《农桑之制一十四条》，内容涉及水利、开荒、林、牧、渔、除蝗等内容。（《元史·食货志》）

△ 元改西域医药司为广惠司，仍由爱薛（Isa，1227～1308）执掌，隶属太医院。掌修制御用回回药物及和剂等事项，下辖大都、上都回回药物院。（《元史·世祖本纪》）

△ 为攻襄阳，元世祖诏谕教水军七万余人，造战舰五千艘。（《元史·世祖本纪》）

△ 是年铸造的钢刀现存江苏镇江博物馆。北京市元大都出土的矛、钢刀，经鉴定是用夹钢工艺制作的兵器，为明《天工开物》记述制造刀、剑、斧、斤等兵器在刃部采用"夹钢"技术提供了实物证据。（中国军事百科全书·古代兵器分册，军事科学出版社，1991年，第199页）

**1271 年　辛未　南宋度宗咸淳七年　元世祖至元八年**

△ 颁用陈鼎（南宋）所制《成天历》，以替代《会天历》。南宋亡（1279），《成天历》废不用。（《宋史·律历志十五》）

△ 元因宋金旧制设立司天监，是年复在大都设立回回司天台，以札马鲁丁（元）为首任提点，掌领回回天文学，观测天象，编制回回历，与汉司天台均归秘书监管理。皇庆元年（1312）升台为监，终元不改。

△ 元在各族聚居的府、州、县设立土官，是为土司制之始，后为明清两代所沿用。土司制度对确立与发展中央王朝与少数民族地区的联系有一定作用。

△ 泉州湾宋代海船，1974 年夏于泉州后渚港出土。古船残长 24.2 米，宽 9.15 米，深1.88 米，复原长度 30 米。该船的龙骨采用直角同口联接；外板为三重，混合采用平接与搭接方式；水密舱壁采用了挂铜技术；桅可起倒；舵可升降。（福建省泉州海外交通史博物馆编，泉州湾宋代海船发掘与研究，海洋出版社，1987 年）

△ 元在大都城始建圣寿万安寺白塔，是中国内地最早建造的喇嘛塔。塔位于今北京阜成门内大街。明天顺元年（1457）寺重修改称妙应寺，故塔亦称妙应寺白塔。尼泊尔匠师阿尼哥（Araniko, 1244~1306；1261 年来华）参与设计与建造，高 50.86 米，全部砖造，通体皆涂白灰，比例匀称，在造型上吸取了尼泊尔的形制，又融合了我国民族建筑特色，是中国现存代表性建筑物，亦是现存最大的元代喇嘛塔。（元·祥迈：《圣旨特建释迦舍利灵通之碑文》；刘敦桢主编，中国古代建筑史，中国建筑工业出版社，1984 年，第 272 页）

**1272 年　壬申　南宋度宗咸淳八年　元世祖至元九年**

△ 约是年，伊利汗国完成 4 卷本《伊利汗天文表》，波斯天文学家纳速剌丁·杜西（1201~1274）主持，元世祖派去的中国天文学家傅岩卿（元）和长期侨居中国的叙利亚科学家爱薛（Isa）也参加了这一工作。该书第一卷中即介绍了中国的历法。

△ 胡颖（南宋）等人绘制《静江府城图》，镌刻在桂林市鹁鸠山（今鹦鹉山）南麓石崖上，纵 3.4 米、横 3 米，是我国现存最大的城市平面地图。比例尺约为 1:1000，图中标注的山峰、河流不多，但军事机构及设施却有 69 处，是带军事性的城市地图。[桂林文物管理委员会，南宋《桂州城图》简述，文物，1979，(2)：79]

△ 元始置诸路医学提举司，统领各处医学，审查诸路医学生徒课义，考核太医教官，整理名医著述，辨验药材。（《元史·世祖本纪》）

**1273 年　癸酉　南宋度宗咸淳九年　元世祖至元十年**

△ "回回书籍"藏有：《兀忽列的四擘算法段数》15 部，有人认为这是欧几里得的《几何原本》，也有人认为是花拉子模的书；《罕里速窟允解算法段目》3 部；《撒唯那罕答昔牙诸般算法段目并仪式》17 部，"罕答昔牙"是阿拉伯文"几何学"的意思；《呵些必牙诸般算法》8 部。（元·王士点、商企翁：《秘书监志》；钱宝琮，中国数学史，科学出版社，1992年，第 224~226 页）

△ 鲜于枢在鄜州（治所在今陕西黄陵西南）看见色青质坚的人骨化石，并在其所著《困学斋杂录》记载了此事。（唐锡仁等，中国科学技术史·地学卷，科学出版社，第 385 页）

　　△ 元司农司官修，畅师文（元，活动于 1265～1319 年）、苗好谦撰《农桑辑要》问世。全书七卷，为司农司组织遍求古今农书，加以剪裁编缀而成，是一部官修综合性农业技术专著。此书"博采经史及诸子杂家，益以试验之法，考核详瞻，而一一且于实用，当时绝贵重之"。（《四库全书总目提要》）

　　△ 农业生产中农作物的"风土限制说"发展到"风土驯化说"。（元·畅师文、苗好谦等：《农桑辑要·论苎麻木棉》）

　　△《农桑辑要·养蚕·缫丝》记载缫丝方法已有冷盆和热釜之分。

　　△《农桑辑要·科条法》对桑树修剪整枝技术做了系统总结。

　　△《农桑辑要》首次记载了活化石银杏的栽培方法。

　　△《农桑辑要·论九谷风土及种莳月》认为播种的迟早，除了同所处地域的南北不同而致气候冷暖的到来与早晚之别有关外，还同某一具体地区地势、地形的高低、山川走向等差别有关。因此要"因地为时"。

　　△ 棉花由新疆分南北两路引入内地黄河流域和长江流域，并很快成为我国重要的衣着原料。（元·畅师文、苗好谦：《农桑辑要》卷二十一；王祯：《农书·谷谱·木棉》；明·丘濬：《大学衍义补·贡赋之常》）

　　△《农桑辑要》卷四引《务本新书》、《士农必用》记载，在蚕大眠期，天气晴暖时，以大米粉、绿豆粉、桑叶粉补饲。

　　△《农桑辑要·栽桑·修莳》引《农桑要旨》，详细记述了蠦蛛、步屈、麻虫、桑狗、野蚕、螳螂虫、天水牛等桑树害虫及防治方法。

　　△《农桑辑要》卷四引《务本新书》、《韩氏直说》、《蚕经》记载，已总结出十体、三光、八宜、三稀、五广等养蚕经验。

　　△《农桑辑要·论蚕性》引《士农必用》，总结出鲜蚕储藏有日晒、盐渍、蒸笼等方法。

　　△《农桑辑要·木棉》记载棉花栽培管理采用"打顶"憋枝技术。

　　△《农桑辑要》卷 7 引（《韩氏直说》）创养猪速肥技术"肥豕法"。

　　△《农桑辑要·养蚕·用叶》已总结出桑叶质量与蚕病的关系。

　　△《农桑辑要·养蚕·合连》已知利用低温选择优良蚕种，淘汰劣种。

　　△ 元京师医药院改隶于广惠司，一说京师医药院当是参照大马士革努尔医院兴建的穆斯林医院。

　　△ 世祖命刘整（元）教练水军五六万，并于兴元、金州、萍州、汴梁等处造船两千艘。（《元史·世祖本纪》）

　　△ 回回人工匠亦思马因（元，? ～1274）与阿老瓦丁（元，? ～1312），创制了重力下坠式抛石机，因在攻襄阳（今属湖北襄樊）时"所击无不摧"，故被称为襄阳砲。（《元史》卷二百零三《亦思马因传》、《阿老瓦丁传》）

## 1274 年　甲戌　南宋度宗咸淳十年　元世祖至元十一年

　　△ 杨辉（南宋）撰成《乘除通变本末》（原名《乘除通变算宝》，下卷为杨辉与史仲荣合撰）三卷。卷上含"习算纲目"及一些垛积例题。卷中论身外加减、求一、九归诸术。卷下又名《法算取用本末》，为阐发卷中而作，列出了一至三百的加因代乘和归减代除方法。此书与《田亩比类乘除捷法》、《续古摘奇算法》合称《杨辉算法》。

△ 斤两法俗称"流法歌"。其歌诀最早见于杨辉（南宋）《乘除通变本末》与朱世杰《算学启蒙》中。该歌诀本是筹算的歌诀，珠算产生后亦用之。它是斤与两（1 斤等于 16 两）的换算方法，有"斤求两"和"两求斤"两种。前者用 16 的倍数编成歌诀："斤如求两身加六。"如 2 斤化为两，则以 6 的 2 倍加上 20，得 32 两。后者的歌诀："减六留身两见斤。"如 32 两化为斤，就从 32 两中减去 6 的 2 倍，即得 2 斤。还有将两化为斤的小数的歌诀，如"五，三一二五"就是 5 两＝0.3125 斤。（钱宝琮，中国数学史，科学出版社，1992 年，第 128 页）

△ 杨辉（南宋）在其《乘除通变本末》卷上中给出"习算纲目"，是他的数学教学计划，首先规定了九九、乘、除的学习要求和功课日数，然后提出了教授《九章算术》的重点和细则，尤其重视乘除、开方三种基本运算能力的培养。是为中国数学教育史中不可多得的文献。

△ 飞归亦称"飞除"或"穿除"。宋元时期创造的一种简捷除法，起于筹算，后用于珠算。初见于南宋杨辉《乘除通变本末》。它将归、除合并，编成歌诀，归后不用商除，以简化运算程序。如"一归二除"的歌诀"见一加七隔加四"，即以 1 加 7，商数为 8；商数 8 之下隔一位加 4。因以 12 除 100，商 8，以 8 乘 12 得 96，减 100 余 4。用法是将被除数打在算盘上，从左起逐位呼诀运算。除数的位数不受限制，均可编成飞归歌诀。运算程序简便，但歌诀繁琐。（钱宝琮，中国数学史，科学出版社，1992 年，第 131～132 页）

△ 九归是从 1 至 9 的一位除数的除法歌诀。原由筹算产生，杨辉《乘除通变本末》、朱世杰《算学启蒙》先后总结。明代柯尚迁、程大位等稍加增删，用于珠算。归是一位除法。如朱世杰的三归歌诀"三一三十一"就是 10 除以 3 商 3 余 1。六归歌诀"六一下加四"就是 10 除以 6 商 1 余 4，其中第二个"一"既是被除数，又是商数；"逢六进一"就是 6 除以 6，商 1，歌诀中省略除数 6。（钱宝琮，中国数学史，科学出版社，1992 年，第 131～132 页）

△ 吴自牧（南宋）著《梦粱录》记述了许多动植物物产。首次出现了黄芽菜（即大白菜）这一名称。

△《梦粱录·江海船舰》记载了"针盘"即罗盘，这是有关航海用罗盘早期的记载。（王振铎，司南指南针与罗经盘，科技考古论丛，1989 年）

△ 元水军进攻日本。1281 年又从海上进攻占城；1287 年又进攻安南；1293 年跨海南征爪哇。所用战船少则 500 艘，多则 3400 艘。（张铁牛等，中国古代海军史，八一出版社，1993 年）

△ 元军用铁火砲同日军作战，日本人自此知道世界上已有火器。（［日］有坂臧，兵器考·火炮篇，日本东京，雄山阁，1937 年）

△ 元工匠孙拱（元）制成叠盾，张则为盾，敛则合而易持。（《元史》卷 203《方技·工艺》）

## 1275 年　乙亥　南宋恭帝德祐元年　元世祖至元十二年

△ 杨辉（南宋）撰成《田亩比类乘除捷法》。该书卷上列出各种形状田地的求积公式及例题。卷下首先指出《五曹算经》的 3 个题目中的一些错误，尤其是对其四不等田的错误公式提出批评，给出了正确的解法。继尔对刘益《议古根源》中的 22 个题目做出详注。

△ 杨辉（南宋）撰成《续古摘奇算法》二卷。卷上给出河图、洛书，四至十行纵横图及聚五、聚六、聚八、攒九、八阵、连环等二十个纵横图及其做法。卷下是各种算术杂题及歌诀。

△ 杨辉（南宋）在《续古摘奇算法》卷上给出了三阶和四阶纵横图的构造方法。比如对四阶纵横图，先"求积"，即每行每列应为 $\frac{1}{4} \times \frac{16 \times (1+16)}{2} = 34$。然后"求等"，通过变换，先使各横行等于 34，再使竖行等于 34。杨辉指出："绳墨既定，则不患数之不及也。"杨辉画出了 5～10 阶的纵横图，但未留下做法。这些成果应该是杨辉和刘碧涧、丘虚谷对前人工作的总结。杨辉等的工作在一定程度上打破了纵横图的神秘性。

△ 意大利人马可·波罗（Marco Polo，1254～1323）随父亲等人，从威尼斯取道中亚抵大都（今北京），任官 17 年，走遍中国大部。归后著《马可·波罗游记》（1298），是向西方系统介绍中国情况的最早著作，成为西欧地理大发现的一个重要启示。[向达，马可·波罗与马可·波罗游记，旅行家，1956，（7），7～10]

△ 题贾似道（宋，1213～1275）编纂的《促织经》是世界最早的一部关于蟋蟀的专著现流传本是经周履靖（明）增添本。[罗桂环，宋代的"鸟兽草木之学"，自然科学史研究 2001，19（2）：158]

△ 郭守敬（元，1231～1316）设计、修筑了 5 条河渠干线，使卫河、马颊河、大运河御河、汶水、泗水、微山湖、山阳湖和梁山泊等水系、湖泊彼此连通，建立了以东平（今属山东）为枢纽，西连卫州（今河南辉县），东达山东中南部，南迄徐州、吕梁的黄河下游一带，北接大运河直达杨村的水上交通网。[陈美东，中国古代科学家传记（下）·郭守敬，科学出版社，1993 年，第 678 页]

△ 元军率战舰数千艘自鄂州蔽江而下，与宋军在池州遭遇，宋军未战而溃，丢弃战舰二千余艘。[《元史·世祖本纪》；李培浩，中国通史讲稿（中），北京大学出版社，1983 年]

## 1276 年　丙子　南宋恭帝德祐二年　端宗景炎元年　元世祖至元十三年

△ 至 1279 年，郭守敬（元，1231～1316）创制简仪、高表、立运仪、座正仪等十多种仪器，在全国范围内由南而北设置 27 个观测点，进行纬度测量。其中，中原地区四个观测点的测值更为精确。（《元文类·郭守敬传》；《元史·天文志》）

△ 郭守敬（元）以海平面为基准，实测黄淮平原，指出开封与北京的高程差。海拔高度概念始此。（《元文类》卷 50《郭守敬传》）

△ 李杲（金）撰《兰室秘藏》刊行。此书 3 卷，分 21 门，共载 283 方，其中除少数古方外，均为李氏创制的有效方剂。[姜春华，评李东垣的学术思想，新医药学杂志，1978，（1）]

△ 元改诸站都统领使司（设于 1270 年）为通政院，管理全国站赤、驿邮之政。（《元史·兵志》）

△ 元籍江南民 30 万户为工匠，惠选有艺业者 10 余万户，余悉还为民，对此后元代工艺技术影响甚大。（《元史》卷 54《张惠传》）

## 1277 年　丁丑　南宋端宗景炎二年　元世祖至元十四年

△ 南宋流亡政权颁行邓光荐（南宋）所制《本天历》，到 1279 年，历废不用。（《宋史

律历志十五》）

△ 福建泉州湾后渚港于 1974 年发掘出土宋末沉没的古船一艘，在舵师舱中出土用于观测天体高度的航海专用的量天尺一把。元至元二十九年（1292），马可·波罗（Marco Polo，1254～1324）奉命从泉州出发，护送蒙古阔阔真公主（元）出嫁波斯，航渡南海、孟加拉湾和印度洋时，即用量天尺测天定位导航。（泉州海外交通史博物馆编，泉州湾宋代海船发掘与研究，海洋出版社，1987 年，第 22、111 页）

**1278 年　戊寅　南宋端宗景炎三年　帝昺祥兴元年　元世祖至元十五年**

△ 札马鲁丁（元，Jamāl al-Dín,？～约 1290）为元安西王推算历法。（元·王士点、商企翁：《秘书监志》）

△ 回族人赛典赤·赡思丁（Sayid Edjel Samsudin，1211～1279）主持的滇池水利工程完工。此工程一方面疏通出水通道，一方面整治盘龙江河道，恢复两岸因江水泛滥而废弃的大片农田。［程鹏举，中国古代科学家传记（上）·赛典赤·赡思丁，科学出版社，1992 年，第652～653 页］

**南宋时期**

△ 张中彦（宋）创造了舟船滑道下水的技术，这是现代船舶纵向下水的早期形式。（《金史·张中彦传》）

△ 韭黄见于记载，表明已有蔬菜软化栽培技术。（南宋·孟元老：《东京梦华录·十二月》）

△ 黑龙江阿城小岭地区，发现以五道岭为中心的冶铁遗址、古矿一处、残存峒口 20 多个，深 7～40 多米，有立井、斜井。炼铁炉分布 50 余处，炉子呈方形，长和宽 1 米，残高2.4 米以下，炉旁出土铁矿石、铁块、木炭、炼渣、宋代铜钱、金代瓷片等。［考古，1965年，(3)；中国大百科全书·矿冶卷，中国大百科全书出版社，1984 年，第 836 页］

△ 船舶挂锔技术。其作用是将外板拉紧用钉连在舱壁上。在 1974 年发掘的泉州湾海船上，在 1978 年发掘的上海嘉定封浜古船上和 1982 年发掘的泉州法石古船上，均应用了挂锔技术。［徐英范，1985，挂锔连接工艺及其起源考，船史研究，(1)：69］

△ 台湾澎湖地区白沙岛有一处南宋时期的房基，以卵石和岩块铺造，长约 15 米，宽约5 米，是目前在台湾地区发现的最早的汉人建筑遗迹。（文物出版社编，新中国考古五十年，文物出版社，1999 年，第 532 页）

△ 周必大（南宋）依照毕昇（北宋庆历年间）遗法自印《玉堂杂记》。此为现知第一部用泥活字印刷的书籍。［韩琦，中国古代科学家传记（上集）·毕昇，科学出版社，1992 年，第 514 页］

**宋朝**

△ 度量权衡皆太府掌造，凡遇改元，即差变法，以年号印而识之。（《宋史·律历志》）

△《宋史·兵志·马政》载："群牧司言，马监草地四万八千余顷，今以五万马为率，一马占地五十亩"。这是关于土地载畜量的最早的记载。

△ 骑承用马和乘挽兼用马分别已形成相对集中的产地。（《宋史·兵志·马政》）

△ 河南宝丰北宋汝官窑、浙江杭州南宋官窑以及龙泉黑胎青釉瓷开创了一种釉中存在小晶体和小气泡为主的具有很强的玉质感的析晶釉瓷。（李家治等，中国科学技术史·陶瓷卷，科学出版社，1998 年）

△ 从宋代开始在江苏宜兴兴起了一种闻名中外、至今不衰的陶器——紫沙陶。用它做成的茶壶即称之为紫沙壶。宜兴亦被世人称为"陶都"。（史俊堂等，紫沙春秋，文汇出版社，1991 年）

△ 在河北、河南、山西诸省于北宋时开始形成我国最大民窑之一即所谓磁州窑系。它集刻、划、剔、填、绘等技法于一体的白地（珍珠地）黑花装饰制品，具有黑白对比强烈纹式生动的艺术效果，深受世人珍爱，影响深远。（中国硅酸盐学会编，中国陶瓷史，文物出版社，1982 年）

△ 迄今已知在文献中首次明确记载铸钱用"沙模"（近似现代砂型）技术是在宋代。（宋·张世南：《游官纪闻》卷二；戴念祖，中国力学史，河北教育出版社，1988 年，第 403~404 页）

△《修炼大丹要旨》卷上明确记载了利用硫黄的"分庚（庚指黄金）法"。至元明时期这种简易分离法盛行起来。（赵匡华等，中国科学技术史·化学卷，科学出版社，1998 年，第 216 页）

△ 宋代的缂丝产品，开始以名人书画为粉本，尽量追求画家原作之笔韵，缂织出山水、楼台、人物、花卉、虫鸟等，装潢成挂轴。传世的松江人朱克柔（南宋）所织《莲塘乳鸭图》，工细高雅，把原画摹缂的惟妙惟肖。说明随着缂织技术的提高以及一些掌握高超缂织技术大师的出现，缂丝产品逐渐远离服用，成为仅供欣赏的纯艺术品。

# 元　朝

**1279 年　己卯　南宋帝昺祥兴二年　元世祖至元十六年**

△ 元统一全国，基本奠定了中华民族的版图。空前规模的统一的多民族国家的形成，使各边疆地区与中原的联系极大地加强，各族人民广泛地迁徙、杂居与通婚，促进了更大规模的民族融合。

△ 在张文谦（元，1217～1283）、王恂（元，约 1235～1282）和郭守敬（元，1231～1316）的主持下，太史院在上都建成。其平面面积约 6.5 万平方米，主体建筑是一座高约 7.2 米的灵台，分 3 层，下层为行政办公场所，中层为天文历法业务工作与研究场所，上层（亦即灵台顶部的平台）为天文观测与历书编辑场所，各种天文仪器错落有致安置其上。是一气势宏伟、布局得当、装备精良、组织严密、分工明确、管理有序的国家天文台。[陈遵妫，中国天文学史（4），上海人民出版社，1989 年，第 1693～1695 页]

△ 郭守敬（元）主持在全国广大范围内由南而北有计划布设 27 个观测点，进行大规模的纬度测量，其中以中原地区 4 个点的测定值最精确。（《元史·天文志》）

△ 元军以水军进攻南宋最后基地崖山（今广东新会以南），宋军败，陆秀夫（元，1236～1279）负宋帝赵昺投海自尽，赵宋王朝灭亡。（《元史·陆秀夫传》；张铁牛等，中国古代海军史，八一出版社，1993 年）

**1280 年　庚辰　元世祖至元十七年**

△ 郭守敬（元，1231～1316）、王恂（元，约 1235～1282）等制成《授时历》。该历法废除传统历法占主导地位的上元积年法，而采用实测多历元法，取 1 万为各天文数据的分母，取消李淳风以来人为的进朔法，以定朔计算的结果为厘定朔日的依据，这些改革都使历法的计算更为简便、并接近自然。创用了三次差内插法于日、月、五星运动不均匀性改正的计算，创用弧矢割圆术于黄赤道宿度变换与太阳视赤纬的计算，运用几何与代数的方法推导得日食 3 限（初亏、食甚、复圆时刻）和月食 5 限（初亏、食既、食甚、生光、复圆时刻）的算式，这些新数学方法的创用都提高了相关计算的精度。继承《统天历》关于回归年长度古大今小的观念，并对具体计算法略作改进。还采用了一批经由实测而得的较准确的天文数据与表格。该历法是中国古代最精良的历法。次年，《授时历》替代《重修大明历》颁行全国，使用至明亡。[陈美东，中国古代科学家传记·郭守敬（下集），科学出版社，1993 年，第 673～677 页]

△ 郭守敬（元）、王恂（元）认为太阳的视运动是时间的三次函数。他们在编制《授时历》时使用了三次差的内插公式，$f(t) = at + bt^2 + ct^3$，$a$、$b$、$c$ 被分别称为定差、平差、立差。（钱宝琮，中国数学史，科学出版社，1992 年，第 190～197 页）

△ 郭守敬（元）、王恂（元）等在《授时历》中利用沈括的会圆术，借助于相似三角形各线段的比例关系，创立了由太阳位置的黄经度数推算其"赤道积度"（赤经度数）、"赤道内外度"（赤纬度数）的新方法，开辟了通向球面三角的途径。（钱宝琮，中国数学史，科学

出版社，1992年，第210～214页）

△ 王应麟（元，1223～1296）撰《通鉴地理通释》14卷。此书征引浩博，考订详明，以叙山川之险要、战守之利害见长，是中国第一部沿革地理专著。（靳生禾，中国历史地理文献概论，山西人民出版社，1987年，第190～193页）

△ 元世祖忽必烈（元，1215～1294）派都实（元）率队考察黄河河源。从兰州出发，至星宿海考察河源，追溯至今鄂陵湖、扎陵湖地区，为中国对黄河源的第一次有目的、有组织的地理考察。同时绘制了中国现知最早的河源实测地图。（《元史·地理志·河源附录》）

△ 窦默（金元，1196～1280）长于针灸，著有《针经指南》、《八穴真经》、《流注指要赋》、《铜人针经密语》等书。他提出了"流注八穴"，将申脉、照海等八穴与九宫、八卦、干支配合起来。（廖育群，中国古代科学技术史纲·医学卷，辽宁教育出版社，1996年，第233页）

△ 景德镇市东北45公里处有一座高山，名曰高岭山。此山盛产一种耐高温而又具有可塑性的黏土，可以用作制瓷原料。人们即以高岭土称之。从此中国乃至世界始有高岭土这一名称。[刘新园等，高岭土史考，中国陶瓷，1982，7（增刊）]

△ 约是年至至元二十七年（1290）成书的周密（宋末元初，1232～1298）撰《武林旧事》记载：节日盛行燃放烟火的活动，说明烟火的制作和使用已非常广泛。

## 1281年　辛巳　元世祖至元十八年

△ 约于是年，赵友钦（元）撰成《革象新书》，这是一部对天文历法问题进行通俗介绍的著作，且在若干论题上提出了独到的见解。如认为邵雍的宇宙循环说是不可取的，又认为在日、月之间有"阴阳精气之潜通，如吸铁之石，感钟之霜，莫或间之也"。他还设计了一种专用的器具与漏刻等，用于测量天体的赤经差和赤纬等值。（赵友钦撰、王祎删定：《重刊革象新书》）

△《革象新书·日月薄食》中以一赤球、一黑球演示日食成因。

△ 约于是年，赵友钦（元）撰《革象新书》第五卷"乾象周髀"中记载了他的割圆术和对圆周率的研究。他从圆内接正四边形开始割圆，求出16 384边形的边长，得出"径一百一十三而周围三百五十五最为精密"的结论，与祖冲之的密率相同。（钱宝琮，中国数学史，科学出版社，1992年，第214～216页）

△ 约于是年，赵友钦（元，1279～1368）《革象新书·小罅光景》记载了以两层楼房和上千支蜡烛作为光源的特大型小孔成像实验。他以此证明光的直线传播、光束的独立性和光的叠加原理，阐明了孔的大小、光源的强弱与疏密、物距与像距变化等多种成像的规律。[银河，我国十四世纪科学家赵友钦的光学实验，物理通报，1956，（4）：201～203]

△ 开凿胶莱运河，自山东胶州陈村河口起，北进胶河，由海仓口出海，航程300余里，沟通了胶东半岛莱州湾与胶州湾水运。1289年因河道航行条件差废弃。（朱偰，中国运河史料选辑，中华书局，1962年）

△ 约于是年，回回大师阿老瓦丁（al-Din，？～1313；波斯）主持在杭州重建真教寺，亦名凤凰寺。据载寺创于唐，毁于宋。他还在广州主持修建怀圣寺。此两寺与泉州圣友寺（即清净寺）并称中国沿海伊斯兰三大名寺。[《杭郡重修礼拜寺记碑》，1493年；纪思，杭州的伊斯兰教建筑凤凰寺，文物，1960，（1）：67]

**1282 年　壬午　元世祖至元十九年**

△ 从是年开始，郭守敬（元，1231～1316）约用了 9 年时间完成了《授时历》的推步方法和一系列天文数据与表格、大量观测资料和诸多研究心得的整理、总结工作，计撰成 14 种 105 卷天文历法的系列著作。[陈美东，中国古代科学家传记（下集）·郭守敬，科学出版社，1993 年，第 668、669 页]

**1283 年　癸未　元世祖至元二十年**

△ 兵部尚书李粤（元）疏浚济州河完工。工程南由济州（今山东济宁）接泗水会黄河入淮以通江淮运河，北迄须城（今山东东平）西南的安山入济水（大清河）至利津入海，全长 150 里。从此南来漕船，可由此河出大清河涉海趋直沽（今天津）再达大都（今北京）。6 年后成为会通河的中段。[《元史·济州河》；水利水电科学研究院《中国水利史稿》编写组，中国水利史稿（中），水利水电出版社，1987 年，第 272～273 页]

△ 张瑄（元）、朱清（元）开辟长江口至界河口（今天津海河口）的新航线。（清·胡书农：《大元海运记》）

△ 至 1314 年，元政府委张瑄（元）、朱清（元）组织海漕运输，1283 年运粮 4.6 万石，是为最高额，计用粮船 1800 艘。（清·胡书农：《大元海运记》卷上）

**1284 年　甲申　元世祖至元二十一年**

△ 禁天下私藏与私习天文、图谶、太乙、雷公式、七曜历、推背图、苗太监历，违者悉治罪。（《元史·世祖本纪》）

△ 集诸路医学教授增修《本草》。

**1285 年　乙酉　元世祖至元二十二年**

△ 各路医生教授学正，训诲医生每月朔望到指定处交流经验。（清·翟灏：《通俗编》卷 21）

**1286 年　丙戌　元世祖至元二十三年**

△ 颁行司农司编撰的《农桑辑要》，是为中国第一部官修官颁农书。（参见 1273 年）

**1287 年　丁亥　元世祖至元二十四年**

△ 二月二十六日，下令征集阿拉人的航海图籍和航路指南等资料。[元·王士点，商企翁：《元秘书监志》卷四《纂修》；郑鹤声、郑一钧，郑和下西洋资料汇编（上），齐鲁出版社，1980 年，第 248 页]

**1289 年　己丑　元世祖至元二十六年**

△ 正月三十日，马之贞（元）等主持开会通河，南自安山（今山东东平西南），北至临清（今属山东），长 265 里，用工 250 万，六月十八告成。又建拦河隘船石闸 31 座，使运道延伸至徐州。会通河是元代打通南北大运河的关键工程。（《元史·河渠志》）

△ 元政府诏置浙东、江东、江西、湖广、福建木绵提举司，责民岁输木棉布十万匹以都提举司总之。说明在这一年棉布开始作为政府指定的纳税物资了。(《元史·世祖本纪》)

## 元代中叶

△ 算盘即珠算盘。东汉徐岳《数术记遗》的太一算、两仪算、三才算、珠算等记数法与计算法就使用珠算盘，当时称为算板，当是现今珠算盘的雏形。现今珠算盘发明于什么时候，没有记载。南宋刘胜年所绘《茗园赌市图》、元至大三年(1310)所绘《乾坤一担图》中都有算盘图，知它在当时已经流行。明《魁本对相四言》(1371)有珠算盘图式。其形长方，周为木框，内穿档，档中横以梁。梁上二珠或一珠，每珠作数五；梁下五珠或四珠，每珠作数一。定位后利用歌诀拨珠计算。因其歌诀易诵，简单易学，运算简捷，且便于携带，元明后逐步取代算筹成为主要计算工具，并流传于朝鲜、日本和东南亚各国。(郭书春，中国古代数学，商务印书馆，1997年，第31~32页)

△ 运用珠算盘进行加、减、乘、除、开方等计算的方法叫做珠算。它是什么时候产生的，没有确切记载。宋元时人们创造了筹算乘除捷算法，且编成歌诀。口诵歌诀极快，而手摆算筹很慢，得心无法应手。这个矛盾促进了珠算的发明和筹算向珠算的演变，筹算歌诀亦变成珠算歌诀。珠算最晚产生于南宋末年。它算法简捷，便于记诵，运算迅速。元明流行，在明代逐渐取代筹算成为主要的计算方法，并流传到朝鲜、日本和东南亚地区。(钱宝琮，中国数学史，科学出版社，1992年，第136~138页)

△《透帘细草》，不知卷数、作者及编纂年代，为一通俗读物，有归除等方法。现存71问，有54问存《知不足斋丛书》本《透帘细草》残卷，其中后13问与《诸家算法》所录13问相同；还有17问存《永乐大典》卷16343~16344中。

## 1291年　辛卯　元世祖至元二十八年

△ 郭守敬(元，1231~1316)主持开凿通惠河，上引昌平神山泉，下引玉泉诸水汇于北京积水潭。再由潭引水出文明门(今崇文门北)，东至通县高丽庄注入通州运粮河(北运河)。至至元三十年(1293)渠成，命名通惠河，全长164余里。至此，自通惠河、济州河、会通河，而入黄河、淮河，可与淮扬运河、江南运河相通，奠定了中国南北大运河基本格局。通惠河工程从选线、布局到闸门、斗门系统的设置和应用，都反映了科学性、合理性和实用有效的原则。(《元史·河渠志·通惠河》)

△ 周密(宋，1232~1298)《齐东野语·经验方》记载人们发现了油脂薄膜或单分子膜现象，以此油脂可以清洗落入眼内的尘埃。(戴念祖，中国力学史，河北教育出版社，1988年，第405页)

△ 是年前，出现通过控制温度促使鲜花提前开放的"唐花术"，又称"唐花"、"糖花"。(南宋·周密，《齐东野语·马塍艺花》)

△ 周密撰(南宋)《齐东野语》卷一提出温泉之热系地下硫磺和礬石燃料的结果。(刘昭民，中华地质学史，台湾商务印书馆，1985年，第202页)

## 1292年　壬辰　元世祖至元二十九年

△ 元在大都(今北京)、上都(今多伦)各置回回药物院，隶属太医院(至治中改隶广

惠司），管理回回药事，翻译了阿拉伯医药书籍《回回药方》。(《元史·百官志》)

　　△ 乌古孙泽（元）在雷州半岛近海地带创建了一个用淡水洗碱泻卤和灌溉的水利工程，使频海万顷土地尽成膏腴。(《元史·乌古孙泽传》)

### 1293 年　癸巳　元世祖至元三十年

　　△ 根据宋代遗制，修定市舶法则。(《元典章》卷 22《户部八》)
　　△ 北洋航线开辟后，经过一年探索，殷明略（元）寻到一条更为便捷、更为安全的航线，即"从刘家港入海，至崇明三沙放洋，向东行，入黑水洋，取成山，转西，至刘家岛，又至登州沙门岛，于莱州大洋入界河"。全程航期"不过旬日而已"。(清·胡书农：《大元海运记》卷下；《元史·食货志·海运》)

### 1294 年　甲午　元世祖至元三十一年

　　△ 曾世荣（元）所撰《活幼心书》3 卷刊行。此书卷上以诗赋形式论述儿科常见疾病证治；卷中为作者临症心得；卷下选录儿科有效治方 200 余首，是元代较有影响的儿科专著。曾氏还著有《活幼口议》20 卷。(廖育群，中国古代科学技术史纲·医学卷，辽宁教育出版社，1996 年，第 34 页)

### 1295～1297 年　元成宗元贞年间

　　△ 流落崖州（今广东崖县）的黄道婆（元，1245～?）返回松江乌泥泾（今上海市华泾镇），带回海南黎族的棉纺技术，并改革了轧花车、弹棉椎弓等工具与技能，遂使植棉与棉纺技术在江南很快推广。[元末明初·陶宗仪：《南村辍耕录·黄道婆》；郭永芳，我国古代纺织技术的革新家——黄道婆，科学实验，1975，(3)：30～31]

### 1295 年　乙未　元成宗元贞元年

　　△ 胡仕可（元）以医家应读本草，而原有本草过繁，不便检阅，遂择常用药按韵编类歌括，撰成《本草歌括》8 卷，图、诗并存，是本草通俗读物的代表作。明代有熊宗立《增补本草歌括》、何士信《补注本草歌括》各 8 卷。(廖育群，中国古代科学技术史纲·医学卷，辽宁教育出版社，1996 年，第 268 页)
　　△ 至 1301 年，王祯（元，约 1271～约 1330）在安徽旌德请工匠刻制木活字三万余个，同时发明了木质转轮盘以便捡字，并试印《旌德县志》，是第一个采用木活字印书的人。他把木活字印书的经验写成《造活字印书法》，附在了他所著的《农书》后面。[张秀明，元明两代的木活字，图书馆，1962，(1)]

### 1296 年　丙申　元成宗元贞二年

　　△ 约于是年，郭守敬（元，1231～1316）制成大明殿灯漏（又曰七宝灯漏），系一种大型自动报时仪器，以前所未有的丰富多彩的音像形式来报时；水浑运浑天漏，系一种自动演示日月星辰运行状况的仪器；柜香漏与屏风香漏，系两种均以点燃更香的方法以计时与报时的装置；行漏，系一种便携式计时仪器。[陈美东，中国古代科学家传记（下集）·郭守敬，科学出版社，1993 年，第 673 页]

中国科学技术史·年表卷

△ 约于是年，伊世珍（元）在《瑯嬛记》中指出：元气乃是宇宙的本原，宇宙由无数个天地组成，每一个天地都有各自不同的生成与毁亡的过程。又认为天大地小，天包地外，地在气中，"地如卵黄"，地球的周围均有人物存在。（《古今图书集成·乾象典》卷七；陶宗仪：《说郛》卷三十二上）

△ 约于是年，黄必寿（元）指出，只有右旋说能够完满地解释太阳沿黄道运行的现象，而左旋说则无法对之做出合理的说明。这是对日、月、五星右旋说的强有力论证。（黄镇成：《尚书通考》卷一）

△ 元政府制定了江南夏税制度，将木棉、布、绢、丝等物归为一类。从此棉布与其他纺织品一样被正式列为常年租赋。（《元史·食货志》）

## 1297～1307 年　元成宗大德年间

△ 任仁发（元，1254～1327）著《浙西水利议答录》（一名《水利集》）。任仁发先后主持修治吴淞江、通惠河、会通河、黄河、镇江练湖、盐官海堤等水利工程。[施一揆，元代水利家任仁发，江海学刊，1962，（10）：45～46]

△ 任仁发（元）《浙西水利议答录》记载：当时已用风力提水，已有水车。（明·徐光启：《农政全书·水利》）

## 1297 年　丁酉　元成宗元贞三年　大德元年

△ 周达观（元，约 1270～约 1346）著《真腊风土记》，书中记载 1295～1297 年随使团赴真腊（今柬埔寨）访问的见闻，内容涉及地理、生物、政治、文化、民族、习俗等。这部中国古代地理名著也是关于吴哥文化鼎盛时期历史地理唯一的文字实录。（陈正祥，《真腊风土记》研究，香港中文大学，1975 年）

## 1298 年　戊戌　元成宗大德二年

△ 马可·波罗在威尼斯与热那亚海战中被浮，开始口述东方见闻，由同狱中的小说家比萨人鲁思梯切诺（Rustigielo）笔录，是年成书，名《东方见闻录》，亦称《马可波罗游记》，为中世纪关于世界史、中西交通史和地理学史的名著，并促成了哥伦布（C. Colomobo）等航海家、探险家对东方的航海探险活动。[向达，马可波罗与罗马波罗游记，旅行家，1956，（4）：7～10]

△ 郭守敬（元，1231～1316）在参与北京西北郊铁幡竿渠的设计时，创用了依据山洪流量等水文情况与渠道宽窄、深浅之间定量关系的计算方法。[陈美东，中国古代科学家传记（下）·郭守敬，科学出版社，1993 年，第 679 页]

△ 是年前，维扬（今江苏扬州）炮库发生爆炸事件，"炮风扇至十余里外"。文中的"炮风"即今日称为冲击波。（元·周密：《癸辛杂识·前集·炮祸》）

△ 是年前，周密（元，1232～1298）《癸辛杂识》记载了以自然发酵而成的梨酒。

△ 是年前，白蜡虫生活史和放养技术见于周密（元）《癸辛杂识》。

△ 是年前，周密（元）《癸辛杂识·别集上》已详细记载了鱼苗长途运输。

△ 是年前，开始用茉莉花窨制花茶。（元·周密：《绝妙好词》）

△ 是年前，周密（元）《癸辛杂识》记载了白蜡虫的生活习性和养殖方法。

△ 十月，始建江苏苏州灭渡桥，次年三月桥成。桥长约 93 米，高约 12 米，净跨 20
米，矢高 8.19 米，拱券石厚 0.3 米，是现存中国古代最薄的单孔实腹圆弧石拱桥。（唐寰
澄，中国科学技术史·桥梁卷，科学出版社，2000 年，第 295～296 页）

**1299 年　己亥　元成宗大德三年**

△ 朱世杰（元）所撰《算学启蒙》刊刻。该书包括乘除及其捷算法，一直到增乘开方
法、天元术以及垛积等多方面的数学内容，由浅入深，形成了一个比较完整的体系，是一部
很好的启蒙读物。《算学启蒙》中所整理的各种乘除捷算法歌诀比杨辉的更加完整、流畅，
许多歌诀与现代的珠算歌诀完全一致。

△ 朱世杰（元）所撰《算学启蒙》"总括"之"明乘除"一节中称："同名相乘为正，
异名相乘为负。"这是世界数学史上最早的关于正负数的乘除法则的文字记载。（杜石然，朱
世杰研究，宋元数学史论文集，科学出版社，1966 年，第 178～180 页）

△ 归除是元明时期创造的除数在两位以上时的除法歌诀，起于筹算，后来用于珠算。
除数是二位或二位以上的除法叫做归除。它是在九归与减法基础上发展起来的。如除数是
385，就称为三归八五除。其法以除数首位对齐被除数首位，通过九归歌诀，得出商数。随
即将商数与除数首位以后各数的乘积，从被除数中减去，如是逐位进行，直至被除数减尽或
商数满足要求的位数为止。朱世杰（元）已懂得归除，何平子《详明算法》始有细草。明吴
敬、柯尚迁等的歌诀与现今相似。运用归除可不经估计而直接求得商数。（钱宝琮，中国数
学史，科学出版社，1992 年，第 131～134 页）

△ 留头乘亦称"穿心乘"。元代创造的三位以上的乘数的一种乘法方式，因将乘数首位
留至最后再与被乘数相乘而得名。起于筹算，用于珠算，初见于元朱世杰《算学启蒙》。其
法先从乘数左起第二位起至末位，依次向右乘被乘数，再以乘数首位乘；先乘被乘数的个
位，再乘其十位、百位等数。如 563×874，计算的顺序是：3×70，3×4，3×800；60×
70，60×4，60×800；500×70，500×4，500×800。

**13 世纪后期**

△ "烤田"一词见于文献记载，时称"靠田"。（南宋·高斯得：《耻堂存稿·宁国府劝
农文》）

△ 水稻田用水量见于记载。（胡道静辑，种艺必用，农业出版社，1962 年）

△《种艺必用》记载了移栽树木的注意事项，在一定程度上反映了当时人们的植物生理
学知识。

△ 出现风磨。（元·耶律楚材：《湛然居士文集·西域河中十咏》）

**1300 年　庚子　元成宗大德四年**

△ 木活字传至西域。现存最早的木活字为回鹘文，约于年前后制成。[杨学富，敦煌研
究院藏回鹘文木活字，敦煌研究，1990，（2）]

△ 约于是年，阿拉伯人学习了中国的火器技术，制成木质管形射击火器"马达法"
（madfa. 或 madifa），发射石球或箭镞。14 世纪中叶，欧洲人又据此仿制成金属管形射击火
器"手持枪"。（冯家昇论著辑粹，中华书局，1987 年，第 296 页）

△ 海盐的晒制法始兴于福建。(《元史·食货志》)

## 1301 年　辛丑　元成宗大德五年

△ 元代无名氏所撰《居家必用事类全集》记载了栈鹅易肥法。

△ 《居家必用事类全集》中的《造诸醋法》中介绍了当时 11 种制醋法。无论从分类和命名，还是从工艺要点，都较《齐民要术》有了明显进步，特别是在固体发酵和糠的应用上。表明制醋的传统工艺已趋于成熟。

△ 编成的《居家必用事类全集》中记载了南蕃烧酒法。它是将液态的酒醅在两瓮相对而成的蒸酒器中烧制而成。忽思慧(元)的《饮膳正营》(1330 年刊印)及其他文献都有蒸馏酒的记载，表明蒸馏酒在元代已获发展。(赵匡华等，中国科学技术史·化学卷，科学出版社，1998 年，第 556~558、566~567 页)

△ 《居家必用事类全集》是现存文献中最早记载红曲生产工艺的著作。此后记录红曲生产的重要著作还有吴继刻印的《墨娥小录》、李时珍(明)的《本草纲目》和宋应星(明)的《天工开物》等。

△ 《居家必用事类全集·戊集·宝货辨疑》明确记载了黄金的对比鉴定法，即利用黄金等子(对牌)在试金石上划痕对比。(赵匡华等，中国科学技术史·化学卷，科学出版社，1998 年，第 219 页)

## 1302 年　壬寅　元成宗大德六年

△ 邓牧(元，1247~1306)在《伯牙琴·超然馆记》中指出：虚空是无穷无尽的，天地相对于虚空而言是微乎其微的，宇宙是由众多的天地组成的。(陈美东，中国科学技术史·天文学卷，科学出版社，2005 年，第 547 页)

## 1303 年　癸卯　元成宗大德七年

△ 元代官修地理总志《大元一统志》，历 17 年，始编定，世祖与成宗时札马鲁丁(元，Jamāl al-Dín)、虞应龙(元)与孛兰肹(元)等人先后主持编纂，初刊于至正六年(1346)。全书 1300 卷(今仅存数卷)，内容丰富，网罗详备，附彩色地图。书中记录了一些新兴的城市和工矿业，为前书所未载。此书为明清两代地理总志的蓝本，对后世一统志编纂影响很大。(靳生禾，中国历史地理文献概论，山西人民出版社，1987 年，第 201~204 页)

△ 朱世杰(元)撰《四元玉鉴》刊刻。书中含有四元术、垛积术和招差术等中国传统数学中最出色的数学成就。明代以后，该书中数学内容已无人能懂，至清乾嘉时期，对《四元玉鉴》的研究成为当时数学界的一个重点课题。(杜石然，朱世杰研究，宋元数学史论文集，科学出版社，1966 年，第 166~209 页)

△ 祖颐(元)在《四元玉鉴》后序中称，唐宋虽以《九章算术》等算经设算科取士，"然天、地、人、物四元罔有云及一者"。朱世杰在前人的二元术、三元术的基础上在《四元玉鉴》中创造四元术，即四元高次联立方程组的数值解法。四元术的内容包括四元方程的布列法、四元消法和高次方程数值解法。此为传统代数学所能达到的最高成就。(杜石然，朱世杰研究，宋元数学史论文集，科学出版社，1966 年，第 166~209 页)

△ 祖颐在《四元玉鉴》后序中称：平阳李德载撰有《两仪群英集臻》中含二元高次方

程组问题。刘大鉴撰《乾坤括囊》中含有两个三元高次方程组算题。可见宋元期间在天元术的基础上依次产生了二元术和三元术。由于上述二书均佚，无法得知这两个重要的数学成果产生的具体年代。（元·祖颐："松庭先生四元玉鉴后序"，《四元玉鉴》，白芙堂丛书本）

△ 朱世杰（元）于《四元玉鉴》中给出四元高次方程组的筹算布列法，即以常数项居中，以天、地、人、物为代表的未知数及未知数乘积的系数分列下、左、右、上，其幂次由它们与太（元气）的相对位置决定，由此构成的系数方阵。二元术有两个二元式，三元术有三个三元式，四元术有四个四元式。（钱宝琮，中国数学史，科学出版社，1992年，第179～186页）

△ 朱世杰（元）于《四元玉鉴》中给出四元消法。就是通过"剔而消之"、"人易天位"或"物易天位"将四元四式化成三元三式，将三元三式化成二元二式，然后通过"互隐通分相消"，将二元二式化成一元一式，亦即一元高次方程，用增乘开方法求解。（杜石然，朱世杰研究，见：宋元数学史论文集，科学出版社，1966年，第166～209页）

△ 朱世杰（元）在《算学启蒙》、《四元玉鉴》中求解一元方程时常用到连枝同体术，又称为之分法。当求出开方式（设为 $n$ 次）的根的整数部分后，发现开方不尽，便以减根开方式（即求出根的整数部分之后的余式）的隅（开方式的最高次方的系数）的 $n-1$，$n-2,\cdots1$，$0$，$-1$ 次方分别乘其常数项，及 $1$，$2$，$\cdots n-2$，$n-1$，$n$ 次项的系数，使 $n$ 次项的系数变成1。记减根开方式的最高次方的系数为 $A$，这相当于进行变换 $y=Ax$。开方求出 $y$，则原开方式的分数部分就是 $x_1=\dfrac{y}{A}$。

△ 朱世杰（元）在《四元玉鉴》中给出一系列三角垛公式。三角垛即由贾宪三角形斜行数目构成的高阶等差级数。朱世杰已明确给出了三角垛前五垛的求和公式，可以断定朱世杰实际上已经掌握了以 $\dfrac{1}{p!}i\,(i+1)\,(i+2)\,\cdots\,(i+p-1)$ 为通项的一串三角垛的前 $n$ 项和的公式

$$S_n = \sum_{i=1}^{n} \frac{1}{p!}i\,(i+1)\,(i+2)\,\cdots\,(i+p-1)$$
$$= \frac{1}{(p+1)!}n\,(n+1)\,(n+2)\,\cdots\,(n+p)$$

显然，当 $p=1$，$2$，$3$，$4$，$5$ 时，分别是茭草垛、三角垛（或称落一形垛）、撒星形垛（或称三角落一形垛）、三角撒星形垛（或称撒星更落一形垛）、三角撒星更落一形垛的垛积。钱宝琮，中国数学史，科学出版社，1992年，第179～186页）

△ 朱世杰（元）在《四元玉鉴》中发展了杨辉的四角垛，使之成为岚峰形垛的求和公式系列。所谓岚峰形垛是以三角垛的各项再乘以该项的项数即以 $\dfrac{1}{p!}i\,(i+1)\,(i+2)\,\cdots\,(i+p-1)\,r$ 为通项的垛积，其前 $n$ 项和的公式是

$$S_n = \sum_{i=1}^{n} \frac{1}{p!}i\,(i+1)\,(i+2)\,\cdots\,(i+p-1)\,r$$
$$= \frac{1}{(p+2)!}n\,(n+1)\,(n+2)\,\cdots\,(n+p)\,[\,(p+1)\,n+1]$$

当 $p=1$，$2$，$3$，$\cdots$ 时，分别是四角垛、岚峰形垛、三角岚峰形垛或岚峰更落一形

垛、……（钱宝琮，中国数学史，科学出版社，1992 年，第 197～203 页）

△ 朱世杰（元）在《四元玉鉴》"如象招数"门中利用垛积公式建立了四次内插公式，即四次招差公式

$$f(n) = n\Delta_1 + \frac{1}{2!}n\ (n-1)\ \Delta_2 + \frac{1}{3!}n\ (n-1)\ (n-2)\ \Delta_3$$

$$+ \frac{1}{4!}n\ (n-1)\ (n-2)\ (n-3)\ \Delta_4$$

其中 $\Delta_1$、$\Delta_2$、$\Delta_3$、$\Delta_4$ 是上差、二差、三差、四差，二差的系数是以 $n-1$ 为底子的茭草垛积，三差的系数是以 $n-2$ 为底子的三角垛积，四差的系数是以 $n-3$ 为底子的撒星形垛积。这一公式与现代通用的形式完全一致。欧洲牛顿在 1676 年才得到这个公式。（钱宝琮，中国数学史，科学出版社，1992 年，第 197～203 页）

## 1304 年　甲辰　元成宗大德八年

△ 林辕（元）在《谷神篇·元气说》中提出从弥散的水质微粒集聚成约直径 1 毫米的原始宇宙，再膨胀成直径百里的原始混沌，再以一张（1 万年）一弛（800 年）的脉动形式，不断向外膨胀的宇宙膨胀说的基本框架，并以阴阳、动静、燥湿、温寒、吸引与排斥、轻重、聚散、化育等机制，试图对其说加以说明。（《道藏·洞真部·方法类·光下》；陈美东，中国科学技术史·天文学卷，科学出版社，2005 年，第 548 页）

△ 陈大震（元）、吕桂孙（元）纂修《大德南海志》。原书 20 卷，已散佚。书中记载同元代进行海路贸易的有 140 多个国家和地区，为元代中西交通史名著。（清·杨士奇：《文渊阁书目》）

△ 任仁发（元，1254～1327）在多次上书陈述治理太湖利弊和疏浚之法后奉命主持吴淞江的疏浚。历时 1 年，役夫 1 万 5 千人，疏浚入海口 38 里河道，并兴建了一些涵洞。[《新元史·任仁发传》；王绍良、黎沛虹，任仁发及其治理太湖的理论，中国水利，1984，(12)：33～34]

## 1306 年　丙午　元成宗大德十年

△ 在今北京市安定门内成贤街建成国子监，为元、明、清三代国家最高学府。[陈育丞，国子监，文物，1959，(10)：37]

## 1307 年　丁未　元成宗大德十一年

△ 在湖北均县武当山小莲峰上建造铜殿一座。殿仿木结构铸，通体榫卯，可拆可合。高 2.4 米，宽 2.7 米，深 2.5 米，平面一间，略呈方形，结构简单朴实，正面角柱间使四抹球纹隔扇，顶作悬山式。为我国最早的铜殿。（田长浒主编，中国铸造技术史·古代卷，航空工业出版社，1995 年，第 223 页）

## 1308 年　戊申　元武宗至大元年

△ 王与（元）著《无冤录》初刊，后又修订再版，为宋慈（南宋）《洗冤集录》（1247）之后的法医名著。后传入朝鲜、日本。20 世纪之前的 50 年，朝鲜一直是以《无冤录》为检

验专书。

## 1309 年　己酉　元武宗至大二年

△ 建造赵城（今山西洪洞）广胜寺下寺正殿，为元代木构建筑杰作之一。殿内使用减柱和移柱法，在内柱上置横向的大内额以承各缝梁架；使用斜梁，斜梁的下端置于斗拱上，上端搁于大内额上，其上置檩。这种大胆而灵活的结构方法是元代地方建筑的一个特色。（刘敦桢主编，中国古代建筑史，中国建筑工业出版社，1984 年，第 270 页）

△ 制作的钧窑大香炉于 1970 年在内蒙古呼和浩特东郊白塔村被发现，高达 42 厘米，器型硕大，胎骨厚生，通体施天青釉，经过烧制窑变，呈现灿烂的红霞。（文物出版社编，新中国考古五十年，文物出版社，1999 年，第 94 页）

## 1310 年　庚戌　元武宗至大三年

△ 约于是年，吴澄（元，1249～1330）对邵雍以来天地生成宇宙循环论做了归纳总结，给出古代关于宇宙循环论最完整而明确的论述。（张九韶：《理学类编》卷一）

△ 吴澄（元）力主日月星辰左旋说，并明确给出左旋自疾到迟的顺序："天一、土木三、火四、日五、金六、水七、月八。"（元·吴澄：《吴文正集·卷二》）

## 1311 年　辛亥　元武宗至大四年

△ 因中国网格地图、航海地图和针路的启发，是年地中海地区出现最早有年代可考的实用航海地图。

## 1313 年　癸丑　元仁宗皇庆二年

△ 王祯（元）作《王祯农书》，是一部综合性大农书，共 37 卷，由"农桑通诀"、"谷谱"和"农器图谱" 3 大部分组成。该书间论南北，图文并茂，首创农具图谱，记载了很多新的农业生产技术措施。（王毓瑚，中国农学书录，农业出版社，1964 年，第 111 页）

△《王祯农书》在贯彻"时宜"和"地宜"原则方面有创新。创制"授时指掌活法之图"，对历法和授时问题做简明总结；根据全国各地的风土和农产绘制"全国农业情况图"，以帮助人们辨别土壤，实行因土种植和因土施肥。[郭文韬，中国古代科学家传记（下）·王祯，科学出版社，1993 年，第 712 页]

△《王祯农书》对后魏以来中国南北精耕细作的优良传统经验进行新的总结。在北方旱地中，耕作体系为耕、耙、劳；套耕采行内外套翻法，减少开闭垄；秋耕为主，春耕为辅。在南方水田中，耕作体系为耕、耙、耖；稻作旱田实行"开畛作沟"。[郭文韬，中国古代科学家传记（下）·王祯，科学出版社，1993 年，第 713 页]

△《王祯农书·农桑通诀》中开辟《粪壤篇》，把增肥摆在农业增产的重要地位，阐发施肥是化无用为有用的思想，提出设置常年积肥车，并较为详细地介绍了苗粪、草粪、火粪、泥粪 4 种肥料。

△《王祯农书·农器图谱》中开辟《灌溉门》，把农田灌溉摆在重要地位。文中介绍了多种水利灌溉的工具和器械，其中提水灌溉工具有水转翻车和高转筒车，动力采用水力和畜力，提高了灌溉效率。

　　△《王祯农书》记载了不少可以用来充饥的野生植物。

　　△《王祯农书·田制门》记载的土地利用方法已有圩田、围田、柜田、梯田、架田、沙田、涂田等。(万国鼎,王祯和农书,中华书局,1962年)

　　△《王祯农书·田制门·涂田》记载对滨海盐碱地采用修筑沟洫条田的方法进行改良、利用。

　　△《王祯农书》卷十九对水排的主要改进是"此排古用韦囊,今用木扇"。木扇是简单的木风箱,利用木箱盖板的开闭来鼓风。书中附图。

　　△《王祯农书·农器图谱·铚艾门》记载的整地工具有平板、刮板。

　　△《王祯农书·农器图谱·耒耜门》记载播种工具出现了下粪耧和砘车,前者可以将肥料于播种的同时施于种子上面;后者在播种覆土后轧过垅沟,使种、土紧密结合,有利发芽。

　　△《王祯农书·农器图谱·钁锸门》记载的中耕农具有耧锄和耘荡,前者用于旱田,后者用于水稻田,大大提高了功效。

　　△《王祯农书·农器图谱》"铚艾门"、"利用门"分别记载了收割工具麦钐、麦笼和推镰,可提高收割效率,减少收割过程中的损失。

　　△《王祯农书·农器图谱·利用门》记载的粮食加工工具有水轮三事、水转连磨。前者可一次完成磨麦成面或碾谷成米的加工过程;后者则利用一大水轮带动数磨,即可加工粮食,还可捣茶叶,又可兼灌溉,堪称"可供数事"。

　　△ 农业生产活动出现劳动保护工具——耘瓜、覆壳、通簪、臂篝、薅马等。(元·王祯:《王祯农书·农器图谱》"钁锸门"、"蓑笠门")

　　△《王祯农书·农桑通诀·垦耕篇》记载了采用三区内外套翻地的耕地法。

　　△《王祯农书·农桑通诀·垦耕篇》记载了稻田冬作采用开沟作垄技术。

　　△《王祯农书·农器图谱·钁锸门·耘荡》记载了稻田中耕采用耥田技术。

　　△《王祯农书·谷谱·疏属·韭》记载了蔬菜栽培中使用风障。

　　△《王祯农书·谷谱·疏属·韭》记载了温室培育韭黄技术。

　　△《王祯农书·谷谱·蓏属·菌子》记载人工栽培食用菌使用人工接种法。

　　△《王祯农书·农桑通诀·畜养篇·养猪类》记载青饲料发酵技术。

　　△《王祯农书·农桑通诀·种植篇》记载桑树嫁接出现身接、皮接、搭接、靥接、枝接、根接等多种方法。

　　△《王祯农书·谷谱·稻·播种》将水稻分为籼、粳、糯3类。

　　△《王祯农书·养蜜蜂类》中已有割取蜂蜜防蜂螫技术。

　　△ 波斯国学者兼医生拉什德·阿尔丁·阿尔哈姆丹尼(Rashid al-Dinal-Hamdani,1247~1318)主持编撰了一部波斯文的中国医学百科全书《伊尔汗的中国科学宝藏》,介绍脉学、解剖学、胚胎学、妇产科学、药物学,附有内脏解剖图和切脉部位图。(廖育群,中国古代科学技术史纲·医学卷,辽宁教育出版社,1996年,第353页)

　　△ 王祯(元)《农书·农器图谱·蚕桑门》较早详细记载了一种既可用人力、畜力也可用水力驱动,有32个锭子的大纺车(又称"竖锭大纺车"),并提到"众家绩多,乃集于车下秤绩分缠",当时"中原麻苎之乡皆用之"。这种大纺车的普遍应用,不仅反映出当时纺织机械所达到的水平,还表明当时各户农家所劈绩的麻缕已近乎规格化了。此外,还记载了改进后的轧花机——木棉搅车。(赵承泽主编,中国科学技术史·纺织卷,科学出版社,2003年,

第 86 页）

## 1314 年　甲寅　元仁宗延祐元年

△ 维吾尔族人鲁明善（元）所撰《农桑衣食撮要》完成并刊刻，至顺元年（1330）再刊于学宫。此书按照月令体裁写成，文字简单扼要，"凡天时地利之宜，种植敛藏之法，纤细无遗"（《自序》），是我国现存最早一部由少数民族写的农书。（王毓瑚，中国农学书录，农业出版社，1964 年，第 113 页）

△《农桑衣食撮要·插稻秧》记载：水稻插秧通行一人插一行，每行插六株，株距五六寸——我国传统的水稻插秧方式至此已定型。[阎崇年，维吾尔族农学家鲁明善，中央民族学院学报，1978，（2）：50]

△《农桑衣食撮要·四月》记载了"防雾伤麦"的技术措施。

△《农桑衣食撮要·二月·种西瓜》记载了瓜类采用掐蔓整枝技术。

△《农桑衣食撮要·正月·修诸色果木树》记载果树采用修剪整枝技术。

△《农桑衣食撮要·正月·种茄匏冬瓜葫芦菜瓜》记载蔬菜冷床育苗技术。

△《农桑衣食撮要·三月·大眠饲法》对补饲的方法及其重要性做了详细记述。

△《农桑衣食撮要·十月·割蜜》记载人工饲养蜜蜂，已采取冬季添饲技术。

△《农桑衣食撮要》，有不少有关蚕的生理和营养方面的记述。

△ 延祐初，令精通阴阳术数之人依儒学、医学例于路、府、州设教授一员。（《元史·选举志》）

△ 开下蕃市舶之禁。令下蕃商贩须由江浙行省给牒，方可去蕃。这在一定程度上促进中外交流。（《元史·食货·市舶》）

△ 陕西行台监察史王琚（元）主持改建引泾灌渠丰利渠，渠口上移，历 4 年始成，名为王御史渠。（《元史·河渠志》）

## 1315 年　乙卯　元仁宗延祐二年

△ 潘昂霄（元）根据都实（元）之弟库克楚（元）所言，撰成《河源志》1 卷，详细记载都实寻找河源一事，是中国现存最早较详细记录黄河源区情况的专著。（《元史·地理志·河源附录》）

△ 杜思敬（元，1234～1316）辑录 19 种金元医著，编成中医丛书《济生拔萃》。

## 1316 年　丙辰　元仁宗延祐三年

△ 铸造了一套精致的报时仪器——铜壶滴漏，现存广州市博物馆，是我国现有时代最早、保存最完整的报时仪。（北京钢铁学院《中国冶金简史》编写小组，中国冶金简史，科学出版社，1978 年，第 154 页）

△ 元政府规定医生必须精通十三科之一始准行医。（《元典章·礼部·医学》）

## 1317 年　丁巳　元仁宗延祐四年

△ 为完成海漕粮运，于天津海口龙山庙前，高筑土堆，四傍石砌，设立望标。每年四月十五日为始，竖立标杆，日间悬挂布幡，夜间悬挂灯火，引导漕船安全入港。（清·胡敬：

《大元海运记》卷下）

**1320 年　庚申　元仁宗延祐七年**

△ 约于是年，许谦（元，1278～1337）作《七政疑》，主要以逻辑推理的方法对日月、五星左旋说提出 7 项质疑，否定左旋说的可靠性。（许谦：《读书丛说》卷二）

△ 朱思本（元，1273～1333/1350）历时 10 年完成用计量画方方法绘制《舆地图》，纵横各 7 尺。系统地用图示符号表示自然地理、人文地理要素。黄河源绘制比较准确。对此后地图学的发展有重大影响。［郑锡煌，关于杨子器跋舆地图的管见，自然科学史研究，1984 3（1）：52～58］

△ 始建上海真如寺正殿。它为江南地区仅存的两处元代木构建筑之一。［刘敦桢，真如寺正殿，文物参考资料，1951，（8）：9］

**1321 年　辛酉　元英宗至治元年**

△ 沙克什（一作"瞻思"；元，1278～1351）将当时流传的北宋仁宗庆历八年沈立原著的《河防通议》、南宋建炎二年（1128）周俊所著《河事集》和金代都水监所编另一部《河防通议》加以删节合并编为一书，仍名《河防通议》（也称《重订河防通议》）。全书分河议、制度、料例、功程、输运、算法 6 门，对河道形势、河工结构、料物结构、施工管理各方面均有论述，是金、宋、元三代治理黄河的重要著作。（周魁一，中国科学技术史·水利卷，科学出版社，2002 年，第 447 页）

△ 沙克什（元）辑《河防通议·浪名》将波浪分为近 20 种，并对每种波浪定性地指出其水深及浪峰高低。（戴念祖，中国声学史，河北教育出版社，1994 年，第 44～45 页）

△《河防通议》中较详地记载宋元时期在堤坊施工中通行的计算土方劳动定额的方法——历步减土法。［郭涛，历步减土法浅释，黄河史志资料，1990，（1）］

△ 以铜 50 万斤塑铸大都昭孝寺（寿安山寺）卧佛铜像（即今北京海淀西北卧佛寺卧佛），体现元代铸造技术与雕塑艺术的完善结合。

**1322 年　壬戌　元英宗至治二年**

△ 马端临（元，1254～1323）撰写的《文献通考》刊印。此书精于因革变化的论证，开后世历史考证学的先河，其中《舆地考》考证国内各州的沿革地理，并否定流传已久的"积石导河"说；《四裔考》专述邻国地理情况，并首次出现"日本"的国名。（唐锡仁等，中国科学技术史·地学卷，科学出版社，2000 年，第 340～341 页）

△ 至 1325 年，蒋祈（南宋）所写的《陶记》（后收录在清代的《浮梁县志》）是中国第一篇专论陶瓷生产的文章。文中记述了元代景德镇的建制、职官和税目；记载了瓷窑的税制和窑炉结构；描述了制胎、成型、装饰及焙烧工艺；介绍了当时景德镇瓷器的内销市场及并存竞争的其他瓷窑。（赵匡华等，中国科学技术史·化学卷，科学出版社，1998 年，第 106～107 页）

**1323 年　癸亥　元英宗至治三年**

△ 中国元代航海货船于 1976 年在韩国全南道光州市新安郡海底发现，1984 年打捞完成。该船龙骨为具有拱度的曲线形，采用钩子同口联接。外板采用鱼鳞式搭接并用舌形榫头

钉牢在舱壁板上。[韩国文物管理局，新安海底遗物（综合篇），汉城：高丽书籍株式会社，1988 年]

## 1324 年　甲子　元泰定帝泰定元年

△ 建造的山西洪赵县的水神庙大殿为重檐歇山周围廊，是元代祠祀建筑大殿的一种类型。（刘敦桢主编，中国古代建筑史，中国建筑工业出版社，1984 年，第 270 页）

## 1325 年　乙丑　元泰定帝泰定二年

△ 意大利人在与阿拉伯人战争中掌握了中国传去的火器制造法，是年佛罗伦萨制造出欧洲第一批金属管形火器。不久即传遍西欧。

## 1330 年　庚午　元文宗至顺元年

△ 是年前后，李泽民（元）绘成《声教广被图》。此地图后传入朝鲜（参见 1402 年）。（汪前进主编，中国古代科学技术史纲·地学卷，辽宁教育出版社，1998，第 558 页）

△ "在延长县南迎河，凿开石油一井，其油可燃，兼治六畜疥癣。"（《大元一统志》）实际上，在此之前，现今陕西省的延长县就有石油井的建造。

△ 是年至 1334 年，汪大渊（元，1313～?）随商船自泉州出发作远洋航行，西至阿拉伯哩伽塔（亚丁）、红海的麦加、阿思里（库赛）、非洲东岸之层摇罗（桑给巴尔），东至印尼群岛、菲律宾群岛、中南半岛各地，是清代中叶之前出航最远的航海家之一。1337～1339 年又出游东南亚①。[张平，中国古代科学家传记（下）·汪大渊，科学出版社，1993 年，第 749～751 页]

△ 蒙古族医生忽思慧（又名和思辉；元，1314 ～1316 年太医）所撰《饮食正要》3 卷刊行。书中载食物 203 种，每种都既载其养生作用，又载其医疗效果，并详细注明食品的制作及烹调方法。此书从健康人的饮食保健立论，给中医养生注入了新内容，并开药膳之先河，是中国第一部营养学专著。（廖育群，中国古代科学技术史纲·医学卷，辽宁教育出版社，1996 年，第 294 页）

## 1331 年　辛未　元文宗至顺二年

△ 李仲南（元）撰《永类钤方》，首次提出"俯卧拽伸"复位法治疗脊柱骨折；提出膝关节"半伸半屈"最有利于膑骨骨折的整复。

△ 元朝廷为确保运粮船的安全，根据船民苏显的建议，因粮船常在长江口甘草浅滩暗沙一带搁浅，乃在刘家港西暗沙设置了航标船，在船上"立标指浅"。（《大元海运记》卷下）

## 1332 年　壬申　元文宗至顺三年

△ 约于是年，藏族让迥多吉（元，1284～1339）和布赖（元，1290～1364）撰成论述时轮历的专著，迈出了时轮历本地化的重要一步。（黄明信、陈久金，藏历的原理与实践，

---

　① 关于汪大渊二次出海的时间，说法不一，苏松柏认为是 1329～1333 年、1345～1349 年，见：《中国历代地理学家评传（第二卷）·汪大渊》，山东教育出版社，1990 年，第 279～292 页。

民族出版社，1987年，第270页)

△ 元朝军工部门命马山（元）等制成铜盏口炮，铳长35.5厘米，口径10.4厘米。这是迄今遗存制作年代可考的最早的宽口、粗膛型火铳，现收藏于中国历史博物馆中。(王兆春，中国火器史，军事科学出版社，1991年，第52～53页)

### 1333年　癸酉　元文宗至顺四年　顺帝元统元年

△ 是年前，朱思本（元，1273～1333/1350）编纂《九域志》80卷。九域即九州。这部全国地理总志今仅存序言和残本8卷。[郑锡煌，中国古代科学家传记（下）·朱思本，科学出版社，1993年，第725页]

### 1334年　甲戌　元顺帝元统二年

△ 陈椿（元）《熬波图》详细地记述了下沙盐场（位于今上海）煎炼海盐的生产工艺，其中包括盐民发明了利用草木灰吸附盐分的方法等。(赵匡华等，中国科学技术史·化学卷，科学出版社，1998年，第482页)

△ 陈椿（元）《熬波图》记载：元代化铁炉的炉型上部缩口，下部形成炉缸，可减少热量损失，并设有"窍"和"溜"作为出铁口。这种结构形式和操作工艺一直沿用到近代。

### 1335年　乙亥　元顺帝元统三年　至元元年

△ 齐德之（元）整理元以前重要医著有关痈疽症治理论，并结合个人多年临症经验，撰成《外科精义》2卷。此书首次将各种脉象的变化与临床外科治疗紧密联系起来，在诊断上详述了诊候入式、辨脓法、辨虚实法、辨浅深法、辨善恶法和辨症法等，并倡导内消法、托里法、追蚀法和止痛法，从而基本确立了外科消、托、补三大法则。(廖育群，中国古代科学技术史纲·医学卷，辽宁教育出版社，1996年，第194页)

△ 金四川廉访司事吉当普（元）主持大修都江堰。各工程改竹笼工为砌石工；铸铁龟为都江分水鱼嘴；又修灌区主要堰、堤及渠道等。历时5个月始成。(《元史·河渠志》)

### 1337年　丁丑　元顺帝至元三年

△ 危亦林（元，1277～1347）撰成综合性医学著作《世医得效方》19卷，至正五年（1345）刊印。此书于正骨科论述尤精，其中骨折、脱臼之整复，以乌头、曼陀罗先行麻醉，悬吊复位法治疗脊椎骨折等，多有创新。(傅维康，中药学史，巴蜀书社，1993年，第187～188页)

### 1340年　庚辰　元顺帝至元六年

△ 熊自得（元）在斋堂村完成北京地区年代较早的著名方志——《析津志》。

△ 郑所南（南宋）著《所南文集》卷一《答吴山人远游观地理书》一文中谈到岩层中的矿层沉积是由于岩石裂缝中地下水的循环作用而形成的观念。(刘昭民，中华地质学史，台湾商务印书馆，1985年，第295页)

△ 中兴路（治所在今湖北江陵）资福寺刊印僧无闻所注《金刚般若波罗密经》（简称《金刚经注》），经文用红色，注文用黑色，为中国现存较早的套色印本。套色技术至明代发

展成五色合印。(钱存训，中国书籍、纸墨及印刷史论文集，香港中文大学出版社，1992年，第144页)

## 1341 年　辛巳　元顺帝至正元年

△《敖氏伤寒金镜录》1卷问世，标志着中医望诊的重心转向察舌。此书叙述各种舌苔36种并附图，评述各种舌苔所反映的症候及其治法，是一部舌诊专著。(廖育群，中国古代科学技术史纲·医学卷，辽宁教育出版社，1996年，第169页)

△滑寿(元)所撰《十四经发挥》3卷刊行。此书倡导十四经脉说，并详考俞穴657个。从此，十四经脉说得到后世医家的重视与赞同，全身俞穴和经络关系亦完全固定下来，对明清医家有较为重要的影响。(廖果，中国古代科学家传记·滑寿，科学出版社，1993年，第753~755页)

△至1367年，王喜(元)著《治河图略》，包括"禹河、汉河、宋河、今河、治河及河源图"6幅，每图有说明，后附治河方略和历代决河总论，是治河图说方面现存最早的著作。[水利水电科学研究院《中国水利史稿》编写组，中国水利史稿(下)，水利电力出版社，1987年，第465页]

## 1342 年　壬午　元顺帝至正二年

△李好文(元，1321年进士)所撰《长安志图》记载了比较完善的渠养护制度和渠系用水制度。卷下详细记载了当时泾渠灌溉用水分配及计算方法；同时由此需要产生了初步流量概念——水徼。[水利水电科学研究院《中国水利史稿》编写组，中国水利史稿(中)，水利电力出版社，1987年，第337~338页]

△天如禅师(元)在今苏州城内为纪念其师中峰禅师修建菩提正宗寺，寺后建花园。园内以狮形石块叠砌成石林，故名狮子林。狮子林以假山洞壑著称，园中布局颇具匠心，显示元代园林建筑的特色。(明·道询：《狮子林纪胜集》)

## 1343 年　癸未　元顺帝至正三年

△上海青浦章练塘修建顺德桥。桥全长16.4米，有3孔，石为花岗石，主梁采用双梁，中间搁横向薄石板桥面。此桥为江南石梁石板柱桥的典型建筑。(唐寰澄，中国科学技术史·桥梁卷，科学出版社，2000年，第81~83页)

## 1345 年　乙酉　元顺帝至正五年

△默伽腊国(今摩洛哥)伊本·拔图塔(Ibn-Battutah)是年后来元，为最早到达中国的非洲旅行家之一，历经刺桐(今福建泉州)、行在(今浙江杭州)、汗八里(即大都，今北京)等地。归国后于1355年著成旅行记《在美好国家旅行者的欢乐》。(沈福伟，中国与非洲——中非关系二千年，中华书局，1990年)

△酒贤(纳新；元)至黄河流域实地考察山川文物风俗，搜访地志，勘探地形，征询故老，著成《河朔访古记》16卷。(《新元史》卷238)

△成书的《宋史·河渠志》较早用不同时期植物生长的不同情况，来表达黄河不同月份来水的变化，已含有水文预报的经验。"举物候为水势之名"对后代水文观测有积极的影响。

今用"凌汛"等词，即从其演化而来。（中国科学院自然科学史研究所地学史组主编，中国古代地理学史，科学出版社，1984 年，第 147 页）

## 1348 年　戊子　元顺帝至正八年

△ 葛乾孙（元）撰《十药神书》成书。书中收载 10 首治虚劳吐血的方剂，其中甲字十灰散和乙字花芯石散是止吐备的名方，其他不止血后补神及治疗咳嗽等方，方后详述组成、药理、服法和辨症加减用药，为中国古代治疗痨瘵（肺结核）的专著。[陆奎生，中国医学史上之肺病治迹，国医导报，1941，3（3）]

## 1349 年　己丑　元顺帝至正九年

△ 汪大渊（元，1313～?）撰成航海游记《夷岛志略》1 卷，记述了其所见所闻，包括各国风情和物产，记有地名 219 处，是唐宋以来对南洋、印度洋地理知识的总结和发展，为元代海外交通史的名著。（苏继庼，夷岛志略校译，中华书局，1981 年）

△《夷岛志略》最早使用了"东洋"和"西洋"两个地域概念。[张平，中国古代科学家传记（下）·汪大渊，科学出版社，1993 年，第 750 页]

## 14 世纪中期

△ "花生"之名见于记载。（元·贾铭：《饮食须知》）

△ 在今新疆维吾尔自治区霍城建造吐虎鲁克玛扎，是新疆现存最早的伊斯兰建筑。吐虎鲁克玛扎中成吉思汗七世孙吐虎鲁克铁木耳的墓，高约 9.7 米，全部用砖砌筑，造型简洁雄伟，除门楣和门边用阿拉伯文装饰外，其余壁面全部用紫、白、蓝色琉璃镶砌，精致华美，有浓厚的新疆伊斯兰艺术风格，在新疆早期的伊斯兰建筑中具有重要影响。（中国大百科全书·建筑、园林、城市规划，中国大百科全书出版社，1992 年）

## 1351 年　辛卯　元顺帝至正十一年

△ 四月，贾鲁（元，1297～1353）任总治河防使，征发民工 15 万、士卒 2 万，在白茅（今山东曹县境内）堵口，采用"疏、浚、塞"并举之法，导黄河合于故道，使黄河可以通航，十一月，河工全部结束。堵黄陵决口时，创石船挑水坝。同年欧阳玄（元，1274～1358）撰《至正河防记》记述和总结贾鲁治河的经验。（《元史·河渠志》）

△ 元朝军工部门制成"至正辛卯"铜手铳。这是迄今遗存制作年代可考的最早的铜手铳，现藏于中国革命军事博物馆中。（王兆春，中国火器史，军事科学出版社，1991 年，第52 页）

## 1355 年　乙未　元顺帝至正十五年　宋小明王龙凤元年

△ 丁巨（元）撰《丁巨算法》八卷。内容涉及盈不足、方程、垛积、仓窖及各种粟布、斤称问题。书中的主要贡献在于发展了唐中叶以来的筹算乘除捷算法，提出了撞归方法并给出撞归歌诀。简化了多位数中决定商数的方法。撞归法后被移植到珠算术中。

△ 撞归起一是元代创造的归除中的一种运算方法。起于筹算，用于珠算。被除数与除数首位相同，而商数与除数首位之下各数乘积大于被除数首位之下的数值，须用此法。元末

丁巨《丁巨算法》、贾亨《算法全能集》的筹算歌诀与现今的珠算歌诀基本相同。30÷34，歌诀为"见三无除作九三"，商为 0.9，尚余 3。除数 4 乘 0.9 为 3.6，减余数 3，不足减，须用起一法。歌诀为"起一下还三"，得商数为 0.8，余数 6。除数 4 乘 0.8 为 3.2，从余数中减去，余数 2.8。

## 1358 年　戊戌　元顺帝至正十八年　宋小明王龙凤四年

△ 是年前，朴消的纯化有了进一步发展，出现了萝卜纯化法。对此朱震亨（元，1281～1358）著《丹溪心法》中已简单记述，其后刘文泰（明）等撰修《本草品汇精要》对此方法做了较为翔实的记载。（赵匡华等，中国科学技术史·化学卷，科学出版社，1998 年，第 504 页）

△ 是年前，朱震亨（元，1281～1358）效法罗知悌，兼收并蓄刘元素、张从正、李杲三家之长，提出"阳常有余，阴常不足"的医学理论，并以"补养阴血"为主要治疗原则。撰有医学著作多种。因其所居之地有水名"丹溪"，故有"丹溪之学"之名，其说在明初影响很大，师从者众多，以"丹溪"为名的医学著作也不少。（廖育群，中国古代科学技术史纲·医学卷，辽宁教育出版社，1996 年，第 114～115 页）

## 1359 年　己亥　元顺帝至正十九年　宋小明王龙凤五年

△ 约是年，滑寿（元）撰《诊家枢要》1 卷。全书首论脉象大旨及辨脉法，后述妇人及小儿脉法。内容详明，是学习脉诊的重要参考书。（廖果，中国古代科学家传记·滑寿，科学出版社，1993 年，第 753～755 页）

## 1360 年　庚子　元顺帝至正二十年　宋小明王龙凤六年

△ 约于是年，杨维桢（元，1296～1370）在《虚舟记》与《书画舫记》中指出："地至重浮游于一气之中"，而且在气中作快速的旋转运动。（元·杨维桢：《东维子集》卷十五和卷十八）

△ 僧清浚（明，1328～1392）绘制《混一疆理图》（1360）。此地图后传入朝鲜（参见1402 年）。（汪前进主编，中国古代科学技术史纲·地学卷，辽宁教育出版社，1998 年，第558～559 页）

## 1363 年　癸卯　元顺帝至正二十三年　宋小明王龙凤九年

△ 高丽（今朝鲜）使臣文益渐赴元。次年，他将从中国带回棉花种子教人试种。棉花栽培技术始在高丽传播。（武斌，中华文化海外传播史，第二卷，陕西人民出版社，1998 年，第 882 页）

△ 朱元璋（明，1328～1398）率部使用火铳等火器，在鄱阳湖决战中全歼陈友谅水军。这是最早使用火铳的一次水战。（清·钱谦益：《国初群雄事略·汉陈友谅》）

## 1365 年　乙巳　元顺帝至正二十五年　宋小明王龙凤十一年

△ 六月，吴国公朱元璋（明，1328～1398）下令"凡民有田五亩至十亩者，栽桑、麻、木棉各半亩，十亩以上倍之。不种桑者每年出绢一匹，不种麻及木棉罚麻布、棉布各一匹。"

（《明实录·太祖实录》）

**1366年　丙午　元顺帝至正二十六年　宋小明王龙凤十二年**

△ 陶宗仪（元末明初，？~1397）在《辍耕录》卷七中述及一种白宝石（时称其为"屋朴约蓝"，即 Opal 的音译名），其内有衍射光环出现，并将这衍射光环描写为"如水样带"。

△ 陶宗仪所撰《南村辍耕录》收录的一张《黄河源图》是目前所存最早的一幅河源地区地图。

△ 滑寿（元）撰《难经本义》刊行。全书分上、下两卷。正文前首列"汇考"一篇论书的名义源流；次列"阙疑总类"一篇，记脱文误字；又次"图说"。正文据《素问》《灵枢》逐一考证，并融全诸家和个人见解。此书在《难经》注本中影响较大。（廖果，中国古代科学家传记·滑寿，科学出版社，1993年，第756页）

△ 陶宗仪（元末明初）著《辍耕录》卷二十一《宫阙制度》是比较详尽、具体、平实地记述元大都城内皇家宫苑的一篇专门著述。

△ 八月，筑应天府城，城周96里，辟城门13。当时城墙都用砖包砌，砌砖时并用石灰和以糯米粥浆（据《天工开物》载更掺以羊桃藤汁）。城基在山地利用山岩。平地用巨大条石砌筑，墙顶则以桐油与土的拌和物结顶。坡宽10~18米，高12~15米，顶部宽7~12米，其艰巨与牢固超过以往任何一个城市。

△ 至1386年，明都南京城建成。这是中国古代规模最大、技术最先进、建筑最坚固的一座大型军事筑城。（王兆春著，中国科学技术史·军事技术卷，科学出版社，1998年，第174~177页）

△ 是年前，修建江苏苏州尹山桥。桥的拱券为联锁分节并列砌筑，同时拱顶窄而拱脚宽；桥两堍均作喇叭口；拱墙用钉靴式砌筑。尹山桥的结构代表着大多数元、明、清的石拱桥。（唐寰澄，中国科学技术史·桥梁卷，科学出版社，2000年，第318~319页）

**元朝**

△ 阿拉伯数学中的幻方、"格子算"等内容传入中国。现有含阿拉伯数字的四阶和六阶幻方出土。

△ 元遵用宋朝旧制——改元必铸新权。元朝是中国历代权衡器流传下来最多的一个朝代，现在还能看到的就有数百件。它们从一个侧面反映了元朝繁荣的商品经济。（丘光明等中国科学技术史·度量衡卷，科学出版社，2001年，第398~399页）

△ 以葡萄烧制的蒸馏酒——阿剌吉（即今日白兰地类型的蒸馏酒）从西亚通过西域传入中国，并得到官方的赞许，被奉为法酒。（赵匡华等，中国科学技术史·化学卷，科学出版社，1998年，第558页）

△ 卞宝（卞管勾，元）撰《马经通玄论》、《司牧马经痊骥通玄论》、《痊骥通玄论》问世。书中于马之病源和治诀，简明扼要。（王毓瑚，中国农学书录，农业出版社，1964年第121页）

△《痊骥通玄论》提出兽病治疗中的脾胃发病学说。（元·卞宝：《痊骥通玄论·第四说马脾经内经受病诀》、《第九说马脾经外经应受病诀》）

△ 已采用手术治疗马眼内浑睛虫（马眼感染牛指状微丝蚴）。（元·卞宝：《痊骥通玄论·

第三十五论马眼内浑睛虫》)

△ 从元代开始景德镇即生产青花瓷。它是一种以含钴矿物为着色剂的高温釉下蓝彩瓷器，从而成为我国最著名、生产量最大、时间最长的釉下瓷器。(李家治等，中国科学技术史·陶瓷卷，科学出版社，1998 年)

△ 从元代开始景德镇出现釉里红瓷，它是一种以含铜矿物为着色剂的高温釉下红彩瓷。在它和青花釉下彩相结合后，共同形成了我国独有的青花釉里红釉下彩瓷。(李家治等，中国科学技术史·陶瓷卷，科学出版社，1998 年)

△ 元、明时期以及随后的清代相继出现的以 CuO 为着色剂的红釉以及各种颜色的高温和低温釉等共同形成了景德镇丰富多彩的颜色瓷釉。(李家治等，中国科学技术史·陶瓷卷，科学出版社，1998 年)

△ 元代工部设有镔铁局，开始冶炼镔铁，即焖炉炼钢。(《元史·百官志第三十五》)

△ 用阿拉伯数字刻画的六行纵横图于 1956 年在西安市郊元安西王府旧址出土了。这是阿拉伯数字传入中国的最早物证。

△ 在岭南的广州、廉州设立志管采集珍珠的官方机构——采珠提举司。(《续资治通鉴》卷 207)

△ 熊梦祥 (元) 撰《析津志》已记载一种以鱼脑骨作原料制成透明片，用黑色丝带将其系于眼睛之前的"鬼眼睛"。此物在结构和功效上类似于后世的眼镜。[洪震寰，眼镜在中国之发始考，中国科技史料，1994，15 (1)：72]

**元朝后（末）期**

△ 贾亨 (元) 编《算法全能集》二卷。书中主要成果之一是将朱世杰《算学启蒙》九归除法中"无除还头位"和丁巨《丁巨算法》的撞归法结合，明确了"起一法"。该书为完善筹算歌诀，促进珠算的发展起了一定作用。[许康，算法全能集提要，见：中国科学技术典籍通汇·数学卷 (1)，河南教育出版社，1993 年，第 1315 页]

△ 元末，安止斋 (元) 著《详明算法》，一说安止斋、何平子作。该书为一部数学初学者之入门书。卷上为 16 类预备知识，包括归法、归除、求一等各种捷算法及其歌诀、例题。卷下为异乘同除、差分、堆垛、修筑等 11 类及其例题，大部分是唐中叶以后的流行方法。书中给出归除细草，提出了起一与撞归法，并有较为完备的撞归歌诀。[郭书春，详明算法提要，见：中国科学技术典籍通汇·数学卷 (1)，河南教育出版社，1993 年，第 1347 页]

△ 我国现存最早的农业气象专著娄元礼 (元末) 撰《田家五行》问世。全书 3 卷。

△《田家五行·三月类》已记载麦类赤霉病。

**元明之际**

△ 元明之间，伪托唐代孙思邈所辑《银海精微》问世。全书 2 卷，列"五轮八廓总论"及 83 种眼科病症，并有医论十余则，是眼科的一部名著。(廖育群主编，中国古代科学技术史纲·医学卷，辽宁教育出版社，1996 年，第 45 页)

△ 韩奕 (元、明之际) 所撰《易牙遗意》记载了 150 多种调料、饮料、糕饼、面点、菜肴、蜜饯食品的制作方法，内容十分丰富，是研究中国古代饮膳史的重要文献。它被明代周履靖收入他所编的丛书《夷门广牍》中。

# 明　朝

**明朝初年**

△ 明初严恭撰《通原算法》一卷。现存《永乐大典》引用其 64 问，有异乘同除类问题及开方、开圆、开立方、开立圆等方法和题目。

△ 可能为宋元人所编的《秘传眼科龙木论》于明初刊行。书中载达 72 种眼科病症和治疗方药，列述 155 种眼科常用药的药性、主治、炮制和用法。全书内容丰富，其论治理和治法对中国眼科发展有很大影响。（廖育群主编，中国古代科学技术史纲·医学卷，辽宁教育出版社，1996 年，第 44 页）

**1368～1399 年　明太祖洪武年间**

△ 俞贞木（明，1331～1401）《种树书》记述了 40 余种园艺植物的栽培方法，以及一些关于用雄黄和硫磺治疗病害的技术和一些有关树木生长的植物生理学内容。（罗桂环、汪子春，中国科学技术史·生物学卷，科学出版社，2005 年，第 284 页）

**1368 年　戊申　明太祖洪武元年　元顺帝至正二十八年**

△ 诏征贤才，蒙古、色目人，凡有才能，亦加录用。（《明史·本纪第二》）

△ 明朝立国，"学天文有厉禁，习历者遣戍，造历者殊死。"（明·沈德符：《万历野获编》）

△ 明王朝改元太史院为"司天监，又置回回司天监"，并征召原太史院和回回司天台的天文历法人员到南京供职。（《明史·历志一》）

△ 约是年，"司天监进水晶刻漏，中设二木偶人，能按时自击钲钟。（明）太祖以其无益而碎之。"此举阻断了郭守敬（元，1231～1316）以来关于计时仪器自动化与小型化的发展势头。（《明史·天文志一》）

△ 太祖朱元璋（明，1328～1398）下令全国"凡民有田五亩至十亩者，栽桑、麻、木棉各半亩，十亩以上倍之。不种桑者每年出绢一匹，不种麻及木棉罚麻布、棉布各一匹"。并定科征之额。（《明实录·太祖实录》卷 15；赵承泽主编，中国科学技术史·纺织卷，科学出版社，2003 年，第 19 页）

△ 明建都城南京城，1421 年迁都北京。明北京城的许多方面是以明南京城为蓝本建造的。南京城的规划突破方整对称的传统都城形制，根据地理条件和当时的实际需要，基本保留和利用旧城，增辟新区。（《大明一统志》；中国大百科全书·建筑、园林、城市规划，中国大百科全书出版社，1992 年）

**1369 年　己酉　明太祖洪武二年**

△ "令凡斛斗秤尺，司农司照依中书省原降铁斗、铁升定则样制造，发直隶府州。（《明会典》）

**1370 年　庚戌　明太祖洪武三年**

△ 明王朝改司天监为钦天监，内"设四科：曰天文，曰漏刻，曰大统历，曰回回历。"（《明史·历志一》）

△ 推行户帖制度，命户部"籍天下户，置户籍户帖"。是年，派军队协助清查户帖登记的有关项目，为中国古代较早的人口普查工作。（《明史·本纪第二》）

△ 命僧慧昙（明，? ～1371）出使，访问西域各国，于洪武四年（1371）秋到达僧伽罗国（今斯里兰卡）。开以僧为使之创举。（《明太祖实录》卷 121）

△ 倪维德（元末明初，1301～1377）编撰眼科专著《原机启微》2 卷。卷上论眼病的病因、病机与治则；卷下论眼病的制方例法，附方 46 首，每方详述炮制方法、临床应用及方义。此书所载治法周详，所用石斛夜光丸等至今沿用。（廖育群主编，中国古代科学技术史纲·医学，辽宁教育出版社，1996 年，第 45 页）

△ 约于是年，明廷在"龙江关设厂造船"（厂址约当今南京汉中门和挹江门之间），是为中国古代最大的军用造船厂。（明·李昭祥撰：《龙江船厂志·序》）

**1372 年　壬子　明太祖洪武五年**

△《锦囊启源》成书。现存《永乐大典》引用了《锦囊启源》中的 30 问，是异乘同除类问题。

△ 明朝廷开始对全国土地进行普查，以"五尺为步，步二百四十为亩，亩百为顷"，逐田量度，把每块田地情况记录下来，并汇集成图册，名鱼鳞册。（《明史·食货》）

△ 制成一尊铸铁火炮，现存军事博物馆，是中国迄今所知最早的铁火炮。（田长浒主编，中国铸造技术史·古代卷，航空工业出版社，1995 年）

△ 在万里长城西端终点嘉峪山营筑城关，是为嘉峪关（在今甘肃嘉峪关西北）。城墙北接龙首山、马鬃山，南衔祁连山，关城高踞其间，城外有城，重关重城，为长城著名雄关。明代多次修缮前代遗留下来的长城，今存长城遗迹基本为明长城。[罗哲文，万里长城，文物，1977，(8)：65]

△ 明初在唐长安（今西安）城皇城基础上修茸城墙，构筑、布局全为便于防守。现存历史文化名城西安城墙即为明代城墙，为中国古代后期保存最为完整的城垣建筑。[景慧川，西安城墙的建造技术，考古与文物，1992，(5)：91～93]

△ 明初运河木船于 1956 年在山东梁山县被发现。总长 21.9 米，排水量约 32 吨，包括上甲板及舱口的结构十分完整。[顿贺等，对明代梁山古船的测绘及研究，武汉交通科技大学学报，1998，(3)：258]

**1373 年　癸丑　明太祖洪武六年**

△ 明太祖朱元璋（明，1328～1398）下诏曰："（钦天监）人员不许迁动，子孙只习天文历学，不许习他业；其不学习者，发南海充军。"（《大明会典》卷二百二十二）

△ 夏，京师（南京）城建成，周 96 里，城门 13；外城周 180 里，城门 16。（季士家，明都南京城垣略证，明清史论集，南京出版社，1993 年，第 16 页）

△ 是年前，王祎（元末明初，1314～1373）著《泉货议》主张行使黄金或白银铸币。

（明·王觲:《王忠公集》卷12）

　　△ 明廷应高丽（今朝鲜）恭愍王之请，拨给硫磺、焰硝、火药，供高丽国制造火器之用。火器技术开始传入朝鲜。［吴晗辑，朝鲜李朝实录中的中国史料（一），中华书局，1980年，第34～35页］

**1375 年　乙卯　明太祖洪武八年**

　　△ 明朝宝源局制成了一对大铜炮。1988 年 4 月 1 日此对大铜炮在山东蓬莱境内出土。这是迄今发现制造年代最早的海岸炮。［袁晓春，山东蓬莱出土明初碗口炮，文物，1991，(1)：91～93］

**1376 年　丙辰　明太祖洪武九年**

　　△ 是年至 1382 年，在今江苏南京建灵谷寺无梁殿，纯用砖筑，是中国现存最早的无梁殿。［江世荣等，江苏的三处无梁殿，文物参考资料，1955，(12)：85～90］

**1377 年　丁巳　明太祖洪武十年**

　　△ 明太祖朱元璋（明，1328～1398）支持日、月、五星右旋说，自此，此说成为官方的学说。（元·陶宗仪:《说郛续》）

　　△ 制造的铁炮，两侧有双炮耳，炮身铸有"大明洪武十年丁巳季月吉日平阳卫造"铭文，这是迄今所知中国最早带有炮耳的铸铁火炮，山西博物馆现收藏三门。（中国大百科全书·军事卷·中国古代兵器分册，军事科学出版社，1987 年）

**1378 年　戊午　明太祖洪武十一年**

　　△ 叶子奇（明初）入狱。在狱中撰《草木子》，其中内容涉及天文、律历、生物等。

　　△ 叶子奇（明初）在《草木子》中，对植物遗传、寄生虫和动植物习性皆有一定的讨论。有些关于遗传的议论，比较深刻。（罗桂环、汪子春主编，中国科学技术史·生物学卷，科学出版社，2005 年，第 344 页）

　　△ 叶子奇（明初）在《草木子》卷一《管窥篇》提出"土之刚者成石"，岩石是在"水中震荡，渐加凝聚"而成；"水落石出，遂成山川"。对海陆变迁有了新认识。（唐锡仁等，中国科学技术史·地学卷，科学出版社，2000 年，第 434 页）

**1380 年　庚申　明太祖洪武十三年**

　　△ 正月丁未，明廷规定"凡军一百户，铳十，刀牌二十，弓箭三十，枪四十"。这是明军按编制总数 10% 装备火铳的开始。（明代官修:《明太祖实录》卷 129）

**1381 年　辛酉　明太祖洪武十四年**

　　△ 马沙亦黑（Shaikn Muhammad；明，阿拉伯裔）、李翀（明）等译成《回回历法》，这是一部阿拉伯几何学系统的历法。其所取一系列天文常数的精度同中国传统历法互有高低，如回归年与恒星月长度的精度要高于与低于传统历法等。其日、月、五星运动不均匀改正表，五星黄纬表，月亮黄纬表，日、月视直径表，地球影锥直径表等，均以偏心轮或均

轮、本轮理论，以及弧三角或平面三角法推算而得。给出平太阳时与真太阳时之差的时差表，以及虑及因节气与地理纬度不同而各异的月亮视差对日食影响的表格等。在这些天文常数与表格的基础上，给出了计算日、月、五星位置和日、月交食等的具体方法。[《明史·历志》；陈美东，回回历法中若干天文数据之研究，自然科学史研究，1986，(1)；陈久金，回回天文学史研究，广西科学技术出版社，1996年，第143~231页]

△ 约于是年，马沙亦黑（明）等译出有一份黄道带附近的277颗恒星的黄经、黄纬及其星等的星表，该星表的底本出自阿拉伯某星表，现见载于《七政推步》一书中。该星表既给出阿拉伯星名，又给出相应的中国传统星名，当是马沙亦黑等人进行中阿星名对照研究的成果。(潘鼐，中国恒星观测史，学林出版社，1989年，第369、371页)

△ 约于是年，《回回历法》与《大统历》参用，终于有明一代，主要用于向中国境内的回族民众颁行历法，同时二者处于彼此参照与互相竞争的状况。(《明史·历志七》)

△ 是年前，宋濂（元末至明初，1310~1381）《文宪集》卷二十八认为地在气中、为球形，月食是地影遮挡太阳光所致，是中国古代合乎科学的月食成因的最早表述。[关一琦，宋濂《楚客对》中的月食知识和地形观，中国科技史料，1994，15（1）：19~21]

△ 明王朝"令天下郡邑立钟、鼓楼"，并规定使用对燕肃（北宋，961~1040）莲花漏进行改进的章得象式漏刻。(明·沈德符：《万历野获编》卷二十)

△ 约于是年，詹希元（明）创制五轮沙漏，系以细沙替代水作为原动力，通过5个大小不等的齿轮的传动，带动指针示出时刻的推移。又设有击鼓、鸣钲的装置以报时辰。这一发明并未引起官方的注意，只在民间有人仿制之。[《明史·天文志一》；刘仙洲，中国机械工程发明史（第一编），清华大学出版社，1961年，第114、115页]

△ 大将徐达（明）在山海关构筑长城，建关设卫，关城造型壮观，为明长城东端的重要关隘。[罗哲文，万里长城，文物，1977，(8)：65]

△ 在钟山始建太祖孝陵，历3年成。按历代山陵之制，除唐陵因山为坟，汉与北宋皆采用方形之坟（方上）。自明太祖孝陵改为圆，复并唐宋上、下两宫为棱恩门、棱恩殿，陵的平面配制遂为之一变。明孝陵为中国现存最大帝王陵墓之一。[苏文轩，明孝陵，文物，1976，(8)：88]

## 1382年　壬戌　明太祖洪武十五年

△ 僧宗泐（明，1318~1891）在到西域取经途中考察黄河河源地区。他已认识到卡日曲为河源，并指出沫必力赤巴山（今巴颜喀拉山）为长江和黄河在上源的分水岭。(清·胡渭：《禹贡锥指》卷13上)

## 1383年　癸亥　明太祖洪武十六年

△ 马哈麻（明，阿拉伯裔）和吴宗伯（明）等译成《天文书》(亦称《明译天文书》或《天文宝书》)，其底本为阿拉伯阔识牙儿所著。全书分为4类，每类又各分为若干门，阐述回回星占术的基本理论与占法大要，既有涉及社会与国家大事的占辞，又有关于个人命运的说道，以及选择良辰吉日的方法等。采用黄道12宫、360°制和黄道坐标等，乃是该书的基本天文学框架，载有30颗恒星的黄经值及其星等的星表，给出五星的冲、照、大距等概念，还有地理经纬度的概念等，均为新鲜的阿拉伯天文、地理知识。[陈鹰，《天文书》和回回占

星术，自然科学史研究，1989（1）]

△ 是年前，王履（元末明初，1332～1383）在《医经溯洄集·伤寒温病热病说》中，明确指出伤寒、温病是不同的病，为明清温病学的建立基础。（廖育群等，中国科学技术史·医学卷，科学出版社，1998年，第379页）

## 1384 年　甲子　明太祖洪武十七年

△ 明立国后沿用《授时历》，是年，元统（明）对《授时历》略作改动，如去除回归年消长之法，以1384年为历元等，改历法名为《大统历》，颁行全国。终有明一代，未曾改易。（《明史·历志一》）

△ 政府对近亲婚配有新的限制，"民间姑舅及两妻子女，法不得为婚"。（《明史·朱善传》）

△ 徐彦纯（明）撰《本草发挥》四卷。书中收载药物270种，为研究金元时代本草学的较好参考书。

## 1385 年　乙丑　明太祖洪武十八年

△ 在南京鸡鸣山设立观象台，将元大都（今北京）太史院的所有天文仪器移置于此。（李约瑟，中国科学技术史·天学，科学出版社，1975年，第459～463页）

△ 至天顺八年间（1385～1464），唐东杰布（藏族，明）在雅鲁藏布江等河流上先后建造铁索桥约58座，木桥约60座，现不丹境内也有其修建的桥梁9座。（唐寰澄，中国科学技术史·桥梁卷，科学出版社，2000年，第521～523页）

## 1387 年　丁卯　明太祖洪武二十年

△ 明廷下令在云南金齿、楚雄、品甸（今云南保山、楚雄、祥云县境）等地的城寨装备火铳，以备守御。边境地区自此装备火铳。（明·王世贞：《弇山堂别集·诏令杂考三》）

## 1388 年　戊辰　明太祖洪武二十一年

△ 明将沐英（明，1343～1392）在平定云南麓川宣尉使思伦发之战中，将火铳兵与神机箭兵分列为三行，采用三行依次齐射的战术取得了胜利。枪炮齐射的技术与战术自此创始。（清·谷应泰：《明史纪事本末·太祖平滇》）

## 1389 年　己巳　明太祖洪武二十二年

△ 绘成大幅绢底彩绘《大明混一图》，作者不详。图上绘有山川湖沼、渠塘岛礁、行政区名共二千多个。域外地名数百个。清人将该图上的地名贴上红纸签，改用满文标注地名。[汪前进等，绢本彩绘大明混一图研究，中国古代地图集（明代），文物出版社，1995年]

△ 朱橚（明，？～1425）在流放云南期间，组织本府良医李恒（明）等编写方便实用、"家传应效"的《袖珍方》一书。全书4卷，收方3000多，其中有些是周府自制的。书中总结历代医家用方经验，条方类别，详切明备，便于应用，对中国西南边陲医药发展有较大影响。[罗桂环，中国古代科学家传记（下）·朱橚，科学出版社，1993年，第767～768页]

△ 明鲁王朱檀（明，？～1389）墓随葬品中有丝棉衣物等，其中一件长3米、宽1米的布单，用紫红色棉线和白棉线织成花格，是中国现存早期棉布之一。（中国大百科全书·考古

学，中国大百科全书出版社，1986 年，第 334 页）

**1391 年　辛未　明太祖洪武二十四年**

△ 浙江《青田县志·土产类》已有稻田养鱼的记载。[向安强，稻田养鱼起源新探，中国科技史料，1995，16（2）：72]

**1392 年　壬申　明太祖洪武二十五年**

△ 朱桂代王府（在今山西大同）建成琉璃九龙壁。壁高 8 米，长 45 余米，全部用五彩琉璃镶砌，为中国现存最大的琉璃照壁。[陈万里，谈山西琉璃，文物参考资料，1956，（1）]

**1393 年　癸酉　明太祖洪武二十六年**

△ 规定凡民间市场贸易使用的度量衡器必须与官定标准相同，并且要经过官方校检印烙后方可合法使用。（《明会典》卷 37）

△ 核天下土田，共 8 507 623 顷，为明代在籍土地最高额。（明·张显宗：《诸司职掌》）

△ 明代官府手工业规模组织之庞大是前代少有的，是年各地到京师轮班作匠户名额为 222 089 名。（《明会典》卷 189《工匠》）

△ 明廷规定每艘海运船装备手铳 16 支、碗口铳 4 门、火炮 20 个、火药箭 20 支、铳马子 1000 个。军用船按定额装备火铳等火器自此开始。（明·王圻等：《续文献通考·兵十四·军器》）

**1394 年　甲戌　明太祖洪武二十七年**

△ 遣国子监生分行天下；督吏民修水利。（《明史·本纪第三》）

**1395 年　乙亥　明太祖洪武二十八年**

△ 朝鲜太祖命将《天象列次公野之图》的中国新天文图刻在青石板上，立于书云观。[南文铉，对于朝鲜世宗朝创制的观天授时仪器的技术分析，自然科学史研究，1995，14（1）：43]

**1399 年　己卯　明惠帝建文元年**

△ 姚广孝（明，1335~1418）发现多孔墙体吸声，并建成地下隔声房，其中多孔吸声墙是以陶瓮、瓶缶等瓦器建成的。[《明史·姚广孝传》；戴念祖，姚广孝的隔声建筑，自然科学史研究，2000，19（1）：49]

**1400 年　庚辰　明惠帝建文二年**

△ 是年前，楼英（明，1332~1400）编纂成《医学纲目》。全书 40 卷，卷下分 9 部，以阴阳脏腑分病析法为大纲，汇集前贤医论，凡经文有错误者则以医理考释，众论矛盾者各以经论推阐辨明，为中国古代中医方面的一部简明的百科全书式著作。[蔡景峰，中国古代科学家传记（下）·楼英，科学出版社，1993 年，第 762~763 页]

### 1402 年　壬午　明惠帝建文四年

△ 朝鲜人李荟、权近将中国李泽民（元）绘制的《声教广被图》（约 1330）和僧清浚（明，1328～1392）绘制《混一疆理图》（1360），合并为一幅图，再增补朝鲜和日本等内容，改绘成《混一疆理历代国都之图》。（汪前进主编，中国古代科学技术史纲·地学卷，辽宁教育出版社，1998 年，第 558～559 页）

### 1403 年　癸未　明成祖永乐元年

△ 户部尚书夏原吉（明）主持治理太湖水患。发丁夫 10 余万，由夏驾浦引吴淞江上游水自刘家港入江；开范家浜，上接大黄浦，引淀山湖水自南跄口入海。从而改变了太湖下游水道的基本格局。（《明史·河渠志》）

△ 八月丁巳，令吏部依洪武初制，于浙江、福建、广东设市舶提举司。浙江市舶司治宁波；福建市舶司治泉州，成化十年（1474）迁福州；广东市舶司治广州。嘉靖年间，浙江市舶司废弃；万历八年（1580），福建市舶司又废，只存广东市舶持。

△ 郑和（明，1371～1435）、李恺（明）、杨敏（明）等奉命出使东西二洋，探索航路、搜集航海资料、校正牵星图样，为大规模下西洋进行准备工作。[张波，郑和下西洋与海洋世纪的中国，（南京）郑和研究，1997，（3）：23]

### 1403～1424 年　明成祖永乐年间

△ 制发雨量器供全国州县使用。

△ 明代创设毛织手工业专管机构——陕西驼羯织造局。（赵承泽主编，中国科学技术史·纺织卷，科学出版社，2003 年，第 32 页）

△ 铸出世界著名的大钟——北京永乐大铜钟，高 7 米，重 40 余吨，铸造精美，表现出中国明代在冶金和铸造技术上的高度成就。此钟现保存于北京西直门外觉生寺。[凌业勤、王炳仁，北京永乐大铜钟铸造技术的探讨，科学史集刊，1963，（6）：39～46]

### 1405 年　乙酉　明成祖永乐三年

△ 十二月，郑和（明，1371～1435）率船队首次远航出使西洋诸国，至 1433 年 28 年间共七下西洋，历经了南洋、印度洋、非洲东海岸各地。舟帆所及 30 多个国家和地区，开辟了 50 余条区间航路。（《明史·郑和传》）

△ 戴原礼（名思恭，以字行；明，1324～1405）晚年著《证治要诀》12 卷，以丹溪学说为本，集《内经》、《难经》、《伤寒论》直至宋元诸家学术经验，并参以个人心得而成，论述内科杂病兼及疮疡、妇科、五官科等症治。书分诸中、诸伤等 12 门，分门列证，先论病因，再述病源，辨症施治，内容简明实用，对后世影响较大。[朱建平，中国古代科学家传记（下）·戴思恭，科学出版社，1993 年，第 761 页]

△ 撒马尔罕国（今俄国乌兹别克中部城市）改变对明朝的敌对关系，经过中亚的东西大道畅通。（《明史·西域传》）

△ 郑和（明）船队有船 60 余艘，大者长 44 丈、宽 18 丈。[《明史·郑和传》；明·马欢：《瀛涯胜览》；郑和宝船研究专辑，船史研究，2002，（18）]

## 1406年　丙戌　明成祖永乐四年

△ 朱橚（明，？～1425）主持，腾硕（明）等人汇编完成《普济方》。此书广泛搜集明初以前各种医籍中的方剂，兼收其他传记、杂说、道藏、佛书中的有关记载，共426卷，61 739方，是明代著名的方书，也是中国历史上收方最多的一部方书。（廖育群主编，中国古代科学技术史纲·医学卷，辽宁教育出版社，1996年，第55页）

△ 朱橚（明）编撰《救荒本草》。全书2卷，收载植物414种，其中276种为以往本草所未收载者。每种植物除记名称、生境、形态、性味外，另辟"救饥"一栏，详细记述该植物可供采集的部位、加工、消除毒性异味以及调制食用方法，又附植物图以便辨认采集，是中国古代重要的食、药两用的本草专著。也是我国最早的一部以野生食用植物为主的专著。[罗桂环，朱橚和他的《救荒本草》，自然科学史研究，1985，4（2）：189～194]

△ 朱橚（明）所撰《救荒本草》中，使用了一些易为学者和民众接受，能够简捷、确切地描述植物特征的植物学术语；创用以细土与煮熟的白屈菜同浸，然后再淘洗以除去其中有毒物质的方法。[罗桂环，中国古代科学家传记（下）·朱橚，科学出版社，1993年，第769页]

△ 始建北京城。明军占领元大都后，废弃大都城北部，将北垣向南缩进2.5公里，改大都为北平府。永乐元年（1403）改称北京。十五年（1417）兴建宫城，十八年（1420）新宫竣工，十九年正式迁都北京。嘉靖三十二年（1553）筑南面外城。建筑过程中，共征调匠户27 000户，动用工匠20～30万人，征发民夫近百万。北京城平面呈"凸"字形，内、外城街道基本沿袭元大都旧路，中轴线不变。重点在宫城、皇城的建设上，特别是在中轴路的两侧对称布置太庙、社稷坛、中央官署，加强了纵深效果，突出皇权至高的思想。清代基本沿袭使用了明北京城。（文物出版社编辑，新中国考古五十年，文物出版社，1999年，第21页）

△ 始建奉天殿，嘉靖四十年（1561）改名皇报殿，清顺治二年（1645）改为太和殿。因其为故宫前三殿之首，俗称金銮殿。现存建筑是康熙三十四年（1695）重建，是中国现存的最大的本结构殿宇之一。[于倬方，故宫太和殿，文物，1959，（1）：48]

## 1407年　丁亥　明成祖永乐五年

△ 九月，郑和（明，1371～1435）船队第一次远航归国。这次远航共有船只近千艘，其中"宝船"60余艘，随行人员达27 800余人，从规模与经验上奠定以后各次下西洋的基础。（《明史·郑和传》）

△ 至迟是年，越南已有中国工匠烧成青花瓷，远销西亚。（中国社会科学院历史研究所，古代中越关系史资料选编，中国社会科学出版社，1982年，第442页）

## 1408年　戊子　明成祖永乐六年

△ 解缙（明）、姚广孝（明）等编纂《永乐大典》完工。此书编始于永乐元年（1403），次年十一月成书，赐名为《文献大成》。后奉命重修，历时5年方成，赐改名为《永乐大典》。这部规模宏大的类书有2万余卷，采录典籍七八千种，其中包含天文、地志、阴阳、医卜、技艺等方面的内容。[郑振铎，关于《永乐大典》，文物参考资料，1951，（9）：212]

△《永乐大典》卷 16 329～16 364，凡 36 卷为"算"字条。数学家刘仕隆负责"算"字条的摘编。卷 16 329 为"算·事韵"，以下诸卷为算法一至三十五，分别为目录、起源、乘法、因法、除法、归法、加法、减法、九章总录，方田，粟米，衰分，异乘同除，少广，商功，委粟，均输，盈不足，方程，勾股，音义，九章纂类，端匹，斤称，杂法，及算、筹，分类抄录了自汉迄明初的算书。1900 年八国联军入侵时《永乐大典》遭到破坏，"算"字条仅存卷 16 343～16 344，即异乘同除类和少广类。严敦杰考证，《诸家算法》系抄自《永乐大典》卷 16 361"斤称"，尚为全璧。[郭书春，永乐大典算法提要，见：中国科学技术典籍通汇·数学卷（1），河南教育出版社，1993 年，第 1399 页]

## 1409 年　己丑　明成祖永乐七年

△ 始建明成祖长陵，建棱恩殿。长陵为明十三陵最大和最早的陵墓，是现存古代最大木构建筑之一（另一为故宫太和殿）。至清初，明朝 13 个皇帝的陵墓——明十三陵先后在今北京昌平天寿山下建成。明十三陵是一个规划完整，布局主从分明的大陵墓群。[刘敦桢，明长陵，刘敦桢文集（一），中国建筑工业出版社，1982 年]

△ 至 1410 年间，明廷创建了专门装备神机枪炮的神机营。（王兆春，中国火器史，军事科学出版社，1991 年，第 104～105 页）

## 1411 年　辛卯　明成祖永乐九年

△ 榜葛剌（孟加拉）的使臣由海道入贡，带来一只长颈鹿。成祖（明，1360～1424）诏宫廷画家作画《麒麟图》，并诏大臣沈度（明，1357～1434）作颂。此画流传至今。[张之杰，我国古代绘画中的域外动物，中国科技史料，1996，17（3）：87]

△ 工部尚书宋礼（明，？～1422）开会通河，以水源不足，采纳汶上老人白英（明）的建议，截引汶水成"南旺水柜"（水库），建水闸 38 座，以控制水量、流向，会通河段由济宁分水改为南旺分水，更有效地调节运河南北供水。七月，疏浚黄河故道成，与会通河合，河南水患因而减少，漕运复通。[程鹏举，中国古代科学家传记（下）·宋礼，科学出版社，1993 年，第 764～765 页]

△ 至 1688 年，明、清两代逐年对京杭大运河进行多次改造。将全河分作八段，分段管理。北端渠首移至北京东便门大通桥，南端至杭州。改建后的大运河，南北总长 3578 里。（欧阳洪等，京杭运河工程史考，江苏省航海学会，1988 年，第 29 页）

## 1412 年　壬辰　明成祖永乐十年

△ 嘉定（今属上海市）长江口修筑"方百丈，高三十丈"的宝山作为航行标志。此为中国第一座航标。（《明史·河渠志》）

△ 陈瑄（明，1365～1433）奏请在刘家港东修建宝山烽堠，周六百丈，高三十丈，为海运标识。昼则举烟，夜则明火。万历十年（1582）七月，被洪涛冲没殆尽。（明·朱棣：《宝山峰堆碑》；清·顾祖禹：《读史方舆纪要》卷二十四《宝山》）

△ 明工部重建南京报恩寺塔，至 1431 年始成。规制悉依大内图说，八面九级。外壁饰以白磁砖，自一至九级所用砖数相等而体积则按级缩小，佛像亦如此。在造砖时准备有三套塔材，每成其一而埋藏其二，编号存储。塔损一砖以字号报工部发同一砖号补之。此塔为中

国历史上最高砖塔，达 100 余米。(张惠衣，金陵大报恩寺塔志，商务印书馆，1937 年)

## 1413 年　癸巳　明成祖永乐十一年

△ 明代纺织业缴纳的赋税是明政府收入的主要来源之一，这一年征收布帛的最高数额达到了 1 878 828 匹。(李仁溥，中国古代纺织史料，岳麓出版社，1983 年，第 210 页)

## 1414 年　甲午　明成祖永乐十二年

△ 陈诚 (明) 奉命出使用权哈里 (今阿富汗赫拉特)，次年返回。永乐十四年 (1416) 再度出使，遍历中亚 17 国，所至皆赠以纺织品。著有《西域行程记》、《西域番国志》。(《明史·西域传》)

## 1415 年　乙未　明成祖永乐十三年

△ 麻林 (故地在今非洲东岸肯尼亚的马林迪一带) 遣使至明，赠送麒麟 (长颈鹿)，为非洲与中国通使之始。(《明史》卷 326《外国传·麻林》；沈福伟，中国与非洲——中非关系二千年，中华书局，1990 年，第 482 页)

△ 在今湖北武当山太子坡上始建复真观。其观的主体建筑之一的五层楼构造奇特，其间有梁枋 12 根，交叉重叠，下仅一柱支撑，即有名之"一柱十二梁"结构，为国内仅见。

## 1416 年　丙申　明成祖永乐十四年

△ 约是年，随郑和 (明，1371~1433) 下西洋的通译马欢 (明) 撰《瀛涯胜览》，记所访问 20 国家的地理、气候、民族、宗教、风俗、物产、服装、住房、商品交易、货币、文化、历法等情况，叙事详赅，为研究 15 世纪中非地理和中西交通的重要著作。[杨文衡，中国古代科学家传记 (下)·郑和，科学出版社，1993 年，第 776 页]

△ 明永乐皇帝下诏在湖北均县境内武当山再建一座规模更大的金殿，高 5.54 米，宽 5.8 米，进深 2.4 米，是铜铸鎏金仿木结构，武当金殿表现出铸造、装配、鎏金、造像技术等达到高超水平。[田长浒主编，中国铸造技术史·古代卷，航空工业出版社，1995 年，第 223 页；李俊，武当山金殿，文物，1982，(1)：83]

△ 绛央却杰 (明) 在拉萨西北建哲蚌寺，全寺以白色为主调，远望犹如雪白的米堆，故以"哲蚌"为名，译语即为"米堆"之意。为拉萨的格鲁派三大佛寺之一。

## 1418 年　戊戌　明成祖永乐十六年

△ 约是年，郑和 (明，1371~1433) 船队在第五次下西洋中，横渡印度洋到达东非南纬四度以南的地方。(唐锡仁等主编，中国科学技术史·地学卷，科学出版社，2000 年，第 392 页)

△ 是年至 1424 年，铸北京钟楼永乐铜钟，重 63 吨，在世界大钟中排行第三。觉生寺永乐铜钟重 46.5 吨，钟体内外铸满汉文、梵文经卷 7 部，共 23 万字。两钟均为刮板造型，地坑制范，分七层圈范套合，泥范法铸成，青铜合金成分铜 80% ~84%，铅 1.12%，锡 16%。(田长浒主编，中国铸造技术史·古代卷，航空工业出版社，1995 年，第 175~178 页)

## 1420 年　庚子　明成祖永乐十八年

　　△ 明皇宫——北京故宫建成。始建于永乐十五年（1417），旧称"紫禁城"，明清两代多次重修和扩建，但仍保持原有布局，占地 72 万多平方米，建筑面积约 15 万平方米。整个建筑布局对称，层次分明，主体突出，集中体现了中国建筑艺术的独特风格与高超水平，为中国现存最宏大完整的古建筑群。[于倬云，紫禁城始建经略与明代建筑考，故宫博物院院刊，1990，（3）：9～22]

　　△ 建北京太庙，为明清两代祭祀本朝已故皇帝的地方。明嘉靖二十四年（1545）重建成现在的面貌，是现存唯一的太庙建筑。在总体设计中，以大面积林木包围主体建筑群，并在较短的距离安排多重门、殿、桥、河来增加入口部分的深度感，以造成肃穆、深邃的气氛。（中国大百科全书·建筑、园林、城市规划，中国大百科全书出版社，1992 年）

　　△ 位于北京市东南部的天坛始建，至嘉靖十九年（1540）全部建成。初名天地坛，占地 273 公顷，为明清两代皇帝祭天、祈谷的场所，是中国古代现存祭祀建筑中最完整、最重要的一组建筑，也是现存艺术水平最高、最具特色的优秀建筑群之一。（王成用，天坛，北京旅游出版社，1987 年，第 81～83 页）

　　△ 天坛中的回音壁、三音石、圜丘等建筑运用了较高的声学效应。[周克超等，天坛声学现象的首次测试与综合分析，自然科学史研究，1996，15（1）：72～79]

　　△ 刻印的《太上说天妃救苦灵应经》卷首插图为郑和船队的图像，计 5 列，每列 5 艘。此为迄今发现最早的郑和下西洋船队的图像资料。（王伯敏主编，中国美术全集·绘画编·版画卷，上海人民美术出版社，1988 年，第 30 图）

## 1423 年　癸卯　明成祖永乐二十一年

　　△ 八月丙寅，明永乐帝朱棣（明，1360～1424）在第四次亲征漠北途中，提出了"神机铳居前，马队居后"，前疏后密的布阵新原则。这是对神机枪炮兵与步骑兵协同作战技术和战术的一大创造。（《明太宗实录》卷二百六十二）

　　△ 九月壬辰，明廷下令在居庸关附近城墙上建筑八处烟墩，安置新式炮架，架设火铳。建成了最早的倚城炮台。（《明太宗实录》卷二百六十三）

## 1428 年　戊申　明宣宗宣德三年

　　△ 是年以后，工部为适应宫廷和寺庙作祀词或薰衣之用，利用从南洋所得风磨铜铸造一批小型铜器，因其品种多为香炉式，称为宣德炉，制作精巧，表面鎏金色和局部上色，可呈现 60 多种色彩，造型变化丰富，如耳有 50 多种，足有 40 多种，可谓集各式造型之大成。明代的宣德炉是中国古代杰出的黄铜铸件。（田自秉，中国工艺美术史，知识出版社，1985 年，第 294 页）

## 1430 年　庚戌　明宣宗宣德五年

　　△ 郑和（明，1371～1433）根据第七次航海（1405～1433）沿途所经地理情况，绘成一字展开式的航海地图即《郑和航海图》（原名《自宝船厂开船从龙江关出水直抵外国诸番图》）。航线一侧注记针位、更数、海深、天体文度，是现存最早的针路图，收录在明茅元仪

编《武备志》卷240。(张维华主编，郑和下西洋，人民交通出版社，1985年)

△《郑和航海图》中载有四幅过洋牵星图，图中注有若干地点所见的北极星和一些星宿的地平高度，如丁得巴昔(印度洋中一岛屿)"北辰星七指"、"灯笼骨星八指半"、"西北布司星八指"等，1指约等于1.9度。其测量用具称为牵星板。(明·茅元仪:《武备志》卷240；明·李诩:《戒庵老人漫笔》)

△ 郑和下洋航行时，将详细记录航程中罗盘针所指方位编辑成《针位篇》，相当于一本航海手册，可惜早已失传。[杨文衡，中国古代科学家传记(下)·郑和，科学出版社，1993年，第776页]

△ 约于是年，明宣宗(明)将一付双片的远视眼镜赐给胡濙的父亲胡宗伯(明)。它可能是从西域经中国西北一带传入的。(明·张宁:《方洲杂言》；王冰，中国物理学史大系·中外物理交流史，湖南教育出版社，2001年，第29页)

## 1433年　癸丑　明宣宗宣德八年

△ 七月，郑和(明，1371~1433)下西洋结束。郑和七下西洋是继张骞(西汉，约公元前195~前114)两通西域之后古代中国对中外文化交流又一次最重要事件，极大地促进了中国与南洋诸国的交流。它是中国航海史上的空前壮举，其规模之大，技术之先进，持续时间之长，所至海域之广，在世界航海史上是没有先例的。(郑一钧，论郑和下西洋，海洋出版社，1985年)

## 1434年　甲寅　明宣宗宣德九年

△ 巩珍(明)著《西洋番国志》记其宣德五年(1430)随郑和(明)下西洋所见所闻20余国的风土人情，卷首收录永乐至宣德敕书三通，为研究当时亚非地理和中西交通的重要文献。[杨文衡，中国古代科学家传记(下)·郑和，科学出版社，1993年，第776~777页]

## 1436年　丙辰　明英宗正统元年

△ 曾4次随郑和(明)下西洋的费信(明，1388~?)撰《星槎胜览》。全书二集，前集记亲历诸国，后集系采辑所成，共40多个国家，记述内容有郑和的活动情况、航行路线、日程及各国的地理位置、风俗民情、物产、气候、历法、语言文字、宗教、贸易、神话等，为研究当时亚非地理和中西交通的重要文献。[杨文衡，中国古代科学家传记(下)·郑和，科学出版社，1993年，第776页]

## 1439年　己未　明英宗正统四年

△ 徐凤(明)撰写《针灸大全》六卷。此书将针灸经穴、经脉宜忌及治疗等均编为歌赋，在灵龟八法的取穴及治法上有较多记载，是考察中国针灸按时取穴的重要文献。(廖育群等，中国科学技术史·医学卷，科学出版社，1998年，第419页)

## 1442年　壬戌　明英宗正统七年

△ 约于是年，仿制成郭守敬(元，1231~1316)简仪与元代浑仪，置于北京齐化门城

楼上。[潘鼐，现存明仿制浑仪源流考，自然科学史研究，1983，（3）]

**1443 年　癸亥　明英宗正统八年**

△ 明政府诏令重铸铜人，这是我国至今仍然留存的最早教学用铜铸人体模型。

**1445 年　乙丑　明英宗正统十年**

△ 约于是年，刘信（明，？～1449）著成《西域历法通径》，系在《回回历法》的基础上，对有关表格做了某项调整或增加了一些新项目，并给出更详尽的数据，可供更便捷和准确的查算。（马明达、陈静，中国回回历法辑丛，甘肃民族出版社，1996 年）

△ 道士邵以正（明）校定《道藏》付梓，名《正统道藏》，共 5305 卷，包括 1426 种书。该书记载了许多当时炼丹术的化学知识和实验方法，对研究中国炼丹术有重要的参考价值。（周嘉华、王治浩，中华文化通志·化学化工卷，上海人民出版社，1998，第 163 页）

△ 金礼蒙（朝鲜）辑录 15 世纪以前 150 余种中国医籍及文献中医家的论述及方剂，用中文分类汇编成大型中医学丛书《医方类聚》266 卷。此书内容丰富，保存了不少中国已经散佚的医学资料。（傅维康主编，中药学史，巴蜀书社，1993 年，第 241 页）

**1447 年　丁卯　明英宗正统十二年**

△ 藏族浦派（即山洞派）历算创始人伦珠嘉措（明）等著成《白莲法王亲传》，该书大约是依据古印度白莲法王于公元前 177 年对《时轮经》的注释撰成的，是为及至现代的藏传时轮历的经典著作。（黄明信、陈久金，藏历的原理与实践，民族出版社，1987 年，第 269 页）

△ 宗喀巴门徒一世达赖喇嘛根敦朱巴（明）在今西藏日喀则尼玛督南山坡上始建扎什伦布寺，后经历代扩建。寺名的藏语意为"吉祥须弥山"。它原是历代班禅驻锡之地，后藏的政教中心，也是黄教在后藏的最大寺院。寺内由宫殿、后藏地方最高政府机关、经学院、班禅灵塔殿等 4 个主要部分及众多僧舍、附属建筑物组成。[西藏自治区文物管理委员会扎什伦布寺，文物，1981，（11）：87]

**1449 年　己巳　明英宗正统十四年**

△ 冬，许惇（明）等主张不宜继续用南京的昼夜时刻，应改用北京的昼夜时刻，但明代宗则以不改祖宗旧制为由，不予采纳。（《明史·历志一》）

**1450～1456 年　明代宗景泰年间**

△ 景泰蓝是明代著名的金属工艺，一般认为它发展于景泰年间，釉料多为蓝色之故它的正式学名应为铜胎掐丝珐琅。（田自秉，中国工艺美术史，知识出版社，1985 年，第 295 页）

**1450 年　庚午　明代宗景泰元年**

△ 吴敬（明）撰《九章算法比类大全》十一卷。他的古问全部来自于《详解九章算法》，卷一至卷九仍按《九章》分类，实际上包括《九章算术》的 246 问及贾宪补充的题目

吴敬对刘徽、贾宪的重大贡献极不重视，没有引用。比类、诗词中的 1200 多个题目有的是引自其他古算经的，有的是自己收集补充的，结合当时生活实践的应用问题。第十卷专论"开方"，以立乘释锁法求高次幂的正根。书中含很多与商业资本有关的应用问题。吴敬不懂增乘开方法，其他算理错误极多。书中既使用筹算，也使用珠算。（钱宝琮，中国数学史，科学出版社，1992 年，第 135~136 页）

**15 世纪中叶**

△ 成书的《鲁班木经》内有制造珠算盘的规格。书中描述的算盘式样还较为原始，上二珠，下五珠，中无横梁，只有一条绳隔开。（钱宝琮，中国数学史，科学出版社，1992 年，第 137 页）

**1453 年　癸酉　明代宗景泰四年**

△ 徐有贞（明，1407~1472）在治理山东张秋黄河时曾作水箱放水实验：两个同质同容的水箱，一个底部开一个大孔；一个底部开数个小孔，令数小孔面积之和等于大孔面积。二水箱同时放水，结果，数小孔的水箱其水先放完。（明末·方以智：《物理小识》卷二；明·李东阳：《宿周符离桥月河记》）

△ 金都御史徐有贞（明，1407~1472）奉命主持治理沙湾（属今山东阳谷）。年底兴工，1455 年七月竣工。先开广济渠长数百里，分杀黄河水势，引黄济运；修侧堰、减水大堰、减水闸等；又疏汶水、泗水，使之入运。（明·徐有贞：《整修河道工完之碑》；《明经世文编》卷三十七）

**1454 年　甲戌　明代宗景泰五年**

△ 陈文（明）等奉诏主持纂修的《云南图经志书》于是年末成书。全书 10 卷，为现存较早的云南方志著作之一，次年刊印。（《续修四库全书目录·书目举要》）

**1456 年　丙子　明代宗景泰七年**

△ 约于是年，在北京隆福寺万善正觉殿藻井天花板上绘有一幅全天彩色星图，系极坐标式圆图，在深蓝色背景上用贴金或涂金等工艺描绘出繁星点点，现存星数约 1420 颗，并绘有内规、赤道与外规等基本环圈，以及 28 宿距度辐射线，是一幅科学星图。（伊世同，北京隆福寺藻井天文图，中国古星图，辽宁教育出版社，1996 年，第 109~114 页）

△ 陈循（明）等修纂《寰宇通志》119 卷成书，为明修第一部全国地理志。（唐锡仁、杨文衡主编，中国科学技术史·地学卷，2000 年，第 404 页）

△ 时营建频繁，以木匠蒯祥（明，1397~1481）、石匠陆祥（明）为工部侍郎。（《宪宗实录》）

**1461 年　辛巳　明英宗天顺五年**

△ 英宗（明，1427~1464）认为《寰宇通志》繁简失宜、去取不当，命李贤（明）等改修重编，是年书成奏进，赐名《大明一统志》。全书 90 卷，按两京、十三布政司分区，每府、直隶州分建置沿革、郡名、形胜、风俗以及古迹、人物等项，是明代官修最重要的全国

地理总志。(唐锡仁、杨文衡主编，中国科学技术史·地学卷，2000 年，第 404 页)

## 1464 年　甲申　明英宗天顺八年

△ 是年前，汤东结布（明，1385～1464）募集资金在西藏雅鲁藏布江等大小江河上修建数十座铁索桥。他修建桥的铁链链节作⊂⊃形。铁桥两侧造有桥屋，其余多余铁链挂于檐下，似可作备件用。(唐寰澄，中国科学技术史·桥梁卷，科学出版社，2000 年，第 523 页)

△ 是年前，建成的四川潼南西大像阁右侧的一条上山石道，在脚踏时石阶会产生较强的回音效果，被时人称为"石磴琴声"。据研究是由于脚踏产生的振动在空气中形成的声波在凹形石壁中来回反向形成共鸣。此为中国古代著名的回音建筑之一。[吕厚均等，中国四大回音建筑之一——四川石琴的频谱分析，自然科学史研究，1999，18（2）：128～135]

## 1465～1487 年　明宪宗成化年间

△ 僧了然（明）在云南永昌重修霁虹桥时，"以木为柱，而以铁索横牵两岸"，后代修复时大致承其旧制。霁虹桥是今日尚存的中国最早的铁链桥。(唐寰澄，中国科学技术史·桥梁卷，科学出版社，2000 年，第 537～544 页)

## 1469 年　己丑　明宪宗成化五年

△ 明政府规定：四川军民偷采（炼）白铜者，为首枷示，依律治罪。说明此时白铜矿冶之事已为官府志营。(清·嵇璜：《续文献通考·征榷六》)

## 1470 年　庚寅　明宪宗成化六年

△ 董宿（明正统年间太医院使）辑录、方贤（明）续补，杨文翰校正的《太医院经验奇效良方大全》刊印（简称《奇效良方》）。全书 69 卷，收集 7000 余方，并详述用法，深受后世医家推重。

△ 威尼斯炼金士安东尼奥（Antoin di Sansimeone）从阿拉伯人处学得烧造瓷器的方法，中国制瓷技术始传至欧洲。(武斌，中华文化海外传播史，陕西人民出版社，1998 年，第 1574 页)

## 1473 年　癸巳　明宪宗成化九年

△ 十一月初二，在今北京西直门外正觉寺（原名真觉寺）建成金刚宝座塔。因其是在一个高台上修建 5 座小型石塔，故俗称五塔寺塔。其造型近似印度建筑，结构和雕刻手法则具有中国民族风格。[罗哲文，真觉寺金刚宝座塔，文物，1979，(9)：86]

## 1474 年　甲午　明宪宗成化十年

△ 闰四月，筑边城。东起清水营，西抵化池，长 1770 里。凡筑城堡 11，边墩 78，崖砦 819。(《明史·兵书》)

## 1475 年　乙未　明宪宗成化十一年

△ 明政府官修《类方马经》问世。(王毓瑚，中国农学书录，农业出版社，1964 年，

第 130～132 页）

## 1476 年　丙申　明宪宗成化十二年

△ 是年前，兰茂（明，约 1397～1476）编撰成图文对照的《滇南本草》。1556 年，范洪（明）将其抄本进行整理，重新编成《滇南本草图说》。1887 年，管浚（清）据其兄管暄（清）校勘本重订，并首次刊行。此书是中国最早集中记载云南其及附近地区药物与治疗经验的专著，是中国古代内容最丰富、保存最完整的一部地方性本草学专书。（傅维康主编，中药学史，巴蜀书社，1993 年，第 225～227 页）

## 1477 年　丁酉　明宪宗成化十三年

△ 贝琳（明，1429～1490）完成对《回回历法》的修订与补充，成《七政推步》一书。该书除了做补缺订误、完善有关术文和天文表格等工作之外，还首载马沙亦黑等人所译星表一份。[陈久金，中国古代科学家传记（下）·贝琳，科学出版社，1993 年，第 781～783 页]

△ 是年前，云南镇守内监钱能（明）献以"料丝"制作的灯屏。据研究，"料丝"是一种以石英为主要原料制成的一种玻璃纤维布。"料丝"以永昌（今云南保山）所产最佳。[张江华，"料丝"——明代我国生产的一种玻璃纤维布，中国科技史料，1991，12（4）：80～83]

## 1478 年　戊戌　明宪宗成化十四年

△ 许荣（明）撰《九章详注算法》，似为吴敬（明）撰《九章算法比类大全》的重编本，已佚。部分内容被《算学宝鉴》引用，是王文素了解《九章算术》的主要来源。

## 1482 年　壬寅　明宪宗成化十八年

△ 在对天文历法厉禁 114 年后，俞正己（明）第一次提出必须对日见失准的《大统历》进行改革的意见，明朝廷不但不予重视，反将俞正己下于监狱。（《明史·历志一》）

## 1484 年　甲辰　明宪宗成化二十年

△ 张昇（明）上言改革历法，钦天监以"祖制不可变"为由加以阻扰，扼杀了改历之议。（《明史·历志一》）

## 1485 年　乙巳　明宪宗成化二十一年

△ 李衍 [明，景泰（1450～1456）进士] 作人力犁——木牛。（清·谈迁：《枣林杂俎》）

△ 定轮班工匠以银代役法，对明代手工艺技术的发展有积极作用。（《明史·食货志》）

## 1486 年　丙午　明宪宗成化二十二年

△ 约是年，屠滽（明，1441～1512）赠送一副眼镜给吴宽（明）。据吴宽的诗文分析此为一近视眼镜。[明·吴宽：《匏翁家藏集》卷二十三；洪震寰，眼镜在中国之发始考，中国科技史料，1994，15（1）：73]

**1487 年　丁未　明宪宗成化二十三年**

△ 丘浚（明，1418/1420～1495）撰《大学衍义补》中明确提出人可胜天的思想。

△ 据《大学衍义补》卷 22《贡赋之常》记载，其时棉花种植地无分南北。

△ 是年至 1498 年，日本著名医家僧月湖弟子田代三喜来华学习医学，对李杲（金，1180～1251）、朱震亨（元，1281～1358）学说很为赞赏，返回日本后大加阐扬。[赵璞珊，中国古代科学家传记（上）·李杲，科学出版社，1992 年，第 611 页]

**1488～1505 年　明孝宗弘治年间**

△ 福建织工林洪（明）创造了一种新型织造工艺，名"改机"，即将用五层经丝织制的织品改用四层比线，织成更为细薄实用的新品种。（万历《福州府志》卷 37）

**1490 年　庚戌　明孝宗弘治三年**

△ 约于是年至 1524 年，王文素（明，约 1465～?）撰成《新集通证古今算学宝鉴》四十一卷。该书仍以九数分类，采集宋杨辉，明杜文高、夏泽源、金来朋、吴敬、许荣诸家算法，加以编定。王文素对书中所述算法做了认真研究，纠正了吴敬《九章算法比类大全》中的错误，较吴书更为严谨。

△ 约于是年，无锡华燧（明，1439～1513）采用铜活字印刷成功，印了《宋诸臣奏议》等书，印本尽管质量不高，但为我国现存最早的金属活字印本。（明·华绪：《勾吴华氏本书·华遂传》）

**1493 年　癸丑　明孝宗弘治六年**

△ 副都御史刘大夏（明，1436～1516）奉命主持治通，以通漕运。历时 3 年，堵塞张秋、黄陵冈、金龙口等决口，又系统修筑黄河北岸大堤（后称太行堤），导河主流走徐州、宿迁，东流入海。刘大夏治河，确立了北堵南分的方策。（《明史·河渠志一》）

**1494 年　甲寅　明孝宗弘治七年**

△ 是年前，陆容（明，1436～1494）《菽园杂记》卷 14 引《龙泉县志》记载有龙泉县（今属浙江）栽培香菇的技术和历史。[陈士瑜，中国方志中所见古代菌类栽培史料，中国科技史料，1992，13（3）：74]

△ 是年前，《菽园杂记》详细地记载了烧爆得矿采铜即火爆法采铜法、以灰吹法炼银的工艺以及铜、银矿的品位等。

△ 是年前，陆容（明）在《菽园杂记》卷 14 详细地记载了别具特色的元代南方韶州（今广东韶关、曲江、乐源一带）所传的铅粉工艺。（赵匡华等，中国科学技术史·化学卷，科学出版社，1998 年，第 431 页）

△ 是年前，陆容（明）《菽园杂记》卷 14 对浙江处州（丽水地区）肪脉状银铅锌矿的记述，是中国古籍中关于银矿开采、选矿、冶炼的最为详尽、精彩的叙述。（赵匡华等，中国科学技术史·化学卷，科学出版社，1998 年，第 214 页）

△ 是年前，陆容（明）在《菽园杂记》卷 14 中详细介绍了当时民间利用醋缸中醋蒸气

与铅作用在空气中（含 $CO_2$）生成铅粉的方法。这种方法与欧洲生产铅粉的荷兰法几乎一样，时间却远在欧洲之前。

△ 朝鲜学者金宗直在朝鲜活字本《白氏文集》中谓："活板之法始于沈括，而盛于杨惟中，天下古今之书籍无不可印，其利博矣。"当时另一些朝鲜学者也有同样说法，表明当时活字印刷术已传入朝鲜。

## 1496 年　丙辰　明孝宗弘治九年

△ 王琼（明）任工部郎中时管理河道，以王恕（明，1416～1508）的《漕运通志》四十卷为底本，改写成《漕河图志》。全书 8 卷，前 2 卷为通州至仪真段京杭运河全图，其余各卷译记历代漕运兴衰、各项管理制度，是著名的运河专著；有漕河图十一幅，是现存最早的运河图，制图范围起自北京南至仪征。[水利水电科学研究院《中国水利史稿》编写组，中国水利史稿（下），水利电力出版社，1987 年，第 459～460 页]

△ 广德寺多宝佛塔建成，为砖石仿木结构。通高 17 米，塔峰置 5 座小塔，居中者为喇嘛塔，高 10 米。塔上共嵌有石雕坐佛 45 尊，故称多宝佛塔，是著名的印度式佛塔。[孙启康，襄阳广德寺"多宝佛塔"，文物，1979，（8）：79]

## 1498 年　戊午　明孝宗弘治十一年

△ 约于是年，杨子器（明）刻石成江苏常熟县学天文图碑，该星图系仿照宋代苏州石刻天文图碑刻制而成，但又对之多所补正。该星图对普及天文学知识起了积极的作用，前来拓写者甚众，以致在不到 10 年的时间内天文图便被磨灭。1506 年，经计宗道（明）重新镌刻，并保留至今。（王德昌、车一雄等，常熟石刻天文图，中国古星图，辽宁教育出版社，1996 年，第 124～133 页）

## 1500 年　庚申　明孝宗弘治十三年

△ 约于是年，明王朝稍弛对天文历法的厉禁，"命征山林隐逸能通历学者以备其选，而卒无应者。"（明·沈德符：《万历野获编》）

△ 约是年前后，原产中国的桃子传入英国，16 世纪经西班牙传入美洲。

## 16 世纪

△ 至 16 世纪初，茶树栽培采用育苗移栽技术。（明·罗廪：《茶解·艺》）

△《顺风相送》成书。（向达校注，两种海道针经，中华书局，1982 年）

## 1502 年　壬戌　明孝宗弘治十五年

△ 邝璠（明，1465～1505）撰《便民图纂》问世，是我国现存附有耕织技术图像的最早农书，属农家日用百科全书性质的农书。（王毓瑚，中国农学书录，农业出版社，1964 年，第 133～143 页）

△ 鸽病治疗见于《便民图纂·牧养类·治鸽病》。

△《便民图纂·树艺类下·油菜》记载了油菜打薹摘心技术。

△《便民图纂·制造类》专门介绍各种日用品制造、使用、保管等知识；论述了关于酒、

醋、酱、乳制品、脯腊、腌渍、烹调、晒干鲜食物和食物储存器等。[洪光住，中国古代科学家传记（下）·邝璠，科学出版社，1993年，第785页]

△ 王纶（明）撰《明医杂著》6卷，集医论20余篇。书中提出了"外感法仲景，内伤法东恒，热病用河间，杂病用丹溪"之说，对明清医家有较大影响。

## 1503年　癸亥　明孝宗弘治十六年

△ 周瑛（明）纂修的《兴化府志》记述了福建莆田、仙游等县的造白糖法。书中记载的利用鸭蛋清的凝聚澄清法是中国对蔗糖进行脱色处理的最早尝试。（赵匡华等，中国科学技术史·化学卷，科学出版社，1998年，第610页）

## 1505年　乙丑　明孝宗弘治十八年

△ 刘文泰（明）编写成《本草品汇精要》420卷。书中收录大量动植物，插图也颇为人称道，可惜未能刊行。书中还清晰地讲解了化学药剂的制备方法。（汪子春等，中国古代生物学史略，河北科学技术出版社，1992年，第133页）

△ 长城八达岭关城（在今北京延庆）始建，与山海关同为长城东部名胜。

## 1506～1521年　明武宗正德年间

△ 唐胄（明）编纂的《琼台志》卷10中首次较为系统地记载了海南岛地区的人口地理资料：列表说明汉至明的户、口数，展示了海南全境的人口发展概况；分县列出明代5个年代的户数和口数；分县统计性别、男子成年与未成年、职业分工等户数；永乐十年的户口分"黎"与"民"。（唐锡仁等，中国科学技术史·地学卷，科学出版社，2000年，第408～410页）

△ 此前，沈周（明，正德年间卒）撰《石田杂记》记述了水稻收割后的后熟现象，并提出利用后熟作用提高产量的办法。

△ 席书（明）撰《漕船志》，后经朱家相（明）编补。二人曾多年从事漕运。书中对清江船厂和卫河船厂两个专造漕船的工场记述颇详。

△ 陶工供春（又称龚春，明武宗正德年间）是把紫砂器推进到一个新境界的最早的民间紫砂艺人，其作品"栗色闇闇，如古金铁，敦庞周正"。（赵匡华等，中国科学技术史·化学卷，科学出版社，1998年，第75页）

## 1506年　丙寅　明武宗正德元年

△ 是年至1510年，在无锡惠山江麓修建江南名园——"凤谷行窝"园，后改名为寄畅园。（中国大百科全书·建筑、园林、城市规划，中国大百科全书出版社，1992年）

## 1509年　己巳　明武宗正德四年

△ 5月26日夜，湖北"武昌府见碧光闪烁如电者六七次，隐隐有声如雷鼓，已而地震"。此为有关地震中的地光现象的记载。（《万历实录》卷五十五；唐锡仁，中国古代的地震测报和防震抗震，中国古代科技成就，中国青年出版社，1978年，第320页）

△ 至六年（1511），由傅俊（明）主持的遵化冶铁厂每年炼生铁达486 000斤，其中增

添了萤石作为炼铁助熔剂。傅俊著有《冶铁志》二卷（已佚）。（赵匡华等，中国科学技术史·化学卷，科学出版社，1998 年，第 159 页）

△ 王献臣（明）在苏州娄门东北唐代陆龟蒙宅地和元代大弘寺旧址拓建成江南名园——拙政园。在建园时，请吴门画派的代表人物文征明为其设计蓝图，形成以水为主，疏郎平淡，近乎自然风景的园林，为苏州四大名园之一。（刘敦桢，苏州古典园林，中国建筑工业出版社，1979 年）

## 1512 年　壬申　明武宗正德年七年

△ 至次年，由杨子器（明，1458～1513）绘制的《杨子器跋舆地图》是按 1∶180 万分之一的比例尺绘制而成的。黄河源长江源画得比较正确。在传世的中国古代地图中，它是最早系统地使用图示符号、最早在图内辟出一隅设置（文字）图例的全国政区图。[郑锡煌，关于杨子器跋舆地图的管见，自然科学史研究，1984，3（1）]

## 1513 年　癸酉　明武宗正德八年

△ 李濂（明，1489～约 1569）撰《医史》10 卷。此书前 5 卷录自正史医家 55 人，后 5 卷载自撰张仲景等 7 个补传，又载录诸家文集中张扩等 10 个传记，为中国现存最早的医学人物传记专书。

## 1515 年　乙亥　明武宗正德十年

△ 虞搏（明，1438～1517）撰成《医学正传》8 卷。书中提出两肾皆命门之说，并记载了器械灌肠的方法。

## 1517 年　丁丑　明武宗正德十二年

△ 8 月 15 日，葡萄牙安特拉特（Fernão Peres de Andrade）率舰与使者皮莱士（Thomé Pires）以进贡为名驶至广州，发铳示威，为明拒绝，退泊东莞南头，盖房树栅。此为西方殖民者东来之始，亦为中国与西欧海上交通之始。（周景濂，中葡外交史，商务印书馆，1991 年，第 8 页）

## 1519 年　己卯　明武宗正德十四年

△ 汪机（明，1463～1539）撰辑《汪石山医书八种》完成。此丛书较全面和系统地反映汪氏学术思想和临床经验。

## 1520 年　庚辰　明武宗正德十五年

△ 黄省曾（明，1490～1540）撰《西洋朝贡典录》3 卷，记载西洋 23 个国家和地区的方域、山川、道里、土风、物产、朝贡等情况，其中大部分国家和地区都有针位的记载，是明代中西交通方面的重要著作。[曾雄生，中国古代科学家传记（下）·黄省曾，科学出版社，1993 年，第 815～816 页]

△《西洋朝贡典录》卷中记载了暹罗（今泰国）的起绒织物。约在此前，华侨将织制剪绒的技术传入暹罗。[赵翰生，明代起绒织物的生产及外传日本的情况，自然科学史研究，

2000，19（2）：192]

## 1521 年　辛巳　明武宗正德十六年

△ 四川嘉州（今乐山县）在钻凿盐井时，开出油井一口。这是中国也是世界上最早钻凿的一口油井。（王仰之，中国地质学简史，中国科学技术出版社，1994 年，第 61 页）

## 1522～1566 年　明世宗嘉靖年间

△ 制作的一支官尺——牙尺流传至今。它的制作甚精，正背两面镶入尺星以示寸、分分度精确，尺长 32 厘米。（丘光明等，中国科学技术史·度量衡卷，科学出版社，2001 年第 407 页）

△《三元大丹秘苑真旨》的丹经中记载有"盖铜本来赤红，用倭铅点之，然后成黄铜"。这是目前所知中国有关倭铅（锌）的最早文献。从书中的记述还可知：当时波斯倭铅较中国生产的质量要高，并已传入中国。当时国内福建所产倭铅质量较高。中国的炼锌术很可能起源于福建，其后为太行一带，继而传至荆、衡，而起步最晚但生产后来居上则是滇、黔地区。（赵匡华等，中国科学技术史·化学卷，科学出版社，1998 年，第 200 页）

△ 玉米传入我国，时称"御麦"。并已记载了玉米的形态和种收时间。（嘉靖《巩县志》；嘉靖《平凉府志》）

△ 商武（明）制作男、女、儿童 3 座针灸铜人。（廖育群等，中国科学技术史·医学卷科学出版社，1998 年，第 420 页）

△ 开始制作的佛郎机铳多为铜制，红夷炮多为铁制。（中国军事百科全书·古代兵器分册，军事科学出版社，1991 年，第 200 页）

△ 嘉靖年间开始使用黄铜铸钱，嘉靖至万历年间使用炉甘石点炼黄铜，天启元年（1621）才使用金属锌冶炼黄铜铸钱。[周卫荣，中国古代用锌历史新探，自然科学史研究 1991，（3）]

△《龙江船厂志》撰成。作者李昭祥（明）为该船厂后期主持人，该书是我国早期关于造船工场的专著。[宽正，龙江船厂志，（上海）中央日报，1946-10-13：10]

△ 此时，明代最著名的织造局——苏州织造局有房屋 245 间，内织作 87 间；机杼 173 张；棹络作 23 间，染作 14 间；打线作 72 间；各色人匠 667 名。（康熙《苏州织造局志》引史征明《重修织造局志》）

## 1522 年　壬午　明世宗嘉靖元年

△ 嘉靖初年之前，海丰、沧州盐场采用与现代海盐晒制法相似的晒海盐法。[邢润川，关于长芦区量法制盐的来源，化学通报，1977，（5）]

△ 明军在广东新会的西草湾之战中，缴获了葡萄牙入侵者 2 艘战船及其装备的佛郎机舰炮。佛郎机炮自此传入中国。（王兆春，中国火器史，军事科学出版社，1991 年，第 115～125 页）

## 1523 年　癸未　明世宗嘉靖二年

△ 华湘（明）上言通过实测以改进历法，钦天监还是认为"历不可改"，不过礼部勉强

支持可进行测量的意见，可是，未取实质性措施，测量工作不了了之。(《明史·历志一》)

**1524 年　甲申　明世宗嘉靖三年**

△ 王磐（明）撰成《野菜谱》。书中以歌谣的形式记载高邮地区野生植物 60 种，一物一图，是一部乡土植物志，流传甚广，影响较大。它对普及救荒植物知识有别开生面的作用。(汪子春等，中国古代生物学史略，河北科学技术出版社，1992 年，第 144 页)

△ 四月，始仿制佛郎机铳。次年四月，制成首批佛郎机炮。(《续文献通考》卷 134《兵十四·军器》；明·谈迁：《国榷》卷 53)

**1527 年　丁亥　明世宗嘉靖六年**

△ 重建广胜寺上寺（在今山西洪洞东北）飞虹塔。塔高 47 米余，13 级，塔身以三彩琉璃装饰，为中国琉璃塔的代表作。

**1528 年　戊子　明世宗嘉靖七年**

△ 始立圭表，制正方案、日晷等器具于北京观象台，其制作形制均与郭守敬所作相同。(《明史·天文志一》)

△ 薛己（明，1487～1559）撰《口齿类要》1 卷，介绍茧唇、口疮、舌症、喉痹、喉间杂症等 12 类口齿咽喉病症的辨症验案及方剂，是现存早期有关喉类的专著。(余瀛鳌等，中国古代科学家传记·薛己，科学出版社，1993 年，第 792 页)

**1529 年　己丑　明世宗嘉靖八年**

△ 桂萼（明，? ～1531）绘制彩色《皇名明舆图》，除表示山脉、河流、政区名称外，重要关隘、边镇另附文字注记，标注路程。原图已佚。今仅见何镗《修攘通考》卷三中附的单色墨印摹刻本。

△ 薛己（明，1487～1559）撰《正体类要》2 卷，列述骨伤科病症主治大法及扑伤、附跌、金伤及烫水伤三大类共 64 种病症的医案，并介绍伤科常用方剂，是现存早期的伤科专著。(余瀛鳌，中国古代科学家传记·薛己，科学出版社，1993 年，第 792 页)

△ 高武（明）穷究明以前《铜人》、《明堂》、《子午》和窦氏《流注》诸家之说，集其论述和歌赋，并参入己见，编成《针灸聚英》4 卷，1537 年刊行。此书汇集了明以前有关针灸的精华，内容极为丰富，且常有新意。(朱建平，中国古代科学家传记·高武，科学出版社，1993 年，第 808～809 页)

**1530 年　庚寅　明世宗嘉靖九年**

△ 五月，建北京天坛圜丘。全部青石建成，最高层出地面 5 米，直径 22.8 米。

△ 天坛皇穹宇有一座圆形围墙，高约 7 米，半径约 32.5 米。该围墙具有极好的声反射和声"爬墙"性能；天坛内圜上也有声反射性能。它们为古代罕见的具有声特点的建筑。[吕厚均等，天坛皇穹宇声学现象的新发现，自然科学史研究，1995，14（4）：359～365]

△ 北京六必居酱园开业，是中国迄今仅存的最古老的食品作坊和商店。

**1532 年　壬辰　明世宗嘉靖十一年**

△ 大营宫室，四川、湖广、贵州、江西、浙江苦于采木，应天、苏、松、常、镇烧砖窑户纷纷逃亡。

**1533 年　癸巳　明世宗嘉靖十二年**

△ 顾应祥（明）撰《勾股算术》二卷。该书为一部关于勾股形解法及用勾股形测望的数学专著。书中《勾股论说》篇中系统地介绍了勾股弦三边与三边和、三边差之间的各种关系及相互求法。给出了有关的四十个公式。并发展了"勾股步率"，即将速率与勾股形相结合的问题。[马翔，勾股算术提要，见：中国科学技术典籍通汇·数学卷（2），河南教育出版社，1993 年，第 973 页]

**1534 年　甲午　明世宗嘉靖十三年**

△ 许论（明，1488~1559）绘《九边图》，撰《九边图论》。记载北方一带的封疆延衰，山川险易，道里迂直，城堠疏密，军事布防，为明代边防地理的代表作之一。（卢志良，中国地图学史，测绘出版社，1984 年，第 113 页；闵振声等，兵垣四编，第五册）

△ 刘天和（明，? ~1539）制作水平仪，进行实地测量。（《明史》）

△ 陈侃（明）奉使琉球后撰成《使琉球录》。书中对使船的概况，关于桅、舵、锚、橹等细节和海上遇险救助等情况，叙述尤为生动。

△ 是年至 1536 年，以中国古代"石室金匮"制度，建造皇史宬（又名表章库），面积 2000 多平方米，为艺术性、实用性兼备的宫殿式建筑，通体为石结构，内列雕龙鎏金铜皮大木柜，为明清帝王的档案馆，是中国现存最完整的皇家档案库，也是北京地区最古老的无梁殿建筑。（中国大百科全书·建筑、园林、城市规划，中国大百科全书出版社，1992 年）

**1535 年　乙未　明世宗嘉靖十四年**

△ 芒果已传入广东。（嘉靖《广东通志稿》）

**1536 年　丙申　明世宗嘉靖十五年**

△ 黄衷（明）著《海语》，反映当时东南亚史地与中国南洋交通情况。

**1537 年　丁酉　明世宗嘉靖十六年**

△ 绍兴知府汤绍恩（明）在浙江绍兴城东北三江口建大型挡潮水闸三江闸，又名应宿闸。此闸共 28 孔，长 108 米，是控制宁绍平原水利蓄泄的重要工程设施。（清·顾祖禹，《读史方与纪要》卷九十二）

**1540 年　庚子　明世宗嘉靖十九年**

△ 是年前，黄省曾（明，1490~1540）撰《种鱼经》（又称《鱼经》）问世。是我国现存最早的养鱼专著，共 3 篇。书中记述了十多种淡水鱼类。书中已有人工饲养鲻鱼的记载。这是我国港养及人工饲养海鱼最早的记载。（王毓瑚，中国农学书录，农业出版社，

1964 年）

△ 是年前，黄省曾（明）撰《理生玉镜稻品》（又称《稻品》）1 卷，记载了江苏苏州地区水稻品种 38 个，其中籼粳稻品种 25 个，糯稻品种 13 个，是中国现存最早的水稻品种专志。［曾雄生，中国古代科学家传记（下）·黄省曾，科学出版社，1993 年，第 812～813 页］

△ 是年前，黄省曾（明）撰《蚕经》是第一部关于江南地区栽桑养蚕的专书。［曾雄生，中国古代科学家传记（下）·黄省曾，科学出版社，1993 年，第 813～814 页］

△ 是年前，黄省曾（明）撰中国古代唯一的一部种芋专书——《芋经》。［曾雄生，中国古代科学家传记（下）·黄省曾，科学出版社，1993 年，第 814 页］

△ 黄省曾（明）编《学圃杂疏》，书中记述了大量的园艺植物。

△ 黄省曾（明）《兽经》对动物的生理习性有一些较好的记述。

△ 重建大祀殿，后为祈谷坛，即今祈年殿之前身。

## 1541 年　辛丑　明世宗嘉靖二十年

△ 罗洪先（明，1504～1564）用计里画方之法，将朱思本（元，1273～1333）《舆地图》分幅缩绘为书本式的《广舆图》。有总图 1 幅，分省图 13 幅，各类专题地图 30 余幅，是我国较早的综合地图集，并且还使用了 24 种图例符号。初刻于 1555 年，后来多为翻刻，流传甚广，对后世的地图制作产生重大影响。［钮仲勋，中国历代地理学家评传（第二卷）·罗洪先，山东教育出版社，1990 年，第 302～307 页］

△ 沈啓（明，1491～1568）撰成《南船记》四卷，记述南京工部所监造船、修船的定理规范和条例，内容包括各种御用船、中小型战船结构和各部件尺寸，及修造船只用材、用工、费用的数额，并附有所修造船只的结构图及外形图。［周世德，沈啓与《南船纪》，中国科技史料，1993，14（1）：14～20］

## 1544 年　甲辰　明世宗嘉靖二十三年

△ 是年前，王廷相（明，1474～1544）《雅述》解释日随远近不同而冬夏皆百刻时；以在磨上不同位置的蚂蚁作比喻，道出了角速度与线速度的概念。说出了一个转动物体上各质点的角速度与这些质点所在位置的半径无关。（戴念祖，中国力学史，河北教育出版社，1988 年，第 116～117 页）

△ 是年前，王廷相（明）在《慎言·道体篇》载：生物"阅千古而不变者，气种之有定也"，认为"气种"是遗传稳定性的因子。

△ 浙江平湖海盐发生的水稻病害——"稻蹲"已见记载，并分析了发病原因，提出预防措施。（明·冯汝弼：《佑山杂说》）

## 1545 年　乙巳　明世宗嘉靖二十四年

△ 约是年，周述学（明）改进詹希元 5 轮沙漏为 6 轮沙漏，并创制浑仪更漏，系一种由浑象与特殊的报时装置组成的自动演示天象与报时的器具。（《明史·天文志一》；汪前进，中国全史·中国明代科技史，人民出版社，1994 年，第 58～60 页）

△ 刘天河（明，1479～1545）完成沙工专著《问水集》6 卷。书中系统阐述了黄河迁

徙不定的原因；提出治黄具有时代特点；总结出"治河决必先疏支河以分水势，必塞始决之口，而下流自止"的原则；创造"水平法"的施工测量和"植柳六法"。[水利水电科学研究院《中国水利史稿》编写组，中国水利史稿（下），水利电力出版社，1987年，第65～68页]

### 1548年　戊申　明世宗嘉靖二十七年

△ 中国桔子品种于是年经葡萄牙人传至欧洲。

△ 明军在剿捕福建沿海双屿的倭寇时，缴获了倭寇仿制欧洲的火绳枪，明军称为鸟咀铳。火绳枪自此传入中国。（明·郑若曾：《筹海图编·鸟咀铳》）

### 1549年　己酉　明世宗嘉靖二十八年

△ 江瓘（明，1503～1565）编辑《名医类案》12卷。其子江应宿（明）补述，于1591年刊行。此书广辑明以前医籍中著名医家的临证治验，并参以有关文献、个人心得，是中国早期的类案著作。

### 1550年　庚戌　明世宗嘉靖二十九年

△ 顾应祥（明）撰《测圆海镜分类释术》十卷。此书是对元李冶《测圆海镜》一书的分类注释。从顾氏自序中可以看出，他已不能理解天元术，故而删去了有关天元术的内容。但书中详注了三乘方、四乘方、五乘方及加减诸乘方谦隅，补入了大量的带从谦隅开方法细草，对开方法的继承和发展也有一定贡献。[马翔，测圆海镜分类释术提要，中国科学技术典籍通汇·数学卷（2），河南教育出版社，1993年，第993页]

△ 沈之问（明）总结临证汉风经验，编成《解围元薮》4卷，列方249首，为中国早期麻风专书。书成后直至1816年始刊行。

△ 约是年前后，中国"贴落"（即壁纸）由西班牙、荷兰商人传入欧洲，成为欧洲崇尚中国风格的室内装潢材料与工艺品。

### 16世纪中期

△ 马一龙（明，1547年进士）以传统的阴阳五行学说解释农业生产，撰《农说》一卷。其中"知其所宜，用其不可запрещ；知其所宜，避其不可为，力足以胜天矣"，堪称名言。（王毓瑚，中国农学书录，农业出版社，1964年，第148页）

△ 马一龙（明）在《农说·粪壤第七》中提倡利用农村一些废弃物制作堆肥，时称"蒸粪"。

△ 马一龙（明）《农说》对水稻的"肥喝"现象做了介绍，并提出了解救办法。

△ 马一龙（明）《农说》提出"九寸为深，三寸为浅"的深耕标准。

△ 马一龙（明）《农说》对农作物虫害的发生与温湿度的关系已有认识。

△ 太湖流域创造粮、桑、畜、水产综合经营的"桑基鱼塘"。张履祥（明清，1611～1674）撰《补农书》具体规划了一种粮、菜、畜、鱼、蚕桑间的良性循环的经营模式。

△ 中国土茯苓输至印度、土耳其、波斯等国，被视为治疗花柳病的良药。

**1551 年　辛亥　明世宗嘉靖三十年**

△ 郑若曾（明，1503～1570）撰《日本图纂·使倭针经图》，记载由"太仓往日本针路"及"福建往日本针路"，并绘有山屿岛礁图共 33 幅。（明·郑若曾：《郑开阳杂著·日本图纂》）

△ 开马市于宣府（今河北宣化）、大同，以报鞑靼以马易缎之请。鞑靼复请以牛羊易米谷，不许。明年，马市亦罢。

**1552 年　壬子　明世宗嘉靖三十一年**

△ 耶稣会教士、西班牙人圣方济各·沙勿略（St. François Xavier，1506～1552）从印度果阿至广东上川岛，欲入华传教。时明海禁严，不得入境，遂病死该岛。沙勿略为西方来华传教士的先驱者。

△ 顾应祥（明）撰《弧矢算术》一卷。该书为中国第一部有关弧矢方面的专著。书中含"弧矢论说"及"方圆论说"两篇，前者给出了有关弧矢的各项定义及相互求法，说明了弧矢和圆径的相互关系，给出计算弧矢的理论依据。并将弧矢一术与勾股术相类比，得出计算公式。后者是一篇对方五斜七和圆周率的讨论。《弧矢算术》一书对弧矢术的发展起了承上启下的作用。

△ 约是年，明都御史喻时（明）绘制成《古今形胜之图》，嘉靖三十四年（1555）在位于福建龙溪的金沙书院重刻。这幅重刻的中国地图于 1572～1573 年流传到西班牙，现藏于西班牙。虽然此图内容不是很精确，但是加深了欧洲人对中国的了解。（唐锡仁等，中国科学技术史·地学卷，科学出版社，2000 年，第 419 页）

**1553 年　癸丑　明世宗嘉靖三十二年**

△ 顾应祥（明）所撰《测圆算术》是关于勾股容圆的一部数学专著。该书是在李冶《测圆海镜》的基础上重新编录而成。书中内容并未超出其《测圆海镜分类释术》，对于初学者是一部很好的入门书籍。[马翔，测圆算术提要，见：中国科学技术典籍通汇·数学卷（2），河南教育出版社，1993 年，第 1107 页]

△ 明代细铁丝于 1973 年在江西出土，经金相鉴定证明是冷拔钢丝。（北京钢铁学院《中国冶金简史》编写小组，中国冶金简史，科学出版社，1978 年，第 193 页）

△ 历时 10 年筑成北京外城。

**1554 年　甲寅　明世宗嘉靖三十三年**

△ 薛铠（明）著《保婴撮要》，创用烧灼断脐法预防婴儿破伤风。

△ 至迟是年，中国酱油的制法已传入日本，并为其《大草料理书》所载。

**1556 年　丙辰　明世宗嘉靖三十五年**

△ 徐春甫（明，1520～1596）集《古今医统大全》100 卷。此书本《内经》之要，并搜求历代名医 200 余家，类聚条分，对历代医家传略、《内经》要旨、各家医论、脉候、运气、经穴、针灸、临床各科证治、医案、验方、本草、制药、通用诸方及养生等皆有论述。[万方，中国古代科学家传记（下）·徐春甫，科学出版社，1993 年，第 831～832 页]

## 1557 年　丁巳　明世宗嘉靖三十六年

△ 是年前，意大利地理学家赖麦锡（Giambattista Ramusio, 1485～1557）所撰《游记丛书》中，介绍中国茶叶医疗功用。[蔡捷恩，中草药传欧述略，中国科技史料，1995，16 (2)：4]

## 1558 年　戊午　明世宗嘉靖三十七年

△ 礼部进芝草 1800 余本，世宗命广求径尺上者，冀食之成仙。

## 1559 年　己未　明世宗嘉靖三十八年

△ 是年前，杨慎（明，1488～1559）撰《异鱼图赞》，用简练的语言记述了不少鱼类。

△ 在今上海老城厢东北城隍庙旁始建豫园，至万历五年（1577）竣工。园内假山堆砌精致，别具一格，保留了江南建筑艺术特色。园中黄石山相传出自明代叠山名匠张南阳之手，结构奇伟。[陈从周，上海的豫园与内园，文物参考资料，1957，(6)：34～35]

## 1560 年　庚申　明世宗嘉靖三十九年

△ 郑舜功（明）奉使日本归国后，撰成《日本一鉴·桴海图经》，是用诗歌形式记述奉使日本往返的海道经历，注文中详述了使用的针路与航海有关资料。（明·郑舜功：《日本一鉴·桴海图经》）

△ 关中发生大地震，秦可大（明）亲历了这次地震，并写出《地震记》，这是古今中外第一篇地震论文。（陈国达等主编，中国地学大事典，山东科学技术出版社，1992 年，第 356 页）

△ 在今青海湟中淦沙尔镇西南始建塔尔寺，整个寺院由大金瓦殿、小金瓦殿、大经堂、九间殿等组成的建筑群，为藏传佛教格鲁派著名寺院，为藏汉结合的古建筑群。[青海省文物管理处，塔尔寺，文物，1981，(2)：86]

△ 戚继光（明，1528～1588）在《纪效新书》中记载了将火药各成分混合调制成细末颗粒状火药的生产方法，表明当时已广泛使用颗粒状火药。从生产工序和强调的事项来看，当时已有一套安全生产的规范。

△《纪效新书》、《神器谱》等记录的火药配方，凡属爆炸型、发射型的火药，它们的含硝量在 75%，含硫量在 10% 左右，含碳量在 12%～15% 之间。这种配方已接近近代黑火药的标准配比，表明火药配制技术已趋于成熟。（周嘉华，明代火药初探，科学史文集，第 15 辑，上海科学技术出版社，1989 年）

△ 是年前，唐顺之（明，1507～1560）在《武编》"火器"、"火"中，最早记载了"水底雷"、安有火铳的"破船舸"、二级返回式火箭"飞空神沙火"，以及"火药赋"等内容，后被《武备志》所转录。

△ 戚继光（明）所撰《纪效新书》中最早记载了"鸟铳火药方"，论述了三点一线的射击技术，创编了装备鸟铳与佛郎机的水兵营，提出了"鸳鸯阵"及其分解与组合的阵法。这是对中国古代军队作战训练的重大革新。

## 1561 年　辛酉　明世宗嘉靖四十年

△ 由胡宗宪（明，？～1556）的幕僚郑若曾（明，1503～1570）编纂的《筹海图编》稿成，胡宗宪为之厘订、写序，翌年付梓。全书 13 卷，是第一部全面论述中国海防的图籍。此书内容十分丰富，计有图 172 幅，文字约 30 余万字。主要论述中国沿海的地理形势、倭寇的情况、明代的海防策略、海防设置、选兵择将、治军原则以及当时的武器装备等，对后世海防著作影响极大。[曹婉如，中国古代科学家传记（下）·郑若曾，科学出版社，1993年，第 798～800 页]

△《筹海图编》卷十三《乾坤一统海防全图》注重东部沿海航线及航线大陆一侧山川、民居、庙宇、岛礁等的记载。

△ 郑若曾（明）绘《万里海防图》，有 72 幅和 12 幅两种。前者收入《筹海图编》卷 1和《郑开阳杂著》卷 1 之中。后者收入《郑开阳杂著》卷 8 之中。两种海防图所绘沿海地区的山川、海湾、港口、岛屿、礁石以及设置的堡、塞、卫、所、烽等都很详细，是流传至今而时代较早的详尽的海防地图。图的绘制以海居上方，亦很有特色。（陈瑞平，中国历代地理学家评传·郑若曾，山东教育出版社，1990 年，第 325～345 页）

△ 归有光（明，1507～1571）纂《三吴水利录》4 卷，论三吴水害在松江，自吴淞江狭处以上疏通河道则水害可除。此书为研究太湖水利的重要参考文献。

△《筹海图编·经略三·兵船兵器》记载了用于海防的 17 种战船和 32 种兵器，全面论述了它们的构造和作战用途。

△ 兵部右侍郎范钦（明）在浙江宁波创建天一阁。它为面宽 6 间的两层楼房，建筑的南北两面开窗，以便空气流通；书橱两面为门，以透风防霉；两面山墙为封火硬山墙。这是中国现存最古的藏书楼。[纪思，浙江宁波天一阁，文物，1959，（11）：45～47]

## 1564 年　甲子　明世宗嘉靖四十三年

△ 李时珍（明，1518～1593）撰成脉学著作《濒湖脉学》。书中将脉象分为 27 种，各脉编成体状诗、主病诗，简明生动而又准确地分析各种脉象，是脉学发展史上的重要著作。此书既方便记诵，又切合临床，刊行后风靡海内。（廖育群，中国古代科学技术史纲·医学卷，辽宁教育出版社，1996 年，第 120～121 页）

△ 沈㐌（明，1491～1568）著《吴江水考》较为详细地记载宋代在吴江（今属江苏）设立的用以测定和记录水位变化的水则碑的情况。

△ 建成的山西永济县普济寺莺莺塔有极奇妙的声学特性：塔为四方形砖塔，塔内为方形空筒状，能起到谐振腔作用，可以将外来声音放大；半穹窿状塔檐不仅可以就声波反射回地面，而且还有会聚声波的作用。不同高度的十三层塔檐的反射声波会聚于人耳而形成蛙鸣之感。[丁士章等，普救寺塔檐声的声学机制，自然科学史研究，1988，7（2）：142～151；丁士章、吴寿煌等，世界奇塔莺莺塔之迷，西安交通大学出版社，1989 年]

## 1565 年　乙丑　明世宗嘉靖四十四年

△ 李日华（明，1565～1635）在《蓬夜话》中记载了腐乳。可以推测腐乳的生产始于明代。腐乳是中国特有的传统发酵食品，它是利用微生物对豆腐进行深加工的产品。（赵匡

华等，中国科学技术史·化学卷，科学出版社，1998 年，第 590～591 页）

△ 陈嘉谟（明，1486～约 1570）编成《本草蒙筌》12 卷，载药 742 种，附药材图 30 余幅。书中提供了一些易混淆药物的鉴别要点，首载鸡内金、青木香等特效，并披露了药材的作伪现象。（廖育群，中国古代科学技术史纲·医学卷，辽宁教育出版社，1996 年，第 269 页）

△ 七月，黄河在江苏沛县决口。十一月，任命潘季驯（明，1521～1595）总理河道。他提出"开导上源，疏浚下流"的治理方案，但朝廷只同意疏浚下流。潘季驯主持挑挖南阳至留城的新河 140 余里，疏浚留城以南至境山（今徐州北）旧河 53 里。（郭涛、潘季驯，水利电力出版社，1985 年）

## 1566 年　丙寅　明世宗嘉靖四十五年

△ 明世宗朱厚熜（明，？～1566）因服丹中毒而死，他的先祖仁宗、宣宗、英宗、宪宗等都崇信由金石炼制的丹药，结果先后服药中毒致死。从此炼丹术更加声名狼藉，终于趋近衰亡。（《明史·王金传》）

△ 是年前，郎瑛（明，约 1487～1566）撰《七修类稿》中已有"眼镜"一词。（王冰，中国物理学史大系·中外物理交流史，湖南教育出版社，2001 年，第 30 页）

## 1567～1572 年　明穆宗隆庆年间

△ 新安（今安徽黄山）的民间剔红艺人黄成（明代隆庆年间）完成了《髹饰录》，它是现存古代唯一的漆工专著。明天启五年（1625）嘉兴的杨明（明）为它逐条加注，并撰写了序言。该书分乾、坤两集，共 18 章，主要介绍漆器制做方法、分类及各类中的不同品种，是研究漆工史和明代漆工艺的重要文献。[王世襄、髹饰录——我国现存唯一的漆工专著，文物参考资料，1957，（7）：14～17]

## 1567 年　丁卯　明穆宗隆庆元年

△ 太平县以接种人痘预防天花，后渐传至全国。（明·俞茂鲲：《痘科金镜赋集解》卷 2）

△ 开放海禁，福建地方政府在月港设立管理国内海商的海防馆（督饷馆机构），主管征收引税、水饷、陆饷、加增饷。明万历三年（1575），福建巡抚刘尧诲（明）制定《东西洋船水饷等规则》。（明·张燮：《东西洋考》）

## 1568 年　戊辰　明穆宗隆庆二年

△ 徐春甫（明，1520～1596）在顺天（今北京）发起并创办了中国历史上第一个医学学会——"一体堂宅仁医会"，并根据其组成、宗旨、会规撰《一体堂宅仁医会录》。（项长生，我国最早的医学团体一体堂宅仁医会，中国科技史料，1991，12（3）：61～69）

## 1569 年　己巳　明穆宗隆庆三年

△ 澳门主教卡内罗（B. Carneiro）在澳门创办的仁慈会中设立了圣拉斐尔医院。此为外国人在华创办的第一所教会医院。（廖育群，中国古代科学技术史纲·医学卷，辽宁教育出版社，1996 年，第 346 页）

△ 孙应元（明）著《九边图说》，历叙北方诸镇形势、军备等，各镇均附总图、分图，为记载明代北方史地的要籍。

## 1570 年　庚午　明穆宗隆庆四年

△ 八月，朝廷再次任命潘季驯（明，1521～1595）总理河道。他提出"再修堤岸"和"塞决开渠"两项方针，并认为根本之计在于"筑近堤以束河流，筑遥堤以防溃决"，初步产生了利用双生堤防实现束水攻沙的设想。限于条件，当时只修筑了徐州至邳州两岸缕堤（近河堤）。（郭涛、潘季驯，水利电力出版社，1985 年）

## 1571 年　辛未　明穆宗隆庆五年

△ 由元末明初人撰写的民间日用百科全书由吴继（明）刻印出版。其中记载了许多化学知识，包括蒸馏法提取水银、用汞齐镀金、造铜青（铜绿）作颜料、金银合金的定量分离等，被著名科学史家李约瑟誉为一部"关于炼丹操作和设备的通俗百科全书"。

△《墨娥小录·抽汞法》是现存最早采用蒸馏法提取水银的翔实记载。（赵匡华等，中国科学技术史·化学卷，科学出版社，1998 年，第 421 页）

△ 万恭（明，1572～1574 年任总河）编纂《治水筌蹄》2 卷，总结前人和作者治理黄河和运河的实践和经验，并提出"筑堤束水，以水攻沙"的理论。［水利水电科学研究院《中国水利史稿》编写组，中国水利史稿（下），水利电力出版社，1987 年，第 116～17 页］

△ 诏江西烧造瓷器，陕西织羊绒，云南采办珠宝。采办诸事甚于嘉靖时。

## 1573～1619 年　明神宗万历年间

△ 利玛窦（Matteo Ricci, 1551～1610）与李之藻（明，1565～1630）合译《浑盖通宪图说》。该书原本为克拉维斯（C. Clavius, 1537～1612）的，主要介绍星盘的原理，在星盘面上绘制赤道、黄道、地平坐标网的方法，以及在星盘上标识恒星的方法和使用星盘的方法等。而李之藻由之认为星盘乃是浑天说与盖天说合为一体的体现，因而名之曰"浑盖通宪"。

△ 万历瓷权一改以往度量衡器威严、正统的形象，堂而皇之地将"金玉富贵"、"公平交易"等写在权上。（丘光明等，中国科学技术史·度量衡卷，科学出版社，2001 年，第 412 页）

△ 陕西凤翔镇的昌顺酒坊开始生产西凤酒。

△ 张五典（明，1554～1626）使用复合水准测量法测量泰山的高程，获得有关泰山高程的第一个精确值。［张江华，明末测量泰山高程及所用方法，中国科技史料，1995，16（2）：75～80］

△ 马骥（明）根据现场实地调查撰写的《监井图记》（文存图佚）系统记载了当时"卓筒井"的开凿工序，所用各种工具的形制和规格。（赵匡华等，中国科学技术史·化学卷，科学出版社，1998 年，第 487～488 页）

△ 周嘉胄（明）著《装潢志》为中国较早论述书画装裱技艺的专著。

△ 出现紫砂四大名家董翰（明）、赵梁（明）、元畅（明）和时朋（明），使中国的紫砂

器成为独立的工艺体系，进入完全成熟的发展时期。

　　△ 华亭（今上海松江）工匠胡友恩（明）善制缕金炉。

　　△ 在安徽宿松县修建双柱石板凳式的宿松桥。此桥的柱与横梁为榫卯结合、石梁搁于双榫头之间，与木梁柱桥的构造完全一样。（唐寰澄，中国科学技术史·桥梁卷，科学出版社，2000 年，第 80 页）

　　△ 在江苏昆山周庄修建跨市河和银子浜的世德桥与永安桥，因一横一直，一拱一梁，形似中国古代铜簧锁的钥匙，故合称钥匙桥。（唐寰澄，中国科学技术史·桥梁卷，科学出版社，2000 年，第 322 页）

## 1573 年　癸酉　明神宗万历元年

　　△ 徐心鲁（明）撰《盘珠算法》（全名《新刻订正家传秘廖盘珠算法士民利用》）二卷。为现存最早的珠算书。书中用图示说明珠算四则运算，大数进法，度量衡名称等，并举例说明珠算乘法和除法的应用。给出了迄今所知最早的珠算加、减法歌诀。[李兆华，中国数学史，台北：文津出版社，1995 年，第 203 页；韩琦，盘珠算法提要，见：中国科学技术典籍通汇·数学卷（2），河南教育出版社，1993 年，第 1141 页]

　　△ 慎懋赏（明）编成《四夷广记》，其中有关海外诸国部分称《海国广记》，书中记述了由中国至南海诸国的许多航行针路和"水程"。（《玄览堂丛书续集》）

　　△ 修建经略台真武阁（在今广西容县）。全阁用近 3000 条大小铁木构件，以杠杆原理，串连吻合，相互制约扶持，合为一体。

　　△ 明政府为垄断对外纺织品贸易，实行海禁，并明文规定："凡将缎匹、绸、绢、丝、绵私出外境货买及下海者杖一百，挑担载之人减一等，货物船只并入官。"（《万历会典》）

　　△ 戚继光（明，1528~1588）所撰《练兵实纪杂集·车步骑解》中，记载了他所创编的合成军队。全军由车步骑辎 4 个营种组成，装备的鸟枪、佛郎机等火器已超过编制人数的一半。是中国古代军队编制装备结构的一次重大革新。

## 1574 年　甲戌　明神宗万历二年

　　△ 刘效祖（明）编纂《四镇三关志》记载蓟、昌、保、辽四镇和居庸、紫荆、山海三关的建置、形胜、军旅、粮饷、骑乘、经略、制疏、职官、才贤、夷部等，是明代著名的边关志。边关志出现于明代，是一种以军关要塞重镇为记载范围，以军备险要为主要内容的志书。（唐锡仁等，中国科学技术史·地学卷，科学出版社，2000 年，第 412 页）

## 1575 年　乙亥　明神宗万历三年

　　△ 李梴（明）在《医学入门》卷中记载了提取较纯的没食子酸的方法。

　　△ 徐贞明（明，约 1530~1590）著《潞水客谈》，阐述北方兴水利的 14 条好处，以及举办海河流域水利的系统规划。（《明史·徐贞明传》）

## 1576 年　丙子　明神宗万历四年

　　△ 曾抵福建沿海的西班牙学者拉达（Martinus de Rada）据泉州土话（闽南话）用西班牙文编著成《华语韵编》，是为一部中外语言字典。

△ 沈明臣（明）所撰修的《通州志》（8卷）对水旱灾害记述尤详。［王成组，中国地理学史（上），商务印书馆，1982年，第64页］

△ 是年之后，"用四火黄铜铸金背，二火黄铜铸火漆钱"（《明史》），说明明代黄铜大量用于钱币。（北京钢铁学院《中国冶金简史》编写小组，中国冶金简史，科学出版社，1978年，第197页）

**1577年　丁丑　明神宗万历五年**

△《天文节候躔次全图》写就，系为一字长卷式的专门星图集，计有总图1幅，为极坐标式全天星图，24节气中星图24幅。这24幅图均呈扇面形，且又分为5个小扇形，自左到右依次展示昏、5更与晓等7个时段赤道南北约50°的南中天星宿的图像。在每幅图的左边还附有相应节气的歌诀一首，历数上述7个时段星宿的状况，与图有机结合。它是同时具备识别星空和测时功能的星图集。（段异兵、景冰，《天文节候躔次全图》与中星图，见：中国古星图，辽宁教育出版社，1996年，第47~78页）

△ 汪若源（明）将先贤所论及平素亲验之方，撰成《痘疹大成集览》3卷、《汪氏痘书》1卷，为治痘的代表作。

**1578年　戊寅　明神宗万历六年**

△ 柯尚迁（明）著《数学通轨》（全名《曲礼外集补学礼六艺附录数学通轨》）。该书最早全面记载珠算加法、减法、乘法、九归、撞归和起一还原歌诀。是最早介绍珠算的著作之一。［韩琦，数学通轨提要，见：中国科学技术典籍通汇·数学卷（2），河南教育出版社，1993年，第1165~1166页］

△ 李时珍（明，1518~1593）历时27年始成巨著——《本草纲目》52卷，载有药物892味，是中国古本草著作中收载药物最多的著作。书中采用"不分三品，惟逐各部；物以类从，目随纲举"，从而系统地归纳了众多的药物和内容。书中还较精确地描述了铅中毒、汞中毒、一氧化碳中毒、肝吸虫病等疾病的症状，介绍了蒸气消毒、冰敷退热、药物熏烟防止传染病等新的医疗技术，提出了脾脏说是胰、肾间命门说、"脑为元神之府"等创见。（廖育群，中国古代科学技术史纲·医学卷，辽宁教育出版社，1996年，第118~120页）

△ 李时珍（明）《本草纲目》卷25有关于烧酒的记载："用浓酒和糟入甑，蒸令气上，用器承取滴露。凡酸坏之酒皆可蒸烧。近时惟以糯米或粳米或黍或秫或大麦蒸熟，和曲酿瓮中七日，以甑蒸取。"说明蒸馏酒技术已有重要发展。［周嘉华，中国蒸馏酒起源的史料辨析，自然科学史研究，1995，14（3）：234］

△《本草纲目·谷部·粟》记载了谷子黑穗病，时称"粟奴"。

△《本草纲目》在分类上打破以往的功能分类法，而更换为以形态、性味、生境和用途为依据的分类方法。文字说明包括大量的动植物的形态和生态，以及遗传等方面的知识。

△《本草纲目·金石部》分金、玉、石和卤石四类，所录矿物约有260多种，其中记载钠、钾等19种单体元素，化合物数十种，对每种物质均详细记载了名称、产地、形状、性味、功用、采集方法与炮制过程等。其中记载了以颜色和条痕鉴别金、银矿的方法；指出石脑油（即石油）与雄硫气（即二硫化二砷）等在地层中脉脉相通。（唐锡仁等，中国科学技术史·地学卷，科学出版社，2000年，第431~432页）

　　△《本草纲目》用"气成说"总结某些矿产的成因。[刘昭民，古代东西方成矿理论之比较，地质评论，1992，38（2）]

　　△《本草纲目》中有"凡井水有远从地脉来者为上，有从近处江湖渗来者次之，其城市近沟渠污水杂入者成碱，用须煎滚，停一时，碱澄乃用之，否则气味俱恶，不堪入药、食茶、酒也"。这是关于城市污水污染地下水的较早论述。

　　△《本草纲目》中记有"白铜出云南"。1862年对会理出产的镍白铜锭分析结果是铜79.4%、镍16%、铁4.6%。（北京钢铁学院《中国冶金简史》编写小组，中国冶金简史科学出版社，1978年，第165页）

　　△李时珍（明）《本草纲目》卷四十四、王士性（1546~1598）《广志绎》卷四、田汝成（生活于16世纪，1526年进士）《西湖游览志》卷二十四等记载，明代渔民发明了以取节竹筒探听水下鱼群活动方位及其数量多寡的方法。（戴念祖，中国声学史，河北教育出版社，1994年，第467~468页）

　　△李时珍（明）撰《奇经八脉考》刊印。全书一卷，为研究奇经八脉的重要著作。

　　△内阁首辅张居正（明）下令对"天下田亩通行丈量，限三载竣事。用开方法，以径围乘除，畸零截补"。清丈结果"总计田数七百一万三千九百七十六顷"。（《明史·食货》）

　　△朝廷第三次任命潘季驯（明，1521~1595）总理河道，并提督军务。潘季驯在对黄淮、运三河实地查勘、总结前两次治河的经验的同时，认真研究历代治河的成果，从而撰写出《两河经略疏》上奏朝廷。文中系统地提出"束水攻沙"、"蓄清刷黄"的治河理论及具体工程措施。按期上述规划，在两年的时间里，对黄河、运河和淮河进行大规模整治，共筑土堤102 268丈，砌石堤3 375丈，开挖河道两条，堵塞决口139处，建滚水坝4座，挑浚运河淤沙11 564丈，栽护堤柳83 200株。自此以后，三条河流"流连数年，河道无大患"。（《明史·河渠志》）

## 1579年　己卯　明神宗万历七年

　　△约是年前，万全（明，1488~约1579）在其所撰《痘疹心法》和《片玉痘疹》等书中，总结家传及自己的丰富实践经验，较为全面地论述痘疹的证治，被医家奉为痘疹家的正法，在痘疹接种法普及前，对痘疹证治产生较大的影响。[廖果，中国古代科学家传记（下）·万全，科学出版社，1993年，第795页]

　　△万全（明）一生著述甚丰，达20余种。其中10种合为《万密斋医学全书》（一作《万密斋医书十种》），共108卷。他根据三代世医的经验，总结100多个家传验方并公之于世，其中如牛黄清心丸、安虫发丸等方一直为后世医家所采用。[廖果，中国古代科学家传记（下）·万全，科学出版社，1993年，第796页]

　　△水稻发生浮沉子为害。（光绪《海盐县志》引《崔嘉祥纪事》）

## 1580年　庚辰　明神宗万历八年

　　△马蒔（明）依南宋史崧传本著《黄帝内经灵枢注证发微》九卷，是世传《灵枢》的最早注本。（廖育群，中国古代科学技术史纲·医学卷，辽宁教育出版社，1996年，第9页）

　　△意大利佛罗伦萨设厂制成蓝花软瓷，是为中国制瓷法西传后造出的第一批瓷器。

　　△戚继光（明，1528~1588）组织部下创制了"自犯钢轮火"（又称"钢轮发火"）装

置，这是最早用于引爆地雷的机械式装置。(明·戚国柞等编:《戚少保年谱耆编》卷十)

**1581年　辛巳　明神宗万历九年**

△ 约于是年，朱载堉（明，1536~1611）撰成《黄钟历法》与《黄钟历议》。该历法是在《授时历》的基础上略作修订而成，其中，对回归年长度古大今小的计算法有所改进。朱载堉还复制了正方案，并设计了以之测量北极出地高度的新方法，得到较好的观测成果。在《黄钟历议》中，他对于侵入天文历法领域的天人感应说、天体失行说等，都予以中肯的批评。(明·朱载堉:《律历融通》)

△ 约于是年，朱载堉（明）首创"新法密率"，即十二平均律，彻底解决了中国历代未能解决的旋宫转调问题。(明·朱载堉:《律学新说·密率律度相求》、《律吕精义·内篇》)

△ 约于是年，朱载堉（明）创制了一种用以确定十二平均律的"新制准器"。还制作了一套含三个八度的36支铜制律管，其发音是准确的十二平均律。并将这些律管"编联而吹"，成为一种十二平均律管乐器。(明·朱载堉:《律学新说·造律第七》卷一;《律吕精义·内篇·乐器图样第十六上·管》卷八)

△ 在是年前，朱载堉（明）发现管乐器的末端效应。他发现二支成倍半长度的同径管其发音不正好是八度，而是约略大七度；又发现，当相邻二支律管的管径之比为□时，管律和弦律可以同长同调而符合十二平均律制。这些都是世界声学史上开创性的成果，对世界声学史和音乐史产生了重大影响。(明·朱载堉:《律学新说·密律求周径第六》卷一;《精吕精义·内篇》)

△ 在是年前，朱载堉（明）制造了一种新量器，内圆外方，圆径与黄钟管径同，律尺标刻于前，度尺标刻于后，内容黍1200粒，其重十二株。(明·朱载堉:《律吕精义·内篇·审度第十一·嘉量第二》)

**1582年　壬午　明神宗万历十年**

△ 意大利耶稣会传教士利玛窦（Matteo Ricci，1552~1610）、罗明坚（Michel Ruggieri，1543~1607）来华。利玛窦留居澳门研习中文，罗明坚正式于广东肇庆传教。此为明代最早进入中国内地的西方传教士。(徐宗泽，中国天主教传教史概论，上海书店影印本，1990年)

△ 在是年前，张居正（明，1528~1582）《张文忠公全集·文集第十一》中记载了毛皮或丝绸类的摩擦起电现象，并见到静电放电火花和声音。(戴念祖，我国古代关于电的知识和发现，科技史文集，1984年，第12辑)

△ 此前，西洋乐器与宗教音乐已传入澳门，此后随着传教士来华亦传入内地，但仅限于教堂。

△ 利玛窦（意大利）向明神宗（明，1563~1620）进献《地球大观》。书中的中国地图，是欧洲出版的首幅中国地图，亦为最早传入中国的欧洲人绘制的中国地图。之后，他绘成《坤舆万国全图》，《两仪玄览图》。传入了西方先进的地图测绘技术。[洪煨莲，考利玛窦的世界地图，禹贡（半月刊），1946，5（3~4）]

△ 番薯（红薯）自越南传入我国①。（明·陈佐：《凤岗陈氏族谱·素纳公小传》）

△ 浙江人周履靖（明）编纂的《茹草编》刊印。全书 4 卷，记载家乡附近可以供救荒食用的植物 102 种，其中有不少植物是新记述；每种植物都附有插图，但不是很准确。（汪子春等，中国古代生物学史略，河北科学技术出版社，1992 年，第 144 页）

△ 约是年前后，葡萄牙人将烟草首次介绍到中国。至崇祯时已颇有人以吸烟为乐。

△ 是年前，四川北部蓬溪云台东五里开发一口可供"数十灶"煮盐的旺盛火井。它已有采气、输气设施，"居民各以竹剖其中，引火至灶，锅滚而竹不燃。"（明·徐应秋：《玉芝堂谈荟》引明·朱孟震《游宦余谈》）

### 1583 年　癸未　明神宗万历十一年

△ 意大利传教士罗明坚（Michele Ruggieri, 1543～1607）、利玛窦（Matthoeus Ricci, 1552～1618）等在广东肇庆送给两广总督一座带有车轮的大机械钟，这座自鸣钟已把欧洲的 24 小时制改为中国传统的 12 时辰制，将阿拉伯数字改为中国数字，还将一天分为百刻，每刻百分。这是最早传入中国的、表面以中国化的自鸣钟。（裴化行，天主角十六世纪在华传教志，商务印书馆，1936 年，第 208、209 页）

△ 罗明坚和利玛窦经允许在广东肇庆建成了中国第一座欧式教堂。（樊洪业、王扬宗西学东渐——科学在中国的传播，湖南科学技术出版社，2000 年，第 4 页）

△ 是年至 1613 年期间，夏之臣（明万历十一年进士）撰《亳州牡丹述》，书中说，"牡丹其种类异者，其种子忽变者也"，注意到植物的突变，在生物遗传学认识方面有重大的意义。[姚德昌，晚明夏之臣及其"忽变"说，自然科学史研究，1987, 6（3）：238～243]

△ 是年至 1592 年，左光斗倡议创办北方水利，京畿附近地区水利大兴，广种水稻。

### 1584 年　甲申　明神宗万历十二年

△《大统历》推算日食失准，而回回历法所推准确，因此，侯先春（明）主张以《回回历法》替代《大统历》推算日月交食等，得到批准。这时已到了不得不暗用回回历法的地步。（《明史·历志一》）

△ 徐楷（明）撰《一鸿算法》四卷。该书包括加减乘除歌诀，商除开平方，商除开立方等内容。（李兆华，中国数学史，台北：文津出版社，1995 年，第 204 页）

△ 朱载堉（明，1536～1611）撰《算学新说》。书中首载珠算归除开平方法和珠算商除开立方简法。朱载堉所著与数学有关者还有《律学新说》（1584）、《律吕精义》（1596）和《嘉量算经》（1610）等。作为音律学研究的组成部分，朱氏的数学工作主要有构造等比数列、九进小数与十进小数的换算及珠算开方等。（李兆华，中国数学史，台北：文津出版社 1995 年）

△ 孙一奎（明，1522～1619）撰《孙氏医书三种》刻印。本书包括《赤水玄珠》、《孙文垣医案》和《医旨绪余》3 种。孙氏对于命门、三焦和火等有独到见解。此书理论简要内容充实，后世医家颇为重视。

---

① 李德彬在《番薯的引进和早期推广》（载：邓立群等，经济理论与经济史论文集，北京大学出版，1982 年）一文中提出此说不可信。

**1585 年　乙酉　明神宗万历十三年**

△ 门多萨（Juan Gonzalez de Mendoza）在罗马出版西班牙文的《中华大帝国史》，为最早系统介绍中国史地的西文著作，旋译成意、法、英、德文在欧洲广为印行。

△ 徐贞明（明，约 1530~1590）在京畿（今北京地区）兴办水利，垦田 39 000 余顷。《明史·河渠六》）

△ 朝廷第四次任命潘季驯（明，1521~1595）总理河道。他在实地查勘的基础上，提出全面整治江苏、山东、河南三省河防工程的计划。他在坚持并发展三任总河主张的同时，又提出利用黄河本身冲淤规律实行"淤滩固堤"的方案，进一步完善"束水攻沙"的理论和措施。[郭涛，中国古代科学家传记（下）·潘季驯，科学出版社，1993 年，第 836~837 页]

△ 广东省发现有"明万历十三年乙酉"字样的锌块，含锌 98%。1745 年从广州驶抵瑞典哥德堡港一只货船沉没，1872 年捞出有含锌 98.97% 的锌锭。中国是世界上生产金属锌较早的国家之一，16~18 世纪中国锌已向欧洲出口。（中国大百科全书·矿冶卷，中国大百科全书出版社，1984 年，第 661 页）

**1587 年　丁亥　明神宗万历十五年**

△ 朱谋㙔（明）的《骈雅》有较多的动物记述。

**1588 年　戊子　明神宗万历十六年**

△ 是年前，王世懋（明，1536~1588）撰《闽部疏》，记载："蛎房虽介属，附石乃生，得海潮而活"，注意到贝类软体动物生长环境和一些必要的条件。

**1589 年　己丑　明神宗万历十七年**

△ 潘季驯（明，1521~1595）提出保证黄河安全渡汛的"四防二守"制度。（郭涛，潘季驯，水利电力出版社，1985 年）

△ 蓟镇游记将军何良臣（明嘉靖年间）在《阵纪·技用》中，记载了 100 多种兵器装备，并从技术和战术的结合上，阐述了它们的用途和作用。

**1590 年　庚寅　明神宗万历十八年**

△ 布政司造、成都府验讫的 6 枚铜砝码同时在四川什邡出土，每枚刻有自重和铭文。据研究，可能是用来征收赋银的一批砝码中的几枚。（丘光明等，中国科学技术史·度量衡卷，科学出版社，2001 年，第 413 页）

△ 潘季驯（明，1521~1595）辑成《河防一览》14 卷。此书既全面继承前人的治河的主要成果，又系统总结潘季驯长期治河的新经验。它既是束水攻沙论的主要代表作，又是中国 16 世纪河工水平、水利科学技术的重要标志，对此后 300 年的河工实践起着指导性作用。（郭涛、潘季驯，水利电力出版社，1985 年）

△ 潘季驯（明）绘制《河防一览图》，反映 1588~1590 年河南、山东、南直隶的黄河水道及堤防构筑分布情况。该图将东西流向的黄河和南北走向的大运河视作两条互相平行的河道，绘在一个平面之中。（周铮，潘季驯河防一览图考，中国古代地图集·明代，文物出版

社，1995年）

△ 神宗（明，1563～1620）定陵始建于万历十二年（1584），是年完工。

△ 澳门铅印出版的耶稣会士孟三德（E. do Sabde，1531～1600）著拉丁文《日本派赴罗马之使节》是在中国使用欧洲铅活字印刷的第一部书籍。[吴熙敬主编，中国近现代技术史（下卷），科学出版社，2000年，第1069页]

△ 制成水底龙王炮和混江龙。它们均为早期水雷的雏形。

## 1591年　辛卯　明神宗万历十九年

△ 高濂（明万历时）所著的《尊生八笺》，提倡清修养性，燕闲清赏；讲究起居安乐，尘外遐举；重视四时调摄，延年却病；介绍饮馔服食，灵秘丹药。不仅是古代养生学的重要著作，同时也是古代重要的食典。（郭正谊，中国科学技术典籍通汇·化学卷·遵生八牋提要，河南教育出版社，1995年，第2～563页）

△ 王士性（明，1546～1598）撰《五岳游草》11卷刊印。此书为其游历河南、北京、四川、广西、贵州、云南、山东、南京等地的游记，内含丰富的旅游地理学内容。（《明史·王士性传》）

△ 王士性（明）在《五岳游草》卷11将中国东南部划分为14个自然区；提出了中国古代最详细的山脉分布系列——三大龙说。[杨文衡，论王士性的地理学成就，自然科学史研究，1990，（1）：93～94]

△ 袁黄（明万历进士）著《宝坻劝农书》提出治理盐碱地的方案。《宝坻劝农书·粪壤第七》对基肥和追肥的不同作用已有认识，强调施用基肥。

△ 是年前成书的王宗沐（明，1521～1591）所辑《江西省大志》卷八《楮书》较详细地记载了该地区有关楮纸的造纸原料、工具、操作程序、注意事项等。此书经陆万垓（明，1526～1600）增补后于万历二十五年重刊。（潘吉星，中国科学技术史·造纸与印刷卷，科学出版社，1998年，第24页）

## 1592年　壬辰　明神宗万历二十年

△ 程大位（明，1533～1606）撰成《新编直指算法统宗》十七卷。该书以《九章算术》为珠算集大成之作。书中载有珠算解高次方程的方法，程氏还首创珠算归除开立方法。1598年程氏将此书删繁就简，编为《算法纂要》四卷。（李兆华，中国数学史，台北：文津出版社，1995年）

△ 意大利耶稣会士利玛窦（Matteo Ricci，1552～1610）于1589年搬到韶州，当时寓居南雄的瞿汝夔（明）风闻利玛窦精通炼金术，便前来求教。从此，瞿改弦从利玛窦学习数学科学。大约在此年左右，瞿汝夔曾试图将欧几里得的《原本》翻译成中文，但只译成一卷便即告辍。（利玛窦、金尼阁，利玛窦中国札记，何高济等译，中华书局，1983年，第246～247页）

△ 方有执（明，1523～？）认为《伤寒论》经王叔和重编，成无己作注，内容编排多有变动，故历时20余年，重新考订《伤寒论》本意，编成《伤寒论条辨》8卷，首创将太阳篇分为风伤卫为上篇、寒伤营为中篇、营卫俱伤为下篇，成为伤寒学派中三纲编次派（或称错简重订派）的倡导者。（廖育群，中国古代科学技术史纲·医学卷，辽宁教育出版社，1996

年，第 184 页）

△ 潘季驯（明，1521～1595）因病重被除去总理河道的职务。潘季驯在长期治河实践中的主要贡献是：把治沙提到治黄方略的高度，实现治黄战略的重要转变；提出并实践解决黄河泥沙问题的三条措施，即束水攻沙、蓄清刷黄、淤滩固堤；系统总结、完善了堤防修守的一整套制度和措施。（郭涛，潘季驯，水利电力出版社，1985 年）

## 1593 年　癸巳　明神宗万历二十一年

△ 约于是年，朱载堉撰成《圣寿万年历》与《万年历备考》，该历法亦在《授时历》的基础上略作修订而成。在《万年历备考》中，有诸历冬至考、二至晷影考、古今交食考等专论，与对包括《授时历》在内的前代历法作深入研究的成果。（《律历融通》）

△ 梁辀（明）刊刻《乾坤万国全图古今人物事迹图》是我国根据西方地理知识绘制的世界性地图。（《北京图书馆舆图目录》）

△ 译自西班牙文的《无极天主正教真传实录》刊印。此书第四章“论地理之事情”最早以中文介绍了地圆说和寒、温、热带说；“自然法的修正与改进”一章最早以中文介绍西方生物学方面的知识。（方豪，中西交通史，岳麓书社，1987 年，第 818～822 页）

△ 福建闹饥荒，陈经纶（明）建议地方官金学曾（明）种植番薯这种高产粮食作物，得到支持。后在各县推广。此前，其父福建华侨陈振龙（明）从吕宋（今菲律宾）带几尺甘薯藤回国，在福建长乐试种成功。（汪子春等，中国古代生物学史略，河北科学技术出版社，1992 年，第 151～152 页）

△ 李中立（明末）著《本草原始雷公炮制》（清代经葛鼐校订改称《本草原始》）12 卷。书中附药材图 379 幅，分别绘出各地不同品种的形态，并在图旁注明其优劣。此书是中药史上论述生药的早期著作，也是最富有特色的药材经验鉴别专著。（傅维康主编，中药学史，巴蜀书社，1993 年，第 220 页）

## 1594 年　甲午　明神宗万历二十二年

△ 杨时乔（明嘉靖万历间）撰《马书》问世。书中分别讲述了养马法、相马法、疗马法，提出中兽医施治的八要论。养马法中记载了“三饮三喂”法。疗马法部分基本上收编了《司牧安骥集》和《司牧马经痊骥通玄论》的全部内容。（王毓瑚，中国农学书录，农业出版社，1964 年，第 160～161 页）

## 1595 年　乙未　明神宗万历二十三年

△ 朱载堉（明，1536～1611）献上新历法，希望采用之，朝廷因其皇族身份予以嘉奖，但却无改历之意。（《明史·历志一》）

## 1596 年　丙申　明神宗万历二十四年

△ 邢云路（明）上书提出改历建议，钦天监“谓其僭妄惑世”，并试图以私习历法罪之。幸有范谦为之辩护，但改历之议则无果而终。（《明史·历志一》）

△ 屠本畯（明嘉靖万历间）撰《闽中海错疏》3 卷，共记载我国福建沿海水生动物 200 多种，所记内容包括名称、形态、生活习性、地理分布、经济价值等，是我国最早的研究海

洋鱼类的著作。［刘昌芝，我国现存最早的水产动物志——《闽中海错疏》，自然科学史研究，1982，1（4）：333～338］

△ 张谦德（明，1577～1643）撰《朱砂鱼谱》，书中记述了金鱼的形态、品种、遗传变异、人工选择和生活习性等，是内容较全面的金鱼专著。

△ 蓬莱修水城防倭，城内可停泊船舰，操练水师；城门外还分建码头、平浪台、防波堤，用以消波阻沙，减冲缓流。

△ 赵士桢（明，约 1553～约 1611）在留居北京的土耳其官员朵思麻处见到噜密（Rum，又作鲁迷，在今土耳其境内）铳，并详细了解该铳的制造和使用方法。［王兆春，中国古代科学家传记（下）·赵士桢，科学出版社，1993 年，第 878 页］

## 1597 年　丁酉　明神宗万历二十五年

△ 王士性（明，1547～1598）编《广志绎》中有多种动植物的生态描述，并记载了草鱼、鲢鱼混养。

△ 王士性（明）编《广志绎》有关于人文地理内容的大量记载与论述，在自然地理方面也有不少观察和记述。［杨文衡，论王士性的地理学成就，自然科学史研究，1990，（1）：93～94］

△ 陈经纶（明）在《治蝗笔记》中记录了他在北方教民养鸭除蝗、防蝗的方法。陈世元（清）辑《治蝗传习录》中收录了此书。

△ 罗懋登（明）撰成《西洋记》。书中对郑和船队的宝船、马船、粮船、座船、战船等桅数和尺度记述极详。

## 1598 年　戊戌　明神宗万历二十六年

△ 赵士桢（明，约 1553～约 1611）在《神器谱》中介绍了焰硝的提纯技术，表明人们能熟练地采用胶体除去杂质，然后再利用重结晶的方法，这在化工技术上是很重要的。焰硝纯度的提高是火药质量提高的前提条件之一。（周嘉华，明代火药初探，见：科技史文集，15 辑，上海科学技术出版社，1989 年，第 55 页）

△ 赵士桢（明）将其仿制的噜密铳进献朝廷。由于此枪安装机械回弹性的枪机，具有扣机即发，射毕即自动弹起的特点，因而被军工部门大量仿制。［洪震寰，赵士桢——明代杰出的火器研制家，自然科学史研究，1983，2（1）：89～96］

△ 赵士桢（明）在《神器谱》一书中记载了他所创制的掣电铳、迅雷铳等十多种单管和多管火绳枪。反映了火绳枪在明朝长足发展的状况。（中国大百科全书·军事卷·中国古代兵器分册，军事科学出版社，1987 年）

## 17 世纪初

△ 菠萝传入中国南部栽培。

## 1600 年　庚子　明神宗万历二十八年

△ 利玛窦（Matteo Ricci，1551～1610）绘制、吴中明（明）刊刻《山海舆地全图》，其中附《图解》中介绍了经纬度的作用以及划分的方法。［陈观胜，利玛窦对中国地理之贡献

及其影响，禹贡，1936，5（3）]

△ 北方地区出现一种洗涤用的胰子。它是由猪胰、砂糖、天然碳酸钠、猪脂等合制而成的，即由猪胰澡豆进化而来。（赵匡华等，中国科学技术史·化学卷，科学出版社，1998年，第662页）

## 1601年　辛丑　明神宗万历二十九年

△ 利玛窦（Matteo Ricci，1551～1610）抵达北京，在向万历皇帝进呈方物的奏文中，利玛窦自称精通"度数"，即数学，并希望一展所长，为明王朝服务。但万历帝对于数学、天文等并没有太大兴趣。（徐宗泽，中国天主教传教史概论，上海书店影印本，1990年，第177页）

△ 利玛窦向神宗（明，1563～1620）进献两具自鸣钟。神宗将较小的一具留在身边，并于次年令工部用重金为另一具有摆锤的大机械钟修建了木阁。为使自鸣钟正常运转，还选派4名钦天监人员向传教士学习，实际上开始了了解自鸣钟原理与制作方法的进程。（利玛窦、金尼阁，利玛窦中国札记，何高济等译，中华书局，1983年）

△ 利玛窦送给神宗的贡物中有《万国图志》一册，引起了皇帝的兴趣，自此西方地理知识开始大量输入中国。利玛窦在中国先后绘制了12种版本的世界地图，打破中国人"天圆地方"的传统观念；他所创译的地名有些沿用至今。[洪煨莲，考利玛窦的世界地图，禹贡，1936，5（3～4）]

△ 杨继洲（名济时，以字行；明，约1522～1620）将其早年撰写的《卫生针灸玄机秘要》（约1580年刊）加以扩充，靳贤（明）帮其选集校正，博采前代针灸文献，编成《针灸大成》10卷。其书取材丰富，于穴位考证较详，集明以前针灸学的精华，结合自己的经验，又附按摩法，且图文并茂，为明代集大成式的针灸著作。（廖育群等，中国科学技术史·医学卷，科学出版社，1998年，第420页）

△ 王肯堂（明，1549～1613）辑刻《古今医统正脉全书》（又称《古今医统》），收辑上自《内经》下迄明陶华《伤寒明理续论》历朝有代表性医著44种，是一部对后世颇有影响的大型医学丛书。[刘元，明代医学家王肯堂的生平和著作，中医杂志，1961，（1）：67～70]

## 1602年　壬寅　明神宗万历三十年

△ 利玛窦（Matteo Ricci，1551～1610）绘制、李之藻（明）刊刻《坤舆万国全图》分6幅，并附有《图解》。在《图解》中介绍地圆学说、五带的划分与五大洲等地理名词。[陈观胜，利玛窦对中国地理之贡献及其影响，禹贡，1936，5（3）]

△ 王肯堂（明，1549～1613）所撰医学丛书《六科证治准绳》44卷刊行。全书由《杂病证治准绳》8卷、《伤寒证治准》8卷、《疡医证治准绳》6卷、《幼科证治准绳》9卷、《女科证治准绳》5卷及《杂病证治类方》8卷所组成。此书科目齐全，每一病症均选综述前代治验，再阐明己见，因证立论处方，为明代著名的医书。（廖育群，中国古代科学技术史纲·医学卷，辽宁教育出版社，1996年，第35～36页）

△ 王肯堂（明）撰《证治准绳·七窍门·目》中描述了一些与眼睛光学有关的眼疾，如"远视"、"近视"、"目妄见症"、"黑夜精明症"、"视正反邪症"、"视定反动症"、"视物颠倒

症"、"视一为二症"、"视赤如白症"（即色盲）、"光华晕大症"、"视直如曲症"等。这些疾病多是眼球光学组织发生畸变时的视觉现象，如此集中地描述它们，在16世纪以前的西方是少见的。

## 1603年　癸卯　明神宗万历三十一年

△ 朱载堉（明，1536～1612）所撰《算学新说》（一卷）刻成。该书具体阐述了用算盘进行高位开方的运算程序。并应用了指数定律和等比数列的知识。（刘钝，大哉言数，辽宁教育出版社，1995年，第25页）

△ 至1722年，在中日两国都实行海禁或锁国政策的当时，却开长崎港接纳中国商船，日本画家准确地画有中国各港来日船舶的图样并详记各部尺寸。这些精美的《唐船之图》现仍藏于平户松浦史料博物馆。长崎县立图书馆藏有早期的摹本。

## 1604年　甲辰　明神宗万历三十二年

△ 黄嘘云（明）撰《算法指南》二卷。该书全名《新镌易明捷径算法指南》，为一部珠算启蒙读物。书中所录珠算歌诀已与现在通行的珠算歌诀完全相同。[郭书春，算法指南提要，见：中国科学技术典籍通汇·数学卷（2），河南教育出版社，1993年，第1423页]

△ 龚廷贤（明，1539～1628）撰《小儿推拿秘旨》2卷，介绍小儿疾病的诊断、推拿手法、穴位并附图，为中国现存较早的一部儿科推拿专著。[史世勤，龚廷贤与中日医学交流，中国科技史料，1993，14（1）：22]

△ 常熟知县耿桔（明）对于水利做了详细的调查研究，著《常熟县水利全书》10卷。书中提出"联圩并圩"的提议；总结了"开河法"、"筑岸法"。[水利水电科学研究院《中国水利史稿》编写组，中国水利史稿（下），水利电力出版社，1987年，第78页]

△ 总河侍郎李化龙（明）继前人未竟之工，由微山湖东岸夏镇李家口经彭河水道至台儿庄接入泇河，同时建闸八座节制渠水，至邳州直河口再入黄河漕道。全长260里，避开黄河漕道300余里。至清康熙十九年（1680），在窑湾开渠40里，引泇河至张庄运口。康熙二十五年（1686），在张庄运口开中运河上接泇运河，下至淮阴清口。京杭大运河始完全避开黄河漕道的干扰，全线贯通。[中国水利史稿编写组，中国水利史稿（下册），水利电力出版社，1989年，第151～153页]

## 1605年　乙巳　明神宗万历三十三年

△ 利玛窦（M. Ricci，1552～1610）撰《西字奇迹》在北京印行，是为在华刊印的第一部拉丁拼音的语文书籍，拉丁字母及拼音由此传入中国。

△ 是年前，屠隆（明，1542～1605）在《考槃余事》记述了古代建造琴室的声学问题，并指出，在琴室地下埋缸，以增大混响的方法使琴声放大。（戴念祖，中国声学史，河北教育出版社，1994年，第454页）

△ 利玛窦与李之藻（明，1565～1630）合译《乾坤体义》，该书介绍了地圆说的基本概念，如地球的基本圈、大小，五大洲的地理知识，五大气候带，地理经纬度，昼夜长短与地理纬度之间的关系；古希腊亚里士多德（Aristotle，公元前384～前322）的同心固体水晶球宇宙体系；西方水、火、土、气四元素说；视差概念和测量月地距离的相应方法，日月食的

成因，大气折射概念及其对天体视位置的影响等知识。[石云里，《乾坤体义》提要，见：中国科学技术典籍通汇·天文卷（8），河南教育出版社，1998 年，第 283～285 页]

△ 徐必达（明）绘制《乾坤一统海防全图》，主要表现沿海一带的岛礁、山川、民房、庙宇以及沿海航道。是沿海防倭用的军事地图。（郑锡煌，中国古代地图集·明代，文物出版社，1995 年）

**1606 年　丙午　明神宗万历三十四年**

△ 秋，徐光启（明，1562～1633）与利玛窦谈及数学。利玛窦因述欧几里得的 *Elements* 之精，并称"此书未译，则他书俱不可得"，且陈"翻译之难及向来中辍状"。徐光启推荐一人与利玛窦共同翻译该书。但该人的翻译很可能不能令利、徐二人满意，徐光启决定亲自参与《几何原本》的翻译。（罗光，徐光启传，台北：传记文学出版社，1982 年，第 38～40 页）

△ 熊三拔编《药露法》1 卷，是西药制造法传入中国之最早著作。

△ 何汝宾（明）在《兵录》卷十一至十三卷中，提到了数十种古代火药配方以及火器的形制构造。对使用火器的战法，尤有独到的论述。

**1607 年　丁未　明神宗万历三十五年**

△ 邢云路（明）撰成《古今律历考》。该书对前代天文历法做了较全面的讨论，其中相当多的内容属于一般性的介绍，但对于授时历的介绍则较详细，对于天文历法若干问题也提出了有价值的见解。如对于历法以黄钟之数、大衍之数一类为本的思想予以中肯的批评，对科学的日食理论给出明晰的阐述，指出《左传》二次日南至的记录并不可信，提出月亮和五星的运动，是由太阳通过气的作用牵引所致的重要思想等。（《古今律历考》）

△ 利玛窦（Matteo Ricci，1551～1610）和徐光启（明，1562～1633）合译的《几何原本》前六卷译成。《几何原本》以克拉维斯（C. Clavius，1537～1612）的《几何原本》十五卷评注本（*Euclidis Elementorum Libri* XV，1574）为底本。卷一包括几何概念的定义、公设、公理和命题；卷二利用几何的形式叙述代数问题；卷三讨论圆、弦、切线、圆周角、内接四边形及与圆有关的图形；卷四讨论圆内接与外切三角形、正方形、正多边形；卷五介绍数值比例算法；卷六为几何量的比例算法，处理相似直线形中的各种成比例的线段等。此六卷主要论述平面几何学。前六卷译成之后，徐光启"意方锐，欲竟之"，有意译成全帙，但利玛窦认为应"先传此，使同志者习之，果以为用也，而后徐计其余"。此为欧洲几何学系统传入我国之始。（梅荣照、王渝生、刘钝，欧几里得《原本》的传入和对我国明清数学的影响，明清数学史论文集，江苏教育出版社，1990 年，第 53～83 页）

△ 徐光启在"《几何原本》序"中指出，"三朝而上为此业者盛，有原原本本师传曹习之学，而皆丧于祖龙之焰，汉以来多任意揣摩，如盲人射的，虚发无效；或依拟形似，如持萤烛象，得首失尾，至于今而此道尽废。"在"《同文算指》序"中，徐氏又称："算数之学特废于近世数百年间尔。废之缘有二：其一为名理之儒土苴天下之实事，其一为妖妄之术谬言数有神理，能知来藏往靡所不效。卒于神者无一效而实者无一存。"徐光启将数学的衰落归因于理学家对实际问题的鄙弃及数术家们的象数神秘思想的影响。从叙述中可见，徐光启并不了解中国传统数学尤其是宋元数学的发展状况及成果。

△ 利玛窦在"译《几何原本》引"中较早在中国介绍了西方机械知识。(王冰，中国物理学史大系·中外物理交流史，湖南教育出版社，2001 年，第 69 页)

△ 徐霞客（明，1587~1641）不入仕途，开始专心从事旅行，以 20 余年（至 1636）时间探察名山胜迹，北至燕晋，南及闽广。1636~1639 年又系统大面积地考察了西南的岩溶地貌。其足迹遍及当时全国 14 个省，只有四川没有去过。是中国古代最著名的地学家之一。其观察所及、按日记述，后人整理成《徐霞客游记》。(唐锡仁、杨文衡，徐霞客及其游记研究，中国社会科学出版社，1987 年，第 15~28 页)

△ 葡萄牙人、耶稣会教士鄂本笃（B. de Goez，1562~1607）卒于肃州（今甘肃酒泉）。1602 年，鄂本笃自印度亚格拉启程，经中亚，越帕米尔高原，于 1605 年抵肃州，其旅行记后由利玛窦整理转述，为中西交通史的重要资料。

△ 李时珍（明，1518~1593）撰《本草纲目》（1578）江西刻本传入日本，并为江户幕府德川家康所得，人称"御手泽本"。[蔡景峰，中国古代科学家传记（下）·李时珍，科学出版社，1993 年，第 826 页]

## 1608 年　戊申　明神宗万历三十六年

△ 邢云路（明）撰成《戊申立春考证》，记述他于 1607 年在兰州建造 6 丈高表，随即测量其年冬至前后约 45 日晷影长度的结果，以及由此推算所得的其年冬至时刻，并求得和郭守敬所测的 1280 年冬至时刻之间的时距，再除以 327，得回归年长度为 365.242 190 日。其精度达到了中国乃至当时世界的最高水平。

△《测量法义》（一卷）成书。1607 年，利玛窦与徐光启（明，1562~1633）开始合译该书。1608 年，徐光启回籍守制期间删为定稿。书中介绍了欧洲测量知识，包括造器、论影、本题十五道及三数算法。书中各题均有一符合欧几里得几何要求的演绎式证明，并广泛征引《几何原本》中的定理。(Peter M. Engelfriet. *Euclid in China*, *The genesis of the First Translation of Euclid's Elements in* 1607 *and it's Reception up to* 1723. Leiden: Brill. 1998. 198~301)

△《圜容较义》一卷译成。该书由利玛窦口授，李之藻译。书中主要内容为比较图形关系的几何学。书中论述了多边形之间、多边形与圆之间、锥体与棱柱体之间、正多面体之间、浑圆与正多面体之间的关系。这些结论是由公元前第二世纪希腊数学家季诺多鲁斯发现并为公元三世纪派帕司保留下来的。到 16 世纪初的欧洲，这门知识又得到进一步的发展。该书很可能译自克拉维斯《等周图形研究》(*Trattato Della Figura Isoperimetre*)，该书介绍几何图形关系的比较，涉及几何中的极值问题。(钱宝琮，中国数学史，科学出版社，1992 年，第 238 页；李兆华，中国数学史，台北：文津出版社，1995 年，第 225~226 页)

△ 徐光启撰《甘薯疏》为中国第一部论述番薯的专著，惜早已佚，今仅其序存于《群芳谱》中。(梁家勉，徐光启年谱，上海古籍出版社，1981 年，第 45~46 页)

△ 喻仁（字本元；明嘉靖万历间）、喻杰（字本亨；明嘉靖万历间）兄弟合撰兽医专著《元亨疗马集》问世。分春、夏、秋、冬 4 卷。在论述相良马、牧养、口齿、四季口色、形侯等之后，以较多篇幅叙述畜病诊治的脏腑理论、病理病因、病症及针灸、外治、内治、内服药等；又有马的三十六起卧、七十二大症。[王铭农，《元亨疗马集》的成就及明代的牧政，农业考古，1988，(1)：340~346]

**1609 年 己酉 明神宗万历三十七年**

△ 约是年，徐光启（明，1562～1633）撰《测量异同》一卷。该书通过对六个算题具体比较传统测量方法与欧洲方法的异同。对包含于《测量法义》中的方法，徐光启引用了《测量全义》中的证明，对于其他算题，他亦给出欧几里得几何式的证明。

△ 徐光启著《句股义》一卷。徐光启试图以《几何原本》中的严谨的证明方式阐述中国传统勾股术。他在其学生孙元化的帮助下将《九章算术》及其他传统数学著作中的数十个勾股问题归结为 15 个问题，并给出这 15 个问题的证明。徐光启虽然引用和模仿了《几何原本》中的定理和证明方式，但他也引用了中国传统的证明模式。（田淼，中国数学的西化历程，山东教育出版社，2004 年）

△ 法国考古学家在印度洋中的毛里求斯岛附近发现一艘荷兰东印度公司的沉船中装有来自中国的锌锭。[梅建军，印度和中国古代炼锌术的比较，自然科学史研究，1993，（4）]

**1610 年 庚戌 明神宗万历三十八年**

△ 钦天监推算日食失准，周子愚（明）因而建议由庞迪峩（D. de Pantoja，1571～1618，西班牙传教士）、熊三拔（Sabbathinus de Ursis，1575～1620，意大利传教士）翻译西洋历算著作，"以补典籍之缺"，但未被采纳。而只采纳了礼部关于调邢云路、范守己（明）、李之藻、徐光启等"参与历事"的建议。（《明史·历志一》）

△ 荷兰首次从澳门运输茶叶经印度尼西亚转口，历时 3 年始运抵欧洲。此为西方来东方运载茶叶的最早记录，也是中国茶叶正式输入欧洲的开始。（陈椽，茶业通史，农业出版社，1984 年）

**1611 年 辛亥 明神宗万历三十九年**

△ 熊三拔（Sabtino de Ursis，1575～1620）与徐光启合译《简平仪说》，介绍专用于测量太阳的仪器——简平仪的结构，以及测量太阳赤经、赤纬、定时刻和定地理经纬度的方法。

△ 许浚（朝鲜，1540～1615）完成《东医宝鉴》。此书为 1595 年奉朝鲜宣宗之命编纂。全书分景篇、外形篇、杂病篇、汤液篇与针灸篇，是朝鲜医家所撰汉方医著中最负盛名的，其中还记载了一些中国已失传的医书。

**1612 年 壬子 明神宗万历四十年**

△ 王英明（明）撰成《历体略》，介绍传统天文学的若干基本知识，对传统的《步天歌》进行阐释；讨论新近传入的地圆说，辑录新近传入的西方天文学知识，多取自利玛窦的《坤舆万国全图》及《浑盖通宪图说》，另列有一份 50 颗恒星赤道坐标值及其星等的星表，还有关于西方用望远镜观测天体所得的新成果，这可能是依据稍后问世的《天问略》增补的。王英明认为这些新知识"悉至理也"，又认为不妨以"礼失而求于野"的古训接受之。[石云里，《历体略》提要，见：中国科学技术典籍通汇·天文卷（6），河南教育出版社，1998 年，第 1～3 页]

△ 意大利传教士熊三拔口授、徐光启（明，1562～1633）笔述的《泰西水法》出版，

为中国第一部介绍西方农田水利工程和各种水利机械的专著。(梁家勉, 徐光启年谱, 上海古籍出版社, 1981 年)

## 1613 年　癸丑　明神宗万历四十一年

△ 李之藻撰《同文算指》完成。该书三编十一卷, 是在利玛窦原来讲述的基础上, 李之藻根据自己的理解加入了图说及中、西方法会通的内容。书中的内容主要来自克拉维斯 (C.Clavius, 1537~1642) 的《实用算术概论》(1585) 和程大位的《算法统宗》。李之藻并不只是叙述利玛窦传授的欧洲数学, 他还将欧洲数学方法和传统方法做了详尽的比较。

△《同文算指》中介绍了西方的笔算方法。书中介绍了笔算的定位法和整数及分数的四则运算。这些知识主要来自克拉维斯于 1585 年编成的《实用算术概论》。对于一般计算, 笔算并不比珠算更为方便, 这样, 笔算虽然为少数精通数学的学者所采用, 但并没有很快在民间得到普及。

△《同文算指》中, 李之藻将分母置于分数线之上, 分子置于分数线之下。此与我国传统数学及西方数学中的分数符号相反。这一分数记法为后来的数学家所沿袭。直至 20 世纪初, 现行分数记法才被广泛接受。

△ 童时明 (明) 撰《三吴水利便览》, 论述太湖流域地形水势和水利工程技术等。

## 1614 年　甲寅　明神宗万历四十二年

△ 熊三拔 (Sabtino de Ursis, 1575~1620) 与周子愚 (明)、卓尔康 (明) 合译《表度说》, 介绍由圭表测量太阳高度角和地理纬度的方法, 地平日晷的制造法, 并补充了 3 条地圆说的新证据。

## 1615 年　乙卯　明神宗万历四十三年

△ 阳玛诺 (Emmanuel Diaz, 1574~1659, 葡萄牙传教士) 与周希龄 (明)、孔贞时 (明) 等合著《天问略》, 介绍了十二重天球的同心水晶球宇宙体系, 太阳周年运动的有关问题, 东西地方时差与地理经度的关系, 月亮运动的有关理论, 提及了均轮与本轮的概念等知识; 还介绍了新近西方天文学的进展, 提及以望远镜观测天体, 发现金星相位的变化、木星的 4 个卫星、土星的两侧有两小星、银河为稠密的小星组成等。[石云里,《天问略》提要, 见: 中国科学技术典籍通汇·天文卷 (8), 河南教育出版社, 1998 年, 第 339 页]

△《天问略》是中国最早提及天文望远镜及其观测情形的著作。(王冰, 中国物理学史大系·中外物理交流史, 湖南教育出版社, 2001 年, 第 87 页)

△ 朱谋㙔所著《水经注笺》刊行, 是为《水经注》第一部重要注本。

△ 张燮 (明, 1574~1640) 撰《东西洋考》成书, 二年后 (1618) 初刊。全书 12 卷, 记载明代后期海外贸易与交通。书中涉及航程、航路、针路、气象、潮汐等航海知识。

## 1617 年　丁巳　明神宗万历四十五年　后金太祖天命二年

△ 红色氧化汞的合成法发展到明代时, 改用水银 - 焰硝 - 绿矾的三元配方, 俗称"三仙丹"。此配方约首见于陈实功 (明) 所著《外科正宗》, 从此它由内服长生仙丹转变为外用的疡科药。(赵匡华等, 中国科学技术史·化学卷, 科学出版社, 1998 年, 第 424 页)

△ 赵㟙（明）撰《植品》刊印。全书 2 卷，记载花木、果品和蔬品。书中记载，在万历年间，西方传教士将向日葵和"西蕃柿"（即西红柿）引进中国。

△ 王路（明）撰《花史左编》24 卷，书中记载花木品种较多，且关于花木的故事和植艺记载亦较详备。

△ 陈实功（明，约 1555~1636）撰《外科正宗》刊行。全书 4 卷，较为全面系统地阐述外科疾病的病因、病理、诊断和治则，对 150 种外科病症逐一进行分析，后附医案及治疗方药，是中医外科名著之一。书中创用多种外科手术法和器械。陈氏治学以立证详、论治精著称，他还是外科领域中注意内治和外科手术并重的一个流派的代表。（廖育群，中国古代科学技术史纲·医学卷，辽宁教育出版社，1996 年，第 41~42、121~122 页）

△《外科正宗》在治疗疮疡病的记载中，明确将拔罐疗法作为一项治疗常规，并且在方法和工具上均有一定的改进，其拔罐竹筒的设计原理已与现代吸引器较接近。［黄健等，中国古代的物理疗法，中国科技史料，1996，17（2）：6］

△ 朝鲜内医院教习御医崔顺立等人在临证治疗中产生疑问，经皇室批准来中国。明朝廷命御医傅懋光（清）为正教，太医朱尚约（清）等为副教，在太医院为崔氏等人答疑。双方进行讨论多次。此后，傅氏将答疑与讨论内容以问答形式整理成 38 则，汇编成《医学疑问》一书刊行。（傅维康，中药学史，巴蜀书社，1993 年，第 242 页）

△ 赵献可（明万历崇祯年间）撰《医贯》刊印。全书 6 卷，对"命门"说颇有发挥，其水火阴阳之辨对后世医家影响较大。但其说每以理学"太极"释之，且以八味丸、六味丸通治各病，招致后世非议。《医贯·内经十二官论》："肺之下为心，心有系络上系于肺，肺受清气，下乃灌注。"记述了新鲜空气进入心脏的通道。［万芳，中国古代科学家传记（下）·赵献可，科学出版社，1993 年，第 927~929 页］

**1618 年　戊午　明神宗万历四十六年　后金太祖天命三年**

△ 金尼阁（Nicolas Trigault，1577~1628）带着他招募的 22 名耶稣会士及募集来的七千部图书及其他物品从里斯本出发驶往中国。这 22 名耶稣会士中只有 8 名后来进入了中国内陆。其中包括对西方数学在中国的传播有重要贡献的邓玉函、汤若望和罗雅谷。（樊洪业，耶稣会士与中国科学，中国人民大学出版社，1992 年，第 18 页）

△ 明神宗（明，1563~1620）派使者携带数箱茶叶赠予俄国沙皇。（陈椽，茶业通史，农业出版社，1984 年）

**1619 年　己未　明神宗万历四十七年　后金太祖天命四年**

△ 金尼阁（N. Trigault，1577~1628）等传教士东渡来华，携带图书 7 千余部。此为西方书籍输入中国较为著名的一次事件。（王冰，中国物理学史大系·中外物理交流史，湖南教育出版社，2001 年，第 55 页）

△ 约在是年，黄润玉（明）在《海涵万象录》中，将天体的左旋明确地统一于不同层次的气的左旋和气的推动之下，建立起了明确的天体左旋说的力学机制，并认为地自身也在左旋和气的推动下，作向左旋的自转。

△ 约在是年成书的《豢龙子》指出，宇宙乃由无限个天地组成，就某一天地而言，在时间上是有始有终的，而对于无限个天地而言，在时间上则是无始无终的。

△ 约是年，顾锡畴（明）著成《天文图》星图与表合集。内含极坐标式全天星图 1 幅、12 个月（每月 2 个节气）星图与表各 1 幅、3 垣 28 宿分图各 1 幅，计 45 幅星图和 12 份天文表。其中，12 份天文表给出了 24 节气昏、晓、五更时的南中天星赤道宿度与日出时太阳所在赤道宿度，实际上是一份可用于测定时间的中星表。（陈美东，顾锡畴《天文图》试论，见：中国古星图，辽宁教育出版社，1996 年，第 169～178 页）

△ 顾起元（明，1573～1619）撰《鱼品》，简明地记载数十种江南水产。

**1620 年　庚申　明神宗万历四十八年　光宗泰昌元年　后金太祖天命五年**

△ 约是年，中国已经根据钻井岩屑（古称扇泥）建立了四川谢洪地区的井下地层剖面。（程希荣，油田开发与油田开发地质学史，地质学史论丛，地质出版社，1986 年）

△ 至 1623 年，徐光启（明，1562～1633）等人，以私人捐资方式，从澳门葡萄牙当局购买了 30 门西洋大炮，明军称其为"红夷炮"。西洋大炮自此传入中国。（明代官修：《明熹宗实录》卷六十八，天启六年二月戊戌）

△ 二月，徐光启（明）受命在通州、昌平等地督练新军。在此期间，他尤其注重对士兵的选练，撰写了《选练百字诀》、《选练条格》、《练艺条格》、《束伍条格》、《形名条格》、《火攻要略》、《制火药法》等。这些条令和法典，是中国近代较早的一批条令和法典。[杜石然，中国古代科学家传记（下）·徐光启，科学出版社，1993 年，第 899 页]

△ 在神宗（明，1563～1620）殉葬品中有一件绒袍，现存定陵博物馆。这件绒袍非常精巧和实用，两面均有长绒，背面又绢衬，不仅具有绒毛丛立的外观，厚度较大和手感柔软，而且具有与绵衣相似的保暖特性，是中国古代现存极为珍贵的起绒织物。[赵翰生，明代起绒织物的生产及外传日本的情况，自然科学史研究，2000，19（2）：190～191]

△ 明神宗定陵出土有 165 卷织锦和 300 余件衣著袍服。在成卷的织锦中有二卷双面锦，其经纬密度分别每厘米 64 根和 36 根，丝线投影宽度仅为 0.2 厘米；在衣袍中有一件制织精巧的"百子衣"，上面用金线绣出的松、竹、梅、石、桃、李、芭蕉、灵芝、各种花草和百子，栩栩如生，令人赞叹。展示了当时丝织手工业达到的高水平。（定陵博物馆编，定陵——地下宫殿，人民出版社，1973 年，第 31～32 页）

**1621 年　辛酉　明熹宗天启元年　后金太祖天命六年**

△ 茅元仪（明，1594～约 1637）编著《武备志》刊行。全书 240 卷，附图 730 余幅。此书广采历代军事书籍 2000 余种，且颇多科学、交通等方面的史料。

△《武备志·军资乘·守五·堡约》提出了"合力"一词："合力者积众弱以成强也。"

△《武备志》记载以油煎法将硫黄与混杂的泥沙分开。（赵匡华等，中国科学技术史·化学卷，科学出版社，1998 年，第 463 页）

△ 王象晋（明，1573～1627）撰《群芳谱》问世。这是继《全芳备祖》之后的一部较大型的植物类书。全书 28 卷（或分为 30 卷）。书中记述了各种植物的名称、别名、形态特征、生长环境、种植技术和用途，对果木栽培管理技术记述周详，对果树的一整套园艺技术做了很好的总结。（罗桂环、汪子春主编，中国科学技术史·生物学史，科学出版社，2005 年，第 281 页）

△《群芳谱·花谱·兰》记载了堆积煨制熏土造肥方法。

△《群芳谱·谷谱·稻》记载了水稻稻曲病，时称"粳谷奴"。

△ 番茄（时称"蕃柿"）和向日葵见于《群芳谱》。

△《群芳谱·果谱·无花果》记载了果树滴灌技术。

△《群芳谱·谷谱》引《法天生意》已认识到绿豆作为绿肥时最佳掩青时间为战花期。

△《群芳谱·疏谱二·甘薯》详细记述了甘薯的传卵（即种薯）、传藤等留种技术和剪藤扦插的繁殖技术。

△《武备志》卷 240 为《郑和航海图》。这幅重要的航海图赖书传世。

△《武备志》对中国古代军事技术的各个方面做了全面的记述，堪称中国古代军事技术集大成之兵书；收入的攻守战具、舰船、战车等兵器达 600 余种，其中火器 180 余种，另有水器图说 13 卷，集古代兵器之大成。

△ 兵部尚书崔景荣（明）请葡萄牙传教士阳玛诺（Emmanuel Diaz，1574～1659）、意大利传教士毕方济（François Sambiasi，1582～1649）译西方兵书。

### 1622 年　壬戌　明熹宗天启二年　后金太祖天命七年

△ 约于是年，佚名《日月星晷式》一书问世，为一部系统和详细地介绍西方日晷、月晷与星晷测时原理及其式样与制作方法的著作。[胡铁珠，《日月星晷式》提要，见：中国科学技术典籍通汇·天文卷（8），河南教育出版社，1998 年，第 383、384 页]

△ 曾赴民间调查植物的鲍山（明）撰《野菜博录》记述 435 种植物，每种都附有精美的插图，其中少部分是作者新增的。此书是中国古代较著名的植物图谱。（汪子春等，中国古代生物学史略，河北科学技术出版社，1992 年，第 147 页）

△ 缪希雍（明，约 1556～1627）所撰《神农本草经疏》30 卷，开此后尊经（《本经》）风气之先。此书把疏解经文和临床配伍用药紧密结合，在临床药学及药理探讨方面每多新见，影响较广。（廖育群，中国古代科学技术史纲·医学卷，辽宁教育出版社，1996 年，第 266 页）

△ 缪希雍（明，约 1556～1627）撰《炮炙大法》。全书依药物类别分 14 部，分述 400 余种药物的炮制法，并述及药物产地、采药时节、药质鉴别、用于炮制的材料、药物炮制后的性质变化等，其中"用药凡例"对制药提出了许多独特见解。（傅维康，中药学史，巴蜀书社，1993 年，第 233～234 页）

△ 约于是年，明廷为抵抗清军而运输军粮等军需物资，在山海关南海口潮河码头，树立旗杆导航，夜挂红灯导航。清道光（1821～1850）以后，又在南海口天后宫东侧和老龙头间设立了"转盘探海灯"。[黄景海主编，秦皇岛港史（古、近代），人民交通出版社，1985 年，第 107、112～113 页]

△ 朱国祯（明，? ～1632）撰《涌幢小品·农桑》记载了湖州名丝——"辑里丝"。

△ 据朱国祯（明）《涌潼小品》卷四记载：遵化铁厂是明代政府制造军器所需铁的主要供应基地。遵化铁厂冶铁炉生产已具较大规模和效能，并已使用萤石作熔剂。

△ 刻制的引泾灌渠石碑是现存早期的护渠法规。（周魁一，中国科学技术史·水利卷，科学出版社，2002 年）

## 1623 年　癸亥　明熹宗天启三年　后金太祖天命八年

△ 八月，制造的一套集装式砝码中的两件——外盒（失盖）和一枚叁两砝码现藏于中国历史博物馆。这种集装式砝码始见于明代。（丘光明等，中国科学技术史·度量衡卷，科学出版社，2001 年，第 414～415 页）

△ 意大利传教士龙华民（Nicolaus Longobardi，1559～1654）和阳玛诺（Emmanuel Diaz，1574～1659）制作木质油漆彩绘的地球仪一架。各大洲陆地轮廓、岛屿、半岛，表示得比较准确，是现存最早的地球仪，现藏英国博物馆。（曹婉如，现存最早在中国制作的一架地球仪，见：中国古代地图集·明代，文物出版社，1995 年）

△ 意大利传教士艾儒略（Giuliol Aleni，1582～1649）根据西班牙传教士庞迪莪（Did de Pantoja，1571～1618）等人的旧稿和自己收集的资料编纂的第一部用中文系统介绍五大州各国风土、民俗、气候、名胜的地理专著——《职方外纪》5 卷初刊。[霍有光，《职方外纪》的地理地位及当时地理知识的中西对比，中国科技史料，1996，17（1）：16～25]

## 1624 年　甲子　明熹宗天启四年　后金太祖天命九年

△ 张遂辰（明末清初，约 1589～1668）撰《张卿子伤寒论》10 卷，确信宋本《伤寒论》保存了原貌，成为伤寒学派中维护旧论派。其后张志聪（清，约 1619～1674）所撰《伤寒论宗印》（1654～1663）8 卷、张锡驹（清）所撰《伤寒论直解》（1712）6 卷均宗其说。

△ 张介宾（张景岳；明，1563～1640）撰《类经》32 卷刊行。此书以"类书"的形式对今本《黄帝内经》全书进行重新编次，分摄生、阴阳、脏象、脉色、经络、标本、气味、论治、疾病、针刺、运气、会通 12 类，共 32 卷；而有言不能该者，故以《图翼》11 卷明之；图像虽显，而意有未达者，又《附翼》4 卷以说。（廖育群，中国古代科学技术史纲·医学卷，辽宁教育出版社，1996 年，第 124～125 页）

△ 张介宾（明）撰《类经图翼·五运客运图说》首次明确地说明"客运之说"。（廖育群，中国古代科学技术史纲·医学卷，辽宁教育出版社，1996 年，第 161 页）

△ 张介宾（明）在《类经附翼》中较为系统地阐述了命门学说。（赵璞珊，中国古代医学，中华书局，1983 年，第 206～208 页）

△ 倪朱谟（明末）在遍访浙、苏、皖医药名家，采录其经验及论述之后，所撰《本草汇言》20 卷由其子倪洙龙刻印。书中各药之下注以形态出产，又详记医家论药之言，方中则博采前人及时贤之言语，详记有未刊之书稿。（廖育群，中国古代科学技术史纲·医学卷，辽宁教育出版社，1996 年，第 266 页）

## 1625 年　乙丑　明熹宗天启五年　后金太祖天命十年

△ 约于是年，李之藻编辑出版《天学初函》，分理篇和器篇，每篇收书各 10 种。理篇是讨论天主教教理的著作，而器篇所收系当时已译出的介绍西方天文学、数学、水利、机械等著作，如《泰西水法》、《几何原本》、《浑盖通宪图说》、《天问略》等。此丛书在明末流传较广，对清代也有一定的影响。[韩琦，中国古代科学家传记（下）·李之藻，科学出版社，1993 年，第 915 页]

△ 约于是年，徐光启奏请制造象限大仪、纪限大仪等 10 类 28 具天文测量或演示仪器，

获得批准。当年在邓玉函、龙华民的指导和邬明著、陈玉阶（明）等的参与下，即制成象限大仪二、纪限大仪一，安置于历局，以备观测天体位置之用。（李问渔、徐宗泽，《增订徐文定公集·卷四·奉旨回奏疏》；汤若望：《西洋新法历书·治历缘起》）

△ 后金迁都沈阳（今属辽宁），是为盛京。在沈阳建宫室。

## 1626 年　丙寅　明熹宗天启六年　后金太祖天命十一年

△ 德国传教士汤若望（Johann Adam Schall von Bell，1592~1666）译著《远镜说》，介绍伽利略（G. Galileo，1564~1642）式望远镜的原理与构造，以及制造、安装、调试、保养等事宜，以及运用望远镜观测发现月面凹凸不平，太阳黑子等现象。此书是中国最早专门介绍论述望远镜的著作。此书还最早从光学角度述及眼镜。（王冰，中国物理学史大系·中外物理交流史，湖南教育出版社，2001 年，第 5~57、87~89 页）

△ 意大利传教士龙华民（Nicolaus Longobardi，1559~1654）所撰《地震解》刻印。此书采用问答形式讲述有关地震的问题，是西方传入中国的第一部地震方面的书籍，虽然各种解说和认识尚不成熟，但其中关于地震前兆的记述，至今仍有参考价值。（唐锡仁等，中国科学技术史·地学卷，科学出版社，2000 年，第 425 页）

△ 葡萄牙驻澳门首任总督马士加路也把中国特有的柑桔类植物带回国，此后又传到欧洲。［蔡捷恩，中草药传欧述略，中国科技史料，1995，16（2）：5］

△ 王徵（明，1571~1644）撰成《新制诸器图说》，次年与《远西奇器图说录最》合刻于扬州。书中描述了 9 种机械，其中鹤饮、轮激和代耕等为他自己创造，虹吸、风磨、自行车和轮壶是受西方技术影响的设计。［张柏春，王徵《新制诸器图说》辨析，中国科技史料，1996，17（1）：88~91］

△ 王徵（明）仿制过一具名曰"轮壶"的机械钟，系以重锤为动力，由齿轮传动，设有轴摆杆式擒纵机构，又以敲鼓、击钟与司辰木偶报时，融入了中国固有的特色。（明·王徵：《新制诸器图说》）

△ 绞关犁（代耕架）的形制和结构见于王徵（明，1621~1627 年间进士，卒于 1644）撰《新制诸器图说》。

△ 四月辛卯，袁崇焕（明，1584~1636）依托改建了的宁远（今辽宁兴城）城防，以 11 门红夷炮及多门其他火炮，击退了后金军的进攻，取得了"宁远大捷"。（明朝官修：《明熹宗实录》卷七十）

## 1627 年　丁卯　明熹宗天启七年　后金太宗天聪元年

△ 邓玉函（Johann Terrenz，1576~1630）口述、王徵（明，1571~1644）译绘《远西奇器图说录最》3 卷刊行。第 1 卷"重解"，叙述重力、重心、比重、浮力等力学基本知识与原理；第 2 卷"器解"，叙述杠杆、滑轮、斜面、螺旋等简介机械的原理与计算；第 3 卷"图说"，共有 54 幅图，介绍各种实用机械的构造和应用。此书是中国第一部介绍西方力学和机械知识的著作。（王冰，中国物理学史大系·中外物理交流史，湖南教育出版社，2001 年，第 59~60 页）

△《远西奇器图说录最》最早给出了水、铜、铅、锡、油等几种常用物质西方测定的比重值。［王冰，西方比重知识在明末清初的传入及影响，中国科技史料，1997，18（4）：

11~19]

　　△ 李渔择（明）《一家言》中有居室部，于房屋设计布置别具心裁。

## 1628~1645 年明思宗崇祯年间

　　△ 邝露（明，1604~1650）撰《赤雅》。全书 3 卷，记载广西土司及各部落的社会制度、风俗习惯、宗教信仰、山川道路、名胜古迹、物产等。

## 1628 年　戊辰　明思宗崇祯元年　后金太宗天聪二年

　　△ 葡萄牙传教士傅汎际（Francois Furtado，1587~1653）与李之藻（明，1565~1630）合译成《寰有诠》，较全面地介绍了亚里士多德在天文学方面的自然哲学思想体系。如组成当今世界的是火、水、气、土四大元素，而天体则由更原始、更神圣的"形天之有"组成，是完美无缺的；天体在作匀速圆周运动，地球在天球中心，列举了地为球形的 7 项证据，对日月五星运动的均轮、本轮说做了进一步的说明，也提及了望远镜观天的若干新发现，等等。[石云里，《寰有诠》及其影响，见：中国天文学史文集（6），科学出版社，1994 年，第232~260 页]

　　△ 意大利人罗雅谷（J. Rho，1593~1638）撰《筹算》（一卷）成书。书中介绍了耐普筹及其用法，其内容主要采自耐普尔（J. Napier，1550~1617）的《筹算术》（Rabdologiae，1617）。[郭世荣，纳贝尔筹在中国的传播与发展，中国科技史料，1997，18（1）：12~20]

　　△ 朱家民（明）在贵州晴隆之东 40 里北盘东上始建盘江铁桥，至三年（1630）完成。桥长 115 米，跨约 40 米，有 30 根主缆，6 根栏杆索；"熔铁为扣，联扣为索，索三百余扣，扣重十八九"。此后在湘黔、川黔及滇黔等主要古道上，还修建过几座与此桥相同类型的铁索桥。（唐寰澄，中国科学技术史·桥梁卷，科学出版社，2000 年，第 547~554 页）

　　△ 复命购募葡炮葡兵。次年，采办得葡萄牙大铳 10 门，由葡萄牙的公沙的西劳（Gonzalvès Texeira-Correa）任统领，率炮手、炮匠伯多禄（明）、金答（明）进京。

## 1629 年　己巳　明思宗崇祯二年　后金太宗天聪三年

　　△《大统历》与《回回历法》推当年一次日食，皆不如徐光启依据西法所推准确，"于是礼部奏开局修改，乃以（徐）光启督修历法。"当年 9 月，徐光启奉旨成立历局开始修历，同时开始《崇祯历书》的编撰工作。意大利传教士龙华民（Nicolaus Longobardi，1559~1654）与瑞士传教士邓玉函（Joarnnes Terrenz，1576~1630）最先被徐光启推荐入局工作。随后，意大利传教士罗雅谷（Jacobus Rho，1593~1638，）与汤若望也在 1630 年前后奉命入局，分别负责五星、日月运动部分和恒星、交食部分的编译。同时，徐光启还先后举荐李之藻（明）、李天经（明）、陈应登（明）等 50 余位中国学者参与编译工作。（《明史·历志一》；汤若望：《西洋新法历书·治历缘起》）

　　△ 至 1634 年十二月 6 年间，《崇祯历书》局先后编译天文、数学著作一百三十七卷。

　　△ 徐光启奏请制造"急用仪象"，其中有"装修测候七政交良远镜三架"。两年后，徐光启已用望远镜观测日食和月食。（王冰，中国物理学史大系·中外物理交流史，湖南教育出版社，2001 年，第 94 页）

　　△ 意大利传教士毕方济（François Sambiasi，1582~1649）所著《画答》印行。此书是

从学理上介绍西洋画法的第一部中文译著。

△ 茅瑞徵（明）所撰《皇明象胥录》刊行。此书记载万历以前明代边境及通使诸国，可补郑晓（明）《皇明四夷考》(1566)。

△ 成于明末的气功书《易筋经》是年始见抄本流传。

## 1630 年　庚午　明思宗崇祯三年　后金太宗天聪四年

△ 罗雅谷撰《比例规解》一卷。书中介绍了比例规的制造和用法。比例规为一种类似于现代圆规的计算工具，是伽利略在 1579 年发明的，综合比例规两臂间的距离及其上所刻的数字，可以完成多种计算。该法后来被称为尺算。该书内容主要取材于伽利略《比例规》(*L Opperezioni del Compasso Geometrico et Militare*, 1606)。

△ 徐光启上《钦奉明旨条画屯盐疏》，文中记有当时人对主要农作物害虫之一——蝗虫的生长发育和习性及危害地区做了记述，并提出了防治方法。

△ 命徐光启负责督造西炮。

## 1631 年　辛未　明思宗崇祯四年　后金太宗天聪五年

△ 葡萄牙传教士傅汎际（Francois Furtado, 1587~1653）与李之藻合译《名理探》在杭州刊行，为介绍西方逻辑学的第一部中文译著。

△ 瑞士邓玉函（J. Terrenz, 1576~1630）撰《大测》二卷。该书为第一部系统介绍欧洲三角学的著作。邓玉函称："大测者，测三角形法也"，为"测天者所必须，大于他测，故名大测"。书中说明三角八线的性质、造表方法和用表方法。内容主要取自毕的斯克斯（Bartholomaei Pitiscus）的《三角学》（*Trigonometriae*, 1595）和西蒙·斯蒂文（Simon Stevin）的《数学札记》（*Hypomnemata mathematica*, 1608）。[P. D. Elia, *Galileo in China—Relations Through the Roman College between Galileo and the Jesuit Scient-Missionaries 1610~1640*）. Cambridge, Massachusetts: Harvard University Press, 1960]

△ 邓玉函在《大测》中介绍了造三角函数表的"六宗"、"三要"、"二简法"。"六宗"是指求三十度、四十五度、六十度、十八度、三十六度及十二度的正弦值的方法，相当于求圆内接正六边形、正四边形、正三边形、正十边形、正十五边形的边长。其"三要法"为正弦与余弦的关系、倍角公式、半角公式三个三角函数公式。其"二简法"为及两个公式。此外，书中还介绍了正弦定理及正切定理等其他三角函数公式。（钱宝琮，中国数学史，科学出版社，1992 年，第 241~242 页）

△ 邓玉函撰《割圆八线表》六卷。该表包括正弦、正切、正割、余弦、余切、余割六线，半象限，间隔 1'，小数五位。此表与《测量全义》卷三之割圆八线小表为传入我国最早的三角函数表。（李兆华，中国数学史，文津出版社，1995 年，第 233 页）

△ 罗雅谷撰成《测量全义》十卷，介绍 15 世纪欧洲数学家玉山若翰（Johnnes Regiomontanus, 1436~1476）所发明和增补的平面三角及球面三角学内容，其中包括同角三角函数的关系、余弦定理、积化和差等三角函数公式，及球面三角学中的一些基本公式。钱宝琮，中国数学史，科学出版社，1992 年，第 241~242 页）

△ 邓玉函编写的《测天约说》和罗雅谷的《测量全义》中介绍了圆锥曲线。加上其他著作中所包含的相关知识，《崇祯历书》中与圆锥曲线相关的内容主要有求圆面积、椭圆面

积、球体积与椭圆旋转体体积，德阿多西阿（Theodosius）在《圆球原本》中的球面几何，派帕司（Pappus）的求方曲线和海伦（Heron）的已知任意三角形三边长求三角形面积的海伦公式等中国传统数学中没有的知识。但由于《崇祯历书》中介绍的数学知识主要是为了制定历法提供计算基础[①]，所以，其内容"十分零碎，讨论也很不充分"，因此未对中国数学起到太大的影响。（钱宝琮，中国数学史，科学出版社，1992年，第245页）

△ 徐光启（明末清初，1562～1633）提出超胜中西已有历法的三部曲："会通之前，必须翻译"；"翻译既有端绪，然后令甄明大统、深知法意者参详考定。镕彼方之材质，入大统之型模"；"事竣历成，更求大备。一义一法，必深言所以然之故，从流溯源，因枝达干。不止集星历之大成，兼能为万务之根本。"（李问渔、徐宗泽：《增订徐文定公集·卷四·奏呈历书总目表》）

△ 方以智（明）在《物理小识》中创立"隔声"一词，并提出隔声的方法是以空瓮砌墙，使瓮口朝向屋内，从而达到房间隔声的效果。[戴念祖，姚广孝的隔声建筑，自然科学史研究，2000，19（1）：49]

△ 徐光启（明末清初）使用望远镜观察日食。这是我国使用望远镜观察天象的最早记载。（王锦光、洪震寰，中国光学史，湖南教育出版社，1986年，第160页）

△ 朝鲜陈奏使郑斗源（朝鲜，明末）将望远镜从中国携带至朝鲜。（王冰，中国物理学史大系·中外物理交流史，湖南教育出版社，2001年，第89页）

△ 位于北京前门的老字号胰子店"合香楼"开设。（赵匡华等，中国科学技术史·化学卷，科学出版社，1998年，第662页）

△ 后金皇太极（1592～1643）组织人员铸成第一门红衣炮。炮身刻有"天佑助威大将军天聪五年孟春吉旦督造官额驸佟养性"等字。后金造炮自此始。（《清朝文献通考·兵考十六·军器·火器》）

△ 计成（明，1582～1635年后）《园冶》三卷成书。初名《园牧》曹元甫见之改今名，即园林设计建造之意。崇祯七年（1627）刊印。全书3卷，系统阐述了造园的具体手法，还绘有园林建筑和细部图式235幅，是一部关于造园理论的优秀著作。书中强调造园重在表现意境，而"虽由人作，宛如天开"为最高境界。[孙剑，中国古代科学家传记（下）·计成，科学出版社，1993年，第935～937页]

## 1632 年　壬申　明思宗崇祯五年　后金太宗天聪六年

△ 徐光启（明，1562～1633）进呈《崇祯历书》，计30卷，主要是关于月亮运动与交食部分。（汤若望：《西洋新法历书·治历缘起》）

△ 陈司成（明，约1551～?）所撰中国现存第一部有关梅毒的专著《霉疮秘录》刊行。此书系统地论述了梅毒的传染途径、症状特点，提出了治疗原则，并创用毒砷剂制疗法。[赵石麟，明代梅毒学家陈司成及其学术成就，中国科技史料，1991，12（2）：29～35]

△ 孙元化（明，?～1633）所著《西法神机》刊印。全书分上下2卷，附图19幅，较为全面地介绍欧洲火炮制造技术与使用方法及中国当时火器制造使用情况，并将定性与定量相结合的研究方法引进中国，对明末清初的火器制造有较大影响。

---

① 圆锥曲线与传教士对日、月蚀的解释有关。参见：C. Jami, Mathematical Knowledge in the *Chongzhen Lishu*.

### 1633 年　癸酉　明思宗崇祯六年　后金太宗天聪七年

△ 约于是年，徐光启（明，1562～1633）明确接受利玛窦所传地圆说，并提出三点中国式的论据。（《乾坤体义·卷中·徐太史地圆三论》）

△ 约于是年，在恒星部分中含有 1362 颗恒星的全天星表一份，它以中国传统的 12 次为序，依次给出星名（基本以传统星名为准），黄道经、纬度分，赤道经、纬度分和星等 6 项内容，各度分值取 360°制，表明精度为 1′。内含近南极的星官 23 座 126 颗星，为中国传统星官所无，其名称多是由西名意译而得。该星表系徐光启率历局人员经实测并参考某些西方已有星表编撰而成。（潘鼐，中国恒星观测史，学林出版社，1989 年，第 346、347、354 页）

△ 约于是年，星图 1 摺，很可能是指《见界总星图》，系一以北极为中心、以北纬 20°处的可见恒星为边界的圆形极坐标全天星图。图中绘有 28 宿赤道宿度的辐射线，在胃宿辐射线上绘出去极度的刻度，刻度取 365.25 度制，又依上述 1362 颗恒星的赤道经纬度分值点绘星位而成的科学星图，用 8 种不同的符号分别表示 1 至 6 等星、"气"（实即星云或星团）与传统星官所无的增星。该星图亦系徐光启率历局人员绘制的。（潘鼐，中国恒星观测史，学林出版社，1989 年，第 352 页）

△ 约于是年，徐光启（明）等又绘有《赤道南北两总星图》，系分别以北赤极与南赤极为中心、皆以赤道为边界的两幅圆形极坐标星图，图中绘有通过北赤极或南赤极的 12 宫赤经直线与赤纬标尺，取 360°制，并绘出北黄极或南黄极以及通过北黄极或南黄极的 12 宫黄经弧线，又依上述 1362 颗恒星的赤道经纬度分值点绘星位。实为赤道与黄道坐标兼备的科学星图。（潘鼐，中国恒星观测史，学林出版社，1989 年，第 353 页）

△ 徐光启主持绘制成彩色屏风式《赤道南北两总星图》，其绘制法同 1631 年所绘同名星图相同，但所点绘的恒星共有 1812 颗，较前多出 450 颗。在星图本图的四周还绘有若干附图，如 4 幅天文仪器的图像、以北赤极或北黄极为中心、南赤纬 23.5°或南黄纬 23.5°为边界的极坐标圆形星图等。（卢央、薄树人，明《赤道南北两总星图》简介，见：中国古代天文文物论集，文物出版社，1989 年）

△ 约于是年，徐光启（明）等另又绘有《黄道南北两总星图》，系分别以北黄极与南黄极为中心、皆以黄道为边界的两幅圆形极坐标星图，图中绘出通过北黄极或南黄极的 12 宫的黄经直线与黄纬标尺，亦取 360°制，又依上述 1362 颗恒星的黄道经纬度分值点绘位。这是黄道坐标的科学星图。（潘鼐，中国恒星观测史，学林出版社，1989 年，第 353 页）

△ 约于是年，对是年发生的一次月食和一次日食的检验表明，西法均较《大统历》与《回回历法》为密。其中对日食食分与食甚时刻的检验，徐光启运用了新传入的望远镜。（《明史·历志一》；李问渔、徐宗泽：《增订徐文定公集·卷四·日食疏》）

△ 徐光启（明）病卒，由李天经（明）主持历局（称西局）工作。钦天监仍坚持《大统历》与《回回历法》可用，又有魏文魁（明）献上传统历法系统的新历，于是命别立历局（称东局）。于是有四家历法一起参与考验。（《明史·历志一》）

△ 意大利传教士高一志（Alfonso Vagnoni，1556～1640）撰、韩霖（明）订正的《空际格致》介绍了西方的四元素说，引起了中国学者关于四元素与五行孰是孰非的广泛争论。（赵匡华主编，中国化学史·近现代卷，广西教育出版社，2003 年，第 10 页）

△ 是年前，徐光启（明）作《旱地用水疏》，总结了我国古代各种水源的利用经验，包括泉水、河水、湖水、海水的利用方法，以及打井、筑水库等。（梁家勉，徐光启年谱，上海古籍出版社，1981 年）

△ 是年前，《徐光启手迹》记载了由动物、植物、矿物原料炼制而成的混和肥料——粪丹和骨肥。

### 1634 年　甲戌　明思宗崇祯七年　后金太宗天聪八年

△ 约于是年，进呈《崇祯历书》，计 44 卷与星图 1 摺，主要是关于太阳运动与恒星部分。（汤若望，《西洋新法历书·治历缘起》）

△ 李天经进呈日晷、星晷与望远镜等仪器，该望远镜是汤若望、罗雅谷从欧洲带来，经重新葺饰后上呈给崇祯帝的，它被安置于宫中，曾用于观测日、月食等。（《明史·历志一》）

△ 约于是年，对是年五星运动状况的检验证明西法优于魏文魁历法。且在其后的 3 年中，或对于五星运动状况、或对于月食与日食的考验均证明西法优于《大统历》、《回回历法》和魏文魁历。但主要鉴于"中历必不可尽废，西历必不可专行"的考虑，还有守旧势力的强烈反对，崇祯帝虽已心知西法为优，仍不便断然改用西法。改历之举在又后 5 年间仍拖而不决。（《明史·历志一》）

△ 约于是年，汤若望、罗雅谷等利用从欧洲带来的玻璃磨制成两具望远镜。（《明史·历志一》）

△《崇祯历书》采取丹麦第谷（Tycho Brahe，1546～1601）于 1584 年提出的宇宙理论体系，即以地球为宇宙的中心，太阳、月亮与恒星绕地运转，而五大行星则绕太阳运转的几何模式，并以均轮、本轮理论或偏心圆理论或两者的结合方法，和运用球面与平面三角学的数学方法，以描述太阳、月亮和五星的运动以及日月交食等天文历法问题。《崇祯历书》计分"基本五目"：法原——天文学理论、法数——天文表、法算——天文学计算中必备的数学知识、法器——天文仪器方面的知识和会通——中西各种度量单位的换算表。是一部全面、系统地介绍第谷宇宙体系和西方经典天文学知识的巨著。（中国天文学整理研究小组，中国天文学史，科学出版社，1981 年，第 222～224 页）

△《崇祯历书》主要采用第谷所测定的一系列天文数据，还译用了波兰哥白尼（N. Copernicus，1473～1543）在《天体运行论》（1543）中 8 章的内容，和哥白尼观测的 17 项天文记录。也介绍了哥白尼的地球自转学说，但取否定的态度。还介绍了德国开普勒（J. Kepler，1571～1630）在《论火星的运动》中的若干观测成果，和其他新测的天文数据。另有关于伽利略运用望远镜观测的新发现，和伽利略对于五星颜色问题论述的介绍。[席泽宗、严敦杰等，日心地动说在中国——纪念哥白尼诞生五百周年，中国科学，1973，（3）；汤若望：《西洋新法历书·五纬历指》卷一、卷四、卷五和卷九等]

△ 在《崇祯历书》中介绍了一系列西方天文仪器的式样、结构、尺寸和功用等知识。计有古三直游仪、古六环仪、古象运仪、古弧矢仪、弧矢新仪、弩仪、纪限仪、象限仪、平面悬仪、地平经纬仪、赤道经纬全仪、赤道经纬简仪、黄道经纬仪、黄赤全仪等。其中前 4 种为西方古典的天文仪器，其余有一些为第谷所制的天文仪器。内中，纪限仪、象限仪、平面悬仪、弩仪、地平经纬仪和黄赤全仪（黄赤经纬仪）等曾实际制作过。[汤若望：《西洋新

法历书·测量全义·仪器图说》；张柏春，南怀仁所造天文仪器的技术及其历史地位，自然科学史研究，1999，（4）]

△ 李天经进呈《崇祯历书》第 4 批著作，计 29 卷和恒星屏障 1 架，主要是关于五星和交食部分。（汤若望：《西洋新法历书·治历缘起》）

△ 文震亨（明，1621～1627 年为中书舍人）所著《长物志》记有不少观赏动植物，包括当时引进不久的一些美洲植物。其中记载金鱼品种 20 余个。

△ 邓玉函之遗稿《人身说概》经毕拱辰润色后付梓。此书是西方医学第一次传入时期最重要、最典型和最具代表性的医学著作。（廖育群，中国古代科学技术史纲·医学卷，辽宁教育出版社，1996 年，第 357 页）

△ 冯梦龙（明，1574～1646）出任福建寿宁知县。任上曾起草《禁溺女告示》，以革陋俗。

**1635 年　乙亥　明思宗崇祯八年　后金太宗天聪九年**

△ 李天经进呈《崇祯历书》第 5 批著作，计 32 卷，主要是五星和交食部分。至此，《崇祯历书》总计 137 卷全部成书。（汤若望：《西洋新法历书·治历缘起》）

△ 二月，薄珏（明）在安庆之战中，创造性地将自制的望远镜应用于指挥发炮。这是中国把望远镜用于军事的最早记载。其望远镜"镜筒两端嵌玻璃，望四五十里外，若在咫尺"，为双凸透镜的开普勒式望远镜。[曹允源等：《吴县志》卷 75 下《列传艺术二》；王士平等，薄珏及其"千里镜"，中国科技史料，1997，18（3）：26～31]

△ 刘侗（明，约 1594～1637）和于奕正（明，1597～1636）《帝京景物略》详细记载了京师儿童玩陀螺时的情况，并对陀螺回转运动做出了极好的表述。陀螺可能初始于唐宋年间或更早。陀螺是组成近代的回轮器（又称陀螺仪）的重要部件之一。（戴念祖主编，中国科学技术史·物理学卷，科学出版社，2001 年，第 65～66 页）

△ 计成（明，1582～1635 年后）历时一年，在扬州城西南为郑元勋（明）建造成影园。此园十分巧妙地体现了计成"巧于因借，精在体宜"的造园思想，为江南名构、扬州第一名园。[孙剑，中国古代科学家传记（下）·计成，科学出版社，1993 年，第 936 页]

**1636 年　丙子　明思宗崇祯九年　清太宗崇德元年**

△ 陈组绶（明，1580～崇祯年间）编辑《皇明职方地图》。这部图集共 3 卷，除增补《广舆图》中的军事内容外，还新增补山川、海防、边镇等专题地图。（曹婉如等，中国古代地图集·明代，文物出版社，1995 年，第 141 页）

△ 沈阳故宫建成。始建于后金天命十年（1625），共有建筑 90 余所、300 余间，是中国现有完整的两座宫殿建筑群之一。主要建筑物有大政殿、崇政殿、十王亭、文渊阁等。这座占地 6 万平方米的古建筑群具有"宫高殿低"的建筑风格。[刘国镛，沈阳故宫，文物参考资料，1958，（3）：59]

**1637 年　丁丑　明思宗崇祯十年　清太宗崇德二年**

△ 约于是年，熊明遇（明，1579～1649）《格致草》刊出。该书较《历体略》对传入的西方天文学知识做更全面的介绍，对西来的若干天文仪器的结构与用法均予以图文并举的说

明，并对中西天文学的一系列问题进行了比较研究。此外，该书还有关于气象、世界地理以及西方灵魂说与创世理论的诸多讨论。[冯锦荣，明末熊明遇《格致草》内容探析，自然科学史研究，1997，（4）]

△ 宋应星（明，1587~?）的《论气·气声》成书，全书共九章，是古代文献中集中讨论声音的声学专著。书中将声音产生方式分为"冲"、"界"、"振"、"辟"、"合"五类。甚至还知道各种声音的响度差别是不可计数的。（戴念祖，中国声学史，河北教育出版社，1994年，第61~70页）

△ 意大利传教士艾儒略（Giuliol Aleni，1582~1649）撰《西方答问》刊行。全书分上、下两卷，主要介绍西方的风土人情，其中关于物产、民情、风俗的记述比较详细，可以说是介绍西方人文地理情况的最早著作。30年之后，利类思等人又在此书的基础上改编成《西方纪要》，进呈康熙帝，以满足他了解西洋风土民俗的要求。（唐锡仁等，中国科学技术史·地学卷，科学出版社，2000年，第425页）

△ 李中梓（字士材；明末清初，1588~1655）编撰《医宗必读》刊印。全书10卷，于病机分析以《内经》理论为基础，述理精要中肯，选方实用有效，并附有案例，为明代著名的临床门径书。[余瀛鳌等，中国古代科学家传记（下）·李中梓，科学出版社，1993年，第967页]

△ 宋应星（明）完成《开工开物》，后由友人涂绍煃（明，约1582~1645）资助刊印。全书3卷18章，系统和全面地总结中国古代农业和工业生产技术。（潘吉星，宋应星评传，南京大学出版社，1990年）

△《天工开物·珠玉》中记载了宝石的变彩现象："平时白色，晴日下看映出红色，阴雨时又为青色。"

△《天工开物·佳兵》叙述了测试弓箭弹力的方法："以足蹋弦就地，称钩拉挂弓腰，弦满之时，推移称锤所压，则知多少。"这是我国古代传统的测量弹性体"弓"的刚度方法之一。（戴念祖，中国力学史，河北教育出版社，1988年，第149页）

△《天工开物·作咸》详细地记述依海滨地势高低不同所采用的3种制卤方法。（赵匡华等，中国科学技术史·化学卷，科学出版社，1998年，第479~480页）

△《天工开物》中记载的"银复升朱法"，作为传统制药升炼硫化汞的工艺，一直沿用至今。（赵匡华等，中国科学技术史·化学卷，科学出版社，1998年，第426页）

△《天工开物》详细记述了红曲的制造方法，从中反映了16世纪以前，我国人民对微生物的生长规律有了深刻的认识。

△《天工开物·乃粒第一》，记述了用"骨灰蘸秧根，石灰淹苗足"可以使稻苗在排水不良的泠浆田里生长良好。反映人们积累了一定的生理学知识。

△《天工开物·乃服篇》记载由于干旱环境的自然选择，导致适应环境的旱稻品种的产生。

△《天工开物·乃服篇·种类》记载了此前在家蚕育种文献中的重要成就，其中"今寒家有将早雄配晚雌者，幻出嘉种"为有关利用杂种优势培育新蚕种的方法。（赵承泽，中国科学技术史·纺织卷，科学出版社，2003年，第125页）

△《天工开物·乃粒·稻宜》记载以堆架熏烧积肥的方法进行土质改良。《乃粒·麦工》记载使用砒霜拌种防治地下害虫。《乃服·种类》记载了家蚕杂交育种。《乃服·蚕浴》记载了家

蚕选良种，采用天露、石灰水、盐卤水浴种法。《乃服·病征》记载了用淘汰法防止蚕病传染。

△《天工开物》中有许多劳动卫生保护的记载。例如，采煤中排除毒气的方法、潜水作业中危险的预防、高温作业中对热射病的预防等。（廖育群，中国古代科学技术史纲·医学卷，辽宁教育出版社，1996年，第283~284页）

△《天工开物·乃服》总结记载了：轧车、弹弓、翻车（绕丝）、纺车、调丝车（络丝）、经具（整经）、过糊（浆纱）、腰机、提花机等纺织机具和机械；在《彰施》篇中总结记载了20多种的染色方法和色彩。较全面地反映了明代纺织工艺技术所达到的水平。

△《天工开物》第九卷舟车一节，将船舶分为漕船、海舟、杂舟三大类。锻造一节则详述了大型铁锚的制造工艺。

△《天工开物》卷十四记载了用铅勾锡和提纯锡的方法，还阐明了铅矿的分类，不同铅矿的冶炼工艺及铅可熔于银、锡的性质。书中关于炼汞的记载颇详并有附图，在天锅上引出导管，将水银蒸汽导入冷凝容器中，凝聚成水银。

△《天工开物》中共绘出近20个活塞式木风箱的图。活塞式木风箱利用活塞和风道的巧妙设计，使正逆行程均有效，可以连续鼓风，提高风压和风量，强化冶炼过程。这说明活塞式木风箱使用年代不迟于明代。（中国冶金简史，科学出版社，1978年）

△　四爪铁锚为中国独创的系泊工具，在宋应星《天工开物》中有铁锚图。1978年在广州六榕路铁局巷曾发现明代的四爪铁锚，现藏于广州市博物馆。（广东省志·船舶工业志，1996年；中国冶金简史，矿物学出版社，1978年，第192页）

△《天工开物·燔石篇》对煤有详细论述，包括以形状将煤分成明煤（大块）、碎煤和末煤，并注意到煤的发热量。（刘守仁等，中国煤文化，新华出版社，1991年，第22页）

△《天工开物·杀青》中记述了造竹纸、皮纸的生产工艺，还附有插图。

△《天工开物·甘嗜》中介绍了当时的制糖工艺，其中黄泥水淋脱色法是中国古代砂糖脱色技术中成就最大、影响最广的一项发明。由此项记载可以认为明代手工制糖工艺已达到了相当精细的水平。（赵匡华等，中国科学技术史·化学卷，科学出版社，1998年，第611~613页）

△《天工开物·陶埏篇》中详细地记载了当时景德镇制瓷工艺并附有插图。（杨维增，天工开物新注研究，江西科学技术出版社，1981年）

△　明代金属锌发明以后，黄铜开始用锌配制。《天工开物》卷十四《五金·铜》条下记载反映黄铜生产工艺的变化，详细记述了我国古代生产金属锌的方法，绘有"升炼倭铅"图，其细节有记述遗误之处。（中国冶金简史，科学出版社，1978年，第198页）

△《天工开物》卷八详细记述了我国古钟制作的技术，采用地坑造型、群炉熔铜、槽道浇注是铸造大型器物的传统工艺。

△《天工开物》卷十《锤锻篇》记载：明代制作工具和兵器多采用"淋钢"或"擦渗"，用生铁作增碳剂，提高农具刃口表面硬度，还有锄重一斤"淋生铁三钱"的数量记载，这种"生铁淋口"工艺现代仍沿用。

△《天工开物》卷十《锤锻篇》记载明代使用的固体渗碳剂为"松木、火矢、豆豉"。

△《天工开物》、《物理小识》、《本草纲目》中均记载了明代灌钢技术的改进措施。（中国冶金简史，科学出版社，1978年，第188页）

△ 炼铁炉与炒钢炉串联，使生铁到熟铁连续生产的工艺是明代钢铁技术的一项重要成就。(明·宋应星：《天工开物》卷十四；明·方以智：《物理小识》卷七)

## 1638 年　戊寅　明思宗崇祯十一年　清太宗崇德三年

△ 是年前，耿荫楼(明，? ～1638)著《国脉民天》，提出"亲田法"，以解决人多地少的问题。书中"养神"篇中对农作物的粒选方法做了较详细的记述。(董恺忱等主编，中国科学技术史·农学卷，科学出版社，2000 年，第 659 页)

△ 孙承宗(明，1563～1638)等人辑成《车营扣答合编》，书中以问、答、说三种方式，对红夷炮大量使用的情况下，火器战车及车步骑辎相结合的技术战术，做了详细的论述。具有鲜明的时代特色。

## 1639 年　己卯　明思宗崇祯十二年　清太宗崇德四年

△ 方以智(明末清初，1611～1671)著训诂专著《通雅》成书，直到清康熙五年(1666)始刊印。全书 55 卷，为考证名物象数、训诂声音，其中有天文、历法、月令、农时、地理、器物、植物、动物等方面的记述。[金秋鹏，中国古代科学家传记(下)·方以智，科学出版社，1993 年，第 976 页]

△ 徐霞客(明，1586～1641)游滇至鸡足山香檀寺、大觉寺时，描述寺中喷泉并对喷水高度推断："此必别有一水，其高与此并。"这种对喷泉喷水高度与泉源高度相同的说法，正是人们对能量守恒原理的早期的正确认识。(明·徐宏祖：《徐霞客游记·滇游日记大》卷七上)

△ 徐霞客(明)收集对南北盘江长途考察情况，撰写成地理论文《盘江考》。[王成组，中国地理学史(上)，商务印书馆，1987 年，第 167～170 页]

△ 徐霞客(明)到云南腾冲考察，记述了当时老百姓关于打鹰山火山爆发的传说，并于 4 月 21 日亲自攀登了此山，准确地描述了火山喷发物——浮石。(唐锡仁等，中国科学技术史·地学卷，科学出版社，2000 年，第 402 页)

△ 徐光启(明，1562～1633)编写的《农政全书》中包含大量生物学内容，如其中对白蜡虫生活习性的记述就比以往的著作更深刻。

△ 我国古代最大的综合性农书——《农政全书》在他的作者徐光启(明，1562～1633)逝世 6 年后经陈子龙(明)改编后刊行。该书完成于天启五年至崇祯元年(1625～1628)间，是徐光启平生研究农学的总结。全书分为农本(传统市农理论)、田制(土地利用)、农事(耕作、气象)、水利、农器、树艺(谷类及园艺作物各论)、种植(植树及其他经济作物各论)、牧养、制造(农产品加工)、荒政等 12 门，共 60 卷。全书杂采众家，兼出独见。[王毓瑚，中国农学书录，农业出版社，1964 年，第 185～186 页；游修龄，从大型农书体系的比较试论《农政全书》的特色和成就，中国农史，1983，(3)：9～18]

△《农政全书》破除中国古代农学中的"唯风土论"，提出有风土论但不唯风土论的思想，发展中国古代农学的风土论思想。[杜石然，中国古代科学家传记(下)·徐光启，科学出版社，1993 年，第 897～898 页]

△《农政全书·蚕桑广类·木棉》记载了江南地区推行棉麦套种和棉稻隔年轮作。

△《农政全书·蚕桑广类·木棉》系统总结了棉花栽培技术、经验。并有"地老虎"为害棉花的记述。

△《农政全书·荒政·备荒考中》提出消灭蝗虫滋生地以消除蝗害的设想。

△《农政全书·种植》总结出提高果木嫁接成活率的基本经验。

△《农政全书·牧养》记载用隔离法预防鸡瘟传染。

△《农政全书·牧养》记载了以鱼池旁养羊，利用羊粪养鱼的方法。

## 1640 年　庚辰　明思宗崇祯十三年　清太宗崇德五年

△ 德国传教士汤若望（Johann Adam Schall von Bell，1592～1666）著《历法西传》，再次介绍伽利略在天文观测上的成就。

△ 徐霞客（明，1586～1641）撰写专著《江源考》，明确提出反对"舍远而宗近"和"弃大源而取支水"的观点，指出"故推江源者，必当以金沙为首"。[朱亚宗，徐霞客是长江正源的发现者，自然科学史研究，1991，（2），182～185]

△《沈氏农书》问世。作者明代人，名不可考，是记录杭嘉湖平原农业生产的最早的农书。（王毓瑚，中国农学书录，农业出版社，1964 年，第 194～195 页）

△《沈氏农书》中有"人畜之粪与灶灰脚泥，无用也，一入田地，便将化为布帛菽粟"，已出现朴素的物质转化循环思想。

△《沈氏农书》涉及以水调温的植物生理学知识运用的记载。

△《沈氏农书·运田地法》记载了一种根据当年雨水情况，掌握不同的播种期，以预防水稻螟害的方法。

△《沈氏农书》记载了秧田使用灌水防霜害技术。

△ 小麦育苗移栽技术见于《沈氏农书·运田地法》。

△《沈氏农书》记载了花草（紫云英）已作为绿肥。

△《沈氏农书》提出要看苗施肥以及桑园在夏伐后施用"谢桑肥"，并提倡养猪羊积肥。

△ 桑树萎缩病见于《沈氏农书》，时称"癃桑"。

△ 大豆褐斑病见于记载。（《明史·五行志》）

△ 是年前，张介宾（明，1563～1640）所撰《景岳全书》由其外孙林日蔚携稿本至粤东刻印。其内容包括阐发医学理论的"传忠录"和论述各科证治的"伤寒典"、"杂证谟"、"妇人规"、"小儿则"、"痘疹诠"、"外科钤"，以及"本草正"、"古方八阵"、"新方八阵"等，是张氏医学思想与成就的全面记述。张氏是中国古代医学史上首倡"医易同源"的代表人物。（廖育群，中国古代科学技术史纲·医学卷，辽宁教育出版社，1996 年，第 124～125 页）

## 1642 年　壬午　明思宗崇祯十五年　清太宗崇德七年

△ 腊月，徐霞客（明，1586～1641）的旅行日记在其逝世后由其好友季梦良（明）编撰成《徐霞客西游记》。1776 年首次刊行名《徐霞客游记》。此书对地貌、水文、生物和人文地理等现象均作详细记载，开辟了地理学上系统观察自然、描述自然的新方向。书中保存了关于西南地区岩溶的系统记录，其中包括峰林、孤峰、石芽、溶沟、落水洞、漏斗、竖井、岩溶盆地、岩溶洼地、岩溶天窗、盲谷、干谷、天生桥、岩溶湖、岩溶泉、穿山、溶帽山、溶洞、石笋、石柱、地下河、地下湖、洞穴瀑布等 20 多种岩溶地貌的特征，并对它们进行定名和分类，是世界上最早的岩溶地貌专著。（唐锡仁、杨文衡，徐霞客及其游记研究，中国社会科学出版社，1987 年）

△《徐霞客西游记》记载了江、河、溪、渎、涧等大小河流五百余条，还有发源地、流域面积、流速、含沙量和侵蚀堆积作用等水文情况的记述。

△《徐霞客西游记》记载了150多种植物，对奇花异草和稀有珍贵树木更详细描述了其生态状况，对植物与地理环境的关系也做了很多观察与记述。

△ 吴有性（吴有可；明末清初，1582～1652）将其医学见解与临床经验编撰成《温疫论》，正确地解释了传染病的病因、传播方式。吴氏认为温病与伤寒虽有相似之处，但病因病机、治法均迥然不同，从此温病学逐渐成为一个独立的学派。（《清史稿·吴有性传》；廖育群，中国古代科学技术史纲·医学卷，辽宁教育出版社，1996年，第130～132、187页）

△ 李中梓（字士材；明末清初，1588～1655）编撰《内经知要》2卷初刊。此书条理清晰，是《内经》分类选辑本中的名著。[余瀛鳌等，中国古代科学家传记（下）·李中梓，科学出版社，1993年，第966～967页]

## 1643年　癸未　明思宗崇祯十六年　清太宗崇德八年

△ 方以智（明末清初，1611～1671）撰写《物理小识》成书，至康熙三年（1664）始单独印行。全书12卷，上至天文，下至地理、动植物、医药、人类以及人们日常器用等无所不包，而且古今中外兼收并容，是一部百科全书式的著作，其中有关自然科学的内容达近千条在西方学说的影响下，方以智将知识分为"物理"（自然科学）、"宰理"（人文科学）和"物之至理"（哲学）三类。[金秋鹏，中国古代科学家传记（下）·方以智，科学出版社，1993年，第976～977页]

△ 对当年的一次日食的考验再次表明西法独密，崇祯帝终于决定改用《崇祯历书》所述的新历法。可是，"未几国变，竟未施行"。（《明史·历志一》）

△ 姚可成（明末）增补明代原作者不详的《食物本草》，成22卷本。书中将收载的食物分列为1682条，分记其名称、产地、加工、制备、治疗功效等，是明代饮食疗的集大成之作。（傅维康主编，中药学史，巴蜀书社，1993年，第223页）

△ 明末来华的德国传教士汤若望口述，经焦勖记录成书的《火攻挈要》（又名《则克录》）是明末把国外先进火器介绍到中国的重要著作。书中"造作铳模诸法"记录了欧洲铸炮的方法也是使用泥型法。此法一直沿用至清道光年间。（中国军事大百科全书·古代兵器分册，军事科学出版社，1991年，第142、200页）

△ 李天经（明）和汤若望译述的《坤舆格致》出版。

△ 李天经（明）和汤若望译述的《坤舆格致》介绍了利用硝酸的金银分离法。（赵匡华等，中国科学技术史·化学卷，科学出版社，1998年，第217页）

△ 喻昌（明末清初，1585～约1664）著《寓意草》，录治案60余例，谓治病当"先议病后用药"，载有人痘接种以预防天花的病案，并创立议病式（病历）。

## 明代

△ 明朝廷规定，地方政府每三年向中央造送地图一次，连同官军、车骑之数一并奏报。由兵部职方掌管。（《明史·职官志》）

△ 顾介《海槎录》"崖州榆林港土腻甚寒，蟹入不能动，久则成石矣"，更明确地提出了化石的成因。

△ 长谷真逸（明）《农田余话》间作稻栽培见于记载。

△ 蠡史（明）撰《鱼书》，记载有关渔事资料详实，尤其是关于渔具的记载最详。

△ 明代太医院分为 13 科，即大方脉、小方脉、妇人、针灸、眼、口齿、接骨、伤寒、疮疡、咽喉、金镞、按摩和祝由。

△ 蓬莱元代战船于 1984 年在蓬莱水城出土，残长 28.6 米。该船的舱壁板采用凹凸槽对接，相邻板列更凿有 4 个榫孔并卯以榫头，以保持舱壁的形状从而保持舰体的整体刚性。［顿贺等，蓬莱古船的结构及建造工艺特点，武汉造船，1994，(1)：18］

△ 至 1371 年，修复自玄武湖引水入城的武庙闸。工程包括城外进水口、穿城涵洞和城内出水口三部分。其中穿城涵洞名灵福洞，石拱涵宽 1 米，长 3.75 米，置 92 厘米圆铸铁管涵长 37 米，92 厘米铜管涵长达 103 米。这种以生铜为管而砌以巨石拱的筑沟之制，自明才有。(李蔚然，中国古代建筑技术史·明南京城，中国建筑工业出版社，2001 年)

△ 合并武安县矿山村明代冶炼生铁的竖炉 1 座，炉残高 6 米，向上逐渐缩小形成炉腹角，下部收口形成炉缸，这是明代炼铁竖炉炉型变化的实物例证。(北京钢铁学院《中国冶金简史》编写小组，中国冶金简史，科学出版社，1978 年，第 187 页)

△ 潘之恒撰《广菌谱》，所记真菌为 20 种，比以前的同类著作有较大的增多。

△ 至迟在明代将金属锌加入到铜镍合金中得到似银合金，为铜镍锌合金，被称为白铜（云南白铜），后出口欧洲。19 世纪由德国进行仿制成重要电阻材料称为德国银。(北京钢铁学院《中国冶金简史》编写小组，中国冶金简史，科学出版社，1978 年)

△ 至迟在明代发明了炼制焦炭，并代替煤来炼铁，从而避免硫的引入。李诩（明，1550~1593）《戒庵老人漫笔》(1597 年刊印) 和方以智（明，1611~1671）《物理小识》等都有相关的记述。(赵匡华等，中国科学技术史·化学卷，科学出版社，1998 年，第 161 页)

**明末**

△ 周亮（明）撰《白蜡虫谱》是我国较早的一部白蜡虫专著。

△《海道经》成书，著者不详。记述了元末明初，南自福建长乐经成山至北方直沽、辽河河口的航路及天气、潮流、气象等观察方法。书末附有《海道指南图》，是现存最早的航海图，也是比较完整的沿海的航路指南。

△ 刻《鲁班营造正式》，现存唯一孤本藏浙江宁波天一阁。

# 清　朝

**清世祖顺治初年**

△ 大约在宋、元时期已有人工放养柞蚕，但直到清代初年，山东半岛地区的人们才摸索出一套人工放养柞蚕的技术，并完成《山蚕说》（明末清初·孙廷诠）和《山蚕谱》（清初·张嵩）等著作。《山蚕谱》分辨类、辨木、辨声、育种、收积、辨柚等10门，对人工放养柞蚕技术有较为全面的记述。此后，蚕种和放养技术开始向全国各地推广。（赵承泽主编，中国科学技术史·纺织卷，科学出版社，2003年，第22页）

△ 江宁织造局在府城东北督院落署前设立，主要"造作缣帛纱縠之事"。康熙时，有机565张；乾隆时，有匠役2547名。（赵承泽主编，中国科学技术史·纺织卷，科学出版社，2003年，第33页）

△ 清初，陕西汉中一带冶铁炉炉高一丈七八尺，每炉工人一百几十人，用风箱鼓风，与广东冶铁炉相同，是由商人出资，采区雇佣劳动。（清·严如：《三省边防备览》卷10）

**1644年　甲申　清世祖顺治元年　明思宗崇祯十七年　大顺永昌元年**

△ 薄钰（明末清初）"尝造浑天仪，周围不逾尺，而日月之盈缩、朓朒，星辰之离宿、伏逆，不爽累黍"。是为一小型自动演示日月五星运行的仪器。（曹允源等：《吴县志·列传艺术二》）

△ 李天经（明末清初）提及自修历始到是年，"制过新式仪器十数种"，它们是象限大仪、纪限大仪、百游仪、地平仪、弩仪、天环仪、天球仪、浑盖简平仪、黄赤全仪、日晷、星晷和望远镜等。这和徐光启于1629年奏请制造者有同有异。（汤若望：《西洋新法历书·治历缘起》；《新法算书·新法表异》卷下）

△ 清王朝建立，汤若望（Johann Adam Schall von Bell，1592～1666）将《崇祯历书》改编为《西洋新法历书》上献给顺治帝。在对当年的一次日食进行检验，确认其较《大统历》与《回回历法》为密后，顺治帝断然采纳了新法，号曰《时宪历》，颁行全国，使用至雍正元年（1723）。（《清史稿·时宪志一》）

△ 傅仁宇（明）采撷前人有关眼科的论述，参以家传30余年临床经验，编纂成《审视瑶函》（又名《眼科大全》）刊印。全书6卷，将眼科分为19类、108症、收载300余首眼病方，并有图说、歌括。于眼科手术、术后处理、针灸适应证、常用穴位及眼药配制方法均有记载，对眼科发展影响较大。（廖育群，中国古代科学技术史纲·医学卷，辽宁教育出版社，1996年，第46页）

△ 李延昰（清）将所得贾所学（明末）所撰《药品化义》13卷刊行于世。此书创"药母"说，即以辨药八法（体、色、气、味、形、性、能、心）为药理根据；又将药品162种，分隶气、血、肝、心、脾、肺、肾、痰、火、燥、风、湿、寒13门，排列有序，以期用药得当，为论说中药传统药理之名著。（廖育群，中国古代科学技术史纲·医学卷，辽宁教育出版社，1996年，第266页）

△ 顺治朝廷在北京城内，为驻京八旗设立炮厂与火药厂，制造与储存火炮及火药。（清·嵇璜等：《清朝文献通考·兵考十六·军器·火器》）

**1645 年　乙酉　清世祖顺治二年　大顺永昌二年　南明福王弘光元年　唐王隆武元年**

△ 五世达赖善慧海，在西藏拉萨旧城西面的北玛布日山上重建布达拉宫。宫外观 13 层，内部 9 层，高达 200 余米，表明藏族人民砌石墙的卓越技能。历时 50 年完成。宫楼依山砌筑，建筑融合汉、藏风格，气势雄伟，为中国古代高层宫殿的代表作。[西藏自治区文物管理委员会，布达拉宫，文物，1975，(9)：91]

**1646 年　丙戌　清世祖顺治三年　南明福王隆武二年　鲁王监国元年　唐王绍武元年**

△ 波兰耶稣会士穆尼阁（J. Nicolas Smogolenski，1611～1656）来华。他传入了对数和三角函数的对数等新的数学知识，薛凤祚（清，1600～1680）、方中通（清，1634～1698）曾随之学习数学。穆氏为清代初年最重要的欧洲数学知识传播者。（李兆华，中国数学史，文津出版社，1995 年，第 236 页）

△ 是年前，黄道周（明，1585～1646）在《三易洞玑》中提出地球与五星一起绕某一宇宙中心转动的宇宙模型。随后不久，他还肯定了"地动而天静，地转而天运"的地球自转的观念。[石云里，17 世纪中国的准哥白尼学说——黄道周的地动理论，大自然探索，1995，(2)]

**1648 年　戊子　清世祖顺治五年　南明桂王永历二年　鲁王监国三年**

△ 因当时官府出纳漫无准则，清廷颁定斛式，由"户部较准斛式，照式造成"，又"令工部铸铁斛二张，一存户部，一存总督仓场。再造木斛十二张，颁发各省"。（《大清会典事例》）

**1650 年　庚寅　清世祖顺治七年　南明桂王永历四年　鲁王监国五年**

△ 郑玛诺（清，1635～1673）出国赴罗马学习"格物穷理超性之学"。此为国人较早留学者。（王冰，中国物理学史大系·中外物理交流史，湖南教育出版社，2001 年，第 97 页）

△ 约是前年，张自烈（明末清初，1597～1673）撰《正字通》中有"以酒母起面曰发酵"，已认识到发面和酿酒有一共同的作用因素，即今天所谓的酵母菌。

**1651 年　辛卯　清世祖顺治八年　南明桂王永历五年　鲁王监国六年**

△ 改建紫禁城正门承天门，更名天安门，通高 33.7 米。天安门后来成为历史文化名城北京的象征。[侯仁之、吴良镛，天安门广场礼赞，文物，1977，(9)：1]

△ 在盛京（今辽宁沈阳）营建的福陵和昭陵至是年均竣工。前者兴建于天聪三年（1629），葬太祖努尔哈赤；后者兴建于崇德八年（1643），葬太宗皇太极，为"盛京三陵"中规模最大之陵寝。[允时，昭陵，文物，1977，(10)：60]

**1653 年　癸巳　清世祖顺治十年　南明桂王永历七年　鲁王监国八年**

△波兰传教士穆尼阁（N . Smogolenski，1611～1656）与薛凤祚（清，1600～1680）

译成《天步真原》。其底本系比利时兰斯玻治（Philip von Lansberge，1561~1632）于 1632年出版的《永恒天体运行表》（*Tabulae Motvvm Coelestium Perpetuae*）。这是一部论述日、月、五星位置与日月交食计算方法及其原理的著作。关于日月运动与日月交食计算诸论题的原理，实际上是建立在哥白尼学说的基础上，而关于五星运动的计算模型，则在遵从哥白尼学说的前提下，对日与地的位置做了颠倒的处理。即其所取的宇宙理论体系要较《崇祯历书》所取的第谷体系先进。该书还给出一份 373 颗近黄道恒星的星表，和以日心地动理论为基础编制的日月五星运动及交食计算所必需的天文数据表等。[石云里，《天步真原》与哥白尼天文学在中国的早期传播，中国科技史料，2000，（1）]

　　△ 薛凤祚在其所撰的《比例对数表》中介绍了他随穆尼阁学到的对数方法。全书共 42页，是一个从一到二万的常用对数表，表中的对数取小数六位。穆尼阁指出，利用对数方法，可以"变乘除为加减"。该对数表是由英格兰数学家纳白尔所发明并经伦敦大学巴理知斯（H. Briggs，1556~1630）增修的。利用对数方法可以大大简化计算，所以，它一经传入便引起了中算家的兴趣。[韩琦，《数理精蕴》对数造表法与戴煦的二项展开式研究，自然科学史研究，1992，11（2）：109~119]

　　△ 约是年，薛凤祚与穆尼阁合撰成《三角算法》（一卷）。该书前半为平面三角，后半为球面三角。系统地讨论了三角形边角相求的方法，且其中算题多利用对数简化了运算。书中新引入的公式主要是三角函数和对数结合的公式，薛凤祚，早年曾随中法派天文学家魏文魁学习历法知识，后又从《时宪历》中学习三角学。1653 年左右，他开始随穆尼阁学习对数方法。（钱宝琮，中国数学史，科学出版社，1992 年，第 247~248 页）

　　△ 始置御药房，隶属太医院。顺治十八年（1661）裁撤，康熙六年（1667）复设。[鲍鉴清，清代之御药房，民国医学杂志，1930，8（8）：2~15]

**1654 年　甲午　清世祖顺治十一年　南明桂王永历八年**

　　△ 饬遵部颁校定砝码；私自增减者罪之。（《大清会典事例》卷 180）

　　△ 意大利耶稣会士卫匡国（Martin Martini，1614~1661）撰成《中华帝国图》，共 8 幅大型挂图，由奥格斯堡出版。（武斌，中华文化海外传播史，陕西人民出版社，1998 年，第1742 页）

　　△ 在今北京景山东门外设造药房 3 间，令医官施药。后康熙二十年（1681），又设药厂15 处于五城，翌年设东南西北 4 厂，差知官施药。（张鸣枭主编，药学发展简史，中国医药科技出版社，1993 年）

**1655 年　乙未　清世祖顺治十二年　南明桂王永历九年**

　　△ 秋七月辛亥，谕史部命直省各绘所豁舆图进览。（《清史稿·世祖本纪二》）

　　△ 意大利耶稣会士卫匡国撰《中国新地图册》（*Novus Atlas Sinensis*）在荷兰阿姆斯特丹出版，计有地图 17 幅，附地志 171 页，内有全图及 15 省分图。此图是以明代陆应阳《广舆记》为底本绘制的。此图册出版后，各国纷纷翻印。（武斌，中华文化海外传播史，陕西人民出版社，1998 年，第 1742 页）

　　△ 西方已有作品精确记载了中国鱼类 42 种。[伍献文，三十年来的中国鱼类，科学，1948，（9）：261]

△ 丁宜曾（清）著农家月令类著作——《农圃便览》。全书不分卷，讲述农耕、气象、加工及养生等事宜，其中关于生产技术部分较详实具体且不乏独到之处。（董恺忱等主编，中国科学技术史·农学卷，科学出版社，2000 年，第 652 页）

△ 丁宜曾（清）著《农圃便览》中有"三月，清明种麻，忌重茬；烂茬"。指出重茬在引起自身相克作用，即种内自毒作用。[夏武平等，中国古籍中对植物生化他感现象的认识，中国科技史料，1992，13（1）：74]

△ 医学家李中梓（字士材；明末清初，1588～1655）卒。李氏以平正见长，著书颇丰，流传较广者有《内经知要》2 卷（1642）、《医宗必读》10 卷（1637）、《药性解》2 卷 1622）、《伤寒括要》3 卷（1649）、《颐生微旨》4 卷（1642）。另有《士材三书》。其门人弟子甚众，被称为"李士材学派"。（廖育群等，中国科学技术史·医学卷，科学出版社，1998 年，第 375～376 页）

## 1656 年　丙申　清世祖顺治十三年　南明桂王永历十年

△ 波兰传教士卜弥格（Michel Boym，1612～1659）在维也纳以拉丁文出版了《中华植物志》（*Flora Sinensis*），每种植物均标出中文名称和拉丁文学名。（武斌，中华文化海外传播史，陕西人民出版社，1998 年，第 1750 页）

△《中华植物志》介绍了 23 种药用植物的名称以及医药功能，并附有插图，是目前所知西方介绍中国草药的最早书籍。[蔡捷恩，中草药传欧述略，中国科技史料，1995，16（2）：5]

## 1658 年　戊戌　清世祖顺治十五年　南明桂王永历十二年

△ 张履祥（明末清初，1611～1674）撰《补农书》问世。张氏把自己的经验及老农谈论整理成 22 条，作为对明代《沈氏农书》的补充，又有总论 9 条是经营地主操持家务的方法，附录 8 条。《补农书》向与《沈氏农书》并行，均讲太湖地区农业生产方法和技术。[曾雄生，中国古代科学家传记（下）·张履祥，科学出版社，1993 年，第 979～984 页]

△ 定各关市秤尺，使各关卡量船称货秤尽准足，不得任意轻重长短。

## 1659 年　己亥　清世祖顺治十六年　南明桂王永历十三年

△ 约于是年，王锡阐（清，1628～1682）著《历说》，指出《崇祯历书》存在诸多缺点以致失误，以及术文与历表互相矛盾等问题，并为中法的不少合理性进行辩护。（清·王锡阐：《晓庵遗书·历说》）

△ 顾祖禹（清，1631～1692）开始编撰《读史方舆纪要》，至 1692 年成书。全书 130 卷以明末清初政区分区，记述府、州、县疆域、沿革、名山、大川、关隘、古迹等，是中国古代研究军事地理和历史地理的重要代表作。[仓修良，顾祖禹和他的《读史方舆纪要》，江海学刊，1963，（5）]

## 1660 年　庚子　清世祖顺治十七年　南明桂王永历十四年

△ 约于是年，南京、上海等地，民间工匠已开始仿制自鸣钟。[陈祖维，欧洲机械钟表的传入和中国近代钟表业的发展，中国科技史料，1984，（1）]

△ 穆尼阁约于是年曾向方中通（清，1634～1698）等中国学者介绍哥白尼的日心地动说。（清·方以智：《物理小识·卷二》）

## 1661 年　辛丑　清世祖顺治十八年　南明桂王永历十五年

△ 方中通（清，1633～1698）著《数度衍》27 卷。该书卷首为"数原"与"律衍"。其正文前 5 卷讨论"珠算"、"笔算"、"筹算"、"尺算"的运算方法和算法原理。此后为方中通按自己的理解编排的从传统《九章》中抽象出来的数学方法。其后的《九数外法》主要讲述通分、定位、异乘同除等算法。附录《几何约》以度、线、比例、三角形、圆、圆内外形、线面之比例等专题为纲节录《几何原本》中的内容。《数度衍》为中国数学家在学习了西方数学之后，试图重新归纳整理传统数学体系的一个尝试。此外，《数度衍》的算法和测量方法均含有解释该方法正确性的论述。

△ 清颁禁海令，强迫江、浙、闽、广沿海居民内迁 30～50 里，不许商船、渔船下海。

## 1662～1722 年　清圣祖康熙年间

△ 陈元龙（清）辑成类书《格致镜原》，为研究中国古代科技史的重要资料。

△ 李晋兴（清康熙年间）所撰《稼圃初学记》最早记载现代意义的稻田养鱼。

△ 洞庭湖大量围垦，出现"与水争地之势"。（清光绪《华容县志》）

△ 景德镇出现了全以低温釉上彩绘画的五彩瓷，即所谓康熙五彩。它为后世的粉彩珐琅彩瓷等奠定了发展的基础。（李家治等，中国科学技术史·陶瓷卷，科学出版社，1998 年）

△ 天主教士传来意大利西西里岛人所创的"天日风力晒盐法"得到康熙帝的赞赏和奖励，并先在辽宁、河北推广，其后沿海各地相率引进，从此晒海盐法逐步取代了"煮海盐"的方法。（赵匡华等，中国科学技术史·化学卷，科学出版社，1998 年，第 485 页）

## 1662 年　壬寅　清圣祖康熙元年

△ 梅文鼎（清，1633～1721）、梅文鼐（清）撰成《历学骈枝》，对《授时历》的气、朔与交食计算法进行校补与解说。

△ 是年十二月，薛凤祚撰《比例四线新表》。该表为正弦、余弦、正切、余切四线的对数表，其中度以下分为 100 分，每分都有对数，也是小数六位。此表亦采自巴理知斯增修的纳白尔所创的三角函数对数表。（《历学会通》，益都薛氏遗书本）

△ 颁定新砝码。（《大清会典事例》）

△ 是年前，孙云球（明末清初，1628～1662）创制木晶镜、远视镜、望远镜、存目镜、察微镜、万花镜、多面镜、夜明镜、幻容镜、鸳鸯镜等 70 余种各类光学仪器。还著有《镜史》一卷。（曹允源等：《民国吴县志》卷 75；王锦光、洪震寰，中国光学史，湖南教育出版社，1986 年，第 159、168 页）

△ 顾炎武（明末清初，1613～1682）编撰完成《肇域志》100 卷。此书取材丰富，内容涉及沿革、建置、山川、名胜等多方面，是一部重要的地理总志。（靳生禾，中国历史地理文献概论，山西人民出版社，1987 年，第 260 页）

△ 顾炎武（明末清初）完成《天下郡国利病书》120 卷，系统收集全国各地利害所在的地理资料，分地区加以厘订编次，以为发展国计民生之用。此书在中国地理书中别开生

面。[赵俪生，顾炎武，《天下郡国利病书》研究，中国史学论集，1980，(2)]

△ 顾炎武（明末清初）编纂的《天下郡国利病书》附地图 29 幅。有着重表现水利，有着重反映军事，有的只描绘金沙江的形状及流向。属专题地图。

△ 黄百家（清）撰《啯记》，对家禽卵在孵化过程中胚胎发育情形逐日做了详细、准确记录。创造照蛋法，开创家禽人工孵化的看胎施温。

△ 康熙初年，在地安门内嵩祝寺后设立京内织染局，负责监视匠役织造缎纱，辖各项匠役千余名。道光二十三年（1843）裁撤。（赵承泽主编，中国科学技术史·纺织卷，科学出版社，2003 年，第 32 页）

△ 至 1684 年，清廷实行"迁海令"，强迫东南沿海各省居民内迁 30～50 里，制造无人区，严行海禁，寸板不许下海，违者死无赦。至康熙二十三年（1684）始开海禁，许民造五百石以下船只出海贸易捕鱼。（彭德清主编，中国航海史·古代航海史，人民交通出版社，1988 年，第 318 页）

△ 郑成功（明，1624～1662）用 200 门连环熕（即火炮）进行渡海作战，驱逐了荷兰殖民者，收复了祖国领土台湾。（明·江日升：《台湾外记》卷十一）

**1663 年　癸卯　清圣祖康熙二年**

△ 王锡阐（清）撰成《晓庵新法》，这是一部以西法为基干，以中法为辅助的历法。其所取一系列天文数据，参照了《崇祯历书》又有所调整，其中若干数据则优于《崇祯历书》，对日、月、五星运动以及日月交食的计算采取本轮、均轮理论或其与偏心轮理论结合的方法，又以三角函数法入算，更首创确定日心与地心连线方向（即"月体光魄定向"）和日月交食初亏与复圆方位角的方法，系用一系列球面天文学的公式推导而得。此外，还论及了金星凌日、月掩恒星、月掩行星、行星掩恒星、行星互掩等天体凌犯的计算方法。[席泽宗，试论王锡阐的天文工作，科学史集刊（6），1963 年]

△ 清代钦天监监副吴明煊（清）创制滚球铜盘，以测定地震震源方向。这一发明传到欧洲后，由德·拉·奥特弗耶（de la Haute Feuille）改为利用水银的溢出监测地震，成为第一台近代地震仪。（戴念祖，中国力学史，河北教育出版社，1988 年，第 45 页）

△ 世祖孝陵竣工。顺治十八年（1661）在昌瑞山（在今河北遵化）始建，为关内诸陵中最为壮观的陵寝。关内清陵分东陵和西陵两大陵墓群。孝陵为东陵最早的建筑，亦是东陵的主体建筑。关内陵寝为中国现存规模宏大、建筑体系完整的帝王陵寝。

**1664 年　甲辰　清圣祖康熙三年**

△ 薛凤祚在其所撰《历学会通》中将八线改为对数和各行用十数，即以对数形式的三角公式取代一般三角公式及将度、分、秒之间的六十进位变为十进位。前者为清末传入的重要数学知识，但后者并未得到广泛认可及流传。（钱宝琮，中国数学史，科学出版社，1992年，第 245～250 页）

△ 黄宗羲（清，1610～1695）以魏郦道元《水经注》错误较多，内容过杂，加以地名改动，已不实用，乃撰《今水经》一卷。这部记述清初全国水道源流的专著首列全国水道，次公北水、南水二区，再以入海水系为纲，记叙诸水。所记水道均用今道不用故道，用今地名不用古地名。（唐锡仁等，中国科学技术史·地学卷，科学出版社，2000 年，第 444～445 页）

## 1665 年　乙巳　清圣祖康熙四年

△ 议政王等以德国传教士汤若望（Johann Adam Schall von Bell，1592～1666）新法至使山向、日月"俱犯忌杀，事犯重大"，请将汤若望及科官等凌迟斩决。敕汤若望从宽免死，时宪科李祖白（清）等 5 人俱处斩。（《清史稿·时宪一》）

△ 宋荦（清，1634～1714）考察湖北黄州府黄冈县齐安驿一带的异石，著《怪石赞》对 16 种奇岩异石的大小、形状、色泽进行了形象而真切地描述，反映了他在岩石方面已具有较高的认识和鉴赏水平。（唐锡仁等，中国科学技术史·地学卷，科学出版社，2000 年，第 474 页）

△ 祁坤（清）撰成《外科大成》4 卷。此书对外科诸症，辨症详尽，先后治法，内外诸方无不俱备，对后世影响较大。次年刊印。

△ 俄国随军教士叶尔莫根在所侵占的我国黑龙江流域中游的雅克萨城堡前修建一座纪念耶稣复活的教堂，康熙十年（1671）又在据点外高地上修建了另一座"仁慈救世主"教堂。这是中国最早出现的东正教教堂。（戴逸主编，简明清史，第 2 册，人民出版社，1993 年）

## 1666 年　丙午　清圣祖康熙五年

△ 约于是年，清政府废《时宪历》，复用《大统历》，并任命不懂历数的杨光先（清）为钦天监监正。但《大统历》早已疏阔，不久又改用《回回历法》以代之。（中国天文学整理研究小组，中国天文学史，科学出版社，1981 年，第 225 页）

△ 约于是年，杨光先（清）著《不得已》，书中全面否定西方传入的天文历法，并提出"宁可使中夏无好历法，不可使中夏有西洋人"的主张。

△ 梁化凤（清）在西安西南 40 里灞水上建设普济桥。这是西安第一座石轴柱木梁桥，至道光初仍坚实不坏。于是陕西巡抚杨名飏（清）决定参照此桥式样和技术重建灞、浐二桥。（唐寰澄，中国科学技术史·桥梁卷，科学出版社，2000 年，第 50～52 页）

## 1667 年　丁未　清圣祖康熙六年

△ 饶州府推官翟世琪（清，约 1625～约 1670）召集窑户印制"瓷易经"，即以瓷土烧活字印刷。（清·王士祯：《池北偶谈》卷 23；潘吉星，中国科学技术史·印刷与印刷卷，科学出版社，1998 年，第 419 页）

△ 在陕西华县赤水镇西、跨赤水河上修建了一座七孔半圆拱桥。后因河床淤高，水涨堤高，道光十二年（1832）在原桥之上又修建了一座九孔桥，故称桥上桥。（唐寰澄，中国科学技术史·桥梁卷，科学出版社，2000 年，第 360～370 页）

## 1668 年　戊申　清圣祖康熙七年

△ 南怀仁（Ferdinand Verbiest，1623～1688，1657 年来华）上疏指出杨光先（清）所推历书不合天象。康熙帝命诸大臣和杨光先、南怀仁等共同实测天象以验之，结果证明《回回历法》误差较大。于是，杨光先被革职，并复用《时宪历》。（中国天文学整理研究小组，中国天文学史，科学出版社，1981 年，第 225 页）

△ 黄宗羲（清，1610～1695）应邀就讲于宁波甬上证人书院，该书院的教学内容包括"经学、史学以及天文、地理、六书、九章至远西测量推步之学"。黄氏甬上书院从学诸子后各有所成，以数学名者仅其子黄百家。（田淼，清末书院的数学教育，中国科学院自然科学史研究所博士论文，1997年）

△ 传教士南怀仁、利类思（Luigi Buglio，1606～1682）、安文思（Gabriel de Magalhâens，1609～1677）应诏节录意大利传教士艾儒略（Giuliol Aleni，1582～1649）所著《西方答问》（1637）编成《御览西方要纪》，以供了解西洋风俗国土。此书流传颇广。

**1669 年　己酉　清圣祖康熙八年**

△ 是年前，熊伯龙（明末清初，1617～1669）在《无何集》从儒学立场挟击传统宗教迷信，提出天地皆是无意志的自然物。

△ 鳌拜被捕伏诛，南怀仁（Ferdinand Verbiest，1623～1688）向康熙帝控告杨光先依附鳌拜，陷害汤若望等，并通过其良好的科学素养，证明《西洋新法历书》较旧法准确，于是"康熙历狱"得以翻案，杨光先因年老，被赦归故里。从此，耶稣会士又在钦天监处于主导地位，西法的钦定地位更为牢固。（中国天文学整理研究小组，中国天文学史，科学出版社，1981年，第225页）

△ 比利时传教士南怀仁劾奏钦天监所推历法中的疏误。康熙帝（清，1654～1722）命议政王、贝勒、大臣、九卿科道等会同确议，但诸大臣于历法说不出所以然来，通过共同测验，南怀仁取得了胜利。康熙对举朝无人精通天文数学知识深感不满，决定亲自学习数学。康熙对欧洲数学的兴趣对十七、十八世纪中国数学的发展起到了很大的影响。（韩琦，康熙时代传入的西方数学及其对中国数学的影响，中国科学院自然科学史研究所博士论文，1991年）

△ 是年前，熊伯龙（明末清初）著《无何集·天地类》描述了用蜡烛和凹面镜制成的瑞光镜即探照灯。

△ 柯琴（清）所撰《伤寒论注》6卷按照症随方分的原则，以主方类症，成为伤寒学派中以方类症派的代表人物。其后，徐大椿（清，1693～1771）则以《伤寒类方》为其书名。（廖育群，中国古代科学技术史纲·医学卷，辽宁教育出版社，1996年，第184页）

**1670 年　庚戌　清圣祖康熙九年**

△ 约是年，比利时传教士南怀仁制作了一架温度计，进呈皇帝。（王冰，中国物理学史大系·中外物理交流史，湖南教育出版社，2001年，第74页）

△ 黄汴（清）绘制《一统路程图记》，用虚线表示两京（北京、南京）至十三省驿路所经各地的方向及相互间的距离，是我国较早的交通路线图。（曹婉如等，中国古代地图集·清代，文物出版社，1995年）

△ 麦田熏烟防霜见于记载。（清·张尔歧：《蒿庵闲话》）

△ 魏之琇（清，1722～1772）编著《续名医类案》刊行。此书是在整理、校订江瓘（明）撰《名医类案》的基础上，增补其后以及所遗漏的医家验案而成，原著60卷，今本36卷，涉及临床各个方面，开创中国医学收集多人医案、以病为纲的著述体例。[蔡景峰，中国古代科学家传记（下）·魏之琇，科学出版社，1993年，第1106～1108页]

## 1671年　辛亥　清圣祖康熙十年

△ 约是年起，南怀仁开始传授康熙帝欧洲天文、数学知识。据白晋称，南怀仁讲解了主要天文仪器、数学仪器的用法和几何学、静力学、天文学中最新奇最简要的内容。为了向康熙帝传授数学知识，南怀仁曾将欧几里得的《几何原本》译成满文，但总的来说，他并未引入新的欧洲数学内容。（韩琦，康熙时代传入的西方数学及其对中国数学的影响，中国科学院自然科学史研究所博士论文，1991年）

△ 比利时传教士南怀仁著《验气图说》（又名《验气说》）刊行。此书介绍温度计的制法、用法、原理，并附《验气图》一幅，是中国最早介绍欧洲早期定量温度计的著作。此书后来稍经修改和补充，被收入南怀仁所著《新制灵台仪象志》（1674）第4卷，成为"验气说"和"测气寒热之分"两节。（王冰，中国物理学史大系·中外物理交流史，湖南教育出版社，2001年，第60~61页）

△ 意大利耶稣会士闵明我（Phillippe-Marie Grimaldi，1639~1712，1669年来华）为康熙组织了科学会谈和蒸汽动力演示。（J. Needham, *Science and Civilisation in China*, Vol. 4, Part II, 225~226）

△ 哈尔文（法，R. P. Harvieu）在法国出版的法文《中医秘典》中译述了卜弥格（M. Boyom，1612~1659）的中医脉学文稿。1680年，卜氏用拉丁文译述的《医钥和中国脉理》在德国出版。1676年、1707年卜氏关于中国脉学的拉丁文稿先后被译成意大利文和英文发表。（廖育群，中国古代科学技术史纲·医学卷，辽宁教育出版社，1996年，第344~345页）

△ 是年前，胡正言（清，约1580~1671）与名刻工汪楷（清）改进彩色套版印刷术，用以印行《十竹斋笺谱》。

## 1672年　壬子　清圣祖康熙十一年

△ 梅文鼎撰成他的第一部数学著作——《方程论》六卷。梅文鼎认为，除方程和勾股以外，其他数值计算方法都是"近用所需"的，故都有较好的流传，勾股术属于数学分支中之精大者，所以"自昔恒有专书"。独方程术已久不为世人所道。梅文鼎决定恢复古法的原貌。他根据系数符号的排列情况对线性方程组进行分类。此后，按照他的分类方法，他给出各类线性方程的一般解法及引入具体的例题和以例题为基础的关于算法的详尽说明。卷二为"极数"，其内容为解分系数线性方程组的方法。卷三"致用"，探讨针对具体问题如何简化解线性方程组的运算方法，卷四"刊误"，针对其他数学著作中的错误进行辨正。卷五"测量"，给出一些利用方程术解决测量问题的实例。[梅荣照，略论梅文鼎的《方程论》，科学史文集，第八辑（数学史专辑），上海科学技术出版社，1982年，第144~158页]

△ 梅文鼎在《方程论》中提出将传统数学的"九数"划分为"量法"与"算术"两大方面。度的方面，也就是几何方面的顺序为：方田→少广→商功→勾股；数的方面，也就是数值计算方面的顺序为：粟米→衰分→均输→盈不足→方程。自西方数学传入以后，很多中国数学家尝试着以数学内容为标准对中国传统数学进行重新分类与演绎。[刘钝，方程论提要，科学技术典籍通汇·数学卷（4），河南教育出版社，1993年，第321页]

## 1673 年　癸丑　清圣祖康熙十二年

△ 王锡阐撰成《五星行度解》，构建了独特的宇宙结构模型：以地球为中心，太阳绕地球运转，其轨道为一偏心圆，五星绕太阳作圆周运动，土、木、火三星左旋，而金、水二星右旋。在此基础上，更建立了一套计算五星位置的方法。王锡阐还指出，日月五星运动的原动力"盖因宗动天总挈诸曜，为斡旋之主。其气与七政相摄，如磁之于针"。（宁小玉，《五星行度解》中的宇宙结构，王锡阐研究文集，河北科学技术出版社，2000 年）

## 1674 年　甲寅　清圣祖康熙十三年

△ 由比利时传教士南怀仁主持设计制造、完成 6 件天文仪器，并被置于北京观象台。它们分别是赤道经纬仪（用于测量天体的赤经、赤纬与真太阳时），黄道经纬仪（用于测量天体的黄经、黄纬与定二十四节气），地平经仪（用于测量天体的地平经度），象限仪又称地平纬仪（用于测量天体的地平高度或天顶距），纪限仪（用于测量两天体间的角距离）和天体仪（用于演示恒星的运行与不同坐标值的变换），它们均以青铜制成。南怀仁主要参考第谷相关天文仪器的设计，又有所改进，同时吸收了中国传统的造型艺术，并把欧洲的机械加工工艺与中国的铸造工艺结合起来，成功地完成了他的设计与制造。既是西方古典天文仪器的大规模引进，又是中西古典天文仪器相结合的产物。[陈遵妫，中国天文学史（4），上海人民出版社，1989 年，第 1785～1806 页；张柏春，南怀仁所造天文仪器的技术及其历史地位，自然科学史研究，1999，18（4）：337～352]

△ 南怀仁撰《新制灵台仪象志》16 卷刊行。该书前 4 卷是关于上述 6 件天文仪器的构造、安装、用途、使用方法等的图文并茂的详细说明。卷 5 至卷 14 为供测算用的有关天文数表，如蒙气差表、恒星出没时刻表、黄赤坐标换算表等，另有含有 1876 颗恒星的星表一份，其中 1367 颗系依《崇祯历书》星表加上岁差改正而得，其余 509 颗乃南怀仁增测者。书中还论及比重、重心、温度、湿度的测量方法与相关器具，讨论了彩虹、光晕等现象以及单摆测时等论题。[柯思柏、孙小淳，《灵台仪象志》提要，中国科学技术典籍通汇（7），河南教育出版社，1998 年，第 1～6 页]

△ 南怀仁撰《新制灵台仪象志》最早在中国介绍了单摆、定量的湿度计、相对密度的概念、折射现象等。（王冰，中国物理学史大系·中外物理交流史，湖南教育出版社，2001 年，第 62、65、68、85 页）

△ 刘应棠（清，1643～1722）著《梭山农谱》。全书分耕、耘、获三谱，记述从种到收的水稻生产的全部过程，强调其各个环节都不容忽视。此外于水田生产所用农具有相当精确的描述。书中还记载了稻谷青风病。（董恺忱等主编，中国科学技术史·农学卷，科学出版社，2000 年，第 656～657 页）

△ 至 1688 年，比利时传教士南怀仁为清廷督造火炮约 500 门，在收复雅克萨和平定三蕃之战中发挥了重要作用。（清·嵇璜等：《清朝文献通考·兵考十六·军器·火器》）

△ 是年前，孙廷铨（清，1616～1674）的《颜山杂记》记述了利用岩层与矿床的关系找矿。[杨文衡，我国古代的找矿方法，地质学史论丛，（4），地质出版社，1986 年]

**1675 年　乙卯　清圣祖康熙十四年**

△ 罗美（清）撰《古今名医方论》4 卷。全书载方 136 首，每方先载方名、药物、服法，再选有代表性的古今名医有关此方的论述。引书重在既明制方之义，又贵临症变通，别具特色，对后世有较大的影响。（傅维康，中药学史，巴蜀书社，1993 年，第 273～274 页）

△ 山东渔阳天花流行，有人设坛厂，购求出痘夭亡儿尸火化，以控制传染。［姜志平，近代山东几种传染病的相关史料——天花、回归热、黑热病，中华医史杂志，2002，32（2）：119～121］

**1676 年　丙辰　清圣祖康熙十五年**

△ 布绍夫（荷兰，H. Busschof）介绍针灸术的荷兰文稿被译成英文，以《痛风论文集》为名在伦敦出版。同年吉尔弗斯（R. W. Geilfusies）用德文撰写的《灸术》在德国出版。（廖育群，中国古代科学技术史纲·医学卷，辽宁教育出版社，1996 年，第 345 页）

△ 墨西哥方济各传教士石铎录（Petrus Pinuela，？～1704）来华。他所著《本草补》是中国最早介绍西方药物学的专著。其中关于锡水和药露的制法和药用等记载，因被赵学敏（清，1719～1805）收入《本草纲目补遗》（1765），广为人知。（赵匡华主编，中国化学史·近现代卷，广西教育出版社，2003 年，第 2 页）

**1677 年　丁巳　清圣祖康熙十六年**

△ 在清宫廷内"敬事房"下设"做钟处"，以外国钟表专家为主导，从事钟表的维护、修理及其制造工作。（《清史稿·职官志》）

△ 十一月庚子，遣武默讷（清）等 4 人前往长白山地区考察，得以探明松花江源头。（《清史稿·圣祖本纪一》）

△ 康熙八年（1669）后，黄河下游屡决，至是年命靳辅（清，1633～1692）为河道总督，进行大规模治黄，水利专家陈潢（清，1637～1688）协助其事。上奏《河道败坏已极疏》和《经理河工八疏》，提出先下游、后上游，疏堵结合的全面治理方案，至康熙二十二年（1683）始将黄河两岸决口全部堵塞，黄河回归故道，淮河和漕运均通畅。［程鹏举，中国古代科学家传记（下）·靳辅，科学出版社，1993 年，第 1022～1025 页］

**1678 年　戊午　清圣祖康熙十七年**

△ 比利时传教士南怀仁撰成《康熙永年历法》，对《西洋新书历法》中的某些天文数据做了改进。

**1679 年　己未　清圣祖康熙十八年**

△ 2～10 月，郁永河（清）为采集硫磺矿，从福建去台湾，对台湾的地理、地质等做了比较深入的考察，并著《采硫日记》（又称《裨海纪游》）。（中国科学院自然科学史研究所地学史组，中国古代地理学史，科学出版社，1985 年）

## 1680年　庚申　清圣祖康熙十九年

△ 英国家具制造商开始仿照中国漆器家具的图案和色彩，打造中国式家具。达尔比等曾出版《中国建筑及家具图案》。

## 1681年　辛酉　清圣祖康熙二十年

△ 约在是年，游艺（清）《天经或问》前集刊行（后集刊出于1681年）。该书以天文历法、水文气象、天灾异象乃至人生性理等作为记录与研究的对象。是一部比较全面、简要地评介由西方传入的或其师友论及这些知识的通俗著作。该书随后不久即传到日本，产生了巨大的影响。[冯锦荣，《天经或问》提要，见：中国科学技术典籍通汇·天文卷（6），河南教育出版社，1998年，第153~155页]

△ 杜知耕（清）撰《数学钥》。《数学钥》依《九章算术》章目编排，以欧洲"点、线、面、体"之法并载图解阐述书中的算法原理，每章前设凡例给出该章中涉及的概念及原理。"每问答有所旁通者必附其术于条下，所引证之文必注其所出"。从该书亦可看出西方数学对中国数学著述方式的影响。方中通和杜知耕将西方数学方法融入中国传统数学模式的会通式的研究和著述方式得到稍后于他们的梅文鼎的赞扬，梅文鼎认为这样的方式可以成为数学著作的"程式"，也即规范。（田淼，中国数学的西化历程，山东教育出版社，2004年）

△ 王锡阐（清，1628~1682）作《测日小记序》，提出天体测量的误差因人而异、因仪器的制作与安装而异、因观测时瞬时的把握而异等测量误差理论。（清·王锡阐：《晓庵遗书·测日小记序》）

△ 清政府肯定了人痘接种术，并列入政府计划予以推广。（廖育群，中国古代科学技术史纲·医学卷，辽宁教育出版社，1996年，第289页）

## 1682年　壬戌　清圣祖康熙二十一年

△ 约是年，王锡阐（清，1628~1682）著《历策》，对日月失行说、日月五星运行的天人感应说提出了尖锐的批评。（清·王锡阐：《晓庵遗书·历策》）

△ 约是年，胡亶（清）撰成《中星谱》。书中给出了二十四节气时，一批恒星在昏后旦前先后南中天所相应的时刻，列出了24份表格。可供在北京由中星观测以确定时刻之用。其所选用的45颗恒星同《历学会通·正集》所列的一星表相同，但它们的南中天时刻则基本不同，即应是重新进行了实测的成果。

△ 约是年，王锡阐（清）撰成《日月左右旋问答》，对日、月左旋说的不可靠性做了全面的剖析，并对日、月右旋说的可靠性做了深入的论证。[陈美东，中国古代日月五星右旋说与左旋说之争，自然科学史研究，1997，（2）]

△ 圣祖赴盛京（今辽宁沈阳）谒祖陵，命比利时传教士南怀仁携内廷测天、测地仪器随行。（方豪，中国天文教史人物传·清代篇，明文书局，1987年，第177页）

△ 是年前，顾炎武（明末清初，1613~1682）撰《历代帝王宅京记》，至嘉庆十三年（1808）刊行。全书20卷，所录皆历代建都之制；详载城郭、宫室、都邑、寺观及建置年月事迹，为研究中国古代城市史的重要资料。[李廷勇，顾炎武《历代帝王宅京记》，文献，2000，（4）]

△ 汪昂（清，1615~约1698）撰写《医方集解》。全书3卷，选取方剂近700首，按药物功效分为21门，与现在方剂集中分类相近。每门先述功用及主要病机，然后列方，方下列主治和该方出处，并备述方义等。（傅维康，中药学史，巴蜀书社，1993年，第277页）

## 1683年　癸亥　清圣祖康熙二十二年

△ 比利时传教士南怀仁将所著的《穷理学》60卷一书进呈御览。此书历时24年，从已译西书订纂集及未译西书续译增补而成，集当时输入中国西学知识之大成，可惜未能刊印。（王冰，中国物理学史大系·中外物理交流史，湖南教育出版社，2001年，第62页）

△ 陈定国（清）撰《荔谱》，记载家乡福建长乐的荔枝。全书一卷，包括辨种、辨名、辨地、辨时、辨核、辨运。（王毓瑚，中国农学书录，农业出版社，1964年）

△ 荷兰东印度公司医生瑞尼（荷，W. Rhijne）以拉丁文编撰的《论针灸术》出版。此书是西方世界第一部介绍针灸的较为详细的著作。（马堪温，针灸西传史略，中华医史杂志，1983，13（2）：93）

△ 容闳（清，1828~1912）提出购买"制器之器"的建议，被两江总督曾国藩（1811~1872）作为兴办兵工厂的一条原则而采纳。容闳于当年赴美订购100多台作母机。（清·容闳：《西学东渐记》）

## 1684年　甲子　清圣祖康熙二十三年

△ 12月，洪若翰、白晋（J. Bouvet，1656~1730）、刘应（C. de Visdelou，1656~1737）、张诚（J. F. Gerbillon，1654~1707）等四名法国耶稣会士被法国皇家科学院任命为通讯院士，他们与李明（L. Le Comte，1655~1728）和塔夏尔（Gui Tachard）一起以法国国王科学家的身份被派到中国。1699年，巴多明（Dominique Parrenin，1665~1741）、杜德美（Pierre Jartoux，1668~1720）、傅圣泽（J.F.Foucquet，1665~1741）等来华。此后又有多名法国耶稣会士来到中国。他们具有较高的数学素养，为中国带来符号代数等新的数学知识，成为在华传播欧洲数学知识的主力。（韩琦，康熙时代传入的西方数学及其对中国数学的影响，中国科学院自然科学史研究所博士论文，1991年）

△ 梅文鼎撰《弧三角举要》5卷。书中以传统勾股术对已传入的球面三角知识进行系统整理。该书可被看成是第一部中国人撰写的球面三角学教科书。（刘钝，梅文鼎在几何学领域中的若干贡献，明清数学史论文集，南京教育出版社，1990年，第182~218页）

△ 常熟汲古阁主人毛扆（清）影抄南宋刻本6部算经，世称汲古阁本。

△《盛京通志》纂成刊行，为清代东北第一部地方志，乾隆时期续修3次。

△ 在是年前，傅山（字青山；清，1607~1684）撰《傅青山女科》4卷。书中运用脏腑学说，详述女科诸病症候，其辨症着眼于肝脾肾三脏，治疗重在培补气血，调整脾胃。所载方剂中，完带汤、易黄汤、生化汤等成为女科名方。全书内容精练，理法完备，为著名的女科专著之一。刊行于1827年。（廖育群，中国古代科学技术史纲·医学卷，辽宁教育出版社，1996年，第30~31页）

△ 荷兰本特科厄（Cornelis Bentekoe）在出版《茶叶美谈》（1679）之后，在欧洲首次把茶叶作为一种万应灵药。[蔡捷恩，中草药传欧述略，中国科技史料，1995，16（2）：5]

## 1685 年　乙丑　清圣祖康熙二十四年

△ 11 月 8 日，比利时耶稣会士安多（Antoine Thomas，1614～1709）到达北京，他接替南怀仁为康熙帝进讲欧洲数学知识。他以其自著的《数学概要》为进讲教材。安多曾在宫廷编写中文的正弦、余弦、正切和对数表。还向康熙帝介绍算术、三角和代数方面的内容，并提供了一个解三次方程根的算表。[韩琦、詹嘉玲，康熙时代西方数学在宫廷的传播——以安多和《算法纂要总纲》的编纂为例，自然科学史研究，2003，22（2）：145～156]

△ 是年至 1722 年，清宫造办处制造了盘式计算器六台，筹式计算器四台。其中纸筹者一，牙筹者三。此外还造有计算尺、分厘尺、角尺等多种数学用具。（中外数学简史编写组，数学史简编，山东教育出版社，1986 年，第 589 页）

△ 英国里伯诺思（W. Libanus）和其后于 1695 年来华的布朗（S. Brown）均在福建厦门采集植物，其标本现藏伦敦博物馆。据说他们是最早来华收集植物的欧洲人。[罗桂环，近代西方人在华的植物学考察和收集，中国科技史料，1994，15（2）：18]

△ 清政府宣布广东澳门（后移至广州）、福建漳州（后移厦门）、浙江宁波、江苏云台山（后移上海）为对外开放通商口岸。（《夷氛闻记》卷一，中华书局，1950 年）

△ 以萨布素（清）为统帅的索伦、达翰尔族士兵，京营八旗兵，福建汉族藤牌兵共 3000 人，击退了入侵黑龙江雅克萨城的沙俄兵。两月后入侵者卷土重来。1686 年萨布索帅黑龙江水师 2000 人，分乘战船百艘开抵雅克萨城下，逼得沙皇彼得一世来书请和。遂有 1689 年的《中俄尼布楚条约》。（《清史稿·圣祖记》）

△ 至 1687 年，清军在收复被沙俄军队侵占的雅克萨城时，使用了神威无敌大将炮、龙炮、子母炮、威远炮等火炮。（清·何秋涛：《朔方备乘·雅克萨城考》）

## 1686 年　丙寅　清圣祖康熙二十五年

△ 命纂修《大清一统志》。

## 1687 年　丁卯　清圣祖康熙二十六年

△ 约于是年，藏族第巴·桑吉嘉措（清，1653～1705）撰成《白琉璃》，该书正编分 35 章 627 页，前 7 章论述历算，其余各章讲述星占之法。系依据《白莲法王亲传》编撰而成，是对时轮历的继承与发展。（黄明信、陈久金，藏历的原理与实践，民族出版社，1987 年，第 269 页）

△ 约于是年前，张岱（明，1597～1687）《陶庵梦忆》载，明代舞台演出中已用了舞台灯光和灯光背景布幕。类似阳燧的凹面镜此时很可能已用作舞台灯具之一。

△ 戴梓（清，1649～1727）为清廷制成冲天炮，康熙帝以试射效果良好，用"威远将军"命其名。此炮在 1696 年平定噶尔丹之战中发挥了重要作用。（《清史稿·戴梓传》）

## 1688 年　戊辰　清圣祖康熙二十七年

△ 法国洪若翰（J. de Fontaney，1643～1710）、白晋（Joach Bouvel，1656～1730）、张诚（Jean F. Gerbrillon，1654～1707）、李明（Louis Le Comte，1655～1728）和刘应（Claude Visdelou，1656～1737）5 位来华传教士到达北京，并谒见康熙帝（玄烨；清，

1654～1722)。此后，张诚（Jean Francois Gerbillon，1654～1707）与白晋（Joachim Bouvet，1656～1730）被留在宫中。应康熙帝的要求，张诚和白晋用满语向他讲解欧几里得的《几何原本》。张诚、白晋向康熙帝进讲的《几何原本》是依据法国耶稣会士数学家巴蒂斯（Ignace-Gaston Pardies，1636～1673）的 *Elémens de Géométrie*，现在满文本《几何原本》即是此书的译本，而《数理精蕴》中的《几何原本》便是这部著作的汉文译本。[刘钝，《数理精蕴》中《几何原本》的底本问题，中国科技史料，1991，12（3）：88～96]

　　△ 这批法国耶稣会士带来"浑天器两个、座子两个、象显器两个、双合象显器、看星千里镜两个、看星度器一个、看星辰铜圈三个、量天器一个、看天文时锥子五个、天文经书共六籍、西洋地理图五张、磁石一个箱，共计大、中、小三十箱"。但是，这些物品大都被深藏宫中。（《熙朝定案·康熙二十七年二月二十日礼部奏疏》；王冰，中国物理学史大系·中外物理交流史，湖南教育出版社，2001年，第57页）

　　△ 陈淏子（清，约1612～?）撰《花镜》成书。全书6卷，记草本、木本花卉352种，记载各类花卉的繁殖、栽培、养护技术，"课花十八法"畅论艺花技巧，是中国较早的一部园艺专著。（王毓瑚，中国农学书录，农业出版社，1964年，第204～205页）

　　△ 陈淏子（清）撰《花镜》明确地提出南北气温差异引起其植物分布的差异，记述了不少关于植物分布和生理学方面的知识。[刘昌芝，中国古代科学家传记（下）·陈淏子，科学出版社，1993年，第989～991页]

　　△ 约是年，荷兰引进淡红、白色、紫色、淡黄、粉红和紫红6个菊花品种。[罗桂环，西方对"中国——园林之母"的认识，自然科学史研究，2000，19（1）：75]

　　△ 王宏翰（清，?～1697）著《医学原始》4卷，多取医学经典及宋元诸家之说，兼采西学，掺以性理说，试图以此阐明人体生理病理。王宏翰为中国较早接受西学的医家。

　　△ 俄国派人到中国学习人痘接种术。此后，人痘接种术由俄国传至土耳其，以至欧洲、美洲等地。（廖育群，中国古代科学技术史纲·医学卷，辽宁教育出版社，1996年，第289～290页）

## 1689年　己巳　清圣祖康熙二十八年

　　△ 传教士毕嘉（J. D. Gabiani，1623～1696）和洪若翰（J. de Fontaney，1643～1710）在南京进呈的方物之中有"验气管"二架。这两架仪器于第二年被送抵北京，它们很可能是最早传入宫廷的寒暑表和风雨表。（王冰，中国物理学史大系·中外物理交流史，湖南教育出版社，2001年，第56页）

　　△ 靳辅（清，1633～1692）在亲身实践的基础上，总结治河经验完成《治河方略》。全书10卷，主要论述了黄、淮、运河的干支水系、泉源、湖源概况和黄河变迁情形，历代治河议论着重论述17世纪苏北地区黄、淮、运决口泛滥并治理经过。书中创造性地提出开凿中运河，使黄运分离、增筑高家堰大堤、使用机械消除河口积沙的方法，并明确了流量的概念，是中国古代治河通运的重要水利工程专著。（唐锡仁等，中国科学技术史·地学卷，科学出版社，2000年，第448页）

　　△ 朱彝尊（清，1629～1709）历时27年（1662年始）写成的《食宪鸿秘》对中国古代饮食的"宜忌"做了总结，并著录了400多种饮料、调味品、点心和菜肴。特别是对于腐乳和金华火腿制法的介绍十分珍贵。[洪光柱，中国古代科学家传记（下）·朱彝尊，科学出版

社，1993 年，第 1016~1017 页]

△ 汪昂（清，1615~约 1698）撰《素问灵枢类纂约注》刊行。全书 2 卷，精选《内经》原文，分类有序，注释浅显扼要，在《内经》节注本中颇有影响。[徐瀛鳌等，中国古代科学家传记（下）·汪昂，科学出版社，1993 年，第 992~993 页]

△ 在康熙中叶曾参与营建皇家建筑三大殿的雷发达（清，1619~1693）解役。其子雷金玉（清，1659~1729）继承父业，任营造所长班，在畅春园的修建中领楠木作工程，受到康熙帝的召见，后参加雍正朝圆明园的再建工程，圆满地完成了画样、烫样等设计施工。雷金玉的孙子雷家玮（清，1758~1845）、雷家玺（清，1764~1825）、雷家瑞（清，1770~1830）均任样式房掌案，主持乾嘉两朝的重要建筑设计和烫样模型。雷家玺之子雷景修（清，1803~1866）在咸丰时营建定陵，又搜查承接保存大量图纸及模型。雷景修之子雷思起（清，1826~1876）、之孙雷廷昌（清，1845~1907）先后参与皇陵的建筑活动。雷氏建筑设计世家专营宫廷建筑设计和烫样模型前后达 200 余年，被称为样式雷（样子雷、样房雷）。[孙剑，中国古代科学家传记（下）·雷发达，科学出版社，1993 年，第 998~1003 页]

## 1690 年　庚午　清圣祖康熙二十九年

△ 约是年前后，比利时耶稣会士安多（Antoine Thomas，1614~1709）很可能向康熙帝介绍了一种非符号化的解一元高次方程的代数方法，当时称为"借根方"。该法为康熙帝和当时很多数学家欣赏。18 世纪，多数数学家都学习过该法。（韩琦，康熙时代传入的西方数学及其对中国数学的影响，中国科学院自然科学史研究所博士论文，1991 年）

△ 叶桂（叶天士；清，1667~1746）的门人顾景文（清）据其口授笔录成《温热治》（又称《外感温证篇》）1 卷。书中系统论述了温病的病因、性质、感受途径和传变规律；创立卫气营血辨证纲领。此书奠定了温病学说的理论基础，对后世治病学说影响巨大。[林功铮，一代名医叶天士，中华医史杂志，1984，14（2）：82~84]

△ 耶稣会士在清宫内建立了一个药物实验室，用西法制药。（赵匡华主编，中国化学史·近现代卷，广西教育出版社，2003 年，第 2 页）

## 1691 年　辛未　清圣祖康熙三十年

△ 康熙朝廷组建了装备鸟枪与火炮的火器营，编有鸟枪护军 5200 人、炮甲 800 人、养育兵 1650 人，共 7730 人。成为具有较强战斗力的兵种。（清朝官修：《清会典》卷八十八《火器营》）

## 1692 年　壬申　清圣祖康熙三十一年

△ 约于是年，梅文鼎（清，1633~1721）撰成《历学疑问》，对中西历法的异同进行比较研究，对西法的基本理论与中法的基本特征均有所论述，并对西学中源说多所阐发。

△ 梅文鼎撰《少广拾遗》1 卷。此书以《开方作法本源图》为核心，系统地阐述了中国古代的立成释锁开高次方的方法。书中还分别藉助平面与立体图形对开平方和开立方的数学原理做了说明。[刘钝，少广拾遗提要，中国科学技术典籍通汇·数学卷（4），河南教育出版社，1993 年，第 409 页]

△ 梅文鼎（清）撰成《几何补编》4 卷。该书探讨了《测量全义》中引入的正四面体、正八面体、正十二面体、正十六面体及正二十面体的几何性质，他还引入了两种半正多面体：方灯体和圆灯体。他给出了各体体积与棱长的关系，并专门讨论了五种正多面体和两种半正多面体及球体间的相容关系等。（刘钝，梅文鼎在几何学领域中的若干贡献，明清数学史论文集，南京教育出版社，1990 年，第 182~218 页）

△ 在是年前，王夫之（清，1619~1692）《张子正蒙注·太和篇》中以燃烧木柴、蒸馏水、焙烧汞三个例子论证了物质与运动的守恒思想。（戴念祖，中国力学史，河北教育出版社，1988 年，第 96~99 页）

△ 是年前，王夫之（清）在《诗经稗疏》中对持续长达千年之久的蜾蠃之争做了科学的解释。（汪子春等，中国古代生物学史略，河北科学技术出版社，1992 年，第 161 页）

**1693 年　癸酉　清圣祖康熙三十二年**

△ 康熙帝（清，1654~1722）因服用金鸡纳治愈了疟疾。此后曾以金鸡纳作为圣药赏赐大臣和属下，使金鸡纳得以传播。（赵璞珊，中国古代医学，中华书局，1983 年，第 255~256 页）

**1694 年　甲戌　清圣祖康熙三十三年**

△ 汪昂（清，1615~1698）撰写《汤头歌诀》。全书 1 卷，选常用方剂 290 首，按药物组成、功效、所治病症编成七言歌诀。每方下还有简要注释。此书选方实用，且易于诵记，故流传很广。（廖育群，中国古代科学技术史纲·医学卷，辽宁教育出版社，1996 年，第 55 页）

△ 汪昂（清）撰《增补本草备要》刊行。此书是在其所辑《本草备要》400 余种常用药的基础上增补 60 余种而成，但后世仍沿用旧名《本草备要》。全书 8 卷，附图 400 余幅，将中医生理、病理、诊断、治疗的理论与药物学的内容结合在一起。此书论述浅显，释理明畅易懂，对普及本草学知识影响很大。[余瀛鳌等，中国古代科学家传记（下）·汪昂，科学出版社，1993 年，第 994 页]

△ 在北京始建皇子胤禛府第，雍正十三年（1735）改称雍和宫，乾隆时改为喇嘛庙。雍和宫是清代关内建筑规模最大的一座喇嘛庙。万福阁内有高达 20 余米的木雕佛像，是全国现存最大的木雕之一。

**1695 年　乙亥　清圣祖康熙三十四年**

△ 在是年前，刘献廷（清，1648~1695）《广阳杂记》记载了磁屏蔽现象："磁石吸铁隔碍潜通，或问玉曰：'磁石吸铁，何物可以隔之？'犹子阿孺对曰：'唯铁可以隔之耳'！其人去而复来曰：'试之果然'。"[宋德生、李国栋，电磁学发展史（修订版），广西人民出版社，1996 年，第 6 页]

△ 梁份（清，1641~1729）经过实地考察，用 6 年时间完成了一部关于西北边疆及其周围地区的地理专著——《西陲今略》（后改称《秦边纪略》），对清初西北防务很有作用。[韩光辉，梁份与《秦边纪略》，自然科学史研究，1989（4），387~392]

△ 在是年前，刘献廷（清，1648~1695）在所著的《广阳杂记》中，大胆地批评历

代地理著作偏重疆域沿革与人文掌故的记述方法，明确地提倡地理学应探讨"天地之故"，即大自然的规律。（侯仁之主编，中国古代地学简史，科学出版社，1962 年）

△ 夏禹铸（清）撰写《幼科铁镜》刊印。全书 6 卷，重点论述小儿惊、病、痉三症，于病因、病机、症候、治法均有较详细讨论。书中提出的"解热必先祛邪"的理论为后世医家所重视。（廖育群，中国古代科学技术史纲·医学卷，辽宁教育出版社，1996 年，第 36 页）

△ 张璐（清，1617～1700）撰《本经逢原》4 卷。此书收录药物 700 余种，每药下引《本经》条文或诸家之说，简要说明其性味、功能、主治、炮制、产地等，然后专列"发明"项阐述作者对药物的见解。张氏强调药学必须与医学相结合。（傅维康，中药学史，巴蜀书社，1993 年，第 254～255 页）

△ 以黑龙江默尔根地方紧要，命从京城遣良医二人前往，一年更易一人，是为关外差遣医生之始，至康熙四十五年（1706）止。

## 1696 年　丙子　清圣祖康熙三十五年

△ 5 月，颜元（清，1635～1704）主讲漳南书院。漳南书院位于河北省肥乡县，1680 年郝文灿创建。颜元定有《漳南书院规制》，分文事课、武备课、经史课、艺能课、礼学课、帖括课六斋课士，其中文事课包括礼、乐、书、数、天文、地理。颜元于漳南书院仅六月即以"雨水潦罢归"。颜氏叹曰："天意不欲吾道行也。"（田淼，清末书院的数学教育，中国科学院自然科学史研究所博士论文，1997 年）

△ 是年前，屈大均（清，1630～1696）行游南北，晚年著《广东新语》以补《广东通志》之不足。（清·屈大均：《广东新语》，中华书局，1985 年，出版说明）

△《广东新语》卷 15 记载了通过泉水找铁矿的方法。（杨文衡，我国古代的找矿方法，地质学史论丛，地质出版社，1986 年）

△《广东新语·介语·蠔》已有人工养蠔、养蛏的记载。

△《广东新语·鳞语·鱼花》记载了鱼产卵和授精情形，以及火诱捕鱼的方法；记载了捞取鱼苗的方法和工具，以及对鱼苗进行种类鉴定的方法。[彭世奖，论屈大均在广东农业文化上的贡献，中国科技史料，1997，18（1）：33～34]

△《广东新语》记载广东人普遍养殖鲢、鳙（即胖头鱼）、鲩（即草鱼）、鲐和鲫鱼；同时指出鲐鱼生活在水的表层，鲫鱼生活在水的深层，已有鱼类分层养殖。（清·屈大均：《广东新语》，中华书局，1985 年，第 553 页）

△ 广州出现比赛家鸽飞翔能力、飞翔速度、飞归能力的活动，时称"放鸽会"。（清·屈大钧：《广东新语·禽语·鸽》）

△《广东新语》卷 15 记述了广东铁厂的生产情况，冶铁炉的尺寸及炉型结构的改进，并装有"机车"上料设备，开炉时间"始于秋，终于春"，记载了每炉的日产量。

△ 马铃薯已传入我国福建。（清·潘拱辰等：《松溪县志》）

△ 席力图召扩建工程完工。始建于明万历年间，位于内蒙古呼和浩特旧城石头巷，汉名延寿寺。其布局采用汉式佛寺院落式，而主建筑为藏式，是明清以来著名喇嘛寺之一。中国大百科全书·建筑、园林、城市规划，中国大百科全书出版社，1992 年）

## 1697 年　丁丑　清圣祖康熙三十六年

△ 施世榜（清，1697 年贡生）捐资修建八保坝（位于今彰化市南），引浊水溪，灌溉东螺东堡、武东堡、武西堡、燕务上堡、燕务下堡、城东堡、马芝堡、二林堡等八堡农田。历时 10 年，耗资 50 万两始成，"岁征水租数万石"，是台湾较为著名的灌溉工程。（清·连横：《台湾通史》卷 31）

△ 约于是年①，张万钟（明末清初）撰《鸽经》，记鸽品种 40 余个。对鸽的习性、产地、疾病及治疗都有记述。是我国古代较早的养鸽、训鸽专书。[徐旺生，关于《鸽经》成书年代小考，古今农业，1997，（4）：58～59]

## 1698 年　戊寅　清圣祖康熙三十七年

△ 是年和 1701 年，英国东印度公司的外科医生苏格兰人肯宁海（J. Cunningham）两次来华，在福建厦门和浙江舟山采集植物，共得标本 500 多种，其中有铁线莲、山茶花等。他是最早在华进行较大规模采集的西方人。[罗桂环，近代西方人在华的植物学考察和收集，中国科技史料，1994，15（2）：18]

## 17 世纪后期

△ 黄履庄（清，1656～?）研制成"验冷热器"和"验燥湿器"，这是中国人较早自制的温度计和湿度计。他还发明了瑞光镜（相当于探照灯）、望远镜和显微镜等多种光学仪器。其中瑞光镜的直径可达五六尺。（清·张潮：《虞初新志》卷六《黄履庄小传》，1683年）

△ 出现"太仓车式"轧棉机，提高了轧花效率。（清·陈梦雷辑：《古今图书集成·考工典·机杼部汇考》引《太仓州志》）

△ 至 18 世纪前期，用单株选种法（一穗传）育成水稻良种——御稻。（清·玄烨：《康熙几暇格物编·御稻米》）

△ 孙兰（清）著《柳庭与地隅说》，论述全国各地地理形势及自然现象演化规律。书中提出了"有因时而变"的"变盈流盈"学说，这是一种比较完整的流水地貌发育理论[高泳源，我国古代对一些自然地理现象的认识，地理知识，1963，（7）]

## 1700 年　庚辰　清圣祖康熙三十九年

△ 约于是年，黄百家（清，1643～1709）在《黄竹农家耳逆草·天旋篇》中，对哥白尼日心地动说做了明白无误的描述，其说大约源于穆尼阁当年对方中通等人所作的介绍但黄百家仍主地静说，未接受这一新学说。[杨小明，哥白尼日心地动说在中国的最早介绍，中国科技史料，1999，（1）]

△ 约于是年，陈厚耀先后撰成《春秋长历历存》和《春秋长历历编》，依据《春秋》所载有关历日，复原鲁国历谱，指出鲁僖公以前的鲁历多为建丑的现象。

△ 约于是年，纪理安（B．K．Stumpf，1665～1720，德国传教士）进呈地平经纬仪

---

① 也有人认为是 1604～1614 年成书。

一座，可用于测量天体的地平方位与高度角，亦置于北京观象台上。［陈遵妫，中国天文学史（4），上海人民出版社，1989 年，第 1807、1808 页］

△ 杜知耕（清）撰成《几何论约》。该书为《几何原本》的改写本，书中基本保留了原书的体例及结构。杜知耕认为，《几何原本》之所以很少有读者，是因为书中每题过长，读者需要"凝精聚神，手志目顾，方明其义。精神稍懈，一题未竟，以不知所言为何事"。为此，他"就其原文，因其次第，论可约者约之；别有可发者，以己意附之。解以尽者节其论，题自明者并节其解"。以此为宗旨，他删去了书中他认为不必需的证明过程。（清·杜知耕：几何论约序，《几何论约》，四库全书本）

△ 梅文鼎撰成《环中黍尺》5 卷。书中利用投影原理解说各种球面三角公式。此书是中国数学家在投影理论方面的第一个较为完整的研究结果。（刘钝，梅文鼎在几何学领域中的若干贡献，明清数学史论文集，南京教育出版社，1990 年，第 182~218 页）

**18 世纪**

△ 成书的《指南正法》内容类似《顺风相送》，是民间舟师使用的航路针经（指南），记述自中国南海及西亚、阿拉伯等地港口的航行针路及山形水势。两书由向达先生自英国图书馆抄回，合刊成《两种海道针经》，于 1960 年出版。（向达校注，两种海道针经，中华书局，1982 年）

**1701 年　辛巳　清圣祖康熙四十年**

△ 法国传教士杜德美传入了三个幂级数展开式，此即中算史上著名的杜氏三术。这三个展开式分别被称作"圆径求周"（相当于圆周率的幂级数展开式）"弧背求正弦"（相当于半径乘以正弦相对于圆心角所对的弧长和半径的展开式）和"弧背求正矢"术（相当于正矢相对于弧长和半径的展开式）。第一式是牛顿（I. Newton，1642~1727）在 1676 年给出的，后两式是由格里高利（J. Gregory，1638~1675）在 1667 年提出的。（钱宝琮，中国数学史，科学出版社，1992 年，第 301 页）

△ 11 月 4 日，法国传教士白晋（Joachim Bouvet，1656~1723）给莱布尼茨（G. W. Leibniz，1646~1716）写信，介绍伏羲六爻图，其中提到二进制问题。莱布尼兹认为六爻图与他正在研究的二进制的本质是一样的，而阴、阳爻的本意应为数字，但后人未能体会伏羲的原意。（韩琦，中国科学技术的西传及其影响，河北人民出版社，1999 年，第 58~63 页）

**1702 年　壬午　清圣祖康熙四十一年**

△ 梅文鼎（清，1633~1721）撰成《勿庵历算书目》，简要介绍已撰成的历算著作，计有天文历法著作 62 种、80 卷，数学著作 26 种、76 卷。除了前已提及者外，主要的天文历法著作还有：《古今历法通考》，是对中国历代历法的源流、得失进行全面考察、评述的、卷帙浩大的著作，惜已不传；《平立定三差详说》，对授时历三次差内插法计算步骤与原理做了十分详明的解说；《交食管见》，提出以西法为基础的由日面或月面坐标来描述交食亏起方位的计算方法；《上三星轨迹成绕日圆象》，在认同托勒玫宇宙体系和均轮、本轮及偏心轮模型的基础上，略作改动，并认为行星的运动系太阳通过"气"的吸引所致；

《七政细草补注》，对《崇祯历书》中的日、月、五星《历指》做简明的介绍；《漏壶考》综论中国传统计时仪器漏壶的发展史；《勿庵揆日器》、《勿庵侧望仪式》和《勿庵月道仪式》等，是对其发明的天文测量或演示仪器的解说等。

△ 约在是年前，揭暄（清，约 1610～1702）《璇玑遗述》问世。书中彻底否定西方传入的水晶球宇宙体系，而吸取第谷宇宙理论体系，参照朱熹的气旋说，建立了独特的元气旋涡式宇宙模型，并认为日月五星和恒星均为球形，而且都在作自转运动。关于地圆说，书中罗列了 15 条证据，除了集前人已论及者外，又有新发展。[陈美东、陈晖，明末清初西方地圆说在中国的传播与反响，中国科技史料，2000，（1）]

△《璇玑遗述》中给出一幅月面图，系揭暄借助望远镜的观测绘制而成的。他还提出"外刚内柔"的月球结构模型，试图解释月面阴影的形态基本不变的问题。[石云里，中国人借助望远镜绘制的第一幅月面图，中国科技史料，1991，（4）]

△ 康熙帝向李光地索取汉人撰著的天文数学著作。李光地向他进呈了梅文鼎的《历学疑问》。两天后，康熙帝对李光地说，"昨所呈书甚是细心，且议论亦公平，此人用力深矣"。一年后，康熙帝南巡时，将《历学疑问》交还李光地，并称，"无疵瑕，但算法未备"。1705 年 6 月 10 日，康熙帝南巡返京路过德州时，召见梅文鼎于舟次。梅文鼎将《三角法举要》呈现给他。康熙帝谓李光地："历象算法朕最留心，此学世鲜知者，如文鼎真仅见也"，并特书"绩学参微"赠予梅文鼎。梅文鼎成为中国历史上唯一的一位以数学才能受知于帝王的学者。[韩琦，君主与布衣之间——李光地在康熙时代的活动及其对科学的影响，清华学报（台湾），1996，新 26（4）：421～445]

△ 揭暄（清）结合西方的地圆说与中国传统的潮汐理论，提出了一种独特的潮汐学说，即由于月球的作用，地球潮汐将形成一个椭圆，并随月球的周日运动绕地运行。[石云里，揭暄的潮汐学说，中国科技史料，1993，14（1）：90～96]

△ 揭暄（清）在为方以智（明末清初，1611～1671）《物理小识·地类·水圆》作注时，发现并记述了液面的弯月面现象，还发现层流运动的水流断面上中心的流速大于边缘的流速。（戴念祖，中国力学史，河北教育出版社，1988 年，第 406、438 页）

△ 揭暄（清）在一个光滑圆盘中刻上许多圆槽，在各个槽内放置光滑小球，突然使盘左旋，各个小球即向右旋。他解释这种现象"犹夫舟之触岸，人必反靡；马之骤鞭，身必少却也"。在惯性力作用下，"圆者必转，直者必仆，小者轻者，不亟移则飞跃"。他以这些惯性实验来说明天体视运动的逆留现象。（明末清初·揭暄：《璇玑·写天总论》卷一）

△ 传教士测量中经线上霸州至交河的直线长度，康熙四十九年（1710）又在东北地区实测了北纬 41～47 度间每度的直线距离。这些测量都得出纬度越高，每度经线的直线距离越长的结论。有关经线一度的长度不等的发现，是世界上首次通过实测而获得地球为椭圆体的重要证据。（唐锡仁等，中国科学技术史·地学卷，科学出版社，2000 年，第442 页）

△ 胡渭（清，1633～1708）编纂《禹贡锥指》20 卷，依据《禹贡》原文训解，将古今郡国分合、河道迁徙、方位走向，一一缕析条理，成为清以前考证、注释《禹贡》集大成者。（翟忠义，中国地理学家，山东教育出版社，1989 年，第 263～265 页）

△ 乐梧冈（清，1661～1742）创办同仁堂药店。此店不仅供给民用药物，并且包揽清府用药，其分店遍布国内。[乐松生，北京同仁堂的回顾与展望，文史资料选辑（11），人民

出版社，1960 年]

## 1703 年　癸未　清圣祖康熙四十二年

△ 李光地（清，1642～1718）与梅文鼎（清，1633～1721）在河北保定聚集一批青年学者，讲习天文历算之学，培养了不少天文历算人才。[韩琦，君主与布衣之间——李光地在康熙时代的活动及其对科学的影响，清华学报（台湾），1996，（4）]

## 1704 年　甲申　清圣祖康熙四十三年

△ 11 月，康熙帝在《三角形推算法论》中称："论者以古法、今法之不同，深不知历原。原出自中国，传及于极西。西人守之不失，测量不已，岁岁增修，所以得其差分之疏密，非有他术也。"明确提出"西学中源"的观点。1711 年，康熙帝与赵宏燮论数，称："夫算法之理，皆出自易经。即西洋算法也善，原系中国算法。彼称为阿尔朱巴尔。阿尔朱巴尔者，传自东方之谓也"。明确指出西方数学亦是来源于中国的。康熙帝之倡"西学中源"固然有劝导中国学者学习欧洲数学知识之目的，但究其根源，他很可能是希望借此为他学习欧洲知识找一个合法且值得儒家学者称道的理由：恢复失传的古代圣贤的知识。（詹嘉玲，是"在中国的欧洲科学"还是"西学"——17 世纪至 18 世纪末跨文化的交流之表述，田淼译，法国汉学·第六辑，中华书局，2002 年，第 420～447 页）

△ 拉锡（清）和舒兰（清）率队考察了黄河河源。自京师出发至星宿海折回，历时两月余，行程 7600 余里。在归来后进呈的《星宿海河源图》中，已指出星宿海以西黄河有三条河源。（清·舒兰：《河源记》，《小方壶斋舆地丛钞》第四轶）

△ 根据《四部医典》和《月王药诊》内容绘制的藏医学系列挂图共 79 幅全部完成。

## 1705 年　乙酉　清圣祖康熙四十四年

△ 康熙帝在南巡返回北京的途中，召见梅文鼎（清，1633～1721），两人连续三日在御舟中谈论天文、算学，康熙帝深敬梅文鼎的学识，特亲书"绩学参微"四字以表彰梅文鼎的历算之学。（清·杭世骏：《道古堂文集》卷二十九《梅文鼎传上》）

△ 梅文鼎撰成《平三角举要》（5 卷）。梅文鼎对《大测》、《测量全义》等书中所含的涉及三角形的几何学性质以及有关三角术的算法做了系统的整理。在书中给出利用垂线将钝角和锐角三角形化为勾股形的方法，此后，梅文鼎试图藉传统勾股术重新整理三角学知识。

△ 梅文鼎著《堑堵测量》二卷刻印。在书中，梅文鼎提出，四面全是勾股形的直角四面体，"立三角形"，也即传统数学中的"鳖臑"，是立体测量的基础。由此，他试图将立体测量方法构筑于传统数学体系之上。

△ 陈厚耀（1648～1722）著《算义探奥》。该书多是叙述几何学的内容，受到西方数学的影响。[韩琦，错综法义提要，见：科学技术典籍通汇·数学卷（4），河南教育出版社，993 年，第 683 页]

△《算义探奥》中含"错综法义"一篇，主要探讨排列组合问题。给出了重复排列、排列、重复组合、组合等的计算方法。惜此书流传不广，未能给清代数学研究产生应有影响。[韩琦，错综法义提要，见：科学技术典籍通汇·数学卷（4），河南教育出版社，1993 年，第 683 页]

△ 约于是年，蒲松龄（清，1640~1715）撰反映清代山东淄博地区农桑生产技术的地方性农书——《农桑经》（残稿）。书分农经和蚕经两部分。"桑经"部分是博采古今蚕桑资料而成，其中御灾各节较有价值。（董恺忱等主编，中国科学技术史·农学卷，科学出版社，2000年，第656页）

△ 蒲松龄（清，1640~1715）所撰《农桑经》中记载：用砒霜煮制毒谷诱杀害虫；用药物拌种、诱杀、毒杀、轮作等方法防治蝼蛄象为害庄稼；有关"嫁枣"法操作技术的描述已与近代环割技术十分相似。[叶余，蒲松龄手稿农桑经，文物参考资料，1958，（5）：38~39]

## 1706 年　丙戌　清圣祖康熙四十五年

△ 位于四川雅安以西建成一座铁索桥，御赐名为"泸定桥"。桥长约103米，宽约3米，施索9条。泸定桥保存了中国古代铁链桥最完整的形象和技术资料。（唐寰澄，中国科学技术史·桥梁卷，科学出版社，2000年，第554~566页）

## 1707 年　丁亥　清圣祖康熙四十六年

△ 传谕：西洋人内有技艺巧思或内、外科大夫者，急速差人送京。两广总督旋将广东新到西洋人11人，内有精于天文、音乐、钟表等技艺者差人护送进京。

## 1708 年　戊子　清圣祖康熙四十七年

△ 在全国性测绘工作开始前，为了统一各地的测量标准和计算方便，康熙帝规定测量尺度标准据"天上一度即地下二百里"的原则计算，即以地球子午线上1度之长为200里，每里1800尺，每尺的长度等于经线的百分之一秒。在世界上最早采用以子午线每一度的弧长来决定长度标准。（《大清圣祖仁皇帝实录》卷246；唐锡仁等，中国科学技术史·地学卷，科学出版社，2000年，第441页）

△ 是年至1716年，法国白晋、雷孝思（J. B. Régis，1663~1738）等传教士，在中国测绘人员的协助下，在全国范围内开展大规模的经纬度测量，测及641点的经纬度。这是中国首次采取科学的经纬度测量法绘制地图，为中国地图的科学化奠定了基础。[翁文灏，清初测绘地图考，地理学杂志，1930，（3）]

△ 茶树繁殖采用扦插法。（陈祖椝、朱自振，中国茶叶历史资料选辑，农业出版社，1981年，第359页）

△ 汪灏（清）等在王象晋（明）撰《群芳谱》（1621）的基础上，经过增、删、改编而成《广群芳谱》100卷，收载植物的1400种，大大地扩充了《群芳谱》的内容。书中有茶园上层间种乔木，下层间种草本植物的记载，此为利用植物间促生作用，构成较完整的人工植物群落。（夏武平等，中国古籍中对植物生化他感现象的认识，中国科技史料，1992，13（1）：75）

## 1709 年　己丑　清圣祖康熙四十八年

△ 始建北京圆明园，至乾隆九年（1744）基本建成。附园长春、万春二园，各于乾隆十六年（1751）、三十七年（1772）建成，嘉、道、咸各代屡有修建。三园占地约5200亩。

结合中西园林、建筑风格，罗列国内外名胜 40 景，建筑物 140 余处，被誉为"万园之园"。先后有意大利耶稣会士郎世宁（Joseph Castiglione，1688～1766）、法国耶稣会士王致诚（Jean Denis Attiret，1702～1768）等参与其事，圆明园采用的欧式建筑风格对中国建筑有一定影响。咸丰十年（1860）因英法联军入侵被毁。[陈庆华，圆明园，文物，1959，（9）：28～34]

### 1711 年　辛卯　清圣祖康熙五十年

△ 日本正德元年，输入日本的中药总量为 778 860 余斤，至文化元年（1804）更增至999 218 斤，并且药品种类较为齐全。（武安隆，文化的抉择与发展——日本吸收外来文化史说，天津人民出版社，1993 年，第 208 页）

### 1712 年　壬辰　清圣祖康熙五十一年

△ 杨秉义（F．Thilisch，1670～1715）和法国传教士傅圣泽（J．F．Foucquet，1665～1741）应召向康熙帝介绍天文学知识，其中包括开普勒、卡西尼（J．Cassini，1677～1756，法国）、腊羲尔（P．de Lahire，1640～1718，法国）、哈雷（E．Halley，1656～1742，英国）等人的天文学说。随后，傅圣泽更依据法国皇家科学院出版的著作，翻译出《历法问答》、《七政之仪器》等天文著作。（韩琦，中国科学技术的西传及其影响，河北人民出版社，1999年，第 27 页）

△ 夏，法国耶稣会士傅圣泽（Jean-Francois Foucquet，1665～1741）为康熙帝撰写了《阿尔热巴拉新法》。书中介绍符号代数。但由于康熙帝不能理解符号代数的运算意义，对阿尔热巴拉新法提出了批评。致使符号代数没有在当时流传。（Catherine Jami，欧洲数学在康熙年间的传播情况——傅圣泽介绍符号代数尝试的失败，数学史研究文集，第一辑，内蒙古大学出版社、九章出版社（台北）联合出版，1990 年，第 117～122 页）

△ 图理琛（清，1667～1740）奉命自京师（北京）启程出行土尔扈特（清蒙古四部之一，分布在新疆北部一带），出张家口，越蒙古高原，然后假道俄国西伯利亚和伏尔加河下游的部分地区，于 1714 年抵土尔扈特。[唐锡仁，图理琛与《异域录》，科学史集刊（10），地质出版社，1982 年，第 87～92 页]

△ 曾到过中国和日本的甘弗（德，E．Kampfer）所撰《海外珍闻录》中记述了中国和日本所用艾，并认为是最好的灸灼材料。此书后被译成英、荷、法多国文字，引起欧洲人对灸术的注意。（廖育群，中国古代科学技术史纲·医学卷，辽宁教育出版社，1996 年，第 345 页）

△ 是年至 1721 年，福建水师提督施世骠（清，1670～1721）奏献彩色纸本"东洋南洋海道图"一轴。（中国古代地图集·清代，文物出版社，1995 年）

△ 是年全国丁口数为 2034 万。以顺治八年的丁口 1400 万为基数，年增长率仅为万分之十三。遂颁布"滋生人丁，永不加赋"之法。

△ 重建海宝塔（在今宁夏银川），塔形线条明朗，层次分明，棱角分明，风格独特，为中国塔林所仅见。现存之塔为乾隆四十三年（1778）地震破坏后重修。

△ 法国耶稣会士殷汉生（恩脱雷科利斯，Pere François Zavier D．Entrecolles）将其专门进行考察和研究所撰有关景德镇和瓷器生产概况的报告书简《中国陶瓷见闻录》寄法国耶稣

会。此报告刊登在该会出版的《耶稣会传教士写作的珍贵书简集》第 12 期上。1722 年又写成该报告的补遗，刊登在其会刊第 16 期上。这篇著名的中国瓷器生产技术的考察报告，为当时欧洲正在蓬勃发展的陶瓷工业提供了极为宝贵的技术资料。报告还将制造瓷器的重要原料高岭土的知识介绍到欧洲。（武斌，中华文化海外传播史，第三卷，陕西人民出版社，1998 年，第 1573～1574 页）

## 1713 年　癸巳　清圣祖康熙五十二年

△ 康熙帝（清）于畅春园建立蒙养斋，从事天文观测与西方科技著作的编译工作。（王兰生：《交河集》卷一）

△ 康熙帝于畅春园之蒙养斋设立算学馆。畅春园的数学馆由康熙帝亲自任教，并由其皇子掌管。约有一百余学者和精通数学者被选入畅春园学习，陈梦雷、方苞、杨文言、陈厚耀、何国宗及梅瑴成等都应征入畅春园的算学馆。除了培养一批精通欧洲数学知识的学者以外，他的另一个目的是为了编辑天文、音律和数学书籍，即《律吕渊源》。[韩琦，君主与布衣之间——李光地在康熙时代的活动及其对科学的影响，清华学报（台湾），1996，新 26（4）：421～445]

△ 康熙帝（清）御制《律吕正义》，以累黍定黄钟之制，以"律之长短不可更，黍之大小未尝变"，故以纵尺为今（清）尺，以横黍尺为古尺；又制度量衡表，以寸法定容。（丘光明等，中国科学技术史·度量衡卷，科学出版社，2001 年，第 422、426 页）

△ 是年起至 1780 年，先后在河北承德模仿内蒙古、新疆、西藏各建筑式样建房屋共 11 座，因分属 8 座寺庙管辖，故通称"外八庙"。承德外八庙是清代喇嘛教的中心之一，其建筑雄伟，规模宏大，反映清代前期技术和建筑艺术的成就。（清·和珅：《钦定热河志》；张羽新，避暑山庄的造园艺术，文物出版社，1991 年）

## 1714 年　甲午　清圣祖康熙五十三年

△ 楚几沁藏布兰木占巴（清）、胜住（清），奉命进藏测绘西藏地图时，发现珠穆朗玛峰。[林超，珠穆朗玛的发现与名称，北京大学学报（人文版），1958，（4）]

△ 成图的彩色《台湾地理全图》是现存最早的台湾地图。[吕荣芳，清初手绘台湾地图考释，文物，1979，（6）]

## 1715 年　乙未　清圣祖康熙五十四年

△ 十月，制造的清代标准量器——户部铁方升，实容 1043 毫升，现存故宫博物院。（丘光明等，中国科学技术史·度量衡卷，科学出版社，2001 年，第 427 页）

△ 德·西德里（de Chardin）通过印度河进入西藏，首次报导冈底斯山和圣湖马那沙洛瓦，以为该湖是印度河和恒河的源头。[沈福伟，外国人在中国西藏的地理考察，中国科技史料，1997，18（2）：8]

△ 图理琛（清，1667～1740）出使土尔扈特回国。归后，述其道路所见为《异域录》进呈，并附舆图。《异域录》2 卷，地理分纲，述其山川、民风、物产等，1723 年满汉两种文字刊印，是中国第一部介绍俄国情况的地理著作。[唐锡仁，图理琛与《异域录》，科学史集刊（10），地质出版社，1982 年，第 87～92 页]

△ 亟斋居士（清）所撰产科专书《达生篇》1 卷刊行。书中于难产诸症讨论尤详，并载验案及方药。所载保胎神丸、神效保胎丸、神效达生散、济生汤、催生如意散等，均为有效，迄今沿用。书中还提出了具有应用价值的"一曰睡，二曰忍痛，三曰慢临盆"的临产要诀。（廖育群，中国古代科学技术史纲·医学卷，辽宁教育出版社，1996 年，第 29 页）

## 1716 年　丙申　清圣祖康熙五十五年

△ 清朝廷令全国各州县观测雨雪起迄时间和分寸上报，其中有水入土的深度，现存有1736 年至 1909 年的记录。（洪世年等，中国气象史，农业出版社，1983 年，第 61 页）

△ 朱橚（明，? ～1425）所著《救荒本草》（1425）于 17 世纪末传至日本。是年，日本江户中期的重要本草学家松冈恕庵（1668～1746）从《农政全书》中析出《救荒本草》，专门对之进行训点和日名考证，成书《周宪王救荒本草》14 卷。此为日本首次出版的《救荒本草》和刻本。宽政 11 年（1799），小野兰山（1729～1810）据嘉靖四年（1525）版的《救荒本草》，对松冈恕庵的和刻本进行正误补遗，出版《校正救荒本草、救荒野谱并同补遗》。[罗桂环，中国古代科学家传记（下）·朱橚，科学出版社，1993 年，第 770 页]

## 1717 年　丁酉　清圣祖康熙五十六年

△ 越南慧静编《洪义觉医书》二卷，搜集中国药品 630 余种，13 种越南药品，37 种古方。（廖育群等，中国科学技术史·医学卷，科学出版社，1998 年，第 441 页）

## 1718 年　戊戌　清圣祖康熙五十七年

△ 约于是年，藏族达摩利师（清，1654～1718）撰成《日光论》，该书正编 162 页，前半部讲述历算，后半部讲述星占，另有后编，主要给出有关历算表格。系依据《白莲法王亲传》编撰而成，是对时轮历的继承与发展。（黄明信、陈久金，藏历的原理与实践，民族出版社，1987 年，第 269 页）

△ 冬，徐志定（清，约 1690～约 1753）因在泥活字上上釉偶创瓷活字，并于次年用以刊印了长尔岐（清，1612～1678）所著《周易说略》（《泰安县志·人物志》；潘吉星，中国科学技术史·造纸与印刷卷，科学出版社，1998 年，第 419～420 页）

△ 法国耶稣会士杜德美（Perlus Pierre Jartoux，1668～1720）等人，根据实地测量成果，采用桑逊摄影绘制康熙《皇舆全览图》。此图有木版、铜版两种。前者计总图 1 幅，分省图和地区图 28 幅。1721 年再版刊印时，总图增入了西藏和蒙古西部地区，分省图地区图增至 32 幅。铜版刻印于 1719 年，共八排 41 幅。[任金城，康熙和乾隆时期我国地图测绘事业的成就及其评价，科学史集刊（10），地质出版社，1982 年，第 53～64 页]

△ 康熙末年，通过考察实测，人们已彻底改变长期以来以岷江为长江源的观念，已比较清楚地认识到金沙江为长江正源。是年入史馆的杨椿（清）著《江源记》，以及李绂（清）著《江源考》和齐召南（清）著《水道提纲·江道篇》对此都有论述。（唐锡仁等，中国科学技术史·地学卷，科学出版社，2000 年，第 450～451 页）

## 1719 年　己亥　清圣祖康熙五十八年

△ 绘制的《汉满合璧清内府一统舆地秘图》第六排第六号，绘有以满文标注名称的珠

穆朗玛峰。这是关于珠穆朗玛峰较早的文献记载。[林超，珠穆朗玛的发现与名称，北京大学学报（人文版），1958，（4）]

　　△ 徐葆光（清）奉使琉球，次年归国后撰成《中山传信录》一书，记述了往返琉球的航程及针路。（清·王锡祺：《小方壶舆地丛钞》第十帙）

## 1720 年　庚子　清圣祖康熙五十九年

　　△ 约是年，德国传教士戴进贤（I . Kogler，1680～1746）刊出《黄道总星图》，系分别以南、北黄极为中心、以黄道为边界的两幅极坐标圆图，主要依据《灵台仪象志》星表绘出，但又有所补充。在图的周边，还绘有金星相位变化、太阳黑子、木星的条斑与 4 颗卫星、土星光环与 5 颗卫星、火星表面形态及月面图等图像，介绍了伽利略、卡西尼、惠更斯（C. Huygens，1629～1695，荷兰）等人的天文发现。[韩琦，中国古代科学家传记（下）. 戴进贤，科学出版社，1993 年，第 1330～1332 页]

　　△ 古印度医书《医经八科精华集》、《月光经》、《百方》等被译成蒙文刊印，对蒙医的发展产生深远的影响。[巴·吉格木德，杰出的蒙古族医学家伊希旦金旺吉拉，中华医史杂志，1983，13（4）：256]

## 1721 年　辛丑　清圣祖康熙六十年

　　△ 陈世仁（清，1676～1722）撰《少广补遗》（七篇）。该书可谓是一部级数求和公式集。书中给出多组级数求和公式。其中有些公式已非常复杂，如其抽偶再方尖，相当于求奇数的立方之和分式

$$\sum_{i=1}^{n} (2i - 1)^3 = n^2(2n^2 - 1) \text{ ①}$$

陈世仁对他所得出的这些公式几乎没有给出任何解释。从他的诸尖名称可以看出，他有意进行系统的垛积研究，但他似乎还未将其诸尖与贾宪三角形建立起联系。

　　△ 黄叔璥（清，1666～1742）奉命巡视台湾，归后著《台湾使槎录》八卷，详细论述台湾的山水风土、民俗物产、海道风俗等。（《四库全书·史部·地理类》）

　　△ 吴桭臣（清，1664～?）所撰《宁古塔记略》中首次记载康熙五十九年五大莲池火山爆发的情景。

　　△ 是年至 1778 年，用深翻、种植苜蓿等绿肥作物等方法，改良盐碱土地。（清·孙宅揆撰、盛百二增订：《增订教稼书·碱地·沙地》）

　　△ 日本天皇闻其名，聘医学家周南（清）渡海，传授中国医学，五年而归。在日本期间刊有《（周氏医案）其慎集》5 卷（1725）。

　　△ 北京南堂改建。由葡萄牙国王给予资助，聘得利博明（Fr. F. Maqqi）修士为建筑师，改建成巴洛克式建筑。

## 1722 年　壬寅　清圣祖康熙六十一年

　　△ 何国宗（清，? ～1766）、梅瑴成（清，1681～1763）等在若干传教士的协助下撰成

---

　　① 关于陈世仁《少广拾遗》中所含的垛积公式的详细情况，参见：李俨，中算家的级数论，中算史论丛，第 1 辑，第 366～384 页。

《历象考成》，该书以《西洋新法历书》为基础，依然采用第谷的宇宙理论体系，只是在进行天文测量的基础上，对一些天文数据做了改进，克服了《西洋新法历书》存在的"图与表不合，而解多隐晦难晓"的缺点，并吸收了王锡阐、梅文鼎（清，1633～1721）的若干研究成果，和南怀仁《灵台仪象志》、《康熙永年表》的若干新知识。书成后取代《西洋新法历书》成为御定历法，亦即《甲子元时宪历》，颁行全国。（桥本敬造，《象考成》の成立——清代初期の天文算学，薮内清、吉田光邦编，明清时代の科学技术史，京都大学人文科学研究所，1970年，第71～85页）

**1723～1735年　清世宗雍正年间**

△ 张崧（清）所著《山蚕谱》序载："登莱山蚕，自古有之、前此未知饲养之法，任其自生自育。宋、元以来，其利渐兴。今则人事益修，利赖益广，功埒桑麻"。说明当时当地人工放养柞蚕已和栽桑、养蚕、绩麻同样重要。

△ 雍正《十排皇舆全图》是在康熙《皇舆全览图》基础上修订补充而成的；以纬度每8度为一排，共十排，故名。关内汉文标注地名，关外用满文标注地名。[于福顺，清雍正十排《皇舆图》的初步研究，文物，1983，（12）：71～75]

△ 云白铜器皿运销海外。（赵匡华等，中国科学技术史·化学卷，科学出版社，1998年，第204页）

**1723年　癸卯　清世宗雍正元年**

△ 清廷发布禁教令，把大多数耶稣会士赶到了澳门，但在钦天监中仍任用一定数量耶稣会士，继续进行天文历法的有关工作。（傅祚华，《畴人传》研究，见：梅荣照主编，明清数学史论文集，江苏教育出版社，1990年，第226页）

△《数理精蕴》53卷编成。该书为《律历渊源》中的一部，由康熙皇帝敕编，梅毂成、陈厚耀等任实际主编。上编五卷《立纲明体》，包括《数理本原》、《几何原本》和《算法原本》；下编48卷"分条致用"，分为首部、线部、面部、体部和末部。首部介绍单位换算、欧洲笔算及四则运算法。线部不仅含现代数学意义下的比例计算法，还包括等比数列和等差数列的求和方法。面部，主要讨论与平面图形相关的问题。其中包括欧洲开方及二次方程的公式解法。体部主要解决立体问题，其中包括开立方及求三次方程数值解的方法。末部主要介绍借根方方法及对数、比例规等方面的内容。书后还附有三角函数表、素因数表、对数表及三角函对数表。该书汇集了1690年以来传入的西方数学知识并吸收了中国数学家的一些研究成果。挟敕编之名的《数理精蕴》在清代流传很广，成为当时数学教育和学习的主要教材和参考书。

△《数理精蕴》下编卷十二"定勾股弦无零数法"一篇，介绍西方整数勾股形理论。在此之后，整数勾股形成为重要研究课题，并取得了突出成果。（李兆华，中国数学史，文津出版社，1995年）

△《数理精蕴》下编卷十六给出三角函数表造法。在《大测》六宗、三要法和二简法之外，增加了圆内接正十八边形边长求法，圆内接正十四边形边长求法以及由本弧通弦求其三分之一弧通弦法。（李兆华，中国数学史，文津出版社，1995年，第259页）

△《数理精蕴》下编卷三十一至卷三十六介绍借根方比例。借根方方法为耶稣会士于17

世纪末介绍到中国来的。《数理精蕴》对已传人的知识做了较为系统的总结，并介绍了一些欧洲方程理论研究的成果。这些成果为汪莱等数学家所关注，成为 19 世纪初中算家的研究热点。(田淼，中国数学的西化历程，山东教育出版社，2004 年)

　　△《数理精蕴》下编卷三十八介绍对数表造法。包括对数求法和造表程序。书中给出中比例法、真数递次自乘法和递次开方法三种造表法。(李兆华，中国数学史，文津出版社，1995 年，第 260 页)

　　△《数理精蕴》下编卷三十八给出真数递次开方求对数方。该法为此后中算家研究对数函数展开式的基础。(李兆华，中国数学史，文津出版社，1995 年，第 262~263 页)

　　△《数理精蕴》下编卷三十"各体权度率"记载了康熙年间梅瑴成(清，1681~1763)、何国宗(? ~1766)等人奉命主持测定的赤金、纹银、水银、红铜、白铜等 32 种物质的比重值。(王冰，中国物理学史大系·中外物理交流史，湖南教育出版社，2001 年，第 90 页)

　　△ 5 月 1 日，法国传教士巴多明(Dominique Parrenin，1665~1741)在致法国学士院的报告中，介绍了中草药冬虫夏草、三七、大黄、当归、阿胶等，并将样品寄回法国。法国科学院于 1726 年为此举行专题报告会。[蔡捷恩，中草药传欧述略，中国科技史料，1995，16 (2)：6]

　　△ 令各直省举所知年老医生赴京交太医院试用，果有医理精通、疗效显著者，即留用太医院授职。并令各直省所属医生详加考试，选有学识者授为医学官教授。每省设 1 员，食俸 3 年。

## 1725 年　乙巳　清世宗雍正三年

　　△ 户部尚书蒋廷锡(清)等奉敕撰成《古今图书集成》1 万卷，广罗群籍，分门分类，卷帙浩繁，为清修最大规模的类书。此书先由康熙时陈梦雷(清)辑成，原名《古今图书汇编》。至是重辑成书。

　　△ 傅泽洪(清)主持、郑元庆(清)纂辑《行水金鉴》175 卷完成。它首次系统综括从古至雍正前关于黄河、淮河、长江、永定河、运河等流域的水道变迁、水利工程和行政管理等方面的资料。道光十一年(1831)黎世序(清)、张井(清)和潘锡恩(清)又主持编纂完成《续行水金鉴》156 卷，收录雍正初到嘉庆末的资料。两者合成中国古代较为完成的水利资料文献汇编。(唐锡仁等，中国科学技术史·地学卷，科学出版社，2000 年，第 447~448 页)

　　△ 是年至雍正十三年(1735)建成全长 23.76 公里的华亭石塘，时称"四十里金城"。1996 年，在上海市奉贤县发现全部用青、黄条石垒砌，长约 4 公里的"华亭东石塘"，此为我国东南沿海现存最古的石构海堤遗物。(文物出版社编，新中国考古五十年，文物出版社，1999 年，第 150 页)

## 1726 年　丙午　清世宗雍正四年

　　△ 怡贤亲王允祥(清，1686~1729)主持修畿辅水利，经营 4 年，开发官、民稻田 7700 余顷。(清·吴邦庆：《畿辅河道水利丛书·怡贤亲王疏钞进营田瑞稻疏》)

## 1727 年　丁未　清世宗雍正五年

△ 英国首次向华输入鸦片 200 箱，每箱重 130 磅。

△ 江西景德镇御器厂正式开工烧瓷，内务府员外郎唐英（清，1682～1755）负责组织烧制瓷器直至乾隆二十一年（1756）。（赵匡华等，中国科学技术史·化学卷，科学出版社，1998 年，第 107～109 页）

## 1728 年　戊申　清世宗雍正六年

△ 武英殿修书处以内府铜版活字出版当时世界最大的百科全书——《钦定古今图书集成》。此书由陈梦雷（清，1651～1723）原编，蒋廷锡（清，1669～1732）奉敕校勘重编，共 1 万卷，于康熙四十五年四月修成。

△ 命各省督抚将本省通志重加修辑，务期考据详明，搜采精当，以臻完善。

## 1729 年　己酉　清世宗雍正七年

△ 法国传教士巴多明（Dominique Parrenin，1665～1741）主持的"西洋馆"招收满族子弟学习拉丁文。

△ 年希尧（清，？～1738）撰《视学》初刊，十三年（1735）出版修订本。全书不分卷，共 132 页。该书主要以图示方法讲解西方透视原理及绘图法，为中国研究这类问题的第一部专著。年希尧曾随意大利耶稣会士郎世宁（J. Castiglione，1688～1766）学习欧洲绘图法。据考证，《视学》中的前一部分采自意大利耶稣会士画家 A. Pozzo（1642～1709）《绘画与建筑透视》（*Perspectiva Pictoram et Architectorum*）。此书虽经刊刻，但流传绝少，并没有引起后世数学家们的重视，此后的中算家们几乎没有人关注西方透视学原理的研究。[沈康身，从《视学》看 18 世纪东西方透视学知识的交融和影响，自然科学史研究，1985，4(3)：258～266]

△ 首次颁布吸食鸦片禁令。

△ 是年至 1732 年，云贵总督鄂尔泰（清）主持对滇池集中治理。对入滇池的六河进行疏浚、修堤、建闸，兴建 46 项工程。又清除海口的滩碛，增加滇池泄量，实现了对滇池蓄水的调蓄。[水利水电科学研究院《中国水利史稿》编写组，中国水利史稿（下），水利电力出版社，1987 年，第 102 页]

## 1730 年　庚戌　清世宗雍正八年

△ 依《历象考成》所推一次日食与实际不合，明安图（清，约 1692～约 1765）提出宜重修《历象考成》，并建议采用戴进贤与徐懋德（A．Pereira，1689～1743）等从欧洲得来的、依牛顿原理计算的新日躔表与月离表。由是于次年开始改用癸卯元时宪历，替代甲子元时宪历，颁行全国。（中国天文学史整理研究小组，中国天文学史，科学出版社，1981 年，第 232、255 页）

△ 何梦瑶（清）在《算迪·难题》卷 5 中提出以浮标测速，以及计算河流流量的公式为过水面积乘以流速。

△ 浙江水师提督陈伦炯（清）根据其亲身经历和咨询考验著成《海国闻见录》，是清代

一部全面记载中国沿海形势及南洋、非洲、欧洲等地理形势及海外各地民俗物产地等的著作。附图 6 幅，北起鸭绿江口，南至钦州交趾界（今中越分界处）以及台湾、澎湖、海南岛等地沿海形势。（清·陈伦炯：《海国闻见录》，中州古籍出版社，1985 年，第 88~89 页）

## 1732 年　壬子　清世宗雍正十年

△ 约于是年，法国耶稣会士宋君荣（Antoine Gaubil，1689~1759）通过对中国古代圭表测量记录的整理研究，得出了黄赤交角古今变化的结论。宋君荣所整理的相关资料，还对法国拉普拉斯（P．S．Laplace，1749~1827）在 1811 年发表的关于黄赤交角变化规律的理论探讨的专文，提供了重要的历史依据。[韩琦，中国科学技术的西传及其影响（1582~1793），河北人民出版社，1999 年，第 78~80 页]

△ 宋君荣著《中国天文学简史》（*Histoire Abrégée de I'Astronomie Chinoise*）和《中国天文学》（*Traitéde I'Astronomie Chinoise*）在巴黎刊出。（武斌，中华文化海外传播史，陕西人民出版社，1998 年，第 1748 页）

△ 约是年，王心敬（清）撰《区田法》，内容简短，但颇有创见。书中提出把种子种在低畦或方形浅穴内，以便蓄水保墒；集中施肥，灌水；适当密植。

△ 程国彭（清，1679~?）在《医学心悟》中阐述了中医理论体系中的"八纲八法"。

## 1734 年　甲寅　清世宗雍正十二年

△ 果亲王奏准"于八旗官学增设算学教习十六人，教授官学生算法。每旗官学资质明敏者三十余人，定以未时起，申时止，学习算法"。[国子监纂集：《钦天监则例》卷四十五，《近代中国史料丛刊》三编第四十九辑，台北：文海出版社，1989 年]

△ 法国地理学家唐维尔（J. B. Bourguignon d'Anville）据费隐寄来的《皇舆全览图》制成各种中国分省地图，于 1729 年开始出版，至是年出齐。1737 年，其所绘地图又以《中国新图》（*Nouvel Atlas de la Chine*）为名在荷兰出版大型特制本，其中除 42 幅地图外，并有读史参考图和主要城邑图。《中国新图》是当时在欧洲的一部最完善的中国地图集。（武斌，中华文化海外传播史，第三卷，陕西人民出版社，1998 年，第 1743 页）

△ 工部颁行《工部工程做法则例》（又称《工程做法》），为清官式建筑通行的标准设计规范。全书 74 卷，分各种房屋营造范例和应用工料估算限额两部分，对各专业、各工种，都有条款详晰的规程，即是工匠营造房屋的标准，又是主管部门验收工程、核定经费的明文依据，是继宋代《营造法式》之后官方颁布的又一部较为系统全面的建筑工程类书。

## 1735 年　乙卯　清世宗雍正十三年

△ 法国耶稣会士杜赫德（J. B. du Halde）在巴黎刊印第一部系统介绍中国社会和科学的《中华帝国志》，被誉为中国百科全书。

△《中华帝国志》卷三中"节录《本草纲目》"是欧洲最早出现的关于李时珍（明，1518~1593）撰《本草纲目》（1578）的节译本。[蔡景峰，中国古代科学家传记（下）·李时珍，科学出版社，1993 年，第 827 页]

△ 活的白鹇（欧洲时称为"中国白雉鸡"）和锦鸡已被送到欧洲。瑞典植物学家林奈（Carl von Linne，1709~1778）的名著《自然系统》中记录这两种雉。[罗桂环，近代西方

对中草药生物的研究，中国科技史料，1998，19（4）：10]

## 1736～1795 年　清高宗乾隆年间

△ 在北京颐和园修建的玉带桥，是净跨 11.38 米、矢高 7.5 米的单孔蛋圆石拱桥。桥面呈反弯曲线，一似南方的驼峰拱。园中还有一座型式、尺寸、构造以及建造时间完全相同的西堤桥。前者因线形优美而知名。（唐寰澄，中国科学技术史·桥梁卷，科学出版社，2000年，第 397～399 页）

△ 约此时期，制陶家葛明祥（清）和其弟葛源祥（清）在宜兴窑烧制仿钧釉类陶瓷，呈蓝天翠毛釉。

## 1736 年　丙辰　清高宗乾隆元年

△ 颁营造尺。

△ 徐大椿（清，1693～1772）选择《本经》中"耳目所见不疑，理有可测者"（凡例）百种，编撰成《神农本草经百种录》。此书是清代本草尊经派的代表作。（廖育群，中国古代科学技术史纲·医学卷，辽宁教育出版社，1996 年，第 267 页）

## 1737 年　丁巳　清高宗乾隆二年

△ 法国耶稣会士宋君荣（Antoine Gaubil，1689～1759）整理成《中国所见彗星表》，载有中国古代的彗星记录（公元前 613～公元 1539），计 139 次。对欧洲天文学家对彗星的研究产生了一定影响。[韩琦，中国科学技术的西传及其影响（1582～1793），河北人民出版社，1999 年，第 80～83 页]

△ 世宗泰陵自雍正八年（1730）建于永宁山（今河北易县西），至是年竣工，为清西陵中规模最大的陵寝，亦是西陵的主体建筑。

## 1738 年　戊午　清高宗乾隆三年

△ 孙嘉淦奏准停止官学生学习算法，此后于"钦天监附近专立算学""选满汉学生各十二人，蒙古汉军学生各六人"，以《数理精蕴》为教材，"分线、面、体三部，"每部学期一年，另学七政二年。共计五年毕业。1739 年起，算学隶归国子监。监中设算学管理大臣（满）一人，助教（汉）一人，教习（汉）二人，专掌算法。学生学习"五年期满，凡满洲、蒙古、汉军充补各旗天文生，汉人若举人引见以博士用，贡监生童亦以天文生补用。"乾隆末年及嘉道期间，国学数学教育仍未全废。（田淼，清末书院的数学教育，中国科学院自然科学史研究所博士论文，1997 年）

△ 唐英（清，1682～1755）的幕僚顾栋高（清）编订唐英的诗文《陶人心语》，乾隆十八年（1753）续集完成，共 19 卷。此书保存了有关景德镇制瓷工艺和陶瓷生产的珍贵资料。[周嘉华，中国古代科学家传记（下）·唐英，科学出版社，1993 年，第 1078 页]

## 1740 年　庚申　清高宗乾隆五年

△ 杨屾（清，1687～1785/1794）编纂《豳风广义》3 卷，以养蚕、植桑、织纴为主，记其方法及工具，并附图，所论以实验为据，文字浅明易解，旨在推广蚕桑。书中"压条分

桑法"记载桑树繁殖采用环状埋条法;"养猪有七宜八忌"记载"七宜八忌"养猪法。(范楚玉,中国古代科学家传记(下)·杨岫,科学出版社,1993年,第1083～1084页)

△ 王维德(清,1669～1749)将祖遗之术及临证经验、有效之方、清制药石之法,撰成《外科证汉全生集》4卷。书中创用了以辨别局部阴阳为主的诊断原则,并据此提出治疗阴疽的阳和汤,形成后世所称"全生集派"。(廖育群,中国古代科学技术史纲·医学卷,辽宁教育出版社,1996年,第194页)

## 1741年 辛酉 清高宗乾隆六年

△ 张琰(清)撰《种痘新书》12卷,详述种痘选苗、减毒、储藏、接种之法,为中国早期的种痘专著。

## 1742年 壬戌 清高宗乾隆七年

△ 戴进贤、徐懋德、梅瑴成、何国宗等撰成《历象考成后编》。书中抛弃了过时的均轮、本轮等理论,改用开普勒行星运动的椭圆运动定律与面积定律,但却以地心替代日心,来描述日月五星的运动。采用了牛顿、卡西尼等人测算而得的若干天文数据与数表,如回归年长度、黄赤交角、黄白交角、月亮与太阳的地平视差和中心差、蒙气差表、太阳视半径表、月亮运动表等,和有关月亮运动、蒙气差、日月交食等的理论以及开普勒方程的求解等,对《崇祯历书》与《历象考成》做了重大的变革。该书实际上是对癸卯元时宪历充实的理论说明。[中国天文学史整理研究小组,中国天文学史,科学出版社,1981年,第232～233页;鲁大龙,癸卯元历与牛顿的月球运动理论,自然科学史研究,1997,(4)]

△ 乾隆(清)御订《律吕正义后编》,再订权量表,颁行天下,并由工部制造一批营造尺标准器,亦名"部尺",颁之各省。(丘光明等,中国科学技术史·度量衡卷,科学出版社,2001年,第423页)

△ 清代官方编辑的大型农书《授时通考》问世。内容分为天时、土宜、谷种、攻作、劝课、蓄聚、农余和蚕桑等八门,以供应衣食资料为原则,以大田生产为中心,纯粹为前人著述的汇辑,但体裁严整,征引周详,附插图多幅。(王毓瑚,中国农学书录,农业出版社,1964年,第222～223页)

△ 采用抗旱促早熟的冬月种谷法。(清·帅念祖:《区田编》)

△ 吴谦(清,1723～1795)奉命主持编纂的大型医学丛书《医宗金鉴》90卷成书,乾隆十四年(1749)正式刊行。此书内容丰富而齐备,曾作为太医院教本,流传甚广,影响颇大。《医宗金鉴·正骨心法要旨》对于前人在正骨手法、器械、药物治疗方面的丰富经验进行了归纳总结,基本上概括了中医骨伤科的特点。(廖育群,中国古代科学技术史纲·医学卷,辽宁教育出版社,1996年,第208页)

△ 遵义知府陈玉壂(清)请人从山东引进柞蚕种,并请人教当地人大规模放养,乾隆八年秋即获茧800万。至此以后,遵义地区的柞蚕丝绸业迅速发展起来,所产遵绸甚至可以和吴绫蜀锦争价于中州,遵义地区靠柞蚕丝绸业成为贵州较为富裕的地方。(道光《遵义府志》卷16)

**1743 年　癸亥　清高宗乾隆八年**

△ 法国耶稣会士宋君荣（A．Gaubil，1689～1759）使用气象仪器在北平（今北京）作气象观测。其零星的气温记录由马尔曼（W．Mahlman）加以整理统计并于 1843 年发表。（刘昭民，中华气象学史，台湾商务印书馆，1979 年，第 231 页）

△《大清一统志》修成，历时 55 年，共 342 卷。

△ 是年前，《官井洋讨鱼秘诀》问世。作者不详，书中记录了福建宁德县附近海域官井洋内暗礁的位置，寻找鱼群的方法，鱼群潮汐动向，极为详细，是当地渔民经验的总结。（王毓瑚，中国农学书录，农业出版社，1964 年，第 225 页）

△ 唐英（清，1682～1755）在其雍正八年（1730）编《陶成图》的基础上，编著完成《陶冶图编次》（又称《陶冶图说》），并进呈乾隆帝御览。书中较为详细地介绍了景德镇的制瓷工艺中的胎釉原料、原料处理、胎釉配制、制匣工序、成型工艺、窑炉尺寸、烧成工序和施釉彩绘等，这是一篇图文并茂全面介绍景德镇制瓷工艺的重要资料。（中国硅酸盐学会编，中国陶瓷史，文物出版社，1982 年，第 418 页）

**1744 年　甲子　清高宗乾隆九年**

△ 修改圭表，改用清营造尺为长度标准，每尺长 32 厘米，废除沿袭上千年的天文用尺采用古制小尺的制度。[尹世同，量天尺考，文物，1978，（2）]

△ 戴震（清，1723～1777）撰《策算》一卷。书中主要讲述欧洲传入的纳皮尔筹的计算方法。该书为戴震的第一部数学著作。戴震为清代重要经史学家，在整理古算书方面有很大贡献。戴震另有《算学初稿》四种，分别为：《准望简法》、《割圆弧矢补论》、《勾股割圆全义图》、《方圆比例数表》。《准望简法》介绍三角测量方法。《割圆弧矢补论》探讨弦、矢、弧、径等之间的比例关系，并借助图形给出解释与说明。《勾股割圆全义图》为七幅取自第谷宇宙论的简图。《方圆比例数表》相当于以圆直径与圆周、正方形面积与以正方形边长为直径的圆的面积、圆直径及与该圆面积相同的正方形的直径、圆与方、圆直径的平方与圆分之间的关系表。（张岱年主编，戴震全书，黄山书社，1997 年，第 5 册）

△ 清朝适依圆形新莽嘉量和唐太宗时张文收所造方形嘉量图式，设计制作成乾隆嘉量，巧妙地将古今度量衡都附于一器之上。（清·张照：《律吕正义后编》卷 113）

**1745 年　乙丑　清高宗乾隆十年**

△ 医学家李仁山（清）在日本长崎为人种痘，由是种痘法传入日本。

**1746 年　丙寅　清高宗乾隆十一年**

△ 叶桂（叶天士；清，1667～1746）著《临证批南医案》由门人华岫云（清）辑录成书。此书 10 卷，以介绍内科杂病和温热病案为主，另有叶氏诊治妇、儿、五官科等病症的案例，较完整地反映叶氏的学术经验，在中国古代医案中享有盛誉。书中创立胃阴学说，提出调补厅经八脉学说，最先描述腥红热的舌象。[余瀛鳌等，中国古代科学家传记（下）·叶天士，科学出版社，1993 年，第 1062 页]

## 1747 年　丁卯　清高宗乾隆十二年

△ 飞云楼重建，位于山西万荣解店镇东岳庙内，俗称解店楼，始建年代不详，唐贞观年间已有楼。楼高 20 多米，4 层。楼底层为正方形，二三两层四面各出一抱厦，平面成"十"字形，上为歇山顶，每层有檐角 14 个，檐下斗栱重叠如云，檐角上翘，宛如习翼。此楼结构复杂，造型加紧致秀丽，在中国木结构楼阁式建筑中较为独特。

△ 杨岫（清，1687～1785/1794）撰《知本提纲》刻印。此书约完成于乾隆三年（1738），10 卷 14 章，专讲农业生产技术，分别论述耕家、园圃、桑蚕、树艺、畜牧的方法。书中记载了套犁深耕技术、北方旱作农业采用的浅耕灭茬技术；提出了施肥的"三宜"原则；指出应根据季节、苗期、作物种类、土壤性质的不同，施以不同的类肥，并将肥料分成 10 种；强调选种的重要性，提出"种取佳穗，穗取佳粒"的选种方法；提出"身测寒热"、"腹量饥饱"、"按时投食"、"孕子护胎"的家畜牧养原则。较为具体地阐述农业产量与各种环境因素的关系。（王毓瑚，中国农学书录，农业出版社，1964 年，第 226～227 页）

## 1748 年　戊辰　清高宗乾隆十三年

△ 谢玉琼所撰《麻科活人全书》问世。全书 4 卷，汇集历代医家治疗麻疹的经验，结合个人心得，于麻疹病因、症候、病程、病情、治法和服药做全面阐述，是论述麻疹证治的专著。（廖育群，中国古代科学技术史纲·医学卷，辽宁教育出版社，1996 年，第 36 页）

## 1749 年　己巳　清高宗乾隆十四年

△ 沈心（清）著《怪石录》一卷。书中记载山东境内出产的 22 种石头的产地、产状色泽、品质及功用等。所记诸石包括玉石、玛瑙、各种板岩、页岩、叶蜡石、动植物化石、石灰岩、石英岩、石英等，反映清代人们认识岩石的范畴更为扩大。（唐锡仁等，中国科学技术史·地学卷，科学出版社，2000 年，第 475～476 页）

△ 是年前，尤怡（清，?～1749）所著《伤寒贯珠集》8 卷，一反汲汲于字句条文的流俗，概括出 300 篇无非是八法：正治、权变、斡旋、救逆、类病、明辨、杂治和刺法，成为伤寒学派中以法类证派的代表人物。（廖育群主编，中国古代科学技术史纲·医学卷，辽宁教育出版社，1996 年，第 184 页）

## 1750 年　庚午　清高宗乾隆十五年

△ 约于是年，英国送给乾隆帝两架天文仪器，一名"七政仪"、一名"浑天合七政仪"它们是演示日心地动说与西方天文学若干新知识的仪器。系以发条为动力，可令仪器的有关装置与天同步运转，以自动演示有关天体的运行状况。[席泽宗、严敦杰等，日心地动说在中国——纪念哥白尼诞生 500 周年，中国科学，1973，（3）]

△《乾隆京城全图》绘成。长 357 厘米，宽 377 厘米。详细准确地绘出了北京城内的街道胡同、寺观庙庵、河湖池桥等的分布位置。

△ 陈复正（清，约 1736～1795）编撰的《幼幼集成》6 卷刊行。书中阐述 50 种小儿常见病多发病的辩证、治法及方药；提出"赋禀"、"护胎"说和对于各种疾病引起的抽搐的鉴别诊

断法。(廖育群，中国古代科学技术史纲·医学卷，辽宁教育出版社，1996 年，第 37 页)

　　△ 改建明代好山园为清漪园，奠定北京名园颐和园的基础。咸丰十年（1860）被英法联军焚毁。光绪十四年（1888）慈禧挪用海军经费重建，并改称颐和园。颐和园位于北京西北郊，是利用昆明湖、万寿山为基址，以杭州西湖风景为蓝本，吸取江南园林的某些设计手法和意境建成的一座大型天然山水园，面积近 300 公顷，湖山间楼台亭阁错落有致，相映成趣，景色极为宜人，是中国现存最完整的一座行宫御园。

## 18 世纪中期

　　△ 柞蚕自山东向其他省份传播。(《清高宗实录》卷 225)

　　△ 尤存隐（清）将祖传医术汇成《尤氏喉科秘传》一书。书中述喉症辨证、治法、方药、煎制秘法等。

## 1751 年　辛未　清高宗乾隆十六年

　　△ 杨德望（清，1733～约 1789）和高类思（清，1733～约 1790）同赴法国留学，其中学习了物理学、化学、博物学等。法国国王路易十五（法，Louis XV，1710～1774）赐给他们望远镜、显微镜、电气机械、手提印刷机等。1765 年回国。(方豪，同治前欧洲留学史，方豪文录，上智编译馆，1948 年)

　　△ 瑞典奥斯贝克（Peter Osback，1723～1805）到中国黄埔，收集少量动物标本，包括 10 种兽类。[罗桂环，西方人在中国的动物学收集和考察，中国科技史料，1993，14（2）：14]

　　△ 万寿节，在京传教士制作身着中国仕女服的机械人登台祝寿，大获赏赐。

## 1752 年　壬申　清高宗乾隆十七年

　　△ 戴进贤主持编撰、继由刘松龄（H . Augustin de，1703～1774，奥地利传教士）、明安图（清，？～1764）、何国宗等完成的《仪象考成》成书。该书的主体是一计有 300 星座 3083 颗恒星的星表，给出这些恒星的赤道与黄道坐标值及其星等，其中与中国传统星官相同者有 277 座 1319 颗星，系由对传统星官做相当认真的考定得到的。该星表主要系依据英国弗兰斯蒂德（J . Flamsteed，1646～1719）于 1725 年发表的星表，加上岁差改正而得，其精度远较《灵台仪象志》星表准确。书中还对玑衡抚辰仪的设计原理、全仪和重要部件的图样与尺寸、制造、安装与使用方法做了详细说明。(伊世同，仪象考成提要，中国科学技术典籍通汇·天文卷，第 7 册，河南教育出版社，1998 年，第 1339～1342 页)

　　△ 中国医书《医宗金鉴》传入日本。

## 1753 年　癸酉　清高宗乾隆十八年

　　△ 用烟草茎治稻螟。(乾隆《瑞金县志》)

## 1754 年　甲戌　清高宗乾隆十九年

　　△ 玑衡抚辰仪制作成功。戴进贤是该仪器制作的发起与指导者。它是历代浑仪中最为高大者，又是最后一座浑仪，其装饰、造型也最华丽。可用于测量天体的赤经、赤纬值和真太阳时，亦被置于北京观象台。[陈遵妫，中国天文学史（4），上海人民出版社，1989 年，

第 1808～1814 页]

△ 赵一清（清乾隆）著《水经注释》，为清代郦学名著，其死后刊刻于乾隆末年。

△ 李元（清）编《蠕范》述及动物的类型很多，有一定的学术价值。

## 1755 年　乙亥　清高宗乾隆二十年

△ 钱大昕（清，1728～1802）著成《三统历衍》与《三统历钤》，对古代第一部传世历法做详细的解读工作。

△ 戴震（清，1723～1777）完成《勾股割圆记》的初稿，后屡经改易，孔继涵（清 1739～1784）将其定稿本附刊入微波榭《算经十书》之后。全书 64 图，49 术，主要探讨球面三角学和平面三角学方面的知识。与梅文鼎一样，戴试图以勾股术阐释传入的欧洲三角学知识，故他各术之名均是以"勾股第某术"。从数学内容上来看，他的成果并未超出梅文鼎的《平三角举要》、《弧三角举要》等书的内容，该书亦综合了戴氏自著《策算》中的数学内容，可以明显地看出欧洲三角学的影响。戴震在该书中以一些更为古奥的词汇重新定义从欧洲传入的并在当时已经流行的数学术语。为此，他遭到了后辈经学家凌廷堪和焦循（清，1763～1820）的批评。（张岱年主编，戴震全书，黄山书社，1997 年，第 5 册，第 117～254 页）

△《银川小志》手抄本是中国古代关于地震前兆的最全面的记载。（陈国达等主编，中国地学大事典，山东科学技术出版社，1992 年，第 356 页）

△ 稻飞虱为害见于记载。（清·诸联：《明斋小识》）

△ 颐和园佛香阁西宝云阁建成。该殿用铜铸造，俗称"铜亭"，高 7.55 米，重 40 余万斤，为中国现存四大铜殿之一。[耿刘同，颐和园佛香阁考，文物，1979，(2)：83]

△ 建造的承德外八庙中普宁寺中大乘之阁内木雕观音像高 22 米，为中国现存最大木雕佛像。（张羽新，避暑山庄的造园艺术，文物出版社，1991 年）

△ 七世达赖格桑嘉措（清）在西藏拉萨拉瓦采始建宫殿，名"格桑颇章"，并改"拉瓦采"为罗布林卡。从此罗布林卡成为历代达赖夏季处理政务和进行宗教活动的地方。经历代建造，成为西藏地区规模最大、营建最精美的园林。

## 1756 年　丙子　清高宗乾隆二十一年

△ 是年至 1759 年，乾隆皇帝先后二次派何国宗（清，1690～1766）、刘统勋（清，? ～1773)、明安图（清，? ～1764）前往新疆测量。测得哈密以西、巴尔卡什湖以东以南地区 90 多处地方的经纬度。（《皇舆西域图志·谕旨》）

△ 德州生员杨淮震（清）设献《霹雳神策》（火器制造法）希图进用，被责打黜革。

## 1757 年　丁丑　清高宗乾隆二十二年

△《皇朝礼器图式》中记载了一种"摄光千里镜"，实际上就是格雷戈里式反射望远镜。（王冰，中国物理学史大系·中外物理交流史，湖南教育出版社，2001 年，第 56 页）

△ 法国传教士钱德明（Jean Joseph Marie Amiot, 1718～1793）开始在北平（今北京）进行连续 6 年（1757～1762）的气象仪器观测，记录了当时北京地区的气温、气压、云、风及雨量，而且还求出了当时 6 年的月平均气温和年平均气温，是中国较早有系统的气象观测

记录。(刘昭民，中华气象学史，台北：商务印书馆，1980 年，第 231 页)

△ 吴仪洛（清）以汪昂著（清，1615～约 1695）《本草备要》为基础，新增药品近 300
种，撰成《本草从新》18 卷。此书注解药性，颇多新见，又首载冬虫夏草、太子参等药，
是清代重要的本草学著作。（廖育群，中国古代科学技术史纲·医学卷，辽宁教育出版社，
1996 年，第 268 页）

△ 清政府下令关闭浙江、闽海、江海三关，仅广州一口对外贸易。[郑天挺，清史（上
编），天津人民出版社，1993 年，第 536 页]

△ 英国建筑师查布斯（William Chambers）在中国考察后出版《中国建筑家具衣饰器物
图案》，风行全欧洲，成为中国风尚的范本。

## 1758 年　戊寅　清高宗乾隆二十三年

△ 赵学敏（清，1719～1805）撰《串雅》，对中医走方医（又称"方草泽医"）经验进
行系统总结。全书 8 卷，分内外篇，内篇记载走方医常用的治疗方法，包括截、顶、串、禁
类；外篇记载走方医的各种外治方法，包括熏法、贴法、针刺、灸法、蒸法、洗法、熨
法、吸法等。[余瀛鳌，赵学敏在医药学上的主要成就，新医药学杂志，1978，(11)：62～
64]

△ 赵学敏认为走方医应遵循"贱、验、便"的"三字诀"。[蔡景峰，中国古代科学家
传记（下集）·赵学敏，科学出版社，1993 年，第 1104 页]

△《串雅》中记载的不少简便易行的验方、效方，至今沿用，如紫金锭、蟾酥丸、犀黄
丸，而鸡子灸、桑木灸、麻叶灸等为走方医所新创。

## 1760 年　庚辰　清高宗乾隆二十五年

△ 法国耶稣会士蒋友仁（Michel Benoist，1715～1774）向乾隆帝进献一幅名曰《坤舆
全图》的世界地图，又附有《图说》1 卷，对地图本身进行说明并有天文图 19 幅兼具文字
说明。介绍经开普勒、牛顿、卡西尼等发展了的哥白尼学说，地球为两极稍扁平的椭球体，
各行星及其卫星均具公转与自转两种运动，正确无误的开普勒第一与第二定律，恒星岁差乃
地轴进动的结果，恒星的大小、远近各不相同，一些彗星运行的轨道可以推知等新知识。
[石云里，《地球图说》提要，见：中国科学技术典籍通汇·天文卷（7），河南教育出版社，
1998 年，第 993～995 页]

△ 至 1762 年成图的《乾隆内府舆图》的地理范围，除关内各省和关外地区外，又增入
了哈密以西大片地区，幅员较康熙《皇舆全览图》约大一倍。因其以纬度每 5 度为一排，共
计十三排，故又称《乾隆十三排皇舆全图》。图成后镌刻在铜版上，计 104 块。图中纬线为
直线，经线为斜线。（任金城，康熙和乾隆时期我国地图测绘事业的成就及评价，科学史集
刊，第 10 辑，地质出版社，1982 年，第 53～64 页）

△ 张宗法（清，1714～1803）撰《三农记》刊印。全书 24 卷，由占课、月令、耕种
法、植树法、畜产、水产、农家杂事等 7 部分组成，体例较系统全面，且记载不少四川农民
特有的生产技术，是地方性农书中篇幅最大的一部，深受四川地区读者欢迎。（董恺忱等主
编，中国科学技术史·农学卷，科学出版社，2000 年，第 657 页）

△ 张宗法撰《三农记·畜产·豕相法》提出根据猪的外貌长相，鉴定猪种的优劣，并记

载了母猪阉割方法。卷八记述以针刺法医治家禽瘟病。书中还记载了菜豆，时称"时季豆"。（曲辰，张宗法和"三农记"，四川日报，1962-7-18：3）

△ 顾世澄（清）辑古今成方、家藏秘方及个人临证经验等，成《疡医大全》40 卷。此书内容丰富、收罗广博，且注重理论联系实际，用方广泛实用，对中国外科发展有较大影响。

△ 西班牙建成皇家瓷器厂，命名"中国"，并成功地仿中国大花瓶，制造出高六七英尺的巨大花瓶。

△ 法国传教士汤执中（Pièrre d'Incarville）著《中国漆考》在法国巴黎出版。（武斌，中华文化海外传播史，陕西人民出版社，1998 年，第 1905 页）

## 1761 年　辛巳　清高宗乾隆二十六年

△ 梅瑴成编辑出版了梅文鼎的著述集——《梅氏丛书辑要》62 卷。梅文鼎一生著述颇丰，其主要作品都被收录在魏荔彤主编的《梅勿庵先生历算全书》（1723）和《梅氏丛书辑要》（1761）中，而后者更具权威性。《梅氏丛书辑要》共收入梅文鼎的著作 23 种，另附梅瑴成自己的著作 2 种 2 卷。其中前 13 种为数学著作。按照梅文鼎对数学的划分方法，前 5 种著作属算法类，后 8 种属量法类。在同一类中，各著作按由浅入深编排。

△ 梅瑴成在其《赤水遗珍》中提出"借根方即天元一"的论断。在此前很长一段时间，天元术已不能为中国数学家所理解，梅瑴成通过对传入的欧洲代数学"借根方"的研究，发现传统天元术与借根方的数学本质是完全一致的。天元术由此被重新发现，并成为 19 世纪中国数学的最为重要的研究课题。梅氏的"借根方即天元一"一语亦为清代中后期"西算东源"的重要依据。（清·梅瑴成：《赤水遗珍》，《梅氏丛书辑要》卷 61，承学堂刊本）

△ 法国耶稣会士蒋友仁（Michel Benoist，1715～1774）所献世界地图及汉文说明（1760），是年因高宗命制成铜版。

△ 自乾隆二十一年（1756）命刘统勋、何国宗等测绘新疆哈密以西地图，至是年成《西域图志》，为第一部官修新疆地方志，在较长时间内为新疆地图的底本。

△ 齐召南（清，1703～1768）完成《水道提纲》，1776 年刊行。全书 28 卷，以大江大河为纲，所汇支流为目，其源流公合、道路曲折均以当时水道为主。此书较系统、正确地记述了 18 世纪中叶全国水系分布，首次清晰地勾画了中国 18 世纪时海岸线，确认的黄河源头与现代相同，肯定金沙江是长江下源而不是岷江。（陈瑞平，齐召南的《水道提纲》初探，科学史文集，14 辑，上海科学技术出版社，1985 年）

△ 家禽种禽运输采用嘌蛋法，以减少雏禽运输中的管理，提高了成活率。（清·罗天尺：《五山志林·火焙鸭》）

## 1763 年　癸未　清高宗乾隆二十八年

△ 瑞典植物学家林奈（Carl von Linne，1709～1778）从到中国经商的船长厄克堡（Eckbrug）处得到中国茶树苗，在乌普萨拉（Upsal）种植成功，此是为欧洲大陆种茶之始。（[英] 威廉·乌克斯著，茶叶全书·其他各地之茶树繁殖，中国茶叶研究社全体社员合译，中国茶叶研究社出版，1949 年）

**1765 年　乙酉　清高宗乾隆三十年**

　　△ 赵学敏（清，1719~1805）撰《本草纲目拾遗》10 卷，收载药物 921 种，其中 716 种是《本草纲目》所未载或记叙不详的，主要是大量的民间药物和外来药。书中首次引用了西方药学文献，并记录了金鸡纳等药物。（傅维康主编，中药学史，巴蜀书社，1993 年，第 257~261 页）

　　△ 赵学敏（清）撰《本草纲目拾遗》有关于无机酸、碱和氨水等记载。

　　△ 赵学敏（清）撰《本草纲目拾遗》卷十中用"安息香涂银焚烟熏治壁故虱（臭虫）"，是用毒气杀虫的较早记载。

　　△ 河南陕州黄河万锦滩、巩县洛河口、武陟木栾店（沁河口）设水志，每年桃汛至霜降逐日记录，水位上报。黄河始水位有记录。[水利水电科学研究院《中国水利史稿》编写组，中国水利史稿（下），水利电力出版社，1987 年，第 419 页]

**1768 年　戊子　清高宗乾隆三十三年**

　　△ 重修上海青浦金泽迎祥桥［始建于元至元年间（1335~1340）］时，以五根直径 25~30 厘米的楠木为主梁，梁外则全长竖贴水磨石方砖以搏风防雨。此桥构造防水严密，保存至今楠木色泽尚新。此地还有一座保存至今的楠木石柱桥——练塘余条桥。（唐寰澄，中国科学技术史·桥梁卷，科学出版社，2000 年，第 64 页）

**1771 年　辛卯　清高宗乾隆三十六年**

　　△ 宋应星（明，1587~?）撰《天工开物》自 17 世纪末传入日本后，于是年出现和刻本，并从此成为江户时代（1608~1868）日本各界广为重视的读物，刺激了"开物之学"的兴起。[潘吉星，中国古代科学家传记（下）·宋应星，科学出版社，1993 年，第 960~961 页]

**1773 年　癸巳　清高宗乾隆三十八年**

　　△ 戴震入《四库全书》馆任《永乐大典》的纂修分校官。除戴震外，《四库全书》馆还有天文算学纂修官及分校官三人，郭长发、陈际新、倪廷梅负责天文、数学方面书籍的编校工作。亦精数学的李潢任总目协勘员，另一通数学的经史学家丁杰虽未被列入四库馆职之中，但曾应邀助理校勘工作。他们均对《四库全书》中数学著作的编校做出了贡献。（任松如，四库全书答问，见：民国丛书，上海书店，1989 年，第 7~29 页）

　　△ 屈曾发（清）撰《数理精详》，后改称《九数通考》。

　　△ 戴震从《永乐大典》中辑录出《九章算术》、《周髀算经》、《海岛算经》、《孙子算经》、《五曹算经》、《五经算术》、《夏侯阳算经》等七部汉唐算经，详加校勘（其中《周髀算经》以明刻本为底本，以此参校），摆印活字版，收入《武英殿聚珍版丛书》，后陆续抄入《四库全书》。后又辑录出《数书九章》、《益古演段》，收集到影宋版《张丘建算经》、《缉古算经》、《数术记遗》，校勘后亦抄入《四库全书》。戴震的辑录工作十分粗疏。

　　△ 蒙古族画家博明（清）在《西斋偶得·五色》中描述了视觉中三色对的颉颃理论，这三色对为白与黑、红与绿、黄与蓝。博明还在此描述了先后颜色对比对视觉产生影响的所谓"负后象现象"。（戴念祖，中国物理学史大系·光学史，湖南教育出版社，2001 年）

△ 曹庭栋（清）写成《老老恒言》，专谈老年人日常卫生、健身知识。

△ 德国出版温塞（Ludaiq A. Unzer）所著《中国庭园论》，对英国出现中国式庭院建筑大为赞赏，建议德国仿效。

## 1774 年　甲午　清高宗乾隆三十九年

△ 明安图（清，？～1764）撰写的《割圆密率捷法》（4 卷）由他的学生陈际新等续写完成。明安图认为杜德美所传的三个幂级数展开式"实古今所未有也"，然而，杜德美却并没有讲明其间的算理。明安图为了证明这几个公式耗费了大量精力，至去世时，仍未能卒业。该书分"步法"，即书中所涉及的公式；"用法"，即幂级数公式的使用方法举例；"法解"，即前述公式的证明三部分。在"步法"部分，除杜德美的三个幂级数公式外，明安图又给出了"弧背求通弦"、"通弦求弧背"、"正弦求弧背"、"正矢求弧背"、"弧背求正矢"、"矢求弧背"六术，合成九术。

△ 程瑶田（清，1725～1814）撰《九谷考》，对我国传统的 9 种粮食作物的名实做了认真的考证。

△ 黄庭镜（清）所撰《目经大成》定稿。1804 年由其门生邓赞夫（清）以《目科正宗》为名刊行。全书 3 卷，论述眼病十二因及 81 种眼科病证，列方 248 种，并介绍多种眼科手术方法。书中所附内障手术医案数例，对中国传统的针拨内障术的传播，起了很大作用。（廖育群，中国古代科学技术史纲·医学卷，辽宁教育出版社，1996 年，第 46 页）

△ 河工郭大昌（清，1742～1815）指挥老坝口（今清江市东北 5 里）堵口工程。嘉庆元年（1796）又指挥了丰县（今属江苏）堵口工程。郭氏不仅成功地指挥堵口工程，而且大大节省了工程预算。[水利水电科学研究院《中国水利史稿》编写组，中国水利史稿（下），水利电力出版社，1987 年，第 476 页]

△ 于紫禁城文华殿后建文渊阁，储藏《四库全书》。

△ 朱琰（清，1766 年进士）著《陶说》刊印。全书六卷：卷一叙述当时景德镇瓷器及其生产过程；卷二叙述陶瓷起源以及从唐至元的诸名窑及其产品；卷三论述明代历朝官窑制度、烧造、窑器特点及制作方法；卷四至卷六叙述唐虞以来至明代各时期的窑器及其特点。是中国第一部陶瓷史专著。（赵匡华等，中国科学技术史·化学卷，科学出版社，1998 年，第 109 页）

△ 朱琰（清）《陶说》记载了古代烧白瓷过程中：先用磁铁吸去釉水中铁质杂质，白瓷才得以烧成。这是我国以磁铁去釉料杂质的记载。（戴念祖，中国科学技术史·物理学，科学出版社，1999 年）

## 1775 年　乙未　清高宗乾隆四十年

△ 于热河行宫建文津阁储藏《四库全书》。

## 1776 年　丙申　清高宗乾隆四十一年

△ 戴震应屈曾发的要求，以《永乐大典》辑录本为底本，以汲古阁本参校，重新校勘《九章算术》，由屈曾发与《海岛算经》一起刊刻。戴震将大量校勘冒充原文，又做了修辞加工。（郭书春，评戴震对《九章算术》的整理，明清数学史论文集，江苏教育出版社，1990

年，第 261～294 页）

△ 杨屾（清，1687～1785/1794）撰《修齐直指》刻印。书中"一岁数收之法"记载了北方部分地区出现谷、麦、菜、蓝等作物轮作复种间作套种 2 年 13 收。[李凤岐，关中农学家——杨屾，农史研究（8），农业出版社，1989 年]

△ 陈芳生（清乾隆间）撰《捕蝗考》问世，是保存下来的最早的一部捕蝗专书，包括备蝗事宜 10 条及前代捕蝗法等内容。（王毓瑚，中国农学书录，农业出版社，1964 年，第 210 页）

## 1777 年　丁酉　清高宗乾隆四十二年

△ 是年或其后，孔继涵刻印戴震校勘的微波榭本《算经十书》，含有《周髀算经》、《九章算术》、《海岛算经》、《孙子算经》、《张丘建算经》、《五曹算经》、《五经算术》、《缉古算经》，附录《数术记遗》、《夏侯阳算经》，是为首次出现《算经十书》之名。戴震将大量校勘冒充原文，进一步做了修辞加工。孔氏还将戴震的《策算》和《勾股割圆记》收入作为附录。（郭书春，评戴震对《九章算术》的整理，明清数学史论文集，江苏教育出版社，1990 年，第 261～294 页）

## 1779 年　己亥　清高宗乾隆四十四年

△ 甘肃张掖、高台等多沙地区，采用建水闸、筑堤防沙、种植树木等办法，制服飞沙，建成三清渠。（《甘肃府志·艺文中》引慕国典《开荒屯田记》）

△ 李调元（清）撰《然犀志》二卷。书中记载广东水生生物数十种，记其形状，考其出处。（汪子春等，中国古代生物学史略，河北科学技术出版社，1992 年，第 158 页）

## 1780 年　庚子　清高宗乾隆四十五年

△ 英国东印度公司自广州引种，并聘请中国技工至印度传授栽茶、制茶技术。中国茶籽始传到印度，印度开始植茶。（[英] 威廉·乌克斯著，茶叶全书·风行全球之印度茶，中国茶叶研究社全体社员合译，中国茶叶研究社出版，1949 年）

## 1782 年　壬寅　清高宗乾隆四十七年

△《四库全书》修成，为中国现存最大的丛书。

△ 阿弥达（清）奉命专程考察探寻黄河河源，正确指出阿勒坦郭勒（卡日曲）为黄河正源。（清·纪昀：《河源纪略》卷首）

## 1784 年　甲辰　清高宗乾隆四十九年

△ 西洋参第一次输入广州。

△"中国皇后"号驶底广州，是为首次来华的美国商船。

△ 北京国子监的中心建筑——辟雍建成。这座重檐黄琉璃瓦攒尖顶的方型殿宇，外圆内方，环以圆池壁水，4 座石桥能达其 4 门，构成"辟雍泮水"之制。这是我国现存唯一的古代国家设立的"学堂"，为皇帝临雍讲学的场所。[陈启丞，国子监，文物，1959，（9）]

**1785 年　乙巳　清高宗乾隆五十年**

△ 洪亮吉（清，1746～1809）撰《十六国疆域志》16 卷，以州为纲，分叙所领各州县沿革，附记山川宫阁，资料翔实。（翟忠义，中国地理学家，山东教育出版社，1989 年，第 330 页）

△ 令山东、河南、直隶推广种植甘薯，钞传陆耀（清）撰《甘薯录》。《甘薯录》辑录前人著作中有关甘薯的记载，分辨类、劝功、取种、藏实、制用和卫生等 6 目。

**1787 年　丁未　清高宗乾隆五十二年**

△ 无名氏撰《鸡谱》抄本出现。全书 52 篇，是中国古代现存的唯一一部养鸡学专著。书中反映出对杂交优势和近亲繁殖的局限有较深的认识。知道利用杂交育种，达到"补其不足，去其有余"的目的，从而繁育出理想的斗鸡的品种。（汪子春校译，鸡谱校译，农业出版社，1989 年）

**1788 年　戊申　清高宗乾隆五十三年**

△ 在长江中游荆江大堤荆州杨林矶设立直立式志桩水尺观测水位，再附以各堡门前设立的小志桩水尺，构成清代万城堤防汛站网。[汪耀奉，长江万城堤荆州杨林矶志桩水尺，中国科技史料，1996，17（3）：93～96]

**1789 年　己酉　清高宗乾隆五十四年**

△ 钱大昕（清，1728～1804）开始担任紫阳书院山长。紫阳书院位于江苏苏州，1713 年张伯行创设。钱大昕主讲紫阳 16 年，李锐、谈泰均于院中问算于钱氏，后成为数学专家。长州人龚沦五旬以后入紫阳，"从钱氏受数学"。此外，孙星衍曾从学钱氏于钟山书院，钱氏族子钱塘亦通天算。《清儒学案》称其："不专治一经而无经不通，不专攻一艺而无艺不精。凡训诂、音韵、天文、舆地、典章制度、职官、氏族以及古人官爵、里居事实莫不错综贯串。"（田淼，清末书院的数学教育，中国科学院自然科学史研究所博士论文，1997 年）

**1790 年　庚戌　清高宗乾隆五十五年**

△ 赵学敏（清，1719～1805）撰成《凤仙谱》2 卷。书中记载 181 种凤仙品种，总结前人种植凤仙的经验，提出了一套较为全面的栽培技术。[魏露苓，赵学敏及其《凤仙谱》的科学成就，中国科技史料，1996，17（1）：56～62]

△ 承德避暑山庄建成，始建于康熙四十二年（1703），为清代皇帝避暑和处理政务的行宫，总面积 564 万平方米，建筑 100 余处，苑景集南北方建筑园林风格，是现存最大的古代帝王宫苑。（张羽新，避暑山庄的造园艺术，文物出版社，1991 年）

**1792 年　壬子　清高宗乾隆五十七年**

△ 汪莱（清，1768～1813）撰成《衡斋算学》第二册。汪莱针对梅瑴成在《增删算法统宗》中提出的一个已知勾股积与勾弦和、求勾的三次方程解法，梅氏将该问题归结为一个特殊的三次方程的求解问题，但书中只给出了一个正根。汪莱指出，该题可有两个正根。这

样，就有两个不同的勾股形满足上述条件。汪莱还进一步总结出两个勾股形勾弦差、勾弦和之间的一个关系式，该式实际上为一个高阶不定方程。19 世纪以后，此类问题被发展成整数勾股形专题，成为清朝末年的一个非常活跃的课题。(李兆华，中国数学史，台北：文津出版社，1995 年，第 291~293 页)

　　△ 是年至 1793 年间，汪莱撰成《叁两算经》。该书为现存传统数学著作中唯一讨论进位制问题的作品。书中，汪莱给出了二至九进制的乘法表，他还讨论了非十进位制数字的除法问题。(李兆华，汪莱《递兼数理》、《叁两算经》略论，见：谈天三友，台北：明文书局股份有限公司，1993 年，第 227~254 页)

　　△ 唐大烈（清，? ~1801）编辑出版《吴医汇讲》第 1 卷，至 1801 年共出版 11 卷。此书汇集苏州、无锡、常熟、太仓医家文章约百篇，内容包括医论、医评、验方、考证、笔记等。[赵启民，我国最早的专业期刊《吴医汇讲》，文史杂志，2000，(4)：65~66]

　　△ 颁西藏铸币钱模，正、背分镌汉、藏文"乾隆宝藏"四字。

## 1793 年　癸丑　清高宗乾隆五十八年

　　△ 英国特使马嘎尔尼（Lord G. Macartney，1737~1806）率团抵华，要求通商和互派使节，被拒绝。该使团带来了大批礼物，其中包括天体运行仪、天球仪、地球仪、预报气象的仪器、空气抽气机、力学器械、反射望远镜、派克透光镜、各种枪炮、军舰模型等，但是这些物品大部分随即被收藏在深宫中。([英] 斯当东著，英使谒见乾隆纪实，叶笃义译，商务印书馆，1965 年)

　　△ 洪亮吉（清，1746~1809）先后撰写《意言·治平篇》和《意言·生计篇》等论文，比较系统地阐述了自己的人口学说：人口增长应当同生产、生活资料的增长相适应。(翟忠义，中国地学史家，山东教育出版社，1989 年，第 333~334 页)

　　△ 李斗（清）《扬州画舫录》记载扬州已有自制西湖景，"谓之西洋镜"，映出的内容有《西湖景》、《红楼梦》、《西游记》、《西厢记》等。(王锦光、洪震寰，中国光学史，湖南教育出版社，1986 年，第 169~170 页)

　　△ 李斗著《扬州画舫录》，记扬州园林甚详；其十七卷工段管造录述内府做法颇详。

## 1794 年　甲寅　清高宗乾隆五十九年

　　△ 汪莱与焦循（清，1763~1820）结识，自 1796 年起，焦循开始与李锐有通信来往。1800 年，汪莱初识李锐。共同的学术兴趣及相似的学术水平使得三人结成"善相资，疑相析"的益友，被时人称为"谈天三友"。(洪万生，谈天三友焦循、汪莱和李锐——清代经学与算学关系试论，见：谈天三友，台北：明文书局股份有限公司，1993 年，第 43~124 页)

　　△ 程永培（清）辑《永醴斋医书十种》55 卷，收录《褚氏遗书》、《肘后备急方》、《元和纪用经》、《苏沈内翰良方》、《十药神书》、《加减灵秘十八方》、《韩氏医通》、《痘疹传心录》、《折肱漫录》和《慎怀五书》。此部医学丛书内容广泛，且切于临床实际，在医林中颇有影响。

## 1795 年　乙卯　清高宗乾隆六十年

　　△ 于是年前后，李锐（清，1769~1817）撰成《汉三统术》、《汉四分术》、《汉乾象

术》，对《三统历》、《东汉四分历》和《乾象历》进行逐句逐字的注释，补正或阐明了该3部历法的诸多问题。（清·李锐：《李氏算学遗书》）

△ 焦循（清，1763~1820）撰成《释弧》3卷。书中讨论三角八线的产生和球面三角形解法，论述第谷学派天文学中本轮、次轮的几何理论。（钱宝琮，中国数学史，科学出版社，1992年，第286页）

△ 焦循见到李冶的《益古演段》和《测圆海镜》，并很快将这两部书寄送李锐。李锐至迟在1796年收到了《测圆海镜》，并于1797年4月和1798年1月分别完成了对《测圆海镜》和《益古演段》的校勘。焦循通过研究这两部算书，撰成《天元一释》（1799）。通过李锐和焦循的工作，天元术的运算方法和特点已基本被阐明。1800年冬，焦循和李锐同时在杭州阮元幕府，共同研究李冶和秦九韶的著作。1801年，焦循撰成《开方通释》阐释增乘开方法的要点。此后，学术界出现了一股研究宋元数学著作的热潮。（田淼，中国数学的西化历程，山东教育出版社，2004年）

△ 是年前，经康熙、乾隆两代的厘定，清代度量衡形成以营造尺、漕斛、库平组成的营造库平制，即以营造尺为长度的标准；以铁铸漕斛为量制的标准；以金属立方寸定衡制的标准（又称"库平"）。（丘光明等，中国科学技术史·度量衡卷，科学出版社，2001年，第432页）

## 1796~1820年　清仁宗嘉庆年间

△ 姚元之（清，1773~1852）著《竹叶亭杂记》卷八最早记载了藻类化石。（刘昭民，中国地质学史，台湾商务印书馆，1985年，第436页）

△ 青浦县人孙峻（清）著《筑圩法》系统总结低洼圩区的农田水利规划要点。[水利水电科学研究院《中国水利史稿》编写组，中国水利史稿（下），水利电力出版社，1987年，第359页]

△ 四川灌县建安澜桥，以竹索为之。

## 1796年　丙辰　清仁宗嘉庆元年

△ 焦循（清，1763~1820）撰成《释轮》二卷、《释椭》一卷。前者论述第谷学派天文学中本轮、次轮的几何理论，后者论述法国传教士传入的卡西尼（Cassini，1625~1721）学派天文学中椭圆的几何理论。这两部著作为当时天文学中的数学基础知识的总结。（钱宝琮，中国数学史，科学出版社，1992年，第286页）

△ 古石泉（马来西亚华侨）在槟城椰脚街创办了马来西亚第一家中药店——仁爱堂，后裔继其业百余年不衰。（廖育群，中国古代科学技术史纲·医学卷，辽宁教育出版社，1996年，第352页）

## 1797年　丁巳　清仁宗嘉庆二年

△ 钱大昕著《辽宋金元四史朔闰考》，对辽、宋、金、元四朝的历日进行推算与考证。

## 1798年　戊午　清仁宗嘉庆三年

△ 鲍廷博刊刻《知不足斋丛书》，收入《测圆海镜》、《益古演段》等重要数学著作。

△ 约是年，松筠（清，1755～1835）撰《西招图略》成书。书中附地图 15 幅，表现西藏各地的山峰、河流、湖泊、道路、寺庙和民居点。

△ 吴瑭（清，1758～1838）撰《温病条辨》6 卷。书中创用了三焦辨证的体系，完善了清热养明治法，创制了治疗温病行之有效的方剂，极大地发展了温病学说。（王致谱，中国古代科学家传记·吴瑭，科学出版社，1993 年，第 1126～1127 页）

**1799 年　己未　清仁宗嘉庆四年**

△ 至迟是年，汪莱已完成《递兼数理》的撰写。书中，汪莱给出三角垛求和的一般公式，其公式相当于

$$\sum_{r=1}^{n} \frac{r(r+1)\cdots(r+p-1)}{p!} = \frac{r(r+1)\cdots(r+p)}{(p+1)!}$$

汪莱很可能是中算史上第一个明确给出该公式的数学家。但他并没有给出该公式的证明或解。汪莱还将三角垛与排列组合联系起来，得出相当于如下的公式

$$C_m^n = \frac{m!}{n!(m-n)} ①$$

汪莱书中有"平三角堆"、"立三角堆"及"三乘以上"等术语。可见，无论是否是他自己的发现，他显然都清楚的了解三角垛系的存在及其特点，并进而给出其一般求和公式。（清·汪莱：《递兼数理》，《衡斋算学》，第四册，嘉树堂刊本）

△ 焦循（清，1763～1820）撰《加减乘除释》8 卷。书中，焦循以最基本的加、减、乘、除四则运算来重新阐释和归纳《九章算术》及《缉古算经》等其他传统数学著作中的数学方法，以彰显这些算法的原理。不仅如此，他在全书中利用抽象的甲、乙、丙、丁设题，故书中所有的命题都是一般性的，相当于现代数学中的定理。焦循对书中涉及的算法均给出定义性的解释，并一般性地给出加法的交换律、结合律，乘法的交换律、结合律及乘法对加法的分配律五条基本运算法则，利用这些基本法则及图示法等，焦循对书中的所有命题都给出了证明性的解释。虽然这些解释并不都是严谨的证明，但焦循显然要验证并解释这些命题的正确性。由此，《加减乘除释》全书构成了一个以加、减、乘、除四则运算为基础的一般性的符号运算系统。（清·焦循：《加减乘除释》，《里堂学算记》，1799 年刊本）

△ 焦循撰《天元一释》。书中，他不仅解释了天元术的表述和运算方法，还根据一元高次方程各项系数符号的变化情况给出了方程的分类。（清·焦循：《天元一释》，《里堂学算记》，1799 年刊本）

△ 法国耶稣会士蒋友仁（Michel Benoist，1715～1774）《坤舆全图》经钱大昕整理，以《地球图说》为名刊行。在书的卷首载阮元（清，1764～1849）的一篇序文，一方面肯定其说较"熊三拔《表度说》等书更为明晰详备"，大有可取之处；一方面则对其中一些新观点取怀疑态度，要"学者不必喜其新而宗之，亦不必疑其奇而辟之，可也"。

---

① 关于汪莱《递兼数理》中关于组合问题的研究，参见李兆华，汪莱《递兼数理》、《三两算经》略论，古算新论，52～79。朱世杰应该已经掌握了一般的三角垛公式，但是，他没有给出一般性的公式。汪莱很可能没有读到过《四元玉鉴》，从他自己的叙述可以看出，他是独立发现的该垛积公式。

## 1800 年　庚申　清仁宗嘉庆五年

△ 阮元（清，1764～1849）、李锐等编纂的《畴人传》出版。书中收载上自传说中的三皇五帝时下迄 1799 年去世的中国天文、数学家 275 人，和西洋（包括来华传教士）41 人的简要生平事迹与天文或数学工作。既有基本史实的罗列，又有对其贡献的评述，是中国古代第一部颇具规模的天文、数学家传记集。（傅祚华，《畴人传》研究，见：明清数学史论文集，江苏教育出版社，1990 年，第 219～249 页）

△ 傅述凤（清）口述，傅善苌（清）记录整理的《养耕集》问世。系傅述凤一生从事兽医工作的经验总结，上集讲针法，下集为各种药方。（王毓瑚，中国农学书录，农业出版社，1964 年，第 240 页）

△ 刘蓉峰（清）于明代徐时泰东园基础上重建苏州寒碧山庄，是后来留园主要部分的先身。因庄主姓刘，故称刘园，谐音留园，因有造型优美的湖石峰 12 座而著称，为清代有代表性的江南名园。

△ 至 1804 年，我国从广州向欧美出口的棉布，每年平均达到 1 353 400 匹之多，棉布成为中国对外贸易出口商货中的重要项目。（李仁溥，中国古代纺织史料，岳麓出版社，1983 年，第 310 页）

## 19 世纪初

△ 中国历史上最重要的数学著作之一《四元玉鉴》被重新发现。据阮元自称，他于嘉庆初抚浙时访得旧抄本《四元玉鉴》，以四库未收古书进呈内府。同时，他又将副抄本寄赠李锐等数学家。19 世纪上半叶，很多重要的数学家都对该书做了研究。[田淼，《四元玉鉴》的清朝版本及清人对《假令四草》的校勘研究，自然科学史研究，1999，18（1）：36～47]

## 19 世纪

△ 中国猪种传往英国，与当地猪种杂交，育成著名的腌肉型猪种——火约克夏。（[德]瓦格勒著，中国农书，王建新译，第 3 编第 4 章，商务印书馆，1934 年）

△ 西北干旱地区创造"砂田"。[李凤岐、张波，陇中砂田之探讨，中国农史，1982，（14）]

## 1801 年　辛酉　清仁宗嘉庆六年

△ 焦循撰成《开方通释》。在书中，他综合李冶和秦九韶的成果，对增乘开方法的要点做了精辟的论述。（清·焦循：《开方通释》，《里堂学算记》，1799 年刊本）

△ 汪莱撰成《衡斋算学》第五册。书中系统地讨论了有实根的二次方程和三次方程的分类、正根的个数和求法。汪莱称有一个正根的方程为可知，有多个正根的方程为不可知。书中，他列出二次方程和三次方程 96 例，其中包括 12 个二次方程和 84 个三次方程。经整理后，他得到 20 种类型，其中二次方程 4 类，三次方程 16 类。汪莱详细分析了每种类型的方程的正根个数情况。汪莱的这些工作是在《数理精蕴》中介绍的西方方程理论知识的基础上完成的。（李兆华，汪莱方程论研究，见：谈天三友，台北：明文书局股份有限公司，1993 年，第 195～226 页）

△ 阮元（清，1764～1849）于杭州创办诂经精舍，阮氏与孙星衍（清，1753～1818）、王昶（清，1724～1806）分任主讲，经史之外，旁及天部、地理、算法、词章。诂经精舍对于当时及后世影响颇大，后诂经精舍学生钱仪吉（清，1783～1850）任河南大梁书院山长既仿诂经之制，兼课算学。（田淼，清末书院的数学教育，中国科学院自然科学史研究所博士论文，1997 年）

△ 包世臣（清，1775～1855）撰《郡县农政》，提出山地开发采取逐级利用的方式，以防止水土流失。

△ 包世臣（清）撰《齐民四术·辨谷》已记载小麦锈病，时称"黄瘟病"。

△ 郝懿行（清，1755～1823）撰《记海错》，记有望潮蟹等海产动物几十种。（汪子春等，中国古代生物学史略，河北科学技术出版社，1992 年，第 158 页）

## 1802 年　壬戌　清仁宗嘉庆七年

△ 由谢清高（清，1765～1821）口述、杨炳南（清）笔录的《海录》一书完成。该书记述了谢清高 14 年（1783～1796）海外旅行耳闻眼见之事。其中有关南海诸岛的记载最为详尽。1844 年始刊印。（冯承钧，海录注，中华书局，1955 年）

△ 至 1820 年，伊犁将军松筠（清）主持兴修南疆伊犁地区水利工程，其中哈什皇渠最为著名，灌田达 43.7 万亩，嘉庆帝命名为通惠渠。[水利水电科学研究院《中国水利史稿》编写组，中国水利史稿（下），水利电力出版社，1987 年，第 330 页]

## 1803 年　癸亥　清仁宗嘉庆八年

△ 张敦仁（清，1754～1834）撰成《缉古算经细草》3 卷、《求一算术》3 卷、《开方补记》8 卷、《通论》1 卷。在《缉古算经细草》中，他以天元术重新解释《缉古算经》中的算题。《求一算术》和《开广补记》分别阐述大衍求一术和增乘开方法。（罗士琳，张敦仁：《畴人传续编》，观我生室汇稿本）

△ 是年至 1805 年，英国国王的花匠柯尔（Kerr）在澳门采集 700 多种植物标本带回欧洲，其中有 100 余种是西方学者未曾研究的品种。[蔡捷恩，中草药传欧述略，中国科技史料，1995，16（2）：7]

△ 是年前，李调元（清，1734～1803）作《南越笔记》记载了海鲇鱼能在口腔孵化幼鱼。

## 1804 年　甲子　清仁宗嘉庆九年

△ 汪莱撰成《衡斋算学》第七册。书中，他给出依是否有正根及是否有多于一个正根为基础的高次方程分类法。对于不一定有正根的方程，汪莱依三项方程、四项方程以至多项方程分别讨论其正根的判别。汪莱的四项方程正根的判别式中有计算错误。（李兆华，汪莱方程论研究，谈天三友，台北：明文书局股份有限公司，1993 年，第 195～226 页）

△ 汪莱在其《衡斋算学》第七册中指出形如 $x^n - px^m + q = 0$，（其中 $n$，$m$ 为正整数，$n > m$，$p$，$q$ 为正数）的三项方程有正根的充要条件为 $q \leqslant \frac{n-m}{n} p \, (\frac{m}{n} p)^{\frac{m}{n-m}}$。汪莱在原著中没有给出该法的推导过程，但可以证明该判别法是正确的。（李兆华，汪莱方程论研究，

谈天三友，台北：明文书局股份有限公司，1993年，第195～226页）

△ 汪莱在其《衡斋算学》第七册中给出一般高次方程的如下的分类方法

$$
\text{有实根（有数）}\begin{cases}\text{有正根（有）}\begin{cases}\text{有一个正根（可知）}\\\text{有多个正根（不可知）}\end{cases}\\\text{无正根（无）}\\\text{无实根（无数）}\end{cases}
$$

此为中国数学史第一个完备的方程分类法。（李兆华，中国数学史，台北：文津出版社，1995年，第305页）

△ 是年前，钱大昕（清，1728～1804）著《廿史考异》，内中对前代诸多历法的数据与术文进行校订，实是对中国历法史的整理与研究工作。

△ 和宁（清）撰《回疆通志》成书。全书12卷，是第一部全面反映新疆地区政治、经济、军事的方志著作。

## 1805年　乙丑　清仁宗嘉庆十年

△ 春季，英国东印度公司的医生皮尔逊（Alexander Pearson，1780～1874）将牛痘接种法传入澳门。[廖育群，牛痘法在中国近代的传播，中国科技史料，1988，9（2）：36～37]

△ 六月，英国皮尔逊著、斯当东（George Thomas Staunton，1781～1859）译《英吉利新国新出种痘奇书》出版，为普及牛痘接种的实用性手册。这是中国最早的牛痘方书。（张大庆，《英吉利新国新出种痘奇书》考，中国科技史料，2002，23，（3）：209～213）

△ 高秉钧（清，1755～1827）所著《疡科心得集》，将温病学说的理论引入外科辨证，认为疮疡生于头部者多风热，生于下部者多湿热，生于中部者多气火郁滞。此种学说被后人称之为"心得集派"。（廖育群主编，中国古代科学技术史纲·医学卷，辽宁教育出版社，1996年，第194页）

## 1806年　丙寅　清仁宗嘉庆十一年

△ 李锐撰成《勾股算术细草》一卷。该书中的算题均为已知勾、股、弦及其和差十三项中的两项求解勾股形问题。在其"目"中，李锐胪列了从这十三项中任选两项所能得到的78个一般性问题，并将这些问题分成基本问题25项，可通过基本问题解决的问题53项。正文中，他给出了二十五个基本问题的天元术解法及该解法的推演过程和带图解的一般性证明。李锐在全书中遵循完全一样的推理模式及写作方式。这样，他便以勾股术为例揭示了传统数学的理论体系。（清·李锐：《勾股算术细草》，李氏遗书本）

△ 王大海（清）撰《海岛逸志》成书。王氏于1788年泛海至爪哇，在其地侨居10年，此书主要记载其航海经历以及爪哇和附近岛屿的情况。

△ 王大海（清）撰《海岛逸志》记载了"量天尺"（即航海用的八分仪或六分仪）的形状及用法。[王森，中国早期对西方双反射八分仪的介绍和研究，中国科技史料，2000，21（4）：341]

△ 在今福建古田鹤塘乡田地村号岱江上始建公田桥。现桥跨径36米，高出水面15米，是一座较大跨的贯木拱桥。（唐寰澄，中国科学技术史·桥梁卷，科学出版社，2000年，第

486 页）

## 1807 年　丁卯　清仁宗嘉庆十二年

△ 英国伦敦会（London Missionary Society）传教士马礼逊（Robert Morrison，1782～1834）横渡大西洋到纽约，然后从纽约坐帆船渡太平洋来中国，历时 7 个月，于是年 9 月 7 日到达广州。是为基督新教传入中国之始。（顾长声，传教士与近代中国，上海人民出版社，1981 年，第 22～23 页）

## 1808 年　戊辰　清仁宗嘉庆十三年

△ 戈裕良（清）筑造环秀山庄假山。山庄面积约 1 亩，假山占一半。主山在东，次山在西北，而池水则萦绕于两山之间，组合巧妙，使人如临真山野壑，其叠山技巧和艺术水平，均为苏州诸园之冠。（刘敦桢，苏州古典园林，中国建筑工业出版社，1979 年）

△ 徐光启五世孙徐朝俊（清，1752～1823）著《日晷画法》，为较早介绍西洋晷的著述。

## 1809 年　己巳　清仁宗嘉庆十四年

△ 徐朝俊（清，1752～1823）著《高厚蒙求》刊行。全书分 4 集，分载天文、地理和仪器等。

△ 徐朝俊（清）制成螺旋式水车——龙尾车，以一名儿童驱动灌田。太守唐陶山（清）"刊图颁各县"以推广。（清《明斋小识》；陆敬严等，中国科学技术史·机械卷，科学出版社，2000 年，第 379 页）

△ 徐朝俊（清）撰成《自鸣钟表图说》。书中对自鸣钟各零部件的结构、制造等做了详细的论述，对于自鸣钟的拆装、调整与修理等亦多所介绍，并附有大量有关部件的机械图。可视为中国第一部钟表修理手册。[薄树人，《自鸣钟表图说》提要，见：中国科学技术典籍通汇（6），河南教育出版社，1998 年，第 1019 页]

## 1811 年　辛未　清仁宗嘉庆十六年

△ 约于是年许宗彦（清）在《鉴止水斋集》中提及，他从广东的西士弥纳和处得知，西方天文学家已发现在五大行星之外，尚有一行星（即天王星）。（诸可宝：《畴人传三编·许宗彦传》）

△ 至 1825 年间成图的《运河全图》，主要以表现京杭大运河水利工程为主，兼及沿河两岸水道、湖泊、闸坝、河堤，以及府州县城镇地名。

△ 约是年，屠用宁（清）撰《兰蕙镜》，记载兰的品种、色泽、状貌等，其中"十二月养花法"专讲养植技术。

△ 四川成都修建杜甫草堂，奠定后来草堂的规模与布局。

## 1812 年　壬申　清仁宗嘉庆十七年

△ 李潢（清，？～1812）在李锐等的协助下撰成《九章算术细草图说》。该书由按、草、说、图四种内容构成。其"按"主要为校勘意见。经过李潢的校勘，《九章算术》中舛

误不可通的文字大都能文从字顺。《九章算术细草图说》经沈钦裴校算后于 1820 年刊刻成书。[郭书春，九章算术细草图说提要，中国科学技术典籍通汇·数学卷（4），河南教育出版社，1993 年，第 945～946 页]

△ 中国茶籽和种茶、制茶技术传至巴西，是为南美州种茶之始。（[英] 威廉·乌克斯著，茶叶全书·其他各地及茶树繁殖，中国茶叶研究社全体社员合译，中国茶叶研究社出版，1949 年）

## 1813 年　癸酉　清仁宗嘉庆十八年

△ 约是年前，褚华（清雍正乾隆间）撰《水蜜桃谱》问世。书中详述水蜜桃的栽培、嫁接、除虫方法，兼及水蜜桃的特点。（农业百科全书·农业历史卷，农业出版社，1995 年，第 297 页）

△ 方时轩（清）撰《枝蕙编》记述蕙兰的性状、优劣标准、命名法及栽培技术，另附咏蕙兰诗若干，为中国古代唯一专记蕙兰的兰谱。[周肇基，中国古代兰花谱研究，自然科学史研究，1998，17（1）：71]

△ 章穆（清，约 1743～1813）因见误于药饵饮食者甚多，遂取《本草纲目》为宗，举世间食物 653 种，结合亲身经历，详加考订，撰成《调疾饮食辨》6 卷。1823 年，由后人续刻成编。

## 1815 年　乙亥　清仁宗嘉庆二十年

△ 马礼逊（Robert Morrision，1782～1834）编译出版《华英字典》第一卷，1891～1820 年间出版第二卷，1822 年出版第三卷。此为中国英汉字典的嚆矢。

△ 李逢亨（清，清嘉庆年间）撰《永定河志》32 卷，记述清代前期（1815 年止）永定河的治理沿革和河防河政，是永定河的第一部流域专志。1880 年，米其绍（清光绪年间）又撰《永定河续志》16 卷。（熊达成等，中国水利科学技术史概论，成都科技大学出版社，1989 年，第 466 页）

△ 蓝浦（清，？～1795）著、其弟子郑廷桂（清）增补《景德镇陶录》十卷完成，并于同年在景德镇刊印。此书较为系统地论述了景德镇陶瓷史和记录陶瓷制造工艺的专著。（赵匡华等，中国科学技术史·化学卷，科学出版社，1998 年，第 110～111 页）

## 1817 年　丁丑　清仁宗嘉庆二十二年

△ 是年前，李锐（清，1769～1817）撰成《补六家术》，依据零散的资料，对已失传的宋代卫朴《奉元历》、姚舜辅《占天历》、李德卿《淳祐历》、谭玉《会天历》、金代杨级《大明历》与耶律履《乙未历》等 6 部历法做部分修复工作。（清·焦循：《雕菰集》卷 15）

△ 是年前，李锐（清）撰成《日法朔余强弱考》，应用何承天调日法对历代历法的日法与朔望月长度的由来进行详细的研究。（清·李锐：《李氏算学遗书》）

△《开方说》成书。该书于 1814 年初具雏形，1817 年，李锐病故，其弟子黎应南补成下卷，并刊刻成书。在《开方说》卷上，李锐主要讨论方程正根个数与系数的关系问题。以现代数学语言，李锐的成果相当于下述命题：对于一个一元高次方程，如其系数序列出现一次变号，则该方程有一个正根，如有两次变号，则有 2 个正根，如有三次变号，则有 3 个或

1个正根；出现四次变号，则 4 个或 2 个正根。以此推广，则高次方程正根个数或者与其系数序列变号的次数相同，或者少于该序列变号次数的 $2n$ 个。除未考虑系数序列变号为偶数次时可能没有正根这个问题以外，李锐的这项成果与笛卡儿符号法则几乎是完全一致的，且其叙述尚较笛卡儿给出的命题更为深刻。（刘钝，李锐与笛卡儿符号法则，谈天三友，台北：明文书局股份有限公司，1993 年，第 263~284 页）

△ 许兆熊（清）积 40 年经验撰成《东篱中正》一卷，记新育菊花奇种，其中有细叶 27 种、洋种 13 种，一一加以品评。次年刊印。

△ 邱熺（清，？~1851）所撰《引痘略》刊行。此书以介绍牛痘接种法、留浆养苗、取浆、度苗、真假痘辨、种痘工具等为主，是中国传播牛痘法的最主要的方书，影响极大。此书还东传日本，对牛痘法在日本的传播起到了一定的作用。[廖育群，牛痘法在中国近代的传播，中国科技史料，1988，9（2）：37~38]

## 1818 年　戊寅　清仁宗嘉庆二十三年

△ 罗士琳（清，1789~1853）撰成《比例汇通》（4 卷）。该书试图以欧洲比例算法重新编排和解释《九章算术》中的成果。罗士琳，曾考取天文生，当时，阮元掌国子监算学，故罗士琳被称为出于阮元之门。后阮元于杭州开创诂经精舍，罗士琳入诂经精舍学习。他早年支持西方数学，在读到《四元玉鉴》之后改宗中法。

## 1819 年　己卯　清仁宗嘉庆二十四年

△ 董祐诚（清，1791~1823）撰成《割圆连比例术图解》（3 卷）。书中连比例四率法和垛积术给出四个三角函数幂级数展开式，以此四术，可以容易地得到明安图（清，？ ~1764）的九术。揭示了明氏的立法之原，又为其后的项名达、徐有壬等人的工作奠定了基础。董祐诚的主要著作被编成《董方立遗书》九种十六卷，其中数学著作有四种六卷，另三种为《椭圆求周术》（1821）一卷、《斜弧三边求角补述》一卷、《堆垛求积术》（1821）一卷。（李兆华，董祐诚垛积术与割圆术述评，见：古算今论，天津科技出版社，2000 年，第 113~117 页）

△ 7 月 10 日 "……霪雨十日，至十九日夜大雨如注，是夜地震，泛水涨数长"。此为震前出现异常气候（地震前兆）的记载。（嘉庆《谢洪县志》；唐锡仁，中国古代的地震测报和防震抗震，见：中国古代科技成就，中国青年出版社，1978 年，第 321 页）

## 1820 年　庚辰　清仁宗嘉庆二十五年

△ 传教士马礼逊（Robert Morrision，1782~1834）与东印度公司的外科医生李文斯敦（J Livingstone）在澳门开设药房。[吴熙敬主编，中国近现代技术史（下卷），科学出版社，2000 年，第 1008 页]

△ 是年前后，上海青浦县生产的谢家纺车和金泽纺锭因式样新、质量好而负盛名。（赵承泽主编，中国科学技术史·纺织卷，科学出版社，2003 年，第 442 页）

## 1821 年　辛巳　清宣宗道光元年

△ 徐松（清，1781~1848）以实地考察，参以旧史、方略案牍有关记载，完成《西域

水道记》5卷。全书以罗布泊尔（即罗布泊）等11个湖泊为纲，记述甘肃嘉峪关以西和新疆地区的水系及沿岸的城市、山岭、民族、物产等。此书不仅填补了中国关于新疆地区水道记述的空白，而且开创了内陆地区水道以汇入湖泊为纲的记述方式。（杨文衡，世界地理学史，吉林教育出版社，1994年，第434~435页）

△ 丁佩（清）撰《绣谱》，对刺绣的创始、工艺、特点、针法等进行较系统研究，首次提出刺绣工艺的技法理论：齐、光、直、匀、薄、顺、密七字，是中国第一部刺绣专著。

## 1822年　壬午　清宣宗道光二年

△ 由于数学的衰落，明代数学家已不懂四元术。是年，徐有壬（清，1800~1860）通过研究《四元玉鉴》重新理解了该术，这对19世纪数学研究起到了很大作用。徐有壬任京职时开始研究数学，著有多部数学著作。[田森，《四元玉鉴》的清朝版本及清人对《假令四草》的校勘研究，自然科学史研究，1999，18（1）：36~47]

△ 郝懿行（清，1755~1823）著《尔雅义疏》在辨别历史上的动植物名称方面有一定的价值。

△ 王穰堂（清）所著《卫济余编》记载了用发芽饲料喂养畜禽的技术。[吴熙敬主编，中国近现代技术史（下卷），科学出版社，2000年，第883页]

## 1824年　甲申　清宣宗道光四年

△ 斯里兰卡首次从中国引进茶树种籽发展植茶。

## 1826年　丙戌　清宣宗道光六年

△ 英国雷维斯（Johm S. Reeves，1774~1856）发表《中国人所用本草药物之说明》。雷维斯1812~1831年在华，是东印度公司驻广东的茶叶专家。他曾把中国的杜鹃、筒蒿、紫薇、紫藤等引进英国。[蔡捷恩，中草药传欧述略，中国科技史料，1995，16（2）：7]

△ 日本丹波元胤（日本，1789~1827）撰辑的《中国医籍考》成书。全书80卷，收录秦汉至道光初年的中国医书近2600种，搜集宏富，少有遗漏。

## 1827年　丁亥　清宣宗道光七年

△ 约于是年，藏族绛巴桑热（清）撰成《〈白琉璃〉、〈日光论〉两书精义，推算要诀众种法王心髓》一书，系综合《白琉璃》和《日光论》二书的精髓而成。该书又以《商卓特桑热历书》见称于世，是为及至今日西藏天文历算研究所每年编制发行藏历的依据。该历法是在吸收古印度、汉传历法与《回回历法》营养的基础上，发展起来的一个独特的历法系统。其所取一系列天文数据、黄道12宫、胜生周纪年法、昼夜时间长度表、星期制度等系受传入的古印度时轮历的影响。其所用日躔表、月离表、干支纪年法、二十八宿、置闰法、交食推算法、二十四节气、月令候应等，则受汉传历法的影响。其五星推算法则受到《回回历法》的影响。此外，还有其独特的周天度数划分法、缺日与重日等纪月、纪日法、三种不同的年月日系统等。所有这些，构成了自成一体的藏传历法。（黄明信、陈久金，藏历的原理与实践，民族出版社，1987年，第271~307页）

△ 东印度公司的传教医生郭雷枢（T. R. Colledge，1796~1879）在澳门开设眼科医

院。[吴熙敬主编，中国近现代技术史（下卷），科学出版社，2000年，第1008页]

## 1828年　戊子　清宣宗道光八年

△北京设种痘公司。

△潘曾沂（清）撰《课农区种法直讲》刻印，后又多次续补。作者曾试行区田法，皆得丰收，故著书详解区制、播种、耕耘、用粪等，主张深耕、早播、稀种、多收。

## 1829年　己丑　清宣宗道光九年

△赵古（清）撰《龙眼谱》刊印。全书一卷，记载龙眼品种、形态、性味等，是中国古代唯一传世的龙眼专书。

## 1830年　庚寅　清宣宗道光十年

△沈钦裴（清）撰成《四元玉鉴细草》。书中，沈氏为朱世杰《四元玉鉴》中的每一题撰有细草。该书没有发表，并未对清代四元术的研究产生很大影响。数学史界普遍认为，沈钦裴对四元术的复原更复合朱世杰的原意。沈钦裴曾撰《重差图说》，试图用相似三角形的原理解释重差术，并校注《数书九章》及为李潢《九章算术细草图说》校算。（田淼，《四元玉鉴》的清朝版本及清人对《假令四草》的校勘研究，自然科学史研究，1999，18（1）：36～47）

△王清任（清，1768～1831）根据其访验脏腑40余年之所得与行医治病之经验，撰成《医林改错》2卷，内附脏腑图多幅。书中纠正了前人脏腑某些错误之处。（廖育群，中国古代科学技术史纲·医学卷，辽宁教育出版社，1996年，第135～139页）

△麦金托士洋行（Mackintosh & Co.）的小轮船"福士"（Forbes）号第一次在中国领海出现。[聂宝璋，轮船的引进与中国近代化，近代史研究，1988，（2）：141]

△是年至1840年间，宋应星（明，1587～?）撰《天工开物》中的《丹青》、《五金》、《乃服》、《彰施》等章节被摘译成法文，后又被转译成英文、德文。[潘吉星，中国古代科学家传记（下）·宋应星，科学出版社，1993年，第961页]

## 1831年　辛卯　清宣宗道光十一年

△阮元（清，1764～1849）弟子吴荣光（清）于湖南长沙创办湘水校经堂，以经义、治事、词章三科试士，应有数学内容。（田淼，清末书院的数学教育，中国科学院自然科学史研究所博士论文，1997年）

△高铨（清）辑《蚕桑辑要》总结记述了桑树的"养成技术"。

△至1841年间，丁拱辰（清，1800～1875）在中国首次试制成功蒸汽机车模型。这台小蒸汽机车长1尺9寸、宽6寸，配铜质立式双作往复式蒸汽机，运行时载重30余斤。[王锦光、闻人军，中国早期蒸汽机和火轮船的研制，中国科技史料，1981，（2）]

## 1832年　壬辰　清宣宗道光十二年

△董方立（清）、李兆洛（清，1769～1841）编绘《皇朝一统舆地全图》。经纬线和计里画方并存。分幅绘制，装订成册。

△ 是年前，王念孙（清，1744～1832）父子作《广雅疏证》对历史上的动植物名称做了不少有意义的考订，在确定历史上的动植物名称方面有一定的参考价值。

## 1833 年　癸巳　清宣宗道光十三年

△ 夏，德国传教士郭士立（Kark Friedrich Auqust Gǘzlaff，1803～1851）在广州创办的月刊《东西洋考每月统记传》为西方传教士在中国本土出版的第一家汉文报刊，也是新教传教士介绍西方科技知识的较早报刊。（赵匡华主编，中国化学史·近现代卷，广西教育出版社，2003 年，第 4 页）

## 1834 年　甲午　清宣宗道光十四年

△ 广州外国侨民成立"在华实用知识传播会"，以传播技艺和科学、启迪中国人智力为宗旨。

△ 李彦章（清嘉庆进士）撰《江南催耕课稻编》刊印。书中综合各种农书、志书中的有关记载，对稻类品种、早植、早熟等问题，进行详细讨论。

## 1835 年　乙未　清宣宗道光十五年

△ 河东道总督栗毓美（清，? ～1840）收购民间砖料，抛成砖坝数十座，成功地堵住原武堤北岸的串沟。此法后在河南黄河段推广。［水利水电科学研究院《中国水利史稿》编写组，中国水利史稿（下），水利电力出版社，1987 年，第 476 页］

△ 关天培（清，1781～1841）在《筹海初集》卷一中，记载了经过改建和扩建后的虎门要塞，共建有 13 座炮台，安置 212 门火炮，在珠江入口处设有 3 道拦江铁链等障碍设施。成为当时沿海防御能力最强的炮台式要塞区。

△ 约是前后，石印技术传入中国。［吴熙敬主编，中国近现代技术史（下卷），科学出版社，2000 年，第 1071 页］

## 1836 年　丙申　清宣宗道光十六年

△ 顾观光（清，1798～1862）著成《回回历解》，对《回回历法》进行较深入的研究。此外还曾著《六历通考》和《九执历解》等，分别对 6 种古《四分历》和唐代传入的《九执历》等做较深入的研究。（清·顾观光：《武陵山人遗书》）

△ 罗士琳所撰《四元玉鉴细草》刊成。该书出版后对当时的数学家有很大的影响。直至 19 世纪末，数学家们还在研究与《四元玉鉴》相关的数学内容，他们的工作多是以罗士琳的细草为基础进行的。

△ 祁寯藻（清，1793～1866）撰《马首农言》记载马首（今山西寿阳）的农业情况，全书分地势气候、种植、农器、农谚、占验等 14 篇。"种植"篇结合当地风土条件对作物种性、耕作技术等加以具体记述，其中谷子（粟）单穗粒数多寡受到重视并见记载。书中有关物价、粮价、农谚、方言乃至祠祀等记述在传统农书并不多见。咸丰五年（1855）首次付梓。（董恺忱等主编，中国科学技术史·农学卷，科学出版社，2000 年，第 657 页）

△ 伯驾（美，P. Parker，1804～1888）招收 3 个中国青年到博济医院学习，除实际操作外，还学习理论课。［吴熙敬主编，中国近现代技术史（下卷），科学出版社，2000 年，

第 1009 页]

△ 中国首次施行割除乳癌手术。

## 1837 年　丁酉　清宣宗道光十七年

△ 李兆洛（清，1769～1841）编录《历代地理志韵编今释》20 卷，综列《汉书》以下各史"地理志"中的地名，按韵分编，并注明历代所属州、郡及今地所在，是中国第一部历史地名辞典。（翟忠义，中国地理学家，山东教育出版社，1989 年，第 325～363 页）

△ 王筠（清，1784～1854）所著《说文释例》中，对豆类根瘤形态已有具体的观察描述，并有初步认识。

△ 郑珍撰《樗蚕谱》，对柞蚕的生长习性、生长环境和放饲都有较细致的记载，是清代一部饲养柞蚕的专书。

△ 邹澍（清，1790～1844）撰《本经疏证》12 卷。此书取《神农本草经》、《名医别录》为经，《伤寒论》、《金匮要略》等书为纬，交互参证，逐味疏解。又著《本经续疏》6 卷、《本经序疏要》8 卷。三书引证渊博，是清代本草学的重要著作。（傅维康，中药学史，巴蜀书社，1993 年，第 271～272 页）

## 1838 年　戊戌　清宣宗道光十八年

△ 郑光祖（清，1776～约 1848）《一斑录·物理·声影皆有微理》记述：若上有穹形屋顶，下有辅空地板，人的行步声可使屋顶产生回声，并与地板下的共鸣声有可能相互转应。（戴念祖，中国声学史，河北教育出版社，1994 年，第 126～129 页）

△ 我国北方采用种树方法，改良盐碱土地。（道光《观城县志·治碱》）

△ 2 月 21 日，在郭雷枢（英，T. R. Colledge，1796～1879）倡导和主持下，"中华医药传教会"在广州成立。此会以医学为工具和手段，旨在传教、搜集情报，并扩大在华影响。（廖育群，中国古代科学技术史纲·医学卷，辽宁教育出版社，1996 年，第 249 页）

△ 英国人台约尔在新加坡制成第一套汉文铅字，不久搬至香港印刷书报，成为风行一时的"香港字"。

## 1839 年　己亥　清宣宗道光十九年

△ 11 月 4 日，马礼逊（Robert Morrision，1782～1834）创办的马礼逊学堂在澳门正式开学。首批招收 6 名男生，即黄胜、李刚、周文、唐杰、黄宽、容闳。校中教科为初等算术、地文、国文、英文等，这是西方向中国传播西学在中国举办的第一所洋学堂。

△ 郑梅涧（清，1727～1787）所撰中医喉科专著《重楼玉钥》初刊。此书首论回喉的解剖部位及生理、病理上的重要意义；次论喉科 36 种的症状、用药等。郑氏家传神针，治喉每以针刺，故书中详于针法而略于方药。

## 1840 年　庚子　清宣宗道光二十年

△ 罗士琳（清，1789～1853）撰成《畴人传续编》（6 卷）。该书前两卷为"补遗"，介绍宋元时代的和《畴人传》出版前去世而原书未收录的天文、数学家 17 人。后四卷为"续补"，介绍嘉庆、道光年间去世的天文、数学家 27 人。由于罗氏与这些传主年代接近，故书

中收集了丰富的材料，同时，他还对这些天文学家和数学家的著作做了深入的分析。（傅祚华，《畴人传》研究，明清数学史论文集，江苏教育出版社，1990 年，第 219～260 页）

△ 徐有壬（清）撰《测圆密率》三卷成书。书中主要讨论三角函数及其幂级数展开式等问题。给出了他自创的"正弦求弧背"、"正切求弧背"和"弧背求正切"三个公式。[韩琦，务民义斋算学提要，见：中国科学技术典籍通汇·数学卷（5），河南教育出版社，1993 年，第 647 页]

△ 中国的棉花产量约为 970～1000 万担，主要有三大产棉区：黄河流域产棉区、长江流域产棉区和华南产棉区。（赵承泽主编，中国科学技术史·纺织卷，科学出版社，2003 年，第 445 页）

△ 是年后，进入中国的美、俄侨民带来了俄国的白色猪，并在东北一带繁殖。[吴熙敬主编，中国近现代技术史（下卷），科学出版社，2000 年，第 881 页]

△ 林则徐（清，1785～1850）组织人员将英国慕瑞（H. Muiry）的《世界地理大全》的一部分译成《四洲志》，后收入魏源（清，1794～1859）编撰的《海国图志》一书中。这是中国人最早翻译的一本世界地理著作。（马祖毅，中国翻译简史，中国对外翻译出版公司，1984 年，第 225 页）

△ 刘宝楠（清，道光进士）撰《释谷》一书，为研究中国谷物名称的专著。

△ 藏医旦增彭措（清）撰《无瑕晶球珠本草》，收录藏医药 1400 余种，记述药物性能等，是藏医药学的代表作。

△ 7 月，林则徐向美商购买轮船"甘米力治"号，重 900 吨，改装为军舰，为近代中国引进外轮之始。

## 1841 年　辛丑　清宣宗道光二十一年

△ 法国毕奥（E.-C. Biot，1803～1850）撰成《根据中国记录编纂的前 7 世纪至 17 世纪中叶在中国观测的流星、星陨总表》，对欧洲天文学家对流星等的研究有所助益。[韩琦、段异兵，毕奥对中国天象记录的研究及其对西方天文学的贡献，中国科技史料，1997，18（1）：80～87]

△ 俄国人开始在北平做有系统的气象观测，直到 1883 年。其间观测时间有间断，观测时间和内容亦时有变更。[竺可桢，前清北京之气象记录，气象杂志，1936，（2）]

## 1842 年　壬寅　清宣宗道光二十二年

△ 郑复光（清，1780～?）著《费隐与知录》刊行。全书 200 余条，所说皆以世人惊骇以为灾祥奇异的事情。作者以问答形式，推本求原，或以物性而殊，或以地形而变，或以目力而别，释理明白平易。此书内容丰富，涉及天地、日月、星辰、风云、雾雨、霜雪、寒暑、潮汐、颜色、鸟兽等方面的知识。

△ 是年至 1842 年，郁松年（清）刊刻《宜稼堂丛书》，收入《数书九章》、《详解九章算法》、《杨辉算法》等重要数学著作。

△ 清代官修全国地理总志《大清一统志》，经 3 次修撰，历时 150 余年（1686 年始编），终于完成。全书 560 卷。全书体例严谨、考核精译，并集图、表、志三者于一书，是历代所修"一统志"中最后的一部。（靳生禾，中国历史地理文献概论，山西人民出版社，1987

年，第284～289页）

△ 魏源（清，1794～1859）在《四洲志》的基础上编撰的《海国图志》50卷刊印。1847年扩为60卷；1852年增至100卷。此书系统地介绍了普通自然地理知识、世界地理兼及区域历史沿革等，并附74幅地图，与《瀛寰志图》同被誉为中国人自编的研究世界史地、传播西方地理知识的开山之作。此书极大地扩展了中国人的地理视野，其知识理论为中国近代地理学的发展奠定了重要的基础。（唐锡仁等，中国科学技术史·地学卷，科学出版社，2000年，第462～466页）

△《南京条约》后，外国官员商贾等连同所带家眷纷至沓来，急需多量牛奶。乡民遂以水牛挤奶，挑担零售，此为中国牛奶业的雏形。[吴熙敬主编，中国近现代技术史（下卷），科学出版社，2000年，第765页]

△《海国图志》中有《火轮船》条，其叙述较《海路》更为透彻。据认为该条虽引自华侨王大海（清）的《海岛逸志》，实为后人所添加的，反映了19世纪40年代客居海外的中国人士对火轮船的认识。（姚楠，《海岛逸志》校注序，香港学津书店，1992年）

△ 8月，英政府迫使清廷在南京签订《南京条约》，割香港，开放广州、福州、厦门、宁波、上海五港为通商口岸。

## 1843年　癸卯　清宣宗道光二十三年

△ 广州、厦门、上海开埠。

△ 清两广总督祁墇上摺，要求变通科举，以博通史鉴、精熟韬略、制器通算、洞知阴阳占候、熟谙舆图情形五门课士。此摺被礼部驳回。此为清代最早要求将数学纳入科举考试内容之中的奏摺。（田淼，清末书院的数学教育，中国科学院自然科学史研究所博士论文，1993年）

△ 骆腾凤（清，1771～1842）所著《艺游录》刊成。该书收入骆氏研究《九章算术》、《孙子算经》、《缉古算经》、《数书九章》及《测圆海镜》诸书的札记。他还著有《开方释例》（4卷），讲座开方式之诸方谦和较、大小加减之理。（李兆华主编，中国数学史大系，第8卷，北京师范大学出版社，2000年，第85～88页）

△ 项名达撰成《三角和较术》1卷。该书包括"平三角和较术"与"弧三角和较术"两部分。主要内容是叙述解平面、弧面直角形和一般三角形的各种公式。[何绍庚，下学盦算术三种提要，见：中国科学技术典籍通汇·数学卷（5），河南教育出版社，1993年，第603页]

△ 两广总督祁墇（清）奏请开制器通算一科，为礼部议驳。

△ 丁拱辰（清）著《演炮图说辑要》中介绍了"西洋量天尺——耶细丹地"，此为目前所见中国学者最早真正从科学的角度介绍双反射八分仪的文献资料。[王淼，中国早期对西方双反射八分仪的介绍和研究，中国科技史料，2000，21（4）：341～343]

△ 英国福琼（R. Fortune，1812～1880）受英国园艺学会的雇用来华收集园林植物。在闽、浙、赣等地，他采集到约450种植物，其中仅牡丹就有40个品种，还有不少为野生植物，他还是最早到武夷山一带收集生物标本的西方学者。[罗桂环，近代西方人对武夷山的生物学考察，中国科技史料，2002，23（1）：32]

△ 中国产肉鸡九斤黄输出到英国。英国女皇维多利亚认为它的肉味良好，比英国本地

鸡更好，因此1846年又派人来中国选购大批种鸡，并于次年运往英国。（［德］瓦格勒著，王建新译，中国农书，第3编第4章，商务印书馆，1934年）

△ 上海怡和洋行最早在华经营西药。

△ 英国榄文（英）船长利用开设在香港东角地方的榄文船坞，建造了80吨小轮船"中国号"。（孙毓棠，抗戈集，中华书局，1981年，第68页）

△ 丁守存（清，1812～1886）利用极纯的银、自制的硝酸和蒸馏过的乙醇相作用，合成了雷酸银，用作起爆药，再填制成雷管。（清·丁守存：《自来火铳造法》，见：清·魏源：《海国图志》，岳麓书社，1998年，第2120页）

△ 丁拱辰（清，1800～1875）将他著的《演炮图说》修订为《演炮图说辑要》呈送给当局，其中所附《西洋火轮车火轮船图说》是中国学者自著的第一部有关蒸汽机和火车轮船的著作，并附有火车轮船图，他的著作还有《西洋军火图编》等。

△ 英国伦敦布道会传教士麦都思（W. H. Wedhurst，1796～1857）在上海创办墨海书馆，是为外人在华最早使用铅印设备的编译出版机构。

### 1844年　甲辰　清宣宗道光二十四年

△ 宁波、福州开埠。

△ 邹伯奇（清，1819～1869）"因用镜取火，忽悟其能摄诸形色也，急开窗穴板验之。引申触类而作此器"。独立发明了照相机。（清·邹伯奇：《邹征君存稿·摄影之器说》）

△ 英国领事官汉斯（H. F. Hance，1827～1886）来华，至1886年在厦门逝世。在华近40年，共收集植物标本22 437种，包括当时中国已知的大部分植物种类。他的收集、研究，对西方人了解中国植物并进而重视中国植物的研究产生了深远的影响。［罗桂环，近代西方人在华的植物学考察和收集，中国科技史料，1994，15（2）：21～22］

△ 邹伯奇在做摄影器之时，设计了摄影术测绘地图的方法，并于1864年进行了实地测绘。［戴念祖，邹伯奇的摄影地图和玻板摄影，中国科技史料，2000，21（2）：168～174］

△ 7月3日，中美《望厦条约》签订。其中规定：美国人可在通商口岸"租地自行建楼，并设立医院"。

△ 英国传教医师雒魏林（W. Lockhart，1811～1896，1838年来华）在上海开设了一个诊所，经多次搬迁扩建成医院，最后定名为"仁济医院"，为上海最早的西医医院。该院利用侨资建成，有门诊和病房，至次年6月，已有万余人就诊。（廖育群等，中国科学技术史·医学卷，科学出版社，1998年，第481页）

△ 11月，林则徐（清，1785～1850）和全庆共同主持查勘兴办南疆水利，往返万里，历时一年，在库车、阿克苏、乌什、叶尔羌、和田、喀什噶尔、伊拉里克、喀拉沙尔共垦地689 718亩。在吐鲁番，林则徐对坎儿井的效益和形式大加赞扬，极大地推动了坎儿井的发展。［水利水电科学研究院《中国水利史稿》编写组，中国水利史稿（下），水利电力出版社，1987年，第340页］

△ 吴其濬（清，1789～1847）撰《滇南矿厂图略》出版，此书是记述云南矿产的专著。书中有些矿石、矿体产状等方面的名称，至今仍在沿用。

## 1845年　乙巳　清宣宗道光二十五年

△ 敬徽（清）、周庆余（清）、高煜（清）等撰成《仪象考成续编》，这是完全由中国学者编纂的天文学著作。书中给出了300座3240颗恒星黄道与赤道经纬度值，其中大部分恒星的坐标是依据《仪象考成》星表并虑及岁差变化推算而得的，在换算中实际上还虑及了新测量而得的较准确的黄赤交角值，对这些恒星也曾进行实测，但主要是为考辨并证认《仪象考成》星表而作。另有163颗恒星（即所谓道光增星）则为新测者，其实还新测有另外600余颗恒星的坐标，但其成果已失传。书中还给出赤道北星图、赤道南星图、赤道南北星图等多幅星图。此外，敬徽等还提出了恒星亮度的变化可能与恒星的自行有关、恒星自行的速度各异等推测。（中国天文学史整理研究小组，中国天文学史，科学出版社，1981年，第233、234页）

△ 项名达撰成《开诸乘方捷术》1卷。该书包括项名达所创的四个公式和戴煦的两个公式，并附有开方表。这些公式均是用于开高次方的无穷级数公式。（何绍庚，下学算术三种提要，见：中国科学技术典籍通汇·数学卷（5），河南教育出版社，1993年，第603页）

△ 戴煦（清，1805～1860）《四元玉鉴细草》撰成。书中对《四元玉鉴》逐题演草，以代入法阐示四元消法。此书从未刊刻。戴煦读书兴趣广泛，以数学为主要研究领域。著有《音分古义》（1854）和《求表捷术》四种九卷。《求表捷术》包括《对数简法》（2卷）、《续对数简法》（1卷）、《外切密率》（4卷，1852）和《假数测圆》（2卷，1852）。

△ 李善兰（清，1811～1882）撰《方圆阐幽》一卷。此为李善兰的第一部数学著作。书中含有定积分求积的"尖锥术"。李善兰在垛积术、尖锥术等方面有突出成就，并与西方人合译多部数学书籍。为19世纪下半叶最重要的中国数学家。（王渝生，李善兰研究，明清数学史论文集，南京教育出版社，1990年，第334～408页）

△ 李善兰在其《方圆阐幽》中给出了尖锥术基本理论。李氏提出空间 $p$ 乘尖锥的概念，指出空间 $p$ 乘尖锥由平面积积叠而成，而第 $i$ 层的面积为 $i^p$。假设尖锥高为 $h$，底为 $a^p$，则其体积为 $V=\dfrac{1}{p+1}p$。在此基础上，李氏还提出了平面尖锥的概念。（李兆华，中国数学史，文津出版社，1995年，第310页）

△ 李善兰撰成《对数探源》2卷。书中，李善兰以所创尖锥术获得对数展开式并用以造对数表。该书卷上给出结论十三条，说明造对数表的原理。卷下据此举例说明造对数表的方法。［李兆华，李善兰对数论研究，自然科学史研究，1993，12（4）：333～343］

△ 戴煦完成其名著《对数简法》2卷。次年，他又著成《续对数简法》（1卷）。二书旨在简化求对数的运算。书中给出戴氏自创的二项平方根展开式，及由此发展出的高次方根幂级数展开式。以此为基础，戴氏给出对数的幂级数展开式四式。［李兆华主编，中国数学史大系（第8卷），北京师范大学出版社，2000年，第102～107页］

△ 李善兰撰成《四元解》2卷。该书中，李善兰对朱世杰《四元玉鉴》中的四元高次方程布列法进行改进，并创出了自己的一套四元消法。（清·李善兰，《四元解》，则古昔斋算学本）

△ 邹伯奇（清，1819～1869）的光学专著《格术补》完稿，后收入于1874年刊刻的《邹徵君遗书》之中。《格术补》澄清了过去在几何光学上的错误认识，独立推导出透镜和透

镜组的焦距公式，详细地讨论了放大镜、几种折射和反射望远镜以及显微镜的结构、原理和性能告示，是我国光学史上一部重要著作。（王冰，中国物理学史大系·中外物理交流史，湖南教育出版社，2001年，第95页）

△ 法国遣使会教士古伯察（Evariste-Régis Huc，1813～1860；1839年来华）首先从四川、喀木（今川西）进入西藏拉萨考察。回国后著有《鞑靼、西藏，中国游记》等书。[沈福伟，外国人在中国西藏的地理考察，中国科技史料，1997，18（2）：8]

△ 英国理查德逊（J. Richardson）根据东印度公司的验茶员雷维斯（John S. Reeves，1774～1856）送回的鱼类标本和插图撰写的《中国和日本海鱼类学报告》是当时研究中国鱼类比较有影响的专著。[罗桂环，近代西方对中草药生物的研究，中国科技史料，1998，19（4）：11]

△ 程岱莽（清）撰《西吴菊略》刊印。全书一卷，记载浙江吴兴菊花品种、颜色与种植技艺，且多为作者亲植独得之诀。

△ 英国大英轮船公司开辟中国航线，该公司职员柯拜（John Cowper）见修船业有利可图，遂租赁当地泥坞，经营轮船修造业。不几年，柯拜在黄埔建造了有浮闸门的石坞，是当时远东第一石坞。1856年建造了总长54米，宽6.7米的轮船"百合花"号。（黄埔造船厂厂史参考资料汇编之二，第2页）

## 1846年　丙午　清宣宗道光二十六年

△ 毕奥发表《1230年至1640年在中国观测的彗星表》一文。还对中国古代有关哈雷彗星的记录进行了详细的考证与研究，并进行了推算。[韩琦、段异兵，毕奥对中国天象记录的研究及其对西方天文学的贡献，中国科技史料，1997，（1）]

△ 郑复光（清，1780～?）著《镜镜詅痴》（1835年完稿）出版，是我国第一部较系统的几何光学著作。卷五中对透光镜的铸造及其"透光"成因做出了全面的解释。他认为：透光镜是铸造过程中的刮磨造成的，其镜面有与其背纹饰相同的"凹凸之迹"；他还以静止水面作比喻，以为镜面凹凸痕迹人眼看不见，而在太阳光下就显示出来。书中还记载了他创制的"取景器"，并附有原理构造及装置图。书中还记载了映画器（又称幻灯、放字镜、影戏、取景灯戏等）的设计和制作。（王锦光、洪震寰，中国光学史，湖南教育出版社，1986年，第164～166页）

△ 在广州已出现外国人携摄影机为中国人照相。（清·周寿昌：《思益堂日记》卷九）

△ 江海关拨专款，在长江口铜沙浅滩设置木质灯船一艘。咸丰五年（1855），苏松太道兼海关勒令筹款，购灯船一艘，设置在长江口铜沙西南，以指示铜沙沙咀。船身红色，黑色单桅，称为"铜沙灯船"。内置凹镜逼射白光明灭灯，晴照三十三里，并设有雾炮、雾笛。（王轼刚主编，长江航道史，人民交通出版社，1993年，第131～132页）

△ 继英国人柯拜之后，陆续有英、美商人在广州设厂经营轮船修造业。1846年美商开办了丹斯岛船坞公司；1850年美商办了旗记船厂；1851年英商办诺维船厂；1853年英商办于仁船坞。（黄埔船厂厂史资料汇编之二，第3页）

## 1847年　丁未　清宣宗道光二十七年

△ 1月，在马礼逊学堂求学的容闳、黄胜、黄宽随校长勃朗（S. R. Brown，1810～

1880）赴美，并进入麻省芒松学校，为中国较早赴欧美的留学生。黄胜因病退学，容闳和黄宽于 1849 年毕业。

△ 8 月 26 日，伟烈亚力（A. Wylie，1815～1887）抵达上海。他在上海墨海书馆与李善兰共译《几何原本》后九卷，《代数学》、《代微积拾级》等多部数学著作。他还曾用中文撰述《数学启蒙》（1853）二卷，介绍西方算术及代数知识。同时，他还向西方介绍了中国传统数学方法。（汪晓勤，伟烈亚力与中西数学交流，中国科学院自然科学史研究所博士论文，1999 年）

△ 玛吉士（Jose Martins-Marquez，葡萄牙）撰《新释地理备考全书》刊印，主要介绍世界各国的地理状况。其中卷一则介绍地球与太阳系的新知识，指出哥白尼日心地动说"顺情合理，故今之习天文者，无不从之。"还提及土星光环的结构与组成、土星有 7 颗卫星、天王星与 4 颗小行星，以及彗星亦太阳系的成员，其轨道有椭圆、抛物线、双曲线之别等，这些对当时的中国人而言，都是全新的天文学知识。在魏源（清，1794～1857）的《海国图志》卷 96 至卷 99 中，就引述了这些内容。

△ 约是年前后，伯驾（美，P. Parker，1804～1888）在中国眼科医院首次使用乙醚麻醉法成功地给一名中国 35 岁的患者进行了手术。次年，他又首次在手术中使用哥罗芳作为麻醉剂。（吴熙敬主编，中国近现代技术史（下编），科学出版社，2000 年，第 1011 页）

## 1848 年　戊申　清宣宗道光二十八年

△ 徐继畬（清，1794～1873）完成《瀛环志略》10 卷，全书以近代西方国家绘制的世界地图为依据，并参考外国人提供的图书资料，在地圆说的基础上，较全面地介绍了 80 多个国家的地理和历史情况，是中国人最早自编的两部世界地理著作之一。此书出版后风行一时，广为流传。[唐锡仁，徐继畬与《瀛环志略》，自然科学史研究，1983，（2），285～261]

△ 美国北长老会教士祎理哲（Richard Quanterman Way，1819～1895；1844 年来华）撰《地球说略》刊行。

△ 吴其濬（清，1789～1847）撰《植物名实图考》问世。全书 38 卷，收入植物 1714 种，分 12 大类，包括谷物、蔬菜、山草、隰草、石草、水草、蔓草、毒草、芳草、群芳、果树、木类，每种植物均有形、色、性味、产地、用途等文字记述，并附对照实物所作绘图，是我国清代一本绘图精致、准确，学术价值很高，成就最大的纯正植物学著作。（王毓瑚，中国农学书录，农业出版社，1964 年，第 269～270 页）

△ 高粱黑穗病见于《植物名实图考·谷类·稆头》，时称"稆头"。甘蓝见于《植物名实图考·蔬菜》。

△ 从是年开始，英国印度三角测量队在喜马拉雅山附近地区测量。[沈福伟，外国人在中国西藏的地理考察，中国科技史料，1997，18（2）：9]

△ 徐继畬（清）著《瀛环志略》对西欧各国技术与经营的长处已有所介绍。[吴熙敬主编，中国近现代技术史（下卷），科学出版社，2000 年，第 764 页]

△ 苏州来沪商人张玉堂（清）和何国风（清）在上海十六铺太平弄口开办永新染坊，专门从事绸布的印花，这是上海建立最早的染坊。至 20 世纪 20 年代，上海拥有染坊 100 余家，是全国丝绸印染业最发达的地区。（赵承泽主编，中国科学技术史·纺织卷，科学出版社，2003 年，第 434 页）

**1849 年　己酉　清宣宗道光二十九年**

△ 英国传教士合信（B. Hobson，1816～1873）编译刊出的《天文略说》，是为介绍天文学知识的图文并茂的通俗著作。书中给出哥白尼日心地动说的新太阳系图、西方的大望远镜图等，论及五大行星与天王星的物理性质，如金星上亦有高山、火星上有黑迹、木星上有斑纹等，还提及新发现的海王星与另 2 颗小行星等。

**1850 年　庚戌　清宣宗道光三十年**

△ 美国麦嘉缔（Davie Bethume McCartee，1820～1900）于是年起到 1853 年编撰《平安通书》，年出一册，主要介绍天文、地理方面的知识。大约就在是年的《平安通书》中介绍了共有 9 颗小行星及其形态与可能的由来、土星有 8 颗卫星、海王星有 1 颗卫星等，确实为西方天文学的最新发现。在魏源的《海国图志·卷一百》中便引述了这些内容。

△ 伯驾（美，P. Parker，1804～1888）在眼科医院做了首例尸体解剖，受检者是一位中国患膀胱结石病逝的人。

△ 英国传教士合信（B. Hobson，1816～1873）编译《全体新论》10 卷成书。书中详细地介绍了人体骨骼、韧带、肌肉、脑与神经、五官、内脏和血液循环系统的解剖学形态、生理功能，另附图 93 幅。此书比较系统地概述了西方近代解剖生理学知识，影响较大。[张大庆，中国近代解剖学史略，中国科技史料，1994，15（4）：22]

△ 是年前后，广州归国华侨从国外带回德国制造的家庭式手摇袜机一台，这是国外针织技术与设备传入中国的开始。（赵承泽主编，中国科学技术史·纺织卷，科学出版社，2003年，第 436 页）

**1851 年　辛亥　清文宗咸丰元年　太平天国辛亥元年**

△ 太平天国颁行新历法——《天历》。规定 1 年为 12 个月，单月 31 天、双月 30 天每月的月初为立春等 12 个节气、月中为雨水等 12 个中气；又规定每经 40 年，有一年的 12 个月均为 33 天，到 1859 年，则改为这一年的 12 个月均为 28 天，稍显合理些。《天历》是属于一种相当粗疏的、被简单化的历法形态。（中国天文学史整理研究小组，中国天文学史科学出版社，1981 年，第 244、245 页）

△ 美国医师传教士玛高温（Daniel Jermore MacGown，1814～1893）译述《博物通书》主要介绍有关电磁学和电报的基础知识，故书名又曰《电气通标》。此书为包含物理学知识的早期科普译作。（王冰，中国物理学史大系·中外物理交流史，湖南教育出版社，2001 年第 113、140 页）

△ 四月，丁拱辰（清，1800～1875）在桂林铸炮局主持铸炮事宜。他采用新法铸造火炮，要求工匠严格按照工艺规程进行操作，所铸火炮质量较高，仅用 3 个多月就造火炮 106门。十月，对《演炮图说辑要》加以补充，写成《演炮图说后编》2 卷，进一步发展和完善他的"演炮"理论。1863 年又编著成《西洋军火图编》6 卷。丁拱辰是我国近代系统研究欧美军事技术的第一人，也是对军事技术有所创造的先驱者。（王兆春，中国科学技术史·军事技术卷，科学出版社，1998 年，第 307～308 页）

△ 是年至 1875 年间，日本制造的轧棉机——千川版和咸田版铁制轧车进入中国。这种

轧车效率较高，一日可生产皮棉一担多。(赵承泽主编，中国科学技术史·纺织卷，科学出版社，2003 年，第 422 页)

△ 太平天国建都天京（今南京市）时，为了发展手工丝绸生产，于天京设有统一管理手工丝织业的"诸匠营"和"百工衙"，在"百工衙"中设有"典织衙"和"机匠衙"，凡是原来从事丝织业生产的人，都吸收入衙工作，后来工人增至一万余人，每天可生产绸缎数千匹，还生产"刻丝"和"妆花缎"等高级产品。(赵承泽主编，中国科学技术史·纺织卷，科学出版社，2003 年，第 433~434 页)

## 1852 年　壬子　清文宗咸丰二年　太平天国壬子二年

△ 大约在 6~7 月份，李善兰来到麦都斯布道的教堂，向他出示了《对数探源》等其自著的数学著作，在此后至 1859 年间，他与伟烈亚力等合译了欧几里得《几何原本》后九卷、《代微积拾级》、《代数学》等书籍。这些书籍对清末数学发展起到了很大作用。(汪晓勤，伟烈亚力与中西数学交流，中国科学院自然科学史研究所博士论文，1999 年)

△ 英国印度三角测量队测算出珠穆朗玛峰的高度为 29 002 英尺，即 8839.8 米。1856 年，英国皇家地理学会以印度测量局局长埃佛勒斯的名字命名此峰。[沈福伟，外国人在中国西藏的地理考察，中国科技史料，1997，18（2）：9]

△ 魏源（清，1794~1857）所辑百卷本《海国图志》刊行。书中以 10 卷篇幅，收录了当时著名军事技术家丁拱辰（清，1800~1875）、丁守存（1812~约 1886）等 10 多人的研究成果，充分体现了他"师夷长技以制夷"的思想，并为中国近代军事工业的兴办奠定了基础。

△ 丁取忠（清，1810~1877）撰《舆地经纬度里表》，数年后对其加以校订。

△ 是年前，郝懿行（清，1757~1852）撰《蜂衙记》，记蜂的生活及养蜂事项共 15 条，是一部养蜂专著。(王毓瑚，中国农学书录，农业出版社，1964 年，第 242 页)

△ 北京改建恭王府后花园——萃锦园。恭王府花园规模较大，保存较完整，是研究明清北京宅园不可多得的实例。(中国大百科全书·建筑、园林、城市规划，中国大百科全书出版社，1992 年)

## 1853 年　癸丑　清文宗咸丰三年　太平天国癸丑三年

△ 美国公理会教士卢公明（Justus Doolittle，1824~1880；1850 年来华）在福州设立格致书院。

△ 伟烈亚力（Alexander Wylie，1815~1887）在墨海书馆刊成《数学启蒙》。该书为伟烈亚力在上海书塾教授数学课程的教材，书中主要介绍初等数学知识，包括整数、分数、小数的四则运算，开平方、开立方、对数运算及对数造表法等内容。此书的基础是康熙御制的《数理精蕴》，有些练习题则参考了利玛窦、李之藻的《同文算指》和陈杰的《算法大成》。[韩琦，传教士伟烈亚力在华的科学活动，自然辩证法通讯，1998，(2)：57~70]

△ 伟烈亚力在《数学启蒙》中介绍了西方解数字高次方程的霍纳法（Ruffini-Horner method）。霍纳法与中国传统增乘开方法算理一致，它的传入为西方代数学彻底取代中国传统天元术打下基础。(Tian Miao, "*Jiegenfang, Tianyuan, and Daishu: Algebra in Qing China*", *in Historia Scientiarum*, 1999, Vol. 9~1：101~119)

△ 张福僖（清，? ~1863）与英国艾约瑟（Joseph Edkins，1823~1905）合译的《光论》是中国近代最早的光学译著，后收入江标（清，1860~1899）辑《灵鹣阁丛书》（1896）第 2 集中。书中创译了"光线"、"平行光"等几何光学基本概念。[王锦光等，张福僖和光论，自然科学史研究，1984，(2)]

△ 张福僖（清）与艾约瑟合译的《声论》是中国近代最早的声学译著，但是未能印行。[王扬宗，晚清科学译著杂考，中国科技史料，1994，15 (4)：34~35]

△ 是年前后，邹伯奇（清，1819~1869）用玻板照相术自拍肖像。[戴念祖，邹伯奇的摄影地图和玻板摄影术，中国科技史料，2000，21 (2)：174]

△ 冬，太平天国颁布《天朝田亩制度》，规定"凡天下田，天下人同耕"。

△ 河北清河人赵廷（清）在北京东江朱巷（今东交民巷）开办内联陞鞋庄，专门为清宫廷官员制作靴鞋。辛亥革命后，内联陞的经营由官府转向民间，先后生产了"千层底布鞋"和"绣花女鞋"等，为中国现代制鞋业奠定了基础。（赵承泽主编，中国科学技术史·纺织卷，科学出版社，2003 年，第 441 页）

**1854 年　甲寅　清文宗咸丰四年　太平天国甲寅四年**

△ 容闳（清，1828~1912）从美国耶鲁大学毕业，成为中国最早留美毕业生。他于 1847 年随澳门马礼逊学堂校长勃朗（S. R. Brown，1810~1880）赴美，入麻省芒松学校。1850 年考入耶鲁大学。[卢宜宜，19 世纪晚期中国的西方技术掮客，中国科技史料，1997，18 (3)：10]

△ 英国传教士慕维廉（William Muirhead，1822~1900）所撰《地理全志》下编《地质论》"磐石形质原始论"是目前所见最早提到元素理论的中文文献。（赵匡华主编，中国化学史·近现代卷，广西教育出版社，2003 年，第 6 页）

△ 慕维廉（英）所撰《地理全志》下编较早系统介绍西方地质学和自然地理学的知识。书中"地质"一词指地层、古生物、海陆变迁和地貌、气候、植被和土壤等知识。[王扬宗，《六合丛谈》中的近代科学知识及其在清末的影响，中国科技史料，1999，20 (3)：221~223]

△ 是年至 1856 年，俄国施云科（L. Schrenck）在黑龙江流域和乌苏里江一带考察、收集动物标本，并完成《阿尔穆地区旅行和探险，1854~1856》。书中对黑龙江流域的哺乳类、鸟类和软体动物及昆虫等有比较细致的记述。[罗桂环，近代西方对中草药生物的研究，中国科技史料，1998，19 (4)：7]

△ 是年前，王筠（清，1784~1854）在《文字蒙求》中指出：大豆的"细根之上，生豆累累，凶年则虚浮，丰年则坚好"。首次记载了豆科植物的根瘤菌。（胡道静，释菽篇，见：中华文史论丛，第三辑，中华书局，1963 年）

**1855 年　乙卯　清文宗咸丰五年　太平天国乙卯五年**

△ 上海墨海书馆出版了一部介绍西方科学知识且影响较大的著作《博物新编》，由英国传教士医师合信（Benjamin Hobson，1816~1873）编译。这是一部关于自然科学概论的书。全书共三集，介绍西方气象学、天文学、化学、物理学和动物学等方面的知识。

△《博物新编》第一集"地气轮"和"小贡论"等篇中介绍了一些化学知识，为较早介

绍近代化学知识的著作。(周嘉华、王杨宗、曾敬民，中国古代化学史略，河北科学技术出版社，1992年，第288页)

△《博物新编》首次将气压概念和"风雨针"(即气压表)介绍到中国。(刘昭民，中华气象学史，台湾商务印书馆，1979年，第210~211页)

△《博物新编》载有"轻气球"和巨形伞，介绍了气球和降落伞。[吴熙敬主编，中国近现代技术史(上卷)，科学出版社，2000年，第371页]

△ 二月十四日(3月31日)，王韬(清，1828~1897)与友人到上海游玩，见到戴君据研究指戴德生(James Hudson Talyor，1832~1905)]表演化学"魔术"，戴君告诉他们这就是"化学"。王韬在其《衡华馆日记》中记述了这件事。这是目前所知最早出现"化学"一词① 的文献。(赵匡华主编，中国化学史·近现代卷，广西教育出版社，2003年，第11页)

△ 辽宁金县人民采取了防震抗震措施。据《清代地震档案史料》记载，当时"未震之时，先闻有声如雷，故该处旗民早已预防，俱各走避出屋"。(王仰之，中国地质学简史，中国科学技术出版社，1994年，第21页)

△ 俄国华西力耶夫(W. P. Wasillieff)在俄国地理刊物上报道了中国东北五大连池火山，此为国外学术杂志上有关中国火山的最早报道。[廖志杰，解放前中国火山学研究，中国科技史料，1995，16(1)：26]

△ 英国的郇和(Robert Swinhoe，1836~1877)和留居厦门的外国人成立"厦门文化和科学学会"，主要讨论厦门及邻近地区的物产和自然史等问题。[罗桂环，西方人在中国的动物学收集和考察，中国科技史料，1993，14(2)：15]

△ 黄宽(清末，1829~1878)历时5年获得爱丁堡大学医学学士学位。黄宽1850年赴英国，成为中国第一个留英医学生。毕业后留英在医院实习2年，并研究病理学和解剖学，获博士学位。[王吉民，我国早期留学西洋习医者黄宽传略，中华医史杂志，1954，(2)]

△ 六月，黄河在今兰考县铜瓦厢决口，泛滥山东，淤塞运河，夺大清河道至利津而入渤海。运河亦被荒淤为平地。南粮北调改由商船海运。(《清史稿·河渠志一》)

### 1856年　丙辰　清文宗咸丰六年　太平天国丙辰六年

△ 英国传教士伟烈亚力(Alexander Wylie，1815~1887；1847年来华)创立上海文理学会，推裨治文(Elijah Coleman Bridgman，1801~1861；1830年来华)为第一任会长，以考察中国社会，向欧美介绍研究中国的学术成果为宗旨，出版学会年报，并设立图书馆、博物馆等。

△ 李善兰与伟烈亚力译成《几何原本》后九卷。该书以巴罗(Issac Barrow，1630~1677)译自希腊文之英译本为底本。1857年，韩应阶出资刊成《几何原本》后9卷。1865年曾国藩将其与利玛窦、徐光启合译的前6卷一起刊刻，《几何原本》终于有了完整的中译本。但全本《几何原本》的译成并未对后来的中国数学的发展起到太大的作用。几乎没有数学著作利用其中的证明。

△ 英国传教士韦廉臣(Alexander Willamson，1829~1890；1855年来华)出版了《格

① 据刘广定先生考证：中文"化学"译名与戴德生无关，至迟在咸丰四年底(1855年2月初)由墨海书馆王韬等华洋学者所制定。详见：刘广定，"化学"译名与戴德生无关考，自然科学史研究，2004，23(4)：336~370。

物探原》一书。书中不但介绍了化学知识，而且还出现了"化学"一词，提到"读化学一书，可悉其事"。

△ 杨秀元（清）撰《农言著实》由其子杨士果（清）付印。此书约道光年间成书，为其对家人所作经营田业的训示，其中较为详尽地记述关中旱塬地区农业产生技术的独特要求。（董恺忱等主编，中国科学技术史·农学卷，科学出版社，2000 年，第 658 页）

△ 樗蚕传入意大利。（［德］瓦格勒，中国农书，王建新译，第 3 编第 4 章）

△ 曾在美国人开办的博济医院学习的吴亚杜（清）被派到福建的清军服务，并开设了一个军事医院，成为中国军队中第一个受过现代医学训练的外科医生。［吴熙敬主编，中国近现代技术史（下卷），科学出版社，2000 年，第 1009 页］

## 1857 年　丁巳　清文宗咸丰七年　太平天国丁巳七年

△ 正月初一（1 月 26 日），英国传教士伟烈亚力（Alexander Wylie，1815～1887）编辑、墨海书馆出版的月刊《六合丛谈》创刊，至次年 6 月 11 日停刊。这是一个兼具知识性和新闻性的刊物。（王扬宗，《六合丛谈》中的近代科学知识及其在清末的影响，中国科技史料，1999，20（3）：211～226）

△ 项名达（清，1789～1850）所撰《象数一原》7 卷刊成。项名达阐述了分弦通弦及倍矢与垛积术之间的关系，并进一步在三角函数幂级数展开式方面得出新的成果。针对董祐诚只给出含奇数倍弧分的全弧通弦和分弧通弦之间的表达式，项名达得出：全弧分为 $n$ 份无论其为奇、偶，其通弦均可展形为分弧通弦的幂级数，析分弦矢和倍分弦矢理本一贯。这样，董祐诚的四个公式便可归纳为两个公式。项名达生前并没有完成该书的撰写。在他去世后，戴煦续成全书。项名达还著作有《下学庵算学》三种，包括《勾股六术》（1825）一卷《三角和较术》（1843）一卷、《开诸乘方捷术》（约 1845）一卷及《象数一原》六卷。

△ 伟烈亚力在《六合丛谈》创刊号上发表的《小引》是较早向中国人介绍近代科学的学科规模和分类的一份重要文献。［王扬宗，《六合丛谈》中的近代科学知识及其在清末的影响，中国科技史料，1999，20（3）：211～226］

△《六月丛谈》创刊号《小引》中指出："……化学，言物各有质，自能变化；精识之士，条分缕析，知有六十四元（即元素），此物未成之质也。"这是"化学"一词见于正式的出版物。文中介绍了 60 余种元素，还把化学与地质学、动植物学、电学、声学、光学并列从此，"化学"这一学科逐渐为国人所了解。（赵匡华主编，中国化学史·近现代卷，广西教育出版社，2003 年，第 12 页）

△ 是年至次年，王韬与伟烈亚力合译《西国天学源流》首先在《六合丛谈》上连载，至 1890 年出版单行本。此书为介绍西方天文学发展编年简史的著作。充分肯定哥白尼日心地动说及其后续的巨大发展，批驳已流行 200 余年的西学中源说。（清·王韬，《西学辑存六种》）

△ 四川《冕宁县志》记载冰雹及冰雾情况。

△ 福建诏安县出现评比大鸡的活动，时称"斗鸡会"。（清·施鸿保，《闽杂记》）

## 1858 年　戊午　清文宗咸丰八年　太平天国戊午八年

△ 由伟烈亚力和王韬合译的《重学浅说》一卷出版。这是中国关于力学方面的最早译

著，但是内容较为概括简要。（王冰，中国物理学史大系·中外物理交流史，湖南教育出版社，2001 年，第 114、131 页）

△ 中国茶籽、茶苗大量输往美国。（《清史稿·食货五·茶法》）

△ 白蜡虫传入英国。意大利传教士将我国的樗蚕种送回都林。（［德］瓦格勒著，中国农书，王建新译，第 3 编第 4 章）

△《六合丛谈》第 2 卷第 2 号发表了伟烈亚力编译的《新出算器》一文。文中介绍了 3 年前瑞典舒德斯父子（Georg Scheutz; Edvard Scheutz）发明的计算机器，文中译为"较数器"。［王扬宗，《六合丛谈》中的近代科学知识及其在清末的影响，中国科技史料，1999，20（3）：224］

△ 英商加斯建厦门船厂，曾建有两座石船坞。1867 年在鼓浪屿内昔澳建立了第三座石船坞，能修理长达 100 米的船只。（中国航海史·近代航海史，人民交通出版社，1989 年）

△ 由上海口岸出口的生丝由 1845 年的 5146 担猛增至 68 776 担。鸦片战争后，西方列强实行"引丝扼绸"的政策，通过"协定关税"特权，迫使中国蚕丝的出口税率大幅度地降低，以便于他们对中国资源的大量掠夺。（赵承泽主编，中国科学技术史·纺织卷，科学出版社，2003 年，第 430 页）

## 1859 年　己未　清文宗咸丰九年　太平天国己未九年

△ 冬，干王洪仁玕（清）提出主张政治革新、学习西方先进科学文化的施政纲领《资政新篇》，其中包括兴办铁路、轮船、银行、邮政等。

△ 伟烈亚力与李善兰合译成的《代微积拾级》（18 卷）上海墨海书馆刊印。该书以罗密士（E. Loomis, 1811～1899）所著《解析几何与微积分基础》（*Elements of Analytical Geometry and of Differential and Integral Calculus*, 1851）翻译而成。全书分为三部分，其中代数几何 9 卷，微分 7 卷，积分 2 卷。

△ 在《代微积拾级》一书中，西方平面解析几何知识传入我国。该书代数几何部分主要讲解如何利用坐标系建立直线、圆、椭圆、双曲线、抛物线、摆线及其他曲线的代数方程式及其解法。该书引起中国数学家的广泛兴趣。（Wann-Sheng Horng. *Li Shanlan: The Impact of Western Mathematics in China During the Late* 19<sup>th</sup> *Century*, A dissertation Submitted to the Graduate Faculty in History in Partial Fulfillment of the Requirements for the Degree of Doctor of Philosophy, The City University of New York, 1991）

△ 在《代微积拾级》中，微积分学传入我国。《代微积拾级》中的微分部分以"函数及自变数两变比例相与之比例"来阐述微分概念。值得注意的是，《代微积拾级》其中虽然提到极限的概念，但其给出的极限定义并不严谨。积分部分有两卷，卷十七介绍了积分的概念、性质、幂函数及多项式的积分、用级数求积分法及一些特殊函数的积分。卷十八为积分之应用，主要是如何利用积分求曲线的长、曲面面积、旋转体的表面积及旋转体的体积等。李善兰与伟烈亚力在释译过程中创造了一系列的数学符号和数学名词。其中有很多名词沿用至今。（Wann-Sheng Horng. *Li Shanlan: The Impact of Western Mathematics in China During the Late* 19<sup>th</sup> *Century*, A Dissertation Submitted to the Graduate Faculty in History in Partial Fulfillment of the Requirements for the Degree of Doctor of Philosophy, The City University of New York, 1991）

△ 在《代微积拾级》中，马克劳林（Maclurian）及泰勒（Taylor）级数求和公式被介绍到中国。书中阐释和推导超越函数及曲线弧长、曲线内所包的面积及旋转体表面积和体积等其他微分公式，以及函数极值的判定等问题。泰勒公式是 1712 年英国数学家泰勒（Brook Taylor，1685~1731）给出的，为现代有限差分的理论基础，利用此公式使得任意单变量函数展为幂级数成为可能。马克劳林公式可被视作泰勒公式的特殊形式。中算家在 20 世纪前撰写的与微积分相关的著作多以这两个公式的研究和应用为核心。（Wann-Sheng Horng. *Li Shanlan*: *The Impact of Western Mathematics in China During the Late* 19th *Century*, A Dissertation Submitted to the Graduate Faculty in History in Partial Fulfillment of the Requirements for the Degree of Doctor of Philosophy, The City University of New York，1991）

△ 伟烈亚力和李善兰合译成《代数学》（13 卷）。该书是根据英国数学家棣么甘（Augustus De Morgan，1806~1871）所著《代数学基础》［*Elements of Algebra*（1835 年，第一版）］翻译而成。该书系统地介绍符号代数学方法，同时，也包括微积分初级知识。《代数学》中还介绍了负数和虚数。

△ 西方符号代数系统传入我国。西方代数学虽然在 18 世纪已经传入我国。但符号代数一直未被接受。《代数学》中第一次系统地介绍了其内容及方法。此后，符号代数在我国得到广泛流传。（钱宝琮，中国数学史，科学出版社，1992 年）

△ 李善兰（清，1811~1882）与伟烈亚力（A. Wylie，1815~1887）合译出版《谈天》，系据英国约翰·赫歇尔（J. F. Herschel，1792~1871）的《天文学纲要》译出。该书较全面系统地介绍了西方近代天文学的状况，从牛顿的万有引力定律，到关于天体力学的诸多知识，已发现的 57 颗小行星、海王星有 2 颗卫星，还有彗星的分裂现象与彗星光谱中存在碳氢化物，黄道光、陨石、流星与流星雨的相关理论，太阳黑子的细部结构与活动周期，太阳的光谱与耀斑现象，月球的天平动、月角差，关于光行差、岁差与章动的理论，恒星的自行，双星、星团（球状星团与疏散星团）、星云（行星状星云与螺旋星云等）以及星系团或超星系团的概念等，展现了一幅令人眼花缭乱的天文学进展的崭新图象。李善兰在该书的序言中，充分肯定了哥白尼日心地动说、开普勒定律与牛顿万有引力学说等的正确与可靠性，对阮元等的反对意见进行尖锐的批评。

△ 清朝在上海设立总税务司署。是年前，与我国通商的各个领事都由我国海关发给丈、尺、秤、砝码各一付，作为海关权度的标准。（丘光明等，中国科学技术史·度量衡卷，科学出版社，2001 年，第 436 页）

△ 艾约瑟（Joseph Edhins，英，1823~1905）和李善兰合译的《重学》出版。此书译自英国休厄尔（W. Whewell，1794~1866）所著《初等力学》一书。此译著是中国第一部系统介绍包括运动学和动力学、刚体力学和流体力学知识的力学著作，也是当时最重要和最有影响的物理学专著。（王冰，中国物理学史大系·中外物理交流史，湖南教育出版社，2001 年，第 114、131 页）

△ 何秋涛（清，1824~1862）所著《北徼汇编》80 卷呈进后被赐名《朔方备乘》。该书记述蒙古、新疆、中亚、东欧等地的历史沿革、山川形势等。（翟忠义，中国地理学家，山东教育出版社，1989 年，第 384~385 页）

△ 俄国植物学家马克西姆维兹（C. Maximowicz）出版《阿穆尔植物志初编》。书中记载阿穆尔（黑龙江）流域的 985 种植物，其中有新属 4 个，新种 112 个，书末还附有《北京

植物索引》。马克西姆维兹曾先后用近 40 年的时间研究中国的植物，是当时研究中国植物最杰出的人物之一。[罗桂环，近代西方对中草药生物的研究，中国科技史料，1998，19（4）：2～5]

　　△ 美国医师嘉约翰（John Gladgow Kerr，1824～1901）在广州开办博济医院。

　　△ 美国北长老会教士姜别利（William Gamble，？～1886）创制电镀华文字模。次年，按常用、备用、罕用三类置于排字架。

## 1860 年　庚申　清文宗咸丰十年　太平天国庚申十年

　　△ 太平天国攻入苏州，时任江苏巡抚的徐有壬战死。其友吴嘉善将徐氏生前所著数学著作整理成《务民义斋算学》出版。其中包括：《测圆密率》3 卷、《垛积招差》1 卷、《椭圆正术》1 卷、《椭圆求周术》1 卷、《截球解义》1 卷、《弧三角拾遗》1 卷、《割圆八线缀术》4 卷。（韩琦，《务民义斋算学》提要，见：中国科学技术典籍通汇·数学卷（5），河南教育出版社，1993 年，第 647 页）

　　△ 徐有壬所撰《割圆八线缀术》（4 卷）刊成。书中对三角函数互求及一般情形的大小三角函数互求做了系统研究，利用幂级数回求法和变换法给出正弦、正切、正割、正矢等四个函数的"互求"公式十二式，"大小八线互求"公式十八式。（李兆华，中国数学史，文津出版社，1995 年，第 271 页）

　　△ 黄宽（清末，1829～1878）施行胚胎截开术一例，这是国内施行这种手术的第一例。[王吉民，我国早期留学西洋习医者黄宽传略，中华医史杂志，1954，（2）]

## 1861 年　辛酉　清文宗咸丰十一年　太平天国辛酉十一年

　　△ 是年起，清廷的一部分上层统治者发动一场"借法自强"运动，旨在求强求富。"自强运动"也称"洋务运动"的核心就是学习和掌握西方的先进技术，特别是军工技术。是年，冯桂芬（清，1809～1874）在《校邠庐抗议》中说："以中国之伦常名教为原本，辅以诸国富强之术。"1896 年，孙家鼐（清，1827～1909）在《议复开办京师大学堂折》中将其概括为"中学为体，西学为用"。1898 年，张之洞在《劝学篇》中对这一主张做了系统的阐述。（杜石然等，洋务运动与中国近代科学，辽宁教育出版社，1991 年，第 25～26 页）

　　△ 上海徐家汇法国天主堂创设震旦博物院。

　　△ 冯桂芬（清，1809～1874）在其《校邠庐抗议》"变科举试议"、"采西学议"等篇中提出，数学是一切西学的基础，欲习西方技术，必须先学数学。并建议改革科举制度，将数学纳入科考内容之中。冯氏的这些论点开清末自强运动重视数学之先声。

　　△ 时曰醇（清，1807～1880）撰成《百鸡术衍》二卷。书中，时氏将百鸡问题推广为物数非两两互素、共物和共值不等的情形并给出一般解法。（李兆华，中国数学史，文津出版社，1995 年，第 339 页）

　　△ 8 月 6 日，傅兰雅（John Fryer，1839～1928）受英国圣公会派遣，至香港圣保罗书院任教。1868 年，他任职于上海制造局翻译馆，此后，他参与翻译了多种西方科学书籍，其中数学书籍有《代数术》、《微积溯源》、《三角数理》、《决疑数学》、《代数难题解法》等，这些书籍对清末数学研究和教育产生了很大影响。（王扬宗，傅兰雅在中国，中国科学院自然科学史研究所硕士论文，1988 年）

△ 法国农业部派西蒙（G. Eugène Simon, 1829~1896; 1861 年来华）到中国和日本考察农业。他在中国进行广泛的旅行，采集植物 281 种，引入园艺植物数十种。[罗桂环，近代西方人在华的植物学考察和收集，中国科技史料，1994, 15 (2): 25]

△ 伦敦而道会在北京设立医院，是为北京协和医院的前身。

△ 王士雄（清，1808~1868）编纂的《随息居饮食谱》刊行。此书为清代营养学名著。

△ 英商小柯拜和美商肯特合资在上海浦东设祥生船厂并建有小型船坞。三年之内即能建造 200 吨、70 马力的小轮船。1870 年为怡和公司建成排水量为 1300 吨的轮船"公和"号。1880 年增建了大型新船坞，可修当时上海港内最大的轮船。1883 年曾为清政府建造两艘浮江炮艇。

△ 两江总督曾国藩（清，1811~1872）于安庆（今安徽安庆）创办军械所，制造新式枪炮和试造蒸汽轮船。中国近代军事工业由此发端。（清·黎庶昌编：《曾文正公年谱》卷七）

△ 英商怡和洋行在上海筹建怡和纺丝局，这是中国第一家近代缫丝厂。从意大利引进 100 台缫丝机，翌年开工投产。因厂址离蚕茧原料产区太远及机器缫丝受到手工业行会代表的强烈反对，1866 年被迫关闭。（赵承泽主编，中国科学技术史·纺织卷，科学出版社，2003 年，第 430~431 页）

△ 台湾苗栗出磺坑藩语通事邱苟（清末）用人工掘出一口油井，深约 3 米，日产油约 10 公升。[吴熙敬主编，中国近现代技术史（上卷），科学出版社，2000 年，第 43 页]

△ 英商宝顺洋行在上海虹口建造宝顺码头和美商旗昌洋行在上海虹口建筑的旗昌码头，是中国建造的最早外商轮船码头。[吴熙敬主编，中国近现代技术史（上卷），科学出版社，2000 年，第 356 页]

## 1862 年　壬戌　清穆宗同治元年　太平天国壬戌十二年

△ 6 月，培养翻译人员，恭亲王奕䜣（清，1832~1898）等奏请，在北京成立"京师同文馆"，附属于总理各国事务衙门。课程最初只设英、法、俄、汉语，1869 年又设算学、化学、医学、生理学、天文学、物理学、外国史地、万国公法等；教习以外国人为主。1865 年，丁韪良到馆任教，1869 年起任总教习，总管校务近 30 年。该馆设有印刷所，以译印数、理、化、历史、语言等方面的书籍。1902 年，京师同文馆并入京师大学堂。此校是清末最早的"洋务学堂"。

△ 是年至 1874 年吴嘉善、丁取忠先后刊刻《白芙堂算学初集》17 种、18 种，《白芙堂算学》21 种，《白芙堂算学丛书》23 种。[许康，丁取忠和《白芙堂算学丛书》，中国科技史料，1993, 14 (3): 34~38]

△ 法国遣使会教士谭微道（Jean Pierre Armand David, 1826~1900）来华，足迹遍及长城内外和大江南北的许多地方，采集植物约 3000 种，并将 80 余种植物引进巴黎博物馆所属的植物园栽培。[罗桂环，近代西方人在华的植物学考察和收集，中国科技史料，1994, 15 (2): 25]

△ 重建的柯拜石船坞竣工。该坞内区长 82.9 米，宽 20 米，深 6 米，可容纳 5000 吨级轮船进坞修理，是中国当时最大的船坞。（广州市志·船舶工业志）

△ 英国商人首先在上海开办纺丝局。此后，日、美等国也相继在我国办起丝厂和纱厂，国外缫丝机大量引进。（赵承泽主编，中国科学技术史·纺织卷，科学出版社，2003 年，第

443页）

## 1863年　癸亥　清穆宗同治二年　太平天国癸亥十三年

△ 3月11日，江苏巡抚李鸿章奏请设方言馆于上海、广州。28日，上海方言馆（上海同文馆）设立，招收14岁以下学童学习外语及自然科学，聘傅兰雅、林乐知为教习。

△ 上海同文馆开馆其中数学教学内容为初等算术、代数、几何等。它为第一所开设数学课程的官方新式学堂。在办学30余年中，馆中先后聘请陈暘、时曰醇、刘彝程等任算学教习。培养出席淦、杨兆鋆等精通数学的学生。（田淼，清末书院的数学教育，中国科学院自然科学史研究所博士论文，1997年）

△ 是年年底，英国传教医师德贞（John Hepburn Dudgeon，1837～1901；1860年来华）在北京崇文门内开设照相馆。［戴念祖，邹伯奇的摄影地图和玻板摄影术，中国科技史料，2000，21（2）：174］

△ 由邹世治、晏启镇编制，李延箫、汪士铎（清，1802～1889）根据康、乾两朝内府舆图修订的《大清中外经纬舆图》31卷成书刊行。

△ 至1865年，美国地质学家庞佩利（Raphael Pumpelly，1837～1923）到中国北部等地调查地质。这是第一位在中国进行地质考察的西方地质学家。在考察中发现了黄陵背斜。他在华地质考察报告《1862～1865年在中国、蒙古与日本之地质研究》于1866年发表，是中国早期地质研究的重要文献。［杨静一，庞佩利与近代地质学在中国的传入，中国科技史料，1996，17（3）：18～27］

△ 英国郇和（Robert Swinhoe，1836～1877）发表《中国鸟类名录》，收录中国鸟类454种，是中国近代第一个中国鸟类名录。1871年，又出版了增订本，收录鸟类达654种。［罗桂环，近代西方对中草药生物的研究，中国科技史料，1998，19（4）：10］

△ 海关医务所在上海创建。17名海关医务员中，仅黄宽（清末，1829～1878）一名中国人。

△ 美商在上海虹口设旗记铁厂，经营轮船修造业。该旗记铁厂于1865年被收购并入江南机器制造总局。

△ 英国人建造的上海自来水火房（煤气厂）炭化炉房是中国近代第一座铁结构建筑。（《中国建筑史》编写小组，中国建筑史，中国建筑工业出版社，1982年，第239页）

△ 汉口顺丰砖茶公司和上海自来水火房的部分厂房均为二层厂房。这是较早采用多层建筑形式建筑的厂房。（中国建筑史，第242页）

△ 上海英租界内设立上海工部局书信馆，为外人在华设置的第一个商埠邮局，以后各通商口岸陆续开办，1896年大清邮政成立后，次年商埠邮局全部停办。

## 1864年　甲子　清穆宗同治三年　太平天国甲子十四年

△ 美国长老会在山东省登州设立会馆，内设数理、中文、天文三科。（董光璧主编，中国近现代科学技术史，湖南教育出版社，1997年，第255页）

△ 夏鸾翔（清，1825～1864）撰《致曲术》、《致曲术图解》，各一卷。夏氏于二书中对二次曲线进行了研究。在《致曲术》中，他用无穷级数展开的方法解决椭圆积分的若干问题。在《致曲术图解》中，他则进一步对二次曲线进行了综合探讨。夏鸾翔，字紫笙，浙江

钱塘人。他曾拜项名达为师，系统学习天文、数学知识。他有多部数学著作。包括《少广缒凿》、《洞方术图解》、《致曲术》、《万象一原》等。[刘洁民，晚清著名数学家夏鸾翔，中国科技史料，1986，7（4）：27～32]

△ 郑复光（清，1780～?）《镜镜詅痴》描述了用蜡烛作光源的新式地灯镜，它酷似现在舞台灯光中的照明灯。同时还提到了一种用蜡烛和凹面镜、凸透镜组合成的"诸葛灯镜"，即类似舞台灯光中的聚光灯。

△ 英国人马格里（Sir Samuel Haliday MaCartney，1833～1906；1858 年来华）怂恿李鸿章买下英国舰队所配备的蒸汽机和镟木、铰镙旋、铸弹等机器，装备了苏州洋炮局。这是中国官方首次引进蒸汽机和机床。[孙毓棠，中国近代工业史料（第一辑），科学出版社，1957 年，第 259 页]

## 1865 年　乙丑　清穆宗同治四年

△ 冯桂芬、陈旸同撰《西算新法直解》。该书主要阐示《代微积拾级》和《代数学》中的代数学、解析几何和微积分知识。（清·冯桂芬："西算新法直解序"，《西算新法直解》，1876 年吴县冯氏校邠庐刊本）

△ 自中英、中美、中法《天津条约》签订后，各国所附通商章程中，都明文规定了它们各自的度量衡与关尺、关平的折算标准，这就是所谓的海关度量衡。（丘光明等，中国科学技术史·度量衡卷，科学出版社，2001 年，第 436 页）

△ 美国陆地棉引入上海。[汪若海，我国美棉引种时略，中国农业科学，1983，（4）]

△ 费伯雄（清末，1800～1879）编成《医方论》4 卷，对不依据辨证施治、随意套用《医方集解》的病例进行分析和评论。[吴熙敬主编，中国近现代技术史（下卷），科学出版社，2000 年，第 990 页]

△ 上海江南制造局印书处在中国最早应用照相制版技术，印刷方言馆的书籍。[吴熙敬主编，中国近现代技术史（下卷），科学出版社，2000 年，第 1073 页]

△ 美商在上海虹口设耶松船厂并在浦东建有小型坞厂。由于吸收了英商资本且逐渐变成英商企业，逐步扩大规模。1884 年为怡和公司建成船长 85 米、载重量为 2522 吨的轮船"源和"号，为当时远东所造最大商船。

△ 曾国藩（清）和李鸿章（清，1823～1901）委派丁日昌（清）购买旗记铁厂（Thos. Hunt & Co.），并入上海原来的两个洋炮局，创办了上海机器制造局（又称江南制造总局，简称江南制造局），制造枪炮弹药、蒸汽轮船，并开始冶炼钢材。成为清廷创办最早、规模最大的综合性兵工厂。（《清史稿·兵十一·制造》）

△ 上海机器制造局附设机械学堂。

△ 是年前，江南制造局以"母生子"之法造成大小机器 30 余座。这是中国首次仿制近代车床。（吴熙敬主编，中国近现代技术史（上卷），科学出版社，2000 年，第 417 页）

△ 容闳（清）从美国订购的百余部机器运至上海，安装在江南制造局中。这是中国首次较大规模地引进近代机械设备。[吴熙敬主编，中国近现代技术史（上卷），科学出版社，2000 年，第 415 页]

△ 湖北汉口海关设置长江水位站；上海海关在长江口外吴淞口设置潮位站。[《中国水利史稿》编写组，中国水利史稿（下），水利电力出版社，1987 年，第 492 页]

## 1866 年　丙寅　清穆宗同治五年

△ 11 月 5 日，奕䜣（清）奏请京师同文馆添设天文算学馆，引起清朝政府内部在究竟要不要学西方的问题的一场大争论。

△ 3 月，应总税务司英国人赫德（Sir Robert Hart，1835～1911；1854 年来华）之请，清政府派斌椿（清同治）与同文馆学生凤仪、德明、彦慧等随赫德至法、英、瑞士、俄等国考察，10 月返京。此为清政府派员出洋考察之始。斌椿归后著《乘槎笔记》记述所考察国家的政治经济和风土人情，为近代较早出洋游记之一。

△ 1 月，英国印度测量队的纳英·辛哈（Nain Singh Pandit）潜入西藏实地测量。他从尼泊尔越过喜马拉雅山，循雅鲁藏布江东进，进入西藏。沿途秘密从事测量，并收集气象观测资料。1868 年，喀里·辛哈（Kalian Singh）又取道列，上溯印度河源头狮泉河，翻越冈底斯山到日喀则。他们两人完成了对雅鲁藏布江上游和印度河源头的考察。[沈福伟，外国人在中国西藏的地理考察，中国科技史料，1997，18（2）：9]

△ 贝勒（Emil E. V. Bretschneider，1833～1901）始任俄国驻华使馆医官，从此开始对中草药进行研究，历时 30 年，并发表《中国植物志》（1882～1895），成为远东植物学权威。[蔡捷恩，中草药传欧述略，中国科技史料，1995，16（2）：8]

△ 广州博济医院设立南华医学校，为最早系统培养西医的教会医学校。

△ 徐寿（清，1818～1902）与华蘅芳（清，1833～1902）、徐建寅（清，1845～1901）等试制的蒸汽机明轮船，在南京下关试航成功。曾国藩命名为“黄鹄”号。这是中国第一艘蒸汽轮船。[《清史稿·徐寿传》；李惠贤，黄鹄号——中国自造的第一艘轮船，船史研究，1986，（2）]

△ 左宗棠（清，1812～1885）在福建马尾创办福州船政局，由船厂、铁厂、船政学堂三部分组成。上谕着沈葆桢（清，1812～1885）为航政大臣，准专折奏事。聘法国人日意格（P. M. Giquel，1835～1866）和德克碑（P. A. N. Daiguebelle，1831～1875）为正副监督。是为清廷最早创办的蒸汽舰船建造厂。（《清史稿·兵七·海军》；中国近代舰艇工业史料集，上海人民出版社，1994 年）

△ 福州船政局船政学堂设立。该学堂亦名求是堂艺局，分前后两学堂。前堂学习法文、造船；后堂学习英文、驾驶、管轮。科目有数学、物理学、化学、天文学、地质学和画法等，并重视生产实习，为中国最早的近代海军学校。

△ 福州船政局铸造厂占地 2400 平方米，装有吊车、15 马力发动机 1 座、化铁炉 3 座，同时能熔铁 15 吨，铸造 15 马力轮机缸体和其他配件，是当时较大的铸造厂。[吴熙敬主编，中国近现代技术史（上卷），科学出版社，2000 年，第 453 页]

△ 广东人方举赞（清）在上海创办发昌钢铁机器厂。它是中国最早开办的民族资本的机器厂。初期是一个手工锻铁作坊，70 年代中叶逐渐发展至能制造小火轮、车床和汽锤，成为当时上海规模最大的民族资本机器厂。[吴熙敬主编，中国近现代技术史（上卷），科学出版社，2000 年，第 453 页]

## 1867 年　丁卯　清穆宗同治六年

△ 十二月十一日，清政府派美国卸任公使蒲字臣（Anson Bruliname，1820～1870；

1862 年来华）为出使美、英、法、俄等国大臣，由志刚（清）、孙家毅（清）陪同，同治九年返回北京。此为中国近代出使西洋之始。归后，志刚撰《初使泰西》4 卷，记载出使的路程、见闻、各国风土人情、外交谈判等，并提出中国应当自强。此书是中国较早介绍欧美各国情况的专书。

△ 1 月 28 日，奕䜣（清）上奏同文馆学习天文、算学章程六条，请于同文馆开天算馆，招取正途出身学生，聘西洋人任算学馆教习。此后，奕䜣又奏招收翰林院庶吉士及编修检讨入馆学习，并规定住宿学习和考试、奖惩各条。此奏获准，同文馆天算馆于同年开办。但奕䜣奏折遭到倭仁等人的强烈反对，天算馆并未能招到正途出身的学生。但奕䜣等当权者对数学的重视及同文馆开设算学馆本身还是对此后中国数学教育的发展起到了积极的作用。（田淼，清末书院的数学教育，中国科学院自然科学史研究所博士论文，1997 年）

△ 6 月，同文馆天文算学馆招收杜法孟、贵荣、李逢春等 31 名学生。由于没有合适的数学教师，他们早期随英国人额布廉（M. J. O'Brien）与法国人李弼谐（E. Lepissier）学习英语和法语。（田淼，清末书院的数学教育，中国科学院自然科学史研究所博士论文，1997 年，第 17～24 页）

△《则古昔斋算学》刊成。此为李善兰的数学作品集。包括其早期完成的 13 种作品，包括《方圆阐幽》（1 卷）、《弧矢启秘》（2 卷）、《对数探源》（2 卷）、《垛积比类》（4 卷）、《四元解》（2 卷）、《麟德术解》（3 卷）、《椭圆正术解》（2 卷）、《椭圆新术》（1 卷）、《椭圆拾遗》（3 卷）、《火器真诀》（1 卷）、《尖锥变法解》（1 卷）、《级数回求》（1 卷）、《天算或问》（1 卷）。除《尖锥变法解》和《级数回求》以及受鸦片战争等影响而成的《火器真诀》外，《则古昔斋算学》中收入的多数数学著作都是在康熙禁教前传入的欧洲数学成果和乾嘉学派所发掘整理的古代数学方法的基础上完成的。

△ 李善兰在其《尖锥变法解》和《级数回求》中说明西方微积分学内容与他自己所创的尖锥术之间的关系，书中还以新译西方著作中的代数符号表达幂级数展开式。

△ 李善兰撰《垛积比类》四卷刊印。书中给出三角垛、乘方垛、三角自乘垛、三角变垛及它们的支垛的求和公式。为传统垛积术一部中集大成的专著。

△ 李善兰在其《垛积比类》中给出乘方垛求和公式。此公式相当于自然数幂的有限求和公式。（李兆华，李善兰垛积术与尖锥术略论，古算今论，天津科技出版社，2000 年，第 80～101 页）

△ 徐寿（清，1818～1884）组织伟烈亚力、傅兰雅、玛高温等外籍人士与徐建寅、华蘅芳等人合作，在江南制造局下设翻译馆。前后翻译了《汽机发轫》、《汽机问答》、《制火药法》等多种工程技术书籍。[熊月之，江南制造局翻译馆研究，舰史研究，1995，（8）]

△ 迈雅尔（W. F. Mayer）著《中国和日本的通商口岸》中记载中国西部和西北的碱湖地区已较大规模地采集天然碱，并向中原地区运销。（赵匡华等，中国科学技术史·化学卷，科学出版社，1998 年，第 663 页）

△ 美国庞佩利（R. Pumpelly，1837～1923）发表在华地质考察报告《1862～1865 年在中国、蒙古与日本之地质研究》（英文）。这是中国早期地质研究的重要文献。在文章中，他首创"震旦上升系"的概念，并对中国地质史进行了首次综合。[杨静一，庞佩利与近代地质学在中国的传入，中国科技史料，1996，17（3）]

△ 法国赖神甫（J. M. Delavary，1838～1895）来华。在此后的近 30 年间，他先后至

广东、海南、湖北、四川等地采集植物标本 20 万号，其中约 1 千余新种。[罗桂环，近代西方人在华的植物学考察和收集，中国科技史料，1994，15（2）：25]

△ 博济医院进行了尸体解剖，由黄宽（清末，1829～1878）执刀剖验。[张慰丰，黄宽传略，中华医史杂志，1992，22（4）：215]

△ 导淮局成立，开始着手进行淮河河道测量及治淮规划，是中国最早的流域专业水利机构。（清·武同举等，《再续行水金鉴·淮水》卷四十八）

△ 4 月，崇厚（清）在天津创办天津机器局，任务是制造军火和修造舰船。到 1875 年曾建造挖泥工程船一艘，时称挖河机器。（清·张涛：《津门杂记》中卷，光绪十年版）

△ 湖广总督张之洞大量购买美棉种子，并强行推广种植，为其创办的湖北织布局提供优质原料。（赵承泽主编，中国科学技术史·纺织卷，科学出版社，2003 年，第 445 页）

△ 美国"洋油"开始输入中国。最初输入的"洋油"专供外侨点灯使用，每年输入约 3 万加仑。（赵匡华主编，中国化学史·近现代卷，广西教育出版社，2003 年，第 670 页）

## 1868 年　戊辰　清穆宗同治七年

△ 3 月，英国傅兰雅（John Fryer，1839～1928）受聘为上海制造局（即江南制造局）专职口译人员，开始从事科技著作的翻译工作。此后通晓中国语言文字且热心向中国传授科技知识的傅兰雅，与中国学者合作翻译了大量的西方科学技术著作，成为 19 世纪后半叶在中国介绍西方科学技术最有贡献的一位外国人，也是当时最重要的科技翻译家和宣传家之一。[王扬宗，《格致汇编》与近代科技知识在清末的传播，中国科技史料，1996，7（1）：36～47]

△ 6 月，上海江南制造局附设翻译馆，口译人员仅傅兰雅一人，笔述人员有徐寿（清，1818～1884）、华蘅芳等各有专长的名家多人。1871 年，首批译著十数种在该局刻板印行，并立即得到提倡西学的中西人士的普遍欢迎和赞誉。至 1913 年该馆停办，40 余年间，共译书 234 种，其中约 49 种已译而未刊刻。这些译著广泛涉及数学、天文、物理、化学、地质学、地理学、测绘、航海、矿冶、化工、机械、医学、国际法、经济学、政治学、各国史地等多方面。江南制造局翻译馆是当时编译科技著作最多的机构，对中国近代科技的发展有重大影响。[清·魏允恭著，《江南制造局记》卷二；王扬宗，江南制造局翻译馆史略，中国科技史料，1988，9（3）：65～73]

△ 李善兰赴北京任京师同文馆算学教习。在郭嵩焘的推荐下，奕䜣决定聘请邹伯奇、李善兰任同文馆算学教习。邹伯奇因病未能到馆，李善兰于是年到馆，他在同文馆任教 14 年，培养出席淦、贵荣、杨兆鋆等清末重要数学家。[洪万生，同文馆算学教习李善兰，见：近代中国科技史论集，台北：中央研究院近代史研究所，台北：国立清华大学历史研究所，第 215～260 页]

△ 京师同文馆总教习、美国传教士丁韪良（William. A. P. Martin，1827～1916；1850 年来华）与李广祜（清）和崔士元（清）共同编译的《格物入门》出版，其中《化学入门》一册，由总论、元至（元素）、其类（气体）、似气类（非金属）、金类（金属）、生物之质（有机物）组成，记载 30 种元素及其化合物，已粗具化学知识系统的轮廓，是中国最早的专门化学译著。（周嘉华、曾敬民、王扬宗，中国古代化学史略，河北科学技术出版社，1992 年，第 290 页）

△ 至 1872 年，德国李希霍芬（Ferdinand von Richthofen，1833～1905）对中国内地地质地理考察，范围之广、时间之长，均非其他外国来华考察者可比。[吴凤鸣，1840～1911 年外国地质学家在华调查与研究工作，中国科技史料，1992，13（1）：38～39]

△ 英国安德逊（John Anderson，1833～1900）在是年和 1875 年两次在云南腾冲的考察之后，提出腾冲和顺乡的马鞍山为火山。[廖志杰，解放前中国火山学研究，中国科技史料，1995，16（1）：26]

△ 法国耶稣会士韩伯禄（Pierre Heude，1836～1902）来华搜集动植物标本。他在上海徐家汇创立博物院，以收藏中国动植物标本为主；创办《中华帝国自然历史录丛》。

△ 是年至 1874 年，法国动物学爱德华（A. Milne-Edwards）与其子合作出版的《对于哺乳动物的博物学探索》是当时研究中国兽类的名作。[罗桂环，近代西方对中草药生物的研究，中国科技史料，1998，19（4）：8]

△ 英国安德逊（J. Anderson）在从缅甸往云南探察商路时，首次在滇采集了 800 种植物标本和许多包括兽类、鸟类和昆虫的动物标本。[罗桂环，近代西方人在华的植物学考察和收集，中国科技史料，1994，15（2）：22；罗桂环，西方人在中国的动物学收集和考察，中国科技史料，1993，14（2）：15]

△ 美国驻华公使劳文罗斯（J. Ross Browne，1821～1875）和农业部特派员博士敦到北京，向清廷呈送带来的图书和各种种子。次年 4 月，清廷回赠 10 种书籍和 102 个种类或品种的种子。[吴熙敬主编，中国近现代技术史（下卷），科学出版社，2000 年，第 792 页]

△ 英国外交官梅辉立（William Frederick，1831～1878；1859 年来华）完成《棉花传入中国记》。

△ 工商局在上海建成第一座正式公园——外滩公园（今黄浦公园），并对外开放。

△ 美国医师嘉约翰（John Gladgow Kerr，1824～1901）编辑出版《广州新报》周刊，1884 年改名为《西医新报》，定为月刊。此为最早用汉文介绍西医知识的刊物之一。

△ 沈葆桢（清）奏折中介绍了国外使用的铁模铸造机器零件的技术。[孙毓棠，中国近代工业史资料（1），科学出版社，1957 年，第 393 页]

△ 上海江南制造总局造船厂建成中国第一艘木质明轮蒸汽舰船“恬吉”号（后改“惠吉”号），船长 185 尺，功率 392 马力，载重 600 吨。（《曾文正公全集·奏稿卷二十七》）

## 1869 年　己巳　清穆宗同治八年

△ 李善兰在上海得出一判定素数的定理，相当于费尔马定理的逆定理。此定理由伟烈亚力译成英文，以“中国定理”的名称发表于《中、日科学注记》。此后，读者指出该定理的谬误。（韩琦，康熙时代传入的西方数学及其对中国数学的影响，中国科学院自然科学史研究所博士论文，1991 年，第 57～58 页）

△ 清政府与英国签订《樟脑条约》，樟脑专卖制度被迫废除。明末郑成功收复台湾后，樟脑业传入台湾，自此台湾樟脑业即为外人操纵。[吴熙敬主编，中国近现代技术史（下卷），科学出版社，2000 年，第 851 页]

△ 由江南机器制造总局制成中国第一艘螺旋桨兵轮“操江”号，长 57.6 米，炮 8 尊，航速 9 节。[姜鸣，中国近代海军史事日志（1860～1911），三联书店，1994 年]

△ 福州船政局建成木壳，150 马力蒸汽机、螺旋桨驱动的兵轮“万年清号”，排水量

1370 吨，航速 10 节。(中国近代舰艇工业史料集，上海人民出版社，1994 年)

　　△ 民营企业上海发昌钢铁机器厂开始使用近代车床。[中国社会科学院经济研究所主编，上海民族机器工业（上），中华书局，1979 年，第 24 页]

　　△ 在大戩山岛建造第一座灯塔。同治九年（1870），建造花鸟山灯塔。同治十年（1871），建成佘山灯塔。[中国（近代）航海史，人民交通出版社，1989 年，第 43 页]

## 19 世纪 70 年代

　　△ 出现桔老桑树更新技术。(清·沈练撰、仲学輅辑补:《广蚕桑辑补》)

　　△ 出现桑蚕地养形式。(清·汪曰祯:《湖蚕述》)

## 1870 年　庚午　清穆宗同治九年

　　△ 闽浙总督英桂、船政大臣沈葆桢等附片奏称:"水师之强弱，以炮船为宗，炮船之巧拙，以算学为本"，因请"特开算学一科"。但并没有得到朝廷的支持。

　　△ 约于是年，绘成的《大清一统海道总图》，是中国近代较早的海图。图上纬度从赤道起算，经度以通过北京的经线为准偏东、偏西计算。图共 12 幅，横长 50 厘米，纵长 60 厘米。图中注出水深、高程、底质、潮汐等。这套海图是根据英版海图编制而成。(楼锡淳、朱鉴秋，海图学概论，测绘出版社，1993 年，第 98 页)

　　△ 吴尚先(清，1806～1886)集前贤有关外治论述，采撷民间外治及己所历验，历 20载，撰成《外治医说》(后易名为《理瀹骈文》)。书中阐明了外治法的理论基础;总结了外治法的丰富内容，其外治法中应用最多者为膏药穴位敷贴法。书末附常用膏方配制，以其简、便、验、廉而深受民间欢迎。(廖育群，中国古代科学技术史纲·医学卷，辽宁教育出版社，1996 年，第 132～134 页)

　　△ 中国医生开始采用正规的死亡证明书。

## 1871 年　辛未　清穆宗同治十年

　　△ 由美国医师嘉约翰(John Gladgow Kerr，1824～1901)口译、何瞭然(清末)笔述的《化学初阶》由上海江南制造局出版，是中国最早出版的两部具有系统内容的普通化学书籍之一。全书 4 卷，译自 1858 年美国韦而司(David A. Wells，1829～1898)所著《韦而司化学原理和应用》中的无机化学部分，删略较多，但化学式比较准确。书中介绍了 63 种化学元素、物质分类和化学基本概念，并为化学名词和元素的译名工作打下了基础。全书为西方近代化学知识在中国的全面传播，起了开拓性作用。[王扬宗，关于《化学鉴原》和《化学初阶》，中国科技史料，1990，(1):84～88]

　　△ 由英国人傅兰雅(John Fryer，1839～1928)口译、徐寿(清，1818～1884)笔述的《化学鉴原》由上海江南制造局出版。全书共 6 卷此书译自 1858 年美国韦而司(David A. Wells，1829～1898)所著《韦而司化学原理和应用》中的无机化学部分，1869 年已翻译完成。书中叙述了化学基本概念和理论，介绍了化合作用和化学变化的特点以及 64 种元素的性质和特点等，是中国最早出版的两部具有系统内容的普通化学书籍之一。(赵匡华主编，中国化学史·近现代卷，广西教育出版社，2003 年，第 20～22 页)

　　△ 徐寿(清)等在《化学鉴原》中首创了以元素英文名称的第一音节或次音音译为汉

字再加偏旁以区分元素的大致类别的造字法，这种方法一直沿用至今。［王扬宗，关于《化学鉴原》和《化学初阶》，中国科技史料，1990，11（1）：84～88］

△ 由徐建寅（清）和傅兰雅合译的《化学分原》由上海江南制造局出版，这是第一部分析化学译著，它概述了定性分析和定量分析的基本方法和实验。（赵匡华主编，中国化学史·近现代卷，广西教育出版社，2003年，第24页）

△ 京师同文馆聘请的化学教习——法国人毕利干（Anatole A. Billequin，1837～1894）到北京。不久，同文馆开设了化学课程。同文馆是中国最早进行化学教育的一所学校，也是中国官办化学教育的开端。（赵匡华主编，中国化学史·近现代卷，广西教育出版社，2003年，第39页）

△ 华蘅芳（清，1831～1902）据莱伊尔（英国，Charles Lyell，1797～1875）著《地质学纲要》翻译成《地学浅释》38卷，由上海江南机器制造局出版。此书是中国出版的第一部普通地质学译著，作为教材流行了二三十年。［艾素珍，清代出版的地质学译著及特点，中国科技史料，1998，19（1）：19］

△ 玛高温（D. J. MacGowan，1814～1893）和华蘅芳（清，1833～1902）合译的《金石识别》12卷由上海江南制造局出版。此书译自美国戴纳（J. D. Dana，1813～1895）所著《矿物学手册》，是中国第一部矿物学译著。［王根元、崔云昊，关于《金石识别》的翻译、出版和底本，中国科技史料，1990，11（1）：89～96］

△《金石识别》一书中包含许多晶体物理学内容以及利用分光计鉴定分类矿物等方面的知识，首次系统地将近代晶体学知识介绍到中国。（王冰，中国物理学史大系·中外物理交流史，湖南教育出版社，2001年，第117、142页）

△ 吴昇（清）撰《九华新谱》记载蜀地种植菊花的技艺，其中记载成都著名菊花67种，以及自己的栽培经验等。

△ 外侨引入爱尔夏牛，中国乳牛业得到一定的发展。［吴熙敬主编，中国近现代技术史（下卷），科学出版社，2000年，第765页］

△ 美国史密斯（F. P. Smith）撰《中国药料品物汇释》一书。此书在西方有较大影响。（傅维康，中药学史，巴蜀书社，1993年，第289页）

△ 清政府聘请英国传教医师德贞（John Hepburn Dudgeon，1837～1901；1860年来华）在北京同文馆特设的科学系中开设解剖、生理讲座。［高晞，京师同文馆的医学讨论，中国科技史料，1990，11（4）：42］

△ 伟烈亚力（A. Wylie，1815～1887）口译、徐寿（清，1818～1884）笔述的英国人美以纳、白劳那合著《汽机发轫》由江南制造局出版。这是第一部专论蒸汽机的译著。［汪晓勤，伟烈亚力的学术生涯，中国科技史料，1999，20（1）：22］

△ 清廷在大沽口南北岸建筑近代炮台，成为拱卫天津和北京的重要海口炮台式要塞。（《清史稿·兵九·海防》）

△ 在四川酉阳苗族自治县清泉乡龙水沟峡谷中修建了一座结构十分复杂的木撑拱桥，至今完好。桥长32米，宽4米，净跨约25米，分为九个开间，梁用木撑架撑住，桥下撑拱系统骈立穿插，枝干分明。（唐寰澄，中国科学技术史·桥梁卷，科学出版社，2000年，第457～459页）

△ 福州船政局首次仿造成功功率较大的蒸汽机——150马力双缸往复式蒸汽机。［吴熙

敬主编，中国近现代技术史（上卷），科学出版社，2000 年，第 416 页]

　　△ 福州船政局建成锤铁厂，安装有 7000 镑（约 3 吨）蒸汽锤，用以锻造大轴等。这是中国机械工业中最早的铸锻车间。[吴熙敬主编，中国近现代技术史（上卷），科学出版社，2000 年，第 471 页]

## 1872 年　壬申　清穆宗同治十一年

　　△ 首批赴美学习的学生 30 人启程。1873～1875 年每年又送 30 人。1881 年，留美学生被撤回。1871 年 9 月 3 日，曾国藩奏："拟选聪颖幼童，送赴泰西各国书院学习军政、船政、步算、制造诸学，约计十余年业成而归。"以后李鸿章、奕䜣等人陆续上奏，支持此"中华创始之举"。挑选学生的标准："不分满汉子弟，择其质地端谨，文理优良，一律选往"。[洋务运动（2），上海人民出版社，1960 年，第 153、160 页]

　　△ 初，日本使团到中国签订通商条约途经上海时，专程到江南制造局购买刚刚出版的 12 种科技译书。此后，日本还出版日本翻刻本。（赵匡华主编，中国化学史·近现代卷，广西教育出版社，2003 年，第 34～35 页）

　　△ 法国天主教耶稣会在上海徐家汇建立一近代天文台——徐家汇天文台，先以气象工作为主，兼作天文、授时、地磁与地震等的观测。[陈遵妫，中国天文学史（4），上海人民出版社，1989 年，第 1986 页]

　　△ 华蘅芳（清，1833～1902）撰《开方别术》一卷。该书主要讨论整系数方程有理根的解法。书中将素因数分解引入中国传统数学的增乘开方法，从而使有理根的求法大为简化。华蘅芳自少年起便广泛阅读传统数学著作，后又接触到西方数学著作。他与傅兰雅一起翻译了多部西方数学著作，促进了西方数学在中国的传播。（李兆华，中国数学史，文津出版社，1995 年，第 345～346 页）

　　△ 华蘅芳在《开方别术》中给出其整系数方程有理根解法。华氏将整系数方程分为首项系数绝对值为 1 和不为 1 两类。对前一类分辑求其正整根和负整根。后一类可能有分数根，华氏以倍根变换将其归结为前一类求解。其方法分为求根的个位数、求根的位数、求可能的整根、试根四步。（李兆华，中国数学史，文津出版社，1995 年，第 345～346 页）

　　△ 李善兰撰《考数根法》。此为我国最早的一部素数论专著。该书于 1872 年 9 月起于《中西闻见录》第二、三、四号连载。书中给出了一个素数判定定理，并以该定理为基础给出四种判定素数的方法，举出多组例题。（田淼，考数根法导读，见：中国传统数学名著导读丛书，湖北教育出版社，1999 年）

　　△ 李善兰在其《考数根法》中给出其验证一个数是否是素数的判别定理。此定理相当于如下内容，$N$ 为素数的充要条件是：如果 $n$ 整除 $N-1$，则对于 $n$ 的任何一个因数 $m$，$km+1$ 不能整除 $N$，其中 $k$，$m$ 是正整数。（田淼，考数根法导读，见：中国传统数学名著导读丛书，湖北教育出版社，1999 年）

　　△ 李善兰在《考数根法》中给出其屡乘求一考数根法。该法相当于：设 $N$，$a$ 互素，如果可以找到整数 $n$ 使得 $N$ 能整除 ，则 $N$ 为素数。李氏书中还给出此定理逆定理不成立的反例。李氏的工作相当于证明了费尔马小定理（1640）不真，并指出其逆定理不真。（田淼，考数根法导读，中国传统数学名著导读丛书，湖北教育出版社，1999 年）

　　△ 狼山鸡传入美国。（[德] 瓦格勒著、王建新译，中国农书，第 3 编第 4 章）

△ 曼松（P. Manson，1844~1922）在福建厦门发现阴囊橡皮肿患者，并在其鞘模积液中发现微丝蚴及一段成虫。

△ 上海《申报》馆最早使用手摇式轮转机印报纸，每小时可印数百张。[吴熙敬主编，中国近现代技术史（下卷），科学出版社，2000 年，第 1070 页]

△ 12 月 23 日，李鸿章（清，1823~1901）奏请在上海试办轮船招商局。官督商办，招商集股，为中国第一家近代轮船公司。1873 年改名为轮船招商局。[《中国（近代）航海史》，人民交通出版社，1989 年，第 123 页]

△ 陈启沅（清）在广东南海县创办的继昌隆丝厂开工。这是我国第一家民族资本的蒸汽缫丝厂。其设备的特点是采用蒸汽锅炉所产生的蒸汽用管道通人水盆里煮茧，缫丝的动力仍采用脚踏驱动。由于生产和质量都比手工缫丝有很大的提高，邻近乡村纷纷仿效，大大推动了蒸汽缫丝业的发展。[陈天杰等，广东第一间蒸汽缫丝厂继昌隆及其创始人陈启沅，广州文史资料，1976，（8）]

△ 金陵机器局扩建的翻砂厂中，设有翻砂模坑，即地坑造型，为手工铸造大型炮座之用。是年开办的汉阳荣华昌翻砂厂是具有一定规模、中国最初的专业铸造厂。[吴熙敬主编，中国近现代技术史（上卷），科学出版社，2000 年，第 453~454 页]

## 1873 年　癸酉　清穆宗同治十二年

△ 华蘅芳与傅兰雅合译的《代数术》刊成。该书以《大英百科全书》第八版中华里斯（W. Wallace）的代数学词条为底本。书中包括方程论初步、指数函数与对数函数、连分数、不定方程、解析几何、三角函数展开式等内容。该书较《代数学》更为通俗易懂。为清末代数学教育的主要教材。（王扬宗，傅兰雅在中国，中国科学院自然科学史研究所硕士论文，1988 年，第 57 页）

△ 英国传教医师德贞（John Hepburn Dudgeon，1837~1901；1860 年来华）以中文撰写《脱影奇观》刊印。此书介绍了有关摄影术的相关知识。[戴念祖，邹伯奇的摄影地图和玻板摄影术，中国科技史料，2000，21（2）：174]

△ 英国人连提著，傅兰雅口译、赵元益笔述的《行军测绘》10 卷由上海江南制造局初版。此为中国出版的第一部军事地理学方面的译著。[艾素珍，清末人文地理学著作的翻译和出版，中国科技史料，1996，17（1）：30]

△ 秋天，法国传教士谭微道（A. David）由江西前往福建采集生物标本。他是首个在武夷山进行大规模生物学考察和标本收集的西方人。他发现了许多新种，如猪尾鼠、大足鼠、褐雀鹛、五岭龙胆、香榧等。[罗桂环，近代西方人对武夷山的生物学考察，中国科技史料，2002，23（1）：32~33]

△ 英国人郇和（Robert Swinhoe，1836~1877）回国。他在华约 20 年，先后到厦门、宁波、台湾、海南岛、上海、北京、张家口、烟台等地考察生物。他带回的动物标本有 3700 件，含 650 个种，其中许多是新种。并在此基础上，写下大量的论著。[罗桂环，西方人在中国的动物学收集和考察，中国科技史料，1993，14（2）：15]

△ 约是年，由李晖（清，号青峰）所撰、夏慈恕（清）整理后印刷的《活兽慈舟》出版。书中记载了黄牛、水牛、马、羊、犬、猫等家禽的 240 种疾病，收载药方 700 多个；书中对预防家畜传染病有新的认识，以"流行"表示传染病的扩散，用"避"表示隔离。[吴

熙敬主编，中国近现代技术史（下卷），科学出版社，2000年，第897页]

　　△ 东南亚霍乱流行，波及中国沿海城市。为防止疾病蔓延，海关医务所在上海颁布《海港卫生条例》，为中国第一个海港检疫规则。它较为详细地规定了检疫程序和处理原则。

　　△ 在广州设立机器局，委温子绍（清）为总办。（《广州府志》卷65"建置略"）

　　△ 侨商王承荣（清）由法归国，与王斌（清）制造出中国第一台国产电报机，专传汉字。

## 1874年　甲戌　清穆宗同治十三年

　　△ 徐建寅（清，1845～1901）与伟烈亚力合作出版《谈天》增订本，根据《天文学纲要》的新版本，把直到1871年西方天文学的新成果补入，如发现的小行星已增至117颗，等等。是为《谈天》最为流行的版本。

　　△ 黄宗宪撰《求一术通解》二卷。书中给出求泛母的捷法、求乘率的捷法，并新创反乘率法。为清中叶以后关于一次同余式问题研究的一个总结。[许康，求一术通解提要，见：中国科学技术典籍通汇·数学卷（5），河南教育出版社，1993年，第1117～1118页]

　　△ 傅兰雅与华蘅芳共译的《微积溯源》刊成。此书系据华里斯（William Wallace，768～1843）为第四版《大英百科全书》撰写的《流数》词条译出。该书前四卷为微分学，后四卷为积分学及常微分方程初步。该书较《代微积拾级》更为通俗易懂，为清末学习微积分的主要教材。（王扬宗，傅兰雅在中国，中国科学院自然科学史研究所硕士论文，1988年，第57页）

　　△ 傅兰雅和徐建寅合译的《声学》一书由上海江南制造局刊行。此书译自英国廷德耳（J. Tyndall，1820～1893）著《声学》第二版。译著系统论述了声学的理论与实验，比较准确地介绍了许多物理概念，是中国最早出版的声学专著。（王冰，中国物理学史大系·中外物理交流史，湖南教育出版社，2001年，第116、135～136页）

　　△ 左宗棠（清）在陕西、甘肃倡导植棉，刊印《种棉十要》、《棉书》分发陕、甘各属，设局教习纺织，关中棉花渐及各地。（《续陕西通志稿》）

　　△ 捕粘虫车见于记载。（清·陈崇砥，《治蝗书·附捕粘虫说》）

　　△ 7月15日，英国印度测量队的纳英·辛哈（Nain Singh Pandit）从列城出以探测西藏中部地区，经当惹错北端文波东趋申扎、纳木错，至1875年1月8日再抵拉萨。考察中精细地测绘了从拉萨经不丹边境以东达旺到阿萨密的路线图。[沈福伟，外国人在中国西藏的地理考察，中国科技史料，1997，18（2）：10]

　　△ 徐寿（清，1818～1884）为江南制造局龙华分厂建设硫酸车间。

　　△ 上海江南制造总局火药厂，首次用机器设备制成黑色火药。（清·魏允恭：《江南制造局记》卷三）

　　△ 天津机器局第三厂附设磷硝厂，包括生产硝镪水—硝酸、磺镪水—硫酸及硝酸钾。此为中国最早设立的硫酸厂。由于生产扩大，遂于1881年添建磷硝新厂，新建有铅房6间。赵匡华主编，中国化学史·近现代卷，广西教育出版社，2003年，第618页）

　　△ 上海土山湾印刷所（1870年创立）始设石印印刷部，为中国最早采用石印技术的印刷机构之一。

## 1875～1908 年　清德宗光绪年间

△ 两江总督周馥（清）购位于扬州城南丁家湾旧园，重建而成扬州名园——小盘谷。它以园中假山幽谷取胜。

## 1875 年　乙亥　清德宗光绪元年

△ 由傅兰雅（John Fryer，1839～1928）口译、徐寿（清，1818～1884）笔述的《化学鉴原续编》由上海江南制造局出版。该书译自英国蒲陆山（Charles L. Bloxam，1831～1889）所著《化学》一书的有机化学部分。全书叙述了有机化合物的制备与性质等，还论及各种酒的酿造、火药制造等，是我国早期介绍西方近代有机化学知识的专著。（赵匡华主编，中国化学史·近现代卷，广西教育出版社，2003 年，第 22～23 页）

△ 福州船政局开办台湾基隆煤矿，始雇英国矿师开凿矿井，1877 年出煤，1881 年产量已达 5.4 吨。此为中国官办最早的矿山企业之一。[霍有光，外国势力进入中国近代地质矿产领域及影响，中国科技史料，1994，15（4）：17]

△ 至 1879 年间，周战传（清）在天津小站屯垦种稻，形成小站灌区，后著名水稻品种"小站稻"在此育成。（清·周战传，《周武状公遗书》）

△ 汪宏（清）系统收集历代望诊资料，编撰成中国第一部望诊专著——《望诊遵经》2 卷。此书详细列述体表各个部位的望诊法，并予以理论说明。（廖育群，中国古代科学技术史纲·医学卷，辽宁教育出版社，1996 年，第 169 页）

△ 李时珍（明，1518～1593）撰《本草纲目》（1578）金陵本被呈送给日本明治天皇，成为"内阁文库藏本"。[蔡景峰，中国古代科学家传记（下）·李时珍，科学出版社，1993 年，第 826 页]

△ 自光绪初年珂珞印刷技术传入中国后，约于是年，上海土山湾印刷所初次应用珂珞印刷版印刷了"圣母"等图像。[吴熙敬主编，中国近现代技术史（下卷），科学出版社，2000 年，第 1072 页]

△ 李榕（清）总结钻井技师的工作经验、参考"井口簿"撰写完成《自流井记》，专门介绍四川自贡自流井的钻井工作，其中包括有关盐井的开凿技术、井下岩层的层位关系、卤水的深度与含盐率和井病的整治等。书中的记载显示，当时的钻井技师将钻井中捞取出来的岩屑，按顺序衔接起来，以显示不同岩层的分界，从而清楚地了解自贡井气田的地结构；同时又以黄姜岩、绿豆岩作为标准地质层，来确定找水、油、气的层位。[程希荣，油田开发与油田开发地质学史，地质学史论丛（1），地质出版社，1986 年]

△ 清廷开始在上海吴淞口至湖北田家镇等沿江要地，建筑近代炮台式江防要塞，至 1905 年基本建成。（《清史稿·兵九·海防》）

△ 清廷开始于威海卫（今山东威海）建筑近代炮台式要塞与海军基地，至 1891 年建成。成为与旅顺齐名的清朝海军基地。（《清史稿·兵九·海防》）

△ 上海附近的奉贤县（今属上海市）的程恒昌（清）创办中国最早的动力机器轧棉厂——火机轧棉厂，拥有轧花机 100 台，职工 224 人。（赵承泽主编，中国科学技术史·纺织卷，科学出版社，2003 年，第 422 页）

## 1876 年　丙子　清德宗光绪二年

△ 2 月 9 日，由英国人傅兰雅（J. Fryer，1839～1928）编辑、上海申报馆铅印的《格致汇编》（*Chinese Scientific Magazine*）创刊号发行。此后两停刊（1878 年 2 月～1880 年 1 月，1882 年 2 月～1889 年春）和复刊，至 1892 年冬停办。《格致汇编》先为月刊，后为季刊，主要栏目有略论、杂说、说器、人物等，内容丰富，是清末第一种完全以科技知识为内容、以传播科学知识为宗旨的期刊，是中国近代最早的科学杂志。[王扬宗，《格致汇编》与近代科技知识在清末的传播，中国科技史料，1996，7（1）：36～47]

△ 6 月 24 日，上海格致书院正式开院，由徐寿（清，1818～1884）主持，院内备有图书、报纸、仪器，并举办各种讲演和示范实验等，以此传播西方科技知识。

△ 京师同文馆总教习丁韪良（W. A. Martin，1827～1916）订立八年制课程。从此，中国科学教育趋于正规化。同文馆还设立化学实验室。（赵匡华主编，中国化学史·近现代卷，广西教育出版社，2003 年，第 39～40 页）

△ 养蒙学堂（1864 年创办）改名为登州文会馆。此后，科学教育的比重大大增加，所培养的学生科学水平较高，为当时各教会学校争相延聘。该馆是中国较早开设化学课程的教会学校。（赵匡华主编，中国化学史·近现代卷，广西教育出版社，2003 年，第 52 页）

△ 求志书院于此年开院。求志书院由上海道冯焌光出资创办，院中分经、史、掌故、词章、地舆、算学六斋课试。刘彝程任算学斋斋长。清末重要数学家华世芳、崔朝庆、陈维祺、缪秋澄、沈善蒸、支宝枬、汤金铸、廖家绥等都曾应过求志书院课试。该书院为清末开设数学课程的教育机构中教学成果最为出色书院之一。[田淼，清末数学家与数学教育家刘彝程，数学史研究文集，第三辑，内蒙古大学出版社、九章出版社（台北）联合出版社，1990 年]

△ 京师同文馆总教习丁韪良（W. A. Martin，1827～1916）拟成同文馆课程。课程中包括数理启蒙、九章代数、代数学、四元解、测算、几何原本、平三角、弧三角、微分积分、航海测算、天文测算等数学课程。此为近代第一个较为完整的含数学课的教学计划。田淼，清末书院的数学教育，中国科学院自然科学史研究所博士论文，1997 年）

△ 美国金楷理（T. Carl Kreyer，1866 年来华）口译、赵元益（清，1840～1902）笔述的《光学》由上海江南制造局印行。此书原为英国廷德耳（J. Tyndall，1820～1893）1869 年夏讲授光学时的讲稿，波动光学是其主要内容。此译著使波动光学知识首次在中国得到系统介绍。全书二卷，深入浅出、系统详细地论述了几何光学和波动光学，是晚清介绍光学知识最重要的译著。此书的附卷《视学诸器说》介绍了多种光学器具。（王冰，中国物理学史大系·中外物理交流史，湖南教育出版社，2001 年，第 116、137～139 页）

△ 上海格致书院已经能够进行有关氧气和氢气等的化学实验。因而，该院和京师同文馆为我国的化学实验教育做了一些先驱性的工作。（徐振亚，徐寿在上海格致书院开创的化学教育，载汪广仁主编，中国近代科学先驱徐寿父子研究，清华大学出版社，1998 年，第 464～472 页）

△ 李圭（清）经日本赴美国费城参加纪念美国建国 100 周年的世界博览会，顺道访问伦敦、巴黎，经地中海、印度洋回国，著有《环游地球新录》（1878）。

△ 袁世俊（清）撰《兰言述略》4 卷，较为详细地介绍兰花的栽培技术以及根据花型分类、命名的方法，另有养兰名家事迹和兰花会等。书中共记载兰 71 个品种、蕙 67 个品

种，是中国古代兰谱中记载品种最多的著作。[周肇基，中国古代兰花谱研究，自然科学史研究，1998，17（1）：71]

△ 至 1886 年间，创造填鸭法。（清·包家吉：《滇游日记》光绪二年二月初四）

△ 意大利人柯卜斯克氏（Kopsch）撰《江西的养鱼业》，记述了江西九江地区鱼苗捕捞、运输和饲育方法。

△ 家禽人工孵化技术从中国传入日本。（《农学报》，卷 94）

△ 徐寿在《格致汇编》第一年第三卷上发表《医学论》一文。文中明确提出了中西会通的思想："余尝谓中西之学，无不可通，前人所已通者惟算学而已。异日者，傅（兰雅）、赵（元益）两君将西医诸书译成而会通之，则中国医学必有突过前人者。"[屈宝坤，晚清社会对科学技术的几点认识的演变，自然科学史研究，1991，10（3）：219]

△ 倪文蔚（清）在荆州（今湖北宜都至临利间的长江流域）任官 8 年中，汇总修防经验和有关文献，著《荆州万城堤志》2 卷，是第一部荆江大堤专志。[水利水电科学研究院《中国水利史稿》编写组，中国水利史稿（下），水利电力出版社，1987 年，第 457 页]

△ 4 月 1 日，丁日昌（清）在福州设立电气学塾，招生学习电气、电信及制造电线、电报等各种机器。

△ 上海江南制造局建成小型铁甲兵船"金瓯"号，排水量 300 吨。[中国近代海军史事日记（1860～1911），北京三联书店，1994 年]

△ 3 月 28 日，福州船政局建成由船政学堂培养的学生吴德章（清）、罗臻禄（清）、游学诗（清）、汪乔年（清）等独立设计并监造的蒸汽机船"艺新"号下水。该船排水量 245 吨，功率 50 马力，航速 9 节。7 月 10 日，汪乔年和吴德章驾驶"艺新"号出洋试航，并获得成功。从此福州船政局进入自主造船的新时期。[吴熙敬主编，中国近现代技术史（上卷），科学出版社，2000 年，第 336 页]

△ 7 月 1 日，英商怡和洋行在上海至吴淞口之间偷筑了一条长 14.5 公里、宽 0.762 米的窄轨铁路，7 月 3 日通车营业。机车是英国生产的"先导"号蒸汽机。这是中国使用的第一台蒸汽机车。旋因沿路居民强烈反对，清政府买回产权，并于 10 月拆除。[吴熙敬主编，中国近现代技术史（上卷），科学出版社，2000 年，第 282 页]

△ 清代通达各省会或地区首府的国道网总里程达 67 000 公里。[吴熙敬主编，中国近现代技术史（上卷），科学出版社，2000 年，第 308 页]

△ 4 月 15 日，李鸿章派遣学生赴德国学习军事，是为中国军官留学之始。

## 1877 年　丁丑　清德宗光绪三年

△ 5 月，在中国的新教传教士于上海举行全国大会，成立了一个全国性的教育组织，中文名称为"益智书会"，丁韪良（W. A. P. Martin，1827～1916）任主席，傅兰雅任首任总编辑（至 1879 年 10 月）。至 1905 年，该会曾编译出版了约 40 部科学教科书，并为编译教科书而从事统一术语译名的工作。益智书会是广学会之前的一大教会编辑出版机构，对中国近代科学知识的传播做出了一定的贡献。[王扬宗，清末益智书会统一科技术语工作述评，中国科技史料，1991，12（1）：9～19]

△ 汪曰桢（清）将《历代长术》删繁就简，成《历代长术辑要》10 卷和《古今推步诸术考》2 卷，是为影响至今的历代历日研究的重要著作。

△ 傅兰雅与华蘅芳合译的《三角数理》12 卷由上海江南制造局刊印。该书以海麻士（J. Hymers, 1803～1887）《平面和球面三角》（*Treatise on Plane and Spherical Trigonometry*）为底本译出。前 8 卷为平面三角学，后 4 卷为球面三角学。书中进一步系统地论述了以代数法表述及解决三角函数的方法及理论。介绍平面和球面三角学知识。

△ 福州船政学堂首批留英学生的随员翻译罗丰禄（清）进入伦敦国王学院，受业于著名的化学家蒲陆山（Charles L. Bloxam, 1831～1889）。罗氏可能是当时唯一的专修化学的留学生，但可能没有毕业就回国了。（赵匡华主编，中国化学史·近现代卷，广西教育出版社，2003 年，第 51 页）

△ 德国李希霍芬（Ferdinand von Richthofen, 1833～1905）在华考察报告《中国：亲身旅行和据此所作研究的成果》发表。在书中，他建立了一个比较完整的地层系统，提出了大成岩的分类体系以及中国黄土风成说。[吴凤鸣，1840～1911 年外国地质学家在华调查与研究工作，中国科技史料，1992, 13（1）：38～39]

△ 德国李希霍芬在《中国》一书中最早使用"丝绸之路"这一名称。（武斌，中华文化海外传播史，陕西人民出版社，1998 年，第 261 页）

△ 2 月，清政府派遣福州船政学堂的第一批留学生共 38 人，分别到法国、英国留学，学习船舶、轮机制造和驾驶。（《李文忠公全集·奏稿》）

△ 5 月 15 日，福州船政局建造的该局第一艘铁胁练习舰"威远"号下水，安装的是购自英国的卧式康邦蒸汽机，排水量 1268 吨，功率 750 马力，航速 12 节。[吴熙敬主编，中国近现代技术史（上卷），科学出版社，2000 年，第 337 页]

△ 主持兰州机器局的赖长（清）采用当地的细羊毛手工纺成纱，用水动力传动的织机度织毛呢成功。（赵承泽主编，中国科学技术史·纺织卷，科学出版社，2003 年，第 428 页）

## 1878 年　戊寅　清德宗光绪四年

△ 法国弗朗谢（A. Franchet）开始潜心研究中国的植物，此后发表了大量的论文和著作。他共记述中国植物 5000 余种，其中有新种 1000 多个，新属约 20 个。[罗桂环，近代西方对中草药生物的研究，中国科技史料，1998, 19（4）：4～5]

△ 清政府为筹采开平一带煤铁矿设立了开平矿物局，这是矿物机构建置之始。[霍有光，外国势力进入中国近代地质矿产领域及影响，中国科技史料，1994, 15（1）：17]

△ 清政府在台湾苗栗出磺坑设立矿油局，从美国聘请两名钻井技师，购进石油钻机一套，组成中国近代第一支石油钻井队，在出磺坑后龙溪钻井 5 田，这是中国近代使用动力机械钻凿的第一批油井。[吴熙敬主编，中国近现代技术史（上卷），科学出版社，2000 年，第 43 页]

△ 华商张子尚（清末）在上海董家渡开设小型锯木厂，有锯木机一套，此为中国近代锯木工业从手工作业转向机械化的开始。[吴熙敬主编，中国近现代技术史（下卷），科学出版社，2000 年，第 844 页]

△ 3 月 9 日，总税务司赫德派德国人德璀琳（Gustav von Detring, 1842～1913；1864 年来华）以天津为中心，在天津、北京、牛庄（营口）、烟台、上海 5 处试办邮政，成立海关办事处。

## 1879 年　己卯　清德宗光绪五年

△ 黎庶昌（清）代表中国参加在巴黎举行的建造巴拿马运河的国际会议，是为中国代表参加国际会议之始。

△ 徐建寅（清，1845～1901）以驻德使馆二等参赞的身份赴欧洲考察，同行翻译金楷理。他在英、法、德等国参观了许多工厂和学术研究机构，并在旅行日记《欧游杂录》中详细记录所参观单位的一般情况和各种产品的生产过程和质量指标等。[季鸿昆，我国清末爱国科学家徐建寅，自然科学史研究，1985，4（3）：290～291]

△ 美国传教士林乐知（Y. J. Allen，1836～1907）与郑昌棪（清）合译《格致启蒙》4种，其中有《天文启蒙》一种，系据英国天文学家洛基尔（J. N. Lockyer，1836～1920）的原作译出。全书分为46课288节，渐次展开对天文学有关论题的叙述，并附图48幅，行文通俗流畅，实为"课童蒙"的读物。但内中包含有若干天文学新知识的介绍，如关于太阳系形成的德国康德（I. Kant，1724～1804）拉普拉斯星云说、恒星演化思想及其演化遵循一定路径的论说等。

△ 傅兰雅与华蘅芳合译的《代数难题解法》（16 卷）刊成。该书译自伦德（T. Lund）的《伍德代数指南》（*A Companion to Wood's Algebra*，1878）。前 12 卷为初等代数习题解，后 4 卷为剑桥大学的代数试题及其解。（李兆华，中国数学史，台北：文津出版社，1995 年第 333 页）

△ 由傅兰雅和徐建寅合译的《电学》10 卷由上海江南制造局出版。此书译自英国诺德（H. M. Noad，1815～1977）编著的《电学教科书》。此书比较系统地介绍了 19 世纪 60 年代中期以前的电学知识。（王冰，中国物理学史大系·中外物理交流史，湖南教育出版社，2001 年，第 116～117、140 页）

△ 由傅兰雅（John Fryer，1839～1928）和徐寿（清，1818～1884）合作编译的《化学鉴原补编》由江南制造局出版。该书译自蒲陆山（Charles L. Bloxam，1831～1889）所著《化学》一书的无机化学部分。书中介绍了几种主要元素的性质及测定方法等。该书已依照元素周期律的体系加以阐述，科学性、系统性较强。在近代中国传播西方化学知识过程中起到了积极作用。（赵匡华主编，中国化学史·近现代卷，广西教育出版社，2003 年，第 23 页）

△ 京师同文馆曾开设过化学的专修班——"汉文化学"，是年该班有学生 13 名，后来以化学为业只有 3 人。（赵匡华主编，中国化学史·近现代卷，广西教育出版社，2003 年，第 40 页）

△ 英国安德逊（John Anderson，1833～1900）对于他于 1868 年和 1875 年两次在中国云南腾冲等地收集的动物，包括兽类进行分类研究。使西方人首次对云南兽类有了初步的认识。[罗桂环，近代西方对中草药生物的研究，中国科技史料，1998，19（4）：8]

△ 肖神父在上海浦东设立奶棚饲牛 40 头。

△ 英商美查（Major）在上海创办的江苏药水厂（Jiangsu Chemical Works）开工。该厂主要生产硫酸和熔解金银，生产设备有电动机、压气机、吸水机、通风机和冷凝机等，还雇用 250 名工人，是外国资本在中国兴办的较早且规模最大的化学工厂。（赵匡华主编，中国化学史·近现代卷，广西教育出版社，2003 年，第 612 页）

△ 4 月 17 日，英国记者开乐凯（John Den Clark）在上海创办英文报纸《文汇晚报》，

始用煤气引擎轮转印刷机。

## 1880 年　庚辰　清德宗光绪六年

△ 傅兰雅与华蘅芳合译的《决疑数学》（10 卷）刊成。该书译自伽洛韦（Thomas Galloway，1796～1851）为《大英百科全书》写的词条"概率"（Probability），并补以安德生（R. E. Anderson）为《钱伯斯百科全书》（Chamber's Encyclopaedia）撰写的《概率论，或然性，或平均理论》（Probatilities，Chances，or the Theory of Averages）。该书卷首为概率学简史，列前 5 卷介绍古典概率，卷 6 至卷 7 论人寿和诉讼之概率计算，卷 8 论大数各题算法，卷 9 论正态分布，卷 10 论最小二乘法。此为西方概率论知识第一次系统传入中国。（严敦杰，跋《决疑数学》，见：明清数学史论文集，南京教育出版社，1990 年，第 421～444 页）

△ 徐寿（清，1818～1884）按朱载堉的方法，以实验证明，二支成八度的同径管，其管长之比为 4:9。这是管乐器末端效应的实验证实。他的成果在英国《自然》周刊发表后，引起欧洲声学家和音乐家的惊讶。（清·徐寿"考证律吕说"，《格致汇编》）

△ 从是年起至次年，傅兰雅（John Fryer，1839～1928）和栾学谦（清末）合译的英国化学家真司腾（John F. Johnston，1798～1855）所著的《化学卫生论》在《格致汇编》上连载。此书概述日常生活中的化学现象和有关化学知识，论及空气、饮水和土壤、粮食五谷、肉、酒、茶、香烟和鸦片等，以及工业发展引起的环境污染，内容丰富、精彩。至1890 年此书由格致书室出版了单行本。（赵匡华主编，中国化学史·近现代卷，广西教育出版社，2003 年，第 29 页）

△ 从是年起至次年，摘译自英国化学家和科学仪器制造商格里分（John J. Griffin，1802～1877）所著《化学技艺》的《化学器》在《格致汇编》上连载。书中介绍了格里分公司所制造的各式化学实验仪器，对其用途和操作都有详细的解释和说明，同时附有 700 余幅插图。（赵匡华主编，中国化学史·近现代卷，广西教育出版社，2003 年，第 29～30 页）

△ 约于是年，石印本《八省沿海全图》出版，共 79 幅，有总图、分区图、港图及江图。图幅绘有经纬度，以格林威治天文台为起点经线。图幅为墨卡托图或平面图，水深用阿拉伯数字注出，计量单位为英制的英寸和英尺。说明该图是根据英版中国沿海航海图绘制而成。（楼锡淳、朱鉴秋，海图学概论，测绘出版社，1993 年，第 99 页）

△ 陈虹（清，1851～1904）著《利济元经》丛书。现存《运气表》、《藏象表》、《经脉表》3 种。他将运气说与天文"中星图"参合，首创"医历"。

△ 8 月 19 日，李鸿章（清，1823～1901）奏请在天津设立北洋水师学堂。以严复（清，1854～1921）为总教习，设驾驶、管轮两班，另有观星台一座。肄业五年，毕业后授以水师官职。

△ 美查洋行在中国上海创立燧昌自来火局，是中国第一家火柴厂。[季鸿崑，中国引火技术的演变，中国科技史料，1991，12（3）：13]

△ 黄河堤防施工始用小铁路运输土料，黄河堤工使用水泥。[《中国水利史稿》编写组，中国水利史稿（下），水利电力出版社，1987 年，第 374 页]

△ 天津机器局试制成中国第一艘潜水艇，状如橄榄，设有水标和吸水机，行动灵活，可用于水底暗送水雷置于敌船之下。（《盖闻录》光绪六年五月十三日；九月二十七日）

△ 天津电报总局和天津电报学堂设立，后者聘丹麦工程师教习电报知识。

△ 创办北洋水师大沽船坞，建有船坞 5 座：甲坞可容纳 2000 吨以下舰船，乙、丙两坞均可容纳 1500 吨以下舰船。(中国近代舰艇工业史料集，上海人民出版社，1994 年)

△ 选定旅顺要塞筑港建坞，次年动工，1886 年将未完工程交法商承包，到 1890 年竣工。所筑大石坞长 137.6 米，宽 41.3 米，深 12.6 米，全坞用山东大方石，并以西洋塞门德土（水泥），凝结坚实。当时曾号称东洋第一坞。(《清史稿》卷 136)

△ 9 月 16 日，陕甘总督左宗棠（清）在兰州兴办的甘肃织呢局经近 2 年的筹备正式开工生产。该厂机器全部购自国外，并聘请外国技师管理生产。由于产品质量差、成本高，至次年初，设备利用率仅为 1/3。1883 年因锅炉爆炸而停工。它是中国除缫丝以外第一家采用全套动力机器的纺织厂，标志着中国纺织工业大生产的开端。(赵承泽主编，中国科学技术史·纺织卷，科学出版社，2003 年，第 421、428 页)

△ 广州创设信孚成记西服店，这是国人最早建立的西服生产企业。(赵承泽主编，中国科学技术史·纺织卷，科学出版社，2003 年，第 442 页)

△ 开平矿务局创建中国最早的铁路机车工厂——胥各庄机修厂。次年，改装成功"中国火箭号"蒸汽机车。[吴熙敬主编，中国近现代技术史（上卷），科学出版社，2000 年，第 266 页]

## 1881 年　辛巳　清德宗光绪七年

△ 7 月，清政府裁撤在美国的留学事务所，并将留美学生分 3 批撤回。

△ 约是年，傅兰雅和周郇（清末，1827~1900）合译的《电学纲目》由上海江南制造局出版。此书译自廷德耳（J. Tyndall，1820~1893）的《电学七讲教程讲义》，主要概述电磁学基础知识。(王冰，中国物理学史大系·中外物理交流史，湖南教育出版社，2001 年，第 117 页)

△ 天津医学馆设立。

△ 左宝贵（清）在沈阳设立同善堂，内设天花预防、育婴及养老所。

△ 清政府组建旅顺工程局，全面负责旅顺港、坞的建设。1890 年，工程竣工，先后建成港区东南北三面顺崖码头、港内铁栈桥码头一座，拦潮石坝一座，以及船坞一座、修船厂房九座等。[吴熙敬主编，中国近现代技术史（上卷），科学出版社，2000 年，第 357 页]

△ 9 月，广东机器局总办温子绍（清）捐资仿造的蚊子船（一种潜水炮舰）"海东雄"号竣工，该船工费只有进口舰的 1/4。[李春潮，广东机器局及其总办温子绍，船史研究，1983，(3)]

△ 直隶总督李鸿章（清，1823~1901）奏请清廷建筑旅顺（今辽宁旅顺）船坞及海军基地。至 1890 年建成。成为清朝最具规模的海军军港。(《清史稿·兵七·海军》)

△ 7 月 24 日，驻美公使容闳聘请的美国纺织工程师丹科抵沪。经实地考察，他提出中国棉花的纤维长度偏短，很难适应外国纺织机器。11 月 30 日，译员梁石子携带各种国棉，随丹福思赴欧美进行试纺、试织，并根据试纺织的情况，对纺织机器进行多次改造，历时 1 年零 2 个月，最后改制成适用于国棉的机器，并按此型号在美制造机器。(赵承泽主编，中国科学技术史·纺织卷，科学出版社，2003 年，第 424 页)

△ 开平煤矿（后称唐山矿）安装的 150 马力蒸汽绞车投入运行，日提煤能力 500 吨；该矿还首次从英国购进 1 台汽动选煤机。[吴熙敬主编，中国近现代技术史（上卷），科学出

版社，2000年，第35、39页]

△ 4月，清政府从上海、天津两地同时开工建设南北电报线路，12月建成，全长3075里。不久，又开通上海至广州、上海至武汉的有线电报通信。这是中国最早的通信工程。12月24日，天津电报部局始营业。[吴熙敬主编，中国近现代技术史（上卷），科学出版社，2000年，第395页]

△ 中国修筑的第一条铁路——唐（山）胥（各庄）铁路建成通车，采用的机车是"龙号"蒸汽机车。该机车全长18英尺8英寸，能载重100多吨，由英国工程师金达（C. W. Kinder）设计绘图，中国工人制造，是中国制造的第一台机车。[吴熙敬主编，中国近现代技术史（上卷），科学出版社，2000年，第268页]

### 1882年　壬午　清德宗光绪八年

△ 约于是年，汪曰桢（清，1813~1882）著成《历代长术》53卷，给出了从西周共和（公元前841）到清康熙九年（1670）间每年气、朔、闰的历日，内含有《古今推步诸术考》2卷，对历代历法的诸要素进行考订与研究。此书因卷帙浩大，今已不传。

△ 花菜（花椰菜）传入我国。（民国《上海县志·物产》）

△ 清政府以"针刺火灸，究非奉君之所宜"为理由，取消了太医院针灸科。此后，针灸学的发展受到很大阻碍。[吴熙敬主编，中国近现代技术史（下卷），科学出版社，2000年，第989页]

△ 出现了中国商人开办的西药业——广州泰安药房，除经营进口药品和医疗器械外，也兼制一些家用成药。

△ 在台湾南端建成鹅鸾鼻灯塔，光照20海里，为巴士海峡航道导航标志。

△ 在云南墨江到磨黑之间修建了一座并列多索铁眼杆桥——把边江桥，其栏杆眼杆是以人字索和两根底索相联。（唐寰澄，中国科学技术史·桥梁卷，科学出版社，2000年，第572页）

△ 3月，吴大澂（清，1835~1902）创办的吉林机器局动工，至次年9月告竣。此为中国东北地区最早的近代机械工业企业，主要产品为枪弹、炮弹和火药。[栾学钢，吴大澂与吉林机器局，中国科技史料，1996，17（3）：53~67]

△ 上海出现缫丝机制造厂，至1913年已有较大的缫丝机制造厂10家，开创了中国近代纺织机械制造业的先河。1913年前后，上海完全停止了缫丝机的进口。（赵承泽主编，中国科学技术史·纺织卷，科学出版社，2003年，第443页）

△ 由华商集资聘请英国人梅特兰开始筹造中国第一家机器造纸厂"上海华章造纸厂"，1884年投产。关于中国最早的机器造纸厂的问题目前争议较大。[吴熙敬主编，中国近现代技术史（下卷），科学出版社，2000年，第1038页]

△ 盛宣怀在上海设电报商局，并附设电信学堂。

△ 英商戴斯（C. M. Dyce）、洛（G. E. Low）和韦特莫尔（W. S. Wetmore）集资5万两白银，成立上海电光公司，在公共租界乍浦路同孚洋行后面仓库里兴建中国第一座发电厂——电灯厂，安装从美国订的发电机。又在南京竖起中国第一根电线杆，并于7月26日正式发供电，供南京部分街灯用电。9月25日，上海俱乐部（今东方饭店）开始装弧光灯照明，成为中国第一批电灯用户。[吴熙敬主编，中国近现代技术史（上卷），科学出版社，

2000 年，第 59 页]

　　△ 广州创办机器印刷局。

## 1883 年　癸未　清德宗光绪九年

　　△ 傅兰雅（John Fryer，1839~1928）和徐寿（清，1818~1884）合作翻译的《化学考质》和《化学求数》由上海江南制造局出版。前者专论定性分析化学，介绍了各种定性分析试剂及其配制；后者专论定量分析化学，介绍了定量分析仪器的使用和操作以及物质的定量分析方法。它们译自 19 世纪最杰出的分析化学大师、德国富里西尼乌斯（Kar R. Fresenius，1818~1897）的两部最有名的分析化学专著，反映了当时分析化学发展水平。这两部书代表着傅兰雅和徐寿合作翻译科学著作的最高水平。（赵匡华主编，中国化学史·近现代卷，广西教育出版社，2003 年，第 24~25 页）

　　△ 美国医师传教士玛高温（Daniel Jerome MacGowan，1814~1893）编《金石中西名目表》由上海江南制造局初版。此书又称《金石表》或《矿学表》，收录矿物学名词 1850 个，是中国现存最早的矿物学英汉词典。[艾素珍，清代出版的地质学译著及特点，中国科技史料，1998，19（1）：12]

　　△ 清末的棉布特别是南京布（松江棉布和江浙一代的紫花布）在国外市场享有很高的声誉，其时一位西方人对南京布有如下评述："中国织造的南京土布，在颜色和质地方面，仍然保持其超越英国布匹的优越地位。"（李仁溥，中国古代纺织史料，岳麓出版社，1983年，第 310 页）

　　△ 1 月 11 日，由福州船政局派遣赴欧洲学成归国的学生杨廉臣（清末）、李寿田（清末）和魏瀚（清末）等监造的铁胁双木壳巡洋舰"开济"号下水，排水量 2200 吨，2400 马力，航速 15 节。[吴熙敬主编，中国近现代技术史（上卷），科学出版社，2000 年，第 337 页]

　　△ 英国人建造的上海自来水厂是国内较早使用水泥和混凝土的近代工业建筑之一。（《中国建筑史》编写小组，中国建筑史，中国建筑工业出版社，1982 年，第 240 页）

## 1884 年　甲申　清德宗光绪十年

　　△ 3 月 5 日，张佩纶（清）奏请武科改试洋枪。

　　△ 4 月，以扬州、镇江、杭州三阁及范、鲍、汪、马四家所藏《古今图书集成》散失，上海同文书局招股重印。

　　△ 6 月 24 日，刘铭传（清）奏请饬总理衙门与北洋大臣开设译局。

　　△ 7 月 9 日，潘衍桐（清）奏请依照翻译例，另开艺学科，凡精工制造、通知算学、熟悉舆图者均准与考。

　　△ 10 月 14 日，命总理衙门知照出使大臣选择西洋各书及舆地图说酌量汇刻。

　　△ 姚文栋（清）根据驻日期间收集的资料翻译的《日本地理兵要》10 卷出版。全书以日本行政区划为单位，概述其地理情况，其中尤详于山川、港湾、岛屿、关卡等军事地理情况，是中国近代最早出版的一部日本地理专著。[艾素珍，清末人文地理著作的翻译和出版，中国科技史料，1996，17（1）：30]

　　△ 比利时传教士马修德将红车轴草传至湖北巴东、建始交界的细沙河天主教堂附近，时称"洋马草"。[富家乾，中国饲用植物研究史，内蒙古农牧学院学报，1982，（1）]

△ 8 月 1 日，御史方汝绍（清）请开医学科，命毋庸议。

△ 唐宗海完成《血证论》8 卷，此书制定了颇为详备的血症治法，其中对瘀血症的活血化瘀的各种治则，至今沿用。（廖育群，中国古代科学技术史纲·医学卷，辽宁教育出版社，1996 年，第 176 页）

△ 山东济南东生昌织带厂创建，这是中国最早的织带厂，主要生产丝带和丝边。（赵承泽主编，中国科学技术史·纺织卷，科学出版社，2003 年，第 441 页）

△ 咖啡树从海外传入中国，试种于台湾东兴、高雄两地。[吴熙敬主编，中国近现代技术史（下卷），科学出版社，2000 年，第 820 页]

△ 吉林机器局铸造“吉林厂平银元”，共 5 种。此为中国采用正规机器铸造银元之始。[栾学钢，吴大澂与吉林机器局，中国科技史料，1996，17（3）：63]

△ 8 月 23 日，张之洞在黄埔设水鱼雷局，后附设鱼雷学堂。

## 1885 年　乙酉　清德宗光绪十一年

△ 英国傅兰雅（John Fryer，1839～1928）在上海创办格致书社，不久在天津、杭州、汕头、北京、福州和香港等地设立分社。仅 3 年时间，经销西学书籍达 650 种。

△ 康有为（清，1858～1927）初撰成《诸天讲》一书，1926 年定稿，于 1930 年才正式出版。书中对哥白尼和牛顿在天文学上的改革与创新精神大加赞扬。着力介绍康德-拉普拉斯的星云说、美国张伯伦（T. C. Chamberlin，1843～1928）和摩尔顿（F. R. Moulton，1872～1952）的太阳系起源的星子说、英国达尔文（G. H. Darwin，1845～1912）关于因太阳起潮力的作用地体的一部分从地球分离出去而形成月亮的假说。对于月面的状况，火星有无生物之争，彗星的族系与组成，恒星有白星、黄星、赤星之分，又有巨星、矮星等的区别，以及河外星系等，均做了简要的介绍。

△ 刘彝程在求志书院算学课试中给出任意两三角垛乘积求和公式。该公式是李善兰三角自乘垛公式的发展，很可能是中国数学家在垛积术方面的最高成就。

△ 狄考文（C. W. Mateer，1836～1908；美国）与邹立夫（清）共同编译了《形学备旨》（10 卷）。该书译自罗密士（Elias Loomis）的原著。此后，二人又合译了《代数备旨》（13 卷，1891）、《笔算数学》（三册，1892）。这些著作与潘慎文和谢洪赉合译的《代形合参》（3 卷，1893）、《八线备旨》（4 卷，1894）等著作成为 1898 年全国各地设立的新式学堂的主要数学教科书。（钱宝琮，中国数学史，科学出版社，1992 年，第 344～345 页）

△ 傅兰雅和徐寿（清，1818～1884）将翻译《化学鉴原》及其《续编》和《补编》时积累的化学译名汇编成《化学材料中西名目表》由上海江南制造局出版。全书共列出 3600 多条中英对照的化学名词及无机化合物和有机化合物的名称；提出了“译音与意译兼用”、“用中文直译西音”等命名原则，为中国化学的译名和命名工作奠定了基础。（赵匡华主编，中国化学史·近现代卷，广西教育出版社，2003 年，第 23～24 页）

△ 徐寿和傅兰雅合作编译的《宝藏兴焉》由江南制造局出版，此书根据英国化学家克鲁斯（Willianm Crooks，1832～1919）的《实用冶金学大全》译出，详细论述了金、银、铜、锡、镍、锑、铋、汞等金属的矿藏、冶炼和提纯及其物理化学性质，内容相当深入、丰富。（赵匡华主编，中国化学史·近现代卷，广西教育出版社，2003 年，第 28 页）

△ 淮阴百一居士（清）在《壶天录》中介绍了西方传进的“沙漏”湿度计、水银气温

表和空盒气压表。(洪世年，中国气象史，农业出版社，1983 年，第 66 页)

△ 詹天佑在广州博学馆采用西方测绘方法绘制中国沿海形势图。

△ 曹廷杰 (清，1850~1926) 编撰完成《东北边防辑要》一书。此后又先后完成《西伯利东偏纪要》和《东三省舆地图说》(1898) 等专著，成为较早对黑龙江流域史地进行全面调查和严谨论述的学者。(丛佩远、赵鸣岐编，曹廷杰集，中华书局，1985 年，前言)

△ 贵州矿物总局设立。这是中国最早的一个矿物总局。(李国达主编，中国地学大事典，山东科学技术出版社，1992 年，第 281 页)

△ 英国韩尔礼 (Augustine Henry，1856~1930；1881 年来华) 开始在中国采集植物，至 1900 年先后至湖北、四川、海南、台湾、云南等地共采集植物标本 5000 种以上，其中一些是稀有植物。他著有《中国植物名录》和《中国经济植物札记》。[罗桂环，近代西方人在华的植物学考察和收集，中国科技史料，1994，15 (2)：26]

△ 陈虬 (清，1851~1904) 创立利济医学堂。这是中国近代中医教育较早的学校。该校还创办了《利济学堂报》。[林乾良，近代浙江的中医教育，中华医史杂志，1983，13 (4)：224]

△ 江南制造局建成中国近代第一艘钢质兵轮"保民"号。(中国近代海军史事日记，北京：三联书店，1994 年)

△ 初，张之洞 (清，1837~1909) 任两广总督后，于 1885 年初利用原广东机器局的柯拜船坞和录顺船坞开设黄埔船局。同年建成浅水炮艇"广元"、"广亨"、"广利"、"广贞"号等 4 艘。(《张文襄公全集》卷 17，文海出版社，1963 年)

△ 清廷建立海军衙门，清朝海军正式宣告成立，下辖北洋、南洋、福建、广东四支舰队。以北洋舰队装备最先进，技术水平最高，并参照英国海军操法进行训练。(《清史稿·兵七·海军》)

△ 约是年，黄兴三 (清，1850~1910 年在世) 撰《造纸说》记载浙江造纸技术，并将其技术概括为 12 个步骤。与《天工开物》相比，增加一道日光漂白工序。(潘吉星，中国科学技术史·造纸与印刷卷，科学出版社，1998 年，第 262~264 页)

## 1886 年　丙戌　清德宗光绪十二年

△ 瞿昂来 (清末民国) 在格致书院考课中将西方科学方法论与中国格致法进行比较，明确指出要引进西方科学方法论——培根新法。[屈宝坤，晚清社会对科学技术的几点认识的演变，自然科学史研究，1991，10 (3)：220]

△ 英国著名科学家赫胥黎 (Thomas Henry Huxley，1825~1895) 著《科学导论》的中文本同年由江南制造局和北京海关总税务司署翻译出版。前者为由罗亨利 (H.B.Loch，1827~1900；英国) 与瞿昂来 (清) 合译的《格致小引》，后者为艾约瑟 (英，R. J. Edkins，1823~1905) 翻译的《格致总学启蒙》。[王扬宗，赫胥黎《科学导论》的两个中译本，中国科技史料，2000，21 (3)：207~221]

△ 诸可宝 (清，1845~1903) 撰成《畴人传三编》7 卷。补充《畴人传》与《续畴人传》未收者 52 人，又收载自道光到光绪初年去世的中国学者 58 人，还收载 3 名清代女天文学家、15 名西洋人与 1 名日本人的传略。书中辑录了丰富的资料。(傅祚华，《畴人传》研究，见：明清数学史论文集，南京教育出版社，1990 年，第 252~253 页)

△ 建立会典馆，编纂《大清会典舆图》。后来，会典馆成立画图处，吸收一些绘制地图的专门人才，指导编绘工作。这是我国近代史上第一个绘制地图的业务机构。它制定各地编制分图的体例：均上北下南、左西右东；规定各类地图的比例尺；图式符号；图说的格式；省图应使用"圆锥投影法"等。（卢良志，中国地图学史，测绘出版社，1984 年，第 219 页）

△《牛经切要》问世。作者不详。前部讲相牛法，后部为治疗牛病的各种药方。（王毓瑚，中国农学书录，农业出版社，1964 年，第 281 页）

△ 郭柏苍（清）据自己数十年在海滨的亲见，加上采询老渔民的经验，加之考证古籍，撰成《海错百一录》。全书五卷，记载 300 余种海洋生物，是我国历史上一部内容较为丰富的海洋生物著作。（汪子春等，中国古代生物学史略，河北科学技术出版社，1992 年，第 159 页）

△ 郭柏苍撰《闽产录异》，记述番鸭可与普通家鸭进行种间杂交，产生杂种"半番"（民间也叫胡鸭）。

△ 部分在华传教医生在上海开会，决定组织中华博医会，出版季刊《博医会报》（1887 年 3 月创刊）。

△ 艾约瑟（英，R. J. Edkins，1823～1905）将英国福斯特（M. Foster，1836～1907）所著《生理学》*Physiology* 译成中文，以《身理启蒙》为名由总税务司署刻印出版。全书 10 章，是中国现存最早的一部比较系统地介绍西方近代实验生理学的专著。[曹育，我国最早的一部近代生理学译著——《身理启蒙》，中国科技史料，1992，13（3）：91～96]

△ 宣纸获巴拿马国际博览会金奖。1911 年小岭曹鸿记宣纸在南洋劝业博览会获超等文牍奖。1915 年小岭姚记宣纸又获巴拿马国际博览会金奖。

△ 开平矿务局附设的唐山细棉土厂是中国生产水泥的第一家工厂。（《中国建筑史》编写小组，中国建筑史，中国建筑工业出版社，1982 年，第 268 页）

## 1887 年　丁亥　清德宗光绪十三年

△ 11 月 1 日，英国传教士韦廉臣（Alexander Willamson，1829～1890）在上海创办同文书会，1892 年改名为广学会。英国人赫德（Sir Robert Hart，1835～1911）任董事长，韦廉臣任部干事。该会的宗旨是"以西国之学广中国之学，以西国之新学广中国之旧学"。

△ 刘铭传（清）在台湾设立中西学堂。

△ 福州船政局派遣的第三批留欧学生中，林振峰和郑守箴进入法国巴黎高等师范学校数学系和物理系学习，并取得了突出的成绩。1890 年代，林振峰获得科学学士学位。但在他们回国之后，他们的数学才能并没有得到施展。[马若安、李文林，中国与法国数学交流概观（1880～1949），法国汉学，第六辑，田方增译，中华书局，2002 年，第 476～477 页]

△ 御史陈琇莹（清）奏请将明习算学人员量予科甲出身。礼部总理衙门认为试士之例未容轻议变更，但准予正场考试之外加试算学，并酌准额外录取。其取法为"报考算学者，除正场仍试以《四书》经文、诗、策外，其考试经古场内另出算学题目，果能通晓算法，即将原卷咨送总理各国事务衙门复勘注册。俟乡试之年，按册咨取赴总理衙门，试以格物测算及机器制造、水陆军法、船炮水雷，或公法条约、各国史事诸题，择其明通者录送顺天乡试。""如人数在二十名以上，统于卷面加印'算学'字样，与通场士子一同试以诗、文、策问，毋庸另出算学题目。""每于二十名额外取中一名。""卷数最多亦不得过三名，以示限

制。""凡由算学中式之举人，应仍归大号，与各省士子合试，凭文取中。""此项人员，若于会试中式后，得用京职，恭候点派数员作为同文馆纂修，俾专讲习。嗣后或游历外洋，或充出使等差，均可随时奏派，因材器使。"（田淼，清末书院的数学教育，中国科学院自然科学史研究所博士论文，1997 年）

△ 美国北长老会教士倪维思（John Livingstone Nevius，1829～1893；1854 年来华）在山东烟台向教民传授外国品种梨、苹果、葡萄和梅的栽培技术，梨和苹果的培植完全成功。倪维思先后引用 16 个苹果品种、5 个梨品种、8 个葡萄品种，是烟台苹果的最早引种者。[吴熙敬主编，中国近现代技术史（下卷），科学出版社，2000 年，第 793 页]

△ 大粒花生米传入我国。（清光绪《慈溪县志》）

△ 英国傅兰雅（John Fryer，1839～1928）口译、赵元益（清，1840～1902）笔述的《西药大成》10 卷本由上海江南制造局出版。此书是中国出版的第一部西方药物学译著。1904 年，两人合译的《西药大成补编》6 卷再次出版。[赵璞初，赵元益和他的笔述医书，中国科技史料，1991，12（1）：71]

△ 据推断，徐寿（清，1818～1884）等译著《西药大成中西名目表》于该年出版。此书登载了英国医生来拉所著《西药大成》中的各种药品名目，约 6800 条，并有化学物质及植物动物之名。是中国近代早期的一部"西药表"，对国人掌握西药知识和化学知识起到了重要作用。

△ 顾松泉（清末）在上海创办中西大药房，注册资本数千元，制药兼售药，是国人在上海开设的最早的西药房。（赵匡华主编，中国化学史·近现代卷，广西教育出版社，2003年，第 615、652 页）

△ 11 月，英国传教医师司督阁（Dugald Christie，1855～1936）在沈阳创办的盛京施医院开院，此为中国东北地区第一家西医院。[于永敏，东北地区西医传入先驱者——司督阁博士，中国科技史料，1992，13（4）：25]

△ 左宗棠（清，1812～1885）主持治理海河水系，加修子牙等河堤约 23 000 丈。

△ 华蘅芳（清，1833～1902）在天津制成直径约 1.7 米的气球，灌入自制的氢气成功升空。这是中国人自制的第一个氢气球。

△ 张之洞在湖北武昌平湖外筹办湖北纺织四局之一的湖北制麻局。从德商瑞记洋行订购脱胶、纺纱、织机整套设备，设立工厂两座，第一工厂以纺织苎麻为主，第二工厂以纺织黄麻为主。后因经营不善从 1902 年将其出租。湖北制麻局是我国第一家采用动力机器生产的麻纺织厂。（赵承泽主编，中国科学技术史·纺织卷，科学出版社，2003 年，第 428 页）

△ 上海张万祥福记铁工厂仿制生产出日本轧花机。[吴熙敬主编，中国近现代技术史（上卷），科学出版社，2000 年，第 564 页]

## 1888 年　戊子　清德宗光绪十四年

△《西学大成》刊行，涉及数学、天文学、地理学、历史、军事、化学、矿物、物理等西方近代科学各个领域。

△ 戊子乡试，总理衙门开算学科，取中举人一名，为中国实行西学与中学同考之始。"总理各国事务衙门将各省送到生监及同文馆学生试以算学题目，共录送三十二人"，"取中一名"举人。然而，一来考试范围太大，即要与其他举子一样参加八股策论考试，又要试及

各种西方科技知识；二来取额太少，"天姿英敏之人，制艺之外，力能兼通西学。一经编入算学，虽有佳文，反致限于额不能取中"，遂至报考乏人。"此后历科乡试均以不满二十名，散入大号。"几经努力，算学科终于得以开办，但由于考试方法及录取制度的缺陷，并没有达到广取人才的目的。（田淼，清末书院的数学教育，中国科学院自然科学史研究所博士论文，1997 年）

△ 北京京师同文馆内建成小型天文台一座，"上设仪器，盖顶旋转，高约五丈。凡有关天象，教习即率馆登之，以器观测。"（杜石然、林庆元、郭金彬，洋务运动与近代科技，辽宁教育出版社，1991 年，第 284 页）

△ 约于是年，美国圣公会在上海创办的圣约翰书院中，首开天文学课程。（董光璧主编，中国近现代科学技术史，湖南教育出版社，1997 年，第 255 页）

△ 产金 13.5 吨，占当时世界产量的 7%，居世界第五位。（中国大百科全书·矿冶卷，中国大百科全书出版社，1984 年，第 296 页）

△ 1 月 29 日，福州船政局建成中国第一艘钢质装甲巡洋舰"龙威"号（后改称"平远"号）下水，排水量 2100 吨，2400 马力，航速 14 节。配有 260 毫米主炮 1 门，120 毫米炮 3 门，鱼雷发射管 4 具。军舰装甲前段厚 5 英寸，后段厚 6 英寸，机舱、炮台装甲厚 8 英寸。[吴熙敬主编，中国近现代技术史（上卷），科学出版社，2000 年，第 337 页]

△ 广州石室（即圣心大教堂）建成，历时 25 年，耗资 40 万金法郎，为中国最大的一座以高直尖顶为特色的哥特式建筑。由法国工程师参照巴黎圣母院设计，石匠蔡孝（清）主持施工。

## 1889 年　己丑　清德宗光绪十五年

△ 张之洞（清，1837~1909）奏准在广东水陆师学堂内添设矿学、化学、电学、植物学、公学等 5 所西艺学堂，延请外国教习教授西学。

△ 陈维祺编成《中西算法大成》。是书仿"《数理精蕴》之例，取新旧著译各种汇成一编，删繁订误"而成。共含 26 种著作，合计一百卷。该丛书包括了当时中国传统数学及传入西方数学知识的主要内容。从 1889 至 1898 年九年间，"各书坊私用原本缩小翻印，三次行销至七千部之多。"该书于光绪二十七年重印，对当时数学知识的传播起到了一定的推动作用。（田淼，清末书院的数学教育，中国科学院自然科学史研究所博士论文，1997 年）

△ 是年前，汪士铎（清，1802~1889）提出社会动乱的原因是人多为患，主张采用严刑峻法、节制生育、助长灾疫等手段消灭人口。

△ 吴大澂（清，1835~1902）在开封设河图局，聘请津、沪、闽、粤测绘专业人员 20 多人，首次采用大地测量法测量黄河下游河南南乡至山东利津海口河道，次年完成。是中国自行测绘的第一张较为完整的河道图。（清·武同举等，《再续行水金鉴·淮水》卷一二七）

△ 二月十五日，由海关出资派遣的养蚕人江生金（清末）及法语通译金炳生（清末）由上海启程，前往法国蒙伯业养蚕公院学习。同年十一月十七日学成回国，后在上海蚕务总局任教习。（邹树文，中国昆虫学史，科学出版社，1981 年，第 200、239 页）

△ 颜永京（清，1839~1898）翻译的《心灵学》上海益知书会出版。此书译自美国海文（1816~1874）著 *Mental Philosophy*，是近代中国翻译的第一部西方心理学著作。（熊月之，西学东渐与晚清社会，上海人民出版社，1994 年，第 485~486 页）

△ 元和人著《铜刻小记》，详细记载雕刻铜版的方法。［吴熙敬主编，中国近现代技术史（下卷），科学出版社，2000年］

△ 5月20日，广州银局内设之银厂正式开始铸银元。此为中国机器铸币之始。

△ 福建船政局的1079舰船建造家魏瀚（清至民国，1850～1929）等人，建成了钢甲巡洋舰"平远"号，下水试航成功。它标志着晚清造舰技术已达到较高的水平。（《清史稿·兵七·海军》）

△ 建造的上海华新纺织新局清花车间采用了铸铁柱。（《中国建筑史》编写小组，中国建筑史，中国建筑工业出版社，1982年，第239页）

△ 12月28日，中国较早设立的棉纺织企业——上海机器织布局经一年多的筹建（1888年5月动工）开始全厂试车并投入运转。它是我国最早引进动力驱动织布机的企业，有纺锭3.5万枚、布机530台，罗拉式轧棉花机和布机为英国制造，从清花到细纱共有11道工序。1893年10月19日因清花车间起火，全厂被焚。（赵承泽主编，中国科学技术史·纺织卷，科学出版社，2003年，第424、427页）

## 1890年　庚寅　清德宗光绪十六年

△ 王韬著成《泰西著述考》，是关于明末以来西方传教士在华工作的简录，收录92名传教士的著述约210种，其中不乏与科学技术相关的著作。（清·王韬，《西学辑存六种》）

△ 约于是年，法国天主教耶稣会在上海佘山建立佘山天文台，开展天文、地磁等的观测工作。［阎林山、马宗良，徐家汇天文台的建立与发展（1872～1950），中国科技史料，1984，（2）］

△ 刘彝程在求志书院的课试算题中要求应考者给出垛积公式的代数表达式。此为传统垛积术被西化的一个表现。（田淼，中国数学的西化历程，山东教育出版社，2004年）

△ 广东实学馆学生将方恺（清，1839～1891）在该校讲授代数学的课艺整理为《代数学通艺录》（16卷）出版。该书系统地介绍符号代数学知识，多处以代数术解释中国传统数学问题，并经常明确指出中国传统方法的繁杂。该书很可能是中国人自己编著的第一部符号代数学教科书。方恺曾为曾国藩手制地球仪，并为之作地球"图说"。1882年，应张树声之邀充任广东西学堂算学教习。（田淼，清末书院的数学教育，中国科学院自然科学史研究所博士论文，1997年）

△ 至1892年间，北方农区创造"九麦法"。（民国《桓台县志·谷类》）

△ 方旭（清末）撰《虫荟·昆虫》立家蚕为昆虫之长以配四灵。这是较早以现代意义理解"昆虫"一词。（邹树文，中国昆虫学史，科学出版社，1981年，第31页）

△ 中国博医会第一届大会召开。会上成立了名词委员会，美国医师嘉约翰（John Gladgow Kerr，1824～1901）任主任，负责起草中文标准医学词汇，开始中国医学名词统一的进程。［张大庆，高似兰：医学名词翻译标准的推动者，中国科技史料，2001，22，（4）：326］

△ 杨霖（清）在《沙疹辑要》中记载了麻疹接种法。（廖育群，中国古代科学技术史纲·医学卷，辽宁教育出版社，1996年，第290页）

△ 徐华封（清末）在上海兴办广艺公司生产"祥茂"牌肥皂，从而将近代肥皂生产工艺引入中国。（赵匡华等，中国科学技术史·化学卷，科学出版社，1998年，第663页）

△ 湖广总督张之洞（清，1837～1909）奏请在湖北汉阳大别山麓创办汉阳兵工厂，至

1904年改名为湖北兵工厂。除未制造舰船外，其余军工产品与江南制造总局相类似。这是中国近代创办的又一座大型综合性兵工厂。(《清史稿·兵十一·制造》)

△ 广东商人钟星溪(清末)在广州盐步村创办宏远堂机器造纸公司正式投产，由英国引进机器，主要生产新闻纸、包装纸及普通印刷纸。次年，李鸿章(清，1823~1901)在上海杨树浦设立造纸厂，当年生产纸600吨。它们是中国近代较早设立的新式机器造纸厂。[吴熙敬主编，中国近现代技术史(下卷)，科学出版社，2000年]

△ 是年前后，上海永昌机器厂开始制造意大利式缫丝机和缫丝厂用的小马力蒸汽机。产品主要销往江苏、浙江、山东等地，年产量最高达近千台，为我国近代机器缫丝业的发展创造了条件。(赵承泽主编，中国科学技术史·纺织卷，科学出版社，2003年，第431页)

△ 上海开始使用白炽灯，至1893年已装有白炽电灯6325盏。[吴熙敬主编，中国近现代技术史(上卷)，科学出版社，2000年，第59页]

△ 汉阳铁厂建成并采用近代冶炼技术、上海江南制造局采用近代炼钢技术建成15吨平炉，可视为中国近代钢铁工业的嚆矢。[吴熙敬主编，中国近现代技术史(上卷)，科学出版社，2000年，第109、453、527页]

△ 汉阳铁厂在大冶铁矿建立石灰窑、采矿场、铁路，并从英国购买气动凿岩机等，是中国第一个用机器开采的露天铁矿。[吴熙敬主编，中国近现代技术史(上卷)，科学出版社，2000年，第526页]

## 1891年　辛卯　清德宗光绪十七年

△ 6月，张之洞(清，1837~1909)设湖北舆图局，邹代钧(清，1854~1908)为总纂。(冯天瑜，张之洞评传，河南教育出版社，1985年)

△ 美国医师嘉约翰(John Gladgow Kerr，1824~1901)在广州开设了中国第一家精神病医院。(廖育群等，中国科学技术史·医学卷，科学出版社，1998年，第481页)

## 1892年　壬辰　清德宗光绪十八年

△ 猪病治疗专著《猪经大全》问世，为流行于四川、贵州等地民间的兽医书，有治法或单方及附图。作者不详。它是中国传统兽医学中唯一流传至今的一部猪病学专著。(王毓瑚，中国农学书录，农业出版社，1964年，第282页)

△ 张之洞(清，1837~1909)以2000两白银，通过清政府出使美国、日本、秘鲁的大臣崔国因(清末)在美国选择适宜湖北气候土壤的两种陆地棉种子34担，寄湖北棉区试种。此为中国人士较大规模地运用新法选育良种。(清·张之洞，《张文襄公公牍稿》卷11)

△ 美利奴羊引入察哈尔。(清光绪十八年《政府商情报告》)

△ 唐宗海(唐容川；清，1847~1897)撰《中西医书汇通五种》初刊。全书共28卷，是中国早期试图汇通中西医学的医学丛书。

△ 印尼华侨张弼士(清末)在山东烟台创办了中国第一家具有近代生产技术的葡萄酒厂——张裕葡萄酿酒公司，结束了中国葡萄酒的手工作坊生产状况。在1915年巴拿马国际博览会上，该厂的产品一举获得5枚金牌。(赵匡华等，中国科学技术史·化学卷，科学出版社，1998年，第571页)

△ 湖北矿务局附设矿业学堂和工程学堂。

△ 清廷开始加强广西边防建设，至 1896 年共建成 34 座大炮台。加上原建的 48 座中炮台和 83 座小炮台，使广西沿边成为各型炮台式要塞连绵相续的千里边防线。(《清史稿·兵八·边防》)

△ 詹天佑 (清，1861～1919) 在参加滦河桥施工时，在东亚首次采用压气沉箱法建筑桥墩。[宓汝成，中国近代工程技术界的一代宗师詹天佑，中国科技史料，1996，17 (3)：29]

**1893 年　癸巳　清德宗光绪十九年**

△ 湖广总督张之洞 (清，1837～1909) 在武昌创办自强学堂，以培养通洋务的买办、外语译员和教学人员为目的。分方言 (外国语言文字)、格致、算学和商务 4 斋。1897 年，算学斋并入两湖书院，格致和商务两斋停办。此校是中国近代官办的较早新式学校之一。

△ 安福奶棚使用杂交技术改良当地黄牛获得成功。当时各侨民奶棚大都雇用中国人操作，因此奶牛饲养、繁育等经验和用奶牛的雄性改良乳用黄牛的技术很快在中国人办的奶棚中传开。[吴熙敬主编，中国近现代技术史 (下卷)，科学出版社，2000 年，第 766 页]

△ 李鸿章 (清，1823～1901) 创办的天津总医院中内设西医学堂。此学堂以总督医院中的医学馆 (1881 年开设) 为基础，取名北洋医学堂，由英国医官欧士敦 (Andrew-lrwin) 为总教习，课程设置仿照西方学校，专门为海军各营舰培养医官，是中国最早的官立西医学校。[陆肇基，中国最早的官立西医学校，中国科技史料，1991，12 (4)：25～30]

△ 上海公共租界设立卫生处，并建立了一个牛痘苗制备室。

△ 约于是年，永定河首先使用电话报汛。[水利水电科学研究院《中国水利史稿》编写组，中国水利史稿 (下)，水利电力出版社，1987 年，第 374 页]

△ 建造的浙江丽水桃花桥，桥净跨 8 米，桥面宽 1.2 米，全长 10.7 米。桥全部用条石构成，是一座空腹三折边拱桥。(唐寰澄，中国科学技术史·桥梁卷，科学出版社，2000 年，第 245 页)

△ 上海江南制造总局火药厂，首次制成栗色火药。(清·魏允恭著，《江南制造局记》卷三)

**1894 年　甲午　清德宗光绪二十年**

△ 约于是年，英国骆三畏 (S.M.Russell,？～1917) 与王镇贤 (清)、熙璋 (清)、左庚 (清) 合译出版《星学发轫》，系依据英国密罗士的原作译出。是一部实用天文学的著作。介绍地理经纬度、天体地平坐标与黄道坐标、真太阳时、黄赤交角等的测量方法，日月食计算法，以及有关天文用表与星表等，并对相关天文仪器，如赤道仪、子午仪、六分仪、测微器的结构、使用方法与相应的计算方法等亦做比较详细的介绍。

△ 吕大澂 (清末) 撰《权衡度量实验考》，取所藏周、秦、汉、唐历史权、量、钱币等古器实物，相互比勘实验，以考证古代度量衡制度的变迁。

△ 邹代钧 (清，1854～1908) 主持的《湖北全省地图》，历时 4 年始完成测绘工作。引为当时各省舆图中最佳地图之一。[高俏，明清两代全国和省区地图集概况，测绘学报，1962，5 (4)]

△ 加拿大基督教联合会在成都开设成都男医院。

△ 法国天主教在青岛开设天主教养病院。

△是年前，薛福成（清，1828～1894）主张效法西方国家，发展中国的工商业，用机器"殖财养民"，强调"工商之业不振，则中国终不可以富，不可以强"。

△修建了湖北利川群策凉桥，桥长8米。这座木拱桥将伸臂梁和撑架拱组合在一起。（唐寰澄，中国科学技术史·桥梁卷，科学出版社，2000年，第457～461页）

△6月1日，汉阳铁厂的100吨高炉炼出生铁，但硫含量过高，至1898年始炼出合格的生铁。[吴熙敬主编，中国近现代技术史（上卷），科学出版社，2000年，第139页]

△澳洲华侨谢缵泰（清末民初，1872～1937）设计飞艇，至1899年完成，名"中国号"，以铝为材料，靠电动机和螺旋桨作推进动力。[华人之新发明家，东方杂志，1908，5（7）]

## 1895年　乙未　清德宗光绪二十一年

△津海关道盛怀仁（清末民国）创设中西学堂，亦称北洋学堂，分头等、二等两校。头等学堂设有工程、电学、矿务、机械、律例5门，4年毕业；二等学堂亦4年，毕业后升入头等学堂。1900年，该校停办。1903年4月复校，改称北洋大学，设有土木工程、采矿、冶金等门。此校是中国最早的工科大学。[汪广仁，近代中国前期的工程技术教育与技术发展，自然科学史研究，1988，7（1）：93]

△约于是年，王韬著成《西国原始考》，是关于西方科学技术发展编年简史之作。（清·王韬，《西学辑存六种》）

△严复（清，1853～1921）在《天演论》"导言二"中介绍了斯宾塞尔（H. Spencer，1830～1903，英国）关于太阳系形成的新星云说。

△日本在台北设立台北气象局，进行气象观测工作。其内还设立一小型天文台，称台北测候所，主要从事天文教育与普及工作。（陈遵妫，中国天文学史·第4册，上海人民出版社，1989年，第1999页）

△邹代钧（清，1854～1908）在武昌创办舆地学会，编译出版中外地图，以推进舆地学的研究和普及地理教育。[张平，邹代钧与中国近代地理学的萌芽，自然科学史研究，1991，10（1）：82～85]

△7月，清政府颁布上谕，提出"造机器、开矿山"。

△上海江南制造总局无烟火药厂，首次制成硝化棉无烟火药。（清·魏允恭著，《江南制造局记》卷三）

△清朝廷练兵处下设测量科，这是我国近代史上第一个负责测绘地图等业务的行政管理机构。（《清实录》卷84）

△孙中山（清末民国，1866～1925）倡导并在广州建立农学会，开新农业教育科研推广结合的先声。（中国农学会编，我国农业学术团体之沿革与现状，1985年，第5页）

△5月，麦孟华（清，1875～1915）在《时务报》上著文对西方农业技术装备做具体分析。

△筹建于光绪十五年（1889）的湖北枪炮厂在此年正式开工生产。该厂规模较大，且原料来自国内，是当时规模最大的军工企业之一。[吴熙敬主编，中国近现代技术史（上卷），科学出版社，2000年，第453页]

△谢甘棠（清）撰《万年桥志》详细记载始建于南宋咸淳七年（1271）、位于江西南城东北的万年桥的沿革、构造、施工和其他相关事宜，是迄今古桥中保存最好的桥梁专志之

一。（唐寰澄，中国科学技术史·桥梁卷，科学出版社，2000 年，第 379、385 页）

△ 日本在台湾修筑了台中台南至安平、台南至旗山、凤山经高雄至东湾和台中至埔里等公路，总长 430 公里。[吴熙敬主编，中国近现代技术史（上卷），科学出版社，2000 年，第 309 页]

## 1896 年　丙申　清德宗光绪二十二年

△ 4 月 8 日，招商、电报两局督办盛宣怀（清末民初，1844～1916）在上海徐家汇镇北创办南洋公学（今上海交通大学的前身）。学校分 4 院：师范院是中国第一所高等师范学校；另有外院（附小）、中院（中学）、上院（大学）。最初开办的目的是培养政治人才，实则多数毕业生学习工艺、机器制造、矿冶、商务、铁路、船政等，学优者由学校资助送到国外深造，为中国培养了最早的一批科技人才。[汪广仁，近代中国前期的工程技术教育与技术发展，自然科学史研究，1988，7（1）：93～94]

△ 梁启超（清末民国，1873～1929）撰《西学书目表》在上海刊行。全书 4 卷，分类编次，辑录广学会、同文馆、江南制造局等出版的有关西学译著 630 种，为中国最早的比较完整的西学书目。书前附《读西学书法》，首次比较系统清理、总结了此前西学在中国的传播情况。（熊月之，西学东渐与晚清社会，上海人民出版社，1994 年，第 762 页）

△ 清政府首次向日本派遣留学生 13 名，3 月底抵达日本，由日本高等师范学校校长嘉纳治五郎负责，是为官派留学日本之始。此后，中国赴日留学生络绎不绝。（王晓秋，近代中日文化交流史，中华书局，1992 年，第 352～353 页）

△《西学富强丛书》出版，包括算学、力学、电学、化学、声学、光学、天文学、地理学、矿政等。

△ 谭嗣同（清，1865～1898）在《仁学》中指出，"以太"乃是宇宙的本原，天体不生不灭，但有成有毁。阐发了天体逐级成团构成的思想，以为太阳系为"一世界"，银河系为"一大千世界"，再高一层次的天体系统还有"世界海"、"世界性"、"世界种"、"华藏世界"等。

△ 测海山房主人编纂刊刻《中西算学丛刻初编》35 种。

△ 邵蕙沅编纂刊刻《中西算学丛书初编》45 种。

△ 3 月，《万国公报》以《光学新奇》为题报道了伦琴发现 X 射线的新闻。7 月，又以《照骨续志》报道了 X 射线在全球传播情况和其广泛的应用前景。[王民等，《万国公报》与 X 射线知识的传播，中国科技史料，2002，23，（3）：234～237]

△ 6 月，访问德国期间，李鸿章（清，1823～1901）在柏林接受了 X 射线诊视以确诊去年在日本马关遭浪人枪击时留在面颊中的弹头，成为最早接受 X 射线诊视的中国人。[杜鹏，最早接受 X 射线诊视的中国人，中国科技史料，1995，16（2）：81～83]

△ 英国植物学家边沁（G. Bentham）在研究西藏的植物区系后，发表专著《西藏植物》。此书被认为是此地区的先驱性工作。[罗桂环，近代西方对中草药生物的研究，中国科技史料，1998，19（4）：4]

△ 务农会成立，是我国成立最早的推广近代农业科学技术组织。（《农学报》，第 1 卷）

△ 郭云升（清）在所著《救荒简易书》中记载：奉天海州（今辽宁海城）种植洋蔓菁

（即甜菜），并以其碾汁作糖。（赵匡华等，中国科学技术史·化学卷，科学出版社，1998 年，第 615 页）

△ 清政府派遣学生赴日本学习农业，随后又派学生赴欧、美学习农业。［东方杂志，1（2），3（1）］

△ 美国长老会在广州开设夏葛妇孺医院。

△ 将 19 世纪 60 年代英国出版的《中国海航路指南》由美国金楷理（T. Carl Kreyer，1866 年来华）口译，王德均（清）笔述成书，名为《海道图说》（附《长江图说》）出版。这是清后期首次从国外"引进"的具有近代特点的航路指南。1894 年英国原书出第三次修订版，1896 年由陈寿彭据修订版本重译，1901 年出版，书名为《中国江海险要图志》。（楼锡淳、朱鉴秋，海图学概论，测绘出版社，1993 年，第 97 页）

△ 2 月 2 日，张之洞（清，1837～1909）奏设南京陆军学堂，并附设铁路学堂。

△ 3 月 20 日，清政府设立大清邮政，命英国人赫德（Sir Robert Hart，1835～1911；1854 年来华）任总邮政司。

### 1897 年　丁酉　清德宗光绪二十三年

△ 2 月 12 日，张元济（1869～1959）在北京创办通艺学堂，提倡西学，培养维新人才。戊戌政变后，并入京师大学堂。

△ 约于是年，王韬（清，1828～1897）完成《春秋朔闰日至考》、《春秋朔闰表》与《春秋日食辨正》，对春秋历法进行研究，并给出了新编鲁国历谱。他以近代天文学的计算方法考订《春秋》日食记录，基本可靠地奠定了复原鲁国历谱的基石，更明确得出鲁僖公、文公之际建正发生从多建丑到多建子变化的结论。（清·王韬：《弢园经学辑存六种》）

△ 约于是年，王韬（清）著成《西学图说》，是以介绍西方天文学知识为主的著作，有"太阳说"、"行星环绕太阳图说"、"五星说"等，是中国学者自己编写出版的早期天文学著作之一。（清·王韬：《西学辑存六种》）

△ 黄庆澄（清，1863～1904）创办《算学报》，次年 5 月，停刊，共出版十二册。黄氏办报以救国为宗旨，《算学报》可被视作是数学普及刊物。黄庆澄曾任上海梅溪书院教习，并曾赴日本考察。他还著有其他数学普及著作。［李兆华主编，中国数学史大系（第 8 卷），北京师范大学出版社，2000 年，第 353～356 页］

△ 由美国北老会教士赫士（Watson McMillen Hayes，1859～?）和刘永贵（清末）合译的《热学揭要》由山东登州文会馆出版。原著为法国迦诺（A Ganot，1804～1887）著《初等物理学》的英译本。全书六章，是清末近代热学知识在中国传播的较为重要的译著之一。（王冰，中国物理学史大系·中外物理交流史，湖南教育出版社，2001 年，第 125、134 页）

△ 罗振玉（1866～1940）创办的中国最早发行的农业科学报刊——《农学报》出版，初为半月刊，1898 年改为旬刊，1950 年停刊，共出 315 期，除报道农业消息外，还连续刊载欧美及日本农业书籍的译文。［吴熙敬主编，中国近现代技术史（下卷），科学出版社，2000 年，第 1489～1492 页］

△ 开始使用机器进行茶叶加工、制造。（《农学报》卷 2《机器制茶》）

△ 杞庐主人（清）撰《时务通考》，记载有茶树修剪管理技术。

△ 张之洞（清，1837～1909）在湖北武昌创办湘北农务学堂，设农、蚕两科，兼办畜

牧。(湖北农务学堂续招生告示,《农学报》,第 66 期)

△ 杭州知府林迪臣(清)筹办蚕学馆,1898 年 2 月开学,招生 30 人,备取生 30 人,留学日本者 2 人,聘日本蚕师轰木长为教师,是为我国近代蚕业教育之始。(杭州林太守请筹款创设养蚕学堂禀,《农学报》,卷 10)

△ 引进显微镜检查蚕微粒子病。(《农学报》卷 5《蚕镜东来》)

△ 秋,孙荔轩(清)在扬州引进美国麦种试种,至次年观察生长良好。此为小麦杂交育种。(罗振玉,扬州试植美麦成绩记,《农学报》,1899 年,卷 93)

△ 浙江镇海绅董集资设立灌田公司,镇邑 7 乡每乡设机器若干以资汲引,此为中国动力排灌机械使用之始。是年至 1898 年间,抽水机又引入湖南、福建等省。(《农学报》卷 17《各省农事·灌田公司》,卷 39《西法溉田》,卷 49《创设湘中水利公司禀》)

△ 张謇(清)兴建的生铁厂,制造出纺织、面粉、榨油和碾米等机器。[吴熙敬主编,中国近现代技术史(上卷),科学出版社,2000 年,第 564 页]

△ 外国资本在上海先后建成 4 家大型棉纺织厂:有 4 万纱锭的美商鸿源纱厂(1 月 17 日)、有 4 万纱锭的德商瑞记纱厂(2 月)、有 3 万纱锭的英商老公茂纱厂(3 月 22 日)和有 5 万纱锭的英商怡和纱厂(5 月)。对刚刚起步的中国民族纺织工业造成很大的威胁。其中的怡和纱厂率先使用动力染色和整理的机器,生产法兰绒和花式洋布。(赵承泽主编,中国科学技术史·纺织卷,科学出版社,2003 年,第 426、439 页)

△ 由外资经营的上海斐伦路电厂发电,供公共租界用电。该厂还建成中国最早的配电网,有 5 条配电线路,最高电压 2500 伏。[吴熙敬主编,中国近现代技术史(上卷),科学出版社,2000 年,第 59 页]

△ 黑龙江齐齐哈尔建成沙龙公园,为中国自建公园之始。(中国大百科全书·建筑、园林、城市规划,中国大百科全书出版社,1992 年)

## 1898 年　戊戌　清德宗光绪二十四年

△ 7 月,京师大学堂在北京开办。清政府派孙家鼐(清末)管理。初以"广育人才,讲求时务"为宗旨,议设道学、政学、农学、工学、商学等 10 科。1910 年改为经、法、文、格致、农、工、商 7 科。辛亥革命后改称北京大学。此校是中国近代最早的综合大学。(北京大学校史,第 7~8 页)

△ 4 月 22 日,严复(1854~1921)译述英国赫胥黎(Thomas Henry Huxley,1825~1895)的《天演论》由湖北沔阳卢氏慎始基斋木刻出版。同年 10 月,又由侯官嗜奇精舍石印出版。此书介绍了进化论,并用"物竞天择,适者生存"的原理说明中国必须自强图存,在中国引起极大震动。(熊月之,西学东渐与晚清社会,上海人民出版社,1994 年,第 681~856 页)

△ 约于是年,德国在山东青岛今馆陶路 1 号,建立一简单的气象台。3 年后,正式定名为"气象测天所",开展气象与天文观测工作。[邵光疆、孙寿胜,青岛观象台的八十六年,中国科技史料,1984,(4)]

△ 黄钟骏父子编成《畴人传》(12 卷)。编者立意于补前三传之遗漏,网罗散佚,以备稽考。书中共收入中国学者 283 人,西洋学者 157 人。(傅祚华,《畴人传》研究,明清数学史论文集,南京教育出版社,1990 年,第 253~255 页)

△ 江衡与傅兰雅合译了《算式解法》（14 卷），该书以美国好司敦（Houston）和开奈利（Kennelly）合著的《简易代数》（*Algebra Made Easy*，1898）为底本，讲解初等数学及简单微积分内容。书中还介绍了行列式计算。

△ 刘铎编纂刊刻《古今算学丛书》97 种。该丛书中几乎囊括了当时存在的所有数学书籍。

△ 崔朝庆所著《垛积一得》出版。在该书中，崔氏试图以代数学方法证明传统垛积术的基本公式。

△ 由美国美以美会教士卫理（Edward Thomad William 1854～1944；1887 年来华）和范熙庸（清末）合译的《无线电报》1 卷由上海江南制造局出版。此书比较详细地叙述了无线电报的实验和应用。（王冰，中国物理学史大系·中外物理交流史，湖南教育出版社，2001年，第 119 页）

△ 由美国赫士（Watson McMillen Hayes，1859～?）和朱葆琛（清末）合译的《光学揭要》由山东登州文会馆出版。原著为法国迦诺（A.Ganot，1804～1887）著《初等物理学》的英译本。该书比较系统地论述了几何光学和波动光学的基本知识，还是中国最早介绍 X 射线的书籍之一。（王冰，中国物理学史大系·中外物理交流史，湖南教育出版社，2001 年，第 125、139 页）

△ 清政府筹办京师大学堂舆地课程。这是中国首次正式规定在高等学校中设置地理课程。（清·刘锦藻：《清朝续文献通考》卷一〇六《学校十三》）

△ 王锡祺（清，1855～1913）系统收集清代国内外作者撰写的有关地理总论、各省形势、旅行经程、山水游记、风土物产以及各大州地理情况的论著，完成《小方壶斋舆地丛钞》编撰，包括正编（1891 年刊印）、补编（1894 年刊印）、再补编（1899 年刊印）和三补编（1898 年完成，未刊印）4 部分，共计 48 帙、1500 余种，是中国历史上最大的地理丛书之一。[徐兆奎，清末地理学家王锡祺，科学史集刊（10），1982，82～86；刘镇伟等，王锡祺《小方壶斋舆地丛钞三补编》，中国科技史料，1994（4），69～73]

△ 瑞典人斯文赫定（Sven Anders Hedin，1865～1952）潜入中国西藏进行考察，至1901 年返回。此次考察历时 3 年，测绘地图 1149 幅，天文测量 114 处，并有逐日记录的气象资料。归后著《中亚与西藏》（1903）、《西藏探险记》（1904）以及《中亚考察的科学成就》等。[沈福伟，外国人在中国西藏的地理考察，中国科技史料，1997，18（2）：11]

△ 浙江温州地区已有稻田养萍作绿肥。（《农学报》卷 25《各省农事述·浙江温州》）

△ 光绪帝（清）下诏"兼采中西各法"，"振兴农学"，是为中国政府公开推行西方近代农业科学技术之始。（《光绪朝东华录·光绪二十四年五月》）

△ 清政府设农工商总局，各直省设分局，以专门管理农业。（《光绪朝东华录·光绪二十四年七月》）

△ 上海农学会在淮安设立饲蚕试验所，聘日本蚕师井原，取绍兴、湖州、日本蚕种，以日本法饲养，比较蚕种优劣。为我国用近代科学技术养蚕之始。（《农学报》卷 29《试验育蚕》）

△ 罗振玉（清，1866～1940）始将《农学报》刊载的西方农业书籍辑成《农学丛书》，至 1904 年出齐。

△ 浙江瑞安开始试种日本水稻。

△ 朱正元（清末民初）开始经实地勘测与西图核对，编制了《江浙闽沿海全图》，撰写成三省沿海图说，即《江苏沿海图说》、《浙江沿海图说》（1899 年刊印）、《福建沿海图说》（1902 年刊印）。图说已具有近代航路指南的完整内容和表述方式。（楼锡淳、朱鉴秋，海图学概论，测绘出版社，1993 年，第 100 页）

△ 李鸿章（清，1823～1901）聘请比利时籍工程师同勘黄河，采用西方近代水利学理论，用流速、流量等水力指标描述黄河水流特性，并提出下游治理、上游水土保持等规划意见。（清·武同举等：《再续行水金鉴·淮水》卷一三九）

△ 江南制造局的炮队营与广方言馆裁并，改建成工艺学堂（后又改为工业学堂），内设机器工艺及化学工艺两部分。从此中国化学工艺知识的传授以学堂形式固定下来。（赵匡华主编，中国化学史·近现代卷，广西教育出版社，2003 年，第 688 页）

△ 为了修建黄河郑州铁路大桥，在黄河岸边"测量地形上下数十里，考验地质打钻八九丈，前后十余次，历时四五年，方择定建桥之处"。这是见于记载黄河上第一次地质钻探。（清·武同举：《再续行水金鉴·黄河》卷一四三）

△ 4 月 13 日，清政府颁布《振兴工艺给奖章程》，首次以专利的方式鼓励发明创造和仿造外国器械。

△ 沙皇俄国经实地勘测并确定在大连湾西南部的青泥洼海滨拓建修造船厂和国际商港。到 1902 年底，轮船修理工场已略具规模，建有 3000 吨级船坞一座，长 116 米。［大连造船厂史（1898～1998）］

△ 由德人技师在青岛湾建修船所，1900 年称青岛水师工厂。1903 年起建造 1.6 万吨浮船坞，1905 年竣工交付使用。该浮坞长 125 米，宽 30 米，深 13 米，可容纳 145 米长的舰船，时称亚洲第 1 大浮船坞。1907 年正式命名为青岛造船厂。（中国近代舰艇工业史料集，上海人民出版社，1994 年）

△ 傅兰雅（John Fryer，1839～1928）与汪振声（清末）合译的一部著名的德国工业化学家朗格（Georg Lunge，1839～1923）的《化学工艺》由上海江南制造局刊印。全书共三集，初集论述硫酸工艺，第二集论述盐酸工艺和勒布兰（Nicolas Leblanc）制碱法，第三集介绍了索尔维氨碱制碱工艺，并论述了漂白粉的制造。这是一部代表 19 世纪后期西方化学工业新水平的著作。（赵匡华主编，中国化学史·近现代卷，广西教育出版社，2003 年，第 27 页）

△ 上海江南制造总局枪厂，首次制成 7.9 毫米口径的毛瑟（Mauser）后装枪。（清·魏允恭著，《江南制造局记》卷三）

△ 清廷组建成武卫军，装备当时最先进的毛瑟（Mauser）、曼利夏（Mannlicher）等后装枪，以及克虏伯（Krupp）、格鲁森（Gruson）等后装炮、管退炮，并按新法进行操练。（《清史稿·兵三·陆军》）

△ 军事技术家徐建寅（清，1845～1901）所著《兵学新书》出版。书中第十二和十四至十六卷，论述了近代军事技术诸方面的内容。

△ 上海皮匠开始研究用黄牛皮试制皮辊，并获得成功，从而开始出现了国产皮辊的制造作坊。至 20 世纪初期，上海每年生产销售皮辊达数万根。（赵承泽主编，中国科学技术史·纺织卷，科学出版社，2003 年，第 422 页）

## 1899 年　己亥　清德宗光绪二十五年

△ 刘彝程撰《简易庵算稿》四卷。该书为刘彝程整理其于求志书院任教 22 年算学课艺及解答编成。在整数勾股形、垛积术等方面有突出成果。(田淼，刘彝程《简易庵算稿》研究，天津师范大学硕士论文，1992 年)

△ 英国傅兰雅 (John Fryer，1839～1928) 和徐寿 (清，1818～1884) 合作自瓦茨 (Henry Watts，1808～1884) 编辑的《化学词典》选译的《物体遇热改易记》一书由上海江南制造局出版。它介绍了气体、液体和固体受热膨胀理论、气体理论、理想状态方程、绝对零度等理论和概念，详细罗列了 19 世纪 70 年代之前西方科学家研究液体、固体热膨胀率的实验结果。此译著早在 1880 年已译成。(赵匡华主编，中国化学史·近现代卷，广西教育出版社，2003 年，第 26 页)

△ 8 月 9 日，孙诒让 (清末) 在温州创立瑞平化学学堂。

△ 傅兰雅和中国潘松 (清) 合译英国安德逊 (J. W. Anderson) 著《求矿指南》10 卷。此书是中国最早的矿床学译著之一。[艾素珍，清代出版的地质学译著及特点，中国科技史料，1998，19 (1)：13]

△ 自是年开始，美国人威尔逊 (F. H. Willson) 多次来华引种观赏植物，至 1918 年共引进了 1000 多种植物，其中有珙桐、香果树、绿绒蒿、山玉兰、红果树、绣球藤、猕猴桃、报春花等。他将中国称为"园林之母"。[罗桂环，西方对"中国——园林之母"的认识，自然科学史研究，2000，19 (1)：75]

△ 用杂交方法培育小麦良种。(《农学报》卷 93《扬州试种美麦成绩记》)

△ 湖北农学堂开设茶务课，为我国近代研究茶学之始。(周邦任、费旭主编，中国近代高等农业教育史，农业出版社，1994 年，第 16 页)

△ 英国教会在湖北孝感设立麻风疗养院。

△ 中国第一部介绍西方法律医学的译著——《法律医学》24 卷 (另有首 1 卷附 1 卷) 由上海江南制造局出版。此书卷首至卷 4 为英国傅兰雅口译、徐寿笔述，其余各卷由傅氏与赵元益 (清，1840～1902) 共译。[赵璞初，赵元益和他的笔述医书，中国科技史料，1991，12 (1)：72]

## 1900 年　庚子　清德宗光绪二十六年

△ 十月八日 (11 月 29 日)，《亚泉杂志》创刊。该杂志由杜亚泉主编，商务印书馆印刷，亚泉学馆发行，出版 10 期后，于次年 4 月停刊。它是以介绍近代科学知识为特点，多数文章译自日文书刊，而且大量采用日本翻译的大量汉字科学术语。(赵匡华主编，中国化学史·近现代卷，广西教育出版社，2003 年，第 59～60 页)

△ 12 月 6 日，留日学生在东京成立译书汇编社，发刊《译书汇编》，是为中国留日学生最早创办的刊物。(熊月之，西学东渐与晚清社会，上海人民出版社，1994 年，第 642 页)

△ 八国联军攻陷北京，德、法两国瓜分北京观象台上南怀仁等人制作的 8 件天文仪器与明代制作的浑仪与简仪。1902 年，法国迫于世界舆论的压力，归还了所分的 5 件仪器。而德国则于 1911 年公然将天体仪、纪限仪、地平经仪、玑衡抚辰仪和浑仪海运到德国。至1919 年德国战败后，不得不答应归还这 5 件仪器，直至 1921 年才运抵北京，重新置于北京

观象台上。(陈遵妫，中国天文学史第 4 册，上海人民出版社，1989 年，第 1699 页)

　　△ 周达于扬州组织知新算社，1903 年他进一步修订了算社的章程并将之发表于《科学世界》。算社以定期集会的方式为爱好数学的学者提供了共同研究及交流研究成果的条件。(清·周达，《知新算社课艺初集》，光绪癸卯刊本)

　　△ 由日本饭盛挺造(日本，1851~1916)著、丹波敬三(日本，1852~1927)与柴田承桂校补的《物理学》第一编由藤田丰八(日本，1870~1929)译成中文、王季烈(清末)润辞重编后出版。至 1903 年又出版了第二、第三编。全书共计 12 卷，是 20 世纪 20 年代之前中国最重要的物理学教科书。(王冰，中国物理学史大系·中外物理交流史，湖南教育出版社，2001 年，第 125~126 页)

　　△《亚泉杂志》发表文章中的 2/3 为化学类文章，故堪称我国第一部化学期刊。它具体介绍了元素周期律等化学基本理论知识，及时报道了当时世界化学上的最新成就。(张子高、杨根，介绍有关中国近代化学史的一项参考资料——亚泉杂志，见：徐寿和中国近代化学史，北京科学技术文献出版社，1986 年，第 219~235 页)

　　△ 日本田冈佐代治翻译的《商工地理学》在上海《江南商务报》第 3~14 期连载。此为中国有关商业和工业地理学的最早译著之一。[艾素珍，清末人文地理学著作的翻译和出版，中国科技史料，1996，17(1)：27]

　　△ 中国开始在上海应用家畜结核素试验反应。[吴熙敬主编，中国近现代技术史(下卷)，科学出版社，2000 年，第 899 页]

　　△ 由英国傅兰雅编辑的《汽机中西名目表》(Vocabulary of Terms Relating to the Steam Engine) 由江南制造局出版。此为中国出版的第一部英汉机械工程词典。[吴熙敬主编，中国近现代技术史(上卷)，科学出版社，2000 年，第 417 页]

　　△ 在秦皇岛码头东侧南山上建设了灯塔。1919 年重建，采用六等旋转透光镜，光距达 16 海里。[中国(近代)航海史，人民交通出版社，1989 年，第 462 页]

　　△ 江苏无锡杨墅园乡董袁辅臣(清末)和刘子静(清末)在旅沪经营纱号的匡仲谋(清末)资助下，在当地开办了中国第一家色织布厂——亨吉利染织厂，拥有手拉织机 180 台。投产后产销两旺，获得颇丰，其他厂家纷纷设立，促进了色织业的发展。(赵承泽主编，中国科学技术史·纺织卷，科学出版社，2003 年，第 439 页)

　　△ 江苏川沙县的张艺新(清末)等人着手改革土布木机为手巾织机，试织第一代纱毛巾获得成功，并在城厢沈宅首创经记手巾厂，购置木机 30 余台，生产土纱毛巾。受其影响，此地土布生产者纷纷转向毛巾织造。从此，川沙县的毛业业走向兴盛之路，使国产毛巾生产摆脱困境，一改人们使用土布洗脸的面貌。(赵承泽主编，中国科学技术史·纺织卷，科学出版社，2003 年，第 440 页)

　　△ 中国建成第一条由大沽口经烟台至上海的海底电报电缆。[吴熙敬主编，中国近现代技术史(上卷)，科学出版社，2000 年，第 395 页]

　　△ 广东钱局开铸铜元，是为中国铸造铜元之始。

　　△ 商务印书馆日商修文印刷所，始用纸型。

## 1901 年　辛丑　清德宗光绪二十七年

　　△ 蔡元培(清末民国)在《化学定性分析·序》中介绍了西方近代科学方法——归纳法

和演绎法。[屈宝坤，晚清社会对科学技术的几点认识的演变，自然科学史研究，1991，10
(3)：220~221]

△虞辉祖（清末民国）、钟观光（清末民国）和虞和钦（清末民国）在上海五马路（今
广东路）宝善街开设上海科学仪器馆。这是国人自办的第一家科学仪器馆。起初，馆主要销
售从日本进口的科学仪器和药品。1903年，始创设制作及仿制一些仪器，稍后逐步自制理
化仪器和绘图仪器，再后又创设标本制作所和模型制作所。1904年和1905年，又在沈阳和
汉口开设了分馆。

△8月16日，命各省选派学生出洋留学，并定游学奖励及管制规程。

△3月31日，徐建寅（清，1845~1901）在汉阳试验无烟火药时失事身亡。

△张相文（1866~1933）编写《初等地理教科书》，是中国人编写的第一部地理教科
书。[林超，中国现代地理学萌芽时期的张相文和中国地学会，自然科学史研究，1982 (2)，
150]

△上海徐家汇天主教堂修女引进黑白花奶牛。[王毓峰、沈延成，上海乳业发展史，上
海畜牧兽医通讯，1984，(6)]

△湖南长沙北门外成立农务局，辟文昌阁、铁佛寺一带官地为农务试验场，为我国设
立农务试验场之始。

△美国医师嘉约翰（John Gladgow Kerr，1824~1901）病逝于广州。嘉约翰1854年起
主持广州博济医院近半个世纪，诊治门诊病人74万人次，住院病人4万人次，外科手术
.9万人次，翻译西医西药书籍34部，培训西医150名，对中国的医学事业发展颇有贡献。
马伯英等，中外医学文化交流史，文汇出版社，1993年，第381页)

△上海输入第一辆欧洲汽车。[吴熙敬主编，中国近现代技术史（上卷），科学出版社，
2000年，第309页]

## 1902年　壬寅　清德宗光绪二十八年

△8月15日，管学大臣张百熙（清末）拟订的《钦定学堂章程》（即"壬寅学制"）颁
布。它包括《京师大学堂章程》、《大学堂章程》、《高等学堂章程》等，为清末第一个规定学
制系统的文件，但是未及实行。次年，颁布《奏定学堂章程》（即"癸卯学制"）。

△京师大学堂在格致科下设天文学、地质学、高等算学、化学、物理学和动植物学
六目。

△周达在《垛积新义》中利用迭代系数法解决垛积问题。《代数学》中曾介绍了迭代系
数法，周达首次利用此法解决传统垛积问题，为传统垛积术的西化提供了一个特殊方向。
(Tian Miao, *The Westernization of Chinese Mathematics*: *A Case Study of the Duoji Method
and its Development*, EASTM, 2003, 20：45~72)

△清政府颁布《钦定学堂章程》规定大小预科、政科和中、小学中设置中外舆地、地
文学、商业地理等课程，为中国各级教育设置地理课之始；规定大学预科第二、三年应学习
地质及矿物学课程。[舒学城编，中国近代教育史资料（中），人民教育出版社，1980年]

△虞和钦（清末民国）发表《中国地质之构造》，这是中国学者撰写的最早有关中国地
质的文章之一。(中国大百科全书·地质学卷，中国大百科全书出版社，1993年，第692页)

△直隶高等农业学堂建于保定（今河北省保定市），设农桑、制造等科。为我国大学、

专科农业教育的开端。[河北农大八十年（1902～1982）]

　　△ 直隶农事试验场成立于保定，内分蚕桑、森林、园艺、工艺等 4 科，调查全省土壤讲求蚕桑，种植禾稼，并制造各事。［李文治，中国近代农业史资料（1），1975 年，第 873～874 页]

　　△ 北洋军医学堂成立。此为中国第一所军医学校。4 年后，改称陆军军医学校。[中国新医事物纪始，中华医学杂志，31（5～6）：284]

　　△ 清政府在山东济南开办工艺局，内设毛巾、织布和毛毯等厂。（赵承泽主编，中国科学技术史·纺织卷，科学出版社，2003 年，第 440 页）

　　△ 11 月，由詹天佑（清，1861～1919）主持的京汉铁路高碑店站至梁各庄支路动工，至次年 5 月竣工，全长 42.5 公里。此为詹天佑首次独立负责整条路工的设计和建筑，并以工期短、费用省著称一时。[宓汝成，中国近代工程技术界的一代宗师詹天佑，中国科技史料，1996，17（3）：29]

　　△ 中国铺设由美国至上海的国际海底电报电缆。这是中国对外联系的第一条海底电报电缆。[吴熙敬主编，中国近现代技术史（上卷），科学出版社，2000 年，第 395 页]

　　△ 日本伊东忠太在华北地区进行古代建筑及云岗石窟的调查。

## 1903 年　癸卯　清德宗光绪二十九年

　　△ 清政府明令奖励留学，经国家考试及格者可以公费派送留学，同时鼓励自费留学。从此留学之风大兴，每年出国留学的学生数以千计。（赵匡华主编，中国化学史·近现代卷，广西教育出版社，2003 年，第 690 页）

　　△ 3 月 29 日，由上海科学仪器馆主办、虞和钦（清末民国）和王本祥（清末民国，1881～1938）负责编辑的《科学世界》创办。这是中国最早的综合性科学期刊之一。到 1922 年停刊，共出版 17 期。该刊介绍了多方面的自然科学知识和新工艺、新技术，对促进中国科学教育事业有过积极的作用。[谢振声，上海科学仪器馆与《科学世界》，中国科技史料，1989，10（2）：61～65]

　　△ 日本东京的中国留学生范迪吉（清末）等主持翻译的《普通百科全书》100 种由上海会文学社出版，其中自然科学类 28 种，应用科学 19 种，是留日学生较早编译出版的科学译作，也是清末规模最大的百科全书。（赵匡华主编，中国化学史·近现代卷，广西教育出版社，2003 年，第 61 页）

　　△ 张燨撰《堆垛术》。书中用代数方法对多组垛积公式给出证明。（Tian Miao, *The Westernization of Chinese Mathematics: A Case Study of the Duoji Method and its Development*, EASTM, 2003, 20：45～72）

　　△ 3 月，由商务印书馆出版的《东方杂志》从创刊起就设立"电政专栏"，介绍电子学和无线电等方面的知识。[吴熙敬主编，中国近现代技术史（上卷），科学出版社，2000 年，第 396 页]

　　△ 10 月，鲁迅（1881～1936）在《浙江潮》第 8 期上发表《说鈤》一文，是中国最早介绍镭的发现、特性及其意义的文章。（王冰，中国物理学史大系·中外物理交流史，湖南教育出版社，2001 年，第 144 页）

　　△ 清政府军咨府第四厅主管陆地测量工作，建立了京师陆军测地局，各省设分局、队、

司、科等测绘机构，制定测绘大比例尺全国地形图的计划。虽然这一宏大计划只完成了很小部分，但是却是中国近代测绘事业的先声。(唐锡仁等，中国科学技术史·地学卷，科学出版社，2000 年，第 443～444 页)

△ 鲁迅（1881～1936）以笔名"索子"撰写《中国地质略论》一文，发表在日本东京出版的《浙江潮》月刊第 8 期上，这是中国人写的关于中国地质的最早文章之一。[黄汲清，略述中国早期地质工作名列第一的先驱学者，中国科技史料，1988，(1)]

△ 上海平凡书局出版的日本野口保一郎著《经济地理学大纲》中译本。这是中国出版的第一部以"经济地理学"命名的著作。[艾素珍，清末人文地理学著作的翻译和出版，中国科技史料，1996，17 (1)：27]

△ 是年至 1904 年，美国华盛顿卡耐基研究院派考察团来华，对山东、河北、山西、陕西诸省及长江中下游沿岸地质情况进行调查。该团主要成员维理士（Bailey Willis，1857～1949）在进行地质调查的同时，特别注意到沿途地形及演变的研究，首次在中国进行了地文期的划分和研究。[邱维理，中国地文期研究史，中国科技史料，1999，20 (2)：96]

△ 上海商务印书馆在日本技师的指导下，应用湿版照相拍摄铜锌版。铜、锌制版印刷术始传入中国，此前图书插图均为黄杨雕刻板。[吴熙敬主编，中国近现代技术史（下卷），科学出版社，2000 年，第 1073 页]

△ 芜湖农务局从日本引进旱稻品种"女郎"。[李文治，中国近代农业史资料 (1)，三联书店，1957 年，第 897 页]

△ 何刚德（清末）撰《抚郡农产考略》记载，使用硫酸铜、石灰配制成合剂防治李树痈病。

△ 宋春恒（清末）在天津黄姑庵东老公所胡同创办造胰公司，资本 20 万，用美国机器，聘请荷兰技师，并在北京设立分厂；1907 年上海又建立了裕茂皂厂。(赵匡华主编，中国化学史·近现代卷，广西教育出版社，2003 年，第 684 页)

△ 黄河两岸始架设防汛专用通讯电线，用电报传递水情。[水利水电科学研究院《中国水利史稿》编写组，中国水利史稿（下），水利电力出版社，1987 年，第 374 页]

△ 天津北洋大学堂正式成立土木工程科。

△ 清政府设立商部，以统一管辖全国工商事务，其中工艺司负责工艺、机器制造等。

△ 清政府设立管报高等学堂。此为涉及电子和无线电方面的较早的高等学校。[吴熙敬主编，中国近现代技术史（上卷），科学出版社，2000 年，第 396 页]

## 1904 年　甲辰　清德宗光绪三十年

△ 1 月 13 日，颁布《奏定学堂章程》。这是中国第一个经正式颁布后在全国范围内推行的新式学制，史称"癸卯学制"。从此，科学教育始真正纳入中国的教育体制，是中国科学发展纳入体制化的最初一步。新学制分 3 段 7 级，长达近 30 年：在初级阶段，算术、格致为小学的主课；中学阶段先后开设有算学、地理、博物、理化等；大学堂包括医科大学、格致科大学、农科大学、工科大学，其中格致科大学分为算学、星学（天文学）、物理学、化学、动植物学、地质学 6 门；工科大学分为土木工学、机器工学、造船学、造兵器学、电气工学、建筑学、应用化学、火药学、采矿及冶金学 9 门。(郑登云，中国近代教育史，华东师范大学出版社，1994 年)

　　△ 由益智书会科技术语委员会于 2 年前编辑完成的《术语辞汇》（*Technical Terms*, *English and Chinese*）刊行。此书收词 12 000 余条，包括算术、代数、几何、三角、微积分、测量、航海、工程、力学、流体力学、声学、热学、光学、电学、磁学、化学、冶金、矿物学、结晶学、地质学、地理学、天文学、动植物学、解剖学、生理学、治疗学、药学、机械、建筑、印刷、照相技术、科学仪器、心理学、政治经济学、国际法、神学等 50 余类，但是社会科学和神学名词为数极少。这部中国最早的综合性科学技术术语词典，英汉对照，以字母为序，汇集了当时常见的各种译法。1910 年，又出版了师图尔（George A. Stuart, 1859～1911）的修订本。［王扬宗，清末益智书会统一科技术语工作述评，中国科技史料，1991，12（1）：15～17］

　　△ 10 月，《万国公报》在"格致发明类征"栏目中以"奖赠巨款"为题报道诺贝尔奖的设立及 1903 年度的获奖情况。此为中国有关诺贝尔奖的最早报道。［邓绍根等，诺贝尔奖在中国的早期报道，中国科技史料，2002，23，（1）：127～135］

　　△《奏定学堂章程·大学堂意识》中有京师大学堂（北京大学的前身）"中外地理学门"的教学大纲和课程设置。此为中国高校建立地理学系的第一个方案。［阙维民，中国高校建立地理学系的第一个方案，中国科技史料，1998，19（4）：70～74］

　　△ 杨守敬（清，1839～1915）与弟子熊会贞（清光绪年间）合撰《水经注疏》40 卷初稿完成，后不断增补改订。此书考证缜周到，是明、清以来学者研究《水经注》的总结性著作。（翟忠义，中国地理学家·杨守敬，山东教育出版社，1989 年，第 394～398 页）

　　△ 至 1911 年间，郭守敬（清，1839～1915）编绘《历代舆地图》。所附 44 幅地图，均以同治二年刊行的《大清一统舆图》为底图绘制而成。朱墨二色套印，经纬线与计里画方并存，比例尺约为 1:100 万。是一部始于春秋、终于明代的历代沿革地图集。（翟忠义，中国地理学家·杨守敬，山东教育出版社，1989 年，第 398～399 页）

　　△ 在北京创设京师陆军测绘学堂，成立我国第一所培养测绘人才的专科学校。（金应春等，中国地图史话，科学出版社，1984 年）

　　△ 中国掀起收回路矿权利运动，以反抗西方掠夺中国铁路矿务权利，至 1910 年达到高潮。

　　△ 德国代尔斯（L. Diels）发表中国近代植物地理学的第一篇论文——《东亚高山植物区系》。［罗桂环，近代西方对中草药生物的研究，中国科技史料，1998，19（4）：45］

　　△ 薛蛰龙（清）在《国粹学报》上发表《毛诗动植物今译》一文中，较早在植物名称上加注拉丁植物学名。［吴熙敬主编，中国近现代技术史（下卷），科学出版社，2000 年，第 825 页］

　　△ 从是年开始，英国福雷斯特（G. Forrest）在中国西南设点进行长达 28 年的园艺植物收集，主要在云南丽江等地雇人采集，以杜鹃花为重点，采集到 200 多种杜鹃花。他从中国进行的很有价值的园艺植物引进，对英国的园林的发展产生了巨大的影响。［罗桂环，西方对"中国——园林之母"的认识，自然科学史研究，2000，19（1）：82～83］

　　△ 张謇（清）聘请上海浚浦局荷兰籍工程师奈格派、瑞典籍工程师海德生测量长江通州（今南通）至崇明河口段，往返 4 次，并提出这一段堤防的修筑规划。［吴熙敬主编，中国近现代技术史（上卷），科学出版社，2000 年，第 721 页］

　　△ 中国开始使用化学肥料硫酸铵。［吴熙敬主编，中国近现代技术史（下卷），科学出

版社，2000 年，第 803 页]

　　△ 史量才（1880～1934）在上海创办女子桑蚕学校。

　　△ 山东崂山县引进德国萨能奶山羊。（《胶州志》）

　　△ 高祖宪（清末）、郑尚真（清末）等人在陕西安塞县北路、周家洞附近开设的牧场饲养数百头美利始羊。此为中国从国外引进优良种羊之始。[吴熙敬主编，中国近现代技术史（下卷），科学出版社，2000 年，第 880 页]

　　△ 我国最早的近代兽医学校——北洋马医学堂成立于保定（今河北省保定市），徐华清为总长，姜文熙为监督，聘请日本人野口次郎、伊滕三郎和田中醇为教习。学校所需仪器设备以至药品均来自日本。[苏荫航等，北洋马医学堂——陆军兽医学校历史，养马杂志，1982，（1）]

　　△ 上海文明书局聘请日本技师开办彩色石印。次年，上海商务印书馆聘请日本彩色石印技师传授技艺。[吴熙敬主编，中国近现代技术史（下卷），科学出版社，2000 年，第 1071 页]

　　△ 张謇（清，1853～1929）在上海吴淞创办水产学堂，为中国水产教育之开端。（张之汶、辛润堂，农业职业教育，1936 年）

　　△ 山东博山玻璃公司成立。这是中国近代玻璃工业的开端。（《中国建筑史》编写小组，中国建筑史，中国建筑工业出版社，1982 年，第 268 页）

　　△ 广生行以 18 万元资金在香港开设，生产花露水等化妆品，产品畅销几十年。（赵匡华主编，中国化学史·近现代卷，广西教育出版社，2003 年，第 679 页）

　　△ 建造的青岛四方机车修理厂机车修理车间是中国近代最早采用全钢结构的工业厂房，建筑面积 5200 平方米。（中国建筑史，第 239 页）

　　△ 天津候补道周学熙（清末）在天津创设的直隶工艺总局成立实习工场，设有机织、染色、提花等 12 个科目。（赵承泽主编，中国科学技术史·纺织卷，科学出版社，2003 年，第 440 页）

　　△ 清政府深感中国棉花品种不良、种植不善，大大阻碍了中国棉纺织工业的发展，于是从美国购进大量棉花种子，分发给各省，并由政府颁发了改良中棉品种的计划。（赵承泽主编，中国科学技术史·纺织卷，科学出版社，2003 年，第 446 页）

　　△ 清政府设立邮传部，全国各主要城市均开设了电话、电报业务。[吴熙敬主编，中国近现代技术史（上卷），科学出版社，2000 年，第 309 页]

　　△ 日本夺取抚顺煤矿的开采权后，建立中央机械工厂，其中设有锻造、铸钢车间，是为较早具有矿山及冶金机械专业性质的制造工厂。[吴熙敬主编，中国近现代技术史（上卷），科学出版社，2000 年，第 527 页]

## 1905 年　乙巳　清德宗光绪三十一年

　　△ 9 月 2 日，清政府废除科举制度，设立学部。从此，中国真正地确立了近代化的教育体制。

　　△ 陈志坚，（清，1844～？）撰《微积阐详》五卷。该书以《代微积拾级》和《微积溯源》为基础。为我国自编的第一部微积分教材。（李兆华，中国数学史，台北：文津出版社，1995 年，第 338 页）

△ 化学列为正式课程。小学堂各年级都设"格致"课，高小的格致教材内容为化学和物理；中学堂在第五年教化学；高等学堂以化学课作为准备进入理、工、农、医科大学的必修课目。格致科及工科大学的其他各学门也有专门的化学课程。从学科门类讲，这时已经比较齐全。（周嘉华、王治浩，中国化学通志·化学化工卷，上海人民出版社，1998 年，第 333 页）

△ 徐念慈（清末）著《新法螺先生谭》刊行，为中国较早的科学幻想小说。

△ 直隶工艺总局在天津开办的教育品制造所仿造日本教学上应用的电磁用品。[吴熙敬主编，中国近现代技术史（上卷），科学出版社，2000 年，第 595 页]

△ 青岛气象测天所迁至青岛今观象山之巅。到 1911 年更名为皇家青岛观象台，其所辖还有济南等 10 余处测候所，主要从事气象观测工作，亦兼做天文、地磁、地震与潮汐等的观测工作。[邵光疆、孙寿胜，青岛观象台的八十六年，中国科技史料，1984，（4）]

△ 张謇（清末民初，1853～1926）在江苏通州（今南通）创办南通博物苑。这所国人筹办的第一个综合性博物馆附设于通州师范学堂，包括植物园和动物园，以及博物楼、测候所和化石馆，是一所普及科学知识和培养人才的教育机构。

△ 已总结出防治棉田地蚕（地老虎）、虮虱微虫（棉蚜）、铃虫（红铃虫或棉铃虫）、花蛾、师虫等虫害的技术。（清·饶敦秩：《植棉纂要·治虫第十一》）

△ 9 月，美国农业部外国植物引种处派梅耶（F. N. Meyer,？～1918）来华，在 10 余年间，先后在东北、华北、陕甘、新疆及两湖和江浙各地收集各种作物，并送回包括粮食、果树、饲料和观赏植物约 2500 种。[罗桂环，近代西方人在华的植物学考察和收集，中国科技史料，1994，15（2）：28]

△ 上海商务印书馆聘请日本雕刻铜版技师来中国传授雕刻凹版技艺，从此雕刻凹印得到推广。[吴熙敬主编，中国近现代技术史（下卷），科学出版社，2000 年，第 1079 页]

△ 京师大学堂农科大学成立，是北京农业大学（今中国农业大学）前身。（中国大百科全书·农业卷，中国大百科全书出版社，1991 年）

△ 中国官办呼兰制糖厂，这是中国自办的第一家利用甜菜为原料的机器制糖厂。（中国大百科全书·轻工，中国大百科全书出版社，1991 年，第 618 页）

△ 波兰人在中国创办的阿城糖厂附近附设酒精厂。次年，俄国人投资建成哈尔滨酒精厂。[吴熙敬主编，中国近现代技术史（下卷），科学出版社，2000 年，第 902 页]

△ 秀耀春（英国）口译、赵元益笔述的《济急法》一卷，由上海江南制造局出版。此书是中国关于战场急救方面的最早译著。[赵璞初，赵元益和他的笔述医书，中国科技史料，1991，12（1）：72]

△ 约是年，江西萍乡煤矿首先在岩巷掘进中使用风钻。[吴熙敬主编，中国近现代技术史（上卷），科学出版社，2000 年，第 30 页]

△ 蒋式瑆（清末）、履晋（清末）和冯恕（清末）创办京师华商电灯公司。次年 11 月 25 日发电，供官府、街灯、商店用电。[吴熙敬主编，中国近现代技术史（上卷），科学出版社，2000 年，第 59～60 页]

△ 上海求新机器轮船制造厂制造出高压水力榨油机。[吴熙敬主编，中国近现代技术史（上卷），科学出版社，2000 年，第 565 页]

△ 清朝北洋水师向意大利购买 7 部马可尼电火花式无线报机，专供军务使用，其中功率最强的报机通报距离达 150 公里。[吴熙敬主编，中国近现代技术史（上卷），科学出版

社，2000年，第395页]

**1906年　丙午　清德宗光绪三十二年**

△ 清政府学部设立编译图书局，负责管理翻译图书事宜，其下还设有审定科。1909年学部又奏定设编订名词馆。这些机构的设立标志着中国人开始有组织、有计划地翻译书籍和审定、统一译名。（王冰，中国物理学史大系·中外物理交流史，湖南教育出版社，2001年，第157页）

△ 司克熙（清末）和欧阳启勋（清末）合编的《普通专用科学日语辞典》出版。（赵匡华主编，中国化学史·近现代卷，广西教育出版社，2003年，第62页）

△ 周世堂（清末）、孙海环（清末）编印八开本《二十世纪中外大地图》一册。除中、外普通地图外，还选入了一些专题地图，自有特色。（金应春等，中国地图史话，地图出版社，1984年）

△ 山西省创办测绘学堂，这是我国第一所省级测绘学校，率先培养省级测绘人才。

△ 清政府派驻墨参赞梁询（清末民初）参加在墨西哥召开的国际地质学第10次会议。这是中国第一次派出人员参加世界性的地质会议。（吴凤鸣，国际地质大会史料，科学出版社，1996年）

△ 顾琅（1889～?）和鲁迅（1881～1936）合作撰写了中国第一部地质矿产专著——《中国矿产志》。[吴凤鸣，关于顾琅机器地质矿产著作的评述，中国科技史料，1984，(3)]

△ 日本冈本要八郎在台湾北投溪发现新矿物——北投石。[刘昭民，台湾北投石之沧桑史，中国科技史料，1996，17 (2)：91～93]

△ 清政府设立农工商部，内设农务司。同年由农工商部等设立在北京西直门外的农工商部农事试验场，分农林、蚕桑、肥料、动物、植物、庶物、会计、书记等科。[穆祥桐，农工商部农事试验场，中国科技史料，1987，8 (4)：22～27]

△ 张謇（清，1853～1929）在江苏南通创办南通甲种农校，后改为南通学院农科、南通大学农科、南通农学院。

△ 奉天中等林学堂在安东建立，此为中国最早的林业学校。[吴熙敬主编，中国近现代技术史（下卷），科学出版社，2000年，第774页]

△ 麦类黑穗病防治措施见于《东方杂志》3卷10期《实业》。

△ 俄籍波兰人将甜菜引进中国，在黑龙江流域试种甜菜。中俄在哈尔滨南阿什河畔的阿城县合作创办"阿什河甜菜糖厂"。1908年投产时，每天可生产甜菜糖21吨。（赵匡华等，中国科学技术史·化学卷，科学出版社，1998年，第615页）

△ 山东济南济宁公司仿美国方法开始生产化学肥料。[李文治，中国近代农业史资料(1)，三联书店，1957年，第879页]

△ 夏，武进县芙蓉圩圩董发动农民向上海铸造局租借抽水机，首先使用机电灌排。[水利水电科学研究院《中国水利史稿》编写组，中国水利史稿（下），水利电力出版社，1987年，第380页]

△ 蒋智由（清末）著《中国人种考》单行本出版。

△ 清民政部设立卫生司，掌管全国卫生事物，此为中国近代最早的全国性行政机构。这种管理体制一直延续到国民政府时代。[王玉辛，清末的中央卫生行政机构与京城官医院，

中国科技史料，1994，15（3）：62]

△ 清政府陆军医学堂设立药科。

△ 北京设立疯人院。

△ 中国已有应用 X 射线为病人做胃肠检查、透视骨折及异物的报道。

△ 清政府商部创立江浙渔业公司，这是中国第一家渔业公司。张謇兼任经理，同时购买一艘在青岛捕鱼的德国渔轮，命名为"福海"。这是中国近代渔业史上第一艘渔轮。

△ 上海江南制造总局炮厂，制成第一门克虏伯（Krupp）管退炮。（清·魏允恭著，《江南制造局记》卷十附）

△ 上海求新机器制造轮船厂建造浅水快轮和小型客货船。（中国近代舰艇工业史料集，上海人民出版社，1994年）

△ 上海泰康食品公司成立，其中设立了罐头生产厂，从此中国有了工业化的罐头生产。[吴熙敬主编，中国近现代技术史（下卷），科学出版社，2000年，第1089页]

**1907 年　丁未　清德宗光绪三十三年**

△ 命农工商部考定划一度量衡制度暂行章程。

△ 12 月 25 日，由当时留学欧洲的俞同奎（1876～1962）、利寅（留英）、李景镐、吴匡时（留法）、陆安、荣光、陈传瑚（留比利时）7 人发起在法国巴黎成立中国化学会欧洲支会部。这是中国最早的化学学术团体。次年 8 月 10～19 日，在英国伦敦召开了第一届年会，到会代表 16 人。约二三年后停止活动。（赵匡华主编，中国化学史·近现代卷，广西教育出版社，2003年，第538～541页）

△ 1 月，李复幾（清末，1885～?）在导师凯瑟尔（H. Kayser，1853～1940）的指导下，完成博士论文《关于 P. Lenard 的碱金属光谱理论的分光镜实验研究》，获得德国波恩皇家大学高等物理学博士学位，成为中国第一位物理学博士。[戴念祖，我国第一个物理学博士李复幾，中国科技史料，1990，11（4）：32～36]

△ 清学部审定科编纂的《化学语汇》出版。书中大量参考了日译化学术语，条目的编排是以英、中、日和日、英、中以及中、英、日的形式。（赵匡华主编，中国化学史·近现代卷，广西教育出版社，2003年，第62页）

△ 李煜瀛（1881～1973）等发起成立"远东生物学研究会"。[洪震寰，清末的"远东生物学研究会"与"豆腐公司"初探，中国科技史料，1995，16（2）：19～21]

△ 学部通行各省禁止中小学堂学生吸食烟草。

△ 王焕文（清末）和赵燏黄（1883～1960）等在日本东京发起留日药学生组织药学会。秋，中国药学会成立，王焕文任会长。[中国生药学泰斗——赵燏黄，中华医史杂志，1983，13（4）：219]

△ 张謇出私资聘请上海浚浦局荷兰籍工程师奈格派、瑞典籍工程师海德生 4 次测量并详细验证长江通州（今江苏南通）至崇明河口段，并提出这一段堤防修筑规划。[华北水利委员会，黄河流域地形测量与水文观测，水利，1931，1（6）]

△ 12 月 15 日，旅欧工科学生宾步程（清末）等在上海创办《理工》月刊。

△ 上海商务印书馆建立珂珞版车间。[吴熙敬主编，中国近现代技术史（下卷），科学出版社，2000年，第1072页]

△ 在汉口谌家矶成立扬学机器厂。业务扩大到建造和修理轮船。1911 年 7 月曾为清海军订制 3 艘浅水派舰。(中国近代舰艇工业史料集，上海人民出版社，1994 年)

△ 陕西延长石油矿厂 (1905 年成立) 从日本聘请技师技工共 7 人，购进一部顿钻机，于 5 月 6 日至 9 月 6 日开凿成延长 1 号井，井深 80 多米，日产原油约 1～1.5 吨。至 1911 年，工人已能单独操作机器钻井。[吴熙敬主编，中国近现代技术史 (上卷)，科学出版社，2000 年，第 43 页]

△ 由英国派生公司制造的 800 千瓦发电组在上海斐伦路电厂投入运行。这是中国第一台汽轮发电机组。(吴熙敬主编，中国近现代技术史 (上卷)，科学出版社，2000 年，第 59 页)

△ 广州始建无线电台、站，其中安设于陆地 5 部、舰船 7 部。[吴熙敬主编，中国近现代技术史 (上卷)，科学出版社，2000 年，第 395 页]

**1908 年　戊申　清德宗光绪三十四年**

△ 法国天主教耶稣会在江苏省昆山建立绿葭浜天文台，主要进行地磁测量。[阎林山、马宗良，徐家汇天文台的建立与发展 (1872～1950)，中国科技史料，1984，(2)]

△ 清学部审定科编纂的《物理学语汇》由学部编译图书局发行。全书收录词汇约 1000 条，是中国第一部汇编成书的物理学名词集，也是清末由官方机构编译、审定和发行的唯一的一部物理学名词集。[张橙华，中国第一部物理学标准词汇，中国科技史料，1993，14 (3)：96]

△ 在登州文会馆学习理化仪器制造的学生丁立潢 (清末) 在 20 世纪初开办了理化器械制造所。此为当时中国第一家。但据此年该馆出版的《理化器械图说》看，尚只能制造坩埚、量杯、试管架、天平等基本用具。(赵匡华主编，中国化学史·近现代卷，广西教育出版社，2003 年，第 53 页)

△ 清农工商部和度支部会同拟定出《划一度量衡图说总表及推行章程》。它在原来的营造库平制的基础上兼采万国分制，既照顾了中国二千多年之习俗，又吸取了当时国际上先进的科学技术和成功的管理经验，使之更具有科学性和实用性，成为近代严密科学的度量衡制度的发端。(丘光明等，中国科学技术史·度量衡卷，科学出版社，2001 年，第 437～439 页)

△ 胡思敬 (清光绪进士) 辑《问影楼舆地丛书》刊印。全书 44 卷，收录舆地书籍 15 种。每书卷末，均有辑者识跋，或加以校勘。

△《长白征有录》成书。它是中国最早调查火山地形的著作之一。(刘昭民，中华地质学史，台湾商务印书馆，1985 年，第 422 页)

△ 已认识大豆根瘤的作用。(清·黄世荣，《味退居随笔·大豆之功用》)

△ 李煜瀛 (字石曾，1881～1973) 在法国以科学方法研究中国大豆的成分，并以法文撰写论著。李氏为最早在法发表科学研究论文的中国学者，亦被称为东方大豆倡导人。[洪震寰，清末的"远东生物学研究会"与"豆腐公司"初探，中国科技史料，1995，16 (2)：21]

△ 刈麦器、刈草器、玉米自束器、玉米脱粒器等农业机械输入辽宁。[李文治，中国近代农业史资料 (1)，三联书店，1957 年，第 882 页]

△ 农工商部农业试验场对水稻和陆稻采用盐水选种、水选种与不用选种方法进行对比

试验栽培，对玉米中耕次数、粟留苗与间苗等进行试验；进行若干作物的施肥对比试验。〔吴熙敬主编，中国近现代技术史（下卷），科学出版社，2000年，第802、803页〕

△ 5月，英国传教士高似兰（P. B. Cousland，1860～1930）编辑的《高氏医学辞汇》作为博医会名词委员会通过的标准正式出版，此后不断修订再版。它标志着医学名词翻译初步有了统一的标准。〔张大庆，高似兰，医学名词翻译标准的推动者，中国科技史料，2001，22，（4）：327～330〕

△ 北洋马医学堂首届正科班学生毕业，从此中国始有自己的西兽医。〔苏荫航等，北洋马医学堂——陆军兽医学校历史，养马杂志，1982（1）〕

△ 上海中国自新医院创办《医学世界》月刊，汪锡予（清末）任主编。

△ 清政府在北京建立第一个具有近代设备的印钞厂——称度支部印刷局。此为中国采用雕刻钢凹版印钞新工艺的开始。次年，聘请美国雕刻师，引进万能雕刻机，进行钢版雕刻凹版和过版凹印技术培训。1910年印制出大清银行钢凹版钞票印样。〔吴熙敬主编，中国近现代技术史（下卷），科学出版社，2000年，第1079页〕

△ 广州电业局工程师冯俊南（清末）发起在广州公私企业的机械技术人员成立"机器研究社"（后改称"机器商务联社"、"中国机器总会"），研究机械的维修、仿制和改良等，是中国最早的机械工程组织之一。〔吴熙敬主编，中国近现代技术史（上卷），科学出版社，2000年，第417页〕

△ 永定河道吕佩芬（民国）倡导并开办"河工研究所"，规定所有河工及候补人员除40岁以上对河务已较熟悉者外，一律分期进入该所培训1年。稍后，在黄河下游山东境内，亦办相应的培训机构。〔水利水电科学研究院《中国水利史稿》编写组，中国水利史稿（下），水利电力出版社，1987年，第387页〕

△ 开平公司林西煤矿安装1000马力蒸汽绞车投入使用。这是中国近代煤矿使用的最大马力的蒸汽绞车。〔吴熙敬主编，中国近现代技术史（上卷），科学出版社，2000年，第35页〕

△ 广州均和安机器厂仿制成5.88千瓦单缸卧式煤汽机。这是中国首次仿制内燃机，其中曲轴和磁电机等部件来自香港。（当代中国的农业机械工业，中国社会科学出版社，1988年，第279页）

△ 北京农事试验场附设公园开放，后扩建为北京动物园。（中国大百科全书·建筑、园林、城市规划，中国大百科全书出版社，1992年）

## 1909年　己酉　清宣统元年

△ 是年至1911年，清政府利用美国退回的部分庚子赔款派遣三批学生赴美留学。其中王仁辅、胡明复、赵元任、姜立夫等专修数学。他们与其他留学归国的数学家一起开创了中国现代数学研究与数学教育。（张奠宙，中国现代数学的发展，河北科学技术出版社，2000年，第20～23页）

△ 清政府商请国际权度局制造铂铱合金营造尺（原器和副器）于是年送达中国。其中一支现藏中国计量科学研究院。这支线纹尺首尾皆以"0"为标志，其间刻出十寸，每寸十分；在"0"线外两边各加刻一分，每分十厘。这说明清末的纹线尺只能测至"厘"。此尺是中国最早的高精度长度原器。（丘光明等，中国科学技术史·度量衡卷，科学出版社，2001

年，第 22、423 页)

△ 9 月 28 日，张相文 (1866~1933) 等人在天津创办了第一个地学学术团体——中国地学会，张相文任会长。1912 年迁北京。该会的成立促进中国舆地学向近代地理学的转化。(林超，中国现代地理学萌芽时期的张相文和中国地学会，自然科学史研究，1982 (2)：150~151)

△ 京师大学堂格致科设地质学门，正式招生。德国梭尔格 (Solgar) 任地质教习，只招收至王烈、邬有能、裘杰三个学生。[于洗，关于北京大学地质学系早期的几件事，中国科技史料，1988 (2)]

△ 由商务印书馆出版的《大清帝国全国》采用圆锥投影法和经纬网控制，从内容到形式已基本摆脱中国传统地图的影响，走入近代地图的行列。(唐锡仁等，中国科学技术史·地学卷，科学出版社，2000 年，第 443 页)

△ 1 月 6 日，广州医界人士陈子光 (清末)、梁培基 (清末) 等发起组织光华医社、医校、医院，以争国权、争医机、争医学教育权为宗旨。

△ 中华护士会成立，为中国第一个护士组织。[中国新医事物纪始，中华医学杂志，31 (5~6)：286]

△ 钟茂丰 (清末) 在英国伦敦葛氏医院毕业。这是中国第一个在英国学习护士专业的女子。[中国新医事物纪始，中华医学杂志，31 (5~6)：286]

△ 治理淮河的机构江苏水利公司创立。民国初年改称江淮水利局，后又改为江淮测量处。[水利水电科学研究院《中国水利史稿》编写组，中国水利史稿 (下)，水利电力出版社，1987 年，第 414 页]

△ 清朝新疆地方官吏从俄国购进钻机一部以及制烛机，聘请俄国工匠在独山子开凿油井，同时购进蒸馏釜，安装在乌鲁木齐工艺厂，两年后因经费困难而停办。[吴熙敬主编，中国近现代技术史 (上卷)，科学出版社，2000 年，第 44 页]

△ 云贵总督锡良 (清末) 组建个旧锡务有限公司，由德商礼和洋行购置洗炼、化验、机电和架空索道运输设备，从事大规模的开采。[吴熙敬主编，中国近现代技术史 (上卷)，科学出版社，2000 年，第 158 页]

△ 8 月，由总工程师詹天佑 (清末，1861~1919) 主持修建的京张铁路，历时 4 年，建成通车。这条中国人自己勘测、设计和修建的铁路全长 201 公里，共架设桥梁 125 座，修涵洞 200 多个，开凿隧道 1645 米，并采用"之"字形线路。(詹天佑，京张铁路工程纪略，中华工程师学会，1915 年)

△ 冯如 (清末，1883~1912) 在美国旧金山附近的奥克兰市筹资建造的厂房中制造飞机，历时 2 年获制成。9 月 21 日，他架机试飞成功。(范瑞祥、刘筱霞，飞机设计师冯如，中国近代科学家，北京科学技术出版社，1995 年，第 95~108 页)

△ 由侨商郭祯祥 (清末) 在福建龙溪建立的华祥制糖公司，是中国最早兴办的机制甘蔗糖厂。次年漳洲建立了广福种植公司糖厂。[吴熙敬主编，中国近现代技术史 (下卷)，科学出版社，2000 年，第 1089 页]

△ 李煜瀛 (字石曾，1881~1973) 在法国创办的"豆精股份有限公司"正式开工。[洪震寰，清末的"远东生物学研究会"与"豆腐公司"初探，中国科技史料，1995，16 (2)：19~22]

## 1910 年　庚戌　清宣统二年

△ 京师大学堂开始分科，格致科下设化学门，这是中国最早化学系（北京大学化学系的前身）。同年从西方留学归国的俞同奎（1876～1962）任理科教授，开始教授无机化学和物理化学，是中国大学中最早由本国人讲授化学课程的教授之一。（赵匡华主编，中国化学史·近现代卷，广西教育出版社，2003 年，第 57、229 页）

△ 2 月，张相文创办中国地学会的学术刊物《地学杂志》正式刊印。至 1937 年停止，共出版 181 期，刊印论文 1500 篇。它是中国最早出版的科学期刊，对中国地理学、地质学的发展起了极大地推动作用。[林超，中国现代地理学萌芽时期的张相文和中国地学会，自然科学史研究，1982 年，(2)，150～159]

△ 邝荣光（清末）在《地学杂志》第 1 卷卷首发表《直隶地质图》，这是中国人自己绘制的第一张区域地质图。[黄汲清，略述中国早期地质工作名列第一的先驱学者，中国科技史料，1988，(1)]

△《地学杂志》创刊号上头篇论文即为"论地质之构成与地表之变动"，提出"今日研究地理学，须先明与地理关系最初之地质学"。[陶世龙，地质学的传播对中国社会变革的影响，科技日报，1989-9-19]

△ 2 月 27 日，清廷颁布中国红十字会试办章程，命盛宣怀充任红十字会会长。

△ 2 月 28 日，伍连德（1879～1960）对哈尔滨傅家甸的一具女尸进行解剖，获得鼠疫杆菌的纯培养物，同时观察了肺鼠疫引起的病理变化，证实了肺鼠疫的存在。[傅维康，我国近代防疫史上的杰出战士——伍连德，中国科技史料，1984，(4)：64～66]

△ 梅里特（Merrins）首先发表武昌学生各年龄的身高体重的报告，是研究中国人的人类测量学的最早工作。[张大庆，中国近代解剖学史略，中国科技史料，1994，15 (4)：25]

△ 1 月 16 日，中国留日学生在东京成立中国铁路研究会，由常春元（清末）、张耀芬（清末）为正、副会长，并于 7 月 20 日创刊《铁路界》杂志，主张保卫中国铁路主权，发展铁路事业。

△ 4 月 8 日，旅美华侨冯如（清末，1883～1912）在广州燕塘表演飞机飞行，所制收音机时速 104 公里，飞行高度达 230 余米。10 日在美国旧金山国际飞机比赛会上获得第一名。（范瑞祥、刘筱霞，飞机设计师冯如，中国近代科学家，北京科学技术出版社，1995 年，第 95～108 页）

△ 清政府在北京南苑建筑飞机厂棚，由刘佐成（清末）、李宝焌（清末）试制收音机一架。同年，李宝焌发表中国第一篇航空学术论文《研究飞行报告》，其中特别提出了喷气推进的问题。

△ 7 月，我国第一座水电站——云南石龙坝水电站开工，历时 2 年 11 个多月建成投产。[周魁一、郭涛，我国第一座水电站——昆明石龙坝电厂，中国科技史料，1984，5 (4)]

△ 华侨郭桢祥（清末）在福建开办了华祥制糖公司，这是中国最早一个运用机器榨蔗制糖的近代糖厂。

△ 电力针织机传入中国。广州进步电机针织厂和上海景星针织厂是当时全国仅有采用电力针织机的企业。由于这种电力针织机只能生产素色袜子，且设备售价高于受供电的限制，因此造成在较长的时期里电力袜机与手摇袜机并存的局面。（赵承泽主编，中国科学技

术史·纺织卷，科学出版社，2003 年，第 437 页）

△ 至 1912 年，英美烟草公司在山东威海地区首次试种美国烤烟，后因气候及交通运输等条件的限制而停止。[吴熙敬主编，中国近现代技术史（下卷），科学出版社，2000 年，第 810 页]

## 1911 年　辛亥　清宣统三年

△ 章鸿钊（1877~1951）用英文完成日本东京帝国大学的毕业论文——《中国杭州府邻区地质》。这是中国人自己考察并写出的第一篇中国区域地质科学论文，但未发表。[吴凤鸣，中国地质事业的开拓者——章鸿钊，中国科技史料，1994，（1）]

△ 章鸿钊在《中国杭州府邻区地质》中提出：在钱塘、富阳、新城等处发现流纹岩、粗面岩等新火山岩。此为国人首次明确提出中国有火山活动。[廖志杰，解放前中国火山学研究，中国科技史料，1995，16（1）：27]

△ 上海求新机器轮船制造厂研制成引擎激水机（内燃机带动水泵抽水），开创中国排灌机械制造业。[吴熙敬主编，中国近现代技术史（上卷），科学出版社，2000 年，第 565 页]

△ 中国第一个卫生教育组织——中华卫生教育会成立。[中国新医事物纪始，中华医学杂志，31（5~6）：286]

△ 伍连德（1879~1960）领导下，4 个月内扑灭东北鼠疫。4 月，国际鼠疫会议在沈阳召开。这是中国历史上举办的第一次国际医学会议，伍连德任大会主席。会议详细讨论了鼠疫的防治措施，发表了长达 500 页的《1911 年国际鼠疫会议报告》。[傅维康，我国近代防疫史上的杰出战士——伍连德，中国科技史料，1984，（4）：64~66]

△ 上海宏仁医院创立耳鼻咽喉专科。[干祖望，中医在耳鼻咽喉方面的成就，新中医药，1955，（4）：16]

△ 上海设立女子中西医学室，并另设女病院，为国人用西法接生之第一所病院。[徐平章，中国产科科学史略，中西医药，1947，（2）：37]

△ 张謇（清）在清江浦设立江淮水利测量处，用新法实测淮、运、沂、沭、泗各水道，并首次绘制了平面和断面图，还有水位、流量的测量，并有完整的测量图表及报告。（水利委员会编印，《江苏水利全书》卷五）

△ 日本商人在上海创建中华精练公司。这是上海第一家动力机器丝绸印染厂，它的营业颇盛。（赵承泽主编，中国科学技术史·纺织卷，科学出版社，2003 年，第 435 页）

△ 法国传教士从本国带来横机数台，安装在浙江海门天主教堂内，织造纱线衫，自己穿用。这是横机传入中国之始。尔后，中国从法国、日本、德国等购进横机，并进行研制仿造。7 年后，上海已有 10 余家机器制造厂能够制造横机。（赵承泽主编，中国科学技术史·纺织卷，科学出版社，2003 年，第 437 页）

△ 日本在中国建立本溪制铁所，建炼铁高炉和炼焦炉。[吴熙敬主编，中国近现代技术史（上卷），科学出版社，2000 年，第 527 页]

## 清朝

△ 清代白铜生产有相当规模。云南牟定（明清时称定远）有茂密白铜厂、茂岭白铜厂、妈泰白铜厂，大窑县有茂密白铜分厂，武定雷马山也产白铜，云南白铜驰名国外。在 19 世

纪欧洲餐具、烛台等都以云南白铜为贵，常做成不锈用具。（中国冶金简史，科学出版社，1978年，第166页）

　　△ 安徽芜湖的锻工画家汤天池、梁应达等用精湛的锻造技术与绘画技术相结合，创造了具有民族风格的铁画，至今仍为驰名中外的金属工艺品。（中国冶金简史，科学出版社，1978年）

# 参 考 文 献[①]

北京钢铁学院《中国冶金简史》编写小组. 1978. 中国冶金简史. 北京：科学出版社

常玉芝. 1998. 殷商历法研究. 吉林：吉林文史出版社

陈梦家. 1965. 殷墟卜辞综述. 北京：科学出版社

陈维稷. 1984. 中国纺织科学技术史（古代部分）. 北京：科学出版社

陈文华. 1994. 中国农业考古图录. 南昌：江西科学技术出版社

戴念祖. 1994. 中国声学史. 石家庄：河北教育出版社

董恺忱等. 2000. 中国科学技术史·农业卷. 北京：科学出版社

杜石然主编. 1992. 中国古代科学家传记. 上集. 北京：科学出版社

杜石然主编. 1993. 中国古代科学家传记. 下集. 北京：科学出版社

杜石然主编. 2003. 中国科学技术史·通史卷. 北京：科学出版社

傅维康. 1993. 中药学史. 成都：巴蜀书社

苟萃华等. 1989. 中国古代生物学史. 北京：科学出版社

郭书春. 1997. 中国古代数学. 北京：商务印书馆

郭书春. 1990. 汇校《九章算术》. 沈阳：辽宁教育出版社，

何兆武等. 1980. 中国思想发展史. 北京：中国青年出版社

黑龙江省文物管理委员会等. 1990. 阎家岗——旧石时代晚期古营地遗址. 北京：文物出版社

华觉明. 1985. 世界冶金发展史. 北京：科学技术文献出版社

李伯谦. 1998. 中国青铜文化结构体系研究. 北京：科学出版社

李家治等. 1985. 中国古代陶瓷科学技术成就. 北京：上海科学技术出版社

李家治主编. 1998. 中国科学技术史·陶瓷卷. 北京：科学出版社

李仁溥. 1983. 中国古代纺织史料. 成都：岳麓出版社

李文杰. 1996. 中国古代制陶工艺研究. 北京：科学出版社

廖育群主编. 1996. 中国古代科学技术史纲·医学卷. 沈阳：辽宁教育出版社

刘敦桢主编. 1984. 中国古代建筑史. 北京：中国建筑工业出版社

刘仙洲. 1962. 中国机械工程发明史. 第一编. 北京：科学出版社

陆敬严等. 2000. 中国科学技术史·机械卷. 北京：科学出版社

马承源. 1994. 中国青铜器. 上海：上海古籍出版社

潘鼐. 1989. 中国恒星观测史. 北京：学林出版社，

裴文中等. 1958. 山西襄汾县丁村旧石器时代遗址发掘报告. 北京：科学出版社

彭德清主编. 1988. 中国航海史·古代航海史. 北京：人民交通出版

钱宝琮. 1992. 中国数学史. 北京：科学出版社

丘光明等. 2001. 中国科学技术史·度量衡卷. 北京：科学出版社

上海市文物管理委员会. 1987. 崧泽. 北京：文物出版社

史念海. 1988. 中国的运河史. 西安：陕西人民出版社

水利水电科学研究院《中国水利史稿》编写组. 1979. 中国水利史稿. 北京：水利电力出版社

---

[①] 本文献表所列为本书参考的较为重要的研究专著和工具书等，不包括研究论文和古代文献。

宋文薰. 1969. 长滨文化. 台北：中国民族学会

谭德睿. 1989. 灿烂的中国古代失腊铸造. 上海：上海科学技术文献出版社

唐寰澄. 2000. 中国科学技术史·桥梁卷. 北京：科学出版社

唐锡仁等主编. 2000. 中国科学技术史·地学卷. 北京：科学出版社

田长浒主编. 1995. 中国铸造技术史·古代卷. 北京：航空工业出版社，

王成祖. 1982. 中国地理学史（上）. 北京：商务印书馆

王仰之. 1994. 中国地质学简史. 北京：中国科学技术出版社

王子贤等. 1985. 简明地质学史. 郑州：河南科学技术出版社

温少峰，袁庭栋. 1983. 殷墟卜辞研究——科学技术篇. 成都：四川省社会科学院出版社

文物出版社编. 1999. 新中国考古五十年. 北京：文物出版社

席泽宗主编. 2001. 中国科学技术史·科学思想卷. 北京：科学出版社

夏纬英. 1979. 吕氏春秋上农等四篇校释. 北京：农业出版社

夏湘蓉等. 1980. 中国古代矿业开发史. 北京：地质出版社，

薛愚等. 1984. 中国药学史料. 北京：人民卫生出版社

张宏彦. 2003. 中国史前考古学导论. 北京：高等教育出版社

张培瑜，陈美东等. 2000. 中国天文学史大系·历法卷. 石家庄：河北科学技术出版社，

赵承泽主编. 2002. 中国科学技术史·纺织卷. 北京：科学出版社

赵匡华等. 1998. 中国科学技术史·化学卷. 北京：科学出版社

中国硅酸盐学会编. 1982. 中国陶瓷史. 北京：文物出版社

中国科学院古脊椎动物与古人类研究所. 1966. 陕西蓝田新生界现场会议论文集. 北京：科学出版社

中国科学院考古研究所，陕西省西安半坡博物馆. 1982. 西安半坡. 北京：文物出版社

中国科学院考古研究所. 1965. 甲骨文编. 北京：中华书局

中国科学院自然科学史研究所编. 1985. 中国古代建筑技术史. 北京：科学出版社

中国科学院自然科学史研究所地学史组. 1984. 中国古代地理学史. 北京：科学出版社

中国社会科学院考古研究所. 1980. 殷墟妇好墓. 北京：文物出版社

中国社会科学院考古研究所编. 1984. 新中国的考古发现和研究. 北京：文物出版社

周魁一. 2002. 中国科学技术史·水利卷. 北京：科学出版社

周维权. 1999. 中国古典园林史. 北京：清华大学出版社

朱新予. 1992. 中国丝绸史. 北京：纺织出版社

# 索　引

## 人名索引

# 书 名 索 引<sup>①</sup>

---

① 本索引仅收录事件主体所涉及的文献，其中包括书籍、文章、地图、法令等；不收录参考文献中的书刊和论文。

## K

## R

## S

# 主题索引<sup>①</sup>

---

① 主题索引中，不含人名、论著名称，主要为名词、术语、遗址名称，以及机构等。

蓄清刷黄　458

宣夜说　181，186，227

悬胎煮　313

璇玑　55

薛关遗址　10

**Y**

延寿寺　505

阎村遗址　33

阎家岗遗址　10

甗　40

验冷热器　506

验气管　502

验燥湿器　506

扬子鳄　32

阳燧　501

冲天炮　501

阳燧　76

杨家圈遗址　47

仰韶文化　25，28，33～36，39

养蚕缫丝　36

养蒙学堂　571

样房雷　503

样式雷　503

腰机　24

窑洞侯家台遗址　48

药母说　488

冶铜　39，40，45，46、48，50

夜明镜　492

医历　575

医易同源　485

颐和园　523，524

益智书会　572

益智书会科技术语委员会　598

阴阳合历　67

银鼻饮　49

银雀山西汉墓　154

雍和宫　504

永济渠　268

永新染坊　549

涌浪遗址　43

糯　86

油菜籽　20，22

淤滩固堤　461

于家沟遗址　15

鱼镖　21，32

鱼叉　32

鱼钩　32

鱼化石　109

鱼卡　32

鱼雷学堂　579

鱼窑　32

舆地学会　587

玉锛　43，48

玉璧　41

玉蟾岩洞穴遗址　14

玉铲　43，48

玉琮　41

玉带桥　518

玉衡　55

玉玦　17，，49

玉猪龙　19

鸳鸯镜　492

元谋人　2

原鸡　11

原始瓷　51

圆明园　510

源涡遗址　39

远东生物学研究会　602

远视镜　492

月离表　517

月亮纹　41

月食　71，180，239

岳石文化　60

云梦睡虎地　140

陨石　94

运河　92，99，103，104，117，466

**Z**

栽培稻　14，15，16，19，23，26，41，47，64

在华实用知识传播会　542

曾侯乙墓　111

甑皮岩遗址　16

张裕葡萄酿酒公司　585

漳南书院　505

漳水十二渠　112

# 后 记

经十余年的努力，此书终于成稿了。

此书原由宋正海老师负责，他为了提携后辈让我与他共同主持。全书的框架、提纲和样条都是他起草的。90年代后期，宋老师退休后，专心于"天地生人"方面的综合研究，无暇顾及此事，我开始独立承担这一工作。1998年，在完成初稿的统编工作后，我发现近40万字的文稿有不少的问题：部分事件时间不是很准确或是含糊，较难排序；有近10%重复条目需要合并调整；尚有不少重要事件未予以收录。更为困难的是，能够参考的工具书极少。在统编补充过程中，几次都想放弃，但由于此书是《中国科学技术史》丛书之一，不能不完成，只好咬牙坚持了下来。1999年，我接手主持《自然科学史研究》和《中国科技史料》两刊的编辑工作后，本职工作极为繁重，只能断断续续做些增补工作。以至拖到2004年才交稿。此后又因出版补贴等原因，迟迟不能付印。

随着统稿工作的深入，我越发体会到其难度之大。中国古代科学技术史的研究，经几代人的艰辛努力，已取得累累硕果。这些成果使我们对中国古代科学技术传统的形成和演变有了比较系统的理解。但是，由于国内目前没有一部综合性的中国古代科学技术史的年表性工具书，而且中国古代所创造的知识涉及到很多领域和门类，史料浩如烟海，准确地把握漫长的历史轨迹并非易事。在统稿过程中，我主要做了两方面的工作：一是较为全面和系统地查阅了国内科学史领域的重要成果，从中补充一些重要事件，并尽可能涵盖各个分支领域，希望能提供较多的信息；二是查阅历史以及考古资料尤其相关的工具书，尽可能使事件的时间更准确。当然，由于时间和精力，尤其是水平所限，一定有许多不完善之处，盼望识者告之。

又，本书主要部分完成于1998年，此后成果稍有补充。

为了读者方便，特制作了3种索引，其中人名索引附有生卒年。

我还想借此机会对宋正海老师致以深深的谢意！我虽然不是他的弟子，但却是他将我领进了科学史研究的广阔天地。20余年来他给予我许多的教诲和无私的帮助。此外，在统编过程中，我的同事张九辰和罗凤河曾给予很多帮助。

我也非常感谢我的父母、丈夫和女儿的大力支持。这些年的节假日和周末，我大都在统校文稿中渡过，很少陪伴他们。

最后，对所有撰稿者、审稿者，以及曾帮助和支持我的同行们表示衷心的感谢！没有你们的支持，这部书稿就不可能完成。

艾素珍

2006年8月26日

# 总　跋

　　凡是听到编著《中国科学技术史》计划的人士，都称道这是一个宏大的学术工程和文化工程。确实，要完成一部30卷本、2000余万字的学术专著，不论是在科学史界，还是在科学界都是一件大事。经过同仁们10年的艰辛努力，现在这一宏大的工程终于完成，本书得以与大家见面了。此时此刻，我们在兴奋、激动之余，脑海中思绪万千，感到有很多话要说，又不知从何说起。

　　可以说，这一宏大的工程凝聚着几代人的关切和期望，经历过曲折的历程。早在1956年，中国自然科学史研究委员会曾专门召开会议，讨论有关的编写问题，但由于三年困难、"四清"、"文革"，这个计划尚未实施就夭折了。1975年，邓小平同志主持国务院工作时，中国自然科学史研究室演变为自然科学史研究所，并恢复工作，这个打算又被提到议事日程，专门为此开会讨论。而年底的"反右倾翻案风"，又使设想落空。打倒"四人帮"后，自然科学史研究所再次提出编著《中国科学技术史丛书》的计划，被列入中国科学院哲学社会科学部的重点项目，作了一些安排和分工，也编写和出版了几部著作，如《中国科学技术史稿》、《中国天文学史》、《中国古代地理学史》、《中国古代生物学史》、《中国古代建筑技术史》、《中国古桥技术史》、《中国纺织科学技术史（古代部分）》等，但因没有统一的组织协调，《丛书》计划半途而废。1978年，中国社会科学院成立，自然科学史研究所划归中国科学院，仍一如既往为实现这一工程而努力。80年代初期，在《中国科学技术史稿》完成之后，自然科学史研究所科学技术通史研究室就曾制订编著断代体多卷本《中国科学技术史》的计划，并被列入中国科学院重点课题，但由于种种原因而未能实施。1987年，科学技术通史研究室又一次提出了编著系列性《中国科学技术史丛书》（现定名《中国科学技术史》）的设想和计划。经广泛征询，反复论证，多方协商，周详筹备，1991年终于在中国科学院、院基础局、院计划局、院出版委领导的支持下，列为中国科学院重点项目，落实了经费，使这一工程得以全面实施。我们的老院长、副委员长卢嘉锡慨然出任本书总主编，自始至终关心这一工程的实施。

　　我们不会忘记，这一工程在筹备和实施过程中，一直得到科学界和科学史界前辈们的鼓励和支持。他们在百忙之中，或致书，或出席论证会，或出任顾问，提出了许多宝贵的意见和建议。特别是他们关心科学事业，热爱科学事业的精神，更是一种无形的力量，激励着我们克服重重困难，为完成肩负的重任而奋斗。

　　我们不会忘记，作为这一工程的发起和组织单位的自然科学史研究所，历届领导都予以高度重视和大力支持。他们把这一工程作为研究所的第一大事，在人力、物力、时间等方面都给予必要的保证，对实施过程进行督促，帮助解决所遇到的问题。所图书馆、办公室、科研处、行政处以及全所的同仁，也都给予热情的支持和帮助。

　　这样一个宏大的工程，单靠一个单位的力量是不可能完成的。在实施过程中，我们得到了北京大学、中国人民解放军军事科学院、中国科学院上海硅酸盐研究所、中国水利水电科学研究院、铁道部大桥管理局、北京科技大学、复旦大学、东南大学、大连海事大学、武汉交通科技大学、中国社会科学院考古研究所、温州大学等单位的大力支持，他们为本单位参加编撰人员提供了种种方便,保证了编著任务的完成。

为了保证这一宏大工程得以顺利进行,中国科学院基础局还指派了李满园、刘佩华二位同志,与自然科学史研究所领导(陈美东、王渝生先后参加)及科研处负责人(周嘉华参加)组成协调小组,负责协调、监督工作。他们花了大量心血,提出了很多建议和意见,协助解决了不少困难,为本工程的完成做出了重要贡献。

在本工程进行的关键时刻,我们遇到经费方面的严重困难。对此,国家自然科学基金委员会给予了大力资助,促成了本工程的顺利完成。

要完成这样一个宏大的工程,离不开出版社的通力合作。科学出版社在克服经费困难的同时,组织精干的专门编辑班子,以最好的纸张,最好的质量出版本书。编辑们不辞辛劳,对书稿进行认真地编辑加工,并提出了很多很好的修改意见。因此,本书能够以高水平的编辑,高质量的印刷,精美的装帧,奉献给读者。

我们还要提到的是,这一宏大工程,从设想的提出,意见的征询,可行性的论证,规划的制订,组织分工,到规划的实施,中国科学院自然科学史研究所科技通史研究室的全体同仁,特别是杜石然先生,做了大量的工作,作出了巨大的贡献。参加本书编撰和组织工作的全体人员,在长达 10 年的时间内,同心协力,兢兢业业,无私奉献,付出了大量的心血和精力。他们的敬业精神和道德学风,是值得赞扬和敬佩的。

在此,我们谨对关心、支持、参与本书编撰的人士表示衷心的感谢,对已离我们而去的顾问和编写人员表达我们深切的哀思。

要将本书编写成一部高水平的学术著作,是参与编撰人员的共识,为此还形成了共同的质量要求:

1. 学术性。要求有史有论,史论结合,同时把本学科的内史和外史结合起来。通过史论结合,内外史结合,尽可能地总结中国科学技术发展的经验和教训,尽可能把中国有关的科技成就和科技事件,放在世界范围内进行考察,通过中外对比,阐明中国历史上科学技术在世界上的地位和作用。整部著作都要求言之有据,言之成理,经得起时间的考验。

2. 可读性。要求尽量地做到深入浅出,力争文字生动流畅。

3. 总结性。要求容纳古今中外的研究成果,特别是吸收国内外最新的研究成果,以及最新的考古文物发现,使本书充分地反映国内外现有的研究水平,对近百年来有关中国科学技术史的研究作一次总结。

4. 准确性。要求所征引的史料和史实准确有据,所得的结论真实可信。

5. 系统性。要求每卷既有自己的系统,整部著作又形成一个统一的系统。

在编写过程中,大家都是朝着这一方向努力的。当然,要圆满地完成这些要求,难度很大,在目前的条件下也难以完全做到。至于做得如何,那只有请广大读者来评定了。编写这样一部大型著作,缺陷和错讹在所难免,我们殷切地期待着各界人士能够给予批评指正,并提出宝贵意见。

《中国科学技术史》编委会

1997 年 7 月